Gesamtverzeichnis des deutschsprachigen Schrifttums (GV) 1700 – 1910

Bearbeitet unter der Leitung von
Hilmar Schmuck und Willi Gorzny

Bibliographische und redaktionelle Beratung:
Hans Popst und Rainer Schöller

64

Holt - Hor

K · G · Saur München · New York · London · Paris 1982

CIP-Kurztitelaufnahme der Deutschen Bibliothek

Gesamtverzeichnis des deutschsprachigen Schrifttums :
(GV). – München, New York, London, Paris : Saur.
Bd. 1 – 6 bearb. unter d. Leitung von Peter Geils
u. Willi Gorzny.
ISBN 3-598-30000-X

1700 – 1910 / bearb. unter d. Leitung von Hilmar
Schmuck u. Willi Gorzny. Bibliograph. u. red.
Beratung: Hans Popst u. Rainer Schöller

NE: Schmuck, Hilmar [Bearb.]

64. Holt - Hor. - 1982.

Techn. Realisierung und Druck: Norbert Gärtner, Mainz-Kastel
Binden: Karl Schaumann, Darmstadt
Printed in the Federal Republic of Germany
ISBN 3-598-30000-X (Gesamtwerk)

Holt, *Henry Stalay* Arthur [diplom. techn. Chemiker aus Lüttich]: Versuche zur Stereochemie der Erukasäure und Brassidinsäure ... [o. O.], *1892*; 29 S., 1 Bl. 8.
Rostock, Phil. Fak., Inaug.-Diss. v. [10. Aug.] 1892

Holt, Emily S. Margas Bekenntnis. Autoris. deutsche Ausg. v. M. Karstens. Mit Vorwort v. W. Karstens. 8. (IV, 160 S.) Hamb. 891, Agentur d. Rauhen Hauses. * 1 60; geb. * 2 40

Holt, Henry Stalay Arthur, s. Holt, Arthur

Holtbuer, F. Der syntaktische Gebrauch des Genitivs in Andreas, Gudlac, Phönix, dem Heiligen Kreuz und der Höllenfahrt. Diss. Leipzig 1884. 42 S. Progr.

Holtbuer, Fritz, Herbst'sche Neuerungen f. die zahnärztliche Praxis. gr. 8. (XII, 165 S. m. 115 Illustr.) Leipzig 894. A. Felix. Geb. in Leinw. n. 8.—

Holtbuer, Wilhelm *Anton* [app. Arzt aus Bonn]: Ueber das Carcinom der Papilla duodenalis ... Leipzig, Buchdr. R. Hahn, 1894; 50 S., 1 Bl. 8.
Leipzig, Med. Fak., Inaug.-Diss. v. 8. Juni 1894

Holtbuer, Wilh., üb. das Carcinom der Papilla duodenalis. Diss. gr. 8. (50 S.) Leipzig 894. (G. Fock.) n. 1.—

Holte [Schlagwort]

Holte, s.: Preussen. Messtischblätter.

Holtedahl, Olaf, Studien üb. die Etage 4 des norwegischen Silursystems beim Mjösen. (IV, 76 S. m. Abbildgn.) Lex. 8. Christiania 909. J. Dybwad. nn 2.50
Sonderabdruck aus: Videnskabsselskabets skrifter".

Holtei, Carl von. Eine Biographie, s. a. Album. Bibliothek deutscher Originalromane.

Holtei, Carl von. Eine Biographie. Beilage zu Kobers Album. Prag u. Leipz. 1856. V: *Storch, Oswald.* (Storch, O., Karl von Holtei. Waldenburg 1897.)

Holtei, Carl von. Eine Biographie. 16. (96 S.) Prag 856, Expedition des Albums.
Prämie zum Album. Hrsg. von J. L. Kober. 11. Jahrg.

Holtei, Karl v., ein Achtel vom großen Loose. Posse mit Gesang in 1 Akt. 2. Aufl. Berlin 861. Lassar. 8. (42 S.) n. 10 ngr.

Holtei, Karl v., Almanach f. Privat-Bühnen. 1839. 1. Jahrg. gr. 8. (20⅛ B. u. 1 musikal. Beil., 3⅛ B.) Riga, [Kymmel.] *
Enth.: Das Liederspiel, od.: Der schottische Mantel. Ein Spiel mit Liedern. — Hans Jürge. Schausp. — Ein Achtel v. großen Loose. Liederposse. — Die Perlenschnur. Liedersp. — Herr Heiter. Posse mit Liedern. — Drei u. dreißig Minuten in Grüneberg, od.: Der halbe Weg. Posse. — Wiener in Paris. Schausp.

– Almanach für Privat-Bühnen. 1839. 1r Jahrg. Enthält: Das Liederspiel, od.: Der schottische Mantel. Ein Spiel mit Liedern. — Hans Jürge. Schspl. — Ein Achtel vom großen Loose. Liederposse. — Die Perlenschnur. Liederspiel. — Herr Heiter. Posse mit Liedern. — Drei und dreißig Minuten in Grüneberg, oder: Der halbe Weg. Posse. — Wiener in Paris. Schauspiel. gr. 8. Riga, Franzen. n. 2 rf

Holtei, Karl (Ed.) v., Beiträge zur Geschichte dramat. Kunst u. Literatur. 3 Bde. 8. (54 B.) Berlin 827, 28, Haude u. Spener. Hrbgs. Pr.

—— dass. in Monats-Heften. 3—9. Hft. (od. Dec. 1827—Juni 1828.) 8. ... Ebds. à
1. u. 2. Hft. Ebendas. 1827. à 12 Gr.

Holtei, Karl von, s. a. Beiträge zur Geschichte dramat. Kunst und Literatur

— monatl. Beitr. z. Gesch. dramat. Kunst u. Literatur. 1r Bd. 1s u. 2s Heft. gr. 8. Berl. 827, Haude u. Sp. à 12 gr.

—— Beiträge f. d. Königstädter Theater. 2 Bde. 8. (42 B. u. 1. Musikanlage z. alten Feldherrn.) Wiesbaden 832, Haßloch.
Inh.: Erinnerung, Liedersp. — Die Majoratsherren, Schausp. — Der alte Feldherr, Liedersp. — Doktor Johannes Faust, Melodrama. — Robert d. Teufel, dramat. Legende.

— die Berliner in Wien. Liederposse in 1 Aufz., u. die Wiener in Berlin. Liederposse in 1 Aufz., von e. Theaterfreunde herausg. 8. Ulm ... Ebner. 5 gr

HOLTEI, Carl v. (1797—1880), Die Berliner in Wien. Liederposse in 1 Aufzug. Die Wiener in Berlin, Liederposse in 1 Aufzug. Nach den Manuskripten von einem Theaterfreunde herausgeg. O. O. 1826. 8⁰. 47 S. Zahm. (8 Mk. E. Frensdorff, 1906.)

Holtei, Karl v., Bilder aus dem häuslichen Leben. 2 Bde. Berlin 858. Artistische Anstalt. (Mecklenburg.) 8. (XIII, 240; 2 Bl., 235 S.) 2 rf.

—— Bilder aus dem häuslichen Leben. 2 Bde. 8. (XIV und 475 S.) Berlin 858. [Breslau, E. Trewendt.]

— deutsche Blätter, s. Blätter.

– s. Blumen auf d. Grab d. Luise v. Holtei.

– s. a. Bote, Der Obernigker.

Holtei, Carl v., der obernigker Bote. Gesammelte Aufsätze und Erzählungen. 3 Bde. 8. (III und 1096 S.) Breslau 854, [Trewendt.]

– der Obernigker Bote. Gesammelte Aufsätze u. Erzählungen in 3 Bdn. Breslau 855. E. Trewendt. 8. (352; 370; 374 S.) 3 rf. 22½ ngr.

— 300 Briefe aus 2 Jahrhunderten. 2 Bde. gr. 8. (XXIV, 397 u. XVI, 342 S.) Hannover 872. Rümpler. n. 14.—

—— Briefe aus u. nach Grafenort. 8. (21½ B.) Altona 811, Hammerich.

— Brieftasche des Obernigker Boten. 8. Breslau 826, (Graß, B. u. C.)

Holtei, Karl v., ein deutscher Dichter und eine deutsche Frau. Briefe an Karl v. Holtei und Tagebuchblätter von Frau Therese. 3. Aufl. 12. (XLV, 267 S.) Hamburg 880, J. F. Richter. *
2. Aufl. Vgl. XV. Bd. 1. Abthl. S. 251: Briefe und Blätter von Frau Therese.

v. Holtei, Erinnerungen; eine Sammlung vermischter Erzähll. u. Gedichte. 8. Bresl. 822, (Leipz., Barth.)

— Erinnerungen. Eine Samml. v. Erzähl. u. Gedichten. 8. Bresl. 822, Graß, B. u. C.

—— Erlebnisse eines Livreedieners. Roman. 3 Thle. gr. 8. (VIII, 879 S.) Breslau 868, Trewendt.

— Erzählungen. 1. Bdchn. 8. (18 B.) Braunschweig 833, G. C. E. Meyer.
Inh.: Bella. — Der Raubschütz. — Die letzte Ehre.

Holtei, Carl v., die Eselsfresser. Roman in 3 Bdn. 8. (868 S.) Breslau 860, E. Trewendt. Thlr.

— Farben, Sterne, Blumen, drei dramat. Spiele. Eine Neujahrsgabe f. 1829. gr. 12. (10 B.) Berlin 828, Trautwein.

v. Holtei, (K.) Festspiele, Prologe u. Theaterreden. gr. 12. Bresl. 823, (Leipz., Barth.)

— Festspiele, Prologe u. Theaterreden. gr. 12. Bresl. 823. Graß B. u. C. 12 gr

Holtei, Karl v., Fürstbischof und Vagabund. Erinnerungsblätter. 8. (62 S.) Breslau 882, Trewendt. *

— d. Gärtner. Ein Spiel für fröhl. Mädchen u. Jünglinge. 12. Bresl., Holäufer. 8 gr

v. Holtei, (Carl) Gedichte. 8. Berlin 826, Haude u. Sp.

— Gedichte. 8. Berl. 827. Haude u. Sp. 1 Rß 8 gr

Holtei, Carl v., Gedichte. 8. (26⅝ B.) Berlin 841, Vereins-Buchhandlung.

— Gedichte. 4. Aufl. br. 8. (XII und 418 S.) Hannover 855(56,) Lohse. *

— Gedichte. 5., verm. Aufl. 16. (XVI und 605 S.) Breslau 861, E. Trewendt.

— Schlesische Gedichte. (Mit beigedr. Melodien.) gr. 8. (10½ B.) Berlin 830, Haude u. Spener.

Holtei, Carl v., schlesische Gedichte. 2., verb. und verm. Aufl. 8. (VI und 139 S.) Breslau 850, Trewendt und Granier.

— schlesische Gedichte. Mit einem Glossar von Carl Weinhold. 3., verm. Ausg. 16. (VIII und 274 S.) Breslau 857, E. Trewendt. geb.

schlesische Gedichte. 4. verm. Aufl. Volks-Ausg. Breslau 858. E. Trewendt. 16. (VIII, 243 S.) 7½ ngr

— — Volks-Ausg. 5. verm. Aufl. 859. — (6. Aufl.) Ebend. 861. 16. 7½ ngr

— schlesische Gedichte. 7. und 8., verb. und sehr verm. Aufl. 16. (X und 341 S.) Breslau 862,63, Trewendt. geb. mit Goldschn.

— dass. — 9. Aufl. Mit einem Glossar von Karl Weinhold. gr. 8. (VIII und 464 S. mit Bildern in eingedr. Holzschn. nach Zeichnungen von Aug. v. Heyden.) Ebendas. 865. geb. mit Goldschn. *

— dass. — 10., verm. Aufl. Volks-Ausg. 16. (IV und 382 S.) Ebendas. 866. *

— dass. — 11., verm. Aufl. Min.-Ausg. 16. (VIII und 382 S.) Ebendas. 867. geb. mit Goldschn.

— Schlesische Gedichte. Volks-Ausg. 12. verm. Aufl. 1871. *M 1., und 13. Aufl. 16. (IV, 412 S.) Ebendas. 871.

— schlesische Gedichte. 14. verm. Aufl. 16. (VIII, 436 S.) Breslau 874. Trewendt. geb. m. Goldschn. 3. 75

Holtei, Karl v., schlesische Gedichte. Ausgabe letzter Hand in 4 Heften. Mit Glossarium von K. Weinhold. 15. verm. Aufl. (IV, 124; IV, 102; IV, 172; IV, 139 S.) 1877; 16. Aufl. 16. (560 S.) Breslau 878, Trewendt. à Heft 50 Pf. 2 — geb. 3 —

schlesische Gedichte. Mit Glossar von K. Weinhold. 17. Aufl. Ausg. letzter Hand. 16. (XVI, 543 S.) Ebendas. 880. *

Holtei, Karl v., schlesische Gedichte. 18. Aufl. 16. (VII, 487 S.) Breslau 883. Trewendt. n. 2. —; geb. n. 3. —

Holtei, K. v., schlesische Gedichte. 19. Aufl. 16. (VII, 487 S.) Breslau 888. Trewendt. n. 2. —; geb. n. 3. —

Holtei, Karl v., schlesische Gedichte. 20. Aufl. 16. (VII, 487 S.) Breslau 894. E. Trewendt. n. 2. —; geb. in Leinw. n. 3. —

Holtei, Karl v., schlesische Gedichte. 21. Aufl. gr. 16. (VII, 487 S.) Breslau 899. Berlin, E. Trewendt. n. 2. —; geb. in Leinw. n. 3. —

Holtei, Karl v., schlesische Gedichte. 22. Aufl. (VII, 487 S.) 16. Berlin 905. E. Trewendt. n. 2. —; geb. n. 3. —

Holtei, Karl v.: Schlesische Gedichte. 23. Aufl. Schweidnitz: Heege [1910]. 332, IV S. 8°

— Geistiges und Gemüthliches aus Jean Paul's Werken. In Reime gebracht. 16. (XV und 268 S.) Breslau 858, E. Trewendt.

drei Geschichten von Menschen und Thieren. 1. Der Katzendichter. 2. Der Kanarius. 3. Das Hundefräulein. Drei Erzählungen. 2 Bde. Leipzig 856. Hübner. 16. (2 Bl., 226; 2 Bl., 191 S.) 1 Thlr. 10 ngr

— s. v. Göthe's Todtenfeier.

Holtei, Karl (Ed.) v., Heil dem Könige! Zwölf preuß. Lieder. 16. (2 B. u. 1 Ztlvign.) Berlin 831, Trautwein. Thlr.
Eine Prachtausgabe ders. in 4. ist nur als Beilage zum „Königsblatt von Joh. Heinrigs", vgl. dies., erschienen.

— Herr Heiter. Liederspiel in 1 Akt. 2. Aufl. 8. (44 S.) Berlin 861, Lassar's Buchh. *

— ein vornehmer Herr, s. Album. Bibliothek deutscher Originalromane zc.

v. Holtei, Karl, des Adlers Horst. — Der dumme Peter, s. Jahrbuch deutscher Bühnenspiele, v. Gubitz. 14r u 16r J.

Holtei, Karl v., d. Adlers Horst, s.: Mode's Opern-Text-Bibliothek.

— Jahrbuch deutscher Bühnenspiele, 8—10. Jahrg., s. Jahrbuch zc.

— Jahrbuch deutscher Nachspiele, s. Jahrbuch.

— vierzig Jahre. 1—4. Bd. 8. Berlin. [Adolf u. Comp.] [1. u. 2. Bd. (52¾ B.) 843. 3½ Thlr., 3. u. 4. (17⅞ B.) 44. 3½ Thlr.]

—— dass. 5. u. 6. Bd. 8. (31½ B.) Breslau 846, Aug. Schulz. *

—— vierzig Jahre. 7. und 8. Bd. 8. (739 S.) Berlin 850, Adolf und Comp. *

—— Vierzig Jahre. 2. Aufl. 12 Lfgn. 16. (1. und 2. Bd. 781 S., 3. Bd. 424 S., 4—6. Bd. 1222 S. mit lithogr. Portr. in Fol.) Breslau 859, E. Trewendt. à Lfg. 7½ Ngr.

Holtei, Karl v., Vierzig Jahre. (Jubiläums-Ausg.) Neu hrsg. u. durchges. v. Max Grube. 2 Bde. 4. Aufl. 8. (VI, 441 u. 514 S.) Breslau 898. E. Trewendt. n. 6. —; geb. n.n. 8. —

[Holtei, Karl von.] Don Juan. Dramatische Phantasie in 7 Akten von einem deutschen Theaterdichter. Paris, Pierre Marteau, 1834. 8°.

Die erotische Komödie wurde nur in wenigen Exemplaren hergestellt und ist sehr selten. In dem Vorwort sagt Holtei u. a., er sei durch Mozarts Musik angeregt worden.

JUAN, Don. — Don Juan. Dramatische Phantasie in sieben Akten (in Versen); von einem deutschen Theaterdichter *(Carl v. Holtei*, 1797—1880). Paris, 1834. Bei Pierre Marteau (O. Wigand in Leipzig). 8°. VIII—336 S. (18 Mk., sehr schönes unbeschn. Expl. im Orig.-Umschl., J. Halle, 1907; 25 Mk., ebenso, E. Frensdorff, 1907; 50 Mk. C. G. Boerner, Lpz., 1907.)

Erotische Komodie, „frei von den Fesseln, die zufällige Bühnenform, Theater-Censur, Hofetikette und Pruderie des tugendsamen Publikums auflegen."

Nur in kleiner Auflage gedrucktes Werk, „das an sittenlosem Schmutz mehr aufgenommen hat, als eine grobe Vorstellung des Titelhelden rechtfertigt". (Goedeke, 1. Aufl. III. p. 648 u. 650.)

Ziemlich rar, da vom Verfasser möglichst unterdrückt worden.

Holtei, Karl v., eine alte Jungfer. Roman. 8. (VIII, 304 S.) Breslau 869, Trewendt. *

Holtei, Karl v., Hans Jürge. Charakterbild mit Gesang in 1 Akt. 2. Aufl. Berlin 861. Lassar. 8. (51 S.) n. 10 ngr

—— die beschuhte Katze. Ein Mährchen in 3 Akt. m. Zwischenspielen. 12. (5 B.) Berlin 843, A. Duncker.

— der letzte Komödiant, s.a. Universal-Bibliothek.

—— der letzte Komödiant. Roman in 3 Thln. 8. (XII und 1036 S.) Breslau 863, Trewendt.

Holtei, Karl v., der letzte Komödiant. 3. Aufl., durchgesehen v. Paul Barsch. (447 S.) 8. Schweidnitz (909). L. Heege. 2.—; geb. in Leinw. 3. —

— Königslieder — alt u. neu. — Berlin 870. Gebr. Paetel. gr. 8. (53 S.) 15 ngr

— Königslieder — alt u. neu. — 2. verm. u. verb. Ausg. gr. 8. (59 S.) Berlin 871. Gebr. Paetel. — 60

— Königslieder — alt u. neu —. 3. (Titel-)Ausg. gr. 8. (59 S.) Leipzig 878. Baldamus. — 75

—— und A. Gad, preußische Kriegs- und Sieges-Lieder, s. Gad, A.

— Christian Lammfell. Roman in 5 Bänden. Breslau 853. E. Trewendt. 8. (324; 331; 332; 379; 288 S.) 6 ℛ.

—— 2. Aufl. 5 Bde. Breslau 858. E. Trewendt. 16. (241; 255; 257; 296; 226 S.) 1 ℛ. 7½ ngr

— Christian Lammfell. Roman in 5 Thln. 4. Aufl. (Jubiläums-Ausg.) 8. (152, 159, 162, 189 u. 142 S.) Breslau 878. Trewendt. n. 6. —

— Christian Lammfell. Roman. 2 Bde. 5. Aufl. (501 u. 346 S.) 8. Ebd. 906. n. 5. —; geb. n. 6. 50

—— Lenore. Vaterländ. Schausp. mit Gesang in 3 Abthln. 8. (10½ B.) Berlin 829, Duncker u. Humblot.

— Lieder e. Alten. 16. (20 S.) Berlin 870. Lipperheide. — 25

— deutsche Lieder. 16. Schleusingen 834. Glaser. ¾ ℛ — 2e verm. Aufl. 16. Ebd. 836. ½ ℛ

—— das Liederspiel oder: der schottische Mantel. Liederspiel in 1 Akt. 2. Aufl. 8. (48 S.) Berlin 861, Lassar's Buchh. *

—— Lorbeerbaum u. Bettelstab, od.: Drei Winter e. deutschen Dichters. Schausp. in 3 Akt. (Mit e. Nachsp.: „Bettelstab u. Lorbeerbaum.) 8. (11½ B.) Schleusingen 840, Glaser.

s. Lustspiele.

—— dreiunddreißig Minuten in Grüneberg. Posse mit Gesang in 1 Akt. 2. Aufl. 8. (36 S.) Berlin 861, Lassar's Buchh. *

—— ein Mord in Riga, s.a. Album. Hrsg. von J. L. Kober.

—— ein Mord in Riga, s.a. Hausbibliothek deutscher Novellen.

Holtei, Karl von

Ein Mord in Riga. Erzählung.
Prag: Aerzabek 1855. 247 S. 8°

(Album. Bibliothek dt. Originalromane. Jg. 10, Bd 1.)

— Nachlese, Erzählungen u. Plaudereien. 3 Bde. gr. 8. (VII, 280; 324 u. III, 310 S.) Breslau 871. Trewendt. à 4. 50

Holtei, Karl von

Noblesse oblige. Roman. Bd. 1 - 3.
Prag, Leipzig: Kober 1857. 8°

(Album. Bibl. dt. Originalromane. Jg. 12. Bd. 14 - 16.)

—— dass. — s.a. Album, hrsg. von Kober. 12. Jahrg.

—— Noblesse oblige. Roman in 3 Bdn. 16. (XVIII und 861 S.) Prag 857. [Wien, Markgraf und Comp.]

—— die Perlenschnur. Liederspiel in 1 Akt. 2. Aufl. 8. (30 S.) Berlin 861, Lassar's Buchh. *

— An Grabes Rande. Blätter und Blumen auf langer Wanderschaft gesammelt. 2. verm. Ausg. 1815—1875. gr. 16. (XVI, 266 S.) Ebendas. 876. * ℳ 3.; geb. * 4 —

Die 1. Aufl. erschien im Selbstverlag.

— Reise ins Riesengebirge. (1818.) Zu s. 100. Geburtstage, 24. I. 1898, aus e. Handschrift d. reichsgräfl. Schaffgotsch'schen Bibliothek zu Warmbrunn hrsg. v. Heinr. Nentwig. [Aus: „Schles. Volkszeitg."] gr. 8. (VII, 32 S.) Warmbrunn 898. (M. Leipelt.) n. — 60

— die deutsche Sängerin in Paris. Schwank in 1 Aufz. 8. Berl. 826. Vereinsbuchh. 8 ℳ

— ein Schneider. Roman. 3 Bde. Breslau 854. E. Trewendt. 8. (308; 355; 317 S.) 3 Thlr 22½ ngr.

2. Aufl. 3 Bde. Ebend. 858. 16. (3 Bl., 242; 2 Bl., 276; 2 Bl., 246 S.) 1 Thlr.

— erzählende Schriften. 20 Bde. Breslau 861, 62. Trewendt. 16. (XII, 9638 S.) 10 Thlr 15 ngr.

— — Ausgabe in 34 Bänden. Ebend. 862. 16. 12 Thlr 27½ ngr.
Inhalt: 1—6. Kriminalgeschichten. 6 Bde. (1504 S.) 2 Thlr — 7—9 Noblesse oblige. Roman in 3 Thln. (711 S.) 1 Thlr — 10—12. Die Vagabunden. Roman in 3 Thln. (927 S.) 1 Thlr — 13—17. Christian Lammfell. Roman in 5 Thln. (1282 S.) 1¼ Thlr — 18—20. Ein Schneider. Roman in 3 Thln. (764 S.) 1 Thlr — 21—23. Die Eselsfresser. Roman in 3 Thln. (760 S.) 1 Thlr — 24—28. Kleine Erzählungen. 5 Bde. (1306 S.) 1 Thlr 20 ngr. — 29—34. Vierzig Jahre. 6 Bde. (2377 S.) 4 Thlr —

— — Supplem.-Bd. Ebend. 864. 16. 20 ngr.
Inhalt: Noch ein Jahr in Schlesien. Anhang zu den „40 Jahren." 2 Bde. (VIII, 508 S.)

Holtei, Karl v., erzählende Schriften. 35.—39. Bd. 16. Breslau 866, Trewendt. *
Inhalt:
Bd. 35.—37. Der letzte Komödiant. Roman. 3 Thle. (VIII und 911 S.) * 1 Thlr.
38. 39. Charpie. Eine Sammlung vermischter Aufsätze. 2 Bde. (XXVIII und 522 S.) * 1 Thlr. 15 Ngr.

—— dass. — Suppl.-Bd.: Noch ein Jahr in Schlesien. Anh. zu den „40 Jahren." 2 Bde. 16. (VIII und 508 S.) Ebendas. 864.

— Schwarzwaldau, s.a. Album. Bibliothek deutscher Originalromane.

Holtei, Karl von
Schwarzwaldau. Bd.1.2.
Prag: Exp. des Albums. Leipzig: Hübner 1856. 8°
(Album. Bibl. dt. Originalromane. Jg.11. Bd.1.2.)

——, Shakspeare in der Heimath, od.: Die Freunde. Schausp. in 4 Akt. 8. (12 B.) Schleusingen 840, Glaser.

— Simmelsammelsurium aus Briefen, gedruckten Büchern, aus dem Leben u. aus ihm selbst. 2 Bde. 8. (VIII, 296 u. VII, 280 S.) Ebend. 872. 9. —

—— 600 Sprüche aus Jean Paul's Werken. In Reime gebracht. 2. Ausg. 16. (XI und 268 S.) Breslau 863, Trewendt. cart.

—— Stimmen des Waldes ꝛc. 8. (351 S.) Breslau 848, Schulz. *

—— Stimmen des Waldes. 2., verm. Aufl. 16. (356 S.) Breslau 854, [Trewendt.]

— wider das Theater. 8. Bresl. 823, Groß, B. u. C.

— Theater. In 1 Bde. 3 Liefg. Lex.-8. Breslau 845, Aug. Schulz. Subscr.-Preis à n. 1 Thlr (compl. in Leinwand cart. Ladenpr. n. 4 Thlr)

—— Theater. Ausg. letzter Hand. 6 Bde. 16. (1928 S.) Breslau 867, Trewendt. *

—— die Töchter des Freischulzen, s. Album. Bibliothek deutscher Originalromane.

—— die Töchter des Freischulzen, s. Günther's deutsche Romanbibliothek.

(——,) Goethes Todtenfeier, s. 8. Bd.: Goethe ꝛc.

—— Haus Treustein. Roman. 3 Thle. 8. (VIII und 1080 S.) Breslau 866, Trewendt.

—— die Vagabunden. Roman. 4 Bde. 8. (XVI und 1184 S.) Breslau 851(52,) Trewendt und Granier.

— die Vagabunden. Roman in 3 Bdn. 2. Aufl. Breslau 857. E. Trewendt. 16. (920 S.) 1 Thlr.

— die Vagabunden. Roman in 3 Bdn. 3. Aufl. Mit (12) Holzschn. illustrirt nach Zeichnungen von Ludw. Löffler. Ebend. 860. 8. (VIII, 581 S.) 1 Thlr 15 ngr.

— die Vagabunden. Roman in 3 Bdn. 5. Aufl. 8. (167, 234 u. 180 S.) Ebend. 876. 4. 50

— die Vagabunden. Roman in 3 Bdn. 6. Aufl. Ster.-Ausg. Mit dem (Holzschn.-)Bilde des Dichters. 8. (167, 234 u. 180 S.) Ebend. 880. n. 4. —; in 1 Bd. geb. n. 5. —

— die Vagabunden. Roman. 3 Thle. in 1 Bd. 7. Aufl. Ster.-Ausg. 8. (167, 234 u. 180 S.) Ebend. 887. n. 4. —; geb. n. 5. —

— die Vagabunden. Roman. 8. Aufl. 8. (602 S.) Ebd. 895. n. 4. —; geb. n. 5. —

— die Vagabunden. Roman. 9. Aufl. (604 S.) 8. Breslau 903. Berlin, E. Trewendt. n. 2. —; geb. n. 3. —

— Die Vagabunden. 10. Aufl., durchgesehen v. Paul Barsch. (512 S.) 8. Ebd. (909). 2.—; geb. in Leinw. 3. —

—— die Wiener in Paris. Lebensbild mit Gesang in 2 Akten. 2. Aufl. 8. (68 S.) Berlin 861, Lassar's Buchh. *

Holtei, Karl Ed., s. Holtei, Karl

Höltei, A., der heilige Weihnachtsabend, s. Weihnachtsabend, der heilige.

Holten, Meteorolog. Beobachtungen von Kopenhagen. 1860—63 incl. (S. 5474)

Holten, Christian Frederik

Holten, C. F. v., vom dänischen Hofe. Erinnerungen aus der Zeit Friedrichs VI., Christians VIII. u. Friedrichs VII. Aus dem Dän. (Memoiren-Bibliothek.) gr. 8. (254 S. m. 4 Bildnissen.) Stuttgart 900. R. Lutz. n. 4. 50; geb. n. 5. 50

Holten, Fritz (Jos. Kaltenboeck), das Polarschiff. Eine Erzählg. f. die reifere Jugend. Mit 25 Abbildgn. v. M. Barascudts. (III, 246 S.) 8. Stuttgart (910). Union. Geb. in Leinw. 4. 50

Holten, Johann Bernhard (Pünderich), Crimen, matrimonii impedimentum, historicè, canonicè, & practicè expositum, unà cum subjunctis corollariis ex jure vario. Präs. Georg Christoph Neller. Trier (J. C. Reulandt) 4. IX. 1751. 24 S. (6.80) **15790**

Oppon.: Heinr. Adolph Philippi (Prüm), Franz Philipp Reiss (Cröv), Peter Fell (Aachen), Martin v. Steinhausen (Trier). — Gew.: Sebastian u. Heinrich Joseph Berg.

Holten, Kurt Günther von, approb. Arzt aus Altona: **Über posterysipolatöses Sklerem.** *Hamburg: L. Gräfe & Sillem 1904.* (20 S.) 8°
Heidelberg, Med. Diss. v. 1904

Holtenau. Fried. Thöming fec. Hamburg. o. J. Lithogr. 1 Bl. 1°.

Holter, Friedrich

Lieder f. fidele Kreise f. Kneipe u. Kommerse, enthalt. lustige Lieder, Lieder z. Laute, Schnadahüpfeln, Rundgesänge, Schelmenlieder, Kneiplieder, Salamander, Mimiken, Scherze, Aufführungen u. Moritaten, hrsg. u. gesamm. v. Friedrich Holter, Stuttgart, 72 S., 16°.

Holter, M.: Methode, nach welcher Kaiser Josef II. die italienische Sprache erlernte. 9 S. – Progr. Kremsmünster 1858.

Holter: Metrische Uebersetzung des Gedichtes: Il ritorno del crociato, des Kreuzfahrers Heimkehr. – Kremsmünster, Progr. 1858

Holter, Mark., ausgewählte Dichtungen. Hrsg. von einem seiner Mitbrüder. 8. (XV, 171 S.) Wels 877. Haas.
n. 1. 60

[illegible] u. [illegible] in den J. [illegible] u. 1882. gr. 8. (IV, [illegible]) [illegible] n. 1. 75

Holterbach, Wilh. [app. Arzt]: Ueber Hautpflege und Behandlung kleinerer chirurgischer Vorkommnisse in Irrenanstalten … München, Buchdr. v. M. Ernst, 1893; 19 S. 8.
München, Med. Fak., Inaug.-Diss. v. 1893

Hölterhof, Frz., (†…) russischer Cellarius, oder etymolog. russ. Wörterbuch, nebst e. Anhang von ausländ., in d. russ. Sprache angenomm. Wörtern u. e. kurzen russ. Etymologie. 8. Moskau 771.

— russisches alphabet. Wörterbuch, mit deutscher u. latein. Uebersetzung. 1r, 2r Thl. 8. Moskau 778.

— kurzgefaßtes Wörterbüchlein von 4 Sprachen, nämlich d. deutschen, latein., französ. u. russischen. 8. Moskau 776.

Hölterhof, s. H ö l t e r h o f f

Hölterhoff, Corn., s. H ö l t e r h o f f, Korn.

Hölterhoff, Ed., Vaterlandskunde e. geograph.-geschichtl. Handb., zunächst f. d. Bewohner d. preuß. Rhein-Provinz. 8. (36¾ B.) Solingen 841, Amberger.

Hölterhoff, Geo. Wlh., die neuesten Erfahrungen in d. Baumwollenfärberei auf Garne u. Kattune. 8. Erfurt 820. (Otto). 10 gr

Hölterhoff, Geo. Wilh., die neuesten Erfahrungen in d. Baumwollenfärberei auf Garne u. Kattune. 2., wohlf. Ausg. 8. (6 B.) Erfurt 833, Otto.

— Farbenbuch zum häusl. Gebrauch für Frauenzimmer, oder Anweis., alle Mode- u. andere Farben auf Baumwollen, Linnen 2c. zu färben. Mit e. Farben-Musterkarte. 8. Erfurt 812. Keyser. 16 gr

— neueste Fortschritte u. Erfahrungen in d. Kunst des Färbens, Druckens u. Bleichens. 8. Erfurt, Keyser. 815.

— neueste Fortschritte u. Erfahrungen in d. Kunst des Färbens, Druckens u. Bleichens. 8. Erfurt 816. Keyser. 1 ß 6 gr

— Geheimnisse f. Fabrikanten u. Färber die Haupt- u. Modefarben auf Casimir 2c. auf eine wohlf. u. schöne Art durch mehrenth. inländische Farbenmaterialien darzustellen. (16 Bdch.) Mit 2 natürl. Mustertaf. 8. Erfurt, Beyer u. M. 812.

— Geheimnisse für Fabrikanten u. Färber, d. Haupt- u. Modefarben auf Kasimir 2c. auf eine wohlfeile u. schöne Art durch mehrentheils inländ. Farbenmaterialien darzustellen. 16 Bdch. Mit 2 natürl. Mustertaf. 8. Erfurt 812. (Otto). 1 ß 12 gr
26 Bdchen. A. u. d. T.: Geheimnisse 2c. d. Haupt- u. Modefarben auf Wolle, Tücher, Biber, Kasimir, Merino, Seide 2c. darzustellen. 8. Ebd. 822. 16 gr

Hölterhof, (G. W.,) Geheimnisse f. Fabrikanten u. Färber d. Haupt- u. Mode-Farben auf Wolle, Tücher, Biber, Kasemir 2c., auf die neueste, älteste u. schönste niederländer Art darzustellen. 2r Bd. 8. Erfurt 822, Maring. 16 gr. Beide Bde

—— neuestes prakt. Handbuch d. Kunstfärberei, enthalt. ganz neue Erfahrn. f. Fabrikanten, Färber, Tuchmacher, Posamentirer u. Leinweber, um alle Haupt- u. Modefarben auf d. neueste u. schönste Art darzustellen, nebst e. Anleit. z. Drucken u. Bleichen 2c. Durch 30 natürl. Muster erläutert. 8. (22 B.) Arnstadt 828, Mirus.

— neuestes prakt. Handbuch der Kunstfärberei, enthaltend: ganz neue Erfahrungen für Fabrikanten, Färber, Tuchmacher, Posamentirer und Leinweber, um alle Haupt- u. Modefarben auf Baumwolle, Wolle, Tücher, Seide, Leinen, Bänder auf die neueste ächteste und schönste Art darzustellen, nebst e. Anleitung zum Drucken und Bleichen. Mit 30 natürlichen Mustern. 2e Aufl. 8. Leipzig 838. Reimann; jetzt Melzer. 1 ß

— neuestes prakt. Handbuch d. Kunstfärberei, enthaltend ganz neue Erfahrungen für Fabrikanten, Färber, Tuchmacher, Posamentirer u. Leinweber, um alle Haupt- u. Modefarben auf d. neueste u. schönste Art darzustellen, nebst einer Anleit. zum Drucken u. Bleichen 2c. durch 30 natürl. Muster erläutert. 8. Arnstadt 820, Mirus. 1 ß

— vollständ. prakt. Handbuch d. Kunstfärberei, oder Anweis., ächt türk. Roth, Grün, Gelb, Braun, Violett 2c. zu färben. 5 Thle. 8. Erfurt 808—24. Keyser. 8 ß 4 gr 1r Bd., 2e umgearb. u. verb. Aufl., durchgesehen v. J. B. Trommsdorff. A. u. d. T.: d. Kunst d. Färbens d. baumwollenen u. wollenen Garnzeuge u. Tücher, in allen Haupt- u. Modefarben 2c. 819. 1 ß 12 gr 5r Bd. A. u. d. T.: neueste Recepte zur Prüfung d. Aechtheit d. Farben; zum Abziehen d. Farben von Stoffen 2c. Nebst e. Anweis. zur Zubereitung u. Färbung d. Circassia. Ebd. 824. 20 gr

— — vollständ. prakt. Handbuch der Kunstfärberey, nebst Unterricht zu verschiedenen, noch wenig bekannten Bleichen. Mit Abbildungen. 1ster Band. 2te durchaus umgearb. verb. Auflage. durchgesehen von J. B. Trommsdorff. 8. Erfurt, Keyser. 819.

Auch unter dem Titel:

Die Kunst des Färbens der baumwollenen und wollenen Garnzeuge und Tücher, in allen Haupt- und Modefarben 2c.

— d. Kunst, d. ächte türkische oder sogenannte Elberfelder Roth, d. ächten ostind. Nanquin u. d. vorzügl. Modefarben zu äußerst billigen Preisen zu färben. Mit 1 Mustertafel. 8. Erfurt 2e A. 812. (Otto). 18 gGr.

— Kunst, das ächte türkische oder sogen. Elberfelder Roth, den ächten, ostindischen Nankin u. die vorzügl. Modefarben zu billigen Preisen zu färben. N. Aufl. 8. Erfurt 827, Maring.

— die Waid- und warme Küpe, nebst Anweisung zur Wollfärberei, zur Weiß-, Gelb-, Grün- u. Blaudruckerei auf Baumwolle u. Linnen, u. zur Darstellung versch. ächter Haupt- u. Modefarben auf Wolle, Baumwolle u. Seide. 2e wohlf. Ausg. 8. Erfurt 833. Otto 1 Rthlr.

— neu entdecktes chemisch geprüftes, u. als ganz ächt bewährt gefundenes einfaches Mittel, aus Wolle, Baumwolle, Linnen, Seide ꝛc., alle, selbst veraltete Firniß-, Theer-, Oel- u. überhaupt Fett- u. Schmutzflecken zu vertilgen ꝛc., versiegelt. 8. Erfurt 819. (Keyser). 8 gGr.

— die Waid- u. Warme-Küpe, Beobachtung über d. Anstellung, Verschärfung, Leisigkeit u. Fäulniß derselben, u. wie diese zu verhüten u. zu heben. 8. Erfurt 818. (Otto). 1 Rthlr. 12 gGr.

—— die Waid- u. warme Küpe, nebst Anweis. z. Wollfärberei, z. Weiß-, Gelb-, Grün- u. Blaudruckerei auf Baumwolle u. Linnen, u. z. Darstellung verschied. ächter Haupt- u. Modefarben auf Wolle, Baumwolle u. Seide. 2., wohlf. Ausg. 8. (21 B.) Erfurt 833, Otto.

— — die Werkstätte des Färbens, Druckens und Bleichens, Anleitung Färbereyen, Druckereyen und Bleichen anzulegen, und Beschreibung der zu diesen Anstalten nöthigen Gemächer, Plätze, Gefäße, Werkzeuge und Geräthschaften. 8. Erfurt, Keyser. 818.

Hölterhoff, Korn.

Hölterhoff, Corn., der kranke Mai. Ein Mährchen. 16. (2½ B.) Iserlohn 832, Langewiesche.
Aus „Lies mich! Ein Taschenbuch" ꝛc. Jahrg. 1832, besond. abgedr.

Hölterhoff, Rudolf [aus Düsseldorf]: Ueber die Verteilung der kleinen Planeten im Raume zwischen Mars und Jupiter. '(Erweiterte Preisschrift.)' ... Bonn, Univ.-Buchdr. v. C. Georgi, 1892; 2 Bl., 45 S., 1 Bl., 2 Taf. 8.
Bonn, Phil. Fak., Inaug.-Diss. v. 22. Juli 1892

HOLTERMANN: Von den Bubenstücken der boshafftigen Advokaten und grossen Ungerechtigkeit der falschen Richter. — J. L. WIEDERHOLDT: Kurtze Abbildung eines durch Gaben und Geschenke bestochenen Richters. *Wetzlar.* s. a. 8.

Holtermann. Quelques observations sur le Tartufe de Molière. Elberfeld. G. S., 1873. 11 S. 4. Progr.

Holtermann, Predigten u. Vorträge auf Missionsfesten. Vortrag, geh. auf d. Missionskonferenz in Ülzen im Herbst 1894. 12. (28 S.) Hermannsburg 895. Missionshandlg. —30

Holtermann, J.: Reform des Advokatenstandes.

Holtermann, A. Cain, a mystery by Lord Byron, critically examined. Diss. Rostock 1869. 27 S.

Holtermann, A. T., Emil Werders Schuljahre. Erzählg. 8. (V, 358 S.) Dresden 902. E. Pierson. n. 3. 50; geb. n. 4. 50

Holtermann, Adf., deutsch-französisches phraseologisches Wörterbuch. gr. 8. (VIII, 336 S.) Dortmund 882, Köppen'sche Buchh. *M* 3.; geb.

Holtermann, Arnold Moritz

— — De vario juris usu et abusu in curiis et cancellariis. Vom Gebrauch und Mißbrauch der Rechten in Cantzeleyen und Rahthäusern. Editio altera. Jena (Joh. Philipp Haas) 1715. 48 S. (7.—) 15792

Holtermann, C. Ueber Sprache, Poetik und Stil der altenglischen Gregoriuslegende des Auchinleck-Ms. Diss. Münster 1882. 104 S.

Holtermann, C. A.: Die dt. Kolonie Dona Francisca in Brasilien in historisch-statistischer Beziehung. — [Hbg: Friederichsen 1878]. 29 S. mit 1 Kt.
Aus: Mitteilungen der geographischen Ges. in Hamburg 1876—77.

Holtermann, Carl, s. Holtermann, Karl

Holtermann, Heinrich [aus Ahlen '(Westf.)']: Ein Beitrag zur Kenntniss der Nasenschleimhauttumoren ... Ahlen, Th. Zumbusch'sche Buchdr., 1891; 32 S. 8.
Würzburg, Med. Fak., Inaug.-Diss. v. 1891

Holtermann, Heinrich [approb. Arzt, 1. Assistenzarzt a. d. Irrenheilanstalt Sachsenberg b. Schwerin i/M.]: Ueber die Wirkung des Urethans bei Geisteskranken .... Rostock, Univ.-Buchdr. v. Adler's Erben, 1886; 48 S. 8°.
Rostock, Med. Fak., Inaug.-Diss. v. 26. Jul. 1886.

Holtermann, Karl

Holtermann, Carl: Beiträge zur Anatomie der Combretaceen ... [Sep.-Abdr.] Bonn, Druck v. E. Heydorn, 1893; 47 S., 1 Bl. 8.
Bonn, Phil. Fak., Inaug.-Diss. v. 18. Juli 1893

Holtermann, Carl, Beiträge zur Anatomie der Combretaceen. [Aus: „Christiania Videnskabs-Selskabs Forhandlinger".] gr. 8. (47 S. m. 2 Taf.) Christiania 893. (J. Dybwad.) n. 2. —

Holtermann, Carl, der Einfluss des Klimas auf den Bau der Pflanzengewebe. Anatomisch-physiolog. Untersuchgn. in den Tropen. Mit 1 Textfig., 6 Vegetationsbildern (auf 3 Taf.) u. 16 lith. Taf. (VIII, 249 S.) Lex. 8. Leipzig 907. W. Engelmann. 12. —

Holtermann, [**Karl**]: s-lose Formen der indogermanischen Wurzeln sk-, sp- und st- im Deutschen und Englischen. Münster i. W. 1910: Westfäl. Vereinsdr. 15 S. 4°
Münster i. W., st. G u. RG P 1910 (484) [S 10. 191

Holtermann, Karl, englisches Lesebuch, s.: Vorron, A.

— s.: Schwendener's Vorlesungen üb. mechan. Probleme der Botanik.

— französ. Sprechübungen im Anschlusse an Gegenstände d. tägl. Lebens. Zum Gebr. f. höh. Schulen. gr. 8. (IV, 90 S.) Münster 896. Aschendorff. n. 1. —

Holtermann, Karl, französische Sprechübungen im Anschlusse an Gegenstände des täglichen Lebens. Zum Gebrauche f. höhere Schulen. 2. Aufl. (104 S.) 8. Münster 904. Aschendorff. 1. —

Holtermann, Carl, anatomisch-physiologische Untersuchungen in den Tropen. gr. 8. (19 S.) Berlin 902. (G. Reimer.) n. 1. —
Sonderabdruck aus: „Sitzungsber. d. preuss. Akad. d. Wiss."

Holtermann, Carl, mykolog. Untersuchgn. aus den Tropen. Hrsg. m. Unterstützg. d. kgl. preuss. Academie d. Wissenschaften zu Berlin. Mit 12 Taf. gr. 4. (VIII, 122 S.) Berlin 898. (Gebr. Borntraeger.) Kart. n. 25. —

[F. u. Ant.] **Holtermann,** Karl [Dr.]: Vergleichung der Schlegelschen und Vossschen Übersetzung von Shakespeares „Romeo and Juliet". Münster, Druck d. Coppenrathschen Buchdr., 1892; 3 30 S. 4.
Münster i. W., RG, P 1892 (372)

Holtermann, [Karl]: Werden und Wechsel im Leben der Sprache. Zur Entwicklung der indogermanischen Wurzel sk- im Deutschen und Englischen. 36 S. 4.
Progr. Städt. Gymn. u. Realgymn. *Münster i. Westf.* 1908 (465)

Holtermann, N. Jac., Beytr. zum Kriegswesen, die Cavallerie betr. 8. Gött. Dietrich. 775.

Höltermann, Gottlob Ehrenreich (Bautzen), De testatore suae voluntatis interprete. Diss. jur. Präs. Jo. Gottlieb Siegel. Lpz. (Jo. Christian Langenheim) 31. V. 1737. 40 S. (7.—) 15378
Gew.: Johann Adam Brescius (Oehna). — Widm. v. Präs.

Hölters, H. O., Die Arbeiterverhältnisse in der niederrheinischen Baumwollindustrie mit bes. Berücks. der männlichen Arbeiter. Diss. Kettwig. 1910. 61 S.

HOLTEY, [CARL] v., Gesänge aus der Posse: Die Wiener in Berlin, in einem Aufzuge. Rendsburg. 1825. P.

Holtey-Weber, G., s.: Grundwahrheiten des Evangeliums.

— Jesus, Jesus, nichts als Jesus! 58 kurze bibl. Betrachtungen f. die Sonn- u. Festtage des Jahres. (VIII, 216 S.) kl. 8. Leipzig (910). M. Költz. Geb. 1. 50

Holtey-Weber, G., mit Gott wollen wir Taten tun!, s.: Saat u. Ernte.

— Pater Renaldo od. die Macht des Evangeliums, s.: Saat u. Ernte.

— Biblisches Tagebüchlein, s.: Hofmeyr, N. J.

— allem Volk! 58 kurze bibl. Betrachtgn. (VIII, 216 S.) 8. Leipzig 903. [Ch. Steffen.] L. N. Klepzig. n. 1. 60; geb. n. 2. 50

Holtgreven, Antonius (geb. 1843 in Paderborn): De archidiaconis archidioeceseos Coloniensis ... Bonnae, typ. I. F. Carthaus (1866). 2 Bl., 48 S., 1 Bl. 8.
[Bonn], Jur. Fak., Diss. v. 10 Febr. 1866

Holtgreven, Ant., das Verhältniß zwischen Staat u. Kirche, nach den Quellen d. canonischen Rechtes dargestellt. gr. 8. (40 S.) Berlin 875. Vahlen. n. 1. —

Holtgreven, Vorschläge zur Justizreform. Vortrag, u. d. T. „Prakt. Winke f. den Gesetzgeber u. den Richter", geh. am 29. X. 1906 in der Staatswissenschaftl. Vereinigg. zu Cöln. (32 S) 8. Hannover (906). Helwing. n. — 60
Sonderabdruck aus: „Das Recht".

Holtgreven, A. Das Wildschadengesetz. Vom 11. Juli 1891. Mit Kommentar. 12. (77 S.) Berl. 892, Guttentag. cart. * 2 50

Holtgreven, A., das Wildschadengesetz. Vom 11. Juli 1891. Mit Kommentar hrsg. 3., verm. u. verb. Aufl. 8. (187 S.) Berlin 893. J. Guttentag. Kart. n. 3. —

Holtgreven, A., das Wildschadengesetz vom 11. VII. 1891, erläutert. 4., verm. u. verb. Aufl., bearb. v. A. Holtgreven u. Th. Wolff. 8. (VIII, 216 S.) Berlin 902 J. Guttentag. n. 4. —; geb. in Leinw. n. 4. 50

Holtgreven, Ferd. Ant., die Diöcesansynode als Rechtsinstitut. Insbesondere Beantwortg. der Frage: Welche Personen gehören zu e. legalen Diöcesansynode? Münster 865. Russell. gr. 8. (32 S., 5 ngr.

Holth H.: Fütterungsversuche v. weissen Mäusen m. Fleischwaren verschiedener Herkunft. Jena 1910. (5) S. (Særtr.).
(Meddelelser fra Serumlaboratoriet. 4). 328.

Holthaus, B: Jllustrirter Catalog und Preisliste landwirthschaftl. Maschinen. Dinklage (Oldenburg) 1896

Holthaus, Eduard (geb. am 10 Nov. 1862 in Ronsdorf bei Elberfeld): Beiträge zur Geschichte der englischen Vokale ... Halle a. S., Buchdr. v. E. Karras 1885. 30 S., 1 Bl. 8. ¶ Sonderabdr. der 1 Hälfte einer gleichbetitelten Abh., die vollständig in d. Anglia VIII 1885 Anz. S. 86—144 erschien.
Bonn, Phil. Fak., Diss. v. 13 [nach d. Akten v. 15] Apr. 1885

Holthaus, Joh., geograph. Lehr- u. Lesebuch, zunächst f. Elementarschulen in Rheinland-Westphalen. Neueste Aufl. 8. (5 B.) Iserlohn 831, (Langewiesche.)

Holthaus, (Schneidergeselle,) P. D., Wanderungen durch Europa und das Morgenland in den Jahren 1824—1840. 2. verb. u. verm. Aufl. Mit dem Bildniß des Herausgebers. kl. 8. Barmen 842, Langewiesche. 3/4 ß

— dass. 2. Thl. A. u. d. T.: Neue Reisen, vollführt in den Jahren 1842—1845, Abenteuer und Beobachtungen. Mit dem Brustbild des Herausgebers. kl. 8. Ebend. 846. 7/12 ß

Holthaus, Peter Heinrich

Holthaus, Pt. Hnr., neues ABC-Buch. (Essen, Bädecker). 4 gl.

— Anweis. zum richtigen Sprechen d. Deutschen. 2e verb. u. verm. A. 8. Schwelm ... Scherz. 4 gl.

Holthaus, P. H., auch in unf. Sprache können u. sollen wir Deutsch seyn. 8. Duisb. Bädecker u. K. 814.

— auch in unserer Sprache können u. sollen wir deutsch seyn. 8. Schwelm 814. Scherz. 6 gl.

Holthaus, Pet. Heinr., kleines Buchstabir- u. Lesebuch, s. a. Buchstabir- u. Lesebuch.

Holthaus, P. H., kleines Buchstabir- u. Lesebuch, enthalt. die nöthigsten Kenntnisse u. einige Bildungsmittel f. d. kleinere Jugend. 74. Aufl. 8. (6 B.) Schwelm 842, Scherz.

Holthaus, P. H., kleines Buchstabir- und Lesebuch, enthltd. die nöthigsten Kenntnisse u. einige Bildungsmittel für die kleinere Jugend. 96—98. Aufl. Schwelm 855—58. Scherz. 8. (64 S.) 2½ ngr.

Holthaus, Pr. Pnr., Erinnerungen an Pastor Müller in Schwelm. 8. Schwelm 808. Scherz. 4 gl.

— Kirchen- u. Schulgeschichte von Schwelm u. seiner Gegend, die erste Hälfte einer Geschichte von Schwelm u. dessen vormaligen Gonogerichte rc. 8. Schwelm 818.

—— Kirchen- u. Schulgeschichte v. Schwelm rc. 8. ... Schwelm 831, Scherz.

— Lebensbeschreib. Dr. M. Luthers. 8. Schwelm 806. (Duisb., Bädecker). 6 gl. 2e A. 8. Ebd. 816. 12 gl.

Holthaus, P. H., Lebensbeschreibung Dr. Martin Luthers, nebst dessen Bildniß. 2te verb. Aufl. 8. Essen, Bädeker (in Comm.) 816.

Holthaus, Lesebuch zum erst. Unterr. 8. Duisburg, Bädecker u. K.

Geschichte des Historischen Vereins für Geldern und nächste Umgegend. Festschrift z. 50jähr. Bestehen d. Vereins. Von Lehrer (A.) **Holthausen.** Geldern 1903: Schaffrath. 39 S. 8° (11. 10120 5

Holthausen, Ferd., die englische Aussprache b. zum J. 1750 nach dänischen u. schwed. Zeugnissen. I. u. II. [Aus: „Göteborgs högskolas årsskrift".] gr. 8. (22 S.) Gothenburg, Wettergren & Kerber. n.n. 2. 80
1. (22 S.) 895. n.n. — 80. — 2. (67 S.) 896. n.n. 2. —.

Holthausen, Ferd., Beiträge zur Textkritik der mittelenglischen Generydes-Romanze (ed. Wright). gr. 8. (7 S.) Gothenburg 898. Wettergren & Kerber. n.n. — 30
Sonderabdruck aus: „Göteborgs högskolas festskrift tilläg. nad Konsul O. Ekman".

Holthausen, F., s.a. Beowulf.

— altsächsisches Elementarbuch, s.: Sammlung v. Elementarbüchern der altgerm. Dialekte. V.

Holthausen, Ferd.: Altsächsisches Elementarbuch. Von Dr. Ferd. Holthausen, Prof. zu Gotenburg. Heidelberg: C. Winter 1899. (XIX, 283 S.) 8°
= Sammlung v. Elementarbüchern d. altgerman. Dialekte. 5.

— s.a. Enterlude, an, of Welth and Helth.

Holthausen, F[erdinand]: An Enterlude of Welth and Helth. Eine englische Moralität des XVI. Jahrhunderts, kritisch hrsg. Kiel: Lipsius & Tischer in Komm. 1908. (65 S.) 8°
Kiel, Festschrift zum Geburtstage des Kaisers 1908

— s.: Havelok.

— Lehrbuch d. altisländischen Sprache. gr. 8. Weimar, E. Felber. n. 9. —; geb. in Leinw. n. 11. —
I. Altisländ. Elementarbuch. (XV, 197 S. m. 2 Tab.) 895. n. 4. —; geb. n. 5. —
II. Altisländ. Lesebuch. (XXVII, 198 S.) 896. n. 5. —; geb. in Leinw. n. 6. —

— s.: Monatsschrift, germanisch-romanische.

Holthausen, F., die Soester Mundart, s.: Forschungen, hrsg. vom Verein f. niederdeutsche Sprachforschg.

— s.: Noahspiel, das v. Newcastle upon Tyne.

— s.: Studien, Kieler, zur englischen Philologie.

Holthausen, Ferd., Studien zur Thidrekssaga. (Dietrich von Bern.) Halle a. S. 1884. 8. (D.)

— s.: Texte, alt- u. mittelenglische.

— s.: Texts, old and middle English.

Holthausen, Ferdinand [Dr. phil.]: Vocalismus der Soester Mundart .... Halle a. S., Druck v. Ehrhardt Karras, 1885; 37 S. 8°.
Heidelberg, Phil. Fak., Hab.-Schr. v. 1885.

— die altenglischen Waldere-Bruchstücke. Neu hrsg. gr. 8. (17 S. m. 4 Autotyp.) Gothenburg 899. Wettergren & Kerber. n.n. 2. 25
Sonderabdruck aus: „Göteborgs högskolas årsskrift".

Die altenglischen Waldere-Bruchstücke. Neu hrsg. von Ferd. Holthausen. Mit 4 Autotyp. *Göteborg 1899: W. Zachrisson.* (17 S.) 8°
= Årsskrift, Göteborgs Högskolas. 5, 3. (00. 7339

Holthausen, Friedr. Wilh., Erläuterungen z. C. Glaser's topisch-physikal. Atlas. 1. Hft. 8. (9⅜ B.) Mannheim 840, Hoff.

—— über vaterländische Gesinnung, Rede zur Vorfeier des Geburtstages Sr. Maj. d. Königs Friedrich Wilhelm IV. am 14. Oktober 1846 in der Realschule zu Düsseldorf gehalten. 8. (1 B.) Düsseldorf, Böttcher'sche Buchh.

Holthausen, H., Die indische, chaldäische und griechische Götterlehre und die Sprachwissenschaft. Ein etymologischer Versuch. Crefeld 1877.

Holthausen, Heinrich [aus Gross-Reken (Prov. Westfalen)]: Über die Bedeckung grösserer Defekte durch frische, gestielte Hautlappen. . . . Greifswald, Druck v. Julius Abel, 1890; 51 S. 8°
Greifswald, Med. Fak., Inaug.-Diss. v. 25. März 1890

Holthausen, Jeannette, s. † Le Grave, Agnes.

Das Landeshospital Haina in Hessen, e. Stiftung Landgraf Philipps des Grossmütigen, von 1527–1907. Von Dr. Paul **Holthausen**, Oberarzt. Frankenberg i/H. 1907: F. Kahm. (66 S.) 8° (07. 12351 4

Holthausen, Paul, appr. Arzt: Zur Lehre von der Combination organischer Erkrankungen des Centralnervensystems mit Hysterie. *Bonn 1902: J. Trapp.* (41 S.) 8°
Bonn, Med. Diss. v. 24. Mai 1902

Holtheuer, Bruno [Dr.]: Die Gründung der angelsächsischen Kirche. Aschersleben, Druck v. K. Wedel, 1897; 1 Bl., 43 S. 4.
Aschersleben, G, OP 1897 (236)

Holtheuer, Bruno: • De usu conjunctivi in Hartmanni carmine Iwein. 97 S. 2°
Halle-Wittenberg, Phil. Diss. v. 1. Dez. 1868
Geb. [Wettaburg (Kr. Naumburg a. S.) 5. 5. 1844]
Ersch. deutsch u. d. T.: Der deutsche Conjunctiv nach seinem Gebrauche in Hartmanns Iwein. In: Zeitschrift f. deutsche Philologie. Erg.-Bd. 1874. S. 140—182.

Holtheuer, Bruno, Wanderbuch f. Raupensammler. Eine Anleitg. zur Aufsuchg. u. Zucht der am häufigsten vorkomm. Raupen. (182 S.) kl. 8. Steglitz-Berlin 908. F. L. Dames. Geb. in Leinw. 1. 80

Holtheuer, Karl Richard Kurzer Abriß der Ethnographie in vergleichender Darstellung. (Abt. I.) 38 S. **Progr.** *Leisnig* 1876.

Holtheuer, Richard, Prof.: Das Thalgebiet der Freiberger Mulde. Geol. Wanderskizzen u. Landschaftsbilder. *Leisnig 1901: H. Ulrich.* (IX, 124 S.) 8°
Leisnig, R m. PG, OP 1901 (621)

Holtheuer, Rich., das Thalgebiet der Freiberger Mulde. Geologische Wanderskizzen u. Landschaftsbilder. gr. 8. (X, 124 S.) Leipzig 901. (W. Engelmann.) n. 1. 50

Holthey, Jos., das Wichtigste üb. d. Seidenbau. — Das Insekt betrachtet als Raupe, als Puppe, als Schmetterling und als Ei. Nebst Anleit. zu e. zweckmäß. Behandlungsart desselb., gestützt auf 6jähr. Versuche u. Erfahrn. 8. (1½ B., 1 Stnt. u. 1 Tab.) Münster 840, Deiters.

Holthof, F., das elektrische Licht in seiner neuesten Entwickelung, mit besonderer Berücksichtigung der Pariser Elektricitätsausstellung 1881. Mit 120 (eingedr.) Holzschn. gr. 8. (VIII, 136 S.) Halle 882. Knapp. n. 4. —

Holthof, F., die technische Verwertung der Elektrizität. gr. 8. (59 S.) Halle 884. Knapp. n. 1. —

Holthof, Ludw., unsere Haustiere, s.: Klett, Rich.

Holthof, Ludw., der russische Vulkan. Ein Versuch zur Erklärung der Zustände u. Geistesströmungen im modernen Russland. gr. 8. (79 S.) Frankfurt a/M. 882. Morgenstern & Co. 1. —

Holthof, Ludw., s.: Zeitlexikon.

Holthoefer, Ditericvs (geb. am 8 Sept. 1856 in Widdert bei Solingen): Animadversiones in Evripidis Hercvlem et Alcestin ... Bonnae, typ. C. Georgi 1881. 60 S., 1 Bl. 8. ¶ Die Exemplare wurden z. Th. unvollständig (40 S.) ausgegeben m. d. Schlussbemerkung: Quae restant propediem edentur.

Bonn, Phil. Fak., Diss. v. 13 Aug. 1881

Holthöfer, Hugo, Referendar a. Wellesweiler (Saar): Die eingetragene Genossenschaft und der Versicherungsverein auf Gegenseitigkeit. (Ein juristischer Vergleich.) Borna-Leipzig 1906: R. Noske. (X, 111 S.) 8° [F.]

Heidelberg, Jur. Fak., Ref. Schröder, Diss. v. 3. April 1906

[Geb. 4. Dez. 83 Pferdsfeld, Kr. Kreuznach; Wohnort: Wellesweiler; Staatsangeh.: Preußen; Vorbildung: Landessch. Pforta Reife O. 02; Studium: Heidelberg 3, Berlin 1, Bonn 2 S.; Rig. 1. Febr. 06.]

Holthoff, Gust. (geb. Berlin 8. 6. 1848): Beiträge zur Casuistik der Herz- und Gefässkrankheiten im Puerperium. Berlin (1872). (32 S.) 8°

Berlin, Med. Diss. v. 21. Aug. 1872

Holthoff, Gustav (Berlin), De ruptura perinaei novaque eam sanandi methodo. Diss. med.-chirurg. Bln. (Brüschck) 26. XI. 1829. 60 S. mit Biogr. (M.: J. E. Guilhauman.) (7.—) 15793

Oppon.: Wilh. Alberti, C. Bruenninghausen, E. Junker. — Gew.: J. N. Rust.

Holthoff, Ludov. Bernard. (geb. Datteln in Westf. 1823): De prosopalgia. Berolini (1851). (26 S.) 8°

Berlin, Med. Diss. v. 17. Dez. 1851

Holthusen, Predigt geh. am Michaelisfeste üb. Dan. 12, 1—3. gr. 8. (18 S.) Hannover 875. Feesche. n. — 25

Holthusen, Vortrag über die in der Probebibel vorliegende Revision der Lutherbibel, gehalten bei der Pastoral-Konferenz zu Stade, am 26. Aug. 1885. gr. 8. (36 S.) Hannover 885, Feesche. * — 50

Holthusen, Gust., ole Erinnerungen. Plattdütsche Gedichten un Geschichten in Bremer Mundart. 1. Deel. gr. 16. (109 S.) New-York 876. (Leipzig, Brockhaus' Sort.) 2. —

Holthusen, Gust., ole Erinnerungen. Plattdütsche Gedichten un Geschichten in Bremer Mundart. 1. Deel. gr. 16. (109 S.) New-York 876, (Willmer und Roger's News-Comp.) 2 —

Holthusen, L., eine Predigt. gr. 8. (22 S.) Bremen 866, Valett und Comp. *

Holthusen, Predigt gehalten am Michaelisfeste über Dan. 12, 1—3. gr. 8. (18 S.) Hannover 874, Feesche. *

—— drei Predigten. gr. 8. (72 S.) Bremen 863, Valett und Comp. *

Holthusen, L. Predigten über die Episteln d. Kirchenjahres. [1.] u. 2. Tl. gr. 8. Gütersloh, Bertelsmann. [1. Tl. (119 S.) 889; 2. Tl. (120 S.) 892.] à Tl. * 1 50; * 3 —

Holthusen, Ludw., Erinnerungen e. verfloss. Sommerleutnants. 8. (124 S.) Dresden 902. E. Pierson. n. 1. 50; geb. n. 2. 50

— Schelmenlieder. 8. (V, 333 S.) Ebd. 902. n. 2. —; geb. n. 3. —

Holthusen, Theodor, a. Nordleda: Untersuchungen über die Verteilung der Aschenbestandteile in der normalen und durch bestimmte Operationen pathologisch veränderten Kohlrabi- und Helianthus-Pflanze. Bonn 1906: S. Foppen. (72 S., 3 Tab.) 8°

Tübingen, Naturw. Fak., Ref. Vöchting, Diss. v. 15. Nov. 1906

[Geb. 28. März 76 Nordleda (Hannover); Wohnort: Tübingen; Staatsangeh.: Preußen; Vorbildung: Gymn. Bremen Obersekunda, Pharmaz. Staatsprüfung; Studium: Kiel 1, Tübingen 8 S.; Coll. 15. Nov. 06.]

Holthusen, Walter, Referendar in Hamburg: Die Stellung des gesetzlichen Vertreters und der vertretenen Partei im Zwangsvollstreckungsverfahren zur Erwirkung von Handlungen oder Unterlassungen. Heidelberg 1907: K. Rössler. (63 S.) 8°

Heidelberg, Jur. Fak., Ref. Endemann, Diss. v. 1907

[Geb. 7. Juli 85 Hamburg; Wohnort: Hamburg; Staatsangeh.: Hamburg; Vorbildung: Gelehrtensch. d. Johanneums Hamburg Reife M. 03; Studium: Cambridge 1, Grenoble 1, Heidelberg 2, Berlin 3 S.; Rig. 30. Okt. 07.]

18°

Holthusius, Steph.: Manuale juramentorum sive brevis et perspicua juramentorum delineatio. Coloniae Agripp. 1707

Höltich

— **Heinr. Anton** (Lübeck), De naturae admirandis in luce. Observationes opticae. Präs. Heinrich Klausing. Wittbg. (Joh. Gottfried Meyer) 1. III. 1704. 14 Bl. mit Widm v. Präs. (6.80) 15382

— **Johann Adolph** (Saxo-Lauenb.), De pace domestica, vulgò Vom Hauß-Frieden. Diss. jur. Präs. Friedrich Gerdes. Greifswald 8. VII. 1674. Neudruck: 1704. 16 Bl. (7.—) 15384

— — Dasselbe. Jena (Marggraf) 1740. 32 Seiten. (6.80) 15385

Hoeltje, Anna, Diakonissin. die Freundin der Gemütskranken, s. a. Geschichten u. Bilder fürs deutsche Volk. Nr. 51.

Diakonissin Anna **Hoeltje**, die Freundin der Gemütskranken. Kaiserswerth: Diakonissen-Anst. [1905]. (11 S.) 8° [Umschlagt. F.]

— **Geschichten** u. Bilder fürs deutsche Volk. No 51. 07. 8313

Höltje, Karl, der Herr Landrat. Ein Zeitbild aus dem rheinisch-westfäl. Industriebezirk. (245 S.) 8. Braunschweig 905. Leipzig, R. Sattler. n. 3. —; geb. n. 4. —

— wo soll das hinaus? Weitere Zeitbilder aus dem rheinisch-westfäl. Industriebezirk. (300 S.) 8. Ebd. 905. n. 2. —

Hölting, Gust., Berliner A.B.C.- u. Lese-Buch, m. 16 ill. Bildern. Allen artigen u. fleiß. Kindern z. Nutzen u. Vergnügen gewid. 8. (2 B.) Berlin 831, Winckelmann u. Söhne.

Holting, Gust., Berliner ABC- u. Lese-Buch. Allen artigen u. fleiß. Kindern z. Nutzen u. Vergnügen gewidmet. (3. Aufl.) 8. (2 B. u. 16 ill. Bild.) Berlin 839, Winckelmann u. Söhne.

—— zweites Berliner ABC- u. Lese-Buch. Allen artigen u. fleiß. Kindern z. Nutzen u. Vergnügen gewidmet. (1. u. 2. Aufl.) 8. (3 B. u. 16 ill. Bild.) Berlin 835, 39, Winckelmann u. Söhne. à

Holting, Gustav (Bearb.). s. Aschenputtel.

Holting, Gust., Bruder und Schwester. Ein Bilderbuch mit 12 (lith. u. color.) Bildern u. Text. Berlin (858.) Winckelmann. 8. 6 ngr.

Holting, Gust., Cendrillon. Conte ancien nouvellement raconté. Trad. de l'allem. p. Emilie Mein. 8. (1½ B. m. 14 eingedr. col. Bild.) Berlin 844, Winckelmann et fils.

— s. Charakterbilder f. d. reifere Jugend

—— der kleine Däumling, s. Däumling.

— Eldorado. Erzählungen für Knaben u. Mädchen von 12—15 Jahren. Mit 8 ill. Bildern. breit 8. Ebd. 838. 1½ ℛ

—— Eldorado. Erzähln. f. Knaben u. Mädchen v. 12—15 Jahren, als Ermunterung z. Guten. br. 8. (18 B. u. 8 ill. Bild.) Berlin 838, Winckelmann u. Söhne.

—— Erheiterung f. Kinder in kleinen Fabeln. 8. (12 lith. u. ill. Bl. m. Text.) Berlin 840, Winckelmann u. Söhne.

Holting, Gust., Erheiterung f. Kinder in kleinen Fabeln. Mit 12 illumin. Bildern (im Text). 8. Berlin 872. Winckelmann & Söhne. — 60

—— die Erzählerin. Eine Reihe klein. u. unterhalt. Geschichten f. Mädchen v. 5—7 Jahren. 16. (9 B. u. 8 ill. Bild.) Berlin 840, Winckelmann u. Söhne.

Holting, Gust., die Erzählerin. Eine Reihe kleiner und unterhaltender Geschichten für Mädchen von 5 bis 7 Jahren. 3. Aufl. gr. 16. (III und 91 S. mit 6 lithogr. und ill. Bildern in Tondr.) Berlin 852, Winckelmann und Söhne. Thlr.

Holting, G., lehrreiche u. anmuthige Erzähll. für Kinder von 7—12 Jahren. Mit 9 ill. Steindr. breit 12. Berl. 831. Winckelmann u. Söhne. 16 gG Dass. für Kinder von 6—10 Jahren. Mit 12 ill. Bild. gr. 12. Ebd. 11 gG

—— lehrr. u. anmuth. Erzählungen f. Kinder v. 7—12 Jahren. 2. Aufl. br. 12. (6 B. u. 12 ill. Bild.) Berlin 835, Winckelmann u. Söhne.

—— lehrreiche und anmuthige Erzählungen für Kinder von 7 bis 12 Jahren. 5. Aufl. gr. 16. (IV und 140 S. mit 9 ill. Stnt. in Tondr.) Berlin 852, Winckelmann und Söhne.

—— kleines Fabelbuch. Neu erzählt. 8. (1½ B. u. 12 ill. Bild.) Berlin 838, Winckelmann u. Söhne.

Holting. *Kleines Fabelbuch* mit 12 [kolorierten] Bildern von Gustav Holting. [Vierte Auflage.] Berlin, Winckelmann & Söhne [ca. 1855]. 24 S. Kl.-8°. Blauer Kartonbd. d. Z. Vorderseite d. Originalumschlags (reizende Federlithographie von Th. Hosemann) beigebunden. 12.—

—— die junge Familie. Eine unterhalt. Erzähl. f. Knaben v. 10—14 Jahren. N. d. Franz. bearb. 8. (17¾ B. u. 8 ill. Bild.) Berlin 838, Winckelmann u. Söhne.

—— der Führer beim ersten Unterr. im Lesen. Ein neues ABC- u. Leseb. mit Erzähln. 12. (4 B. u. 30 ill. Bild.) Berlin 839, Winckelmann u. Söhne.

—— die Geschichte d. Brods in 12 (lith. u. ill.) Bild. mit Text. 8. Berlin 832, Winckelmann u. Söhne.

—— Geschichte e. guten u. e. bösen Knaben, in 12 (ill.) Bild. m. Text. 8. Berlin 837, Winckelmann u. Söhne.

—— biblische Geschichten. Für d. Jugend bearb. — Das alte Testament. M. 8 col. Bild., gez. v. Th. Hosemann. 8. (10¾ B.) Berlin 840, Winckelmann u. Söhne.

—— Goldkörner. Erzähln. z. Unterhalt. u. Belehr. f. Kinder v. 5—8 Jahren. 12. (2⅚ B. u. 18 ill. Bild.) Berlin 838, Winckelmann u. Söhne.

—— der Großvater u. seine Enkel, s. Großvater.

Holting, Gust., der Guckkasten, in 12 (ill.) Bild. m. Text. Lithogr. Berlin 839, Winckelmann u. Söhne. Thlr.

Holting, Gust., Onkel Gustav im Kreise seiner kleinen Freundinnen und Freunde. Erzählungen. Zusammengestellt von Julie Hirschmann. Mit 6 in Farbendr. ausgeführten Bildern von W. Schaefer. gr. 8. (IV, 248 S.) Berlin 875, Winckelmann und Söhne. cart. 4 50

Holting, Gust., Onkel Gustav im Kreise seiner kleinen Freundinnen u. Freunde. Erzählgn. Zusammengest. v. Julie Hirschmann. M. 6 in Farbendr. ausgef. Bild. v. W. Schaefer. (Neue Ausg.) gr. 8. (248 S.) Berlin 895. Winckelmann & Söhne. Geb. in Leinw. n. 4.—

—— die kleine Hausfrau, in 12 (ill.) Bild. m. (lith.) Text (in Reimchen). 8. Berlin 836, Winckelmann u. Söhne.

Holting. *Die kleine Hausfrau* in 12 Bildern mit Text von Gustav Holting. [Darunter: farb. Bild.] Immer ordentlich und rein . . . [Vierzeiler]. Berlin, bei Winckelmann & Söhne [ca. 1845?]. 12 Bl. Kl.-8°. Or.-Karton m. verziertem Titel (grau, schwarz und rosa). 40.—

★ Erstausgabe. Bilder und Text [in Versen] sind lithographiert, die hübschen Illustrationen handkoloriert, sie stammen höchstwahrscheinlich von Th. Hosemann, sind aber nicht identisch mit den späteren Holzschnitten Hosemanns zu diesem Büchlein von 1877 (Hobr. 394). S. Nr. 958. Entzückendes Büchlein.

— die kleine Hausfrau in 12 (lith. u. color.) Bildern mit Text. (Neue Aufl.) Ebend. (856.) 8. 6 ngr.

[Holting]. *Die kleine Hausfrau* in 12 Bildern von Th. Hosemann mit Text. Berlin, Winckelmann & Söhne [1877]. 24 S. mit 12 handkolorierten Holzschnitten. Kl.-8°. Or.-Karton m. handkolor. Deckelholzschn. BrHobr. 394. Sehr schönes Ex. 24.—

—— die Hausthiere, dargest. in 12 (lith. u. ill.) Bild. mit Text. 8. Berlin 833, Winckelmann u. Söhne.

—— Hört zu! Kleine Erzähln. u. Mährchen z. Unterhalt. f. artige Knaben u. Mädchen im zarteren Alter. (1. u. 2. Aufl.) 16. (à 11 B. u. 9 ill. Bild.) Berlin 834, 39, Winckelmann u. Söhne. à

Holting, Gust., hört zu! Kleine Erzählungen und Märchen zur Unterhaltung für artige Knaben und Mädchen im zarteren Alter. 3. Aufl. gr. 16. (140 S. mit 9 ill. Bildern.) Berlin 847, Winckelmann und Söhne.

Holting, Gustav, s. Jugendjahre

—— das erzählende Kindermädchen. Ein Zeitvertreib f. ganz kleine Kinder. 8. (1½ B. u. 12 ill. Bild.) Berlin 837, Winckelmann u. Söhne.

—— das erzählende Kindermädchen. Ein Zeitvertreib für ganz kleine Kinder enth. 22 (lithogr. und ill.) Bilder mit Text. (Neue Aufl.) 8. (23 S.) Berlin 856, Winckelmann und Söhne.

—— Lehre u. Unterhaltung. Ein Buch f. kleine Kinder, enth.: Die Anleitungen z. Lesen, u. e. Samml. neuer Erzähln., Fabeln u. Lieder. 8. (6 B. u. 32 ill. Bild.) Berlin 838, Winckelmann u. Söhne.

—— Lindane, neue Mährchen. M. 12 ill. Bild. 16. (10¼ B.) Berlin 833, Winckelmann u. Söhne.

—— Lindane, neue Mährchen. 2. Aufl. 8. (9¼ B. u. 12 ill. Bild.) Berlin 837, Winckelmann u. Söhne.

—— Mancherlei in 12 (ill.) Bild. m. Text. Lithogr. 8. Berlin 835, Winckelmann u. Söhne.

—— die kleine Menagerie, in 12 (ill.) Bild. m. Text. 8. Berlin 837, Winckelmann u. Söhne.

—— die Mutter, e. kindl. Erzählung in 12 (lith. u. ill.) Bild. mit Text. 8. Berlin 832, Winckelmann u. Söhne.

—— le petit Poucet. Conte imité du français, trad. de l'allem. p. Emilie Mein. 8. (1½ B. mit 16 eingedr. col. Bild.) Berlin 841, Winckelmann et fils.

—— das kleine Rothkäppchen. Ein Kinder=Märchen. Frei n. d. Franz. 8. (1½ B. u. 16 ill. Bild.) Berlin 840, Winckelmann u. Söhne.

— Scherz und Ernst, s. Feige, Emilie.

—— die Soldaten. Ein Bilderb. m. Text (in Reimchen). 8. (12 lith. u. ill. Bl.) Berlin 836, Winckelmann u. Söhne.

—— die Soldaten. Ein Bilderbuch m. Text. (Neue Aufl.) Ebend. (853.) 8. (12 lith. u. color. Taf.) 6 ngr.

—— die Soldaten. Ein Bilderbuch mit Text. (Neue Aufl.) 8. (12 ill. Stnt.) Berlin 854, Winckelmann und Söhne.

Holting, Gust., die Soldaten. Ein Bilderbuch mit Text. 8. (12 ill. Stnt.) Berlin 865, Winckelmann und Söhne.

— die Stadt in 12 (illum.) Bildern, mit Text. gr. 12. (12 lith. Blätter.) Berlin 841, Winckelmann u. Söhne. ¼ ℛ

—— die Thierschau. Abbildung u. Beschreibung der merkwürdigsten Säugethiere u. Vögel, nach d. besten Hülfsmitteln f. Kinder bearb. qu. 4. (18¼ B. u. 20 ill. Bildertaf.) Berlin 845, Winckelmann u. Söhne.

—— die Uhr in 12 Bildern mit Text. Lithogr. 8. Berlin 842, Winckelmann u. Söhne. ill.

—— der kleine Vorleser. Kleine Erzähln. f. Knaben v. 6—10 Jahren. gr. 12. (1 B. u. 8 ill. Bild.) Berlin 841, Winckelmann u. Söhne.

—— der kleine Vorleser. Kleine Erzählungen für Knaben von 6 bis 10 Jahren. 3. Aufl. Mit Bildern. gr. 16. (III und 91 S. mit 6 ill. Stnt.) Berlin 853, Winckelmann und Söhne.

Hoelting, C. Le Légat de la Vache à Colas de Sedege. Complainte Huguenote du XVIe siècle. Précédée d'une introduction et accompagnée de notes. Diss. Jena 1872. 49 S.

Hölting, C. E.: Über einige Eigenschaften der Kettenbrüche. 1872. 8°
Diss. Rostock

Hölting, K., Lehrbuch d. französ. Sprache. I. Lehrstufe. gr. 8. (17 B.) Cassel 844, Bohné. *

Hölting, K., Lehrbuch der französ. Sprache. I. Lehrstufe. 2., umgearb. Aufl. gr. 12. (XII und 388 S.) Cassel 847, Bohné. *

Holtius, Andreas Cath.

Holtius, A. C., Abhandlungen civilistischen und handelsrechtlichen Inhalt. Uebers. von S. Sutro. gr. 8. (III und 248 S.) Utrecht 852, Kemink und Sohn. *

Holtius, A. C.: Abhandlungen civilistischen und handelsrechtlichen Inhalts. Uebers. von S. Sutro. Utrecht 1852.
[Inhalt:]
1. Ueber die Lehre der naturalis obligatio im römischen Rechte. (1841.)
2. Ueber die Bedeutung des uti legassit in den Zwölftafeln. (1828.)
3. Ueber das Interdictum de vi armata. (1833.)
4. Ueber die wahre Definition des furtum im römischen Rechte. (1831.)
5. Ueber das beneficium competentiae. (1826.)
6. Ueber den Besitzerwerb durch das Connossement. (1841.)
7. Das Wechselrecht im 14. Jahrh. nach den Consilien des Baldus. (1846.)
8. Ueber die tabula Amalfitana. (1849.)

—— Oratio de liberalitate major. nostror., quae acad. instituendis augendisque cognita est. 8maj. (4½ B.) Trajecti ad Rh. 836, Altheer. (Bonnae, Marcus.) *

Holtius, Andr. Cath.: Historiae jur. Rom. lineamenta; quibus in acad. institutione uteretur. *Leodii*, (Bonn, Marcus.) 830. 8. (1 Thl. 16 Gr.)

Holtius, Adr. Cath., Historiae juris rom. lineamenta. Quibus in acad. institut. uteretur, adumbravit. Edit. II. auct. et emend. 8maj. (18½ B.) Trajecti ad Rh. 840, (Amstelodami, Müller.) *

Holtkamp, Aloys, über die Polypen des Mastdarms. gr. 8. (57 S.) Leipzig 886, Fock. * 1 —

Holtkamp, Heinrich: Beiträge zur Theorie der Fabrikation von Thoriumsalzen. (Berlin 1910: A. W. Schade.) 47 S. 8°
Berlin, Phil. Diss. v. 27. April 1910, Ref. Nernst
[Geb. 12. April 73 Altenessen; Wohnort: Berlin; Staatsangeh.: Preußen; Vorbildung: Realgymn. Barmen Reife O. 05; Studium: Berlin 8 S.; Rig. 6. März 10.] [U 10. 178

Holtkotte, Heinrich, aus Frohlinde: Hugo Candidus, ein Freund und Gegner Gregors VII. *Münster 1903: Theissing.* (56 S.) 8°
Münster, Phil. Diss. v. (30. Jan.) 1903

Holtkötter, Hugo [Referendar aus M.Gladbach]: Retentio Gordiana ... Rheydt, Druck v. Th. Buresch, *1897;* 55 S. 8.
Erlangen, Jur. Fak., Inaug.-Diss. v. 1897

Holtmann, Gustav [app. Arzt aus Rahden in Westf.]: Aus d. patholog. Institute zu Kiel. Multiple Polypen des Colon mit Gallertkrebs ... Kiel, Druck v. P. Peters, 1896; 15 S. 8.
Kiel, Med. Fak., Inaug.-Diss. v. [3. Juli] 1896

Holtmann, H., die Einführung des neuern Bienenzucht-Betriebes in den Haidgegenden des Königreichs Hannover, s. Bruno, H.

Holtmanni, Nicol., Historia sui temporis ab anno 1516 usque ad ann. 1529. E Msto. Bibliothecae Gottingensis nunc primum ed. D. Möhlmann. 8. (3¼ B.) Stadae 844, Pockwitz. *

Holtmanns, Johannes: Beiträge zur Geschichte der Stadt Cronenberg. Von –. H. 1. (Remscheid 1898: J. F. Ziegler.) 8⁰

Holtmans, J., Genealogien ostfriesischer Familien. II. von Clooster. 1888. S.-A.

Holtmanns, J., Zur Geschichte derer von Wüsten. 1877. 8.

Holtmanns, J., Die ausgestorbene Familie ter Braeck. S.-A.

Holtmeier, Friedrich [prakt. Arzt aus Lienen (Westfalen)]: Über Arthrodesis nebst Beschreibung einiger neuer Fälle .... Greifswald, Druck v. Julius Abel, 1888; 31 S. 8°
Greifswald, Med. Fak., Inaug.-Diss. v. 28. Apr. 1888

Holtmeier, Hermann

Holtmeier-Schomberg, die geschichtliche Entwicklung u. heutige Gestaltung des Vieh- u. Fleischhandels sowie die Bestrebungen der genossensch. Viehverwertung, s.a. Arbeiten der Landwirtschaftskammer f. die Prov. Ostpreußen.

Die geschichtliche Entwicklung und heutige Gestaltung des Vieh- und Fleischhandels sowie die Bestrebungen der genossenschaftlichen Viehverwertung von Dr. [Hermann] **Holtmeier**-Schomberg. Königsberg: Ostpr. Dr. & Verlagsanst. (auf d. Umschl.: Gräfe & Unzer) 1908. (88 S.) 8° [S.]
— **Arbeiten** d. Landwirtschaftskammer f. d. Prov. Ostpreußen. No 22. [08. 13737]

Holtmeier, Hermann, Lienen in Westfalen: Die jeverländische Marschwirtschaft dargestellt an dem typischen Beispiele des Hofes X. Oldenburg i. Gr. 1906: R. Sußmann. (103 S.) 8°
Jena, Phil. Fak., Ref. Edler, Diss. v. 6. Nov. 1906
[Geb. 25. Jan. 74 Lienen (Kr. Tecklenburg, Westf.); Wohnort: Königsberg; Staatsangeh.: Preußen; Vorbildung: Landwirtschaftsch. Varel Einj.-Freiw.-Zeugn. O. 01; Studium: Bonn 6, Jena 3 S.; Rig. 4. Nov. 05.]

Die jeverländische Marschwirtschaft. Von Dr. Hermann **Holtmeier**. Mitteilung d. Versuchs- u. Kontrollstation d. Landwirtschaftskammer f. d. Herzogtum Oldenburg. Berlin: P. Parey 1907. (102 S.) 4°(8°) [07. 18673]

Holtmeyer, A., Schwefelhaltige Abkömmlinge des Mesitylen's. Götting 33 p.
Schul-/Univ.-Schrift 1867

Holtmeyer, Alois

Holtmeyer, A., die Bau- u. Kunstdenkmäler des Kreises Cassel-Land, s.: Bau- u. Kunstdenkmäler im Reg.-Bez. Cassel.

Holtmeyer, A[lois], a. Osnabrück: Baugeschichte der Cisterzienserkirchen Thüringens. Jena: G. Fischer 1906. (45 S.) 8° ¶ (Erscheint vollst. als: Beiträge zur thüringischen Kunstgeschichte Bd 1.)
Jena, Phil. Fak., Ref. Weber, Diss. v. 22. Sept. 1906
[Geb. 22. Juni 72 Osnabrück; Wohnort: Rudolstadt; Staatsangeh.: Schwarzburg-Rudolstadt; Vorbildung: Gymn. Carolinum Osnabrück Reife O. 92; Studium: T.H. Dresden 6, Univ. Freiburg i. B. 1, Jena 2 S.; Rig. 24. Febr. 06.]

— **Beamtenwohnhäuser im Eisenbahndirektionsbez. Kassel.** 1. Heft. (22 S. m. 45 Abbildgn.) Lex. 8. Berlin 910. W. Ernst & Sohn. 1. 40
Sonderabdruck aus: „Zentralbl. d. Bauverwaltg."

Holtmeyer, A[loys]: Beiträge zur Baugeschichte der Paulinzeller Klosterkirche. Jena: Fischer 1904. 172 S., 8 Taf. 8⁰
¶ Aus: Zeitschrift d. Vereins f. Thüring. Geschichte u. Altertumskunde. Bd 23. N. F. Bd 15. 1904/05.
, Dresden, Dr.-Ing.-Diss. v. 13. 3. 1903

— **Entwürfe zu Kleinwohnungen.** 2 Mappen. 40×28 cm. Wiesbaden 909. C. W. Kreidel. 8. —
I. Einfamilienhäuser. (20 Taf. m. 4 S. Text.) 4. 80
II. Zwei- u. Vierfamilienhäuser. (16 Taf. m. 4 S. Text.) 3. 20

Holtmeyer, A., Cisterzienserkirchen Thüringens, s. Beiträge zur Kunstgeschichte Thüringens, I

Cisterzienserkirchen Thüringens. Ein Beitrag z. Kenntnis d. Ordensbauweise von A[loys] **Holtmeyer**, Landbauinspektor. Mit 177 Abb. Jena: G. Fischer 1906. (VIII, 407 S.) 8°
— **Beiträge** z. Kunstgeschichte Thüringens. Bd 1. [06. 26764 3]

Höltring, Georg: Aus der chirurgischen Klinik der Universität Bonn. Ueber tabische Gelenkerkrankungen. *Bonn 1898: J. Trapp.* (27 S.) 8°
Bonn, Med. Diss. v. [4. März] 1898

Holtrop [Schlagwort]

Holtrop, s.: Preussen, Messtischblätter.

Holtrop [Verfasser]

Holtrop, J. G., catalogus librorum saec. XV. impressorum, quotquot in Biblioth. Reg. Hagana asservantur. (Acced. supplem. e Biblioth. Musei Meermanno-Westreeniani.) Hagae Com. 856. Nijhoff. 8. (XXXVI, 592 S.) 2 *ℛℓ*. 14 *ngr.*

Holtsch, C., Gesangschule, enth. e. Samml. mehrfacher prakt. Uebungsstücke im Takt, Notentreffen u. in d. Stimmbild., z. Gebr. in d. unt. u. mittl. Gymnasialclassen u. in d. obern Classen höh. Bürgerschulen. I. Hft. qu. 4. (9 lith. B.) Guben 839, (Berger.)

Holtsch, H. Bewegungen der Gegenwart auf pädagogischem Gebiet. Zeitbetrachtungen. gr. 8. (V, 238 S.) Langensalza 889, Beyer u. Söhne. * 3 —

Holtsch, H., Predigt, bei der Jahres-Feier des evangel. Männervereins am Sonntag Reminiscere 1886 in der St. Johanniskirche zu Leipzig gehalten. gr. 8. (15 S.) Leipzig 886, Meisel. * — 25

Holtsch, Hugo, Comenius, der Apostel d. Friedens, s.: Magazin, pädagogisches.

Holtsch, Karl Hugo, geschichtliche Anordnung der wichtigsten neutestamentlichen Erzählungen nach Matth. 3—20 und den Parallelstellen. Als Hilfsbuch bei Repetitionen. gr. 8. (IV, 31 S.) Münsterberg 876, [Schröter'sche Buchh.] Krause. ** — 50

Holtsch, Karl Hugo, Eigenheiten des Sprachgebrauches in unseren neuesten Dichtungen. Beiträge zur neuhochdeutschen Onomatik. 1. Reihe: Sprachliche Streifzüge durch unseren modernsten lyrischen Dichterhain. gr. 8. (III, 42 S.) Görlitz 868, Wollmann. [Leipzig, Siegismund und Volkening.] (* 80 Pf.) *

— **Eigenheiten d. Sprachgebrauches in unseren modernsten lyrischen Dichtungen.** Beiträge zur neuhochdeutschen Grammatik. Studien u. Skizzen. gr. 8. (44 S.) Leipzig 875. Siegismund & Volkening. n. — 50

— **poetische Erzählungen**, Belehrungen u. Schilderungen f. die eingeh. u. cursor. Behandlg. auf der Mittel- u. Oberstufe dreiklass. Volksschulen. Als Ergänzungsbüchlein zum eingeführten Volksschullesebuch. gr. 8. (IV, 57 S.) Münsterberg 872. Fest. — 75

—— die volksthümliche Literatur der deutschen Volksschullesebücher, Jugend- und Volksschriften. Ein Leitfaden für Seminaristen und Volksschullehrer beim Studium des Volksschullesebuches und bei der Lecture der Jugend- und Volksschriften. 1. Thl.: Die lyrischen und sangbaren Dichtungen unserer volksthümlichen Literatur. 1. Heft: Volkslied und volksthümliches Naturlied. gr. 8. (XII, 240 S.) Görlitz 868, Wollmann. [Leipzig, Siegismund und Volkening.] (* M 3,75.) *

— die volksthümliche Literatur der deutschen Volsschul-Lesebücher, Jugend- u. Volksschriften. Vornehmlich das Volkslied u. das volksthüml. Naturlied. gr. 8. (XII, 240 S.) Leipzig 875. Siegismund & Volkening. n. 2. —

—— Sprachliche Normal- und Lernstoffe. Ein Wegweiser zur sprachbildl. Behandlung von Normalstoffen in der Volksschule. Für angehende Volksschullehrer. 2 Abthlgn. gr. 8. Bunzlau. (Löwenberg, Köhler.) *

Inhalt:
Abthl. 1. Normalstoffe für die Mittelstufe. (200 S.) 868. * M 2.
" 2. Normalstoffe für die Oberstufe. (143 S.) 871. * M 1,50.

— sprachliche Normal- od. Lernstoffe. Ein Wegweiser zu sprachbildl. Behandlg. v. Normalstoffen in der Volksschule. Für angeh. Volksschullehrer. 1. Abth. Normalstoffe f. d. Mittelstufe. 2. Abth. Normalstoffe f. die Oberstufe. 2. Aufl. gr. 8. (200 u. 143 S.) Bunzlau 873. Fernbach. n. 2. 50

— der neu-hochdeutsche Satzbau. 1. Thl.: Die Satzgliederung in ihren Grundformen. Zunächst zum Gebrauche im Seminar-Unterrichte, für Sprachlehrer an Seminarien, an Bürger- u. höheren Stadtschulen, sowie für Seminaristen der oberen Lehrcurse auf Grund des herrschenden Sprachgebrauches dargestellt. Berlin 866. Oehmigke's Verlag. gr. 8. (VIII, 190 S.) n. 27 ngr.

—— Sprachkundliches in der Volksschule. Ein Wegweiser für evangelische Volksschullehrer. (Im Anschlusse an den Auszug des Münsterberger Lesebuches.) gr. 8. (XI, 107 S.) Görlitz 867, Köhler. [Leipzig, Siegismund und Volkening.] (* M 1,50.) *

—— Studien über den biblischen Geschichtsunterricht in der evangelischen Volksschule. Beurtheilungen und Vorschläge. gr. 8. (VII, 199 S.) Breslau 870, Mälzer. *

—— dass. — 2. (Titel-)Ausg. gr. 8. (VI, 198 S.) Gera 875, Reisewitz' Verlag. *

— Studien üb. den biblischen Geschichtsunterricht in der evangelischen Volksschule. Beurtheilungen u. Vorschläge. 2. Ausg. gr. 8. (VI, 198 S.) Gera 876. Reisewitz' Verl. n. 3. —

— Uebersicht üb. die Geschichte d. Prophetenwirkens Jesu. Zunächst als Anhalt f. Repetitionen im Seminar-Unterricht entworfen. gr. 8. (28 S.) Münsterberg 872. Fest. n. — 50

Holtsch, Paul, Verzeichniss empfehlenswerther Schriften über Hühner-, Gänse-, Enten-, Tauben- und Truthühnerzucht, Federwild, Krankheiten und künstliche Ausbrütung des Geflügels, Stuben-, Sing- und Ziervögel etc. Löwenberg (1881). 8.

Holtschke, J.: Bericht der XV. Kommission üb. den Entwurf e. Gesetzes, enth. die landesgesetzl. Vorschriften üb. die Gebühren der Rechtsanwälte.

Höltschl, Jos., die Aneroïde v. Naudet u. v. Goldschmid. Ihre Einrichtg. u. Theorie. ihr Gebrauch u. ihre Leistungsfähigkeit beim Höhenmessen u. Nivelliren. Nebst 4 Hilfstaf.. f. barometr. Arbeiten. Eine Studie f. Geodäten, Physiker, Meteorologen, namentlich aber f. Eisenbahnen-Tracirungs-Ingenieure. gr. 8. (XVI, 248 S. m. eingedr. Holzschn.) Wien 872. Hölder. n. 6. —

– Dasselbe, s.a. Höltschl, P.

Höltschl, Josef, Das Höhenmessen mit Metall-Barometern (Baromètres holostériques) und die Ausmittelung der Ablese-Correctionen (des Standes) derselben. Nebst IV Hilfstafeln für barometrische Arbeiten. Eine Studie für Freunde der Hypsometrie überhaupt, namentlich aber für Eisenbahn-Tracirungs-Ingenieurs. Mit einem in den Text eingedruckten Holzschnitte. gr. 8. (X u. 74 S.) Wien, Beck'sche Univ.-Buchh. (A. Hölder.) 1870 80 kr.

Höltschl, Jos. Die agrarischen Operationen überhaupt, speciell aber in Oesterreich. Ein Leitfaden zum Unterricht f. Landwirthe, Juristen u. Techniker. gr. 8. (X, 134 S.) Wien 891, Konegen. * 2 40

—— das Pothenot'sche Problem in theoretischer und practischer Beziehung. Mit besond. Rücksicht auf dessen graph. Lösung mittelst des Messtisches [Rückwärtseinschneiden aus 3 Puncten]. Nebst einem kurzen Anh. über das Hansen'sche Problem. Für ausübende Geometer und Studirende der pract. Geometrie dargestellt. gr. 8. (XII, 96 S. mit 36 in den Text eingedr. Holzschn.) Weimar 868, B. F. Voigt.

Höltschl, Jos., Stultitia et mala Fides oder die Weisheit u. Biederkeit der Aneroïd-„Gelehrten" in Süd- u. Mitteldeutschland. Eine Epistel an die Besitzer des Werkes: „Die Aneroïde von Naudet u. von Goldschmid etc." gr. 8. (IV, 96 S.) Wien 877. v. Waldheim in Comm. n. 2. —

Höltschl, P., die Aneroide von Naudet und Goldschmid. Wien 1872. 8.

– Dasselbe, s.a. Höltschl, Josef

Holtschmidt, C. F., zur Reform d. Actien-Gesetzes. gr. 8. (31 S.) Berlin 875. Springer's Verl. n. — 60

Auf dem Wege ins Verderben. Zeitgemäße Betrachtungen über Moral von Friedrich Holtschmidt. 1.–3. Aufl. Berlin-Charlottenburg: F. Stolt [1906.] (15 S.) 8° [F.] [illegible]

Holtschmidt, Friedr., Blick zu dem Stern. Dichtung, comp. von A. Haltnorth. (Braunschweig) 1883. 4. 2 Bl. — Maur. Weihelied.

Holtschmidt, Carl Friedr., Ecce homo! Dramatische Dichtung. 16. (128 S.) Barmen 869, Bädeker'sche Buchh. cart. *

Holtschmidt, Friedr., Ecce homo. 2. Aufl. 12. (108 S. mit Ziertitel.) Berlin 887, Mittler und Sohn. * 1 50
geb. ** 2 50

1. Aufl., s. Ecce homo.

Für oder wider. [Unterz.:] Friedr. Holtschmidt. [Braunschweig 1898.] 1 Bl. 4° [Kopftit.]
Aus: BrL. 15 (1897—1898) S. 77—78.
Abgedr. in: Der Stern von Bethlehem. 1890 S. 203—206.
Betr. die Lehre Jesu als Grundlage der Frmrei.

Holtschmidt, Frdr., am Grabe d. Meisters. Vorträge f. d. Meistergrad. 8. (IV, 80 S.) Leipzig 895. B. Zechel. n. 1. —; Einbd. n.n.n. — 50

Harfe und Kelle. Gedichte von Friedr. Holtschmidt. Für Brr und Schwestern. Leipzig: Zechel 1895. 78 S. 8°
Recens: Bh. 38 (1895) S. 384 (C. Gotthold); FZ. 50 (1896) S. 32 (K. Pilz).

Das Heil der Welt. Von Friedr. Holtschmidt. Braunschweig: Schwetschke & S. 1892. 15 S. 8°
Aufforderung an die Menschheit, sich im Geiste Jesu zu einer Gemeinschaft der Tat zszuschliessen.

Holtschmidt, Frdr., das Heil der Welt. (3. Aufl.) gr. 8. (15 S.) Braunschweig 894. C. A. Schwetschke & Sohn. n. — 20

Die Humanität und ihr Sieg. Vortrag im allgemeinen Bürger-Verein in Barmen von C[arl] F[riedr.] **Holtschmidt.** Elberfeld: Bädeker 1867. 16 S. 8°

— — Ketzer-Reden aus dem verfehmten Tempel. Neue Folge. 8. (VI, 186 S.) Ebd. 889. * 1 75; geb. * 2 50

Licht und Schatten in der Freimaurerei. Allerlei Betrachtungen von Friedr. **Holtschmidt.** Braunschweig: Vieweg 1903. VI, 84 S. 8°
Recens: Bh. 46 (1903) S. 306—307 (R. Brandt); FZ. 57 (1903) S. 399 (K. Pilz); R. 30 (1903) S. 88; S. 10 (1903; S. 98 (M.); Bbl. 18 (1904) S. 263 264 (G. Diercks).
cf. L. 26 (1903) S. 200 (R. Fischer); S. 10 (1903) S. 99 (J. G. Findel); BayrBbl. 4 (1903—1904) S. 207—208; DrL. 34 (1903—1904) S. 15 (A. Denecke); Z. 34 (1903—1904) S. 131 (H. Glücksmann); BstF. 13 (1904) S. 10—11 (H. Lissauer); Kreuz-Ztg. (Berlin) 1904 Nr 99; L. 27 (1904) S. 44—45; BrL. 25 (1907—1908) S. 24; 26 (1908—1909) S. 16.
Will Wegweiser sein für diejenigen, die das Glück des Mrtums in Übereinstimmung mit ihrer christl. Überzeugung suchen wollen.

Zur Lösung der Judenfrage. [Von Friedr. Holtschmidt.] Braunschweig 1896: Herzogl. Waisenhaus Buchdr.] 8 S. 8° [Kopftit.]
Aus: BrL. 13 (1895—1896) S. 57—61.
Das Humanitätsprinzip unter ausdrücklicher Berufung auf die Person Jesu als dessen Urheber u. Träger soll die Grundlage der geeinten deutschen Mrei bilden, u. dadurch auch nicht-christliche Suchende allgemein aufnahmefähig werden.

— neue Offenbarungen a. d. verfehmten Tempel. 3. Bd. 8. (IV, 207 S.) Ebd. 895. n. 1. 75; Einbd. n.n. — 60
Der Titel des 1. u. 2. Bd. lautete: II., Aus d. verfehmten Tempel u. Ketzer-Reden aus d. verfehmten Tempel.

Aus dem verfehmten Tempel. Logen-Vorträge von Friedr. **Holtschmidt.** Leipzig: Zechel 1884. 186 S. 8°
Recens: DrL. 13 (1883—1884) S. 1021—1022; Al. 10 (1884) S. 159—160; Bh. 27 (1884) S. 214—215 (J. G. Findel); FZ. 38 (1884) S. 239 (K. Pilz); L. 7 (1884) S. 120 (B. Cramer); ML. 13 (1884—1885) S. 8 (F. Krüger).
cf. Z. 14 (1884) S. 48.
Tt. 1877a. Will e. gerechte Beurteilung d. Frmrbundes fördern.

[N. F. u. d. Tit.:]

Ketzer-Reden aus dem verfehmten Tempel. Von Friedr. Holtschmidt. N. F. Leipzig: Zechel 1889. 186 S. 8°
Recens: DrL. 18 (1888—1889) S. 1495—1496 (A. Peuckert); Bbl. 3 (1889) S. 434—436; FZ. 43 (1889) S. 149 (K. Pilz); SL. 9 (1889) S. 72.
cf. Z. 19 (1889) S. 40 (M. Amster).

[3. F. u. d. Tit.:]

Neue Offenbarungen aus dem verfehmten Tempel von Friedr. Holtschmidt. Bd 3. Leipzig: Zechel 1895. IV, 206 S. 8°
Recens: Bh. 38 (1895) S. 384 (C. Gotthold); Bbl. 9 (1895) S. 619—620 (A. W. Sellin); L. 18 (1895) S. 184; BZC. 24 (1895) S. 333 bis 335 (K. Gartz); ML. 24 (1895—1896) S. 79—80 (O. Henckel); FZ. 50 (1896) S. 32 (K. Pilz).
Zur Aufklärung f. „Profane" über d. Wesen d. Frmrei.

Holtschmidt, Friedr., Aus dem verfehmten Tempel. Logen-Vorträge. Leipzig. Zechel. 1884. kl. 8. 3 Bl. 186 S.
24 Logenvorträge, welche ursprünglich gar nicht für die Oeffentlichkeit bestimmt waren.

Holtschmidt, Frdr., was ist Wahrheit? Studien. (78 S.) kl. 8. Kassel (908). (E. Röttger.) — 80

Was will der Einheits-Bund deutscher Freimaurer? [Hrsg. von Friedr. **Holtschmidt.**] Braunschweig 1897: Grossklaus & Strube. 32 S. 8°
Recens: FZ. 51 (1897) S. 416; L. 20 (1897) S. 268.
cf. Bh. 40 (1897) S. 412 (C. Gotthold); L. 20 (1897) S. 106—107, 129—130 (W. de Bra); Z. 27 (1897) S. 99—100.
Propagandaschrift mit Beiträgen von Dahl, Schlott, Bertrand, Kuntzemüller, Röver, de Bra.

Holtschmidt, Heinrich

Holtschmidt, H., zum Gedächtnis d. J. 1870/71 u. der Wiederaufrichtg. d. Deutschen Reiches. Eine Jubiläumsgabe f. d. deutsche Jugend z. 18. Jan. 1896. Ausg. B. (f. d. Hand d. Schülers) m. e. kleinen Sammlg. vaterländ. Gedichte. 1. u. 2. Aufl. 12. (48 S. m. 4, resp. 6 Bildn.) Barmen 896. D. B. Wiemann. — 30

— dasselbe. Ausg. C. (F. Erwachsene.) 3. u. 4. Aufl. 12. (48 S. m. 6 Bildn.) Ebd. 896. — 30

[S.] Zum Gedächtnis des Jahres 1870 71 und der Wiederaufrichtung des Deutschen Reiches E. Jubiläumsgabe v. H[einr.] **Holtschmidt**, Rektor. M. e. kl. Sammlg vaterländ. Gedichte. 5. bedeut. erweit. Aufl. *Barmen: D. B. Wiemann 1896.* (64 S.) 1 Bd 8. 96. 603

— dasselbe. (Ohne Bezeichng. der Ausg.) 5., bedeutend erweit. Aufl. 12. (64 S. m. 8 Abb.) Ebd. 896. – 30
Neue Auflage der Ausgabe B.

Verein für Kunst und Gewerbe in Barmen. (1827–1902.) Ein Bild 75jähr. gemeinnütz. Vereinsthätigkeit, entw. von dem zeit. Schriftführer H[einrich] **Holtschmidt**. Als Jubiläumsgabe d. Ver. den Mitgl. z. 75 Stiftungsfeste gewidmet. Barmen, Nov. 1902. *Barmen (1902) C. Weddigen.* (87 S.) 8° [illegible]

Holtschmidt, Paul, approb. Arzt aus Barmen: **Ein interessanter Fall** von Dermoidcyste des Ovariums. *Leipzig 1899: J. B. Hirschfeld.* (22 S.) 8°
Leipzig, Med. Diss. v. 27. Sept. 1899

Holtschmidt, Wilhelm, a. Köln-Deutz: **Die Kölner Ratsverfassung** vom Sturz der Geschlechterherrschaft bis zum Ausgang des Mittelalters. 1396—1513. Marburg 1906: (E. Lintz, Düsseldorf). (78 S.) 8° ¶(Erscheint in: Beiträge z. Geschichte d. Niederrheins Bd 21, Jahrbuch d. Düsseldorfer Geschichtsvereins f. 1906.)
Marburg, Phil. Fak., Ref. v. d. Ropp, Diss. v. 19. Sept. 1906
[Geb. 7. Juli 81 Cöln-Deutz; Wohnort: Cöln-Deutz; Staatsangeh.: Preußen; Vorbildung: Kaiser-Wilhelms-Gymn. Cöln Reife O. 01; Studium: Bonn 3, Marburg 6 S.; Rig. 24. Jan. 06.]

Holtschmidt, Wilhelm [aus Barmen]: **Über das Verhalten** der Dibromide des Stilben und des Tolan. Leipzig-Reudnitz 1899. 56 S. 8°.
Basel. Phil. Diss. 1899/1900.

Holtsmark, G(abriel Gabrielsen), aus Asker i. Norw.: **Eine Methode** für die Intensitätsmessung von Röntgenstrahlen nebst einer Berechnung der Wellenlänge derselben. *Kristiania: A. Cammermeyer 1902.* (49 S.) 8° ¶(Aus: Archiv for Mathem. og Naturv., B. 24, Nr. 10.)
Würzburg, Phil. Diss. v. 1902

Hölty. Dramatisches Gedicht in 3 Akten von einem Hammelburger. 16. (75 S.) Augsburg 854, v. Jenisch und Stage'sche Buchh. *

Hölty's, L. H. Chr., Leben u. Dichten, s.: Ruete, H.

Hölty (A. C C.,) ecclesiae christianae notio ex Catholicor. et Protestant. doctrina ell'ormata et dijudicata. Cum appendice exegetico de sensu loci apud Marc. IX, 49, 50 obvii. 8. Gottingae 824, Vandenhöck et R.

Hölty, Adph., der heil'ge Christ. Eine Erzählung als Festgabe für die Jugend und ihre Freunde dargereicht. gr. 16. (V und 84 S. mit 1 Stnt.) Barmen 850, Langewiesche. *

Hölty u. Kästner, Unsterblichkeit u. Jenseits od. geistige Fortdauer u. Wiedersehen nach d. Tode. Die unwiderlegbarsten Gründe dafür. Ein Trost- u. Hoffnungsbüchlein f. alle Menschen. 16. (5 1/2 B.) Rottenburg 843, Gack'sche Buchh.

Hölty, Arn., über Auferstehung u. Gericht. 3 Predigten. gr. 8. (2 3/4 B.) Lüneburg 846, Engel. *

Hölty, Arnold, die Bewegung als Princip der mathematischen Grundbegriffe. gr. 8. (VIII und 124 S.) Göttingen 861, Dieterich'sche Buchh. *

Hölty, A., Dsjemschid, Feridun, Gustasp, Zoroaster. Eine krit.-histor. Untersuch. üb. d. beiden ersten Cap. d. Vendidad. Mit Vorw. v. (A. H. L.) Heeren. 8. (5 1/2 B.) Hannover 829, Hahn.

Hölty, Arnold, Festpredigten. gr. 8. Lüneburg 836. (Herold u. Wahlstab.) n. 2/3 ℛ

Hölty, Arnold, Festpredigten, geh. in d. St. Marienkirche zu Uelzen. gr. 8. (9 1/2 B. u. Titvign.) Lüneburg 837, Herold u. Wahlstab. *

— s. **Koeler, Fr. Conr.,** Predigten.

—— die Nothwendigkeit zeitgemäßer Reformen in d. kirchl. Verhältnissen d. protestant. Deutschlands. gr. 8. (2 1/4 B.) Hannover 831, Hahn.

Hölty, (A.), Worte bei der Fahnenweihe der lüneburger Bürgerwehr am 24. Septbr. 1848 gesprochen. 8. (4 S.) Lüneburg 848, (Engel's Buchh.)

——, Zoroaster. u. sein Zeitalter. 8. (6 3/4 B.) Lüneburg 836, Herold u. Wahlstab. *

Hölty, Herm., Alpenzauber und italische Gebilde. gr. 8. (III und 116 S.) Braunschweig 867, Vieweg und Sohn. *

Hölty, Herm., Bilder und Balladen. 1. Aufl. (VIII, 158 S.) 1872, und 2. Aufl. Nachgesehen und verm. 8. (VIII, 188 S.) Hannover 874, Meyer. *

Hölty, Herm., gesammte Dichtungen. gr. 8. (VIII, 444 S.) Hannover 882, Weichelt. geb. *

—— das Gelübde. Ein Mysterium in 5 Aufzügen. (Den Bühnen gegenüber Mscr.) 1. Aufl. 1863. und 2., verb. Aufl. 8. (V und 116 S.) Kiel 865, Schröder und Comp. *

Hölty, Herm., aus der deutschen Götterwelt. Balladen. gr. 16. (100 S.) Hannover 877, Meyer. * ℳ 2,40.; geb. * 3 —

Hölty, Herm., Irrwege eines jungen Dichters. Nebst einem Anhange von Gedichten. 8. (III und 135 S.) Lüneburg 851, Engel's Buchh. *

Hölty, Herm., Lieder und Balladen. Hamburg 856. O. Meißner. 16. (56 S.) 7 1/2 ngr.

— Lonoda. Schauspiel in 5 Aufzügen. gr. 8. (88 S.) Hannover 881. Weichelt. n. 1. 50

—— Lonoda. Schauspiel in 5 Aufzügen. gr. 8. (88 S.) Ebendas. 882. *

—— Ostseebilder und Balladen. gr. 16. (75 S.) Kiel 862, Schröder und Comp. *

—— König Saul. Eine Tragödie in 5 Aufzügen. (Den Bühnen gegenüber Mscr.) 8. (III und 140 S.) Hannover 865, Rümpler. 18 Ngr.; geb. mit Goldschn.

Holty, Ludwig Heinrich Christoph

Hölty, L. H. Ch., Gedichte, s. a. Bibliothek der Gesamt-Litteratur d. In- u. Auslandes.

Hölty, L. H. Chr., Gedichte, s. a. Bibliothek der deutschen Nationalliteratur des 18. u. 19. Jahrh.

— dasselbe, s. a. Graeser's Jugendbibliothek.

Hölty, L. H. Chr., Gedichte, s.a. Universal-Bibliothek.

— Gedichte; herausg. v. J. H. Voß u. Fr. L. v. Stolberg. 8. Hamb. 783. N. verm. A. v. Jh. Hnr. Voß l. 8. Hamb. 804. Bohn. 1 Thlr. Schrbp. 1 Thlr. 12 gr. Velinp. 2 Thlr. 12 gr. N. A. 8. Weißenf. 814. (Bornträger in Königsb.) 1 Thlr. Schrbp. 1 Thlr. 8 gr. N. A. gr. 12. Ebd. 833. 18 gr. cart. 21 gr. Velinp. geb. 1 Thlr. 4 gr.

Gedichte v. Ludewig Heinrich Christoph Hölty. Besorgt durch seine Freunde Friedrich Leopold Grafen zu Stolberg und Johann Heinrich Voss. Hamburg, 1783. 8°.

Hölty, Ldw. Hnr. Cph., († d. 8. Sept. 1776.) Gedichte. Pracht-Ausg. 8. Wien 803. Degen. N. A. 824. Mörschner u. Jasper. 2 Thlr. 16 gr. Hbg. Pr. 1 Thlr. 12 gr.

— **Gedichte, neu besorgt u. vermehrt, v. Joh. Hch. Voß. 8. Hamb. Bohn. 804.**
Schrbp.
Velinp.

Hölty, L. H. Chr. Gedichte. Herausgegeben von Stollberg und Voss. Neue A. Stuttgart 1811. 12.

Hölty, L. H. C., Gedichte, neue Aufl. besorgt v. J. H. Voß. 8. Weißenf. Bohn. 815.

Hölty, Ludew. Heinr. Chrstph., Gedichte. Neu besorgt u. verm. v Joh. Heinr. Voß. 5., allein rechtmäß. Ausg. gr. 12. (13 B.) Königsberg 833, Gebr. Bornträger. 18 Gr., Vlnp.

Hölty's (Ludw. Heinr. Chrstph.,) Gedichte. Mit 48 Vignetten, erfunden und radirt von Gust. Schlick, und chemitypirt von C. Piil. 16. (XVI und 220 S.) Leipzig 848, W. Engelmann.

Hölty, Ludw. Heinr. Chph., Gedichte. Erste vollständige Ausg. mit erweiterten biograph. Nachrichten literarisch-kritisch eingeleitet von Friedr. Voigts. Mit des Dichters Portr. in Stahlst., 1 Ansicht der Nicolai-Capelle vor Hannover (in Holzschn.) u. 1 (lith.) Facsimile. Hannover 858. Meyer. 16. (XXXIII, 301 S.) n. 1 Thlr. 10 ngr.

Hölty, Ludw. Heinr. Chrph., Gedichte. Erste vollständige Ausgabe mit erweiterten biographischen Nachrichten literarisch-kritisch eingeleitet von Frdr. Voigts. Mit des Dichters Portrait in Stahlstich, eine Ansicht der Nicolai-Capelle vor Hannover (in Holzschn.) u. 1 (lith.) Facsim. 2. Aufl. Hannover 858. Meyer. 16. (XXXIII, 391 S.) n. 1 Thlr. 10 ngr.

Hölty, Ludew. Heinr. Chrph., Gedichte. Nebst Briefen des Dichters hrsg. von Karl Halm. 8. (XXIV, 266 S.) Leipzig 869, Brockhaus. *ℳ. 4,50.; geb. *

Hölty, Ludwig Heinrich Christoph. Sämmtliche hinterlassene Gedichte . |. . Halle 1782—83. 3. . . . Aufl. Halle 1803. H: *Geisler, Adam Friedrich.* (EE)

— sämmtl. hinterlassene Gedichte, nebst e. Skizze seines Lebens, herausg. (v. Ad. Fr. Geisler d. J.) 2 Thle, mit 2 Kpf. 8. Halle 782, 83. 2e A. 800. 3e A. 803. Hendel. 1 Thlr. 4 gr.

Hölty, L. H. Chr., s.: National-Litteratur, deutsche.

Holtz ..., s.a. H o l z . . .

Holz, Alex., der heil. Kreuzweg. In zwölf Fastenpredigten betrachtet. gr. 12. (5½ B.) St. Pölten 840, Passy.
Vgl. Holz.

— Dasselbe, s.a. H ö l t z , Alexander

Holtz, Anna, vornehme Charaktere, s.: Bibliothek, bunte, zeitgenössischer Schriftsteller.

Holtz, Arnold, im Auto zu Kaiser Menelik. Mit 28 ganzseit. Bildern. (92 S.) Lex. 8. Berlin-Ch. (908). Vita. 3.50; geb. 5. —

Holtz, Carl, s. H o l t z , Karl

Holtz, Christian August Ernst

Holtz, *C. A. E.* [Oberl.]: Die Provinz Westpreussen. (Umschl.-Tit.: . . ., ein Beispiel der Behandlung der Heimatprovinz im geographischen Unterricht der mittleren Klassen höherer Lehranstalten.) Dirschau, Druck v. W. Becker, 1890; S. 3—23; 4°
Dirschau, RPG, OP 1890

H o l t z , Ed., Mainberger Kurerfolge seit 1882. Nach eigenen Beobachtungen. 8. (36 S.) Detmold 885. (Hinrichs'sche Hofbuchh.) * — 60

H o l t z , Ed., Meinberg, seine Heilmittel und Kurobjecte mit entsprechenden Anleitungen zur Kur. 8. (V, 90 S.) Detmold 883, Klingenberg'sche Hofbuchh. *

—— Tisch für Gicht- und Rheumatismuskranke. 8. (VI, 50 S.) Detmold 884, Hinrichs'sche Hofbuchh. *

—— Tisch für Gicht- und Rheumatismuskranke, einschliesslich der Ebstein'schen und Schweninger'schen Entfettungstheorien, nebst Gebrauchsanweisungen. 2. verb. Aufl. 8. (VIII, 95 S.) Ebendas. 886. * 1 20

Holtz, Ed., über Trichinen u. Trichinenkrankheit, mit Beschreibung eines speziellen Falles als trauriges Selbsterlebniß. gr. 8. (28 S.) Paderborn 877. Gutheim. n. — 50

Holtz, das Wesen u. die hygienische Behandlung der Gicht. Wichtige Notizen f. jeden Gichtkranken. gr. 8. (80 S.) Detmold 894. Hinrichs. n. — 60

[F.] † Bischof Paul Woldemar von Everth, General-Superint. d. Warschauer evang.-augsb. Consist.-Bez. E. Lebensbild, vf. v. Edmund **Holtz,** Pastor zu Alexandrow. M. e. Anh., enth. die bei d. Leichenfeier ... geh. Reden. *Riga: L. Hoerschelmann 1895.* (1 Bl., 57 S.) 1 Bd 8. [96. 1419

Holtz, Edm[und]: Hundert Jahre göttl. Gnade und Treue an der evangel.-lutherischen Parochie Alexandrow. -- Lodz 1901: Petersilge. 45 S.

Holtz, Ernst Friedrich des Grofsen Darstellung der Ursachen des österreich. Erbfolge- u. des schlesischen Krieges. 24 S. *Riesenburg* 1879.
Progr.

H o l t z , Ernst, Hülfsbuch für die Hamburger Fonds- und Wechsel-Boerse. Praktische Notizen für Capitalisten, Bankiers und Makler. 12. (III, 79 S.) Hamburg 881, (Kriebel.) geb. *

Holtz, Ernst, a. Köslin: Die Rentabilität einiger pommerscher Moorkulturen und der günstige Einfluss des Moorbodens auf die Kultur des Höhenbodens. Halle a. S. 1908: Kaemmerer. 130 S. 8°
Halle, Phil. Diss. v. 21. Nov. 1908, Ref. Wohltmann
[Geb. 29. März 83 Wendisch-Tychow; Wohnort: Halle a. S.; Staatsangeh.: Preußen; Vorbildung: Gymn. Köslin Reife O. 01; Studium: Halle 8 S.; Rig. 10. Jan. 08.] [U 09. 1663

Holtz, Fr., einfache christliche Grabmäler f. Niederdeutschland, s.: Hogg, E.

Holtz, Georg von

H(olt)z, G. V. (Frhr v.) Vor 40 Jahren. Erinnerungen eines alten Kriegsmannes. Wien 1906. 8°.

– **Die letzten Kämpfe u. der Heimmarsch**, s.a. Truppen, unsere, in Bosnien u. der Herzegowina 1878.

Die letzten Kämpfe und der Heimmarsch. Von Oberst Georg Frh vom **Holtz**. Ill. von Hauptm. Otto Gstöttner. Wien & Leipzig: C. W. Stern 1908. (142 S.) 8°
= **Truppen**, Unsere, in Bosnien u. d. Herzegowina, 1878. Bd 5. [08. 16139]

Holtz, Geo. Frhr. v., von Brod bis Sarajevo, s.a. Truppen, unsere, in Bosnien u. der Herzegowina 1878.

Von Brod bis Sarajevo. Von Oberst Georg Frh v. **Holtz**. Ill. von K. Roland. (Mit farb. Titelbl., 25 Ill. u. 1 Karte.) Wien & Leipzig: C. W. Stern 1907. (194 S.) 8°
= **Truppen**, Unsere, in Bosnien u. d. Herzegowina 1878. Bd 2. [07. 6006]

Holtz, Wandtafeln f. den Unterricht des Soldaten. (3., verm. Aufl. Auf Grund der Felddienst-Ordng. 1908 neu bearb.) (5 Taf.) 65,5×93 cm. Farbdr. Berlin (908). E. S. Mittler & Sohn. 6.50; auf Leinw. m. Stäben u. Ösen n 12.50; einz. Taf. 1.50; auf Leinw. m. Stäben n 2.75
1. Aufstellung e. Vorposten-Kompagnie m. 1 Offz., 26 Reitern. — 2. Marschsicherung e. vorbeimarschierenden Detachements. (4 Bat. 1½ Esk., 1 Batt.). — 3. Biwak e. Bataillons. — 4. Schematische Darstellung e. auf beiden Seiten bezw. auf e. Seite angelehnten zum Angriff vorgehenden Bataillons. — 5. Abwehr e. feindlichen Flankenangriffes durch Staffelung. — Abwehr e. feindlichen Flankenangriffes durch Zurückbiegen des bedrohten Flügels.

Holtz, Gottfried (Königsberg / Pr.), De antipathia gentium, inquirens, an et in quantum ea vitari, aut si orta jam est, rursus tolli possit! Diss. tertia & ultima. Präs. M. Christian Masecov (Königsberg/Pr.). Königsberg (Reusner) März 1703. (S. 45—66.) (6.—) 15796
Gew.: M. Christian u. Georg Langhansen, M. David Bierfreund (Deutschendorf), M. Matthäus Kunstmann (Löbnitz).

Holtz, Heinr., ein Erdenwinter. Erzählung aus ferner Zeit. (III, 212 S.) 8. Hamburg 903. A. Janssen. n. 2.50; geb. n. 3.20

Holtz, Heinr., die Flucht der deutschen Besitzer aus der Ostmark. (8 S.) 8. Posen 908. A. Spiro. —50

Holtz, Heinr., nach 600 Jahren. Eine Erzählg. aus ferner Zeit. (III, 338 S.) 8. Leipzig 907. W. Fiedler. 4.—; geb. 5.—

Holtz, Heinrich [pract. Arzt aus Pommern]: Die Varicen und ihre Behandlung, mit besonderer Berücksichtigung der vena saphena.... Greifswald, Druck v. Julius Abel, 1886; 22 S. 8°.
Greifswald, Med. Fak., Inaug.-Diss. v. 19. Aug. 1886.

Holtz, Heinrich, die Varicen und ihre Behandlung, mit besonderer Berücksichtigung der vena saphena. Diss. Greifswald 1886, Jul. Bindewald. 8°. 22 S.

— Welträume. (141 S.) 8. Ebd. (908). 2.50

Holtz, Hermann [aus Prenzlau]: Kasuistischer Beitrag zur Kenntnis der Bromausschläge ... Greifswald, Druck v. J. Abel, 1896; 26 S. 8.
Greifswald, Med. Fak., Inaug.-Diss. v. 29. Jan. 1896

Holtz, J. F., der Rechtsstreit in der Patent-Angelegenheit betr. die Salicylsäure zwischen der Chemischen Fabrik auf Actien [vorm. E. Schering] in Berlin u. dem Prof. Dr. H. Kolbe in Leipzig, s.: Schering, E.

Holtz, J. L.: Historisch-topographische Notizen über den Rebbau und die Weine des Elsasses. Straßburg. 1828.

— **Johann Christian** (Langensalza/Thür.), De vetustatis auxilio reipublicae quoad immunitates a collectis non opponendo. Problema juris publici. Präs. Carl Otto Rechenberg. Lpz. (Immanuel Titius) 21. V. 1726. 32 S. (6.50) 15797

— — III. exercitatio juris civilis exhibens receptas lectiones ad Jauchium. Präs. D. Johann Gottfried Sammet. Lpz. (Stopffel) 26. VIII. 1750. (S. 67—94.) (6.—) 15798
Gew.: Johann Heinrich v. Heringen (Ottenhausen).

Holtz, Johanna, wunderbare Erlebnisse einer Mäuschenfamilie. gr. 16. (V, 66 S. mit 5 lithogr. und color. Bildern.) Berlin 870, Beck. geb. *

Holtz, Karl

Holtz, Carl *Johann Friedrich* [aus Pommern]: Über Ditolylphtalid und einige Derivate desselben ... Greifswald, Druck v. F. W. Kunike, 1896; 32 S. 8.
Greifswald, Phil. Fak., Inaug.-Diss. v. 25 Jan. 1896

Holtz, Karl, Referendar in Rottweil: Die verwaltende Testamentsvollstreckung der §§ 2209 und 2210 BGB. Stuttgart 1907: A. Bonz' Erben. (74 S.) 8°
Tübingen, Jur. Fak., Ref. Rietschel, Diss. v. 14. Juni 1907
[Geb. 29. Juni 80 Aldingen; Wohnort: Rottweil; Staatsangeh.: Württemberg; Vorbildung: Gymn. Reutlingen Reife M. 98; Studium: Tübingen 9 S.]

Holtz, Kurt: 1 Samuel 1—7,1 Text- und quellenkritisch untersucht. *Leipzig 1904: W. Drugulin.* (X, 49 S.) 8°
Jena, Theol. Diss. v. (9. Dez.) 1899

Holtz, Leo

Holtz, L., die Fürsorge f. die Reinhaltung der Gewässer auf Grund d. allgemeinen Verfügung vom 20. II. 1901. Auf amtl. Veranlassg. erläutert. gr. 8. (VIII, 60 S.) Berlin 902. C. Heymann. n. 1.—

— das neue Recht u. der deutsche Landwirt, s.a. Anleitungen f. den praktischen Landwirt. Nr. 9.

Das neue Recht und der deutsche Landwirt. Anleitung f. d. prakt. Landwirt z. Kenntnis d. wichtigsten Bestimmungen d. neuesten Gesetzgebung ... system. dargest. von Dr. L. **Holtz**, Reg.-Ass. *Berlin 1900: Gebr. Unger.* (XVII, 114 S.) 8° [J.]
= **Anleitungen** f. d. praktischen Landwirt. No 9. [00. 0307 II]

Holtz, Leo [Ger.-Ref.]: Urtheil wider Urtheil. Beitrag zur Lehre vom Widerstreit zweier Civilurtheile. ... Göttingen, Druck d. Univ.-Buchdr. v. W. F. Kaestner, 1890; V, 52 S. 8°
Göttingen, Jur. Fak., Inaug.-Diss. v. [30. Okt.] 1890

Holtz, Leo., Urtheil wider Urtheil. Beitrag zur Lehre vom Widerstreit zweier Civilurtheile. Diss. gr. 8. (52 S.) Göttingen 890. (Vandenhoeck & Ruprecht.) n. 1.40

Holtz, Ludw., Characeen, s.a. Kryptogamenflora der Mark Brandenburg. IV. 1.

Characeen von L(udwig) **Holtz**. Leipzig: Gebr. Borntraeger 1903. (VI, 136 S.) 8° [Umschlagt.]
= **Kryptogamenflora** d. Mark Brandenburg. Bd 4, H. 1. [07. 12676]

Holtz, Ludw. Die Characeen Neuvorpommerns m. der Insel Rügen u. der Insel Usedom. gr. 8. (60 S.) Greifswald 892. (Berl., Friedländer u. Sohn.) * 1 50
Aus: Mittheilgn. d. naturwiss. Vereines f. Neuvorpommern u. Rügen, besonders abgedruckt.

Die Characeen der Regierungsbezirke Stettin u. Köslin. Mit 2 Taf. nebst e. Anh. enth. d. Zusammenstellung aller in d. Prov. Pommern aufgefund. Arten, u. e. Anleitung f. Sammeln, Präpariren u. Conserviren derselben. Von **Ludwig Holtz**, Assist., Greifswald. *Greifswald (1899): F. W. Kunike.* (91 S.) 8°
Aus: Mitteil. d. naturw. Vereins f. Neuvorpommern u. Rügen. Jg. 31. (00 … 9

Holtz, Ludw., um und durch Spanien. Reiseskizzen, gesammelt auf einer im J. 1879 nach Spanien ausgeführten ornitholog. Reise. 8. (121 S.) Wien 881, Hartleben's Verlag.
Ausg. auf Velinpap. geb.

Holtz, L., üb. das Steppenhuhn, Tetrao paradoxus Pall. = Syrrhaptes Pallasii Temm. = Syrrhaptes paradoxus Ill., u. dessen Einwanderung in Europa, nebst Beobachtgn. üb. dasselbe im Freileben und in der Gefangenschaft. 8. (81 S.) Greifswald 888. Bamberg. n. — 60

— üb. das Steppenhuhn, Syrrhaptes paradoxus Ill., u. dessen zweite Masseneinwanderung in Europa im J. 1888. gr. 8. (III, 78 S.) Berlin 890. Friedländer & Sohn. n. 1. 60

Holtz, *Max* [Dr.]: Das Nachspiel der Bopparder Fehde, Darstellung d. Streitigkeiten im Erzstift Trier bei Gelegenheit d. Coadjutorwahl d. Markgrafen Jacob '(II.)' v. Baden. Stralsund, Druck d. kgl. Regierungs-Buchdr., 1893; 7 20 S., 1 Bl. 4.
Stralsund, RG, OP 1893 (152)

Holtz, Max Gg. Fdr. Frh. v.: Generalfeldzeugmeister Georg Friedrich vom Holtz. Lebensbild aus dem 17. Jahrhundert. Stuttgart: Kohlhammer 1891.

Holtz, Max. Gfried. Friedr. Frhr. vom. Generalfeldzeugmeister Georg Friedrich vom Holtz auf Alfdorf, Hohenmühringen, Aichelberg u. s. w. Ein Lebensbild aus dem 17. Jahrh. 1597. 1666. Als Hdschr. gedr. 4. (XI, 156 S. m. 1 Bildnis.) Stuttg. 892, (Lindemann). ** 3 —

v. Holtz, Otto Reinold, († d. … April 1828,), s. 1) R. J. Winkler, Predigten. 2) Leuchtpunkte.

Holtz, R., Haupt-Katalog der Boot-Bauerei von —. Ottensen 1879. 8°. (21950)

Holtz, Viktor

[J.] **Anleitung für den deutschen Unterricht auf der Unterstufe der zweisprachigen Volksschule** v. V. **Holtz**, Kgl. Kreis-Schulinsp. *Schrimm: J. Schreiber 1896.* (60 S.) 1 Bd 8. (98. 4452

Holtz, V., Anleitg. f. d. deutschen Unterricht auf d. Unterstufe d. zweisprach. Volksschule. gr. 8. (60 S.) Schrimm 896. Breslau, F. Hirt. Kart. n.n. 1. 10

Holtz, V., Anleitung f. den deutschen Unterricht auf der Unterstufe der zweisprachigen Volksschule. 2., verm. u. verb. Aufl. gr. 8. (88 S.) Breslau 899. F. Hirt. n. 1,25

Holtz, V., deutsche Fibel f. d zweisprach. Volksschule. gr. 8. (47 S. m. Abb.) Breslau 896. F. Hirt. Kart. n.n. — 40

[J.] Deutsche Fibel für die zweisprachige Volksschule v. **Viktor Holtz**, Kgl. Kreis-Schulinsp. *Schrimm: J. Schreiber 1896.* (46 S., 1 Taf.) 1 Bd 8. (98. 7103

— deutsche Fibel f. die zweisprachige Volksschule. 2., verb. Aufl. gr. 8. (72 S. m. Abb.) Ebd. 899. Geb. n.n. — 40

Holtz, V., deutsches Übungs- u. Lesebuch f. die vier ersten Schuljahre, in erster Reihe f. Schulen m. polnischred. Kindern eingerichtet, vollständig in 3 Tln. nebst e. Begleitworte. 8. (107 S.) Schrimm 890. Schreiber. geb. n.n — 85

— was u. wie sollen d. Volksschüler m. der Feder schreiben lernen? [Aus: „Kathol. Schulzeitg. f. Norddeutschl."] gr. 8. (72 S.) Schrimm 896. J. Schreiber. n. — 75

Holtz, V., welche Anforderungen stellt der deutsche Rechtschreibunterricht an die Fibel u. an den Lehrer? Für Schulen m. deutschen u. m. poln. Kindern besprochen. [Aus: „Kathol. Schulzeitung f. Norddeutschl."] gr. 8. (68 S.) Schrimm 892. J. Schreiber. n. — 60

— wie ist der erste Schreibunterricht in Schulen m. polnischen Kindern zu erteilen? [Aus: „Kathol. Schulzeitg. f. Norddeutschland".] gr. 8. (39 S.) Ebd. 892. n. — 40

— wie sollen unsere polnischen Kinder deutsch sprechen lernen? Zur Methodik d. deutschen Sprachunterrichts. [Aus: „Kathol. Schulzeitg. f. Norddeutschland".] gr. 8. (31 S.) Ebd. 892. n. — 40

Holtz, Wilhelm, aus Karlsruhe i. B.: **Beitrag zur Kenntnis der** Baumflüsse und einiger ihrer Bewohner. *Jena: G. Fischer 1901.* (54 S.) 8°
Freiburg i. B., Phil. Diss. v. 1901

Holtz, Wilhelm, Referendar a. Güstrow i. Meckl.-Schw.: Der Schwebezustand bei bedingten Rechtsgeschäften nach dem bürgerlichen Gesetzbuche. Rostock 1904: C. Hinstorff. (92 S.) 8°
Rostock, Jur. Fak., Ref. Bernhöft, Diss. v. 20. Okt. 1904
[Geb. 23. Mai 75 Teuge b. Teterow i. M.; Wohnort: Ribnitz i. M.; Staatsangeh.: Mecklenburg-Schwerin; Vorbildung: Gymn. Neubrandenburg Reife M. 95; Studium: Jena, Leipzig, Rostock; Rig. 5. März 04.]

Holtz, Wilhelm Th.

— Die Darstellung des elektrischen Funkens in Glas mit besonderer Berücksichtigung der Elektrisir-Maschine. (Poggend. Ann., B. CXXX.) (S. 5397)

Holtz, W., Ueber eine neue **Elektrisir-Maschine.** (Aus: Poggendorff's Annalen Bd. CXXVI und CXXVII.) (S. 5416)

— Ueber die höhere Ladung isolirender Flächen durch Seitenanziehung und die Uebertragung dieses Princips auf die Construction von Influenz-Maschinen. Nebst Nachtrag dazu. (Poggend. Ann., Bd. CXXX.) (S. 5397)

Holtz, W., über die Theorie, die Anlage und Prüfung der Blitzableiter nach theilweise neuen Grundsätzen im Anschluss an die neuesten Erfahrungen. Im Rückblick auf eine Blitzableiter-Revision in der Prov. Schleswig-Holstein, für Fabrikanten und Besitzer von Blitzableitern, für Versicherungs-Gesellschaften etc. gr. 8. (115 S. mit 3 lithogr. Fig.-Taf.) Greifswald 878, Bamberg. * 2 50
Aus: Nachrichten des naturwissenschaftlichen Vereins für Neuvorpommern und Rügen, besonders abgedruckt.

Holtz, W.: Zur Theorie der Influenzelektrisirmaschine von –. Greifswald. 1878. 8°

Holtz, W., über die Zunahme der Blitzgefahr und ihre vermuthlichen Ursachen. Eine Statistik der Gewitter, der Blitzeinschläge in Gebäude, der blitzbezügl. baul. Einrichtungen und der Verluste durch Blitz, auf Grund zahlreicher Mittheilungen aus Deutschland, Österreich und der Schweiz. gr. 8. (159 S.) Greifswald 880. (Leipzig, Barth.) *

Holtz, Wilh. Th., **Die Zunahme der Blitzgefahr und ihre vermuthlichen Ursachen. Eine Statistik der Gewitter, der Blitzeinschläge in Gebäude, der blitzbezüglichen baulichen Einrichtungen u. der Verluste durch Blitz, auf zahlreicher Mittheilungen aus Deutschland, Oesterreich u. d. Schweiz. Greifswald 1880. 8.**
—, — Leipzig 1881. 8.

Hölz Alex., der heilige Kreuzweg. In zwölf Fastenpredigten betrachtet. gr. 12. St. Pölten 840. Passy. 1/3 1/6

– Dasselbe, s.a. Holtz, Alexander

Holtz-Alt Marrin, W., Reform des hypothekarischen Darlehns auf ländlichen Grundbesitz durch ein norddeutsches Pfandbrief-Institut auf Gegenseitigkeit. gr. 8. (43 S.) Berlin 868, (Ad. Cohn.) *

Holtzapfel, C., s. H o l t z a p f e l, K.

Holtzapfel, Edm., über zwei Dibrombenzoësäuren und zwei Dibrombenzole. Inaugural-Dissertation. gr. 8. (39 S.) Coburg 882. (Göttingen, Vandenhoeck und Ruprecht's Verlag.)

Holtzapfel, K.

Holtzapfel, C., Handbuch der engl. Werkzeugslehre, f. Schauplatz, neuer, der Künste rc. 178. und 179. Bd.

– Das S c h l e i f e n und Polieren der Werkzeuge, s.a. S c h a u p l a t z, Neuer, der Künste Bd. 200.

Holtzapfel K., das Schleifen und Polieren der Werkzeuge. 2. Ausgabe. (Schauplatz der Kunste und Handwerke 200) Weimar 1856

– Die W e r k z e u g e der Holz- und Hornarbeiter, s.a. S c h a u p l a t z, Neuer, der Künste Bd 178.

— Die Werkzeuge d. Holz- u Hornarbeiter. 2. Ausg. (Schaupl. d. K. 178) Weimar 1856

– Die W e r k z e u g e der Metallarbeiter, s.a. S c h a u p l a t z, Neuer, der Künste Bd 179.

— Die Werkzeuge der Metallarbeiter. 2. Ausg. (Schaupl. d. Künste 179) Weimar 1856

Holtzapfel, Richard H. [Referendar aus Hamburg]: Das Kompensationsrecht des debitor cessus gegen den Cessionar mit einer Forderung an den Cedenten ... Erlangen, k. b. Hof- u. Univ.-Buchdr. v. F. Junge, 1897; VII, 105 S. 8.
Erlangen, Jur. Fak., Inaug.-Diss. v. 1897

Holtzapfel, W. [cand. rer. nat. aus Magdeburg]: I. Ueber die Gewinnung von Thiophenolen aus Amidoverbindungen. II. Ueber Azobenzolacetessigsäureamid. . . . Göttingen, Druck d. Dieterich'schen Univ.-Buchdr. W. Fr. Kästner, 1889; 62 S. + 1 Bl. 8°
Göttingen, Phil. Fak., Inaug.-Diss. v. 26. Jun. 1889

Holtzapfel, W., 1. Ueber die Gewinnung v. Thiophenolen aus Amidoverbindungen. II. Ueber Azobenzolacetessigsäureamid. Inaug.-Diss. gr. 8. (62 S.) Göttingen 889. (Vandenhoeck & Ruprecht's Verl.) n. 1. 40

Holtzapffel, Benjamin (Naumburg), Dissertationem de latini sermonis usu maturius exercendo. Präs. M. Jo. Christoph Otto (Hildburghausen). Lpz. (Immanuel Titius) 24. I. 1714. 26 S. (7.—) 15799

Holtzbecher, Hans

Holtzbecher, s. Kunstausstellung, die grosse Berliner.

Die Große Berliner Kunstausstellung. Eine Flucht d. Künstler in d. Oeffentlichkeit. (Verf.: Hans Holtzbecher, Maler.) *Berlin: H. Stöcker 1903.* (43 S.) 8° [03-26004

Höltzcke, Paul [aus Göttingen]: Beiträge zur Kenntniss organischer Schwefelverbindungen... Göttingen, Buch- u. Steindr. v. L. Hofer, 1891; 58 S. 8.
Rostock, Phil. Fak., Inaug.-Diss. v. [30. Okt.] 1891

Holtzclau, Thomas, s. H o l z k l a u, Thomas

Holtze, Alfred *Wilhelm* Kleine mathematische Abhandlungen. 4 (S. 27—44, 1 Taf.). **Progr.** Domg. *Naumburg a. S.* 1894 (241).
I. Zu den Fallgesetzen. II. Zu den Wurfgesetzen. III. Einreihung der logarithmischen Linie in eine Schar von Kurven, welche Potenzen darstellen. IV. Bemerkungen zu der harmonischen Reihe. V. Ein bemerkenswerter Satz von Cauchy aus der Zahlentheorie VI. Darstellung der ganzen Zahlen in den Formen $\sum\limits_k 2^k$ und $\sum\limits_k (\pm 3^k)$. VII. Zur Theorie der Bienenzellen. VIII. Ein geometrischer Ort.

Holtze, Alfred Über periodische Decimalbrüche und ihr Analogon in anderen Zahlensystemen. 4 (49 S., 1 S. unp.). **Progr.** Domg. *Naumburg a. S.* 1887

Holtze, A., Leitfaden der ebenen Geometrie. s.: Köhler, K.

Holtze, Alfred: Kleine geometrische Untersuchungen. Mit 39 Abb. im Texte u. 1 Figurentaf. Naumburg a. S. 1909: Sieling. 31 S. 4°
Naumburg a. S., Dom-G OP 1909 (333) [S 09. 210

Holtze, Alfred: Kleine geometrische Untersuchungen. Mit 39 Abbildungen im Texte und einer Figurentafel. 31 S. 4. **Progr.** Domgymn. *Naumburg a. S.* 1909 (333).
I. Über Dreiecke, die einem gegebenen Dreieck umbeschrieben werden können. II. Über die möglichen Hauptlagen dreier Kreise in der Ebne zueinander. III. Zerlegung eines n-seitigen Prismas in n-seitige und 3-seitige Pyramiden. IV. Zwei planimetrische Beispiele der Wahrscheinlichkeitsrechnung. V. Eine planimetrische Konstruktionsaufgabe, die auf gleichseitige Hyberbeln führt. Figurentafel: Die möglichen Hauptlagen dreier Kreise zueinander.

Holtze, Ernst Gustav Friedrich (Colberg/Pomm.), De arteriarum ligatura. Diss. chirurg. Bln. (August Petsch) 6. VIII. 1827. 76 S., z. gr. Tl. dtsch., Literatur, Biogr. (M.: A. F. A. Schütting) u. 11 Tfln. Abbild. (12.—) 15801
Oppon.: J. Boehr, C. Weiss, F. Lux. — Gew.: F. L. W. v. Scheel, J. H. Mueller (Colberg), J. F. Curtius.

— — Dasselbe. Bln. (A. Hirschwald). 74 S. ohne Biogr. u. ohne Oppon. (10.—) 15802

Holtze, F., und H. Berduschek, Uebersicht der Weltgeschichte. gr. 8. (V und 126 S.) Berlin 859, (Gsellius'sche Buchh.) **

Holtze, F., und H. Berduschek, Uebersicht der Weltgeschichte. 2.—4. Aufl., besorgt von F. Holtze. gr. 8. (VII und 126 S.) Berlin 862—68, Bath. *

—— und H. Berduschek, Uebersicht der Weltgeschichte. 5. Aufl., besorgt von F. Holtze. 1870. *ℳ 1,20., und 6. Aufl. gr. 8. (VII, 128 S.) Berlin 873, Bath. *

Holtze, F., und H. Berduschek, Uebersicht der Weltgeschichte. 7. Aufl., besorgt von F. Holtze. gr. 8. (VII, 128 S.) Berlin 876, Bath. * 1 40

Holtze, F., und H. Berduschek, Uebersicht der Weltgeschichte. 8. Aufl., besorgt von F. Holtze. gr. 8. (VII, 129 S.) Berlin 880, Bath. *

Holtze, F. u. H. Berduscheck, Übersicht der Weltgeschichte. 2. Stufe. Für die oberen Klassen höherer Lehranstalten bearb. v. E. Fischer. 9. Aufl. gr. 8. (VII, 183 S.) Berlin 884. Bath. n. 2. —

Holtze, F. u. H. Berduschek. Übersicht der Weltgeschichte. Für die mittl. u. oberen Klassen höh. Lehranstalten neu bearb. v. R. Beeck u. F. Lindner. 12. Aufl. gr. 8. (VI, 229 S.) Berl. 892, Bath. geb. * 3 —

Holtze, F., u. H. Berduschek, Übersicht der Weltgeschichte. Für die mittleren u. oberen Klassen höherer Lehranstalten neu bearb. v. R. Beeck u. F. Lindner. 13. Aufl. gr. 8. (VI, 267 S.) Berlin 894. A. Bath. Geb. in Halbldr. n. 3. —

— u. H. Berduschek, Übersicht d. Weltgeschichte. Für d. mittl. u. oberen Klassen höh. Lehranst. neu bearb. v. R. Beeck u. F. Lindner. 14. Aufl. gr. 8. (VI, 273 S.) Berlin 899. A. Bath. Geb. n. 3. —

Übersicht der Weltgeschichte von F. **Holtze** u. H. Berduschek. Für d. mittleren u. oberen Klassen höh. Lehranstalten neu bearb. von Dr. E[rnst] Boesser, Studienrat, u. Dr. F[ranz] Lindner, Prof. 16. Aufl. Berlin: A. Bath 1906. (IX, 347 S.) 8° [F.]

Holtze, Friedrich Wilhelm

Holtze: Adversaria semasiologiae apud poëtas Graecos usque ad Euripidem. 18 S.– Naumburg, Progr. 1866.

Holtze: Loci nonnulli Thuc. explicati et emendati. 19-24 S.- Naumburg, Progr. 1866

Holtze, De locis nonnullis legum Platonicarum. Gel. 1875. 7 S. 4°. —.80

Holtze De notione substantivi apud priscos scriptores latinos usque ad Terentium. 16 S. . .
Naumburg, Progr. 1850

Holtze, Fr. Guil., Phraseologia Ciceroniana, quam addita appendice locos quosdam syntacticos continente scholarum maxime in usum composuit. gr. 8. (166 S.) Naumburg 880, (Domrich.)

Holtze, Wilh. Quaestionum Plautinarum particula prima. De enuntiationibus interrogativis. 18 S. . .
Naumburg, Progr. 1843

Holtze, Fr. W. De recta eorum, quae ad syntaxin Livii pertinent, dispertiendorum et ordinandorum ratione. 28 S. G. *Naumburg* 1881. Progr.

Holtze, Fr. Guil., Syntaxis Lucretianae lineamenta. gr. 8. (III, 204 S.) Leipzig 868, Holtze. *

—— Syntaxis fragmentorum scaenicorum poetarum romanorum, qui post Terentium fuerunt, adumbratio. Opus postumum. gr. 8. (IV, 78 S.) Leipzig 882, Holtze. *

Holtze, F. W. Syntaxis priscorum scriptorum Latinorum usque ad Terentium specimen alterum. 22 S.
Naumburg, Progr. 1853

Holtze, Fr. Wilh., Syntaxis priscorum scriptorum latinorum usque ad Terentium. Vol. 1. gr. 8. (XIV and 426 S.) Leipzig 861, Holtze.

Holtze, Fr. Guil., Syntaxis priscorum scriptorum latinorum usque ad Terentium. Vol. 2. (Finis.) gr. 8. (XIII und 396 S.) Leipzig 862, Holtze.
Vol. 1. Ebendas. 1861. * 2 Thlr. 7½ Ngr.

Holtze, Frdr., chronistische Aufzeichnungen e. Berliners v. 1704–1758, s.: Schriften des Vereins f. d. Geschichte Berlins. 36. Hft.

Holtze, Friedr. Das juristische Berlin beim Tode d. ersten Königs, s.a. Schriften d. Vereins f. die Geschichte Berlins.

Holtze, Friedr.: Das juristische Berlin beim Tode Friedrichs des Grossen. Berlin 1896.

Holtze, Frdr., Berlin u. Kopenhagen, s.a Schriften des Vereins f. die Geschichte Berlins. 41. Hft.

Berlin und Kopenhagen. Von Dr. jur. Friedrich **Holtze**. Berlin: Ver. f. d. Geschichte Berlins 1905. (VIII, 116 S.) 8° [F.]
— **Schriften** d. Vereins f. d. Geschichte Berlins. H. 41.

– Die B e r o l i n e n s i e n des Peter Hafftiz,
s. S c h r i f t e n d. Vereins f. die Geschichte Berlins.

Holtze, F.: B i l d e r aus Berlin vor 2 Menschenaltern,
s. S c h r i f t e n d. Vereins f. d. Geschichte Berlins.

Holtze, Friedrich (Hrsg.), s. C r e u s i n g , Paul: Märkische Fürsten-Chronik.

Holtze, F., der alte Derfflinger, s.a Soldaten-Freund.

Holtze, Frdr. Der alte Derfflinger, Kurbrandenburgischer General-Feldmarschall. (56) 8. Berlin 1853. 1,00.

– Lampert D i s t e l m e i e r , kurbrandenburg. Kanzler,
s. S c h r i f t e n d. Vereins f. d. Geschichte Berlins.

— s.: Forschungen zur brandenburg. u. preuß. Geschichte.

Holtze, F., Geschichte der Befestigung v. Berlin, s.a. Schriften d. Vereins f. die Geschichte der Stadt Berlin.

Holtze, F. Geschichte der Befestigung von Berlin. (Schriften des Vereins für Gesch. der Stadt Berlin X) (152) 8. Berlin 1874. 1,50.

— Geschichte der Stadt Berlin, s.a Studien, Tübinger, f. schwäbische u. deutsche Rechtsgeschichte. I. 3.

Geschichte der Stadt Berlin. Bearb. von Dr. Friedrich **Holtze** in Berlin. Mit 1 Abb. Tübingen: H. Laupp 1906. (IX, 146 S.) 8°
— **Studien**, Tübinger, f. Schwäb. u. Deutsche Rechtsgesch. Bd 1, H. 3.

—— Geschichte d. Kammergerichts in Brandenburg-Preußen, s.a Beiträge zur Brandenburg-Preußischen Rechtsgeschichte.

Geschichte des Kammergerichts in Brandenburg-Preußen. Bearb. von Dr. jur. Friedrich **Holtze**, Amtsrichter in Berlin. Th. 1–4. *Berlin: F. Vahlen 1890–1904.* 4 Bde 8° [F.]
1. Bis z. Reformation d. Kammergerichts v. 8. März 1540. 1890.
2. Das Kammergericht von 1540–1688. Mit d. Portr. von M. F. Seidel. 1891.
3. ... im 18. Jh. Mit 3 Abb. 1901. 4. ... im 19. Jh. Mit 1 Portr. 1904.
— **Beiträge** z. Brandenb.-Preuß. **Rechtsgeschichte**. 1. 2. 5. 6.

Holtze, Friedr.: Zur Geschichte der kurmärkischen Lehnskanzlei im 16. Jahrhundert. (Leipzig 1893.)

– König Christian's V. dänisches G e s e t z als Vorbild f. die preußische Justizreform 1713,
s.a. S c h r i f t e n d. Vereins f. die Geschichte Berlins.

Holtze, Friedr.: König Christian's V. Dänisches Gesetz als Vorbild für die Preußische Justizreform 1713. Berlin 1893.

– Die Berliner H a n d e l s b e s t e u e r u n g und Handelspolitik im 13. und 14. Jahrh.,
s.a. S c h r i f t e n des Vereins für die Geschichte der Stadt Berlin.

Holtze, Dr. Friedr. Die Berliner Handelsbesteuerung und Handelspolitik im 13. und 14. Jahrhundert. Schriften des Vereins für die Geschichte der Stadt Berlin, 19. Heft. gr. 8°. Berlin, Mittler, 1881.

Holtze, F., das Berliner Handelsrecht im 13. u. 14. Jahrh., s.: Schriften des Vereins für die Geschichte der Stadt Berlin.

— 60 Jahre preußischer Justiz. Festschrift zum 60. Erscheinen des Terminkalend. f. preuß. Justizbeamte, Rechtsanwälte u. Notare. Fol. (VII, 60 S. m. 1 Bildnistaf.) Berlin 901. R. v. Decker. Geb. in Leinw. n. 4. —

— die brandenburgische Konsistorialordnung v. 1573 u. ihre Kirchenbaupflicht, s.a. Schriften des Vereins f. die Geschichte Berlins.

Die Brandenburgische Konsistorialordnung von 1573 und ihre Kirchenbaupflicht. Von Dr. jur. Friedrich Holtze. Mit e. Bildn. *Berlin: Verein; E. S. Mittler & Sohn in Komm. 1904.* (100 S.) 8° [F.]
= Schriften d. Vereins f. d. Geschichte Berlins. H. 39.

— s.: Landeskunde der Prov. Brandenburg.

— Ein Leichenbegräbniß zu Berlin im J. 1588, s. Schriften d. Vereins f. d. Geschichte Berlins.

Holtze, Frdr., Lokalgeschichte d. kgl. Kammergerichts, s.a. Beiträge z. brandenburg-preuß. Rechtsgeschichte.

[F.] Lokalgeschichte des Königlichen Kammergerichts. Von Dr. jur. Friedrich Holtze, Amtsrichter ... M. 3 Abb. *Berlin: F. Vahlen 1896.* (X, 113 S., 1 Taf., 1 Pl.) 1 Bd 8.
= Beiträge z. Brandenburg-Preuss. Rechtsgeschichte. [No] IV.

— das Amt Mühlenhof bis 1600, s.: Schriften des Vereins f. die Geschichte Berlins.

— Zur Rechtsgeschichte Berlins. s. Schriften d. Vereins f. d. Geschichte Berlins.

— Strafrechtspflege unter König Friedrich Wilhelm I., s.a. Beiträge zur Brandenburg-Preußischen Rechtsgeschichte.

Holtze, Friedr.: Strafrechtspflege unter König Friedrich Wilhelm I. Berlin 1894.

⊙ Das Strafverfahren gegen die märkischen Juden im Jahre 1510 v. Friedrich **Holtze.** Berlin. 1884. 8°. = Schriften des Vereins f. d. Geschichte Berlins. H. 21.

Holtze, (G. E. F.,) de arteriarum ligatura. Acced. tab. lithogr. XI. 4. Berlin 827, Hirschwald.

Holtze, H., die Motoren zum Antrieb parallelarbeitender Wechselstromgeneratoren. (18 S. m. Fig. u. 3 Taf.) 4. Berlin (906). Boll & Pickardt. n. 1. 50
Sonderabdruck aus: „Die Gasmotorentechnik".

— **Johann Jacob von** (Hamburg), De statu juribusque episcoporum Germaniae Aug. confess. a condita transactione Passaviensi et pace religiosa usque ad Westphalicam. Spec. jur. Jena (Schill) März 1752. 52 S. (6.50) 15803
Gew.: Nicolaus Albert v. Holtze (Peute, Muggenburg; Vater).

Holtze, Joannes Richardus *(geb. Belk in Oberschles. 9. 2. 1824)*: De febrium intermittentium geographia. Vratislaviae (1849). (36 S) 8°
Breslau, Med. Diss. v. 26. [vielmehr 27.] Okt. 1849

Holtze, Max, Stellenetat u. Altersetat unt. besond. Berücksicht. d. Verhältnisse an d. städt. Gymnasien Leipzigs. gr. 8. (38 S.) Leipzig 895. Buchhandlg. G. Fock. n. — 60

Holtze, Osk., Kalkulation f. Kunst- u. Bauschlosser, bearb. f. Gewerbeschulen, Techniker, Werkführer, Schlossereibesitzer u. zum Selbstunterricht m. e. Anh.: Grundbedingungen zum Selbständigmachen. (IV, 208 S.) gr. 8. München (910). M. Kellerer. Geb. in Leinw. 3.50

Holtze, R., Die Lebensverhältnisse der oberschlesischen Arbeiter. Heft 1—14, S.-A. 4°. s. l., 1888—90.

Hoeltzel, Andr. Armin. (geb. Graudenz 18. 8. 1816): De cerebelli compressione. Berolini (1840). (27 S.) 8°
Berlin, Med. Diss. v. 6. Juni 1840

Höltzel, Heinr., d. Selbsthilfe durch Homöopathie. So könnt Ihr Magen- u. Lungenleiden heilen! M. Abb. z. Erlerng. d. Augendiagnose. Erkenng. d. Krankheiten d. Körpers aus d. Augen. 8. (VI, 101 S.) Reutlingen 897. (C. F. Palm.) Kart. n. 1. 50

— **Johann August** (Annaberg/Misnic.; Leipzig), De expensis victoriae non praestandis. Disp. jur. Präs. Heinrich Bodin. Halle (Chr. Henckel) 11. VIII. 1699. 12 Bl. (7.—) 15388

— — Dasselbe. 1716. (6.80) 15389

Höltzel, Max

Höltzel, M., Gesetz üb. den Verkehr m. Kraftfahrzeugen. Das Automobilgesetz vom 3. V. 1909. Mit e. Einleitg. u. erläut. Anmerkgn. f. den Gebrauch der Wagenführer hrsg. im Auftrag des württemberg. Automobilclubs. Mit e. Anh., enth. e. Übersicht der polizeil. Kennzeichen, sowie d. Verbots- u. Warnungstafeln. (20 S. m. Abbildgn.) gr. 8. Stuttgart (909). H. Enderlen. — 50

Höltzel, Dr. Max: Das Wagenübereinkommen des Vereins deutscher Eisenbahnverwaltungen und seine wirtschaftliche Bedeutung. Berlin 1900. 154 S. 8°.
Zürich. Jur. Diss. 1900/1901.

Höltzel, Max, das Wagenübereinkommen des Vereins deutscher Eisenbahnverwaltungen u. seine wirtschaftl. Bedeutung. gr. 8. (VII, 154 S. m. 5 Tab.) Berlin 900. J. Springer. n. 2. —

Hoeltzenbein, Anton [Referendar aus Emden]: Sparkassenbuch und Sparguthaben im Strafrecht ... Göttingen, Druck d. Univ.-Buchdr. v. E. A. Huth, 1895; 38 S. 8.
Göttingen, Jur. Fak., Inaug.-Diss. v. [. Nov.] 1895

Hoeltzenbein, Joseph (geb. Trier 18. 1. 1825): De telarum corporis humani regeneratione. Berolini (1848). (27 S.) 8°
Berlin, Med. Diss. v. 9. Nov. 1848

Holtzendorff, Frz. v., Nachruf auf ihn, s.: Stoerk, F.

Holtzendorff, Die, in der Mark Brandenburg und Chur-Sachsen ... Berlin 1876. V: *Holtzendorff, Wichart von.* (Ky)

Holtzendorff, die, in der Mark Brandenburg und Chur-Sachsen. Eine genealog. Skizze. (Von Wichart v. Holtzendorff.) Lex.-8. (VIII, 136 und Urkunden XXXV S. mit 3 genealog. Tab. und chromolithogr. Titel.) Berlin 876, Mittler und Söhne. * 6 —

Holtzendorff, Albrecht von, s.a. Holzendorff, Albrecht von

Holtzendorff, Albr. Graf v., Beiträge zu d. Biographie d. Generals Frh. v. Thielmann, u. zur Gesch. d. jüngst vergang. Zeit. Mit Actenstücken belegt. gr. 8. (17½ B.) Leipzig 830, [Hartmann.]

—— Berichtigung d. Schrift: „Erinnerungen aus d. Feldzuge d. sächs. Corps im J. 1812, aus d. Papieren d. verstorb. Generallieut. v. Funck; ꝛc." 8. (7½ B.) Dresden 831, (Walther.)

v. Holtzendorff, Albr. Geschichte der kgl. sächs. leichten Infanterie von ihrer Errichtung bis zum 1. Oktober 1859. Als Manuscript gedruckt. 8. Leipzig 1860.

Holtzendorff, Arndt v. Die koloniale Frage u. ihre Lösung durch das Reich. gr. 8. (IV, 88 S.) Berl. 889, Gaertner. * 1 —

Holtzendorff, F(rz.) v., das staatsrechtliche Abhängigkeitsverhältniß zwischen England und seinen Colonien. Lex.-8. (16 S.) Leipzig 859. [Wittenberg,] Reichenbach'sche Buchh. *
Aus der „Preußischen Gerichts-Zeitung" besonders abgedruckt.

Holtzendorff, Frz. v., f. den Grafen Harry Arnim. Vertheidigungsrede, geh. am 14. Decbr. 1874 vor dem königl. Stadtgerichte zu Berlin. Authentische Ausg., m. e. Nachtrage v. Anmerkgn. und Zusätzen. 8. (VIII, 79 S.) Berlin 875. C. Pfeiffer. n. 1. 60

Holtzendorff, Frz. v., die Auslieferung der Verbrecher u. das Asylrecht, s.a. Sammlung gemeinverständlicher wissenschaftlicher Vorträge.

Holtzendorff, Franz von. Die Auslieferung der Verbrecher und das Asylrecht. In-8°. Berlin, Carl Habel. 1881

Auslieferung. Holtzendorff Fv, die Auslieferung der Verbrecher und das Asylrecht. (Sammlung gemeinverständl. wissenschaftl. Vorträge 366-67) Berlin 1881

Holtzendorff, F. v. (Hrsg.) s. Bezold, Ernst: Materialien zur deutschen Reichsverfassung.

Holtzendorff, Fr. von. J. C. Bluntschli und seine Verdienste um die Naturwissenschaften. Mit dem Bildniss Bluntschlis. In-8°, 43 S. Berlin, Habel. 1882 1 —
*** Deutsche Zeit- und Streitfragen. Heft 161.

— J. C. Bluntschli u. seine Verdienste um die Staatswissenschaften, s.a. Zeit- u. Streit-Fragen, deutsche.

J. C. Bluntschli und seine Verdienste um die Staatswissenschaften von Franz v. Holtzendorff. Mit dem Bildn. Bluntschli's. Berlin. Lüderitz 1882. 43 S. 8°
(Deutsche Zeit- und Streitfragen. 161.)
Tt. 921. Erwähnt auf S. 20 Bluntschlis Zugehörigkeit zum Frmrbunde.

— der Brüderorden des Rauhen Hauses u. sein Wirken in den Strafanstalten. Nebst weiteren Mittheilungen aus den bisher unbekannten Papieren. 1. u. 2. Aufl. Berlin 862. Lüderitz' Verlhdlg. gr. 8. (83 S.) n. 10 ngr.

—— die Brüderschaft des Rauhen Hauses, ein protestantischer Orden im Staatsdienst. Aus bisher unbekannten Papieren dargestellt. 1—4. Aufl. gr. 8. (48 S.) Berlin 861, Lüderitz'sche Verlagsbuchh. *

Holtzendorff, F. v., Richard Cobden, s.a. Sammlung gemeinverständl. wissenschaftl. Vorträge.

Holtzendorff Fv, Richard Cobden (Sammlung wiss. Vorträge 17) Berlin 1866

—— die Deportation als Strafmittel in alter und neuer Zeit und die Verbrechercolonien der Engländer und Franzosen in ihrer geschichtlichen Entwicklung und criminalpolitischen Bedeutung dargestellt. gr. 8. (XXIV und 749 S.) Leipzig 859, Barth. *

—— die Deportationsstrafe im römischen Alterthum hinsichtlich ihrer Entstehung und rechtsgeschichtlichen Entwickelung dargestellt. gr. 8. (X und 159 S.) Leipzig 859, Barth. *

—— les droits riverains de la Roumanie sur le Danube. Consultation en droit international. Édit. française augmentée d'un tableau chronologique, contenant les traités, conventions et règlements, relatifs à la navigation fluviale internationale de 1648 à 1883. gr. 8. (VII, 292 S.) Leipzig 884, Duncker und Humblot. *

— s.a. Encyklopädie der Rechtswissenschaft.

v. Holtzendorff, F. Encyclopädie der Rechtswissenschaft in systematischer und alphabetischer Bearbeitung, herausgegeben unter Mitwirkung vieler namhafter Rechtsgelehrter. Leipzig.
Theil I. Systematische Darstellung. 1. Auflage. 1870. — 3. Auflage. 1877. — 5. Auflage. 1890.
" II. Rechtslexikon. 1. Auflage. 2 Bände. 1871. — 2. Auflage. 2 Bände. 1875/76. — 3. Auflage. 3 Bände. 1880/81.

Holtzendorff, Dr. Fr. v., Encyclopädie der Rechtswissenschaft in system. u. alphabetischer Bearbeitung herausgegeben unter Mitwirkung namhafter Rechtsgelehrten. Leipzig 1870/71. 3 Bände. 8°. Theil 1: Systematische Darstellung. Theil 2: Rechtslexikon. Bd. 1: Abandon—Justitium. Bd. 2: Kabotage—Zwitter.

— Eroberungen u. Eroberungsrecht, s.a. Sammlung gemeinverständl. wissenschaftl. Vorträge.

Holtzendorff Fv, Eroberungen u Eroberungsrecht. (S. wiss. Vortr. 144) Berlin 1871

v. Holtzendorff. Eroberungen und Eroberungsrecht. [Heft 144 der Sammlung gemeinverständl. wissenschaftl. Vorträge.] 8. Berlin 1872.

— Vide: Frauen-Vereins-Conferenz.

—— das irische Gefängnisssystem, insbesondere die Zwischenanstalten vor der Entlassung der Sträflinge. gr. 8. (XV und 141 S.) Leipzig 859, Barth. *

—— Gesetz oder Verwaltungsmaxime? Rechtliche Bedenken gegen die preuß. Denkschrift betreffend die Einzelnhaft. gr. 8. (81 S.) Berlin 861, Lüderitz'sche Verlagsh. *

Holtzendorff, v., s. Gesetzgebg. d. Dtschen Reiches.

— s.a. Handbuch d. Gefängnisswesens.

Holtzendorff, F. v., und E. v. Jagemann, Handbuch des Gefängniswesens in Einzelbeiträgen von Bär, Ekert ... herausg. Bd. 1.2. (Mit Tafeln, Plänen u. Grundrissen.) Hamburg 1888. gr. 8. . . . . (D.)

—— s.a. Handbuch des deutschen Strafprozeßrechts.

Holtzendorff Fv, Handbuch des deutschen Strafprozessrechts. 2 Bde Berlin 1879

—— s. Handbuch des deutschen Strafrechts.

— s.a. Handbuch d. Völkerrechts.

Holtzendorff, Dr. **Franz v.**, Prof. der Rechte. Handbuch des Völkerrechts. Auf Grundlage europäischer Staatspraxis unter Mitwirkung von geheimen Rath Prof. Dr. v. **Bulmering**, Dr. E. **Caratheodory**, geheimen Rath Prof. Dr. **Dambach**, Prof. Dr. **Gareis**, geheimen Rath Prof. Dr. **Geffcken**, Legationsrath Dr. **Gessner**, Prof. Dr. **Lammasch**, Prof. Dr. **Lueder**, Prof. Dr. **Meili**, Dr. W. v. **Melle**, Prof. Dr. **Rivier**, Prof. Dr. **Störk** herausgegeben. I. Bd. Einleitung in das Völkerrecht. II. Bd. Die völkerrechtliche Verfassung und Grundordnung der auswärtigen Staatsbeziehungen. III. Bd. Die Staatsverträge und die internationalen Magistraturen. IV. Bd. Die Staatsstreitigkeiten und ihre Entscheidung. Registerbändchen. Enthaltend: 1. Sachregister. 2. Fallregister. 3. Autorenregister. (5 Bde.) 8. Hamburg 1885—1889.

Holtzendorff, Frz. v., John Howard und die Pestsperre gegen Ende des 18. Jahrhunderts, s.a. Sammlung gemeinverständl. wissenschaftl. Vorträge.

Holtzendorff F v, John Howard und die Pestsperre gegen das Ende des 18. Jahrhunderts. (Slg wissenschaftl. Vorträge 317) Berlin 1879

Holtzendorff, Franz von [Hrsg.], s. Jahrbuch für Gesetzgebung, Verwaltung und Rechtspflege des Deutschen Reiches.

Holtzendorff, Frz. v., die Idee des ewigen Völkerfriedens, s.a. Sammlung gemeinverständlicher wissenschaftlicher Vorträge.

Holtzendorff F v, die Idee des ewigen Völkerfriedens. (Sammlung gemeinverständlicher wissenschaftlicher Vorträge 403-4) Berlin 1882

v. **Holtzendorff**, d. Idee d. ewigen Völkerfriedens. Berlin 883.

— et A. **Rivier**, introduction au droit des gens. Recherches philosoph., histor. et bibliograph. Édition française. gr. 8. (IV, 524 S.) Hamburg 888. (Verlagsanstalt u. Druckerei, A.-G. n. 16. —; geb. n. 18. —

—— der Kirchenstaat, s. Vorträge, protestantische.

— der Kirchenstaat, s.: Vorträge, wissenschaftliche.

— die britischen Colonien, s.a. Sammlung gemeinverständl. wissenschaftl. Vorträge.

Holtzendorff F v, die brittischen Kolonien. (Slg wiss. Vortr. 119) Berlin 1871

—— **die Kürzungsfähigkeit der Freiheitsstrafen und die bedingte Freilassung der Sträflinge in ihrem Verhältnisse zum Strafmasse und zu den Strafzwecken. gr. 8. (VII und 118 S.) Leipzig 861, Barth.** *

—— ein englischer Landsquire. 16. (V, 156 S.) Stuttgart 877, Cotta'sche Buchh. * ℳ 2,25.; geb. * 3 —

Holtzendorff, Franz von [Bearb.], s. Padelletti, Guido: Lehrbuch der Römischen Rechtsgeschichte.

— s.: Perry, Th. S., Franz Lieber.

— England's Presse, s.a. Sammlung gemeinverständl. wissenschaftl. Vorträge.

Holtzendorff F v, Englands Presse. (Slg wissenschaftl. Vortr. 95) Berlin 1870

— der Priester-Cölibat, s.a. Zeit- u. Streitfragen, deutsche.

Holtzendorff F v, der Priester-Cölibat. (Zeit- u Streitfr. 63) Berlin 1875

Holtzendorff, Frz. de, principes de la politique. Introduction à l'étude du droit public contemporain. Ouvrage traduit sur la 2e édit. allemande avec l'autorisation et le concours de l'auteur par Ernest Lehr. gr. 8. (IX, 202 S.) Hamburg 887, [J. F. Richter.] Verlagsanstalt und Druckerei, A.-G. *

—— die Principien der Politik. gr. 8. (XVI, 360 S.) Berlin 869, Habel. *

—— die Principien der Politik. Einleitung in die staatswissenschaftl. Betrachtung der Gegenwart. 2. durchgehends verb. und ergänzte Aufl. gr. 8. (XX, 381 S.) Berlin 879, Habel. * 7 —

—— Provinzialsynoden und Kirchenregiment in Preußen. Vortrag und Thesen angenommen in der allgemeinen Versammlung des Berliner Unions- und Protestantenvereins vom 4. Dezbr. gr. 8. (16 S.) Berlin 870, Puttkammer und Mühlbrecht. *

— die Psychologie d. Mordes, s.a. Sammlung gemeinverständl. wissenschaftl. Vorträge.

Holtzendorff F v, die Psychologie des Mordes. (Slg wiss. Vortr. 232) Berlin 1875

ab Holtzendorff, Franc.: De rebus quarum commercium non est. Berolini (1852). (37 S.) 4°
Berlin, Jur. Diss. v. 13. Nov. 1852

— der Rechtsfall der Fürstin Bibesco [früheren Fürstin Bauffremont]. Ein Gutachten. Lex.-8. (26 S.) München 876. Th. Ackermann. — 75

Holtzendorff, F. v., Rechtsgutachten in Sachen Herrn Joh. Hallauer, Villa Flora, Luzern. 8. Zürich, Druck von Orell Füssli & Co. 1876

—— s. Rechtsgutachten zum Prozess des Grafen H. v. Arnim.

—— s.a. Rechtslexikon.

— Rechtslexicon, s.a. Encyclopädie der Rechtswissenschaft.

— Rechtslexikon. 2. Auflage. 2 Bde Leipzig 1874

v. **Holtzendorff**, Rechtslexikon. 3. Aufl. 3 Bde. in 4 Thln. Leipzig 881.

Holtzendorff, Rechtswissensch., s. Encyklopädie.

—— **französische Rechtszustände insbesondere die Resultate der Strafgerichtspflege in Frankreich und die Zwangscolonisation von Cayenne. Zwei zu Berlin im Febr. 1859 gehaltene öffentl. Vorträge. 8. (IV und 87 S.) Leipzig 859, Barth.** *

— die Reform der Staatsanwaltschaft in Deutschland. Berlin 864. Guttentag. gr. 8. (48 S.) 9 ngr.

Holtzendorff, Frz. v., das deutsche Reich und die Constituirung der christlichen Religionsparteien auf den Herbstversammlungen im J. 1871. Ein Vortrag. 1. und 2. Aufl. gr. 8. (47 S.) Berlin 872, Oppenheim. (* ℳ 1.)

—— Reichsstrafrecht und Landesstrafrecht in Deutschland. gr. 8. (23 S.) Leipzig 871, Barth. *
Aus: Allgemeine deutsche Strafrechtszeitung, besonders abgedruckt.

—— schottische Reiseskizzen. 8. (IX, 212 S.) Breslau 882, Schottländer. * ℳ 4.; geb. *

Holtzendorff, Frz. v., s.: Sammlung gemeinverständl. wissenschaftl. Vorträge.

Holtzendorff, Franz von: Protestanten-Bibel, des neuen Testaments, s. Schmidt, P. W.

Holtzendorff, Franz von [Hrsg.], s. Strafrechtspflege, Deutsche.

Holtzendorff, Franz von [Hrsg.], s. Strafrechtszeitung, Allgemeine Deutsche.

— Rumäniens Uferrechte an der Donau. Ein völkerrechtl. Gutachten. gr. 8. (VIII, 168 S.) Leipzig 883. Duncker & Humblot. n. 4. —

—— die Umgestaltung der Staatsanwaltschaft vom Standpunkt unabhängiger Strafjustiz und der Entwurf einer Strafprozeß-Ordnung für den preuß. Staat. gr. 8. (62 S.) Berlin 865, Guttentag. *

—— kritische Untersuchungen über die Grundsätze und Ergebnisse des irischen Strafvollzuges. gr. 8. (III und 125 S.) Berlin 865, Lüderitz'sche Verlagsh. *

—— die Verbesserungen in der gesellschaftlichen und wirthschaftlichen Stellung der Frauen, s. Sammlung gemeinverständl. wissenschaftl. Vorträge.

Holtzendorff, Fr[anz] v.: Die Verbesserungen in der gesellschaftlichen u. wirtschaftlichen Stellung der Frauen. — Berlin: Lüderitz 1867. 46 S. 8° (Samml. gemeinverständl. wissenschaftl. Vorträge. 40.)

2. Aufl. Berlin 1877.

—— über die Verbesserungen in der gesellschaftlichen und wirthschaftlichen Stellung der Frauen, s. Sammlung gemeinverständl. wissenschaftl. Vorträge. 40. Heft.

Holtzendorff, Frz. v., Ueber die Verbesserungen in der gesellschaftlichen u. wirthschaftlichen Stellung der Frauen. (Samml. gemeinverständl. wissenschaftl. Vorträge, Heft 40, 1867.) 2. Aufl. 8°. Berlin 1877.

— das Verbrechen d. Mordes u. die Todesstrafe. Criminalpolitische u. psycholog. Untersuchgn. Hrsg. auf Grundlage öffentl. in Berlin u. München gehaltener Universitätsvorträge. gr. 8. (VI, 368 S.) Berlin 875. Habel. n. 8. —

—— Wesen und Werth der öffentlichen Meinung. 8. (VII, 159 S.) München 879, Rieger'sche Universitäts-Buchh. * 3 —

—— Wesen und Werth der öffentlichen Meinung. 2. Aufl. 8. (VII, 159 S.) München 880, Rieger'sche Universitäts-Buchh. *

Holtzendorff, Franz von [Bearb.], s. Westlake, John: Lehrbuch des internationalen Privatrechts.

— s.: Zeit- u. Streitfragen, deutsche.

—— Zeitglossen des gesunden Menschenverstandes. 8. (VIII, 184 S.) München 884, Th. Ackermann. geb. ·

Holtzendorff, Franz v.: Zweck und Ziel der höheren Frauenbildung. 〈Eröffnungsrede z. d. Münchener Frauenbildungskursen, geh. im Festsaale d. k. Akademie d. Wissenschaften z. München am 21. März 1878.〉 — (Berlin 1878: Buchdruckerei-A.-G.) 15 S. 8°

Holtzendorff, Friedr. Ernst, König Friedrich der Zweite, der Vater Seines Vaterlandes. Eine Predigt. Stargard 1786. 8.

Holtzendorff, Georg Graf v. [wirkl. Name]
s. Stellanus, Georg [Pseud.] [10. 1106]

Holtzendorff, Heinrich Wilhelm (Berlin), C. Trebatius Testa JCtus injuriis tam veterum quam recentiorum auctorum liberatus. Präs. Nicolaus Hieronymus Gundling. Halle (Chr. Henckel) 19. VII. 1710. 6 Bl., 70 S. (7.50) 15801
Gew.: Johann Casimir Graf v. Wartenberg. — Widm. v.: Joh. Meier (Berlin). — S. a. Gundling, N. H. (Nr. 12317).

Holtzendorff, Jul. v., der Flachs, sein Anbau und seine Zubereitung in Irland. Aus dem Engl. nach Flax, its cultivation und preparation by James Ward und Flax and its products in Ireland by Will. Charley. gr. 8. (XI und 95 S.) Leipzig 865, O. Wigand.

Holtzendorff, J. v.: Ueber den Werth des städtischen Cloakendüngers. Leipzig 1864

Holtzendorff, Marie Gräfin v., Wegweiser im Haushalte u. in der Küche. Ein Sammlung geprüfter Recepte u.

Rathschläge f. junge Hausfrauen. 2. [Titel-]Ausg. gr. 8. (XXVIII, 528 S.) Hannover [874.] 902. Hahn. Geb. in Leinw. 4. —

Wegweiser im Haushalte und in der Küche. Eine Sammlung geprüfter Recepte u. Rathschläge f. junge Hausfrauen. Von Marie, Gräfin v. Holtzendorff. 2. Ausg. [Nebst] Fortsetzung. *Hannover & Leipzig: Hahn 1902.* 2 Bde 8° [F.]
[Forts. u. d. T.:] Wegweiser am Theetische u. in d. Vorrathskammer. [03. 839] 7

Holtzendorff, Marie Gräfin v., Wegweiser am Theetische u. in der Vorrathskammer. Eine Fortsetzg. des Wegweisers im Haushalte u. in der Küche. 2. [Titel-]Ausg. gr. 8. (VIII, 122 S.) Ebd. [874.] 902. Geb. in Leinw. 2. —

Holtzendorff, Wichart von

Holtzendorff, W. v., Die Holtzendorff in der Mark Brandenburg und Chursachsen. Mit 3 Stammtfln. Berlin 1876. 8.

Holtzendorff-Vietmannsdorf, (Franz v.), contra Arnim-Boytzenburg. Ueber den richtigen Standpunkt der deutschen Centralgewalt. gr. 8. (16 S.) Berlin 848, Springer.

Holtzendorff-Vietmannsdorf, v., d. Brief an den Landtags-Abgeordneten, Obristlieut. a. D. Hrn. v. Arnim. (Den Ständen d. Ukermark gewidm.) gr. 8. (1 B.) Berlin 845, Springer.

—— politische Erinnerungen. gr. 8. (44 S.) Berlin 849, [Grobe.]

Holtzendorff-Vietmansdorf, Politische Erinnerungen. Berlin, L. Lassar, 1849. 44 S. 8°.

—— Gemeinden, Steuern u. Vertretung. Mit einer tabellar. Uebersicht der Landtagspetitionen u. der darauf ergangenen Landtagsabschiede. gr. 8. (6½ B. u. 1 Tab.) Leipzig 841. (Berlin, Springer.) *

Holtzendorff-Vietmannsdorf, v., Gustav Adolph, vaterländisch-dramatisches Lebensbild mit einem lebenden Bilde. gr. 8. (35 S.) Berlin 860, [Akademische Buchh.] *

Holtzendorff-Vietmannsdorf, (Franz v.), republikanische Lieder. Dem deutschen Volke gewidmet. gr. 8. (48 S.) Heidelberg 849, Groos. Thlr. *

—— in Preußen! gr. 8. (VIII und 101 S.) Mannheim 848. [Speyer, Lang.]

Holtzendorff-Vietmannsdorf, von. Politisches Programm. Gedruckt bei G. Schade. 2 Bl. 4.
Flugblatt. Berlin, 27. Dez. 1848.

Holtzendorff-Vietmannsdorf contra Arnim-Boytzenburg, Ueber den richtigen Standpunkt der deutschen Centralgewalt. Berlin, J. Springer, 1848. 16 S. 8°.

Holtzendorff, Frz. v., Vortrag üb. den Gustav-Adolph-Verein, gehalten auf einem combinirten Synodal-Vereine zu Zehdenick am 23. Octbr. 1844. 16. (1 B.) Berlin 844, Springer. *

—— Vortrag üb. die politische Stellung der Stände, ihr Verhältniß zu den Kreistags-Versammlungen, u. dieser zu den Provinzial-Landtagen, gehalten auf dem Kreistage zu Templin am 8. Juli 1843. 2. Aufl. 12. (1 B.) Berlin 844, Springer. *

Holtzer, (Stanislav) Emil (geb. Wielkie in Posen 27. 9. 1861.): Zur doppelseitigen Serratuslähmung. Berlin (1885). (31 S.) 8°.
Berlin, Med. Diss. v. 12. Aug. 1885.

HOLTZER, FRANC(ISCUS) S. J.: Siegreiche Tapfferkeit dess Heiligen Stephani ersten Königs, und grossen Landes-Patrons des apostolischen Königreichs Hungarn, durch die heldenmüthige Thaten Seiner getreuen Lands-Genossen verneuert: In gewöhnlicher Feyertags-Predig vorgetragen. Presburg (1745). Gedr. in d. Royerischen Buchdr. 9 f. - 2°

Die Zuckerkrankheit, ihr Wesen und ihre Behandlung nebst 400 Kochrezepten. Hrsg. von Dr. [Stanislaus] Holtzer, Spezialarzt, Charlottenburg. *Charlottenburg: W. Freischmidt [1904].* (195 S.) 8°
[Umschlagt.:] Diabetes. Die Zuckerkrankheit ... von Dr. Holtzer.

Holthauer, Das Jugendspiel im Anschluß an die Klassengliederung einer Mädchenschule. Leipzig 1886, 8 S., 8°.

Holtzhausen, F., Filippo Brunelleschi, s.: Charakterbilder bedeutender Künstler.

Holtzhausen, Otto, Spinners u. Zwirners Berather. Ein Taschenbuch f. die Praxis der Baumwoll-Spinnerei u. -Zwirnerei. 8. (125 S. m. 6 Abbildgn.) Leipzig (901). Verlag der Leipz. Monatschrift f. Textil-Industrie. Geb. in Leinw. n. 4.—

Holtzhauser, Bartholomäus, s. Holzhauser, Bartholomäus

Holtzheimer, Hans, Kgl. Leutnant a. D. aus Berlin: **Erzherzog Karl bei Wagram.** Ein Beitrag zur Beurteilung des Erzherzogs Karl von Oesterreich als Feldherrn. *(Berlin 1904: E. Ebering.)* (67 S.) 8°
Berlin, Phil. Diss. v. 9. Juli 1904

Holtzheimer, Gustav, aus Berlin: Die **Wiederverheiratung** im Falle der Verschollenheit und der Todeserklärung. *Rostock 1902: C. Hinstorff.* (79 S.) 8°
Rostock, Jur. Diss. v. [3. Jan.] 1903

Rede zum Stiftungsfeste der Loge „Alma a. d. Ostsee" [in Kiel], zugleich zum 25jährigen Gedenktage der Lichteinbringung in den jetzigen Logentempel von A. Holtzheuer. [Bützow 1895: Buhr.] 8 S. 4° [Kopftit.]
Aus: ML. 23 (1894—1895) S. 111—118.
Über d. Seiten u. Aufgaben des menschlichen Wesens, in denen das Mrtum die Begründung seines Daseins findet, die seinen Wert für d. Gegenwart u. Bürgschaft seiner Dauer für d. Zukunft ergeben. 4.

[F.] Das Abendmahl und die neuere Kritik. Von Otto Holtzheuer, Superintend. in Weferlingen a. d. Aller. *Berlin: Wiegandt & Grieben 1896.* (IV, 74 S.) 1 Bd 8.

Holtzheuer, Otto, die Auslegung der heiligen Schrift in der Kirche, der theologischen Wissenschaft u. den Sekten. Vortrag. 8. (27 S.) Gütersloh 891. C. Bertelsmann. n. — 40

Holtzheuer, Otto, der Brief an die Ebräer, ausgelegt. gr. 8. (298 S.) Berlin 883, Wiegandt und Grieben.

[F.] Christologie. Vorlesgn geh. während d. theolog. Cursus zu Weferlingen im Aug. u. Sept. 1897 v. Otto Holtzheuer. *Berlin: Wiegandt & Grieben 1898.* (92 S.) 1 Bd 8.

Die evangelisch-kirchliche Jerusalemsfahrt des Jahres 1898 mit e. Vorwort. Von D. Otto Holtzheuer in Weferlingen. *Berlin: Wiegandt & Grieben 1899.* (114 S.) 8° [F.]

— s.: Kirchen-Zeitung, evangelische.

Predigt geh. im Dom zu Berlin am 2. Mai 1903 bei der Landeskirchlichen Versammlung von D. [Otto] **Holtzheuer**, Gen.Superint. Berlin: Landeskirchl. Ausschuß (1903). (12 S.) 8° [F.]

Predigt zur Eröffnung der ausserordentlichen Generalsynode am 27. Okt. 1894 geh. von Lic. [Otto] Holtzheuer, Superint. in Weferlingen. *Berlin: Wiegandt & Grieben 1894.* (11 S.) 8° [F.]

Holtzheuer, die wachsende Unzufriedenheit aller Stände mit ihrem irdischen Los. Vortrag. Hrsg. vom Evangel. Preßverein in Schlesien. 8. (34 S.) Leipzig 890. Böhme Nachf. n. — 30

Drei letzte Zeugnisse von Otto **Holtzheuer**, weil. Gen.Superint. † 29. Nov. 1906. Magdeburg: E. Holtermann 1906. (32 S.) 8° [F.]

Holtzhey, Christian Friedr. (Schwarzburg), De retrovenditione a laudemii onere libera. Diss. jur. Präs. Carl Friedrich Walch. Jena (Strauss) 10. X. 1761. 26 S. (6.80) 15806
Widm. v.: Präs., Christ. Gott. Zopf, Christ. Jacob Becker (Weida/Vogtl.), Heinrich Ernst Reichardt (Weimar), Jo. Reinh. Gottfr. Hasserodt (Eisenach).

Holtzhey, Fr., Unterricht in d. allgem. u. vaterländ. Naturgeschichte f. Schule u. Leben, insbesond. z. Erhalt. treuer Gesinnungen geg. Regierung u. Obrigkeit. 8. (5¼ B.) München 835, Fleischmann. Thlr.

– Dasselbe, s.a. Holzhey, C. Fr.

Holtzhey, Frieder., Selectio dictor. classicor. e romanor. scriptis veterum. 8maj. (2 1/2 B.) Norimbergae 835, Recknagel.

Holtzhey, Geo., der Jungfrau Leben, Lieben, Leiden. Ein Buch der Weisheit u. der Erfahrg. als Brevier allen deutschen Jungfrauen u. Müttern geweiht. Eingeführt durch Conr. Beyer. Mit e. Titelbild (Holzschn.) 16. (VIII, 178 S.) Leipzig 874. Friese. 2. —; geb. m. Goldschn. n. 3. —

Holtzhey, Geo, der Jungfrau Leben, Lieben, Leiden. Ein Buch der Weisheit und der Erfahrung als Brevier allen deutschen Jungfrauen und Müttern geweiht. Eingeführt durch Carl Beyer. 2. Aufl. 8. (XII, 178 S.) Bremen 879, Heinsius. geb. mit Goldschn. * 4 —

Holtzhey, Geo., der Jungfrau Leben, Lieben, Leiden. Ein Buch der Weisheit und der Erfahrung, als Brevier allen deutschen Jungfrauen und Müttern geweiht. Eingeführt und hrsg. durch Conr. Beyer. 3. neu bearb. Aufl. 8. (XVI, 176 S. mit chromolithogr. Widmungsbl.) Bremen 884, Heinsius. geb. mit Goldschn.

Holtzhey, Geo., der Jungfrau Leben, Lieben, Leiden. Ein Buch der Weisheit und der Erfahrung, als Brevier allen deutschen Jungfrauen und Müttern geweiht. Eingeführt und hrsg. durch Conr. Beyer. 4. Aufl. 8. (XIV, 176 S. mit chromolithogr. Widmungsbl.) Bremen 886, Heinsius Nachf. geb. mit Goldschn. *

Holtzhey, Geo., der Jungfrau Leben, Lieben, Leiden. Ein Buch der Weisheit u. der Erfahrg. f. Deutschlands Jungfrauen u. Mütter. Metrisch bearb. u. hrsg. durch Conr. Beyer. 5. Aufl. 8. (XVII, 176 S. m. farb. Widmungsbl. u. 1 Lichtdr.) Bremen 892. M. Heinsius Nachf. Geb. in Leinw. m. Goldschn. n. 4.50

Holtzhey, Geo., die Sprache der Natur. 12. (III und 96 S.) Coburg 861, C. Riemann jun. 12 Ngr.; geb.

Hölzig, C., das Ganze der Damenschneiderei, enthaltend: gründliche Anweisungen, wie alle Arten von Kleidern, Mantillen, Mänteln, Visiten, Kapuzen, Corsets rc. nach den neuesten pariser Moden zuzuschneiden und anzufertigen sind, nebst einem ganz neu erfundenen Reductionsschema rc. Mit vielen Zeichnungen und einem Reductionsschema. gr. 8. (37 S. mit 7 Stnt. in gr. Fol.) Weimar 853, Rauschke und Schmidt.

Holtzinger, F. S., s. Holzinger, F. S.

Holtzinger, G., Festschrift d. oldenburgischen Gewerbe- u. Handels-Vereins zu dessen 50jährigem Jubiläum 1891. Hrsg. vom Vorstande d. Vereins. gr. 8. (IV, 182 S. m. Abbildgn. u. 3 Taf.) Oldenburg 892. G. Stalling's Verl. n. 3. —

Holtzinger, Geo., Handbuch der Registratur- u. Archivwissenschaft. Leitfaden f. das Registratur- u. Archivwesen bei den Reichs-, Staats-, Hof-, Kirchen-, Schul- u. Gemeindebehörden, den Rechtsanwälten usw. sowie bei den Staatsarchiven. Mit Beiträgen v. Frdr. Leist. 2. durchgeseh. u. vervollständ. Aufl. (XVIII, 300 S.) kl. 8. Leipzig 908. J. J. Weber. Geb. in Leinw. 4. —

Handbuch der Registratur- und Archivwissenschaft. Leitfaden f. d. Registratur- u. Archivwesen ... Von Georg **Holtzinger**. Mit Beiträgen von Dr. Friedrich Leist. 2., durchges. u. vervollst. Aufl. Leipzig: J. J. Weber 1908. (XVIII, 304 S.) 8° [F.]
Aufl. 1 u. d. T.: Holtzinger: Katechismus d. Registratur- u. Archivkunde. [08. 9306

Holtzinger, Geo., Katechismus der Registratur und Archivkunde, s. a. Weber's, J. J., illustrirte Katechismen.

Holtzinger, Geo., Katechismus der Registratur- u. Archivkunde. Handbuch f. das Registratur- u. Archivwesen bei den Reichs-, Staats-, Hof-, Kirchen-, Schul- u. Gemeindebehörden, den Rechtsanwälten rc., sowie bei den Staatsarchiven. Mit Beiträgen v. Frdr. Leist. 8. (XVI, 317 S.) Leipzig 883. Weber. geb. n. 3. —

Holtzinger, Heinrich

Holtzinger, H., die altchristliche Architektur in systematischer Darstellung. Form, Einrichtg. und Ausschmückg. der altchristl. Kirchen, Baptisterien und Sepulcral-Bauten. Mit 188 Illustr. 7 Lfgn. gr. 8. (XVI, 288 S.) Stuttgart 889. Ebner & Seubert. n. 8. —; geb. n. 10. —

Holtzinger, Heinr., Altchristl. Basiliken in Rom u. Ravenna, s. a. Baukunst, die.

Altchristliche Basiliken in Rom und Ravenna. Von Prof. Heinrich **Holtzinger**. *Berlin & Stuttgart: W. Spemann [1898].* (12 S., 8 Taf.) 2°
= Baukunst, Die. [Ser. 1,] H. 4. [02 17(?)

Holtzinger, Heinr., altchristliche u. byzantinische Baukunst, s. a. Handbuch der Architektur. II. 3. I.

Die altchristliche und byzantinische Baukunst. Von Dr. Heinrich **Holtzinger.** (2. Aufl.) Stuttgart: Bergsträsser 1899. IV, 172 S. 4°
(Handbuch d. Architektur. T. 2, Bd 3, Hälfte 1.) [11. 5504 6

Altchristliche und byzantinische Baukunst. Von Dr. Heinrich **Holtzinger**, Prof., Hannover. 3. Aufl. Mit 280 Abb., sowie 6 Taf. Leipzig: A. Kröner 1909. (176 S.) 4°(8°)
— **Handbuch** d. Architektur. T. 2, Bd 3, H. 1. [08. 15:%

Holtzinger, Heinr., s.: Burckhardt, Jac., Geschichte der Renaissance in Italien.

Holtzinger, Heinr., Geschichte der Renaissance in Italien, s.: Burckhardt, Jac., u. Wilh. Lübke, Geschichte der neueren Baukunst. I.

Holtzinger, Heinr. Handbuch der altchristl. Architektur. Form, Einrichtg. u. Ausschmückg. der altchristl. Kirchen, Baptisterien u. Sculptur-Bauten. Mit ca. 180 Illustr. 7 Lfgn. gr. 8. (XVI, 288 S.) Stuttg. 889, Ebner u. Seubert. à Lfg. * 1 —; * 8 —; geb. * 10 —

— die Ruinen Roms, s.: Rom, Moderner Cicerone. I.

— s.: Santi, Giovanni, Federigo di Montefeltro, duca di Urbino.

— d. Sophienkirche u. verw. Bauten d. byzantin. Architektur, s. a. Baukunst, die.

Die Sophienkirche und verwandte Bauten der byzantinischen Architektur von Prof. Dr. Heinrich Holtzinger. *Berlin & Stuttgart: W. Spemann [1898].* (14 S., 8 Taf.) 2°
= Baukunst, Die. [Ser. 1,] H. 10. [02. 37(?)

Holtzinger, Heinr., kunsthistorische Studien. Mit 42 Illustr. nach eigenen Zeichngn. gr. 8. (75 S.) Tübingen 886. Fues. n. 2. 40

— Timgad u. die römische Provinzialarchitektur in Nordafrika, s. a. Baukunst, die. III. 1.

Timgad und die römische Provinzialarchitektur in Nordafrika. Von Prof. Dr. Heinrich **Holtzinger**. Berlin & Stuttgart: Spemann [1906]. 24 S., 6 Taf. 2° [Umschlagt.]
(Die Baukunst. Ser. 3, H. 1.) A 12. 54

Holtzinger, H., über den Ursprung u. d. Bedeutung der Doppelchöre, s. a. Beiträge zur Kunstgeschichte.

Holtzinger, Heinrich. Über den Ursprung und die Bedeutung der Doppelchöre. (Beiträge zur Kunstgeschichte No. V.) Leipzig 1881. 8°.

Höltzl von Sternstein, Julius Friedrich Franz (Gaildorff/Limpurg), Positiones selectae de matrimonio ad morganaticam, vulgo Vermählung zur lincken Hand. Occas. textus 2. F. 29. Präs. Gabriel Schweder. Tübing. (Martin Romme) März 1684. 20 S. (6.—) 15390

— — Dasselbe. Ed. alt. Altdorf (Jod. Wilh. Kohles). 27 S. (6.—) 15391

— — Dasselbe. Tübingen (Hiob Francke) 1719. 31 S. (6.—) 15392

— — Dasselbe. Wittbg. (Eichsfeld) 1735. 29 S. (6.—) 15393

Holtzmann, s. Holtzmann.

Holtzmann, Adolf

Holtzmann, Ado., über den Ablaut. gr. 8. (5 B.) Carlsruhe 844, Holtzmann. * -

Holtzmann, Adf., Agni nach den Vorstellungen des Mahâbhârata. gr. 8. (36 S.) Strassburg 878, Trübner. * 1 —

Holtzmann, Adf., germanische Alterthümer m. Text, Uebersetzg. u. Erklärgn. v. Tacitus Germania. Hrsg. v. Alfr. Holder. gr. 8. (IV, 314 S.) Leipzig 873. Teubner. n. 8. —

— — Arjuna. Ein Beitrag zur Reconstruction des Mahâbhârata. gr. 8. (69 S.) Strassburg 879, Trübner. * 1 60

—— Beiträge zur Erklärung der persischen Keilinschriften. 1. Hft. gr. 8. ($9\frac{1}{2}$ B.) Carlsruhe 845, Holtzmann. *

—— über Eduard Allwills Briefsammlung. Eine literar.-histor. Untersuchung. gr. 8. (VIII, 90 S.) Jena 878, E. Frommann. * 2 —

Holtzmann, Ado., Bruchstücke aus Walmicki's Râmâjana, s. Walmiki.

— die aeltere Edda übersetzt u. erklärt. Vorlesungen. Hrsg. v. Alfr. Holder. gr. 8. (VIII, 603 S.) Ebend. 875. n. 14. —

Adolf Holtzmann. Über das alte indische Epos. 25 S. Durlach, P 1881

Holtzmann, Adf. Zur Geschichte u. Kritik d. Mahâbhârata. gr. 8. (IV, 196 S.) Kiel 892, Haeseler, Verlag. * 10 60

—— altdeutsche Grammatik, umfassend die gothische, altnordische, altsächsische, angelsächsische und althochdeutsche Sprache. 1. Bd. 1. und 2. Abthl. gr. 8. Leipzig, Brockhaus. *

Inhalt:

Abthl. 1. Die specielle Lautlehre. (XVII, 349 S.) 870. *M. 5.

» 2. Vergleichung der deutschen Laute untereinander. (VII, 78 S.) 874. *M. 2.

— **altdeutsche Grammatik, umfassend die goth., altnord., altsächs., angelsächs. u. althochdeutsche Sprache. 1. Bd. 2. Abth. Vergleichung der deutschen Laute untereinander.** gr. 8. (VII, 78 S.) Leipzig 875. Brockhaus. n. 2. — (I, 1 u. 2.: n. 7. —)

Holtzmann, A., Grammatisches aus dem Mahabharata, s. Bibliothek indogermanischer Grammatiken.

Holtzmann, Adf., Kampf um der Nibelunge Hort gegen Lachmanns Nachtreter. gr. 8. (76 S.) Stuttgart 855, Krabbe. *

—— Kelten und Germanen. Eine histor. Untersuchung. 4. (XIV und 178 S.) Stuttgart 855, Krabbe. *

Holtzmann, Adf., die Klage in der ältesten Gestalt, s. Klage, die.

— s. Mahâbhârata.

Holtzmann, Adf., das Mahâbhârata u. seine Theile. 1.—3. Bd. gr. 8. Kiel, C. F. Haeseler's Verl. n. 28. 20

1. Zur Geschichte u. Kritik d. Mahâbhârata. (IV, 196 S.) 892. n. 10. 60
2. Die Theile des Gedichtes. A. u. d. T.: Die 18 Bücher des Mahâbhârata. (V, 298 S.) 893. n. 12. —
3. Das Gedicht als e. Ganzes. A. u. d. T.: Das Mahâbhârata nach der nordindischen Recension. (V, 112 S.) 893. n. 5. 60

Holtzmann, Adf., das Mahâbhârata u. s. Theile. 4. (Schluss-) Bd. gr. 8. Kiel 895. C. F. Haeseler's Verl. n. 13. 80 (kplt.: n. 42. —)

Das Mahâbhârata im Osten u. Westen. Nebst e. Register zu d. ganzen Werk: Das Mahâbhârata u. s. Theile. (V 245 S.)

Ⓑ **Holtzmann**, A., das Mahâbhârata. 892. 893. 895. Jetzt: Rixdorf, M. Umlauf.

— deutsche Mythologie. Vorlesungen. Hrsg. v. Alfr. Holder. gr. 8. (VIII, 308 S.) Leipzig 874. Teubner. n. 8. —

Holtzmann, Adf., s.: Nibelungenlied, das, in seiner ältesten Gestalt.

Adolf Holtzmann. Über die Pluralbildung mit „ir" in der hochdeutschen Sprache. 12 S. Lahr, P 1867

Schul-/Univ.-Schrift

—— Rama, s. Rama.

—— indische Sagen, s. Sagen, indische.

— indische Sagen. 1. Thl. 8. ($14\frac{1}{2}$ B.) Karlsruhe 845, Holtzmann.

—— dass. 2. Thl. A. u. d. Ttl.: Die Kuruinge. Ein indisches Heldengedicht. 8. (15 B.) Ebds. 846.

Holtzmann, Adolf, Indische Sagen. 2. Thl. A. u. d. T.: Die Kuruinge. Ein indisches Heldengedicht. 8. (XIV u. 220 S.) Karlsruhe 847, Holtzmann. 1 ₰ — 3. Thl. 8. (XXXVI u. 198 S.) Ebd. 847. 1 ₰ (1—3: 2 ₰ 26 ngr)

— Dasselbe. 2. verbesserte Auflage in zwei Bänden. Band 1. 2. 2 voll. Stuttgart 1854.

Holtzmann, Adlf, Neues vollständiges deutsches Taschenwörterbuch nach Adelung, Campe, Grimm etc. 2. Aufl. Bd. 1. 2. Augsburg 1842. 12.

—— über den Umlaut. Zwei Abhandlungen. gr. 8. (3 B.) Carlsruhe 843, Holtzmann. -

—— Untersuchungen über das Nibelungenlied. 4. (VIII und 215 S.) Stuttgart 854, Krabbe. *

—— über d. griech. Ursprung d. indischen Thierkreises. gr. 8. ($2\frac{1}{2}$ B.) Karlsruhe 841, Holtzmann. *

Holtzmann, Adolf [Hrsg.], s. Vyasa Indravidschaja.

Holtzmann, Alfons, s.: Jahrbuch der Medizinal-Verwaltung in Elsass-Lothringen.

Holtzmann, Alfons: Uber[!] die Varicen der unteren Extremitäten und ihre operative Behandlung nebst Mitteilung einer neuen Modification der bisherigen Behandlungsmethoden. *Strassburg i. E. 1898: W. Friedrich.* (131 S.) 8°
Strassburg, Med. Diss. v. 1898

Holtzmann, August [Prof.]: Zur Lektüre und Kritik des Q. Curtius Rufus. Bruchsal, Druck v. D. Weber, 1895; 29 S. 4.
Bruchsal, grossh. G, MP 1895 (615)

Holtzmann, Aug., z. Lektüre u. Kritik d. Q. Curtius Rufus. Progr. 4. (29 S.) Bruchsal 895. (Leipzig, Buchhdlg. G. Fock.) n. 1.20

Holtzmann, Carl, s. Holtzmann, Karl

Holtzmann, Emma Henriette, Gedichte. (XI, 388 S.) 8. Dresden (908). E. Pierson. 4.—; geb. n 5.—

Holtzmann, Friedrich, approb. Arzt aus Strassburg i. E.: Ueber croupöse Pneumonie im kindlichen Alter. Beobachtungen aus d. Strassburger Kinderklinik. *Strassburg i. E. 1900: C. & J. Goeller.* (62 S.) 8°
Strassburg, Med. Diss. v. 1900

Holtzmann, Heinrich [Assist. am Anatom. Inst. zu Strassburg i. E.]: Die Entstehung der congenitalen Luxationen der Hüfte und des Knies und die Umbildung der luxirten Gelenktheile ... M. e. Taf. (Aus: Virchow's Arch. f. path. Anat. u. Physiol. u. f. klin. Med., Bd 140. 1895.) Berlin, *G. Reimer*, 1895; 59 S., 1 Taf. 8.
Strassburg, Med. Fak., Inaug.-Diss. v. 1895

Holtzmann, Heinr. Jul., s.: Abhandlungen, theologische.

Holtzmann, Heinr. Jul., die Ansiedelung des Christenthums in Rom, s. Sammlung gemeinverständl. wissenschaftl. Vorträge.

Holtzmann H, die Ansiedelung des Christentums in Rom. (Sammlung gemeinverständlicher wissenschaftlicher Vorträge 198) Berlin 1874

Holtzmann, Heinr. J., die Apostelgeschichte, s. a. Hand-Kommentar zum Neuen Testament. I.

Die Apostelgeschichte. Bearb. von H[einr.] J[ul.] **Holtzmann**. 3., gänzl. umgearb. Aufl. *Tübingen & Leipzig: J. C. B. Mohr 1901.* (VIII, 160 S.) 8°
— **Handkommentar** z. Neuen Testament. Bd 1, Abth. 2.

Holtzmann, Heinr. Jul., das messianische Bewusstsein Jesu. Ein Beitrag zur Leben-Jesu-Forschg. (VII, 100 S.) gr. 8. Tübingen 907. J. C. B. Mohr. 2.60

– Briefe u. Offenbarung d. Johannes, s.a. Hand-Kommentar zum Neuen Testament.

Holtzmann, H. J., Briefe u. Offenbarg. d. Johannes. 2., verb. u. verm. Aufl. [Aus: „Hand-Commentar z. Neuen Test."] Lex.-8. (VIII u. S. 231—302.) Freiburg i/B. 893. J. C. B. Mohr. n. 2.50; Geb. in Leinw. n.n. 3.50

Holtzmann, Heinr. Jul., s. Bunsen, Chrn. Carl Josias, Bibelwerk.

Holtzmann, H., die ersten Christen und die sociale Frage, s. Vorträge, wissenschaftliche, über religiöse Fragen.

Holtzmann, Die ersten Christen und die soziale Frage. »Vorträge, Wissenschaftl., üb. relig. Fragen.« (35 S.) Frankf. a. M. 1882. Diesterweg.

Holtzmann, Heinr. Jul., de corpore et sanguine Christi quae statuta fuerint in ecclesia examinantur. gr. 8. (80 S.) Heidelberg 858, J. C. B. Mohr. •

—— Denkmäler der Religionsgeschichte auf dem Gebiete der italienischen Kunst. Drei Vorträge. 8. (100 S.) Elberfeld 869, Friderichs. *

—— die Entstehung der Evangelien, s. Aufgaben des Christenthums.

— die Entstehung des Neuen Testaments, s. a. Volksbücher, religionsgeschichtliche. I. 11.

Holtzmann, Heinr. Jul., die Entstehung des Neuen Testaments. Vortrag, geh. in der Nicolai-Kirche zu Straßburg. (32 S.) 8. Straßburg 904. E. van Houten. n. —60

—— Es soll alle Welt der Herrlichkeit des Herrn voll werden! Festpredigt über 4. Mos. 14, 21, gehalten auf der 4. Jahres-Versammlung des Allgemeinen evangelisch.-protest. Missionsvereins zu Zürich am 7. Aug. 1888. gr. 8. (12 S.) Berlin 888, Haack.
Aus: Zeitschrift für Missionskunde, besonders abgedruckt.

—— die synoptischen Evangelien, ihr Ursprung und geschichtlicher Charakter. gr. 8. (XVI und 514 S.) Leipzig 863, Engelmann.

— Evangelium, Briefe u. Offenbarung des Johannes, 3. Aufl. v. W. Bauer. s. Hand-Commentar zum Neuen Testament.

Evangelium, Briefe und Offenbarung des Johannes. Bearb. von H[einrich] J[ulius] **Holtzmann**. 3., neubearb. Aufl. besorgt von W(alter) Bauer, (Priv.Doz., Marburg). Tübingen: J. C. B. Mohr 1908. (XIII, 504 S.) 8°
— **Hand-Kommentar** z. Neuen Testament. Bd 4.

– Evangelium des Johannes, s.a. Hand-Kommentar zum neuen Testament.

— d. Evangelium des Johannes. [Aus: „Hand-Commentar z. Neuen Test."] Lex.-8. (VIII S. u. S. 1—230 d.) Ebd. 893. n. 4.—; geb. in Leinw. n.n. 5.20

— Exegese, s.: Jahres-Bericht, theologischer.

Holtzmann, Heinr., über Fortschritte und Rückschritte der Theologie unseres Jahrhunderts und über ihre Stellung zur Gesammtheit der Wissenschaften. Rede, gehalten am 1. Mai 1878 bei Uebernahme des Rectorats der Kaiser-Wilhelms-Universität Strassburg. gr. 8. (36 S.) Strassburg 878, Trübner. * 1 —

Holtzmann, J., zur 300jährigen Gedächtnißfeier Phil. Melanchthons. Predigt am 22. April 1860 in der Kirche zum heiligen Geist in Heidelberg gehalten. Heidelberg 860. E. Mohr. gr. 8. (12 S.) n. 2 ngr.

—— und G. Weber, Geschichte des Volkes Israel, s. Weber, G.

— Christl. Geschichtsbetrachtung im Lichte d. Mission. Vortrag, geh. auf d. Generalversammlg. d. allgem. evang.-protest. Missions-Vereins am 21. IX. 1898 in Frankfurt am Main. gr. 8. (14 S.) Berlin 898. A. Haack. —30

Christliche Geschichtsbetrachtung im Lichte der Mission. Vortrag geh. von Prof. D. Heinrich **Holtzmann** 1898 in Frankfurt a. M. 2. durchges. Aufl. *Berlin: A. Haack 1899.* (14 S.) 8° [F.]

—— die Gnosis und das Johanneische Evangelium, s. Anfänge, die, des Christenthums.

—— die Gütergemeinschaft der Apostelgeschichte, s. Abhandlungen, Strassburger, zur Philosophie.

Holtzmann, Heinr. J., s. Hand-Commentar z. N. Testament.

— s.: Jahresbericht, theologischer.

Holtzmann, Dr. Heinr. (Prof. d. Theol. in Heidelberg), Judenthum u. Christenthum im Zeitalter der apokryphischen u. neutestamentl. Literatur. (Auch m. d. Titel: Geschichte des Volkes Israel u. der Entstehung des Christenthums, von Dr. *Geo. Weber* u. Dr. *Heinr. Holtzmann*. Bd. 2.) Leipzig. W. Engelmann, 1867. Gr. 8º. Hfrzb.
X—510 S.

—— Kanon und Tradition. Ein Beitrag zur neueren Dogmengeschichte und Symbolik. Lex.-8. (VIII und 496 S.) Ludwigsburg 859, Riehm. *
Vgl.: Bleek, Friedr.

—— die Kirche des 19. Jahrhunderts, s. Bilder aus der Geschichte des Christenthums.

Holtzmann, Heinr. Jul., Kritik der Epheser- u. Kolosserbriefe auf Grund e. Analyse ihres Verwandtschaftsverhältnisses. gr. 8. (VIII, 340 S.) Leipzig 872. Engelmann. 6. 75

Holtzmann, Heinr. Jul., Lehrbuch der historisch-kritischen Einleitung in das Neue Testament. gr. 8. (XVI, 504 S.) Freiburg i. Br. 885, Mohr. *

—— dass. — 2. verb. und verm. Aufl. gr. 8. (XVI, 560 S.) Ebendas. 886. *M 10.—; geb. **

Lehrbuch der historisch-kritischen Einleitung in das Neue Testament v. Heinrich Julius Holtzmann, Prof. ... in Strassburg. 3. verb. u. verm. Aufl. *Freiburg i. B.: J. C. B. Mohr 1892.* (XVI, 508 S.) 1 Bd 8. [92. 950

Lehrbuch der neutestamentlichen Theologie von Heinrich Julius Holtzmann, ... ord. Prof. ... in Strassburg. (Subscriptions-Ausg.) Lfg 1. *Freiburg i. B. & Leipzig: J. C. B. Mohr 1896.* 8.
(Sammlung theologischer Lehrbücher.) [96. 1654

Lehrbuch der neutestamentlichen Theologie von Heinrich Julius Holtzmann, ... ord. Prof. ... in Strassburg. (Subscriptions-Ausg.) Bd 1. 2. (In 11 Lfgn.) *Freiburg i. B. & Leipzig: J. C. B. Mohr 18(96.) 97.* 2 Bde 8.
1. (XVI, 503 S.) 2. (XI, 532 S.)
(Sammlung theologischer Lehrbücher.) [97. 2043

— Lehrbuch d. neutestamentlichen Theologie. 2 Bde. gr. 8. (XVI, 503 S. u. XI, 532 S.) Freiburg i/B. 897. J. C. B. Mohr. n. 20. —; geb. in Halbfrz. n.n. 25. —
Erschien auch in 11 Lfgn. Subskr.-Pr. von je n. 1. 50.

—— und R. Zöpffel, Lexikon für Theologie und Kirchenwesen. Lehre, Geschichte und Kultus, Verfassung, Bräuche, Feste, Sekten und Orden der christl. Kirche, das Wichtigste aus den übrigen Religionsgemeinschaften. 8. (VI, 728 S.) Leipzig 882, Bibliograph. Institut. *M 7.; geb. *

—— und R. Zöpffel, Lexikon für Theologie und Kirchenwesen. Lehre, Geschichte und Kultus, Verfassung, Feste, Sekten und Orden der christl. Kirche; das Wichtigste bezüglich der übrigen Religionsgemeinschaften. 2. verm. und verb. Aufl. (In ca. 10 Lfgn.) 1.—3. Lfg. gr. 8. (VI, S. 1—256.) Braunschweig 888,89, Schwetschke und Sohn. à Lfg. *M 1.—. *

—— u. R. Zöpffel. Lexikon f. Theologie u. Kirchenwesen. Lehre, Geschichte u. Kultus, Verfassg., Feste, Sekten u. Orden der christl. Kirche; das Wichtigste bezüglich der übrigen Religionsgemeinschaften. 2. verm. u. verb. Aufl. 4.—12. (Schluß-)Lfg. gr. 8. (S. 257—1087.) Braunschw. 889—91, Schwetschke u. Sohn. à Lfg. * 1 —; * 9 —
1.—3. Lfg. Ebd. 1888,89. * 3 —; compl. geb. * 14 —.

— u. R. Zöpffel, Lexikon f. Theologie u. Kirchenwesen. Lehre, Geschichte u. Kultus, Verfassg., Feste, Sekten u. Orden der christl. Kirche; das Wichtigste bezüglich der übrigen Religionsgemeinschaften. 2., verm. u. verb. Aufl. 12 Lfgn. gr. 8. (1087 S.) Braunschweig 890. C. A. Schwetschke & Sohn. à n. 1. — (kplt.: n. 12. —; geb. n. 14. —)

— u. R. Zöpffel, Lexikon f. Theologie u. Kirchenwesen. Lehre, Geschichte u. Kultus, Verfassg., Feste, Sekten u. Orden d. christl. Kirche; d. Wichtigste bezügl. d. übrigen Religionsgemeinschaften. 3., durch e. Anh. verm. Aufl. gr. 8. (1072 u. 69 S.) Braunschweig 895. Berlin, C. A. Schwetschke & Sohn. n. 15. —
Erschien auch in 14 Lfgn. à n. 1. —.

— Mailand, s. a. Kennst du das Land? 14. Bd.

Mailand. Ein Gang durch d. Stadt u. ihre Gesch. Von Prof. Heinrich Holtzmann. *Leipzig: C. G. Naumann 1893.* (172 S.) 8º [?]
Kennst du das Land? Bd 14. [93. 6847

—— die Pastoralbriefe, kritisch und exegetisch behandelt. gr. 8. (XII, 504 S.) Leipzig 880, Engelmann.

— Predigten, geh. im akademischen Gottesdienst zu Heidelberg. (VI, 245 S.) n. 3. —

—— Predigten, gehalten im akademischen Gottesdienst zu Heidelberg. gr. 8. (III und 204 S.) Elberfeld 865, Friderichs.

— akademische Predigten. (XIV, 321 S.) n. 4. —; geb. in Leinw. n. 5. —

—— akademische Predigten. gr. 8. (XV, 337 S.) Leipzig 873, Brockhaus. *M 5.; geb. *

Holtzmann, J., und K. W. Doll, Predigten am Friedensdankfeste den 18. Juni 1871 gehalten. gr. 8. (28 S.) Karlsruhe 871, (Braun'sche Hofbuchh.) **

— gesammelte Predigten. 4 Abtlgn. gr. 8. (1. Tl. VI, 245 S.; 2. Tl. XIV, 321 S. u. 3. Tl. VIII, 160 S.) Berlin 901. A. Duncker. à n. 2. —; (kplt. in 1 Bde. n. 8. —; geb. in Leinw. n. 9. —)
Hieraus einzeln:

(B) — Ges. Predigten. 901. Jetzt: Berlin, A. Glaue. Ladenpr. aufgeh.

— Predigten aus späterer Zeit. (VIII, 160 S.) n. 2. —

Holtzmann, J., zwei Predigten auf Veranlassung der Jesuiten-Mission 1851. In Heidelberg gehalten. 8. (21 S.) Heidelberg 851, Akademische Anstalt für Literatur und Kunst.

—— das Problem der Geschichte der Auslegung, s. Festschrift zur fünfhundertjähr. Stiftungsfeier der Universität Heidelberg.

— die jüngeren Propheten rc., s. Bunsen's Bibelwerk.

—— Recht und Pflicht der biblischen Kritik. Ein Vortrag. gr. 8. (46 S.) Karlsruhe 874, Braun'sche Hofbuchh. *

— Rede, geh. im Collegienhause d. Kaiser-Wilhelms-Universität Straßburg am 1. VIII. 1898, nachdem im Namen d. versammelten Professoren Se. Magnificenz, Prof. Dr. Götte, vor d. Bismarckbüste e. Kranz niedergelegt u. dazu e. Wort d. Weihe gesprochen hatte. 8. (7 S.) Ebd. 898. n. — 20

Holtzmann, J., und R. Rothe, zwei Reden gehalten am Grabe von Friedr. Wilh. Carl Umbreit, Dr. und Prof. der Theologie, Geh. Kirchenrath. gr. 8. (15 S.) Heidelberg 860, J. C. B. Mohr. Thlr. *

— s.: Religion, die christliche.

— s.: Religion, systematische christliche.

— s.: Reuss, Eduard, Briefwechsel m. Karl Heinrich Graf.

Holtzmann, H. J., Richard Rothe, s. a. Bilder aus d. evang.-prot. Landeskirche d. Großherzogt. Baden.

[J.] Richard Rothe. Von Prof. H[einr.] J[ulius] Holtzmann. '(Erweit. Abdr. a. 'Bad. Biographien' Bd II S. 198—209.)' Nebst drei Beil.: R. Rothe: Der Kampf zw. Glauben u. Unglauben an Jesum in den Herzen d. Kinder unsrer Zeit. Pred., geh. ... 1857 ... R. Rothe: Ueb. kirchl. Lehrfreiheit ... R. Rothe: Durch welche Mittel können die der Kirche entfremdeten Glieder ihr wiedergewonnen werden? Thesen zu d. ... 1865 geh. Vortrage. *Heidelberg: Evangel. Verl.* 1899. (48 S.) 1 Bd 8.
— Bilder aus d. evang.-prot. Landeskirche d. Grosshzgt. Baden. [No] v.
199. 635

—— Sonst und Jetzt in Kirche und Theologie. Ein Rückblick auf die letzten 100 Jahre. gr. 8. (78 S.) Ebendas. 874.

—— über den gegenwärtigen Stand der Theologie und ihr Verhältniß zum wissenschaftlichen Bewußtsein der Zeit. Ein Vortrag gehalten auf der 2. Versammlung des bad. Prediger-Vereins, 18. Oktbr. 1865. gr. 8. (18 S.) Elberfeld 865, Friderichs.

—— der Streit um die christliche Schöpfungslehre, s. Vorträge, wissenschaftliche, über religiöse Fragen.

— die Synoptiker, s. a. Hand-Kommentar z. Neuen Testament.

Die Synoptiker. Bearb. von H[einr.] J[ulius] Holtzmann. 3., gänzl. umgearb. Aufl. *Tübingen & Leipzig: J. C. B. Mohr 1901.* (XVIII, 429 S.) 8°
— Handkommentar z. Neuen Testament. Bd 1, Abth. 1. [01. 10540]

— R. Rothe's speculatives System. Dargest. u. beurtheilt. gr. 8. (XII, 269 S.) Freiburg i/B. 899. J. C. B. Mohr. n. 5. 60; geb. n.n. 6. 60

Das Neue Testament und der römische Staat. Rede z. Feier d. Geburtst. S. M. d. Kaisers ... 1892 in d. Aula d. Kaiser-Wilhelms-Univ. Strassburg geh. v. Dr. Heinrich Holtzmann, Prof. d. Theol. Strassburg, J. H. E. Heitz, 1892; 42 S. 8.

—— Thomas von Aquino und die Scholastik. Ein Vortrag. gr. 8. (40 S.) Ebendas. 874. *

H. HOLTZMANN, Vergängliches und Bleibendes im Paulinismus. Zwanzig Thesen. (Abgedruckt aus der Protestantischen Kirchenzeitung, 1878. Nr. 47. — Ohne bes. Titelblatt.) 8°.

HANDTHIERUNG und Gewebe (sol), 24stündige, in Hamburg im Monat August und September von *J. J. H(oltzmann).* („Zu einem wohlthätigen Zweck".) (Zierstock.) Anno 1824. 8°. (In Hamburg, Stadtbibl.)
31 S. (incl. Titel) mit Anf.- u. Schlussornament. Satyr. Schilderungen mit freien und üppigen Stellen. Sehr selten!

Holtzmann, Johann Michael, s.a. Holzmann, J. M.

— Demosthenes an die Deutschen. Ein Dialog. gr. 8. Karlsr. 814.

Holtzmann, Joh. Mich., latein. Elementarbuch. 2 Abthln. gr. 8. (16½ B.) Karlsruhe, Müller'sche Hofbuchh.
1. Abthl. 1. Declination. 1. u. 2. Aufl. (à 6 B.) 836, 42. à 6 Gr.
" 2. Conjugation. (10½ B.) 836. 9 Gr.

— Dasselbe, s.a. Holtzmann, Julius

— üb. Contraposition der partikular bejahenden Urtheile zur Berichtigung der logischen Lehrbücher von d. Hrn. Kiesewetter u. Fries. 8. Karls. 816. Marx. 4 Kr

— s. Magazin v. u. für Baden.

— Rede am Abende des 23. Decbr. 1837, im Saale des Lyceums zu Karlsruhe vor den Lehrern u. Schülern desselben gehalten. gr. 4. Karlsruhe 838. Braun. n. 1/12 Rt.

Holtzmann, J. M., griechisch-deutsches Wörterbuch zu Xenophons Anabasis rc. s. a. Wörterbuch, griechisch-deutsches.

Holtzmann, Jh. Mch., griechisch-deutsches Wörterbuch zu Xenophons Anabasis u. Kyropädie rc. gr. 8. Karlsr. 818. Marr. 2 fl 12 Kr

Holtzmann, J. M., Griech.-deutsches Wörterbuch zu Xenophons Anabasis u. Kyropädie, welches alles enthält, was d. Schüler z. zweckmäß. Vorbereitung auf beide Werke bedarf. Neu bearb. Neue, wohlf. Ausg. gr. 8. (36¼ B.) Carlsruhe 835, Marx.

Holtzmann, Joseph: Die Peschitta zum Buche der Weisheit. Eine kritisch-exegetische Studie. *Freiburg i. B.: Herder 1903.* (VIII, 152 S.) 8°
Würzburg, Theol. Diss. v. 1903
(Nur in beschränkter Zahl für den Austausch)

Holtzmann, Jos., moderne Sittlichkeitstheorien u. christliches Lebensideal, s.: Wissenschaft u. Religion.

Holtzmann, Jul., lateinisches Elementarbuch. 1s Bdchn. Declination. ¼ Rt. 2s Bdchn. Conjugation. ⅜ Rt. gr. 8. Karlsruhe 836. Müller. 5/24 Rt.

– Dasselbe, s.a. Holtzmann, Johann Michael

— dass. Deutsche Uebersetzung. 1s Bdchn. 1/6 2s Bdchn. ¼ Rt. Ebd. 5/12 Rt.

Holtzmann, J., Lateinisches Elementarbuch. In 2 Abthl. — 1. Abthl.: Declination. 2. durchgeseh. Aufl. gr. 8. Karlsruhe 842, Müller'sche Hofbuchh. ¼ Rt.

Julius Holtzmann. Rede am Abende des 13. Decembers 1837 im Saale des Lyceums zu Karlsruhe vor den Lehrern und Schülern desselben gehalten von Professor Holtzmann. Von der Direktion des Lyceums zum Druck übergeben. 4°. 8 S.
Karlsruhe, P 1837

Holtzmann, Karl

Holtzmann, Carl, Analysis. gr. 8. (28¼ B.) Karlsruhe 840, Holtzmann.

Holtzmann, Karl, Grundzüge der Mechanik u. Maschinenlehre, f. Lehrer u. Lernende, f. Schule u. Haus. Mit 95 Abbildgn. in Holzschn. (Neue Titel-Ausg.) 8. (VIII u. 187 S.) Stuttgart (848) 850, J. B. Müller. 18 ngr.

Holtzmann, Karl, Grundzüge der Mechanik und Maschinenlehre, volksfaßlich dargestellt. 2. durchaus verb. u. verm. Aufl. Mit 128 Holzschn. (im Text.) Stuttgart 853. J. B. Müller. (Leipzig, C. F. Winter.) gr. 8. (XIV, 171 S.) 21 ngr.

Holtzmann, Carl, Lehrbuch der theoretischen Mechanik. gr. 8. (IV und 412 S.) Stuttgart 861, Metzler'sche Buchh. Verlags-Conto. *

— die Mechanik u. Maschinenkunde, s.: Bürgerbibliothek.

Holtzmann, C., s. Morin's, A., Hülfsbuch des prakt. Mechanikers.

— Tafeln zur Erleichterung u. Ersparung der auf Maschinenbau bezüglichen u. ähnlicher Rechnungen zunächst f. Mechaniker, Ingenieure 2c. gr. 8. (X u. 194 S.) Pforzheim 848, Flammer & Hoffmann. (Stuttgart, Scheitlin.) 1 1/3 ℳ

Holtzmann, Carl, über die Theorie der Erscheinungen der Capillarität. gr. 4. (16 S.) Stuttgart 861. (Tübingen, Fues'sche Sortimentsh.) *

—— über die Vertheilung des Drucks im Innern eines Körpers. gr. 4. (18 S.) Stuttgart 856. (Tübingen, Fues'sche Sortimentsh.) *

Holtzmann, C., über die Wärme u. Elasticität der Gase u. Dämpfe. gr. 8. (2 1/2 Mannheim 845, Loeffler.

Holtzmann, Carl, mechanische Wärme-Theorie. gr. 8. (46 S.) Stuttgart 866, Metzler's Verlag. *

Holtzmann K, die Wellenbewegung tropfbarer Flüssigkeiten. (Einladungsschrift der Königlichen Polytechnischen Schule Stuttgart) 4° Stuttgart 1858

Holtzmann, Ludw., über die Möglichkeit der Begründung einer kinetischen Gastheorie auf anziehende Kräfte allein. Lex.-8. (9 S. mit 3 Holzschn.) Wien 884, (Gerold's Sohn.) *
Aus: Sitzungsberichte der k. Akademie der Wissenschaften, besonders abgedruckt.

Ein Büchlein vom staatlichen Religionsunterricht, insbes. in Hessen. Vorgelegt von D. Oscar Holtzmann, Oberl., Gießen. Gießen: A. Töpelmann 1908. (16 S.) 8° [F.] [08. 1...]

— Christus, s.a. Wissenschaft u. Bildung.

Christus von Oskar Holtzmann, Prof. Leipzig: Quelle & Meyer 1907. (148 S.) 8° [F.]
— Wissenschaft u. Bildung. 3. [07. 5...]

Holtzmann, O., das Christusbild der Geschichte u. das Christusbild der Dogmatik. Ein Vortrag. 8. (32 S.) Darmstadt 890. Waitz, Verl. n. — 80

— das Ende d. jüdischen Staatswesens u. die Entstehung d. Christenthums, s.: Geschichte, allgemeine, in Einzeldarstellungen.

Holtzmann, Osk., das Ende d. jüdischen Staatswesens u. die Entstehung d. Christenthums, s.: Stade, Bernh., Geschichte d. Volkes Israel.

Holtzmann, Osc., der christliche Gottesglaube, seine Vorgeschichte u. Urgeschichte, s.a. Vorträge des hessischen (u. nassauischen) theologischen Ferienkurses. 2 Hft.

Der christliche Gottesglaube. Seine Vorgeschichte u. Urgeschichte von D. Oscar Holtzmann, Prof. Giessen: A. Töpelmann 1905. (VIII, 80 S.) 8°
— Vorträge d. Hessischen (u. nassauischen) theolog. Ferienkursus. H. 2. [07. 1454 4]

— Jesus Christus u. das Gemeinschaftsleben der Menschen. 8. (VIII, 88 S.) Freiburg i/B. 893. J. C. B. Mohr. n. 1. —

— das Johannesevangelium, untersucht u. erklärt. gr. 8. (VII, 308 S.) Darmstadt 887. Waitz. n. 9. —

Leben Jesu von D. Oscar Holtzmann. *Tübingen & Leipzig: J. C. B. Mohr 1901.* (XVI, 428 S.) 8° [01. 4...]

Das Messiasbewusstsein Jesu und seine neuste Bestreitung. Vortrag von D. Oscar Holtzmann. Giessen: Ricker 1902. 26 S. 8° [11. ...]

— die jüdische Schriftgelehrsamkeit zur Zeit Jesu, s.a. Vorträge der theolog. Konferenz zu Gießen. 17.

Die jüdische Schriftgelehrsamkeit zur Zeit Jesu. Von D. Oscar Holtzmann, Prof. in Giessen. *Giessen: J. Ricker 1901.* (32 S.) 8° [F.]
— Vorträge d. theologischen Konferenz zu Giessen. Folge 17. [01. ...]

— religionsgeschichtliche Vorträge. gr. 8. (IV, 177 S.) Giessen 902. J. Ricker. n. 3. —; geb. n. 4. —

War Jesus Ekstatiker? Eine Untersuchung zum Leben Jesu von D. Oscar Holtzmann, Prof. zu Giessen. *Tübingen & Leipzig: J. C. B. Mohr 1903.* (VIII, 143 S.) 8° [03. ...]

— neutestamentliche Zeitgeschichte, s.a. Grundriss der theologischen Wissenschaften.

Neutestamentliche Zeitgeschichte. Von Dr. Oskar Holtzmann, Prof. 2., vollst. neu bearb. Aufl. Tübingen: J. C. B. Mohr 1906. (XII, 431 S.) 8°
— Grundriss d. Theolog. Wissenschaften. Reihe 2. Bd 2. [06. ...]

Holtzmann, Otto, aus der Geschichte der theologischen Fakultät Heidelberg. Zum 500jähr. Jubiläum. gr. 4. (12 S.) Heidelberg 886, Emmerling und Sohn. *
Aus: Süddeutsches evangelisch-protestantisches Wochenblatt, besonders abgedruckt.

Holtzmann, Peter (Hamburg), De pactis dotalibus, super bonis acquisitis tantum confectis, absque proximorum cognatorum consensu jure Hamburgensi validis. Diss. jur. Präs. Amandus Christian Dorn. Kiel (Gottfr. Bartsch) 30. III. 1748. 40 S. (7.—) 15808

Holtzmann, Robert

Holtzmann, R., s. Handbuch der mittelalterl. u. neueren Geschichte.

Kaiser Maximilian II. bis zu seiner Thronbesteigung. (1527–1564.) Ein Beitrag z. Gesch. d. Übergangs von d. Reformation zur Gegenreformation von Robert Holtzmann, Privatd., Straßburg. *Berlin: C. A. Schwetschke & Sohn 1903.* (XVI, 579 S.) 8° [03. ... 3]

Holtzmann, Rob., Kaiser Maximilian II. Jetzt: Leipzig, M. Heinsius Nachf.

Holtzmann, Robert: Wilhelm von Nogaret Rat und Grosssiegelbewahrer Philipps des Schönen von Frankreich. *Freiburg i. B. 1898: C. A. Wagner.* (IX, 279 S.) 8°
Strassburg, Phil. Diss. v. 1898

Holtzmann, Rob., Wilhelm v. Nogaret, Rat u. Grosssiegelbewahrer Philipps d. Schönen v. Frankreich. gr. 8. (XI, 279 S.) Freiburg i/B. 898. J. C. B. Mohr. n. 6. —

Holtzmann, Rob., französische Verfassungsgeschichte von der Mitte des 9. Jahrh. bis zur Revolution, s.a. Handbuch der mittelalterl. u. neueren Geschichte. III.

Französische Verfassungsgeschichte von der Mitte des neunten Jahrhunderts bis zur Revolution von Dr. Robert Holtzmann, Prof., Strassburg. München & Berlin: R. Oldenbourg 1910. XI, 543 S. 8°
(Handbuch d. mittelalterl. u. neueren Geschichte. Abt. 3, [Bd 1.] [11. 7136 2]

Holtzmann, Th., das spanische Militär in Hamburg 1807—1808. Eine Säkular-Erinnerg. (29 S. m. 5 farb. Taf.) Lex. 8. Hamburg 907. Jürgensen & Becker. 4. —

HOLTZMÜLLER, Gottl. Siegfr., Dissertatio historico-moralis de misogynia eruditorum. Von Uebelgesinnten Gelehrten gegen das weibliche Geschlechte. Lipsiae 1717. 4°. (In Amsterdam, Bibl. Gerritsen.)

Holtzthien, Th. Fr. Aug., s. Unterhaltungen für alle Stände.

Holtzwart, Chr., der Mörder seiner Gattin u. seiner 5 Kinder, als Mensch, Denker u. Dichter. Bruchstücke aus seinem Tagebuche u. vollständ. Bericht der zu Sudenburg-Magdeburg in der Nacht vom 28.—29. Decbr. 1845 verübten 6fachen Mordthat u. Mordbrennerei. (Mit d. Bildn. des Mörders u. des Schauplatzes d. gräßl. That.) 8. Braunschweig 846, Rademacher. n. 1/4 ℳ

Holtzwart, Israel-
s. Israel.

Holtzwart, Rudolf: Ueber dimoleculares Cyanmethyl. . . . Leipzig, Johann Ambrosius Barth, 1880; 20 S. + 1 Bl. 8°
Leipzig, Phil. Fak., Inaug.-Diss. v. 16. Apr. 1880

Holtzwich, Emanuel Lebrecht August (Zerbst / Anh.), Socialitatem haud genuinum juris naturalis fundamentum esse. Präs. M. Christian Michael Fischbeck (scholae Langensalz. vocatus Rector Subst.) Wittbg. (Christian Gerdes) 21. VIII. 1703. 12 Bl. (6.80) 15811

Holub, Emil: Ueber den Ausbau und die Eröffnung der Betschuanaland- und über die Beira-Bahn. Vortrag, gehalten am 23. November 1897 in der Versammlung des Club Oesterreichischer Eisenbahn-Beamten. (S.-A.: Oesterreichische Eisenbahn-Zeitung. Jahrg. 1898.) (Wien 1898.) 17 S., 1 Kt. 8°.

—— und Aug. v. Pelzeln, Beiträge zur Ornithologie Südafrikas. Mit besond. Berücksicht. der von Dr. Holub auf seinen südafrikan. Reisen gesammelten und im Pavillon des Amateurs zu Wien ausgestellten Arten. gr. 8. (384 S. mit 3 Taf. in Farbendr., 1 chromolithogr. Karte und 94 eingedr. Holzschn.) Wien 882, Hölder. *

— u. Aug. v. Pelzeln, Beiträge zur Ornithologie Südafrikas. Mit besond. Berücksicht. der v. Holub auf seinen südafrikan. Reisen gesammelten u. im Pavillon des Amateurs zu Wien aufgestellten Arten. Mit 3 Taf. in Farbendr., einer (chromolith.) Karte u. 94 (eingedr.) Holzschn. gr. 8. (384 S.) Wien 882. Hölzel. n. 10. —

Holub, Emil: Elephanten-Jagden in Süd-Afrika. Ausserordentlicher Vortrag, gehalten im Club österreichischer Eisenbahn-Beamten am 13. April 1882. (S.-A.: Oesterreichische Eisenbahn-Zeitung. Jahrg. 1882.) Wien 1882. 29 S. 8°.

(F) Holub, E., Im schwarzen Erdteil. Erlebnisse des österr. Afrikaforschers. [Ambros' Bücherei 30.] 8°. (125 S.) geb. K —.80
Wien: Pichler 1904.

— u. M. Neumayr, über einige Fossilien aus der Uitenhage-Formation in Süd-Afrika. [Mit 2 (lith.) Taf.] [Aus: „Denkschr. d. k. Akad. d. Wiss."] Imp.-4. (12 S.) Wien 881. Gerold's Sohn in Comm. n. 1. 40

— sieben Jahre in Süd-Afrika. Erlebnisse, Forschungen u. Jagden auf meinen Reisen von den Diamantenfeldern zum Zambesi [1872—1879]. Mit mehreren hundert Orig.-Illustr. u. 4 Karten. 2 Bde. gr. 8. (528 u. X, 582 S.) Wien 880. 81. Hölder. n. 17. —; geb. n. 20. —

Holub, Emil: Sieben Jahre in Süd-Afrika. Erlebnisse, Forschungen und Jagden auf meinen Reisen von den Diamantenfeldern zum Zambesi (1872–1879). Mit 235 Original-Holzschnitten und vier Karten. Bd. 1. 2. Wien 1881. 2 Bde. XVI, 528; XI, 532 S. 8°.

Dr. Holub's Ausstellung. Katalog der im Pavillon des Amateurs im k. k. Prater ausgestellten Objecte. Th. I. Der Mensch. Ethnographisch-anthropologische Abtheilung. Wien 1882. 42, 4 S. 8°.

Holub, Emil, die Colonisation Afrikas. 1.—4. Heft. gr. 8. Wien, Hölder. à Heft * ℳ 1. —

Inhalt:

Heft 1. Die Franzosen in Tunis. Vom Standpunkte der Erforschung und Civilisirung Afrikas. (16 S.) 881.
" 2. 3. Die Engländer in Süd-Afrika. Vom Standpunkte der Erforschung und Civilisirung. I. Die Eingebornen-Frage Süd-Afrikas. (50 S.) — II. Der Export und der Import des Caplandes. (24 S.) 882.
" 4. Die Stellung des Arztes in den transoceanischen Gebieten. Vom Standpunkte der Erforschung und Civilisirung. (23 S.) 882.

Holub, Emil: Die Colonisation Afrikas. Die Stellung des Arztes in den transoceanischen Gebieten, insbesondere den südafrikanischen Colonien und Reichen. Vom Standpunkte der Erforschung und Civilisirung. Festvortrag, gehalten bei dem Congresse der böhmischen Ärzte und Naturforscher zu Prag am 27. Mai 1882. In freier Uebersetzung. Wien 1882. 23 S. 8°.

— eine Culturskizze des Marutse-Mambunda-Reiches in Süd-Central-Afrika. Mit 232 (Holzschn.-)Illustr. im Texte. Hrsg. v. der k. k. Geograph. Gesellschaft. gr. 8. (208.) Wien 879. Gerold & Co. in Comm. n. 3. —

Holub, Emil, Oesterreich und die europäischen Staaten als Colonisatoren und Civilisatoren Afrikas. Vortrag, gehalten im Vereine der Geographen an der Universität Wien am 20. März 1883. Auszug. gr. 8. (12 S.) Wien 884, (Schworella und Heick.) *

Holub, Emil, die südafrikanische Vogelwelt. Vortrag, geh. am 17. Febr. 1882. gr. 8. (27 S.) Prag 882. (Fr. Haerpfer.) n. — 30

Holub, Emil, von der Capstadt ins Land der Maschukulumbe. Reisen im südl. Afrika in den J. 1883—1887. Mit ca. 180 Orig.-Holzschn. und 2 Karten. (In 30—35 Lfgn.) 1.—15. Lfg. gr. 8. (S. 1—480.) Wien 888,89, Hölder. à Lfg. * 50 Pf. *

Holub, Emil. Von der Capstadt ins Land der Maschukulumbe. Reisen im südl. Afrika in den J. 1883—87. Mit ca. 205 Orig.-Holzschn. u. 2 Karten. 16.—36. (Schluß-)Lfg. gr. 8. (1. Bd. S. 481—560; 2. Bd. XIV, 564 S.) Wien 889,90, Hölder. à Lfg. * — 50; * 10 50
1.—15. Lfg. Ebd. 1888,89. * 7 50; compl. geb. in 2 Bde. * 21 60.

Holub, Fr.: Die Frauen bei Homer. 19 S.–Czernowitz, Progr. 1865

Holub Fr.: Das Reich Samo's. Nach gleichzeitigen Quellen und neueren Forschungen. 14. Wien U.-R. II. 79. Progr.

Holub, Joh. (H.), s. Arming's, W., Finanz-Katechismen.

— A. Begründung der Emporosscene in Sophokles' Philoktetes. B. Der Codex Laurentianus A und meine Ausgabe des Sophokles. I. 8 (S. 3–32). Progr. Staats-G. *Weidenau* 1888

Holub, J. A., Begründung der Emporosscene in Sophokles' Philoktetes. B. Der Codex Laurentianus A u. meine Ausgabe d. Sophokles. I. gr. 8. (32 S.) Weidenau 888. (Leipzig, Fock.) n. 1. —

Holub, Johann, Doppelsinn in drei Scenen d. Elektra d. Sophokles. Zugleich ein Beitrag zur Würdigung des L. A. 8. (20 S.) .50
Prag: Neugebauer 1884.

— Doppelsinn in drei Scenen der Elektra d. Sophokles. Zugleich e. Beitrag zur Würdigg. d. LA. gr. 8. (20 S.) Prag 889. Neugebauer. n. 1. —

— I. Der Name ‚Germani' in Tacitus Germania 2. Tungri — c. gallischer Stamm. — II. Der erste Germane wurde auch nach dem Zeugnis d. Tacitus aus der Esche gebildet. gr. 8. (25 S.) Freiwaldau 891, Titze. — 80

HOLUB, J.
Tacitus' Germania — ein Dialog. Von J. Holub. (Separatabdruck aus dem XXVII. Jahresbericht über das k. k. Staats-Gymnasium in Weidenau für das Schuljahr 1899/1900.) Freudenthal. 1900. Krommer. Gr.-8°. 22 S. K —.48

Holub, Joh., Handbuch zum Unterrichte im Verzehrungssteuer-Fache für die k. k. Finanzwache in den im Reichsrathe vertretenen Königreichen und Ländern. Auf Grund der in Kraft stehenden gesetzl. Bestimmungen und mit Rücksicht auf das techn. Verfahren bei der Bier-, Branntwein- und Zucker-Erzeugung bearb. 2. umgearb., verb. und verm. Aufl. gr. 8. (VIII, 461 S. mit 1 Stnt. in 4.) Salzburg 878, (Dieter.) *
1. Aufl. war nicht im Handel.

Holub, *Johann* Soph. OK. 1556–1578. (Kritische und exegetische Bemerkungen. Rhythmischer Bau.) 8 (S. 28–33)
Progr. Staats-G. *Weidenau* 1887

Sophokles. IV. Elektra. Erklärt von J. H. Mit einer Abbildung. (Der Text der Tragödie bildet ein besonderes Heft: Soph. El. In schol. usum ed. J. H. Pragae G. Neugebauer. 1890.) 8 (S. 3–31). **Progr.** Staats-G. *Weidenau* 1890

Holub, Joh., Noch dreissig doppelsinnige Stellen in der Electra des Sophokles. 8. (7 S) Prag: Neugebauer 1890. —.20

Holub, Joh., unt. d. erhalt. Handschriften d. Germania d. Tacitus ist d. Stuttgarter Handschrift d. beste. Progr. 1.—3. Thl. Lex.-8. (Prag, H. Dominicus.) à n. - 50
1. (32 S.) Freiwaldau 893. — 2. (32 S.) Weidenau 894.
3. (34 S.) Weidenau 895.

Holub, Johann: Unter den erhaltenen Handschriften der Germania des Tacitus ist die Stuttgarter Handschrift die beste. IV. 8 (S 19—32). V. Cornelius Tacitus' „Der Germanen Ursprung, religiöse Gebräuche und Sitten" (Germanien i. J. 99 n. Chr.). Übersetzt von J. H. 8 (S. 19—43).
Progr. K. k. Staats-Oberg. *Weidenau* 1898. 1899.
V vollständig u. d. T.: Cornelius ... Holub. 8 (V, 33 S.). Freudenthal 1899, W. Krommer. 50 Pf.

— Cornelius Tacitus' der Germanen Ursprung, religiöse Gebräuche und Sitten c. 1—28 übersetzt. 25. ibd. 99.
Progr.

– Vorschriften üb. die Bemessung u. Einhebg. der besonderen Abgabe vom Ausschanke u. Kleinverschleiße gebrannter geistiger Getränke, dann den Handel m. denselben, s. Arming's, W., Finanz-Katechismen.

– Vorschriften üb. die Bemessung u. Einhebung der Mineralölsteuer ..., s. Arming's, W., Finanz-Katechismen.

– Vorschriften üb. die Einhebung der allgemeinen Verzehrungssteuer vom Wein-, Most- u. Fleischverbrauche, s.a. Arming's, W., Finanz-Katechismen.

Holub, Johann, Vorschriften über die Einhebung der allgemeinen Verzehrungssteuer vom Wein-, Most- und Fleischverbrauche. 8. (V, 196 S.) 1.80
Hernals: Arming'sche Buchhandlung 1890.

Holub, Joh. Warum hielt sich Tacitus von 89—96 n. Chr. nicht in Rom auf? — Quint. X, 1. 104. 22 S. 8. *Weidenau* 1883.
Progr.

Holubar, Wallenstein, s. Volksbücher aus alter u. neuer Zeit.

Holverscheit, Robert [aus Kaldenkirchen (Rheinprovinz)]: Über die quantitative Bestimmung des Vanadins und die Trennung der Vanadinsäure von Phosphorsäure. . . . Berlin, Buchdr. v. Gustav Schade (Otto Francke) (1890); 63 + 1 S. 8°
Berlin, Phil. Fak., Inaug.-Diss. v. 1. März 1890

Holwech, Wilhelm: Ueber die Beziehung der Stickoxydbildung zu den elektrischen und thermischen Eigenschaften kurzer Gleichstrom-Lichtbögen mit gekühlter Anode. 1910. 22 S. 4° ¶ Aus: Zeitschrift f. Elektrochemie. Jg. 16.
Karlsruhe, Dr.-Ing.-Diss. v. 12. 5. 1909

Holweck, F. G., fasti mariani sive calendarium festorum sanctae Mariae virginis deiparae. Memoriis historicis illustratum. gr. 8. (XXIII, 378 S.) Freiburg i./B. 892. Herder. n. 4. 80; geb. in Leinw. n. 5. 80

Holweck, F. G., jedermann. Nach der mittelalterl. Moralität „Everyman" frei bearb. (34 S.) 8. St. Louis, Mo. 906. Freiburg i/B., Herder. 1.—

Holwell, William. Historische Nachrichten von Hindostan und Bengalen; a. d. Engl. Leipz. 1778. Ü: *Kleuker, Joh. Friedrich.* (Ky)

Holwell, hist. Nachr. von Hindostan u. Bengalen, a. d. engl. 8. Leipz. Weygand. 778.

Holwerda, Antonie Ewoud Jan

Holwerda, A. E. J., u. J. H. Holwerda, s.: Beschreibung der ägypt. Sammlung des niederländ. Reichsmuseums der Altertümer in Leiden.

Neue Bildnisse des Kaisers Augustus von A. E. J. **Holwerda.** ⟨Mit 6 Taf.⟩ Amsterdam: J. Müller 1905. (25 S.) 4°
— **Verhandelingen** d. Kkl. Akademie v. Wetenschappen te Amsterdam. Afd. Letterkunde. Nieuwe Reeks. Deel 6, No 5. [illegible]

Die Denkmäler des alten Reiches von A[ntonie] E[woud] J[an] **Holwerda,** P[ieter] A[driaan] A[art] Boeser u. J[an] H[endrik] Holwerda. Text. Atlas. Hrsg. im Auftr. d. Minist. d. Inn. Leiden: E. J. Brill 1905. 1 Bd 4°, 1 Bd gr. 2°
— **Beschreibung** d. ägyptischen Sammlung d. Niederländ. Reichsmuseums d. Altertümer in Leiden. [1.] [illegible]

Holwerda, A. E. J., die alten Kyprier in Kunst und Cultus. Studien. gr. 8. (XII, 61 S. mit mehreren lithogr. Abbild. [7 Taf.] und 1 Lichtdr.-Taf.) Leiden 885, Brill. **

Holwerda, J. H., Comment., qua veterum scepticor. de veri judicio sententia, eorumque adversus dogmaticos argumenta explicantur. Praemio ornata. 4maj. (14½ B.) Lugd. Batav. Luchtmans 828. (Lipsiae, Weidmann; Weigel.)

Holwerda jr., J. H., die attischen Gräber der Blüthezeit. Studien üb. die att. Grabreliefs. gr. 8. (9, 201 S. m. Abbildgn.) Leiden 899. Buchh. u. Druckerei vorm. E. J. Brill. n.n. 8.—

Holwerda, J. H., emendationum Flavianarum specimen. Scripsit et de novae operum Josephi editionis consilio disseruit. 8maj. (176 S.) Gorinchemi 847. (Leipsiae, Fr. Fleischer.) *

Holý, Jan Nep. Josef, kanovník řádu praem. v Teplé, t. č. farář v Holišově, Sláva na výsostech Bohu. Modlitební kniha pro katolické křesťany. Dle německého vzdělal. Schváleno nejdůstojnější knížecí arcibiskupskou konsistoří v Praze ze dne 7. ledna 1903. č. 61. a s dovolením řeholních představených. (Gebetbüchlein für katholische Christen.) Portemonnaief. (405 S.) geb. * K 1.75
Salzburg: Pustet 1904.

Holy, Karl, a. Štěpánovik ⟨Böhmen⟩: Über den Futter- und sonstigen landwirtschaftlichen Wert des Fromentals ⟨französischen Raygrases, Arrhenatherum elatius Mertens und Koch⟩ und des Knaulgrases ⟨Dactylis glomerata L.⟩ und über eine der Hauptursachen der schlechten und schädlichen Nährwirkung des sauren Heues. Halle 1905: (Roßberg, Leipzig). (41 S.) 4° [F. u. Ant.] ¶(Erscheint vollst. in: Berichte aus d. physiol. Laborat. u. d. Versuchsanst. d. landw. Inst. d. Univ. Halle, H. 18.)
Halle, Phil. Fak., Ref. Kühn, Diss. v. 25. Jan. 1906
[Geb. 26. Febr. 65 Štěpánovik bei Klattau, Böhmen; Wohnort: Štěpánovik; Staatsangeh.: Österreich; Vorbildung: Staatsoberrealsch. Pilsen Reife M. 82; Studium: Halle 13 S.; Rig. 3. März 05.]

Holyk, G., neu vermehrtes 4faches Gartenbuch. Neuere Aufl. (v. dess. dreif. Gartenbüchlein, 1693.) 8. Frankfurt, 1751. Neue Aufl. Erfurt, 1772. (Weber.) — 10

Holyoake, G. J.,
— Geschichte der redlichen Pioniere von Rochdale, ins Deutsche übersetzt, mit Anhang und statistischen Mittheilungen versehen von H. Häntschky. 8°. Leipzig u. Berlin, Klinkhardt, 1888.

Holyoake, G. J., Selbsthilfe d. Volkes. Geschichte der redlichen Pioniere v. Rochdale, ins Deutsche übers., m. e. Anh. u. statist. Mittheilgn. versehen v. H. Häntschke. Mit e. Vorworte v. F. Schenk. gr. 8. (VIII, 273 S. m. 2 Taf.) Leipzig 888. Klinkhardt. n. 2. 50

Holyoke Journal: 1883?—1888?.
Weekly. An edition of NEW ENGLAND STAATEN-ZEITUNG, Boston. Edited & published by W. M. Thieme. 1884?—1888.
Holyoke, MA

Holystrat, Francis, die Natur-Heilkunst, od. Beweis, daß die Aerzte u. Arzneien größtentheils nicht nur überflüssig, sondern oft sogar schädlich sind, u. Anleitung die Winke d. Natur od. des Arztes in uns zu verstehen u. durch deren Befolgung nicht nur alle Krankheiten vermeiden, sond. sie auch noch zu heilen, so lange ihre Heilung noch mögl. ist. Nach d. 15. Originalausg. a. d. Engl. übers. 8. (8 B.) Nordhausen 846, Fürst.

Holystrat, Francis, die Natur-Heilkunst oder Beweis, daß die Aerzte und Arzneien größtentheils nicht nur überflüssig, sondern oft sogar schädlich sind, und Anleitung, die Winke der Natur oder des Arztes in uns zu verstehen und durch deren Befolgung nicht nur alle Krankheiten zu vermeiden, sondern sie auch zu heilen, so lange ihre Heilung noch möglich ist. Unter Bezugnahme auf die Aussprüche der größten und berühmtesten Aerzte und nach vielen Beobachtungen ausgearb. Nach der 19. Orig.-Ausg. aus dem Engl. übers. gr. 16. (III und 182 S.) Wien 860, Wenedikt.

Holz, Herr und Frau von, in 2 Aufzügen. Kempten 1783. V: *Güntherode, Carl von.* (L. Rapp, Die Freimaurer in Tyrol. S. 111) (Nov. Eccl. Frib. Bibl. 7/435 verboten) (BIBLPORT)

v. Holz, Herr u. Frau, in zwei Auftritten. 8. Kempten 783. Dannheimer. 1 ℊ

v. Holz, Herr u. Frau. Lstspl. 8. Kempt. 784. Typograph. 1 ℊ

Holz. Schweiz. Holzhandelszeitung. - Zürich. Jg. 1. 1887 ff.

Holz ..., s.a. Holtz ...

Holz, A. L., Beitrag zur Kenntniss der Coercitivkraft des Magneteisensteines u. des glasharten Stahles. Inaugural-Dissertation. gr. 8. (118 S.) Jena 878. (Neuenhahn.) — 60

Über Radialströmung als Ursache der Gravitation und einer hieraus abgeleiteten Erklärung über die Entstehung der Röntgenstrahlen von Dr. A. L. **Holz** in München. *München [1903]: G. D. W. Callwey.* (14 S.) 8°
Aus: Bayerisches Industrie- u. Gewerbeblatt. Jg. 1903, No 30.

Holz, A. L., neueste Resultate üb. Weltkraft u. Radialströmung auf experimenteller Grundlage. (IV, 288 S. m. 122 Abbildgn. u. 2 Fig.-Taf.) gr. 8. Hof 904. R. Lion. n. 6. —

Holz, Albert

Holz, A. Ueber den Beruf des modernen Banquiers. Breslau 1890.

[H.] Oekonomische Betrachtungen über Geldverwaltung. Vortr. geh. am 11. März 1897 in d. Schles. Ges. f. vaterl. Cultur (Section f. Rechts- u. Staats-Wissenschaften) von **Albert Holz**, Bankier in Breslau. *Breslau: (Dr. W. G. Korn) 1897.* (30 S.) 1 Bd 8.

Holz, A. Die commerciellen Verhältnisse Breslaus. Breslau 1892.

Holz, Albrecht [aus Chemnitz]: Aus d. psychiatr. Klinik zu Jena. Ueber juvenile Hysterie beim männlichen Geschlechte ... Jena, G. Neuenhahn Univ. Buchdr., 1891; 55 S. 8.
Jena, Med. Fak., Inaug.-Diss. v. [6. Jan.] 1892

Holz, Arno, Berlin. Das Ende e. Zeit in Dramen. Socialaristokraten. 8. (112 S.) Rudolstadt 896. (Mänicke & Jahn.) n. 2. —

— — Die Blechschmiede. Ein satirisches Epos. Mit Zeichnungen von Julius Dietz. Leipzig, Insel-Verlag (1901). 147 S. (Br. Mk. 3,50; in Ganzleinen gebd. Mk. 4,50.)

Holz, Arno, die Blechschmiede. 4. (147 S.) Leipzig 902. Insel-Verlag. n. 3. 50; geb. n. 4. 50

Holz, Arno, das Buch der Zeit. Lieder eines Modernen. 8. (XV, 430 S.) Zürich 886, Verlags-Magazin. *

— d. Buch d. Zeit. Lieder e. Modernen. 8. (XV, 430 S.) Zürich 886. Wien, Wien. Volksbh. n. 5.—; erm. Pr. n. 2.—

Holz, Arno, Buch der Zeit. Lieder e. Modernen. 2., verm. Aufl. 12. (XXXII, 522 S.) Berlin 892. F. Fontane & Co. n. 4. —; geb. n.u. 5. —

Holz, Arno, Buch der Zeit. Lieder eines Modernen. Neue Ausg. 1—10. Taus. (244 S.) kl. 8. München 905. R. Piper & Co. n. 1. —; geb. n. 2. —

— **Dafnis.** Lyrisches Portrait aus dem 17. Jahrh. (Umschlag: Des berühmbten Schäffers Dafnis sälbst verfärtigte sämbtliche Freß-, Sauff- & Venus-Lieder benebst angebänckten auffrichtigen u. reuemühtigen Bußthränen.) (XXII, 271 S. m. 1 Abbildg.) kl. 8. Ebd. 904. n. 1. —; in imit. Pergamentbd. n. 2. —; auf Büttenpap. in Pergamentbd. n. 10. —

— — Des berühmbten Schäffers *Dafnis* sälbst verfärtigte, unter dem Titul OMNIA MEA führmals ans Licht gestellte und von ihme mit einem lästerlichen Nohtwendigen Vorbericht an den guht-hertzigen Leser lihderlich verunzihrte, höchst sündhaffte Sämbtliche Freß-, Sauff- und Venus-Lieder, vermehrt und verbässert durch vihle biß anhero noch gäntzlich ohngetrukkt gewesene, benebst angehänckten Auffrichtigen und Reue mühtigen Buß-Thränen, vergossen durch den sälben Auctorem, nachdäme dihser mit herein gebrochenem Alters Gebrest auß einem Saulo zu einem Paulo geworden, gesammblet, colligiret, sowie mit einem nüzzlichen Fürvermärck versorgt über die besondre Lebensümbstände des selig Verblichnen, allen Christlichen Gemühtern zu dihnlicher Abschrekkung bekant gegeben, inssondre der schwanckenden Jugend, durch Selamintem. Konstantinopul (so!) & Leipzig, getrukkt in dihsem Jahr. (Nebst Vortitel: *Arno Holz,* Dafnis. Lyrisches Portrait aus dem 17. Jahrhundert. München, R. Piper & Co., 1904.) 8°. Stylvoller Orig.-Umschlag mit der Bezeichnung: Preiß 1 Mk. 5—10. Tausend. [Auf d. vorderer Umschl.-Rückseite: „Gebunden in imit. Pergament mit altem Vorsatz 2 Mk.; 100 Exx. auf Bütten in Echtprgt. à 10 Mk.]
XXII (incl. 1 blattgr. Holzschnitt auf Bl. 2 b), 266 S., 4 Bll. Nachstücke (5 S. „Tabula Canticorum zu Teutsch Lied-Weiser" . . . ., 2 S. Verz. bisher von Arno Holz gedr. Schriften, 1 S. weiss). Hin und wieder recht ergötzliche Imitationen der deutschen Poeten des XVII. Jahrh., wobei

viel Derb-Pikantes, z. B.: Er pirscht bey ihr auff den Cupidinem. Ode Jambica. Er bekröhnt ihn mit einem Hirsch-Geweih. Ode Jambica. (6 achtzeil. Str., S. 189—191): Er freut sich, dass es wihder Winter wird. Qwodlibet. (Ebenfalls Hahnreigedicht in 4 Gesetzen. S. 192—194).

— — Dasselbe. 20.—30. Tausend. Ebd. 1905. 8°.

— u. Osk. Jerschke, Frei! Eine Männerkomödie in 4 Aufzügen. 1. u. 2. Taus. (Je 161 S.) 8. München 907. R. Piper & Co. n. 2. —; geb. in Leinw. n. 3. —

(B) — u. Osk. Jerschke, Frei. 907. Jetzt: Dresden, C. Reißner.

— aus Urgroßmutters Garten, e. Frühlingsstrauß aus dem Rokoko. (238 S.) gr. 8. Dresden (903). [C. Reißner.] München, R. Piper & Co. Geb. m. Goldschn. n. 6. —

(B) — Aus Urgroßmutters Garten. 903. Jetzt: Dresden, C. Reißner.

— — Dasselbe. Zweites Tausend. 1905. Gr. 8°.

Arno Holz. Oskar Jerschke. Gaudeamus! Festschrift z. 350jähr. Jubelfeier d. Univ. Jena. Berlin: Sassenbach 1908. 155 S. 8° [09. 11]

Holz, Arno, s. Geibel, Eman., ein Gedenkbuch.

Holz, Arno, u. Joh. Schlaf, neue Gleise. Gemeinsames. In 3 Thln. u. 1 Bde. 8. (310 S.) Berlin 892. F. Fontane & Co n. 4. —; geb. n.n. 5. —

Holz, Arno, die Kunst, ihr Wesen u. ihre Gesetze. 8. (V, 156 S.) Berlin 891. Issleib. n. 3. 50

— die Kunst, ihr Wesen u. ihre Gesetze. Neue Folge. 2. Aufl. 8. (93 S.) Berlin 893. G. Schuhr. n. 2. — (1 u. 2.: n. 5. 50)

— Lieder auf e. alten Laute. Lyrisches Portrait aus dem 17. Jahrh. (XXIV, 159 S.) 8. Leipzig 903. Insel-Verlag. n. 3. —

Holz, Arno, s.: Lyrik, deutsche, der Neuzeit.

— Dr. Rich. M. Meyer, Privatdozent an der Universität Berlin, e. litterarischer Ehrabschneider. Mit e. Anh. gr. 8. (63 S.) Berlin 900. J. Sassenbach. 1. —

— — Der geschundene Pegasus. Eine Mirlitoniade in Versen. Mit 100 amüsanten Bildern von Joh. Schlaf. Berlin, Fontane. 1892. 51 Bll. 4°. (9 Mk., im illustr. Orig.-Carton, Max Perl's Berliner März-Auct. 1909, no. 564.)

— Phantasus. 1. Hft. gr. 16. (53 S.) Berlin 898. J. Sassenbach. 2. —

— Phantasus. 2. Hft. 12. (52 S.) Ebd. 899. 2. —

Arno Holz. Revolution der Lyrik. *Berlin: J. Sassenbach 1899.* (118 S.) 8° [F.] [00. 8433

Arno Holz. Johannes Schlaf. Ein nothgedrungenes Kapitel. *Berlin: J. Sassenbach 1902.* (52 S.) 8° [F.] [04. 2804

— dasselbe. (Neue Aufl.) gr. 8. (52 S.) Ebd. 902. 1. —

(B) — Johannes Schlaf. 902. Jetzt: Dresden, C. Reißner.

Arno Holz. Johannes Schlaf. Ein notgedrungenes Kapitel. 2. verm. Aufl. München: Piper 1903. 112 S. 8° [10. 2542

— u. J. Schlaf, die Familie Selicke. Drama in 3 Aufzügen. 1. u. 2. Aufl. 8. (XVI, 94 S.) Ebd. 890. n. 2. —

—— —— Die Familie Selicke. Drama in 3 Aufzügen. 1. u. 2. Aufl. 8. (XVI, 94 S.) Berl. 890, [Issleib.] Schuhr. * 2 —

— Sonnenfinsternis. Tragödie. (Berlin. Die Wende e. Zeit in Dramen.) (288 S.) 8. Berlin 908. J. Sassenbach. 3. 50

— Sozialaristokraten. Komödie. Umschlag v. Karl Soffel. 2. [Titel-]Aufl. (112 S.) 8. München [896.] 905. R. Piper & Co. n. 2. —; geb. n. 3. —

Arno Holz. Sozialaristokraten. Komödie. 2. Taus. Berlin: Sassenbach 1908. 158 S. 8°
(Holz: Berlin. Die Wende einer Zeit in Dramen.) [09. 446

Traumulus. Trag. Komödie von Arno Holz u. Oskar Jerschke. 3. Taus. München: Piper 1905. 160 S. 8° [09. 3218

(B) Holz, Arno, u. Osk. Jerschke, Traumulus. 905. Jetzt: Dresden, C. Reißner.

— u. Osc. Jerschke, deutsche Weisen. 8. (VI, 208 S.) Berlin 884. Parrisius. cart. n. 3. —; geb. m. Goldschn. n. 4. —

Holz, Benno (geb. Posen 11. 12. 1851): Lähmung des rechten Beinnerven. Berlin (1877). (30 S.) 8°
Berlin, Med. Diss. v. 19. Febr. 1877

Holz, Ferdinand [Rechtsanw. in Mannheim]: Zur Lehre von der Bigamie ... *Mannheim, Druck v. Th. Wendling, 1894;* 49 S. 8.
Erlangen, Jur. Fak., Inaug.-Diss. v. 1894

Holz, Ferd., Prinzipal u. Handlungsgehülfe im neuen Handelsgesetzbuch. 8. (31 S.) Mannheim 898. E. Aletter. n. — 40

Holz, Ferdinand Wilhelm

Holz, F. W., architecton. Details in d. gebräuchlichsten Bau-Stylen, f. Baumeister, Lehrer an Gewerb-Schulen u. als Vorlegeblätter f. Handwerker, als: Zimmerleute, Maurer, Tischler u. A. zu benutzen. 1. u. 2. Hft. Imp.-Fol. Berlin, Reimer. Thlr. *
Hft. 1. 36 Beispiele v. Haupt- u. innern Thüren. (12 Stat.) 841. * 3 Thlr.
- 2. 122 Beispiele v. verschied. Gesimsen, Pilaster-Kapitälen u. Fenstern. (12 Stat.) 842. * 3 Thlr.
Vgl. Holtz.

Holz, Ferd. Wilh., architekton. Details zum prakt. Gebrauch. 10 Lfgn. gr. 4. (120 Kpfrt. u. 3½ B. Text.) Berlin 844—46, Heymann. à L. * 1 Thlr. *

Holz, Ferd. Wilh., architektonische Details zum prakt. Gebrauch. Neue wohlf. Ausg. (10 Lfgn.) (à Lfg. 12 lithogr. Bl. und 1 Bl. Text.) gr. 4. Berlin 849, E. Heymann. (à Lfg. * 20 Ngr.) *

Holz, F(erd.) W(ilh.), Details griechischer Hauptgesimse zusammengestellt für die mannigfachsten Anwendungen. Fol. (2 S. mit 40 lithogr. Bl.) Berlin 854, Th. Grieben. *

—— dass. — in 40 Blättern. 2. Aufl. 1. Lfg. (4 Stnt.) Fol. Ebds. 856. *

Holz, F. W., Details griechischer Haupt-Gesimse zusammengestellt in 40 Blättern. 2. Aufl. 2—10. Lfg. (Schluss.) Fol. (à Lfg. 4 Stnt.) Berlin 857, Th. Grieben. à Lfg. * 10 Ngr. *
1. Lfg. Ebendas. 1856. * 10 Ngr.

—— Entwürfe zu Land- und Stadt-Gebäuden. Bearb. nach den verschiedenartigsten Bedingungen und Baustylen. 1—3. Lfg. Fol. (18 lithochrom. Bl. und 2 S. Text.) Berlin 851—52, Th. Grieben. à Lfg. * 2 Thlr. *

—— Entwürfe zu Land- und Stadt-Gebäuden. Bearb. nach den verschiedenartigsten Bedingungen und Baustylen. 3. (Aufl.) 4—8. (letzte) Lfg. Fol. (30 lithochrom. Bl.) Berlin 853—56, Th. Grieben. à Lfg. * 2 Thlr. Thlr. *
1—3. Lfg. Ebendas. 1851—52. * 6 Thlr.

—— dass. — 4. Aufl. 1. Lfg. Fol. (6 Chromolithogr.) Ebendas. 857. In Mappe. *

—— Entwürfe zu Land- und Stadt-Gebäuden. Bearbeitet nach den verschiedenartigsten Bedingungen und Baustylen. 3. u. 4. Aufl. 4—8. Liefg. Berlin (855—58.) Th. Grieben. Fol. Jede Liefg. von 6 lith. Bl. in Farbendruck n. 2 ℛ.

— — 9. 10. Liefg. Neue Folge 1. 2. Liefg. Ebend. 858. Fol. Jede Liefg. von 6 lith. Bl. in Farbendr. n. 2 ℛ.

Holz, F. W., Entwurfe zu Land- und Stadt-Gebauden. Bearb. nach den verschiedenartigsten Bedingungen und Baustylen. 11. u. 12. Liefg. Neue Folge. 3. u. 4. Liefg. Berlin 860, 61. Th. Grieben. Fol. Jede Liefg. von 6 lith. Bl. in Farbendr. n. 2 ℛ

Holz F. W., griechische Hauptgesimse. In Details für die mannigfachsten Anwendungen zusammengestellt. 3. Aufl. Fol. (40 lithogr. Taf.) Leipzig 871, Scholtze. *

—— Holz-Architectur. Auswahl praktischer Beispiele. 1. Sammlung. 6 Lfgn. Fol. (32 Stnt., zum Theil in Farbendruck mit Text.) Ebendas. 869,70. à Lfg. * geb. *

Holz, F. W., Holz-Architectur. Auswahl practischer Beispiele. 1. Sammlg. [32 Taf. zum Theil in Farbendr.] 6 Liefgn. Leipzig 870. Scholtze. Fol. Jede Liefg. (ca. 5—6 Steintaf.) n. 24 ngr.

Holz, F. W., Holz-Architektur. Auswahl prakt. Beispiele. 2. Aufl. Fol. (32 Steintaf., zum Theil in Farbendr., m. 8 S. Text.) Leipzig 876. Scholtze. n. 15. —

Holz, F. W., Holz-Architektur. Auswahl prakt. Beispiele. 3. Aufl. 32 Taf., z. Tl. in Farbendr. Fol. (12 S. Text.) Leipzig 886. Scholtze. cart. n. 15. —

Holz, F. W., Ideen und Entwürfe für Bautischler insbesondere, so wie für Bauhandwerker im Allgemeinen. Thüren, Fenster, Laden-Ausbau u. s. w. 1ste und 2te Sammlung. Berlin. 1844—1846. 1 Thlr.

—— Ideen u. Entwürfe für Bautischler insbesond., so wie f. Bauhandwerker im Allgemeinen. Thüren, Fenster, Laden-Ausbaue ꝛc. 1. u. 2. Samml. gr. 4. (à 12 Stnt.) Berlin 845, 46, Heymann. à *

Holz, F. W., die Landbaukunst, eine Sammlung von ökonomischen und überhaupt ländlichen Wohn- und Wirthschafts-Gebäuden. In 12 Heften. Berlin. 1847—49. à Heft 1¼ Thlr.

—— die Landbaukunst. Eine Sammlung von ökonom. und überhaupt allen ländl. Wohn- und Wirthschaftsgebäuden in Grund- und Aufrissen, Profilen und Perspectiven, in Anschluss an die Gilly'sche Landbaukunst bearb. 1—6. Heft. (à 1—2 Bog. Text und 5 Bl. Zeichnungen in Stndr.) gr. Fol. Berlin 847—50, G. W. F. Müller's Verlag. à Lfg. * 1 Thlr. 15 Ngr. *

Holz, F. W., Land- und Stadt-Gebäude. Architectonische Entwürfe nach den verschiedenartigsten Bedingungen und Baustylen. 5. Aufl. 12 Lfgn. Fol. (à Lfg. 6 Chromolithogr.) Berlin 864. [Leipzig, Scholtze.] à Lfg. * 2 Thlr. *

—— öffentliche und Privat-Bauten. Architectonische Entwürfe. 2. Aufl. 8 Lfgn. Fol. (à Lfg. 5 Stnt.) Berlin 864,65. [Leipzig, Scholtze.] à Lfg. * 1 Thlr. *

—— Sammlung architektonischer Entwürfe von städt. Gebäudeansichten mit Details der Architektur. XX Blätter nebst erläut. Texte. Imp.-Fol. (20 Stnt. u. 6 B. Text.) Berlin 843, Heymann. *

Holz, F. W., Sammlung architektonischer Entwürfe von städtischen Gebäude-Ansichten; mit Details der Architektur. Berlin. 1843. Folio. 4 Lieferungen à 1½ Thlr. 6 Thlr.

—— Sammlung architektonischer Entwürfe zu öffentlichen und Privat-Gebäuden in 120 Blättern getheilt in 6 Lfgn. 1. Lfg. Fol. (20 Stnt. und 1 Bl. Text.) Berlin 860, Th. Grieben. *

—— Vorlegeblätter f. Bau- u. Gewerbeschulen, technische Institute überhaupt so wie z. Selbstbelehrung u. Kunstbildung der Bauhandwerker. Imp.-Fol. (17 Kpfrt. u. 2 Bl. Text.) 1. Aufl. Leipzig 814, Romberg. * 3 Thlr. u. 2. Aufl. Berlin 845, 46, Heymann. *

— —, Vorlegeblätter für Bau- und Gewerbeschulen und technische Institute überhaupt, sowie zur Selbstbelehrung und Kunstbildung der Bauhandwerker. 2te Aufl. Berlin. 1849. Fol. 2 Thlr.

— —, Vorlegeblätter für Holzarbeiten. 1s. u. 2s. Heft. Leipzig. Fol. à Heft 2 Thlr.

Holz. F. W. Vorlegeblätter für Maurer pp. In 14 Blättern. Leipzig. 1844.

—— Ziegelstein-Architectur. Auswahl pract. Beispiele. 1. Sammlung. 20 Stnt. Fol. Berlin 866. [Leipzig, Scholtze.] cart. *

—— dass. — 2. Sammlung. Fol. (20 lithogr. Taf.) Ebendas. 871. geb. (*ℳ 12.) *

—— Ziegelstein-Architectur. Auswahl prakt. Beispiele. 1. Sammlung. 2. Aufl. Fol. (20 lithogr. Taf.) Ebendas. 873. geb. (*ℳ 7.) *

—— Ziegelstein-Architektur. Auswahl prakt. Beispiele. 2 Sammlungen. Fol. (à 20 Stnt.) Ebendas. 876. [1. Sammlung. 3. Aufl. *ℳ 8.; 2. Sammlung. 2. Aufl. *ℳ 10.] cart. *

Holz, G., Lehrbuch der Navigation, s.: Albrecht, M. F.

Holz, Geo., Beiträge zur deutschen Altertumskunde. 1. Hft. gr. 8. Halle 894. M. Niemeyer. n. 2. —
Über die germanische Völkertafel des Ptolemaeus. (80 S. m. 1 Tab.)

— die Gedichte vom Rosengarten zu Worms. Mit Unterstützg. der kgl. sächs. Gesellschaft der Wissenschaften hrsg. gr. 8. (CXIV, 274 S.) Ebd. 893. n. 10. —

J. B. Hirschfeld. Hundert Jahre einer Leipziger Buchdruckerei. (Verf.: Dr. Georg Holz; Vorr.: Joh. Bernh. Hirschfeld.) *Leipzig: (J. B. Hirschfeld) 1900.* (61 S.) 2°

Holz, Geo., s. Laurin u. d. kleine Rosengarten.

Holz, Geo., s.: Liederhandschrift, die Jenaer.

Holz, Geo., s.: Nibelungenlied, das.

Holz, Georg [aus Chemnitz]: Zum Rosengarten. . . . Leipzig, Gustav Fock, 1889; 86 S. 8°
Leipzig, Phil. Fak., Inaug.-Diss. v. 2. Apr. 1889

Holz, G., zum **Rosengarten.** Untersuchung d. gedichtes II. gr. 8. (151 S.) Leipzig 889. Fock. n. 4. —

— zum **Rosengarten.** Untersuchung des gedichtes II. 2. (Titel-)Ausg. gr. 8. (151 S.) Ebd. 893. n. 3. —

— Der Sagenkreis der Nibelunge, s. a. **Wissenschaft u. Bildung.**

Der Sagenkreis der Nibelunge. Von Georg **Holz,** Prof., Leipzig. Leipzig: Quelle & Meyer 1907. (128 S.) 8° [F.]
— **Wissenschaft** u. Bildung. 6 [vielm. 9].

Holz, Georg: Urgermanisches geschlossenes e und verwandtes. Beitrag zur laut- und flexionslehre des germanischen. Leipzig, Verl. v. Gustav Fock, 1890; 2 Bl. + 49 S. 8°
Leipzig, Phil. Fak., Hab.-Schr. v. 7. Jun. 1890

Holz, G. Urgermanisches geschlossenes ē und verwandtes. Beitrag zur laut- und flexionslehre des germanischen. Hab. Leipzig 1890. 49 S. **Progr.**

Holz, H. [app. Arzt aus Stuttgart]: Über das Verhalten der Pulswelle in der Äther- und Chloroformnarkose. . . . (Aus: Beitr. z. klin. Chir. VII. Bd. 1. H.) Tübingen, H. Laupp'sche Buchh., 1890; 29 S. 8°
Tübingen, Med. Fak., Inaug. Diss. v. 1890

Holz, J., s.: **Gesetzbuch,** das bürgerliche.

Holz, Joh. D., Morgen, s.: **Blätter,** bunte, aus aller Welt.

— Im Schatten, s.: **Blätter,** bunte, aus aller Welt.

Holz, Jul., die wichtigsten Faserstoffe, ihre Verarbeitung zu Gespinsten u. charakteristischen Unterscheidungsmerkmale, m. zahlreichen Abbildgn. v. Spinnereimaschinen, s. e. abgekürzten kaufmänn. Lehrgang an der Leipziger Webschule bearb., nebst e. Anh.: Die Leipziger Webschule (Unternehmer: Verein zur Unterhaltg. u. Förderg. e. Webschule) im Gründungsjahr in Wort u. Bild. (93 S.) gr. 8. Leipzig-Lindenau (909). (Leipzig, G. Schlemminger.) 2. —

Holz, Jul., die **Technik** des Perser- u. Smyrnateppichs u. e. Wort zur Hebung der deutschen Knüpfteppichindustrie. Mit 10 Abbildgn. u. 7 Lichtdr.-Taf. v. noch erhaltenen Meisterwerken aus der Blütezeit altpers. Teppichwebkunst. (32 S.) gr. 8. Leipzig-Lindenau (Ottostr. 17) (905). Direktor Holz. n. 2. —

— die **Teppichknüpferei** u. der neue zusammenlegbare Webstuhl, deutsches Reichspatent Nr. 129549, m. 11 Abbildgn. f. Kunstfreundinnen, erwerb. Frauen u. Fabrikanten zur Verbreitg. u. Förderg. der Teppichknüpferei im Hause. (16 S.) gr. 8. Leipzig (902). (J. Werner.) n. — 90

Holz, Karl, s.: **Erdgeruch.**

Holz, Karl, Referendar: **Fortwirken einer erloschenen Vollmacht mit besonderer Berücksichtigung des neuen Bürgerlichen Rechts.** *Berlin 1901: W. Pilz.* (VIII, 38 S.) 8°
Rostock, Jur. Diss. v. [30. Nov.] 1901

Holz, Leonh., die Prämiengeschäfte, s. a. **Beiträge,** Berliner jurist.

Holz, Leonhard, Referendar a. Berlin: Die Prämiengeschäfte. Berlin 1905: G. Schenck Nachf. (43 S.) 8° [F.] ¶ (— Berliner juristische Beiträge VI.)
Rostock, Jur. Fak., Ref. Lehmann, Diss. v. 5. März 1905
[Geb. 11. Juli 82 Berlin; Wohnort: Berlin; Staatsangeh.: Preußen; Vorbildung: Leibniz-Gymn. Berlin Reife M. 00; Studium: Berlin 6 S.; Rig. 12. Aug. 04.]

Holz, Leonh.: Die Prämiengeschäfte. Berlin 1905.
(Berliner jur. Beiträge hrsg. von Kohler. H. 6.)

Holz, Lina vom, d. schönste Weihnachtsgeschenk, s. a. **Kleinkindergarten.**

Das schönste Weihnachtsgeschenk. Von Lina vom **Holz.** Berlin: Schriftenvertriebsanst. 1899. (14 S.) 8° [F.]
= **Kleinkindergarten.** No 36.

Holz, Max [aus Dom Frauenburg O. Pr.]: Experimentelle U n t e r s u c h u n g e n über den Nachweis der Typhusbacillen ...
Berlin, Druck v. M. Driesner (1889), 51 + 1 S. 8°
Erlangen, Phil. Fak., Inaug.-Diss. v. 1889

Bericht des Prof. N[ikolaus] **Holz** in Aachen über die Wasserverhältnisse der Provinz Pommern hinsichtlich der Benutzung für gewerbliche Zwecke. Vom 15. Dez. 1902. [Nebst] Taf. H. [Berlin 1903: Reichsdr.] 4°(2°)

Bericht des Prof. [Nikolaus] **Holz** in Aachen über die Wasserverhältnisse der Provinz Posen hinsichtlich der Benutzung für gewerbliche Zwecke ⟨Wasserverwertung⟩. Vom 1. Juli 1907. Als Anh.: Vortrag d. Prof. Holz geh. 1910: 'Über d. Wasserkraftmöglichkeiten d. Provinz Posen u. ihre Bedeutung f. d. Landwirtschaft.' [Nebst] Taf. H. (Berlin 1910: Reichsdr.) 4°(2°)

Bericht des Prof. [Nikolaus] **Holz** in Aachen über die Wasserverhältnisse der Provinz Westpreußen hinsichtlich der Benutzung für gewerbliche Zwecke. Vom 15. Mai 1902. [Nebst] Taf. H. (Berlin 1903: Reichsdr.) 4°(2°)

Festrede zur Begehung des zweihundertjährigen Bestehens des Königreiches Preussen und zur Vorfeier des zweiundvierzigsten Geburtstages Sr. Majestät des deutschen Kaisers . . . Wilhelm II. Geh. am 18. Jan. 1901 in der Aula d. Kgl. Technischen Hochschule zu Aachen von Prof. **N[ikolaus] Holz** (Über einige bemerkenswerte Dinge auf dem Gebiete des Bauwesens in Norwegen, insbesondere in Südnorwegen). 22 S., 39 Taf. 8°

Festrede zur Begehung des zweihundertjährigen Bestehens des Königreiches Preussen u. z. Vorfeier d. zweiundvierzigsten Geburtstages Sr. Maj. d. deutschen Kaisers u. Königs v. Preussen Wilhelms II. Geh. 1901 in d. Kgl. Techn. Hochschule zu Aachen von Prof. N[ikolaus] **Holz.** *Aachen (1904): La Ruelle.* (22 S.) 8°

Holz, über Wasserkraftverhältnisse in Skandinavien u. im Alpengebiet. gr. Fol. (48 S. m. 79 Abbildgn. u. 8 Taf.) Berlin 901. W. Ernst & Sohn. Kart. n. 24. —
Sonderabdruck aus: „Zeitschrift f. Bauwesen."

Holz, Oscar, prakt. Arzt: Aus d. psychiatr. **Universitätsklinik zu Königsberg i. Pr.** ⟨Direktor: Prof. Dr. Meschede.⟩ **Über die Wirkung des Dormiol bei Geisteskranken.** *Königsberg i. Pr. 1901: M. Liedtke.* (34 S.) 8°
Königsberg, Med. Diss. v. 30. Jan. 1901

Holz, Rich., üb. die Unterschiede in der Zusammensetzung d. Blutes männlicher u. weiblicher Katzen, Hunde u. Rinder. Diss. gr. 8. (26 S.) Jurjew (Dorpat) 891. (E. J. Karow.) n. 1. —

Holz, Rich., Über die Unterschiede in der Zusammensetzung des Blutes männlicher und weiblicher Katzen, Hunde und Rinder. Diss. (26 S.) Dorpat 92. Karow. M. 1.—

Holz, Roland: Quantitative Bestimmungen über den Säuregehalt des Speichels und den Einfluss verschiedener Nahrungsmittel auf denselben. Würzburg 1910: Verlagsdr. 28 S. 8°
Würzburg, Med. Diss. v. 8. April 1910, Ref. Lehmann
[Geb. 23. Jan. 79 Grünstadt; Wohnort: Würzburg; Staatsangeh.: Bayern; Vorbildung: Gymn. Neustadt a. H. Reife Juli 97; Studium: Med. Straßburg 6, München 3, Heidelberg 2, Würzburg 4, Zahnheilk. 3 S.; Rig. 24. März 10.] [U 10. 4353

Holz, Willi

Holz, W., das kleine Wanderbuch. 100 beliebte Ausflüge v. Berlin. Unter Mitwirkg. v. Wanderfreunden bearb. u. hrsg. Mit 30 Karten u. 20 Abbildgn. (124 S.) kl. 8. Berlin (S. W., Grossbeerenstr. 36) (909). Verlag f. heimatl. Kultur W. Holz. 1.—

Hölz, M., Bedeutung u. Gebrauch des Wortes actio bei den lateinischen Schriftstellern. Pr. 1894. 44 S. 4°. 1.20

Hölz, Otto [aus Frankfurt am Main]: Das Pseudobutylen, seine bromirten Derivate und deren mögliche geometrischen Isomeren.... *Frankfurt a. M., Druck v. Enz & Rudolph* (1888); 30 S. + 1 Bl. 8°
Leipzig, Phil. Fak., Inaug.-Diss. v. 14. Febr. 1888

Hölz, Otto, das Pseudobutylen, seine bromirten Derivate und deren mögliche geometrischen Isomeren. Diss. Leipzig 1888, Gustav Fock. 8°. 30 S.

Holzach, Carl, s. Holzach, Karl

Holzach, Eucharius: Disquisitio philosophica diversas juris naturae quaestiones inter Pufendorfium et Hobbesium agitatas examinans, s. Passavant, Franz (Praes.)

Holzach, Ferd., die Basler in d. Hugenottenkriegen, s. a. Neujahrsblatt, 80., d. Gesellschaft d. Guten u. Gemeinnützigen.

Holzach, Ferdinand. Die Basler in den Hugenottenkriegen. [Mit 1 Tafel und 2 Illustrationen.] (Basel,) Komm. R. Reich (Buchdr. Emil Birkhäuser). [fr. 1. —]
80. Neujahrsblatt der Gesellschaft des Guten und Gemeinnützigen. 1902.
Ausg. A: 48 S. 4.
Ausg. B: 50 S. 8.

Holzach, F., der Feerenteppich im historischen Museum zu Basel, s. a. Jahresberichte u. Rechnungen des Vereins f. das historische Museum u. f. Erhaltung Baslerischer Altertümer.

Holzach, F[erdinand]. Der Feerenteppich im Historischen Museum zu Basel. [Mit 1 Tafel.] 4.
In: Verein für das Historische Museum und für Erhaltung Baslerischer Altertümer (in Basel). Jahresberichte.... Jahr 1906. Basel, Helbing & Lichtenhahn, 1907. S. 36—42.

— der Mülhauser Finingerhandel u. der Aufruhr v. 1590. gr. 8. (118 S.) Basel 900. Georg & Co. n. 2.—
Sonderabdruck aus: „Beiträge zur vaterländ. Geschichte".

Holzach, Franz: De amore et amoris lege naturali, s. Brandmüller, Jakob (Praes.)

Holzach, Johann Georg. Leichen-Rede über die Worte aus den weisen Spr. Salomons Cap. 27, 1., gehalten den 22. Juny 1812. ... [zu Basel] bey der Beerdigung der Frau Anna Maria Moser, des Herrn Joh(ann) Georg Jersing, ... alt Rathsherrn von Biel, gewesene Ehegattin. 8. Basel.

Holzach, Joh[ann] Georg. Leichen-Rede über das grosse Glück eines treuen Dieners des Evangeliums,... bey der Beerdigung Herrn Mag. Johannes von Speyr, gewesener... Prediger..., gehalten... [zu Basel] den 22ten Wintermonat 1808. 8. Basel

Holzach, Karl

Holzach. Carl [aus Heilig-Kreuz]: Beitrag zur Noelting-Witt'schen Indazolsynthese. Heidelberg 1903. 114 S. 8°.
Basel. Phil. Diss. 1902/1903.

Holzach, Carl. Beitrag zur Noelting-Witt'schen Indazolsynthese. Diss. Phil. Basel ... von Karl Holzach.... 114 S. 8. Heidelberg, J. Hörning, 1903.

Holzamer, Hugo, durchs neue Italien zum alten Rom. Moderne Italien. Landes- u. Lebensverhältnisse, dargestellt in Reisebildern. (Kath. Familien-Bibliothek.) 1. u. 2. Bd. 12. Mainz, Druckerei Lehrlingshaus. Geb. n. 2. 60
1. (303 S.) 902. n. 1.40. — 2. (VII, 232 S.) 903. n. 1.20.

Holzamer, Joh., zur Geschichte der Briefportoreform in den Culturstaaten von ihrem ersten Beginne 1837 bis zum Abschluss des Berner Weltpostvertrages. gr. 8. (90 S.) Tübingen 879, Laupp'sche Buchh. *

Holzamer, J., üb. Lebensversicherung, s. a. Sammlung gemeinnütz. Vorträge.

Holzammer, J. Über Lebensversicherung. Prag 1876.

Holzamer, J. Materialien zur Beurtheilung der Frage: ob eine einstufige Brieftaxe für ganz Deutschland oder den deutschen Postverein zweckmässig und gerecht erscheint? Dem ersten deutschen Handelstage zu Heidelberg gewidmet. gr. 8°. Mainz 1861. (Darmstadt, Jonghans.)

Holzamer, J. Studien über deutsche und englische Brieftaxen. Eine Erwiederung an die Deutsche Vierteljahresschrift. gr. 8°. Darmstadt (Jonghans), 1862.

—— Ueber Uebervölkerungsbefürchtung und Nahrungsnoth. gr. 8. (44 S.) Freiburg i. Br. 879, (Troemer's Universitäts-Buchh.)

Holzamer, Josef (Bearb.), s. Ascham, Roger: Schulmeister.

Holzamer, J. Erläuterungen zu seinem englischen Lesebuche. 2 Teile. Prag, Handels-Ak., 1886, 1887. 34, 32 S. Progr.

Holzamer, Jos., englisches Lesebuch für Handels-, Real- und Gewerbeschulen. Mit einem Vorworte von Carl Arenz. Lex.-8. (IV und 482 S.) Prag 860, Credner's Verlags-Conto. *

Holzamer, Jos., englisches Lesebuch. 2. Aufl. gr. 8. (III, 316 S.) Prag 885, Fuchs. *

Holzamer. The Origin and Progress of King Lear's Madness. Prag, 1865.
Schul-/Univ.-Schrift

Holzamer, K., Anleitung zum schriftl. Gedankenausdrucke. — Aufgaben im schriftl. Gedankenausdrucke, s.: Niepoth, Joh. Heinr.

Holzamer, Wilh, Carnesie Colonna. gr. 8. (64 S.) Leipzig 902. H. Seemann Nachf. n. 2.—

Holzamer, Wilh., Carnesie Colonna. Phantasieen. (Neue [Titel-]Ausg.) (64 S.) 8. Berlin [902] 905. E. Fleischel & Co. n. 2. —; geb. n. 3. —

Wilhelm Holzamer. Im Dorf und Draußen. Neue Novellen. Mit Buchschmuck von O. Ubbelohde. *Leipzig: E. Diederichs 1901.* (178 S.) 8° [F.] [04. 4188

Holzamer, Wilh., der Entgleiste. Roman in 2 Bdn. (VII, 382 u. 219 S.) 8. Berlin 910. E. Fleischel & Co. 8. —; geb. 10. —

— am Fenster u. and. Erzählungen, s.: Hesse's, Max, Volksbücherei.

— Heinrich Heine, s.a. Dichtung, die, 40. Bd.

Heinrich Heine. Von Wilhelm Holzamer. Berlin & Leipzig: Schuster & Loeffler [1900]. 79 S. 8°
(Die Dichtung. Bd 40.) [00. 3391 11

— Der Held u. andere Novellen, s. Universal-Bibliothek.

Der Held und andere Novellen. Von Wilhelm Holzamer. Mit e. Einl. von Richard Wenz. Mit d. Bildn. d. Dichters. Leipzig: Reclam (1910). 101 S. 8°
(Universal-Bibliothek. 5200.) [10. 11572

— s.: Hessen.

— Vor Jahr u. Tag. Roman. 1. u. 2. Aufl. (294 S.) 8. Berlin 908. E. Fleischel & Co. 3.50; geb. 5. —

— Inge. Ein Frauenleben. 2. [Titel-]Aufl. (367 S.) 8. Berlin [903] 905. E. Fleischel & Co. n. 4. —; geb. n. 5. —

Inge. Ein Frauenleben von Wilhelm Holzamer. 3. Aufl. Berlin: E. Fleischel & Co. 1908. (325 S.) 8° [F.] [08. 13010

[F.] Zum Licht! Gedichte v. Wilhelm Holzamer. *Berlin: Schuster & Loeffler 1897.* (160 S.) 1 Bd 8. [97. 1162

Holzamer, Wilh., meine Lieder. Gedichte. 12. (VII, 126 S.) Konstanz 892. E. Ackermann. n. 1. 50

— der arme Lukas. Eine Geschichte in der Dämmerg. 4. (249 S.) Leipzig 902. H. Seemann Nachf. n. 2. 50

Der arme Lukas. Eine Geschichte in der Dämmerung von Wilhelm Holzamer. (Neue Ausg.) Berlin: E. Fleischel & Co. 1905. (248 S.) 8° [07. 17667

— Conr. Ferd. Meyer, s.a. Dichtung, die, 23. Bd.

Holzamer, Wilhelm. Conr(ad) Ferd(inand) Meyer. [Mit 7 Tafeln und 2 Facsimile-Beilagen.] 88 S. 8. Berlin und Leipzig, Schuster & Loeffler, (1904). (cart. M. 1.50, geb. 2.50) N 3304
(Die Dichtung. Eine Sammlung von Monographieen, hrg. von Paul Remer. Buchschmuck von Heinrich Vogeler. Band 23.)
2. Tausend. (1904.)

— Peter Nockler. Die Geschichte e. Schneiders. 8. (173 S.) Ebd. 902. n. 2. 50; geb. n. 3. 50

— Peter Nockler. Die Geschichte e. Schneiders. (Neue [Titel-]Ausg.) (173 S.) 8. Berlin [902] 905. E. Fleischel & Co. n. 2. 50; geb. n. 3. 50

— der heilige Sebastian. Roman e. Priesters. 8. Aufl. 8. (III, 192 S.) Ebd. (902). n. 3. —

Der Heilige Sebastian. Roman e. Priesters von Wilhelm Holzamer. (Neue Ausg.) Berlin: E. Fleischel & Co. 1905. (192 S.) 8° [F.] [07. 17668

Die Siegesallee. Kunstbriefe an d. deutschen Michel von Wilhelm Holzamer. 1.–3. Taus. *Leipzig: E. Diederichs 1902.* (45 S.) 8° [F.] [02. 4691

Ellida Solstratten. Ein Roman von Wilhelm Holzamer. 2. Aufl. Berlin & Leipzig: H. Seemann Nachf. [1904]. (203 S.) 8° [F.] [05. 13069 11

— Ellida Solstratten. Ein Roman. 2. [Titel-]Aufl. (203 S.) 8. Ebd. [904] 905. n. 4. —; geb. n. 5. 50

— Spiele. Mit Zeichngn. v. Olbrich. gr. 8. (55 S.) Ebd. 901. n. 1. —

[F.] Wilhelm Holzamer. Auf staubigen Strassen. Skizzen. *Berlin & Leipzig: Schuster & Loeffler 1898.* (193 S.) 1 Bd 8. [98. 3081

— die Sturmfrau. Eine Seenovelle. (Neue [Titel-]Ausg.) (131 S.) kl. 8. Ebd. [902] 905. n. 2. —; geb. n. 3. —

Die Sturmfrau. Eine Seenovelle von Wilhelm Holzamer. (Neue Ausg.) Berlin: E. Fleischel & Co. 1905. (131 S.) 8° [07. 17669

Holzamer, Wilh., im Wandern u. Werden. Kritische Randbemerkgn. (VIII, 160 S. m. 5 Taf.) 8. Berlin 905. Wiegandt & Grieben. 2. 50; geb. 3. 50; erh. Pr. n. 3 50; geb. n. 4 50

Um die Zukunft. Drama in 3 Akten von Wilhelm Holzamer. Berlin: E. Fleischel & Co. 1906. (136 S.) 8° [F.] [06. 19634

Die Bildung des Clerus in kirchlichen Seminarien oder an Staatsuniversitäten. (Hist. Skizze e. hundertjähr. Kampfes in Deutschland.) Von J[oh.] B[aptist] Holzammer, Domcapitular in Mainz. *Mainz: F. Kirchheim 1900.* (VIII, 87 S.) 8° [F.] [00. 3667

Holzammer, Joh. Bapt., Einiges über das Sechstagewerk nach Offenbarung und Wissenschaft. Mainz, 1858.

— Der Mensch und seine Stellung unter den organ. Wesen, s.a. Broschüren, Zeitgemäße.

Holzammer, Joh. Bapt., Der Mensch und seine Stellung unter den organischen Wesen. 32 S., 8°. Frankfurter kath. Broschüren-Verein. Jahrg. 1867, Nr. 10.
(Wiener) Allg. Litztg. 1868, Nr. 14.

— Der biblische Schöpfungsbericht, s.a. Broschüren, Zeitgemäße.

Der biblische Schöpfungsbericht und die Ergebnisse der neuern Naturforschung. Frankfurt a. M., Verl. f. Kunst u. Wissensch., 1867. Jahrg. 3, 32 S., 10 Pf. (Frankfurter zeitgem. Broschüren.)

Holzammer, J. B., s. Schuster, J., Handbuch zur biblischen Geschichte.

Holzammer, Joh., Passionsbüchlein. Betrachtungen über das Leiden des Herrn, nach dem heil. Rhabanus Maurus. 16. (80 S.) Mainz 865, Kirchheim. *

Holzammer, Wilhelm, s. Holzamer, Wilhelm

Holz- und Forst-Anzeiger, allgemeiner. [Holz-Industrie-Zeitung.] Fachblatt und Anzeiger für Holzhandel, Holz-Industrie, Forstwirtschaft, Korbweiden- und Lohrinden-Geschäft rc. Redig. von Rob. Gruner. 5.—7. Jahrg. 1885—1888. à Jahrg. 52—60 Nrn. (Bog.) Fol. Ebendas. à Jahrg. *
4. Jahrg., s. Holz-Industrie-Zeitung.

Holz- u. Forst-Anzeiger, allgemeiner. [Holz-Industrie-Zeitg.] Fachblatt u. Anzeiger f. Holzhandel. Holz-Industrie, Forstwirthschaft, Korbweiden- u. Lohrinden-Geschäft 2c. Red. v. Rob. Gruner. 5. Jahrg. 1886. 52 Nrn. (1½ B. m. Illustr.) Fol. Leipzig, C. F. Gruner. 6. —

Holz- u. Forst-Anzeiger, allgemeiner. [Holz-Industrie-Zeitg.] Fachblatt u. Anzeiger f. Holzhandel, Holz-Industrie, Forstwirtschaft, Korbweiden- u. Lohrinden-Geschäft 2c. Red. v. R. Gruner. 6. u. 7. Jahrg. 1887. 1888. à 52—60 Nrn. (B.) Fol. Leipzig, C. F. Gruner. à Jahrg. n. 6. —

Holz- u. Forst-Anzeiger, allgemeiner. [Holz-Industrie-Zeitg.] Redig. v. Rob. Gruner. 8. Jahrg. 1889. 52 Nrn. (Bog.) Fol. Lpz., C. F. Gruner. * 10 —
Fortsetzung s. u. d. T.: Holz-Industrie-Zeitung.

Holzanzeiger der Rheinlande. - Aachen. Jg. 1-46. 1893-1939. - (M. n. ersch.)

Holzanzeiger, sächsischer. Allgemeiner Anzeiger für Holz-, Lohrinden- und Korbweidenhandel 2c. Organ für die öffentl. Holzverkäufe. Submissions-Anzeiger für die Holzbranche. Redig. von Rob. Gruner. 1. Jahrg. 1886. 52 Nrn. (Bog.) Fol. Leipzig, Gruner. *
Nicht weiter erschienen.

Holzapfel, ..., Theater-Almanach auf d. J. 1823. 12. Münch. (823.)

Holzapfel, A. C: Der Anstrich von Schiffsböden. Vortrag. Berlin 1903

Holzapfel, Ritter (Prediger Dr.) Blrd. Fd., Predigten über einen frei gewählten Abschnitt d. heil. Schrift. gr. 8. Mühlhausen 832. Heinrichshofen. 21 K

Holzapfel, Daniel, appr. Tierarzt: Untersuchungen über Para-Parisol. Loerrach 1910: Jaumann & Netzer. 27 S. 8°
Gießen, Veterinär-Med. Diss. v. 29. Dez. 1910, Ref. Olt
[Geb. 4. März 84 Ratingen; Wohnort: Grünberg i. H.; Staatsangeh.: Preußen; Vorbildung: Kgl. Gymn. Düsseldorf Reife O. 04; Studium: Freiburg i. B. 1, Tierärztl. Hochschulen München 3, Hannover 4 S.; Rig. 28. Juli 09.] [U 11. 1292

Holzapfel, Edgar [aus Magdeburg]: Über die diluvialen Bildungen der Lüneburger Haide mit besonderer Berücksichtigung der Gegend zwischen Ilmenau und Joetzel . . . . Marburg, Druck v. Robert Wapler, Magdeburg, 1884 *(sic!)*; 39 S. 8°.
Marburg, Phil. Fak., Inaug.-Diss. v. 12. Sept. 1885.

Holzapfel, Edgar, über die diluvialen Bildungen der Lüneburger Haide mit besonderer Berücksichtigung der Gegend zwischen Ilmenau und Joetzel. Diss. Marburg 1885, N. G. Elwertsche Univ.-Buch. 8°. 39 S.

Holzapfel, Edgar, Gesichtspunkte f. den Einkauf v. Zuckerrübensamen, zugleich Bericht der diesjähr., v. der landwirthschaftl. Versuchsstation Magdeburg ausgeführten Anbauversuche m. verschiedenen Zuckerrübenvarietäten. Lex.-8. (27 S.) Magdeburg 890. Rathke. n. 1. —

Holzapfel, Edgar. Die Milch u. ihre Gefahren, m. besond. Berücksichtigung d. Kindermilch. Ein Mahnwort. gr. 8. (IV, 36 S.) Magdeb. 890, Schaefer. * — 50

— die technischen Schulen u. Hochschulen u. die Bedürfnisse der deutschen Industrie. Eine Denkschrift, der herzogl. hohen Regierg. u. den Mitgliedern d. anhalt. Landtages ehrerbietigst überreicht. gr. 8. (42 S.) Leipzig 893. G. Fock. n. — 80

Holzapfel, Edg., d. technischen Schulen u. Hochschulen u. d. Bedürfnisse d. deutschen Industrie. E. Denkschrift, d. herzogl. hohen Regierg. u. d. Mitgliedern d. anhalt. Landtages ehrerbietigst überreicht. 3. Aufl. Lex.-8. (47 S.) Leipzig 898. Buchh. G. Fock. n. 1. —

Holzapfel, Eduard

Holzapfel, E., Beitrag zur Kenntnis der Brachiopodenfauna des rhein. Stringocephalen-Kalkes. (S. 111—129 m. 4 Taf. u. 4 Bl. Erklärgn.) Lex. 8. Berlin (N. 4, Invalidenstr. 44) 908. Vertriebsstelle der kgl. geolog. Landesanstalt. nn 2. 60
Sonderabdr. a.: „Jahrb. d. kgl. preuss. geol. Landesanst."

Holzapfel, E, die Cephalopoden des Domanik im südl. Timan. gr. 4. (IV, 56 S. m. Fig., 10 Taf. u. 10 Bl. Erläutergn.) St. Petersburg 899. Leipzig, M. Weg. n.n. 8. 80
Sonderabdruck aus: „Mémoires du comité géologique".

Holzapfel, E., und G. A. Siedamgrotzky, Berg- und hüttenmännische Exkursionskarte für die Umgegend von Aachen. 1:80000. Aachen, 1886. [Farbig auch enth. in „Schulz, W., Führer des Berg- und Hütteningenieurs durch die Umgegend von Aachen"].

Die Geologie des Nordabfalles der Eifel mit bes. Berücks. d. Gegend von Aachen. Von E[duard] **Holzapfel**. Mit 1 geol. Exkursionskt. f. d. Umgegend von Aachen von W[ilhelm] Wunstorf, sowie m. 2 Taf. u. 15 Abb. Berlin: Kgl. Pr. Geol. Landesanst. 1910. 214 S. 4°(8°)
(Abhandlungen d. Kgl. Preuß. Geol. Landesanstalt. N. F. H. 66.) [11. 1334

Holzapfel, E. Die Cephalopoden-führenden Kalke d. unteren Carbon v. Erdbach-Breitscheid bei Herborn, s. Abhandlungen, palaeontologische. Neue Folge 1. Bd. 1. Heft.

Holzapfel, E., d. obere Mitteldevon (Schichten m. Stringocephalus Burtini u. Maenoceras terebratum) im rhein. Gebirge, s.: Abhandlungen d. kgl. preuss. geolog. Landesanstalt.

— die Mollusken der Aachener Kreide. I. Abth.: Cephalopoda u. Glossophora. Mit 18 Taf. [Aus: „Palaeontographica".] gr. 4. (IV, 152 S. m. 18 Bl. Erklärgn.) Stuttgart 888. Schweizerbart. n. 40. —

—— Die Mollusken der Aachener Kreide. II. Abthl.: Lamellibranchiata. gr. 4. (130 S. m. 22 Taf. u. 22 Bl. Erklärgn.) Stuttg. 889, Schweizerbart. * 40 -
Aus: Palaeontographica, besonders abgedruckt.
I. Abthl. Ebd. 1888. * 40 —.

Holzapfel, E., das Rheinthal von Bingerbrück bis Lahnstein, s. a. Abhandlungen der königl. preussischen geologischen Landesanstalt.

Holzapfel, Eduard: Das Rheinthal von Bingerbrück bis Lahnstein. Mit einer geologischen Uebersichtskarte, 16 Ansichten aus dem Rheinthal und 5 Abbildungen im Text. Berlin 1893. (II, 124 S.
= Abhandlungen der Königlich Preussischen Geologischen Landesanstalt. Neue Folge. Heft 15. 8°. [E 3175

Holzapfel (Eduard). Die Zechsteinformation am Ostrande des Rheinisch-Westphälischen Schiefergebirges. (Inaug.-Dissert. Marburg.) Görlitz 1879. 8.

Holzapfel, Ed., die Zechsteinformation am Ostrande des rheinisch-westphälischen Schiefergebirges. Inaugural-Dissertation. gr. 8. (45 S. mit 1 Tab.) Görlitz 879. (Kassel, Hühn.) *

Holzapfel, Fr. X., Grundlehren d. Elementar-Geometrie mit Anwend. auf Berechn. d. Körper u. Flächen, f. d. ersten Unterr. an Bürgerschulen. 2. verb. Aufl. gr. 12. (5½ B. u. 6 Stnt.) Constanz 839, [Emmerling'sche Buchh.]

Holzapfel, Fr. X., Grundlehren der Elementar-Geometrie m. Anwendung auf Berechnung der Körper u. Flächen f. den ersten Unterricht an Bürgerschulen. 3., verb. Aufl. gr. 16. (8½ B. u. 6 Stnt.) Constanz 843. (Emmerling.)

Holzapfel, Fr. X., Grundlehren der Elementar-Geometrie mit Anwendung auf Berechnung der Körper und Flächen für den ersten Unterricht an Bürgerschulen. Mit 6 Steindrucktaf. 3. verb. Aufl. gr. 16. Constanz 843, Meck. ⅓ ℛ — 4. verb. Aufl. gr. 16. Ebend. 846. ⅓ ℛ

Holzapfel, Franz, Medicinalprakt.: Über ein seltenes retroperitoneales Haematom. Regensburg 1909: Rief. 23 S. 8°
Gießen, Med. Diss. v. 2. Nov. 1910, Ref. Poppert
[Geb. 18. März 81 München; Wohnort: Hanau; Staatsangeh.: Bayern; Vorbildung: Stephan-Gymn. Augsburg Reife M. 00; Studium: München 4, Halle 1, München 13 S.; Coll. 27. Nov. 09; Approb. 26. Sept. 10.] [U 11. 1237

Holzapfel, Frz., Hilfsbüchlein zum Unterrichte in der Geographie für Volksschulen, Bayern, Deutschland, Europa u. die übr. Erdteile, sowie das Wichtigste aus der Erd- u. Himmelskunde enth. 6. Aufl. (56 S.) 8. Landshut (904). F. B. Attenkofer. n. — 25

Holzapfel, Friedr. (Hrsg.), s. Almanach, Neuer, den Freunden der Kunst gewidmet.

[Holzapfel, Ge. Chr. Wilh.]: Rechtfertigung der Revision für den Königl. Preuß. Kammerherrn . . . Carl Asche Maximilian Grafen von der Asseburg Klägern u. Revidenten wider den . . . Grafen Hermann Werner v. Bocholtz-Asseburg Beklagten und Revisen, „die Herausgabe des Lehn- und Stammgutes Hinnenburg mit allen Pertinenzen, nebst den seit d. J. 1790 gezogenen und zu ziehen gewesenen Früchten betr". Helmstädt 1821.

Holzapfel, Geo. Chr. Wlh., Wilhelm u. Emma, eine ländl. Dichtung in 8 Idyllen. 8. Lemgo 816. Meyer. 16 gr Schrbp. 20 gr

Holzapfel, Gotthold, approb. Arzt aus Stuttgart: Ungewöhnlicher Ursprung und Verlauf der Arteria subclavia dextra. *Wiesbaden: J. F. Bergmann 1899.* (153 S.) 8° ¶ (Aus: Anat. Hefte, Abt. 1, H. 40 — Bd 12, H. 3.)
Tübingen, Med. Diss. v. 1899

Holzapfel, Herib., O. F. M., die Anfänge der Montes Pietatis (1462—1515), s. a. Veröffentlichungen aus d. kirchenhistor. Seminar München, Nr. 11.

Holzapfel, Heribert, P., O. F. M.: Die Anfänge der Montes Pietatis ⟨1462—1515⟩. *München: J. J. Lentner 1903.* (IV, 48 S.) 8° ¶ [Erschien vollst. 1903 als: Veröffentlichungen aus d. Kirchenhist. Seminar München, No 11.]
München, Theol. Diss. v. 1903

Die Anfänge der Montes Pietatis ⟨1462–1515⟩. Von P. Heribert Holzapfel, O. F. M. *München: J. J. Lentner 1903.* (VIII, 140 S.) 8°
= Veröffentlichungen aus d. Kirchenhist. Seminar, München. No 11.

Holzapfel, Herib., O. S. F., Franziskus-Legenden, s.: Sammlung Kösel.

Holzapfel, P. Heribert. Handbuch der Geschichte des Franziskanerordens. XXII + 732 S. 8. Freiburg im Breisgau, Herder, 1909. [M. 9. 50, geb. 11. 50]

— Manuale historiae ordinis fratrum minorum. Compositum ac latine redditum a Gallo Haselbeck. (XXI, 662 S.) gr. 8. Ebd. 909. 9.50; geb. in Halbfrz. 11. 50

— St. Dominikus u. der Rosenkranz, s. a. Veröffentlichungen aus d. kirchenhistor. Seminar München, Nr. 12.

St. Dominikus und der Rosenkranz. Von P. Heribert Holzapfel. O. F. M. *München: J. J. Lentner 1903.* (47 S.) 8°
— Veröffentlichungen aus d. Kirchenhist. Seminar, München. No 12.

Holzapfel, J. F., theol. Lehrsätze üb. Trommsdorfs definition. theol. 8. Hannov. Helwing. (a. Hermann in Frkf.) 744.

— — Auszug daraus, oder Compendium. 8. Ebendas. 742.

Holzapfel, Joh. Chrst. Ludw., Auszug aus Luthers Catechismus als Anh. z. den Lehrbüchern d. christl. Religion. 8. ... Kassel ..., Bohné.

— Katechismus d. christl. Religion zum Gebrauch in Volksschulen u. beim Confirmandenunterrichte. 8. Cassel 832. Bohné. 6 gr

Holzapfel, Joh. Christ. Ludw., Katechismus d. christl. Religion, z. Gebr. in Volksschulen u. beim Confirmandenunterrichte. 1. u. 2. Aufl. 8. (à 8½ B.) Kassel 835, 38, Bohné. à

Holzapfel, Jh. Chr. Ldw., (†...) Katechismus d. christl. Religion, zum Gebrauche in Volksschulen u. beim Confirmandenunterrichte. 2e Aufl. 8. Kassel 835. Bohné. ¼ ℛ — 3e Aufl. Ebd. 838. ¼ ℛ

Holzapfel, Joh. Christ. Ludw., Katechismus der christl. Religion zum Gebrauche in Volksschulen u. beim Confirmandenunterrichte. 4. Aufl. 8. (8½ B.) Kassel 845, Bohné. —

Holzapfel, Joh. Chr. Ludw., Katechismus der christl. Religion zum Gebrauch in Volksschulen und beim Confirmandenunterrichte. 5. Aufl. 8. (VIII und 144 S.) Cassel 850, Bohné.

— Lehrbuch d. christl. Religion für mittlere Gymnasialklassen, höhere Bürger- u. Töchterschulen. 2e verb. Aufl. 8. Cassel 831. Bohné. 12 gr

—— Lehrbuch d. christl. Religion f. mittlere Gymnasialklassen, höhere Bürger- u. Töchterschulen. 3. Aufl. 8. (10½ B.) Kassel 842, Bohné.

Holzapfel, Jh. Chr. Ldw., Leitfaden beim Religionsunterricht in Schulen. gr. 8. Cassel 828. 2e A. 831. Bohné. 12 gr

— vierzehn Predigten vermischten Inhalts. Nach d. Tode des Verf. v. e. Freunde dess. herausg. 8. Kassel 835. Bohné. ⅔ ℛ

Holzapfel, Johann Gottlob

— s. Auswahl von Vormittagstexten.

— Schmalkald. Kirchen- u. Hausgebetbuch. 8. Schmalkald. 783.

— katechet. Lehrbuch. 8. Schmalkald. 779.

Holzapfel, Jh. Glo., († d. 21. Juni 1804.) Predigten. 8. Schmalkald. 770. (Cramer in Bremen). 6 gr

Holzapfel, J. G., Predigten. 8. Schmalkalden. (Cramer, Brem.) 771.

Holzapfel, Jh. Nep., Anleit. zur Rechenkunst für d. Schulen in Baiern. 8. Landsh. 814. 7e A. 821. Krüll. 18 gr

— Beitrr. zum Kopfrechnen. 8. Münch. 806. 8e A. 825. (Landsh., Krüll). 12 gr

Holzapfel, Joh. Nep. „Ueber den Werth der gemeinen Arithmetik und deren Behandlung auf dem technischen Gymnasium zu München". pg. 22–24. 4°. Dr. C. Wolf.
München, Progr. 1837/38

Holzapfel, Johann Sebastian Gf.

— Einweihung d. neuen Begräbnißplatzes in Lemgo. 8. Lemgo 820. Meyer.

Holzapfel, Jh. Sebast. Gf., Geschichte d. Kirchenverbesserung in Lemgo. gr. 8. Lemgo 818. Meyer. 6 gr

— s. Horatii epist. ad Pisones.

— in memoriam Geo. Hnr. Brockhausen. 4. Lemgo 819. Meyer.

— Leitfaden bei dem Religionsunterrichte d. Confirmanden. 8. Lemgo 810.

— d. Union in Lemgo, oder über d. Vereinigung d. gemischten protestant. Gemeinden daselbst zu e. evangel. Kirche. gr. 8. Lemgo 827. Meyer. 4 gr

— histor.-mythol.-geograph. Wörterbuch über den Horaz. 8. Lemgo 818. Meyer. 8 gr

— histor.-mythol.-geographisches Wörterbuch über den Horaz. Herausgegeben von Vorbeck. 8. Ebendas. 819.

Holzapfel, Jh. Tob. Gli., († d. 9. Mai 1812.) u. G. P. Schuppius, französ. Elementarbuch für Anfänger. 1r Curs. 8. Leipz. 800. Barth. 12 gr

— s. 1) Cicero, oratio secunda in L. Catilinam. 2) S. F. N. Morus, praelect. in epist. P. ad Rom. 3) Obadjah. 4) Oratio secunda. 5) Was muß d. Candidat d. Theologie.

Holzapfel, Joannes Tobias Theophilus, Disquiritur, quisnam Jes. XI intelligendus sit rex, aetatem auream restituturus. [Programm der Akademie zu Rinteln.] Rintelii 1808.

— — Gegen den Messianischen Gehalt des 22sten Psalms. Einladung zur Feyer des Geburtsfestes Sr. Majestät Hieronymus Napoleon Königs v. Westphalen. Rinteln 1808.

— — Kritik der neuesten Hypothese über Psalm XXII, 17. Zur Feyer des Geburtsfestes Sr. Majestät Hieronymus Napoléon Königs von Westphalen. Rinteln 1809.

Holzapfel, Joannes Tobias Theophilus, Observationes in loca quaedam Psalmorum. [Programm.] Rintelii 1800.

—, Johann Tobias Gottlieb, Sollte wohl Salomo der Gegenstand des zweyten Psalms, und die Verfertigung dieses Liedes in die Zeit seiner Erhebung zur Königswürde zu setzen seyn? Eine historisch-exegetische Untersuchung. 1. u. 2. Abtheilung. [2 Programme.] Rinteln 1803.

Holzapfel, Jos. — Altes und Neues. Zwanzig Predigten. 8. (266 S.) Wien. Verlag von Mayer und Komp. Druck von Anton Schweiger. 1854.

Holzapfel, Joseph. — Gedacht. Gesagt. Gethan Rede, gehalten im nied. österr. landständischen Saale am 6. November 1853, bei Gelegenheit einer Vorberathung zur Gründung eines Vereines behufs Errichtung einer Besserungsanstalt für jugendliche Sträflinge. Von — —. 8. (8 S.) Wien. Gedruckt bei Karl Ueberreuter. 1853.

Holzapfel, Jos., der deutsche Ritter-Orden in seinem Wirken für Kirche und Reich. Geschichtlich dargestellt. 8. (V und 152 S.) Wien 850, (Mayer und Comp.) *

Holzapfel, Julius: Über die Darstellung und Reaktionen von Azoacidylverbindungen. Heidelberg 1909: Rößler & Herbert. 32 S. 8°
Heidelberg, Naturw.-math. Diss. v. 19. Mai 1909, Ref. Curtius
[Geb. 3. Dez. 83 Newcastle; Wohnort: Petersham; Staatsangeh.: Großbritannien; Vorbildung: King's Coll. London Reife O. 04; Studium: Heidelberg 9 S.; Rig. 15. Jan. 09.] [U 09. 2045

Holzapfel, K. A. Ueber Namen und Begriff des Heidenthums. 11 S.
Progr. Elberfeld 1838

Holzapfel, Karl [cand. med.] Über Indikationen und Erfolge der gynäkologischen Massage ....
Wien, Druck u. Verl. v. L. Bergmann & Co, 1890, 38 S. 8°
Strassburg, Med. Fak., Inaug.-Diss. v. 1890

Holzapfel, Karl, Dr., Assist. an d. Kgl. Universitäts-Frauenklinik: Über die **Lösung** und Ausstossung der Nachgeburt. *Leipzig: A. Georgi 1899.* (71 S.) 8°
Kiel, Med. Hab.-Schr. v. [16. Nov.] 1899
(Nicht für den Austausch)

Holzapfel, Karl, Rückblick u. **Betrachtungen üb.** die Sectio caesarea **abdominalis inferior,** s. a. Sammlung klinischer Vorträge.

Rückblick und Betrachtungen über die Sectio caesarea abdominalis inferior. Von Prof. Karl **Holzapfel**. Leipzig: Barth 1909. 95 S. 4°(8°) [Umschlagt.]
(Sammlung Klinischer Vorträge. N. F. Nr 534/535.) 09. 11193

[Gedicht.] Dem Durchlauchtigsten Herzog Bernhard von Sachsen-Weimar-Eisenach beim Besuch der Loge Amalia am 14. Febr. 1842. [Unterz.: Karl Aug.] Holzapfel. [Weimar 1842.] 1 Bl. 8° [Kopftit.]
„Wir folgen dem schönsten der Triebe, ..."

Fritsch, Karl Wilh. Frh. v.: **[Lied.] Dem geliebten Frh. v. Fritsch bei seiner glücklichen Rückkehr aus Wien. [Unterz.:] [Karl Aug.] H[olzapfel]. [Weimar] o. J. 1 Bl. 8° [Kopftit.]**
Ohne Noten: „Heil, Heil! dem Meister heut', ..." Üb. Fritsch s. Allgem. Deutsche Biographie Bd 8 1878 S. 113–115 (v. Beaulieu-Marconnay).

[Lied.] Dem Gross-Meister. Weimar 28. Aug. 1852. [Unterz.: Karl Aug.] Holzapfel. [Weimar 1852.] 1 Bl. 8° [Kopftit.]
Ohne Noten: „Lasst Brüder die Kette uns schlingen, ..."

[Lied.] Unserm Meister [v. Fritsch] am Johannes-Feste 1842. [Unterz.:] [Karl Aug.] **Holzapfel.** [Weimar 1842.] 1 Bl. 8⁰ [Kopftit.]
Ohne Noten: „Die Weisheit herrsch' in unserm Bund, . . .“

[Rundgesang.] Den Gaesten. [Unterz.:] **Holzapfel.** o. O. u. J. 1 Bl. 8⁰ [Kopftit.]
Ohne Noten: „Heilig glüht am Bundesmahl . . .“

[Rundgesang.] Den Gaesten [der Loge Amalia in Weimar]. [Unterz.: Karl Aug.] **Holzapfel.** [Weimar, um 1840.] 1 Bl. 8⁰. [Kopftit.]

Weimar: [Rundgesang.] Den geliebten besuchenden Brüdern der Loge Carl zu den drei Adlern im Or. Erfurt am Stiftungstage der Loge Amalia. [Unterz.: Karl Aug.] **Holzapfel.** [Weimar] o. J. 1 Bl. 8⁰ [Kopftit.]
Ohne Noten: „Willkommen hier ihr theuren Bundesbrüder . . .“

Holzapfel, Ludwig

Holzapfel, L., Die Anfänge des Bürgerkrieges zwischen Cäsar u. Pompeius. I. T. S.-A. 1903. 22 S. 4⁰. 1.—
— — II. S.-A. 1904. 56 S. 4⁰. 1.50

Holzapfel, Ludw., Beiträge zur griechischen Geschichte, s. a. Studien, Berliner, für classische Philologie und Archäologie.

Beiträge zur griechischen Geschichte von Ludwig **Holzapfel.** Berlin: S. Calvary & Co. 1888. (91 S.) 8⁰
= **Studien**, Berliner, f. classische Philologie u. Archaeologie. Bd 7, H. 3. [06.8646]

Holzapfel, Ludw., römische Chronologie. gr. 8. (V, 364 S.) Leipzig 885. Teubner. n. 8. —

Holzapfel, L., Griech. Geschichte von 489—413. 1879.

Holzapfel, L., L'opera storica di Clodio Licino. S.-A. 1895. 6 S.

Holzapfel, L., Sull' età di Valerio Anziate. S.-A. 1899. 12 S.

Holzapfel, Ludov., de transitione ad plebem. Quaestio ad Romanorum jus publicum spectans. gr. 8. (36 S.) Leipzig 877. Hirzel. n. 1. —

Holzapfel, L., die drei ältesten röm. Tribus. Lex.-8. (28 S.) Leipzig 901. Dieterich. n. 1. 50
Sonderabdruck aus: „Beiträge zur alten Geschichte“.

Holzapfel, L., Untersuch. üb. die Darstellung d. griech. Geschichte von 489—413 v. Chr. bei Ephorus, Theopomp u. a. Autoren. Hab. 1879. 191 S.

Holzapfel, L., Das Verfahren d. Athener gegen Mytilene nach d. Aufstand v. 428/7. S.-A. O. J. 17 S. 1.—

Holzapfel, Otto, Arzt aus Hannover: Ueber die Behandlung der Taubstummheit. *Göttingen 1901: W. F. Kaestner.* (48 S.) 8⁰
Göttingen, Med. Diss. v. [13. Juni] 1901

Holzapfel, Otto, über die Behandlung der Taubstummheit. Diss. gr. 8. (48 S.) Göttingen 901. (Vandenhoeck & Ruprecht). n. 1. 20

Holzapfel, Paul [aus Büren in Westfalen]: Bodenbau und Bewässerung des deutschen Ostafrikas. . . . Halle a. S., Druck v. Gundlach & Eggers, 1889; 32 S. + 1 Bl. 8⁰
Halle, Phil. Fak., Inaug.-Diss. v. [14. Dez.] 1889

Holzapfel, Rud., Auswahl französischer Gedichte. Zum Schulgebrauche hrsg. 8. (X und 245 S.) Magdeburg 854, Heinrichshofen'sche Buchh.

Holzapfel, R., Auswahl französischer Gedichte. Zum Schulgebrauche hrsg. 2. Aufl. 8. (X, 269 S.) Magdeburg 869, Heinrichshofen'sche Buchh. *

Holzapfel, R., deutsche Dramen, bearb. z. Uebersetzen ins Französische. 1. Hft. — A. u. d. T.: Göthe's Götz v. Berlichingen. 8. (10½ B.) Berlin 840, Plahnsche Buchh.

— Cours de mythologie. Französisches Lesebuch für Real- und höhere Bürgerschulen, Militärschulen, Töchterschulen und andere höhere Lehranstalten. br. 8. (VIII und 256 S.) Magdeburg 855, Creutz'sche Buchh. * —

Seiner Majestät dem Deutschen Kaiser, König von Preussen Herzog von Magdeburg in tiefster Unterthänigkeit dargebracht von dem Magdeburger Geschichtsverein am 4. Juni 1880. Schönebeck. s. a. Th. Wulfert. A. u. d. T.: R. HOLZAPFEL, Des Grossen Kurfürsten Festungsbauten in Magdeburg. Im Auftrage des Magdeburger Geschichtsvereins nach den Quellen des Geheimen Staatsarchivs zu Berlin des Provinzial-Staatsarchivs zu Magdeburg und des Stadtarchivs zu Magdeburg bearbeitet. Sonderabdruck aus den Geschichtsblättern für Stadt und Land Magdeburg. Heft 3, 15. Jahrgang 1880. Magdeburg 1880. 8⁰.

Holzapfel, Rud., Forschungen zur Geschichte Magdeburgs aus der Zeit d. Großen Kurfürsten u. d. Großen Königs. gr. 8. (IV, 99 S.) Magdeburg 892. A. Rathke's Verl. n. 1. 50

— kurze Geschichte der höheren Gewerb- und Handelsschule, jetzigen Realschule erster Ordnung zu Magdeburg, von ihrer Begründung bis zu ihrer funfzigjähr. Jubelfeier. gr. 8. (53 S.) Ebendas. 870. *

Holzapfel, Rud., über den Gleichklang bei Homer. gr. 8. (42 S.) Berlin 851, Th. Enslin. *
Aus: Zeitschrift für Gymnasialwesen etc., besonders abgedruckt.

— über den Gleichklang bei Homer. 2. Heft. (Abdr. aus d. Zeitschrift f. d. Gymnasialwesen.) Berlin 854. Th. Enslin. gr. 8. (1 Bl., 25 S.) n. 5 *ngr.*

Die Göthefeier zu Berlin im Jahre 1849. Bericht von (R.) HOLZAPFEL. Gedichte, Festreden, Trinksprüche von August. Bartsch. von der Hagen. A. von Humboldt. Kannegiesser. Kopisch. Massmann. Odebrecht. von Olfers. Pischon. Rellstab. Rötscher. Rosenkranz. Rückert. Tieck. Zeune. Berlin, 1849. Hermann Schultze. 8⁰.

Holzapfel, R. Über die Kirche des Chatel. 20 S.
Berlin, R. G., Progr. 1842

— Mittheilungen über Erziehung und Unterricht in Frankreich. gr. 8. (VI und 215 S.) Magdeburg [und Leipzig] 853, Gebr. Baensch.

Panideal. Psychologie d. sozialen Gefühle. Von Rudolf **Holzapfel.** Mit e. Vorw. von E[rnst] Mach. *Leipzig: J. A. Barth 1901.* (VIII, 232 S.) 8⁰ [3.] [01.11906 10]

Holzapfel, R. Ueber die Realschulen in Frankreich. Magdeburg, G. S., 1852. 12 S. 4. Progr.

Holzapfel, R., historische Rückblicke. 6 Vorträge. gr. 8. (VI und 237 S.) Magdeburg 867, Heinrichshofen'sche Buchh.

— über Wesen und Aufgabe der heutigen Realschule. Festrede zur 50jähr. Jubiläumsfeier der Realschule erster Ordnung zu Magdeburg, den 2. Mai 1869 gehalten. gr. 8. (29 S.) Ebendas. 869.

Holzapfel, Rudolf [aus Krakau]: Wesen und Methoden der sozialen Psychologie. (S.-A. aus Archiv f. systemat. Philosophie IX. H. 1.) Berlin 1903. 57 S. 8°.
Bern. Phil. Diss. 1902/1903.

Holzapfel, Rudolf. Wesen und Methoden der sozialen Psychologie. Diss. Phil. Bern. II + 57 S. 8. Berlin, Georg Reimer, 1903.

Holzapfel, Rud., d. Königr. Westfalen. M. bes. Berücksicht. d. Stadt Magdeburg. Auf Grund archival. Forschgn. im geheimen Staatsarchiv zu Berlin, sow. im kgl. Staats- u. im Stadtarchiv zu Magdeburg bearb. gr. 8. (IV, 196 S.) Magdeburg 895. C. W. Lichtenberg & Bühling. n. 3. —

Holzapfel, Wilhelm, Tierarzt a. Hagen i. W.: Über Erkrankungen in der Analgegend des Hundes mit besonderer Berücksichtigung ihrer Bedeutung für die Nutzung dieser Tiere. Mit 2 Taf. Leipzig [1908]: Gebr. Gerhardt. (57 S.) 8°
Leipzig, Phil. Fak., Ref. Eber-Kirchner, Diss. v. 11. Juli 1908
[Geb. 1. Jan. 79 Hagen (Westfalen); Wohnort: Leipzig; Staatsangeh.: Preußen; Vorbildung: Gymn. Hagen Reife M. 98; Studium: Leipzig 6 S.]

Holzapfel, Wilhelm: Das Grenadierbataillon von Hallmann im Feldzuge des Jahres 1806. Nach e. Tagebuch d. Leutnants Johann Baptist Ferdinand von Wrede u. and. Quellen. Liegnitz 1907: H. Krumbhaar. (56 S., 3 Karten.) 8°
Liegnitz, st. Wilhelms-R OP 1907 (284)

Das Grundbuchrecht im Verkehr zwischen Auseinandersetzungsbehörden und Grundbuchämtern von W[ilhelm] **Holzapfel**, Reg.R. Berlin: F. Vahlen 1906. (VIII, 339 S.) 8° [J.] 1906. 3916

Holzapfel, Wilh., neues Konsolidationsbuch. gr. 8. (XXIII, 168 S.) Wiesbaden 888, Limbarth. *

—— das gemeine Pfandrecht an beweglichen Sachen im Bezirk des ehemaligen Appellationsgerichts zu Cassel unter dem Einfluß der neueren Gesetzgebung. gr. 8. (III, 32 S.) Marburg 885, Elwert's Verlag. *

Holzapfel, Wilh., das Privatrecht im preußischen Auseinandersetzungsverfahren. gr. 8. (XV, 290 S.) Berlin 893. C. Heymanns Verl. n. 6. —

Holzapfel, die Vererbung des ländl. Grundbesitzes im Oberlandgerichtsbez. Cassel, s.: Vererbung, die, d. ländl. Grundbesitzes im Königr. Preussen. IV.

Holzappel, Melander v., der Fall Krosigk. Eine Apologie. gr. 8. (46 S.) Berlin (901). Fussinger. n. — 60

Der Fall Krosigk. Eine Apologie von Melander v. Holzappel. *Berlin: W. Fussinger [1902].* (46 S.) 8°

Holzarbeiten, leichte, aus Cigarrenkistenholz. Hrsg. v. Otto Robert. I. Serie u. II. Serie, 8 Hefte. 31×22,5 cm. Ravensburg 909. O. Maier. 2. 80
I. Chocolade-Automat. (2 Bog. m. 8 S. Text in 8.) — 40
II. 1. Puppenmöbel. 1. Heft. Schlafzimmer. (8 Bog. m. 2 S. Text.) — 80
2. Dasselbe. 2. Heft. Wohnzimmer. (8 Bog. m. 2 S. Text.) — 80
3. Dasselbe. 3. Heft. Salon. (8 Bog. m. 2 S. Text.) — 80

— **leichte,** aus Naturholz. Hrsg. v. Otto Robert. I. Lehrgang v. K. Köhler. 3 Hefte. (à 2 Taf. m. 8 Detailbog.) 31×22,5 cm. Ebd. (909). In Mappe 1.50; einz. Hefte — 50

— **leichte,** aus Stäbchen u. Brettchen zum Zusammenstecken. Hrsg. v. Otto Robert. 2 Hefte. Allerlei Bauten. Anfangsarbeiten. (Je 1 Vorlage u. 2 Bog.) 31,5×22,5 cm. Ebd. (909). à — 70

Holzarbeiter: Der Holzarbeiter
③ Mitteilungen für schweizerische Holzarbeiter ⑤ 1888–1893 ⑦ alle 14 Tage ⑧ Zürich: Grütlidruckerei ⓗ Schweizer. Holzarbeiterverband ⓗ Redaktions-Kommission ⓒ sozialistisches Gewerkschaftsblatt ⓘ Zum Abschied. »Schweizerische Holzarbeiter-Zeitung« Nr. 27 vom 1. 7. 1922 ⓙ Nach den Angaben im »Adreßbuch der Stadt Zürich« 1893 (als Erscheinungsbeginn ist hier 1884 angegeben).

—— der. (Deutsch u. Englisch.) 5.—8. Jahrg. 1889—1892. à Jahrg. 12 Nrn. Fol. (à Nr. ca. 32 S. m. Illustr.) Chicago. (Lpz., Schäfer.) à Jahrg. ' 6 —

Holzarbeiter, der. Hrsg.: Eugene A. Sittig & Son. (Deutsch u. Englisch.) 7.—10. Jahrg. 1891—1894. à 12 Nrn. (à ca. 48 S. m. Illustr.) gr. 4. Chicago. (Leipzig, M. Schäfer.) à Jahrg. n. 6. —

Holzarbeiter, der. Zeitschrift f. die Interessen der in Holzbearbeitungs-Fabriken u. auf Holzplätzen beschäftigten Arbeiter. Organ d. Verbandes der in Holzbearbeitungs-Fabriken u. auf Holzplätzen beschäftigten Arbeiter Deutschlands [Sitz Hamburg]. Red.: H. Jaap. 1. Jahrg. April—Dezbr. 1890. 18 Nrn. (2 B.) Fol. Hamburg, Jensen & Co. n. 3. —

— **der.** Zeitschrift f. die Interessen der in Holzbearbeitgs.-Fabriken u. auf Holzplätzen beschäftigten Arbeiter. Organ d. Verbandes der in Holzbearbeitungs-Fabriken u. auf Holzplätzen beschäft. Arbeiter Deutschlands [Sitz Hamburg]. Red.: H. Jaap. 2. Jahrg. 1891. 12 Nrn. (2 Bog.) Fol. Hamburg, Jensen & Co. n. 4. —

Holzarbeiter, der. — The wood worker. — 1891-94. 4° Chicago 1891-94

Der Holzarbeiter. - Köln. Jg. 1-34. 1899-1933. - (M. n. erm.)

Der Deutsch-Amerikanische Holzarbeiter: The Woodworker: Jahrgang 1-10 1885 - 1894?
Trade monthly, published in English and German. Sub title: Eine Monatsschrift gewidmet den Interessen der Holz- und Möbel-Industrie, den Sägemühlen und verwandten Geschäftszweigen. Jahrgang 1-5, no. 5, 1885 May 1890; thereafter, A Journal of the Woodworking, Furniture, Saw and Planing Mill Trades. Title varies: Der Holzarbeiter,?. Merged with Metall- und Eisenzeitung. Quarto, each issue 16-64 pages; illustrated. Circulation: 1886, 4000; 1893, 8000. Edited & published by Eugene A. Sittig, 1885-90; by Eugene A. Sittig & Co., 1891-92; by Eugene A. Sittig & Son, 1893-94.
Chicago, IL

Holzarbeiter-Notizkalender für das Jahr 1904. 1. Jahrg. 16°. (XLVIII, 141 S.) geb. K 1.—
Wien: Wiener Volksbuchhandlung (Brand) 1903.

Holzarbeiter-Notizkalender (Einband: Holz-Arbeiter-Kalender) f. d. J. 1907. Hrsg. vom Verband der Holzarbeiter Oesterreichs. 4. Jahrg. (192 S. u. Schreibkalender m. 1 Bildnis.) 16. Wien, Wiener Volksbuchh. Geb. in Leinw. n.n. 1. —

Holzarbeiter-Notizkalender für das Jahr 1908. V. Jahrg. 8°. (192 S.) geb. K 1.—
Ebd. 1907

(F) **Holzarbeiternotizkalender** für das Jahr 1909. VI. Jahrg. 8°. (192 S.) geb. K 1.—
Wien: Brand 1908.

059. (F) **Holzarbeiternotizkalender** für das Jahr 1910. VII. Jahrg. 8°. (208 S.) * geb. K 1.—
Ebd. 1909

Holzarbeiter-Notizkalender (Einband: Holz-Arbeiter-Kalender) f. d. J. 1911. Hrsg. vom Verband der Holzarbeiter Oesterreichs. 8. Jahrg. (159 S. u. Schreibkalender m. 1 Taf.) 16. Wien, Wiener Volksbuchh. Geb. in Leinw. 1. —

Holzarbeiter-Zeitung. - Berlin, Düsseldorf. Jg. 1. 1893 ff.

Holzarbeiter-Zeitung: Schweizerische Holzarbeiter-Zeitung — Journal suisse des ouvriers sur bois
① Organ des Schweizerischen Holzarbeiter-Verbandes - Organe de la Fédération des ouvriers sur bois (5. 7. 1906, 2. 1. 1915—27. 12. 1919). Organ des Schweizerischen Holzarbeiter-Verbandes und der Tapezierer - Organe de la Fédération des ouvriers sur bois et des Tapissiers (11. 7. 1906—26. 12. 1908). Organ des Schweiz(erischen) Holzarbeiter-Verbandes (9. 1. 1909—26. 12. 1914). Offizielles Publikations-Organ des Schweizerischenn Holzarbeiter-Verbandes 10. 1. 1920—1. 7. 1922) ② Schweizerische Holzarbeiter-Zeitung (9. 1. 1909—26. 12. 1914, 10. 1. 1920—1. 7. 1922). Holzarbeiter-Zeitung - L'ouvrier sur bois (2. 1. 1915—27. 12. 1919) ③ Arbeiterstimme (als Publikationsorgan des Schweizer. Holzarbeiter-Verbandes seit 1904) - L'Ouvrier sur Bois (Il Lavoratore del Legno) (Fusion 1915) ④ L'Ouvrier sur Bois (Il Lavoratore del Legno) (Abspaltung 1909). Lutte syndicale (Ne) (Abspaltung 1920). Schweizerische Bau- und Holzarbeiterzeitung (Zh) ⑤ 5. 7. 1906—1. 7. 1922 ⑥ 2° ⑦ Wochenblatt ⑧ Basel: R. Akermann (5. 7. 1906—24. 12. 1908); Zürich: Buchdruckerei »Volksrecht« (Kirsten & Zeisberg) (9. 1. 1909—6. 5. 1911); Genossenschaftsdruckerei (13. 5. 1911—1. 7. 1922) ⑨ Schweizerischer Holzarbeiter-Verband ⑩ Hch. Löber (5. 7. 1906—26. 12. 1908). Redaktions-Kommission, Zürich (9. 1. 1909—28. 8. 1915). Franz Reichmann (4. 9. 1915—1. 7. 1922) ⑪ sozialistisch ⑫ Unsere Aufgabe. »Schweizerische Holzarbeiter-Zeitung - Journal suisse des ouvriers sur bois«, Nr. 1, 5. 7. 1906. Zum Abschied »Schweizerische Holzarbeiter-Zeitung« Nr. 27. 1. 7. 1922 ⑬ Be: L; Zh: SA.

Holzarchitektur vom 14.—18. Jahrh., hrsg. vom Verbande deutscher Architekten- und Ingenieur-Vereine und dem Gesammtvereine der deutschen Geschichts- und Alterthums-Vereine unter Leitung von Cuno und C. Schäfer. (In 6 Lfgn.) 1.—4. Lfg. Fol. (à Lfg. 10 lithogr., chromolithogr. und Lichtdr.-Taf.) Berlin 883, Wasmuth.
In Mappe à Lfg. * *M* 12. *

Holzarchitektur, die, Deutschlands vom 14.—18. Jahrh., hrsg. vom Verbande deutscher Architekten- und Ingenieur-Vereine und dem Gesammtvereine der deutschen Geschichts- und Alterthums-Vereine unter Leitung von C. Schäfer. 5. und 6. Lfg. Fol. (à Lfg. 10 Taf. in Lichtdr.) Berlin 886,88, Wasmuth. à Lfg. * 12.—. *
1.—4. Lfg. Ebendas. 1883. à * *M* 12.—.

Holzarchitektur, die, Deutschlands vom XIV. bis XVIII. Jahrh. Hrsg. vom Verbande deutscher Architekten- u. Ingenieur-Vereine u. dem Gesammtvereine der deutschen Geschichts- u. Alterthums-Vereine unter Leitg. v. C. Schaefer. 7. u. 8. (Schluss-)Lfg. (20 Taf. m VII S. illustr. Text.) gr. Fol. Berlin (903). E. Wasmuth. à n. 12. —

Moderne Holzarchitekturen und Details. [Moderne kleine Bauten für Stadt und Land. Serie VII. Heft 2.] Fol. (7 Tafeln)
Budapest: Technische Verlagsanstalt 1905. K 8.—

60 in Oesterreich wild wachsende Holzarten in Tabellen nach ihren natürlichen Eigenschaften in alphabetischer Ordnung entworfen, den angehenden Jägern und Förstern gewidmet und auf Kosten eines thätigen Liebhabers der so nützlichen als nothwendigen Holzcultur zum Drucke befördert. - Krems 1789

Holzbach, des Fräuleins v., u. d. Barons du Plessis Gesch. in Briefen, von St. 8. Stendal, Franzen u. Gr. 780.

Holzbach, Ernst, appr. Arzt a. Heidelberg: **Beiträge zur vergleichenden Anatomie der Uterusschleimhaut. München 1904:** C. Wolf & Sohn. (17 S.) 8°
München, Med. Fak., Ref. Rückert, Diss. v. 14. Apr. 1905
[Geb. 19. Febr. 80 Mannheim; Wohnort: Heidelberg; Staatsangeh.: Baden; Vorbildung: Gymn. Heidelberg Reife Juli 99; Studium: Heidelberg 3, Würzburg 2, Heidelberg 2, München 3 S.; Coll. 22. Dez. 04; Approb. 13. Juli 04.]

Holzbach, Ernst, einiges üb. Vor- u. Nachbehandlung gynäkologischer Operationen, s. Sammlung klinischer Vorträge.

Einiges über Vor- und Nachbehandlung gynäkologischer Operationen, mit Bemerkungen über d. Schmerzverhütung in d. operativen Gynäkologie. Von Privatd. Dr. Ernst **Holzbach.** Leipzig: Barth 1910. 28 S. 8° [Umschlagt.]
(Sammlung Klinischer Vorträge. N. F. Nr 575) [10. 5929

Holzbach, Ernst, Dr., Assistenzarzt: **Die Hemmungsbildungen der Müllerschen Gänge im Lichte der vergleichenden Anatomie und Entwicklungsgeschichte. Leipzig: Thieme 1909. 57 S. 8°** ¶ (Aus: Beiträge z. Geburtshilfe u. Gynäkol. Bd 14.)
Tübingen, Med. Hab.-Schr. v. 1909
(Nicht für den Austausch) [U 09. 4024

Holzbauer, Frz., s. a. Samml. verschied. Abhandl., d. Handlung betreffend.

Holzbauers, F., Sammlung verschied. Abhandl. die Handl. betreff. 8. Lpz. Barth. 784.

Ignaz **Holzbauer.** Günther von Schwarzburg. Oper in 3 Akten. (Text von Anton Klein.) Hrsg. von Hermann Kretzschmar. Abt. 1. 2. Leipzig: Breitkopf & Härtel 1902. 2 Bde 4°
= **Denkmäler** deutscher Tonkunst. Bd 8. 9. [03. 6036

Moderne Holzbauten. [Moderne kleine Bauten für Stadt und Land. Serie VI. Heft 2.] Fol. (7 Tafeln) K 8.—
Budapest: Technische Verlagsanstalt 1905.

Holzbecher, E., Katechismus f. die Prüfungen zum Lokomotivheizer, Maschinenwärter u. Lokomotivführer der Staats-Eisenbahnen, s.: Tesch, J.

Holzberechner, neuester. Enth.: Genaue Tafeln z. Bestimmg. des Kubik-Inhalts verschiedener Hölzer nach mittlerem Durchmesser u. Umfang. Vergleichung der verschiedenen alten Maße nach Metermaß, Verhältnißzahlen des alten u. neuen Maßes; Berechnung der Bau- u. Nutzholz-Preise nach deutscher Reichswährg., sowie Angabe des Gewichts verschiedener Hölzer. Ein unentbehrl. Hilfsbuch. Bearb. v. e. Forstmann. (111 S.) 8. Neuweißensee (905). E. Bartels. 1. 50

Holzberechnung, kubische, runder Stämme v. 1 — 80 Fuß Länge u. 4 — 39½ Zoll mittl. Durchmesser. Zum Privatgebr. f. Forstbeamte, Holzhändler u. sämmtl. Bauhandwerker. 2. Aufl. 8. (2½ B.) Freiburg 841, Wagner'sche Buchh.

Holzberechnung, kubische, runder Stämme von 1—80 Fuß Länge und 4—39½ Zoll mittlerem Durchmesser. Zum Privatgebrauch für Forstbeamte, Holzhändler und sämmtl. Bauhandwerker. 3. Aufl. gr. 8. (IV und 36 S.) Freiburg im Br. (861)62, Wagner'sche Buchh.

Holzberg, Friedrich, aus Scheppau (Hzgt. Braunschweig): **Der Geschlechtsapparat einiger Tänien aus der Gruppe Davainea Bl.** *Jena: G. Fischer 1898.* (45 S.) 8°
Leipzig, Phil. Diss. v. [16. Okt.] 1898

Holzberg, Robert [aus Oldenburg i./Gr.]: **Ueber plötzlichen Tod bei Pleuritis exsudativa** .... Halle a. S., Hofbuchdr. v. C. A. Kaemmerer & Co., 1888; 36 S. + 1 Bl. 8°
Halle, Med. Fak., Inaug.-Diss. v. 13. Jul. 1888

Holzberg, Robert, über den plötzlichen Tod bei Pleuritis exsudativa. Diss. Halle 1888, Lippertsche Buchh. 8°. 36 S.

Holzberger, Frau B(ertha). Das Glück im Hause. Wegweiser zu einem glücklichen Familienleben. Den (Schweizer.) Hausfrauen gewidmet. 152 S. 8. Basel, Herausgeber: B. Holzberger, Adolph Meyer, E. Hintze; Druck Hermann Krüsi, [1904]. [geb.] fr. 2. 50

Holzbey, J. C.: Leichte und unbetrügliche Sonn- und Mondsuhr, s. Holzhey, J. C.

Deutsche Holzbibliothek, bestehend aus 80 Holzarten, jede in der Form eines Buches. - Nürnberg 1798

Holzbildwerke, deutsche u. niederländische, im Berliner Privatbesitz. Hrsg. v. der kunstgeschichtl. Gesellschaft, Berlin. (50 Lichtdr.-Taf. m. VIII S. Text.) gr. 4. Leipzig (904). K. W. Hiersemann.
In Leinw.-Mappe n.n. 65. —

Holzbirn, A., s. Ovids Metamorphosen.

Holzborn, M., Anleitg. z. Gesang f. weibl. Stimmen. (Umschlag: Singübungen f. weibl. Stimmen.) Lex.-8. (IV, 33 S.) Bremen (896). Schweers & Haake. 2. —

Holzbrand-Vorlagen, neue, f. Gebrauchs-Gegenstände. II. Serie. Entworfen u. ausgeführt v. C. Schlieper. gr. Fol. (12 Taf.) Berlin 894. W. Schultz-Engelhard. n. 4. —; kolor. Ausg. n. 12. —
I. Serie, s.: Horn, S.

— neue, f. Füllungen. III. Serie. Entworfen u. ausgeführt v. C. Hettwig. gr. Fol. (10 Taf.) Ebd. 894. n. 4. —

Holzbrand-Vorlagen, neue. IV.—VIII. u. X. Serie. gr. Fol. Berlin, W. Schultz-Engelhard. n. 24 50 (I.—X.: n. 40. 50)
IV. Bibelsprüche. Entworfen u. ausgef. v. Elisabeth v. Bertrab. (12 Taf.) 895. n. 4. —
V. Altdeutsche Sprüche. Entworfen u. ausgef. v. Elisabeth v. Bertrab. (12 Taf.) 895. n. 4. —
VI. Altdeutsche Sprüche m. Blumen-Ornamenten, entworfen u. hrsg. v. Elisabeth v. Bertrab. Ergänzungsmappe z. IV. u. V. Serie. (6 Taf.) 895. n. 3. —
VII. Von Anna Jaeger. (12 Taf. m. Pausen.) 896. n. 6. —
VIII. Gothische Vorlagen f. Holzbrand u. Lederschnitt. Von B. v. Tiedemann. (3 Doppeltaf. m. Pausen.) 897. n. 4. 50
X. Neue Vorlagen f. Holzbrand u. Kerbschnitzerei. Von Therese Humbert. (6 Taf.) 897. n. 3. —
Die IX. Serie erschien nur u. d. Einzeltitel: Gerlach, Rosa, Moderne Entwürfe f. Brandmalerei.

Holzcabek, J. W., & A. Winter, Sagen und Geschichten der Stadt Wien. Nach den besten Quellen bearb. I. Bdch. [Mit 3 Abbild.] 2. Aufl. 8°. (158 S.) Wien, Graeser. geb. fl. —.80.

Holz-Courier. Offerten- und Anzeigeblatt für die gesammte Holzbranche. Redact.: Rob. Gruner. 1. Jahrg. 1882. (à Nr. ½ Bog.) gr. 4. Leipzig, Gruner.
Nur einige Nrn. erschienen, dann mit Holz-Industrie-Zeitung vereinigt.

Holz-Courier. Offerten- u. Anzeigeblatt für die gesammte Holzbranche. Red.: Rob. Gruner. 1. Jahrg. Aug. 1882—Juli 1883. 26 Nrn. (½ B.) gr. 4. Leipzig, Gruner. n. 2. —

Lustige Vertellkes. Von H. vam Hohenstejn [d.i. H. Holzdeppe] in de Mundart van miene Vatterstadt Wattsche, tüschen Baukum un Essen. (H. 1.) Gladbeck: Holzdeppe [1900]. 8° A 11.9460

Holzdiebstahl, der, und die Errichtung öffentl. Holzverkaufsanstalten im Obererzgebirge. Ein Beitrag zur speziellern Kenntniß d. Volkslebens u. seiner Zustände. Auf Verlangen aus d. constitut. Staatsbürgerzeitung besond. abgedr. gr. 12. Grimma 841, Verlags-Compt. n. 1/6 ₰

Holzdiebstahl-Gesetz, das, vom 7. Juni 1821. Für Forstrichter, Justiz-, Administrations- und Forstbeamte, sowie Forst-Besitzer neu bearb. und mit Commentar, Ergänzungen und Beilagen versehen von G. M. Kletke. gr. 8. (XIII und 330 S.) Berlin 847, Mylius'sche Vrlgsb.

Holzeisen, A. S. I., Quaesita physica de variis rerum naturalium experimentis. 4. Augsb. Rieger. 710.

Hölzel

— s. auch Hölzl.

Hölzel, Carl, s. Hölzel, Karl

Hölzel, Eduard, s.a. Hölzel's ...

Hölzel, Eduard [Red.], s. Wochenblatt, Olmützer.

Hölzel, Eduard [Red], s. Zeit, Die neue.

Hölzel, Ferdinand

Hölzel: Paulus Canopaeus, erster Professor und Präfekt des B.-Leipaer Gymnasiums. 35 S. 8°
–B. Leipa, Progr. 1869

Hölzel, Ferdinand Geschichte der Entstehung der Böhmisch Leipaer Gymnasialbibliothek. S. 20—27. 8. Progr. G. Böhm.-Leipa 1880.

— Maturanden des Böhm. Leipaer Gymn. v. 1849/50—1879/80 v. Dr. F. Hölzel u. R. Hein. 16.
B. Leipa, Progr. 1884.

Hölzel: Die Negation im Urtheile. 14 S. 8°.–
B.-Leipa, Progr. 1868.

Hölzel: Thierseele und Menschengeist. 14 S. 8°.–
B.-Leipa, Progr. 1859.

Hölzel: Der Umfang des Begriffes neben dem Inhalt desselben. 18 S. 8°.– B.-Leipa, Progr. 1865.

Hölzel, Ferd. Ein deutsches Weihnachtsspiel aus Böhmen. 32 S. 8. Progr. G. Böhm. Leipa 1877.

Hölzel: Die Wirksamkeit der Denkgesetze bei Abfassung von Aufsätzen. 44 S. 8°.– B.-Leipa, Progr. 1861.

Hölzel, F.: Das Wort und sein Begriff. 18 S. 8°.– B. Leipa, Progr. 1864.

Hölzel, Ferd. G., Handbuch zum Unterrichte in der deutschen Sprache für die 3. und 4. Klasse der Gymnasien, Realgymnasien etc. gr. 8. (VIII, 230 S.) Wien 878, Braumüller. *

Hölzel, Ferd. G., Handbuch zum Unterrichte in der deutschen Sprache. 2. (Schluß-)Thl. A. u. d. T.: Der deutsche Aufsatz. Systematisch-prakt. Anleitung für Studierende der oberen Klassen an Mittelschulen, sowie zum Selbstunterricht für Erwachsene. gr. 8. (XVIII, 215 S.) Wien 875, Braumüller. *
1. Thl. Ebendas. 1873. *ℳ 2,40.

Hölzel, Hermann, Ass.-Arzt: Die Entzündungen der serösen Häute in ihrer Abhängigkeit von dem anatom. und physiol. Verhalten der Lymphbahnen. ⟨An d. Hand zweier Fälle von Perihepatitis-[!] u. Pericarditis chronica hyperplastica ⟨Zuckergußleber-Curschmann, pericarditische Pseudolebercirrhose-Pick⟩⟩. *München 1901 [ersch. 1902/03]: G. D. W. Callwey.* (32 S.) 8°
München, Med. Diss. v. 1901

Hölzel, Herm., Unfehlbarkeit. Ein Wort der Zeit in 3 Abtheilungen. I. Tabula rasa. II. Freiheit und Recht. III. Menschliche Unfehlbarkeit. gr. 8. (28 S.) Wien 870, (Gerold's Sohn.) *

Hölzel, Hugo, s.: Bannholz, Hugo.

Hölzel, Julie, deutsches Lesebuch zum Gebrauche in Fortbildungsschulen für Mädchen. 8. Wien 868, Hölzel. *ℳ 1,84.; geb. *

Hölzel, Karl

Hölzel, Carl, Schloß Still im Land. Paretz in Wort u. Bild. Eine Gabe an d. deutsche Volk. 1.—8. Taus. (63 S. m. 12 Vollbildern u. 1 Karte.) gr. 8. Danzig-Zoppot 910. Deutscher Heimatverlag. 1.—; geb. in Leinw. 2. —

Hölzel, Thomas

Hölzel, (Thom.,) Abbildd. v. Schlosserwaaren im neuesten Wiener, Pariser u. Londoner Geschmack. 12 Hefte. qu. 4. Prag 827, Calve.

Hoelzel, Th., Abbildungen v. Schlosserwaaren, im neuesten Wiener, Pariser u. Londoner Geschmack. Ein Handb. f. Baukünstler, Ingenieurs, Wirthschaftsbeamte, Eisenfabrikanten, Eisenhändler u. vorzugsweise f. Schlosser. 13—22. Hft. qu. gr. 4. (60 Stnt. [Taf. 73—132] u. 5½ B. Text.) Prag 829, 30, (Calve.)

---- dass. 23—32. od. Neue Folge 1—10. Hft. — A. u. d. T.: Die Combinations- u. Sicherheits-Schlösser. Mit e. Vorr. v. J. G. Altmütter. 1—10. Hft. qu. gr. 4. (60 Stnt. [Taf. 133—192], gesiech. Ttl. u. 14¼ B. Text.) Ebds. 831, 32.
1—12 Hft Ebendas. 1827. 6 Thlr.

Hölzel, Thom., Abbildd. von Schlosserwaaren im neuesten Wiener, Pariser u. Londoner Geschmack. 16—22s Heft, mit Steintaf. gr. qu. 4. Prag 827—30. Calve. 9 ₰ 23r—31s Heft, od. Neue Folge 1s—9s Heft. A. u. d. T.: d. Combinations- u. Sicherheitsschlösser. Mit e. Vorrede von J. A. Altmüller. 1s—9s Heft, mit 54 Steint. gr. qu. 4. Ebd. 831, 32. 5 ₰

Hölzel, Thom., Abbildungen von Schlosserwaaren, im neuesten Wiener, Pariser u. Lond'ner Geschmack. 32s oder Neue Folge 10s Heft. Mit 6 Steintaf. qu. gr. 4. Prag 834. (Calve.) ⅔ ₰
— Das ganze Werk dann unter d. Titel: Neuestes Schlosserbuch, oder gründl. Darstellung u. Beschreibung der neuesten u. vorzüglichsten fertigen Schlosser-Arbeiten rc. Ein Handbuch f. Baukünstler, Ingenieurs, Wirthschaftsbeamte rc., u. vorzügl. für Gewerbs-Schüler. Neue verb. u. verm. Aufl. Mit 194 Steintaf. qu. gr. 4. Ebd. 835. 6⅔ ₰

— die Combinations- u. Sicherheits-Schlösser von der ältesten bis auf die gegenwärtige Zeit. Mit e. Vorrede von J. G. Altmütter. Neue verb. u. verm. Aufl. Mit 61 Steintaf. qu. gr. 4. Prag 835. (Calve.) 3⅓ ₰ (Ist aus dessen „Schlosserbuche" apart abgedr.)

—— die Combinations- u. Sicherheits-Schlösser von d. ältesten b. auf d. gegenwärt. Zeit. Mit e. Vorr. v. J. G. Altmütter. Neue, verb. u. verm. Aufl. qu. gr. 4. (14 B. u. 61 Stnt.) Ebds. 835.
Vgl. Hölzl.

—— neuestes Schlosserbuch, od. gründl. Darstell. u. Beschreib. d. neuesten u. vorzüglichsten fertigen Schlosser-Arbeiten rc. Ein Handb. f. Baukünstler, Ingenieurs, Wirthschaftsbeamte, Eisenfabrikanten, Schlosser, Eisenhändler, u. vorzügl. f. Gewerbs-Schüler. Neue, verb. u. verm. Aufl. qu. gr. 4. (22¼ B. u. 194 Stnt.) Prag 835, (Calve.)

Holzeland, Heinrich (Bauinspicient) Beschreibung des Gymnasialgebäudes. 8 (S. 52—59 einschl. 3 Pläne).
K. k. Staats-G. im XII. Bezirke (Unter-Meidling) Wien 1893.
Progr.

Hölzel-ovy Generální a příruční mapy. Číslo 16 Příručná mapa markrabství Moravského a vévodství Slezského. Návodem Vincence z Haardtu provedena v zeměpisném ústavě Ed. Hölzela ve Vídni. Českými jmeny opatřil V. Houdek. Měřítko 1 : 500.000. (Generalhandkarten Nr. 16) 1.—
Wien: Hölzel 1894.

Hölzel's Bilderbuch f. Schule und Haus. Lex.-8. (4 Chromolith. in 4.) Wien 887. Hölzel. n. —80; einzelne Blätter à n. —20
Frühling, Sommer, Herbst u. Winter.

Hölzel's Bilderbuch. 2., verm. Aufl. m. Text von Ed. Jordan. 4. (20 S. m. 8 farb. Bildern.) Wien 892. E. Hölzel. Kart. n. 2.—

Hölzel's geographische Charakterbilder. Liefg. 2, Blatt 5, 6 (Doppelblatt): Das Berner Oberland. Wien, Hölzel. 1881

Hölzel's geogr. Charakterbilder f. Schule u. Haus. Liefg. 6. 3 Lithochromien in Gr.-Qu.-Fol. Wien, Eduard Hölzel. In Umschl. 6 fl., auf Deckel od. auf weissem Carton gespannt 7 fl. 50 kr., einz. Blätter unaufgezogen à 4 fl, aufgesp. à 4 fl. 50 kr., Textheft gr. 8. (S. 79—110). 60 kr.

Hölzel's geographische Charakterbilder für Schule und Haus. 7. Lief. 3 Lithochromien in Gr.-Q.-Folio. Wien, Eduard Hölzel. In Umschlag 9 fl., auf Deckel gespannt 10 fl. 50 kr., auf weissem Carton ebenso. Einzeln à 4 fl. und à 4 fl. 50 kr. per Bl. Text-Beilage. Lex. 8. (S. 111—129.) Mit Karte à 60 kr.

Hölzel's geograph. Charakterbilder für Schule und Haus etc. 9. Liefg. Lithochromien in Gr.-Qu.-Fol. Wien, Eduard Holzel. In Umschlag 9 fl., auf Deckel 10 fl. 50 kr. Einzeln à 4 fl. und à 4 fl. 50 kr. Textbeilage. Lex.-8. (p. 151—179.) Mit 1 Kärtchen 60 kr.

Hölzel's Geographische Charakterbilder. Kleine Handausgabe. 30 chromolithographische Tafeln mit beschreibendem Text von Professor Dr. Fr. Umlauft und V. v. Haardt. Gr.-Quer-8°. (70 S.) Wien, Eduard Hölzel. Cart. fl. 4.50.
— Dasselbe eleg. geb. Ebd. fl. 5.50.

Hölzel's geographische Charakterbilder. (IV. Suppl.) Nr. 38—40. 79×59,5 cm. Farbdr. Wien (904). E. Hölzel. à n. 4.—; auf Deckel à n. 5.—
38. Die Tundra. — 39. Chinesische Lösslandschaft. — 40. Erdpyramiden bei Bozen.

— dasselbe. Hrsg. unter pädagog. u. wissenschaftl. Leitg. u. Mitwirkg. vieler namhafter Fachmänner. Textbeilage zum 4. Suppl. v. J. E. Rosberg, Frz. Heidorich u. Chr. Kittler. (25 S.) Lex.-8. Ebd. (905). n. 1.—

Hölzel's geographische Charakterbilder. (V. Suppl.) Nr. 41—43. à 60×80 cm. Farbdr. Wien, E. Hölzel. à 4.—; auf Deckel à 5.—
41. Australisches Barrierriff. (Low Woody Island, Ostküste v. Queensland, Trinity Bay.) (908.)
42. Antarktische Eislandschaft am Gaussberg. (908.)
43. Zuckerfirn am Chimborazo (Westgipfel). (908).

Hölzel's geographische Charakterbilder. Textbeilage dazu v. Gust. W. v. Zahn, Erich v. Drygalski u. R. Hauthal. (31 S. m. Abb.) Lex. 8. Wien, E. Hölzel. (908). 1.40

Hölzel's Eisenbahn-Karte von Oesterreich-Ungarn. Ausgabe 1881. Gr.-Qu.-Folio mit Nebenkarten, Tabellen etc. Wien, Eduard Hölzel. Cartonnirt in 8. 1 fl.

— Hölzel's, von Oesterreich-Ungarn. Ausg. 1883. Gr.-Qu.-Fol. mit Beilagen. Ebds. Cart. in 8. 1 fl.

— Hölzel's Eisenbahnkarte von Oesterreich-Ungarn. Gr.-Q.-Folio Farbendruck Mit beigegebenen 2 grossen Detailkarten u. Plänen der Umgebungen v. Wien. Prag u. Brunn. Ausgabe 1884. Wien, Eduard Holzel. Cart. in Octav 1 fl. 1884

Eisenbahnkarte, Hölzel's, v. Oesterreich-Ungarn. Gr.-Qu.-Fol. Nebst Eisenbahnkarte v. Mittel-Europa, Böhmen, Mähren u. Schlesien, Umgebung von Wien, Prag u. Budapest. Wien, Eduard Hölzel. Steif geb. in 8. 1 fl. 1885

Hölzel's Eisenbahn-Karte von Oesterr.-Ungarn. Ausgabe 1886. Zwei Gr.-Qu.-Fol.-Bl., Standpläne etc. Wien, Ed. Hölzel. In Stfbd. gr. 8°. fl. 1.—. 1886

Hölzel's Eisenbahnkarte von Oesterreich-Ungarn. Ausg. 1887. Massstab 1 : 1.800.000. Beikarten: Eisenbahnkarte v. Böhmen, Mähren und Schlesien, dto. von Mittel-Europa und Umgebung von Wien. Ebd. Gefalzt auf Carton fl. 1.—. 1887

Hölzel's Eisenbahnkarte von Oesterreich-Ungarn. Ausgabe 1889. Masst. 1 : 1,800.000. Mit Beilage: Eisenbahnkarte von Mittel-europa, Eisenbahnkarte von Böhmen, Mähren und Schlesien, sowie Umgebung von Wien. Imp.-Fol., Chromolithogr., gefalzt in Carton 1.—
Ebd. 1889.

Hölzel's Eisenbahn-Karte von Oesterreich-Ungarn 1 : 1,800.000. Ausgabe 1890. Mit 3 Beikarten. Imp.-Fol. Chromolith. Gef., cart. 1.—
Ebd. 1890.

Hölzel's Eisenbahnkarte von Oesterreich-Ungarn 1891. Maassstab 1 : 1,800.000. Mit Beigabe: Eisenbahnkarte von Böhmen-Mähren-Schlesien, Mittel-Europa und Umgebung von Wien. Imp.-Quer-Folio. Chromolithogr. auf japan. Papier. Gefalzt in Carton 1.—
Ebd. 1891.

Hölzel's Eisenbahnkarte v. Oesterreich-Ungarn Maassstab 1 : 1,800.000. Mit Eisenbahnkarte. von Mittel-Europa, Böhmen-Mähren-Schlesien und Umgebung von Wien. Ausg. 1892. Imp.-Quer-Fol. Chromolith. auf Japanp. Cart. 1.—
Ebd. 1892.

Hölzel's Eisenbahnkarte von Oesterreich-Ungarn. Ausgabe 1893. Maßstab 1 : 1,800.000. Gefalzt in Umschlag. Cart. 1.—
Ebd. 1893.

Hölzel's illustr. Führer durch die königl. Hauptstadt Olmütz. 12. (III, 64 S. m. Plan.) Olmütz (901). E. Hölzel. Geb. in Leinw. n. 1.60

Hölzel's General-Hand- und Reisekarten Nro. 15: Uebersichtskarte der Alpenländer, bearbeitet von Vincenz von Haardt. Massstab 1 : 1,000.000. Grösse: 106 × 70 *cm*. Chromolithogr., gefalzt in Hülse 1.50
Auf Leinen in Decke 3.50
— — Stumme Ausgabe, roh 1.50
Wien: Hölzel 1889.

Hölzel's Monatsbericht über Erscheinungen auf dem Gebiete der Literatur, Kunst und Musik. Redacteur: Carl Graeser. I. Jahrg. 1890. 12 Nrn. 8. Gratis.
Wien: Gräser 1890.

Hölzel's Plan der königl. Hauptstadt Olmütz. Gezeichnet im Stadtbauamte Olmütz. Die Stadterweiterung nach dem Entwurfe des Architecten Camillo Sitte. Maßstab 1 : 3600.
Olmütz: Hölzel 1895.

— **Rassetypen des Menschen.** Unter Mitwirkg. von F. Heger, ausgewählt u. bearb. v. Frz. Heiderich, gemalt v. Frdr. Beck. (4 farb. Taf.) 75×99,5 cm. Mit kurzem Begleittext von Frz. Heiderich. (5 S.) gr. 8. Ebd. (903). n. 17.—; m. Metalleisten n. 19.—; auf Leinw. m. Stäben n. 24.—

Hölzel's Hypsometrische Schulwandkarte von Steiermark, entworfen und gezeichnet von Th. Fees. Maßstab 1 : 15.000. 175/200 *cm*. Wien. 1900. Ed. Hölzel.
K 10.—, gefalzt in Mappe K 15.—, mit Stäben K 17.—

Hölzel, s.: Tanzbilder.

Hölzel's Verkehrskarte von Oesterreich-Ungarn für den allgemeinen Gebrauch wie auch zum Unterricht an commerciellen Lehranstalten bearbeitet von Leopold Kallina. 9 Blatt. Maßstab 1 : 800.000. Wien. [1900.] Hölzel. 156×220 *cm*.
auf Leinwand gespannt K 30.—

— **Europäische Völkertypen.** Zusammengestellt v. Frz. Heger. Gemalt v. Frdr. Beck. (4 farb. Taf.) 73×100,5 cm. Mit kurzem Begleitwort v. Frz. Heger. (6 S.) 30,5×23 cm. Ebd. (908). 17.—; m. Metall-Saumleisten n 19.—; auf Leinw. m. Stäben n 24.—

— Wandbilder, Hand-Ausg., als Beigabe zu Bechtel's Enseignement par les yeux (leçons de choses) u. zu Winter's: Hölzel's Wandbilder in ihrer prakt. Verwendg. beim deutschen Sprach-Unterrichte. qu. Fol. (8 Farbendr.-Bilder.) Ebd. 893. n. 1.40

Hölzel's Wandbilder f. den Anschauungs- u. Sprachunterricht. Hrsg. auf Anregg. d. 1. Wiener Lehrervereines „Die Volksschule". 4 Blatt: Die 4 Jahreszeiten. à 4 chromolith. Taf. gr. Fol. Wien 886. Hölzel. Zusammengeklebt m. Leinen-Einfassg. à Blatt n. 5.—; auf Leinw. à n. 7.60; m. Stäben à n. 9.60

—— Wandbilder für den Anschauungs- und Sprachunterricht. Hrsg. auf Anregung des 1. Wiener Lehrervereines „Die Volksschule". 4 Bl.: Die 4 Jahreszeiten. gr. Fol. (à Bl. 4 chromolithogr. Taf.) Ebendas. 886.
Zusammengeklebt mit Leinen-Einfassung à Bl. *
Auf Leinw. à Bl. *
Mit Stäben à Bl. *
Text dazu, s. Jordan, E., Materialien für den Anschauungsunterricht. Vgl.: Algo, S., Leitfaden für den ersten Unterricht im Französischen.

Hölzel's Wandbilder f. den Anschauungs- u. Sprachunterricht. Hrsg. auf Anregg. d. Ersten Wiener Lehrervereins „Die Volksschule". Neue Folge. Blatt 5—8 à 2 Taf. Farbendr. 92×70 cm. Wien 891, Hölzel. à Blatt * 4 —; m. Leinw.-Einfassg. u. Oesen à * 4 25
Auf Leinw. in Mappe à * 5 50; m. Stäben à * 7 25
5. Der Bauernhof. — 6. Das Gebirge. — 7. Der Wald. — 8. Die Stadt.
1. Sammlung. Ebd. 1886. 4 Bl. à * 4 —; bezw. * 4 25; bezw. * 5 50; bezw. * 7 25.
Text dazu s.: Jordan, E. Materialien für den Anschauungs-Unterricht. Vgl.: Alge, S. Leitfaden f. d. ersten Unterricht im Französischen.

Hölzel's Wandbilder für den Anschauungs- und Sprachunterricht: 1. Frühling, 2. Sommer, 3. Herbst, 4. Winter, 5. Bauernhof, 6. Wald, 7. Gebirge, 8. Stadt. (Min.-Erl. v. 2. Jan. 1895, Z. 14779.) Ein Bild, auf starkem Papiere mit Leineneinfassung und Oesen zum Aufhängen 2.50, auf Leinwand gespannt 3.30, auf Leinwand gespannt mit Stäben 4.30
1895

Hölzel's Wandbilder f. d. Anschauungs- u. Sprachunterricht. III. Serie: Städtebilder. 9.—12. Bl. à 2 Taf. à Taf. 92×71 cm. Farbendr. Wien, E. Hölzel. à Bl. n. 5.—; m. Ösen u. Schutzrolle n. 5.20; auf Leinw. m. Schutzrolle n. 6.50; m. Stäben n. 8.20
9. Paris. 896. — 10. London. 897. — 11. Wien. 897. 12. Prag. 897.

— **Wandbilder** für den Anschauungs- u. Sprachunterricht. Hrsg. auf Anregg. des ersten Wiener Lehrer-Vereines „Die Volksschule". IV. Serie. 13.—16. Bl. Farbdr. Wien, E. Hölzel. n. 18.50;
m. Leinw.-Rand u. Oesen n. 19.75;
auf Leinw. in Mappe n. 25.25; m. Stäben n. 33.—
13. Die Wohnung. (2. Aufl.) — 14. Der Hafen. — 15. Der Hausbau. à 93×140 cm. à n. 4.—; m. Leinw.-Rand u. Oesen à n. 4.25; auf Leinw. in Mappen à n. 5.50; m. Stäben à n. 7.25. — 16. Berg- u. Hüttenwerke. 93×210 cm. n. 6.50; m. Leinw.-Rand u. Oesen n. 7.—; auf Leinw. in Mappe n. 8.75; m. Stäben n. 11.25.

— **Wandbilder f. den Anschauungs- u. Sprachunterricht. Hrsg. auf Anregg. des ersten Wiener Lehrer-Vereines „Die Volksschule". V. Serie. 17. Bl. Die Stadt Berlin. Von Heinr. Otto. 2 Blatt je 92×71 cm. Nebst 2 Bl. Erklärgn. je 71×60 cm u. Begleitworten v. Frdr. Umlauft. (4 S.) gr. 4. Ebd. (904). n. 7.—;
m. Leinw.-Rand u. Oesen n. 7.20;
auf Leinw. in Mappe n. 8.50; m. Stäben n. 10.20**

— **dasselbe. XI. Bl. Die Kaiserstadt Wien. (Neue Ausg.) 2 farb. Taf. u. 2 Taf. Erklärgn. Je 92,5×71 cm. Mit Begleitworten v. Frdr. Beck. (4 S.) 4. Ebd. (905).
n. 7.—; m. Leinw.-Rand u. Oesen n. 7.20;
auf Leinw. in Mappe n. 8.50; m. Stäben n. 10.20**

— Wandbilder f. d. Anschauungs- u. Sprachunterr. (V. Serie.) 18. Bl. Roman. 93,5×143 cm. Farbdr. Nebst 2 Bl. Erklärgn. 92,5×71 cm u. Begleitworten v. Fr. Umlauft. (4 S.) 31,5×23,5 cm. Ebd. (907). 7. —; m. Leinw.-Rand u. Ösen 7.20; auf Leinw. in Mappe n 8.50; m. Stäben n 10.20

Holzen A. das Kaiserhaus zu Goslar. Vortrag. Halle 1872

Holzendorff, Albrecht von, s.a. Holtzendorff, Albrecht von

v. Holzendorff, Graf Albr., Beiträge zu d. Biographie des Generals Frhrn. v. Thielmann, u. zur Geschichte d. jüngst vergangenen Zeit. Mit Actenstücken belegt. gr. 8. Leipz. 830. Hartmann. 1 ß 12 gl

— Berichtigung d. Schrift: „Erinnerungen aus dem Feldzuge d. sächs. Corps im Jahre 1812, aus d. Papieren d. verstorb. Generallieut. v. Funck &c." 8. Dresd. 831. (Walther). 12 gl

Holzenthal, F. A., Eilsen u. seine Umgebungen. Eine freundl. Gabe f. dess. Freunde u. Besucher. gr. 8. (12 B.) Minden 831, Eßmann.

Holzenthal, Georg. Briefe über Deutschland, Frankreich, Spanien ... Berlin 1817. H: *Rücker, Aug.* (Hitzig)

Holzenthal, G., Briefe über Deutschland, Frankreich, Spanien, die balearischen Inseln, das südliche Schottland u. Holland, geschrieben in den Jahren 1809—1811. Mit 2 Kpfrn. Berlin 1817. 8.
(A. d. Journal d. Reisen.) . . . . (FBA.)

Holzenthal, G., Briefe über Deutschland, Frankreich, Spanien, d. balearischen Inseln, d. südl. Schottland u. Holland. Beschrieben in d. Jahren 1809—14. Mit 2 Kpf. gr. 8. Berl. 817. Rücker. 1 ß 12 gl

Holzer, Ulrich, Bürgermeister von Wien ... Leipzig 1793. V: *Naubert, Christiane Benedicte Eug. geb. Hebenstreit.* (MGT) (EE) (Ky)

Holzer, Ulrich, Bürgermeister in Wien, (v. B. Naubert). 2 Bde. 8. Leipz. 793. Weygand. 2 ß 8 gl

Holzer, die Stadt Fürth in Bayern, s.: Vogel.

Holzer, Karte von Mittel-Europa zur Uebersicht der Curorte und der Verkehrsstrassen 1878, gez. von Ludw. Ravenstein. Chromolithogr. gr. Fol. Wien, Perles. *

Holzer [Hrsg.], s.a. Taschenkalender, Ärztlicher.

Holzer's, Dr., Taschenkalender, mit Tages-Notizbuch. Ein unentbehrl. Taschenbuch für praktische Aerzte mit besond. Rücksicht auf Universitäten, Badeärzte u. Curorte. XII. Jahrg. 1885. Herausg. von Dr. Steinschneider. Taschenformat. (216 S. mit Porträt.) Wien, Moritz Perles. Geb. 1 fl. 60 kr., in Leder geb. 2 fl.

Holzer's ärztlicher Taschenkalender mit Tages-Notizbuch. 13. Jahrg. 1886. Hrsg. von Steinschneider. 16. (256 S. mit Portr.) Wien, Perles. geb. in Leinw. mit Goldschn. *
geb. in Leder *

—— dass. — Ein unentbehrl. Taschenbuch für prakt. Aerzte mit besond. Rücksicht auf Universitäten, Badeärzte und Curorte. 14. und 15. Jahrg. 1887 und 1888. Hrsg. von Steinschneider. 16. (IV, 204, 192; V, 184, 190 S. mit Portr.) Ebendas. geb. in Leinw. mit Goldschn. à Jahrg. * 3 —
geb. in Leder à Jahrg. * 4 —
16. Jahrg., s. Taschen-Kalender, ärztlicher, etc. — Die früheren Jahrge. sind ebenfalls unter diesem Titel erschienen.

Holzer, Anton [aus Knittelfeld, Oesterreich]: Ueber das Auftreten von jauchigen Abscessen in den Lungen und jauchiger Pleuritis nach aspirirten groben Fremdkörpern in die Bronchien .... Strassburg, Univ.-Buchdr. v. J. H. Ed. Heitz (Heitz & Mündel Nachf.), 1885; 2 + 42 S. 8°.
Strassburg, Med. Fak., Inaug.-Diss. v. 1885.

Holzer, Anton, über das Auftreten von jauchigen Abscessen in den Lungen und jauchiger Pleuritis nach aspirirten groben Fremdkörpern in die Bronchien. Diss. Strassburg i. Els. 1885, Trübners Buchh. u. Antiqu. (E. d'Oleire). 8°. 42 S.

Holzer, A.: Die Fremdwörter im Deutschen. 15 S. – Krems, Progr. 1864.

Holzer. Ant.: Winke für angehende Dichter und ihre Lehrer. 13 S. – Krems, Progr. 1853.

Holzer, Augustin, 24 Fasten-Betrachtungen auf die 6 Freitage der heil. Fastenzeit durch 4 Jahre, über das heil. Kreuz, die Buße, das Leiden Jesu, die letzten Worte. gr. 8. Wien 843, Doll. (Leipzig, Liebeskind.) 1/2 ß

—— die christkathol. Glaubens- u. Sittenlehren nach ihrem Zusammenhange ausführl. u. leichtfaßl. in 116 Christenlehren f. das Landvolk verfasset. 2 Bde. gr. 8. (33⅞ B.) Wien 844, Braumüller u. Seidel. à —

— homiletische Predigten auf die gewöhnl. Festtage eines kathol. Kirchenjahres. Für das gemeine Landvolk bearbeitet. gr. 8. Wien 841, Carl Doll. 2/3 ß

—— homilet. Predigten auf alle Sonntage e. kathol. Kirchenjahres. Mit vielen eingeflocht. erbaul. Geschichten aus d. heil. Schrift u. den Legenden der Heiligen. Zum Gebr. f. Landpfarrer u. Frühprediger in d. Städten. 1. Aufl. (30 B.) 840., 2. verb. A. gr. 8. (29½ B.) Wien 841, Doll. à

—— homiletische Predigten auf alle Sonntage u. die gewöhnl. Festtage eines kathol. Kirchenjahres. II. Jahrg. 1. u. 2. Bd. A. u. d. T.: Neuere homiletische Kanzelreden &c. Zum Gebr. f. Seelsorger auf d. Lande. Sonntags-Homilien. — Festtags-Homilien. gr. 8. Grätz, Ferstl. (Leipzig, Kummer.) [1. (19 B.) 844. 1 Thlr. 5 Ngr., 2. (10 B.) 45. 15 Ngr.]
1. Jahrg. Ebendas. 1841. 1 Thlr. 15 Ngr.

—— kurze u. leichtfaßl. Volkspredigten auf alle Sonn- u. Festtage ein. kathol. Kirchenjahres. Mit eingeflochtenen auferbaulichen Geschichten aus d. Leben der Heiligen. 2 Bde. gr. 8. (31¾ B.) Wien 842. [Braumüller u. Seidel.] 1 Thlr. 20 Ngr.
Hrbgel. Pr.

—— dass. 3. u. 4. Bd. A. u. d. Ttl.: Neueste leichtfaßl. Volkspredigten &c. 1. u. 2. Bd. gr. 8. (39¼ B.) Ebds. 844.

Holzer, Augustin, neue leichtfaßliche Volkspredigten auf alle Sonn- u. Festtage eines ganzen kathol. Kirchenjahres. Mit sehr vielen eingeflochtenen erbaulichen Geschichten aus der heil. Schrift u. dem Leben der Heiligen. (2 Thle.) 2. (Titel-)Aufl. gr. 8. (616 S.) Wien (843) 850, Braumüller. 1⅓ ß

Holzer, C., urbis Romae viri illustres, s.: Lhomond.

Holzer, C. Fr., einige Beiträge zu dem Bau d. Deiche, Dünen, Dämme u. Schutzmauern gegen Fluthen, so wie gewölbter, feuerfester u. wasserdichter Decken in Gebäuden; nebst Anweis. zur Bereitung d. Forsterschen Kalk-Mörtels. Mit Berechnungen u. Zeichnungen in Holzschn. u. Steindr. gr. 8. Berl. 825. Vereinsbuchh. 18 gl

Holzer, Carl, s. Holzer, Karl

Holzer, Ernst, für die römischen Elegiker. gr. 8. (6 S.) Tübingen 884, (Fues.) *
Aus: Correspondenzblatt für die Gelehrten- und Realschulen Württembergs, besonders abgedruckt.

Holzer, Ernst Matris. Ein Beitrag zur Quellenkritik Diodors. 26 S. Progr. Tübingen 1881.

Holzer, Matris, ein Beitrag zur Quellenkritik Diodors. 4. (26 S.) Tübingen, (Fues). n. 1. 20

Holzer, Ernst, Schubart als Musiker, s.a. Darstellungen aus der württembergischen Geschichte. II.

Schubart als Musiker. Von Ernst Holzer. Stuttgart: W. Kohlhammer 1905. (III, 178 S.) 8° [F.]
— Darstellungen aus d. Württemb. Geschichte. Bd 2. [05. 15869]

Schubartiana. Von Prof. E(rnst) Holzer in Neu-Ulm. Stuttgart 1906: W. Kohlhammer. (S. 558 571.) 8° [F.]
Aus: Württemb. Vierteljahrshefte f. Landesgeschichte. N. F. 15. [07. 13103]

— Schubartstudien, s.a. Mitteilungen des Vereins für Kunst u. Alterthum in Ulm u. Oberschwaben. 10. Hft.

Holzer, Ernst. Schubartstudien. (Mitteilungen des Vereins für Kunst und Alterthum in Ulm und Oberschwaben. Heft 10.) Ulm 1902.

Holzer, Ernst *Constantin* [Prof.]: Varroniana. (Sep.-Abdr. m. d. Tit.: Varro über Musik. I.) Ulm, Wagnersche Buchdr., 1890; 1 Bl., 19 S. 4°
Ulm, k. G, P 1890

Holzer, Eugen, Studien zu Euripides. Gr.-8. (IV, 123 S.) 2.40
Prag: Tempsky 1895.

Holzer, Fanny, Briefe an Eltern, Verwandte, Wohlthäter u. Vorgesetzte zu Namens-, Geburts-, Neujahrs- u. anderen Festen. Neue, verb. u. erweit. Aufl. 12. (64 S.) Landshut 894. Ph. Krüll. n. — 40

HOLZER, Florian (Ellingen): Über die Entzündungen des Gehörorganes.- Bamberg: Humann 1842. 16 S. 29.8.1838 - Urk; F 64
Diss. Ingolst.-Landsh.-Mchn.

Holzer, Frz., historische Darstellung der indirecten Steuern in Belgien, Dänemark, Deutschland mit dem norddeutschen Steuervereine, England, Frankreich, Griechenland, Holland, Italien, Oesterreich-Ungarn, Rumänien, Russland, Schweden und Norwegen, Schweiz, Serbien, Spanien, Türkei und den Vereinigten Staaten von Nord-Amerika auf Branntwein, Bier, Wein, Zucker, Tabak, Salz, Wechsel und Spielkarten und der Organisation des Zollwesens in Frankreich. Entwickelung und angewandte Systeme bei der Erhebung, Einfluss auf die socialen Verhältnisse und finanziellen Ergebnisse für den Staatsschatz von ihrem Ursprunge bis zur Gegenwart. gr. 8. (III, 312 S.) Wien 888, Spielhagen und Schurich. * 5 —

Holzer, Frz., praktische Darstellung der österreichischen Zollordnung und Zollmanipulation. Zum Unterrichte in Handelslehranstalten und Handbuch für Kaufleute, Fabrikanten, dann Angestellte aller Transportanstalten. gr. 8. (V, 421 S.) Wien 882, Gerold's Sohn. *

—— General-Zoll-Tarif für die Ein- und Ausfuhr aller Waaren folgender europäischen Staaten: Oesterreich-Ungarn, Deutschland, Belgien, Dänemark, England, Frankreich, Griechenland, Italien, Niederlande, Portugal, Rumänien, Russland, Serbien, Spanien, Schweiz, Schweden, Türkei. Bearb. nach dem System des österreichisch-ungarischen allgemeinen Zolltarifes auf Grund der in den vorbenannten Staaten in Kraft stehenden allgemeinen und Vertragstarife. gr. 8. (VIII, 429 S.) Wien 883, Spielhagen und Schurich. *

—— dass. — Suppl.-Bd. gr. 8. (VIII, 176 S.) Ebendas. 884. *

Holzer, Frz. General-Zoll-Tarif f. die Ein- u. Ausfuhr aller Waaren folg. europ. Staaten: Belgien, Dänemark, Deutschland, England, Finnland, Frankreich, Griechenland, Italien, Niederlande, Norwegen, Oesterreich-Ungarn, Portugal, Rumänien, Russland, Schweden, Schweiz, Serbien, Spanien, Türkei. In 50 Waarenclassen eingetheilt u. bearb. nach dem Systeme d. österreichisch-ungar. allgemeinen Zoll-Tarifes auf Grund der in Kraft steh. allgemeinen u. Vertrags-Tarife etc. 2. bericht. u. ergänzte Aufl. gr. 8. (XII, 498 S.) Wien 889, Spielhagen u. Schurich. * 12; geb. * * 13 —
Auch in 6 Lfgn. à * 2 —

— — Separat-Abdruck Nr. I, enthaltend die Waaren-Classen: Colonialwaaren und Gewürze — Südfrüchte — Zucker — Tabak und Tabakfabrikate — Getreide und Hülsenfrüchte — Mehl und Mahlproducte — Reis — Gemüse, Obst, Pflanzen und Pflanzentheile — Schlacht- und Zugvieh u. Thiere, andere thierische Producte — Fette, Oele, Fette — Getränke — Esswaaren. Gr. 8. (100 S.)
Ebd. 1889. 2.40

— — Separat-Abdruck Nr. II, enthaltend die Waaren-Classen: Baumwolle, Garne und Waaren daraus — Flachs-, Hanf-, Jute, Garne und Waaren daraus — Wolle, Wollengarn und Wollenwaaren — Seide und Seidenwaaren — Kleidungen, Wäsche und Putzwaaren. Gr. 8. (104 S.) 2.40
Ebd. 1889.

Holzer, Franz, General-Zoll-Tarif. Separat-Abdruck Nr. III, enthaltend die Waaren-Classen: Glas und Glaswaaren — Steinwaaren, Thonwaaren. Gr. 8. (40 S.) —.90

— — Separat-Abdruck Nr. IV, enthaltend die Waaren-Classen: Eisen und Eisenwaaren — Unedle Metalle und Waaren daraus — Maschinen und Maschinenbestandtheile aus Holz, Eisen und unedlen Metallen — Fahrzeug. Gr. 8. (84 S.)
Ebd. 1889. 2.40

Holzer, G. L., grammatisch-lexicalischer Commentar zu der in den Schulen des Königr. Würtemberg eingeführten Chrestomathie aus röm. Classikern, zum Gebrauch der Schüler. 1e u. 2e Hälfte. 8. Stuttgart 834. Löflund; jetzt Beck u. Fränkel. (à 1/2 rf) 1 rf

— Uebungsstücke zum Uebersetzen aus d. Deutschen in das Lateinische, s.a. J. D. Höchel.

Holzer, G. L., Uebungsstücke z. Uebersetzen aus d. Deutschen in das Griechische, f. mittlere Abtheilungen der Gelehrtenschulen, m. grammat.-lexikal. Anmerkungen. 8. (20 1/2 B.) Stuttgart 842, Beck u. Fränkel. -

Holzer, G. L., Uebungsstücke zum Uebersetzen aus dem Deutschen in das Lateinische für die mittleren Classen der Gelehrten-Schulen in 3 Cursen mit Anmerkungen. 2 Abthlgn. (Vorübungen und 1. Cursus. — 2. und 3. Cursus.) 4., verm. und verb. Aufl. gr. 8. (XIV und 340 S.) Stuttgart 852, [Beck.] à Cursus 15 Ngr.

Holzer, G. L., Uebungsstücke zum Uebersetzen aus dem Deutschen in das Lateinische für die mittleren Klassen der Gelehrtenschulen. 1. Abth. Vorübungen u. erster Cursus. 5. verm. rc. Aufl. besorgt von C. Holzer. Stuttgart 856. Beck. gr. 8. (XII. 164 S.) 15 ngr.

Holzer, G. L., Uebungsstücke zum Uebersetzen aus dem Deutschen in das Lateinische mit Anmerkungen für die mittleren Classen der Gelehrten-Schulen. 2. Abthl. 5., verm. und verb. Aufl. besorgt von Carl Holzer. gr. 8. (VIII und 176 S.) Stuttgart 861, Metzler'sche Buchh. Verlags-Conto.
Die 1. Abthl. 5. Aufl. 1856., Preis 15 Ngr., ist auch in diesen Verlag übergegangen.

Holzer, G. L., Uebungsstücke zum Uebersetzen aus dem Deutschen in das Lateinische mit Anmerkungen für die mittleren Classen der Gelehrten-Schulen. 2 Abthlgn. 6., verm. und verb. Aufl. Besorgt von Carl Holzer. gr. 8. (VIII und 177 S., VIII und 192 S.) Stuttgart 862,67, Metzler's Verlag. à Abthl. *16 Ngr.

—— Uebungsstücke zum Uebersetzen aus dem Deutschen in das Lateinische. 2. Abthl. in latein. Uebersetzung hrsg. von C. Holzer. gr. 8. (III und 108 S.) Stuttgart 867, Holzer's Selbstverlag. *

Die Apotheose Bacon-Shakespeares. Eine Studie von Gustav **Holzer**, Prof. Karlsruhe: F. Gutsch [1907]. (31 S.) 8° [07. 11381 10

Holzer, Gust., Bacon Shakespeare der Verfasser des „Sturms". Nachhall aus e. am 24. VI. 1905 im Hebbelverein zu Heidelberg geh. Vortrag. (68 u. Beigabe 4 S.) gr. 8. Heidelberg 905. C. Winter, Verl. n. 1. 50

Holzer, G(ustav), Prof.: English **Class-Teaching** in German Schools. (Umschlagt.: Zur französischen und englischen Unterrichtssprache. Beiträge zu einer Schulphraseologie. (2.) Englischer Teil.) *Heidelberg 1900: E. Geisendörfer.* (16 S.) 8°
Heidelberg, OR, P 1900 (666)

— Kuno Fischers irrige Erklärung d. Poetik Bacons. (43 S.) Lex. 8. Ebd. 909. — 60

Die Genesis der Shakespeare-Bacon-Frage. Vortrag von G[ustav] **Holzer**. Heidelberg: Weiss 1910. 27 S. 8° [10. 9276

— Elementary English grammar. (XI, 208 S.) 8. Ebd. 904. Geb. in Leinw. n. 3. —

Holzer, Gustav: Die vierte Hochflut oder Neubelebung der deutschen Literatur durch Shakesspeare in Sicht? [Verf.: Gustav Holzer.] Heidelberg: Heidelb. Verl.-Anst. u. Dr. (1908). 7 S. 8° [Umschlagt.]
Aus: Heidelb. Zeitung. 1908.

Holzer, G(ustav): Ein Kommentar zu Shakespeare's Drama 'Julius Caesar' in Bacon'scher Beleuchtung. Heidelberg 1909: Rössler & Herbert. 48 S. 4°
Heidelberg, OR P 1909 (839) [S 09. 211

Holzer, Gust., Manual of school-conversation. A collection of terms and phrases used in teaching English. gr. 8. (VIII, 122 S.) Berlin 902. [R. Gaertner.] Weidmann. Geb. in Leinw. n. 1. 80

Holzer, *Gustav:* Direktor Professor Robert Salzer, † 18. Juni 1896. Heidelberg, Buchdr. v. E. Geisendörfer, 1896; 3–4 S. 4.
Heidelberg, provisor. OR, P 1896 (033)

— Shakespeare im Lichte d. neuesten Forschung. Eine Studie. (33 S.) gr. 8. Karlsruhe 908. F. Gutsch. — 60

Shakespeare's Tempest in Baconian light. A new theory by Gustavus **Holzor**, Prof., Heidelberg. *Heidelberg: C. Winter 1904.* (VIII, 115 S.) 8° [04. 13138

Mark Twain und Shakespeare. (Verf.: G[ustav] **Holzer.**) Heidelberg: Pfeffer [1909]. 8 S. 8° [Umschlagt.]
Aus: Heidelb. Tageblatt. 1909. [11. 16340 11

Wer war Shake-speare??? Ein Weckruf von Prof. G[ustav] **Holzer** in Heidelberg. Heidelberg: Weiss 1910. 34 S. 8° [10. 9277

Kasseler Ausstellungs-Correspondenz (von Heinr. Holzer). Fol.

Holzer, Heinr., der Hildesheimer Silberfund. Die Romana quadrata. 8. (11 S.) Hildesheim (902). (Gerstenberg.) n. — 10

Holzer, Heinr., der Hildesheimer Silberfund. (I. Marcus V. Agrippa. — II. Caesar Germanicus.) (15 S.) kl. 8. Hildesheim (903). (Gerstenberg.) n.n. — 10

Holzer, Heinrich. Der Hildesheimer antike Silberfund, seine archäologische und artistische Bedeutung. Mit 13 lithographirten Tafeln. Hildesheim 1870. 8°.

Holzer, Heinr., der Hildesheimer antike Silberfund, seine archäologische u. artistische Bedeutung. Mit 13 lith. Taf. nach Zeichngn. v. W. Boysen. gr. 8. (VIII, 107 S.) Hildesheim 871. Gerstenberg. n. 4. 50

König Max auf der Martinswand. Kaiser-Jubiläums-Fest-Schauspiel in 3 Aufz. Nach Calderons 'der zweite Ruhm Oesterreichs' bearb. von Hygin **Holzer**. Warnsdorf: Selbstverl. [1898]. (62 S.) 8° [J.] [06. 11550

Holzer, Hygin, König Max auf d. Martinswand. Kaiser-Jubiläums-Fest-Schausp. in 3 Aufzgn. Nach Calderons „d. zweite Ruhm Oesterreichs" bearb. 12. (62 S.) Warnsdorf 898. (A. Opitz.) n.n. — 55

Holzer, J.: Katalog der Lehrerbibliothek, s. Tertnik, Joh.

Holzer, Johann

Holzer, J., zur Geschichte der Dogmenlehre in der jüdischen Religionsphilosophie des Mittelalters. Mose Maimûni's Einleitg. zu Chelek, im arab. Urtext u. in der hebr. Uebersetzg., kritisch hrsg. u. m. erklär. Anmerkgn. versehen. gr. 8. (42 u. 30 S.) Berlin 901. M. Poppelauer. n. 2. 50

Holzer Johann: Der englische Klerus von 1205 bis 1228 und sein Verhältnis zu Papsttum und Königstum.
1892 PN 754 **Diss.** Wien, Univ.

Holzer, Johann Rudolf: Sammlung der vornehmsten Bündnussen .... Bern 1732.

(Holzer, Jo. Rud.:) Sammlung d. vornehmsten Bundnisse d. Cron Frankreich mit Lobl. Eidgenossenschaft. *Bern.* 732. 8.

. **Holzer, Josef:** [Bericht über die Feier des Jubelfestes der 60jährigen Regierung Sr. Maj. des Kaisers Franz Josef I.] S. 48—52. 8. **Progr.** K. k. Staatsgymn. *Pola* 1909.

Holzer, Josef Kurze Betrachtungen über die Hauptcharaktere und die wichtigsten Nebengestalten der erhaltenen Tragödien des Sophokles vom ethischen und ästhetischen Standpunkte. 8 (S. 3—25). **Progr.** K. k. G. *Triest* 1887.

Holzer, Josef: Die Entwicklung des steirischen Mittelschulwesens seit dem Erscheinen des „Organisations-Entwurfes". I. Das Mittelschulwesen der Landeshauptstadt. S. 3—31. 8. II. Das Mittelschulwesen der steirischen Landstädte. S. 3—23. 8. Progr. K. k. erstes Staats-Gymn. *Graz* 1904. 1906.

Holzer, Josef: Die Entwicklung des österreichischen Schulwesens, insbesondere des Mittelschulwesens unter der Regierung Kaiser Franz Josefs I. 8 (S. 3—21).
Progr. K. k. Staats-G. *Marburg* 1899.

Holzer, Jos., Gedichte. gr. 8. (17 B.) Wien 840, (Tendler u. Schaefer.)

Holzer, Josef Das Gymnasium des Organisations-Entwurfes und unser heutiges Gymnasium. 8 (S. 3—25).
Progr. Staats-Oberg. *Mähr. Trübau* 1894.

Holzer, Karl

Holzer, C., Beiträge zur Geschichte des Gymnasiums in Stuttgart. 1. und 2. Abthl. 4. Stuttgart 867. (Tübingen, Fues'sche Sortimentsb.) *
Inhalt:
Abthl. 1. Die Lateinschule und das Pädagogium. (47 S.) * 15 Ngr.
» 2. Die Gründung und Eröffnung des Gymnasiums im J. 1686 (34 S.) * 14 Ngr.]

Holzer, C., Materialien zur Einübung der griechischen Grammatik, s. Gaupp, W.

Holzer, Carl, Sammlung von Aufgaben zum Uebersetzen in's Griechische, s. Bäumlein, W. — Gaupp, W.

Holzer, Karl, Themata z. griech. Komposition, s.: Bäumlein, Wilh.

—— griechische Uebersetzungen, s. Bäumlein, W.

—— Uebungsstücke zum Uebersetzen aus dem Deutschen in das Lateinische mit Anmerkungen für die mittleren Classen der Gelehrten-Schulen. 1. Abthl. 8. überarb. Aufl. gr. 8. (IV, 172 S.) Stuttgart 872, Metzler's Verlag. *

—— dass. — 2. Abthl. 7. Aufl. gr. 8. Ebendas. 873. *

— Uebungsstücke zum Uebersetzen aus dem Deutschen in das Lateinische m. Anmerkgn. f. die mittleren Classen der Gelehrten Schulen. 9. überarb. Aufl. 1. Abth. gr. 8. (IV, 156 S.) Stuttgart 877. Metzler. n. 1. 60

— dasselbe. 2. Abth. 8. Aufl. gr. 8. (VIII, 192 S.) Ebend. 879. n. 2. 10

—— Übungsstücke zum Übersetzen aus dem Deutschen in das Lateinische mit Anmerkungen für die mittleren Klassen der Gelehrten-Schulen. 1. und 2. Abtl. Überarb., resp. hrsg. von E. C. Holzer. gr. 8. Stuttgart, Metzler'sche Buchh. [1. Abtl. 10. Aufl. (VI, 156 S.) 880.; 11. Aufl. (VIII, 180 S.) 883. *M 1,60.; 2. Abtl. 9. Aufl. (VIII, 204 S.) 883. *M 2,10.] *

— dasselbe. Hilfsbüchlein dazu, s.: Ruthardt, C., u. Böhm, R.

— Übungsstücke zum Übersetzen aus dem Deutschen in das Lateinische m. Anmerkungen f. die mittleren Klassen der Gelehrten-Schulen. 1. u. 2. Abtlg. Überarb., resp. hrsg. v. E. C. Holzer. gr. 8. Stuttgart 888. Metzler's Verl. n. 3. 70
1. 11. Aufl. (VIII, 180 S.) n. 1. 60. — 2. 9. Aufl. (VIII, 204 S.) n. 2. 10

—— dass. — 2. Abtl., in latein. Übersetzung hrsg. von Karl Holzer. 2. durchges. Aufl., hrsg. von E. C. Holzer. gr. 8. (III, 108 S.) Ebendas. 884. **
Wird nur an Lehrer direct geliefert.

Holzer, Karl, Übungsstücke zum Übersetzen aus dem Deutschen in das Lateinische mit Anmerkungen für die mittleren Klassen der Gelehrten-Schulen. 2 Abtlgn. Hrsg. von E. C. Holzer. gr. 8. Stuttgart, Metzler'sche Buchh., Verlag. [1. Abtl. 12. verb. Aufl. (VIII, 180 S.) 888. *M 1.60.; 2. Abtl. 10. Aufl. (VIII, 204 S.) 889. *M 2.10.] * 3 70

— Übungsstücke zum Übersetzen aus dem Deutschen in das Lateinische. 1. Abtlg., in latein. Übersetz. hrsg. v. E. C. Holzer. gr. 8. (III, 78 S.) Stuttgart 894. J. B. Metzler's Verl. n. 3. — (1—3.: n. 11. 80)
Wird nur an Lehrer abgegeben.

— dasselbe. Lateinische Übersetzg. gr. 8. (68 S.) Ebd. 892. n. 3. 20
Wird nur an Lehrer abgegeben.

Holzer's, Karl, Übungsstücke zum Übersetzen ins Lateinische. 3. Abtl. zum Gebrauch an oberen Gymnasialklassen. Hrsg. v. Ernst Holzer. gr. 8. (VII, 98 S.) Stuttg. 892, Metzler's Verlag. * 1 30
1. u. 2. Abtl. Ebd. 1888,89. * 3 70. Die lateinische Uebersetzung z. 3. Abtl. 8. (56 S.) Ebd. 1892. ** 2 40; wird nur direkt an Lehrer abgegeben.

Holzer, Karl Fr. Lebr., s. Etwas über Judenduldung.

Holzer Dr. Odilo: Die geschichtlichen Handschriften der Melker Bibliothek. (52). Melk 96.
Progr.

Holzer, Rud., Frühling. Schauspiel in 4 Aufzügen. (219 S.) 8. Linz (901). Wien (VI, Wallgasse 25). R. Holzer. n. 2. —

(F) Holzer, R., Frühling. Schauspiel in 4 Aufzügen. 8°. (219 S.)
Linz: 1902.

Holzer, Rud., Hans Kohlhase, s. Bibliothek moderner Dramen.

— Hans Kohlhase. Deutsches Trauerspiel in 5 Aufzügen. (VIII, 177 S.) kl. 8. Wien 905. Wiener Verlag. n. 2. —; geb. n. 3. —

Hans Kohlhase. Drama in 5 Aufz. von Rudolf Holzer. 2. Aufl. Berlin: Vita (1900). 129 S. 8°
(Bibliothek moderner Dramen. Bd 33) [09. 4833

Holzer, Rud., Adalbert Stifters Leben u. Dichten. Sep.-Abdr. des Vorwortes aus der bei E. Mareis erschienenen litt. Volksausg. Zur Erinnerg. an die Enthüllungsfeier am 24. V. 1902. gr. 8. (XXII S. m. 2 Abbildgn.) Linz 902. E. Mareis. n. — 40

— s.: Volks-Kalender, illustr. österreichischer.

Holzer Dr. Valentin: Dante Alighieri's „Göttliche Komödie". 19. Krems R. 05.
Progr.

Holzer, Valent., der französ. Kulturkampf. (140 S.) 8. Warnsdorf (909). A. Opitz. 1. —

Holzer Valentin: Sir William Davenants Leben und Werke.
H. 1905 PN 1825 Diss. Wien, Univ.

Holzer Valentin: Die Lieder des Si-king. 20. Neutitschein R. 02.
Progr.

Holzer Valentin: Das Studium der modernen Sprachen als allgemeines Bildungsmittel. 12. Neutitschein R. 01.
Progr.

Holzer, Wilhelm, Assistenzarzt d. med. Poliklinik in Heidelberg: **Über Albuminurie** im Kindesalter. *Heidelberg 1903: J. Hörning.* (26 S.) 8°
Heidelberg, Med. Diss. v. 1903

Die **Hölzer**. (Hrsg.: Dr. Paul Krais.) Stuttgart: F. Krais 1910. XVI, 782 S. 8°
(Gewerbliche Materialkunde. Bd 1.) A 12.6345

Hölzer: Grundzüge der Erkenntnislehre in Platons Staate. 13 S.–Cottbus, Progr. 1861

HÖLZER, ALBERT. Ueber einige Phenoläther. (Tübingen) Berlin, 1881.

Hölzer, Ant., der Zither-Lehrer. Als Kommentar zu Hölzer's Stufenleiter d. Zitherspiels. gr. 8. (76 S.) Berlin 891. A. Hölzer's Selbstverl. 2. 50

Hoelzer, C. De satira Romana. Pr. 1865. 16 S. 4°. 1.20

Hölzer, Carl Bernhard, s. Hölzer, Karl Bernhard

Hölzer, F., Grundzüge d. Obstkultur. E. kurze Anleitg. z. Erziehg., Pflanzung u. Pflege d. in uns. Gegend gedeih. Obstbäume u. Beerensträucher; nebst ein. Winken üb. d. Verwendg. d. Früchte, d. Weinschnitt u. d. Zwergformen. 8. (V, 63 S. m. Abb.) Walldorf 895. (Meiningen, L. v. Eye.) n. — 80

Hoelzer, G. Ph. Karl: Beiträge zur Kenntnis der Arsenverbindungen des Naphtalins. Rostock 1911: Winterberg. 58 S., 1 Taf. 8°
Rostock, Phil. Diss. v. 8. Aug. 1910, Ref. Michaelis
[Geb. 19. Juli 80 Butzbach; Wohnort: Rostock; Staatsangeh.: Preußen; Vorbildung: Realsch. Butzbach bis O. 96; Studium: Rostock 11 S.; Rig. 30. Juli 10.] [U 11. 4153

Hoelzer, Hermann, aus Butzbach (Hess.): Ueber das Verhalten einiger organischer Verbindungen bei höheren Temperaturen und in Gegenwart von Palladiummohr. *Heidelberg 1904: J. Hörning.* (34 S.) 8°
Heidelberg, Naturw.-math. Diss. v. 1904

Hölzer, Jh. Chr. Erdm., s. 1) Gespräche zur Belehrung f. Knaben u. Jünglinge. 2) Kinderzeitung.

Hölzer, Karl Bernhard

Hölzer, Carl Bernhard (Neidschütz/Sachs.-Meiningen), **De pericarditide. Diss. med. Halle (Orphanotrophei) 23. VIII. 1855. 32 S. mit Biogr. (M.: E. Spengler.) (6.50) 15394**
Oppon.: H. Frasch, P. Loewenhardt. — Gew.: Carl Schweigger, Hugo Hanssen.

Hoelzer, *Maximilianus:* Carmen ad sollemnia gymnasii viginti quinque abhinc annos instaurati celebranda. Freienwalde a. O., Buchdr. v. E. Pilger, 1893; S. 1. 4.
Freienwalde a. O., k. G, OP 1893 (76 [vielm. 75])

Hölzer, Max [Dr.]: Der Streit um die Nachfolge Kaiser Ottos II. Ratibor, Riedinger's Buch- u. Steindr., 1895; 26 S. 4.
Ratibor, k. Ev. G, P 1895 (206)

Hoelzer, Maximilianus: De interpolationibus Terentianis. Halis Saxonum 1878: Karras. 38 S. 8°
Halle-Wittenberg, Phil. Diss. v. 6. Aug. 1878
Geb. Sandow bei Kottbus 19. 1. 1853. V.

Hoelzer, Volcmarus: *De argumento tertii stasimi Sophoclei Oedipi Colonei. 125 S. 8° (4°)
Halle-Wittenberg, Phil. Diss. v. 4. Mai 1871
Geb. [Neidschütz (Sachs.-Mein.) 18. 11. 1833]
Vom Verf. ersch. deutsch: Ueber das dritte Stasimon des Oedipus auf Colonus. In: Zeitschrift f. d. Gymnasialwesen. Jg. 27, Bd 2. Berlin 1873. S. 161—168.

Hölzer, Volkmar, Beiträge zu einer Theorie der lateinischen Semasiologie, s. a. Studien, Berliner, für classische Philologie und Archaeologie.

Beiträge zu einer Theorie der lateinischen Semasiologie. Von Dr. Volkmar **Hölzer**. Berlin: S. Calvary & Co. 1889. (194 S.) 8°
= **Studien**, Berliner, f. classische Philologie u. Archaeologie. Bd 6, H. 3. [04.7719

Hoelzer, V. De II. cantico Sophoclei Oedipodis regis. Pr. 1868. 10 S 4°. 2.—

Hölzer, V.: De Pauli glossa, quae est sub verbo Satura. S. 43 - 47. Erfurt, Progr. 1870.

— De loco Sophocleae Oedipi Regis qui est inde a versu 788—790. Pr 1875. 12 S. 4°. 1.—

Hoelzer, Volkmar, Erfordiensis: **De poesi amatoria a comicis Atticis exculta, ab elegiacis imitatione expressa. Pars prior.** *Marpurgi Catt. 1899: Friedrich.* (90 S.) 8°
Marburg, Phil. Diss. v. [9. Juni] 1899

Hoelzer: Disputationes de secundo Scantico ophoclei Oedipodis regis. 10 S.–Salzwedel, Progr. 1868

Hölzer, Volkmar, Uebungsbuch zum Uebersetzen ins Griechische für Tertia. gr. 8. (IV, 72 S.) Berlin 877. Weidmann. n. — 60

Hölser, V.: Die Wichtigkeit des Spieles für die Erziehung. 1873. S. 520—528. Aus: Zeitschr. f. d. Gymnasialwesen. Jg. 27. 1873. H. 7/8.

Holzerland, M., u. J. Oberbach, ein Monat in e. Grossbrauerei. Geschäftsgang f. doppelte Buchhaltg. zum Gebrauch in Handelsschulen u. verwandten Anstalten. (23 S.) 8. Berlin 909. [W. Süsserott.] Potsd., A. Stein. — 40

Hölzermann, Ludwig

Hölzermann, L., Hauptm. im Füsilier-Bataillon Lippe etc. Der Antheil des Bataillons Lippe (jetzt Jäger-Bataillon Nr. 7) an dem Feldzuge der Main-Armee im Sommer 1866. Ausgearbeitetes Tagebuch. Mit 2 Anlagen, 1 Karte und 4 Plänen auf 2 Tafeln. kl. 8. Detmold 1866.

Hölzermann, L., der Antheil des Bataillons Lippe an dem Feldzuge der Mainarmee im Sommer 1866. Ausgearb. Tagebuch. 8. (126 S. mit 2 Anlagen in 4.) Detmold 867, Meyer'sche Hofbuchh.

— und H. Grote, lippische Geld- und Münzgeschichte, s. Grote, H.

Hölzermann, L. Lokaluntersuchungen, die Kriege der Römer und Franken, sowie die Befestigungsmanieren der Germanen, Sachsen und des späteren Mittelalters betreffend. (VIII. 128.) 4. Mit 2 Krtn 51 Bl. lith. Zeichn. München 1878. 6,00.

Hölsermann, L., Lokaluntersuchungen die Kriege der Römer und Franken, sowie die Befestigungsmanieren der Germanen, Sachsen und des spaeteren Mittelalters betr. Nach dessen Tode hrsg. von dem Vereine für Geschichte und Alterthumskunde Westfalens. hoch 4. (VIII, 123 S. mit 2 lithogr. Karten und 51 lithogr. Zeichnungen.) Münster 878, Regensberg. *

Holzersparung, die leichteste und größte, mittelst des Papinischen Topfes, des Appert-Gefäß und der Coaksheizung. 12. (20 S.) Mohrungen 858, Rautenberg.

Holzersparung, d., bei Zimmeröfen u. Küchenheerd-Feuerungen. Mit 7 lithogr. Zeichn. 2e A. 8. Tüb. 822. (Laupp). 6 g/

Holzfuss, volum. disputationum theologicar. 4. Frcf. Strauss. 714. Rthlr.

— monitum de praedestinatione etc. 4. Francof. 703.

Holzfuss, B., de doctoratu theologico ejusque juribus ac privilegiis. Fcft. ad V. 1712. 4.

Holzfuss, V. G. F., (praes. J. G. Michaelis) de templi Hieros. Juliani imp. mandato per Judaeos frustra tentata restauratione. Hal. 1751. 4.

Hölzgen, F., d. Herstellg. holländ. Dachziegel. [Aus: „Thonindustrie-Zeitg."] gr. 8. (36 S. m. Fig.) Berlin (896). Thonindustrie-Zeitung, Verlagsabth. n. 1.—

Hölzgen, F., die Herstellung holländ. Dachziegel. (85 S. m. Abb.) 8. Berlin (904). Tonindustrie-Zeitg. 1.—
Sonderabdr. aus: „Thonindustrie Ztg."

HOLZGESTAETTENORDNUNG. Allgemeine Holzgestättenordnung . . . zur Folge der . . . Entschließung . . . 1793 . . . kundgemacht. Wien 1793. 1 vol. 11 Bl.

Holzgethan, G., Theorie d. Statistik. gr. 8. (11 B.) Wien 829, Mayer.

Holzgraefe, Wilhelm, Dr.: Schillersche Einflüsse bei Heinrich von Kleist. *Cuxhaven 1902: G. Rauschenplat & Sohn.* (32 S.) 4°
Cuxhaven, h. Staats-S, P 1902 (813)

Holzgraefe, Wilhelm: Das grammatische Geschlecht der Fremdwörter und fremden Wörter im heutigen Sprachgebrauch. Hamburg 1908: Baumann. 47 S. 8°
Hamburg, RG d. Johanneums P 1908 (953) [S 08. 202

Holzgraefe, Wilh., das grammatische Geschlecht d. Fremdwörter u. fremden Wörter im heutigen Sprachgebrauch. Progr. (47 S.) gr. 8. Hamburg (908). (Herold.) nn 1.50

Holzgraefe, Wilh., der deutsche Ritterorden, s. a. Sammlung belehrender Unterhaltungsschriften f. die deutsche Jugend. 9. Bd.

Der Deutsche Ritterorden. Unter Benutzung d. Quellenschriften dargest. von Wilhelm Holzgraefe. Mit 1 Titelbilde u. 1 Karte. *Berlin: H. Paetel [1904].* (107 S.) 8° [3.]
— Sammlung belehrender Unterhaltungsschriften f. d. deutsche Jugend. Bd 9.

Holzgraefe, Wilhelm [aus Lippstadt]: Die Sprache des Althochdeutschen Glossars Clm. 18140. . . . Halle a. S., Druck d. Buchdr. d. Waisenhauses, 1888; 31 + 1 S. 8°
Halle, Phil. Fak., Inaug.-Diss. v. [20. Aug.] 1888

Pantheum und Panagium, das ist: der Tempel aller altheidnischer Götter . . . . (von *Beat Holzhalb*). Zürich 1707. (In Zürich, Stadtbibl.)
Anon.-Lex. III. p. 253. — Rar!

Holzhalb. Hans Jacob. Supplement zu dem allgemeinen ... Lexicon ..., zusammen getragen von H' Jakob H' so. Leu, Hans Jacob. Allgemeines Helvetisches ... Lexicon .... Zürich 1747–1795.

Holzhalb, Hans Jak., († d. ... April 1807.) Supplement zu Leu's allgem. eidgen. Lexikon. 6 Bde. 4. Zürich 786—95. Orell. 12 ß

Holzhammer, E., Gebetbuch, oder Gott gehell. Rauchwerk. m. K. 12. Nrnb. 739.

Holzhammer, Ferd., Verschwunden od.: Das verlassene Gasthaus. (96 S.) kl. 8. Neuweißensee (905). E. Bartels. 1.—

Holzhandel einst und jetzt. Industrie für Holzverwertung A.-G., Altenessen. — Berlin: Eckstein [1909]. 16 S. 2° [Kopft.] (Dt. Industrie, dt. Kultur. 7, 5.) 1. 38 A.

Holzhandel, Der, und die Holzindustrie Mitteldeutschlands in ihrer Stellung zur Tariffrage. Halle 1877. (MoA.)

Holzhandels-Adressbuch f. d. Deutsche Reich. Enth. die Holzhändler, Sägewerke, Holzstoff-Fabriken u. sonst. holzindustrielle Etablissements sowie Zimmerei- u. Baugeschäfte, ferner die Forstverwaltgn., Oberförstereien u. Forstämter im Deutschen Reich. 11. vollst. neubearb. Aufl. (LIII, 270 S.) gr. 8. Leipzig 909. (Amthor.) Geb. in Leinw. 10.—

— — dasselbe. 12. Aufl., s. a. Adressbuch d. Firmen v. Holzhandel u. Holzindustrie usw.

Holzhandelsgebräuche, Kärntnerische. Klgft., Leon, 1909. 24 S.

Die neuesten Holzhandels-Usancen. *Bunzlau: 'Holzmarkt'* 1903. (190 S.) 8°

Holzhandels-Usancen, die neuesten. (III, 190 S.) 8. Bunzlau 903. (G. Kreuschmer.) n. 2.50

Holzhandels-Usancen, die neuesten. 2. Aufl. (IV, 205 S. m. Abb.) 8. Berlin (910). (Bunzlau, G. Kreuschmer.) nn 2.50

Holzhandels-Usancen, österr.-ungar. Mit e. Anh.: Bezugsquellen-Nachweiser f. alle Bedarfsartikel der Forstwirthschaft, des Holzhandels u. der Holzindustrie. gr. 16. (68 u. XXII S.) Wien 901. Sachs' Verl. n. 2.40; 1. Thl., Wiener Usancen, allein. (47 u. XIV S.) 1.—

Der Holzhändler. Holzverkaufs-Anzeiger für Forstbesitzer, Forst- und Renteiverwalter... Organ des Forstvereins für Westfalen und Niederrhein. - Dülmen. Jg. 1-22. 1881-1902. - (M. n. ersch.)

—— der. Holzverkaufs-Anzeiger für Forstbesitzer, Forst- und Rentei-Verwalter, Holzhändler &c. Offerten-Blatt für alle mit der Holz- und Baubranche verwandten Zweige. Organ des Forstvereins für Westfalen und Niederrhein. Redact.: F. Renne. 3. und 4. Jahrg. 1883 und 1884. à Jahrg. 104 Nrn. (à Nr. ½ Bog.) gr. 4. Ebendas. à Jahrg. *

Holzhändler, der. Holzverkaufs-Anzeiger für Forstbesitzer, Forst- und Rentei-Verwalter, Holzhändler &c. Offerten-Blatt für alle mit der Holz- und Baubranche verwandten Zweige. Organ des Forstvereins für Westfalen und Niederrhein. Redact.: F. Renne. 5. und 6. Jahrg. 1885 und 1886. à Jahrg. 78 Nrn. (à Nr. ½ Bog.) gr. 4. Dülmen, Laumann'sche Verlagsb. à Jahrg. * 4 —

Holzhändler, der. Holzverkaufs-Anzeiger f. Forstbesitzer, Forst- u. Rentei-Verwalter, Holzhändler &c. Offerten-Blatt f. alle m. der Holz- u. Baubranche verwandten Zweige. Organ d. Forstvereins f. Westfalen u. Niederrhein. Red.: F. Renne. 7.—10. Jahrg. 1887—1890. à 78 Nrn. (à ½—1 B.) gr. 4. Dülmen, Laumann. à Jahrg. n. 2.—

Holzhändler, der. Holzverkaufs-Anzeiger f. Forstbesitzer, Forst- u. Rentei-Verwalter, Holzhändler ꝛc. Offerten-Blatt f. alle m. der Holz- u. Baubranche verwandten Zweige. Organ d. Forstvereins f. Westfalen u. Niederrhein. Hrsg. v. F. Renne. 11.—13. Jahrg. 1891—1893. à 78 Nrn. (à ½—1 Bog.) gr. 4. Dülmen, A. Laumann. à Jahrg. n. 2. —

Holzhändler, der. Holzverkaufs-Anzeiger f. Forstbesitzer, Forst- u. Rentei-Verwalter, Holzhändler ꝛc. Offerten-Blatt f. alle m. d. Holz- u. Baubranche verwandten Zweige. Organ d. Forstvereins f. Westfalen u. Niederrhein. Hrsg. v. F. Renne. 15.—18. Jahrg. 1895—1898. à 78 Nrn. (½ Bog.) gr. 4 Dülmen, A. Laumann. à Jahrg. n. 2. —
Kann auch halbjährlich bezogen werden.

Holzhändler, der. Holzverkaufs-Anzeiger u. Offertenblatt f. Forstbesitzer, Forst- u. Rentei-Verwalter, Holzhändler ꝛc., sowie für alle m. der Holz- u. Baubranche verwandten Zweige. Organ des Forstvereins f. Westfalen u. Niederrhein. Hrsg. v. F. Renne. 19.—22. Jahrg. 1899—1902. à 78 Nrn. gr. 4. (à ca. 4 S.) Dülmen, A. Laumann. à Jahrg. n. 2. —

Holzhändler, der westfälische. Annoncen-Blatt für Forstbesitzer, Forst- und Rentei-Verwalter, Holzhändler, Grubenverwaltungen ꝛc. in Westfalen, Rheinland und den angrenzenden Gebieten. Hrsgbr.: F. Renne. 1. und 2. Jahrg. 1881 und 1882. à Jahrg. 104 Nrn. (à Nr. ½ Bog.) gr. 8. Dülmen, Laumann'sche Verlagsh. à Jahrg. *

Holzhändler-Adressbuch, enth. die Adressen der Sägewerksbesitzer, Holzhändler etc. v. Ost- u. Westpreussen, Pommern, Posen, Brandenburg, Hamburg, Lübeck, Bremen u. Riga. 1890. Hrsg.: L. Beerwald. gr. 16. (141 S.) Königsberg i/Pr. 890. Verlag d. Holz-Zeitg. n.n. 1. 50

Holzhändler-Adressbuch, enth. die Adressen der Sägewerksbesitzer, Holzhändler etc. v. Ost- u. Westpreussen, Pommern, Posen, Brandenburg, Schlesien, Schleswig-Holstein u. der Städte Hamburg, Lübeck, Bremen, Riga, Braunschweig, Halle a. S., Hannover, Hildesheim u. Magdeburg. V. Jahrg. 1892. Hrsgbr.: Louis Beerwald. gr. 16. (182 S.) Königsb. i. Pr., Beerwald. * 2 —

Neues Holzhändler-Adressbuch, enthaltend die Adressen der Holzhändler, Sägewerksbesitzer, Cellulose- und Holzstoff sowie sonstiger Holz consumirenden Fabriken, der Maschinen- und Werkzeug-Fabriken für Holzbearbeitung etc. aus dem Deutschen Reich, Österreich-Ungarn, nebst den größten Holzhandlungs-Firmen in den angrenzenden Staaten, mit Bezugsquellen-Nachweiser. - Berlin, Gießen 1879. 168 S. - 3. neubearb. Aufl. ebd. 1882. IV, 256 S. - 4. Aufl. ebd. 1884. IV, 281 S. - 6. umgearb. Aufl. u. d. T.: Holzhändler Adressbuch, enthaltend die Firmen der Holzhändler, Sägewerksbesitzer, Zimmermeister und sonstigen holzindustriellen Etablissements sowie der Maschinen- und Werkzeug-Fabriken der Holzbranche etc. des Deutschen Reiches und die größeren Firmen der angrenzenden Staaten. ebd. 1889. VII, 360 S. - 8. Aufl. u. d. T.: Holzhändler-Adreßbuch für das Deutsche Reich. Mit Bezugsquellen-Nachweiser für rohe, roh vorgearbeitete und appretirte Hölzer, fertige holzindustrielle Fabrikate, Werkzeuge und Maschinen zur Holzbearbeitung sowie alle sonst für den Sägemühlenbetrieb erforderlichen Bedürfnisse und Literatur-Erzeugnisse für Holzhandel und Holzindustrie. Gießen, Marburg 1896. XV, 401 S. - 9. völlig umgearb. Aufl. Eisenach, Marburg 1901. V, VIII, 405 S. - 10. völlig umgearb. Aufl. Eisenach, Leipzig 1906. VIII, 496 S. - 11. vollst. neubearb. Aufl. u. d. T.: Holzhandelsadressbuch für das Deutsche Reich. Enthaltend die Holzhändler, Sägewerke, Holzstoff-Fabriken und sonstige holzindustrielle Etablissements sowie Zimmerei- und Baugeschäfte, ferner die Forstverwaltungen, Oberförstereien und Forstämter im Deutschen Reich. Leipzig 1909. LIII, 270 S. - 12. vollst. neubearb. Aufl. u. d. T.: Adressbuch der Firmen von Holzhandel und Holzindustrie im Deutschen Reich. Enthaltend die Holzhandlungen, Sägewerke, Hobelwerke, Holzbearbeitungs- und Holzwaren-Fabriken, Möbelfabriken, Faß- und Kistenfabriken, Wagenbauereien und sonstige holzindustrielle Etablissements sowie Zimmerei- und Baugeschäfte, ferner die Forstverwaltungen, Oberförstereien und Forstämter im Deutschen Reich. Leipzig 1910. VIII, LXIV, 392 S. - 13. Aufl. Leipzig, Braunschweig 1913. VII, LXIV, 382 S.

Holzhändler-Adreßbuch, neues, enth. die Adressen der Holzhändler, Sägewerksbesitzer, Cellulose- und Holzstoff-, sowie sonstiger Holz consumirenden Fabriken, der Maschinen- und Werkzeug-Fabriken für Holzbearbeitung ꝛc. aus dem Deutschen Reich, Oesterreich-Ungarn, nebst den größten Holzhandlungs-Firmen in den angrenzenden Staaten, mit Bezugsquellen-Nachweiser. Bearb. und hrsg. für Holzhändler, Sägewerksbesitzer, Forst-Verwaltungen ꝛc. von der Redaction des „Handelsblatt für Walderzeugnisse" in Gießen. 8. (168 S.) Berlin und Gießen 879. (Halle, Hofstetter.) *

Holzhändler-Adreßbuch, neues, enthaltend die Firmen der Holzhändler, Sägewerksbesitzer und holzindustriellen Etablissements, sowie der Maschinen- und Werkzeug-Fabriken ꝛc. des Deutschen Reiches und die größeren Firmen der angrenzenden Staaten; mit Bezugsquellen-Nachweiser für rohe, roh vorgearbeitete und appretirte Hölzer, fertige holzindustrielle Fabrikate, Werkzeuge und Maschinen zur Holzbearbeitung, sowie alle sonst. für den Sägemühlenbetrieb erforderl. Bedürfnisse und Literatur-Erzeugnisse für Holzhandel und Holzindustrie. Hrsg. von der Redakt. des „Handelsblatt für Walderzeugnisse" in Gießen. 3. neu bearb. Aufl. (IV, 256 S.) 1882; 4. neu bearb. Aufl. 12. (IV, 281 S.) Gießen 884, Becker und Laris. *

Holzhändler-Adreßbuch, neues, enth. die Firmen der Holzhändler, Sägewerksbesitzer, Zimmermeister und sonstigen holzindustriellen Etablissements, sowie der Maschinen- und Werkzeug-Fabriken ꝛc. des Deutschen Reiches und die größeren Firmen der angrenzenden Staaten; mit Bezugsquellen-Nachweiser für roh vorgearbeitete und appretirte Hölzer, fertige holzindustrielle Fabrikate, Werkzeuge und Maschinen zur Holzbearbeitung, sowie alle sonst. für den Sägemühlenbetrieb erforderl. Bedürfnisse und Literatur-Erzeugnisse für Holzhandel und Holzindustrie. Hrsg. von der Redact. des „Handelsblatt für Walderzeugnisse" in Gießen. 5. vollständig umgearb. Aufl. 12. (VI, 323 S.) Gießen 887, Becker und Laris. * 5 —

—— neues, enth. die Firmen d. Holzhändler, Sägewerksbesitzer, Zimmermeister u. sonstigen holzindustriellen Etablissements, sowie der Maschinen- u. Werkzeug-Fabriken der Holzbranche ꝛc. d. Deutschen Reiches u. die größeren Firmen der angrenz. Staaten; m. Bezugsquellen-Nachweiser ꝛc. Hrsg. v. der Red. d. „Handelsblatt f. Walderzeugnisse" in Gießen. 6. Aufl. (VII, 360 S.) 889; 7. Aufl. 12. (XLVIII, 397 S.) Gießen 892, Becker u. Laris. * 6 —; geb. * 6 50

Holzhändler-Adreßbuch f. d. Deutsche Reich. M. Bezugsquellen-Nachweiser f. rohe, roh vorgearb. u. appretirte Hölzer, fert. holzindustr. Fabrikate, Werkzeuge u. Maschinen z. Holzbearbeitg., sow. alle sonst. f. d. Sägmühlenbetrieb erforderl. Bedürfnisse u. Literatur-Erzeugnisse f. Holzhandel u. Holzindustrie. Bearb. im Red.-Bureau d. Handelsblatt f. Walderzeugnisse in Gießen. (8. Aufl.) 12. (XV, 401 S.) Gießen 896. Marburg, E. Laris. n. 6. —; geb. in Leinw. n. 6. 50

Holzhändler-Adreßbuch f. das Deutsche Reich. Mit Bezugsquellen-Nachweiser für rohe, roh vorgearbeitete u. appretirte Hölzer, fert. holzindustrielle Fabrikate, Werkzeuge u. Maschinen zur Holzbearbeitg., sowie alle sonst. f. den Sägemühlenbetrieb erforderl. Bedürfnisse u. Literatur-Erzeugnisse f. Holzhandel u. Holzindustrie. 9. völlig umgearb. Aufl. Bearb. im Red.-Bureau des Handelsblatt f. Walderzeugnisse. 12. (V, VIII, 405 S.) Marburg 901. Eisenach, E. Laris Nachf. Geb. in Leinw. n.n. 8.50

Holzhändler-Adreßbuch f. das Deutsche Reich. Mit Bezugsquellen-Nachweiser f. rohe, roh vorgearbeitete u. appretierte Hölzer, fert. holzindustrielle Fabrikate, Werkzeuge u. Maschinen zur Holzbearbeitg., sowie alle sonst f. den Sägemühlenbetrieb erforderl. Bedürfnisse u. Literatur-Erzeugnisse f. Holzhandel u. Holzindustrie. 10. völlig umgearb. Aufl. (VII, 496 S.) 8. Eisenach 906. Leipzig, E. Laris Nachf. n. 8. —; geb. n. 8. 75

Deutscher Holzhändler-Kalender für das Jahr ... - Leipzig. Jg. 1-51. 1876-1927. - (M. n. erm.)

Holzhändler-Kalender, auf d. J. 1876. Hrsg. v. der Red. d. „Handelsblattes f. Walderzeugnisse". 1. Jahrg. gr. 16. (X, 184 u. 108 S.) Mit Adressbuch der Holzhändler, Holzstoff- u. Cellulose-Fabriken, Sägewerke etc., sowie der Fabriken v. Maschinen u. Werkzeugen, welche zur Bearbeitg. d. Holzes, Holzstoffes etc. gebraucht werden. 8. (VIII, 150 S.) Trier 876. Lintz. geb. u. geh. n. 4. —; ohne Adressbuch n. 3. 50; Adressbuch apart n. 2. 50

Holzhändler-Kalender auf das J. 1877. Hrsg. von der Redaction des „Handelsblattes für Walderzeugnisse". 2. Jahrg. gr. 16. (192, 124 S.) Ebendas. geb. in Leinw. *
geb. in Leder *
Jahrg. 1878 erschien im Selbstverlag von Becker und Larisie in Giessen.

—— deutscher, auf die J. 1879 und 1880. Hrsg. von der Redaction des „Handelsblatt für Walderzeugnisse" in Giessen. 4. und 5. Jahrg. gr. 16. (VI, 173, 118; VI, 282 S. mit 1 chromolithogr. Eisenbahnkarte in qu. 4.) Giessen und Berlin. (Halle, Hofstetter.) geb. in Leinw. à Jahrg. *
geb. in Leder à Jahrg. *

Holzhändler-Kalender, deutscher, auf die J. 1881 und 1882. Hrsg. von der Redakt. des „Handelsblatt für Walderzeugnisse" in Giessen. 6. und 7. Jahrg. gr. 16. (VI, 172, 112; VI, 284 S. mit je 1 chromolithogr. Eisenbahnkarte.) Giessen und Berlin. (Halle, Hofstetter.)
geb. à Jahrg. *

—— dass. — auf die J. 1883—1885. Hrsg. von E. Laris. 8.—10. Jahrg. gr. 16. (à Jahrg. ca. 280 S. mit je 1 chromolithogr. Karte.) Giessen, Becker und Laris. geb. à Jahrg. *

Holzhändler-Kalender, deutscher, auf die J. 1886—1889. Hrsg. von E. Laris. 11.—14. Jahrg. 12. (à Jahrg. ca. 350 S.) Giessen, Becker und Laris.
geb. in Leinw. à Jahrg. * 2 50
geb. in Leder à Jahrg. * 3 —

Holzhändler-Kalender, deutscher, auf d. J. 1890—1893. Hrsg. v. Eug. Laris. 15.—18. Jahrg. gr. 16. (à Jahrg. ca. 200 S. u. je 1 Notizkalender.) Giessen, Becker u. Laris. geb. à Jahrg. * 2 50
16.—18. Jahrg. auch geb. in Leder à * 3 —

Holzhändler-Kalender, deutscher, auf d. J. 1898. Hrsg. v. Eug. Laris. 23. Jahrg. 12. (X S., Schreibkal. u. 72 S.) Marburg, E. Laris. Geb. in Ldr. n. 2.50

Holzhändler-Kalender, deutscher, auf das J. 1903. Hrsg. v. Eug. Laris. 28. Jahrg. 12. (XI S., Schreibkalender u. XIII, 123 S.) Eisenach, E. Laris Nachf. Geb. in Leinw. n. 2.50

Holzhändler-Kalender, deutscher, f. d. J. 1906. Hrsg. v. Eug. Laris. 31. Jahrg. (XV S., Schreibkalender, XXXX u. 138 S.) kl. 8. Ebd. Geb. in Leinw. n. 2.50

Holzhändler-Kalender, deutscher, f. d. J. 1911. Hrsg. v. E. Laris Nachf. 36. Jahrg. (17 S., Schreibkalender, XVI u. 108 S.) kl. 8. Leipzig (Amthor). Geb. in Leinw. 2.50

Holzhändler's, des, forstliches Wörterbuch. Was der Holzhändler u. Holzindustrielle vom Forstwesen wissen muß. Hrsg. vom „Holzmarkt". (V, 95 S. m. 37 Abbildgn.) gr. 8. Ebd. 908. n. 3. —

Holzhändler-Taschenkalender. - Berlin. 1-33. 1903-1935.
Forts. s.: Der Holzmarkt-Taschenkalender

Holzhändler-Taschen-Kalender 1903. Hrsg. vom Verlag des „Holzmarkt" Bunzlau. 12. (IV S., Schreibkalender u. 108 S.) Bunzlau (G. Kreuschmer). Geb. in Leinw. n. 1.50

Holzhändler-Taschen-Kalender 1907. Hrsg.: „Der Holzmarkt", Bunzlau. 5. Jahrg. (VII S., Schreibkalender u. 264 S. m. Abbildgn.) kl. 8. Bunzlau (G. Kreuschmer). Geb. in Leinw. n.n. 1.50

Holzhändler-Taschen-Kalender 1911. Hrsg.: „Der Holzmarkt", Berlin. 9. Jahrg. (VIII S., Schreibkalender u. 256 S. m. Abb.) kl. 8. Berlin. (Bunzlau, G. Kreuschmer.) Geb. in Leinw. nn 1.50

Holzhauer, Der, oder die drei Wünsche. Eine komische Oper in einem Aufzuge ... Berlin 1772. Ü: *Eschenburg, Johann Joachim* [?]. (Minor, Weisse. Innsbruck 1880 S. 190.) (BrMm)

Holzhauer, der; oder die drey Wunsche. Oper. 8. Berlin, Hamburg. 772.

Holzhauer, der, oder die 3 Wünsche; kom. Oper in 1 Aufz. 8. Berl. 772. (Reimer). 4 gr.

Holzhauer, Der, oder die drei Wünsche, ein Singspiel a. d. Franz. Frankf. a. M. 1774. Ü: *Faber, Joh. Hnr.* (Ky) (ML

— der, oder die 3 Wünsche. Singspl.; aus d. Französ. (v. J. H. Faber). 8. Frankf. 774. Andreä. 6 gr.

Holzhauer, der kleine, u. sein Hund Cäsar. Nach d. Franz. 12. (3 B. u. 2 Bild.) Straßburg 843, Levrault'sche Buchh.
col.

Holzhauer, d. kleine, u. s. Hund Cäsar. 8. (52 S. m. Abb.) Elberfeld 891. R. Brockhaus (durch J. Faßbender). n. — 20

Holzhauer, der kleine, u. sein Hund Cäsar. 2. Aufl. 8. (52 S. m. Abbildgn.) Elberfeld 897. R. Brockhaus (durch J. Faßbender). n. — 20

Holzhauer, der kleine, u. sein Hund Cäsar. 3. Aufl. 8. (52 S. m. 6 Abbildgn.) Elberfeld 901. R. Brockhaus (durch J. Faßbender.) n. — 20

Holzhauer, Conrad, s. Holzhauer, Konrad

Holzhauer, Eduard

Holzhauer, E., Deutschlands Ehr' im Wellenmeer, s.: Werner, R. v.

— Kiel u. Wilhelmshaven, s. a. Meereskunde. III, 6.

Kiel und Wilhelmshaven. Von E[duard] Holzhauer, Kontreadmiral z. D. Berlin: Mittler 1909. 40 S. 8° [Umschlagt.]
(Meereskunde. Jg. 3, H. 6.) (09. 987)

—Kohlenversorg. u. Flottenstützpunkte, s. a. Meereskunde. II, 6.

Kohlenversorgung und Flottenstützpunkte. Von E[duard] Holzhauer, Kontre-Admiral z. D. Berlin: Mittler 1908. 25 S. 8° [Umschlagt.]
(Meereskunde. Jg. 2, H. 6.) (09. 980)

Holzhauer, Segel-Anleitung für die Mündungen der Jade, Weser und Elbe. Deutsche Küste der Nordsee. Zusammengestellt auf Grund der Vermessungen in den J. 1876 und 1877. [Beilage zu den Annalen der Hydrographie und maritimen Meteorologie.] hoch 4. (64 S.) Berlin 878, Mittler und Sohn. **

— — Segel-Anleitung für die Mündungen der Jade, Weser und Elbe. (Deusche Küste der Nordsee.) Zusammengestellt von Capt.-Lieut. Holzhauer auf Grund der Vermessungen in den Jahren 1876—1877.
Berlin: Hydrographisches Bureau der Kaiserlichen Admiralität.

Holzhauer, Segel-Anleitung für die Ems-Mündung und die ostfriesischen Inseln mit ihren Seegaten. Deutsche Küste der Nordsee. Auf Grund der Vermessungen im J. 1878. Enth. in »Beilagen zu d. Annalen d. Hydrographie ...« . . . . (HC)

— , —— für die deutsche Nordseeküste vom Juvre-Tief bis zur Elder. Herausg. vom hydrogr. Amt der kais. Marine auf Grund der bei den Vermessungen in den J. 1877, 79 und 81 gemachten Wahrnehmungen. Enth. in »Beilagen zu den Annalen d. Hydrogr. etc.« Berlin 1878—82. 4. . . . .(HC.)

— Unterseebote, s.a. **Meereskunde**, 2. Heft.

Unterseeboote von Kontre-Admiral z. D. [Eduard] **Holzhauer**. Berlin: E. S. Mittler & Sohn 1907. (23 S.) 8° [Umschlagt.]
= **Meereskunde**. Jg. 1, H. 2. (o). 13101

Holzhauer, Geo. Fr., († d. 12. Aug. 1801.), s. C. L. v. *Crell*, Dissertationes.

Holzhauer, Konrad

Holzhauer, C. M. Plan von **Brandenburg**. Brandenburg 1868. 1 Bl. c. L.

Plan von Brandenburg (Havel). Bearb. von C. **Holzhauer**. 1902. Maasst. 1:7500. *[Brandenburg]: P. Kahle (1902)*. (1 Kartenbl. 50×47 cm.) gr. 2° [kol.] (o). 1433

Plan von Brandenburg an der Havel. Bearb. von C[onrad] **Holzhauer**. (Maassst. 1:8,600. Nachgetr. bis Sept. 1905.) [Brandenburg]: R. Koch (1905). (1 Kartenbl. 45×43 cm. [lith.] [kol.] (o6. 10095

Karte der weiteren Umgebung von Brandenburg a. H. Entworfen u. gezeichnet von C[onrad] **Holzhauer** (1898. Nachträge bis 1906). Maßst. 1:125,000. Brandenburg a. H.: P. Kahle [übergeklebt: R. Koch] 1906; (Lith. R. Löbner). (1 Kartenbl. 53×60 cm.) 8° [Umschlagt. F.] [kol.] (o7. 5461

Holzhauer, W: Jllustrirtes Preisverzeichniß der Fabrik chirurgischer Jnstrumente. Marburg (1892?)

Holzhäuer, Richard, aus Gmünd (Württ.), Unterarzt im 4. Württemb. Feldart.-Reg. No 65: Aus d. Klinik d. Herrn Geh. Med.-Rates Prof. Dr. Heubner. Zur **Kasuistik** der Gehirntumoren im Kindesalter. *Berlin (1903): G. Schade*. (44 S.) 8°
Berlin, Med. Diss. v. 9. Juni 1903

Holzhauer-Instruktion. 16. (16 S.) Landsberg a/L. 884. Berza. — 15

Fürstlich Fürstenbergische Holzhauer-Ordnung. - Donaueschingen 1840. 15 S.

Holzhauer-Ordnung f. die Staats-, Gemeinde- u. Anstaltswaldungen in Elsaß-Lothringen. (86 S.) kl. 8. Straßburg 905. Straßburger Druckerei u. Verlagsanstalt. n. — 30

Holzhauer-Ordnung f. die der Staatsforstverwaltung unterstellten Waldungen im Großherzogt. Hessen. (41 S.) 8. Darmstadt 908. Buchh. großherzogl. Staatsverlags. — 20

[F.] Geschichte der Königlichen Unteroffizierschule und Unteroffizier-Vorschule zu Marienberg i. S. Nach amtl. Unterlagen zsgest. v. A. **Holzhaus**. M. 1 Titelb. *Leipzig: Rossberg 1898*. (80 S., 1 Taf.) 1 Bl 8. (98. 1125

Holzhausen, Haman von.
Eine Frankfurter Patriziergeschichte. Bielefeld 1885. V: *Krummacher, Marie*. (EB)

Holzhausen, Haman v. Eine Frankfurter Patriziergeschichte, nach Familienpapieren erzählt von M. K. 2. und 3. Aufl.. 8. (VIII, 432 S.) Bielefeld 885, Velhagen und Klasing. geb. * 6 —

Holzhausen, Carl Friedrich, s. H o l z h a u s e n , Karl Friedrich

Holzhausen, Baron F.: Über den Einfluss des griech. Styles auf die moderuen Kunstbestrebungen. 10. M.-Trübau 78. Progr.

Holzhausen, Fr. A., s.a. H o l z h a u s e n , J. A.

Holzhausen, Fr. A., Commentatio de fontibus, quibus Socrates, Sozomenus ac Theodoretus in scribenda historia sacra usi sunt, adjuncta eorum epicrisi. 4maj. Götting. 825. Vandenhöck u. R. 18 gGr

Holzhausen, Friedr. Aug., der Brief d. Apostels Paulus an d. Epheser, übers. u. erklärt. gr. 8. (14 B.) Hannover 833, Hahn.

Holzhausen, Friedr. Aug., der Protestantismus nach seiner geschichtl. Entstehung, Begründung u. Fortbildung. 1. Bd. Die geschichtl. Entstehung des Protestantismus. gr. 8. (27 B.) Leipzig 846, Brockhaus. Thlr.

Holzhausen, Friedr. Aug., der Protestantismus nach seiner geschichtl. Entstehung, Begründung und Fortbildung. 2. Bd.: Die geschichtliche Begründung des Protestantismus. gr. 8. (XVI und 968 S.) Leipzig 849, Brockhaus.
1. Bd. Ebendas. 1846. 2 Thlr.

Holzhausen, Friedr. Aug., der Protestantismus nach seiner geschichtl. Entstehung, Begründung und Fortbildung. 3. (Schluß-)Bd.: Die geschichtl. Fortbildung des Protestantismus. gr. 8. (XV und 840 S.) Leipzig 859, Brockhaus. *
1. und 2. Bd. Ebendas. 1846—49. * 6 Thlr. 15 Ngr.

Holzhausen, Friedr. Aug., Uebersetzung d. Buches Hiob. Für Studirende z. Vorbereit. auf academ. Vorlesn. gr. 8. (1¾ B.) Göttingen 839, Kübler.

— d. Weissagung, s. Joel.

—— die Weissagung d. Propheten Joel, übers. u. erklärt. gr. 8. (12 B.) Göttingen 829, Vandenhoeck u. Ruprecht.

Holzhausen, Fritz v., 300 Fragen an mein Kind. gr. 16. (32 S.) Graz 897. F. Pechel. Kart. n. 1. —

— Gruß aus Österreich. 8. (67 S.) Frankfurt a/M. 897. Mahlau & Waldschmidt. Geb. in Leinw. 2. 50

Holzhausen, Fritz v., Sorathi. Epische Dichtung in 12 Gesängen. 8. (144 S.) Leipzig 886, Brauns. * 2 —
geb. * 3 —

— Sorathi. Epische Dichtg. in 12 Gesängen nach der gleichnam. Sindhi-Sage. 2. Aufl. 12. (144 S.) Mähr. Trübau 893. Ebd. Geb. in Leinw. n. 3. —

Holzhausen, Fritz Frhr. v., die Weltgeschichte in mnemon. Reimen (Gedächtnis-Kunst). Für s. Enkelkinder verf. (32 S.) 16. Dresden (907). Berlin, L. Schwarz & Co. — 50

Holzhausen, J. A., s.a. H o l z h a u s e n , Fr. A.

Holzhausen, J. A., De fontibus. quibus Socrates, Sozomenus ac Theodoretus in scribenda historia sacra usi sunt, adjuncta eorum epicrisi. Gekr. Pr. 1825. 96 S. 4°.

Holzhausen, Johann Gf.

— Abhandl. von d. Unterscheidung d. Geister. Aus d. Latein. übers. schmal 12. Frankf. 832. Schmerber. 6 gGr

— Beylage zu S c h u b e r t s Schriften. gr. 8. Ebendas. 784.

— Beilage zu J. C. Schubarts Schriften. gr. 8. Leipz. 785. Müller. 3 gGr

Holzhausen, Jo. Gf., († d. 24. Mai 1813.) Schreib. an Schubart v. Kleefeld. über Riems Reise nach Gröbzig. gr. 8. Leipz. 787. Müller. 4

Holzhausen, Karl Friedrich

Holzhausen, Carl Friedrich (Oschatz), De tussi convulsiva. Diss. med. Lpz. (Christian Adolph Deutrich) 15. III. 1815. 62 S. (6.50) 15812
Gew.: Johann Gottfr. Leonhardi (Wittenberg), Jo. Christ. August Clarus (Leipzig), Jo. Friedrich Holzhausen (Oschatz; Vater).

Holzhausen, Paul: Ballade und Romanze von ihrem ersten Auftreten in der deutschen Kunstdichtung bis zu ihrer Ausbildung durch Bürger. Halle a. S. 1882: Waisenhaus. 32 S. 8°
Halle-Wittenberg, Phil. Diss. v. 12. Dez. 1882
Geb. Köslin (Pomm.) 12. 12. 1860. V.
Ersch. vollst. in: Zeitschrift f. deutsche Philologie. Bd. 15. Halle 1883. S. 129—193 u. 297—344. — Verf. erlebte die Diplomerneuerung 1932 als ehem. Gymnasial-Professor in Bonn, vgl. Anh. Nr. 750.

Holzhausen, Paul, Bonaparte, Byron u. die Briten. Ein Kulturbild aus der Zeit des ersten Napoleon. (XI, 341 S. m. 9 Taf.) gr. 8. Frankfurt a/M. 904. M. Diesterweg. n. 6. —; geb. n. 7.

Holzhausen, Paul, der erste Konsul Bonaparte u. seine deutschen Besucher. Ein Beitrag zur literar. Würdigg. des Konsulats. gr. 8. (VII, 130 S.) Bonn (Königstr. 72) 900. Selbstverlag. 4. 50

Holzhausen, Paul, s. a. Davout in Hamburg.

(Holzhausen, Dr.) Davoust in Hamburg. Ein Beitrag zur Geschichte der Jahre 1813—1814. Von einem Freunde historischer Wahrheit. Deutsche Ausgabe. 8. Mülheiy (Ruhr) 1892.

[Umschlagt.:] [F.] Dr. Paul **Holzhausen,** Verf. v. 'Davout in Hamburg' u. a. Judenhatz in deutschen Nordseebädern. E. Reiseabenteuer auf Spiekeroog ... 1—5. Taus. *Mülheim '(Ruhr)': M. Röder 1893.* (8 S.) 1 Bl 8. [Dt. 45]

Holzhausen, P., Dryden's heroisches Drama, s.: Studien, englische. 13. 15. Bd.

— Heinrich Heine u. Napoleon I. Mit 4 illustrativen Beilagen. gr. 8. (IX, 292 S.) Frankfurt a/M. 903. M. Diesterweg. n. 5. —; geb. n. 6. —

— der Urgroßväter Jahrhundertfeier. Eine literar. u. kultur-histor. Studie. gr. 8. (VII, 160 S.) Leipzig 901. E. Avenarius. n. 2. 80
Sonderabdruck aus: „Beilage z. Allg. Zeitg."

Holzhausen, P. Vor Jena. Stimmungs- und Sittenbilder aus dem preuß. Heere vor 100 Jahren. Berlin 1905. 4°. (Sonntagsbeilage Nr 35 u. 36 z. Voss. Zeitg.)

— Judenhatz in deutschen Nordseebädern. Ein Reiseabenteuer auf Spiekeroog. gr. 8. (8 S.) Mülheim a/R. 893. M. Röder. n. — 25

— Friedrich Christian Laukhardt, s. a. Bücherei, burschenschaftliche. II. 4.

Friedrich Christian Laukhard. Aus d. Leben e. verschollenen Magisters. Von Paul **Holzhausen.** Berlin: C. Heymann 1902. (40 S.) 8° [F.]
— **Bücherei,** Burschenschaftliche. Bd 2, H. 4. [07. 7839]

— Napoleons Tod im Spiegel der zeitgenössischen Presse u. Dichtung. gr. 8. (VIII, 119 S.) Frankfurt a/M. 902. M. Diesterweg. n. 3. —

Holzhausen, Th(eodor), aus Warburg i. W.: **Beitrag zur Exstirpation des Thränensackes.** *Kiel 1902: Schmidt & Klaunig.* (25 S.) 8°
Kiel, Med. Diss. v. [24. Mai] 1902

Holzhausen, W. Frhr. v., Brennpunktprobleme. Eine Studie. (35 S. m. Diagr.) gr. 8. Potsdam (908). A. Stein. — 60; Nachträge (S. 37—46 m. Diagr.) (910.) — 60
Sonderabdr. aus: „Deut. Wochenschach".

Holzhausen, (Frid.) Guil. (geb. Soldin 15. 1. 1826): De rheumatismo nonnulla, adjecta historia morbi. Berolini (1849). (27 S.) 8°
Berlin, Med. Diss. v. 29. Juni 1849

HOLZHAUSEN, X. Y. Z. von (ps.), Vermischte Nachrichten. 1794.
Weller, Lex. Ps. p. 260: „Nürnberger satirischer Neujahrswunsch." — Rar!

Holzhausen-Gablenz, Freifrau A. v. Erinnerungen e. österreichischen Offiziersfrau aus dem Kriegsjahre 1866. 8. (63 S.) Gotha 891, F. A. Perthes. cart. * 1 —

—— s. Weil ich Jesu Schäflein bin.

Holzhauser, Bartholomäus

Holzhauser, Barthol., Abhandl. von d. Unterscheibung d. Geister. A. d. Lat. übers. schmal 12. (4 B.) Frankfurt a. M. 832, Schmerber.

Holzhauser, Barth., prophetische Auslegungen der Apokalypse, s. Prophezeihungen frommer Männer.

Holzhauser, B., Biographia, eiusd. in apocalyps. comment. 8. maj. Bamb. Goebhard. 799.

Holzhauser, Barthol., Biographia eiusdemque in Apocalypsin commentarii. Bamberg, Wesche, 1799. gr. 8°. 2. Aufl., 4 Mt.

Holzhauser, Barth., (ist längst todt), biographia, ejusdem in apocalyps. comment. 8maj. Bamb. ... Ed. nova 799. (Wesche in Frankf.) 1 ß 8

—— Büchlein von der Demuth. Aus dem Latein. übers. und verm. von Michael Sintzel. 12. (IV und 156 S.) Augsburg 848, Kollmann'sche Buchh. Thlr. -

— Erklärung d. Offenbarung d. heil. Apostel Johannes von den sieben Zeitaltern d. kathol. Kirche, besonders von d. wahren Beschaffenheit unsers Zeitalters. Herausg. von S. Buchfelner. gr. 8. Münch. 827. Giel. 12

Holzhauser's, Bartholom., Erklärung der Offenbarung des heil. Johannes. Hrsg. in einer deutschen Uebersetzung zur Beherzigung für Alle, denen ihr eigenes und der Menschheit Wohl am Herzen liegt von Simon Buchfelner. Aufs Neue durchgeseh. und verb. von einem kathol. Geistlichen. 2. Aufl. gr. 8. (143 S.) Regensburg 870, Manz.

Holzhauser's, Barthol., Erklärung der Offenbarung des heil. Johannes. Hrsg. in einer deutschen Uebersetzung zur Beherzigung für Alle, denen ihr eigenes und der Menschheit Wohl am Herzen liegt von Sim. Buchfelner. Auf's Neue durchgesehen und verb. von einem kathol. Geistlichen. 3. Aufl. gr. 8. (143 S.) Regensburg 875, Manz.

—— Interpretatio in apocalypsin. 8maj. (X und 276 S.) Vindobonae 850, libr. Congreg. Mechitaristica.

Holzhauser, Barth., Lebensgeschichte, von A. Werfer, s. Leben ausgezeichneter Katholiken.

—— Lebensgeschichte und Gesichte, nebst dessen Erklärung der Offenbarung des heil. Johannes. Aus dem Latein. übers. und mit Einleitungen und Erläuterungen versehen von Ludw. Clarus. 2 Bde. gr. 8. (XVIII und 710 S.) Regensburg 849, Manz.

Holzhauser, Barth., Visiones. 45 pp. Bamb. 8°. 1793

— geheime Visionen. 8. Bamb. ... N. A. 796. (Wesché in Frkf. a. M.) 3 fl

— geh. Visionen. 8. Ebend. 798.

Holzhauser, Barth., visiones dign. aevi nostri memoria, ad ejusd. biogr. append. 8maj. Bamb. ... N. A. 797. Göbhard. (Wesché in Frankf.) 4 fl

Holzhauser, Gust., Grundlinien z. Religions-Unterricht, s.: Thomasius, Gfr.

— der alttestamentliche Religionsunterricht an den höheren Schulen. Vortrag, geh. auf dem XI. deutschen evangel. Schulkongreß zu Barmen am 5. X. 1899. gr. 8. (28 S.) Berlin 899. F. Zillessen. — 30

— s.: Zeitschrift, neue kirchliche.

Holzhäuser, Karl: Blasensteine mit Seidenfäden. *Strassburg i. E. 1898: C. & J. Goeller.* (38 S.) 8°
Strassburg, Med. Diss. v. 1898

Holzheimer, Arno, sichere Erfolge. Erfolge durch Willenskraft. (Die Macht d. Gedanken od. Wie habe ich sichere Erfolge im Leben?) (15 S.) gr. 8. Leipzig (908.) (G. Wittrin.) — 60

Holzheimer, Carl, s. Holzheimer, Karl

Holzheimer, Fritz, Schnurren u. Bateulfels. Plattdeutsche Gedichte heiteren Inhalts in uckermärk. Mundart. gr. 8. (160 S.) Prenzlau 887. (Vincent.) n. 1.20

Holzheimer, Karl

Holzheimer, Carl [aus Landsberg i. Ostpr.]: Ueber das Aethoxylaethylamin .... Königsberg in Pr., Druck v. M. Liedtke, 1888; 2 Bl. + 31 + 1 S. + 1 Bl. 8°
Königsberg, Phil. Fak., Inaug.-Diss. v. 24. März 1888

Holzheimer, Carl, über das Aethoxylaethylamin. Inaugural-Dissertation. 8. (31 S.) Königsberg i. Pr., (Koch.) ** — 60

Karl Holzherr, Zur Erinnerung an den am 7. Januar 1867 verstorbenen Professor Sebastian Löhle. Ein Vortrag, gehalten bei der Trauerfeier des Lyceums am 12. Januar 1867. 8 S. Heidelberg, P 1867

Holzherr, Karl, Geschichte der ehemaligen Benediktiner- und Reichs-Abtei Zwiefalten in Oberschwaben. 8. (VIII, 183 S.) Stuttgart 887, Kohlhammer. * 2 —

Holzherr, Carl, Geschichte der Reichsfreiherren v. Ehingen bei Rottenburg a. N. Ein Beitrag zur Geschichte Schwabens und seines Adels, aus Urkunden und Chroniken bearb. 8. (VIII, 164 S.) Stuttgart 884, Kohlhammer. *

Holzherr, Karl, Der Philosoph Lucius Annäus Seneca. Ein Beitrag zur Kenntnis seines Wertes überhaupt u. seiner Philosophie in ihrem Verhältnis zum Stoicismus u. zum Christentum. 2 Teile. Rastatt 1858—9, gr. 8°, 198 S., 3,40 Mk. Zwei Programme des großherzogl. Lyceums. —

Holzherr, der Philosoph Lucius Annaeus Seneca. Ein Beitrag zur Kenntniß seines Werthes überhaupt und seiner Philosophie in ihrem Verhältniß zum Stoicismus und zum Christenthum. 1. und 2. Thl. gr. 8. (198 S.) Rastatt 858,59. (Tübingen, Fues'sche Sortimentsb.) Thlr. *

Holzhey, C. Fr.

— s. Geschichte v. Baiern.

— Geschichte v. Baiern in Fragen u. Antworten. 8. Nürnb. 824, Campe.

Holzhey, C. Fr., die Naturgeschichte in Fragen u. Antworten. Mit 2 Kpft. 8. Nürnb. 824. Campe. 8 gr

— d. Naturlehre in Fragen u. Antworten. Mit 2 Kpft. 8. Nürnb. 824. Campe. 8 gr

— Predigten üb. d. Fest- u. Sonntags-Evangelien d. ganzen Jahres, auf Verlangen u. zur Beförd. d. häusl. Andacht herausg. 2 Bdchen. 8. Nürnb. 822. (v. Ebner). 1 ₰ 8 gr

— Unterricht in d. allgem. u. vaterländ. Naturgeschichte f. Schule u. Leben, insbesond. zur Erhaltung treuer Gesinnungen gegen Regierung u. Obrigkeit. 8. Münch. 833. (832.) Fleischmann. 4 gr

– Dasselbe, s.a. Holtzhey, Fr.

Holzhey, Carl, s. Holzhey, Karl

Holzhey, Ed., Beiträge zur Theorie d. Erddruckes u. graphische Bestimmung der Stärke v. Futtermauern. [Aus „Mittheilgn. üb. Gegenstände d. Artillerie- u. Genie-Wesens".] Mit 2 (lith.) Taf. (in qu. Fol.) gr. 8. (20 S.) Wien 871. Gerold's Sohn. n. — 80

—— Vorträge über Baumechanik. 1.—4. Lfg. gr. 8. (S. 1—672 mit 10 lithogr. Taf. in qu. Fol.) Ebendas. 872—74. à Lfg. * ℳ 5,60. *

Holzhey, E., Vorträge über Baumechanik. 5.—7. (Schluss-)Lfg. gr. 8. Wien, Gerold's Sohn. [5. Lfg. (S. 673—832 mit 2 lithogr. Taf. in qu. gr. Fol.) 876. * ℳ 5,60.; 6. und 7. Lfg. (IV, S. 833—1170 mit 5 lithogr. Taf. in qu. gr. Fol.) 879. * ℳ 12.] *
1.—4. Lfg. Ebendas. 1872—74. * ℳ 22,40.

— — Vorträge über Baumechanik. Wien 1879. 2 Bde. 8°. Thl. I: Einzelne Constructionen aus Holz oder Eisen. Mit Tafel 1—8. Theil II: Constructionssysteme aus Holz oder Eisen u. Steinconstructionen. Mit Tafel 9—17.

Holzhey, G., Taschen-Fahrplan von Sachsen, enthaltend Eisenbahn-, Dampfschiff- und Postverbindungen, Rundreisetouren, Droschkentarife, Portotaxe etc., sowie ein Städteverzeichniss mit Angabe der Einwohnerzahlen, Wochenmärkte und Eisenbahnstationen. 1880—1884. à Jahrg. 2 Hefte. 16. (à Heft ca. 100 S. mit 1 lithogr. Eisenbahnkarte.) Chemnitz, Stadler. à Heft * à Jahrg. *

Holzhey, G., Taschen-Fahrplan für Sachsen, enth. Eisenbahn-, Dampfschiff- und Postverbindungen, Preisverzeichniss directer Billets, Droschkentarife, Portotaxe etc., sowie ein Verzeichniss der Städte mit Angabe deren Höhenlagen, Einwohnerzahlen, Wochenmärkte und Eisenbahnstationen. Winter 1885/86. 16. (119 S. mit 1 Eisenbahnkarte.) Leipzig, Haasenstein und Vogler. — 35
Nicht weiter erschienen.

Empor zu Gott. Schlichte Lieder z. Wegfahrt nach d. oberen Heimat. Von Georg **Holzhey**. *Striegau: R. Urban 1902.* (62 S.) 8° [F.] [03. 6315]

Empor zu Gott. Schlichte Lieder z. Wegfahrt nach d. oberen Heimat. Von Georg **Holzhey**. 2. Aufl. Striegau: R. Urban 1905. (94 S.) 8° [F.] [06. 6340]

Holzhey, Geo., Gott ruft! Allerlei Gedichte z. Vortragen in christl. Vereinen u. Familien. (64 S.) kl. 8. Chemnitz (909). Buchh. d. Gemeinschaftsvereins. — 50

— **An d. Krippe.** Weihnachtsgedichte u. -gespräche f. Sonntagschulfeiern. (16 S.) 8. Kassel (907). (J. G. Oncken Nachf.) nn — 25

Sag an, kommst du noch immer nicht? (Verf.: Georg **Holzhey**.) Striegau: Th. Urban [1907]. (8 S.) 8° [F.] [08. 6798 2]

Holzhey, Johann Conrad: Neu erfundene Universal-Methoden, die Mittags-Linie leicht, geschwind, bequem und unfehlbar darzustellen und aufzureißen . . . Ulm 1730

Holzhey, I. C., noviss. inventa universal. methodi lineam meridian. facill. sistendi et descr. c. fig. 8. Ulm, Wohler. 730.

Holzhey, J. C., leichte und unbetrügliche Sonn- u. Mondsuhr. 8. Lpz. Comt. f. Lit. 754.

Holzhey, K., s.: **Festgabe**, Alois Knöpfler usw. gewidmet.

Holzhey, Karl

Holzhey, C., die Abhängigkeit d. syrischen Didaskalia v. d. Didache. [Aus: „Compte rendu du IVme congrès scientifique international des Catholiques".] gr. 8. (31 S.) Fribourg (Suisse) 898. (München, J. J. Lentner.) n. 1.40

Holzhey, Carl, d. Buch der Könige (Reg. III, IV), s. a.: **Studien** z. alttestamentl. Einleitung u. Gesch. 1.

Das Buch der Könige (Reg. III. IV.). Untersuchung seiner Bestandteile u. s. litterar. u. geschichtl. Charakters von Dr. Carl **Holzhey**, Privatd., München. München: J. J. Lentner 1899. (63 S.) 8°
= **Studien** z. alttestamentl. Einleitung u. Geschichte. II. 1. [05. 9471]

Holzhey, Carl [Dr.]: Der neuentdeckte Codex Syrus Sinaiticus untersucht. M. e. vollst. Verzeichnis d. Varianten d. Cod. Sinaiticus u. Cod. Curetonianus. München, J. J. Lentner, 1896; 2 Bl., 59, 89 S. 8.
München, Theol. Fak., Hab.-Schr. v. 1896

— die Bücher Ezra u. Nehemia, s. a. **Studien** zur alttestamentl. Einleitung u. Gesch. 2.

Die Bücher Ezra und Nehemia. Untersuchung ihres litterar. u. geschichtl. Charakters von Dr. Carl **Holzhey**. München: J. J. Lentner 1902. (68 S.) 8°
= **Studien** z. alttestamentl. Einleitung u. Geschichte. II. 2. [03. 9490]

Holzhey, Karl [Dr.]: Die Inspiration der hl. Schrift in der Anschauung des Mittelalters. Von Karl d. Grossen bis z. Konzil v. Trient. München, J. J. Lentner'sche Buchh., 1895; IV, 167 S. 8.
München, Theol. Fak., Inaug.-Diss. v. 1895

Holzhey, Carl, 75 Punkte z. Beantwortung d. Frage: Absolute od. relative Wahrheit d. hl. Schrift? Eine Kritik d. Schrift Dr. Fr. Egger's: Absolute od. relative Wahrheit d. hl. Schrift. (48 S.) gr. 8. München 909. J. J. Lentner. — 90

— **Schöpfung, Bibel u. Inspiration.** gr. 8. (V, 75 S.) Stuttgart 902. München, J. Roth. n. 1. —

(B) — Schöpfung, Bibel u. Inspiration. 902. Jetzt: Mergentheim, C. Ohlinger.

Holzhey, Carl, s.: **Studien zur alttestamentlichen Einleitung u. Geschichte.**

— die Thekla-Akten, s. a. **Veröffentlichungen** aus dem kirchenhistor. Seminar München. II. 7.

Die Thekla-Akten. Ihre Verbreitung u. Beurteilung in d. Kirche. Von Dr. Carl **Holzhey**. München: J. J. Lentner 1905. (VIII, 116 S.) 8°
= **Veröffentlichungen** aus d. kirchenhist. Seminar, München. Reihe 2, No 7. [05. 7356]

Holzhüter, A. F., die entschleierte Destillation oder Mittheilung der Geheimnisse in der Destillirkunst. Hauptsächlich geeignet für Materialisten, Gast- und Schankwirthe rc. 2. Aufl. 8. (24 S.) Berlin 849, A. Friedländer.

Holzimprägnierung. Die Holz-I', unter besonderer Berücksichtigung der Teeröl-I' nach dem Rüping'schen Sparverfahren. 1907. [Hrg. durch die] Schweizerische Gesellschaft für Holz-Konservierung A. G. in Zofingen. 24 S. 8. [Zofingen, Joh. Fehlmann, 1907.] [fr. 1. —]

Holzindustrie, die. Rheinisches Central-Organ. Holzverkaufs-Anzeiger u. Offertenblatt der Holzbranche. Red.: P. Weiß. 2. Jahrg. Juli 1893—Juni 1894. 52 Nrn. (Bog.) Fol. Montjoie. (Leipzig, P. Ehrlich.) n. 2. —

Holzindustrie, die. Rhein. Central-Organ. Holzverkaufs-Anzeiger u. Offertenblatt d. Holzbranche. Red.: P. Weiß. 4. u. 5. Jahrg. 1895 u. 1896. à 52 Nrn. (Bog.) Fol. Montjoie, P. Weiß. à Jahrg. n. 2. —

Holzindustrie, die. Rhein. Central-Organ. Holzverkaufs-Anzeiger u. Offertenblatt d. Holzbranche. Red.: P. Weiß. 6. Jahrg. 1897. 52 Nrn. (Bog.) Fol. Ebd. n. n. — 60

Holzindustrie, die bayerische. Adreßbuch der Holzindustrie Bayerns u. der Pfalz. (186 S.) gr. 8. München (905). E. Bösenberg. Geb. n. 8. —

Holz-Industrie-Zeitung. Generalanzeiger für das gesamte Interessengebiet des Holzgewerbes. - Leipzig. Jg. 2-44, H. 1. 1883-1925. - (M. n. ersch.)
Früher s.: Allgem. Holz-Ztg.

Holz-Industrie-Zeitung. Organ für Holzhandel, Holz-Industrie und Forstwirthschaft, Holzverkaufs-Anzeiger für Sachsen, Thüringen, Bayern, Böhmen, Schlesien, Brandenburg, Anhalt, Prov. Sachsen, Hessen-Nassau. Redact.: Rob. Gruner. 3. Jahrg. 1884. 52 Nrn. (Bog.) gr. 4. Ebendas. k
1. Jahrg. u. d. T.: **Holz-Zeitung**, allgemeine.

— - Organ für Holzhandel, Holz-Industrie u. Forstwirthschaft, Holzverkaufs-Anzeiger für Sachsen, Thüringen, Bayern, Böhmen, Schlesien, Brandenburg, Anhalt, Prov. Sachsen, Hessen-Nassau. Redact.: Rob. Gruner. Jhg. 3. 1884. Leipzig 1884. gr. 4.
Vorher: Allgemeine Holz-Industrie-Zeitung.

Holz-Industrie-Zeitung. Organ für rohe und vorgearbeitete in- und ausländ. Hölzer und Korbweiden. Anzeiger für öffentl. Holzverkäufe und Submissionen. Redact.: Rob. Gruner. 4. Jahrg. 1885. 52 Nrn. (à Nr. 1/2 Bog.) gr. 4. Leipzig, Gruner. * 10 —
Fortsetzung, s. **Holz- und Forst-Anzeiger**, allgemeiner.

- – Organ für rohe und vorgearbeitete in- und ausländische Hölzer und Korbweiden. Anzeiger für öffentliche Holzverkäufe und Submissionen. Red.: R. Gruner. Jhg. 4—9. 1885—90. Leipzig. gr. 4.

Holz-Industrie-Zeitung. Allgemeiner Holz- u. Forst-Anzeiger. Red.: R. Gruner. 9. Jahrg. 1890. 52 Nrn. (1/2 B.) 4. Leipzig, C. F. Gruner. n. 5. —
s.: **Holz- u. Forst-Anzeiger**, allgemeiner.

Holz-Industrie-Zeitung. Allgemeiner Holz- u. Forst-Anzeiger. Geschäftsblatt f. Holz- u. Forst-Industrie, Holz- u. Holzwaaren-Handel. Red.: Rob. Gruner. 10. u. 11. Jahrg. 1891. 1892. à 16 Nrn. (Bog.) Fol. Leipzig, C. F. Gruner. à Jahrg. n. 5. –
Als Fortsetzung dazu erscheint seit August 1892 die „Gruner'sche Zeitung f. Bau- u. Immobilienwesen etc."

Holz-Industrie-Zeitung, allgemeine. Organ für Holz-Industrie, Holz-Handel, Forst-Wirthschaft [Submissions-Anzeiger für die Holzbranche]. In Verbindung mit den hervorragendsten Fachgelehrten, Forstmännern, Technikern, Industriellen hrsg. 2. Jahrg. 1883. 52 Nrn. (Bog. mit eingedr. Holzschn.) gr. 4. Leipzig, Gruner. *

Holz-Industrie-Zeitung, Allgemeine. Organ für die Holz-Industrie, Holz-Handel, Forst-Wirthschaft (Submissions-Anzeiger für die Holzbranche). Jhg. 2. 1883. (Mit eingedr. Holzschn.) Leipzig. gr. 4.
Vorher: Allgemeine Holz-Zeitung.

— Organ f. Holzhandel, Holz-Industrie u. Forstwirthschaft, Holzverkaufs-Anzeiger f. Sachsen, Thüringen, Bayern, Böhmen, Schlesien, Brandenburg, Anhalt, Prov. Sachsen, Hessen-Nassau. Red.: Rob. Gruner. 3 u. 4. Jahrg. 1884 u. 1885. à 52 Nrn. (B.) gr. 4. Ebend. à Jahrg. n. 10. —
cf.: Holz- u. Forst-Anzeiger.

v. Holzing, K. Frz., meine Gefangennehmung in Spanien, 4jähr. Gefangenschaft in Alicante u. endlich d. Rückreise ins Vaterland, nebst Gedichten u. Charaden. 8. Manh. 825. Schwan u. G. 1 ℛ

Holzing-Berstett, Max von

Holzing, Max v., General v. Moltkes Einwirkung auf d. strateg. Gang d. Krieges geg. Dänemark 1864, s. a. Beiheft z. Militär-Wochenblatt.

General v. Moltkes Einwirkung auf den strategischen Gang des Krieges gegen Dänemark 1864. Vortrag, geh. 1897 von **Max v. Holzing**, Prem.Lt. *Berlin: E. S. Mittler & Sohn 1898.* (S. 129–142.) 8° [F.]
— Militär-Wochenblatt. 1898. Beiheft 4, [...]

Der junge Moltke. Eine Studie f. junge Offiziere von [Max] Frh. v. **Holzing-Berstett**, Rittm. Potsdam: A. Stein [1905]. (39 S.) 8° [F.]

Holzing-Berstett, Frhr. v., die Reitkunst im Dienste der Armee, s. a. Militär-Wochenblatt. 1910. Beiheft 3.

Die Reitkunst im Dienste der Armee. Vortrag, geh. 1910 von Frh. [Max] v. Holzing-Berstett, Maj. Die Operationen Mac Mahons von Châlons bis Sedan. Vortrag geh. 1910 von v. Borries, Maj. Berlin: Mittler 1910. S. 61–94. 8° [Umschlagt.]
(Militär-Wochenblatt. 1910, Beiheft 3.)

Holzinger, (Oberamts-Richter) Belehrung der würtemberg. Rathsschreiber ꝛc. 1e Abthl. gr. 8. Ellwangen 840. (Stuttgart, Neff.) n. ½ ℛ

Holzinger, Commentar üb. die Straf-Prozeß-Ordnung f. das Königr. Württemberg, zunächst f. Praktiker. 2 Bde. gr. 8. (65¼ B.) Ellwangen 843–45, Brandegger. *

— s. Notariats-Sportelgesetz, das, für das Königr. Württemberg.

Holzinger, die Schwurgerichte in Württemberg dargestellt nach Anleitung des Gesetzes vom 14. Aug. 1849 über das Verfahren in Strafsachen, welche vor die Schwurgerichtshöfe gehören, mit Erläuterungen, insbesondere unter Berücksicht. seiner Quellen und unter steter Vergleichung desselben mit dem engl., nordamerikan., französ. und belgischen Strafprozesse, so wie mit den neuesten Gesetzgebungen im Großherzogth. Hessen-Darmstadt, in den Königr. Bayern, Preußen und Sachsen, im Kurfürstenth. Hessen, im Großherzogth. Baden ꝛc. Mit dem Gesetztext und einem alphabet. Register. gr. 8. (XX und 315 S.) Stuttgart 849, Cotta'sche Buchh. *

Holzinger, über Verträge, welche d. Erkenntnisse d. Gemeinde-Raths unterliegen, mit Ausschluß d. Pfand-Verträge. Eine Belehr. f. d. württemb. Rathsschreiber u. Gemeinderäthe. gr. 8. (19¼ B.) Ellwangen 841, Brandegger.

HOLZINGER, ADAM: Christliche Stunden-Uhr. Eine Ansprache an das christliche Volk zur heilsamen Betrachtung und geeigneten Benützung der flüchtigen Lebenszeit von einem katholischen Priester. Erweitert und neu herausgegeben von Adam Holzinger, Kaplan in Glogovácz (Glogowatz). Temesvár (Temeswar) 1901. Csanáder (Tschanader) Diöc. Buchdr. 32 S. - 140 mm

Holzinger, Aqu. Berichtigung einer höchst wichtigen Stelle in der Lebensgeschichte Heinrichs IX. oder des Grossmütigen, Herzogs in Baiern. 4. München, s. a. (1808.)

— Berichtigung einer höchst wichtigen Stelle in d. Lebensgeschichte Heinrichs IX. od. d. Großmüthigen, Herzogs in Baiern. gr. 4. Münch., (Franz). 4 gℛ

Holzinger, Aquilin., Berichtigung d. Sterbejahrs Herzogs Milo, nebst e. Versuche e. chronolog. Erklär. einiger freysing. u. and. Urkunden. gr. 4. Münch. 807. (Franz). 12 gℛ

Holzinger, Aqu. Verbesserte Stammreihe der Voreltern Ottos des Grossen, ersten Herzogs in Bayern, aus dem pfalzgräflichen Hause Scheyern-Wittelsbach. 4. München, s. a. (1810.)

— verbesserte Stammreihe d. VoräItern Otto d. Großen, ersten Herzogs in Baiern, aus d. pfalzgräfl. Hause Scheyern-Wittelsbach. gr. 4. Münch., (Franz). 12 gℛ

Holzinger, Bdkt., († d. 25. März 1825.) philolog. Handbuch zum Gebrauch f. Schulen. 4 Bdchen. (1s u. 2s Bdchen, Anleit. zur deutschen u. latein. Sprache.) 8. Landsh. 796. (Storno). 14 gℛ 3s Bdchen, Ursprung u. Fortgang d. Sprache, als Anleit. zur deutsch. u. latein. Schreibart f. d. mittlere Grammatik. 8. Ebd. 797. 16 gℛ 4s Bdchen, theoret.-prakt. Vorbereitung zu d. schönen Wissenschaften nach Eschenburgs Entwurf, angewandt in d. deutschen u. latein., briefhistor. u. poet. Schreibart. 8. Ebd. 798. 7 gℛ Alle 4 Bdchen 1 ℛ 13 gℛ

Holzinger, Carl ..., s. Holzinger, Karl ...

Holzinger, Emil [Cand. med. aus Windsbach]: Aus d. k. Universitätskinderklinik d. Herrn Prof. Dr. Ranke. Zur Frage der Scharlachdiphtherie nebst einer Statistik der in der Klinik vom Januar 1887 bis Juni 1889 beobachteten 115 Scharlachfälle. . . . München, Buchdr. v. M. Ernst, 1889: 16 S. 8°
München, Med. Fak., Inaug.-Diss. v. 1889

Holzinger, Ernst [app. Arzt aus Tübingen]: Zur Casuistik der perforirenden Sarkome der Dura Mater . . . Rudolstadt, Druck d. fürstl. priv. Hofbuchdr. F. Mitzlaff, *1893;* 16 S. 8.
Tübingen, Med. Fak., Inaug.-Diss. v. 1893

Holzinger, F. S., Aritmetica politica per le scuole superiori di commercio (Accademie di Commercio). Prima versione italiana. Vienna 1902. A. Hölder. Preis, 1 K 60 h.

Holzinger, F. S., Lehrbuch der politischen Arithmetik f. höhere Handelsschulen [Handelsakademien] u. zum Selbstunterricht. gr. 8. (IX, 156 S.) Braunschweig 888. Vieweg & Sohn. n. 3. 50

Lehrbuch der politischen Arithmetik für höhere Handelsschulen '(Handelsakad.)' u. z. Selbstunterr. bearb. v. F. S. Holzinger, Prof. ... in Linz. 2. unveränd. Aufl. *Braunschweig: F. Vieweg & Sohn 1898.* (IX, 156 S.) 1 Bd 8.

Holzinger, F. S., Lehrbuch der politischen Arithmetik f. höhere Handelsschulen (Handelsakademien) u. zum Selbstunterricht. 3. unveränd. Aufl. (IX, 156 S.) gr. 8. Braunschweig 904. F. Vieweg & Sohn. n. 3. —; geb. n. 3. 40

—— Lehrbuch des kaufmännischen Rechnens, für kaufmännische Fortbildungsschulen und verwandte Anstalten, sowie zum Selbstunterrichte bearb. gr. 8. (VII, 214 S.) Linz 888, Fink. * 2 40

Holzinger, F. S. Leitfaden d. kaufmännischen Rechnens f. kaufmännische Fortbildungsschulen. 2 Thle. gr. 8. Wien 892, Hölder. [1. (VI, 130 S.) cart. ** 1 20; 2. (III, 72 S.) cart. ** — 90.] cart. ** 2 10

Holzinger, Frid, kleines Schnattermäulchen, s.: Wiesenberger, Frz.

Holzinger, G., Anleitung zur latein. und deutschen Sprache. 4 Bdch. 8. Landsh. Kopp. 796—98. (1r u. 2r 16 gr. 3r 20 gr. 4r 8 gr.)

Holzinger, G., philolog. Handbuch 1s, oder Anleitung zur deutschen und latein. Sprache. 8. Landshut, Hagen. 795.

— Vorbereit. z. schön. Wissenschaften. 8. Ebendas. 793.

Holzinger, Hans [pr. Arzt in Deining in Oberbayern]: Ueber Mikulicz's Fussresektion. . . . München, k. Hof- u. Universitätsbuchdr. v. Dr. C. Wolf & Sohn, 1890; 23 S. 8°
München, Med. Fak., Inaug.-Diss. v. 1890

Holzinger, Heinrich

Holzinger, H., Einleitung in den Hexateuch. Mit Tabellen üb. die Quellenscheidg. gr. 8. (XVI, 511 S. m. 14 Tab. in besond. Hft.) Freiburg i/B. 893. J. C. B. Mohr. n. 15.—

Holzinger, H., Exodus, s.a. Hand-Kommentar, kurzer, zum Alten Testament. 11. Lfg.

Exodus erkl. von Lic. Dr. H. Holzinger, Stadtpfarrer in Ulm. Mit 8 Abb. *Tübingen, Freiburg i. B. & Leipzig: J. C. B. Mohr 1900.* (XX, 155 S.) 8°
= Hand-Kommentar, Kurzer, z. Alten Testament. Lfg 11. [illegible] 5

Holzinger, H., Max v. Eyth. Gedächtnisrede. (7 S.) 8. Ulm 906. H. Kerler. n. — 25

Holzinger, H., Genesis, s.a. Hand-Kommentar, kurzer, zum Alten Testament.

Genesis erklärt v. Lic. Dr. H. Holzinger, Stadtpfarrer in Münsingen (Württemberg). M. 1 Abb. *Freiburg i. B., Leipzig & Tübingen: J. C. B. Mohr 1898.* (XXX, 278 S.) 1 Bd 8.
= Hand-Commentar, Kurzer, z. Alten Testament hrsg. v. K. Marti. Abt. 1. [98. 3431 II]

— das Buch Josua, s.a. Hand-Kommentar, kurzer, zum Alten Testament. 16. Lfg.

Das Buch Josua erkl. von Lic. Dr. H. Holzinger, Stadtpfarrer in Ulm. *Tübingen & Leipzig: J. C. B. Mohr 1901.* (XXII, 103 S.) 8°
= Hand-Kommentar, Kurzer, z. Alten Testament. Lfg 16. [illegible] 10

Holzinger, H., biblisches Lesebuch, s.: Fritschi, W.

Holzinger, Heinrich: Zur Messiasschrift, s. Socin, A.

— Numeri, s.a. Hand-Kommentar, kurzer, z. Alten Testament.

Numeri erklärt von H[einrich] Holzinger, Stadtpfarrer, Ulm. *Tübingen & Leipzig: J. C. B. Mohr 1903.* (XVIII, 176 S.) 8°
= Handkommentar, Kurzer, zum Alten Testament. Abt. 4. [illegible] 9

Holzinger, J. B., zur Naturgeschichte der Hexen. Vortrag, geh. in der Jahres-Versammlg. des naturwissenschaftl. Vereines für Steiermark am 16. XII. 1882. (40 S.) Graz 883. (Berlin, W. Junk.) n. 1. 40
Sonderabdruck aus: „Mitth. d. naturwiss. Ver. f. Steiermark".

(S) Holzinger, J. B., Naturgeschichte d. Hexen. 883.
Jetzt: Leipzig, Th. O. Weigel. Erh. Pr. 2. 50

Holzinger, J. B., eine Rede über das Lotto gehalten am 10. Dezbr. 1868 in öffentl. Versammlung des „deutschen Demokraten-Vereines" zu Graz. gr. 8. (15 S.) Graz 869, Pock. [Verlag Leykam-Josefsthal.] *

Holzinger, Jakob, approb. Arzt aus Windsbach: Ueber ein Fibrom des Ductus hepaticus. *München 1901: M. Ernst.* (23 S.) 8°
München, Med. Diss. v. 1901

Holzinger, Josef, a. Cham i. d. Oberpfalz: Über Assoziationsversuche bei Epileptikern. Erlangen 1908: Junge & Sohn. (70 S.) 8°
Erlangen, Med. Fak., Ref. Specht, Diss. v. 21. März 1908
[Geb. 15. Juli 80 Cham; Wohnort: Erlangen; Staatsangeh.: Bayern; Vorbildung: Gymn. Regensburg Reife Juni 01; Studium: Erlangen 10 S.; Coll. 3. März 08; Approb. 14. Jan 07.]

Holzinger, Karl (Ritter von Weidich)

Holzinger, K.: Acharnensium vv. 463, 507, 860—970. 14 S. Wien, Ther., Progr. 1878.

— Die Aristophanes-Handschriften der Wiener Hofbibliothek. Ein Beitrag zur Systematik der Aristophanes-Handschriften. 1. Die Busbeckeschen Aristophanes-Handschriften. S. 167 4 . . . . 3.20
— — 2. Die Aristophanes-Handschriften des Augurellus, Sambucus, Windhaag und andere. S. 169 4 . . . . 2.80
Separatabdruck

Holzinger, C. R. v., Bericht üb. die Litteratur d. griechischen Komödie aus d. Jahren 1876—1880. S.-A. 1881. 66 S.

Holzinger, Carl, Beiträge zur Erklärung des Demosthenes. I. (Dionysios oder Libanios? Zur ersten olynth. Rede.) Lex.-8. (94 S.) Prag 856, Mercy. *

— Beiträge z. Kenntnis der Ravennasscholien zu Aristophanes. S.-A. 1882. 82 S. 1.20

Holzinger, Carl R. v. Exegetische u. kritische Bemerkungen z. Euripides' Alkestis. Lex.-8. (49 S.) Wien 891, (Tempsky). * 1 —
Aus: Sitzungsber. d. k. Akad. d. Wissensch., besonders abgedruckt.

Holzinger, C., Sur la date de quelques manuscrits d'Aristophane. S.-A. 1910. 15 S. 4°. 1.20

Holzinger v. Weidich, Karl R., die einfachen Formen d. französischen Zeitwortes in geordneter Darstellung. Ein Beitrag zu e. systemat. Grammatik der französ. Sprache f. Studierende. gr. 8. (VIII, 61 S.) Graz 883. Leuschner & Lubensky. n. 1. 60

Holzinger, C. R. v., Ein Idyll d. Maximus Planudes. Gel. 1893. 87 S. 1.

Holzinger: Exegetische Kleinigkeiten. 27 S. 8° (Zu Hom. Verg. Demosthenes.) – Goerz, Progr. 1859.

Holzinger, Karl Ritter v. De verborum lusu apud Aristophanem. 54 S. 8. Progr. Ther. *Wien* 1876.

Holzinger, Carl, de verborum lusu apud Aristophanem. gr. 8. (54 S.) Wien 876. Hölder in Comm. n. 1. —

Holzinger, K. v. Olympia. Ein Vortrag. 20 S. u. 1 Taf. 8. Ther. *Wien* 1883. Progr.

Holzinger K.: Olympia-Vortrag, gehalten in der Theres. Akademie mit 1 Plane. 20. Wien. Ther. 83. Progr.

— *Περὶ τῶν παρ' Ἀριστοφάνει ἀπὸ τῆς λέξεως παιδιῶν. Πρὸς Οὐήκλειον ἐπιστολή.* 22 S. 8. Progr. Ther. *Wien* 1877.

Ὁλζίγγηρου, Κάρολου, περὶ τῶν παρ' Ἀριστοφάνει ἀπὸ τῆς λεξέων παιδίων πρὸς Οὐηκλεῖνον ἐπιστολή. gr. 8. (27 S.) Wien 877. Hölder. n. — 80

—— περὶ τῶν παρ' Ἀριστοφάνει ἀπὸ τῆς λεξέων παιδίων πρὸς Οὐηκλεῖνον ἐπιστολή. [Sendschreiben an Wecklein über die Wortspiele bei Aristophanes.] gr. 8. (27 S.) Ebendas. 877. *

Holzinger, Karl, aus den Papieren eines österreichischen Pädagogen. Ein Beitrag zur Reform der Volksschule. gr. 8. (51 S.) Wien 869, Pichler's Witwe und Sohn.
Aus: Freie pädagogische Blätter, besonders abgedruckt.

— Über die Parepigraphae zu Aristophanes. Eine Scholienstudie. 61 S. 8. Progr. Ther. Wien 1883.

— Aristoteles' u. Herakleides' lakonische u. kretische Politien. S.-A. 1893. 60 S. 1.50

Holzinger, C. v., Aristoteles' athen. Politik u. die Heraclid. Excerpte. S.-A. 1891. 10 S. 1.—

Holzinger, Carl, zur Reform des österreichischen Gymnasialwesens. Vom Standpunkte polyglotter Schulen. Lex.-8. (48 S.) Görz 861. (Wien, Tendler und Comp.) *

Holzinger, C. v., Theokrit in Orchomenos zu I D. XVI 105—109. S.-A. 1892. 5 S. 1.—

HOLZINGER, Carl von
Das Verhältnis der Deutschen Universitäten zu den Bildungsbestrebungen der Gegenwart. Rectoratsrede des Prof. Dr. Carl Ritter von Holzinger. Gehalten in der Aula der k. k. deutschen Carl-Ferdinands-Universität in Prag. Am 4. November 1899. Prag. 1900. Calve. Gr.-8°. 32 S. K —.80

Holzinger. Karl H. (1811–1873). Nekrolog. [A. Progr.] 4. Aarau 1874.

HOLZINGER, Maximilian J. (München): Das Scharlachfell des Auges als pathologisches Product zu beschreiben versucht. - Nördlingen: Beck 1841. 56 S., Taf.
30.5.1840 - Urk: F 65
Diss. Ingolst.-Landsh.-Mchn.

Holzinger, Max. J., das Scharlachfell d. Auges als patholog. Product zu beschreiben versucht etc. Inaugural-Abhandl. gr. 8. ($3^1/_2$ B. u. 1 Stnt.) Nördlingen (841). Beck'sche Bh.

Holzinger, Otto [aus Feuchtwangen '(Mittelfranken)']: Ueber einige Abkömmlinge des Ortho-Diamidostilben und über Ortho-Diamidodibenzyl ... München, Druck v. V. Höfling, 1897; 57 S. 8.
München, Phil. Fak., Inaug.-Diss. v. 1897

Holzinger-Rodenstein, Karl, kalte Frauen od. Rätsel der Liebe. Sexuelle Betrachtgn. üb. gefühllose Frauen u. dadurch bedingte ehel. Disharmonien. Ratschläge e. Arztes. (41 S.) 8. Dresden. Pankow b. Berlin, O. Linser Verl. 1.—

Holzinger-Rodenstein, Karl, Perlen. Neue Gedichte. (80 S.) 8. Berlin (S. W. 11, Luckenwalderstr. 15) (904). E. Hahn. n. 2.—

— Spielmannslieder. Neue Gedichte. (64 S.) kl. 8. Stuttgart 904. Strecker & Schröder. n. —80; geb. n. 1.50

Holzinger-Rodenstein, Karl, einsame Stunden. Gedichte. 2. Aufl. (47 S.) kl. 8. Weida 904. (Thomas.) n. — 75

Holzinger-Weidich, Emerike v., die Unterrichtslehre in der Lehrer-Bildungs-Anstalt. 8. (39 S.) Wien 880. Pichler's Wwe. & Sohn. n. — 60

Hölzinger, s. Land- u. Forstwirtschaft.

Hölzinger, s.: Gesetz, die Landwirtschaftskammer betr.

— s.: Schlachtviehversicherung, die staatliche, im Großherzogt. Hessen.

Hölzinger, K., Politik u. Glauben. Ein Ruf zur Reform. gr. 8. (24 S.) Leipzig 892. [M. Spohr.] C. Fiedler. n. — 50

Hoelzinger, Otto, appr. Arzt a. Langenau i. Württemberg: Aus dem hygienischen Institut zu Gießen. Ein Beitrag zur Frage der Beziehungen zwischen tierischer und menschlicher Tuberkulose. Gießen 1907: v. Münchow. (36 S.) 8°
Gießen, Med. Fak., Ref. Kossel, Diss. v. 9. Mai 1907
[Geb. 12. Apr. 81 Langenau in Württ.; Wohnort: Gießen; Staatsangeh.: Württemberg; Vorbildung: Gymn. Ulm a. d. Donau Reife Juli 00; Studium: Gießen 5, München 2, Gießen 2 S.; Coll. 30. Mai 06; Approb. 8. März 07.]

Der Holzkäufer. Centralblatt für Holzindustrie, Forstwirtschaft und Holzhandel sowie für die gesamte Holzbearbeitungs-Maschinenindustrie. - Hannover. Jg. 1-30. 1904-1933. - (Dann aufgeg. im Dtsch. Holzanzeiger)

Der Holzkäufer. Centralblatt f. Forstwirtschaft, Holzhandel ... Hrsg.: Curt R. Vincentz. [1.] Hannover: Holzkäufer 1904. 4° [05. 5190 3

Hölzke, Herm., Meister Belial. Erzählung. (170 S.) 8. Dresden (910). E. Pierson. 2.—; geb. n 3.—

Hölzke, Herm., Fremdlinge. Ein deutscher Roman in 2 Büchern. (266 u. 293 S.) 8. Dresden 904. E. Pierson. n. 6.—; geb. n. 8.—

Hölzke, Herm., das größte Glück. Tragische Geschichte e. armen Narren. gr. 8. (117 S.) Braunschweig 901. R. Sattler. n. 2. 40; geb. n. 3. 50

Das Häßliche in der modernen deutschen Litteratur. Eine krit. Studie von Hermann Hölzke. *Braunschweig & Leipzig: R. Sattler 1903.* (84 S.) 8° [F.] [03. 6779

Zwanzig Jahre deutscher Literatur. Ästhet. u. krit. Würdigung d. Schönen Literatur d. J. 1885–1905 von Hermann Hölzke, ⟨Berlin-Charlottenburg⟩. Braunschweig: R. Sattler 1905. (231 S.) 8° [F.] [05. 6916

— 20 Jahre deutscher Literatur. Aesthetische u. kritische Würdigg. d. schönen Literatur d. J. 1886—1906. (IV, 226 S.) 8. Braunschweig 906. Leipzig, R. Sattler. n. 2. 50; geb. n. 3. 30

— Kinderseelen. 8 Erzählgn. (343 S.) 8. Dresden 905. E. Pierson. n. 3. 50; geb. n. 4. 50

— die Siegerin. — Die Drei. Zwei märchenhafte Erzählgn. f. junge u. alte Menschen. 8. (XV, 247 S.) Ebd. 900. Geb. in Leinw. n. 5.—

Hölzke, Theodor

Hölzke, T. D. Hume and Th. B. Macaulay. Halle, R., 1862. 17 S. 4. Progr.

Hölzke, Theod. Macaulay über Lord Bacon. 16 S. Progr. Rg. Halle 1876.

Holzkirchen [Schlagwort]

Holzkirchen, s.: Bayern. Karte.

Holzklau, Thomas

Holtzclau, Thom., Dissertatio scripturistica de Assuero Estheris. Würzburg, 1772, 8°.

Holzklau, Th., de Clemente Alexandr. ejusque doctrina morali. Herbip. 1779. 4.

Holtzclau, Thom.; Diatribe scripturistica chronologiam libri et historiam Judith sistens. Würzburg. 1772, 8°.
Hurter, l. c. III, 261: Commentatio magna cum diligentia exarata.

— Harmonia evangelistarum in enarranda Christi anastasis historia ad illustrandum dogma de resurrectione succincta aevi nostri incredulis opposita. Würzburg, Nitribit, 1780, 4°, 16 Bg.
Recens. Litteratur des kathol. Deutschl., Bd. IV (1783), S. 21—30. Das Werkchen zerfällt in 2 Teile: Im ersten wird die Harmonie der Evv., im zweiten die histor. Wahrheit derselben dargethan.

Holtzclau, Thom., Historia Domini nostri Jesu Christi ex concordia evangeliorum. Würzburg, 1774.

Holtzclau, Thom., Honorius I. Summus Pontifex fidelis et innocens sive diss. theologica, qua Honorius I. in causa fidei contra Monotheletas ab omni haeresi, mala oeconomia et neglegentia nova methodo vindicatur. Würzburg 1762, 4°.

— Diss. de Honorio Pontifice in causa fidei contra Monotheletas. 4. Würzb. 762.

Holzklau, Thomas, Institutiones scripturisticae usibus eorum, qui s. Scripturae studio vel lege vel voluptate tenentur. Tom. I. et prodromus complectens prolegomena in Script. s. universam. Würzburg, Riemer, 1775, 8°, 15 Bg.

— de jure et justitia. P. I. II. 8maj. Würzb. 763. a. 770. Stahel. 2 ℔ 4 ℊ

Holzklau, Thom.: De jure et justitia. P. I. II. *Wirceburg.*, Stahel. 780. 8maj. (1 Thl. 4 Gr.)

Holtzclau, Thom., Oeconomia revelationis. Wirceburgi 1776, in 8°
Recens. Nova Biblioth. Frib. IV, 176—9.

— Diss. philosophica de praejudiciis. 4. Würzb. 752.

— de sacramentis N. T. in genere et specie IV Ptes. 8. Würzb. 766—70. Stahel. 2 ℔ 8 ℊ

— de sacramentis ordinis et matrimonii. 8. maj. Ibid. 770.

— de Deo verbo incarnato tract. theolog. 8maj. Würzb. 768. Stahel. 1 ℔

HOLZKLEPPEL, Johann Matthias (ps.), Ganz neues zusamgestoppeltes Frag- und Anzeigblatt (in Nürnberg).
Weller, Lex. Ps. p. 260. — Rar!

Die radiologische Diagnostik der intra- und extraventrikulären Tumoren und ihre spezielle Verwertung zur Frühdiagnose des Magencarcinoms. Von Dr. G[uido] Holzknecht, Privatd. in Wien, u. Dr. S. Jonas, Assist. in Wien. Wien: M. Perles 1908. (IV, 125 S.) 8° [07. 14340

Holzknecht, Guido, die röntgenologische Diagnostik d. Erkrankungen d. Brusteingeweide, s. Fortschritte auf d. Gebiete d. Röntgenstrahlen. 6. Erg.-Hft.

Die röntgenologische Diagnostik der Erkrankungen der Brusteingeweide von Dr. Guido Holzknecht. Mit 60 Abb. u. 8 Taf. *Hamburg: L. Gräfe & Sillem 1901.* (VIII, 229 S.) 4°
— Archiv u. Atlas d. normalen u. pathol. Anatomie in typischen Röntgenbildern. [6.]
— Fortschritte auf d. Gebiete d. Röntgenstrahlen. Erg.H. 6. [01. 10554

Holzknecht, Guido, s.: Mitteilungen aus dem Laboratorium f. radiologische Diagnostik u. Therapie im k. k. allgemeinen Krankenhaus in Wien.

— die Pathologie der Radiumdermatitis, s.: Exner, Alfr.

Holzkonservierung in Amerika (Sammelband). 1903 ff.

Holz-Kubik-Tabellen, neue, od. Berechng. des runden Holzes nach dem Metermaß, nebst Gewichts-Tabelle der verschiedenen Hölzer, Preisberechnungs-Tabelle, Umrechnungs-Tabelle zum Verwandeln des alten bayr. Maßes in's Metermaß u. umgekehrt, sowie Anleitg. zur genauen Berechng. [illegible] beschlag. [illegible] runden [illegible] 3. Aufl. 12. ([illegible]) [illegible]markt [illegible] — 40

Holz-Kubik-Tabellen, neue, od. Berechng. d. runden Holzes nach d. Metermaß, nebst Gewichts-Tabelle der verschied. Hölzer, Preisberechnungs-Tabelle, Umrechnungs-Tabelle z. Verwandeln d. alten bayr. Maßes in's Metermaß u. umgekehrt, sow. Anleitg. z. genauen Berechng. sowohl d. beschnitt., beschlag. u. d. runden Holzstämme. E. unentbehrl. Handbuch f. Forstleute, Holzhändler, Schreiner, Waldbesitzer, Holzarbeiter etc. (4. Aufl.) 12. (22 S.) Neumarkt i. Ob.-Pf. 898. J. Voegl. Kart. — 40

Holzky, Bruno, a. Wormditt: Die Entwicklung der Landwirtschaft in dem ermländischen Bauerndorfe Kleinenfeld. Königsberg i. Pr. 1905: Ostpr. Dr. u. Verl.-Anst. A.-G. (160 S.) 8°
Königsberg, Phil. Fak., Ref. Albert, Diss. v. 15. März 1905
[Geb. 8. Juni 75 Wormditt; Wohnort: Königsberg i. Pr.; Staatsangeh.: Preußen; Vorbildung: Gymn. Braunsberg Reife M. 97; Studium: Königsberg 1, Halle 10 S.; Rig. 21. Febr. 05.]

Hoelzl: Der Bauerngarten als künstliche Pflanzenformation. Eine botanisch-kulturhistorische Skizze. 26 S. 8°
--Wien L., Progr. 1869

HÖLZL, Albert: Religio christiana in Austria propagata a primis exordiis usque ad tempora Caroli Magni. -- (1849) 71 S. 8° (Handschr.) Diss. 75
Diss. Wien, Univ.

Hoelzl, Hans [Assist. am Patholog. Inst. zu München]: Aus d. Patholog. Institut zu München. Ueber die Metamorphosen des Graaf'schen Follikels ... M. e. Taf. (Aus: Virchow's Arch. f. path. Anat. u. Physiol. u. f. klin. Med., Bd 134. 1893.) Berlin, *G. Reimer*, 1893; 39 S., 1 Taf. 8.
München, Med. Fak., Inaug.-Diss. v. 1893

Hölzl, Heinrich

Hoelzl, H., Gedichte. 8. Straubing 828. Schorner. Velinp. 12 ℊ

Hölzl, Heinr., die Grafen Ofinski. Tragödie in 3 Act. br. 8. (6½ B.) Bamberg 837, Literar.-artist. Institut.

Hölzl, Hnr., Rede beim Schützenfeste in Straubing den 21. Juni 1846. 8. Straubing. (Schorner.) 1 ℊ

Hölzl, Heinr., Rede beim Schützenfeste zu Straubing den 21. Juni 1846. 8. (7 S.) Straubing 847, (Schorner.)

HOELZL, Johann (München): Die Luxationen des Unterkiefers.- München: Weiss 1868. 20 S.
5.8.1867 - Urk (Titel: De maxillae inferioris luxatione.); F 71; Chr 1867/68,13
Diss. Ingolst.-Landsh.-Mchn.

Hölzl, Johann Peter

Hölzl, P., Blumengarten für die Jugend. Eine Auswahl von Gedichten und Declamations-Uebungen. 8. Regensburg ... (Augsburg, Kollmann.) ⅜ ℔

Hölzl, J. P., Blumengarten f. die Jugend. 16 Bdchen. 8. Passau, Verf. (Straubing, Hölzl u. Comp.) 813.

Hölzl, Jh. Pt., Blumengarten für d. Jugend; e. Auswahl von Gedichten zu Deklamations-Uebungen. 8. Passau 823. Pustet. 10 gr.

Programm. — Lesefrüchte aus des unvergeßlichen Herders Schulreden. — Prof. Hölzl, K. — 1825. Straubing, Lerno. — S. 3–7.
Progr. Straubing.

— poet. Versuche. 8. Wien 803. (Heigl u. C. Straub.) (Wienbrack in Leipz.) 16 gr. Schreibp. 18 gr.

Hölzl, Jos., Abhandlung üb. d. Bücher-Nachdruck u. d. Sicherung schriftsteller. Rechte. gr. 8. (3¼ B.) Wien 840, (Schaumburg u. Comp.) *

Hölzl, Jos., Beiträge zur Straf-Gesetzgebung. gr. 8. (6½ B.) Wien 835, Grund.

Mostbirn'. Lustige Innviertler Gsangln u. ötla ernsthafte Reim' von Kathi Hölzl. Salzburg: Selbstverl.; Mayr in Komm. [1904]. (94 S.) 8° [F.] (04. 3896

Hölzl, Kathi, Mostbirn'. Lustige Innviertler Gsangln u. ötla ernsthafte Reim'. (94 S. m. Bildnis.) kl. 8. Salzburg (905). (Mayr.) n. 1.—

Hölzl, Laurenz — Hülfsbuch beim Sprachunterrichte in der Wiederholungsschule, als Beigabe zum ersten Sprach- und Lesebuch, leichtfaßlich dargestellt von — — Groß-Beckerek, 1857. Dr. und Verlag von Franz Paul Pleitz. (2 Bl. 90 S. u. 1 Bl. 8.)

Hölzl, Marie, die Mutter. Ein Büchlein zur Belehrung für Frauen. 8. (VI, 60 S.) München 879, Literarisch-artist. Anstalt. *

Hölzl, Marie, die Mutter. Ein Büchlein zur Belehrung für Frauen. 8. (VI, 60 S.) München 880. Literar.-artist. Anstalt. n. — 75

Hölzl, M., die Mutter. Den Frauen zur Belehrung. 2., verm. Aufl., durchgesehen u. bevorwortet von Jos. v. Kerschensteiner. 8. (VI, 112 S. m. 1 Titelbild.) München 891. Bassermann. geb. n. 2.—

Hölzl, Marie, die Mutter. Ein Geleitbuch f. d. junge Frau. Neu bearb. v. Therese Danner. Mit Vorwort von v. Kerschensteiner. 6., verb. Aufl. (XII, 122 S.) 8. München 909. E. Reinhardt. 1.—; geb. in Leinw. 1. 80

Grüß enk Gott, Leutl! 39 alte Hirtenlieder oder Weihnachtsgesänge aus d. Volke u. f. d. Volk ⟨mit Noten u. Angabe d. Begleitakkorde oberhalb d. Takte⟩, gesammelt u. bearb. von Martin Hölzl. Altenmarkt b. Radstadt ⟨Salzburg⟩: M. Hölzl; München: C. A. Seyfried & Co. [1905]. (64 S.) 8° [F.] (05. 11008

(F) Hölzl, M., Grüß' enk Gott, Leutl! 30 alte Hirtenlieder. 8°. (64 S.) Wien: Kirsch 1905. K —.50

Hölzl, Mart., grüß enk Gott, Leutl! 39 alte Hirtenlieder od. Weihnachtsgesänge aus d. Volke u. f. d. Volk (m. Noten u. Angabe d. Begleitakkorde oberhalb d. Takte), zusammengestellt u. bearb. 2., verb. Aufl. (64 S.) 16. Graz 910. Styria. Geb. — 40

Hölzl, M., Lach'n oder rer'n? 30 Volkslieder. 16°. (31 S.) K —.50
Wien: Stritzko & Co. 1903.

Lach'n oder rer'n? 35 Volkslieder ⟨mit Noten u. Angabe d. Begleitakkorde oberhalb d. Takte⟩, gesammelt u. bearb. von Martin Hölzl. Altenmarkt b. Radstadt ⟨Salzburg⟩: M. Hölzl; München: C. A. Seyfried & Co. [1905]. (44 S.) 8° [F.] (05. 11009

— Lach'n od. rer'n? 35 Volkslieder (m. Noten u. Angabe d. Begleitakkorde oberhalb d. Takte), gesammelt u. bearb. (46 S.) kl. 8. Ebd. (909). Kart. — 40

Hölzl, M., 1000 fl. sind wir wert! 37 Volkslieder. 16°. (40 S.) K —.50
Wien: Stritzko & Co. 1903.

Hölzl, Mart., 1000 fl. sind wir wert! 40 Volkslieder (m. Noten u. Angabe der Begleitakkorde oberhalb d. Takte), gesammelt u. bearb. (55 S.) kl. 8. Altenmarkt bei Radstadt (904). (Wien, H. Kirsch.) Kart. n. — 40

— 1000 fl. sind wir wert! 40 Volkslieder (m. Noten u. Angabe d. Begleitakkorde oberhalb d. Takte), gesammelt u. bearb. 4. Aufl. (55 S.) kl. 8. Ebd. (910). Geb. — 40

Hölzl, Max *Eduard Vincenz* [Dr.]: Bedeutung und Gebrauch des Wortes actio bei den lateinischen Schriftstellern. Dresden, Druck v. B. G. Teubner, 1894; 44 S. 4.
Dresden-Neustadt, k. G, OP 1894 (538)

Hölzl, fasti praetorii ab a. u. 687 usque ad a. u. 710. Dissertatio inauguralis. gr. 8. (104 S.) Leipzig 876. Hinrichs' Verl. n. 3. —

Hölzl, Max., fasti praetorii ab a. u. DCLXXXVII usque ad a. u. DCCX. Ed. II. gr. 8. (104 S.) Leipzig 890. Hinrichs' Verl. n. 1. 50

Hölzl, M., der heil. Bischof Nikolaus, der liebe Kinderfreund, s. Kinder-Bibliothek, katholische.

Führer für Welschnofen und Karersee. (Verf. von Paul Hölzl.) Innsbruck & Imst: Verschönerungsverein Welschnofen-Karersee [1899]. 58 S. 8° (10. 11033

Situation der Stadt Bozen, des Curortes Gries u. Umgebung in Tirol. Aufgenommen u. gez. von R. Hölzl. Masst. 1 : 6,450. *Bozen: F. Moser (1902); Lithogr. C. Flemming, Glogau.* (1 Kartenbl. 47×34 cm.) 8° [Umschlagt.:] Plan von Bozen, Gries u. Umgebung. (03. 3000

Hölzl, Thom. P., Geister-Kundgebungen, welche ich während des wachen Zustandes erlebt habe. 1. psycholog. Schrift. gr. 8. (52 S.) Augsburg 887, (Literar. Institut von Dr. M. Huttler.) * — 60

Holzlager-Zollordnung. Gültig v. 1. März 1906 ab. Amtl. Ausg. Berlin: R. v. Decker 1906. (32 S.) 4°(8°) [Umschlagt. F.] (06. 15664

Hölzle, Hans, approb. Arzt aus Augsburg: Über die Aetiologie der Lungengangrän. *München 1903: C. Wolf & Sohn.* (50 S.) 8°
München, Med. Diss. v. 1903

Hölzle, J., Rechnungsbüchlein für d. Landjugend, enthält d. Ziffer- u. Zahlenrechnung, d. 4 Rechnungsarten u. Regel de Tri. 8. Dilling. 821. Roßnagel. (Leipz., Herbig). 3 gr.

Hölzle, R., Zum Aufbau der lyrischen Partien des Aischylos. Diss. 1934. 110 S. 4.—

Hölzlo, Richard August [aus Kirchheim u. Teck (Württemb.)]: Ueber den Ersatz des Hydrazinrestes -NH-NH- durch Wasserstoff, Halogen und Cyan. Zur Kenntnis der Säurehydrazide ... Kirchheim u. T., Druck d. J. Osswald'schen Buchdr., 1893; 36 S., 1 Bl. 8.
Heidelberg, Naturw.-math. Fak., Inaug.-Diss. v. [25. Febr.] 1893

Hölzlein, Johann Laurentius, Musicalische // Andachten /// Nach Anleitung der // Sonn= und Fest=Tags // Evangelien /// zum Gebrauch der // Hoch=Fürstl. Marggräfl. // Baden=Durlachis. // Hof=Capelle // zu Carls=Ruh /// auf das Jahr 1719. // Dem Text nach verfasset /// von // C***. - 228 Seiten.
Auf dem Einbanddeckel steht in Golddruck:
GOTTL. DAN. FIRLE.
BUDSS.
SOCIET. PHILOTEUT.
POETICAE.
D. D. D.
1 7 2 4.
B. S. T. 8°.315.

Joh. Lorenz Hölzlein zeigt die Eröffnung des von Durlach nach Karlsruhe verlegten Gymnasiums an:
Q. D. B. V. Athenaeum Carolocianum Munificentia Serenissimi Principis ac Domini Domini Caroli Marchionis Badensis et Hochbergensis, Landgravii Sausenbergensis, Comitis in Sponheim et Eberstein, Dynastae in Roeteln, Badenweiler, Lahr et Mahlberg etc. etc., S. Caesareae et Catholicae Maiestatis Generalis Campi Marschalli, Circ. Suev. Generalis rei tormentariae Praefecti, Chiliarchi, Principis longe clementissimi A. O. R. MDCCXXI. d. XX. Junii inaugurandum aperit Scholiarcha Marchicus. Joh. Laur. Hölzlein.
Das Programm schliesst mit den Worten: Aperiemus huius Palaestrae januas Oratione inaugurali, idiomate quidem, ne unicum ex civibus nostris provida Principis sui cura circa iuventutem lateat, Germanico stylo, tamen inter Rhetores usitato, die Junii XX. horis antemeridiem a decima ad duodecimam, quam ne audire dedignentur, Musarum Patronos, amicos, praeprimis vero incolas Carolocianos obsecramus, rogamus, Carolocii d. XVI. Junii 1721.
Karlsruhe, P 1721

Hölzlein, Johann Laurentius, H. Sabbaths=Freude; // Das ist: // Musicalische // Andachten // Uber // Alle Sonn= und Feyertags= // EVANGELIA // durch das gantze Jahr /// So in der Hochfürstl. Hof=Capelle zu // Carols=Ruhe // Jedesmal durch Johann Philipp // Käfer aufgeführet werden; // Jetzo zusammen gedruckt / und in ein be= // sonderes Wercklein gebracht. // Zur Ehre deß Dreyeinigen GOttes /// und auf gnädigsten Befehl. // DURLACH /// Druckts und verlegts Andreas Jacob Ma= //schenbauer / Hochfl. Hof=Buchdr. 1718. - 406 S. -
Die vom 5. Juli 1718 datierte Vorrede ist unterzeichnet:
Joh. Laur. Hölzlein / Kirchen=Rath /// Inspector und Prof. Gymn. auch Hof= //Prediger.
B. S. T. 8°.316.

Hölzlein, J. Lor., Warnung v. d. Laster der Trunkenh. 8. Bas. Thurneisen (a. Schweighäuser.) 720.

– –, Die // Grosse Wochen // der // Carlsruhisch=Fürstlichen // Hof=Capelle; // Das ist: // Verschiedene // Geistreiche // Andachten /// Womit der Hochfürstl. Baden= //Durlachische Hof in der so genannten // Marter=Wochen /// M DCC XIX. // Bey denen öffentlichen Gottesdiensten // sich deß leydenden JEsu erinnern // wird. // DURLACH /// Druckts Andreas Jacob Maschenbauer /// Hochfürstl. Hof=Buchdrucker. - 229 S. und noch 1 Blatt (nicht paginiert) Register. -
Die vom 3. März 1719 datierte Vorrede ist unterzeichnet:
Joh. Laur. Hölzlein / Kirchen=Rath /// Inspector, und Prof. Gymn. auch Hof=Prediger.
B. S. T. 8°.314.

Hölzlhuber, Frz., Ansichten der Kronprinz Rudolf-Bahn längs der Strecke von Kastenreith durch's Gesäuse bis Selzthal-Liezen. Mit besond. Berücksicht. der hohen Gebirge, wie sich dieselben vom Waggon aus repräsentiren. Nach der Natur aufgenommen. qu. 8. (8 S. m. 1 chromolith. Panorama in qu. gr. Fol.) Wien 876. Zamarski. geb. 4. —

HÖLZLHUBER, Franz
(F) Gedichte in oberösterreichischer Mundart von Franz Hölzlhuber. Steyr. [1901] Sandböck. Gr.-8°. 90 S. mit 1 Tafel. K 2.—

Hölzlin, J. N., Verzeichniß d. chirurg., geburtshülfl., anatom. u. thierarzneil. Instrumente u. Geräthe, nebst Preisen, welche bei ihm in Freiburg verfertigt werden. 8. Frburg 822. Herder. 4 gr

Holzliste für die Stamm- und Nutzholzversteigerung vom 31. Januar 1901... in den Revieren Klettgau, Hauenthal, Griesbach, Royat und Hemmenthal [der] Staatswaldungen Schaffhausen. 11 + 24 S. 8. [Schaffhausen, H. Meier & Cie., 1901.]

Holzlöhner, G., kurzgefaßte Anleitung f. das Sommerturnen in den Landschulen nach dem „Neuen Leitfaden". Ausführliche Stoffverteilg. in den Frei- u. Gerätsübgn. nebst method. Winken, sowie Fingerzeigen f. die Einübg. v. Reigen ꝛc. 8. (15 S.) Breslau 889. F. Hirt. n. — 15

Rechenbuch für Präparandenanstalten verf. von G. Holzlöhner, Seminarl. in Angerburg. *Breslau: M. Woywod 1901.* (100 S.) 8° [F.] [...]

Hölzlsauer Mich. Beschreibung eines Kühlapparates zum Zwecke der Gährung der Bieres. Innsbruck, Wagner 1852. 8.

Holzman, M.: Geschichte der jüdischen Lehrer-Bildungsanstalt in Berlin. Eine Festschrift z. Feier d. 50j. Bestehns d. Anst. am 8. Nov. 1909 von Dr. M. Holzman, Dir.
Berlin 1909: Hermann. 169 S. 8°

Holzman, M., Geschichte d. jüd. Lehrer-Bildungsanst. Eine Festschr. zur Feier d. 50jähr. Bestehens der Anstalt am 8. XI. 1909. (V, 169 S. m. 2 Taf.) gr. 8. Berlin 909. (M. Poppelauer.) 3. —

Holzman, Michael: De comparationis quae dicuntur in Graeca et Latina lingua particulis. Halis Saxoniae 1866: (Lange in Berlin). 39 S. 8°
Halle-Wittenberg, Phil. Diss. v. 24. Nov. 1866
Geb. Ostrowo 20. 1. 1841. V.
Im Buchhandel Halle (Berlin: Calvary) 1866. — Verf. erlebte die Diplomerneuerung 1916 als Seminardirektor in Charlottenburg.

Holzman, Michael, de comparationis quae dicuntur in graeca et latina lingua particulis. Dissertatio inauguralis philologica. gr. 8. (39 S.) Halis Saxonia 866. (Berlin, Calvary und Comp.) *

Holzmangel, über den, e. Vorstell. an alle sächs. Vasallen zu d. bevorsteh. Landtage, v. H. 8. Leipz. 799. Rein. 2 gr (Walther in Dresd.) 1 gr

— üb. den, und einige Bemerkungen über Holzwuchs u. Holzfrevel, veranlaßt durch das erste Schr. üb. den Holzmangel. 2 Hfte. 8. Lpz. Comt. f. Lit. 799. •

Holzmann

— s. a. **Holtzmann.**

Holzmann, Beiträge zur Berichtigung der v. Schätzell'schen Denkschrift über das Salzwerk Leopoldshall. gr. 8. (63 S.) Cöthen 863, Schettler. *

Holzmann, A.

Holzmann, Atlas für die Jugend ꝛc., s. Atlas.

Holzmann, Atlas für Studierende und alle Freunde der Geographie. Mit 24 illum. Landkärtchen. 4te Aufl. 8. Augsburg, Jenisch und St.

Holzmann, Dr...., Atlas für Studirende u. alle Freunde d. Geographie. Mit 24 ill. Landkärtchen. 8. Augsb.... 5e Aufl. 833. v. Jenisch u. St. 1 ₰ 8 gr

— Guide des Voyageurs en poste par l'Europe comprenant l'Allemagne, la Suisse, l'Italie, l'Espagne, la grand-Brétagne, la Russie, la Suède et le Danemark. Avec un registre alphabétique de toutes les grandes routes etc. Enrichi d'une nouvelle carte des postes de toute l'Europe. gr. 8. Augsb. 819. v. Jenisch u. St. 2 ₰ 9 gr Hbg. Pr. 1 ₰ 16 gr

Holzmann, A., a new and complete Pocket-Dictionary of the english and german languages, containing all words of general use and the common technical terms, the accentuation and pronunciation of english words. II Vols. gr. 12. Augsb. 812. v. Jenisch u. St. 2 ₰ 10 ℊ Postpap. 2 ₰ 18 ℊ

Holzmann, A., new complete Pocket-Dictionary of the english and german languages. 2 Vol. — A. u. d. T.: Neues vollständ. Taschen-Wörterbuch der Englischen u. Deutschen Sprache. Nebst Bezeichnung der Betonung u. Aussprache ꝛc. 2. Ausg. 2 Thle. breit 16. Augsburg 841, v. Jenisch u. Stage'sche Buchh. 1⅝ ₰

— neues u. möglichst vollständ. latein.-deutsches u. deutsch-latein. Taschenwörterbuch, nach den besten jezt erschien. größern Wörterbüchern, besond. nach Scheller, Adelung, Bauer, Nemnich u. Haas bearb. 2 Bde. gr. 24. Augsb. 813. v. Jenisch u. Stage. Velinp. 4 ₰ Postp. 4 ₰ 12 ℊ

— neues voll. [illegible] Taschenwörterbuch nach den [illegible] deutsch [illegible] 2. Ausg. br. 12. Gbb. 812. [illegible]

Holzmann, A., neues vollst. deutsches Wörterbuch, nach d. besten bis jezt erschien. größern Wörterbüchern u. vorzüglich nach Adelung u. Campe bearb. gr. 24. Augsb. 814. v. Jenisch u. St. Velinp. 2 ₰ Postp. 2 ₰ 4 ℊ

Holzmann, Ad., s. **Isidori** Hispalensis de nativitate.

Holzmann, Anton

Holzmann, Ant., Uebersichts-Tabelle der vorzüglich wirklich geprägten Gold-Münzen als Faulenzer von allen Staaten, mit Angabe d. Gewichtes nach holländ. Troy-Mark etc. u. ihres Werthes nach österr. Gulden u. Kreuzern, nebst e. Anh. der in Oesterreich gesetzl. gestatteten Gold-Münzen u. ihres festgesetzten Werthes. Roy.-Fol. Linz 814, Eurich u. Sohn.

— Vergleichung der gebräuchl. Rechnungs-Münzen gegen einander als Faulenzer genau nach der Cölnischen Mark berechnet. Roy.-Fol. Linz 814, Eurich u. Sohn.

Holzmann, Apoll., Ius canon. sec. ord. V. Libr. decretal. Gregorii IX. etc. fol. Augsb. Doll. 762.

— Ius canon. fol. Kempten, Kösel. 762.

Holzmann, August

— u. Rich. **Massinger**, geometrische Anschauungslehre im Anschluss an d. Lehrplan d. bad. Oberrealschulen u. Realschulen. I.—III. Tl. gr. 8. (Mit Fig.) Karlsruhe 897. J. J. Reiff. à n. — 60
I. Pensum d. Klasse V. (32 S.)
II. Pensum d. Klasse IV. (30 S.) Kart.
III. Pensum d. Klasse Unter III. (32 S. m. 1 Fig.) Kart.

— u. Rich. **Massinger**, geometrische Anschauungslehre (in 3 Tln.) im Anschluss an d. Lehrplan der badischen Realschulanstalten. I. u. II. Tl. gr. 8. Karlsruhe, J. J. Reiff. Kart. à n. — 60
I. 1. Abschn. der ebenen Gebilde. Pensum der Klasse V. 3. Aufl. (32 S. m. Fig.) 902. — II. 2. Abschn. der ebenen Gebilde. Pensum d. Klasse IV. 3. Aufl. (30 S. m. Fig.) 902.

— u. Rich. **Massinger**, geometrische Anschauungslehre (in 3 Tln.) im Anschluss an den Lehrplan der badischen Realschulanstalten. II. u. III. Tl. 8. Karlsruhe 904. J. J. Reiff. Kart. à n. — 60
II. 2. Abschn. der ebenen Gebilde. Pensum der Klasse IV. 4. Aufl. (30 S.)
III. Räumliche Gebilde. Pensum der Klasse Unter III. 3., verb. Aufl. (32 S.)

— u. Rich. **Massinger**, geometrische Anschauungslehre (in 3 Tln.) im Anschluss an den Lehrplan der bad. Realschulanstalten. 8. Karlsruhe 907. J. J. Reiff. Kart. à — 60
I. 1. Abschn. der ebenen Gebilde. Pensum der Klasse V. 5. Aufl. (32 S. m. Fig.)
II. 2. Abschn. der ebenen Gebilde. Pensum d. Klasse IV. 5. Aufl. (30 S. m. Fig.)
III. Räumliche Gebilde. Pensum der Klasse Unter III. 4. Aufl. (32 S. m. Fig.)

— die **Berufswahl** im Staatsdienst. Eine Zusammenstellung. der f. das Großherzogt. Baden gelt. Prüfungs-Ordnungen bezw. Aufnahmebedinggn. f. die einzelnen Berufsarten im Civil-, Militär- u. Marinedienst m. ergänz. Erläutergn. u. Mustern f. Eingaben an die betreff. Behörden. Zum Gebrauch f. Behörden u. Unterrichtsanstalten, Studierende u. Schüler, sowie f. Eltern, Vormünder u. Erzieher. 30 Hfte. gr. 8. Karlsruhe (901). J. J. Reiff. à n. — 60; kplt. in 1 Bd. n. 18. —; geb. n. 20. —
1. Berechtigungen der bad. Mittelschulen. Prüfungen am Gymnasium einschl. f. Extraneer; „wilde Examina". Aufnahmebedingungen f. die Hochschulen. (40 S.)
2. Dasselbe. Prüfungen am Realgymnasium einschl. f. Extraneer; „wilde Examina". Aufnahmebedinggn. f. die Hochschulen. (40 S.)
3. Dasselbe. Prüfungen an der Oberrealschule u. Realschule, einschl. f. Extraneer; „wilde Examina". Aufnahmebedinggn. f. die Hochschulen. (40 S.)
4. Evangelische Theologie. Licentiat theol. Docent f. evangel. Theologie. (36 S.)
5. Katholische Theologie. Doctor theol. Docent f. kathol. Theologie. (31 S.)
6. Höherer Dienst in der Justiz, inneren Verwaltg. u. Finanzverwaltg. Doctor jur. — Docent f. Jus etc. (32 S.)
7. Aktuar. Finanzassistent. Grenzkontroleur. Bureauassistent bei der Wasser- u. Straßenbau-Verwaltg. (31 S.)
8. Gerichtsvollzieher. Gefängnißaufsichtsdienst. Waisenrichter, Rechtsagenten ꝛc. Schutzmann u. Gendarm. Steuererheber. Steueraufseher, Grenzaufseher ꝛc. Militäranwärter als zweite Gehilfen der Bez.-Finanz-Stellen. (32 S.)
9. Wissenschaftl. Lehrer. Höherer Archivdienst. Doctor philos. — Docent an Hochschulen. (48 S.)
10. Reallehrer. Musiklehrer. Zeichenlehrer. Gewerbelehrer. Taubstummenlehrer, Landwirtschaftslehrer. (Notiz). (32 S.)
11. Volksschullehrer. Lehrerbildungsanstalten. (Seminare.) (32 S.)
12. Lehrerinnen, einschl. f. weibliche Handarbeiten u. Zeichenlehrerinnen. (36 S.)
13. Arzt u. Staatsarzt. Zahnarzt. Doctor med. — Docent f. Medicin an Universitäten. Hebammenordng. (Notiz). (44 S.)
14. Militär-Arzt. Aufnahmebedinggn. f. die Kaiser-Wilhelms-Akademie. Marine-Arzt. (30 S.)
15. Apotheker. Nahrungsmittelchemiker. Technischer Chemiker (Vor- u. Dipl.-Prüf.) Doctor chem. — Dr. Ing. — Patentanwalt (Notiz). (44 S.)
16. Thierarzt. Militär-Roßarzt. Ausübung des Hufbeschlags. (32 S.)
17. Architekt: Staatsprüfg.; Vor-, akad. Schluß- u. Diplom-Prüf. Dr.-Ing. — Docent an techn. Hochschule. Patentanwalt. (32 S.)
18. Bau-Ingenieur: Staatsprüfung; Vor-, akad. Schluß- u. Diplom-Prüf. Dr.-Ing. — Docent an techn. Hochschule. Patentanwalt. (35 S.)
19. Geometer. Technische u. Schreib-Gehilfen der Bezirksgeometer. (31 S.)
20. Staatlich geprüft. Werkmeister einschl. Bahnmeister, Telegraphenmeister u. Werkführer. Straßen-, Damm-, Brücken- u. Kulturmeister, Straßen- u. Rheinwärter; Brückenwärter. Kaminfegerprüfung. (36 S.)
21. Maschinen-Ingenieur: Staatsprüfungen; Vor-, akad. Schluß- u. Diplom-Prüf. (auch f. Elektrotechnik); Dr.-Ing. — Docent an techn. Hochschule. Patentanwalt. (36 S.)
22. Schiffbau- u. Maschinenbaufach der kaiserl. Marine. Maschinisten u. Marine-Ingenieure der kaiserl. Marine. (31 S.)
23. Forstfach: Staatsprüf., Vor-, akad. Schluß- u. Diplom-Prüf. Dr. philos. nat. — Docent an techn. Hochschule. Berg- u. Hüttenfach. (31 S.)
24. Höherer u. niederer Eisenbahn- u. Verwaltungsdienst. (31 S.)
25. Mittlere u. niedere Stellen bei der Eisenbahn- u. Dampfschifffahrt-Verwaltung, einschl. der Stellen f. weibliche Beamten. (32 S.)
26. Reichs-Post- u. Telegraphendienst (einschl. f. weibliche Beamten). Reichsbankdienst. (40 S.)
27. Offizier-Aufnahmebedinggn. f. die Kadettenanstalten. Höh. Milit. Intendantur-Beamte (Notiz). (35 S.)
28. Militär-Intendantur: Höhere Laufbahn u. Sekretariatsdienst. Zahlmeister. — Unteroffizierschulen. Marine-Intendantur (Notiz). (31 S.)
29. Seeoffizier. Marine-Zahlmeister. Schiffsjungen. Deckoffiziere. (31 S.)
30. Militär-Anwärter: Stellen bei den Reichs-, Staats- u. Kommunalbehörden u. bei Privat-Eisenbahnen. (35 S.)

Holzmann, Aug., für welche **Berufsarten** verlangt der Staat den Besuch e. Mittelschule? od.: Die sogenannten Berechtiggn. der Gymnasien, Realgymnasien, Oberrealschulen u. Realschulen ꝛc. in Baden. Dazu kurze Angabe des weiteren Bildungsganges f. alle in Betracht komm. Berufsarten. Für Schüler, Eltern, Fürsorger u. Erzieher bearb. gr. 8. (40 S.) Karlsruhe (901). (Müller & Gräff.) n. — 85

Holzmann, Aug., s.: **Jahrbuch** f. d. Lehrer an d. Mittelschulen ꝛc. Badens.

— s.: Mentor, badischer.

Badens Orden und Ehrenzeichen, Wappen, Standarten und Flaggen u. d. Uniformen d. Großherzogl. Badischen Civil-Staats-Beamten. Nach amtl. Quellen bearb. von Prof. August **Holzmann**, Realschuldir. Karlsruhe: Gutsch 1909. IX, 275 S. 4°(8°) **[09. 17622]**

— Ordenstafel. [Aus: „Badens Orden- u. Ehrenzeichen".] 65,5×85,5 cm. Farbdr. Karlsruhe (909). F. Gutsch. —10

— Richtigstellung der Schrift des Herrn Professor Hermann Fischer „Auf welche Schule sollen wir unsern Sohn schicken"? s.: Ehrhardt, O.

— welche Pflichten u. Vorbedingungen hat der künftige Einjährig-Freiwillige zu erfüllen? Ein Führer durch sämtl. Bestimmgn. vom Beginne der Wehrpflicht bis (einschl.) zum Eintritt in den aktiven Dienst im Heere od. in der Marine bezw. bis zur Abweisg. v. e. Truppen- od. Marineteil wegen Untauglichkeit. Mit zahlr. Mustern f. Eingaben an die betr. Behörden. Dazu: alphab. Verzeichnisse aller Orte m. militärberecht. Schulen, sowie aller Garnisonen Deutschlands. schmal 8. (VII, 106 S.) Wiesbaden 902. O. Nemnich. n. 1.20; kart. 1.50

Holzmann, C., grapho-statische Skizzenblätter üb. Bogen-, Brücken- u. Dachstuhl-Constructionen. (12 Taf. m. II S. Text.) 48×33,5 cm. Hamburg 909. Boysen & Maasch. In Mappe 8.—

— Studienblätter üb. angewandte graph. Statik, Festigkeits- u. Elastizitäts-Theorie auf dem Gebiete des Brücken-, Eisenbahn-, Hoch- u. Tief-Baues. I. u. II. (25 z. Tl. farb. Bl. m. 11 S. Text u. 25 z. Tl. farb. Bl.) 38,5×32 cm. Hamburg 907. 08. Verlagsanstalt u. Druckerei-Ges. In Mappe à 18.—

Holzmann, C.: Experimentelle Untersuchungen über die Wirkung einiger Arzneikörper auf den Lymphstrom mit Berücksichtigung des Blutdruckes. Dorpat 1878. 57 S.
Dorpat, Vet.-med. Diss. von 1878.

Holzmann, Carl, s.a. Holzmann, Karl

Holzmann, Dn., Fabeln; herausg. v. A. G. Meißner. 4. Leipz. 782. Breitkopf u. H. 12 K

Holzmann, Eman. (geb. Ostrowo 13. 4. 1810): De morbis prostatae. Berolini (1841). (31 S.) 8°
Berlin, Med. Diss. v. 16. Dez. 1841

Holzmann, Ernst, [von] Hottingen [Kt. Zürich]: Ueber die Thioderivate einiger secundärer u. tertiärer aromatischer Amine. Uster: A. Diggelmann Dr. 1888. 45 S., 1 Bl. 8°.
Zürich, Phil. Diss. [v. 5. März 1888].

HOLZMANN, Franz (Regensburg): Über Lungenkrebs. (Titel nach der Urkunde)
13.7.1887 - Urk; Chr 1887/88,17
Diss. Ingolst.-Landsh.-Mchn.

Holzmann, Hermann, aus Marggrabowa i. Pr.: Ueber die Isomerieerscheinung bei den Thiosemicarbaziden. *Erlangen 1902: E. Th. Jacob.* (62 S.) 8°
Erlangen, Phil. Diss. v. 26. Febr. 1901

Holzmann, J. J., Predigt wegen Einführung d. neuen Hannövrischen Katechismus. gr. 8. Celle 791. Schulze. 3 K

Holzmann, J. M., s.a. Holtzmann, Johann Michael

Holzmann, J. M., s. Xenophons Kyropaedie — ejusd. Anabasis.

Holzmann, J. M., Griechischdeutsches Wörterbuch zu Xenophons Anabasis und Kyropädie. Carlsr. 818. 8. 2rthl. 6gr.

Holzmann, Jh. Donat, († d. 31. Dec. 1811.) geistl. Gemüthsversammlung. gr. 8. Wien 795. Kaulfuß. 5 K

— Samml. einiger Predigten. 8. Prag 784. Schönfeld. 9 K

— Trauerreden auf Leopold II., Röm. Kaiser. 4. Wien 796. A. Doll. 4 K

– 's erste Vorlesung von dem Vergnügen und Nutzen der reinen und angewandten Mathematik. Schönfeld, Wien 1784.
1 vol. 16 S.

— der Wasserfreund. Ein Buch f. Gesunde u. Kranke. 8. Wien ... 2e Aufl. 805. Geistinger. (Krüll in Landsh.) 8 K

Holzmann, J. D., der Wasserfreund. Ein Buch f. Gesunde u. Kranke. 8. Wien, Kaulfuß. 805.

Holzmann, Johann Michael (Furthensis), De consensu hypothecae tam magistratui quam feudi domino nocivo ac non nocivo. Von verfänglichen und unverfänglichen Obrigkeitlichen und Lehns-Consensen. Diss. jur. publ. Präs. Heinrich Hildebrand. Altdorf (Jod. Wilh. Kohles) 27. IV. 1729. 40 S. (7.—) 15813
Widm. v.: B. S. Munker, P. G. Nagel, Gottfr. Heinr. Maier, Christoph Moritz Lochner, Heinrich Raab.

Holzmann, Johs., s. a. Hoy, Senna.

Goldene Kätie. Eine Künstlernovelle von Senna Hoy [d. i. Johannes Holzmann]. *Berlin-Steglitz: H. Priebe & Co. 1904.* (63 S.) 8° [5.] [04. 494]

Holzmann, Jos., die Einführung der Landkrankenpflege. Ein Referat. (16 S.) 8. Augsburg 907. Literar. Institut v. Dr. M. Huttler. —25

Holzmann, Karl

Binbirkilise. Archäolog. Skizzen aus Anatolien. Ein Beitrag z. Kunstgesch. d. christl. Kirchenbaues von Carl **Holzmann**, Ingen. Hamburg Boysen & Maasch (1904). (1 Bl., 9 Taf.) 4° [Umschlagt.] [05. 500]

Holzmann, Carl, Binbirkilise. Archäologische Skizzen aus Anatolien. Ein Beitrag zur Kunstgeschichte des christl. Kirchenbaues. (9 [2 farb.] Taf. m. 1 Bl. Text.) 4. Hamburg (905). Boysen & Maasch. n. 5.—

Holzmann, *Karl Gustav Oskar* Ernst [Arzt]: Fibroma molluscum permagnum labii maioris dextri ... Marburg, *J. Brückner, Magdeburg,* 1896; 27, IV S., 1 Doppeltaf. 8.
Marburg, Med. Fak., Inaug.-Diss. v. [18.] März 1896

Holzmann, Karl, theoretischer u. praktischer Führer f. den Rechtschreibunterricht, s. i. Görl, Jos.

Holzmann, Käthe, goldene Saatkörner. Eine Sammlung goldner Ratschläge zur Führg. des tägl. Lebens. Nach d. Engl. gr. 8. (32 S.) Oranienbaum 899. Buchdruckerei Oranienbaum. —75

Holzmann, Käthe, goldne Saatkörner. Eine Sammlg goldner Ratschläge zur Führg. des tägl. Lebens. Nach dem Engl. (55 S.) 8. Oranienbaum (909). Buchdr Oranienbaum. 1.—

Holzmann, M., Anleitung zur Fixirung unständiger Getreid-Zehenten, unter Zugrundlage des im Königr. Bayern bestehenden Steuer-Definitivums. gr. 8. (24 S.) Augsburg 850, (Kollmann'sche Buchh.) *

Holzmann, Max [aus Konitz]: Zur klinischen Kenntnis der akuten Endokarditis ... Berlin, C. Vogts Buchdr., *1891;* 28 S., 2 Bl. 8.
Berlin, Med. Fak., Inaug.-Diss. v. 15. Juni 1894

Holzmann, Max, praktisch-elektrische Versuche und Aufschlüsse aus geprüften Erfahrungen. Mit 1 Steintaf. 8. Ingolstadt 837. (Regensburg, Manz.) 5 gl

Holzmann, Menachim, aus Pinsk (Russl.): **Ergebnisse der Lumbalpunction an Kindern bei Meningitis tuberculosa.** *Berlin (1900): G. Schade.* (42 S.) 8°
Berlin, Med. Diss. v. 19. Juli 1900

Holzmann, Michael (Hrsg.), s. Adressbuch der Bibliotheken der österr.-ung. Monarchie.

Deutsches Anonymen-Lexikon. Aus d. Quellen bearb. von Dr. Michael **Holzmann** u. Dr. Hanns Bohatta. Bd 1–6. Weimar: Ges. d. Bibliophilen 1902–11. 8°
1.-4. 1501–1550. 1. A–D. 1902. 2. E–K. 1903. 3. L–R. 1905. 4. S–Z. 1907. 5. 1850–1908. 1909. 6. 1501–1910, Nachtrag u. Berichtigungen. 1911.
(Gesellschaft d. Bibliophilen. [3.]) 11. 18691

Holzmann, Michael, und Bohatta, Hanns. Deutsches Anonymen-Lexikon 1501—1850. Aus den Quellen bearbeitet. Band 1 ...—3.... 8. Weimar, Gesellschaft der Bibliophilen (Gedr. von Breitkopf & Härtel in Leipzig). [*je* geb. M. 13.50] Bibl.
Band 1: A—D. XVI + 422 S. 1902.'— Band 2: E—K. IV + 381 S. 1903. — Band 3: L—R. IV + 400 S. 1905.

Holzmann, Michael, und Bohatta, Hanns. Deutsches Anonymen-Lexikon 1501—1850. Aus den Quellen bearbeitet. Band 4: S—Z. VI + 446 S. 8. Weimar, Gesellschaft der Bibliophilen (Gedr. von Breitkopf & Härtel in Leipzig), 1907. [geb. M. 14.—] Bibl.

Holzmann, Michael, und Bohatta, Hanns. Deutsches Anonymen-Lexikon. Aus den Quellen bearbeitet. Band 5: 1851—1908. VI + 352 S. 8. Weimar, Gesellschaft der Bibliophilen (Gedr. von Breitkopf & Härtel in Leipzig). 1909. [geb. M. 15.75] Bibl.

Holzmann, Mich., Ludwig Börne. Sein Leben und sein Wirken, nach den Quellen dargestellt. 8. (VIII, 402 S.) Berlin 888, Oppenheim. * 5 —

Holzmann, Mich., aus dem Lager der Goethe-Gegner, m. e. Anh.: Ungedrucktes von u. an Börne, s.a. Literaturdenkmale, deutsche, des 18. u. 19. Jahrh. Nr. 129.

Aus dem Lager der Goethe-Gegner mit e. Anh.: Ungedrucktes von u. an [Ludwig] Börne von Michael **Holzmann.** *Berlin: B. Behr 1904.* (224 S.) 8°
— **Literaturdenkmale**, Deutsche, d. 18. u. 19. Jahrh. No 129. (03.13360

Holzmann, Michael, und Bohatta, Hanns. Deutsches Pseudonymen-Lexikon. Aus den Quellen bearbeitet. [Mit Vignette.] IV + XXIV + 323 S. 8. Wien und Leipzig, Akademischer Verlag, 1906. [geb. Subscr. M. 20. —, im Buchh. 30. —] Bibl.
(Gedruckt in nur 700 hand-schriftlich numerierten Exemplaren. — Nr. *188.*)

Holzmann, M(oritz): Kunsterziehung und höhere Schule. Hamburg (1906): Schröder & Jeve. (29 S.) 8°
Hamburg, OR vor d. Holstentore OP 1906 (909)

Holzmann, Moritz, med. pract. von Zürich, z. Z. Secundararzt der med. Klinik in Zürich: Ueber Tetanus. Nach Erfahrungen aus der chirurgischen Klinik zu Zürich. 1881–1891. (Zür. A. Diggelmann Dr.) [1894]. 104 S. 8°.
Zürich, Med. Diss. [v. 29. Dec. 1894].

Holzmann, Phil., († 1811.) hercynisches Archiv, od. Beitrr. zur Vermehrung der Kunde des Harzes. 1r Bd., 4 Stücke. gr. 8. Goslar u. Halle 804, 5. Waisenh. = B. 2 ₰

-- Dasselbe, s.a. Archiv, Hercynisches.

Holzmann, Siegfried: Ein Fall von Struma cystica ossea mit Fistelbildung! *Heidelberg: Th. Amann 1896.* (19 S.) 8°
Würzburg, Med. Diss. v. 1896

Holzmann, Sigmund, aus Schäftlarn: **Beiträge zur Trennung und Bestimmung der Glieder der gesättigten Fettsäurereihe.** *Berlin [1898]: Denter & Nicolas.* (37 S.) 8°
München, Phil. Diss. v. 1898

Holzmann, Willy, appr. Arzt: Blutdruck bei Alkoholberauschten. Berlin 1908: Schumacher. 46 S. 8° ¶(Aus: Archiv f. Psychiatrie u. Nervenkrankh. Bd 45, H. 1.)
München, Med. Diss. v. 11. Jan. 1909, Ref. Kraepelin
[Geb. 20. Sept. 78 Hamburg; Wohnort: Hamburg; Staatsangeh.: Hamburg; Vorbildung: Wilhelm-Gymn. Hamburg Reife Juli 02; Studium: München 10 S.; Coll. 11. Jan. 09; Approb. 31. Jan. 08.] [U 09. 3341

Holzmann-Forrer, Frau Clara, s.: Forrer, Clara.

Holzmärker-Gerbode, Josephine, lyrische Gedichte. 4 Hefte. 8. (XXXI und 271 S.) Worbis 849,50. (Göttingen, Vandenhoeck und Ruprecht.) *

Der Holzmarkt. - Berlin. Jg. 1-56. 1883-1939.
Forts. s.: Dtsch. Holzwirtsch. (Berlin)

Der Holzmarkt. Offertenblatt für die gesamte Holzbranche. Offizielles Organ des schlesischen Forstvereins. - Bunzlau. Jg. 1-7. 1884-1890. - (M. n. ersch.)

Holzmarkt, der. Offertenblatt für die gesamte Holzbranche. Offizielles Organ des schles. Forst-Vereins. Redact.: L. Fernbach. 4. und 5. Jahrg. 1887 und 1888. à Jahrg. 89 Nrn. (Bog.) Fol. Bunzlau, (A. Appun.) à Jahrg. ** 2 40
Die ersten 3 Jahrge. waren nicht im Handel.

Holzmarkt, der. Offertenblatt f. die gesammte Holzbranche. Offizielles Organ d. schles. Forst-Vereins. Redact.: L. Fernbach. 6. u. 7. Jahrg. 1889 u. 1890. 6. Jahrg. 36 Nrn.; 7. Jahrg. 52 Nrn. (Bog.) Fol. Bunzl., (C. Appun). à Jahrg. ** 2 40
Nicht mehr im Handel.

Deutscher Holzmarkt und Forstanzeiger. - Pößneck. Jg. 1-30. 1896-1925.
Forts. s.: Das Holz. (Pößneck)

Internationaler Holzmarkt. Holztechnische Weltschau. Wien. Jg. 1. 1910 ff.

Sächsischer Holzmarkt. - Großhartmannsdorf/Sachs. 1906-1933. - (Dann aufgeg. i. Dtsch. Holzanzeiger)

Holzmayer, J. B., das Bad Arensburg auf der Insel Oesel. Mit (lith.) Karte u. Plan. Ein Rathgeber für Curgäste. 12. (VII, 86 S.) Arensburg 880. (Riga, Kymmel.) n. 2. —

Holzmayer, J. B. Das Kriegswesen der alten Oeseler. Arensberg 1867. 8°. (Progr.)

Holzmayer JB, Osiliana. Erinnerungen aus dem heidnischen Götterkultus etc. (Verhandlungen der Estnischen Gesellschaft VII, 2) Dorpat 1872

Holzmayer, J. B., Umschau in den Unterrichtsräumen der Schule und des Hauses. Rede, gehalten auf dem Schulaktus im Gymnasium zu Arensburg am 18. Decbr. 1876. Mit einem Anhang, enth. Anweisung zur Leitung von der Zimmer-Gymnastik entnommenen Leibesbewegungen bei einer grösseren Anzahl von Zöglingen. Hrsg. von S. Ritter. gr. 8. (55 S. mit 2 Tab. in qu. 4.) St. Petersburg 877, (Deubner.) **

Holzmayer, Wolfg., († d. 22. Dec. 1791.) s. 1) Bossuet, Predigten. 2) Geichies Lehrsäße.

SOHN, Der verlorne, in Seinem Abschiede (von *Wolfgang Holzmayr*). Salzburg, o. J. (175?).
Anon.-Lex. IV. p. 93 (nach Hittmair u. der Vierteljahrschrift f. Littgesch.).

— — in seinem Elende (vom Vorigen). Ebd., o. J. (175?).
l. c. (nach Hittmair).

— — in seiner Rückkehr (vom Vorigen). Ebd., o. J. (175?).
l. c. p. 94 (nach Hittmair).

Holzmeyer's, Hans, Durchzüge, (v. Jh. Gll. Münch). 2 Bde. 8. Leipz. 799. Weygand. 20 gr.

Holzmeister, Robert ohne Land. Ritterschspl. in 4 A. 8. Speyer 790. (Leipz., Wienbrack). 6 gr.

Holzmeister, U., S. J., 2. Cor. 3, 17: Dominus autem Spiritus est. Eine exeget. Untersuchg. m. e. Übersicht üb. die Geschichte der Erklärg. dieser Stelle. (X, 104 S.) 8. Innsbruck 908. F. Rauch. 1.50

Holzmiller, Jh. Joach., medicin.-chirurg. Kalender auf d. J. **1810**, oder prakt. Tagebuch f. Aerzte u. Wundärzte zum Behuf e. höhern Bildung u. Vervollkommnung ihrer Kunst etc. Fol. Kempten 810. Dannheimer. 12 gr.

— Kunst, sich selbst zu kennen. 8. Kempt. 806. Kösel. 6 gr.

— das Wesen d. Schutzpocke. Ein Wort üb. Schutzpockenimpfung etc. 8. Kempt. 810. Dannheimer. 6 gr.

Holzmüller, C. G., neues Fabelbuch für Kinder. Mit 60 Bildern. Nebst einem Anhange für das ernste u. heitere Jugendleben. gr. 8. Leipzig 842, Krappe. n. 1⅓ ℛ col. 2 ℛ

— der kleine Hausirer, oder Gott lenket die Schicksale der Menschen wunderbar. Eine Erzählung aus dem Leben für Kinder u. Kinderfreunde. Mit illum. Titelbild. kl. 8. Leipzig 841, Wöller. ⅔ ℛ

— neues Religions- und Spruchbuch nebst hinzugefügten passenden Gedenkversen, in einem zweijähr. Cursus abgefaßt für Kleinkinderschulen u. für die untersten Classen in Bürger- u. Landschulen. 12. Leipzig 843, Krappe. ⅛ ℛ

Holzmüller, Ferdinand Gustav: Ueber die Anwendung der Jacobi-Hamilton'schen Methode auf den Fall der Anziehung nach dem electrodynamischen Gesetze von Weber. Halle (1870): Karras. 23 S. 8°
Halle-Wittenberg, Phil. Diss. v. 15. Juni 1870
Geb. Merseburg 2. 1. 1844. V.
Ersch. auch in: Zeitschrift f. Mathematik u. Physik. Bd 15. Leipzig 1870. S. 69—91.

Holzmüller, Friedrich August (Allerstadt/Thür.), De peripneumonia. Diss. med. Wittbg. (Meinel) 16. V. 1807. 20 S. (6.20) 15814

Holzmüller, Gust., über die konforme **Abbildung** mittelst ganzer und gebrochener rationaler Funktionen komplexen Arguments und die damit zusammenhängenden isothermischen Kurvensysteme. 4. (12 S.) Hagen 880. (Berlin, Mayer und Müller.) *

Elementare kosmische Betrachtungen über das Sonnensystem und Widerlegung der von Kant und Laplace aufgestellten Hypothesen über dessen Entwicklungsgeschichte. Einige Vorträge von Prof. Dr. Gustav **Holzmüller**. Mit 8 Fig. Leipzig: B. G. Teubner 1906. (V, 98 S.) 8° [06. 15846

Holzmüller, Gust., üb. d. Beziehgn. d. mathematischen Unterrichts z. Ingenieur-Wesen u. z. Ingenieur-Erziehg. [Aus: „Zeitschr. f. lateinlose höhere Schulen".] Auszugsweise vorgetr. auf d. Hauptversammlg. d. Vereins z. Förderg. d. Unterrichts in d. Mathematik u. d. Naturwissenschaften zu Elberfeld, Pfingsten 1896. gr. 8. (28 S. m. Fig.) Leipzig 896. B. G. Teubner. n. — 60

— Vollständige Durchführung einer isogonalen Verwandtschaft, die durch eine gebrochene Funktion zweiten Grades repräsentirt wird.
Leipzig 1881.

— vollständige **Durchführung** einer isogonalen Verwandtschaft, die durch eine gebrochene Function 2. Grades repräsentirt wird. [Aus: „Mathemat. Annalen".] 8. (32 S. m. 4 Steintaf.) Leipzig 882. (Teubner.) n. 2. —

—— **Einführung** in die Theorie der isogonalen Verwandtschaften und der conformen Abbildungen, verbunden mit Anwendungen auf mathemat. Physik. gr. 8. (VIII, 284 S. mit 26 lithogr. Taf.) Ebendas. 882.

Holzmüller, Gustav, Dr., Einführung in die Theorie der isogonalen Verwandtschaften und der conformen Abbildungen, verbunden mit Anwendungen auf mathematische Physik. Leipzig 1882.

Vorbereitende Einführung in die Raumlehre. Von Prof. Dr. Gustav **Holzmüller**. Im Anschluß an d. preuß. Lehrpläne von 1901 ... bearb. ... Mit 76 Fig. *Leipzig & Berlin: B. G. Teubner 1904.* (X, 123 S.) 8° [S.]
[04. 13139

Holzmüller, Gust., **Einführung** in das stereometrische Zeichnen. Mit Berücksicht. der Krystallographie u. Kartographie. gr. 8. (VI, 102 S. m. 16 Steintaf.) Leipzig 886. Teubner. cart. n. 4. 40

Holzmüller, Gust., Elemente der Stereometrie. 4 Tle. gr. 8. Leipzig, G. J. Göschen. n. 34. —; geb. in Leinw. n. 37. —

1. Die Lehrsätze u. Konstruktionen. Mit 282 Fig. (XI, 383 S.) 899. n. 6. —; geb. n. 6. 60
2. Die Berechnung einfach gestalteter Körper. Mit 156 Fig. u. zahlr. Übungsspielen. (XV, 477 S.) 900. n. 10. —; geb. n. 10. 80
3. Die Untersuchung u. Konstruktion schwierigerer Raumgebilde. Guldinsche Drehungskörper u. Drehungsflächen m. ihren Verallgemeinergn. Schraubenflächen, Röhrenflächen u. ihre Verallgemeinergn., nebst ihren Inversionsverwandten. Krümmungslinien u. isotherm. Kurvenscharen auf diesen Flächen. Konforme Abbildgn. (XII, 333 S. m. 126 Fig.) 902. n. 9. —; geb. n. 9. 80
4. Fortsetzung der schwierigeren Untersuchgn. Berechnung u. stereometr. Darstellg. v. stat., Trägheits- u. Centrifugal-Momenten homogener Raumgebilde. Simpsonsche Regel, verallgemeinerte Schichtenformel, gewisse Zuordngn. u. konforme Abbildgn. im Dienste solcher Bestimmungen. Nachtrag üb. das Katenoid, seine Krümmungsverhältnisse u. sphär. Abbildg. u. üb. seinen Zusammenhang m. der Gaussschen Pseudosphäre u. der Minimal-Schraubenregelfläche. (XI, 311 S. m. 89 Fig.) 902. n. 9. —; geb. n. 9. 80

—— errichtet lateinlose Schulen, s. Zeit- und Streit-Fragen, deutsche.

Holzmüller G, errichtet lateinlose Schulen! (Zeit- und Streitfragen, Deutsche, Neue Folge 6. 7) Berlin 1880

— s.: Fachschulwesen, d. gewerbl., in Preußen.

Holzmüller, G., zur Frage der nicht reorganisirten Gewerbeschule. Mit besond. Berücksicht. der Hagener Schulverhältnisse. gr. 8. (32 S.) Hagen 875. Hammerschmidt. n. — 60

— d. Ingenieur-Mechanik in elementarer Behandlg. 1. u. 2. Tl. gr. 8. Leipzig, B. G. Teubner. Geb. in Leinw. n. 11. —
1. D. stat. Momente u. Schwerpunktslagen, d. Trägheits- u. Centrifugalmomente f. d. wichtigsten Querschnittsformen u. Körper d. techn. Mechanik in rechn. u. graph. Behandlg. unt. Berücksicht. d. Methoden v. Nehls, Mohr, Culmann, Land u. Reye. M. 287 Fig u. zahlr. Übungsaufgaben. (XI, 340 S.) 897. n. 5. —
2. A. u. d. T.: D. Potential u. s. Anwendg. auf d. Theorien d. Gravitation, d. Magnetismus, d. Elektrizität, d. Wärme u. d. Hydrodynamik, in elementarer Behandlg. dargest. M. 237 Fig., zahlr. Übungsbeispielen u. e. Anh. üb. die Masseinh. (XVII, 440 S.) 898. n. 6. —

Holzmüller, G., der Kampf um die Schulreform in seinen neuesten Phasen. gr. 8. (120 S.) Hagen i/W. 890. Stracke. n. 1. 50

— dasselbe. 2. Aufl. gr. 8. (V, 122 S.) Ebd. 890. n. 1. 50

Holzmüller, Gust., methodisches Lehrbuch der Elementar-Mathematik. 1. u. 2. Tl. gr. 8. Leipzig 894. B. G. Teubner. Geb. in Leinw. n. 5. 40
1. Nach Jahrgängen geordnet u. bis zur Abschlußprüfg. der Vollanstalten reichend. (VIII, 212 S. m. 142 Fig.) n. 2. 40
2. Für die 3 Oberklassen der höheren Lehranstalten bestimmt. (VII, 273 S.) n. 3. —

— method. Lehrbuch d. Elementar-Mathematik. 2 Tle. im Anschl. an d. preuß. Lehrpläne v. 1892 nach Jahrgängen geordnet u. b. z. Abschlußprüfg. d. Untersekunda reichend. gr. 8. Ebd. 895. Geb. in Leinw. n. 5. 40
1. (VIII, 228 S. m. 138 Fig.) 895. n. 2. 40
2. (VIII, 279 S. m. 190 Fig.) 896. n. 3. —

— dasselbe. 3. Thl. Lehr- u. Übungsstoff z. freien Auswahl f. d. Prima realist. Vollanstalten u. höh. Fachschulen, nebst Vorbereitgn. auf d. Hochschul-Mathematik. gr. 8. (VIII, 224 S. m. 160 Fig.) Ebd. 895. Geb. in Leinw. n. 2. 80 (kplt.: n. 8. 20)

— dasselbe. (In 3 Tln.) 1. Tl., nach Jahrgängen geordnet u. b. z. Abschlußprüfung der Vollanst. reichend. 2. Doppel-Aufl. 4. bis 8. Taus. gr. 8. (VIII, 229 S.) Ebd. 895. Geb. in Leinw. n. 2. 40

— methodisches Lehrbuch der Elementar-Mathematik. 1. u. 3. Tl. 8. Ebd. Geb. in Leinw. n. 7. 20
1. Bis zum Abschluß der Untersekunda reichend u. im Anschluß an die preuß. Lehrpläne v. 1901 f. die Oberreal- u. Realschulen neu bearb. 4. Doppel-Aufl. (XII, 320 S. m. 192 Fig.) 904. n. 2. 80
3. Lehr- u. Uebungsstoff zur freien Auswahl f. die Oberklassen realist. Vollanstalten u. höherer Fachschulen, nebst Vorbereitgn. auf die Hochschulmathematik. 2. Aufl., im Anschluß an die neuen preuß. Lehrpläne m. besond. Berücksicht. der Anwendgn. bearb. (XIV, 370 S. m. 223 Fig.) 903. n. 4. 40

Holzmüller, Gustav: Die Neuregelung des Berechtigungswesens in Preussen. Von –. Separatabdruck aus der Zeitschrift für lateinlose höhere Schulen. 1892. Januar. Hamburg. (1892.)8°

— die Planimetrie f. das Gymnasium, im Anschluß an die preuß. Lehrpläne von 1901 methodisch bearb. Nach Jahrgängen geordnet u. m. zahlreichen Uebungsaufgaben zur freien Auswahl versehen. 1. Tl.: Von Quarta bis Untersekunda einschließlich reichend. 2. Aufl. (VIII, 240 S. m. 149 Fig.) 8. Leipzig 905. B. G. Teubner. Geb. n. 2. 40

Die Planimetrie für das Gymnasium im Anschluß an d. preuß. Lehrpläne von 1901, methodisch bearb. von Prof. Dr. Gustav Holzmüller. Nach Jahrg. geordnet u. mit zahlr. Übungsaufg. z. freien Auswahl versehen. 2. Aufl. T. 1. Leipzig & Berlin: B. G. Teubner 1905. 8° [J.]

Das Potential und seine Anwendung auf die Theorien der Gravitation, des Magnetismus, der Elektrizität, der Wärme u. der Hydrodynamik in elementarer Behandlung dargest. v. Prof. Dr. Gustav Holzmüller ... Mit 237 Fig., zahlr. Übgsbeisp. u. e. Anh. üb. d. Masseinheiten. *Leipzig: B. G. Teubner 1898.* (XVII, 440 S.) 1 Bd 8.
— Holzmüller, G.: Die Ingenieur-Mathematik ... Tl 2.

—— Lateinlose höhere Schulen u. gewerbliche Fachschulen. Vortrag auf dem Städtetage der Prov. Westphalen zu Dortmund am 6. Juni 1890. gr. 8. (18 S.) Hamb., Meißner's Verlag. — 30
Aus den Protokollen d. Städtetags, besonders abgedruckt.

— lateinlose höhere Schulen u. gewerbliche Fachschulen. Vortrag. [Aus den Protokollen d. Städtetags.] gr. 8. (18 S.) Hamburg 890. O. Meißner's Verl. — 30

— das technische Schulwesen, s.: Schmid, K. A., Geschichte der Erziehung.

Die neueren Wandlungen der elektrischen Theorien einschließlich der Elektronentheorie. 2 Vorträge von Dr. Gustav Holzmüller. Mit 22 Textfig. Berlin: J. Springer 1906. (VIII, 119 S.) 8°

— s.: Zeitschrift f. lateinlose höhere Schulen.

Holzmüller, Karl: Die Gruppe des Bacillus mycoides Flügge. Ein Beitr. z. Morphol. u. Physiol. d. Spaltpilze. Mit 14 Fig. u. 9 Photogr. im Text. Jena: Fischer 1909. 52 S. 8°
(Aus: Centralblatt f. Bakteriol. Abt. 2. Bd 23.)
Heidelberg, Naturw.-math. Diss. v. 12. März 1909, Ref. Klebs
[Geb. 18. Juni 85 Weingarten i. B.; Wohnort: Durlach; Staatsangeh.: Baden; Vorbildung: Gymn. Karlsruhe Reife Sommer 04; Studium: Karlsruhe Techn. Hochsch. 3, Heidelberg 5 S.; Rig. 18. Dez. 08.] [U 09. 2046

Holzner, Eugen: Die Beziehungen des Platonischen Phaidros zur XIII. Rede des Isokrates gegen die Sophisten.
Prag: Phil. Diss. 1887.

Holzner, Eug., Plato's Phaedrus u. die Sophistenrede des Isokrates, s. a. Studien, Prager, aus dem Gebiete der classischen Alterthumswissenschaft.

Holzner. E., Plato's Phaedrus u. d. Sophistenrede d. Isocrates. 1894. 49 S. 1.20

Holzner, Eug., Studien zu Euripides. Gedruckt mit Unterstützung d. Gesellschaft z. Förderung deutscher Wissenschaft, Kunst u. Literatur in Böhmen. gr. 8. (IV, 123 S.) Wien u. Prag 895. F. Tempsky. — Leipzig, G. Freytag. n. 4. —

Holzner, F., Notizen f. den Dienst in der Festungs-Artillerie, s.: Rollinger, L.

Holzner, Ferd., d. elektr. Kraftübertragungsanlage am Zieglerschachte bei Nürschau. [Aus: „Öst. Zeitschrift f. Berg- u. Hüttenwesen".] gr. 4. (18 S. m. 5 lith. Taf.) Freiberg 898. Craz & Gerlach. n. 2. 50

Holzner, Ferdinand: Das mitteldeutsche Schachbuch in seiner Eigenart gegenüber der Quelle, dem lateinischen Schachbuche des Jacobus de Cessolis. S. 3—20. 8.
Progr K. k. Staatsgymn. *Floridsdorf* 1904.

Holzner Ferdinand: Die deutschen Schachbücher in ihrer dichterischen Eigenart gegenüber ihrer Quelle, dem lat. Schachbuche des Jacobus de Cessolis. I. Das Schachbuch Kunrats von Ammenhausen. (88). Pilsen 95.
— II. Das Schachbuch Heinrichs von Behringen. 81. Aussig 97.
Progr.

Holzner, Frz. Moderne Kriegsgewehre. Mit 2 Taf. gr. 8. (49 S.) Wien 890, (v. Waldheim). * 1 80
Aus: Mittheilgn. üb. Gegenstände d. Artillerie- u. Genie-Wesens, besonders abgedruckt.

Holzner, Geo., die Attenuations-Lehre in wissenschaftlichen Berechnungen u. Tabellen f. den praktischen Gebrauch. Für Gährungstechniker, Bier- u. Branntweinfabrikanten. Mit 35 in den Text gedr. Holzschn. gr. 8. (XI, 231 S.) Berlin 876. Wiegandt, Hempel & Parey. n. 10. —

Holzner: Über die physiologische Bedeutung des oxalsauren Kalkes. 29 S. 8°.– Freising, Progr. 1868.

Holzner, Georg [Hrsg.]: Beiträge zur Kenntnis der Gerste, s. Lermer

HOLZNER, Georg: Die Beobachtungen über die Schütte der Kiefer oder Föhre und die Winterfärbung immergrüner Gewächse. Für Forstmänner und Botaniker zusammengestellt nebst Bemerkungen. - Freising 1877. VIII, 116 S.

Holzner, Geo., die Beobachtungen über die Schütte der Kiefer oder Föhre u. die Winterfärbung immergrüner Gewächse. Für Forstmänner u. Botaniker zusammengestellt nebst Bemerkungen. Lex.-8. (VIII, 116 S.) Freising 878. Datterer. n. 2. 80

— s. Bierbrauer, der bayerische.

Holzner, Geo., Huldigung d. innigsten Ehrfurcht, Dankbarkeit u. Liebe zur Feyer d. Priester-Jubiläums Sr. bischöfl. Gnaden d. Hochwürd. Hrn., Hrn. Karl Joseph, aus d. adel. Familie v. Riccabona auf Reichenfels, Bischofes v. Passau ꝛc. ꝛc. Dargebracht im Namen d. Kapitularen u. übrigen Geistlichkeit d. bischöfl. Dekanates Passau am 20. Dez. 1833. 8. (½ B.) Passau, Pustet.

Holzner, Geo., Huldigung der innigsten Ehrfurcht, Dankbarkeit und Liebe zur Feyer des Priester-Jubiläums, des Hochwürd. Herrn Karl Joseph, aus d. adelichen Familie von Riccabona auf Reichenfels, Bischofes von Passau ꝛc. 8. Passau 834. Pustet. 1 ℛ

Holzner, Geo., Repertorium, s.: Bierbrauer, der bayerische.

Holzner, Geo., Tabelle zur Berechnung des Aufmaaßes und des Bierpreises nach dem Litremaaße für Brauer und Wirthe. Imp.-Fol. (1 Bl.) München 872, Beck. *

— Tabelle zur Bier-Analyse, welche mittelst des Saccharometers u. Thermometers allein ausgeführt wird. 8. (48 S.) München 878. Oldenbourg. geb. n. 1. 40

Holzner, Geo., Tabellen zur Berechnung der Ausbeute aus dem Malze und zur saccharometrischen Bier-Analyse. 2. Aufl. der Tabelle zur Analyse des Bieres. 8. (VII, 119 S.) München 885, Oldenbourg. geb. * 4 50

Holzner, Geo., Tabellen z. Berechng. d. Ausbeute aus d. Malze u. z. saccharometrischen Bieranalyse. 3., verm. u. verb. Aufl. gr. 8. (IX, 245 S.) München 894. R. Oldenbourg. Geb. in Leinw. n. 7. 50

Tabellen zur Berechnung der Ausbeute aus dem Malze und zur saccharometrischen Bieranalyse. Dritte Auflage. München, 1895. 8vo.

Tabellen zur Berechnung der Ausbeute aus dem Malze und zur saccharometrischen Bieranalyse. Von Dr. Georg Holzner, Prof. 4. verb. u. durch 1 Tab. von (J.) Jais, sowie 1 Tab. von Dr. Fr. Wiedmann u. Dr. G. Kappeller verm. Aufl. München & Berlin: R. Oldenbourg 1904. (231 S.) 8° [05. 6035

— der landwirtschaftliche Unterricht in Weihenstephan u. Schleissheim von 1804 bis 1840. Nebst e. ausführlichen Lebensgeschichte des kgl. Staatsgüter-Direktors Max Schoenleutner u. vielen erläut. Bemerkgn. u. Zusätzen. (VIII, 282 S.) Lex.-8. Ebd. 905. n. 5. —

Holzner, G: Der landwirtschaftliche Unterricht in Weihenstephan und Schleißheim von 1804—1840. München und Berlin 1905

— s.: Vorträge aus d. Gebiete der Nahrungsmittel-Chemie.

Holzner, Geo., s.: Zeitschrift f. das gesamte Brauwesen.

Holzner, Jh. Mch., Predigten auf alle Sonn- u. Festtage ꝛc. 3 Bdchn. 8. Augsb. 792—95. Styx. 1 ₰ 15 K

Holzner, Josef

Holzner, J., Die Beweise vom Dasein Gottes. Aschaffenburg 1846. 4°. 38 S., Programm.

Ueber die Beweise vom Daseyn Gottes. Eine philosophische Abhandlung von Dr. Joseph Holzner, Regens u. P. — 1846. Ebend. — S. 3—40.
Progr. Aschaffenburg

Holzner, Jos., Mundus a Deo creatus. Dissertatio philosophico-theologica. 12 maj. Aschaffenburgi 840, Pergay. n. $1/3$ ₰

Holzner, Jos., s.: Wahrheit, die.

Ueber den Zweck. Eine philosophische Abhandlung von Dr. Joseph Holzner, Reg. u. P. — 1854. Ebend. — S. 3—20.
Progr. Aschaffenburg

Holzner, Naemi, welche Ansprüche stellt die Gegenwart an die Erziehung unserer Töchter? Vortrag geh. in der Frauensection d. deut. pädagog. Vereins zu Prag. gr. 8. (16 S.) Prag 872. Kosmack & Neugebauer. n. — 50

Holzner, Willibald

Holzner, W., Muth und Kindesliebe, s. Jugendbibliothek.

Holzner, Willibald, Muth u. Kindesliebe. Eine Erzähl. aus dem 30jähr. Kriege. (Rothaug's Jugendbibl.) 8. (67 S. mit 4 Abbild.) Prag, F. Tempsky. Geb. 40 kr. 1885

Holtz-Gerichts-Ordnung über die Kilver Mark, belegen im Kirchspiel Rödinghausen, Vogtey Bünde, Amts Limberg, Grafschaft Ravensberg. o. O. u. J. [Hs. gefertigt Berlin 1777.] fol.

Abgeänderte Holtz- und Jagd-Ordnung über den Haynich-Wald u. die Voigteyischen Fluhren. [Dat.:] Trefurth 13. 1. 1773. Langensalza (1773).

Allgemeine Holz- und Jagd- Verordnung, für die Städte, Ämter und Landschaften, in den Herzogthümern Schleswig und Holstein, wie auch für die Herrschaft Pinneberg und Grafschaft Ranzau. Christiansburg, den 30. April 1781. Kopenhagen. o. J. 4°

Holz- und Forstordnung des Reichsstift Ochsenhausen. - Memmingen 1788

Friedrich Wilhelmus, Hertzogen zu Mecklenburg ... Holtzordnung. - Schwerin 1702. 4 Bl.

Christian Augusts erwehlten Bischoffs zu Lübeck in Vormundschafft Carl Friederichs, Hertzogen zu Schleswig-Holstein, Fürstlich Schleswieg-Holsteinische Revidierte Holtz-Ordnung vom 14. Nov. 1710. - Schleswig 1710

Holtz-Ordnung der Stadt Gartz an der Oder, Wornach sich sowohl die sämtliche Bürgerschafft, als auch übrigen Einwohner genau zu verhalten haben. [Dat.:] 25. 1. 1734. Alten-Stettin: Spiegel 1734.

Kais. Kgl. Landesfürstl. Holz- und Waldordnung im Vorderoesterreichischen Land Breisgau. - Konstanz 1754

Holz- u. Waldordnung, kaiserl. landes-fürstliche, im Ober- u. untern Yhn: auch Wippthal. Vom 12. Mai 1629. gr. 8. (4⅝ B.) Frankfurt a/M. 845, Sauerländer's Verl. *
Aus: Archiv der Forst- u. Jagd-Gesetzgebung v. St. Behlen ꝛc., besond. abgedruckt.

BEHLEN, Stephan (Hrsg.): Kaiserlich landts-fürstliche Holz- und Waldordnung im ober- u. untern Yhn: auch Wippthal. Vom 12. Mai 1629. - Frankfurt a. M. 1845. - (A. d. Arch. d. Forst- u. Jagdgesetzgebung d. dtschen. Bundesstaaten)

Unser Pfaltz-Graff Carl Philipps Churfürsten ... Holtz-Ordnung. Wie es im Neckerthal unsers Churfürstenthums der Pfaltzgraffschafft bey Rhein, mit Kauffung, Verkauffung ... fürterhin soll gehalten werden. Erneuert im Jahre 1719. - Mannheim 1760. 64 S.

Königlich Preußische Holz- Forst- Jagd und Gränz-Ordnung des Fürstenthums Minden und der Grafschaft Ravensberg, Tecklenburg und Lingen. - Berlin 1738

Königliche Preußische Holtz- Forst- Jagd- und Grentz-Ordnung des Fürstenthums Minden, und derer Grafschafften Ravensberg, Tecklenburg und Lingen. [Dat.:] Berlin, den 4. Martii 1738. Minden (1738). fol.

Holz-, Mast- und Jagd-Ordnung für die Mittel, Alt-, Neu- u. Uckermark, das Wendische und dazu gehörige Kreise. 1720 (7 Bog.) gr. 8.

Neue revidirte und vermehrte Holtz- Mast- und Jagd-Ordnung für Unser souveraines Erb-Herzogthum Schlesien und die souveraine Grafschaft Glatz, vom 19. April 1756. - Breslau 1756. 58 S.

Holz-, Mast- u. Jagdordnung, neue, f. Schlesien. Fol. Bresl. 756. W. G. Korn. 16 K

Des Heil. Röm. Reichs Stadt Kauffbeuren Neu-verbesserte Holtz-Ordnung, wornach so wohl Bürgere als Inwohnere sich gehorsamlich zu verhalten haben. - Kauffbeuren 1743. 17 S.

Renovirte und verbesserte Holtz- Jagdt- und Forst-Ordnung in dem Königreich Preussen. [Dat.:] Berlin, den 23. Mart. 1739. Königsberg (1739). fol

Unsere von Gottes Gnaden Friderich Wilhelms, Königs in Preussen ..., renovirte und verbesserte Holtz-, Mast- und Jagd-Ordnung, Wie es hieführo in der Mittel, Alte, Neue und Ucker-Marck auch im Wendischen und zugehörigen Creysen Mit dem Holtz-Verkauff und sonst in denen Heyden und Gehegen gehalten werden solle. - Berlin 1720. 107 S.

Renovirte u. verbesserte Holtz- Mast- und Jagd-Ordnung vor das Hertzogthum Magdeburg u. das Fürstenthum Halberstadt. [Dat.:] Berlin, den 3. 10. 1743. Berlin: Gäbert (1743). fol.
— Magdeburg: Günther (1743). fol

Renovirte und verbesserte Holtz-, Mast- u. Jagdordnung für die Mark und das Wendische. Berlin 1720 Fol.

Renovirte u. verbess. Pomm. Holtz-, Mast- u. Jagt-Ordn. Berlin. 1719. Fol.

Holtz-, Mast- u. Jagd-Ordnung für Unser souveraines Hertzogthum Schlesien und die souveraine Grafschafft Glatz, auch wie es in Unsern Schlesischen Domainen-Aemtern mit der Holtzung, Mast und Jagd gehalten werden solle. - Berlin 1750. 35 S.

Figurale Holzplastik. I. Bd. Wiener Privatbesitz. Dr. Albert Figdor, Eugen von Miller zu Aichholz, Hans Schwarz, Graf Hans Wilczek. Kirchliche und profane Schnitzwerke. Fol. (70 Tafeln) Wien: Scholl 1908. in Mappe K 60.—

Holzpolizeireglement für die Hauptstadt. Bern 1787. 4.

Über die hohen Holzpreise, ob und wie abzuhelfen, vorzüglich in Beziehung auf den vormaligen Oberdonaukreis in Bayern. - Augsburg 1837

Holzpreise in den Hochfürstlich-Speierischen Waldungen ober der Queich. - Bruchsal 1793. 1 Bl.

Holzproduktion, Die, Österreichs mit besonderer Berücksichtigung der Staats- und Fondsforste. Verfasst im Auftrage des k. k. Ackerbauministeriums. Innsbruck 1907. V: *Guzman, Eugen.* (Margr)

Holzproceß, der, der fürstlichen Standesherrschaft Fürstenberg m. den Gemeinden der ehemaligen Herrschaft Lenzkirch nach dem neuesten Stande. 8. (26 S.) Donaueschingen 878. Binne. n. — 30

Holzrechner, od. sichere u. treue Berechnung des kubischen Inhaltes der noch im Boden stehenden noch nicht gefällten Stämme u. runden Blöcke, von 1 bis 60 Fuß langen u. 1 bis 48 Zoll im Durchmesser starken Hölzern, mit Angabe des Gewichtes nach dem rheinischen Cubikfuße von 14 verschiedenen Sorten Waldhölzer. Ein bequemes Hülfsbüchl. f. Forstmänner, Holzhändler, Schreiner, Wagner, Zimmerleute u. Waldeigenthümer. 2., verm. u. verb. Aufl. 8. (3¼ B.) Freiburg ... [Wagner'sche Buchh.]

Der Holzrechner oder sichere Berechnung des kubischen Inhaltes der Stämme und Blöcke. - Freiburg i. Br. 1839. 2. Aufl.

Hölzsauer, Rich., Beschreibung eines neuen Kühlapparates zum Zwecke der Gährung des Bieres. gr. 8. (15 S. mit 1 lithogr. Taf.) Innsbruck 852, (Wagner'sche Buchh.)

Holzschlagverordnung (Nidwalden). Stanz 1836.

Holzschneidekunst, Die, in Zürich im 16. Jahrhundert. Zürich [1879—82.] V: *Vögelin, Friedrich Salomon.* (Cat. d. Stadtbibl. Zürich. Zürich 1864—97.)

Der **Holzschnitt** der Gegenwart in Europa und Nord-Amerika. (Red. von Carl v. Lützow.) Mit 48 Taf. u. 254 Text-Ill. *Wien: Gesellsch. f. vervielf. Kunst 1887.* (XII, 273 S., 48 Taf.) 2°
— **Kunst**, Die vervielfältigende, d. Gegenwart. 1. [c3. 1934]

Holzschnitt-Album des Daheim. Eine Auswahl der schönsten Bilder in Kunstdrucken. 1. Folge. (In 8 Lfgn.) 1.—3. Lfg. gr. 4. (à 15 Taf.) Bielefeld 894. Velhagen & Klasing. à — 75

Holzschnitt-Album d. Daheim. E. Auswahl der schönsten Bilder in Kunstdrucken. (1. Folge.) gr. 4. (135 Taf. m. 121 S. Text.) Bielefeld 895. Velhagen & Klasing. 6. 75; geb. in Damast 10. —
Erschien auch in 9 Lfgn. à — 75.

Holzschnitte, v. Veit Weber, (Leonhard Wächter.) 1r Bd. die Betfahrt d. Bruders Gramsalbus, m. Kpf. u. Vignetten. 8. Berlin, Maurer. 793.

—— zu der 1. Aufl. der Schul-Naturgeschichte von Prof. Johs. Leunis, so wie zu jedem andern naturhistor. Handbuche. 66 Abbildungen zu der Zoologie. gr. 8. (64 S.) Hannover 851, Hahn'sche Hofbuchh.

Holzschnitte aus dem Verlage von Haendcke und Lehmkuhl in Altona. gr. 4. (III, 112 S. mit Holzschn.) Altona [Gotha] 868, Haendcke und Lehmkuhl. Erste Prachtausg. *
Zweite Prachtausg. *
Gewöhnl. Ausg. *

Holzschnitte der von Krupp auf der Düsseldorfer Ausstellung ausgestellten Geschütze. (1902). 30 Hlzschn. o. O. 1902.

Holzschnitte des fünfzehnten Jahrhunderts in der öffentlichen Kunstsammlung zu Basel. Text von Emil Major. Mit 20 Taf. Straßburg: J. H. E. Heitz 1908. (14 S.) 2°
— **Einblattdrucke** d. 15. Jahrhunderts. [9.] fol. 1916

Holzschnitte, Die, des 14. und 15. Jahrhunderts im Germanischen Museum zu Nürnberg. Nürnberg 1875. H: *Essenwein, Aug. Othmar v.* (Kat. d. Lipperheideschen Kostümbibl. 1. Berlin 1896—1901.)

Holzschnitte alter Meister in Nachbildungen. 42×31 cm. (30 Taf. m. 2 S. Text u. Text auf der Rückseite.) Berlin (902). Düsseldorf, Fischer & Franke. In Mappe n. 8.—

Holzschnitte alter deutscher Meister ... als ein Beitrag zur Kunstgeschichte. Hsg. und mit einer Abhandlung über die Holzschneidekunst und deren Schicksale begleitet ... Gotha 1808—16. V: *Becker, Rudolph Zacharias.* (Ky)

Holzschnitte alter deutscher Meister, in Originalplatten gesamm. von H. A. v. Derschau, als e. Beitrag zur Kunstgeschichte herausgeg. u. mit e. Abhandl. üb. die Holzschneidekunst u. deren Schicksale begl. (v. R. Z. Becker). Deutsch u. französ. 3 Liefer. Imp.-Fol. Gotha 808—16. Becker. 42 ℛ

Holzschnitte berühmter Meister. Eine Auswahl von schönen, characterist. und seltenen Original-Formschnitten oder Blättern, welche von den Erfindern, Malern und Zeichnern eigenhändig geschnitten worden sind. In treuen Copien von bewährten Künstlern unserer Zeit und als Bildwerk zur Geschichte der Holzschneidekunst hrsg. von Rud. Weigel. I—VIII. Fol. (40 Holzschnt. und 15 Bl. Text.) Leipzig 851—52, R. Weigel. à * 3 Thlr. *

Holzschnitte berühmter Meister. Eine Auswahl von schönen, charakteristischen und seltenen Original-Formschnitten oder Blättern, welche von den Erfindern, Malern und Zeichnern eigenhändig geschnitten worden sind. In treuen Copien. Hrsg. von Rud. Weigel. IX—XII. Fol. (20 Holzschnt. und 20 Bl. Text.) Leipzig 853—54, R. Weigel. à * 3 Thlr. * 1

—— dass. — XIII. und XIV. oder 1. und 2. Suppl.-Heft. Fol. (à 1 Holzschnt. in Farbendr. und 1 Bl. Text.) Ebds. 856. à Heft * 3 Thlr. *
I—VIII. Ebendas. 1851—52. * 24 Thlr.

Holzschnitte berühmter Meister. Eine Auswahl von schönen, characteristischen und seltenen Original-Formschnitten oder Blättern, welche von den Erfindern, Malern und Zeichnern eigenhändig geschnitten worden sind. In treuen Copien. Hrsg. von Rud. Weigel. XV. und XVI. oder 3. und 4. Suppl.-Heft. (Schluss.) Fol. (4 Holzschnt., wovon 2 in Farbendr., und 2 Bl. Text.) Leipzig 857, Rud. Weigel. à Heft * 8 Thlr. *
1—14. Heft. Ebendas. 1851—56. * 42 Thlr.

Holzschnitte deutscher Meister aus der Blütezeit der Holzschneidekunst. m. Text v. Severin Rüttgers, s.: Hausschatz deutscher Kunst der Vergangenheit. 12. Heft.

Holzschnitte zur Taschen-Ausgabe v. Schillers Werken in 12 Bdn., s. a. Schiller, Fr. v., Werke.

Holzschnitte zur Taschen-Ausgabe v. Schillers Werken in zwölf Bänden. 1e—4e Lfrg. (à 6 Blätter.) 16. Stuttgart u. Tübingen 839, 40. Cotta. (à $1/6$ ℛ) $2/3$ ℛ

Holzschnitt-Sammlung (der Deutschen Verlagsanstalt) fol Stuttgart (1899)

Holzschnitt-Verzeichniss aus dem Verlage v. Ed. Baldamus in Leipzig. 1891. qu. Fol. (11 S. m. Holzschn.) Leipzig 891. Baldamus. n. 2.—

Holzschnitz-Arbeiten für Knaben und Erwachsene. (110 S.) Hierzu 30 Taf. Vorlagen. Fol. Berlin 890. Harrwitz Nachf., Verl. 10.—

Holzschnitz-Arbeiten f. Knaben u. Erwachsene. gr. 8. (110 S.) Hierzu 30 Taf. Vorlagen m. mehr als 100 lith. Abbildgn. nach bestimmten Grössenverhältnissen. Fol. Berlin 891. J. Harrwitz Nachf. n. 10.—

Holzschnitzarbeiten aus Schleswig. s. V. Ansichten v. Schleswig-Holstein.

Holzschnitzer, die. Aus dem Engl. gr. 16. (106 S. mit Holzschntaf.) Hamburg 879, Agentur des Rauhen Hauses. cart. * 1 —

Holzschnitzereien. Neuzeitliche H' (ausgeführt in hervorragenden Schulen & Werkstätten). Hrg. von M[oritz] Kreutzmann. 30 Tafeln Lichtdruck. [IV S.] + 30 Tafeln, *in Mappe*, fol. Zürich und Stuttgart, M. Kreutzmann, [1905]. [fr. 30. —]

Holzschnitzereien, skandinavische. (21 Bl) 4° (Stockholm)

Holzschuh, der, Paganinis, s.: Familien-Bibliothek.

Holzschuher, Unserm geliebten Sohne Rudolph von, geschrieben am Tage der erlangten Juristischen Doctors-Würde, den 25. April 1799. V: *Holzschuher, Joh. Carl Siegmund.* (will)

Holzschuher, neue Tabaksbau-Methode oder vollständige Anleitung, den Tabak auf leichte und natürliche Weise von derselben Güte wie in Amerika zu erziehen, und damit jedes Ackerfeld, sowie jedes Gärtchen auf einen ungewöhnlich hohen Ertrag zu bringen rc. 1. Aufl. 1863. 8 Ngr. und 2., verb. und verm. Aufl. 8. (VIII und 94 S.) Gotha 867, Thienemann. *

Holzschuher, Ad. Frh. v., der Rechtsweg. Ein Versuch vergleichender Gesetzes-Kritik d. franz. mündl. u. gemeinen deutschen schriftl. Civil-Processes, mit Rücksicht auf d. neueren legislativen Verbessern. beider, u. auf d. Mischungs-Versuche d. neuesten Zeit. gr. 8. (37¾ B.) Nürnberg 831, (Riegel u. Wießner.) Thlr.

Holzschuher, August von

— Vide: Greger, J.: Urtheil über die H.'sche Preisschrift.

Holzschuher, Aug. v., die materielle Noth der unteren Volksklassen und ihre Ursachen. Gekrönte Preisschrift. 1. und 2. Aufl. gr. 8. (X und 148 S.) Augsburg 850, Rieger'sche Buchh. –

Holzschuher, Berth. Vide: Frankenstein, K.: B. Holzschuher.

v. Holzschuher, Cph. Sgm., (✝ d. 12. Oct. 1779.) s. a. Deduktionsbibliothek v. Deutschland.

(HOLZSCHUHER, Cph. Siegm. u. SIEBENKEES, Jo. Chr.): Deductionsbibliothek von Deutschland. B. 1. 2. *Frkf.* u. *Leipz.* 1778. B. 3. *Nürnb.* 1781. B. 4. *ib.* 1783. 8.

Holzschuher, Chr. Sigm. v.: Deductions-Bibliothek von Teutschland, nebst den dazu gehörigen Nachrichten. Fortges. von Joh. Chr. Siebenkees. 4 Bde. Frankfurt, dann Nürnberg: Bauer 1778–83.

— s. Lebensbeschreib. Schärtlins v. Burtenbach.

Holzschuher, H. [Pseud.: Stern, Itzig Feitel]

[Holzschuher, H.] Stern, Itzig Feitel. Gedichter, Perobeln unn Schmonkes. [Eine poetische Parleschnur um de Kalle ihren Hals. 3. Auflage.] Theil 1. 2. Meissen o. J.

[Holzschuher, H.]. Stern, Itzig Feitel. Das Schabbes Gärtle vun unnere Leut: Chittisch Meloche. Zweite Ouflag. Meissen 1835.

— — Die Schabbes Lamp vun pollische Messing mit ächt koschere Schimen ahngizundt vun Itzig Feitel Stern. Meissen 1835.

— — Lexikon der jüdischen Geschäfts- und Umgangssprache ... Mit einem Anhange zur Erlernung der Lussnekoudischen Sprache. Zweite vermehrte und verbesserte Auflage. [= Itzig Feitel Sterns gesammelte Schriften. 8. Theil. Leipzig; Meissen 1858.

— — Loubehüttenkranz fer dien Eisig Herzfelder seiner Louberhütt. Meissen.

— — Die Manzepaziuhn der houchlöbliche kienigleh bayerische Jüdenschaft ... Ansbach 1834

— — Die linke Masematten der houchlöbliche Jüdenschaft. Meissen.

— — Israels Verkehr und Geist in jüdischen Charakterzeichnungen. Erzählungen, Gedichten u. s. w. E Schulklopfer für die hauchlöbliche Jüdenschaft. Meissen 1833.

— — Verzaehlinge und Schmoukes. Chittische Meloche. [= Itzig Feitel Sterns gesammelte Schriften. 10. Band.] Leipzig. Meissen & Riesa 1852.

Holzschuher, Hanns (Hrsg.), s. Almanach, Freier, deutscher Studenten.

Holzschuher, Hanns, vom sprechenden Baum. Ein Tagebuch. (111 S.) 8. Frankfurt a/M. 908. Literar. Anstalt. 2.50; kart. 3.50

— **Einsamkeiten. (79 S.) 8. München 905. Süddeutscher Freier Verlag. n. 2. —**

Ⓡ — Einsamkeiten. 905. Jetzt: Annaberg, Verlagsanstalt „Oase".

— **Heine-Brevier. (IX, 201 S. m. 8 Taf.) kl. 8. Berlin 905. Schuster & Loeffler. n. 3. —; geb. n. 4. —**

— **heimliche Lieder. (46 S.) 8. München 903. A. Ackermann's Nachf. n. 1. 50**

— **Maria, Traum e. Liebe. Buchschmuck v. A. Weisgerber. (116 S.) gr. 8. Leipzig 903. Berlin, H. Seemann Nachf. n. 2. —**

— s.: Musen-Almanach f. d. J. 1797.

Holzschuher, Hanns, s.: Musenalmanach der Hochschüler Münchens.

— **Hanns Sachs in seiner Bedeutung f. unsere Zeit, s. a. Literatur. die. 31. Bd.**

Hanns Sachs in seiner Bedeutung für unsere Zeit. Von Hanns **Holzschuher.** Mit 10 Vollbild. u. 1 Faks. Berlin: Bard, Marquardt & Co. [1906]. (78 S.) 8°
— Literatur, Die. Bd 31. 1o6. 9845

Holzschuher, Heinr., Anleitung zur gedeihl. Einrichtung von Spar- u. Hülfskassen auf dem platten Lande ohne Kapitalfond, zugleich pragmat. Geschichte der Spar-, Leih- u. Hülfskasse, dann des Leichen-Vereines zu Neumarkt in der Oberpfalz. gr. 8. (9½ B. u. 1 Tab.) Nürnberg 842, Riegel u. Wießner.

— s. Denkmal d. baier. Ständeversammlung.

Holzschuher, H., Denkmal d. Bayr. Staende-Versamml. 1831, s. Schreyer, K. J.

Holzschuher, (H.,) Gedichte vermischten, dießmal meist komischen Inhalts. 8. Wunsiedel 824. (Nürnb. Riegel u. W.)

Holzschuher, Heinr., Geschichte d. ehemal. Herrschaft, d. Marktes, d. Feste u. d. Zuchthauses Lichtenau. gr. 8. (9 B.) Nürnberg 837, Riegel u. Wießner. Thlr.

— kleiner Katechismus d. vaterländ. Verfassungs- u. Bürgerglücks-Kunde f. Volksschulen, sowie f. d. Bürger- u. Landmann d. Königr. Bayern. gr. 12. (5 B. u. Ludwig I. Bildn.) Nürnberg 835, Riegel u. Wießner.

— das Luther-Büchlein, handelnd v. Gottes Führungen in d. Gesch. d. Dr. Mart. Luther, Joh. Falk, des Martins-Stiftes zu Erfurt u. Luthers verwaiseten Nachkommen. 8. (9 B. incl. 1 Stammt.) Nürnberg 836, Fr. Campe'sche Buchh.; Riegel u. Wießner.

— s. J. A. v. Mussinan, Uebersicht.

Holzschuher, Heinr. Volks-Spiegel aus der Sontagsschule des Zwangs-Arbeitshauses zu Plassenburg; Verfasset zum Besten des Martins-Stiftes in Erfurt, zu Forderung des Zweckes christlicher Erziehung von zweihundert armen verwilderten Kindern. 8. *Erfurt.* 1829

— Volksspiegel aus der Sonntagsschule des Zwangs-Arbeitshauses zu Plassenburg. 8. Erfurt 829. (Otto). 1 ℔

— Zeter! Zeter! Wehe! Wehe! üb. d. bayer. Ständeversamml. v. 1831, namentl. üb. d. Kammer d. Abgeordneten u. ihre Mitglieder. In Bezug auf die v. (J. A. v.) Mussinan'sche Uebersicht 2c. geschrien u. gerufen u. allen wahren Vaterlandsfreunden zum Mitschreyen d. Zeter- u. Wehe-Rufs durch d. Druck mitgetheilt. 8. (1½ B.) München 832, (Franz.)

Holzschuher, Heinrich Wilhelm (Schleiz/Vogtl.), De venaesectionis abusu in gravidis et puerperis. Commentat. med. Präs. D. August Friedrich Hecker. Erfurt (Joh. Christ. Goerling) Dez. 1800. 16 Bl. (6.—) 15815
Gew.: Erdmann Gottfried Horn (Schleiz), Augustin Ernst Roman Hemmann (Weida).

Holzschuher, J. Geschichte der ehemal. Herrschaft, des Marktes, der Feste u. des Zuchthauses Lichtenau. (9 B.) 8. Nürnberg 1837. 2,00

Holzschuher. J. K. G., Nachricht von dem Familienbegräbnisse etc. des Geschlechts der Holzschuher. Nürnberg 1788.

v. Holzschuher, Rud. Frhr.: Der baierische Landtag v. J. 1825. Skizzirt. 1e Abthl. mit 4 Tabellen. *Erlangen*, Palm u. Enke. 826. gr. 8. (1 Thl. 12 Gr.)
2e Abthl. — A. u. d. T.: Kurze Uebersicht der legislativen Discussionen der Kammer der Abgeordneten bei der baiersch. Ständeversammlung v. J. 1825 im Gebiete der Justiz, Polizei u. d. übrig. Staatsverwaltung des Innern u. s. w. *Nürnberg*, Riegel u. Wiessner. 827. gr. 8. (20 Gr.)

Holzschuher, Rud. Frh. v.: Der Rechtsweg. Ein Versuch vergleichender Gesetzes-Kritik des französischen mündlichen und gemeinen deutschen schriftlichen Civil-Processes mit Rücks. auf die neueren legislativen Verbesserungen beider, u. auf die Mischungs-Versuche der neuesten Zeit. Nürnberg 1831.

Holzschuher, Rud. v., Theorie u. Casuistik des gemeinen Civilrechts. Ein Handb. für Praktiker. 1. u. 2. Bd. 1. Abthl. gr. 8. Leipzig, Baumgärtner's Buchh. [1. (41⅛ B.) 843. 3 Thlr., 2. 1. Abthl. (58 B.) 45. 4 Thlr. 7½ Ngr.]

Holzschuher, Rud. v., Theorie und Casuistik des gemeinen Civilrechts. Ein Handbuch für Praktiker. 2. Bd. 2. Abthl. (Schluß des Werkes.) gr. 8. (XII und 1090 S.) Leipzig 848, Baumgärtners Buchh.
1. Bd. und 2. Bd. 1. Abthl. Ebendas. 1843—47. 7 Thlr. 7½ Ngr.

Holzschuher, Rud. v., Theorie und Casuistik des gemeinen Civilrechts. 3. Bd., enthaltend Supplemente. Mit einem eigenen Register. gr. 8. (IV und 375 S.) Leipzig 854, Baumgärtners Buchh. 1

—— dass. — Ein Handbuch für Praktiker. 1. Bd. 2., sorgfältig umgearb., verm. und verb. Aufl. gr. 8. (XII und 764 S.) Ebds. 856.
1. und 2. Bd. Ebendas. 1843—48. 12 Thlr.

Holzschuher, Rud. Frhr. v., Theorie und Casuistik des gemeinen Civilrechts. Ein Handbuch für Praktiker. 2. und 3. Bd. 2., sorgfältig umgearb., verm. und verb. Aufl. gr. 8. Leipzig, Baumgärtner'sche Verlagsbuchh.
Inhalt:
Bd. 2. Besitz- und Sachenrecht. — Erbrecht. (VIII und 999 S.) 857. 4 Thlr. 15 Ngr.
" 3. Obligationenrecht. (XII und 1136 S.) 858. 5 Thlr.
1. Bd. Ebendas. 1856. 3 Thlr. 15 Ngr.

Holzschuher, Rud. Frhr. v., Theorie und Casuistik des gemeinen Civilrechts. Ein Handbuch für Praktiker. 3., neu verm. und verb. Aufl., nach dem Tode des Verf. besorgt von Johs. Emil Kuntze. 3 Bde. gr. 8. Leipzig, Baumgärtner's Buchh. [1. Bd. (XIV und 815 S.) 863. 3 Thlr. 22½ Ngr., 2. Bd. (XIV und 1133 S.) 864. 5 Thlr., 3. Bd. (XIV und 1248 S.) 864. 5 Thlr. 7½ Ngr.]

Holzschuher von Ansbach und Harrlach, Karl Sigismund Elias

— von Asbach u. Harrlach, Carl Sigism. Elias von (Thalheim), An omnia pandectarum exemplaria quae adhuc extant e Florentinis manaverint. Präs. Christian Gottlieb Schwarz. Altdorf (Jod. Wilh. Kohles) 1733. 60 S. (7.—) 15816
Widm. v.: Eucharius Gottlieb Rink, G. F. Deinlein (dtsch.), Präs., Joh. David Koeler, Joh. Heumann, Chn. Gottfr. Lor. Rink (dtsch.), Joh. Chph. Volckamer von Kirchensittenbach (dtsch.), Carl Christoph Grundherr v. Altenthann.

— von Aschbach u. Harrlach, Carl Sigism. Elias (Thalheim), Oratio de comitiis a. 1356 Norimbergae celebratis in quibus Caroli IV. imp. aurea bulla fuit sancita. Altdorf Juni 1732. — Accessit Index diplomatum tempore istorum comitiorum Norimbergae promulgatorum itemque recensio variorum aureae bullae exemplarium mss. et typis impressorum. (excud. Jod. Wilh. Kohles 1735). 134 S. mit Abb. (del. P. Fehr). (10.—) 15817
S. 75: Epistola Christian Gottlieb Schwarz.

Holzschuher v. Harrlach, Jh. Karl Siegm. I., Gebete u. Lieder am Morgen u. Abend, f. Kinder. 8. Nürnb. 800. (Eichhorn). 18 Kr (a. Riegel u. W. das.) 12 Kr

Holzschuher v. Harrlach, Jh. Karl Siegm. I., († d. 27. Jan. 1824.) Samml. einiger Nachrr. von der Kapelle auf d. Gottesacker zu St. Johannis bei Nürnberg ꝛc. 4. Nürnb. 788.

Holzschuher v. Harrlach, Jh. Karl Siegm. II., († d. 21. Sept. 1827.) Versuch e. vollständ. Polizeisystems. 1r Bd., 1s Heft. gr. 8. Nürnb. 799. Schmidmer; (a. Voigt in Jena). 12 Kr

— v. Neuenbürg, Sigismund Jacob, De statuum imperii potestate legislatoria contra jus commune. Diss. jur. publ. Präs. Christian Thomasius. Halle (Chph. Salfeld) 14. IV. 1703. 56 Seiten. (6.50) 15818

— — Dasselbe. Halle (Chph. Salfeld's Wwe.) 1723. (6.—) 15819

— — Dasselbe. Halle (Joh. Chn. Grunert) 1749. 52 S. (6.—) 15820

— von Neuenburg & Thalheim, Johann Sigismund, De banno imperiali. Disp. jur. publ. Präs. Joh. Christoph Wagenseil. Altdorf (Jod. Wilh. Kohles) 10. IX. 1696. 12 S., tlws. dtsch. (6.—) 15821

— — (Nürnberg), De liberis naturalibus regum et principum. Disp. jur. Präs. Jo. Samuel Stryk. Halle (Chr. Henckel) 7. IX. 1700. 92 S. (7.50) 15822

— — Dasselbe. Halle (Chph. Andr. Zeitler) 1711. 94 S. (7.50) 15823

Handwerkliche Holzschutzverfahren. - Köln, Berlin o. J. 27 S. - (Dtsch. Ges. f. Holzforsch. e. V. Merkh. 10)

Die Holzschwelle. Fachzeitschrift der Studiengesellschaft für Holzschwellenoberbau e. V. - Düsseldorf. Jg. 1. 1907 ff.

Holzschwellenoberbau. - Charlottenburg 1908. 26 S.

Holzsorten-Tarif (G—59) für die k. k. Artillerie. (Mit 1 Taf.) 4. Wien 1867.

— — (Neuauflage.) 4. Wien 1877.

Holzsorten Tarif f. die k. u. k. Artillerie. gr. 4. (IV, 56 S. m. 1 Taf.) Wien 891, (Hof- u. Staatsdruckerei). * 2 —

Holzsorten-Tarif f. die k. u. k. Artillerie. 8. (IV, 86 S. m. 1 Taf.) Wien 899. Hof- u. Staatsdruckerei. n. 1. 60

Holzsparkunst. Ein Buch für Jedermann. 1r Th. m. Kupf. 8. Leipzig, Gerh. Fleischer. (auch Camesina in Wien.) 800.

Holzsparkunst. Ein Buch f. Jedermann. 1r Thl. Mit 13 Kpf. 8. Wien 806. (Heubner). 1 ₰

Holzt, Alfr., s.: Adressbuch d. deutschen Maschinen-Industrie.

Holzt, Alfr., Handbuch f. den prakt. Maschinen-Konstrukteur, s.: Uhland, Wilh. Heinr.

— d. Schule d. Elektrochemikers. Darstellung d. Grundsätze, Hilfsmittel u. Arbeitsverfahren d. Elektrochemie. Im Verein m. H. Vieweger u. H. Stapelfeldt. (In ca. 12 Hftn.) 1.—5. Hft. Lex.-8. (S. 1—200 m. Abb.) Leipzig 896—898. M. Schäfer. à Hft. n. — 75

Holzt, Alfr., die Schule des Elektrochemikers. Darstellung der Grundsätze, Hilfsmittel u. Arbeitsverfahren der Elektrochemie. Hrsg. im Verein m. W. Sander u. H. Stapelfeldt. 6.—12. (Schluss-)Hft. Lex.-8. (VII u. S. 201—478 m. Abbildgn.) Leipzig 899—901. M. Schäfer. à n. — 75 (kplt. n. 9. —; geb. in Leinw. n. 10. 50)

Holzt, A., Die Schule des Elektrotechnikers. Lehrgang für die angewandte Elektrizitätslehre. 4 Bde. Leipzig, 1895—1906. [Ee 94
Bd 1. Hrsg. von A. Holzt, H. Vieweger und H. Stapelfeldt. 1895. 424 S. mit 322 Abb. u. 8 Taf.
Bd 2. Hrsg. von A. Holzt, H. Vieweger und H. Stapelfeldt. 1897. 504 S. mit 228 Abb. u. 10 Taf.
Bd 3. Hrsg. von A. Holzt, H. Vieweger und H. Stapelfeldt. 1900. 540 S. mit 666 Abb. u. 4 Taf.
[Erg.-]Bd 4. Hrsg. von A. Holzt, H. Stapelfeldt und W. Sander. 1905. 480 S. mit 137 Abb.

Holzt, Alfr., die Schule des Elektrotechnikers. Lehrhefte f. die angewandte Elektricitätslehre. Hrsg. im Verein m. Lehrern v. H. Vieweger u. H. Stapelfeldt. 1.—5. Hft. Lex.-8. (S. 1—192 m. Fig.) Leipzig 894. M. Schäfer. à n. — 75

— dasselbe. Lehrhefte f. d. angew. Elektricitätslehre. Hrsg. im Verein m. H. Vieweger u. H. Stapelfeldt. 6.—30. Hft. Lex.-8. (VIII, VII u. S. 193—1072 m. Fig. u. Taf.) Ebd. 895—898. à Hft. n. — 75 (I. Bd. n. 8. 25; II. Bd. n. 11. 25; Einbde. in Leinw. à n.n. 1. 50)

— die Schule des Elektrotechnikers. Lehrgang f. die angewandte Elektricitätslehre. Hrsg. im Verein m. H. Vieweger u. H. Stapelfeldt. 31.—40. Hft. Lex.-8. (VIII u. S. 1073—1468 m. Abbildgn.) Ebd. 899. 900. à n. — 75; (3. Bd. n. 10. 50; kplt. n. 30. —; Einbde. in Leinw. à n.n. 1. 50)

— dasselbe. Ergänzungsbd. 1.—5. Hft., der ganzen Reihe 41.—45. Hft. Lex.-8. (S. 1—200 m. Abbildgn.) Ebd. (901. 902.) à n. — 75

Holzt, Alfr., die Schule des Elektrotechnikers. Lehrgang f. die angewandte Elektricitätslehre. Hrsg. im Verein m. H. Stapelfeldt u. W. Sander. (Ergänzungs-) Bd. 6.—12. Heft, der ganzen Reihe 46.—55. Heft. (4. Bd. XI u. S. 201—480 m. Abb.) Lex.-8. Leipzig (903 - 905). M. Schäfer. à n. — 75 (Ergänzungsbd. vollständig: n. 9. —; geb. in Leinw. n.n. 10 50)

— **Die Schule des Elektrotechnikers. Lehrbuch der angewandten Elektrizitätslehre. 2. vollst. neubearb. Aufl. Hrsg. im Verein m. H. Vieweger u. H. Stapelfeldt. 2 Bde. Lex. 8. Leipzig, M. Schäfer. 30.50; geb. in Leinw. 33.50; auch in Lfgn. à — 75**
1. (XII, 508 S. m. 408 Abbildgn. u. 2 Taf.) (908.) 12.—; geb. 13. 50
2. (XII, 812 S. m. 696 Abbildgn. u. 2 Taf.) (909.) 18.50; geb. n 20. —

— Die Schule des Maschinentechnikers, s.: Waltzel, Karl Geo.

Holst, Ernst, pract. Arzt in Teplitz N.L.: [I.] Chorda penis traumatica. [II.] Eigentümlicher Nackentumor (Mamma aberrata?). *Leipzig (1899): A. Edelmann.* (25 S.) 8°
Leipzig, Med. Diss. v. 6. Juni 1899
(Nur in beschränkter Zahl für den Austausch)

Holztabellen, od. Reductionstabellen d. runden Holzes nach Cubikfuß. N. d. Franz. 1—3. Aufl. Mit e. Faullenzer, die Berechn. d. Preise v. 8—27 Kreuzer per Cubikfuß enthalt. 12. (à 2½ B.) Ulm 836—39, Nübling. à

Holztabellen oder Reductionstabellen des runden Holzes nach Cubikfuß. 5. Aufl. Mit einem Faullenzer. 12. Ulm 844, Nübling. ⅓ ₰

Holz-Tabellen oder Reductions-Tabellen des runden Holzes nach Cubikfuß im 10- und 12theiligen Maße. Nebst einem Anhang enthaltend die Berechnung des Rund- und Sägholzes nach der auf dem Schwarzwalde üblichen Weise. Ein unentbehrl. Handbuch für Forstbeamte, Holzhändler, Werkmeister, Schreiner, Zimmerleute rc. 8. Aufl. Mit einem Faullenzer die Berechnung der Preise von 8 bis 27 Kr. per Cubikfuß; ferner Zins-Berechnungs-, sowie Reductions-Tabellen des Jahreslohns enthaltend. 1857. und 9. Aufl. 16. (148 S.) Ulm 861, Gebr. Nübling.

—— oder Reductions-Tabellen des runden Holzes nach Cubikfuß im 10- und 12theiligen Maaße. Nebst einem Anh., enth. die Berechnung des Lang- und Sägholzes nach der auf dem württemberg. Schwarzwalde übl. Weise, sowie Tab. zur Procenten-Berechnung rc. Ein unentbehrl. Handbuch für Forstbeamte, Holzhändler, Werkmeister rc. 10. Aufl. 1863. und 11. Aufl. gr. 16. (144 S.) Ulm 865, Gebr. Nübling.

Holz-Tabellen od. Reductions-Tabellen d. runden Holzes nach Cubikinhalt im metrischen Maaße. Ein unentbehrl. Handbuch f. Forstleute, Holzhändler, Werkmeister rc. Mit e. Faullenzer, die Berechng. der Preise enth. 12., nach dem metr. Maaße umgearb. Aufl. 16. (104 S.) Ulm 871. Nübling. — 60

Holz-Tabellen od. Reductions-Tabellen des runden Holzes nach Cubikinhalt im metrischen Maaße. Ein unentbehrl. Handbuch f. Forstleute, Holzhändler, Werkmeister, Schreiner, Zimmerleute u. Waldbesitzer. Mit e. Faullenzer, die Berechnung der Preise enth. 16., nach dem metr. Maaße umgearb. Aufl. 12. (100 S.) Ulm 900. Gebr. Nübling. — 60

Holz-Tabellen. Anweisung wie man in runden, unbehauenen Hölzern (Baumstämmen) den Cubik-Inhalt nach Fuß, Zoll und Linien finden kann. 8. (24 S.) Oldenburg 849, Schmidt.

Holz-Tabellen. Anweisung wie man in runden, unbehauenen Hölzern (Baumstämmen) den Cubik-Inhalt nach Fuß, Zoll und Linien finden kann. 2. Aufl. Oldenburg 853. Schmidt. 8. (24 S.) n. 4 ngr.

Holz-Tabellen. Berechnung der kantigen und runden Hölzer von verschiedener Dicke und Durchmesser sowohl in Schweizermaß als französischem Metermaß. Nebst Reduktionstab. des Schweizerfußes in französ. Meterfuß, sowie des schweizer. Kubikfußes in französ. Kubikfuß und umgekehrt. 8. (IV und 167 S.) Luzern 867, Schiffmann.

Holz-Tabellen, vollständige, zur Berechnung runder und kantiger Hölzer nach Metermass, nebst verschiedenen Reductionstabellen von einem Fachmann. In-8°, 175 S. Luzern, C. F. Prell. 1 50

1849

Holztaube, J. F., die Wege d. Schicksals. Mit 1 Vign. 8. Magdeb. 828. (Heinrichshofen). 1 ℳ 8 𝒦

Holz-Taxator, der ſchnelle. Ein unentbehrl. Rathgeber bei Holzverſteigerungen, um jeden Holzſtamm augenblicklich nach ſeinem Kubik-Inhalte u. nach ſeinem Werthe taxiren zu können. 8. Weſel 843, Bagel. geb. n. 1/3 ℳ

Holz-Taxe für die herrschaftlichen Forsten der Oberherrschaft des Fürstenthums Schwarzburg-Sondershausen von dem Jahre 1841 an. Sondershausen o. J. 14 S.

Holz-Taxe für die herrschaftlichen Forsten der Unterherrschaft des Fürstenthums Schwarzburg-Sondershausen von dem Jahre 1841 an. - Sondershausen o. J. 9 S.

Holz-Taxe für das Forstverwaltungsamt Frauenstein (vom 22. Nov. 1860). - o. O. 1860. 40 S.

Holztaxe des Herzogth. Gotha. Gotha 811. Reyher. 16 𝒦

Holz-Taxe des Herzogthums Gotha. - Gotha 1811. 103 S.

Holz-Taxe für das Forstverwaltungsamt Grillenburg mit Dippoldswalde und für das Forstverwaltungsamt Freiberg (vom 1. Okt. 1859). - Dresden 1859. 16 S.

Holz-Taxe für das Amt Grüllenburg (vom 2. Aug. 1851). - o. O. 1851. 6 S.

Holzverkaufs-Anzeiger, allgemeiner. Organ für Bekanntmachungen öffentl. Holzverkäufe nach amtl. und authent. Mittheilungen. Jahrg. 1877—1879. à Jahrg. 52 Nrn. (Bog.) Fol. Hannover, Schüßler. à Jahrg. * 8 —

Holzverkaufs-Anzeiger, allgemeiner. Organ für Bekanntmachungen öffentl. Holzverkäufe nach amtl. und authent. Mittheilungen. Jahrg. 1880—1884. à Jahrg. ca. 52 Nrn. (Bog.) Fol. Hannover, Schüßler. à Jahrg. *

Holzverkaufs-Anzeiger, allgemeiner. Central-Organ für öffentliche Holzverkäufe. Allgemeiner Submiſſions-Anzeiger für den geſammten Forſtproducten-Verkehr. 10.—13. Jahrg. 1885—1888. à Jahrg. 52 Nrn. (à Nr. 1—2 Bog.) Fol. Hannover, Schüßler. à Jahrg. * 2 —

Holzverkaufs-Anzeiger, allgemeiner. Central-Organ für öffentliche Holzverkäufe. Allgemeiner Submiſſions-Anzeiger für den geſammten Forſtproducten-Verkehr. 11.—14. Jahrg. 1886—1889. à 52 Nrn. (à 1—2 B.) Fol. Hannover, Schüßler. à Jahrg. n. 2. —

Deutscher Holzverkaufsanzeiger. - Recklinghausen. Jg. 1-44. 1889-1933. - (Dann aufgeg. i. Dtsch. Holzanzeiger)

Holzverkehrs-Blatt, das. Aus der Praxis — f. die Praxis! Kaufmänniſch geleitetes Organ f. die Intereſſen der Holzgewinnung., d. Holzhandels u. der Holzverarbeitg. Hrsg. u. red. v. Thdr. Müller. 2. Jahrg. Januar—Juni 1893. 12 Nrn. (1/2 Bog.) gr. 4. Cham. (München, J. Lindauer.) n. 3. —
Hörte auf zu erſcheinen.

Ueber *Holzverkohlen*. Gotting. 1805. 46 S. P.

Holzverkohlen, über. 8. Götting. 805. Dieterich. 6 𝒦

Ueber Deutschlands Holzverschwendung, wie diese abzustellen und die Holzersparung am leichtesten erreicht werden kann. - Meissen 1809

Die Holzvertriftungs-Anstalten der Pfalz, betrachtet nach ihrem Ursprung, Wesen, sowie nach dem Nutzen und den Schäden, welche dieselben für den Staat, die Industrie, die Landwirthschaft und die Holzkonsumenten im Gefolge haben. - Zweibrükken 1858. 1 Bl., 36 S.

Holzverwertungsvorschriften für die Badischen Staatswaldungen. - Karlsruhe 1927. 50 S.

A.. **Holzwart's** Naturgesetze z. Bild. d. Menschengeistes. 1r Th. Naturgesetzl. Bildungsform. *Sulzb.*, v. Seidel. B. 826. gr8° m. e. lithogr. Zeichn. 1 ℳ

Holzwart, Matthäus

Holzwart, M., Anleit. zur Rechenkunſt. 8. Augsb. Bürglen. 761.

Leichte und gründliche Anleitung zur Rechenkunſt in ganzen und gebrochenen Zahlen verfaſset von *Mathäus Holzwart*. Memmingen. 8. 18 und ein halber Bog.

1761

Holzwarth, A. J., Erziehung und Aufklärung e. Nation d. d. Staat. gr. 8. Nürnb. Stein. 806.

Holzwarth, Art., Merkfibel zum häuslichen Nachhilfe-Unterricht u. Methodenbuch f. die Schule in 2 Bdn. (32 S. m. Abbild. u. 49 S.) gr. 8. Wien 909. S. Bensinger. 2. —

Holzwarth, Charles H.: Zu Otfrids Reim, eine rhythmisch-melodische Studie. Borna-Leipzig 1909: Noske. 113 S. 8°
Leipzig, Phil. Diss. v. 18. Sept. 1909, Ref. Sievers, Köster
[Geb. 28. Okt. 84 Rochester N.-Y.; Wohnort: Syracuse N.-Y.; Staatsangeh.: Vereinigte Staaten; Vorbildung: Syracuse Univ. B. A. Juni 06; Studium: Leipzig 6 S.; Rig. 22. Juni 09.] [U 10. 3159

Holzwarth, Fr. J., der Abfall der Niederlande. 1. Bd. Geneſis der Revolution. 1559—1566. gr. 8. (XVI und 466 S.) Schaffhauſen 865, Hurter'ſche Buchh.

Holzwarth, F. J., der Abfall der Niederlande. Bd. II. 1. Abth. gr. 8. Schaffhausen, Hurter. 10. —

1871

Holzwarth, F. J., der Abfall der Niederlande. Nach ungedr. u. gedr. Quellen. Bd. II. Abthl. 2. (1572—84). VI u. 530 Stn. gr. 8. Schaffhausen, Fr. Hurter'sche Buchh. 1871 9. 60

Holzwarth, F. J., der Abfall der Niederlande. Nach ungedr. u. gedr. Quellen. 2. Bd. 1. u. 2. Abth. gr. 8. Schaffhauſen 871. Regensburg, Manz. à 7. 50; (I—II, 2.: 21. 75)
1. 1566—1572. (VII, 540 S.)
2. 1572—1581, reſp. 1584. (VI, 530 S.)

Holzwarth, F. J., der Abfall der Niederlande. 1566—72. 2. Band. Schaffhauſen 1872. 8.

— die Bartholomäusnacht. [Aus „zeitgemäße Broſchüren."] gr. 8. (40 S.) Münſter 872. Ruſſell. — 60

— Briefe üb. das heilige Meßopfer. gr. 8. (VI, 342 S.) Mainz 873. Kirchheim. 3. —

—— ein Büchlein von der Familie. 8. (XVI und 331 S.) Aachen 868, Jacobi und Comp.

Holzwarth, (F.) J., Petrus Claver, Sklave der Negersklaven. Bilder aus der Mission unter den Negern. Tübingen 855. Laupp. 8. (IX, 282 S.) 20 ngr.

— der Judenknabe, s. Trösteinsamkeit, katholische.

— Julian der Abtrünnige, s. a. Sammlung historischer Bildnisse.

Holzwarth, Fr. J. Julian der Abtrünnige. (105) 8. Freiburg i. Br. 1874. 0,90.

Holzwarth, J., Leben d. Heiligen Gottes, s.: Räß, Andr.

—— das priesterliche Leben nach den Anschauungen der Kirche, s. Handbücher für das priesterliche Leben.

—— deutsche Legende, d. i. Geschichte der Heiligen des deutschen Volkes. Illustrirt von Fidel Bentele. 2.—7. Heft. gr. 4. (S. 41—280 mit eingedr. Holzschn.) Cannstatt 861,62. (Münster, Aschendorff'sche Buchh.) à Heft 5 Ngr.
1. Heft. (Ebendas.) 1861. 5 Ngr.

— — Illustrirt von Fidel Bentele. (In 20 Heften.) 1—7. Heft. Ebend. 861, 62. gr. 4. (S. 1—280 m. Holzschn.) Jedes Heft n. 5 ngr.

—— Ludwig und Edeltrudis oder Bilder aus der Kirche im zwölften Jahrhundert. (In 8 Thln.) 1. Thl. A. u. d. T.: Der heil. Bernhard. Eine Erzählung aus dem kirchlichen Leben des zwölften Jahrhunderts. gr. 8. (IX und 570 S.) Tübingen 858, Laupp'sche Buchh.

—— Memento mori! s. Handbücher für das priesterl. Leben.

— Napoleon der Erste u. Pius der Siebente. Gerichte Gottes in der Geschichte. Ein Mahnruf f. Fürsten u. Völker. 8. (76 S.) Mainz 872. Kirchheim. n. — 35

— Petrus u. Pius. Gerichte Gottes in der Geschichte. Ein Mahnruf f. Fürsten u. Völker. gr. 16. (IV, 75 S.) Ebend. 872. n. — 35

—— Pius der Sechste und die Revolution. Ein Trostbüchlein für die Kinder der Kirche. 16. (73 S.) Ebendas. 872. *

— der Minister Pombal u. der Jesuit Malagrida. Gerichte Gottes in der Geschichte. Ein Mahnruf f. Fürsten u. Völker. gr. 16. (76 S.) Ebend. 872. n. — 35

Holzwarth, F. J., Predigten zur Feier des 25jährigen Bischofsjubiläums des hochw. Bischofs von Mainz, s. Haneberg, D. B. v.

—— Stunden katholischer Andacht. (In 6 Bdn.) 1.—3. Bd. gr. 8. Schaffhausen 867,68, Hurter'sche Buchh.
Inhalt:
Bd. 1. 2. (1. Abthl.) Jesus und Maria, oder geistliche Lesungen über die Geheimnisse der Menschenwerdung. 2 Bde. (1. Bd. (XVIII und 507 S.) 1 Thlr. 12 Ngr., 2. Bd. (XXVI und 615 S.) 1 Thlr. 18 Ngr.)
„ 3. Unser Ziel und Ende. (VI und 452 S.) 1 Thlr. 7½ Ngr.

—— Stunden katholischer Andacht. 4. Bd.: „Herr, was muß ich thun, damit ich das ewige Leben habe?" gr. 8. (V, 503 S.) Schaffhausen 869, Hurter'sche Buchh. [Regensburg, Manz.]
1.—3. Bd. Ebendas. 1867,68. ℳ 12.75.

—— in kummervollen Tagen. Eine Erzählung aus der Zeit der Königin Elisabeth von England. 8. (299 S.) Schaffhausen 866, Hurter'sche Buchh.

—— katholische Trösteinsamkeit, s. Trösteinsamkeit, katholische.

— die Verschwörung der katholischen Höfe gegen Clemens den Dreizehnten. Gerichte Gottes in der Geschichte. Ein Mahnruf f. Fürsten u. Völker. gr. 16. (76 S.) Mainz 872. Kirchheim. n. — 35

—— Weltgeschichte. (In 36 Lfgn.) 1.—28. Lfg. gr. 8. (1. Bd. IV, 670 S.; 2. Bd. IV, 572 S.; 3. Bd. IV, 572 S.; 4. Bd. VI, 670 S.; 5. Bd. S. 1—192.) Mainz 876—79, Kirchheim. à Bd. 60 Pf. 16 80

Holzwarth, F. J., Weltgeschichte. 29.—48. (Schluß-)Lfg. gr. 8. (5. Bd. S. 193—668; 6. Bd. IV, 676 S.; 7. Bd. VIII, 766 S.) Mainz 880—81, Kirchheim. à Lfg. — 60
1.—28. Lfg. Ebendas. 1876—79. à 60 Pf.

Holzwarth, F. J., Weltgeschichte. 2., verb. Aufl. (In ca. 50 Lfgn.) 1—36. Lfg. gr. 8. (1. Bd. IV, 704; 2. Bd. IV, 572; 3. Bd. IV, 586; 4. Bd. 718; 5. Bd. 718 S. u. 6. Bd. S. 1—144.) Mainz 884—86. Kirchheim. à — 60

Holzwarth, F. J., Weltgeschichte. 2., verb. Aufl. 37.—50. (Schluß-)Lfg. gr. 8. (6. Bd. S. 145—686 u. 7. Bd. VIII, 766 S.) Mainz 887. Kirchheim. à — 60
(cplt.: 30. —; geb. n. 40. —)

Holzwarth, F. J., Weltgeschichte. 2. verb. Aufl. In 50 Lfgn. oder 7 Bdn. gr. 8. (704; IV, 572; IV, 586; 718; 718; 686; VIII, 766 S.) Mainz 885—87, Kirchheim. à Lfg. 60 Pf. 30 —
geb. * 40 —

Holzwarth, Ildef. Andr., Erziehung u. Aufklärung e. Nation d. deutschen Staaten. gr. 8. Nürnb. 806. Stein. 20 gr (auch v. Seidel in Sulzb.) 16 gr

— Naturgesetze zur Bildung des Menschengeistes. 1r Thl. Mit 1 lith. Zeichnung. gr. 8. Sulzb. 826. v. Seidel. 1 ₰

Holzweißig, Ernst, aus Eilenburg: 1. Über Oxyamidine. 2. Über die Dissociation einiger Kupfersalze einbasischer, organischer Säuren. *Leipzig-Reudnitz 1903: A. Hoffmann.* (50 S.) 8°
Würzburg, Phil. Diss. v. 1903

Holzweissig, Fridericus: * De arte Pindari in usu et tractatione fabularum conspicua. P. 1. Recensentur interpretum variae de usu fabularum Pindarico sententiae. 54 S. 4° (2°)
Halle-Wittenberg, Phil. Diss. v. 8. Juli 1870
Geb. [Delitzsch 27. 10. 1846]

Holzweissig, Friedrich [Dir. Dr.]: *Bericht über das Fest des 50jährigen Bestehens einer höheren Lehranstalt in Burg.* Burg, Druck v. A. Hopfer, 1895; 15—20 S. 4.
Burg, k. Victoria-G, P 1895 (233)

Holzweißig, Frdr., lateinische Formenlehre. Lehraufgabe der Sexta. Auszug aus H.'s lat. Schulgrammatik, zugleich als Anh. zu des Verf. lat. Übungsbuche f. Sexta. gr. 8. (39 S.) Hannover 894. Norddeutsche Verlagsanstalt. n. — 40

Holzweißig, Fr., lateinische Formenlehre. Lehr-Aufgabe d. Sexta. Auszug aus H.'s lat. Schulgrammatik, zugl. als Anh. zu d. Verf. lat. Übungsbuche für Sexta. 2. Aufl. gr. 8. (39 S.) Hannover 898. Norddeutsche Verlagsanstalt O. Goedel. n. — 40

Holzweißig, Frdr., lateinische Formenlehre. Lehraufgabe der Sexta. Auszug aus H.'s lat. Schulgrammatik, zugleich als Anh. zu des Verf. lat. Übungsbuche f. Sexta. 3. Aufl. gr. 8. (39 S.) Hannover 901. Norddeutsche Verlagsanstalt O. Goedel. n. — 40

Holzweißig, Frdr., lateinische Formenlehre. Lehrausgabe der Sexta. Auszug aus H.'s lat. Schulgrammatik, zugleich als Anh. zu des Verf. lat. Uebungsbuche f. Sexta 4. Aufl. (89 S.) 8. Hannover 906. Norddeutsche Verlagsanstalt O. Goedel. n. — 40

Holzweissig, Fr. Über den sociativ-instrumentalen Gebrauch des griechischen Dativ bei Homer. 24 S. **Progr.** *Burg* 1885.

Holzweissig, Friedr., über den sociativ-instrumentalen Gebrauch des griechischen Dativ bei Homer. 4. (24 S.) Burg 885. (Leipzig, Fock.) * 1 —

Holzweißig, Friedrich: Kurze Geschichte des lateinischen Alphabeths. Zeitz 1909: Jubelt. 25 S. 4°
Zeitz, k. Stifts-G P 1909 (346) [S 09. 212

Holzweißig, Frdr., kurze Geschichte des latein. Alphabets. Progr. (25 S.) Lex. 8. Zeitz 909. (O. Langenberg.) 1. 50

Geschichte der christlichen Kirche von F[riedrich] Holzweissig. 13., unveränd. Aufl. *Delitzsch: R. Pabst 1900.* (XVIII, 146 S.) 8° [F.]
= Holzwoissig: Hilfsbuch f. d. ev. Rel.-Unterr. in d. ob. Kl. T. 2. [00. 9730 3

Evangelische Glaubens- und Sittenlehre von F[riedrich] Holzwoissig. 7. Aufl. *Delitzsch: R. Pabst 1901.* (VIII, 132 S.) 8° [F.]
= Holzwoissig: Hilfsbuch f. d. ev. Rel.-Unterr. in d. ob. Kl. T. 3. [01. 9733

— **Grammatik zur Homerlektüre in kurzer, übersichtlicher Fassung zum Gebrauche f. Schulen** Sonderausg. des bezügl. Teiles der griech. Schulgrammatik. gr. 8. (VI, 25 S.) Leipzig 893. B. G. Teubner. n. — 60

Holzweißig, Friedr. **Grundriß der Bibelkunde.** gr. 8. (62 S.) Delitzsch 887, Pabst. cart. * — 80

— **Grundriß der Bibelkunde. 3. Aufl. (III, 70 S.) 8. Delitzsch (907). R. Pabst.** Kart. — 80

Holzweißig, Friedr., **Grundriß der Kirchengeschichte.** gr. 8. (61 S.) Delitzsch 879, Pabst. * — 80

Holzweißig, Friedr., Grundriß der Kirchengeschichte. 2. Aufl. gr. 8. (IV, 68 S.) Delitzsch 884, Pabst. cart.

— **Grundriß der Kirchengeschichte. 3. Aufl. gr. 8. (IV, 68 S.) Ebd. 889. cart.** n. — 80

— **Grundriß d. Kirchengeschichte.** 4., unveränd. Aufl. gr. 8. (IV, 68 S.) Delitzsch 896. R. Pabst. Kart. n. — 80

— **Grundriß der Kirchengeschichte. 6. unveränd. Aufl. (79 S.) 8. Ebd. 906.** Kart. — 80

Holzweißig, Frdr., Hülfsbuch f. den evangelischen Religions-Unterricht in den oberen Klassen höherer Lehranstalten. 1—3. Thl. 8. Delitzsch 875. Pabst. n. 3. 90
I. Leitfaden zur Bibelkunde u. Geschichte d. Reiches Gottes im alten u. neuen Bund. 1. Abth. Leitfaden zur Bibelkunde. (VIII u. S. 1—128.) n. 1. —. 2. Abth. Geschichte d. Reiches Gottes im alten u. neuen Bund. (S. 129—192.) n. — 50
II. Leitfaden zur Geschichte der christlichen Kirche. (VI, 135 S.) n. 1. 20
III. Leitfaden zur evangelischen Glaubens- u. Sittenlehre. (125 S.) n. 1. 20

Holzweißig, Fr., Hülfsbuch für den evangelischen Religions-Unterricht in den oberen Klassen höherer Lehranstalten. 1—3. Thl. gr. 8. Delitzsch 877—80. Pabst. n. 3. 90
1. Leitfaden zur Bibelkunde u. Geschichte d. Reiches Gottes im alten u. neuen Bund. 27. Aufl. (X, 196 S.) n. 1. 50; geb. n. 1. 80
2. Leitfaden zur Geschichte der christl. Kirche. 2. Aufl. (XVI, 136 S.) n. 1. 20
3. Leitfaden zur evangel. Glaubens u. Sittenlehre. 2. Aufl. (VIII, 123 S.) n. 1. 20

—— **Hülfsbuch für den evangelischen Religions-Unterricht in den oberen Klassen höherer Lehranstalten.** 3 Thle. gr. 8. Ebendas.
Inhalt:
Thl. 1. Leitfaden zur Bibelkunde und Geschichte des Reiches Gottes im alten und neuen Bund. 4. Aufl. (X, 196 S.) 881. *ℳ 1,50.; 5. Aufl. (XI, 192 S.) 882. *ℳ 1,60.
" 2. Leitfaden zur Geschichte der christlichen Kirche. 3. Aufl. (XVI, 136 S.) 880; 4. Aufl. (XVIII, 146 S.) 882. *ℳ 1,20.
" 3. Evangelische Glaubens- und Sittenlehre. 2. Aufl. (VIII, 123 S.) 880. *ℳ 1,20.

—— **Hilfsbuch für den evangelischen Religions-Unterricht in den oberen Klassen höherer Lehranstalten.** 3 Tle. gr. 8. Delitzsch, Pabst. * 4 —
Inhalt:
Tl. 1. Leitfaden zur Bibelkunde und Geschichte des Reiches Gottes im alten und neuen Bund. 7. Aufl. (XIII, 214 S.) 887. *ℳ 1.60.

Holzweißig, Friedr., Hilfsbuch für den evangelischen Religions-Unterricht ꝛc.
Tl. 2. Leitfaden zur Geschichte der christlichen Kirche. 7. unveränd. Aufl. (XVIII, 146 S.) 886. *ℳ 1.20.
" 3. Leitfaden zur evangelischen Glaubens- und Sittenlehre. 3. Aufl. (VIII, 132 S.) 887. *ℳ 1.20.

—— **Hilfsbuch f. den evangelischen Religions-Unterricht in den oberen Klassen höherer Lehranstalten.** 3 Tle. gr. 8. Ebd. * 4 —; geb. ** 4 90
1. Bibelkunde u. Geschichte d. Reiches Gottes im alten u. neuen Bund. 8. Aufl. (XIII, 214 S.) 890. * 1 60; geb. ** 1 90.
2. Geschichte d. christl. Kirche. 9. Aufl. (XVIII, 146 S.) 891. * 1 20; geb. ** 1 50.
3. Glaubens- u. Sittenlehre. 4. Aufl. (VIII, 132 S.) 890. * 1 20; geb. ** 1 50.

— **Hülfsbuch f. den evangelischen Religions-Unterricht in den oberen Klassen höherer Lehranstalten.** 3 Tle. gr. 8. Delitzsch, R. Pabst. n. 4 —; geb. n.n. 4. 90
1. Leitfaden zur Bibelkunde u. Geschichte d. Reiches Gottes im alten u. neuen Bund. 8. Aufl. (XIII, 214 S.) 891. n. 1. 60; geb. n.n. 1. 90
2. Leitfaden zur Geschichte der christlichen Kirche. 10. unveränd. Aufl. (XVIII, 146 S.) 893. n. 1. 20; geb. n.n. 1. 50
3. Evangelische Glaubens- u. Sittenlehre. 5. Aufl. (VIII, 132 S.) 894. n. 1. 20; geb. n.n. 1. 50

— **Hilfsbuch f. d. evang. Religions-Unterricht in d. ob. Klassen höh. Lehranst.** 1. u. 2. Tl. gr. 8. Ebd. 897. n. 2. 80; Einbde. à n.n. — 30
1. Leitfaden z. Bibelkunde u. Geschichte d. Reiches Gottes im alten u. neuen Bunde. 11., unveränd. Aufl. (XIII, 214 S.) n. 1. 60
2. Geschichte d. christl. Kirche. 12., unveränd. Aufl. (XVIII, 146 S.) n. 1. 20

Hilfsbuch für den evangelischen Religions-Unterricht in den oberen Klassen höherer Lehranstalten von F[riedrich] Holzwoissig. T. 1–3. *Delitzsch: R. Pabst 1900–01.* 3 Bde 8° [F.]
1 a. b. = Bibelkunde. Gesch. d. Reiches Gottes im alten u. neuen Bund. 1900.
2 = Gesch. d. christl. Kirche. 13. unv. Aufl. 1900.
3 = Evang. Glaubens- u. Sittenlehre. 7. Aufl. 1901. [02. 9728 3

— **Hilfsbuch f. den evangelischen Religions-Unterricht in den oberen Klassen höherer Lehranstalten. 1. u. 2. Tl. 8. Delitzsch 905. R. Pabst.** n. 3. —; geb. n.n. 3. 60
1. Leitfaden zur Bibelkunde u. Geschichte des Reiches Gottes im alten u. neuen Bunde. 14. unveränd. Aufl. (XIII, 214 S.) n. 1. 60; geb. n.n. 1. 90
2. Geschichte der christlichen Kirche. 15. neu durchgeseh. Aufl. (XVI, 178 S.) n. 1. 40; geb. n.n. 1. 70

— **Hilfsbuch f. den evangel. Religions-Unterricht in den oberen Klassen höherer Lehranstalten. 3 Tle. 8. Ebd. 910.** 4.20; geb. n 5. 10
1. Leitfaden zur Bibelkunde u. Geschichte des Reiches Gottes im alten u. neuen Bunde. 15. unveränd. Aufl. (XIII, 214 S.) 1.60; geb. n 1. 90
2. Geschichte der christlichen Kirche. 17. Aufl. (XVI, 178 S.) 1.40; geb. n 1. 70
3. Evangelische Glaubens- u. Sittenlehre. 9. unveränd. Aufl. (VIII, 132 S.) 1.20; geb. n 1. 50

Holzweissig, Fr. Inwieweit können die Ergebnisse der vergleichenden Sprachforschung beim Elementar Unterricht in der griechischen Kasussyntax verwertet werden? 24 S. *Bielefeld* 1877.
Progr.

[F.] **Holzweissig,** Friedrich [Dir. Dr.]: ***Lebensabriss und Schriften.*** [o. O.], *1896;* S. 19. 4.
Magdeburg, k. Dom-G, OP 1896 (242)

Leitfaden zur Bibelkunde und Geschichte des Reiches Gottes im alten und neuen Bunde. Hilfsbuch f. d. ev. Rel.-Unterr. in d. ob. Klassen höh Lehranst. von F[riedrich] **Holzwoissig**. 12., unveränd. Aufl. *Delitzsch: R. Pabst 1900.* (IX, 214 S.) 8° [F.]
— Holzweissig: Hilfsbuch f. d. ev. Rel.-Unterr. T. 1 a. b. [illegible] 3

— Leitfaden f. den evangelischen Religionsunterricht in höheren Lehranstalten. Nach Maßgabe der Lehrpläne vom 6. Jan. 1892. I. Tl., 2 Abtlgn., u. II. Tl. gr. 8. Ebd. n. 4. 10
I. Pensum der Unter- u. Mittelstufe. 1. Abthlg.: Kirchenlieder, Katechismus, Katechismus-Erklärg. u. Sprüche, sowie Überblick üb. Kirchenjahr u. Ordng. des Gottesdienstes. (VIII, 128 S.) 893. n. 1. 20
I, 2. Bibelkunde, Geschichte des Reiches Gottes im A. u. N. Test.; Reformationsgeschichte. (VIII, 131 S.) 893. n. 1. 20
II. Pensum der Oberstufe. (VIII, 197 S.) 894. n. 2. —

— **Leitfaden f. den evangel. Religions-Unterricht in höh. Lehranstalten. Nach Maßgabe der Lehrpläne vom 6. I. 1892 bearb. I. Tl.: Pensum der Unter- u. Mittelstufe. 2. Abt.: Bibelkunde; Geschichte des Reiches Gottes im A. u. N. Test.; Reformationsgeschichte.** 3. Aufl. (VIII, 131 S.) 8. Ebd. 908. 1.20; geb. 1. 50

— **lateinisches Lesebuch,** f.: **Cornelii Nepotis vitae excellentium imperatorum.**

— **Präparation zu Cornelius Nepos,** f.: **Krafft u. Ranke, Präparationen f. die Schullektüre griechischer u. lateinischer Klassiker.**

Holzweißig, Friedrich: Ueber die Quellen und Hilfsmittel zur historischen Erforschung der lateinischen Sprache. ⟨T. 1.⟩ Zeitz 1910: Jubelt. 20 S. 4°
Zeitz, k. Stifts-G P 1910 (352) [S 10. 192

— Repetitionsbuch für den evangelischen Religionsunterricht in den oberen Klassen höherer Lehranstalten. 1. und 2. Aufl. gr. 8. (VI, 158 S.) Ebendas. 879. * ℳ 1,80.; geb. * 2 15

— **Repetitionsbuch für den evangelischen Religionsunterricht in den oberen Klassen höherer Lehranstalten. 3. Aufl. gr. 8. (VIII, 175 S.) Ebendas. 882.** *

— Repetitionsbuch für den evangelischen Religionsunterricht in den oberen Klassen höherer Lehranstalten. 6., unveränd. Aufl. gr. 8. (VIII, 175 S.) Delitzsch 887. Pabst. n. 1. 80

— Repetitionsbuch f. den evangelischen Religionsunterricht in den oberen Klassen höherer Lehranstalten. 9., unveränd. Aufl. gr. 8. (VIII, 175 S.) Delitzsch 891, Pabst. * 1 80; geb. ** 2 10

— **Repetitionsbuch f. den evangelischen Religionsunterricht in den oberen Klassen höherer Lehranstalten. 10. unveränd. Aufl. gr. 8. (VIII, 175 S.) Delitzsch 893. R. Pabst. n. 1. 80; geb. n.n. 2. 10**

— **Repetitionsbuch f. den evangel. Religions-Unterricht in den oberen Klassen höh. Lehranstalten. 15. Aufl. gr. 8. (VIII, 198 S.) Delitzsch 901. R. Pabst. n. 1. 80; geb. n.n. 2. 10**

— **Repetitionsbuch f. den evangelisch. Religions-Unterricht in den oberen Klassen höh. Lehranstalten. 18. Aufl. (VIII, 198 S.) 8. Delitzsch, R. Pabst. n. 1. 80; geb. n.n. 2. 10**

— **Repetitionsbuch f. den evangel. Religions-Unterricht in den oberen Klassen höh. Lehranstalten. 19. Aufl. (VIII, 198 S.) 8. Ebd. 908. 1.80; geb. n 2. 10**

— griechische Schulgrammatik in kurzer, übersichtlicher Fassung auf Grund der Ergebnisse der vergleichenden Sprachforschung zum Gebrauch f. Schulen. gr. 8. (XVI, 240 S.) Leipzig 893. B. G. Teubner. Geb. in Leinw. n. 2. 80

— **lateinische Schulgrammatik in kurzer, übersichtlicher Fassung und mit besonderer Bezeichnung der Pensen für die einzelnen Klassen der Gymnasien und Realgymnasien. 1.—8. Abdr. gr. 8. (VIII, 201 S.) Hannover 885, Norddeutsche Verlagsanstalt.** *

— lateinische Schulgrammatik in kurzer, übersichtlicher Fassung u. m. besond. Bezeichnung der Pensen f. die einzelnen Klassen der Gymnasien u. Realgymnasien. 3., m. der 2. gleichlaut. Aufl. gr. 8. (VIII, 224 S.) Hannover 890. Norddeutsche Verlags-Anstalt. geb. n. 2. 50

Holzweißig, Friedr. Lateinische Schulgrammatik in kurzer, übersichtlicher Fassung u. m. besond. Bezeichnung der Pensen f. die einzelnen Klassen d. Gymnasien u. Realgymnasien. 5. neu durchgeseh. Aufl. gr. 8. (VIII, 224 S.) Hannov. 892, Norddeutsche Verlagsanstalt. geb. in Leinw. * 2 50

Holzweißig, Frdr., lateinische Schulgrammatik in kurzer, übersichtlicher Fassung u. m. besonderer Bezeichnung der Pensen f. die einzelnen Klassen der Gymnasien u. Realgymnasien. 8., neu durchgeseh. Aufl. gr. 8. (VIII, 224 S.) Hannover 894. Norddeutsche Verlagsanstalt. Geb. in Leinw. n. 2. 50

— lateinische Schulgrammatik in kurzer übersichtl. Fassg. u. m. bes. Bezeichng. d. Pensen f. d. einz. Klassen d. Gymnasien u. Realgymnasien. 14. Aufl. gr. 8. (VIII, 224 S.) Hannover 898. Norddeutsche Verlagsanstalt O. Goedel. Geb. in Leinw. n. 2. 50

Holzweissig, Friedrich: Lateinische Schulgrammatik in kuzer, übersichtlicher Fassung und mit besond. Bezeichnung d. Pensen f. d. einzelnen Klassen d. Gymnasien u. Realgymnasnien. Von Dr. Friedrich Holzweissig, Dir. d. Dom-Gymn. zu Magdeburg. 15. verb. Aufl.
Hannover: O. Goedel 1899. (VIII, 224 S.) 8°

— **lateinische Schulgrammatik in kurzer, übersichtlicher Fassung u. m. besond. Bezeichnung der Pensen f. die einzelnen Klassen der Gymnasien u. Realgymnasien. 18. Aufl. gr. 8. (VIII, 224 S.) Hannover 902. Norddeutsche Verlagsanstalt O. Goedel. Geb. in Leinw. n. 2. 50**

— **lateinische Schulgrammatik in kurzer, übersichtlicher Fassung u. m. Bezeichnung der Lehraufgaben f. die einzelnen Klassen der Gymnasien u. Realgymnasien. 22. Aufl. (VIII, 222 S.) 8. Hannover 906. Norddeutsche Verlagsanstalt O. Goedel. Geb. n. 2. 50**

— **Latein. Schulgrammatik in kurzer übersichtlicher Fassung u. m. Bezeichnung der Lehraufgaben f. die einz. Klassen der Gymnasien u. Realgymnasien. 28. Aufl. (VIII, 222 S.) 8. Hannover 910. Norddeutsche Verlagsanstalt O. Goedel. Geb. in Leinw. 2. 50**

— **griechische Syntax in kurzer, übersichtlicher Fassung, auf Grund der Ergebnisse der vergleichenden Sprachforschung zum Gebrauch für Schulen bearb. gr. 8. (IV, 58 S.) Leipzig 878, Teubner.** — 75

— **griechische Syntax in kurzer, übersichtl. Fassung auf Grund der Ergebnisse der vergleichenden Sprachforschung zum Gebrauch für Schulen bearb. 2. Aufl. gr. 8. (VI, 67 S.) Leipzig 881, Teubner. cart.**

—— griechische Syntax in kurzer, übersichtlicher Fassung, auf Grund der Ergebnisse der vergleichenden Sprachforschung zum Gebrauch für Schulen bearb. 3. Aufl. gr. 8. (VI, 87 S.) Leipzig 886, Teubner. cart. *

– Übungsbuch für den Unterricht im Lateinischen.

— dasselbe. Kursus der Obersekunda u. Prima. Einzelsätze. — Zusammenhängende Uebersetzungsstücke. (XII, 342 S.) 8. Ebd. 905 Geb. n 3. —

— Übungsbuch f. den Unterricht im Lateinischen. Kurs. der Ober-Tertia. gr. 8. (VIII, 196 S.) Ebd. 894. Geb. n. 2. 20

— dasselbe. Kurs. d. Ober-Tertia. 3. (neu durchgeseh.) Aufl. gr. 8. (VIII, 196 S.) Ebd. 897. Geb. n. 2. 20

— dasselbe. Kursus der Obertertia. Ausg. B. 1. Einzelsätze. — 2. Zusammenhängende Übungsstücke im Anschluß an die Lektüre. — 3. Freie Übersetzungsstücke. gr. 8. (VIII, 218 S.) Ebd. 901. Geb. in Leinw. n. 2. 40

— dasselbe. (Ausg. A u. B.) Deutsch-lateinisches Wörter-Verzeichnis. gr. 8. (89 S.) Ebd. 901. n. — 80

— dasselbe. Kursus der Ober-Tertia. Ausg. A. (Uebungsstücke im Anschluß an Cäsars gall. Krieg. V—VII.) 4. Aufl. (VIII, 196 S.) gr. 8. Ebd. 902. Geb. in Leinw. n. 2. 20

— dasselbe. Ausg. B. (1. Einzelsätze. — 2. Zusammenhängende Uebungsstücke im Anschluß an die Lektüre. — 3. Freie Uebersetzungsstücke.) 2., neu durchgeseh. Aufl. (VIII, 218 S.) 8. Ebd. 905. Geb. in Leinw. n. 2. 40

— dasselbe. Lehraufgabe der Obertertia. Ausg. B. (1. Einzelsätze. — 2. Zusammenhängende Uebungsstücke im Anschluß an die Lektüre. — 3. Freie Uebersetzungsstücke.) 3. Aufl. (VIII, 218 S.) 8. Ebd. 910. Geb. 2. 40

— Übungsbuch für den Unterricht im Lateinischen. Kurs. der Quarta. gr. 8. (VIII, 184 S.) Ebd. 889. n. 1. 40; geb. n.n. 1. 80

—— desgl. — Kurs. der Quarta. 2. neu durchgeseh. Aufl. gr. 8. (208 S.) Ebd. 891. geb. * 2 —

— dasselbe. Kurs. der Quarta. 3., m. der 2. gleichlaut. Aufl. gr. 8. (208 S.) Ebd. 893. Geb. n. 2. —; Wörterverzeichniß. (86 S.) 893. n. — 40

— dasselbe. Kurs. d. Quarta. 6. Aufl. gr. 8. (208 S.) Ebd. 898. Geb. n. 2. —; Wörterverzeichnis. 4. Aufl. (36 S.) n. — 40

[F.] Übungsbuch für den Unterricht im Lateinischen. Kursus d. Quarta v. Dr. Fr. **Holzweissig,** Dir. . . . zu Magdeburg. Ausgabe B. (1. Einzelsätze. 2. Zusammenhängende Übungsstücke i. Anschluss an Herodot u. Curtius.) *Hannover: Norddeutsche Verlagsanst. O. Goedel 1898.* (VIII, 188 S.) 1 Bd 8. [98. 4168 G

— dasselbe. Kursus der Quarta. Ausg. A. (Zusammenhängende Übungsstücke im Anschluß an die vitae des Cornelius Nepos.) 8. Aufl. gr. 8. (208 S.) Ebd. 901. Geb. in Leinw. n. 2. —

Übungsbuch für den Unterricht im Lateinischen. Von Friedrich **Holzweißig**, Dir. zu Magdeburg. Lehraufg. d. Quarta. Ausg. B. (1. Einzelsätze. 2. Zusammenhängende Übungsstücke im Anschluß an Herodot u. Curtius.) 2. Aufl. *Hannover: O. Goedel 1903.* (IV, 196 S.) 8° [F.] [03. 9343 7

— dasselbe. Lehraufgabe der Quarta. Ausg. B. (1. Einzelsätze. 2. Zusammenhängende Uebungsstücke im Anschluß an Herodot u. Curtius.) 3., neu durchgeseh. Aufl. (IV, 196 S.) 8. Ebd. 906. Geb. n. 2. —

— dasselbe. Lehraufgabe der Quarta. Ausg. B. (1. Einzelsätze. 2. Zusammenhängende Uebungsstücke im Anschluß an Herodot u. Curtius.) 4. Aufl. (IV, 196 S.) 8. Ebd. 910. Geb. in Leinw. 2. —

—— Übungsbuch für den Unterricht im Lateinischen. Kursus der Quinta. gr. 8. (166 S.) Hannover 887, Norddeutsche Verlagsanstalt. * M 1.35.; geb. *

— dasselbe. Kurs. der Quinta. 2., verb. Aufl. gr. 8. (173 S.) Ebd. 890. geb. n. 1. 60

—— desgl. — Kurs. der Quinta. 3. unveränd. Aufl. gr. 8. (173 S.) Ebd. 891. geb. * 1 60

— dasselbe. Kurs. der Quinta. 5., m. der 4. gleichlaut. Aufl. gr. 8. (VIII, 201 S.) Ebd. 894. Geb. n. 2. —; Wörterverzeichniß. 4. Aufl. (62 S.) 894. n. — 60

— dasselbe. Kursus d. Quinta. 10. Aufl. gr. 8. (VIII, 201 S.) Ebd. 898. Geb. in Leinw. n. 2. —; Wörterverzeichnis dazu. 8. Aufl. (62 S.) n. — 60

— dasselbe. (Ausg. A u. B.) Deutsch-latein. Wörter-Verzeichnis. gr. 8. (56 S.) Ebd. 901. n. — 60

— dasselbe. Kursus der Quinta. 13. Aufl. gr. 8. (VIII, 201 S.) Ebd. 902. Geb. in Leinw. n. 2. —; alphabetisch geordn. Wörter-Verzeichnis. 12. Aufl. (62 S.) n. — 60

— dasselbe. Lehraufgabe der Quinta. 15. Aufl. (VIII, 232 S.) 8. Ebd. 905. Geb. n. 2. —; deutsch-lateinisches Wörter-Verzeichnis. 15. Aufl. (83 S.) n. — 80

— dasselbe. Lehraufgabe der Quinta. 16. Aufl. (VIII, 232 S.) 8. Ebd. 908. Geb. 2. —

— dasselbe. Lehraufgabe der Quinta. Ausg. B. (IV, 248 S.) 8. Ebd. 909. Geb. 2. —

— Übungsbuch f. den Unterricht im Lateinischen im Anschlusse an Holzweißigs lateinische Schulgrammatik. Kursus der Sexta. gr. 8. (VII, 172 S.) Hannover 885. Norddeutsche Verlags-Anstalt. n. 1. 25; geb. n. 1. 50

— dasselbe. Kurs. der Sexta. 2. Aufl. gr. 8. (VII, 172 S.) Ebd. 889. geb. n. 1. 50

—— desgl. — Kurs. der Sexta. 4. unveränd. Aufl. gr. 8. (194 S.) Ebd. 891. geb. ** 1 75

— dasselbe. Kurs. der Sexta. 7. Aufl. gr. 8. (VIII, 183 S.) Ebd. 894. Geb. n. 1. 80; Wörterverzeichniß. 4. Aufl. (43 S.) 894. n. — 50

— Übungsbuch für d. Unterricht im Latein. Kurs. der Sexta. 13. Aufl. gr. 8. (VIII, 183 S.) Ebd. 898. Geb. in Leinw. n. 1. 80; Wörter-Verzeichnis dazu. 7. Aufl. (43 S.) n. — 50

— Übungsbuch f. den Unterricht im Lateinischen. Kursus der Sexta. 17. Aufl. gr. 8. (VIII, 183 S.) Ebd. 902. Geb. in Leinw. n. 1. 80; deutsch-latein. Wörterverzeichnis. 11. Aufl. (43 S.) n. — 50

Übungsbuch für den Unterricht im Lateinischen. Von Friedrich Holzweißig, Dir. zu Magdeburg. Lehraufgabe d. Sexta. 18. neu durchges. Aufl. *Hannover: O. Goedel 1903.* (IV, 204 S.) 8° [F.] [... 7

— Uebungsbuch f. den Unterricht im Lateinischen. Lehraufgabe der Sexta. 19. Aufl. (IV, 204 S.) 8. Ebd. 904. Geb. in Leinw. n. 1. 80; alphabetisches Wörterverzeichnis. 14. Aufl. (57 S.) 906. n. — 60

Holzweißig, Frdr., Übungsbuch f. den Unterricht im Lateinischen. Lehraufgabe der Sexta. Ausg. B. (IV, 188 S.) 8. Hannover 909. Norddeutsche Verlagsanstalt O. Goedel. Geb. 1. 80

— dasselbe. Kurs. d. Unter-Sekunda. gr. 8. (VIII, 206 S.) Ebd. 896. Geb. n. 2. 40

— dasselbe. Kursus der Untersekunda. Ausg. B. 1. Einzelsätze. — 2. Zusammenhängende Übungsstücke. gr. 8. (VIII, 208 S.) Ebd. 902. Geb. in Leinw. n. 2. 40

—— Übungsbuch f. den Unterricht im Lateinischen. Kursus der Unter-Tertia. gr. 8. (VIII, 174 S.) Ebd. 892. geb. * 1 80

— dasselbe. Kurs. der Unter-Tertia. 2., m. der 1. gleichlaut. Aufl. gr. 8. (VIII, 174 S.) Ebd. 894. Geb. n. 1. 80

— dasselbe. Kurs. der Unter-Tertia. 4. Aufl. gr. 8. (VIII, 174 S.) Ebd. 897. Geb. n. 1. 80

— dasselbe. Kursus der Unter-Tertia. Ausg. A. (Übungsstücke im Anschluß an Cäsars gall. Krieg I—IV.) 5. Aufl. gr. 8. (VIII, 174 S.) Ebd. 900. Geb. in Leinw. n. 1. 80

Übungsbuch für den Unterricht im Lateinischen. Kursus d. Untertertia von Dr. Friedrich Holzweissig, Dir. zu Magdeburg. Ausg. B. *Hannover: O. Goedel 1900.* (VIII, 198 S.) 8° [F.] [... 7

— dasselbe. (Ausg. A u. B.) Deutsch-lateinisches Wörter-Verzeichniß. gr. 8. (68 S.) Ebd. 901. n. — 70

Holzweißig, Frdr., Uebungsbuch für den Unterricht im Lateinischen. Lehraufgabe der Untertertia. Ausg. B. (1. Einzelsätze. — 2. Zusammenhängende Uebungsstücke im Anschluß a. d. Lektüre. — 3. Freie Uebersetzungsstücke.) 2., neu durchgeseh. Aufl. (VIII, 198 S.) 8. Hannover 905. Norddeutsche Verlagsanstalt O. Goedel. Geb. in Leinw. n. 2. 20; deutsch-lateinisches Wörter-Verzeichnis. 2. Aufl. (68 S.) 903. n.n. — 70

— Wahrheit und Irrthum der localistischen Casustheorie. Ein Beitrag zur rationellen Behandlung der griech. und latein. Casussyntax auf Grund der sicheren Ergebnisse der vergleichenden Sprachforschung. gr. 8. (III, 88 S.) Ebendas. 877. * 1 80

Holzweißig, Friedrich: [Worte bei der Fahnenweihe.] S. 12—13. 4. Kgl. Stifts-Gymn. *Zeitz* 1908 (330). Progr.

—— Alphabetisch geordnetes Wörter-Verzeichnis zu dem Übungsbuch f. den Unterricht im Lateinischen, Kursus der Quinta u. Sexta. gr. 8. Ebd. cart. ** 1 30
Quinta. 3. Aufl. (64 S.) 890. ** — 70. — Sexta. 2. Aufl. (44 S.) 891. * — 60.

— Alphabetisches Wörterverzeichnis zu dem latein. Übungsbuch f. Quinta. 18. Aufl. (83 S.) 8. Ebd. 910. — 80

Holzweißig, J. G., Anweis. zur Treppen-Baukunst. m. K. 8. Leipz. Baumgärtner.

Holzweißig, J. Gf., Anweis. zur Treppenbaukunst, f. Anfänger u. Liebhaber d. Baukunst. Mit 16 Kpf. u. einer Vorr. v. A. W. Kanne. 8. Leipz. (811). Baumgärtner. 2 ₰ 12 K

Holzweißig, Marie, prakt. Kochbuch. Hrsg. insbesondere zum Handgebrauch ihrer Schülerinnen. Eingerichtet f. Haus-Küche. 5. Aufl. gr. 8. (152 S.) Bautzen 899. Geschw. Donnerhak. Geb. in Leinw. 2. —

Holzwuchs u. Holzfrevel, über, einige kurzgefaßte Bemerkk., veranlaßt durch die d. kursächs. Vasallen gewidmete Schrift, üb. den Holzmangel. 8. Leipz. 799. Rein. 4 K

Allgemeine Holz-Zeitung. Organ für Holz-Industrie und -Handel, Holz-Kultur und Sägerei, Holzbau, Tischlerei, Böttcherei. . - Leipzig. Jg. 1, 1882.
Forts. s.: Holz-Industrie-Ztg.

Holz-Zeitung, allgemeine. Organ für Holz-Industrie und -Handel, sowie für alle verwandten Geschäftszweige und Gewerbe etc. Hrsg. von Bruno Kässner. 1. Jahrg. 1882. 12 Nrn. (à Nr. $1\frac{1}{2}$ Bog. mit eingedr. Holzschn.) gr. 4. Leipzig, Gruner.
Fortsetzung u. d. T.: Holz-Industrie-Zeitung, allgemeine.

Holz-Zeitung, alpenländische. Organ für Holzhandel, Holzverwertung, Forstwirtschaft, Lohe- u. Cellulose-Erzeugung. Offizielles Organ des Vereines österreich. Holzinteressenten. Hrsg.: Jacques Sachs. Red.: Eman. Seemann. 3. u. 4. Jahrg. 1904 u. 1905. à 24 Nrn. (à ca. 6 S) Fol. Wien (III/2, Pragerstr. 5), Sachs' Verl. à Jhrg. n. 8. —
Fortsetzg. s.: Centralblatt f. Walderzeugnisse.

Holzzeitung, bayrische. Geschäfts-Organ für Holz-Industrielle, Holzhändler, Forstleute und Waldbesitzer, sowie die verwandten Industrien und Gewerbe. Mit wöchentl. Beilage: Allgemeiner Holz- und Forst-Anzeiger. Redact.: Rob. Gruner. Jahrg. 1888/89. ca. 60 Nrn. (à Nr. $1\frac{1}{2}$ Bog.) 4. Leipzig, C. F. Gruner. *

Holz-Zeitung, bayerische. 8.—11. Jahrg. der Holz-Industrie-Zeitung. Allgem. Holz- u. Forst-Anzeiger. Redact.: R. Gruner. Jahrg. 1889—92. à Jahrg. 52 Nrn. (Bog.) 4. Lpz., C. F. Gruner. à Jahrg. 5 —
Erscheint seit 1. Octbr. 1892 u. d. T.: Bayer. Holz- u. Bau-Zeitg. Ebd. à Jahrg. * 8 —.

Bayerische Holz- und Bauzeitung. - Leipzig. Jg. 1-7. 1887-1894. - (M. n. erm.)

Holz- u. Bau-Zeitung, bayerische. General-Anzeiger f. Bauwesen, Holz-Industrie u. Holzhandel, Heiz- u. Leuchtwesen, Wagenbau, Schlosserei, Tischlerei, Glas- u. Möbelgeschäft, Land- u. Forstwirtschaft, Haus- u. Communal-Verwaltg., Patent- u. Rechtswesen, Gemeinnütziges etc., sowie f. die einschläg. Litteratur. Submissions-, Holzverkaufs-, Immobilien- u. Vacanzen-Anzeiger. Schriftleiter: H. Altendorff u. Rob. Gruner. 7. Jahrg. 1894. ca. 100 Nrn. (Bog.) Fol. Leipzig, C. F. Gruner. n. 8. —
Erscheint a. u. d. T.: Holz- u. Bau-Zeitung, schlesische.

Deutsche Holzzeitung. Fachblatt für Holzhandel, Holzindustrie und Holzkultur. - Königsberg. Jg. 7-39. 1892-1924. - (M. n. ersch.)
Früher s.: Preuß. Holzztg.

— deutsche, [früher „preussische Holzzeitg."]. Fachblatt f. Holzhandel, Holzindustrie u. Holz-Kultur. Red.: Louis Beerwald. Jahrg. 1891. 1892. à 52 Nrn. (à 1—$1\frac{1}{2}$ Bog.) Fol. Königsberg i/Pr., L. Beerwald. à Jahrg. n. 5. —

— dasselbe. Jahrg. 1893. 1894. à 52 Nrn. (à 1—$1\frac{1}{2}$ Bog.) Fol. Ebd. à Jahrg. n. 4. —

— deutsche [früher „preuss. Holz-Zeitg."] Fachblatt für Holzhandel, Holzindustrie u. Holzkultur. Red.: Louis Beerwald. 10. Jahrg. 1895. 52 Nrn. (à 8 S.) Fol. Nebst: D. illustr. Blatt d. Erfindgn. u. Entdeckungen. 26 Nrn. (à 4 S.) gr. 4. Königsberg i/Pr. (Kaiserstrasse 52), L. Beerwald. n. 4. —

Holz-Zeitung, deutsche [früher „preuss. Holz-Zeitg."]. Fachblatt f. Holzhandel, Holzindustrie u. Holzkultur. Red.: Louis Beerwald. 11. u. 12. Jahrg. 1896—1897. à 52 Nrn. (à ca. 6 S.) Fol. Nebst: D. illustr. Blatt d. Erfindgn. u. Entdeckgn. à 26 Nrn. (à ca. 4 S.) gr. 4. Ebd. à Jahrg. n. 4. —

— dasselbe. Fachblatt f. Holzhandel, Holzindustrie u. Holzkultur. 13. Jahrg. 1898. 52 Nrn. (à ca. 8 S.) Fol. Ebd. n. 6. —

Continentale Holz-Zeitung. - Wien. Jg. 1-42. 1889-1930. - (Dann aufgeg. in Internat. Holzmarkt)

—— continentale. Organ f. die commerciellen u. tarifar. Interessen der Holzproduction, d. Holzhandels u. der Holzindustrie. Hrsgbr.: Edm. Hofmann. 1. Jahrg. 1889/90. 26 Nrn. (à Nr. 2½ Bog.) Fol. Wien. (Lpz., Literar. Anst., Aug. Schulze.) * 20; vierteljährl. * 6 — halbjährlich * 11 —
Die Fortsetzung erscheint im Selbstverlage, Wien XII, Schönbrunnerstr. 114.

Holz-Zeitung, continentale. Organ f. die commerciellen u. tarifar. Interessen der Holzproduction, des Holzhandels u. der Holzindustrie. Offizielles Organ des „Oesterr.-ungar. Verein der Holzproducenten, Holzhändler u. Holzindustriellen in Wien". Hrsg. u. red. v. Edm. Hofmann. Red.: Jonathan Marowitz. 6. Jahrg. 1894. 36 Nrn. (à ca. 3 Bog.) Fol. Wien. V./2, Margarethengürtel, Administration. n. 24. —

Holz-Zeitung, continentale. Organ f. d. commerc. u. tarifar. Interessen d. Holzproduction, d. Holzhandels u. d. Holzindustrie. Offiz. Organ d. „Oesterr.-ungar. Verein d. Holzproducenten, Holzhändler u. Holzindustriellen in Wien". Hrsg. u. red. v. Edm. Hofmann. Red.: Wilh. Köhler. 7.—10. Jahrg. 1895—1898. à 36 Nrn. (à ca. 12 S. m. Abb.) Fol. Wien (V/2, Margarethengürtel), Administration. à Jahrg. n. 20. —
Kann auch halbjährlich für n. 11. —, u. vierteljährlich für n. 6. — bezogen werden.

Holz-Zeitung, continentale. Organ f. die commerciellen u. tarifar. Interessen der Holzproduction, des Holzhandels u. der Holzindustrie. Officielles Organ des „Oesterr. Verein d. Holzproducenten, Holzhändler u. Holzindustriellen in Wien". Hrsg. u. red. v. Edm. Hofmann. Red.: Ant. Schindler. 11.—14. Jahrg. 1899—1902. à 36 Nrn. Fol. (à ca. 8 S.) Wien (IV/1, Schleifmühlgasse 2), Administration. à Jahrg. n. 20. —; halbjährl. n. 11. —; vierteljährl. n. 6. —

— continentale. Organ f. die kommerziellen u. tarifar. Interessen der Holzproduktion, des Holzhandels u. der Holzindustrie. Offizielles Organ des „Oesterreich. Verein der Holzproduzenten, Holzhändler u. Holzindustriellen in Wien". Hrsg. u. red. v. Edm. Hofmann. Red.: Ant. Schindler. 15.—18. Jahrg. 1903—1906. Fol. Wien (IV./1. Schleifmühlgasse 2), Administration. à Jahrg. n. 20. —; halbjährl. n. 11. —; vierteljährl. n. 6. —
1903. 86 Nrn. (278 S.) — 1904. 89 Nrn. (310 S.)
1905. 104 Nrn. (450 S.) — 1906. 52 Nrn. (410 S.)

Holzzeitung, pommersche. Fachblatt u. Anzeiger f. Holzhandel, Holz-Industrie, Forstwirtschaft, Korbweiden- u. Lohrinden-Geschäft rc. Hrsg. v. Emil Schultze & Co. in Stettin. 1. Jahrg. 1886/87. ca. 52 Nrn. (2 B.) Fol. Leipzig, C. F. Gruner. n. 14. —

Preußische Holzzeitung. Fachblatt für Holzhandel, Holzindustrie und Holzkultur. - Königsberg. Jg. 1-6. 1886-1891.
Forts. s.: Dtsch. Holzztg.

—— preußische. Fachblatt für Holzhandel, Holz-Industrie und Holz-Kultur inkl. Korbweiden und Lohrinden. Geschäftsorgan für die Provinzen Ost- und Westpreußen und die angrenzenden Landesteile. Hrsg. unter Redact. von Louis Beerwald. Jahrg. 1886. 52 Nrn. (Bog.) Fol. Konigsberg. Leipzig, C. F. Gruner.
Die Fortsetzung erscheint in Königsberg i. Pr. im Selbstverlage des Herausgebers.

—— preussische. Fachblatt f. Holzhandel, Holz-Industrie u. Holz-Kultur. Redact.: Louis Beerwald. Jahrg. 1889—1891. à Jahrg. ca. 52 Nrn. (à Nr. 1—1½ Bog.) Fol. Königsb. i. Pr., Beerwald. à Jahrg. * 5 —
Fortsetzung u. d. T.:

—— schlesische. Fachblatt und Anzeiger für Holzhandel, Holz-Industrie, Forstwirtschaft, Korbweiden- und Lohrinden-Geschäft rc. Redact.: Rob. Gruner. 1.—3. Jahrg. 1886/87, 1887/88 und 1888/89. à Jahrg. ca. 52 Nrn. (à Nr. 1½ Bog.) Fol. Leipzig, C. F. Gruner. à Jahrg. *

Holzzölle, d., i. d. Tarif-Commission. Berlin 879.

Holzzucht, die, außerhalb des Waldes, oder Anleitung zur Anzucht, Kultur und Behandlung nützlicher Baum- und Straucharten behufs Einfassung der Fluren, Wege, Ufer — Bepflanzung von Weidegründen, Triften, Wiesen rc. — und zur Umgebung von Gebäuden rc. zum Vortheile der ländlichen Oekonomien und zur landschaftlichen Verschönerung Bayerns. Für Grundbesitzer, Land- und Forstwirthe, Stadt- und Landgemeinden. Von einem Vaterlandsfreunde dem landwirthschaftlichen Vereine gewidmet. Mit vielen Abbildungen in (eingedr.) Holzschn. gr. 8. (X und 268 S.) München 855, Palm's Hofbuchh. Thlr.

Holzzucht, die, außerhalb des Waldes, zum Vortheile der ländlichen Oekonomie und zur landschaftlichen Verschönerung Bayerns. Für Grundbesitzer, Land- und Forstwirthe, Stadt- und Landgemeinden. Mit Abbildungen in Farbendr., gez. von Eug. Neureuther. 2. Aufl. gr. 8. (VI und 218 S. mit 12 Stnt. und eingedr. Holzschn.) Ebds. 856.

Die Holzzucht und Forstwissenschaft. Landwirtschaftliche Gesetze und Verwaltung. - Stuttgart 1847. 10 Tl. 1233 S., 6 Taf., Abb. A. d. Franz. u. m. Ber. d. dtsch. Verhältnisse bearb. v. C. Fr. Häußler. - (=4. Abschn. v. "Der Landwirth des 19. Jh. oder das Ganze der Landwirthschaft". V. e. Verein prakt. Landwirthe Frankreichs, dirig. v. Alexandre Bixio)

Die praktische, auf Erfahrung gegründete Holzzucht oder vollständige Anweisung für Jäger und Forstmänner zur Anlegung und Erhaltung der Waldungen und Forsten. Für Forstliebhaber einzeln gedruckt aus Kupfers Beiträge zum Forst- und Jagdwesen. - Leipzig 1821. 181 S., 1 Taf.

Holzzucht, die praktische, auf Erfahrung gegründete. Mit 1 Kupf. gr. 8. Leipzig, Rein. 821. —

Hom, A. C., römische Choräle, s. a. Choräle, römische.

Hom, A. C., römische Choräle nach dem Graduale Romanum u. Antiphonarium. Mainz (855.) Janitsch. 16. (2 Bl., 140 S.) n. 10 ngr.

—— vierstimmige Gesänge für Sopran, Alt, Tenor und Baß. Zunächst für Gymnasien und höhere Lehranstalten bearb. 8. (48 S.) Mainz 862, Haas.

Hom, A. C., 12 kirchliche Gesänge älteren und neueren Ursprungs, welche nach der Wandlung in der heil. Messe oder auf bestimmte Festzeiten gesungen werden können. 8. (16 S.) Mainz 862, Kirchheim. *

Hom, A. C., Gesanglehre für Real- und Gymnasialklassen. 8. (15 S.) Mainz 884, Müller.

—— Jugendklänge. Auswahl beliebter 2stimmiger Lieder für Sopran und Alt, für Knaben- und Mädchenschulen und die unteren Klassen der Gymnasien. 8. (32 S.) Mainz 862, Wirth's Sortimentsb.

—— 80 Lieder für Sopran und Alt. Zum Gebrauche für die unteren Real- und Gymnasialklassen zusammengestellt. 8. (32 S.) Ebendas. 884.

Hom, A. C., 30 zweistimmige Lieder für die Sexta u. Quinta der Gymnasien u. Realschulen. 8. (40 S.) Mainz 879. Diemer. n. — 50

—— 12 geistliche Lieder, welche theils nach der heiligen Wandlung, theils bei Kirchen-Festen gesungen werden können. 8. (16 S.) Mainz 862, Haas. *

—— Uebungen für den ersten Gesangunterricht, zunächst bestimmt zum Gebrauche für Gymnasien und höhere Lehranstalten wie auch für den Privatunterricht. 8. (III und 29 S.) Mainz 862, Kirchheim.

Homagialeid, Der, für König Christian IX. Ein Wort zur Abwehr ... Leipzig 1864. V: *Schultze, Theodor.* (A)

Homagialeid, der, für König Christian IX. Ein Wort zur Abwehr von Verdächtigungen. gr. 8. (20 S.) Leipzig 864, Brauns. *

HOMAGIUM / christiano-Marianum / Ein / Ordentliche Christcatholische Art / Schuldiger Huldigung / dem allerhöchsten / GOTT. / Mariae / Der glorreichsten Himmels-Königin / und H. Patronen täglich, oder wochentlich / abzustatten / Von / In der Exempten Pfarr-Kirchen zu / Kemend gewöhnlichen Rosenkranz- / Bruderschaft / allen Mitgliedern, als lieben Pfarr- / Kindern zum Seelen-Trost, und geistlichen / Unterricht ausgetheilet, und verehret / im Jahr 1774. Fünfkirchen 1774. Gedruckt bey Johann Joseph Engel, Königl. Privil. Buchdruckern. 134 (12) S. - 170 mm

Homagium Monarchiae Hispanicae legitimo Hesperiae Regi Carolo III ... praestitum carmine elegiaco. Graecii 1710. V: *Panigalli, Ludwig.* (Jes)

Homagium, Suadae, Laureatae sapientiae annuo ritu depensum. Viennae Austriae 1713. V: *Raditschnigg, Johann.* (Jes) (So)

Homan, Alojzij. Postrežba bolnikom. V Celovcu, St. Hermagoras-Druck., 1899. 96 S.

Homan, Jul., das Streben nach Wiedererlangung d. hierarch. Absolutismus in Verbindung mit d. Handlungen d. Erzbischofs v. Köln. 8. (2 B.) Hanau 838, König.

Homan, O. J., De coniunctivi et optativi aoristi usu Sophocleo. Diss. 1870. 68 S.

Homann, Alexandro Ferdinando principi de Tour & Taxis Franconiae postarum tabulam hanc geographicam sacram esse cupiunt editores Homanni haeredes. Nürnberg 1759. 4 Bll. Kupf., kolor. . . . . (D.)

Homanns Erben. Alsatia, tam superior, quam inferior una cum Sundgovia. Nurnberg. 2 Bl. c. K. v.

Germania Benedictina quae in illa sunt monasteria ord. S. Benedicti monstrans exacta ita delineata per R. P. C. P. W. C. B. S. — Norib.. Homanns Erben, o. J. Fol. Kupf. u. kol. . . . . (D.; Br. Mus.)

Homann's Erben. Italia in suos status divisa. 17[illegible]. 1 Bl. c. K. v.

Homann's Erben. Mappa geographica complectens
I. Indiam occidentalem,
II. Isthmum Panamensem,
III. Ichnographiam praecipuorum locorum et portuum.
Nürnberg. 1 Bl. c. K. v.

Homann. Principatus Transsilvaniae in suas quasque nationes earumque sedes et regiones accurate devisus. Nürnberg. 1 Bl. c. K. v.

Homann's Erben. Status Parmensis. Nürnberg. 1 Bl. c. K. v.

Homann. Regni Hungariae tabula generalis. Nürnberg. 1 Bl. c. K. v.

Homann, A., 150 alte und neue Volksweisen mit ursprünglichen oder neu untergelegten Worten zum Gebrauch in christlichen Kreisen u. Vereinen. Bearb. für Sopran, Alt, Tenor u. Baß. Cöln 861. Hassel in Comm. 8. (VII, 357 S.) n. 28 ngr.

Homann, A., 150 alte und neue Volksweisen. Bearb. für Sopran, Alt, Tenor und Baß. Neue wohlfeile (Titel-)Ausg. gr. 16. (IX, 357 S.) Gotha (861)70, Schloeßmann. *

Homann, Albert [aus Stettin]: Ueber das m-Nitrophenyltolylsulfon und Zersetzung des m-Nitrobenzolsulfonchlorürs durch Aluminiumchlorid ... Greifswald, Druck v. J. Abel, 1893; 32 S. 8.
Greifswald, Phil. Fak., Inaug.-Diss. v. 4. März 1893

Homann, B., die wissenschaftliche Fehlerausgleichung in der Markscheidekunst, nebst entsprechend ausgewählten Abschnitten aus der höheren Analysis. gr. 8. (55 S.) Freiberg 885, Craz und Gerlach. *
Aus: Vereinsschrift des Rheinisch-Westfäl. Markscheidervereins, besonders abgedruckt.

Homann (B.), Grundzüge der höheren Analysis nebst Fehlerausgleichung nach der Methode der kleinsten Quadrate. (Lithographirt). Dortmund 1884. 4.

Homann, C.: „Protokolle, die in den Hauptsitzungen der 2. Versammlung deutscher Land- und Forstwirthe in Potsdam am 23.—28. September 1839 geführt worden sind", o. J. und Druckort (Potsdam 1839).

Homann, Carl, s. Homann, Karl

Einigkeit führt zum Siege. Ein Wort an d. deutsche Volk zu s. Kampfe gegen d. Großkapitalismus. Von E. **Homann.** Berlin: H. Walther 1906. (30 S.) 8° [F.] [06. 13031]

Homann, Ernst [Hrsg.], s. Provinzialhandbuch.

Homann, Ernst. Die Düppeler Schanzen nebst den preuss. Angriffsarbeiten. (2 Karten im Schuber.) 8. Kiel 1864.

Homann, Ernestus Fridericus: De glossitide. Halae (1822): Schimmelpfennig. 59 S. 8°
Halle-Wittenberg, Med. Diss. v. 6. Juli 1822
Geb. Hamburg 24. 7. 1798. V.

Homann, E. F., Rechtfert. d. Zurückweis. e. Physicatsprüfung, s. Schmidt, P.

— s. Wochenschrift, medicinische.

Homann, Friedrich [aus Kiel]: Ein Fall von Leber-Adenom .... Wurzburg, *Druck v. Schmidt & Klaunig in Kiel*, 1888; 23 S. 8°
Wurzburg, Med. Fak., Inaug.-Diss. v. 1888

HOMANN, FRIEDRICH WILHELM. Quercit, ein fünfsäuriger Alkohol. Würzburg, 1875.

Homann, Fritz: Die Stenographie in England, insbes. das Wesen d. Pitman'schen Systems. Erster Vortr. geh. in d. Stenographie-Schule zu Wiesbaden v. Herrn Instituts-Vorsteher Fritz Homann ... [Wiesbaden 1894.] (6 S., 2 lith. Bl.) 1 Bd 8° [Kopft.:]

Homann, G. G. J., Flora von Pommern, od. Beschreib. d. in Vor- u. Hinterpommern sowohl einheim. als auch unt. freiem Himmel leicht fortkomm. Gewächse; nebst Bezeichn. ihres Gebrauches f. d. Arznei, Forst- u. Landwirthschaft, Gärtnerei, Färberei rc., ihres etwanigen Nutzens od. Schadens. 3 Bde. gr. 8. Cöslin, Hendeß.
Bd. 1. Die 1—10. Klasse d. Linn. Pflanzensystems. (22 1/4 B.) 828. 1 Thlr. 12 Gr.
= 2. Die 11—20 Kl. d. Linn. Pflanzensyst. (20 B.) 830. 1 Thlr. 12 Gr.
= 3. Die 21—24. Kl. d. Linn. Pflanzensyst. (30 1/2 B.) 835. 2 Thlr.

Homann, Georg, Referendar: Die Ausschließungsklauseln zweier zusammentreffender Versicherungsverträge für fremde Rechnung. Greifswald 1910: Abel. 40 S. 8°
Greifswald, Jur. Diss. v. 3. Aug. 1910, Ref. Frommhold
[Geb. 26. April 88 Berlin; Wohnort: Berlin; Staatsangeh.: Preußen; Vorbildung: Königstädt. Gymn. Berlin Reife M. 06; Studium: Berlin 1, Freiburg i. B. 1, Berlin 4 S.; Rig. 18. Juli 10.] [U 10. 1520

Homann, Hans [aus Berlin]: Beiträge zur Untersuchung der Sternbewegungen und der Lichtbewegung durch Spektral-Messungen .... Berlin, Druck v. P. Stankiewicz Buchdr., 1885; 4 + 28 + 1 S. 4°.
Berlin, Phil. Fak., Inaug.-Diss. v. 3. Sept. 1885.

Homann, H: Gasautomaten. München 1895

Homann, die aichfähigen Gasmesser-Constructionen. Bearb. auf Anregg. der Gasmessercommission des deutschen Vereins v. Gas- u. Wasserfachmännern. [Aus: „Schilling's Journal f. Gasbeleuchtg. u. Wasserversorgg."] gr. 8. (38 S. m. 25 Fig. u. 6 Taf.) München 894. R. Oldenbourg. n. 1. 35

Homann, H., das Gewichtsalkoholometer u. seine Anwendung. Ein Handbuch f. Steuerbeamte u. Gewerbtreibende. Mit e. Einleitg. v. L. Loewenherz. 8. (IV, 75 S. m. in den Text gedr. Abbildgn.) Berlin 889. Springer. cart. n. 1. 40

Homann, Hans, Referendar a. D.: Der Wechselbereicherungsanspruch. Borna-Leipzig 1908: R. Noske. (VI, 68 S.) 8° [J.]
Rostock, Jur. Fak., Ref. Lehmann, Diss. v. 25. April 1908
[Geb. 23. Jan. 84 Braunschweig; Wohnort: Magdeburg; Staatsangeh.: Preußen; Vorbildung: Gymn. Braunschweig Reife O. 03; Studium: Lausanne 1, Berlin 1, Kiel 1, Berlin 1, Göttingen 3 S.; Rig. 17. Febr. 08.]

Homann, H., wie d. Zwölfzöller d. Urania entstand, s. a. Sammlung populärer Schriften, hrsg. v. d. Gesellschaft Urania zu Berlin.

Wie der Zwölfzöller der Urania entstand. Von Dr. H[ans] Homann in Berlin. M. Ill. *Berlin: H. Paetel 1895.* (51 S.) 1 Bd 4. (8.)
— Sammlung populärer Schriften hrsg. v. d. ... Urania. No 35. (96. 300

Homann, Heinr. Carl August (Harbeck), De typhlitide. Diss. med.-chir. Bln. (Gebr. Schlesinger) 15. VII. 1850. 32 S. mit Biogr. (M.: D. Riemann.) (6.30) 15824
Oppon.: H. Goedecke, A. Rausche, R. Bertram. — Gew.: G. Meyer.

Homann, J. G. Matth., Erinnerungsbüchelchen aus d. Schulunterrichte z. Erleichterung d. Privatfleißes. 8. Magdeb. 821. (Heinrichshofen). 4 gr

Homann, über die brüderl. Vereinigung unter den Menschen, welche das Christenthum fordert und von jeher gewirkt hat. gr. 8. Magdeb., Heinrichshofen. 817. Rthlr.

Homann, **J. T., Diss. jurid. inaug. de dispensationibus, quae dicuntur, sive venia legis, in causis maxime juris privati. 8 maj. Gröning. 830. v. Bökeren. 1 ß 12 gr**

[J.] **Homann,** *Jacob Hermann* [Referendar]: Der Zufall bei der Werkverdingung nach gemeinem Recht ... Greifswald, Druck v. J. Abel, 1892; VI, 35 S. 8.
Greifswald, Jur. Fak., Inaug.-Diss. v. 1892

Homann, Johann Baptist

Nürnberg, Atlas, enthaltend französische und holländische Karten von Deutschland (Römisch. Reich deutscher Nation), Jütland und der Schweiz. Gesammelt und zum Theil neu herausgegeben von Johann Baptist Homann in Nürnberg im 1. Decennium des 18. Jahrhundert. (Das Kartenwerk ist ohne Titelblatt und anscheinend unvollständig.) Fol.

Homann, Johann Baptist, der Röm. Kays. Majestät Geographo etc. Grosser Atlas über die gantze Welt. Wie diese sowol, nach Göttlicher Allweisen Schöpffung aus den heutigen Grund-Sätzen der berühmtesten Astronomorum Nicolai Copernici und Tychonis de Brahe, in der Bewegung und unermesslichen Weite des Himmels als auch in dem Umfang unserer mit Wasser umgebenen allgemeinen Erd-Kügel, zu betrachten, samt einer kurtzen Einleitung zur Geographie worinnen die Erde 1. Mathematice: etc. 2. Physice: etc. 3. Historice: etc. deutlich beschrieben durch Herrn Johann Gabriel Doppelmayr, der Kays.-Leopoldinisch- und Carolinischen Academiae Natur. Curios. etc. Mit mehr als 200 etc. Charten etc. (2 Bde.)
Fol. Nürnberg 1737.

[Homannianus] Atlas mapparum geographicarum generalium et specialium centum foliis compositum et quotidianis usibus accommodatum accedit Introductio in Geographiam mathematicam, naturalem et historicam.
Norimbergae [o. J.] gr. Fol.

Atlas Homannianus. Atlas mapparum geographicarum generalium et specialium centum foliis compositum et quotidianis usibus accommodatum accedit introductio in geographiam mathematicam, naturalem et historicam. Impensis Homannianorum heredum. Norimbergae (1762.) Fol.

Homann, J. B. Kleiner Atlas scholasticus. Nürnberg. fol.

Homann, J. B. Atlas novus terrarum orbis imperia, regna et status exactis tabulis geographice demonstrans. Nürnberg. 4 Bde. mit 481 Karten c. K.

Atlas novus terrarum orbis imperia, regna et status exactis tabulis geographicè demonstrans, operâ Johannis Baptistae **Homanni.** Noribergae. o. J. Gr.-Fol. Auch u. d. T.:
Kleiner Atlas von 50 auserlesenen Homanns Land-Charten nach methodischer Ordnung Johann Hübners .... eingericht. Nürnberg. o. J. Gr.-Fol.

Atlas novus terrarum orbis imperia, regna et status exactis tabulis geographice demonstrans, opera Johannis Baptistae Homanni.
Noribergae. Fol 1706—1776.

Homann, J. Bpt. Magna Britannia
1. Regnum Angliae.
2. " Scotiae.
3. " Hiberniae.
Nürnberg. 3 Bl. c. K. v.

Homann, Joh. Bapt. Bavariae circulus cum adjacentibus regionibus. Nürnberg. 1 Bl. c. K. v.

— Circulus Franconicus et Electoratus Moguntinus. Norimbergae [1710?] 2 Bll. (Br. Mus.)
—, — Nürnberg [1715?]

Homann, Joh. Bapt., S. R. J. Circulus Rhenanus Inferior sive Electorum Rheni complectens tres archiepiscopatus, Moguntinum, Coloniensem, et Trevirensem, Palatinatum Rheni. Norimbergae [1710?] . . . . (Br. Mus.)

Homann, Joh. Bapt., S. R. J. Circulus Rhenanus Superior, in quo sunt Lantgraviatus Hasso-Casselensis, Darmstadiensis et Rhenofeldensis, Abbatia Fuldensis ... ex conatibus J. B. Homanni. Norimbergae [1710?] . . . . (Br. Mus.)

Hasso-Casselensis — S. R. J. Circulus Rhenatus Superior in quo sunt Landgraviatvs — etc. ex conatibus Joh. Bapt. Homanni Norimbergae 1712? 1: 450,000. 1 Bl.

Circulus Saxoniae Inferioris in omnes suos Status et Principatus accurate divisus ex conatibus Joh. Bapt. Homanni. (1:850 000.) Norimbergae s.a.Kupferstich, kol. 1 Bl. Imp.-Fol., 52,5/61 cm.

Homann, Joh. Bapt., Circulus Saxoniae Inferioris in omnes suos status et principatus accurate divisus. Norimbergae [1715?]
2 versch. Ausg. . . . . (Br. Mus.)

Homann, Joh. Bapt., Circulus Saxoniae Superioris, in quo Ducatus et Electoratus Saxoniae, Marchionatus Misniae, et Landgraviatus Thuringiae ... exhibentur. Norimbergae [1715?]. . . . . (Br. Mus.)

—— Circulus Sueviae continens Ducatum Wirtenbergensem aliosq: Status et provincias eidem Circulo insertas ... Norimbergae [1710?] . . . . (Br. Mus.)
——, —— Norimbergae [1715?] . . . . (Br. Mus.)

Homann, J. B., Circulus Suevicus, in quo sunt Episc. Constanciae et Augustae, Abbat. Princ. ... Kempten, Buchaw, et Lindaw, Praepositura Elwangen, Ducatus Wirtenbergensis, Marchionatus Badensis et Burgoviensis. ... Novissime emendatus, auctus et sculptus ex officina D. Funck. Norimbergae [1725?] . . . . (Br. Mus.)

Homann, J. Bpt. Comitatus Flandriae. Nürnberg. 1 Bl. c. K. v.

Homann, J. Bpt. Comitatus principalis Tirolis. Nürnberg. 1 Bl. c. K. v.

Homann, Joh. Bapt., Le cours du Danube dès sa source jusqu'à ses embouchures, en 3 feuilles. Norimbergae [1720?]
2 Ausgaben. . . . . (Br. Mus.)

Homann, J. Bpt. Insularum Maltae et Gozae delineatio geographica. Nürnberg. 1 Bl. c. K. v.

Homann, J. Bpt. Ducatus Carnioliae, Vindorum Marchiae et Histriae. Nürnberg. 1 Bl. c. K. v.

Homann, J. Bpt. Ducatus Luxemburgi. Nürnberg. 1 Bl. c. K. v.

Homann, J. B. Ducatus Mecklenburgici. Nürnberg. 1 Bl. c. K. v.

Homann, J. Bpt. Europa. Nürnberg. 1 Bl. c. K. v.

Homann, J. Bpt. Status ecclesiastici magnique ducatus Florentini nova exhibitio. Nürnberg. 1 Bl. c. K. v.

—— Fluviorum in Europa principis Danubii cum adjacentibus regnis, ... Norimbergae [1720?]
2 Ausgaben. . . . . (Br. Mus.)

Homann, J. Bpt. Germania Austriaca. Nürnberg. 1 Bl. c. K. v.

– G e r m a n i a ecclesiastica seu Imperium Romano-Germanicum in suas tam seculares quam ecclesiasticas ditiones ... distinctum. [Nürnberg] In Officina Homanniana, 1732.
–,– Ebda. 1741.

Homann, J. B., Hydrographia Germaniae ... Norimbergae [1710?] . . . . (Br. Mus.)

Homann, Joh. Bapt., Imperium Romano-Germanicum in suos Circulos, Electoratus, et Status accuratè distinctum. Norimbergae [1710?] . . . . (Br. Mus.)
——, —— Norimbergae [1715?] . . . . (Br. Mus.)

I n s u l a e Danicae in Mari Baltico sitae, utpote Zeelandia, Fionia, Langelandia, Lalandia, Falstria, Fembria Mona, repraesentatae a Joh. Bapt. **Homanno.** Noribergae. s.a. Kol. Kupferstich. 1 Bl. Fol.,51/54 cm (beschn.) A. Pappe gez.
Mit einem Prospect des Sundes von Norden gesehen.

Homann, Joh. Bapt. Neues geogr. vorgestelltes Ungar. Kriegs-Theatrum in Servien u. dem Banat. Temeswar. Worin die glückl. Progressen Kays. Waffen unter Commando Eugenii v. Savojen mit allen in zweyen Feldzügen 1716 u. 1717 gehaltenen Schlachten u. eroberten Plätzen. (1 Karte. 9 Pl.) fol. Nürnberg. (1717.)

Homann, J. Bpt. Belgii pars septentrionalis communi nomine vulgo Hollandia. Nürnberg. 1 Bl. c. K. v.

Homann, Joh. Bapt., Circuli Franconiae pars occidentalis, & pars orientalis... Untere und mindere Theil ... Oberer und gröster Theil des gantzen Fränckischen Craisses. Nürnberg o. J. Fol. 2 Bll. Kupf. u. kolor. . . . . (D.)

Electoratus Moguntinus ut et Palatin. Infer. Hassiae et fluminis Moeni aliqua pars exhibens simul occid. Circ. Franconiae partes nimirum infimam part. Episc. Würtz., Comit. Werth., Reineck, Hohenl. & Erpach etc. geogr. exhibitus conante Joh[ann] Bapt[ista] **Homanno.** o. O. u. J. 46×53 cm [Stich, kol.]

Homann, J. B. Plan der Belagerung von Friedrichshall. fol. Nürnberg (1719).

Homann, J. B. Plan d. R. Festung Philipsburg nebst d. feindl. Belagerung, Retrenchement u. Attaque v. 23. May bis 18. July, wie auch dem Kayserl. u. franz. Lager. Fol. Nürnberg 1734.

Homann, J. Bpt. Regnum Portugalliae una cum regno Algarbiae. Nürnberg. 1 Bl. c. K. v.

Homann, J. Bpt. Statuum totius Italiae novissima repraesentatio geographica. Nürnberg. 1 Bl. c. K. v.

Homann, Johann Baptista, s. Saudler, Christian.

Homann, Joh. Bapt. Circuli Westphaliae nova et exacta tabula. Nürnberg. 1 Bl. c. K. v.

Homann, J. Bpt. Tabula comitatus Hollandiae. Nürnberg. 1 Bl. c. K. v.

Homann, J. Bpt. Danubii cum adjacentibus regnis nec non totius Graeciae et Archipelagi novissima tabula. Nürnberg. 1 Bl. c. K. v.

Homann, J. Bpt. Ducatus Brabantiae nova tabula. Nürnberg. 1 Bl. c. K. v.

Homann, Joh. Bapt. Ducatus Brunsuicensis nec non episcopatus Hildesiensis, prive Halberst. comitatus Schauenburgici exacta tabula. Nürnberg. 1 Bl. c. K. v.

Ducatus Meklenburgici Tabula Generalis continens Duc. Vandaliae et Meklenburg. Comitatum et Episcopatum Swerinensem Rostochiense et Stargardiense Dominium excudente Jo. Baptista **Homanno.** (1 : 470000.) Noribergae s. a. Kol. Kupferstich. 1 Bl. Fol., ca. 50 64.6 cm (beschn.).

Ducatus Slesvicensis in omnes ejusdem Generales et Particulares Praefecturas exacte divisi nova tabula, edita a Joh. Baptista **Homanno.** (1 : 320000.) Norimbergae. s. a. Kupferstich, kol. 1 Bl. Fol., 58/69 cm.

Homann, J. Bpt. Ducatus Stiriae novissima tabula ex ampliore mappa. Nürnberg. 1 Bl. c. K. v.

Homann, J. Bpt. Superioris et inferioris ducatus Silesiae nova tabula. Nürnberg. 1 Bl. c. K. v.

Homann, J. B., Exactissima Palatinatus ad Rhenum Tabula, in qua Episcopatus Wormaciensis et Spirensis, Ducatus Bipontinus ... ostenduntur. Noribergae [1715?] (Br. Mus.; D.)

T a b u l a generalis Holsatiae complectens Holsatiae, Ditmarsiae, Stormariae et Vagriae Ducatus edita a Joh. Bapt. Homanno. (1: 320 000.) Noribergae. o. J. Kupferstich. kol. 1 Bl. Imp.-Fol., 50/64 cm.

T a b u l a generalis Jutiae, continens dioeceses quatuor, Alburgensem, Wiburgensem, Ripensem et Arhusiensem, quae et sunt divisae in omnia sua dominia. novissime edita a Joh. Bapt. **Homanno.** Noribergae. s.a. Kol. Kupferstich. 1 Bl. Imp.-Fol., ca. 61/52 cm (beschn.).
– mit etwas anderer Kolorierung, aufgez. a. Papier.

Homann, J. B., Tabula geographica totius Germaniae, qua differentium Imperii trium religionum Status et Dominia, diversis coloribus distincta, exhibentur. [Nürnberg 1720?] . . . . (Br. Mus.)

Homann, Joh. Bapt., Imperii Romano-Germanici in suos Status et Circulos divisi Tabula Generalis, in usus Juventutis erudiendae accomodata. L'Allemagne, ... rectifiée et méthodiquement enluminée suivant les Élémens de géographie de Schatz. Norimbergae 1741. . . . . (Br. Mus.)

Homann, J. Bpt. Lotharingiae tabula generalis. Nürnberg. 1 Bl. c. K. v.

Homann, J. Bpt. Tabula marchionatus Brandenburgici et ducatus Pomeraniae. Nürnberg. 1 Bl. c. K. v.

Homann, J. Bpt. Novissima totius Regni Neapolis tabula. Nürnberg. 1 Bl. c. K. v.

Homann, J. Bpt. Regni Daniae nova tabula. Nürnberg. 1 Bl. c. K. v.

Homann, J. Bpt. Regni Norvegiae accurata tabula. Nürnberg. 1 Bl. c. K. v.

Homann, J. Bpt. Regni Sueciae tabula generalis. Nürnberg. 1 Bl. c. K. v.

Homann, J. Bpt. Regnorum Hispaniae et Portugalliae tabula generalis. Nürnberg. 1 Bl. c. K. v.

Homann, J. Bpt. Regnorum Siciliae et Sardiniae nec non melitae seu Maltae insulae cum adjectis Italiae et Africae litoribus nova tabula. Nürnberg. 1 Bl. c. K. v.

Homann, Joh. Bapt., Theatrum belli Rhenani ... apertum 10. Sept. a. 1702. nova tabula repraesentatum. Norimbergae [1703?] Fol. Kupf. u. kol. . . . (Br. Mus.; D.)

Typus geographicus **Ducatus Lauenburgici** adornatus et delineatus a Joh. Bapt. Homanni filio. (1 : 2650000.) Noribergae. 1729. Kupferstich, kol. 1 Bl. Imp.-Fol., 70 59 cm.

Mit 1 Nebenkärtchen: Hadulorum Regio in Ducatu Bremensi sita. Ditionis olim Lauenburgensis, nunc vero sub sequestratione Sacr: Caesar: Majestatis.

—— Emendatior editus 1803.

Im Nebenkärtchen steht nunmehr: Hadulorum Regio. Ducatu Bremensi sita. Ditionis olim Lauenburgensis.

Homann, J. Chr. Maroccanorum typus generalis novus. Mit Ansichten der Städte Marocco und Mequinete. Nürnberg 1728. 1 Bl. c. K. v.

Homann, J. B. Ukrania et Terra Cosaccorum cum vicinis Walachiae, Moldaviae, Minoris Tartariae provinciis. Nürnberg. 1 Bl. c. K. v.

Geographische Vorstellung der jämerlichen Wasser-Flutt in **Nieder-Teutschland.** welche den 23. Dec. 1717. in der heiligen Christ-Nacht, mit unzählichen Schaden, und Verlust vieler tausend Menschen, einen grossen theil derer Herzogth. Holstein und Bremen, die Grafsch. Oldenburg, Frislandt, Gröningen und Nort-Holland überschwemmt hat, ed. v. Joh. Bapt. **Homann.** (1 : 590000.) Nürnberg o. J. Kupferstich, kol. 1 Bl. Fol., 52.4 61 cm.

Mit 1 Nebenkärtchen: Nort-Holland, sowie Abbildung eines Deichbruches, eines Sieles etc.

Homann, Joh. Bapt., Geographische Vorstellung der jämerlichen Wasser-Flutt in Nieder-Teutschland, welche den 25. Dec. a. 1717 ... einen grossen Theil derer Hertzogth. Holstein und Bremen, die Grafsch. Oldenburg, Frislandt, Gröningen und Nort-Holland überschwemmet hat. Nürnberg [1718?] . . . . (Br. Mus.: D.)

(**Homann-Seutter**) Grosser Welt-Atlas. (Ohne Haupt-Titel.) Nürnberg (c. 1715 ff.). Gr. Fol. Gepr. alter Ldrb.

Das geschätzte Werk enth. 117 reich ornamentirte (meist color.), figurenreiche Karten in Doppelformat (= 234 nicht num. Bll. in gr. Fol.) m. vielen Plänen und Städteprospekten.

Homann, Julius, Arzt aus Hamburg: **Aus d. Kgl. chirurg. Klinik zu Kiel. Über die Behandlung der Compressionsmyelitis mit besonderer Berücksichtigung der Laminectomie.** *Kiel 1900: H. Fiencke.* (57 S.) 8°
Kiel, Med. Diss. v. [29. Okt.] 1900

Homann, Karl

Homann, Carl, aus Stralsund: **Beiträge zur Kenntnis des Wortschatzes der altfranzösischen Sprichwörter.** *Greifswald 1900: F. W. Kunike.* (55 S.) 8°
Greifswald, Phil. Diss. v. 6. Apr. 1900

Homann, Karl, Kriegstagebuch eines deutschen Reservemannes. Neue, ergänzte Ausg. 8. (VI, 273 S.) Nürnberg 879, v. Ebner'sche Buchh. * 2 —

Homann, Karl. Liliput, s. Köhling, Karl.

Homann, Carl, Reductions-Tabellen über den gegenseitigen Ausgleichungswerth, der nach dem 24½ Guldenfuße ausgeprägten Münzen u. des Königl. Preuß. Silbergeldes. Sigmaringen 851. Liehner. 4. (16 lith. S.) n. 10 ngr.

Homann, C., Reductions-Tabellen über den gegenseitigen Ausgleichungswerth, der nach dem 24½ Guldenfuße ausgeprägten Münzen und des königl. preußischen Silbergeldes. hoch 4. (16 lithogr. S.) **Sigmaringen 851(57), Liehner'sche Buchh.** *

Lud. Frid. **Homann** historia docimasiae pulmonum. Helmst. 1807. 4.

Homann, Paul, approb. Arzt aus Bremen: **Aus d. Poliklinik f. Haut- u. Geschlechtskrankheiten von Dr. med. O. Werler zu Berlin. Über Bubonen und ihre neuere medikamentöse Therapie insbesondere mit Mercurcolloid.** *Berlin 1902: S. Scholem.* (37 S.) 8°
Leipzig, Med. Diss. v. (6. Febr.) 1902

Homann, Peter Reginh., katholische Kirchenlieder. Zum kirchl. Gebrauche f. Schulen u. 3-stimm. Sängerchöre. 3. Aufl. 8. (96 S.) Bonn 874. Henry. geb. n. — 70

— **deutsches Lesebuch. 1—3. Abth., nach den k. preuß. Bestimmgn. vom 15. Oktbr. 1872 umgearb. 8. Freiburg i/Br. 875. Herder.** n. 2. 90; cart. n. 3. 37

1. Für die Unterstufe der zwei- u. der mehrklass. Volksschulen, sowie der Mittelschulen. (150 S.) n. — 55; cart. n. — 60
2. Für die Mittelstufe der mehrklass. Volks- u. der Mittelschulen. 3. Aufl. (254 S.) n. 1. —; cart. n. 1. 14
3. Für die einklass., u. die Mittel- u. Oberstufe der zweiklass. Volksschulen. 3. Aufl. (308 S.) n. 1. 40; cart. n. 1. 58

Homann, Walt., s. a.: Birkenburg, Mor. v.

– Vor d. Duell, s. Geschichten, Intime.

– die Liebe im Jenseits. Offenbarungen e. spiritist. Mediums. Roman. (VII, 262 S.) 8. Leipzig 906. R. Sattler. n. 3. 50; geb. n. 4. 50

– Das Medium, s. Geschichten, Intime.

– Memoiren e. Verlorenen, s. Geschichten, Intime.

– Nachtparade im Pfarrhaus, s. Geschichten, Intime.

Homann, Walt., Tagebuch e. männlichen Braut. Die Geschichte e. Doppelwesens. (204 S.) 8. Berlin (907). [D. Dreyer & Co.] B. Blaurock. 2.—; geb. 3. —

— **zu spät! Braunschweiger Roman. (100 S.) 8. Leipzig 905. Modernes Verlagsbureau.** n. 1. 50

Zu Spät! Roman von Moritz v. Birkenburg ⟨Walter **Homann**⟩. Neurode: W. W. Klambt 1906. (116 S.) 8° [J.]
— **Zehnpfennig-Bibliothek**, Moderne. Jg. 4, Bd 9. J.B. 1906

Homann, Wilhelm, aus Dehnbostel: **Henry Fielding als Humorist.** *Marburg i. H.: N. G. Elwert 1900.* (92 S.) 8° ¶ (Teil d. eingereichten Arbeit; d. Abschnitt V a: Fieldings humorist. Charaktere, erscheint an anderer Stelle.)
Marburg, Phil. Diss. v. [6. Sept.] 1900

Hoemann, J., Julianus ex historicis genuinis vere apostata. Rost. 1703. 4.

Homanner, Wilh., die Dauer der öffentlichen Wirksamkeit Jesu, s.a. Studien, biblische. XIII, 3.

Homanner, Wilhelm, Dr. [Commorantpriester]: **Die Dauer der öffentlichen Wirksamkeit Jesu. Eine patristisch-exegetische Studie. Freiburg i. B.: Herder 1908.** (VI, 123 S.) 8° [Preisschr. mit dem Accessit 1905.] ¶ (= Biblische Studien Bd 13 H. 3, 1908.)
München, Theol. Fak., Ref. Bardenhewer, Diss. v. 14. Juli 1906
(Nur in beschränkter Anzahl für den Austausch)

[Geb. 24. Juli 73 St. Leonhard b. Hofs (Württ.); Wohnort: Rennertshofen; Staatsangeh.: Bayern; Vorbildung: Gymn. Dillingen Reife Juli 04; Studium: Lyzeum Dillingen Phil. 2, Theol. 6, Univ. München Theol. 3 S.; Rig. 14. Juli 06.]

Homans, J. J. [aus Soerabaia, Java]: Einiges über die Truxillsäuren. . . . Berlin, Buchdr. v. Gustav Schade (Otto Francke) (1890); 55 + 1 S. 8°
Berlin, Phil. Fak., Inaug.-Diss. v. 8. Aug. 1890

Homberg [Sachliches OW]

Homberg. Graf Wernher von H., Reichsvogt in den Waldstätten…. Zurich 1860 s. Wyss, Georg von.

Homberg [Schlagwort]

Homberg, s.: **Deutschland. Kürschner-Pelp.**

Homberg, s.: Preussen. Messtischblätter.

Homberg [Verfasser]

HOMBERG, E.: Fräs- und Hobelwerkzeuge in der Holzbearbeitung. - Berlin o. J. 47 S.

Homberg, (Ernst Chrstph.,) Gedichte, s. W. Müller Bibl. deutsch. Dichter.

Homberg, F. A.

Homberg, F. De hist. etiam in tertia clas. latine tradenda. 10 S.
Progr. Dortmund 1828

Homberg, F. A. Quaestio gramm. de vi et usu vocis quum. 13 S.
Progr. Dortmund 1837

Homberg, Herz, Ben Jakir. — Ueber Glaubenswahrheiten u. Sittenlehren für d. israelit. Jugend in Fragen u. Antworten eingerichtet; nebst e. Anhange. gr. 8. Prag 814. 2e Aufl. 826. (Enders). 12 K (a. Barth in Leipz.) 10 K

— Ben Zion, ein religiös-moral. Lesebuch f. die Jugend, israelit. Religion. 8. Augsb. 812. Rieger. 4 K

— 12 Fragen vom Ministerio des Innern in Frankreich, d. israelit. Deputation in Paris vorgelegt u. von ihr beantwortet. Uebers. u. mit Anmerkk. beleat. 8. Wien 808.

— Imre Schefer. Ein religiös-moralisches Lesebuch. Hebräisch u. deutsch. 8. Wien 808.

— Commentar zum 5ten Buch Mosis für die Mendelsohn'sche Uebersetzung. 8. Berl. 783.

— Sendschreiben an die Rabbiner u. jüdischen Gemeinde-Vorsteher in Galizien. Hebräisch u. deutsch. 8. Lemberg 788.

— Vertheidigung d. jüdischen Nation gegen die in d. Provinzialblättern enthalt. Begriffe. 8. Görz 785.

Homberg, Johann David (Übers.):

s.: Cellai, Alessandro: Beobachtungen über das Verfahren den Urin aus der Blase zu ziehen, nebst Beschreibung eines besondern Instruments... Aus dem Italiänischen. 2.Aufl., mit einem Anhange...vermehrt. Breslau: 1776

JB 3.749

Homberg, Jh. Dav., († 1785.) anatom. u. chirurg. Fragen u. Antworten. 8. Bresl. 774. N. Aufl. 785. W. G. Korn. 8 K

— chirurg. Krankheitsgeschichten, welche die Heilkraft d. peruvian. Rinde etc. bestätigen. 8. Frankf. 773. Kunze. 6 K

Homberg, L., ungesund, s. a. Theater, neues Wiener.

— Ungesund. Schwank. Wien: L. Rosner 1881. 23 S. 8°
(= Neues Wiener Theater Nr. 111.)

Homberg. Otto v., Tage u. Nächte. (VIII, 267 S.) 8. Lübeck 905. Gebr. Borchers. n. 3. —; geb. n. 4. 50

Homberg, Tinette, Antigone. Eine sittl.-ästhet. Abhandl. f. d. weibl. Geschlecht. 8. ($4\frac{1}{2}$ B.) Cleve 839, Char.

Homberg, Tinette: Auch noch ein Beitrag zur heutigen Frauenfrage. — Leipzig: Wigand 1872. 100 S. 8°

— Biographien berühmter Griechen, in genauer Verbindung mit der gleichzeitigen Geschichte Griechenlands dargestellt. Nebst ausführlichen Nachrichten über Erziehung, häusliches Leben, Stellung der Frauen, Sitten, Poesie, Kunst etc. bei den Griechen. In 2 Bden. — 1r Bd. Jonier. gr. 8. Crefeld 840. Funcke'sche Buchh. $1\frac{2}{3}$ ß

Homberg, Tinette, Biographien berühmter Griechen, in genauer Verbindung mit der gleichzeit. Geschichte Griechenlands. 2. Bd. Die Dorier. 8. Crefeld 841, Funcke. $1\frac{5}{6}$ ß (1. Bd. $1\frac{2}{3}$ ß)

— Helene Cameron, siehe: Rankin, Emily.

—— der Cid. Eine Heldengeschichte. Nach alten span. Romanzen für Jung und Alt. 8. (XI und 184 S. mit 1 Stahlst.) Barmen 850, Langewiesche.

—— über d. sogen. Emancipation d. Frauen. Nebst einigen Ideen üb. die d. weibl. Geschlechte zu gebende Bildung. Ein Wort an alle Edelgesinnten d. männl. u. weibl. Geschlechts. 8. ($2\frac{3}{4}$ B.) Crefeld 839, Funcke'sche Buchh.

Homberg, Tinette, christl. Ermunterungen. Allen Gebildeten d. weibl. Geschlechts, u. besond. ihren geliebten Schülerinnen u. Freundinnen Fanny u. Sophie gewidmet. 8. ($10\frac{3}{4}$ B.) Essen 828, Bädeker.

Homberg, Tinette, Erzählungen a. d. Geschichte der Menschen. Ein Leseb. für Kinder beiderlei Geschlechts, als Vorbereitung auf d. ausführl. Geschichtsunterr., z. Schul- u. Privatgebr. 8. ($11\frac{1}{4}$ B.) Berlin 846, Th. Enslin.

— s. Fryxell, Andreas: Erzählungen aus der Schwedischen Geschichte.

— s. Fryxell, Andreas: Leben Gustavs II. Adolphs, König von Schweden.

Homberg, Tinette: Gedanken über Erziehung und Unterricht besonders d. weibl. Geschlechts u. über weibl. Erziehungs-Anstalten. Nebst 3 Anhängen: 1. Zur Widerlegung d. Schrift d. Herrn J. H. Schulz: Gedanken üb. die dem weibl. Geschlechte zugesprochene Fähigkeit zum Unterrichten in wissenschaftl. Disciplinen in d. Schule. 2. Üb.

d. Nachtheile des zu frühen u. zu vielen Romanlesens. 3. Üb. d. sittl. Einfluss d. Schönen. Mitgeth. u. ihren ehemaligen Schülerinnen zugeeignet. M. e. Vorw. v. F[riedrich] A[dolf] W[ilhelm] Diesterweg. — Berlin: Enslin 1845. XXII, 311 S. 8°

Homberg, Tinette: Gedanken über Erziehung und Unterricht, m. bes. Berücks. d. preuss. Schul-Regulative. 2. Aufl. M. e. Vorw. v. [Friedrich] A[dolf] [Wilhelm] Diesterweg. — Berlin: Enslin 1861. XXIII, 296 S. 8°

„Gedanken üb. die dem weibl. Geschlechte zugesprochene Fähigkeit zum Unterrichte in wissenschaftl. Disciplinen in d. Schule." 2. Ueber die Nachtheile des zu frühen u. zu vielen Romanlesens. 3. Ueber den sittl. Einfluß des Schönen. 8. (21 B.) Berlin 845, Th. Ch. Fr. Enslin. Thlr. *

—— Gedanken über das wahre Glück. 8. (VIII, 179 S.) Berlin 869, Grote'sche Verlagsh. [Halle, Gesenius.] *

Homberg, T. (Tinette), Geschichte der schönen Literatur der Deutschen für Frauen. Düsseldorf 853. Scheller. 8. (XXIV, 618 S.) 2 ₰.

– s. Hall, Samuel Carter: Irländische Erzählungen.

—— griechische Heroensagen. Für die Jugend erzählt. 8. (203 S. und 3 Stahlst.) Leipzig 847, Hinrichssche Buchh.

—— Mythologie d. Griechen u. Römer, so aufgefaßt u. dargest., wie es d. Verständniß antiker Kunst u. Dichtung erleichtert u. d. Geschmack daran befördert; mit besond. Berücksichtigung d. geschichtl. u. ethischen Bedeutsamkeit d. Mythen. Nebst e. Anh. üb. d. ägypt. Mythensystem. gr. 8. (41 B.) Leipzig 839, Barth.

– s. Pestalozzi, Heinrich: Vorträge und Reden.

– s. Tegner, Elias: Reden.

Homberg, Wilhelm (Batavia/Java/Ostindien), De diffidationibus, vom Befehden. Disp. jur. Präs. D. Bartholomäus Leonhard Svendendörffer. Lpz. (Johann Wilhelm Krüger) 9. III. 1676. 10 Blatt. (7.—) 15825

— — Dasselbe. Ed. II. Lpz. (ohne Drucker) 1716. 23 S. (7.—) 15826

Hömberg, Rudolf [aus Elberfeld]: Beiträge zur Kenntniss gebromter Derivate des Cymol's und Thymol's. . . . Freiburg i. B., Buchdr. v. Chr. Ströcker, 1889; 61 S. + 1 Bl. 8°
Freiburg i. B., Phil. Fak., Inaug.-Diss. v. 1889

Hömberg, Wennemar, Lüdinghausen, seine Vergangenheit u. Gegenwart, unter Mitberücksicht. der Umgegend u. des Kreises. Mit 2 Plänen u. 24 Illustr. Zur Feier des 600jähr. Bestehens der Stadt. (VII, 183 S.) gr. 8. Lüdinghausen 908. H. Rademann. Geb. in Leinw. nn 2.50

Hömberg, Wilhelm

Hömberg, W., der Fischteich des Land- u. Forstwirts. Kurze Anleitg. zum Betriebe der Teich-Fischerei. 8. (20 S. m. 6 Abbildgn.) Arnsberg 894. J. Stahl. n n. — 50

Hömberg, W., der Fischteich des Land- u. Forstwirts. Anleitung zum Betriebe der Teich-Fischerei, zugleich Handbuch f. den Unterricht in der Teichwirtschaft an landwirtschaftl. Schulen. 2. verm. u. verb. Aufl. Ausg. A. Für den Schulgebrauch. 8. (24 S. m. 6 Abbildgn.) Arnsberg 902. J. Stahl. n. — 40; Ausg. B. Für Fischerei-Vereine als Vereinsgabe. n. — 25

Der Fischteich des Land- u. Forstwirts. Anleitung z. Betriebe d. Teich-Fischerei von W. **Hömberg**. 2. verm. u. verb. Aufl. Mit 6 Abb. Ausgabe B. Für Fischerei-Vereine als Vereinsgabe. *Arnsberg: J. Stahl 1902.* (19 S.) 8° [F.] [illegible] 6

Hömberg, [Wilhelm]: Ueber Vertilgung der Ackerunkräuter. Odenkirchen 1910: Altgott. S. 1—5. 8°
Odenkirchen, LWS P 1910** [S 10. 185

Homberger, Ernst, der Aderlass u. die blutentziehenden Mittel bei Herzkrankheiten im Lichte der neuen Kreislaufstheorie, s.a. Klinik, Berliner.

Der Aderlaß und die blutentziehenden Mittel bei Herzkrankheiten im Lichte der neuen Kreislaufstheorie. Von Dr. Ernst **Homberger**, Frankfurt a. M. Berlin: Fischer 1908. (19 S.) 8° [Umschlagt.]
— **Klinik**, Berliner. H. 243. [illegible]

— Eine neue Kreislauf-Theorie u. ihre Beziehung zur Pathologie u. Therapie. (60 S.) gr. 8. Halle 908. C. Marhold. 1.20

Homberger, Ernst [app. Arzt aus Giessen]: Aus d. med. Klinik d. Herrn Geheimr. Prof. Dr. Riegel in Giessen. Untersuchungen über Verwertung der Hauttemperaturunterschiede zu diagnostischen Zwecken ... Giessen, C. v. Münchow, Univ.-Buch- u. Steindr., 1891; 31 S. 8.
Giessen, Med. Fak., Inaug.-Diss. v. 1891

Homberger, Gerson (Giessen)
Thesen aus der gesammten Heilkunde, welche den 14. Nov. 1818 zur Erlangung der Doctorwürde in der Medicin, Chirurgie und Geburtshülfe öffentlich vertheidigen wird Gerson Homberger, aus Giessen.
Giessen: Schröder 1818. 7 S. vorh. 7.
Dr. med. 14.11.1818.

Homberger, Heinr., Essays. Hrsg. v. Ludw. Bamberger u. Otto Gildemeister. gr. 8. (XII, 394 S.) Berlin 892. Besser. n. 5. —; geb. n. 6. —

Homberger, Heinr., italienische Novellen. 8. (395 S.) Berlin 880, Hertz.

Homberger, Ludwig, Rechtspraktikant in Aschaffenburg: Das Recht der entstehenden Aktiengesellschaft. München: J. Schweitzer 1906. (45 S.) 8° [F.]
Würzburg, Jur. Fak., Ref. Mayer, Diss. v. 21. Okt. 1906
[Geb. 21. Okt. 82 Darmstadt; Wohnort: Aschaffenburg; Staatsangeh.: Bayern; Vorbildung: Gymn. Aschaffenburg Reife Juli 01; Studium: München 4, Berlin 1, Leipzig 1, Würzburg 2 S.; Rig. 12. Juli 06.]

[F.] **Homberger,** Paul [Rechtspraktikant]: Der Begriff des politischen Deliktes und dessen Verwertung im materiellen Strafrechte des Deutschen Reiches ... München, J. Schweitzer, 1893; 2 Bl., 73 S. 8.
München, Jur. Fak., Inaug.-Diss. v. 1893

Hombergk, J. Jac., von d. hessischen Erbämtern &c. 4. Frft. 743.

Hombergk, Johann Jakob (Hrsg.), s. Hert, Johann Nikolaus: Commentationes atque opuscula . . .

Hombergk zu Schencklengsfeld, Justus Philipp: De ferarum persecutione . . ., s.a. Rays. Jo. Hartmut

Hombergk zu Schencklengsfeld, Justus Philipp (Hessen), De ferarum persecutione in territorio alieno vulgo: Jagd=Folge. Diss. jur. Präs. Jo. Hartmuth Rays. Giessen Okt. 1738 (Müller) 1750. 52 S. mit Widm. v. Präs. (4.50) 15827

Hombergk zu Vach, Emil Lud. (Präs.), s Collmann, Johann Lorenz: De usufructu materno . . .

Hombergk zu Vach, Emil Lud. (Präs.), s. Conradi, Joh. Ludwig: De praescriptione exstinctiva . . .

Hombergk zu Vach, Emil Ludwig (Präs.), s. Dietz, Joh. Heinrich: De bonis adventitiis liberis sui juris factis a patre restituendis . . .

Hombergk zu Vach, Emil Ludwig (Präs.), s. Dietz, Johann Jacob Christian: De spolio qualificato.

Hombergk zu Vach, Em. Lud. (Präs.), s. Exchaquet, Georg: De jure illegitimorum in successione ab intestato.

Hombergk zu Vach, Emil Lud. (Präs.), s. Hagen, Sigismund Wilhelm von (Resp.): De foro rei sitae ejusque amplitudine apud veteres Germanos et . . .

Hombergk zu Vach, Emil Lud. (Präs.), s. Heckmann, Jo. Jakob: De Usufructu parentum in Hassia . . .

Hombergk zu Vach, Emil Ludwig (Präs.), s. Heyman, Aug.: De Communione bonorum inter conjuges nobiles . . . per Germaniam exule.

— — Programma de justitia arresti a judice rei sitae contra forensem decreti. Marburg (Phil. Cas. Müller) 1747. 24 S. (4.50) 15832

— — (Prorector), Lecturis s. Marburg 19. II. 1768. 4 Bl. (5.—) 15835
Biogr. u. Schriftenverz. v. Hermann Friedrich Kahrel (Detmold; M.: A. M. Wehemeyer).

— — De legibus Servii Tullii, quibus et reges obtemperarent epistolica dissertatio ad illustr. C. Taciti L. III. Annal. C. 26. Qua amico opt. Heinrich Otto Duising, de sessione filii ad dextram patris disputanti ex animo gratulatur. Marburg (Phil. Cas. Müller) 1741. 16 S. (4.50) 15829

Hombergk, Aem. Lud., primae lineae iuris civil. 4. Marb. Kessler. (Frankf. Hermann, et. Brönner.) 753.

— — De novellarum constitutionum imperatoris Justiniani lingua originaria, et vulgatae earum versionis aetate, auctore, atque usu in foro diatribe. Marburg (Phil. Cas. Müller) Juli 1741. 86 S. (6.50) 15830
Im Anh. Briefe a. d. Jahr. 1710—16 an Joh. Fried. Hombergk zu Vach von: Gerh. v. Mastricht, Jo. Herm. Schmincke, J. C. Isel, Heinr. Brenckman, Gerard Noodt, J. H. Majus.

— — Oratio de meritis Friderici II. Hassiae Landgravii in academiam Marburgensem tam in promovenda amicabili compositione contentionis cum inclyta Giessena de reluendis vogteiis Calderensi coglitica et praedicatorum quam aliis innumeris beneficiis vel maxime conspicuis habita. — Praem. progr. invit. acced. adjucta sub num. I—X atque haec inter ipsae transactionis tabulae. Marburg (Müller) Jan. 1769. 70 S., tlws. dtsch. mit Liter. (7.—) 15836

Hombergk zu Vach, Aemil. Lud.: Progr. de bonorum possessione remedio nec possessorio nec interimistico. Marburgi Catt. 1753.

— — u. (Respond.) **Christian Wilh. Goeddaeus** (Kassel), De reviviscentia jurium exstinctorum. Diss. jur. Marburg (Phil. Cas. Müller) 1. VIII. 1743. 47 S. (6.—) 15831

— **zu Vach, Emil Ludwig,** De collectione novellarum a Justiniano facta schediasma. Marburg (Phil. Cas. Müller) o. J. 15 S. (4.—) 15828

Id.: Sched. de collectione Novellar. a Justiniano facta. *Ibid.* 741. 4.

— — Sermo votivus quo inter publicos academiae plausus Sereniss . . principi . . domino Friderico II Hassiae Landgravio . . natalem 47 14. VIII. 1766 . . gratul. Marburg (Müller). 24 S. (4.—) 15834
Joh. Mart. Gottfr. Butte (Hessen).

— comment. juris Hassiaci, et quidem I. speciatim de successione conjugum, tutela materna et usufructu conjugis superstitis in bonis praedefuncti etc. 4. Marb. 781. (Fr. Fleischer in Leipz.) 20 gr

— comment. juris Hassiaci II. de successione conjugum in comitu Catimelibocensi, ad mobilia etc. 4. Marb. 781. Bayrhöfer. 6 gr

Hombergk zu Vach, Aem. Ldw., de usufructu materno in Hassia. 4. Marb. 779. Krieger. 16 gr

— — Programma de venditore vel donatore fundi tributarii onus pensitationum publicarum pacto in se recipiente. Marburg (Phil. Cas. Müller) 1748. 19 S. (4.50) 15833

— — **Heinrich Carl** (Hessen), De convalescentia vitiosae alienationis. Diss. jur. Präs. Emil Ludw. Hombergk zu Vach. Marburg (Müller) 25. V. 1745. 53 S. (6.—) 15837

Hombergk, I. F. zu Vach, de convalescentia vitiosae alienat. 4. Francof. 745.

Homberg zu Vach, Johann Friedrich

Homberg zu Vach, Joh. Frid.: Novellae Constitutiones Dn. Justiniani . . . ex Graeco in Latinum conversae et notis illustratae. Acc. F. **Pithoei** Glossarium obscurorum verborum Juliani antecessoris C. P. item Ant. **Augustini** quorundam verborum Juliani interpretatio: ejusdem paratitla seu scholia: nec non: **Cujacii** et **Agylaei** observationes de dierum annotatione. Marburgi Catt. 1717.

— — idem liber. 4. Francof. Gebhard et K. 717.

— novellae constitutiones Iustiniani. 4. Marb. (Hermann, et. Brönner, Francf.) 727.

(HOMBERGK, J. F.:) Dubia juris naturae. *Duaci*. 719. 4.

Hombergk zu Vach, Joh. Friedr. (Präs.), s. Heppe, Karl Wilhelm: De usuris in contractibus stricti juris secundum recessum deputat. de anno 1600. § 139.

— — **Joh. Friedrich,** Hypomnemata juris gentium nova & succincta methodo digesta. Marburg (Joh. Jod. Kürsner's Erb.) 1710. 116 S. (7.—) 15838

— jurisprudentia rational. 4. Marb. (Hermann, Francf.) 727.

— jus public. imp. rom. germ. 8. Marb. Kesler. 728.

— parerga sacra ab impugnationib. Elsneri vindicata. 4. ib. 739.

— themis, s. de ortu legis aeternae secund. sentent. Graecor. 4. Marb. Kessler. (et. Hermann, Francof.) 725.

— — — Themis seu de ortu legis aeternae secundum sententiam Graecorum liber singularis. Marburg (Phil. Cas. Müller) 1725. 172 Seiten. (9.50) 15839
Gew.: Johann Werner Huber (Basel).

Hombolbt, H. v., über d. sicherste Mittel, d. Menschen geistiges Daseyn u. bess. Zukunft mit Bezug auf Griechenland gut zu befördern. gr. 8. (6½ B.) Aschaffenburg 831, (Pergay.)

—— die drei Stadien d. Heilands d. Welt!!! mit Bezieh. auf d. Menschen Leben, Kampf u. Hoffnung; zum Weihnachtsgeschenk f. d. deutsche Vaterland. gr. 8. (2⅓ B.) Aschaffenburg 834, Pergay.

Homborg, Andreas

Homborgius, Andr.: Consilia sive responsa Helmstadiensia ex jure divino et humano publico et privato feudali allodiali forestali cambiali nec non jure Saxonico Lubecensi Magdeburgensi succincte deducta et nomine facultatis juridicae conscripta. Francofurti et Lipsiae 1713.

Homborg, And., Consilia et resp. Helmstad. fol. Lips. Fritsch 713.

— — De literis Bellerophonteis, von Urias Brieff. Disp. jur. Erfurt (Joh. Heinr. Grosch) 19. V. 1701. 44 S. (7.50) 15843

— — Dasselbe. Erfurt (ohne Drucker) 1717. 37 Seiten. (7.—) 15844

— — Commentatio de literis commendatitiis, von Recommendations-Schreiben. Ed. nov. Helmstedt (Schnorr) 1752. 34 S. (6.50) 15846

— — De referendi modo. Wie aus denen Gerichts-Acten zu referiren. Discurs. jurid. 25. IX. 1710. Lpz. (Schede) 1717. 10 Bl. (6.—) 15845
Christian Silemann Eisenhart (Helmstedt), Johann Conrad Sönlein (Wolfenbüttel), Joachim Heinrich Walthausen (Hameln).

Homborgius, Andr.: Praelectiones academicae ad Institutiones Justinianeas ex genuinis juris naturae gentium civilis et canonici concinnatae ac 12 disputationibus in academia Julia publice ventilatae. Helmstadii 1703.

— praelect. ad institutiones Justin. 4. Helmst. Hamm. 703.

— **Daniel Christoph** (Fallersleben/Hannov.), Modum probandi innocentiam per eucharistiam secundum vulgare sed pessimum. Ich will das Abendmahl drauff nehmen. Präs. Jo. Andreas Schmid. Helmstedt (Hermann Daniel Hamm) Aug. 1718. 30 S. (6.80) 15847

— — Dasselbe. Jena (Jo. Bernh. Heller) 1744. 48 S. (6.80) 15848

Homborg, Ernst [app. Arzt aus Bochum]: Ueber einen seltenen Fall von Magencarcinom. . . . München, Buchdr. v. M. Ernst, 1891; 24 S., 1 Bl. 8°
München, Med. Fak., Inaug.-Diss. v. 1891

Hombourg, C., s.a. Homburg, Ch.

Hombourg, C., s. Organisation, die, der Orientarmee.

—— ein Winter in St. Petersburg. Nebst einem Ueberblick über die heutigen innern Zustände des russischen Reiches. 8. (VIII und 392 S.) Leipzig 860, O. Wigand. *

Hombre, l', das neue königl., wie auch Quadrille rc. 8. Lüneburg, Herold u. W. 808.

Hombre, l', das neue königliche, nebst einer gründlichen Anweisung wie Piquet, Whist, Boston rc. zu spielen sind. 16te verm. und verb. Aufl. 8. Lüneburg, Herold und Wahlstab.

Hombre, l', das neue königl., rc. 17., umgearb. u. verb. Aufl. — A. u. d. T.: Taschenbuch aller Karten-, Kegel-, Brett- u. Würfel-Spiele. 8. (18 B.) Lüneburg 837, Herold u. Wahlstab.

l'Hombre royal, od. vollst. theoret.-prakt. Anleit. zur gründl. Erlernung des königl. od. französ. l'Hombre's; ferner des beliebten Tarock l'Hombre, vom Verf. d. Tarock-Tappen rc. Spieles. gr. 12. Wien 825. Haas. 10 Gr.

l'Hombre-Kabinet, od. Anweis., d. l'Hombre, Quadrille u. Einquille nach d. besten Regeln zu spielen. 8. Frankf. 785. Acad. Buchh. (Sander). 6 Gr.

l'Hombre-Spiel, das, oder Anweis., dasselbe in wenig Stunden zu lernen rc. 8. Nordhausen 805. Nitzsche. 4 Gr.

— Spiel, das, nach den geprüften Regeln z. Selbstunterricht. 8. Berlin, Hayn. 810.

Homburg [Sachliches OW]

Homburg, Bad, Saalburg, Taunus, Frankfurt u. Umgebung. Medizinischer Tl. bearb. v. Curt Pariser. 24. verb. Aufl. (114 S.) kl. 8. Homburg 910. L. Staudt. 1.—; m. 3 Karten 1.80; Karten allein 1.—

HOMBURG vor der Höhe (Bad). — Homburg u. seine Mysterien. Berlin, Schweigger (1865). 8⁰. Verklebt. (1 Rthl.) 231 S. (2 Mk. Kühl, Berlin, c. 1882.)
Cat. Büchting.

Homburg [Schlagwort]

Homburg, s.a. Deutschland. Kürschner-Pelp.

Homburg, s.a. Geolog. Karten; Spezialkarten (Elsass-Lothringen).

Homburg, Bez., s.a. Pfalz.

Homburg. Stadtplan v. Bad Homburg. Chromolith. qu. Fol. Homburg 887. Schick. n. —60

Homburg, Bad, s.: Woerl's Reisehandbücher.

Homburg vor der Höhe [Schlagwort]

Homburg v. d. Höhe. s.: Preusson. Messtischblätter.

Homburg [Verfasser]

Homburg, Ch., s.a. Hombourg, C.

Homburg, C., 1813—1848. Rückblicke auf Deutschland und Frankreich. Ein Fingerzeig für Deutschlands Fürsten und Völker. (Vorbereitende Schrift zu dem druckbereiten Mscr. „Preußens Herrschaft und Hegemonie-Bestrebungen.") gr. 8. (III und 133 S.) Mannheim 866, Schneider. *

— das Großherzogthum Baden, der Kammerbeschluß und die preußische Oberherrschaft. gr. 8. (30 S.) Mannheim 867, Schneider.

— Blut und Eisen!! Die Grundfarben der neuen Karte Europa's. Ein Beitrag zur Geschichte. gr. 8. (32 S.) Mannheim 866, (Schneider.)

Homburg, Ch., eine morganatische Ehe. Dramatisches Zeitbild aus der schwed. Geschichte. [Den Bühnen gegenüber als Mscr. gedr.] gr. 4. (61 S.) Mannheim 869, Schneider. *

Homburg, Ch., die 73 Kreuzer d. Herrn Stutzelberger, s.: Theater, neues Wiener.

Homburg, C., Paris in Blut und Feuer, insbesondere die genauesten Mittheilungen über den Todeskampf der Commune. 8⁰. Karlsruhe, Malsch u. Vogel, 1871.

— Sklavenleben der französischen Arbeiterinnen. Ein socialer Roman. 2 Bde. in 15 Lfgn. gr. 8. (323; 325 S.) Stuttgart 873, Levy und Müller. à Lfg. * 40 Pf. *

— preußische Wegelagerei! Ernster Mahnruf zur Wachsamkeit für ganz Europa. Ein neuer Beitrag zur Geschichte. gr. 8. (45 S.) Mannheim 867, (Schneider.)

Homburg, C., ein Winter in St. Petersburg. Nebst einem Ueberblick über die heutigen innern Zustände des russischen Reiches. Leipzig 860. O. Wigand. 8. (VIII, 392 S.) n. 1 Thlr. 20 Ngr.

Homburg, Ernst Christoph (Übers.), s. Cats, Jakob: Sinnreiche Werke u. Gedichte.

Homburg, Er. Cph., Gedichte, s. Bibliothek deutscher Dichter, 7r Band.

— — *E. C. Homburg's* und J. Schwieger's auserlesene Gedichte, mit Anmerkgn. von Eschenburg. (Sonderabdr.) Braunschweig 1778. 8⁰. (2 Mk. Baer & Co., vor 1890.)

Homburg, (Georg) Friedr. (Wilh.) (geb. Heckershausen bei Cassel 28. 3. 1857): Beiträge zur Casuistik und Statistik der Augenverletzungen. Berlin 1883. (116 S.) 8⁰
Berlin, Med. Diss. v. 12. März 1883

Homburg, Geo. Thdr., die Nutzholzwirthschaft im geregelten Hochwald-Ueberhaltbetriebe u. ihre Praxis. Für Forstmänner u. Waldbesitzer nach den Ergebnissen von langjährigen, in grösseren Privatforsten angestellten Versuchen u. nach sonst gesammelten Erfahrungen bearb. gr. 8. (64 S.) Kassel 878. Freyschmidt. n. 2. —

HOMBURG, Georg Theodor: Die Nutzholzwirthschaft im geregelten Hochwald. Überhaltbetriebe und ihre Praxis. Für Forstmänner und Waldbesitzer. - Cassel 1878. 64 S. - 2. verm. u. verb. Aufl. u. d. T.: Die Nutzholzwirthschaft im Hochwald-Überhaltbetriebe mit Gruppenwirthschaft im gemischten Buchen-Grundbestande und ihre Praxis. Für Forstmänner und Waldbesitzer. ebd. 1890. VII, 199 S.

HOMBURG, Georg Theodor: Vergleichsberechnung der Rentabilität der beiden Betriebsarten: 1. der Nutzholzwirthschaft im Hochwald-Überhaltbetriebe mit Horsten- bzw. Gruppenwirthschaft der Fichte, Eiche, Kiefer und Lärche im gemischten Buchen-Grundbestande und 2. des gleichaltrigen Buchen-Hochwaldes im reinen Bestande. - Hannover, Leipzig : Hahn 1893. 77 S.

Homburg, Georg Wilhelm

Homburg, G. W., Beschr. d. Anlagen des Bades zu Nenndorf. m. Plan. 8. Hannov. Hahn. 802.

Homburg, Gg. Wilh., nähere Erklär. d. neuen Plans v. d. Anlagen d. Schwefelbades z. Nenndorf. Nebst e. Verzeichniss aller in diesen Anlagen u. in d. damit verbund. Baumschule vorkomm. in- u. ausländ. Holzarten u. Pflanzen. Mit 1 Plan. 8. Hannover, 1792. 2. Aufl. 1817. Hahn. 1. —

HOMBURG, Georg Wilhelm: Nähere Erklärung des Plans von den Anlagen des Schwefelbades zu Nenndorf. Nebst einem Verzeichnis aller in diesen Anlagen und in der damit verbundenen Baumschule vorkommenden, in- und ausländischen Holzarten und Pflanzen. - Hannover 1792. - 2. verb. u. m. e. Plan versehene Aufl. ebd. 1818

Homburg, G. W., nähere Erklärung des neuen Plans von den Anlagen des Schwefelbades zu Nenndorf. Nebst e. Verzeichniß aller in diesen Anlagen u. in d. damit verbund. Baumschule vorkomm. in- u. ausländ. Holzarten u. Pflanzen. Mit 1 Plan. 8. Hannov. 792. 2e Aufl. 818. Hahn. 1 Thlr.

von Homburg, J. N. Edler. Entwurf zur Erziehung der Waislein und Findlings. *Wien.* 1785

Homburg, K[arl]: [Bericht über die Einweihung des neuen Oberrealschulgebäudes.] S. 22—25, 2 Taf., 1 Grundr. 4.
Progr. Oberrealschule i. E. *Schmalkalden* 1905 (501).

Homburg, Karl [Dir.]: *Bericht über die Feier des 50-jährigen Bestehens der Anstalt. Schmalkalden, 1897;* 14—19 S. 4.
Schmalkalden, RPG '(künftig R)', P 1897 (426)

Homburg, *Karl* [Dir.]: Geschichte der höheren Schule in Schmalkalden seit ihrer Neugründung im Jahre 1846. Schmalkalden, *Druck v. F. Wilisch,* 1896; 1—38 S. 4.
Schmalkalden, RPG '(R)', Festschr. 1896 (419)

Homburg, Karl: Geschichte der höheren Schule in Schmalkalden seit ihrer Neugründung im Jahre 1846 v. K. H. nebst Anhang: Die Frequenzverhältnisse der höheren Schule in Schmalkalden von *Wilhelm* Stengel. 4 (46 S.).
Festschrift z. 50jährig. Jubiläumsfeier des Rprg. (Rsch.) *Schmalkalden* 1896

Progr.

Homburg, Mart., Beberich. Eine Erzählg. aus längst vergangenen Tagen. (326 S.) 8. Geestemünde 910. O. Remmler. (Nur direkt.) Geb. in Leinw. 4. —

Homburg, Rud. (Hrsg.), s. o. Apocalypsis Anastasiae.

Homburg, Rudolfus, gymnasii quod est imp. Guilelmi memoriae sacrum Casselani magister ord.: Apocalypsis Anastasiae. Edidit. *Lipsiae 1903: B. G. Teubner.* (XIV, 26 S.) 8° ¶ [Der vollst. Text erschien 1903 ebenda.]
Gießen, Phil. Diss. v. 1903

Homburg, W., Bartholomäus Blume, der Bürgermeister v. Marienburg. Histor. Trauerspiel in 5 Akten. 8. (68 S.) Marienburg (899). L. Giesow. n. 1. —

Homburg, W.: Bartholomäus Blume, der Bürgermeister von Marienburg. Hist. Trauersp. in 5 Akten von –. Marienburg Wpr.: H. Stamm [1899]. (68 S.) 8°

Homburger, August, approb. Arzt aus Frankfurt a. M.: Über die Beziehungen des Morbus Basedowii zu Psychosen und Psychoneurosen. *Strassburg i. E. 1899: C. & J. Goeller.* (107 S.) 8°
Strassburg, Med. Diss. v. 1899

Homburger, Leopold [approb. Arzt aus Carlsruhe]: Untersuchungen über croupöse Pneumonie angestellt an dem Material der medicinischen Klinik zu Strassburg vom Winter 1877—1878. Strassburg, Buchdruckerei von R. Schultz & Comp. (Berger-Levrault's Nachf.), 1879. 8. 116 S. u. 3 Taf.

Homburger, Max: Die strafrechtliche Bedeutung der Geschlechtskrankheiten. Leipzig: J. A. Barth 1910. 73 S. 8° ¶ (Aus: Zeitschrift f. Bekämpfung d. Geschlechtskrankhtn. Bd 11.)
Heidelberg, Jur. Diss. v. 30. Okt. 1910, Ref. v. Lilienthal
[Geb. 21. Aug. 88 Karlsruhe i. B.; Wohnort: Karlsruhe; Staatsangeh.: Baden; Vorbildung: Gymn. Karlsruhe Reife Juli 06; Studium: Genf 2, Heidelberg 1, Genf 1, Heidelberg 3 S.; Rig. 15. Jan. 10.] [U 11. 2020

Homburger, Paul: Die Entwicklung des Zinsfusses in Deutschland von 1870—1903. Frankfurt a. M.: J. D. Sauerländer 1905. (100 S.) 8°
München, Staatswirtsch. Fak., Ref. Lotz, Diss. v. 27. Febr. 1905
[Geb. in Karlsruhe; Wohnort: Karlsruhe; Staatsangeh.: Baden; Vorbildung: Gymn. Karlsruhe Reife Juli 00; Studium: Leipzig 1, München 1, Berlin 1, München 2, Freiburg i. B. 1, Heidelberg 1 S.; Rig. 2. Juli 04.]

Homburger, Theodor [app. Arzt in Karlsruhe '(Baden)']: Ueber die natürliche Beleuchtung in den Schulen. Wert des Raumwinkelmessers ... Karlsruhe, Buchdr. v. J. Liepmannssohn, 1895; 55 S. 8.
Heidelberg, Med. Fak., Inaug.-Diss. v. [23. Nov.] 1894

Home, Everard. Abhandlung über die Eigenschaften des Eiters. A. d. Engl. Essen 1789. Ü: *Meinecke, Adolph Heinrich.* Ky) (MGT) (EngM)

Home, Everard, Abhandl. üb. die Eigenschaften des Eiters; aus d. Engl. (von Ad. H. Meinecke). 8. Duisb. u. Essen 789. Bädeker. 20 ℊ

[Sir] Everard Home

[Sir] Everard Home's (Practical Observations on the treatment of strictures in the urethra... [Deutsch:]) praktische Bemerkungen über die Heilart der Harnröhrverengerungen durch Aetzmittel. Aus d. Engl. übers. u. m. Anm. von Samuel Hahnemann. Leipzig: Fleischer 1800. 147 S. 8°

Home, Everard: Praktische Beobachtungen über die Behandlung der Fußgeschwüre. (Practical Observations on the treatment of ulcers of the legs. Dt.) Übers. von Ludwig Friedrich (von) Froriep. 214 S., gbd.

Leipzig: Göschen 1799

JB 3.328

Home, Everard: Praktische Beobachtungen über die Behandlung der Krankheiten der Vorsteherdrüse. (Practical Observations on the treatment of the diseases of the prostate gland. Dt.) Übers. von W(ilhelm) Sprengel. 166 S., gbd., 4 Taf.

Leipzig: Dyk 1817

JB 3.762

Home, Eberh., von den Eigensch. des Eiters. aus. d. Engl. 8. Lemgo, Meyer. 789.

— — dass. 8. Duisb. Bädecker u. K. 789.

— — dass. 8. Quedlinb. Ernst. 789.

Home, Everard: Einige Nachrichten von John Hunters Leben. (A short Account of John Hunter's life. Dt.) 52 S. (S. 3 - 54).

s.: Hunter, John: Versuche über das Blut, die Entzündung und die Schußwunden. (A Treatise on the blood, inflammation and gun-shot wounds. Dt.) Hrsg. von E(rnst) B(enjamin) G(ottlieb) Hebenstreit. Bd 1. Leipzig: 1797

JB 3.321/1

Home, Francis

Home, agriculture prouvée p. l. chymie. 8. Bern. Soc. Typ. 791.

Home, Frz., Anfangsgr. der Arzneiwissenschaft; aus d. Latein. gr. 8. Nürnb. 772. N. Aufl., aus d. Latein. von Jh. Fr. Ehrmann. gr. 8. Ebd. 778. Felssecker; (a. Haslinger in Linz). 1 ℔

Francis Home

[Principia medicinae. Deutsch:] Anfangsgründe der Arzneywissenschaft. Von Franz Home. Aus d. Lat. übers. von Johann Friedrich Ehrmann. Neue Aufl. Nürnberg: Felßecker 1778. 464 S. 8°

Home, Francis. Medicinische Beobachtungen und Versuche. A. d. Engl. Altenburg 1768. Ü: *Königsdörfer, Georg Heinrich.* (Ky) (EngM)

— medicin. Beobachtt. u. Versuche; aus d. Engl. (von G. H. Königsdörfer). gr. 8. Altenb. 768. (Hennings in Neisse). 10 gr.

Francis Home
1719-1813

[Medical Facts and experiments. Deutsch:] Medicinische Beobachtungen und Versuche. Von Franz Home. Aus d. Engl. übers. von George Heinrich Königsdörfer [Königsdörffer]. Altenburg: Richter 1768. 240 S. 8°

Home, Francis: Grundsätze der Arzneywissenschaft. (Principia medicinae. Dt.) (Übers. von Johann Friedrich Ehrmann). 512 S., gbd.

Frankfurt u.Leipzig: Felßecker 1772

JB 2.150

— Grunds. des Feldbaues und Wachsth. der Pflanzen. 8. Bern, Typ. Soc. 763.

— — dass. aus d. Engl. von Wöllner. gr. 8. Berlin, Realschulbhdl. 763.

— — dass. mit Anm. von Wöllner. gr. 8. Berlin, Schöne. 792.

— von den Grundsätzen des Ackerbaues u. Wachsthums der Pflanzen. Eine Preisschrift. 8. Bern 763. Typograph. Soc. 10 gr. Dass. 12. Wien 766. Trattner. 4 gr.

— Dass., aus d. Engl. mit Anmerkk. von J. C. v. Wöllner. gr. 8. Berl. 763. 2e Aufl. 779. 3e Aufl. 782. N. Aufl. 792. Schöne. 14 gr.

— Grundsätze d. Ackerbaues u. d. Wachsthums d. Pflanzen. Aus d. Engl. übers. u. m. Anmerk. begl. v. J. C. Wöllner. Berl. 1779. (64) 191 S.

— principes de l'Agriculture et de la végétation. 8. ibid. 761.

Home, F. Principes de la végétation des plantes. Trad. de l'anglais. Berne 1791.

— principia medicinae. 8. maj. Lugd. (Thurneysen, Basel.) 792.

— Untersuchungen üb. Natur, Ursache u. Heilung d. Croup; aus d. Engl. von F. D. Mohr; mit Anmerkk. von J. Abr. Albers. gr. 8. Bremen 809. Heyse. 10 gr.

— Versuche im Bleichen. 8. Leipz. 777. Compt. f. Litt. 12 gr.

Francis Home

Franz Home, [Clinical Experiments. Deutsch:] Clinische Versuche, Krankengeschichten und Leichenöffnungen. Aus d. Engl. übers. Leipzig: Weidmann 1781. X,532 S. 8°

Home, Francis: Clinische Versuche, Krankengeschichten und Leichenöffnungen. (Clinical Experiments, histories and dissections. Dt.) 561 S., gbd.

Leipzig: Weidmann & Reich 1781

JB 2.151

Home, George, Roß, Lord W. H. Lyttleton u. W. Warren, mit Napoleon nach St. Helena. Berichte üb. die Reise des Kaisers an Bord des „Bellerophon" u. der „Northumberland" u. die erste Zeit seiner Verbannung auf St. Helena. (Aus der Umgebg. Bonapartes.) Hrsg. v. Clement Shorter. Deutsch bearb. v. Kraushaar. (250 S. m. Bildnis.) gr. 8. Berlin 910. K. Siegismund. 5.—; geb. in Leinw. 6.—

Home, Henry

Home, Hnr., elements of Criticism. III Vols. gr. 8. Basel 795. Thurneisen. (Levrault in Strassb.) 3 Rthlr. 12 gr.

— — les mêmes. III Vol. gr. 8. Strasb. Levrault. (a. Tourneysen à Cassel.) 795.

— üb. moral. Gesetze der Gesellschaft. gr. 8. Wien... Trattner. 3 gr.

Home, Henry. Grundsätze der Kritik, a. d. Engl. übersetzt. Leipz. 1763-66. Ü: *Meinhard, Joh. Nic.* (GGr) (JL) Ü (Th. 3): *Garve, Christian.* (Ky) (BrMm) »Lpzg. 1772«. *Garve, Chn & Joh. Jac. Engel.* (Ky) (GGr)

— Grundsätze der Kritik; aus d. Engl. übers. v. J. N. Meinhard, mit Zusätzen. 3 Thle., (3r Thl. v. Chr. Garve.) gr. 8. Leipz. 763—66. 2e, (von Chr. Garve u. J. J. Engel) besorgte Aufl. Ebd. 772. 3e Aufl., 3 Bde. v. G. Schatz. Ebd. 790, 91. Dyck. 3 Rthlr. 16 gr. Schrbp. 5 Rthlr. 12 gr.

— Grunds. der Critik. von Meinhard, mit Zusätz. 3 Thle. gr. 8. Leipzig, Dyk. 790. 91. (1ter 2ter à 1 Rthlr. 4 gr. 3r 1 Rthlr. 8 gr.)

Schreibp.

— Sketches of Man. IV Vols. gr. 8. Basel 796. Thurneisen; (a. Levrault in Strassb.) 4 Rthlr.

H. Home's Untersuch. üb. d. moral. Gesetze d. Gesellsch., a. d. Engl. *Lpz.*, Dyk. 756. 8° 6 gl

Home, H. Untersuchung über die moralischen Gesetze; a. d. Engl. übers. Leipzig 1778. V: *Macher, Joh. Chn.* (MGT) (Ky)

— Untersuchung üb. die moral. Gesetze der Gesellschaft; aus d. Engl. (v. Jh. Chr. Macher). gr. 8. Leipz. 778. Dyck. 6 gr.

— Versuch üb. die Geschichte d. Menschen; aus d. Engl. (v. A. E. Klausing). 2 Bde. gr. 8. Leipz. 774—784. (1r Bd., 2e Aufl. 783.) (Brockhaus). 2 Rthlr. 4 gr.

— Vers. üb. die Geschichte d. Menschen. 2 Bde. gr. 8. Lpz. Gleditsch. 775. 783. (I. 1 Rthlr. 8 gr. II. 20 gr.)

Home, H. Versuche über die Geschichte des Menschen; a. d. Engl. Leipz. 1774—84. Ü: *Klausing, Anton Ernst.* (Ky) (MGT) (Adel)

HOME Heinrich. Versuche über die Geschichte des Menschen von –. Aus dem Englischen übersetzt. Letzte verb. Aufl. Schrämbl, Wien 1790. 3 Tle. in 3 vol.

H. Home's Vers. üb. d. ersten Gründe d. Sittlichk. u. d. natürl. Religion; a. d. Engl. m. Anmerkk. v. Ch. Gth. Rautenberg. *Brschw.*, Meyer. 768. 8° 16 gl

Homeister, Franz (appr. Arzt): Aus dem pathologischen Institute zu Kiel. Ueber die Todesursachen der Säuglinge bis zum 6. Lebensmonate incl. . . . Kiel, Druck v. Schmidt & Klaunig, 1886; 16+2 S. 8°. Kiel, Med. Fak., Inaug.-Diss. v. 27. März 1886.

Homeister, Franz, aus dem pathologischen Institute zu Kiel. Ueber die Todesursachen der Säuglinge bis zum 6. Lebensmonate incl. Diss. Kiel 1886. Haeselersche Sort.-Buchh. 8°. 16 S.

Homeister, Heinrich, aus Ochtersum: Über die diagnostische Bedeutung von Tumoren im Douglas'schen Raume. *Göttingen 1898: E. Hofer.* (26 S.) 8° Göttingen, Med. Diss. v. [6. Okt.] 1898

Home Journal, the. A semimonthly periodical for the furtherance and promotion of the english language among Germans. Editor: Internationaler Sprachverein, Berlin. Redact.: Theo. H. Klein. Vol. I. 1885/86. 24 nrs. hoch 4. (IV, 192 S.) Berlin, Funcke und Naeter. *

—— dass. — Editor: Theo. H. Klein. Vol. II. 1886/87. 24 nrs. hoch 4. (IV, 192 S.) Ebendas. *
Nicht weiter erschienen.

Homén, Ernst Alexander

Homén, E. A., s.: Arbeiten aus dem patholog. Institut der Universität Helsingfors.

— Über den Einfluss der Bakteriengifte insbesondere der sogen. echten Toxine auf die verschied. Gewebe des menschl. Organismus, s. o. Bibliothek, moderne ärztliche, 26. u. 27. Heft.

Über den Einfluß der Bakteriengifte, insbes. d. sogen. echten Toxine auf d. verschiedenen Gewebe d. menschl. Organismus. Von Prof. E[rnst] A[lexander] **Homen** (Helsingfors). Berlin: L. Simion Nf. 1906. (62 S.) 8°
— **Bibliothek,** Moderne ärztliche. H. 26/27. [06. 11660

Homén, E. A. **Eine eigenthümliche, bei drei Geschwistern auftretende typische Krankheit unter der Form e. progressiven Dementia in Verbindung m. ausgedehnten Gefässveränderungen (wohl Lues hereditaria tarda).** gr. 8. (38 S. m. 1 Taf.) Berl. 892, Hirschwald. 1 60
Aus: Archiv f. Psychiatrie u. Nervenkrankh., besonders abgedruckt.

Homén, E. A., d. histolog. Verändergn. bei d. (experiment.) secundären Degeneration d. Rückenmarkes, s.: Atlas d. patholog. Histologie des Nervensystems.

Die **Wirkung** einiger **Bakterien** und ihrer Toxine auf verschiedene Organe des Körpers. Arbeiten aus d. path. Inst. zu Helsingfors (Finnland). Hrsg. von Prof. Dr. E[rnst] A[lexander] **Homén.** *(Helsingforsiae: Soc. litt. fennica 1902.)* (IV, 299, 220 S.) 4°
— **Acta Societatis** scientiarum Fennicae. T. 30. [03. 11649

Homén, Thdr., bodenphysikalische u. meteorologische Beobachtungen m. besond. Berücksicht. des Nachtfrostphänomens. [Aus: „Bidrag till kännedom af Finlands natur och folk".] gr. 8. (III, 225 S. m. 2 Taf.) Berlin 894. (Mayer & Müller.) n. 6. —

Über die Bodentemperatur in Mustiala von **Theodor Homén.** *(Helsingfors: Impr. de la Soc. de Litt. Finnoise 1896.)* (2 Bl., 183 S., 3 Taf.) 4°.
— **Acta Societatis** scientiarum Fennicae. T. 21. No 9. [97: 3.67

Homén, Thdr., üb. d. Bodentemperatur in Mustiala. [Aus: „Acta soc. scientiarum fennicae".] gr. 4. (III, 183 S. m. 3 graph. Taf.) Helsingfors 896. (Berlin, Mayer & Müller.) n. 8. —

Homén, Thdr., s.: **Untersuchungen,** finnländische hydrographisch-biologische.

Der tägliche Wärmeumsatz im Boden und die Wärmestrahlung zwischen Himmel und Erde v. Dr. **Theodor Homén.** Doc. . . . an d. Univ. Helsingfors. M. 10 lith. Taf. u. 5 Abb. im Text. *(Helsingfors: Off. typ. Soc. litt. fennicae 1897.)* (147 S., 10 Taf.) 4.
— **Acta Societatis** scientiarum Fennicae. T. 23. No 3. [98. 8455

— der tägliche **Wärmeumsatz** im Boden u. d. Wärmestrahlg. zw. Himmel u. Erde. [Aus: „Acta societatis scientiarum fennicae".] gr. 4. (147 S. m. 5 Abb. u. 10 lith. Taf.) Leipzig 897. W. Engelmann. n. 10.—

Homer, s. Franke, Carolus.

Homer und die Homeriden; eine Erzählung vom Parnas. Hamburg 1798. V: *Schlosser, Johann Georg.* (ML) (Hoff) (MGT) (BSCE) (Ky)

— u. die Homeriden, Erzähll. (v. J. G. Schlosser.) 8. Hamb. 798. Perthes u. B. 3 gl

Homer, über, oder das Knabenalter des Menschengeschlechts. gr. 8. Lingen, Jülicher. 816.

Ueber Homer oder das Knabenalter des Menschengeschlechts. Von einem 70jährigen Philologen. Ling. 816. 8. 12 gr.

Homerocentra, s. centones Homerici in quaed. hist. sacrae cap. gr. et lat. text. et versionem emend. adj. L. H. Teucher. 8. Leipz. 793. Schwickert. 9 gl

Homeroch, Jo. Christoph (Cottbus/Laus.), De pinguedine ejusque sede tam secundum quam praeter naturam constitutis. Diss. med. Präs. Samuel Theodor Quelmaltz. Lpz. (Langenheim) 30. XII. 1738. 38 S. (7.—) 15851

Home-Rule u. Föderation. Nebst Bemerkgn. über Gesetz, Regierg. u. internationale Anarchie u. e. Vorschlag zu der Föderativ-Union Frankreichs u. Englands, als dem wichtigsten Schritt zu der Föderation der Menschheit. Von e. Doctor der Medicin, Verfasser der „Grundzüge der Gesellschaftswissenschaft". Aus dem Engl. übers. 8. (71 S.) Berlin 890. Staude. n. — 60

Homerus

— **Homerus Slavicis dialectis cognata lingua scripsit. Ex ipsius Homeri carmin. ostendit G. Dankowsky. Fol. I. — V. Iliados lib. I. — CCCIII. Slavice et graece idem sonans et significans, adjecta nova versione latina et commentario graeco-slavico. Lex.-8. Wien 829—31. (Pressb., Landes). (à Fol. 7 gl) 1 ß 11 gl**

—— Slavicis dialectis cognata lingua scripsit. Ex ipsius Homeri carmine ostendit G. Dankovsky. Fol. I—V. Iliados. Lib. I. 1—303. Slavice et graece idem sonans et significans, adjecta nova versione lat. et commentar. graeco-slavico. 8 maj. (6¼ B.) Vindobonae 829—31, Heubner. Posonii, Landes. à Fol. 7 Gr.

—— s. Goebel, Ant., Lexilogus zu Homer und den Homeriden.

Homerisches Handbuch für Gymnasien, s. Weinkauff, Frz.

—— de Iliadis libro, s. Benicken, Joh. Carol.
Vgl.: Thomaszewski.

—— s. Lexicon Homericum.

Odyssee und Ilias, Schulwörterbuch, s. Ebeling, Heinr.

Homer, Vorschule zu, s. Retzlaff, Otto.

—— Wörterbücher, s. Authenrieth, Geo. — Ebeling, Geo. — Lexicon Homericum. — Seiler, E. E. — Suhle, Berth.
Vgl.: Bekker, Imman. — La Roche, Jac. — Meyer, Osc. — Ribbeck, W.

Homer, Achilleïs, aus der Ilias der Homeriden hexametrisch deutsch von Otto Jäger. 8. (VIII, 303 S.) Stuttgart 885, Neff. geb. *

Kleine Homerische Anthologie. Leipz. 785. 8. 5 gr.

—— Batrachomyomachia ed. A. Baumeister, s. Batrachomyomachia.

— — Graece, ex rec. et cum notis J. A. Ernesti suisq. auxit Schier. Lips. 765. 8. 6 gr.

— Batrachomyomachia ex recens. et cum notis J. A. Ernesti. Curavit suisque notis aux. J. A. Sch(ier). 8. Wolfenb. 765. ...

Homerus. Batrachomyomachia. Griechisch und deutsch. Petersb. [Leipz.] 1774. H & Ü: *Willamov, Joh. Glieb.* (Hoff)

— Batrachomyomachia, griech. u. deutsch v. .. Willamov. gr. 8. St Petersb. 774. (Breitkopf u. H. in Leipz.) 4 ℛ

— batrachomyomachia vulgo adscripta de G. F. Göss. gr. 8. Erlang. Palm. 788.

— — σὺν τῇ μεταφράσει. Florent. et Lips. 804. 4. 1 rthl. 4 gr.

— Batrachomyomachia (graece). 8. Würzb. 806. Stahel. 2 ℛ

— — Griechisch zum Schulgebrauch. Bamb. 818. 8. 3 gr.

Homerus. Βατραχομυομαχία. Für Anfänger ... Hildburgh. 1820. H: *Klein, H. W. Frdr.* (Hoff)

— — *Βατραχομυομαχια*, für Anfänger, mit Zurechtweisungen und einem Wortregister versehen. 8. Hildburghausen, Kesselring. 820.

— Batrachomyomachia, in metrisch deutsch. Uebers. von J. Helm. Mit d. Urtexte. gr. 8. Manh. 826. Löffler. 4 ℛ

—— *Βατραχομυομαχία.* Für Anfänger mit Zurechtweisung u. ein. Wortregister v. Klein. 2., verb. Aufl. 8. ... Hildburghausen 831, Kesselring.

— Ὁμηρικὴ Βατραχομυομαχία. Die Batrachomyomachie, griechisch mit grammat. Hinweisungen u. e. Wortregister für Anfänger von Gottl. Christ. Crusius. gr. 8. Hannover 839. Hahn. 1/8 ℛ

—— quae fertur Batrachomyomachia. Edidit Jos. Draheim. gr. 8. (32 S.) Berlin 874, Nicolai's Verlag. *

Die Homerische Batrachomachia des Karers Pigres nebst Scholien und Paraphrase. Hrsg. u. erläut. v. Arthur Ludwich. *Leipzig: B. G. Teubner 1896.* (VI, 484 S.) 1 Bd 8.

— Batrachomyomachia et Galeomachia, griech., mit e. Einleitung, Anmerkk. u. Wortregister herausg. v. A. Chr. Borhöck. 8. Lemgo 789. Meyer. 12 ℛ

— Batrachomyomachia et Hymni. Zum Schulgebrauch besond. abgedr. 8. Bamb. 818. (Wesché in Frankf. a. M.) 4 ℛ

Homer, Batrachomyomachia et Hymni. Zum Schulgebrauche besonders abgedruckt. 8. Bamberg, Göbhardt. 818.

— Batrachomyomachia et Hymni, f. Anfänger, mit Zurechtweisungen u. e. Wortregister versehen v. Prof. ... Klein. 8. Hildburgh. 820. 2e A. 831. Kesselring. 4 ℛ

— Batrachomyomachie, von Woltersdorf, s. Batrachomyomachia.

— Batrachomyomachie, oder d. Krieg d. Frösche u. Mäuse, übers. u. mit Anmerkk. versehen v. ... Piper. 8. Eisenach 771. (Bärecke). 8 ℛ

— — dass. mit Anmerk. von Piper. 8. Eisenach. (Griesbach, Cass.) 771.

Homerus. Watrachomyomachie oder Krieg der Frösche und Mäuse. Ein komisches Heldengedicht. St. Petersburg 1771. Ü: *Willamov, Joh. Glieb.* (JL)

— Batrachomyomachie, od. d. Krieg d. Frösche u. Mäuse, ein Heldengedi. a. d. Griech. von Willamov. griech. u. deutsch. m. K. gr. 8. Petersb. (Breitkopf, Lpz.) 774.

— Batrachomyomachie, übers. v. F. X. Weinzierl. gr. 8. Münch. 805. Lentner. 5 ℛ

— *Batrachomyomachie.* Übersetzt von Weinzierl. Münch. 808. 8. 5 gr.

— Batrachomyomachie, übers. v. M. Str..., herausg. u. mit e. Vorrede begleitet v. C. F. W. Solbrig u. Seeger. 8. Salzwedel 815.

— Batrachomyomachie, in metrischer deutscher Uebers. v. J. Helm, mit d. Urtexte. gr. 8. Mannheim 826. Löffler.

—— die Batrachomyomachie, griech. m. grammat. Hinweisn. u. e. Wortregister f. Anfänger v. Gtl. Chrstn. Crusius. gr. 8. (2½ B.) Hannover 839, Hahn'sche Hofbh.

— Batrachomyomachie, travestirt, s. Batrachomyomachia.

– Carmina

— Uebers. v. Donner, s.: Bibliothek, Langenscheidt'sche.

—— carmina, s. a. Carmina Homerica.

Homeri carmina, ed. Baumeister, s. Corpus poetarum epicorum graec.

— Iliadis carmina XVI, s. Iliadis carmina XVI.

— Carmina cur. C. G. Heyne. T. I—VIII. contin. Ilias gr. et lat. etc. 8. maj. Lips. Weidmann. 802.
Schreibp. m. K.
Holl. Pap. m. K.

— Carmina (Ilias) gr. et lat.; c. brevi annotat. Acced. variae lect. et observat. veter. Grammaticor. Cum nostrae aetatis critica cur. C. G. Heyne. Tom. I.—VIII. et Tom. IX. Indices cont. confectos ab E. A. G. Graefenhan. 8 maj. Leipz 802—23. Weidmann. 20 Rthlr 16 gGr Schrbp. Mit Kpf. 30 Rthlr 20 gGr Velinp. 51 Rthlr 12 gGr

Homerus. Carmina. Lips. 1819—20. H: *Schäfer, Gfr. Heinrich.* (Hoff)

— — Carmina Ilias et Odyssea, cum notis R. Payne-Knight. 1 Vol. 4maj. Londini, Treuttel et Würtz. 820.

— Carmina cur. C. G. Heyne. Tom. IX. Indices cont. confectos ab E. A. G. Graefenhan. 8 maj. Lips. 822, Weidmann.

— Carmina ad opt. libror. fidem expressa, cur Guil. Dindorfio Vol. I. Ilias Ed. II. Vol. II. Odyssea. 12 maj. Lips. 824—26, Teubner. 1 Rthlr. 12 gr. Engl. Pap.

Homeri, Carmina Secund. recens. Wolfii, cum praefat. God. Hermanni. Vol. I.— Et. sub. t.: Homeri Ilias. Edit. stereotypa. 12 maj. Lips. 825, Tauchnitz. Rthlr.

— id. lib. Vol. II.— Et. s. titulo: Homeri Odyssea et carmina minora. 12 maj. Lips. 825, Tauchnitz.

—— Carmina. Vol. III. Carmina minora. — E. s. t.: Homeri Hymni, epigrammata fragmenta, et Batrachomyomachia ad opt. edit. fidem recens. et notis instr. Fr. Franke. 12 maj. (10 B.) Lipsiae 828, Teubner. 16 Gr., Engl Pap.
Vol. I., II. Ilias et Odyssea, cur. Guil. Dindorfio. Ebendas. 1824,26. 1 Thlr. 12 Gr., Engl. Pap. 2 Thlr. 16 Gr.

Homeri Carmina. Recogn. et explicuit Frider. Henr. Bothe. — Iliadis. III Vol. 8 maj. Lipsiae, Hahn. [I. L. 1—8. (24 B.) 832., II. 9—16 (21½ B.), III. 17—24. (20½ B.) 833. à 1 Thlr. 4 Gr.]

—— id. — Odysseae. Vol. I et II. L. 1—16. 8 maj. Ibid. 834. [I. L. 1—8. (17 B.), II. 9—16. (17 B.) à 21 Gr.]

Homeri Carmina. Rec. et explicuit Frid. Henr. Bothe. — Odysseae Vol. III. L. 17—24. — Batrachomyomachia. — Hymni. — Epigrammata et Fragmenta carminum epicorum. 8maj. (34½ B.) Lipsiae 835, libr. Hahn.
Id., Ilias. III Vol. et Odyssea. Vol. I. II. Ibid. 832—34. 5 Thlr. 6 Gr.

—— id. — et Cycli epici reliquiae. Gr. et lat. c. ind. nominum. et rerum. Lex.-8. (40 B.) Parisiis 837, 38, F. Didot fratres. *
Bildet: Bibliotheca classicor. graec. Fasc. I. II.

Homeri carmina ad optimorum librorum fidem expressa curante Guil. Dindorfio. Vol. I. 2 Partes. (Iliadis I—XII. et XIII—XXIV.) Editio III. correctior. 8. (XIV und 504 S.) Lipsiae 850, Teubner. Thlr.-

—— idem. — Vol. II. Pars I. et II. (Odysseae I—XII. et XIII—XXIV.) Editio III. correctior. 8. (XII und 391 S.) Ibid. 850.

— carmina ad optimorum libb. fidem expressa cur. Guil. Dindorfio. Praemittitur Max. Sengebusch Homerica dissertatio duplex. 2 voll. Editio IV. correctior. Lipsiae 855, 56. Teubner. 8. 1 Rthlr. 6 ngr.;
Schreibp. m. breit. Rande 2 Rthlr. 22½ ngr.;
der Text allein, jeder Bd. in 2 Abthlgn. à 6¼ ngr.;
Velinp. à 10½ ngr.
Vol. I.: Ilias. (XV, 214, XIV, 504 S.) 18 ngr.; Schreibp. 1 Rthlr. 15 ngr.
Vol. II.: Odyssea. (2 Bl., 119, XIV, 171 S.) 18 ngr.; Schreibp. 1 Rthlr. 7½ ngr.

(—) Carmina Homerica. Imman. Bekker emend. et annotabat. Vol. I. Ilias. — Vol. II. Odyssea. Bonnae 858. Marcus. gr. 8. (VII, 594; 1 Bl., 480 S.) I.: n. 2 Rthlr. 20 ngr.; II.: n. 2 Rthlr.

Homerica carmina ed. Aug. Nauck. Vol. II. Odyssea cum potiore lectionis varietate. Pars I. et II. gr. 8. (XV, 222 u. XVI, 223 S.) Berlin 874. Weidmann. à 1. 80

Homerica, carmina, edidit Aug. Nauck. Vol. I. E. s. t.: Homeri Ilias cum potiore lectionis varitate. 2 partes. gr. 8. (XXV, 308; XXIII, 340 S.) Berlin 877, Weidmann'sche Buchh. à Bd. M 2,25.
Vol. II. Ebendas. 1874. M 3,60.

Homeri carmina. 4 partes. 8. St. Petersburg 880, (Ricker.) à pars 75 Pf.
Inhalt:
Pars 1. 2. Ilias. 2 partes. (IV, 220; IV, 235 S.)
» 3. 4. Odyssea. 2 partes. (IV, 181; III, 172 S.)

—— Iliadis carmina, seiuncta, discreta, emendata, prolegomenis et apparatu critico instructa ed. Guil. Christ. 2 partes. gr. 8. (IV, 742 S.) Leipzig 884, Teubner. à pars M 8.

—— Iliadis carmina, ed. Alois. Rzach. Pars I et II. 8. Ebendas. 886,87. [Pars I: Carm. I—XII. (XII, 296 S.); Pars II: Carm. XIII—XXIV. (375 S.)] à Bd. *M 1.—. *

— Iliadis carmina cum apparatu critico edid. J. van Leeuwen et M. B. Mendes da Costa. 2 partes. gr. 8. (XVII, S. 1—282; S. 283—618.) Leiden 887. 889. Sijthoff. à Bd. n. 3.—

Homeri carmina rec. et selecta lectionis varietate instruxit A. Ludwich. Pars II. Odyssea. Vol. 1. gr. 8. (XXVIII, 315 S.) Leipzig 889. Teubner. n. 8.—
Pars I. erscheint später.

Homeri carmina rec. et selecta lectionis varietate instruxit Arth. Ludwich. Pars II. Odyssea. Vol. 1. u. 2. gr. 8. (XXVIII, 315; X, 360 S.) Lpz. 890,91, Teubner. à vol. * 8 —; * 16 —

— carmina. Recensuit et selecta lectionis varietate instruxit Arth. Ludwich. Pars I. Ilias. Vol. I. gr. 8. (XIX, 514 S.) Leipzig 902. B. G. Teubner. n. 16.—

— carmina. Recensuit et selecta lectionis varietate instruxit Arth. Ludwich. Pars I. Ilias. Vol. II. (XII, 652 S.) gr. 8. Leipzig 907. B. G. Teubner. 20.—;
geb. in Halbfrz. 23.—

Homeri catenae aureae Lib. III. de translatione metallorum, oder Verwandl. d. Metalle. 8. Stuttg. 770. Steinkopf. 4 gGr

Homer, griech. Elementarbuch aus Homer, s. Ahrens, Heinr. Ludw.

– Iliadis epitome

— dasselbe. s.a Museum.

—— Iliadis epitome. In usum scholarum ed. Franc. Hochegger. Pars I.: Iliadis I—X. 8. (XII und 164 S.) Vindobonae 853 (856.), Gerold filius. *

—— id. — ed. Franc. Hochegger. Pars II.: Iliadis XI—XXIV. 8. (XII und 260 S.). Ibid. 854. *

Homeri Iliadis epitome. In usum scholarum edidit Franciscus Hochegger. Pars prior: Iliadis I—X. Iterum edita. Vindobonae. Typ. Caroli Gerold et Filii. MDCCCLIV. (XII et 164 S.)

Epitome Homeri Iliadis —. In usum scholarum edidit Franciscus Hochegger. Pars altera Iliadis XI—XXIV. 8. (XII et 260 S.) Vindobonae, sumpt. et typ. C. Gerold e filii 1854.

— — Pars I. Iliadis I—X. (Edit. III.) Ebend. 856. 8. (XII, 163 S.) n. 8 ngr.

Hochégger, Franciscus — Homeri Iliadis epitome. In usum scholarum edidit — —. Pars Prior Iliadis I—X. Vindobonæ, 1857. Sumptibus et typis Caroli Gerold et filii. (X. 163 S. 8.)

Homeri Iliadis Epitome. In usum scholarum edidit *Franc. Hochegger*, Pars altera Iliadis XI—XXIV. *Vindobonae* 1857. Sumpt. et typ. *Caroli Gerold filii*. XII. 259 S. 8°.

— — 2 partes. Edit. II. correctior. Ebend. 859, 64. 8. (XII, 193 S.: VII, 188 S.) Jeder Thl. 15 ngr.

—— Iliadis epitome. In usum scholarum edidit Franc. Hochegger. Pars prior. 7. Aufl. (Iliadis I—X.) 8. (X und 164 S.) Wien 860, Gerold's Sohn.

—— dass. — Pars altera. (Iliadis XI—XXIV.) 3. Aufl. 8. (XII und 259 S.) Ebendas. 860.

Homeri Iliadis epitome. In usum scholarum edidit Franciscus Hochegger. Pars I. Iliadis I—X. kl. 8. (163 S.) Wien. Gerold. 45 kr.

1867

—— Iliadis epitome Franc. Hocheggeri. In usum scholarum iterum edidit. 2 partes. 8. Wien, Gerold's Sohn.

Inhalt:

Pars 1. Iliadis lib. I—X. Edidit Jos. Zechmeister. (XXXIV, 158 S.) 880. **ℳ 1,10.

» 2. —— dass. — lib. XI—XXIV. Edidit Aug. Scheindler. (XXIII, 252 S.) 882. **ℳ 1,50.

—— Iliadis epitome Franc. Hocheggeri. In usum scholarum tertium ed. Augustinus Scheindler. 2 partes. 8. Wien 888, Gerold's Sohn. *

Inhalt:

Pars 1. Iliadis I—X. (XXXIV, 160 S.) *ℳ 1.—.

» 2. Iliadis XI—XXIV. (XXI, 259 S.) *ℳ 1.30.

Homeri Iliadis epitome Francisci Hocheggeri. In usum scholarum quartum edidit Augustinus Scheindler. Pars prior. Iliadis I—X. Wien 1889. C. Gerold's Sohn. (Min.-Erl. 27. März 1890. Z. 4940.) Cartonnirt —.55

Homeri Iliadis epitome Francisci Hocheggeri In usum scholarum quintum edidit Augustinus Scheindler. Pars prior Iliadis I—X. 5. Aufl. Wien 1893. K. Gerold's Sohn. (Min.-Erl v. 22. Januar 1893, Z. 641.) Cartonnirt —.55

— dasselbe, epitome Franc. Hocheggeri. In usum scholarum ed. Aug. Scheindler. 2 partes. 12. Wien, C. Gerold's Sohn. Kart. n. 2. 60

I. I—X. 6. ed. (XXXIV, 160 S.) 896. n. 1. 10

II. XI—XXIV. 4. ed. (XXI, 259 S.) 897. n. 1. 50

Homeri Iliadis epitome Francisci Hocheggeri. In usum scolarum sextum edidit Aug. Scheindler. Pars prior Iliadis I—X. 6. Aufl. Wien 1897. C. Gerold's Sohn. (Min.-Erl. v. 23. Januar 1893, Z. 641.) Cartonnirt —.55

Iliadis epitome Francisci Hocheggeri. In usum scolarum quartum edidit Aug. Scheindler. Pars posterior Iliadis X—XXIV. 4. Aufl. Wien 1897. C. Gerold's Sohn. (Min.-Erl. v. 13. April 1888, Z. 6510.) Cartonnirt —.70

Homeri Iliadis Epitome Francisci Hocheggeri. In usum scholarum septimum edidit Augustinus Scheindler. Pars prior. 7., unveränderte, sonach gemäß Min.-Erl. vom 20. April 1897, Z. 7880, allgemein zulässige Auflage. Wien 1908. Karl Gerolds Sohn. Geb. K 1.10.

Homeri Iliadis epitome Francisci Hocheggeri. In usum scholarum quintum edidit Augustinus Scheindler. Pars altera. Iliadis XI—XXIV. 4., unveränderte, sonach gemäß Min.-Erl. vom 4. April 1897, Z. 7800, allgemein zulässige Auflage. Wien 1910. K. Gerolds Sohn. Geb. K 1.50.

— Odysseae epitome. In usum scholarum edid. Franc. Pauly. Pars I. Odysseae lib. I—XII. Pragae 858. Tempsky. 8. (XVI, 193 S.) 15 ngr.

— Odysseae epitome. In usum scholarum edid. Franc. Pauly. Pars II. Odysseae lib. XIII—XXIIII. Prag 1861. Tempsky. 8. (2 Bl., 192 S.) 15 ngr.

—— Odysseae epitome. In usum scholarum edid. Franc. Pauly. Pars I. Odysseae lib. I—XII. Edit. I. 1858 et Edit. II. correctior. 8. (XII und 193 S.) Prag 859, Tempsky.

—— Odysseae epitome. In usum scholarum edid. Franc. Pauly. Pars II. Odysseae lib. XIII—XXIII. Editio II. 8. (VII und 188 S.) Prag 864, Tempsky.

Pars I. Ebendas. 1859. 15 Ngr.

— Odysseae epitome. In usum scholarum ed. Franc. Pauly. Pars I. Odysseae lib. I—XII. Ed. IV. correctior. 8. (X, 193 S.) Prag 880. Tempsky. n. 1. 50

— dasselbe. Pars II. Odysseae lib. XIII—XXIV. Ed. III. correctior. 8. (VII, 188 S.) Ebend. 880. n. 1. 50

— Odysseae epitome. In usum scholarum ed. Frz. Pauly. Pars I. Odysseae lib. I—XII. Ed. V. correctior. 8. (V, 174 S.) Prag 884. Tempsky. — Leipzig, Freytag. n. 1. 44; Einbd. n.n. — 20

— — Odysseae epitome. In usum scholarum edidit Franciscus Pauly. Pars altera. Odysseae lib. XIII—XXIV. 8°. (XI, 165 S.) Ebd. fl. —.40.

1886

—— Odysseae epitome. In usum scholarum edidit Augustinus Scheindler. 8. (XXVI, 288 S.) Wien 885, Hölder. * 2 —

— Odysseae epitome. In usum scholarum ed. F. Pauly. Ed. VI. correctior, quam curavit C. Wotke. Pars I. Odysseae lib. I—XII. 8. (XI, 149 S.) Prag 887. Tempsky. — Leipzig, Freytag. n. — 70

—— dass. — Edit. IV. correctior, quam curavit Carl Wotke. Pars II: Odysseae lib. XIII—XXIV. 8. (XI, 165 S.) Ebendas. 887. * — 70

Homeri Odysseae epitome. In usum scholarum edidit Fr. Stolz. Pars prior (I—XII), pars altera (XIII—XXIII). Wien 1890 K. Gerold's Sohn. (Min.-Erl. 2. Mai 1890. Z. 7917.) I. Theil, gebunden —.50, II. Theil —.40

HOMER
Homeri Odysseae epitome. In usum scholarum edidit Augustinus Scheindler. Editio altera correctior. Mit Erlass des hohen k. k. Ministeriums für Cultus und Unterricht vom 16. Juli 1900, Z. 19072. Zum Unterrichtsgebrauche an Gymnasien allgemein zugelassen. Vindobonae. 1900. Hölder. Gr.-8°. XVIII, 295 S. Geb. K 2.40

Homerische Fibel. Etymologischer Cursus (Enth. B. I. der Odyssee.) von J. H. E. Rautenberg. Schnepfenth. 815. 4. 16gr.

— — Iliadis fragmenta antiquissima cum picturis. Item scholia Vetera ad Odysseam. Item Didymi Alexandrini marmor. et signorum mensura. Edente Angelo Majo. A. C. D. Mediolani reg. typis. Un. vol. in folio. (Viennae, Volke.) cum 64 ramis.

— Iliadis pictae fragmenta Ambrosiana. Phototypice ed. cura Ant. M. Ceriani et Ach. Ratti. Praefatus est Ant. M. Ceriani. (104 Taf. m. VII, 45 S. Text.) qu. gr. 8. Mailand 905. U. Hoepli. Geb. in Perg. n.n. 80. —

—— Frosch- und Mäusekrieg. (Batrachomyomachia.) Freie Uebertragung in Jamben. Von Johs. Kern. br. gr. 8. (47 S. mit eingedr. Holzschn.) Breslau 848, Kern.

— Froschmauskrieg, übers. von Weinzierl. gr. 8. München, Lentner. 805.

Homer, Froschmäusekrieg, s. Universal-Bibliothek Nr. 878.

— Gedichte. 1. Tl.: Die Odyssee. Bearb. v. Osk. Henke. Text. 1. u. 2. Bd. Buch 1—12, resp. Buch 13—24. gr. 8. (VI, 219 u. 246 S. m. 2, resp. 1 Karte.) Leipzig 894. B. G. Teubner. Kart. à n. 1. 60

— Gedichte. 1. Tl.: Die Odyssee. Bearb. v. Osk. Henke. Kommentar. gr. 8. (VI, 238 S.) Leipzig 895. B. G. Teubner. Geb. n. 1. 80; (Text u. Kommentar: n. 5. —)

— dasselbe. 2. Tl.: Die Ilias. Bearb. v. Osk. Henke. Text. 2 Bde. gr. 8. Ebd. 896. Geb. à n. 2. —
I. Buch 1—13. (IV, 295 S. m. 3 Karten.)
II. Buch 14—24. M. Register d. Personennamen u. d. geograph. Namen. (331 S.)

— dasselbe. 2. Tl.: Die Ilias. Kommentar. gr. 8. (III, 329 S.) Ebd. 897. Geb. n. 2. 40

— dasselbe. 3. Tl. Hilfsbuch. 2 Bde. gr. 8. Ebd. Geb. à n. 2. —
1. Metrik. Grammatik. Z. Odyssee: Vorgeschichte, Gleichnisse, Sentenzen, Altertümer; Geographie; Kosmographie; Staat; Familienleben, Seewesen. (XIV, 232 S. m. Abb. u. 1 Plan.) 896.
2. D. Entstehg. d. homer. Gedichte. Aus d. Gedankenschatze d. Ilias. Altertümer: D. Kriegsschauplatz. D. Waffenwesen. Befestigungswesen. D. Kriegführg. Mythologie. D. Kultus. Z. Psychologie u. Ethik. (X, 198 S. m. Titelbild, 61 Abb. u. 1 Kartentaf.) 897.

Die Gedichte Homers. Bearb. von Prof. Dr. Oskar Henke, Dir. in Bremen. 3. Aufl. T. 1, Text Bd 1. *Leipzig & Berlin: B. G. Teubner 1901.* 8°
(B. G. Teubner's Schülerausgaben griech. u. lat. Schriftsteller.) [illegible]

— Gedichte. 1. Tl.: Die Odyssee. Bearb. v. Osk. Henke. Text. 1. Bd.: Buch 1—12. 3. Aufl. gr. 8. (VI, 219 S. m. 2 farb. Karten.) Ebd. 901. Geb. n. 1. 60

— dasselbe. 3. Tl.: Hilfsbuch. Bearb. v. Osk. Henke. 1. Bd. Metrik. Grammatik. Zur Odyssee: Vorgeschichte, Gleichnisse, Sentenzen. Altertümer: Geographie; Kosmographie; Staat; Familienleben; Seewesen. 2. Aufl. gr. 8. (XVI, 235 S. m. Abb.) Ebd. 901. Kart. n. 2. —

Die Gedichte Homers. Bearb. v. Prof. Dr. Oskar Henke. 4. Aufl. Text. Bd 1. Leipzig & Berlin: B. G. Teubner 1904. 8°
(B. G. Teubners Schülerausgaben griech. u. lat. Schriftsteller.) [illegible]

— Gedichte. I. Tl.: Die Odyssee. Bearb. v. Osk. Henke. Text. 1. u. 2. Bd. 8. Leipzig 904. B. G. Teubner. Geb. à n. 1. 60
1. Buch 1—12. 4. Aufl. (VI, 219 S. m. 2 farb. Karten.)
2. Buch 13—24. 3. Aufl. (248 S. m. 1 Karte.)

— dasselbe. Kommentar. 4. Aufl. Mit 2 Kärtchen. (VI, 270 S.) 8. Ebd. 906. Geb. n. 2. —; 1. Heft: Buch 1—12, allein (143 S.) Kart. n. 1. 20

Homer's Gedichte. 2. Tl.: Die Ilias. Bearb. v. Osk. Henke. Text 1. u. 2. Bd. 8. Leipzig, B. G. Teubner. Geb. à n. 2. —
1. Buch 1—13. 3. Aufl. (IV, 295 S. m. 3 Karten.) 906.
2. Buch 14—24. Mit Register der Personennamen u. der geograph. Namen. 3. Aufl. (332 S.) 903.

— Gedichte. I. Tl. 1. u. 2. Bd. II. Tl. 1. u. 2. Bd. u. III. Tl. 1. Bd. 8. Ebd. Geb. u. geh. 10. —
I. 1. Die Odyssee. Bearb. v. Osk. Henke. Text. I. Bd.: Buch 1—12. 5. Aufl. (VI, 219 S. m. 2 Karten.) 909. Geb. 1. 60
2. Dasselbe. Text. 2. Bd.: Buch 13—24. Mit e. Karte. 4. Aufl. (248 S.) 907. Geb. 1.60; — Kommentar. 2. Heft: Buch 13—24. 4. Aufl. Mit 2 Kärtchen im Text. (S. 143—270.) 906. 1. 20
II. 1. Die Ilias. Bearb. v. Osk. Henke. Kommentar. 1. Heft: Buch 1—13. 3. Aufl. (IV, 199 S.) 908. 1. 60
2. Dasselbe. Text. 2. Bd.: Buch 14—24. Mit Register der Personennamen u. der geograph. Namen. 3. Aufl. (332 S.) 908. Geb. 2. —
III. 1. Hilfsbuch. Bearb. v. Osk. Henke. 1. Bd.: Metrik. Grammatik. Zur Odyssee: Vorgeschichte, Gleichnisse, Sentenzen. Altertümer: Geographie, Kosmographie, Staat, Familienleben, Seewesen. 3. Aufl. (XIV, 237 S. m. Abb.) 907. Geb. 2. —

— lyr. Gedichte; übers. u. erläutert v. Fr. Aug. Eschen. 2 Thle. 8. Zürich 800.

— Gesang an den Apollo, griech. mit deutsch. Anmerk. von Köhler. 8. Leipz. Buschel. (Joachim). 768.

—— Gesänge verdeutscht von Johs. Minckwitz. 2 Thle. (1. Thl.: Ilias. 2 Bde. 24 Gesänge. — 2. Thl.: Odyssee.) 8. Leipzig, Engelmann. [1. (XXVIII und 292 S.) 854. 2. (LXIV und 464 S.) 855. à Bd. 1 Thlr. 15 Ngr.]

— Gesänge verdeutscht von Johs. Minckwitz. 1. Thl. Ilias. 2 Bde. — 2. Thl. Odyssee. Leipzig 854, 56. Engelmann. 8. (XXVIII, 292, 329; LXIV, 464 S.) Jeder Thl. 1 ℛ. 15 ngr.

—— Gesänge verdeutscht von Johs. Minckwitz. 2 Thle. 2. (Titel-)Aufl. 8. Leipzig (856)64, Engelmann. à Thl. 22 1/2 Ngr.
Inhalt:
Thl. 1. Die Ilias. (XXXVI und 621 S.)
" 2. Die Odyssee. (LXVIII und 464 S.)

—— Gesänge im Versmaße des Orig. verdeutscht von Johs. Minckwitz. 1. Lfg. 16. (80 S.) Leipzig 871, Dyk'sche Buchh. *

— Gesänge in niederdeutscher poet. Uebertragg. v. Aug. Dühr. 1. Tl. Niederdeutsche Ilias. 8. (XII, 656 S.) Kiel 895. Lipsius & Tischer. Geb. in Leinw. n. 5. —

(—) Deutscher Haus- und Schul-Homer. Für die Jugend nach E. Wiedasch's metrischer Uebertragung bearb. u. herausg. von W. Wiedasch. Mit e. Vorw. von Fr. Kohlrausch. 3 Thle. Stuttgart 857. Metzler. gr. 8. n. 1 ℛ.
1. Thl.: Homer's Ilias. Für die Jugend in Schule und Haus rc. (XII, 240 S.) n. 14 ngr.
2. Thl.: Homer's Odyssee. Für die Jugend in Schule und Haus rc. (2 Bl., 238 S.) n. 14 ngr.
3. Thl.: Erläuterungen zur Ilias und Odyssee des Deutschen Haus- und Schul-Homer rc. (48 S.) n. 2 ngr.

— Heldengesänge, übers. v. K. G. Neumann. 2 Bde. Ilias u. Odyssee. gr. 8. Dresden u. Lpz. 826, Arnold.

Homer s a Bibliothek d. Übersetzungen

Homer, nach Antiken gezeichn. v. H. W. Tischbein, mit Erläut. v. Heyne u. Dr. Schorn. 1s — 9s Hft. gr. Roy. Fol. Stuttgart. v. Cotta. à H. 6 Rthl. Rthlr.

Homer, nach Antiken gezeichnet v. H. W. Tischbein, mit Erläuterr. v. Chr. G. Heyne. 1s bis 6s Hft. gr. Fol. Götting. 801—5. (Dieterich). 52 ℛ 7s bis 9s Hft. gr. Fol. Stuttg., v. Cotta. 18 ℛ Alle 9 Hfte. bei v. Cotta. 54 ℛ

— in Umrissen v. J. Flaxmann, gestochen v. Riepenhausen. 2 Hfte. qu. Fol. Berl. 817. Th. Enslin. 6 ℛ 16 gr

— comparans s. similitudines ex Iliade et Odyssea, ed. C. Beckmann. 4. Hernosandiae. (Mauritius, Greifsw.) 806.

Homerus comparans, sive similitudines ex Iliade et Odyssea, ed. G. Backmann. 4. Greifswalde, Mauritius. 811. s —

— deutscher, f. Schule u. Haus, nach der neu durchgesehenen metrischen Übertragung von Ernst Wiedasch bearb. u. hrsg. v. W. Wiedasch. 2. Tl.: Odyssee. 2. Aufl. gr. 8. (228 S.) Stuttgart 890. Metzler's Verl. n. 1. 40

Homer, deutscher, f. Schule u. Haus nach d. neu durchges. metr. Übertragg. v. Ernst Wiedasch, bearb. u. hrsg. v. W. Wiedasch. 2. Tl.: Odyssee. 3. Aufl. gr. 8. (228 S.) Stuttgart 896. J. B. Metzler's Verl. n. 1. 40

[F.] Kleiner deutscher Homer. Ilias u. Odyssee im Ausz. Verdeutscht, m. Anm. u. Zusätzen. Von A[lbert] Schaefer, wiss. Lehrer . . . in Barmen. *Hannover [&] Berlin: C. Meyer 1896.* (VIII, 158 S.) 1 Bd 8. [00. 2323

Kleiner deutscher Homor. Ilias und Odyssee im Auszuge. Verdeutscht, mit Anm. u. Zusätzen. Von A[lbert] Schaefer, Lehrer in Mittel-Barmen. 2., durchges. Aufl. *Hannover, Berlin: C. Meyer 1899.* (VIII, 158 S.) 8° [F.] [00. 609

Kleiner deutscher Homor. Ilias u. Odyssee im Auszuge. Verdeutscht, mit Anm. u. Zusätzen von A[lbert] Schaefer, Oberl. in Duisburg. 4. Aufl., in alldeutscher Rechtschreibung. *Hannover, Berlin: C. Meyer 1903.* (VIII, 158 S.) 8° [F.] [04. 5018

Kleiner deutscher Homer. Ilias u. Odyssee im Ausz. Verdeutscht, mit Anm. u. Zusätzen von Prof. Albert Schaefer, Oberl. 7. (Ster.) Aufl. Hannover-List & Berlin: C. Meyer 1908. (VIII, 158 S.) 8° [F.] [08. 10764

— — Hymne an Demeter, aus dem Griech. übersetzt von Nadermann. gr. 8. Münster, Theissing. 818. .

— Hymne an Demeter, griech. u. deutsch v. Jh. H. Voß. gr. 8. Heidelb. 826. Winter. 2 ℛ 16 gr Fein Pap. 3 ℛ 8 gr

Homers Hymnen, die, übersetzt von Follenius und Schwenk, s. Hymnen d. Griechen. rc.

—Hymnen, aus d. Griech. übers. v. K. A. Follen u. Konr. Schwenck. 4. Gießen 814. Heyer. 20 gr Hbg. Pr. 10 gr

— Hymnen, übers. u. mit Anmerkk. begleitet v. K. Schwenck. 8. Frankf. a. M. 825. Brönner. 1 ℛ 16 gr Hbg. Pr. 1 ℛ Velinp. 2 ℛ 12 gr Hbg. Pr. 1 ℛ 8 gr

—— die homerischen Hymnen. Hrsg. und erläutert von Alb. Gemoll. gr. 8. (XIV, 377 S.) Leipzig 886, Teubner. *

Homer's Hymnen u. Batrachomyomachia, übers. u. mit Anmerkk. versehen v. Fr. Kämmerer. gr. 8. Cassel u. Marb. 815. Krieger. 2 ℛ 6 gr

Homeri, *Hymnen, Epigrammen* und *Batrachomyomachie.* Übers. m. Anm. von Kämmeror. Marb. 815. 8. 2 rthl. 16 gr.

— Hymnen u. and. Gedichte, aus d. Griech. v. Stollberg. gr. 8. Hamb. Bohn. 782.

— Hymnen u. andere Gedichte, aus d. Griech. v. Chr. Gr. v. Stolberg. gr. 8. Hamb. 782. (Campe). (Göthe in Leipz.) 1 ℛ 4 gr Dass. s. auch: Gedichte aus d. Griechischen.

— *Hymnen und andere Gedichte anderer Dichter.* Übers. von Fr. u. Chr. Gr. zu Stollberg. Hamb. 782. 8. 1 rthl. 4 gr.

— — Metrisch übersetzt von Follenius und Schwenk. Giefs. 813. 4. 20 gr.

— Hymni, s. Hymni Homerici.

— Hymni, instr. Franke, s. unten *Opera.*

— *Hymni* c. reliq. carmin. minor. Homero tributis. Acc. Demetrii Zeni versio Batrachomyomachiae dialecto vulgari, et Theodori Prodromi Galeomyomachia. Rec. et cum notis ed. Ilgen. Hal. 796. 8. 2 rthlr. 8 gr.

— Hymni c. reliq. carm. min. Homero trib. etc. rec. c. D. Ilgen. 8. maj. Halae, Hemmerde et S. 796.
Schreibp.

— Hymni, c. reliq. carm. min. Homero trib. etc. Text. recens. et animadvers. crit. illustr. K. D. Ilgen. 8 maj. Halle 796. Schwetschke u. S. 2 ℛ 8 gr Schrbp 2 ℛ 16 gr

Hymni Homerici [Homerus] accedentibus Epigrammatis et Batrachomyomachia Homero vulgo attributis ex rec. Augusti Baumeister. Ed. ster. Lipsiae: Teubner 1910. XIV, 102 S. 8°
(Bibliotheca scriptorum Graec. et Rom. Teubneriana.)

— Hymni in Apollinem. Griech., mit Anmerkk. v. Köhler. 8. Leipz. 768. (Joachim). 6 gr

— Hymni et Batrachomyomachia denuo recens. auctor. animadvers. et var. lect. instr. atque latine vertit A. Matthiae. 8maj. Leipz. 805. Weidmann. 1 Rthl. 4 gGr. Schrbp. 1 Rthl. 10 gGr.

— Hymni et Epigrammata, ed. J. G. J. Hermann. 8maj. Leipz. 806. Weidmann. 1 Rthl. 4 Rthl. Schrbp. 1 Rthl. 12 gGr. Velinp. 2 Rthl. 6 gGr. Animadversiones, c. prolegominis ed. A. Matthiae. 8maj. ibid. 800. 1 Rthl. 18 gGr. chr. scr. 2 Rthl. 12 gGr.

—— hymni, epigrammata, batrachomyomachia, ed. Eug. Abel. 8. (XXVI, 152 S.) Prag 886, Tempsky. — Leipzig, Freytag. *

– Hymnus

— — in *Apollinem.* Gesang an Apollo. Griechisch mit Anmerkungen von Köhler., Leipz. 768. 8. 6 gr.

— Hymnus in Cererem; ad Cod. Moscov. dilig. expr. 8. Götting. 776. Brose. 6 gGr.

— Hymnus in Cererem, gr. et lat. nunc primum edid. Dav. Ruhnken. 8maj. Leyden 781. Luchtmans. 16 gGr. Id. lib. acced. II Epistolae crit. ex edit. altera multis partibus locuplet. ed. Dav. Ruhnken. 8maj. Leyd. 782. Luchtmans. 1 Rthl. 20 gGr.

— — — Graece ad cod. Moscov. expr. cura Mitscherlich. Götting. 786. 8. 4 gr.

— Hymnus in Cererem, gr. et lat. ad Cod. Moscov. denuo coll. recens. et animadv. illustr. Cph. W. Mitscherlich. 8. Leipz. 787. Weidmann. 20 gGr.

— Hymnus in Cererem edit. a Dav. Ruhnken. Acced. epist. crit. et Mitscherlichii adnot. in hymnum in Cererem. 8maj. Leyden 808. Luchtmans. 3 Rthl. 6 gGr. .. auch in 4. ..

— Hymnus in Cererem, nunc primum editus a D. Ruhnkenio. Accedunt duae epistolae crit. ex edit. altera, multis partibus locupletiores. gr. 8. Leipzig 827, Hartmann.

— Hymnus in Cererem, nunc primum edit. a D. Ruhnkenio. Acced. duae epistolae crit. ex edit. altera multis partibus locupletiores. 8maj. Leipz. 827. (Lehnhold). 1 Rthl. 16 gGr.

— hymnus in Cererem, nunc prim. editus a Dav. Ruhnkenio. 8maj. Leipzig 839. Lehnhold. $1^2/_3$ Rthl. jetzt nur $^2/_3$ Rthl.

— — Hymnus an Demetor. Griechisch, mit metrischer Uebersetzung und ausführl. Wort- und Sach-Erklärungen, durch Aufklärung der ältesten Mysterien- und Tempelsprache in Hellas vermittelt, nebst Briefe an Creuzer, von Fr. K. L. Sickler. 4. Hildburghausen, Kesselring. 820.

—— the first six books of Iliad with english notes, critical and explanatory, a metrical index, and Homeric glossary. By Charles Anthon. gr. 12. (VIII und 897 S. mit eingedr. Holzschn. und Homer's Portr. in Kpfrst.) New-York 858. (Philadelphia, Schäfer und Koradi.) geb. *

— Iliade, trad. p. Bitaubé. II Tom. av. fig. 8. Par. Decker. (Mylius, Berl.) 764.

— l'Iliade, traduct. nouv. precedée de reflexions sur Homère par P. J. Bitaubé. II Vols. av. fig. 8. Paris 764. N. Aufl. Berl. 777. Mylius. 2 Rthl. 12 gGr.

Homerus. Iliade. Leipz. 1771—73. Ü: *Küttner, Carl August.* (Hoff) (DegG) (JL) (Ky)

— Iliade, übers. (von K. A. Kütner). 2 Bde. gr. 8. Leipz. 771, 73. 2e verb. Ausg. (A. mit dem Schmutztitel: Homers Werke, verdeutscht von K. A. Kütner.) 2 Bde. gr. 8. Ebd. 781. Dyck. 1 Rthl. 8 gGr. Schrbp. 1 Rthl. 16 gGr.

Homerus. **Iliade von neuem metrisch übersetzt. Leipzig 1781—87. Ü:** ***Wobeser, Ernst Wratislaw Wilhelm von.*** (Ky) (G) (ErschDI.) (GGr) (DegG)

— Iliade, metrisch übers. 3 Thle. gr. 8. Leipz. Kummer. 781–87. (1r 14 gr. 2r u. 3r à 16 gr.)

— Iliade. II Vol. 12. Par. et Strasb. König. 785.

— Iliade, 1r — 6r Gesang; mit Anmerkk. u. einem vollst. Wörterbuch zum Gebrauch in Schulen, v. Köp. Cph. Konr. Brohm. gr. 8. Stendal 786. Franzen u. Gr. 16 gGr.

Homerus. Iliade. Erster Gesang travestirt . . . Leipz. 1787. V: *Boguslawski, Carl Andreas von.* (Ebeling, Gesch. d. kom. Lit. in Deutschl. Leipz. 1869. 3, 452 ff.) (GGr)

— Iliade, recata dal testo greco in versi tosc. dall' abbate M. Cesarotti. II Vol. 12. Torino. (Tourneysen in Cassel.) 790.

— *Iliade.* Übersetzt von Fr. Gr. zu Stollberg. Ausg. 3. Flensb. u. Leipz. 793 2 Thle. 8. 1 rthlr. 16 gr.

— Iliade, travestirt nach Blumauer. 8. Jena, Voigt. 812. 1 18

— Iliade. Erklärt v. J. U. Fäsi. 2 Bde. (Sammlung Griech. u. Latein. Schriftsteller m. Deutschen Anmerkungen.) gr. 8. (1: IV u. 432 S. 2: 430 S.) Leipzig 851. 52, Weidmann. (à $^5/_6$ Rthl.) $1^2/_3$ Rthl.

—— Iliade. Erklärt von J. U. Fäsi. 2. Bd. 2., bericht. Aufl. gr. 8. (440 S.) Berlin 855, Weidmannsche Buchh. 1. Bd. (1. Aufl.) Ebendas. 1851. 25 Ngr.

—— Iliade. Erklärt von J. U. Faesi. 2 Bde. 3., bericht. Aufl. gr. 8. (889 S.) Berlin 858, Weidmann'sche Buchh. [1. Bd. 1 Thlr., 2. Bd. 25 Ngr.]

— Iliade. Erklärt von J. U. Faesi. 1. Bd. 4. bericht. Aufl. Berlin 864. Weidmann. 8. (443 S.) 1 Rthl.

—— Iliade. Erklärt von J. U. Faesi. 2 Bde. 4. Aufl. gr. 8. (443 S., 439 S.) Berlin 865, Weidmann'sche Buchh. [1. Bd. 1 Thlr., 2. Bd. 25 Ngr.]

—— Iliade. Edizione abbreviata di A. Th. Christ. Pubblicata per uso de'ginnasi italiani da Giuseppe Defant. Con 9 incisioni e 2 carte geografiche. 8. (XXXIV, 408 S.) Wien u. Prag 890, Tempsky. — Lps., Freytag. * 2 20; geb. * 2 50

[J.] Die Iliade. In gedrängter Fassg nach **Homer[us]** v. e. Philologen. *Dresden & Leipzig: E. Pierson 1895.* (2 Bl., 94 S.) 1 Bd 8. [96. 3829

— Iliade og Odyssee, oversat af Christ. Wilster. 4 Deele. stor 8. Kjöbenhavn 836, 37. Reitzel. n. 4 2/3 ₰

– Ilias

—— idem. — s. **Bibliotheca classica graeca.**

—— Ilias. Rec. F. Spitzner. Vol. I. Sect. I—III., s. Bibliotheca Graeca etc. Poetae, Vol. I.

—— id. — Rec. et instr. Franc. Spitzner, s. Bibliotheca graeca etc. Poet., Vol. I.

— dasselbe, s. a. Bibliothek der Gesamt-Litteratur des In- u. Auslandes.

—— dass. — Deutsch von F. W. Ehrenthal, s. Bibliothek ausländischer Klassiker.

— dasselbe, s. a. Bibliothek, kleine.

— dasselbe, od. Aug. Nauck, s.: Carmina, homerica.

Homer's Ilias cum scholiis. Codex Venetus A, Marcianus 454, praefatus est Domin. Comparetti, s.: Codices graeci et latini. VI.

— dasselbe in d. Übersetzung W. Jordans, m. Anmerkgn. v. Ed. Prigge, s.: Diesterweg's deutsche Schulausgaben.

—— dass. — s. a. Eyth, die uralte Gegenwart.

—— dass. — Präparation, s. Freund's Schüler-Bibliothek.

— dasselbe, nach der Übersetzg. v. Joh. Heinr. Voß bearb. v. A. Primozic u. K. A. Schmidt, s.: Graeser's Schulausgaben klassischer Werke. 49. Hft.

— dasselbe, s. a. Grimm, Herm.

— dasselbe, s. a. Hempel's Klassiker-Bibliothek.

— dasselbe, s. a. Hesse's, Max, Volksbücherei.

—— Ilias, s. a. Hoffmann, C. A. J.

— dasselbe, ästhetischer Kommentar dazu, s.: Kammer, E.

— — übers. von E. Wiedasch, s. Classiker des Alterthums

— — übers. von K. Uschner, s. Classiker des In- u. Auslandes.

— dasselbe, Auswahl, hrsg. v. Kurt Emminger, s.: Koch's deutsche Klassikerausgaben.

—— dass. — Uebers. von Joh. Heinr. Voß, s. Collection Spemann.

— dasselbe, bearb. v. K. Wacker, s.: Lesestoff, deutscher, f. höhere Mädchenschulen.

— dasselbe, s. a. Meisterwerke uns. Dichter.

— dasselbe, s. a. Meyer's Volksbücher.

— dasselbe. s. a. Museum.

— dasselbe, s. a. Präparationen nebst Übersetzung.

— Ilias, prosaisch übers. u. kurz erläut. v. E. F. C. Oertel. s. Samml. d. griech. Klass. 1r u. 2r Bd.

— dasselbe im Auszuge, s: Schaefer, A., kleiner deutscher Homer.

— dasselbe, Wörterverzeichnis dazu, s.: Scheindler, A.

— dasselbe, hrsg. v. J. A. Kilb, s.: Schöningh's, Ferd., Ausgaben ausländischer Klassiker. 11.

— dasselbe, übers. v. Joh. Heinr. Voß, s.: Schöningh's, Ferd., Textausgaben alter u. neuer Schriftsteller.

— dasselbe, hrsg. v. Geo. Finsler, s.: Schulausgaben, deutsche.

— dasselbe, hrsg. v. J. Nieden, s.: Schulausgaben, deutsche.

— dasselbe, bearb. v. Baumann, s.: Teubner's, B. G., Sammlg. deutscher Dicht- u. Schriftwerke f. höhere Mädchenschulen.

– dasselbe im Auszuge, bearb. v. Frz. Kern, s.: Velhagen & Klasing's Sammlung deutsch. Schulausgaben.

— dasselbe im Auszuge, übers. v. J. H. Voß, s.: Velhagen & Klasing's Sammlung deutscher Schulausgaben.

— – s. Volksbibliothek, deutsche, der griechischen u. römischen Classiker.

— dasselbe nach Voß, s.: Wolf, Heinr., klassisches Lesebuch.

HOMER, Iliados liber I in usum lectionum publicarum ad enodandas in eo quasque difficultates, ed. a HENR. OPITIO. Kilonii. U. A. P.

Homerus. Iliados A, Graece atque Latine ad praestantissimas editiones repetita. Haffniae 1740. H: *Hager, Johann Georg.* (ML)

—Ilias, gr. et lat, ad praestant. editiones accuratissime expressa ed. J. G. Hager. Vol. I. Chemnitz 745. Ed. II. 761. Ed. III. 767. Ed. IV. 778. Vol. II. ibid. 753. Ed. II. 776. Ed. V. II Voll. 8. Chemn. 821 u. 22. Starke. 1 ₰ 20 gr

Homerus. Ilias, in deutsche Verse übersetzet. B. 1—5. Altona 1751—54. Ü: *Blohm, Mich. Dietr.* (DegG) (Hoff) (ML) (Ky)

— Ilias, in deutsche Verse übers. (v. Mich. Dietr. Blohm). 1s—3s Buch. 8. Altona 751. 4s u. 5s Buch. 8. Ebd. 754. N. A. mit d. 6ten Buche vermehrt, u. d. T.: Versuch e. gebund. Uebersetzung der Ilias d. Homers 1r Bd. verb. Aufl. 8. Altona 756. Iversen. 9 gr

— Ilias, in deutsche Verse übers. v. Jh. Ad. Pt. Gries. 1s u. 2s Buch. gr. 8. Altona 752. (Breitkopf u. H. in Leipz.) 9 gr

— Ilias prima, gr. et lat., opera Hageni. 8. Leipz. 752. (Brockhaus). 2 ℛ

— — prima, gr. et lat. op. Hager. 8. Lips. Gleditsch. 758.

Homerus. Vierter Gesang und sechster Gesang der Ilias. In Hexametern übersetzt. Zürich 1760. Ü: *Bodmer, Joh. Jac.* (DegG) (Hoff) (Vetter)

Homer Ilias, 4r, 5r u. 6r Gesang, in Hexametern. gr. 8. Zürich 760. Orell. 3 ℛ

— Ilias, Versuch e. Uebersetzung, v. H. B. Wenck. 1r u. 2r Gesang. 4. Darmst. 770, 71.

Homeri, *Ilias.* Latinis versibus expressa a Raym. Cunichio. Rom. 776. f. Vienn. 784. 8. 1 rthlr. 16 gr.

— — graec. et lat. ed. Hager. II Vol. 8. Chemn. Hoffmann. (Mauke.) 778–81. (à 14 gr.)

Homerus. Ilias verdeutscht. Flensburg u. Leipzig 1778. 2. Aufl. 1781. 3. Aufl. 1793. 4. Aufl. Hamburg 1823. Ü: *Stolberg, Frdr. Leop. Graf zu.* H: *Voss, Johann Heinrich.* (GGr)

— Ilias, verdeutscht durch Fr. Ldw. Graf. zu Stolberg. 2 Bde. gr. 8. Flensb. u. Lpz. 778. 2e Aufl. 781. 3e Aufl. 793. Korte. 1 ℞ 16 ℛ N. Aufl. gr. 8. Hamb. 823. Fr. Perthes. 3 ℞ 8 ℛ

Homeri Ilias, ex rec. Clarkii; in usum acad. ed. notas adspersit, clavem adj. A. H. Niemeyer. II Voll. 8 maj. Halle 778, 81. Ed. II. 784 — 90. Gebauer. 2 ℞

— — latinis versibus expressa a R. Cunichio Ragusino. 8. maj. Wien, Hörling. (Joachim, Lips.) 784.

— Ilias, lat. versib expr. Cunichio Ragusino. 8 maj. Wien 784. (Central-Cpt. in Leipz.) 1 ℞ 16 ℛ

— — ex recens. Clarkii ed. Niemeyer. II Vol. 8. maj. Halae, Gebauer. 784–90. (à 22 gr.)

Homerus. Ilias, ad exemplar maxime Glasguense, in usum scholarum diligentissime expressa. Pars prior. Hal. 1785. H: *Wolf, Friedrich August.* (Hoff) (Gi) (Ky)

— — im Ausz. 8. Curiae, Viorling. 786.

— — lib. I. gr. et lat. ed. Patrick. 8. Coph. Pelt. 786.

— *Ilias.* Ges. I–VI. Griechisch mit Anmerkungen und einem Wörterbuch von Brohm. Stendal 786. 8. 16 gr.

— — griech. m. Anm. v. Brohm. 8. Stend. Franzen. 786.

— Ilias, 1r Gesang, travestirt v. K. A. B. 8. Lpz. 787. Graffé. 3 ℛ

— — ad veteris codicis Venetii fidem recensita c. I. B. d'Ansse de Villoison. fol. Venet. (Gleditsch in Lips.) 788.

— — Graece, cum excerptis ex Eustathio et scholiis minor. ed. Müller. Misn. 788–93. 8. Jedes Buch allein. Ed. sec. Misn. 809–14. 3 Tom. 8. 4 rthlr. 8 gr. Ed. nov. denuo edid. A. Weichert. Misn. 818. 19. 2 Vol. 8. 4 rthl. 8 gr.

— *Ilias.* Gr. et lat. Rec. c. var. lectt. ed. Alter. Vienn. 789. 90. 2 Vol. 8. 2 rthl. Ejusd. *Odyssea.* Acc. Batrachomyomachia, Hymni caeteraq. poemata. Rec. cum var. lectt. ed. Alter. Vienn. 794. 8. 2 rthlr.

— Ilias, ad cod. Vindobon. graec. expressa recens. Frz. K. Alter. II Voll. 8maj. Wien 789 u. 790. Trattner. 2 ℞ 8 ℛ

— Ilias von Joh. Heinr. Voss. I—XII. XIII—XXIV Gesang. Altona. 1793. (M. 1 Portr.).

— — v. Stollberg. 2 Thle. gr. 8. Flensb. Korte. 793.

Homerus. Ilias, Rhapsodia A. cum integris scholiis minoribus ex Eustathii commentariis ... Thorunii 1794. H: *Berndt, Johann Georg.* (MGT)

— Ilias, travestirt nach Blumauer, (von C. Bornschein). 3 Bde. 8. Weißenf. 796 u. 812. (Voigt in Jena). 1 ℞ 18 ℛ

— Ilias, 1r Gesang; übers. in Hexametern von Jh. Jak. C. R. Hofmann. 8. Erlang. 799. ...

Homer's Ilias; von Johann Heinrich Voss. (2 Bde.) 8. Wien 1800.

— Ilias prima, gr. et lat. ex recens. Sam. Clarkii, adj. clavis Sam. Patrick, nova et longe accuratior Editio. 8 Kopenh. 802. Schubothe. 8 ℛ

— — in Zeichnungen v. John Flaxmann. 2 Hefte. gr. Q. Fol. Gött. Dieterich. 803. 4. (1s 6 Rthlr. 2s 4 Rthlr.)

— — c. br. annot. c. Heyne. 2 T. 8. maj. Lips. Weidmann. 804.
Schreibp.
Holl. Pap.

— — ed. Wolf. 8. maj. Halae, Waisenh. 806.
Schreibp.

— — Graece. (Cura Schäferi.) Lips. 810. 2 Tom. 12. 1 rthlr. 2 gr. Ejusd. *Odyssea.* Cum var. lectt. et notis Porsoni. Graece. Lips. 810. 3 Tom. 12. 1 rthlr. 14 gr.

— Ilias. II Vol. 12. Lips. Tauchnitz. 810. (à 13 gr) 1 2

— — graece. II Vol. a. unt. d. Titel: (G. H. Schäfer, Corpus Poetarum graecorum, ad fidem optimorum librorum.) 12. Lips. Tauchnitz. 811.

— Iliade, travestirt nach Blumauer. 8. Jena, Voigt. 812. 1 13

— — id. lib. graece et lat. edit. J. G. Hager. edit. quarta recens. Wolfianae adcommod. II Vol. 8. Chemn. Starke. 815. (à 20 gr.) 1 16

— — Ilias. Ad editionem recensionis Wolfianae Lips. expressa. Curante N. Schow. Pars Ia et IIa in usum schol. 8maj. (Havniae, Brummer in comm.) 815.

— — Acc. Hymni Homeridarum et epigrammata. Hal. 817. 8. 1 rthlr. 8 gr.

— — Graece. In usum praelectt. Lips. et Lugd. B. 818. 2 Tom. 8. 20 gr.

— — Graece. Lips. 819. 2 Tom. 12. 20 gr.

Homerus. Ilias. Nova editio accurata in usum praelectionum academicarum et scholarum. Lipsiae 1819—20. H: *Schäfer, Gottfried Heinrich.* (BrMm) (Gi)

— — id. ed. Schäfer. 2 Tomi. 8. Lips., Weigel. 819.

— — Ilias, cum excerptis ex Eustachii commentar. et schol. minor. ed. J. A. Müller. Editio altera et emendatior auct. Aug. Weichert. II Tomi Lib. I — XXIV. 8maj. Misenae, Gödscho. 819.

— Ilias, ad optim. libror. fidem accurate edita. II Tom. editio stereot. 12. Leipz. 819—21. Tauchnitz. 20 gℓ Hbg. Pr. 10 gℓ Fein Pap. 1 ℛ 4 gℓ

— Ilias, acced. hymni Homer. etc. epigr. N. Edit. 8 maj. Halle 820—24. Waisenh.-B. 1 ℛ 8 gℓ

— — Ilias. Editio nova in usum scholarum, summariis aucta. Accedunt Hymni Homeridarum et Epigrammata. 8maj. Halae, Waisenh. Buchhdl. 821.

— Ilias, graece et latine, opera J. G. Hageri. Vol. I. et II. Edit. Va rec. Wolfianae adcom. 8. Chemnitz 821 u. 22, Starke.

— Ilias, prosaisch übers. u. erläut. v. E. F. Chr. Oertel. 2 Bde. gr. 12. München 822, 23. Fleischmann. 2 ℛ 16 gℓ

— Ilias, verdeutscht durch F. L. Grafen zu Stolberg. 2 Bde. gr. 8. Hamburg 823, Fr. Perthes.

— Ilias. Acced. hymni homeridarum et epigrammata. Ed nova. 8 maj. Halae 824, Waysenhaus-Buchh.

— Ilias. In usum schol. 8 maj. Leipz. 824, Weidmann.

— Ilias, c. W. Dindorf. 8. Leipz. 824. Ed. II. 826. Teubner. 18 gℓ Engl. Druckp. 1 ℛ 8 gℓ

— Ilias. Ex recens. F. A. Wolfii ed. notisque in us. scholar. instruxit Ch. Fr. Ingerslev. Vol. I. Rhapsod. I — VI. 8. Kopenh. 830. Gyldendal. 18 gℓ

— Ilias recens. et brevi annotatione instr. Frz. Spitzner. Vol. I. Sect. I. I. I. — VI. 8 maj. Gotha 832. Hennings. 20 gℓ Postp. 1 ℛ Velinp. 1 ℛ 6 gℓ (bildet auch d. *Bibl.* gr. viror. Vol. I.)

— Iliadis. Vol. I. Sect. I—IV. ed. F. Spitzner. 8maj. Gotha 832—36. Hennings. 5¾ ℛ Postp. 6⅚ ℛ Velinp. 8⁵⁄₁₂ ℛ

— Ilias ex recens. Fr. A. Wolfii. 8. Hildburgh. ... Bibliogr. Inst. 16 gℓ in 12. ibid. 4 gℓ

— Ilias. Ex recens. F. A. Wolfii ed. notisque in us. schol. instruxit Chr. Fr. Ingerslev. Vol. II. Rhapsod. VII—XIV. cont. 8. Copenhag. 834. Gyldendal. ¾ ℛ

—— dass. — im Versmasse d. Orig. übers. v. Herm. Monjé. I. Gesang als Probe. 4. (3 B.) Wesel 835, Klönne.

—— id. — Rec. et potiorem lectionis variet. adj. Franc. Spitzner. 8. (36¼ B.) Gothae 836, libr. Hennings.

Homeri Ilias primi duo libri. Rec. et delectis veter. grammaticor. scholiis suisque commentariis instructos ed. Theod. Frid. Freytagius. Lex.-8. (38¼ B.) Petropoli 837, (Lipsiae, Voss.) * 3 Thlr., Vlnp. Thlr. *

—— Ilias. 8maj. (35¾ B.) Monachii 839, libr. scholar. regia. (Regensburg, Manz.) *

— Ilias 8maj. Monachii 839. libr. scholarum Regia. (Regensburg, Manz; Hof, Grau.) n. ¾ ℛ

— Ilias. Mit erklär. Anmerkk. v. G. Chr. Crusius. 1s u. 2s Hft. 1r—12r Gesang. gr. 8. Hannov. 840. Hahn. (à ⅓ ℛ) 1 ℛ

—— id. — Mit erklär. Anmerkn. v. Gtl. Chrstn. Crusius. 6 Hfte. gr. 8. (55¼ B.) Hannover 840 — 42, Hahn'sche Hofbuchh. à ⅓ Thlr.

—— id. — Zum Gebrauch f. Schulen, besorgt u. m. deutsch. Inhaltsanzeigen vers. v. Gtl. Chrst. Crusius. gr. 8. (22½ B.) Hannover 842, Hahn'sche Hofbuchl.

—— Ilias ex recognitione Imman. Bekkeri. 8maj. (29⅝ B.) Berolini 843, libr. Nicolai.

—— dass. — In zwischenzeilige Prosa übersetzt u. mit ein. Anleitung z. Gebrauch versehen v. Karl Frenzel. 1. Bdchn. Gesang 1—6. gr. 16. (17¾ B.) Leipzig 843. [Mayer.] *

—— dass. — In Reimen übers. v. Albert v. Carlowitz. 2 Bde. gr. 8. (41½ B.) Leipzig 844, Teubner. 3 Thlr. Hrbges. Pr.

—— dass. — Uebersetzt von Aug. Ludw. Wilh. Jacob. gr. 8. (33½ B.) Berlin 846, G. Reimer.

—— dass. — In Hexametern übersetzt v. Herm. Monjé. gr. 12. (21½ B. u. 1 lith. Titlkpfr.) Frankfurt a. M. 846, Sauerländer's Verl.

—— Ilias von Joh. Heinr. Voß. (Miniatur-Ausg.) 16. (XII und 580 S. mit 1 Stahlst.) Stuttgart 848, Cotta'sche Buchh.

—— dass. — Hrsg. von Demf. (Neue Ausg.) 16. (X und 629 S. mit 1 Stahlst.) Stuttgart 851, Cotta'sche Buchh.

— Ilias. Ad optima exemplaria recognov. et in usum scholarum ed. Geo. Aenoth. Koch. Edit. ster. 2 partes. [Bibliotheca classica Graeca. III. et IV.] 8. (1: VI u. 195 S. 2: VIII u. 207 S.) Lipsiae 849, Ph. Reclam jun. (à n. ⅙ ℛ) n. ⅓ ℛ

—— Ilias zwischenzeilig in Prosa übers. und mit einer Anleitung zum Gebrauch versehen von Carl Frenzel. 2. Ster.-Abdr. 1. und 2. Bdchn. (Gesang 1—12.) gr. 16. (LXXVI und 453 S.) Leipzig 852, G. Mayer.

—— dass. — Erklärt von J. U. Fäsi. 1. und 2. Bd. gr. 8. Leipzig, Weidmann'sche Buchh. [1. (III und 432 S.) 851., 2. (430 S.) 852. à Bd. 25 Ngr.]

—— Ilias im Versmaß der Urschrift übers. von E. Wiedasch. 16. (II und 593 S. mit einem Titelbilde und drei Scenen nach Flaxmann in Buntdr.) Stuttgart 852, Metzler'sche Buchh.
Vgl.: Classiker des Alterthums.

—— Ilias. Mit erklärenden Anmerkungen von Gottl. Chr. Crusius. 2. Heft. 5—8. Gesang. 3., vielfach verb. Ausg. gr. 8. (147 S.) Hannover 857, Hahn'sche Hofbuchh.

—— Ilias. In Stanzen und zugleich in freien Nibelungenstrophen übers. von Ferd. Rinne. 6. Gesang, als Probe. (Programm-Abdr.) gr. 4. (IV und 18 S.) Leipzig 860, Hartung.

—— Ilias. Deutsch in Strophenform von W. O. Gortzitza. 2 Bde. 8. (II, 391; 420 S.) Lyck 860,61, (Wiebe.) *

—— Ilias. 5. Heft. Mit 1 Plane. kl. 8. (S. 257—326.) Ebds. 22 kr.

1861

—— dass. — Mit erklär. Anmerkungen von Gottl. Christ. Crusius. In durchaus neuer Bearbeitung von Vict. Hugo Geo. Koch. 3. Ausg. 4.—6. Heft. gr. 8. [4. Heft: 13.—16. Gesang. (IV und 159 S.), 5. Heft: 17.—20. Gesang. (140 S.), 6. Heft: 21.—24. Gesang. (155 S.)] Hannover 863,64, Hahn'sche Hofbuchh. à Heft 10 Ngr.

—— dass. — Emendavit et illustravit Ludov. Doederlein. 2 Partes. gr. 8. [Pars I. Lib. I—XII. (IX und 293 S.), Pars II. Lib. XIII—XXIV. (330 S.)] Leipzig 863,64, Dörffling und Franke. à Pars 1 Thlr. 12 Ngr.

— — Erklärt von J. U. Faesi. 2 Bde. 4. Aufl. Berlin 865. Weidmann'sche Buchh. gr. 8. (443 S., 439 S.) [1. Bd. 1 ℛ, 2. Bd. 25 ngr.] 1 ℛ 25 ngr.

—— dass. — Erklärende Schulausg. von Heinr. Düntzer. 3 Hefte. gr. 8. Paderborn, Schöningh. [1. Heft. Buch I—VIII. (IV und 262 S.) 866. 21 Ngr., 2. Heft. Buch IX—XVI. (256 S.) 866. 18 Ngr., 3. Heft. Buch XVII—XXIV. Nebst Registern. (303 S.) 867. 21 Ngr.]

—— Ilias. 2 Tomi. Nova edit. ster. C. Tauchnitiana. Nova impressio. 16. (IV und 621 S.) Leipzig 867, Holtze. -

— — Ilias. Übersetzt von J. St. Zauper. 3. verb. Aufl. 4. Abdruck. 2 Bde. Mit 1 Karte. 8° (326 u. 340 S.) Prag 1867.

—— Ilias für den Schulgebrauch erklärt von Karl Friedr. Ameis. 1. Bd. 1. Heft: Gesang I—III, und 2. Heft: Gesang IV—VI. gr. 8. (VII, 128; 132 S.) Leipzig 868, Teubner. à Heft 90 Pf.

—— dass. — Anhang. 1. und 2. Heft. Erläuterungen zu Gesang I—VI. gr. 8. (92 S.) Ebendas. 868. à Heft 75 Pf.

—— dass. — übersetzt von Rhld. Herda. [Leuckart's Uebersetzungs-Bibliothek griech. nnd röm. Classiker.] 6 Hefte. gr. 16. (IV, 451 S.) Leipzig 870, Leuckart. à Heft 40 Pf. *ℳ 2.; geb. *

—— dass. — Für den Schulgebrauch erklärt von J. La Roche. 2 Bde. in 6 Thln. Ebendas. 870,71. (*ℳ 7,50.) à Bd. ℳ 3,60.

Inhalt:
Thl. 1. Gesang 1—4. (XXXII, 158 S.) ℳ 1,50.
» 2. Gesang 5—8. (140 S.) (*ℳ 1.) ℳ 1,20.
» 3. Gesang 9—12. (146 S.) (*ℳ 1,25.) ℳ 1,20.
» 4. Gesang 13—16. (159 S.) (*ℳ 1,50.) ℳ 1,20.
» 5. Gesang 17—20. (166 S.) (*ℳ 1.) ℳ 1,20.
» 6. Gesang 21—24. (166 S.) (*ℳ 1,50.) ℳ 1,20.

—— Recensuit J. La Roche. 2 Partes. Rhapsodia I—XII et XIII—XXIV. gr. 8. (162; 175 S.) Berlin 870,71, Ebeling und Plahn. [Leipzig, Teubner.] à Pars 75 Pf.

Homer's Ilias. Erklaert von J. U. Faesi. 2 Bde. 5. Aufl. besorgt von F. R. Franke. gr. 8. Berlin, Weidmann'sche Buchh. [1. Bd. Gesang I—VII. (XXXV, 234 S.) 871. ℳ 1,80.; 2. Bd. Gesang VII—XII. (212 S.) 872. ℳ 1,50.]

— Ilias. Für den Schulgebrauch erklärt v. Karl Frdr. Ameis. 1. Bd. 1. u. 2. Hft. Gesang I—VI. 2. vielfach bericht. Aufl. besorgt v. C. Hentze. gr. 8. (VIII, 137 S.) Leipzig 872. 74. Teubner. à — 90

— dasselbe. 1. Bd. 3. Hft. Gesang VII—IX. Bearb. v. C. Hentze. gr. 8. (VI, 124 S.) Ebend. 875. 1. 20

— dasselbe. Anhang. 3. Hft. Erläuterungen zu Gesang VII—IX v. C. Hentze. gr. 8. (112 S.) Ebend. 875. 1. 20. (1. u. 3.: 1. 95)

—— Ilias. Nova edit. ster. C. Tauchnitiana. Nova impressio. 2 vol. 16. (IV, 621 S.) Leipzig 873, Holtze. à Vol. 75 Pf.

Inhalt:
Vol. 1. Rhapsodia I—XII.
» 2. Rhapsodia XIII—XXIV.

— dasselbe. ad fidem librorum optimorum ed. J. La Roche. 2 voll. gr. 8. (VI, 361 u. 395 S. m. 2 Steintaf.) Leipzig 873—76. Teubner. à n. 11. —

—— dass. — Erklärende Schulausg. von Heinr. Düntzer. 2., neu bearb. Aufl. 1. Heft. 1. und 2. Lfg. gr. 8. Paderborn, Schöningh. [1. Lfg. Einleitung. Buch I—III. (IV, S. 1—129.) 873. ℳ 1,20.; 2. Lfg. Buch IV—VIII. (S. 130—285.) 874. ℳ 1,50.]

—— dass. — Erklärende Schulausg. von Heinr. Düntzer. 2. und 3. (Schluss-)Heft à 2 Lfgn. 2. neu bearb. Aufl. 8. Paderborn 878, F. Schöningh. * 6 —

Inhalt:
Heft 2. 1. Lfg.: Buch IX—XII. (S. 1—140.) 2. Lfg.: Buch XIII—XVI. (S. 141—296.) à *ℳ 1,50.
» 3. 1. Lfg.: Buch XVII—XX. (S. 1—134.) *ℳ 1,20. 2. Lfg.: Buch XXI—XXIV. Nebst Register zu allen 3 Heften. (S. 135—342.) *ℳ 1,80.
1. Heft 2 Lfgn. Ebendas. 1873. *ℳ 2,70.

—— dass. — In der Versart der Urschrift übers. von J. J. Donner. 10 Lfgn. 12. [Stuttgart, Rübling.] Berlin, Langenscheidt'sche Verlagsh. [1. und 2. Lfg. 2. und 3. Aufl. (S. 1—96.) 874; 3. Lfg. 2. Aufl. (S. 97—144.) 864; 4. Lfg. 2. und 3. Aufl. (S. 145—192.) 884; 5.—10. Lfg. 2. Aufl. (S. 193—262.) 864.] à Lfg. † 35 Pf. †

— Ilias. Für den Schulgebrauch erklärt von Karl Frdr. Ameis. 1. Bd. 1. Hft. Gesang I—III. 3., bericht. Aufl., besorgt von C. Hentze. gr. 8. (VIII, 134 S.) Leipzig 877. Teubner. — 90

— dasselbe. Anhang dazu. 1. Hft. Erläuterungen zu Gesang I—III. 2., bericht. u. m. Einleitungen verseh. Aufl., besorgt von C. Hentze. gr. 8. (201 S.) Ebend 877. 1. 50

— dasselbe. 1. Bd. 3. Hft. Gesang VII—IX. Bearb. von C. Hentze. 2., bericht. Aufl. gr. 8. (VI, 122 S.) Ebend. 880. 1. 20

— dasselbe. 1. Bd. 4. Hft. Gesang X—XII. Bearb. von C. Hentze. gr. 8. (126 S.) Ebend. 877. 1. 20 (I, 1—4.: 4. 20)

— dasselbe. Anhang. 4. Hft. Erläuterungen zu Gesang X—XII von C. Hentze. gr. 8. (140 S.) Ebend. 878. 1. 20

— dasselbe. 2. Bd. 1. u. 2. Hft. Gesang XIII—XVIII. Bearb. von C. Hentze. gr. 8. (123 u. 135 S.) Ebend. 878. 80. à 1. 20

Homer's Ilias. Für den Schulgebrauch erklärt von Karl Frdr. Ameis. Anhang. 5. Hft. Erläuterungen zu Gesang XIII—XV von C. Hentze. gr. 8. (140 S.) Leipzig 879. Teubner. 1. 20

— dasselbe. Anhang. 6. Hft. Erläuterungen zu Gesang XVI—XVIII von C. Hentze. gr. 8. (155 S.) Ebend. 881. 1. 50 (1—6.: 7. 80)

—— dass. — Erklärt von Vict. Hugo Koch. In 6 Heften. 1. Aufl. 1868—70, und 2. vielfach bericht. Aufl. gr. 8. (IV, 182; 134; 146; 167; 136; 150 S.) Hannover 873—75, Hahn'sche Buchh. à Heft *M 1. *

— dasselbe. Erklärt v. Vict. Hugo Koch. 1. Hft. (α—δ.) gr. 8. (168 S.) Hannover 874. Hahn. 1. —

— dasselbe. Erklärt von Vict. Hugo Koch. 2. u. 3. Hft. [E—M.] 2., vielfach bericht. Aufl. gr. 8. (137 u. 155 S.) Hannover 879. 80. Hahn. à n. 1. —

— dasselbe. 4—6. Hft. 2. vielfach bericht. Aufl. gr. 8. (167, 136 u. 150 S.) Ebend. 873—75. à 1 —

—— dass. — Für den Schulgebrauch erklärt von J. La Roche. 1.—5. Thl. 2. vielfach verm. und verb. Aufl. gr. 8. Leipzig, Teubner. à Thl. M 1,50. 7 50

Inhalt:

Thl. 1. Gesang 1—4. (XXXXII, 188 S.) 877.
» 2. Gesang 5—8. (161 S.) 877.
» 3. Gesang 9—12. (164 S.) 878.
» 4. Gesang 13—16. (186 S.) 878.
» 5. Gesang 17—20. (134 S.) 879.
6. (Schluss-)Thl. Ebendas. 1871. M 1,20.

—— dass. — Für den Schulgebrauch erklärt von J. La Roche. 1. und 6. Thl. gr. 8. Leipzig, Teubner. à Thl. M 1,50.

Inhalt:

Thl. 1. Gesang I—IV. 3. verm. und verb. Aufl. (XLII, 188 S.) 883.
» 6. Gesang XXI—XXIV. 2. vielfach verm. und verb. Aufl. (199 S.) 880.
2.—5. Thl. Ebendas. 1877—79. à M 1,50.

—— daſſ. — überſetzt von Friedr. Leop. Graf zu Stolberg. Volks-Ausg. Mit 6 Orig.-Compoſitionen von Friedr. Preller jun. In Holzſchn. ausgeführt von K. Oertel und H. Kaeſeberg. gr. 8. (512 S. mit Kopfleiſten und Schlußvignetten.) Leipzig 879. A. Dürr. geb. * 6 —

—— dass. — Erklärt von J. U. Faesi. 1., 3. und 4. (Schluss-) Bd. Besorgt von F. R. Franke. gr. 8. Berlin, Weidmann'sche Buchh. à Bd. M 1,80. 5 40

Inhalt:

Bd. 1. Gesang 1—6. 6. Aufl. (IV, 274 S. mit 1 lithogr. Karte von H. Kiepert.) 879.
» 3. Gesang 13—18. 5. Aufl. (260 S.) 877.
» 4. Gesang 19—24. 5. Aufl. (238 S.) 877.
2. Bd. Ebendas. 1872. M 1,50.

—— dass. — Erklärt von J. U. Faesi. 2. Bd.: Gesang VII—XII. 6. Aufl. von F. R. Franke. gr. 8. (219 S.) Berlin 880, Weidmann'sche Buchh.

1., 3. und 4. Bd. Ebendas. 1877—79. à M 1,80.

—— Ilias. Für den Schulgebrauch erklärt von Karl Friedr. Ameis. Bearb. von C. Hentze. 1. Bd. 2.—4. Heft und 2. Bd. 4 Hefte. gr. 8. Leipzig, Teubner.

Inhalt:

Bd. 1. Heft 2. Gesang IV—VI. 2. und 3. vielfach bericht. Aufl. (130 S.) 880,82. 90 Pf.
» 1. » 3. Gesang VII—IX. 2. bericht. Aufl. (VI, 122 S.) 880. M 1,20.
» 1. » 4. Gesang X—XII. 2. bericht. Aufl. (126 S.) 882. M 1,20.
» 2. » 1. Gesang XIII—XV. (123 S.) 880. M 1,20.
» 2. » 2. Gesang XVI—XVIII. (135 S.) 880. M 1,20.
» 2. » 3. Gesang XIX—XXI. (93 S.) 882. M 1,20.
» 2. » 4. Gesang XXII—XXIV. (150 S.) 884. M 1,50.
1. Bd. 1. Heft. Ebendas. 1877. 90 Pf.

—— dass. — Anhang. 2., 6. und 7. Heft. gr. 8. Ebendas. à Heft M 1,50.

Inhalt:

Heft 2. Erläuterungen zu Gesang IV—VI. 2. umgearb. und mit Einleitungen verseh. Aufl. (167 S.) 883.
» 6. Erläuterungen zu Gesang XVI—XVIII. (155 S.) 881.
» 7. Erläuterungen zu Gesang XIX—XXI. (115 S.) 883.

— Ilias. Für den Schulgebrauch erklärt v. K. F. Ameis. Bearb. v. C. Hentze. 1. Bd. 2—4. Hft. u. 2. Bd. 4 Hfte. 8. Leipzig, Teubner. 8. 40 (cplt.: 9. 80)

I. 2. Gesang IV—VI. 2. Aufl. (130 S.) 882. — 90. — 3. Gesang VII—IX. 3. Aufl. (VI, 127 S.) 886. 1. 20. — 4. Gesang X—XII. 2. Aufl. (126 S.) 882. 1. 20
II. 1. Gesang XIII—XV. 2. Aufl. (129 S.) 885. 1. 20. — 2. Gesang XVI—XVIII. 2. Aufl. (138 S.) 885. 1. 20. — 3. Gesang XIX—XXI. (93 S.) 882. 1. 20. — 4. Gesang XXII—XXIV. (150 S.) 884. 1. 50

— dasselbe. Anhang. 2., 7. u. 8. Hft. gr. 8. Ebend. 4. 80 (Anhang cplt.: 10. 65)

2. Erläuterungen zu Gesang IV—VI. 2. umgearb. u. m. Einleitgn. verseh. Aufl. Besorgt v. G. Hentze. (167 S.) 883. 1. 50
7. Erläuterungen zu Gesang XIX—XXI v. C. Hentze. (115 S.) 883. 1. 50
8. Erläuterungen zu Gesang XXII—XXIV v. C. Hentze. Nebst Register zu der ganzen Ausg. v. Wähmer. (185 S.) 886. 1. 80

—— dass. — Vossische Uebersetzung. Mit 12 Phototypien nach Kohlenzeichnungen von Friedr. Preller, Kopfbilder nach J. Flaxman, Ornamente von A. Schill. Fol. (390 S.) München 882, [Bruckmann's Verlag.] Verlags-Anstalt für Kunst und Wissenschaft. geb. mit Goldschn. *

— dasselbe. Für den Schulgebrauch erklärt v. J. La Roche. 1. u. 2. Tl. Gesang I—VIII. 3. Aufl. gr. 8. (XLII, 188 u. 163 S.) Leipzig 883. 86. Teubner. à 1. 50

— dasselbe, ed. Guil. Dindorf. Ed. V. correctior, quam curavit C. Hentze. Pars I et II. Iliadis I—XXIV. 8. (XXIII, 249 u. VIII, 264 S.) Ebend. 884. 85. à — 75

—— dass. — ed. Guil. Dindorf. Ed. V. correctior quam curavit C. Hentze. 2 partes. 8. Ebendas. à Heft 75 Pf.

Inhalt:

Pars 1. Iliadis I—XII. (XXIII, 249 S.) 884.
» 2. Iliadis XIII—XXIV. (VIII, 264 S.) 885.

— daſſelbe. 1. Geſang. Wortgetreu nach H. R. Mecklenburg's Grundſätzen in deutſche Proſa überſ. v. O. R. 1. Hft. 32. (32 S.) Berlin 885. H. R. Mecklenburg. n. — 25

—— daſſ. — 1. Geſang. Wortgetreu nach H. R. Mecklenburg's Grundſätzen in deutſche Proſa überſ. von O. R. 1. Heft. 32. (52 S.) Berlin 886, H. R. Mecklenburg. * — 25

—— dass. — für den Schulgebrauch erklärt von Gottl. Stier. Ausg. a.: Kommentar unterm Text; Ausg. b.: Text und Kommentar getrennt in je 2 Heften. 1.—4. Heft. gr. 8. Gotha, F. A. Perthes. à Heft von Ausg. a. bezw. Doppelheft von Ausg. b.

Inhalt:

Heft 1. Gesang I—III. (a. VI, S. 1—118. — b. IV, S. 1—54; S. 1—62.) 886.
» 2. Gesang IV—VI. (a. S. 119—230. — b. S. 55—109; S. 63—118.) 887.
» 3. 4. Gesang VII—XII. (a. S. 231—424. — b. S. 111—212; S. 119—206.) 888.

—— dass. — Anhang: Wörterbuch der Eigennamen. gr. 8. (IV, 61 S.) Ebendas. 886. *

— dasselbe, ed. Alois. Rzach. Pars I. Carm. I—XII. 8. (XXII, 296 S.) Leipzig 886. Freytag. n. 1. —; Einbd. n.n. — 25

-- dasselbe, ed. A. Rzach. Pars II. Carm. XIII—XXIV. 8. (375 S.) Prag 887. Tempsky. — Leipzig, Freytag. n. 1. —

—— dass. — Für den Schulgebrauch erklärt von J. La Roche. 2. Tl.: Gesang V—VIII. 3. verm. und verb. Aufl. gr. 8. (163 S.) Ebendas 886.
1., 3.—6. Tl. Ebendas. 1877—83. à ℳ 1.50.

— dasselbe. Für den Schulgebrauch erklärt v. J. La Roche. 3. u. 4. Tl. 3., verm. Aufl. gr. 8. Leipzig 891. B. G. Teubner. à 1. 50
3. Gesang IX-XII. (166 S.) — 4. Gesang XIII—XVI. (190 S.)

— dasselbe. Für den Schulgebrauch erklärt v. G. Stier. 2.—6. Hft. gr. 8. Gotha, F. A. Perthes. Ausg. A. Kommentar unterm Text à Hft. n. 1. 50; Ausg. B. Text u. Kommentar getrennt in 2 Hftn. à (Doppel-)Hft. 1. 50
2. Gesang IV—VI. (A. S. 119—230; B. S. 55—109 u. 63—118.) 887.
3. 4. Gesang VII—XII. (A. S. 231—424; B. S. 111—212 u. 119—208.) 888.
5. Gesang XIII—XV. (A. IV u. S. 425—535; B. S. 213—276 u. IV u. S. 209-259.) 889.
6. Gesang XVI—XVIII. (A. S. 537—652; B. S. 279—332 u. 261—312.) 889.

Homer's Ilias. Für den Schulgebrauch erklärt v. G. Stier. 7. Hft. Gesang XIX—XXI. gr. 8. Gotha 890. F. A. Perthes. Ausg. A. Kommentar unterm Text. (S. 653—733.) n. 1.—; Ausg. B. Text u. Kommentar getrennt in 2 Hftn. (S. 333—375 u. 313—348.) n. 1.—

— dasselbe. 8. Hft. Gesang XXII—XXIV. gr. 8. Ebd. 890. A. Kommentar unterm Text (III u. S. 735—866.) 1.50; B. Text u. Kommentar getrennt in 2 Hftn. (S. 377—437 u. S. 349—416.) 1. 50 (8 Hfte. cplt.: n. 11. 50)

—— dass. — erklärt von J. U. Faesi. 1., 3. und 4. Bd. gr. 8. Berlin, Weidmann'sche Buchh. à Bd. ℳ 1.80.
Inhalt:
Bd. 1. Gesang I—VI. 7. Aufl. von F. R. Franke. (VI, 281 S. mit 1 Karte von H. Kiepert.) 888.
Bd. 3. Gesang XIII—XVIII. 6. Aufl., besorgt von F. R. Franke. (264 S.) 886.
» 4. Gesang XIX—XXIV. 6. Aufl., besorgt von F. R. Franke. (248 S.) 887.
2. Bd. Ebendas. 1880. ℳ 1.80.

— dasselbe. Ed. minor. 8. (267 S.) Ebd. 890. n. 1. 50; geb. n. 1. 75

— dasselbe in verkürzter Form, nach J. H. Voß bearb. v. E. Weißenborn. 8. (XXIX, 164 S.) Leipzig 888. Teubner. 1. 50; geb. n. 2. 20

—— Ilias. Für den Schulgebrauch erklärt von Karl Friedr. Ameis. 1. Bd. 3. und 4. Heft, 2. Bd. 1.—4. Heft. Bearb. von C. Hentze. gr. 8. Leipzig, Teubner.
Inhalt:
Bd. 1. 3. Heft: Gesang VII—IX. 3. bericht. Aufl. (VI, 127 S.) 886. ℳ 1.20.
» 1. 4. Heft: Gesang X—XII. 3. bericht. Aufl. (128 S.) 888. ℳ 1.20.
» 2. 1. Heft: Gesang XIII—XV. 2. bericht. Aufl. (129 S.) 885. ℳ 1.20.
» 2. 2. Heft: Gesang XVI—XVIII. 2. bericht. Aufl. (138 S.) 885. ℳ 1.20.
» 2. 3. Heft: Gesang XIX—XXI. 2. bericht. Aufl. (96 S.) 887. ℳ 1.20.
» 2. 4. Heft: Gesang XXII—XXIV. 2. bericht. Aufl. (151 S.) 888. ℳ 1.50.
1. Bd. 1. und 2. Heft. Ebendas. 1877,82. à 90 Pf.

—— dass. — Anhang. 3., 4. und 8. Heft. gr. 8. Ebendas.
Inhalt:
Heft 3. Hentze, C., Erläuterungen zu Gesang VII—IX. 2. umgearb. Aufl. (174 S.) 887. ℳ 1.80.
» 4. —— Erläuterungen zu Gesang X—XII. 2. bericht. Aufl. (166 S.) 888. ℳ 1.20.
» 8. —— Erläuterungen zu Gesang XXII—XXIV. Nebst Register zu der ganzen Ausg. von Wähmer. (185 S.) 886. ℳ 1.80.
Anhang 1., 2., 5.—7. Heft. Ebendas. 1875—83. ℳ 7.20.

— dasselbe in verkürzter Ausg. Für den Schulgebrauch v. A. Th. Christ. Mit 9 Abbildgn. u. 2 Karten. 8. (XXX, 407 S.) Leipzig 890. Freytag. n. 2. 25; geb. n.n. 2. 50

Homer's Ilias in verkürzter Ausgabe. Für den Schulgebrauch von A. Th. Christ. Mit neun Abbildungen und zwei Karten. Wien-Prag 1890. F. Tempsky. (Min.-Erl. 6. März 1890. Z. 1962.) Geheftet 1.30, gebunden 1.50

—— dass. — Scholarum in usum ed. Paulus Cauer. Pars I et II. Ed. maior. 8. Prag, Tempsky. — Lpz., Freytag. * 6 50
I. Carm. I—XII. (LXIV, 314 S.) 890. * 3 —; II. Carm. XIII—XXIV. (404 S.) 891. * 3 50.

Homeri Ilias. Scholarum in usum ed. Paulus Cauer. Pars I et II. Ed. minor. 8. Prag, Tempsky. — Lpz., Freytag. à pars * 1 50; * 3 —; geb. ** 3 55
I. Carm. I—XII. (376 S.) 890. geb. ** 1 80; II. Carm. XIII—XXIV. (351 S.) 891. geb. ** 1 75.

—— dass. — 2. Gesang. Wortgetreu nach H. R. Mecklenburgs Grundsätzen in deutsche Prosa übers. v. G. R. 1. Heft. 82. (74 S.) Berl. 891, H. R. Mecklenburg. * — 25
Vgl.: Engelmann, E., Bilder-Atlas. — Grimm, Herm. — Kammer, Ed. — Präparationen. — Teubners Sammlung deutscher Dicht- u. Schriftwerke f. höhere Töchterschulen. — Velhagen u. Klasing's Sammlung deutscher Schulausgaben.

— dasselbe. 2. Gesang 1. Hft., 3.—5. Gesang. Wortgetreu nach H. R. Mecklenburgs Grundsätzen in deutsche Prosa übers. v. G. R. 32. (72 S.) Berlin, H. R. Mecklenburg. à n. — 25
2, I. (64 S.) 891. — 3. (36 S.) 893. — 4. (45 S.) 894. — 5. (72 S.) 894.

—— dass. — Übers. u. erklärt v. W. Jordan. 2. Aufl. gr. 8. (XXIII, 687 S.) Frankf. a. M. 892, Jordan's Selbstverlag. [* 5 —] * 4 —; geb. [* 6 —] * 5 —

—— dass. — von Heinr. Voß. (Neudruck.) gr. 16. (390 S.) Lpz. 892, Reclam jun. geb. in Leinw. * 1 —

— dasselbe. In neuer Übersetzg. v. Osk. Hubatsch. gr. 8. (XI, 438 S.) Bielefeld 894. Velhagen & Klasing. Geb. in Leinw. n. 3. 50

— dasselbe in verkürzter Ausgabe. Für den Schulgebrauch v. A. Th. Christ. 2. unveränd. Aufl. 8. (XXX, 407 S. m. 9 Abbildgn. u. 2 Karten.) Leipzig 894. G. Freytag. n. 2. —; geb. n. 2. 40

Homers, Ilias. Nach der Uebersetzung von Joh. Heinr. Voß für den Schulgebrauch bearbeitet von Dr. A. Primožic und K. A. Schmidt. (Aus Gräser's Schulausgaben classischer Werke. Herausgegeben von Prof. J. Neubauer.) Gr. 8. (X, 104 S.) -- .25
Wien:Gräser 1894.

— dasselbe. Übers. v. Joh. Heinr. Voß. F. Schule u. Haus bearb. v. Bernh. Kuttner. M. e. erklär. Anh. 8. (VIII, 216 u. XV S.) Frankfurt a/M. 895. J. D. Sauerländer. n. 1. 20; geb. n. 1. 50

— dasselbe, carmina cum apparatu critico ediderunt J. van Leeuwen J. F. et M. B. Mendes da Costa. Ed. II. passim aucta et emendata. 2 Tle. gr. 8. Leiden, A. W. Sijthoff. à n.n. 3. —
I. Carm. I–XII. (XXIV, 334 S. m. 2 Taf.) 895.
II. Carm. XIII–XXIV. (S. 335 m. 2 Taf.) 896.

— Ilias. Für den Schulgebrauch erklärt v. Karl Frdr. Ameis. 1. Bd. 1. u. 2. Hft. gr. 8. Leipzig, B. G. Teubner. à Hft. [illegible]
1. Gesang I–III. 5., bericht. Aufl., besorgt v. C. Hentze. (X, 139 S.) [illegible]
2. Gesang IV–VI. 4., bericht. Aufl. besorgt v. C. Hentze. (132 S.) 891.

— dasselbe. F. d. Schulgebr. erkl. v. Karl Frdr. Ameis. 1. Bd. 3. u. 4. Hft. u. 2. Bd. 1.—4. Hft. Bearb. v. C. Hentze. gr. 8. Leipzig, B. G. Teubner. 7. 80
I. 3. Gesang VII–IX. 4., bericht. Aufl. (VIII, 130 S.) 895. 1. 60
I. 4. Gesang X–XII. 4., bericht. Aufl. (125 S.) 896. 1. 20
II. 1. Gesang XIII–XV. 3., bericht. Aufl. (129 S.) 896. 1. 20
II. 2. Gesang XVI–XVIII. 3., bericht. Aufl. (143 S.) 894. 1. 20
II. 3. Gesang XIX–XXI. 3., bericht. Aufl. (96 S.) 896. 1. 20
III. 4. Gesang XXII–XXIV. 3., bericht. Aufl. (150 S.) 896. 1. 50

— dasselbe. Anhang. 1. u. 5. Hft. Erläutergn. besorgt v. C. Hentze. gr. 8. Ebd. 3. 90
1. Gesang I–III. 3., umgearb. Aufl. (197 S.) 896. 2. 10
5. Gesang XIII–XV. 2., bericht. Aufl. (145 S.) 897. 1. 80

— dasselbe. Nach d. Übersetzg. v. Joh. Heinr. Voß. F. d. Schulgebr. hrsg. v. Bruno Stehle. 12. (248 S.) Leipzig 896. G. Freytag. Geb. n. 1. —

Homers Ilias. Für d. Schulgebr. in verkürzter Form bearb. u. hrsg. von Dr. Joseph Bach, Gymn.Dir. in Strassburg i. E. Text. Kommentar. *Münster i. W.: Aschendorff 1896–1901.* 2 Bde 8°
(Aschendorff's Sammlung lat. u. griech. Klassiker.) [96. 9443

Homers Ilias. Z. Schulgebr. bearb. v. Dr. Ernst Naumann, Prof. ... zu Berlin. Tl 1. Text. *Bielefeld & Leipzig: Velhagen & Klasing 1897.* 8.
(Sammlung latein. u. griech. Schulausgaben.) [97. 8248

— Ilias. Zum Schulgebr. bearb. v. Ernst Naumann. 1. Tl.: Gesang I–X. Text. gr. 8. (XVII, 224 S.) Bielefeld 897. Velhagen & Klasing. Geb. 1. 80

— Ilias. Zum Schulgebrauch bearb. v. Ernst Naumann. 2. Tl.: Gesang XI–XXIV. (Text.) 8. (XVII, 323 S.) Bielefeld 898. Velhagen & Klasing. Kart. 2.—

— dasselbe. 6. Gesang. Wortgetreu u. H. R. Mecklenburgs Grundsätzen in deutsche Prosa übers. v. G. R. 32. (47 S.) Berlin 898. H. R. Mecklenburg. n. — 25

— dasselbe. Für den Schulgebrauch erklärt v. Gottl. Stier. 1. Hft. Gesang I–III. 2. Aufl., besorgt v. Max Seibel. Ausg. A. (Kommentar unterm Text.) gr. 8. (VI, 125 S.) Gotha 900. F. A. Perthes. 1. 50; Ausg. B. (Text u. Kommentar getrennt in 2 Hftn.) (VI, 64 u. 69 S.) 1. 50

— dasselbe. 2. Hft. Gesang IV—VI. 2., verb. Aufl., besorgt v. Max Seibel. Ausg. A. (Kommentar unterm Text.) gr. 8. (IV, 109 S.) Ebd. 902. 1.20; Ausg. B. (Text u. Kommentar getrennt in 2 Hftn.) (IV, 55 u. 52 S.) n. 1. 20

— dasselbe. Übers. v. Joh. Heinr. Voß. Abdr. der ersten Ausg. 12. (372 S.) Leipzig (900). M. Hesse. Geb. in Leinw. n. 1.—

— dasselbe. Für den Schulgebrauch erklärt v. Karl Frdr. Ameis. 1. Bd. 2. Hft. Gesang IV—VI. 5. bericht. Aufl., besorgt v. C. Hentze. gr. 8. (131 S.) Leipzig 900. B. G. Teubner. 1. 20

— dasselbe. Schulausg. v. K. F. Ameis. Anh. VI. Hft. Erläuterungen zu Gesang XVI—XVIII v. C. Hentze. 2. zum Tl. umgearb. Aufl. gr. 8. (170 S.) Ebd. 900. 2. 10

— dasselbe. Nach der Ueberſetzg. v. Joh. Heinr. Voß. Für den Schulgebrauch hrsg. v. Bruno Stehle. 2., unveränd. Abdr. der 1. Aufl. 12. (248 S.) Leipzig 901. G. Freytag. Geb. n. 1. —

— dasselbe. Schulausgabe v. Paul Cauer. 2. bericht. u. durch Beigaben verm. Ausg. 8. (IV, 656 S.) Leipzig 902. G. Freytag. Geb. in Leinw. n. 2. 40

Christ, A. Ch., Homers Ilias in verkürzter Ausgabe. 2. Aufl. 8°. (ill. XXX, 407 S. mit 2 Karten) K 2.60, geb. K 3.–
Wien: Tempsky 1902.

— dasselbe. Für den Schulgebrauch ausgewählt u. erklärt v. Ferd. Hoffmann. (Aschendorffs Ausgaben f. den deutschen Unterricht.) (306 S.) 8. Münster 903. Aschendorff. Geb. in Leinw. n. 1. 45

— Ilias. Für den Schulgebrauch erklärt v. Karl Frdr. Ameis. I. Bd. 1. u. 4. Heft u. II. Bd. 1., 3. u. 4. Heft. 8. Leipzig, B. G. Teubner. n. 6. 40; geb. n. 9. —
I. 1. Gesang I—III. 6. bericht. Aufl. Besorgt v. C. Hentze. (X, 140 S.) 903. n. 1. 20; geb. n. 1. 70
4. Gesang X—XII. Bearb. v. C. Hentze. 5. bericht. Aufl. (126 S.) 906. n. 1. 20; geb. n. 1. 70
II. 1. Gesang XIII—XV. Bearb. v. C. Hentze. 4. bericht. Aufl. (128 S.) 905. n. 1. 20; geb. n. 1. 70
3. Gesang XIX—XXI. Bearb. v. C. Hentze. 4. bericht. Aufl. (98 S.) 903. n. 1. 20; geb. n. 1. 70
4. Gesang XXII—XXIV. Bearb. v. C. Hentze. 4. bericht. Aufl. (152 S.) 906. n. 1. 60; geb. n. 2. 20

— dasselbe. Nach der Ueberſetzg. v. Joh. Heinr. Voß. Für den Schulgebrauch hrsg. v. Bruno Stehle. 1. Aufl. 3. Abdr. in neuer Rechtschreibg. (248 S.) kl. 8. Leipzig 904. G. Freytag. — Wien, F. Tempsky. Geb. n. 1. —

Homers Ilias. [Freytag's Schulausgaben und Hilfsbücher für den deutschen Unterricht.] 8°. (248 S.) geb. K 1.20
Wien: Tempsky 1904.

— dasselbe. Scholarum in usum ed. Paul. Cauer. Pars I. Carm. I—XII. Ed. minor. Denuo typis impressa. (267 S.) 8. Wien 904. F. Tempsky. — Leipzig, G. Freytag. Geb. n. 1. 80

Cauer, P., Homeri Ilias. Pars II. Carm. XIII—XXIV. Ed. minor. 8°. (351 S.) geb. K 2.20
Wien: Tempsky 1905.

— dasselbe. Für den Schulgebrauch in verkürzter Form bearb. u. hrsg. v. Jos. Bach. 2 Tle. 8. Münster, Aschendorff. 3. 90
I. Text. 2. Aufl. (XXIV, 462 S.) 905. Geb. 2. 50
II. Kommentar. (173 S.) 901. 1. 40

— dasselbe. Nach der Übersetzg. v. Joh. Heinr. Voß im Auszug f. höhere Mädchenschulen bearb. v. K. Wacker. 2. Aufl. (VIII, 139 S.) 8. Münster 905. H. Schöningh. Geb. 1. —

— dasselbe in verkürzter Ausg. Für den Schulgebrauch v. A. Th. Christ. 3., durchgeseh. Aufl. (XXXIV, 414 S. m. 17 Abbildgn. u. 2 Karten.) 8. Wien 905. F. Tempsky. Geb. n. 2. 50

Homer. Homers Ilias in Auswahl, nach der Übersetzung von Johann Heinrich Voss. Für den Schulgebrauch hrg. von Dr. Georg Finsler, Rektor [in Bern]. II + 176 S. 8. Leipzig und Berlin, B. G. Teubner, 1906. [M. —.80, geb. 1.—]
Deutsche Schulausgaben, hrg. von Direktor Dr. H[ugo] Gaudig und Dr. G[eorg] Frick.

— dasselbe. Deutsch v. Hans Geo. Meyer. (Kopfleisten v. Hans Krause.) (VIII, 342 S.) gr. 8. Berlin 907. Trowitzsch & Sohn. Geb. in Leinw. 5. 50

— dasselbe. Schul-Ausg. (VII, 260 S.) 8. Ebd. 907. Geb. in Leinw. nn 2. —

(Homer.) Das erste Buch der Ilias in Prosa übersetzt. Ein Versuch. Von Georg Finsler. Beilage zum Jahresbericht des städtischen Gymnasiums in Bern, 1907. 17 S. 8. Bern, Stämpfli & Cie., 1907.

— dasselbe. Schulausgabe v. Paul Cauer. I. u. II. Tl. 8. Leipzig 907. G. Freytag. — Wien, F. Tempsky. Geb. 4. 30
I. *A—M.* 2. Abdr. der 2., bericht. u. durch Beigaben verm. Aufl. (267 S.) Geb. 1. 80
II. *N—Ω.* 2. Abdr. der 2., bericht. u. durch Beigaben verm. Aufl. (392 S.) Geb. 2. 50

— dasselbe. Nach der Übersetzg. v. Joh. Heinr. Voß. Für den Schulgebrauch hrsg. v. Bruno Stehle. 2. Aufl. (248 S.) Leipzig 907. G. Freytag. — Wien, F. Tempsky. Geb. 1. —

Homeri Ilias. Ed. Guilielmus Dindorf. 5. ed. ster. corr. quam curavit C[arl] Hentze. P. 1. 2. Lipsiae: Teubner 1907. 8°
(Bibliotheca scriptorum Graec. et Rom. Teubneriana.) A 12. 1004 11

[Homerus]: Homeri Ilias ed. Guilielmus *Dindorf.* 5. Ed. C. *Hentze.* P. 1. 2. Lipsiae 1907. 1910. 8°

Homers Ilias nach d. ersten Ausg. d. deutschen Übers. von Johann Heinrich Voß. Paderborn: F. Schöningh [1907]. (VII, 129 S.) 8° [F.]
— Textausgaben, Schöninghs, alter u. neuer Schriftsteller. 42. [07. 14301

Cauer, P., Homeri Ilias. 1. Teil. A—M. 2. Aufl. 8°. (267 S.) geb. K 2.20. 2. Teil. N—Q. 2. Aufl. 8°. (329 S.) geb. K 3.—
Wien: Tempsky 1907.

Homer's Ilias. Für den Schulgebrauch erklärt v. Karl Frdr. Ameis. I. Bd. 2. u. 3. Heft u. II. Bd. 2. Heft. 8. Leipzig, B. G. Teubner. 4.40; geb. 5. 60
I. 2. Gesang IV—VI. 6. bericht. Aufl., besorgt v. C. Hentze. (136 S.) 908. 1.40; geb. 1. 80
3. Gesang VII—IX. Bearb. v. C. Hentze. 5. bericht. Aufl. (VII, 133 S.) 907. 1.60; geb. 2. —
II, 2. Gesang XVI—XVIII. Bearb. v. C. Hentze. 4. bericht. Aufl. (148 S.) 908. 1.40; geb. 1. 80

— dasselbe. In deutscher Übersetzg. v. Joh. Heinr. Voss. Hrsg. v. Hans Feigl. Vorwort v. Willy Pastor. (XX, 517 S. m. Bildnis.) 8. Wien 908. C. Konegen. Geb. in Ldr. 10.—; in Pergament 25. —

Homers Ilias. Übersetzung von Johann Heinrich Voss. Herausgegeben von Dr. Bruno Stehle, 2. Aufl. [Freytags Schulausgaben und Hilfsbücher für den deutschen Unterricht.] 8°. (248 S.) geb. K 1.20
Wien: Tempsky 1908.

— dasselbe, frei nach Voß, nebst Goethes „Achilleis". Schulausg. v. M. Niebour. (VI, 190 u. 38 S.) 8. Frankfurt a/M. (909). Kesselring. Geb. 1. 25

Homer: Ilias. Übers. v. J. H. Voß. Hrsg. v. P. Brandt. Leipzig um 1900. 505 S.

Stephan Gruß. [Homerus:] Ilias. Das Lied vom Zorn d. Achilleus. Rekonstruiert u. übers. Straßburg: Heitz 1910. 224, 107 S. 8° [10. 6797

— — et Odyssea. gr. et lat. II Tmi. 8. Bas. Thurneysen. 779.

Homeri Ilias et Odyssea ad exempl. Glasg. expr. (cur. Fr. A. Wolf). II Voll. 8 maj. Halle 785. Ed. II. 794, 95. . . . 2 ℛ 8 gℛ Schrbp. 2 ℛ 16 gℛ

— Ilias et Odyssea. Carmina Homerica, in pristinam formam redacta opera et studio R. Payne-Knight. 4 maj. London 820. (Treuttel u. W. in Strassb.) 9 ℛ

— id. lib. Versio Clarkiana passim emend. et ad opt. edit. reficta. 4 Tom. 8. Leyden 823. (Weigel, Leipz.)

— Ilias et Odyssea. Nova editio stereotypa iteratis curis castigata et expolita. 4 Tom. 16. Lips. 824, Tauchnitz. 1 Rthlr. 16 gr. Velinpap.

—— Ilias und Odyssee nebst Erläuterungen dazu von W. Wiedasch, s. Haus- und Schul-Homer.

—— Ilias und Odyssee, s. Classiker des In- und Auslandes.

— dasselbe u. Odyssee im Auszuge, s.: Schaefer, A., kleiner deutscher Homer.

— — et l'Odyssée, trad. p. Mad. Dacier. IV Vol. av. fig. 12. Avignon. (König in Strasb.)

— Ilias u. Odyssee, übers. von einer Gesellschaft gelehrter Leute. 2 Bde. Mit 48 Kpf. 4. Frankf. am M. 754, 55. van Düren. 18 ℛ

— — — In Zeichnungen von J. Flaxman. Götting. 803. f. 8 rthlr. Ebend. 805. f. 5 rthlr. 12 gr.

— — u. Odyssee, v. Joh. Heinr. Voß. 3te Aufl. 4 Bde. gr. 8. Tübing. Cotta. 806.

— — Ilias und Odyssee, in Umrissen auf 64 Platten vorgestellt von J. Flaxmann. 2 Hefte. qu. Fol. Berlin, Enslin. 817.

— Ilias u. Odyssee, als Volksgesänge, d. bei Entstehung d. griech. Freistaaten Fürsten u. Völker unmerklich auf bessre Gedanken bringen sollten, dargestellt v. K. G. Kelle. gr. 8. Lpz. 826, Hartmann.

— Ilias u. Odyssee. Im Versmaß der Urschrift übersetzt von F. W. Ehrenthal. 2 Bde. 8. (472 u. 384 S.) Leipzig 881. Bibliograph. Institut. geb. n. 7. —

—— Ilias und Odyssee. Im Versmaß der Urschrift übers. von F. W. Ehrenthal. 2 Bde. 8. (472; 381 S.) Leipzig 881, Bibliograph. Institut. geb. *

— dasselbe u. Odyssee, in verkürzter Form n. Joh. Heinr. Voß bearb. v. Edm. Weissenborn. 2. Bdchn.: Odyssee. 8. (XVI, 152 S. m. Titelbild.) Leipzig 895. B. G. Teubner. Geb. in Leinw. n. 1. 40 (1. u. 2.: n. 3. 60)

Homers Ilias und Odyssee. Nach d. Übers. von Johann Heinrich Voß im Ausz. f. höh. Mädchenschulen bearb. von Dr. K[arl] Wacker, Dir. zu Coblenz. *Münster i. W.: H. Schöningh 1903.* (VIII, 139 S.) 8° [F.] [04. 9019 6

— dasselbe u. Odyssee, in verkürzter Form nach Joh. Heinr. Voß bearb. v. Edm. Weißenborn. 1. u. 2. Bdchn. 8. Leipzig, B. G. Teubner. Geb. in Leinw. n. 3. —
1. Ilias. 3. Aufl. (XXXVI, 164 S. m. Titelbild.) 905. n. 1. 60
2. Odyssee. 3., vielfach verb. Aufl. (XVI, 152 S. m. Titelbild.) 904. n. 1. 40

Homers Ilias und Odyssee in verkürzter Form nach Johann Heinrich Voß bearb. von Dr. Edmund Weißenborn. Mit Titelbild. 3. (vielf. verb.) Aufl. Bdch. 1. 2. Leipzig & Berlin: B. G. Teubner 1905–07. 2 Bde 8° [F.]
1. Ilias. 1905. 2. Odyssee. 1907. [07. 18088

Homers Ilias und Odyssee [Ausz.] nach [Joh. Heinr.] Voß nebst einigen Proben aus d. lyr. u. dramat. Dichtung d. Griechen. Ausg. von Prof. Dr. Heinrich Wolf, Düsseldorf. Weissenfels: R. Schirdewahn 1906. (XII, 198 S.) 8° [J.]
= Wolf: Klass. Lesebuch. T. 1. [06. 10104

— dasselbe u. Odyssee, in verkürzter Form nach Joh. Heinr. Voß bearb. v. Edm. Weißenborn. 2 Bdchn. 8. Leipzig 910. B. G. Teubner. Geb. 3. —
1. Ilias. 4. Aufl. (XXXV, 164 S. m. Titelbild.) Geb. 1. 60
2. Odyssee. 4. verb. Aufl. (XX, 152 S. m. Titelbild.) Geb. 1. 40

L'inno Omerico a Demetra [Homerus] c. appar. crit. scelto e un' introd. di Vittorio Puntoni. *Livorno: Tip. di R. Giusti 1896.* (VIII, 165 S.) 1 Bd S. [96. 4420

— Irrfahrten d. Odysseus in 24 Gesängen. Freie Nachbild. in gereimten Strophen v. Hedwig Hülle, geb. Hoffmeier. 2 Bde. gr. 8. Bremen 826, Heyse.

[J.] Die Irrfahrten des Odysseus. In gedrängter Fassg nach Homer[us] v. e. Philologen. *Dresden & Leipzig: E. Pierson 1895.* (2 Bl., 104 S.) 1 Bd S. [96. 5830

Homerus. Der Krieg der Frösche und Mäuse, a. d. Griech. St. Petersb. 1771. Ü: *Willamov, Johann Glieb.* (DegG) (Hoff) S. a. Nr. 9975.

Homerus. Krieg der Mäuse, griechisch, mit ... einer freyen deutschen Uebersetzung. Berlin 1735. H & Ü: *Daunn, Chn. Tob.* (DegG)

— —, OMEROY / BATRACHOMY- //OMACHIA. // Krieg der Mäuse mit // den Fröschen, // beschrieben vom Homerus. // Der Griechische Text, mit vollständigem Griechisch-Deutschen Register, // und Erzehlung des Innhalts. // Zum Gebrauch der Griechischlernenden // durch // Christian Tobias Damm, // Con.-R. Gymn. Colon. // BERLIN, // Verlegts Ambrosius Haude. // 1735. // 2 Blatt (nicht paginiert) Titelblatt und Widmung. - 112 S. -
B. S. T. 8°.326.

—— Odyssea, s. Bibliotheca classica graeca.

— — s. Bibliothek ausländischer Klassiker.

— dasselbe, scholia in *A* 64—158, s.: Ludwich, A.

—— dass. — 6. Gesang, erklärt, s. Nüsslin, F. A.

—— dass. — in freier Uebertragung, s. Prätorius, F. W.

— — graec. et lat. ed. Hager. II Vol. 8. Chemn. Jacobaer. (Mauke.) 764-85. (1. 16 gr. II. 20 gr.)

Homerus. Odyssea cum Batrachomyomachia, Hymnisque, ceterisque poematiis Homero vulgo tributis ... Hal. 1783. H: *Wolf, Friedrich Aug.* (Hoff) »Odyssea et ...« (ErschDL)

— Odyssea, cum Batrachomyamachia, in us. scholar. ed. Fr. A. Wolf. II Ptes. 8. Halle 784. Waisenh. - B.

Homerus. 'Η Ὀδυσσεία... Odyssee, 1. Gesang, hsg. und erklärt ... Ein Versuch. Leipzig 1790. H: *Stolzenburg, C.* (Hoff)

— — B. I. Griechisch mit Anmerk. von C. S. (Stolzenburg.) Leipz. 790. 8. 6 gr.

— — c. Batrachomachia ed. Wolf. II Tom. 8. ibid. 794.

— — L. I. c. integr. scholiis minor. excerptisq. ex Eustathio ed. J. A. Müller. Thorun. (Hamb.) 794. 8. 6 gr.

— Odyssea, gr., novis curis expressa. Accedit Batrachomyomachia, Hymni etc. Cum varietate lectionis ex Cod. Vindobon. a Frz. K. Alter. 8 maj. Wien 794. Trattner. 2 rℓ

Homer, Odyssea in us. scholar. accod. Batrachomyom. 8. maj. Halae, Waisenh. 805. Rthlr.
Schreibp.

Homerus. Odyssea. Ilias. Graece. Lips. 1810. H: *Schäfer, Gfr. Hnr.* (Hoff)

— — graece. 3 Vol. etiam sub Titulo: Corpus Poetarum graecorum ad fidem optimorum librorum ed. G. H. Schäfer. 12. Lips. Tauchnitz. 811.

— Odyssea graece et lat. ed. J. G. Hager. Recens. Wolfianae adcommod. II Vol. 8. ibid. 813 et 14. (1r 20 gr. 2r 1 Rthlr.) 1 20

— Odyssea. Ad editionem recensionis Wolfianae Lips. expressa. Curante N. Schow. Pars I. et II. in us. schol. 8. Kopenh. 816. Brummer, 2 rℓ 16 gℓ

Homeri Odyssea. Ad optim. exempl. fidem (Ed. G. H. Schäfer) Lips. 818. 2 Tom. 8. 1 rthl.

— Odyssea, gr. et lat., a J. G. Hagero. Edit. IV. II Voll. 8. Chemnitz 819 u. 20. Starke. 1 rℓ 20 gℓ

— — Odyssea Accedit. Batrachomyomachia. Ed. nova. 8maj. Halle, Waisenh. Buchhdl. 820.

— — Odyssea. 2 Tomi. Ed. ster. 12. Lips., Tauchnitz. 820.
Fein Pap.

— — Odyssea, ed. Schäfer. 2 Tomi. Lipsiae, Weigel. 820.

— Odyssea; cum interpr. Eustachii et reliq. grammat. delectu, suisq. commentar ed. C. G. Baumgarten — Crusius. Vol. I — III. p. 1. 2. gr. 8. Lipsiae 820 — 24, Hartmann.

— *'Οδύσσεια μικρά*, oder sechs Bücher der Odyssee, enthält die vollständige Reisebeschreibung des Ulysses für den ersten Schulgebrauch. Griechisch mit grammat. Anmerk., erklärendem Wortverzeichnisse und einer historisch-kritischen Einleitung — von Ch. Koch. Marburg 822. 8. 1 rthl. 12 gr.

— Odyssea; cum interpr. Eustachii et reliq. grammat. delectu, suisq. commentar. ed. D. K. W. Baumgarten-Crusius. Vol. I — III. P. 1. 2. gr. 8. Leipz. 822—24. (Lehnhold). 5 rℓ 12 gℓ

— *Ὁμήρου Ὀδύσσεια μικρα* oder: Sechs Bücher der Odyssee, enthalt. die vollständ. Reisebeschreib. des Ulysses, für den Schulgebrauch; griechisch, mit grammat. Anmerkk., erklär. Wörterverzeichnisse u. e. histor.-krit. Einleit. für d. Selbstunterricht, als ein geschlossenes Ganzes bearb. von Chr. Koch. gr. 8. Marb. 823. Krieger. 1 rℓ 12 gℓ — Neue A., mit unveränd. zum 4ten Male abgedr. Texte. gr. 8. Leipz. 831. W. Nauck. 1 rℓ 8 gℓ

– Odyssea, ed. W. Dindorf. 8. Leipz. 824. Teubner. 18 gℓ Engl. Pap. 1 ₰ 8 gℓ

— id. lib. in us. scholar. gr. 8. Leipz. 824, Weidmanns.

— Odyssea, c. G. Hermann. Ed. stereot. 8. Leipz. 825. Tauchnitz. 1 ₰ Fein Pap. 1 ₰ 8 gℓ

— Odyssea, ed. nova in us. schol. libror. summaris aucta. Acced. Batrachomyomachia. 8 maj. Halae 826, Waysenhausbuchh.

Homerus. Odyssea graece. Edidit et annotatione perpetua illustravit... Tom I. Lips. 1826. H: *Leo, Glob Eduard.* (MGT)

— Dass. für den ersten Schulgebrauch, ohne Anmerkk. u. Einleitung. gr. 8. Marb. 826. Krieger. 8 gℓ, jetzt nur 4 gℓ 2e Aufl. Zum 3ten Male herausg. v. Chr. Koch. gr. 8. Leipz. 829. Hartmann. 6 gℓ

—— Odyssea. Nova ed. stereotypa iteratis curis castigata et expolita. II Ti. 16. (33½ B.) Lipsiae 827, Tauchnitz.

— Odyssea graece. Edid. et annotat. perpetua illustr. Eduard. Leo, (et Fr. Ad. Heinichen.) 2 Voll. 8. Leipz. 827, u. 828. Kayser. 3 Rthlr. Chart. Vel.

—— id. — graece. Ed. et annotat. perpetua illustr. (Gtlo.) Ed. Loewe. (1—8. Buch v. Loewe, 9. u. folg. v. Fr. Ad. Heinichen.) II Vol. 8. (55½ B. u. 1 Vign.) Lipsiae 827. 28. [Schumann.] 2 Thlr. 16 Gr., Vlnp.

— Odyssea. Erläutert v. J. St. Zauper. 2 Bde. 4 Abtheil. Mit d. Homer. Welttafel. gr. 8. Wien 827 u. 28. Wolfe. 4 ₰

—— id. — od.: Sechs Bücher d. Odyssee, enthalt. d. vollständ. Reisebeschreibung d. Ulysses; f. d. ersten Schulgebr. z. 3. Mal hrsg. v. Chr. Koch. gr. 8. (6½ B.) Leipzig 830, [Hartmann.]

—— Ὀδύσσεια μικρά. — Erster Schul-Homer, mit Wörterbuch, Noten f. Anfänger u. e. homer. Vorschule f. Lehrer hrsg. v. Chr. Koch. Neue Aufl., mit unveränd. z. 4. Male abgedr. Texte. gr. 8. (24½ B.) Leipzig 831, Nauck.

—— dass. — Für junge Studirende a. d. Griech. wortgetreu übers. u. in d. Grundsprache grammat. erläut. v. (C. F. Chr.) Oertel in Ansbach. gr. 8. (27 B.) Augsburg 836, v. Jenisch u. Stage'sche Buchh.

—— dass. — übers. v. Joh. Heinr. Voß. Erste Uebersetz., neuer Abdr., verm. mit erläut. Anmerkn. aus d. hinterlass. Papieren d. Uebersetzers. Hrsg. v. Abraham Voß. 8. (29½ B. u. 1 Kpfrt.) Leipzig 837, Müller.

—— id. — Mit erklär. Anmerkn. v. Gtl. Chrstn. Crusius. 6 Hfte. nebst d. Batrachomyomachie. gr. 8. (48¼ B.) Hannover 837—39, Hahn'sche Hofbuchh. à ⅓ Thlr.

—— id. — Acc. Batrachomyomachia. Zum Gebr. f. Schulen besorgt u. mit deutschen Inhaltsanzeigen vers. v. Gtl. Chrstn. Crusius. gr. 8. (18¾ B.) Hannover 839, Hahn'sche Hfbh.

—— dass. — Aus d. Griech. in Stanzen übers. u. erläut. Für Schule u. Haus. Von W. K. Ferd. Rinne. 4 Hfte. 8. (29¾ B.) Leipzig 839, [Hartung.]

—— dass. — Aus d. Griech. in Stanzen übersetzt u. erläutert. Für Schule u. Haus. Von W. K. Ferd. Rinne. 2. Ausg. (M. 12 Umrissen v. Flaxmann.) 8. (29¾ B.) Leipzig 842, Hartung.

—— Odyssea ex recognitione Imman. Bekkeri. 8 maj. (21¾ B.) Berolini 843, libr. Nicolai.

—— id. — Mit erklärenden Anmerkungen v. Gtlb. Christ. Crusius. 6 Hfte. 24 Gesänge u. d. Batrachomyomachie. 2., verb. Ausg. gr. 8. (48½ B.) Hannover 843—45, Hahn'sche Hofbuchh. à 10 Ngr.

—— dass. — Uebersetzt von Aug. Ludw. Wilh. Jacob. gr. 8. (25⅞ B.) Berlin 844, G. Reimer.

—— dass. — von Joh. Heinr. Voß. (Miniatur-Ausg.) 16. (455 S. und 1 Stahlst.) Stuttgart 848, Cotta'sche Buchh.

—— dass. — Erklärt von J. U. Faesi. 1. und 2. Bd. gr. 8. (291 S.) Leipzig 850, Weidmann'sche Buchh. [1. (XLI und 282 S.) 849., 2. (291 S.) 850. à 20 Ngr.]

— Odyssea. Ad optima exemplaria recognovit et in usum scholarum edidit Geo. Aenoth. Koch. Ed. stereot. 2 voll. 2 partes. Lib. I–XII. et XIII–XXIV. [Bibliotheca classica Graeca I et II.] 8. (1: VI u. 160 S. 2: VI u. 152 S.) Lipsiae 851, Ph. Reclam jun. (à n. ⅛ ₰) n. ¼ ₰

—— dass. — im Versmaß der Urschrift übers. von E. Wiedasch. 16. (VIII und 451 S. mit 1 lithochrom. Titelbilde und 3 Scenen nach Flaxmann.) Stuttgart 851(52,) Metzler'sche Buchh.

—— dass. — Hrsg. von Demf. (Neue Ausg.) 16. (488 S. und 1 Stahlst.) Ebds. 851.

Homeri Odyssea. Mit erklärenden Anmerkungen von Gottl. Chr. Crusius. 4. Heft: 13—16. Gesang. 3., vielfach verb. Ausg. gr. 8. (118 S.) Hannover 856, Hahn'sche Hofbuchh. Thlr.

Homer's Odyssee. Mit erklär. Anmerkungen von Gottl. Christ. Crusius. 1. Heft: 1.—4. Gesang. 4., vielfach verb. und verm. Aufl. gr. 8. (XIV und 154 S.) Hannover 863, Hahn'sche Hofbuchh.

— — Mit erklär. Anmerkgn. von Gottl. Christ. Crusius. 3. Heft. 9—12. Gesang. 4. vielfach verb. Ausg. von E. E. Seiler. Hannover 866. Hahn'sche Hofbuchh. gr. 8. (IV, 159 S.) 10 ngr.

— — Für den Schulgebrauch erklärt von Karl Friedr. Ameis. 2 Bde. in 4 Heften. Leipzig, Teubner. gr. 8. [1. Bd. 1. Heft: Gesang I—VI. 3. Aufl. 865. u. 4., vielfach bericht. Aufl. (XXIV, 172 S.) 868., 1. Bd. 2. Heft: Gesang VII—XII. 3. Aufl. 865. u. 4., vielfach bericht. Aufl. (162 S.) 869., 2. Bd. 1. Heft: Gesang XIII—XVIII. 3., vielfach bericht. Aufl. (XIV, 167 S.) 867., 2. Bd. 2. Heft: Gesang XIX—XXIV. 3., vielfach bericht. Aufl. (162 S.) 868.] Jedes Heft 12 ngr. 1 ₰ 18 ngr.

— — Anhang. 1 Heft. Erläuterungen zu Gesang I—VI. Ebend. 865. gr. 8. (72 S.) 6 ngr.

— — Anhang. 2. Heft. Erläuterungen zu Gesang VII—XII. Ebend. 865. gr. 8. (84 S.) 6 ngr.

— — Anhang. 3. Heft. Erläuterungen zu Gesang XIII—XVIII. Ebend. 867. gr. 8. (100 S.) 9 ngr.

— — Anhang. 4. Heft. Erläuterungen zu Gesang XIX—XXIV. Ebend. 868. gr. 8. (115 S. mit 2 Abbild. in eingedr. Holzschn. u. 2 Registern.) 9 ngr.

—— Odyssea. 2 Voll. Nova edit. ster. C. Tauchnitiana. Nova impressio. 16. (612 S.) Leipzig 866, Holtze. à Vol. 6¼ Ngr.

—— Odyssea ad fidem librorum optimorum edidit J. La Roche. 2 Partes. gr. 8. Leipzig 867,68, Teubner. [Pars prior. Accedunt tabulae XI specimina librorum exhibentes. (XLVIII und 283 S.) * 2 Thlr., Pars posterior. Accedunt testimonia veterum et indices. (358 S.) * 2 Thlr. 10 Ngr.] *

— — Erklärt von J. U. Faesi. 1. Bd. Gesang I—VIII. 5. Aufl. Besorgt von W. C. Kayser. Berlin 867. Weidmann'sche Buchh. gr. 8. (257 S.) 15 ngr.

— — 2. Bd. Gesang IX—XVI. 5. Aufl. Besorgt von W. C. Kayser. Ebend. 869. gr. 8. (223 S.) 15 ngr.

— — In Reimen übers. von Alb. v. Carlowitz. Dresden 868. Türk's Verl. 8. (IV, 368 S.) n. 1 ₰

— — Bearb. von Ferd. Schmidt. Mit 32 Holzschn. von G. Bartsch (eingedr. u. auf 6 Holzschntaff.) 5. Aufl. Berlin 870. Kastner. 8. (202 S.) geb. 20 ngr.

— — Odyssea, edidit Guil. Dindorf. Edit V. correctior, quam curavit C. Hentze. 2 partes. 8. Leipzig 883, Teubner. [Pars I. lib. I—XII. (XXII, 204 S.); pars 2. lib. XIII—XXIV. (VI, 191 S.).] à pars 75 Pf.

— dasselbe. In usum scholarum ed. Aug. Scheindler. 8. (XXVI, 288 S.) Wien 885. Hölder. n. 2. —

—— Odyssea. Scholarum in usum edidit Paul Cauer. Pars I: Carm. I—XIII; Pars II: Carm. XIV—XXIV. 8. (XLIV, 222; 228 S.) Leipzig 886,87, Freytag. à Pars * ℳ 1.—. * 2 —

— dasselbe, erklärt v. J. U. Faesi. 4. Bd. Gesang XVIIII—XXIV. 7. Aufl., besorgt v. J. Renner. gr. 8. (232 S.) Berlin 887. Weidmann 1. 80

— dasselbe. Für den Schulgebrauch erklärt v. F. Weck. 4.—8. Hft. gr. 8. Gotha, F. A. Perthes. Ausg. A. Kommentar unterm Text à Hft. 1. 20; Ausg. B. Text u. Kommentar getrennt in 2 Hftn. à (Doppel-)Hft. 1. 20

4. Gesang X—XII. (A. S. 251—348; B. S. 129—174 und 119—168.) 887.
5. Gesang XIII—XV. (A. S. 349—437; B. S. 175—217 und 169—212.) 888.
6. 7. Gesang XVI—XXI. (A. S. 439—646; B. S. 219—300 und 213—334.) 888.
8. Gesang XXII—XXIV. (A. S. 647—753; B. S. 301—310 u. 336—399.) 890.

—— dass. — übers. u. erläutert v. With. Jordan. 2. Aufl. 4.—6. Taus. gr. 8. (XL. 525 S.) Frankf. a. M. 889, Jordan's Selbstverlag. * 4 —; geb. * 5 —

— Odyssea. Für den Schulgebrauch erklärt v. K. F. Ameis. 1. Bd. 1. Hft. Gesang I—VI. 9., bericht. Aufl., besorgt v. C. Hentze. gr. 8. (XXVI, 198 S.) Leipzig 890. Teubner. 1. 35

— dasselbe. Anhang zum 1. Hft. Erläuterungen zu Gesang I—VI. 4., bericht. Aufl., besorgt v. C. Hentze. gr. 8. (157 S.) Ebd. 890. 1. 50

— dasselbe. 1. Bd. 2. Hft. Gesang VII—XII. 8., bericht. Aufl. Besorgt v. C. Hentze. gr. 8. (190 S.) Ebd. 889. 1. 35

— dasselbe. Anhang zum 2. Hft. Erläuterungen zu Gesang VII—XII. 3., umgearb. Aufl., besorgt v. C. Hentze. gr. 8. (143 S.) Ebd. 889. 1. 20

— dasselbe. 2. Bd. 2. Hft. Gesang XIX — XXIV. 7., bericht. Aufl., besorgt v. C. Hentze. gr. 8. (173 S.) Ebd. 889. 1. 35

— dasselbe, rec. A. Ludwich. Vol. I. Ed. minor. 8. (XII, 201 S.) Leipzig 890. Teubner. — 75

— dasselbe, recensuit Arth. Ludwich. Vol. II. Ed. minor. 8. (XII, 207 S.) Leipzig 891. B. G. Teubner. — 75 (I. II.: 1. 50)

—— dass. — Scholarum in usum ed. Guil. Steinmann. II. (XIII—XXIV.) 8. (137 S.) Prag 890, Storch Sohn. geb. * 1 20
I. noch nicht erschienen.

—— dass. — epitome. In usum scholarum ed. Fr. Stolz. 2 partes. 12. Wien 890, Gerold's Sohn. [1. pars. (XI, 187 S.) * 1 —; 2. pars. (XII, 143 S.) * — 80.] cart. * 1 80

—— dass. — in verkürzter Ausgabe. Für den Schulgebrauch v. A. Th. Christ. Mit 1 Titelbilde, 13 Abbildgn. u. 1 Karte. 8. (XLVIII, 839 S.) Prag 891, Tempsky. — Lpz., Freytag. * 1 70; geb. * * 2 —

—— Odyssea, in usum scholarum ed. et commentario instruxit J. La Roche. Pars I et II. 8. Prag 892, Tempsky. — Lpz., Freytag. à Pars * 1 —; * 2 —; geb. à Pars * * 1 25; * * 2 50
I. Gesang I—XII. (316 S.); II. Gesang XIII—XXIV. (306 S.)

— Odissea. Ed. abbreviata di A. Th. Christ. Adattata ai ginnasi italiani sulla IV. ed. tedessa da Leonardo Leveghi. Con 1 effigie di Omero, 16 incisioni ed 1 carta. (XXVI, 334 S.) 8. Wien 906. F. Tempsky. Geb. 3. —

Homeri Odyssea ed. Guilielmus Dindorf. 5. ed. ster. corr. quam curavit C[arl] Hentze. P. 1. 2. Lipsiae: Teubner 1908—10. 8°
(Bibliotheca scriptorum Graec. et Rom. Teubneriana.) [illegible]

— *Odyssea* et *Batrachomyomachia*. Ed. F. A. Wolf. Ed. II. Hal. 794. 8. Ib. 805. 8. 20 gr. Ed. nova libror. summariis aucta. Acc. Batrachomyomachia. Hal. 819. 8. 20 gr. (Die letzte Ausgabe ist nicht mehr von Wolf besorgt.)

— — et caetera. Lips. 819. 2 Tom. 12. 20 gr.

— Odyssea et carmina minora. 8maj. München 839. (Regensburg, Manz; Hof, Grau.) n $^3/_4$ ₰

—— Odyssea et carmina minora. 8maj. (35½ B.) Monachii 839, libr. scholar. reg. (Regensburg, Manz.) *

—— Odyssea et Carmina minora. Nova edit. stereot. C. Tauchnitiana. Nova impressio. 2 vol. (612 S.) Leipzig 871,73, Holtze. à Vol. 75 Pf.

Inhalt:

Vol. 1. Rhapsodia I—XVI.
» 2. Rhapsodia XVII — XXIV. Batrachomyomachia. Hymni. Epigrammata et alia epica fragmenta.

– Odyssee

— dasselbe v. J. H. Voß, s.: Bibliothek der Gesammt-Litteratur d. In- u. Auslandes.

Odyssee, s. a. Bibliothek ausländischer Klassiker.

— dasselbe, s. a. Bibliothek, kleine.

Homer Odyssee, 6r Gesang, übers. v. Konr. Schwenck, s. *Catullus*, übers. v. Schwenck.

—— dass. — Uebers. von E. Wiedasch, s. Dichter, griechische, in neuen metrischen Übersetzungen.

— dasselbe in der Übersetzung W. Jordans, m. Anmerkgn. v. Ed. Brigge, s.: Diesterweg's deutsche Schulausgaben. 5. Bd.

— dasselbe, s.a. Freytag's Schulausgaben klass. Werke f. d. deutschen Unterricht.

— dasselbe, s.a. Handbibliothek, Cotta'sche.

— dasselbe, s.a. Hempel's Klassiker-Bibliothek.

— dasselbe, s.a. Hesse's, Max, Volksbücherei.

—— dass. — übers. von E. Wiedasch, s. Classiker des Alterthums.

— dasselbe, s.a. Classiker, griechische u. lateinische, mit gemischtem Text.

— — übers. von K. Uschner, s. Classiker des In- u. Auslandes.

— dasselbe v. J. H. Voß, s.: Collection Spemann.

— dasselbe, s.a. Meisterwerke unserer Dichter.

— dasselbe, hrsg. v. K. Holdermann, s.: Meisterwerke d. deutschen Litteratur.

— dasselbe, s.a. Meyer's Volksbücher.

—— dass. — s.a. Museum.

— Odyssee, 6r Gesang, s. F. A. Nüßlin.

— s.a. Odyssee, die, in deutschen Stanzen.

—— dass. — Präparation, s. Freund's Schüler-Bibliothek.

— dasselbe, s.a. Präparationen nebst Übersetzung.

Homer, Odyssee in freier Uebertragung, s.: Prätorius, F. W.

— dasselbe, s.a. Schelling, Herm. v.

— — Für die Jugend ꝛc., s. Schmidt, Ferd.

— dasselbe, hrsg. v. Heinr. Bockerade, s.: Schöningh's, Ferd., Ausgaben ausländischer Klassiker, IV.

— dasselbe, s.: Schöningh's, Ferd., Textausgaben alter u. neuer Schriftsteller.

— dasselbe in Auswahl, hrsg. v. Geo. Finsler, s.: Schulausgaben, deutsche.

— dasselbe, übers. v. Joh. Heinr. Voß, s.: Schulausgaben, deutsche.

— dasselbe, hrsg. v. Jul. Ziehen, s.: Schul-Ausgaben, deutsche.

— dasselbe im Auszuge, s.: Teubner's Sammlg. deutscher Dicht- u. Schriftwerke f. höh. Töchterschulen.

— dasselbe, bearb. v. O. Wetzel, s.: Teubner's, B. G., Sammlung deutscher Dicht- u. Schriftwerke f. höhere Mädchenschulen, 13. Bdchn.

— Umrisse dazu, s. Genelli, Bonaventura.

— dasselbe, s.a. Universal-Bibliothek.

— dasselbe im Auszuge übers. u. hrsg. v. Otl. Hubatsch, s.: Velhagen & Klasing's Sammlung deutscher Schulausgaben.

— s.a. Volks-Bibliothek, deutsche, der griechischen und römischen Classiker.

— Odyssee, übers. v. E. Wiedasch, s. unten Werke.

Homerus. Odyssee, sechster Gesang. Eine metrische Uebersetzung. Altdorf 1781. Ü: *Link, Glieb Chn Carl.* (DegG) (Hoff) (ML) (Will)

— Odyssee, 6r Gesang, metrisch übers. v. G. C. K. Link. Altd. 781....

— *Odyssee.* Übersetzt von J. H. Voss. Hamb. 781. 8. 2 rthl.

— Odyssee, 1r, 2r, 3r Gesang, übers. v. Vincent. 8. Münster 782. Coppenrath. 2 gl.

— Odyssee, übers. von J. B. Sedlezky. 8. Augsb. 784. Rieger. 1 fl.

— — erster Gesang, griech. m. Anm. Ein Versuch. 1stes Stck. Gött. 790.

Homerus. Odyssee. Erster Gesang. Leipz. 1790. H: *Stolzenburg, Chr.* (MGT)

— Odyssee. Erster Gesang mit griech. Anmerkk. herausg. v. C. G. (Chr. Stolzenburg.) gr. 8. Leipz. 790. (W. Vogel). 6 gl.

— Odyssee von JOH. HEINR. VOSS. I—XII, XIII—XXIV Gesang. Altona. 1793. (M. 1 Kort).

— — Odyssee; von Johann Heinrich Voss. (2 Bde.) 8. Wien 1800.

— Odyssee, übers. v. Konr. Schwenk (10r Gesang als Probe) 8. Bonn 822, Weber.

— das 1e Buch d. Odyssee, (übersetzt) als Probe, v. K. L. Kannegießer. gr. 8. Leipz. 822, Brockhaus.

— id. lib., oder sechs Bücher d. Odyssee, enthalten die vollst. Reisebeschreib. des Ulysses für d. ersten Schulgebrauch; griechisch, mit grammat. Anmerkk., erklär. Wortreg. ꝛc. von Chr. Koch. gr. 8. Marburg 823, Krieger.

— Odyssee, übers. v. Konr. Schwenk. (5r Gesang als 2e Probe) 8. Frankf. 826, Brönner. Velinp.

— dass. f. Unbemittelte ohne Einleit. u. Anmerkk. gr. 8. Marburg 826, Krieger.

— Odyssee, übersetzt v. J. St. Zauper. 2 Thle. 16. Prag 827, Calve.

—— dass. — Erläutert v. J. St. Zauper. 2 Bde. (4 Abthln.) Mit d. Homer. Welttaf. u. H's. Bildn. gr. 8. (61 B.) Wien 827, 28, Volke.
Einzeln werden gegeben:
Abthl. 3. Rhapsod. XI—XVII. 1 Thlr.
— 4. — XVIII—XXIV. 20 Gr.

— Odyssee, übersetzt v. Er. Schaumann. 16. Prenzlau 835. Kalbersbergs Buchh. 1 1/3 rthl.

— Odyssee. Für junge Studirende aus d. Griech. wortgetreu übersetzt u. in der Grundsprache grammatisch erläutert v. Prof. Oertel in Ansbach. gr. 8. Augsburg 836. v. Jenisch u. Stage'sche Buchh. 1 1/3 ℛ

— Odyssee, übersetzt von Joh. Heinr. Voß. Erste Uebersetzung, neuer Abdruck verm. mit erläuternden Anmerkk. aus den hinterlass. Papieren des Uebersetzers. Herausg. v. Abraham Voß. Mit 1 Kpfr. breit 8. Leipzig 837. Müller. 1 2/3 ℛ

— Odyssee. Aus d. Griech. in Stanzen übersetzt u. erläutert. Von W. K. Ferd. Minne. 4 Hefte. 8. Leipzig 839. Wunder. 1 ℛ

— Odyssee. Aus d. Griech. in Stanzen übersetzt u. erläutert. Für Schule u. Haus. Von W. K. Fd. Minne. 2. Ausg. (Mit 12 Umrissen von Flaxmann.) kl. 8. Leipzig 842, Hartung. 1 1/4 ℛ

— Odyssee, übers. von Aug. Edw. Wlh. Jacob. gr. 8. Berlin 844. Reimer. 1 2/3 ℛ

— Odyssee von Joh. Heinr. Voß. (Miniat.-Ausg.) 16. (455 S. m. 1 Stahlst.) Stuttgart 848, Cotta. In Engl. Einb. 2 ℛ — (Neue Ausg.) 16. (488 S. m. 1 Stahlst.) Ebd. 851. In Engl. Einb. m. Goldschn. 1 1/2 ℛ

— Odyssee. Erklärt v. J. U. Faesi. 2 Bde. (Sammlung Griech. u. Latein. Schriftsteller m. Deutschen Anmerkungen.) gr. 8. (1: XLII u. 282 S. 2: 291 S.) Leipzig 850, Weidmann. (à 2/3 ℛ) 1 1/3 ℛ

— Odyssee im Versmaß der Urschrift übers. v. G. Wiedasch. Mit 1 (lithochrom.) Titelbilde u. 3 Scenen nach Flaxmann. 16. (VIII u. 451 S.) Stuttgart 852, Metzler. In Engl. Einb. m. Goldschn. 1 1/2 ℛ

— Odyssee. Erklärt von J. U. Fäsi. 2 Bde. 2. Aufl. 853. — 3. bericht. Aufl. Berlin 855, 56. Weidmann. 8. (LXIV, 285; 298 S.) Jeder Band 20 ngr.

Homer. Odyssee. Prosaisch übersetzt von J. St. Zauper. I. u. II. Bdchen. 3. verb. Aufl. *Prag* 1853, 1856. *J. G. Calve*'sche Buchh. (*F. Tempsky*). Druck von *Kath. Jeřabek*. X, 284, 266 S. kl. 8°. Beigebunden der: „Frösch-Mäuse-Krieg“ S. 267 bis 289.

Auch unter dem Titel: Homer's Werke. Pros. übersetzt von *Zauper*. 3. u. 4. Bdchen.

— Odyssee. Für den Schulgebrauch erklärt von Karl Friedr. Ameis. 1. Bd. 1. 2. Heft u. 2. Bd. 1. Heft. Gesang. I—XVIII. Leipzig 856—58. Teubner. gr. 8. (XXII, 186; 180; XII, 198 S.) 1 ℛ. 4 ngr.

— Odyssee. Für den Schulgebrauch erklärt von Karl Frdr. Ameis. 2. Bd. 2. Heft. Gesang XIX—XXIV. Leipzig 860. Teubner. gr. 8. (175 S.) 10 ngr.

— — 2. vielfach bericht. Aufl. 2 Bde. à 2 Hefte. Ebend. 861—63. 8. 1 ℛ 24 ngr.

I. 1.: Gesang I—VI. (XXIV, 215 S.) 15 ngr. — I. 2.: Gesang VII—XII. (222 S.) 12 ngr. — II. 1.: Gesang XIII—XVIII. (XII, 224 S.) 15 ngr. — II. 2.: Gesang XIX—XXIV. (191 S.) 12 ngr.

— Odyssee. Erklärt von J. U. Faesi. 1. Bd. 4. Aufl. gr. 8. (329 S.) Berlin 860, Weidmann'sche Buchh.

— Odyssee. Erklärt von J. U. Faesi. 2. (Schluss-) Bd. 4. Aufl. gr. 8. (XLI und 294 S.) Berlin 862, Weidmann'sche Buchh.

1. Bd. Ebendas. 1860. 20 Ngr.

— Erklärt von J. U. Faesi. 2 Bde. 4. Aufl. Berlin 861, 62. Weidmann. 8. (329 S.; XLI, 294 S.) Jeder Bd. 20 ngr.

— Odyssee. Erklärendo Schulausg. von Heinr. Düntzer. 3 Hefte. gr. 8. Paderborn, Schöningh. [1. Heft. Buch I—VIII. (VIII und 252 S.) 863. 21 Ngr., 2. Heft. Buch IX—XVI. (239 S.) 863. 19 Ngr., 3. Heft. Buch XVII—XXIV. Nebst Register. (256 S.) 864. 20 Ngr.]

— Odyssee. Für den Schulgebrauch erklärt von Karl Friedr. Ameis. 2 Bde. in 4 Heften. gr. 8. [1. Bd. 1. Heft: Gesang I—VI. 3. Aufl. 1865. und 4., vielfach bericht. Aufl. (XXIV und 172 S.) 868., 1. Bd. 2. Heft: Gesang VII—XII. 2. Aufl. 1862. und 3., vielfach bericht. Aufl. (162 S.) 865., 2. Bd. 1. Heft: Gesang XIII—XVIII. 2. Aufl. 1862. und 3., vielfach bericht. Aufl. (XIV und 167 S.) 867., 2. Bd. 2. Heft: Gesang XIX—XXIX. 2. Aufl. 1863. und 3., vielfach bericht. Aufl. (162 S.) 868.] Leipzig, Teubner. à Heft 12 Ngr.

— dass. — Anhang. 1. Heft. Erläuterungen zu Gesang I—VI. gr. 8. (72 S.) Ebendas. 865.

— dass. — Anhang. 2. Heft. Erläuterungen zu Gesang VII—XII. gr. 8. (84 S.) Ebendas. 865.

— dass. — Anhang. 3. Heft. Erläuterungen zu Gesang XIII—XVIII. gr. 8. (100 S.) Ebendas. 867.

— dass. — Anhang. 4. Heft. Erläuterungen zu Gesang XIX—XXIV. gr. 8. (115 S. mit 2 Abbild. in eingedr. Holzschn. und 2 Registern.) Ebendas. 868.

— dass. — 1. Bd. Gesang I—VIII. 5. Aufl. Besorgt von W. C. Kayser. gr. 8. (257 S.) Ebendas 867.

— dass. — In Reimen übersetzt von Alb. von Carlowitz. 8. (IV, 368 S.) Dresden 868, (Türk's Verlag.) *

— dass. — Mit erklärenden Anmerkungen von Gottl. Christ. Crusius. 3. Heft. 9.—12. Gesang. 4. vielfach verb. Ausg. von E. E. Seiler. gr. 8. (IV, 159 S.) Hannover 868, Hahn'sche Buchh.

— Odyssee. Für den Schulgebrauch erklärt von Karl Friedr. Ameis. 1. Bd. 1. und 2. Heft und 2. Bd. 1. Heft. 4. vielfach bericht. Aufl.; 2. Heft. 3. vielfach bericht. Aufl. gr. 8. (XXIV, 172; 167; VI, 172; 162 S.) Leipzig 869, Teubner. à Heft M 1,20.

— dass. — 2 Bde. à 2 Hefte. 4.—6. bericht. und verm. Aufl. besorgt von C. Hentze. gr. 8. Ebendas 870—74. à Heft M 1,35.

Inhalt:

Bd. 1. 1. Heft. Gesang I—VI. (XXIV, 189 S.)
» 1. 2. Heft. Gesang VII—XII. (175 S.)
» 2. 1. Heft. Gesang XIII—XVIII. (IV, 179 S.)
» 2. 2. Heft. Gesang XIX—XXIV. (174 S.)

— dass. — Anhang. 4 Hefte. Erläuterungen. gr. 8. Ebendas. à Heft 90 Pf.

— dass. — Bearb. von Ferd. Schmidt. Mit 82 Holzschn. von G. Bartsch (eingedr. und auf 6 Holzschntaf.). 5. Aufl. 8. (202 S.) Berlin 870, Kastner. geb.

dasselbe. Erklärt v. J. U. Faesi. 1—3. Bd. besorgt v. W. C. Kayser. gr. 8. (259 S.) Berlin 871—75. Weidmann. 4. 80

1. Gesang I—VIII. 6. Aufl. (259 S.)	1. 80
2. Gesang IX—XVI. 6. Aufl. (185 S.)	1. 50
3. Gesang XVII—XXIV. 5. Aufl. (212 S.)	1. 50

— Odyssee. Zum Wohle german. Menschheit verteutschet u. auf's Artigste in liebl. Reimlein neu erzählet von W. v. D. 16. (III, 179 S.) Coblenz 871. Hergt. — 75

—— dass. — Vossische Uebersetzug. Mit 40 Orig.-Compositionen von Friedr. Preller in Holzschn. ausgeführt von R. Brend'amour und K. Oertel. 1. Aufl. 1871, und 2. Aufl. Fol. (III, 311 S. mit eingedr. Holzschn. und 11 Holzschntaf.) Leipzig 873, A. Dürr. cart. * geb. in Lwd. mit Goldschn. * geb. in Leder mit Goldschn. *
Vgl.: Kammer, Ed., die Einheit der Odyssee.

—— dass. — 1.—19. Gesang. Wortgetreu in deutsche Prosa übers. von H. B. Mecklenburg. (In 23 Heften.) 1.—18. Heft. 32. (S. 1—598.) Berlin 872, H. R. Mecklenburg. à Heft * 25 Pf. *

—— dass. — 20. Gesang. Wortgetreu aus dem Griech. übers. unter H. B. Mecklenburg's Anleitung von F. B. 32. (32 S.) Ebendas. 875. *

—— dass. — 21.—24. Gesang. Wortgetreu in deutsche Prosa übers. unter H. R. Mecklenburg's Anleitung von F. B. 32. (S. 33—99.) Berlin 877,78, H. R. Mecklenburg. à Heft * 25 Pf. *
1.—20. Gesang. Ebendas. 1872—75. *M 4,75.

Homer's Odyssee. Erklärt von Vict. Hugo Koch. (In 6 Heften.) 1. Heft (α—δ), 2. Heft (ε—ϑ) und 4. Heft (ν—π). gr. 8. (168; 118; 154 S.) Hannover 872—75, Hahn'sche Buchh. à Heft M 1.

—— dass. — Erklärt von Vict. Hugo Koch. 3., 5. und 6. (Schluss-)Heft. gr. 8. Hannover, Hahn'sche Buchh. [3. Heft. (ι—μ.) (153 S.) 876; 5. Heft. (ρ—υ.) (130 S.) 877; 6. Heft. (φ—ω.) (117 S.) 878.] à Heft *M 1. *
1., 2. und 4. Heft. Ebendas. 1872—75. à *M 1.

— dasselbe, übersetzt v. Wilh. Osterwald. 6 Hfte. [Leuckart's Uebersetzungs-Bibliothek griech. u. röm. Classiker.] gr. 16. (LXVI, 322 S.) Leipzig 873. Leuckart. à — 40; cplt. in 1 Bde. n. 2. —

— dasselbe. Vossische Uebersetzg. 40 Original-Compositionen v. Frdr. Preller. In Holzschn. ausgeführt v. R. Brend'amour u. K. Oertel. 2. Aufl. Fol. (311 S. m. eingedr. Holzschn. u. 11 Holzschntaf.) Leipzig 873. A. Dürr. cart n. 26. 25; in Lwdbd. n. 33. — in Lederbd. n. 52. 50

— Odyssee. Für den Schulgebrauch erklärt v. Karl Frdr. Ameis. 1. Bd. 1. u. 2. Hft. Gesang I—XXII. 6. bericht. u. verm. Aufl. besorgt v. C. Hentze. gr. 8. (XXIV, 189 u. 179 S.) Ebend. 874. 76. à 1. 35

— dasselbe. 2. Bd. 1. u. 2. Hft. Gesang XIII—XXIV. 5. vielfach bericht. Aufl. besorgt v. C. Hentze. gr. 8. (IV, 179 u. 174 S.) Ebend. 874. à 1. 35

— dasselbe. Anhang. 1. u. 2. Hft. Erläuterungen zu Gesang I—XII. 2. berichtigte Aufl. besorgt v. C. Hentze. gr. 8. (103 u. 128 S.) Ebend. 872. 76. 2. 10

Homers Odyssee, übers. u. erklärt v. Wilh. Jordan. gr. 8. (XLIV, 566 S.) Frankfurt a/M. 875. Jordan. n. 5. —

— dasselbe. Erklärende Schulausg. v. Heinr. Düntzer. 1. Hft. 1 u. 2. Lfg. Einleitung. Buch I—VIII. 2., neu bearb. Aufl. gr. 8. (VIII, 142 S.) Paderborn 875. Schöningh. à 1. 50

—— dass. — Erklärende Schulausg. von Heinr. Düntzer. 2. und 3. (Schluss-)Heft. à 2 Lfgn. 2. neu bearb. Aufl. gr. 8. Paderborn, F. Schöningh. * 5 10
Inhalt:
Heft 2. 1. Lfg.: Buch IX—XII. (S. 1—128.) 880. 2. Lfg.: Buch XIII—XVI. (S. 129—264.) 880. à *M 1,20.
" 3. 1. Lfg.: Buch XVII—XX. (S. 1—126.) 876. *M 1,20. 2. Lfg.: Buch XXI—XXIV. (S. 127—235.) 876. *M 1,50.
1. Heft 2 Lfgn. Ebendas. 1875. à *M 1,50.

—— dass. — ins Deutsche übertragen von Heinr. Schwarzschild. 8. (XII, 555 S.) Frankfurt a. M. 876, Diesterweg. *

—— dass. — Vossische Uebersetzung. Mit 40 Orig.-Compositionen von Friedr. Preller, in Holzschn. ausgeführt von R. Brend'amour und K. Oertel. 3. Aufl. Fol. (311 S.) Leipzig 877, A. Dürr. cart. * geb. in Leinw. *M 36.; in Leder *

Homer, Odyssee. Erklärt von J. U. Faesi. 1. u. 3. (Schluss-)Bd. Besorgt von W. C. Kayser. gr. 8. Berlin, Weidmann'sche Buchh. à Bd. M 1,80.
Inhalt:
Bd. 1. Gesang I—VIII. 7. Aufl. (256 S.) 878.
" 3. Gesang XVII—XXIV. 6. Aufl. (212 S.) 880.
2. Bd. Ebendas. 1875. M 1,50.

— dasselbe. Vossische Uebersetzung. Ster.-Ausg., neuer Abdr. Mit 6 Orig.-Compositionen v. Frdr. Preller. In Holzschn. ausgeführt v. R. Oertel. gr. 8. (464 S.) Leipzig 878. A. Dürr. geb. n. 6. —

— Odyssee. Für den Schulgebrauch erklärt von Karl Frdr. Ameis. 1. Bd. 1. u. 2. Hft. Gesang I—XII. 7., bericht. Aufl., besorgt von C. Hentze. gr. 8. (XXIV, 188 u. 1?3 S.) Leipzig 879. 82. Teubner. à 1. 35

— dasselbe. 2. Bd. 1. u. 2. Hft. Gesang XIII—XXIV, 6., bericht. u. verm. Aufl., besorgt von C. Hentze. gr. 8. (IV, 185 u. 167 S.) Ebend. 877. 80. à 1. 35

— dasselbe. Anhang. 1. Hft. Erläuterungen zu Gesang I—VI. 3., umgearb. Aufl., besorgt v. C. Hentze. gr. 8. (145 S.) Ebend. 879. 1. 50

— dasselbe. Anhang. 3. Hft. Erläuterungen zu Gesang XIII—XVIII. 2., bericht. Aufl., besorgt v. C. Hentze. gr. 8. (147 S.) Ebend. 877. 1. 20

— dasselbe. Anhang. 4. Hft. Erläuterungen zu Gesang XIX—XXIV. 2., bericht. u. verm. Aufl., besorgt v. C. Hentze. Mit (eingedr. Holzschn.-)Abbildungen u. 2 Registern. gr. 8. (136 S.) Ebend. 880. 1. 20

— dasselbe v. Joh. Heinr. Voß. Abdruck der 1. Ausg. vom J. 1781 mit einer Einleitung von Mich. Bernays. gr. 8. (CXX, VIII, 470 S. m. 4 Bl. Facsms., 2 lith. Karten u. 1 lith. Plan.) Stuttgart 881. Cotta. n. 8. —

—— dass. — Metrisch übers. von Adf. Kähler. gr. 8. (IV, 297 S.) Löbau i. W. 882, Strzeczek. *M 3.; geb. *

Die Homerische Odyssee in der ursprünglichen Sprachform wiederhergestellt von August Fick. Göttingen: R. Peppmüller 1883. (330 S.) 8°
— Beiträge z. Kunde d. indogerman. Sprachen. Suppl.Bd.

— dasselbe, ed. Guil. Dindorf. Ed. V. correctior, quam curavit C. Hentze. 2 partes. 8. Leipzig 883. Teubner. à — 75
1. I—XII. (XXII, 204 S.) — 2. XIII—XXIV. (VI, 194 S.)

—— dass. — Erklärt von J. U. Faesi. 1. und 2. Bd.: Gesang I—XII. 8. Aufl., besorgt von G. Hinrichs. gr. 8. (IV, 234; 236 S.) Berlin 884, Weidmann'sche Buchh. à Bd. M 1,80.

—— Odyssee, erklärt von J. U. Faesi. 3. und 4 Bd. gr. 8. Berlin, Weidmann'sche Buchh. à Bd. * ℳ 1. 80. * 3 60

Inhalt:

Bd. 3. Gesang XIII—XVIII. 7. Aufl., besorgt von Gust. Hinrichs. (258 S.) 885.
» 4. Gesang XVIIII—XXIV. 7. Aufl., besorgt von Johs. Renner. (232 S.) 887.
1. und 2. Bd. Ebendas. 1884. à *ℳ 1.80.

—— Odyssee. Für den Schulgebrauch erklärt von Karl Friedr. Ameis. 2 Bde. à 2 Hefte. Besorgt von C. Hentze. gr. 8. Leipzig, Teubner. à Heft ℳ 1,35.

Inhalt:

Bd. 1. Heft 1. Gesang I—VI. 8. bericht. Aufl. (XXIV, 197 S.) 884.
» 1. » 2. Gesang VII—XII. 7. bericht. Aufl. (183 S.) 882.
» 2. » 1. Gesang XIII—XVIII. 7. bericht. Aufl. (IV, 182 S.) 884.
» 2. » 2. Gesang XIX—XXIV. 6. bericht. Aufl. (167 S.) 880.

—— dass. — In usum scholarum edidit Frz. Pauly. Pars I: Odysseae lib. I—XII. Edit. V. correctior. 8. (V, 174 S.) Prag 884, Tempsky. *

— dasselbe. Scholarum in usum ed. Paul Cauer. Pars I. Carm. I—XIII. 8. (XLIV, 222 S.) Leipzig 886. Freytag. n. 1. —; Einbd. n.n. — 20

—— dass. — Im Versmaß der Urschrift übers. von F. W. Ehrenthal. 8. (384 S.) Leipzig 886, Bibliograph. Institut. geb. * 1 —

—— dass. — Für den Schulgebrauch erklärt von Ferd. Weck. Ausg. a. Kommentar unterm Text; Ausg. b. Text und Kommentar getrennt in je 2 Heften. 1.—7. Heft. gr. 8. Gotha, F. A. Perthes. jede Ausg. * 7 80

Inhalt:

Heft 1. Gesang I—III. Ausg. a. (VIII, S. 1—79.) Ausg. b. (VI, S. 1—39; S. 1—40.) 886. *ℳ 1.—.
» 2. Gesang IV—VI. Ausg. a. (S. 81—168.) Ausg. b. (S. 41—84; S. 41—78.) 886. *ℳ 1.—.
» 3. Gesang VII—IX. Ausg. a. (S. 169—249.) Ausg. b. (S. 85—128; S. 79—118.) 886. *ℳ 1.—.
» 4. Gesang X—XII. Ausg. a. (S. 251—348.) Ausg. b. (S. 129—174; S. 119—168.) 887. *ℳ 1.20.
» 5. Gesang XIII—XV. Ausg. a. (S. 349—437.) Ausg. b. (S. 175—217; S. 169—212.) 888. *ℳ 1.20.
» 6. 7. Gesang XVI—XXI. Ausg. a. (S. 439—646.) Ausg. b. (S. 219—300; S. 213—334.) 888. à *ℳ 1.20.

Homer's Odyssee, übers. v. J. H. Voß. Für Schule u. Haus bearb. v. B. Kuttner. 8. (IV, 228 S.) Frankfurt a/M. 888. Sauerländer. n. 1. 30; geb. n. 1. 65

— dasselbe, übers. u. erläutert v. W. Jordan. 2. Aufl. 4.—6. Tausend. gr. 8. (XI, 525 S.) Frankfurt a/M. 889. W. Jordan's Selbstverlag. n. 4. —; geb. n. 5. —

— Odyssee, in freier Umdichtung f. das deutsche Haus v. Emil Engelmann. Mit vielen Bildern nach Zeichngn. v. Tischbein, Genelli, Preller, Häberlin, Kepler, Closs, Hoffmann, Unger u. A. 10 Lfgn. Lex.-8. (XIII, 394 S.) Stuttgart 890. Neff. à — 60 (cplt. geb. m. Papier-Überzug: n. 7. —; in Leinw. n. 8. —)

—— dass. — bei Scheidung d. Inhalts in 2 Hauptabteilungen u. 6 Unterabteilungen aus dem Griechischen metrisch ins Deutsche übertragen u. m. erläuternden Bemerkungen versehen v. Friedr. Soltau. 2 Bde. gr. 8. (VII, 312; 280 S.) Berl. 891, Norddeutscher Verlag. * 6 — eleg. geb. ** 8 —; Schulausg. in 1 Bd. geb. ** 6 50

Vgl.: Classiker, griechische u. lateinische. — Engelmann, R. Bilder-Atlas. — La Roche, J. — Ludwich, Arth. — Meisterwerke der deutschen Litteratur. — Schmidt, K. E. — Sickinger, A. — Teubner's Sammlung deutscher Dicht- u. Schriftwerke, für höhere Töchterschulen. — Velhagen u. Klasing's Sammlung deutscher Schulausgaben.

—— dass. — übers. v. Joh. Heinr. Voß. Für Schule u. Haus bearb. v. Bernh. Kuttner. 2. verb. u. verm. Aufl. Mit e. erklär. Anh. 8. (VIII, 228 u. X S.) Frankf. a. M. 891, Sauerländer. * 1 30 geb. ** 1 65

Homer's Odyssee, in verkürzter Ausgabe. Für den Schulgebrauch von A. Th. Christ. Mit einem Titelbilde, 13 Abbildungen und einer Karte. Wien und Prag 1891. F. Tempsky. (Min.-Erl. 5. Juni 1891. Z. 9634.) Geh. 1.—, geb. 1.20

—— dass. — In neuer Uebersetzg. v. Osk. Hubatsch. gr. 8. (IV, 344 S.) Bielef. 892, Velhagen u. Klasing. geb. in Leinw. * 3 50

—— dass. — v. Joh. Heinr. Voß. (Neudruck.) gr. 16. (298 S.) Lpz. 892, Reclam. geb. in Leinw. * 1 —

— dasselbe. Erklärt v. Vict. Hugo Koch. Neu bearb. v. Capelle. 1. Hft. (α—δ.) gr. 8. (179 S.) Hannover 893. Hahn. n. 1. 20

Homer's Odyssee, in verkürzter Ausgabe. Für den Schulgebrauch von A. Th. Christ. 2. Aufl. Mit 1 Titelbilde, 13 Abbildungen und 1 Karte. Wien und Prag 1894. F. Tempsky. (Min. Erl. v. 20. März 1895, Z. 6144.) Geheftet 1. —, gebunden 1.20.

Homers Odyssee. Z. Schulgebr. bearb. u. erläut. v. Dr. Ernst Naumann, Oberl. ... zu Berlin. Tl 1. 2. Text. Kommentar. *Bielefeld & Leipzig: Velhagen & Klasing 1894. 95.* 4 Bde 8.

1. Gesang I bis Gesang XIII 184. 1894.
Text. (XIII, 212 S.) Komm. (2 Bl., 147 S.)
2. Gesang XIII 185 bis Gesang XXIV.
Text. 1894. (XIII, 170 S.) Komm. 1895. (2 Bl., 111 S.)

(Sammlung latein. u. griech. Schulausgaben.) 96. 4636

— dasselbe. Scholarum in usum ed. Paul. Cauer. 2 Bde. 8. Wien, F. Tempsky. — Leipzig, G. Freytag. n. 2. 50: in 1 Bd. n. 2. —

1. Carm. I—XII. Ed. maior. Corollario praefationis criticae aucta. (LII, 222 S.) 894. n. 1. 50
2. Carm. XIII—XXIV. (228 S.) 895. n. 1. —; geb. n.n. 1. 30

Homer's Odyssee. Schulausg. v. Paul Cauer. 1. Tl. 2., verb. Aufl. 8. (XXIV, 202 S.) Wien u. Prag 894. F. Tempsky. — Leipzig, G. Freytag. n. 1. —; geb. n n. 1. 30

— dasselbe. Schulausg. v. Paul Cauer. 2. Tl. (ν—ω). 2., verb. Aufl. 8. (XII, 234 S.) Wien u. Prag 896. F. Tempsky. — Leipzig, G. Freytag. n. 1. —; geb. n. 1. 30

— dasselbe. F. d. Schulgebr. erkl. v. Karl Frdr. Ameis. 1. Bd. 1. Hft. u. 2. Bd. 1. u. 2. Hft. Neue Aufl., besorgt v. C. Hentze. gr. 8. Ebd. 895. à 1. 35

I. 1. Gesang I—VI 10., bericht. Aufl. (XXVIII, 200 S.)
II. 1. Gesang XIII—XVIII. 8., bericht. Aufl. (IV, 186 S.)
II. 2. Gesang XIX—XXIV. 8., bericht. Aufl. (176 S.)

— Odyssee. Für den Schulgebrauch erklärt v. Karl Frdr. Ameis. 1. Bd. 2. Hft. Gesang VII—XII. 9., bericht. Aufl. Besorgt v. C. Hentze. gr. 8. (192 S.) Leipzig 893. B. G. Teubner. 1. 35

— dasselbe. Anhang. 3. Hft. Erläutergn. zu Gesang XIII—XVII. 3., umgearb. Aufl., besorgt v. C. Hentze. gr. 8. (146 S.) Ebd. 895. 1. 20

— dasselbe. Vossische Uebersetzg. M. 40 Orig.-Compositionen v. Frdr. Preller. In Holzschn. ausgeführt v. R. Brend'amour u. K. Oertel. (Neue billige Ausg.) 4. Aufl. Fol. (311 S. m. Abb. u. 3 Taf.) Leipzig 895. Breitkopf & Härtel. n 18. —; geb. in Leinw. n.n. 20. —

Homers Odyssee. Für d. Schulgebr. in verkürzter Form bearb. u. hrsg. von Dr. Joseph Bach, Dir. in Strassburg i. Els. Text. Kommentar. *Münster: Aschendorff 1895–1900.* 2 Bde 8°

(Aschendorff's Sammlung lat. u. griech. Klassiker.) 96. 4446

— dasselbe. F. d. Schulgebr. in verkürzter Form bebearb. u. hrsg. v. Jos. Bach. Text. 8. (XXX, 288 S.) Münster 895. Aschendorff. Geb. in Leinw. n.n. 2. —

Homer's Odyssee. Nach der Uebersetzung von Johann Heinrich Voß. Für den Schulgebrauch herausgegeben von Dr. Bruno Stehle. Mit einem Titelbilde. 8. (151 S.) Geb. —.40
Prag: Tempsky 1895.

— dasselbe. VI. u. XXII. Buch. Nachdichtung v. Emil Irmscher. Progr. gr. 8. (18 u. 28 S.) Leipzig 896. Buchhdlg. G. Fock. à n. — 60

— dasselbe in freier Umdichtg. f. d. deutsche Haus v. Emil Engelmann. M. vielen Bildern u. Zeichngn. v. Tischbein, Genelli, Preller u. A. 2. Aufl. (3.—5. Taus.) gr. 8. (XIII, 394 S.) Stuttgart 896. P. Neff, Verl. Geb. in Halbleinw. n. 7. —; in Leinw. n. 8. —
Erschien auch in 10 Lfgn. à — 60.

[F.] Homers Odyssee v. Johann Heinrich Voss. Schulausg. bearb. v. Karl Holdermann. M. 1 Titelb. 4. verb. Aufl. *Berlin: Reuther & Reichard 1897.* (163 S., 1 Taf.) 1 Bd 8.
— Meisterwerke d. deutschen Litteratur. [No] 3. [98. 1307

— dasselbe, übers. v. Joh. Heinr. Voß. Für Schule u. Haus bearb. v. Bernh. Kuttner. 3., verb. u. verm. Aufl. M. e. erklär. Anh. 8. (VIII, 228 u. XI S.) Frankfurt a/M. 897. J. D. Sauerländer. Geb. in Leinw. n. 1. 65

— dasselbe, übers. v. Johs. Ehlers. 8. (218 S.) Hannover 897. C. Meyer. n. 1. 25

— dasselbe, carmina cum apparatu critico edd. J. van Leeuwen J. F. et M. B. Mendes da Costa. Ed. II. passim aucta et emendata. Accedunt tabulae III. 2. Tle. gr. 8. Leiden, A. W. Sijthoff. à n.n. 3. —
I. Carm. I—XII. (XXVII, 292 S.) 897.
II. Carm. XIII—XXIV. (S. 293—600.) 898.

Homer's Werke. Odyssee. N. d. Uebersetzg. v. Joh. Heinr. Voß. F. d. Schulgebr. hrsg. v. Bruno Stehle. 12. (151 S. m. Bildn.) Leipzig 898. G. Freytag. Kart. n. — 80

— dasselbe. Übers. v. Joh. Heinr. Voß. Abdr. der ersten Ausg. 12. (290 S.) Leipzig (900). M. Hesse. Geb. in Leinw. n 1. —

— dasselbe, epitome. In usum scholarum ed. Augustinus Scheindler. Ed. II correctior. gr. 8. (XVIII, 295 S.) Wien 900 A. Hölder. n. 1. 92; geb. in Leinw. n. 2. 40

— Odyssee. Erklärt v. J. U. Faesi. 1. Bd. Gesang I—VI. 9. Aufl. neu bearb. v. Adf. Kaegi. gr. 8. (XXX, 188 S.) Berlin 901. Weidmann. 2. 10

Homer's Odyssee. Erklärt v. J. U. Faesi. 2. Bd. Gesang VII—XII. 9. Aufl. besorgt v. J. Sitzler. (III, 268 S.) 8. Berlin 910. Weidmann. 2. 60

— dasselbe. Nach der Übersetzg. v. Joh. Heinr. Voß. Für den Schulgebrauch hrsg. v. Bruno Stehle. 2., unveränd. Abdr. der 1. Aufl. 12. (151 S. m. Titelbild.) Leipzig 901. G. Freytag. Geb. n. — 80

— dasselbe. Für den Schulgebrauch erklärt v. Karl Frdr. Ameis. 1. Bd. 1. u. 2. Hft. Besorgt v. C. Hentze. gr. 8. Leipzig 901. B. G. Teubner. 2. 85
1. Gesang I—VI. 11. bericht. Aufl. (XVIII, 298 S.) 1. 50
2. Gesang VII—XII. 10. bericht. Aufl. (197 S.) 1. 35

— dasselbe. Anh. 4. Hft. Erläuterungen zu Gesang XIX —XXIV. 3. umgearb. Aufl. Besorgt v. C. Hentze. Mit 2 Registern. gr. 8. (141 S.) Ebd. 900. 2. 10

HOMER
(F) Homers Odyssee in verkürzter Ausgabe. Für den Schulgebrauch von A. Th. Christ. Mit 1 Titelbild, 18 Abbildungen und 1 Karte. 3. Auflage. Mit hohem k. k. Ministerialerlass vom 20. August 1901, Z. :8639, allgemein zulässig erklärt. Prag. Wien. 1901. Tempsky. Leipzig. Freytag. Gr.-8°. XLVI. 338 S. Geb. 2.40

— dasselbe. Schulausg. v. Paul Cauer. 3. Aufl. (Unveränd. Abdr.) 8. (XXXII, 234 S.) Leipzig 902. G. Freytag. Geb. in Leinw. n. 3. —

Homers Odyssee in d. Übers. von Johann Heinrich Voß. Schulausg. mit Einl. u. Erl. von Dr. Franz Weineck. *Stuttgart & Berlin: J. G. Cotta Nachf. 1902.* (251 S.) 8° [F.] [03. 11833

Homers Odyssee. Uebers. von Johann Heinrich Voß. *Stuttgart & Berlin: J. G. Cotta Nachf. [1902].* (274 S.) 8° [F.]
— Handbibliothek, Cotta'sche. No 34. [03. 14596

Homers Odyssee nach der ersten Ausgabe der deutschen Übersetzung von Johann Heinrich Voß. Für d. Schulgebr. verkürzt u. eingerichtet von Dr. Heinrich Vockeradt, Dir. in Recklinghausen. *Paderborn: F. Schöningh 1903.* (170 S.) 8° [F.]
— Ausgaben, Schöninghs, ausländischer Klassiker mit Erl. 4. [03. 14940

Homers Ilias. Für d. Schulgebr. ausgewählt u. erkl. von Prof. Dr. Ferdinand Hoffmann in Gera. (Übers. von Johann Heinrich Voß.) *Münster i. W.: Aschendorff 1903.* (306 S.) 8° [F.]
— Ausgaben, Aschendorffs, f. d. deutschen Unterricht. [27.] [04. 7185

Christ, A. Th., Homers Odyssee in verkürzter Ausgabe. Mit 1 Titelbild, 16 Abbildungen und 1 Karte. 4., durchgesehene Auflage. Wien 1903. F. Tempsky. Preis, geheftet 2 K, in Ganzleinenband gebunden 2 K 50 h.

Homer's Odyssee in verkürzter Ausgabe. Für den Schulgebrauch v. A. Th. Christ. Mit 1 Titelbilde, 16 Abbildgn. u. 1 Karte. 4. durchgeseh. Aufl. (XLIII, 340 S.) 8. Leipzig 904. G. Freytag. Geb. in Leinw. n. 2. 20

— dasselbe. Nach der Uebersetzg. v. Joh. Heinr. Voß. Für den Schulgebrauch hrsg. v. Bruno Stehle. 1. Aufl. 3. Abdr. in neuer Rechtschreibg. (151 S. m. Titelbild.) kl. 8. Leipzig 904. G. Freytag. — Wien, F. Tempsky. Geb. n. — 80

Homers Odyssee. [Freytag's Schulausgaben und Hilfsbücher für den deutschen Unterricht.] 8°. (151 S.) geb. K 1.—
Wien: Tempsky 1904.

— dasselbe, frei nach Voß. Schulausg. v. M. Niebour. (V, 176 u. 32 S.) 8. Ebd. (905). Geb. n. 1. —

— dasselbe. Deutsch v. Hans Geo. Meyer. (VIII, 256 S m. Abbildgn.) gr. 8. Berlin 905. J. Springer. Geb. in Leinw. n. 4. 50; Schulausg. (ohne Abbildgn.) n. 1. 60; geb. n. 2. —

— Odyssee. Zum Schulgebrauch bearb. u. erläutert v. Ernst Naumann. 1. Tl.: Gesang I bis Gesang XIII 184. Text. (Neudr.) (XIII, 212 S.) 8. Bielefeld 905. Velhagen & Klasing. Geb. n. 1. 80

— dasselbe, übers. v. Joh. Heinr. Voß. Für Schule u. Haus bearb. v. Bernh. Kuttner. 4., verb. Aufl. Mit e. erklär. Anh. (IV, 201 S.) 8. Frankfurt a/M. (905). Kesselring. Geb. n. 1. —

— dasselbe. Schulausg. v. Paul Cauer. I. Teil. 4. Aufl. (Unveränd. Abdr.) (XXIV, 202 S.) 8. Leipzig 905. G. Freytag. Geb. 1. 40

— dasselbe. Schulausgabe v. Paul Cauer. 4. Aufl. (Unveränd. Abdr.) (XXXII, 202 u. 234 S.) 8. Ebd. 905. Geb. n. 2. 40

Die Odyssee [Verf.: Homerus], nachgebildet in achtzeiligen, jambischen Strophen von Hermann v. Schelling. 2., verb. Aufl. München & Berlin: R. Oldenbourg 1905. (VII, 512 S.) 8° [F.] 5. 65,1

Homers Odyssee nach d. 1. Ausg. d. deutschen Übers. von Johann Heinrich Voß. Für d. Schulgebr. verkürzt u. eingerichtet von Dr. Heinrich Vockeradt. 2. verb. Aufl. Mit e. Bilde Homers. Paderborn: F. Schöningh 1905. (170 S.) 8° [F.]
— Ausgaben, Schöninghs, ausländ. Klassiker. 4. (07. 10719 G

— dasselbe. Für den Schulgebrauch erklärt v. H. Kluge. (Ausg. A.) 1. u. 3. Heft. 8. Gotha, F. A. Perthes. 2.—; geb. n 2. 60
1. Gesang I—III. (124 S.) 906. 1.—; geb. n 1. 30
3. Gesang VII—IX. (79 S.) 906. 1.—; geb. n 1. 30

— dasselbe. Übersetzung v. Joh. Heinr. Voß. Mit 16 Orig.-Kompositionen v. Frdr. Preller. In Holzschn. ausgeführt v. R. Oertel. 3. Aufl. (VIII, 464 S.) 8. Leipzig 906. Breitkopf & Härtel. 4.—; geb. in Leinw. n 5. —

Homers Odyssee in Auswahl nach d. Übers. von Johann Heinrich Voß. Für d. Schulgebr. hrsg. von Dr. Georg Finsler, Rektor. Leipzig & Berlin: B. G. Teubner 1906. (132 S.) 8° [F.]
(Deutsche Schulausgaben hrsg. von H. Gaudig u. G. Frick.) (06. 15848

Homers Odyssee. Nach d. Übers. von J[ohann] H[einrich] Voß, im Ausz. bearb. von E[rich] Wetzel, Oberl. zu Berlin. 6., unveränd. Aufl. Leipzig & Berlin: B. G. Teubner [1906]. (IX, 133 S.) 8° [F.]
— Sammlung, Teubners, deutscher Dicht- u. Schriftwerke f. höh. Mädchenschulen. Bdch 12. (06. 3195

— dasselbe. Für den Schulgebrauch in verkürzter Form bearb. u. hrsg. v. Jos. Bach. I. u. II. Tl. 8. Münster, Aschendorff. 3. 70
I. 3. Aufl. Text. (XXXVI, 314 S.) 906. Geb. 2. 20
II. Kommentar. 2. Aufl. (205 S.) 907. 1. 50

Homers Ilias nach d. 1. Ausg. d. deutschen Übers. von Johann Heinrich Voß. Für d. Schulgebr. verkürzt u. eingerichtet von Dr. J[ohann] A. Kilb, Oberl. Paderborn: F. Schöningh 1906. (VIII, 165 S.) 8° [F.]
— Ausgaben, Schöninghs, ausländ. Klassiker. 11. (07. 10721

— dasselbe. Nach der Übersetzg. v. Joh. Heinr. Voß. Für den Schulgebrauch hrsg. v. Bruno Stehle. 2., durchgeseh. Aufl. (151 S. m. Titelbild.) kl. 8. Leipzig 907. G. Freytag. — Wien, F. Tempsky. Geb. — 80

— Odyssee. Für den Schulgebrauch erklärt v. Karl Frdr. Ameis u. Carl Hentze. I. Bd. 1. u. 2. Heft u. II. Bd. 1. u. 2. Heft. gr. 8. Leipzig, B. G. Teubner. 7.—; geb. 8. 90
I. 1. Gesang I—VI. 12. bericht. Aufl. (XVIII, 212 S.) 908. 1.80; geb. 2. 30
I. 2. Gesang VII—XII. 11. bericht. Aufl. (205 S.) 908. 1.80; geb. 2. 30
II. 1. Gesang XIII—XVIII. 9. Aufl., bearb. v. Paul Cauer. (XI, 168 S.) 910. 1.60; geb. 2. —
2. Gesang XIX—XXIV. 10. Aufl. Bearb. v. Paul Cauer. (VI, 188 S.) 910. 1.80; geb. 2. 30

Homers [Homerus] Odyssee, nach der ersten Ausg. d. deutschen Übers. von Johann Heinrich Voß. Für d. Schulgebr. verkürzt u. eingerichtet von Dr. Heinrich Vockeradt. 3. verb. Aufl. Mit e. Bilde Homers. Paderborn: F. Schöningh 1908. (XII, 159 S.) 8° [F.]
— Ausgaben, Schöninghs, ausländischer Klassiker. 4. (08. 8011

Homers [Homerus] Odyssee. [Übers. von Johann Heinrich Voß, Ausz.] Paderborn: F. Schöningh [1908]. (VII, 144 S.) 8° [F.]
— Textausgaben, Schöninghs, alter u. neuer Schriftsteller. 52. (08. 8337

— dasselbe. In deutscher Übersetzg. v. Joh. Heinr. Voss. Hrsg. v. Hans Feigl, Vorwort v. Willy Pastor. (Buchschmuck v. Rud. Junk.) (XIX, 422 S. m. 1 Taf.) 8. Wien 908. C. Konegen. Geb. in Ldr. 10.—; Luxusausg. geb. in Perg. 25. —

— dasselbe. Übers. v. Joh. Heinr. Voß. Hrsg. v. Paul Brandt. Kritisch durchgeseh. u. erläuterte Ausg. (24 u. 400 S.) 8. Leipzig (909). Bibliograph. Institut. Geb. in Leinw. 1.75; in Halbldr. 2. 60

— dasselbe. Nach der 1. Ausg. v. Joh. Heinr. Voss. Mit 18 Illustr. nach Zeichngn. v. Bonaventura Genelli u. ornamentalem Schmuck v. J. V. Cissarz. (XIV, 338 S.) gr. 8. Stuttgart (909). J. G. Cotta Nachf. Geb. in Leinw. 5. —

— Odyssee u. Ilias, Schulwörterbuch dazu, s.: Ebeling, H.

— dasselbe u. Ilias im Auszuge, hrsg. v. Osk. Hubatsch, s.: Velhagen & Klasing's Sammlung deutscher Schulausgaben.

— dasselbe u. Ilias im Auszuge, übers. v. Osk. Hubatsch, s.: Velhagen & Klasing's Sammlung deutscher Schulausgaben.

— — et Ilias gr. et lat. c. annot. S. Clarke. II Vol. 4. Lond. 756.

Homers Odyssee und Ilias im Auszuge. In neuer Übers. von Oskar Hubatsch, Dir. zu Charlottenburg. *Bielefeld & Leipzig: Velhagen & Klasing 1904.* (XVII, 165 S.) 8° [F.]
— Sammlung, Velhagen & Klasings, deutscher Schulausg. Lfg 110.

— Odyssee, neu travestirt, oder Ulysses am Zusammenflusse des 18n u. 19n Jahrh. Mit 1 Kpf. 8. Manh. 802. Schwan u. G. 16 gr. Schrbp. 20 gr.

Homerova Odysseja ve skráceném vydání. Pro gymnasia česká upravil J. Schulz. Prag und Wien 1891. F. Tempsky.

—— Odysseuslied. In der Nibelungenstrophe nachgedichtet von Ernst Joh. Jak. Engel. 12. (X, 357 S.) Leipzig 885, Breitkopf und Härtel. *M 3.—; geb. * 4 —

— the Odyssey transl. by Al. Pope. 8. Francf. Hermann. (s. Gebhardt and K.) 776.

Odyssey of Homere. Transl. by Alex. Pope, with observations. Lond. 778. 2 Vol. 8. Francof. 776. 8. 1 rthlr. Und sonst noch öfter. Zuletzt Lond. 819. 12. 1 rthl. 8 gr.

—— the Odyssey. Edited with marginal references, various readings, notes and appendices by Henry Hayman. Vol. 1. Books 1—6. gr. 8. (CIII und 392 S. mit 6 Stnt., wovon 2 in Buntdr., in gr. 8., 4. und hoch 4.) Leipzig 866, Teubner.

— Opera

— — Gr. et lat. E rec. et cum notis Sam. Clarkii suisq. et var. lectt. cod. Lips. ed. J. A. Ernesti. Lips. 759-64. 5 Vol. 8. 10 rthlr. 8 gr.

— Opera, gr. et lat. ad optim. edit. expr. c. II tabb. icon. II Tom. 8 maj. (Basel) 779. Thurneisen. 4 fl 16 gr

Homeri Opera gr. et lat. ad optimas editt. expressa. 2 Vol. 8. Basel 779. Zürich, Hanke. 5/6 fl

— — Graece. In usum schol. ed. F. A. Wolf. Hal. 784-85. 2 Vol (4 P.) 8. 2 rthlr.

— — Graece. Rec. et cum commentario ed. C. G. Heyne. Cum 28 tab. aen. Lips. 802. 8 Tom. 8. 30 rthlr. Sine tabulis. 18 rthlr. (Enthält nur die *Ilias*.)

— — Graece, c. brevi annotatione curav. Heyne. Lips. 804. 2 Tom. 8. 4 rthl. (Enthält ebenfalls nur die *Ilias.*)

— — Graece, in usum schol. Ex rec. F. A. Wolfii. Cum figg. Lips. 804–7. 4 Vol. 8. 3 rthl. 16 gr. *Ilias.* Nova recognitio multis locis emendatior. Ib. 817. 2 P. 8. 2 rthlr. 4 gr.

Homeri, Opera, ex rec. F. A. Wolfii. 4 Vol. c. fig. 8. Lips., Göschen. 817. Vol. I et II. Ilias. Rthlr.
charta script.
charta velina

— Opera gr. Ad opt. libr. fidem edita. Editio stereotypa. IV Tom. 16. Lpz. 819. Tauchnitz. 1 ℛ 16 g Hbg. Pr. 18 g Fein Pap. 2 ℛ 8 g

– opera. Edidit Guil. Baeumlein. Pars I. Ilias. — Pars II. Odyssea. Editio stereot. Lipsiae 854. B. Tauchnitz. 16. (XLII, 518; VII, 436 S.) I.: 15 ngr; II.: 12 ngr

— — Ausg. in gr. 8. Ebend, 854. (XLII, 445; VII, 384 S.)
I.: 15 ngr; II.: 12 ngr
Prachtausg. I.: 1 ℛ. 22½ ngr; II.: 1 ℛ. 7½ ngr

Homeri Opera. Edidit Guil. Bäumlein. 2 partes. 8. Leipzig 870, B. Tauchnitz.
Taschenausg.
Octavausg.
Prachtausg.

Inhalt:

Pars I. Ilias. Fasc. 1. Commentatio de Homero eiusque carminibus. Iliadis libri I—XI. Fasc. 2. Iliadis libri XXII—XIV. Index nominum et rerum. — Octav- und Taschenausg. à Fasc. 75 Pf.; letztere enthält aber nicht die Commentatio. Prachtausg. complet ℳ 5,25.

» II. Odyssea. Fasc. 1. Adnotatio critica. Odysseae libri I—XII. Fasc. 2. Odysseae libri XIII—XXIV. — Octavausg. à Fasc. 75 Pf.; Taschenausg. ohne Adnotatio critica à Fasc. 60 Pf.; Prachtausg. complet ℳ 3,75.

— Opera, recognoverunt brevique adnotatione critica instruxerunt David B. Monro et Thomas W. Allen. Tom. I et II. 8. Oxford (905). Clarendon Press. à n.n. 2.50
I. Ilias. Libri I—XII. (XXIV, 366 S.)
II. Ilias. Libri XIII—XXIV. (IV, 310 S.)

— opera, recognovit brevique adnotatione critica instruxit Thomas W. Allen. Tom. III et IV. 8. Oxford, Clarendon Press. à 2.50
III. Odysseae libros I—XII continens. (XII, 229 S.) (908.)
IV. Odysseae libros XIII—XXIV continens. (224 S.) (908.)

— et Homeridarum opera et reliquiae (gr.) ex vet. crit. notat. opt. exempl. fide rec. Fr. A. Wolf. P. I. Vol. I. II. 8. Halle 794.... 2 ℛ 8 g Schrbp. 2 ℛ 16 g

— et Homeridarum opera et reliquiae rec. Wolf. T. I. Ilias et prolegom. 8. maj. Halae, Waisenh. 794.
Schreibp.

— — die prolegomena bes.

— opera et reliquiae. Ex recens. F. A. Wolfii. IV Vol. c. fig. 8. Lips. Göschen. 804–7. (I. II. Ilias 1 Rthlr. 12 gr. III. et IV. Odyssea. 1 Rthlr. 20 gr.)
Schreibp. (I. et II. 5 Rthlr. 8 gr. III. et IV. 5 Rthlr. 8 gr.)
Velinp. (I. et II. 6 Rthlr. III. et IV. 6 Rthlr.)

— — — hierzu Flaxmanns 32 Darstell. zc. z. Velin. Ausg.
dies. z. Schulausg.

— et Homeridarum opera et reliquiae gr. Ex recens. F. A. Wolfii. IV Voll. c. fig. 8. Leipz. 804–7. Göschen. 3 ℛ 20 g N. Aufl. 817. 5 ℛ Schrbp. 10 ℛ 16 ℛ Mit Flaxmanns Umrissen u. 3 Kpf. Velinp. 12 ℛ Ed. splend. Mit 1 Kpf. Vol. I. Ilias. Fol. ibid. 806. 36 ℛ

Homeri Opera omnia, ex recens. et c. notis S. Clarkii, gr et lat. Acc. var. lect. cod. Lips. c. J. A. Ernesti qui et suas notas adj. Vol. I.—IV. 8 maj. Lpz. 759–64. Weidmann. 10 ℛ 16 g Ed. nova, corr. et auct. cur W. Dindorf V Voll. 8 maj. ibid. 824. 10 ℛ 16 g Schrbp. 13 ℛ 8 g

— opera omnia ex rec. et c. notis S. Clarkii curav. I. A. Ernesti. Vol. V. Hymnos, Epigrammata et fragmenta cont. 8. maj. Lips. Weidmann. 764.

Homerus. Opera omnia. Halis 1795. V: *Wolf, Friedrich August.* (Ky)

— opera omnia (ed. Fr. A. Wolf). Tom. I. (continens Prolegomena in Homerum). 8 maj. Halle 795. Waisenh.-Buchh. 1 ℛ

Homeri Opera omnia, ex recens. et cum notis Sam. Clarkii. Rec. varietas lectionum cura J. A. Ernesti. Edit. II. corr. et auct. curante W. Dindorf. V Voll. gr. 8. Leipz. 824, Weidmanns 10 Rthlr. 16 gr. Schreibpap.

— Opera omnia secund. recens. Wolfii, c. praef. Gf. Hermann. Ed. stereot. II Voll. 8. Leipz. 826. Tauchnitz. 2 ℛ Fein Pap. 2 ℛ 16 g

—— id. — II Partes. 8. (XLII und 445, VII und 348 S.) Ibid. 854.
Vlnp. gr. 8.

— Oeuvres av. Remarq. p. Mad. Dacier. VII Vol. av. fig. 12. Leiden. (Walther à Dresden.) 770.

— Iliados Rhapsodia *A*—*Λ*. *Φ* et *X*, sive Lib. I—XI. XII et XIII. XXI et XXII. cum excerptis ex Eustathii Commentariis et Scholiis minoribus in usum Scholarum separatim edit. I. A. Müller. gr. 8. Missniae, Erbstein. (Gödsche.) 789–811. (Lib. 1. 8 gr. 2s 10 gr. 3. 4s à 5 gr. 5s 6 gr. 6s 7s u. 8s à 4 gr. 9s 6 gr. 10s 5 gr. 11s 6 gr. 12s 13s 10 gr. 21s 6 gr. 22s 5 gr.)

— Iliados Rhapsodia sive liber XXIV. cum excerptis ex Eustathii commentariis et scholiis minoribus, ad rationes beati Mülleri in us. scholar. separatim ed. G. Fr Hentsch. 8 maj. Meissen 813. Ed. nova 819. Goedsche 8 g

—— Iliadis rhapsodia I. Recensuit et critica annotatione auctam ed. Jac. Marinus van Gent. 8. (VIII und 64 S.) Leidae 851, Brill.

— Odyssea rhapsod. A. c. integr. schol. min. 8. Hamb. Vollmer. 794.

— Odysseae Rhapsodia cum integris scholiis minor. ex Eustathii commentariis in us. schol. ed. J. A. Muller. 8 maj. Dresd. 795. (Herold jun. in Hamb.) 6 g

— Iliados Rhapsodiae cum excerptis ex Eustathii Commentariis et Scholiis minoribus in usum Scholarum separatim ed. J. A. Müller. Libr. I—XXIV. 8 maj. Meissen 788—93. Ed. II. 809—14. Denuo edid. et emend. Aug. Weichert. 8 maj. ibid. 818, 19. Goedsche. 4 ℛ 8 g

— Iliados Rhapsodiae cum excerptis ex Eustathii Commentariis et Scholiis minoribus in usum Scholarum separatim ed. J. A. Müller. Libr. XIV — XX. XXIII. XXIV. 8 maj. Meiss. Goedsche. 811 — 15. (14s 5 gr. 15s 7 gr. 16s 8 gr. 17s 6 gr. 18s 7 gr. 19s 4 gr. 20s 4 gr. 23s 8 gr. 24s 8 gr.) 8 9
(Complett wird dies Buch zu 4 Rthlr. 7 gr. berechnet.)

—— die Sage vom Odysseus, in Reimen bearb. v. Ed. Eyth, s. Eyth.

— Werke

— Anmerkungen zu Homers Werken v. Voß, s. Anmerkungen.

Homer's Werke, s. Bibliothek, Cotta'sche, der Weltlitteratur.

—— dass. — s. a. Bibliothek, Langenscheidt'sche, sämmtl. griech. und röm. Klassiker.

— dasselbe. s. a. Bibliothek ausländischer Klassiker.

—— dies. übers. v. E. Wiedasch, s. Dichter, griech.

— s. a. Haus-Bibliothek griech. u. röm. Classiker.

— Werke, übers. von K. A. Küttner, s. oben Iliade.

— dasselbe. s. a. Collection Spemann.

—— Werke. Deutsch von J. J. C. Donner, s. Sammlung, neueste, ausgewählter griech. und röm. Classiker.

— — auserles. Uebersetzungen daraus, s. Uebersetzungen.

—— Werke, übers. v. E. Schaumann, s. Uebersetzungs-bibliothek griech. u. lat. Klass., I. Abthl.

— s. a. Universal-Bibliothek.

— — von J. H. Voß, s. Volksbibliothek, deutsche.

—— Werke, s. Volksbibliothek, deutsche, der griechischen und römischen Classiker.

— Werke, metrisch übers. von E. Wiedasch. 1.—12. Bdchn. (1—5. Odyssee, 1.—24. Gesang. 6—12. Ilias, 1.—24. Gesang u. Anmerk.) 16. Stuttgart ..., Metzler. à 1/4 Thlr.

— — od. d. Ilias u. Odyssee, von ein. Gesellsch. gel. Leute abgefaßt. 3 Thle m. K. 4. Frankf. 755.

— Werke, übers. u. mit Anmerkk. versehen v. Chr. Tob. Damm. 4 Thle. gr. 8. Lemgo 769—71. Meyer. 3 Thlr.

Die Werke des Horaz, aus dem Lateinischen übersetzt (von Uz, J. Z. L. JUNKHEIM und HIRSCH). 3 Teile in 1 Bd. Ansbach, Posduische Hofbuchhandlung, 1773 (und Teil III:) Ansbach, B. F. Haueisen, 1775. 8°. XIV & 296 S., XXVIII S. 1 Bl. 213 S., 2 Bl. 205 S. Etwas berieb. und bestoß., am Rücken leicht lädierter Kalbldbd. mit Rv. und Rsch.

G. IV¹. 90, 9. Schweiger II, 432. Erstausgabe. Enth. Prosaübersetzungen der Oden, der Satyren, der Briefe und der Dichtkunst.

Homerus. Werke aus dem Griechischen übersetzt . . . Zürich 1778. Ü: *Bodmer, Johann Jacob.* (DegG) (Hoff) (Ky) (GGr) (Bächtold, Litt. der Schweiz. Frauenfeld 1892. S. 201.)

— Werke aus d. Griech. vom Verf. der Noachide (Jh. Jak. Bodmer.) 2 Bde. gr. 8. Zürich 778. Orell. 1 Thlr. 16 Gr.

Homerus. Werke. Leipz. 1781. Ü: *Küttner, Carl Aug.* (Ebert)

— — v. Küttner, Ilias. 2 Thle. gr. 8. Leipz. Dyk. 781.

— Werke, aus d. Griech. v. J. H. Voß 1. 4 Bde. Mit 3 Karten u. 1 Kpf. gr. 8. Altona 793. Hammerich. 3 Thlr. Schrbp. 4 Thlr. Velinp. 7 Thlr. gr. 4. Velinp. 16 Thlr. 2e Aufl., übers. von J. H. Voß. 4 Bde. gr. 8. Königsb. 802. Univers.-B. 4 Thlr. 12 Gr. Engl. Pap. 5 Thlr. 12 Gr. Velinp. 18 Thlr. 3e Aufl., übers. v. J. H. Voß. 4 Bde. gr. 8. Stuttg. 806. 4e Aufl. 814. 5e A. 822. v. Cotta. 5 Thlr. 12 Gr.

— — von J. H. Voß. 4 Bde m. K. gr. 8. Alt. Hammerich. 793.
Schreibp.
Velinp.

— — — dieselbe gr. 4. Velinp.

— — — davon einzeln die Iliade. gr. 8. Schreibp.
die Odyssee. gr. 8. Schreibp.

— Werke von JOH. HEINR. VOSS. 2. verb. Aufl. 1—4. Bd. Königsberg. 1802.

— — v. J. H. Voß. gr. 8. Königsb. Nicolovius. 802.
E. Pap.
Velinp.

— Werke, übersetzt von Voß, enth. Ilias u. Odyssee. 4te Aufl. 4 Bde. 8. Tübing. Cotta. 815. Druckp. 4 18
Schreibp. 5 12

— Werke, Ilias u. Odyssee; übersetzt von J. H. Voß. 4 Bde. 5e verb. Aufl. mit Chart. gr. 8. Stuttg. 822, v. Cotta.

— Werke. Prosaisch übers. v. J. St. Zauper. (1r u. 2r Thl.) A. u. d. T.: Ilias. 2 Bdchen. 16. Prag 826, Calve.

— dess. 3r u. 4r Thl. Odyssee 16. Prag 827, Calve.

Homer's Werke, übersetzt von Ernst Schaumann. 9 Bde. Prenzlau 1828—1835. 8°.

— Werke, übers. u. mit Einleit. u. erklär. Anmerkk. versehen v. E. Schaumann. 1s—11s Bdchn. 16. Prenzl. 829—32. Ragoczy. 1 Thlr. 20 Gr.

— Dies., übers. von E. Wiedasch. 16. Stuttg. 830—32. Metzler. 1 Thlr. 6 Gr. (Vergl. Dichter, griechische.)

Homer's Werke, übersetzt von E. Wiedasch. 4 Bde. Stuttgart 1830—1843. 8°.

—— dies. (übers.) v. Joh. Heinr. Voß. 2 Bde. — A. u. d. T.: Homer's Ilias u. Odyssee. 5., stark verb. Aufl. M. 1 Karte v. Troja, 1 Homer. Welttafel (Fol.), 1 Karte d. Kefalenischen Reichs u. 1 Grundr. v. Hause d. Odysseus. gr. 8. (55 1/2 B.) Stuttgart 833, Cotta.

— Werke von Johann Heinrich Voß. 2 Bde. Stereotyp-Ausg. Mit 1 Karte von Troja, 1 Homerischen Welttafel, 1 Karte des Kefalonischen Reichs u. 1 Grundrisse vom Hause des Odysseus. 16. Stuttgart u. Tübingen 839. v. Cotta. 1 1/2 Thlr.

—— Werke v. Joh. Heinr. Voß. In 1 Bde. gr. Lex.-8. (42 3/4 B. u. 25 Kpfrst.) Stuttgart u. Tübingen 840, Cotta'sche Buchh.

— Werke, metrisch übersetzt von E. Wiedasch. 1s—7s Bdchn. 16. Stuttgart 840 u. ff. Metzler. (à 1/4 Thlr.) 1 3/4 Thlr.

—— dies. — Pros. übers. v. J. St. Zauper. 4 Bdchn. gr. 12. Prag, Calve'sche Buchh. à 3/4 Thlr.
Bdchn. 1., 2. Ilias. (27 3/4 B.) 2., verb. Aufl. 841.
„ 3., 4. Odyssee. (35 1/2 B.) 840.

— Prosaisch übersetzt von J. St. Zauper. 1. u. 2. Bdchen. Ilias, 3. u. 4. Bdchen. Odyssee, 2 Bdchen. 2. verb. Aufl. gr. 12. Prag 841, Calve'sche Buchh. à 3/4 ₰ (1—4: 3 ₰)

—— dies. v. Joh. Heinr. Voß. 2 Bde. Stereotyp.-Ausg. gr. 16. (74 3/4 B. u. 4 Kart.) Stuttgart 842, Cotta'sche Buchh.

Homer's Werke von Joh. Heinr. Voß. 2 Bde. (Ilias. — Odyssee.) gr. 16. (XII und 862 S.) Stuttgart 851, Cotta'sche Buchh.

— Werke von Joh. Heinr. Voß. 2 Bde. (Neue Aufl.) Stuttgart 853 u. 856. Cotta. 16. (IX, 484; 2 Bl., 378 S.) 1 ₰.

Inhalt: 1. Thl.: Ilias. — 2. Thl.: Odyssee.

—— dass. — Prosaisch übers. von J. St. Zauper. Ilias. 2 Bdchn. 3., verb. Aufl. Prag, [Tempsky.] [Bdchn. 1. (326 S.) 2. (340 S. mit 1 lithogr. Karte in hoch 4.) 852.]

—— dass. — 3. und 4. Bdchn.: Odyssee. 2 Bdchn. 3., verb. Aufl. 8. Ebds. [1. (XI und 284 S.) 2. (288 S.) 853.] *

Homer's Werke. Uebersetzt von J. N. Zauper. Odyssee. Heft 4. (149—212 S.) 8. Prag, Kath. Gerzabek. (174.) 1853

Homer's Werke. Uebersetzt von J. N. Zauper. „Odyssee." Heft 5, 6, 7. kl. 8. (I. Bd. 213—284 und II. Bd. 1 — 99 S.) Prag, Kath. Gerzabek 1853. (715)

Homer's Werke. Uebersetzt von J. N. Zauper. Odyssee, dritte verb. Auflage. 8 — 10 Hefte. (2. Bd. 97 — 288 S.) Ilias 1 — 3. Hft. (1 — 192 S.) kl. 8. Prag 1853. J. G. Calve'sche Buchhandlung F. Tempsky. Druck von N. Gerzabek.

— Werke. Prosaisch übers. von J. St. Zauper. 1. 2. Bdchn. Ilias. — 3. 4. Bdchn. Odyssee. 3. verb. Aufl. 1. u. 2. Abdr. Mit 1 (lith.) Karte (in 4.). Prag 854—58. Tempsky. 16. (6 Bl., 326; 340; X, 284; 286 S.) 3 ₰.

Homer's Werke. Prosaisch übers. von J. St. Zauper. 1. und 2. Bd.: Ilias. 3., verb. Aufl. 3. Abdr. 1—3. und 6—10. Heft. 8. (1. Bd. 192 S. und 2. Bd. 340 S.) Prag 858. 59, Tempsky. à Heft 4 1/2 Ngr. Thlr.

—— dass. — 3. Bd.: Odyssee. (1. Bd.) 3., verb. Aufl. 2. Abdr. 1—5. Heft. 8. (X und S. 1—284.) Ebendas. 858,59. à Heft 4 1/2 Ngr.

— Werke. Prosaisch übers. von J. St. Zauper. 1. u. 2. Bdchn. Ilias. 3. verb. Aufl. 3. Abdr. — 3. u. 4. Bdchn. Odyssee. 3. verb. Aufl. 2. Abdr. Prag 858—60. 16. (11 Bl., 1236 S.) 3 ₰

Homer's Werke v. Johann Heinrich Voss. Bd. 1. (Ilias) und 2. (Odyssee). Stuttgart. 1866. 8°.

Homer's Werke. Prosaisch übers. von J. St. Zauper. 1. Bdchn. Ilias. 1. Bdchn. 3., verb. Aufl. 4. Abdr. 8. (326 S. mit 1 lithogr. Karte in hoch 4.) Prag 867, Tempsky.

—— dass. — Prosaisch übers. von J. St. Zauper. 3. Bdchn. Odyssee. 1. Bdchn. 5. Aufl. 8. (X, S. 1—86.) Prag 868, Tempsky. *

Homer's Werke von Joh. Heinr. Voß. 2 Bde. gr. 16. Stuttgart 869, Cotta'sche Buchh. (* ℳ 2,10.) *

Inhalt:
Bd. 1. Ilias. (VIII, 379 S.)
" 2. Odyssee. (297 S.)

—— dass. — 2 Bde. 8. Ebendas. 870. *

Inhalt:
Bd. 1. Ilias. (IX, 433 S.)
" 2. Odyssee. (III, 337 S.)

Homers Werke. [Ilias u. Odyssee], übers. v. Joh. Heinr. Voß. Mit 25 Radirgn. nach Zeichngn. v. Bonaventura Genelli. Neue Ausg. in 1 Bde. (In 6 Lfgn.) 1—5. Lfg. Lex.-8. (VI u. S. 1—664.) Stuttgart 876. Cotta. à n. 1. 50

— Werke [Ilias u. Odyssee], übersetzt von Joh. Heinr. Voß. Mit 25 Radirungen nach Zeichnungen von Bonaventura Genelli. Neue Ausg. in 1 Bde. 6. [Schluß-] Lfg. Lex.-8. (S. 465—562.) Stuttgart 876. Cotta. n. 1. 50

Homer's Werke von *Joh. Heinr. Voss.* 2 Bde. (in 1). Stuttgart, Cotta, 1878. Kl. 8°. Gepr. Lwdb.
I (Ilias): VIII—379 S. II (Odyssee): 2 Bll., 297 S.

—— dass. — Deutsch in der Versart der Urschrift von J. J. C. Donner. 5. Lfg.: Die Ilias. 5. Lfg. 3. Aufl. 8. (1. Bd. S. 194—240.) Berlin 885, Langenscheidt'sche Verlagsb. *

— Werke. 11. Hft. 8. Berlin 892. Langenscheidt. n. — 35
Die Odyssee. Deutsch in der Versart der Urschrift v. J. J. C. Donner. 1. Lfg. 3. Aufl. Rev. v. H. Uhle. (48 S.)

— Werke in 2 Bdn. Uebers. v. Joh. Heinr. Voß. Mit e. litterarhistor. Einleitg. v. Jos. Lautenbacher. 8. (402 u. 274 S. m. Bildnis.) Stuttgart 893. J. G. Cotta Nachf. In 1 Leinwdb. n. 2. —

Homer's Werke. Deutsch i. d. Versart d. Urschrift v. J. J. C. Donner. 13. u. 14. Lfg. 8. Berlin, Langenscheidt. à n. — 35
13. Die Odyssee. 3. Lfg. 3. Aufl. (3. Bd. S. 81—128.) 895.
14. Dasselbe. 4. Lfg. 3. Aufl. (3. Bd. S. 129—158.) 898.

Homer's Werke in 2 Bdn. Übers. v. Joh. Heinr. Voß. Abdr. der ersten Ausgaben. Mit Abbildg. e. Homer-Büste, Bildnis u. Unterschrift v. Joh. H. Voß, sowie e. litterarhistor. Einleitg. v. Ghold. Klee. 12. (LIX, 372 u. 290 S.) Leipzig (900). M. Hesse. 1. 25; in 1 Leinw.-Bd. n. 1. 75; auf besserem Pap., in 1 Halbfrz.-Bd. n. 2. 50; Liebhaberausg. in 1 Halbfrz.-Bd. n. 3. 50

— dasselbe. 15. Lfg. Die Odyssee im Versmaße der Urschrift v. J. J. C. Donner. 5. Lfg. 3. Aufl. 8. (S. 161—200.) Berlin (902). Langenscheidt's Verl. n. — 35

Homer's Werke. 1., 3.—5., 8.—10., 12., 16. u. 17. Lfg. Deutsch in der Versart der Urschrift v. J. J. C. Donner. 8. Berlin-Schöneberg, Langenscheidt's Verl. à n. — 35
1. Die Ilias. 1. Lfg. 4. Aufl. (1. Bd. III—XII u. S. 3—48.) (906.)
3. Dasselbe. 3. Lfg. 3. Aufl. (1. Bd. S. 97—144.) (906.)
4. Dasselbe. 4. Lfg. 4. Aufl. (1. Bd. S. 145—192.) (903.)
5. Dasselbe. 5. Lfg. 4. Aufl. (1. Bd. S. 193—240.) (906.)
8—10. Dasselbe. 8.—10. Lfg. 3. Aufl. (2. Bd. S. 97—261.) (903.) (904.)
12. Die Odyssee. 2. Lfg. 4. Aufl. (1. Bd. S. 49—80.) (908.)
16. 17. Dasselbe. 6. u. 7. Lfg. 3. Aufl. (2. Bd. S. 1—80.) (906.)

Homer's Werke. 13. 15. u. 18.—20. Lfg. Deutsch in der Versart der Urschrift v. J. J. C. Donner. kl. 8. Berlin-Schöneberg, Langenscheidt's Verl. à — 35
13. Die Odyssee. 3. Lfg. 4. Aufl. (3. Bd. S. 81—128.) (907.)
15. Dasselbe. 5. Lfg. 4. Aufl. (3. Bd. S. 161—200.) (910.)
18—20. Dasselbe. 8.—10. Lfg. 3. Aufl. (4. Bd. S. 81—191.) (907.)

Homers sämmtl. Werke, übersetzt v. Stolberg u. Voß. Hrsg. v. Abrah. Voß. 2 Thle. — A. u. d. Titln.: Homers Ilias, übers. v. Friedr. Leop. Graf zu Stolberg. Neuer Abdruck. — Homers Odyssee, übersetzt v. Joh. Heinr. Voß. Erste Uebersetzung, neuer Abdr., verm. mit erläut. Anmerkungen aus d. hinterlass. Papieren des Uebersetzers. br. 8. (62 B. u. 2 Kpfr.) Leipzig 843, Müller.

—— dass. ord. Ausg. 2 Thle. gr. 8. (62 B.) Ebds. 843. à —

Homeyer

— s. auch Hommeyer.

Homeyer, s. Festgaben für Gust. Homeyer.

Homeyer, A. H., s.: Willdenow, Carl Ludw.

von Homeyer, Alexander: Rede bei der Enthüllung des Pogge-Denkmals, gehalten am 19 September 1885. [Greifswald 1885.] 8 S. 8°. [A 1632

Homeyer, Alexander von. Mein [Schmetterlings-]Fang im Ober-Engadin 1876 und 1878. SA. 8. Wiesbaden 1880.

Homeyer, Barward Ulder. (Hildes.), De donatione inter vivos. Germanis: Von Schenckung unter den Lebendigen. Disp. jur. Präs. Rud. Heinr. Ziegler. Erfurt 20. II. 1712. Ed. II. Jena (Heller) 1743. 24 S. (6.50) 15852

Homeyer, Carl Gustav, s. Homeyer, Karl Gustav

Homeyer, Eugen Ferdinand von

Homeyer, E. F. v., Beitrag zur Kultur der Lupine. Stolp 858. Kölling in Comm. 16. (36 S.) 6 ngr.

Homeyer, E. F. v., Beitrag zur Cultur der Lupine. 16. (36 S.) Stolp 858, [Schrader.]

Homeyer, E. F. v., ornithologische Beobachtungen, s.: Mowes, W.

Homeyer, E. F. v., ornithologische Briefe. Blätter der Erinnerung an seine Freunde. gr. 8. (VI, 340 S.) [Berlin 881.] Leipzig, Grieben's Verlag. *

Homeyer, E. F. v., ornithologische Briefe. Blätter der Erinnerung an seine Freunde. gr. 8. (VI, 340 S.) Leipzig 881. Grieben. n. 6. —

Homeyer, E. F. v., Erinnerungsschrift an die Versammlung der deutschen Ornithologen in Görlitz im Mai 1870. gr. 8. (55 S.) Stolp 871. Schrader in Comm. n. 1. —

—— Reise nach Helgoland, den Nordseeinseln Sylt, Lyst etc. gr. 8. (IV, 91 S.) Frankfurt a. M. 880, Mahlau und Waldschmidt. *

Homeyer, E. F., Deutschlands Säugethiere und Vögel, ihr Nutzen und Schaden. gr. 8. (VII, 81 S.) Frankfurt a. M. 877. (Stolp, Schrader.) *

—— die Spechte und ihr Werth in forstlicher Beziehung. 1. Aufl. (35 S.); 2. Aufl. gr. 8. (37 S.) Frankfurt a. M. 879, Mahlau und Waldschmidt. *

Homeyer, Eug. Ferd. v., systemat. Uebersicht d. Vögel Pommerns, mit Rücksicht auf d. allgem. Charakter d. Landes, das örtliche u. quantitative Vorkommen d. Vögel, ihre Lebensart, ihren Zug u. ihre Abänderungen, nebst Beiträgen z. beschreib. Naturgeschichte. gr. 8. (6¾ B.) Anclam 837, (Dietze.) *

—— dass. — 1. Nachtrag. gr. 8. (2 B.) Ebds. 841.

Homeyer, E. F. v., Verzeichniss der bisher in Oesterreich-Ungarn beobachteten Vögel, s.: Tschusi zu Schmidhoffen, V. Ritter v.

—— s. Želisko, J., Verzeichnis der bisher in österr. Schlesien beobachteten Vögel.

Homeyer, Eug. Ferd. v., Verzeichniss der Vögel Deutschlands, hrsg. vom permanenten internationalen ornitholog. Comité R. Blasius und G. v. Hayek. gr. 8. (16 S.) Wien 885, (Gerold's Sohn.) * — 40

Homeyer, E. F. v., die Wanderungen der Vögel mit Rücksicht auf die Züge der Säugethiere, Fische und Insekten. gr. 8. (X, 415 S.) Leipzig 881, Grieben's Verlag. *

— Fr. Ph. Arnold, De juramenti diffensionis natura secundum novam inferiorum regni Hannoverani judiciorum ordinationem. Diss. jur. Göttingen (Friedrich Ernst Huth) 1830. 30 S. (6.40) 15853
Gew.: Arnold Albrecht (Hildesheim), Wilhelm Illing (Hildesheim).

Homeyer, Fritz, Stranitzky's Drama vom „Heiligen Nepomuck". s. a. Palaestra. 62.

Homeyer, Fritz, a. Posen: Stranitzkys Drama vom „Heiligen Nepomuck". T. 1. (Berlin: Mayer & Müller 1906.) (78 S.) 8° ¶ (Erschien vollst. 1907 als Palaestra 62.)
Berlin, Phil. Fak., Ref. Erich Schmidt, Diss. v. 8. Dez. 1906
[Geb. 23. Aug. 80 Posen; Wohnort: Berlin; Staatsangeh.: Preußen; Vorbildung: Augusta-Gymn. Charlottenburg Reife O. 00; Studium: Berlin 2, Freiburg i. B. 1, Leipzig 1, Berlin 2, Heidelberg 1, Berlin 5 S.; Rig. 10. Mai 06.]

Homeyer, G., s. Homeyer, Karl Gustav

Homeyer, Gustav, s. Homeyer, Karl Gustav

Homeyer, Ignaz. Ueber die Blätter von Eucalyptus Globulus und deren ätherisches Oel. (Jena) Halle, 1874.

Homeyer, Johann Josef Adam

Homeyer, J. J. A., d. Altar- u. Responsoriengesang d. kathol. Kirche nach röm. u. mainzer Singweise. Für Priester, Organisten, Lehrer u. Seminarien. 2 Thle. 1. Thl. Römische Singweise. Fol. (30½ B.) (Sondershausen 846, Eupel.) **

Homeyer, J(oh.) J(os.) A(dam), der Altar- und Responsoriengesang der katholischen Kirche nach römischer und mainzer Singweise vierstimmig nach den in der ältern Tonschrift dargestellten und mit ihrem Texte versehenen Ur-Melodien bearb., nebst einer Erklärung der alten Tonzeichen, Tonarten etc., sowie auch über den richtigen Vortrag des Altar- und Responsoriengesanges für Priester, Organisten, Lehrer und Seminarien. 2. (Titel-)Ausg. Fol. (XXIV und 116 S.) Erfurt 853, Körner's Verlag. *

Homeyer, Joh. Jos. Adam, vollständiges katholisches Choralbuch zum Eichsfeldischen Gesangbuche, Magnificat [katholischer Kirchenliederschatz], pange lingua [Kern katholischer Kirchenlieder] und zu Bone's Cantate. Vierstimmig bearb. und mit einleit. Vor- und Zwischenspiel versehen. 2., sehr verm. Aufl. Nach des Verf. Tode hrsg. von Thdr. Tilike. gr. 4. (XII, 288 S.) Langensalza 870, Verlags-Comptoir. *
geb. *

— vollständ. Choralbuch für die kathol. Kirche, vierstimmig bearb. u. mit einleit. Vor- u. Zwischenspielen. gr. 4. Sondershausen 841. (Eupel.) n. 4 ß

—— vollständiges Choral-Buch für die katholische Kirche, mit besonderer Rücksicht auf das Fürstenth. Eichsfeld und die mainzer Diöcese, vierstimmig bearb. und mit einleitenden Vor- und Zwischenspielen versehen. 2. (Titel-)Ausg. qu. gr. 4. (XIV und 248 S.) Erfurt 853, Körner's Verlag. *

Homeyer, Karl Gustav

—— Beiträge zu den Hausmarken. Auszug a. d. Monatsber. d. Akad. d. Wiss. Berlin 1868. 8. . . . . (BRG.; D.)

Homeyer, C. G., Bemerkungen zur Abfassung des Sachsenspiegels. Ausg. a. d. Monatsber. d. Akad. d. Wiss. zu Berlin (1866). . . . . (D.; BRG.)

Homeyer, C. G., Der Dreissigste. Berlin 1864. gr. 4. 484 S.
Sep.-Abdr. aus: Abhh. d. k. Akad. d. Wiss. in Berlin. . . . . (BRG.; D.)

Homeyer. Ueber den Dreissigsten. 3 Thle. 4°. Berlin 1862 (Ak.).

—— Über den Dreissigsten. Auszug a. d. Monatsber. d. Akad. d. Wiss. (Berlin 1862 —64.) 8. . . . . (D.; BRG.)

Homeyer, C. G., die Extravaganten des Sachsenspiegels. (Aus den Abhdlgn. der k. Akad. d. Wissensch. zu Berlin.) Berlin 861. Dümmler's Verlhdlg. in Comm. gr. 4. (46 S.) n. 15 ngr.

Homeyer, C. Gust., Die Extravaganten des Sachsenspiegels. (A. d. Abhh. d. k. Akad. d. Wiss. zu Berlin.) Berlin 1861. 4.

—— über die Formel „der Minne und des Rechts eines Andern mächtig sein.“ gr. 4. (28 S.) Berlin 867, (Dümmler's Verlag.) *

Homeyer, G.: Über die Formel: „Der Minne und des Rechts eines Andern mächtig sein.“ Berlin 1867.
(S.-A. a.: Abh. der Kgl. Akad. d. Wiss. zu Berlin. 1866.)

Homeyer, G[ust.]: Das Friedegut in den Fehden des deutschen Mittelalters. Berlin 1867.
(S.-A. a.: Abh. der Kgl. Akad. d. Wiss. zu Berlin. 1866.)

—— das Friedegut in den Fehden des deutschen Mittelalters. gr. 4. (27 S.) Berlin 867, (Dümmler's Verlag.) *

—— die Genealogie der Handschriften des Sachsenspiegels. gr. 4. (124 S.) Berlin 859, (Dümmler's Verlagsb.) *

— die Genealogie der Handschriften des Sachsenspiegels. (Aus den Abhdlgn. der k. Akad. der Wissensch. zu Berlin.) Ebend. 859. gr. 4. (142 S.) n. 1 ℛ 6 ngr.

Homeyer, C. G., Die Strassburger Handschriften des Sachsen- u. des Schwabenspiegels. Ausz. a. d. Monatsber. d. Akad. d. Wiss. zu Berlin. (1871.) . . . . . . (BRG.; D.)

Homeyer, Gust., Die Haus- und Hofmarken. Berlin 1852. 4. . . . . (BRG.)

Homeyer, [K.] G.: Die Haus- und Hofmarken. 2 Bl. [Flugschrift]. Berlin 1857.

Homeyer, C. G., die Haus- u. Hofmarken. Mit 44 (lith.) Taf. hoch 4. (XXIV, 423 S.) Berlin 870. v. Decker. n. 8. —

Homeyer, C. G., die Haus- u. Hofmarken. Mit 44 Taf. 2. chemisch-anastat. Abdr. der Ausg. v. 1870, nebst Anfügung der Nachzügler der Hausmarken. Lex.-8. (XXIV, 437 S.) Berlin 890. v. Decker. n. 8. —

Homeyer, Car. Gust.: Historiae juris Pomeranici capita quaedam Berolini (1821). (74 S.) 8°
Berlin, Jur. Diss. v. 28. Juli 1821

Homeyer, C. G.: Historiae juris pomeranici capita quaedam. *Berolini*, (Goethe in *Leipz.*) 821. 4. (8 Gr.)

Homeyer, Gust., Über die Heimath nach altdeutschem Recht, insbesondere über das Hantgemal. Berlin 1852. 4.
Sep.-Abdr. aus: Abhh. d. königl. Akad. d. Wiss. . . . . (BRG.; D.)

Homeyer, C. G., über die Informatio ex speculo Saxonum. (Aus d. Abhdlgn. der k. Akad. d. W. zu Berlin.) Berlin 857. Dümmler's Verlhdlg. in Comm. gr. 4. (47 S.) n. 16 ngr.

Homeyer, G., Johannes Klenkok wider den Sachsenspiegel. gr. 4. (58 S.) Berlin 855, (Dümmler's Verlag.) *
Aus: Abhandlungen der k. Akademie der Wissenschaften zu Berlin 1855, besonders abgedruckt.

Homeyer, [Karl] G[ust.]: Joh. Klenkok wider den Sachsenspiegel. [Nebst] Nachträge. Berlin 1855. 56.
(S.-A. a.: Abh. d. Kgl. Akad. d. Wiss. zu Berlin 1855 u. 1856.)

Homeyer, C. G., s. Kolderup-Rosenvinge, Grundriß.

Über das Germanische Loosen v. [Carl] Gustav Homeyer. Aus den Monatsberichten der Königlichen Akademie der Wissenschaften. December. 1853. Mit einer Bildtafel. Berlin. 1854. 8°.

Homeyer, [K.] G.: Die Loosstäbchen. E. Nachtr. zu dem „Germanischen Loosen 1853.“ Berolini 1868.
(in: Symbolae Bethmanno-Hollwegio oblatae.

—— Nachzügler der Hausmarken. Ausz. a. d. Monatsber. d. Akad. d. Wiss. Berlin 1872. 8. . . . . (BRG.; D.)

Homeyer, [Karl Gust.]: Der Prolog zur Glosse d. sächsischen Landrechts. [Berlin] (1854).

(Ausschn. a.: Sitzungsberichte d. Akad. d. Wiss. zu Berlin.)

Homeyer, C.G.: Das Görlitzer Rechtsbuch. . ., s. Auctor vetus de beneficiis, Das Görlitzer Rechtsbuch.

— die deutschen Rechtsbücher des Mittelalters und ihre Handschriften. Berlin 855. Dümmler's Verlhdlg. gr. 8. (VIII, 176 S.) n. 1 ℛ 10 ngr.

—— die deutschen Rechtsbücher des Mittelalters und ihre Handschriften. gr. 8. (VIII und 176 S.) Berlin 856, (Dümmler's Verlag.) *

Homeyer, Carl Gustav: Über die unächte Reformation Kaiser Friedrichs des Dritten von —. Auszug aus dem Monatsbericht der Königlichen Akademie der Wissenschaften zu Berlin. (Berlin. 1856.) 8°

— der Richtsteig Landrechts nebst Cautela und Premis. gr. 8. (X und 574 S.) Berlin 857, G. Reimer.

Homeyer, C. G., der Sachsenspiegel, s. a. Sachsenspiegel.

— — Des Sachsenspiegels erster Theil, oder das sächsische Landrecht, nach der Berliner Handschrift v. J. 1360. Herausg. von C. G. Homeyer. Berlin 1827. gr. 8.
— — — 2. verm. Ausg. Ebda 1835. gr. 8. (BBG.)
— — 3. Ausg. Ebda 1861. gr. 8. (BBG.; D.)

Des Sachsenspiegel erster Theil, od. das sächsische Landrecht, nach der Berliner Handschrift v. J. 1360. Herausgeg. von C. G. Homeyer, 2e verm. Ausg. *Berlin*, Dümmler. (827) 835. gr. 8. (1 Thl. 20 Gr.)

Sachsenspiegel, des, erster Theil, oder das sächs. Landrecht. Hrsg. v. Homeyer. 3. Ausg. Berlin 862.

Des, zweiter Theil nebst den verwandten Rechtsbüchern. Bd. 1. Das Sächsische Lehnrecht und der Richtsteig Landrechts herausg. von C. G. Homeyer. — Bd. 2. Der Auctor von de beneficiis, das Görlitzer Rechtsbuch und das System des Lehnrechts. Berlin 1842—44. 8.

Über den Spiegel deutscher Leute usw. [Carl Gustav] Homeyer. Auszug aus dem Monatsbericht der Königlichen Akademie der Wissenschaften zu Berlin 1857. 8°.

Homeyer, C. G., die Stadtbücher des Mittelalters, insbesond. das Stadtbuch von Quedlinburg. gr. 4. (70 S.) Berlin 860, (Dümmler's Verlagsh.) *
Aus: Abhandlungen der k. Akad. der Wissenschaften zu Berlin, Jahrg. 1860, besonders abgedruckt.

Homeyer, Gust.: Die Stellung des Sachsenspiegels zur Parentelenordnung. Berlin 1860.

— die Stellung des Sachsenspiegels zum Schwabenspiegel. Berlin 853. Dümmler's Buchhdlg. gr. 8. (VIII, 109 S.) n. 20 ngr.

Homeyer, C. G., Über das Verhältniss des Schwabenspiegels zum Sachsenspiegel. (Ausz. a. d. Monatsber. d. Ak. d. Wiss. zu Berlin 1852.) . . . . (D.)

Homeyer, C. G.: Verzeichniss deutscher Rechtsbücher des Mittelalters u. ihrer Handschriften. *Berlin*, Königl. Academie, (Dümmler.) 836. 8. (12 Gr.)

Homeyer, P. G. (Resp.): De cerevisiae potu..., s. a. Alberti, Dan. Mich. (Praes.)

Homeyer, P. G.: De cerevisiae potu in nonnullis morbis insalubri et adverso. Warum die Krancken das Bier ungerne trincken? D. Halae Magdeburgicae. 1743.

Homeyer, Max von, appr. Arzt, Assistenzarzt im Inf.-Reg. Nr. 85: Über die Behandlung der Patellarfrakturen. Berlin 1909: G. Schade. 31 S. 8°
Berlin, Med. Diss. v. 14. Dez. 1909, Ref. Hildebrand
[Geb. 3. Mai 83 Prenzlau; Wohnort: Rendsburg; Staatsangeh.: Preußen; Vorbildung: Gymn. Graudenz Reife O. 03; Studium: Berlin K. W. A. 10 S.; Coll. 4. Dez. 09; Approb. 14. Dez. 09.] [U 10. 47

Homeyer, Otto, Kammergerichtsreferendar: Das Gemeindetestament in geschichtlicher Entwicklung unter besonderer Berücksichtigung einiger Fragen des modernen Rechts. Berlin 1908: Ebering. 95 S. 8°
Erlangen, Jur. Diss. v. 2. Okt. 1908, Ref. Binder
[Geb. 8. Juni 7.. Berlin; Wohnort: Berlin; Staatsangeh.: Preußen; Vorbildung: Friedrichs-Werdersches Gymn. Berlin Reife M. 0.; Studium: Erlangen . Berlin . S.; Rig. 30. Juni 08.] [U 09. 1900

Homeyer, Robert von, appr. Arzt a. Prenzlau: Ueber die Häufigkeit der Nierenentzündungen in der deutschen Armee (1884—1904). Leipzig 1907: B. Georgi. (35 S.) 8°
Leipzig, Med. Fak., Ref. Curschmann, Diss. v. 10. Mai 1907
[Geb. 15. Sept. 81 Prenzlau; Wohnort: Berlin; Staatsangeh.: Preußen; Vorbildung: Gymn. Marienwerder Reife O. 01; Studium: Berlin K. W. A. 9 S.; Coll. 14. Juni 07; Approb. 3. Mai 07.]

Homfeld, *Hopke*: Die Bäume der Elbchaussee. Altona, Druck v. P. Meyer, *1894*; 36 S. 8.
Altona, k. Christianeum, OP 1894 (277)

Homfeld, *Hopke Roelfs* Die Bäume der Elbchaussee 8 (36 S.). Progr. Kgl. Christianeum *Altona* 1894 (277).

Homfeld, Peter

— — (Emden), De libertate Orientalis Frisiae, circa vicarium Imperii Romano-Germanici regimen. Diss. jur. Halle (Christoph Peter Franck) Jan. 1746. 172 S. (15.—) 15855
Gew.: Frh. Samuel v. Cocceji (Wussecken ..). — Widm. v.: Justus Henning u. Johann Samuel Friedr. Boehder, Johann Henrich Asbeck (Hamm; dtsch.), Heinrich Loesing (Emden), H. Haykens (Emden; dtsch.).

— Sebastian Anton (Aurich), Decadem controversiarum juris complectens. Diss. jur. Präs. Johann Wilhelm Dietmar. Jena (Müller) Juni 1710. 32 S. mit Widm. v. Präs. (6.80) 15856

Homiletik u. Geschichte der Predigt, s.: Repetitorien über die theologischen Disciplinen.

34 Homiliae über die Wunden Litaney der Brüder. Gehalten auf dem Herrnhaag in den Sommer-Monathen 1747 von dem Ordinario Fratrum. Zu finden in den Brüder-Gemeinen (1747). 8°. 8 Bll. u. 399 S. (3 Mk. Oskar Rauthe, Friedenau-Berlin, 1908.)

Homiliae, Zwey und dreyssig einzelne, oder Gemein-Reden in denen Jahren 1744, 1745, 1746. O. O. [1746]. V: *Zinzendorf u. Pottendorf, Nic. Ludw. Graf von.* (BrMm)

Homiliarium Evangelicum, oder Saft und Kraft der besten Evangelisch-Lutherischen Postillen ... Leipz. 1729-37. H: *Grulich, Martin.* (ML)

Homiliarum evangelicar., od. Saft u. Kraft d. besten Postillen. 6 Thle. 4. Leipz. Junius. 741.

Homiliarum patristicum. Collectum, adnotatt. criticis, exegeticis historicisque instructum ediderunt L. Pelt et H. Rheinwald. Vol. I. fasc. I.—III. Et. s. tit.: Bibliotheca concionatoria. Sect. I. Cont. Orationes sacras patrum Graecorum, Syrorum ac Latinorum e sex prioribus seculis. Vol. I. 8maj. Berl. 829, 31. Enslin. 2 Rthl. 18 gr. Dass. deutsch u. d. Tit.: Homiliensamml. aus d. ersten sechs Jahrhunderten d. christl. Kirche. Mit Erläutt. herausg. v. L. Pelt u. H. Rheinwald. 1r Bd. 1—3s Hft. A. u. d. Tit.: Homilet. Bibliothek. 1e—3e Folge. gr. 8. Berl. 829—32. Th. Enslin. 1 Rthl. 16 gr.

Homiliarium patristicum. Collectum, adnotationibus criticis, exegeticis historicisque instructum edider. Henr. Rheinwald et Car. Vogt. Vol. I. (IV Fasc.) — E. s. t.: Bibliotheca concionatoria. Sect. I., qua contin. Orationes sacrae patrum graecor., syror. ac latinor. e sex prioribus seculis. Vol. I. 8 maj. Berolini, Th. Enslin. [I. (9¼ B.) 14 Gr., II. (14 B.) 829. 1 Thlr., III. (15 B.) 831. 1 Thlr. 4 Gr., IV. (9¼ B.) 833. 15 Gr.]

Homiliarum patristicum. Collectum, adnotatt. crit., exeget. historicisque instructum edd. Henr. Rheinwald et Car. Vogt. Vol. I. Fasc. IV. Et. s. tit.: Biblioth. concionatoria Sect. I., qua contin. Oratt. sacrae patrum Graec., Syrorum ac Latin. e sex prioribus seculis. Vol. I. 8maj. Berlin 834 Th. Enslin. 5/8 ℛ

Homilie über die Gesandtschaft d. Johannes an Christus nach Matth. 11. Kap. am 2ten Sonntage d. Advents 1790 vorgetragen von e. denkenden Prediger. 8. Kempten 791. Dannheimer. 1 ℛ

Homilie über Joh. 17,3 zur Eröffnung der Synodal-Versammlung des Esthländischen Provinzial-Ministeriums . . . Reval 1825. V: *Henning, Carl Matthias.* (R-N)

Homilien, Betracht. u. Charaktergemälde, zur Beförder. christl. Weish. u. Tugend. 2 Thle. gr. 8. Lingen, Jülicher. 796-803. (a. unter d. Titel: Glasers Auszg. aus einig. Predigten 1c.) (1r 14 gr. 2r 1 Rthlr. 8 gr.) Rthlr.

Homilien, christkatholische, üb. die heil. Evangelien der Festtage des Kirchenjahres. Aus d. Nachlasse ein. kathol. Seelsorgers hrsg. v. J. N. Müller. gr. 8. (23¾ B.) Freiburg 844, Lippe u. Comp. *

Homilien üb. die Evangelien. 2 Bde. Leipzig, Friedr. Bruder. 810.

— über d. feiertägl. Evangel. des ganzen Jahres. 2 Thle. 8. Wien 2e A. 802. v. Mösle. 1 fl

Homilien üb. sonntägl. Evangelien. Eine nützl. u. erbaul. Schrift f. Seelsorger u. Hausväter, auch v. gemeinem Stande. 8. Kempt. 794. Dannheimer. 12 ℛ

—— üb. die fünf ersten Capitel der Evangelien nach Matthäus, Markus, Lukas u. Johannes, in synopt. u. harmon. Form vorgetragen. Von ein. kathol. Geistlichen. gr. 8. (25 B.) Bamberg 844, Schmidt.

Homilien, Katholische, oder Erklärungen der heil. Evangelien auf alle Sonn- und gebotene Feyertage . . . Augsb. 1816. V: *Königsdorfer, Mart.* (MGT) (schmal)

Homilien, kathol., oder Erklärung der heil. Evangelien auf alle Sonn- und Feyertage, als Predigten. 2 Bände. 2te Aufl. gr. 8. Landshut, Krüll. 820.

Homilien, Kurze, auf alle Sonntage bearbeitet . . . Augsb. 1818. V: *Rueff, Jos. Leonh.* (schmal)

Homilien für Landgemeinden, grösstentheils bey Trauerfällen . . . Halle 1799. V: *Nebe, Johann August.* (MGT) (Ky)

— fü Landgemeinen, größtentheils bei Trauerfällen u. d. Feier d. Abendmahls. (Von Jh. Aug. Nebe.) 8. Halle 799. Waisenhaus-B. 16 ℛ

Homilien auf alle Sonntage. Augsburg 1834. V: *Schmid, Joh. Christoph von.* (Kn) (schmal)

Homilien auf alle Sonn- und Festtage des Kirchenjahres. Von einem kathol. Landpfarrer. Mit einem Vorwort von Herm. Rolfus. gr. 8. (VIII, 384 S.) Herthen 881. (Freiburg i. Br., Herder'sche Verlagsh.) *

— d. Väter über alle sonntägl. Evangelien d. Jahres. 8. Augsb. 791. Doll. 16 ℛ 2e Aufl. 2 Thle. 8. Wien 802. v. Mösle. 1 fl

Homilienkranz, patristischer, auf das katholische Kirchenjahr. Deutsch bearb. von M. M. Wilden. gr. 8. (VIII und 338 S.) Wien 867, Sartori.

Homilien-Kranz, sechsfacher, gewunden um die Sonntage des Kirchenjahres. Von e. Pfarrer der Erzdiözese Köln. I. Bd. 1. Abtlg. gr. 8. (IV, 240 S.) Köln 902. H. Theissing. n. 2.40

Homilien-Kranz, sechsfacher, gewunden um die Sonntage des Kirchenjahres. Von e. Pfarrer der Erzdiözese Köln. I. Bd. 2. Abtlg. u. II. Bd. 1. u. 2. Abtlg. gr. 8. Köln, H. Theissing. n. 8.40
I. 2. (VII u. S. 241—544.) 903. n. 3.—
II. 1. (248 S.) 904. n. 2.40
2. (IV u. S. 249—532.) 904. n. 3.—

Homilieensammlung aus d. ersten sechs Jahrh. d. christl. Kirche. Für Freunde d. Christenthums u. seiner Gesch. mit Einleit. u. Erläut. hrsg. v. Heinr. Rheinwald u. Karl Vogt. 1. Bd. 1—3. Hft. — A. u. d. T.: Homilet. Bibliothek. 1. Folge 1. Bd.: bis auf Chrysostomus. gr. 8. Berlin, Th. Enslin. [1. (7½ B.) 10 Gr., 2. (11 B.) 829. 14 Gr., 3. (12 B.) 832. 16 Gr.]

Homilieensammlung aus den ersten sechs Jahrhunderten der christlichen Kirche . . . Herausgegeben von Ludwig Pelt und Heinrich Rheinwald. 1. Bandes 2. Heft. [= Homiletische Bibliothek. 1. Folge. 1. Band.] Berlin 1829.

Homilius, F. L. Vorträge über die bei der Artillerie ganz besonders Anwendung findenden Metalle, die Anfertigung u. Prüfung der Geschützrohre u. der Eisenmunition. (Mit Taf.) Dresden 1843. 154 S.

Homilius, Gottlieb Benjamin, De muliere domina. Diss. jur. Präs. Andreas Mylius. Lpz. (Christian Banckmann) 12. V. 1687. 10 Bl. (7.—) 15858

— — Dasselbe. Germanicè Von der Weiber Herrschafft. Lpz. 1718. 22 S. (6.80) 15859

— — Dasselbe. Halle (Hendel) 1723. (6.80) 15860

Hömlerd, F., Anweisung z. Verfertigung wohlf. Branntweine u. Liqueure, od. d. Kunst, wie man aus ordin. Kartoffel-Branntwein mit wenigen Kosten auf d. vortheilhafteste Art wohlschmeck. Liqueur-ähnl. Branntweine erhalten kann. Nach mehrjähr. Erfahr. M. 1 Stnt. 8. (2½ B.) Hanau 829, Edler.

Homma, Hans, aus dem Reich der Schminke u. der Tinte, s.: **Fellner, Rich.**

Homma, Johann

Homma J.: Die Aufforstung im Gebiete d. oberen (Wsetiner) Bečva nach dem Stande mit Ende d. Jahres 1906 . . . Wien 1907. 71 S.

– s. Verhandlungen der Forstwirte von Mähren und Schlesien.

Hommage à Sa Majesté l'empereur, devant la statue équestre de Joseph II. dans son inauguration solennelle. Vienne le 23 novembre. 8. Vienne 1807.

Hommage et Prière de l'homme raisonnable du XVIII. siècle. 8. Leipz., (W. Nauck). 2 ℛ

Hommage et Prière de l'homme raisonnable du XVIII Siècle. 8. Leips. Sommer.

Hommage d'un Suisse, aux braves d'Unterwalden. Septembre: 1798 s. [Rovéréa, Ferdinand de].

Hommage à la vertu guerrière ou Elogés de quelquesuns des plus célèbres officiers français qui ont vécu et qui sont morts sous Louis XV. 8 Hambourg 1779.

— à la vertu guerrière, ou Eloges de quelques-uns des plus célèbres officiers français, qui ont vécu et qui sont morts sous le règne de Louis XV, (par de Verdi.) 12. Homburg 779.

Homme, l', un Poëme. 18. Leipz. Ind. Compt.

— Ami de Dieu. gr. 8. Berl. 780. Rottmann. 20 ℛ

— l', de ma connoissance. Comód. p. Mercier. gr. 8. Hamb. Herold. 791.

Homme, l', aux convenances. Comédie en 1 Acte et en vers, par de Jouy. gr. 8. Rudolst. Hofbuchh. 811.

Homme, l', cultivé ou tableau des différentes périodes de culture et de civilisation etc. Enrichi de 50 grav. enlumin. et de 2 cartes. 12. Leips. Bruder et Hoffmann. 812.

l'Homme cultivé ou tableau des différentes périodes de culture et de civilisation etc. Enrichi de 50 grav. enlumin. et de 2 cartes. 12. Leipz. 812. (Schönian in Elberf.) 1 ℛ 16 ℛ

Homme, l', cultivé ou Tableau des differents périodes de culture et de civilisation etc. 12. Leips. Ist Verlag von Büschler in Elberfeld.

— Dieu ou l'Univers, seule famille, poëme épiq. 8. Leipzig. 754.

Homme, le jeune, à l'Epreuve. Comed. p. Destouche. 8. Dresde, Walther. 765.

— au latin, ou la destinée des savans, histoire sans vraisemblance. 8. Laus. Pott. 769.

Homme rouge, le petit, des Tuileries, par l'Ermite de St. Denis. 14 pp. in-12. Genève, impr. Fick.

Homme, l', sauvage, histoire véritable p. Mercier. gr. 12. Amsterdam. (Class à Heilbronn.) 770.

— — le même livre. gr. 8. Basle, Serini. 784.

— — le même liv. IV Vol. gr. 8. Berl. Lagarde. 785.

Homme, L', singulier. Copenh. et Leips. 1771. V: *Lynar, Rochus Frdr. von.* (Bruun, Bibl. Danica. I, 989.)

— l', véritable, dit au masque de fer, par St. Michel. 8. Strasb. König. 790.

Homme de Courbière, W. O. R., s.a. L'Homme

l'Homme de Courbiere, R. de, Grundzüge der deutschen Militärverwaltung. 3. Aufl.. s.: Meyer. L.

de l'Homme de Courbière, offenes Wort an die Staats-, Finanz- u. Kriegs-Wissenschaft über Beifügung v. Ackerbau-Truppen zum deutschen Heere auf den Staatsdomainen des Reichs, ähnlich den Einrichtungen in den großen Nachbarstaaten Rußland u. Oesterreich. Nach dem Werke über Verwerthung der Heereskraft zur Zeit des Friedens. gr. 8. (132 S.) Düsseldorf 879. A. Bagel. 1. 80

Homme-plante, L'. . . . Potsdam [1748]. V: *La-Mettrie, Julien Offray de.* (Milchs)

Homme-sans-façon, L', ou lettres d'un voyageur allant de Paris à Spa. [Neuwied] 1786. V: *Jehin, gen. Rosecroix.* (Milchs)

Hommel

— s. a. **Homel.**

Sammlung Dr. Adolf **Hommel**. Zürich. [1. 2.] Versteigerung zu Zürich ... Köln 1909: Dumont Schauberg. 4°
[1.] Kunstgegenstände u. Antiquitäten. [2.] Gemälde älterer Meister.
10. 1129 5

Hommel, Adolf, prakt. Arzt in Zürich-Aussersihl [von Hanau, Preussen]: Die Traguspresse, ein neues Ohrenheilverfahren. Zür. Schiller u. Co. Dr. [A. Müller Verl.] 1886. 67 S. 8°.
Zürich, Med. Diss. [v. 8. März 1886].

Hommel, Alex., s. Platon's Convivium.

Hommel, Benjamin Gottfried: „Commentatio de utili de necessaris rerum oeconomico-politico-cameralium cum studio juris in Academia conjunctione", Erfurt 1756, — Vorh.: Magistrats-Bibliothek Erfurt. — Signatur: Er. 290.

Hommel, Benjamin Gottfried (Erfurt), De differentia exigua inter testamentum militare et testamentum pagani in hostico conditum. Diss. jur. Präs. Ferdin. August Hommel. Lpz. (Andreas Martin Schede) 14. XI. 1727. 30 S. (6.50) 15864
Gew.: v. Fischern (Liebenstein, Wenig-Schweme).

— — Dasselbe. Lpz. (Johann Christian Langenheim). 33 S. ohne Widm. (6.50) 15865

Hommel, C. Fr., et **Richter**, De divinatione. Hal. 4°. 1744

Hommel, Carl ..., s. Hommel, Karl ...

— **Christian Friedrich Benjamin** (Erfurt), De differentiis inter querelam inofficiosi quae parentibus ac liberis et quae fratribus competit. Diss. jur. Erfurt (Nonne) 19. IV. 1773. 28 S. (6.80) 15900

Hommel, Chn. Gottlieb (Praes.), s. Benemann, Carl Christian August: Capita juris ecclesiastici lecta . . .

Hommel, Christian Gottlieb (Präs.), s. B r a u s e , Johann Karl von: De Juribus singularibus militibus, qui honestam ... impetrarunt missionem ... competentibus.

Hommel, Christian Gottlieb (Präs.), s. B r o t z e , Carl Gottlob: De Poena ejus, qui ex mandato ... deliquit.

— — **De partium in republica Romana conventiculis comment. VI. (Orationem a Johann Carl Heinrich v. Zobel [Groeppendorf/Misn.]) Wittbg. 1795. 4 Bl. (3.—)** 15905

— — **Dasselbe. VII. (Orationem a Friedrich Wilhelm Lautsch [Jessen Saxone]). Wittbg. 1795. 4 Bl. (3.—)** 15906

Hommel, Christian Gottlieb (Präs.), s. F i e b i g e r , Johann: Capita juris lecta de mariti successione in bona uxoris utensilia statutaria ac communi.

— — **De furto qualificato non armato. Wittbg. (Adam Christian Charisius) 26. X. 1792. 16 S. mit umfangr. Biogr. v. Johann Christian Stark (Hubertisburg; M.: Siber). (7.—)** 15904

Hommel, Christian Gottlieb (Präs.), s. G r o ß , Karl August: De Causis studii singularis Friderici I. imp. in jus. Rom.

Hommel, Christian Gottlieb (Präs.), s. H e l b i n g , Friedrich Emanuel: De clerico rerum et operarum conductore.

-- s. M e n c k e , Gottfried Ludwig: i n d r o d u c t i o in doctrina ...

— — **Quaedam de juribus ecclesiae debitricis singularibus in mutuo. Wittbg. (Carl Christian Dürr) 11. IV. 1795. 16 S. mit Biogr. v. Friedrich Albert Schmidt (Königsbrück/Laus.; M.: J. S. Koenig.) (6.—)** 15909

— — **De praefecturis earumque origine in Germania. Disp. jur. Präs. Christ. Hanack. Wittbg. (Jo. Christoph Tzschidrich) 20. V. 1765. 24 S. (6.50)** 15902

Hommel, Chr. Gottl.: Principia iuris ecclesiastici protestantium ex jure imprimis Saxonico electorali deprompta. Wittebergae et Servestae 1770.

Hommel, Chr. Gli.: Principia juris eccles. protestantium ex jure inprimis Saxonico electorali deprompta, et ad theologiae pariter atque juris studiosor. usum accommod. *Viteberg.*, Zimmermann. 770. 8. (10 Gr.)

— **Christian Gottlieb (Wittenberg), De privilegiis clericorum in sponte resignantem vel remotum non cadentibus. Disp. jur. eccles. Präs. Andreas Florens Rivinus. Wittbg. (Schlomach) Juni 1760. 28 S. (7.—)** 15901
Gew.: Ferdinand August u. Carl Ferdinand Hommel.

— — **Rectum sensum et usum paroemiae Germanicae das Kind gehört zur ärgern Hand exponit. Wittbg. (Jo. Christoph Tzschidrich) 15. V. 1767. 27 S. (6.—)** 15903

— s. S. S t r y c k, de actionibus.

— — **De vera vi ac potestate vocabuli עִרְלָם in codice hebraico prolusio III. Wittbg. 1795. 18 S. (3.—)** 15907

— — **Dasselbe. IV. Wittbg. 1795. 18 S. (3.—)** 15908

Hommel, Curt, s. H o m m e l , Kurt

Hommel, Ferdinand August

— — **Ad actum inaug. sollemnem candidati Johann August Bach (Hohendorf). Lpz. (Langenheim) 1750. 12 S. mit Biogr. B.'s. (M.: A. D. Schumann.) (6.—)** 15921

— de novo aedificio j u r i s nat. et gentium etc. 8. Lipsiae. 748.

Hommel, Fd. Aug., († d. 16. Febr. 1765.) kurze Anleit., Gerichts-acta geschickt zu extrahiren, z. referiren u. e. Sentenz darüber abzufassen. 8. Leips. 739. Verb. Aufl. 8. Halle 740. 3e verb. A. 747. 4e A. 762. 5e A. 778. 6e A. 795. 7e A. von J. C. Woltar. gr. 8. Halle 808. Kümmel. 18 gl.

Hommel, Fd. A.: Kurze Anleit., gerichtl. Acten geschickt zu extrahiren, zu referiren u. e. Sentenz daraus abzufassen. *Halle*, Kümmel. (1—6e A. 739. 95.) 7e A. v. J. Ch. Woltär. 808. 8. (16 Gr.)

Hommel, Ferdinand August (Präs.), s. B e r g m a n n , Ehregott Friedrich: De numero septenario testium in testamentis.

Hommel, Ferd. Aug. [Praes.], s. B o n i t i u s , Carl Heinrich: De genuina unionis . . .

Hommel, Ferd. Aug. (Präs.), s. B r u c h h o l t z , Jo. Gottlob: De his, quae ex officio seu gratis expedienda sunt ab actuario.

Hommel, Fd. A.: D. de textu Novellar. originario conjecturae. *L.* 736. 4.

Hommel, Ferdin. August (Präs.), s. C o n r a d i , Jo. Christian Friedrich: Theses juris controversi.

Hommel, Ferdinand August (Präs.), s. G r a b e n e r , Gottlieb Christian: De ratificatione confessionis per tormenta extortae.

Hommel, F. A.: De genuina unionis prolium indole extra casum legis et observantiae specialis. *Lips.* 726.

Hommel, Ferdinand August: De ivre vini advsti. [Resp.:] Rvpertvs Travgott Svltzberger. Lipsiae: Langenhemian 1753. 39 S. Leipzig, Jur.Diss. v. 12.7.1753 -- 3°.11

— — **Juris studiosis eosque ad frequentandas thesium juris controversi disputat. publ. invitat. Lpz. (Langenheim) 1753. 12 S. (3.—)** 15922
Heinr. August Beyer (Dresden), Joh. Christoph Poerner (Leipzig), Dietr. Gottlob Schlegel (Rückersw. Misn.), Joh. Martin Heimbach (Burgwend. Thür.).

— — **u. (Respond.) Johann Daniel Stipper (Leipzig), Omnem actionem confessoriam ex servitute; negatoriam vero ex libertate esse. Diss. jur. Lpz. (Immanuel Titius) 3. VII. 1721. 26 S. (6.80)** 15914

— — Prationem qua culpandusne sit praetor Romanus quod veris rationibus dissimulatis, fictionibus aliisque coloribus usus sit in corrigendo jure antiquo? Lpz. (Langenheim) 1734. 8 Bl. (4.50) 15915

— Ferdin. August (Leipzig), De revocatione confessionis per tormenta extortae, Wiederruffung der Urgicht. Präs. Christoph Dondorff. Lpz. (Andr. Mart. Schede) 22. X. 1716. 21 Bl. (7.50) 15910

Gew.: Johann Georg Menius (Scheiben-Grobsdorff).

— — Dasselbe. Lpz. (Gabriel Trog's Erb.) 1744. 20 Bl. ohne Widm. (7.—) 15911

— — Solemnia inaug. candidati Moritz Adolph Engel (Burgstad b. Chemnitz). Lpz. (Langenheim) 1747. 12 S. mit Biogr. E.'s. (M.: J. D. Hilliger.) (6.—) 15919

— — Sollemnia inauguralia candidati Heinrich Gottlieb Francke (Teichwiz b. Weida i. V.) Lpz. (Langenheim) Mai 1748. 16 S. mit genealog. Biogr. F.'s. (M.: M. S. Alberti.) (7.—) 15920

— — Solemnia inauguralia candidati M. Gottlob Benedict Hofmann (Wittenberg). Lpz. Nov. 1762. 15 S. mit Biogr. Hof.'s. (M.: R. E. Bartsh.) (6.50) 15925

— — Sollemnia inauguralia candidati Josia Ludwig Ernst Püttmann (Ostrau). Lpz. (Langenheim) 1761. 16 S. mit Biogr. P.'s. (M.: S. E. Timpel.) (6.—) 15924

— — Solemnia inauguralia candidati M. Johann Tobias Richter (Tribella/Laus.). Lpz. (Langenheim) Sept. 1744. 12 S. mit Biogr. R.'s. (M.: A. M. Krüger.) (6.—) 15918

— — Sollemnia inauguralia candidati Christian Gottfr. Weinberg (Frankenhausen). Lpz. (Langenheim) 3. IX. 1739. 12 S. mit Biogr. W.'s. (M.: A. J. Hoffmann.) (6.50) 15916

— — Actum solemnem quo dominus Carl Friedrich Brehme (Neustadt a. Schneeberg) juris utr. doctor publice renunciabitur celebr. indicit insimulque de spatio temporis in citatione edictali concedendo quaedam praefatur. Lpz. (Langenheim) Juni 1755. 16 S. mit Biogr. B.'s. (M.: S. D. Weigel.) (6.—) 15923

— — Actum sollemnem, quo vir Anton Daniel Braschu (Lübeck. Weissenfels) juris utr. licent. publ. renuntiabitur celebr. indicit et de successione spuriorum secundum novellam LXXXIX C. XII. disserit. Lpz. (Langenheim) 1740. 12 S. mit Biogr. B.'s. (M.: A. E. Sonnemann.) (6.50) 15917

— — De victoria querelae inofficiosi tertio proficua. Diss. jur. Halle (Johann Gruner) 10. VII. 1719. 42 S. (7.20) 15912

— — Dasselbe. Ed. II. Lpz. (Jo. Christian Langenheim) 1765. (7.—) 15913

Hommel, Friedrich

Hommel, Frdr., Antiphonen u. Psalmentöne. Musikalische Beilagen zum Psalter. Für den gottesdienstl. Gebrauch d. Diakonissenhauses in Neuendettelsau bearb. 8. (46 S.) Nürnberg 871. Löhe. n. — 80

Hommel, Friedr., die wahre Gestalt der bayr. Landeskirche und die bayer. Generalsynode von 1849 gegenüber einem ihrer Vertheidiger dargestellt. Lex.-8. (38 S.) Nördlingen 850, Beck'sche Buchh.

—— Liturgie lutherischer Gemeindegottesdienste. hoch 4. (XV und 83 S.) Nördlingen 851, Beck'sche Buchh. *

Hommel, Frdr., der Psalter nach der deutschen Übersetzg. D. Mart. Luther's, f. den Gesang eingerichtet, s. a. Löhe, Wilh., Haus-, Schul- u. Kirchenbuch.

Hommel, Friedr., der Psalter nach der deutschen Uebersetzung Dr. Martin Luthers für den Gesang eingerichtet. gr. 8. (LVIII und 212 S. und Noten-Beilagen 81 S.) Stuttgart 859, S. G. Liesching. -

Hommel, Friedr., Recht der Kirche, Union und die bayerische protestant. Landeskirche. Versuch einer theologisch-juristischen Beleuchtung. gr. 8. (XI und 104 S.) Stuttgart 853, S. G. Liesching. *

Hommel, Friedr., geistliche Volkslieder aus alter und neuerer Zeit mit ihren Singweisen. Lex.-8. (XIX und 309 S.) Leipzig 864, Teubner. 1 Thlr. 15 Ngr.; cart.

— geistliche Volkslieder aus alter und neuerer Zeit m. ihren Singweisen hrsg. 2. Ausg. Lex.-8. (XIX, 309 S.) Leipzig 871. Teubner. 2. 40

Hommel, Fritz, Abriss der babylonisch-assyrischen und israelitischen Geschichte von den ältesten Zeiten bis zur Zerstörung Babel's in Tabellenform. Lex.-8. (III, 20 S.) Leipzig 880, Hinrichs'sche Buchh. *

Hommel, Fritz, Abriss der Geschichte des alten Orients bis auf die Zeit der Perserkriege. gr. 8. (98 S.) [Nördlingen 887.] München, Beck'sche Verlagsh. * 1 80
Aus: Handbuch der klassischen Altertumswissenschaft, besonders abgedruckt.

Hommel, Fritz, die südarabischen Altertümer (Eduard Glaser-Sammlung) des Wiener Hofmuseums u. ihr Herausgeber Professor David Heinrich Müller. Offene Darlegg. an die kaiserl. österr. Akademie der Wissenschaften. Mit 7 Abbildgn. in Zinkotyp. u. e. längeren Exkurs üb. den Mondkultus der alten Araber. [Aus: „Aufsätze u. Abhandlgn. 2. Hälfte".] gr. 8. (III, 39 S.) München 899. H. Lukaschik. n. 2. —

Hommel, F.: Die Astronomie der alten Chaldäer. I. (2. Teil) II. III. [Sonderabdruck] aus dem „Ausland" 1891 Nr. 13. 14. 19. 20. 1892 Nr. 4–7. o. O. 1891. 1892.

Hommel, Fritz. Aufsätze u. Abhandlungen arabistisch-semitologischen Inhalts. 1. Hälfte. gr. 8. (128 S. m. 1 autogr. Taf.) Münch. 892, Franz' Sort. * * 8 —

Hommel, Fritz, Aufsätze u. Abhandlungen arabistisch-semitologischen Inhalts. 1. Hälfte. gr. 8. (128 S. m. 1 autogr. Taf.) München 892. H. Lukaschik. n.n. 8. —

— Aufsätze u. Abhandlungen. II. Mit 16 Abbildgn. in Zinkotyp. gr. 8. (S. 129—272.) Ebd. 900. n.n. 13.50

— dasselbe. III, 1. Mit 2 Kartenskizzen u. 2 Abbildgn. gr. 8. (S. 273—474.) Ebd. 901. n.n. 12.50
I. Ebd. 892. n. 8.—.

Barlaam und Josaphat. Hommel, Fritz. Die älteste arabische Barlaam-Version. Wien 1887.

— — Lexicalische Belege zu meinem Vortrag über die sprachliche Stellung des Altaegyptischen. Zur Vertheilung an die Theilnehmer der Jubilaeumsfeier der Deutschen Morgenländischen Gesellschaft! L., 2./3. Oct. 1895. o. O.

— südarabische Chrestomathie. Minäo-sabäische Grammatik. — Bibliographie. — Minäische Inschriften nebst Glossar. gr. 4. (VI, 136 autogr. S.) Ebd. 893. Kart. n.n. 16.50

— die altorientalischen Denkmäler u. das alte Testament. Eine Erwiderg. auf Prof. Fr. Delitzsch's „Babel u. Bibel". gr. 8. (38 S.) Berlin (902). Verlag der deutschen Orient-Mission. n. 1.—

Hommel, Fritz, die altorientalischen Denkmäler u. das Alte Testament. Eine Erwiderg. auf Prof. Fr. Delitzsch's „Babel u. Bibel". 2., m. e. Nachwort üb. den Namen Jahve u. e. üb. die neuesten Darstellgn. der babyl.-assyr. Religion orientier. Exkurs verm. Aufl. (62 S.) gr. 8. Berlin 903. Gr.-Lichterfelde, Deutsche Orient-Mission. n. 1.50

—— Geschichte Babyloniens-Assyriens, s. a. Geschichte, allgemeine, in Einzeldarstellungen.

Geschichte Babyloniens und Assyriens. Von Fritz Hommel. Mit Abbildungen und Karten. Berlin. 1885(–88). – Allgemeine Geschichte in Einzeldarstellungen. hrgg. v. W. Oncken. Hauptabth. 1, Th. 2. 8°.

Hommel, Fritz. Geschichte Babyloniens und Assyriens. ... Berlin. G. Grote'sche Verlagsbuchhandlung 1885.
VI + 802 S. m. 114 Abb.; 15 z. T. farb. Taf. 8°.
(Allgem. Geschichte in Einzeldarstellungen hrsg. von Wilhelm Oncken. 1. Hauptabt. T. 2.)

Hommel, Fritz, Geschichte des alten Morgenlandes, s. a. Sammlung Göschen.

Hommel, Fritz. Geschichte des alten Morgenlandes. [Sammlung Göschen.] Stuttgart 1895.

Geschichte des alten Morgenlandes von Dr. Fritz Hommel, Prof. Mit 9 Voll- u. Textbild. u. 1 Kt. 3., verb. Aufl. Leipzig: Göschen 1904. 182 S. 8°
(Sammlung Göschen. 43.) [11. 14298 II

Hommel F, Geschichte des alten Morgenlandes. 3. Auflage. (193 S 1 K)
(Sammlung Göschen 43) 16° Leipzig 1908

— der Gestirndienst der alten Araber u. die altisraelitische Ueberlieferung. Vortrag, geh. im Verein f. jüd. Geschichte u. Literatur zu Berlin am 5. XII. 1899. gr. 8. (32 S.) München 901. H. Lukaschik. n. 1.20

Hommel, Fritz, Inschriftliche Glossen und Exkurse zur Genesis und zu den Propheten. I—IV. [Separat-Abdruck aus der „Neuen kirchlichen Zeitschrift" 1890. Heft 1. 6. 1891 Heft 1.] o. O. 1890. 1891.

— Grundriss der Geographie u. Geschichte des alten Orients, s. a. Handbuch der klassischen Altertums-Wissenschaft. III. 1.

Grundriß der Geographie und Geschichte des alten Orients. Von Dr. Fritz Hommel, Prof., München. 2. neubearb. Aufl. d. 'Abrisses d. Gesch. d. alten Orients.' Hälfte 1. *München: C. H. Beck 1904.* 8°
= Handbuch d. klassischen Altertumswissenschaft. Bd 3, Abt. 1, Hälfte 1. [04. 14879

—— s. Handbuch der klassischen Altertumswissenschaft.

— Hethiter u. Skythen u. d. erste Auftreten d. Iranier in d. Geschichte. [Aus: „Sitzungsber. d. k. böhm. Gesellsch. d. Wiss."] gr. 8. (28 S.) Prag 898. (F. Řivnáč.) n. —40

Hommel, Fritz, zwei Jagdinschriften Asurbanibal's, nebst einem Excurs über die Zischlaute im Assyrischen, wie im Semitischen überhaupt. gr. 8. (VIII, 63 S. mit 1 photolithogr. Abbild.) Leipzig 879, Hinrichs'sche Buchh.

Hommel, Fritz, Das semitische Imperfect im altaegyptischen nachgewiesen. [Aus dem demnächst zu veröffentlichenden Aufsatz „Über den Grad der Verwandtschaft des Altaeg. mit dem Semitischen" besonders abgedruckt.] Ansbach 1891.

Hommel, Fritz, die Insel der Seligen in Mythus u. Sage der Vorzeit. Vortrag, geh. in der geogr. Gesellschaft zu Frankfurt a/M. am 7. XII. 1898. gr. 8. (42 S. m. 3 Abbildgn.) München 901. H. Lukaschik. n. 1.50

— ein neuer babylonischer König. gr. 8. (41 S.) Prag 901. (F. Řivnáč.) n. —60
Sonderabdr. a.: „Sitzungsber. d. böhm. Gesellsch. d. Wiss."

Vier neue arabische Landschaftsnamen im Alten Testament nebst e. Nachtrag: Die vier Paradiesesflüsse in altbabylon. u. altarab. Ueberlieferung. Von Prof. Dr. Fritz Hommel. Mit 1 Kartenskizze. *München: G. Franz 1901.* (S. 273–343.) 8°
Aus: Hommel: Aufsätze u. Abhandlungen. [01. 11063

— vier neue arabische Landschaftsnamen im Alten Testament, nebst e. Nachtrag: Die vier Paradiesflüsse in altbabylon. u. altarab. Ueberlieferg. Mit e. Kartenskizze in Zinkotyp. [Aus: „Aufsätze u. Abhandlgn."] gr. 8. (III u. S. 273—343.) München 901. H. Lukaschik. n. 3.50

— sumerische Lesestücke. Schrifttafel, trilingue Listen, Syllabare, Paradigmen, bilingue Texte m. Analyse, kurze Grammatik. gr. 4. (VIII, 144 autogr. S.) München 894. H. Lukaschik. n.n. 20.—

— die Namen der Säugethiere bei den südsemitischen Völkern, als Beiträge zur arab. u. äthiop. Lexicographie, zur semit. Kulturforschung u. Sprachvergleichung u. zur Geschichte der Mittelmeerfauna. Mit steter Berücksichtigung auch der assyr. u. hebr. Thiernamen u. geograph. u. literaturgeschichtl. Excursen. gr. 8. (XX, 472 S.) Ebend. 879. n.n. 40.—

—— s. Physiologus, die aethiopische Uebersetzung des.

— das graphische ר in Minäischen u. d. Alter d. minäischen Inschriften, s.: Mitteilungen d. vorderasiat. Gesellschaft.

— die altisraelitische Überlieferung in inschriftl. Beleuchtg. E. Einspruch gegen d. Aufstellgn. d. modernen Pentateuchkritik. 8. (XVI, 356 S.) München 897. H. Lukaschik. n. 5.60

—— Der babylonische Ursprung der ägyptischen Kultur nachgewiesen. 4. (VII, 68 autogr. S.) Münch. 892, Franz' Sort. * 5 —

—— die semitischen Völker und Sprachen, als erster Versuch einer Encyclopädie der semit. Sprach- und Alterthums-Wissenschaft. Ein Cyclus von Vorträgen, gehalten im Sommer 1878 an der Universität München. 1. Bd. 3 Hefte. gr. 8. Leipzig, O. Schulze. *

Inhalt:

Heft 1. Die Semiten und ihre Bedeutung für die Kulturgeschichte. Mit 3 Farbenkärtchen zur Veranschaulichung der semit. Sprachentwicklung und 1 physikal. (chromolithogr.) Karte der semit. Länder. (VIII, 68 S.) 881. *ℳ 2.
» 2. Die vorsemitischen Kulturen in Aegypten und Babylonien. (S. 69—424 mit 1 eingedr. Kärtchen.) 882. *ℳ 7.
» 3. —— dass. — (XII, S. 425—541 mit 2 Karten ausser und 1 in dem Text.) 883. *ℳ 2.

—— s. Weisslovits, Nath. Prinz u. Derwisch.

Hommel, Fritz, Eine neugefundene Weltschöpfungslegende. [Separat-Abdruck aus der „Deutschen Rundschau" 1891, Heft 10.] Berlin 1891.

Hommel. Unserm Allverehrten u. Allgeliebten Br. G. W. F. Hommel Mstr. v. St. der Loge z. Wahrheit u. Freundschaft in Fürth, als Er den Hammer zum fünftenmale übernahm, von den sämmtlichen Mitgliedern der Loge in dankvollster Liebe u. Achtung geweihet. Fürth am Joh.-Fest den 13. Juli 1811. S. 2 Bl.

2475. **Hommel, Gustav:** Über das Verhalten des asynchronen Drehstrommotors bei unsymmetrischen Klemmenspannungen. 1910. 49 S., 8 Taf. 4⁰ ¶ Auch bei Piloty & Loehle in München.
München, Dr.-Ing.-Diss. v. 7. 7. 1910

Hommel, H: Gesammt-Preisliste über Werkzeuge. Mainz 1897

Hommel, H: Werkzeuge und Werkzeug-Maschinen. Preislisten. Mainz . . . 1904

— **Heinrich Andreas** (Leipzig), De furto qualificato. Diss. jur. Präs. Ferdinand August Hommel (Vater). Lpz. (Langenheim) 1. XI. 1759. 40 S., tlws. dtsch. (7.—) 15926

— **M. Joh. Christoph**, De praemio naturali cujuslibet virtutis comite. Lpz. (Schede) 13. III. 1717. 32 S. (7.—) 15928

— **M. Johann Christoph** (Weissenfels), Hoc programmate, quod religionem Lutheranorum saluti reip. maxime omnium esse accommodatam demonstret, ad orationem qua sereniss. nostri principis . . Joh. Wilhelmi, ducis Saxoniae . . autoritate demandatum sibi inspectionis in seminario illustri theologico munus auspicabitur, utr. ordinis proceres . . invitat. Eisenach (Johann Adolph Boetius) 18. X. 1717. 8 Bl. (6.50) 15929

Hommel, Johann Friedrich

— — De eo, quod directo non licet, licet tamen per indirectum. Diss. jur. Lpz. (Christian Scholvin) 12. IV. 1703. 24 Bl. (7.50) 15933

— — Dasselbe. Ed. II. Lpz. (Jo. Christian Langenheim) 1747. 48 S. (7.—) 15934

— **Justus Henning** (Leipzig), Rhapsodiae quaestionum in foro quotidie obvenientium neque tamen legibus decisarum collectionem IV. Präs. Carl Ferdinand Hommel. Lpz. (Langenheim) 30. V. 1765. (S. 39—52.) (6.—) 15935

Hommel, Karl

Hommel, Carl, ärztlicher Rathgeber für Auswanderer. Anleitung zum Verhalten während der Seereise, der Seekrankheit rc., um sich vor den nachtheiligen Einflüssen des Schiffslebens möglichst zu schützen und die Gesundheit zu bewahren. 8. (VI und 56 S.) Dessau 850, Gebr. Katz.

Hommel, Karl Ferdinand [wirklicher Name], s.a. Joch, Alexander von [Pseud.]

— — De antistrephusa. Praelusio qua candidato Johann Christian Rost (Dresden) supremi in utr. jure honores tribuendi. Lpz. (Langenheim) 21. XII. 1769. 12 S. mit Biogr. R.'s. (M.: J. S. Schmidmer.) (4.50) 15888

— s. auch Antonius, (Curtius), epitome juris.

Hommel, Car. Fd.: Ariadne jurisdictionum concurrentium, sive judicior. concurrentium in una eademque urbe variae collisiones. *Lipsiae*, Brockhaus. 779. 8. (4 Gr.)

Hommel, Karl Ferdinand (Präs.), s. Bauer, Johann Friedrich: Rhapsodiae quaestionum ... collect. IX.

Joch, Alex. v. [d. i. Hommel, Karl Friedr.]: Über Belohnung und Strafe nach Türkischen Gesetzen. Bayreuth u. Leipzig 1770.

v. Joch, Alx. (K. Fd. Hommel): Ueb. Belohn. u. Strafe nach türk. Gesetzen. *Bayr.*, Lübeck's E. (770.) 772. gr. 8 (16 Gr.)

Hommel, Carl Ferdinand (Präs.), s. Besack, Gottlob Christian: Grammaticarum observationum jus civ. illustr. specimen I.

Hommel, Karl Fd., († d. 16. Mai 1781.) bibliotheca juris rabbinica et Saracenor. arabica. 8. Bar. 762. (Grau in Hof). 3 gr

Hommel, C. Ferd., Bibliotheca juris rabbinica et Saracenor. arabica. 8. Bar. Lübeck. 762.

Hommel, C. F., de eccles. cathedr. et collegiat. capitulis. Lips. 1771. 4.

Hommel, K. Fd.: Catalogus testium alphabet., ex quo cognosc., qui testes plane inhab., qui semitestes, qui plus quam semitestes, et qui semitestibus fide minores sint. *Bresl.*, Korn. 780. 8. (6 Gr.)

Hommel, C. Ferd.: De causis pseudofeodalibus s. de jurisdictionis ordinariae et clientelaris conflictu, praes. in sectione bonorum vasalli conturbatoris. *Lips.*, Hahn. 781. 8. (5 Gr.)

Hommel, Karl Ferdin. (Präs.), s. Charpillot, Jo. Friedr. Rosselet von: Jus mundi universale.

— — Conjecturas de origine divisionis rerum in mancipi et nec mancipi. Lpz. (Langenheim) 16. IV. 1744. 46 S. (6.50) 15868

— corpus juris civilis. 8maj. Nürnb. 758. Felssecker. 1 rthl 16 gr

Hommel, K. Fd.: Corpus. jur. civ. c. notis varr. *Lpz.*, Fritsch. 767. 8. (1 Thl. 16 Gr.)

— corpus juris civil. c. not. varior. 8. maj. Lips. Fritsch. 768.

— corpus juris civilis c. not. varior. 8maj. Leipz. 768. (Hahn). 1 rthl 16 gr

— — Cur actiones praetoriae annales sint. Lpz. (Breitkopf) 4. II. 1756. 23 S. (6.—) 15874

— — **Disputatiuncula in qua subtilitas argumenti Wolfiani quod ex rerum contingentia deum esse colligit, in dubitationem adducitur.** Lpz. (Cruciger) 1743. 12 Bl. (6.—) 15867
Gew.: Christian Wilhelm Kustner, Georg Zacharias Wincler, Georg Gottlieb Sigel, Johann Tobias Richter, Johann Tobias Krebs, Gottfried Heinrich Grummert.

Hommel, C. Fd.: Effigies ICtor. in indicem redactae. *L.* 760. 8. Brockhaus

— effigies juris consultorum. 8. Lips. Gleditsch. 760.

– Einfälle ...

* — — und Begebenheiten (von *Carl Ferd. Hommel*, 1722—81). Mit Titelvign. u. Kpfr. O. O. (Leipzig) 1760. 8°. 12 Bog. (In Berlin 2 Expll.: Yz 4991; B. D. 9815.) (1 Mk. L. M. Glogau Sohn, Hamburg, 1888; 1 Mk. Jos. Jolowicz, Posen.)

§ * — — Dasselbe. Mit Titelvign. O. O. (Leipzig) 1761. 8°. (In Berlin: Yz 4994; auch in der Berliner Magistratsbibl.; in München: Var. 307.) (12 Sgr. Lippert Halle, vor 1870; 4 Mk. 50 Pfg. Scheible, Cat. 54.)
184 S., nebst Reg., enth. 87 Stücke in Prosa, u. a.: Klage der Nase wider den Hintern. — Ob Themis noch Jungfer sei, etc. Ferner eine längere Dichtung (poet. Prosa): „Das Meisterspiel im Lomber".

— Einfälle u. Begebenheiten. 8. Leipz. 760. N. Aufl. unt. d. Tit.: Plappereien. 2 Thle. 8. Ebd. 773. (Grau in Hof). (Vergl. 1) Einfälle u. Begebenheiten. 2) Kl. Plappereien,

— — **De mirabili Ulpiani impostura brevis ad fratrem epistola.** Lpz. (Langenheim) 1759. 20 Seiten. (6.30) 15876
Gew.: Heinrich Andreas Hommel (Bruder).

Hommel, K. Fd.: Epitome sacri juris. *Leipzig*, Schwickert. 777. 8. (18 Gr.) (768. unt. d. Namen: *Curtius Antonius.*)

⊙ Erklärung des Goldnen Hornes aus der Nordischen Theologie bey müßigen Stunden entworfen v. Carl Ferdinand **Hommeln**. Leipzig. 1769. 8°.

— Erklär. d. goldnen Hornes, a. d. nord. Theologie. m. K. Leipzig, Fritsch. 769.

— Erklärung d. goldnen Hornes, aus d. Nord. Theologie. Mit 1 Kpf. 8. Leipz. 769. (Hahn). 4 K

— deutscher Flavius, od. vollständige Anleitung, sowohl in bürgerlichen als peinl. Fällen Urthel abzufassen rc. Bair. 763. 2e verm. Ausg. 766. 3e verm. A. 775. 4e von C. F. Klein verm. Aufl. 2 Bde. gr. 8. Ebd. 800. Mit N. Titel. gr. 8. Leipz. 813. Hinrichs. 3 ß

HOMMEL, C. F., Teutscher Flavius. Das ist: Vollständige Anleitung sowohl bey bürgerlichen als peinlichen Fällen Urthel abzufassen. Bayreuth, 1775. 8°. 775 S. (3 Mk. 20 Pfg. Tassig, 1903.)
Abtreibung d. Leibesfrucht; Hexerey; Hurerey; Nothzucht; Juden; Martern; Spiel; Sodomie.

— deutscher Flavius, od. Anl. Urthel abzufassen, verm. von Klein. 2 Bde. gr. 8. Bayreuth, Lübeck. 800.

Hommel, C. F., deutsche Flavius, od. vollständ. Anleitung sowohl in bürgerl. als peinl. Fällen Urthel abzufassen rc. 4te von C. F. Klein verm. Aufl. 2 Bde. gr. 8. Bayreuth. (Leipz. Hinrichs.) 813.

— — **De forma tribunalis et majestate praetoris ad L. 1. §. 5. ff. de postuland.** Lpz. (Langenheim) 19. X. 1763. 48 S. mit 23 Textkupfern. (Püschel sc.) (7.—) 15880

Hommel, Karl Ferd.: „Philos. Gedanken über das Criminalrecht. Aus der Hommelschen Handschrift . . . . . herausgegeben von Carl Gottl. Rössig", Berlin 1784.

— philosoph. Gedanken über das Criminalrecht, aus den Hommelschen Handschr. mit Anmerkk. herausg. v. K. G. Rössig. gr. 8. Bresl. 784. J. F. Korn. 12 K N. A. 786. (Trattner in Wien). 6 K

— — **Summos in utr. jure honores viro Bernhard Christian d'Arien (Hamburg).** Lpz. (Langenheim) 17. XII. 1778. 19 S. mit Biogr. A.'s. (M.: A. M. Albrecht.) (5.—) 15896

— — **Summos in utr. jure honores viro Johann David Behling (Regensburg. Dresden).** Lpz. (Langenheim's Erb. & Klaubarth) 28. XII. 1780. 18 S. mit Biogr. B.'s. (M.: A. S. Hartlaub.) (6.—) 15898

— — **Summos in jure honores viro Ehrenhold Friedrich Bidermann (Annaberg).** Lpz. (Langenheim) 21. V. 1772. 12 S. mit Biogr. B.'s. (M.: D. S. Stock.) (6.—) 15890

— — **Summos in jure honores viro Johann Christian Boehme (Dresden).** Lpz. (Langenheim) 26. III. 1771. 14 S. mit Biogr. B.'s. (M.: J. R. Zischner.) (5.—) 15889

— — **Summos in jure utr. honores candidato Johann Gottlieb Breuer (Dresden).** Lpz. (Langenheim) 6. IV. 1769. 12 S. mit Biogr. B.'s. (M.: Ch. D. Schade.) (4.50) 15887

— — **Summos in utr. jure honores viro Friedrich August Klinkhardt (Merseburg).** Lpz. (Langenheim) 11. VI. 1778. 12 S. mit Biogr. K.'s. (M.: A. R. Schindel.) (6.—) 15895

— — **Summos in utr. jure honores viro Christian Gottlieb Mitreuter (Leipzig).** Lpz. (Langenheim's Erb. & Klauberth) 23. XII. 1779. 12 S. mit Biogr. M.'s. (M.: Ch. J. Soelner.) (5.50) 15897

— — **Summos in jure utr. honores candidato Florian August Reichel (Camenz. Dresden).** Lpz. (Langenheim) Mai 1777. 18 S. mit Biogr. R.'s. (M.: J. S. Schubert.) (6.—) 15893

— — **Summos in jure honores viro Joh. Ernst Gottlob Stichler (Leipzig).** Lpz. (Langenheim) 5. V. 1774. 16 S. mit Biogr. S.'s. (M.: D. E. Gesner.) (5.50) 15891

— — **Summos in utr. jure honores viro August Cornelius Stockmann (Naumburg).** Lpz. 17. X. 1777. 16 S. mit Biogr. S.'s. (M.: J. R. Schwedler.) (6.—) 15894

— — Summos in jure utr. honores candidato Carl Friedrich Weinhold (Frauenstein). Lpz. (Langenheim) 12. IV. 1775. 15 S. mit Biogr. W.'s. (M.: J. E. Arnold.) (6.—) 15892

— — De interrogationibus in jure faciendis hodie non sublatis. Lpz. (Langenheim) 23. IX. 1750. 28 S. (6.—) 15871

— de jure arlequinizante. Oratio in Acad. Lipsiens. 8. Bayr. 761. Lübeck. 5 gl

— — De jure canonico ex Germanicis legibus et feodalibus explicando libellus singularis. Lpz. (Langenheim) 1755. 20 S. (6.—) 15873

Hommel, C. Fd.: Jurisprud. numismatt. illustrata, nec non sigillis, gemmis, aliisque picturis vetustis varie exornata, cum auctario Ch. Adf. Klotzii. *Lpz.*, Fritsch. 763—65. 8. m. Kpf. (1 Thlr. 10 Gr.) (Das auctarium allein (6 Gr.)

— jurisprudentia numismatibus illustr. etc. 8. Leipz. 763. Cum auctario Chr. Ad. Klotz. 765. (Hahn). 1 ₰ 10 gl Klotz's auctar. apart. 6 gl

— — De legitima filiarum ex feudo novo recte computanda, obiter disserit atque solennia doctoralia candidati Johann Georg Spillner (Schoenerstadt). Lpz. 19. V. 1763. 12 S. mit Biogr. S.'s. (M.: B. E. Uhlmann.) (5.50) 15879

— literatura juris c. fig. aen. 8. Leipz. 761. Ed. II. 779. (Hahn). 1 ₰

Hommel, C. Fd.: Literatura juris. *Lpz.*, Fritsch. (761.) 779. gr. 8. (1 Thl.)

— **Carl Ferdinand** (Leipzig), De legum civilium et naturalium natura. Diss. jur. Präs. Ferdinand August Hommel (Vater). Lpz. (Langenheim) 23. IX. 1743. 22 S. (6.50) 15866

Hommel, Carl Ferd.: Oblectamenta juris feodalis sive grammaticae observationes jus rei clientelaris et antiquitates germanicas varie illustrant. *Lips.*, Fritsch, (Dyk.) 755. 4. (16 Gr.)

Hommel, C. Fd.: Opuscc. jur. univ. et impr. elegantioris selecta; coll., notulis auct. ips. aux. et editionem cur. K. Glo. Rössig. P. I. *Baruthi*, Lübecks E. 785. 8. (1 Thl. 4 Gr.)

* — Opuscula juris univer. et imprimis elegantioris selecta. P. I. Bayreuth. (ist jetzt Verlag von Hinrichs in Leipz.)

— opuscula juris univ. et imprim. elegantior. select. P. I. Coll., not. auct. ipsius aux. et cur. ed. K. G. Rössig. 8. Bar. 785. (Hinrichs in Leipz.) 1 ₰ 4 gl (Voigt in Jena mit Jahrz. 1813.) 1 ₰ 4 gl

— — De ordinariis facultatis juridicae Lipsiensis. Lpz. (Langenheim) 19. X. 1763. 20 S. (6.—) 15881
M. kurzen Biographien d. 29 Ordinarien.

— oratio inaug. de Ordinariis facultatis juridicae Lipsiensis. 8. Leipz. 767. (Brockhaus). 2 gl

(— —). — Ordinarius senior et rel. doct. facultatis jurid. parentalia beato **Carolo Ferdinando Hommello** viro summo d. 16. V. hora 9. anni 1782 in auditorio JCtorum habenda indicunt. Lpz. (Saalbach). 20 S. (5.—) 15899
De dotis dictione ad Terentium Andr. act. V sc. 4. v. 48. — Origo heredum suorum a graecis petenda. — Novus matrimonii confarreati effectus, novusque patriae potestatis solvendae modus; ad Tacit. L. IV. annal. c. 16.

— palingenesia librorum juris vet. s. pandectarum loca integra. III Tmi. 8. maj. Lips. Compt. f. Litt. (et. Weidmann.) 767.

Hommel, K. Fd.: Palingenesia libror. jur. veterum, s. Pandectar. loca ad mod. indicis *Labitti* et *Abr. Wielingii* oculis expos. et ab exempl. Taurelli Florent. descr. *Lpz.*, Hilscher. 767—68. 3 T. gr. 8. (5 Thl.)

Hommel, K. Fd.: Pertinenz- u. Erbsonderungsregister. *Leipzig*, Dürr. (1—3e A. 767 — 73) 4e v. Vf. stark vm. A. m. Vorr. v. K. Glo. Rössig. 782. 5e A. v. Gf. L. Winkler. 794. 6e A. v. Eb. 805. 8. (8 Gr.)

Hommel, C. Ed.: Pertinenz- u. Erbsonderungsregister. Bei Erbtheill. u. Käufen als e. Handbuch zu gebrauchen. 6. Aufl. Herausg. v. Gf. Ludw. Winkler. *Lpz.*, Dürr. (767) 805. 8. (18 Gr.)

* PLAPPEREYEN, Kleine (von *Karl Ferdinand Hommel*, angesehener Rechtslehrer, geb. 1722, † 1781). (2 Thle. in 1 Bde.) Mit phantast. Titelvignette u. 1 großen Kupfer. Leipzig bey Caspar Fritsch. 1773. Kl. 8°. (In Berlin: Yz 8° 5006; auch in der dortigen Magistratsbibl.; ferner in Marburg, Univ.-Bibl.: XVI C 168; auch in Dresden u. Warmbrunn.) (18 Mk. K. W. Hiersemann, Lpz., 1896; 15 Mk. Max Perl, Berlin, c. 1905.)
Ist neue, stark vermehrte Auflage der „Einfälle u. Begebenheiten." O. O. 1760; rep. 1761. 8°. 188 S. (Beides in Berlin.)
XVI+560 S. Interessante Sammlung von 105 humoristischen u. lebensklugen Aufsätzen.

— promtuarium juris etc., s. J. G. *Bertoch*.

— — **Propositum de novo systemate juris naturae et gentium ex sententia veterum jctorum concinnando sive de jure quod natura omnia animalia docuit commentatio.** Lpz. (Bernh. Christ. Breitkopf) 1747. 168 S. (8.—) 15869
Gew.: Ferdinand August Hommel (Vater).

— — Obiter quaedam de singulari imperatorum in legibus novis condendis modestia, praefando solennia doctoralia candidati Johann Wilhelm Richter (Leipzig). Lpz. (Langenheim) 3. V. 1759. 12 S. mit Biogr. R.'s (M.: R. E. Colditz). (6.—) 15877

— akadem. Reden üb. Mascov. de jure feudor. 8. Bar. (Breitkopf in Leipz., u. Krieger in Marb.) 757.

Hommel, C. Ferd.: Akademische Reden über Hr. J. J. Mascov's Buch de jure feudor. in imperio Rom.-Germ. *Frkf.*, (*Lpz.*, Brockhaus.) 758. 8. (14 Gr.)

— akadem. Reden über Jh. Jak. Maskov de jure feudorum in imperio Romano. 8. Frankf. a. M. 767. (Breitkopf u. H. in Leipz.) 12 gl

— chronol. Register üb. d. Codex August. Register.

[Hommel, C. F.]: Chronologisches Register über den ganzen Augustäischen Codex und dessen Fortsetzung. Leipzig 1778.

(Hommel, K. Fd.): Chronol. Register über d. Cod. August. u. dessen (erste) Fortsetz. *Eb.* 778. gr. 8. (18 Gr.)
2r Thl. (die Mandate u. Verordnungen bis zum J. 1800 enth.) v. *K. A. Blöde. Ebend.* 806. 8. (12 Gr.)

— — De remedio decollationis utili juris emendandi artificio programma, quo solennia doctoralia candidati Carl Gottl. Compass (Bautzen) celeb. indicit. Lpz. (Langenheim) 18. XI. 1762. 16 S. mit Biogr. C.'s (M.: M. E. Koschel). (5.50) 15878

Hommel, K. Fd.: Rhapsodia quaestionum in foro quotidie obvenientium, neque tamen legibus decisarum. (Coll. 1—7. *Lps.*, 765—66. 4.) Ed. 2. *Baruth*, Lübecks E. 766. 8. Ed. 3. 769—79. V. Vol. Ed. 4. novo Vol. aucta; (Vol. VII., panegyrin et memoriam *Hommelii*, nec non vitam et indicem cur. K. Gl. Rössig.) 783—87. 4. (9 Thl. 8 Gr.)

* — rhapsodia quaestionum in foro quotidie obvenient neque tamen legib. decisarum, auct. C. G. Rössig. VII Vol. Bayreuth. (ist jetzt Verlag von Hinrichs in Leipz.)

Hommelius, Car. Ferd.: Rhapsodia quaestionum in foro quotidie obvenientium neque tamen legibus decisarum. 4 Bde
Vol. 1—3. Ed. 3. Baruthi 1769.
„ 4. 5. Byruthi 1776. 79.
„ 6. 7. Ed. 4. cur. Car. Gottlob Roessig. 1785. 87.

— Ed. 4. Vol. 1. 3—7. Ed. 5. Vol. 2. 17(83)—1800. 3 Bde
Vol. 1. 6. 7. cur. C. G. Roessig.

— — Rhapsodia quaestionum in foro quotidie obvenientium, neque tamen legibus decisarum collectio VII. Solennia doctoralia candidati Carl August Salzmann (Merseburg). Lpz. (Langenheim) 24. X. 1765. (S. 95—116) mit Biogr. S.'s. (M.: Ch. S. Schneider.) (6.—) 15883

— — Dasselbe. XI. Summos in jure utr. honores candidato Justus Benedict Ferber (Meissen). Lpz. (Wwe. Langenheim) 5. VIII. 1766. (S. 173 bis 182) mit Biogr. F.'s. (M.: M. E. Gerlach.) (5.50) 15884

— — Dasselbe. XII. Solennia doctoralia candidati Ludwig Koch (Weissenfels). Lpz. (Wwe. Langenheim) 4. IX. 1766. (S. 185—194) mit Biogr. K.'s. (M.: A. E. Goehring.) (5.50) 15885

— — Dasselbe. XVIII. Summos in jure utr. honores candidato Daniel Schiebeler (Hamburg). Lpz. (Langenheim) 3. III. 1768. (S. 75—88) mit Biogr. S.'s. (M.: C. Garbers.) (6.—) 15886

— sceleton juris civilis, sive jurisprudentia universa paucis tabulis delineata. Fol. Leipz. ... Ed. II. 767. Ed. III. 763. Ed. IV. 792. (Hahn). 6 ℛ

— — Schola juris litteraria. Lpz. (Langenheim) 1758. 32 S. (6.50) 15875

Karl Ferdinand Hommel

Carl Ferdinand Hommels Sendschreiben vom Wesen der Körpers und der Geister, darinnen zugleich von dem Durchgange des Lichtes durch das Glaß, von der Bewegung überhaupt, und andern physicalischen Dingen, verschiedenes angezeiget wird. Leipzig: Breitkopf 1746. 80 S. 8°

— — Solennia doctoralia candidati Georg August Marche (Leipzig). — Argumentum: mortuo uno conjuge testamentum reciprocum ex parte superstitis illico fit destitutum ac omnino invalidum. Lpz. (Loeper) 20. IX. 1764. 12 S. mit Biogr. M.'s. (M.: Ch. E. Link.) (6.—) 15882

Hommel, C. F., de subselliis ecclesiasticis *earumque jure*. Lips. 1756. 4.

— — Titulum pandectarum de origine juris et omnium magistratuum et successione prudentium nec non leges XII. tabularum in usum auditorum. Lpz. (Johann Gottlob Immanuel Breitkopf) 1747. 20 S. (4.—) 15870

Hommelius, Car. Ferd. De tribunali praetoris liber singularis, siehe Nieupoort. Berolini 1767. 8°.

— — Commentatio de particula „Von", nostris temporibus nobilitatis charactere. Lpz. (Breitkopf) 17. V. 1752. 36 S. (6.30) 15872

Hommel's alphabet. Zeugen-Katalog, unt. besond. Berücksichtig. des allgemeinen, sächs., preuß. u. baierschen Prozeßrechts, bearb. v. Gust. Ad. Ackermann. gr. 8. (1¾ B.) Dresden 843, Gottschalck. *

Hommel, Kurt

Hommel, Curt, Referendar: Die Minderkaufleute und ihre rechtliche Stellung nach dem Handelsgesetzbuche. Dresden 1910: Wagner & Sprung. 65 S. 8°
Leipzig, Jur. Diss. v. 10. April 1910
[Geb. 3. Sept. 81 Zschopau; Wohnort: Dresden; Staatsangeh.: Sachsen; Vorbildung: Kreuz-Gymn. Dresden Reife O. 01; Studium: Tübingen Med. 2, Jura 1, Leipzig 1, Tübingen 1, Leipzig 6 S.; Rig. 18. Juli 06.] [U 10. 2739

Hommel, M.: Über materiellrechtliche Einwendungen gegen die Vollstreckung von Urteilen ... Würzburg, Graph. Anst. J. Seelmeyr, 1892; 64 S. 8.
Würzburg, Jur. Fak., Inaug.-Diss. v. 1892

Hommel, Max [app. Arzt aus Thalmässing]: Hypertrophische Lebercirrhose ... Würzburg, P. Scheiner's Buchdr., 1892; 30 S. 8.
Würzburg, Med. Fak., Inaug.-Diss. v. 1892

Hommel, R. D. Nordischer Krieg von 1700—1721. 12. Leipzig 1794. — 8. Frankfurt 1794.

Hommel, Rud., († d. 7. Aug. 1817.) criminalist. Blätter. 1r Thl. Sächs. Criminalrecht. gr. 8. Leipz. 800. Dyck. 1 Rthl.
2r Thl. A. u. d. T.: Ideen zur Kritik d. Justinianischen Criminalgesetzgebung. gr. 8. Ebd. (803.)

— f. a. Briefe über die Kaiserwahl.

(Hommel, Rdf.): Briefe über die Kaiserwahl, während ders. aus Frankfurt geschrieben. *Leipz.*, Göschen. 791. 8. (14 Gr.)

— **Rudolph** (Leipzig), De fundo dotali ejusque ex jure Romano Germanico et Saxonico alienatione. Präs. Christ. Gottlob Biener. Lpz. (Jacobaeer) 19. I. 1786. 64 S. mit Widm. v. Präs. (7.50) 15936

— — u. **Johann Conrad Sickel** (Leipzig), Quid de poenis Romanorum criminalibus jure Justinianeo obviis philosophice statuendum sit. Disquisitio prima. Lpz. (Saalbach) 22. XII. 1787. 92 S. (8.50) 15937

— s. a. Rede über Leopold II.

— — De remotione consiliariorum imperii aulicorum ad illustrandum locum art. XXIV. §. 10. capitulationis Caesareae novissimae. Lpz. (Breitkopf) 22. IX. 1791. 55 S. (7.—) 15939
Gew.: Adolph Heinrich Graf v. Schönberg.

— s. Schmauß, corpus juris. — De Sèze, Vertheidig. Ludwig XVI

— die Verdienste d. Kurfürsten von Sachsen um d. deutsche Reichsverfassung. 8. Leipz. 802. Martini. (Snobloch.) 8 Gr.

— — Von einigen Vorzügen des Reichshofraethlichen Prozesses vor dem Reichskammergerichtlichen. — Herrn D. Haubold beim Antritt des oeffentlichen Lehramts der Rechtsalterthuimer am 12. August 1789 im Namen seiner Freunde gewidmet. 30 S. mit Namen d. Gratulanten. (7.—) 15938

[Hommel, Rud.]: Von einigen Vorzügen des reichshofrathlichen Prozesses vor dem reichskammergerichtlichen. [Leipzig 1789.]

Hommel, Willy, bacc. iur.: Die allgemeinen Voraussetzungen der Ergänzungspflegschaft (§ 1909 BGB.). Borna-Leipzig 1910: Noske. XI, 93 S. 8°
Leipzig, Jur. Diss. v. 29. Juni 1910
[Geb. 17. Dez. 81 Leipzig; Wohnort: Leipzig; Staatsangeh.: Sachsen; Vorbildung: Thomassch. Leipzig Reife O. 01; Studium: Leipzig 2, Freiburg i. B. 1, Leipzig 7 S.; Rig. 14. Febr. 06.] [U 10. 2740

Hommel, Woldemar, aus Zürich: Ueber die quantitative Trennung von Wolfram und Molybdän. *Zürich 1902: Gebr. Fretz.* (33 S.) 8°
Giessen, Phil. Diss. v. 1902

Hommelius, Karl Ferdinand, s. Hommel, Karl

Hommelsheim, Franz, appr. Arzt a. Kaldenkirchen: Aus der Universitäts-Augenklinik in Gießen. Zur Kasuistik der angeborenen lipomatösen Dermoide des Augapfels. Berlin: R. Trenkel 1907. (59 S.) 8°
Gießen, Med. Fak., Ref. Vossius, Diss. v. 26. Juli 1907
[Geb. 1. Mai 76 Kaldenkirchen; Wohnort: Aachen; Staatsangeh.: Preußen; Vorbildung: Gymn. Neuwied Reife O. 95; Studium: München 1, Greifswald 5, Würzburg 1, München 1, Bonn 1, München 3, Gießen 5 S.; Coll. 12. März 07; Approb. 22. Aug. 04.]

Hommelsheim, Max, Referendar in Aachen: Die Veräußerung des Vermögens einer Aktiengesellschaft im ganzen. Borna-Leipzig 1908: R. Noske. (VIII, 34 S.) 8°
Leipzig, Jur. Fak., Diss. v. 22. Mai 1908
[Geb. 25. Juli 85 Aachen; Wohnort: Aachen; Staatsangeh.: Preußen; Vorbildung: Kaiser-Karls-Gymn. Aachen Reife O. 04; Studium: Bonn 1, München 1, Kiel 1, Berlin 1, Bonn 2 S.; Rig. 22. Mai 08.]

Hommelsheim, Robert, Referendar b. Kgl. Landgericht zu Cöln: Der Begriff des Gesetzes. Bonn 1904: S. Foppen. (75 S.) 8°
Bonn, Jur. Fak., Ref. Zorn, Diss. v. 8. Oktober 1904
[Geb. 15. Okt. 78 Kaldenkirchen, Kreis Kempen; Heimatsort: Cöln; Staatsangeh. Preußen; Vorbildung: Gymn. Neuwied Reife O. 97; Studium: Bonn 6 S.; Rig. 29. Juli 04.]

Hommelsheim, R., Die Erbschaftsabgabe (Erbschaftssteuer u. Nachlaßsteuer; Erbrecht des Staates). Wesen, Begründg., Kritik u. Geschichte der Erbschaftsabgabe sowie Untersuchgn. üb. ihre Ausgestaltg. unter besond. Berücksicht. des deutschen Reichs. (126 S. m. 1 Tab.) 8. Köln, P. Neubner. 2. —

Hommelsheim, Rob., die Erbschaftsabgabe (Erbschaftssteuer u. Nachlasssteuer; Erbrecht des Staates). Wesen, Begründg., Kritik u. Geschichte der Erbschaftsabgabe sowie Untersuchgn. üb. ihre Ausgestaltg. unter besond. Berücksicht. des Deutschen Reichs. (126 S. m. 1 Tab.) 8. Köln 909. P. Neubner. 2. —

Hommelsheim, Robert, Dr. jur.: Wesen und Geschichte der Erbschaftsabgabe sowie Untersuchungen über ihre Ausgestaltung (unter besond. Berücksichtigung des deutschen Reichserbschaftssteuergesetzes v. 3. Juni 1906). Cöln 1908: Dr. d. Kölner Verl.-Anst. u. Dr. 111 S. 8°
Bonn, Phil. Diss. v. 10. Dez. 1908, Ref. Dietzel
[Geb. 15. Okt. 78 Kaldenkirchen; Wohnort: Cöln; Staatsangeh.: Preußen; Vorbildung: Gymn. Neuwied Reife O. 97; Studium: Bauingenieurwiss. Aachen Techn. Hochsch. 6, Jura Bonn 6 S.; Rig. 22. Juli 08.] [U 09. 401

Hommer, Fr. F. O. ab, De historica diei tricesimi ratione. Lipsiae 1834. 4. . . (886.)

Hommer, (Arn.) Josef von

Hommer, Jos. v., von der Buße. Sieben Fasten-Reden. Nach d. Hochsel. Tode hrsg. u. mit dess. Lebens-Abrisse begleitet v. Jos. Siegl. 8. (7¼ B. u. H's. Bildn.) Köln 837, Du Mont-Schauberg.

— die Geschichte des heil. Rockes unseres Heilandes, welcher in der Domkirche zu Trier aufbewahrt wird u. im Herbst 1844 zur öffentl. Verehrung ausgestellt worden. 1—3. Aufl. 12. (1⁵⁄₁₂ B. u. 1 Abbild.) Bonn 844, 45, Habicht.

Hommer, Jos. v., Geschichte des h. Rockes unsers Heilandes, verfaßt bei Gelegenheit der Jubelfeier d. Weihbischofs Dr. Günther i. J. 1834. 8. (2 B.) Trier 844, Gall.

— Hirtenbr., betreff.: die asiat. Cholera. 8. ... Trier 831, Gall.

— Hirtenbr., betreff.: die heil. Fastenzeit f. 1832; f. d. Diöcesanen in deutsch. Sprache. 8. ... Trier, Gall.

— Hirtenbrief, betreff. die heil. Fastenzeit für 1832. Trier, Gall. 1½ Gr. Ders. Lateinisch. 4 Gr.

Hommer, v., Hirtenbrief, betreff.: die Reform in d. kathol. Kirche. 8. ... Trier 831, Gall.

v. Hommer, Arn. Jos., Lieder über die heil. Evangelien an den Sonntagen d. Kirchenjahres u. mit d. vorzügl. Festen. 8. Ehrenbreitenstein 811.

Hommer, Orpheus [Pseud.], s. Uhse, Erdmann

Hommer, Sophie Charlotte, geb. Fabian, praktisches Haushaltungs-Buch für Stadt und Land. 8. (XII und 323 S.) Hamburg 851(52,) Jowien. *

Hommer, Sophie Charlotte, geb. Fabian, praktisches Haushaltungs-Buch für Stadt und Land. 2., unveränd. Ausg. 8. (XII und 323 S.) Hamburg 854, Jowien.

Hommer, Sophie Charlotte, geb. Fabian, praktisches Haushaltungs-Buch für Stadt u. Land. 2. unveränd. Ausg. Hamburg 855. Jowien. 8. (XII, 323 S.) 1 ₰. 6 ngr.

Hommer, Sophie Charlotte, praktisches Haushaltungs-Buch für Stadt und Land. 8. (Titel-)Aufl. 8. (XII und 323 S.) Hamburg (854)62, Jowien. *

Hommer, Sophie Charlotte, illustrirtes Hamburger Kochbuch, s. Richter, L.

—— neues hamburger Kochbuch für alle Stände oder die faßlichste Anweisung der feineren und bürgerl. Küche. gr. 12. (L und 826 S.) Hamburg 850, (Jowien.) *

Hommer, Sophie Charlotte, geb. Fabian, neues hamburger Kochbuch für alle Stände, oder die faßlichste Anweisung der feineren und bürgerl. Küche. 4., verm. und verb. Aufl. gr. 8. (XXX und 911 S.) Hamburg 858, Jowien. * 2 Thlr.; geb. *

—— neues Hamburger Kochbuch für alle Stände, oder die faßlichste Anweisung der feineren und bürgerlichen Küche. 6., verm. und verb. Aufl. gr. 8. (XXXVI und 936 S.) Hamburg 863, Jowien. * 2 Thlr.; geb. * '

Hommer, Sophie Charlotte, neues Hamburger Kochbuch für alle Stände, oder die faßlichste Anweisung der feineren und bürgerl. Küche. 7. und 8., verm. und verb. Aufl. gr. 8. (XXX und 936 S.) Hamburg 863—67, Jowien. * geb. '

Hommer, Sophie Charlotte, geb. Fabian, neues Hamburger Kochbuch für alle Stände, oder die faßlichste Anweisung der feineren und bürgerl. Küche. 9. Aufl. (XXX, 936 S.) 1869, und 10. verm. und verb. Aufl. gr. 8. (XXVIII, 830 S.) Hamburg 874, Jowien. *M. 6.; geb. *

Hommer, Sophie Charlotte, geb. Fabian. Großes Hamburger Kochbuch f. alle Stände, od. die faßlichste Anweisg. der feineren u. bürgerl. Küche. 13. m. 100 neuen Recepten u. Menus verm. u. verb. Aufl. gr. 8. (XXIX, 796 S.) Hamb. 887, Jowien. * 5 —; geb. · 6 ·

Hommer, Charlotte, großes Hamburger Kochbuch f. alle Stände, od. d. faßlichste Anweisg. d. fein. u. bürgerl. Küche. 14. [Titel-]Aufl., seit d. 12. Aufl. um 100 neue Recepte u. Menus vermehrt u. verbessert. gr. 8. (XIX, 796 S.) Hamburg (887) 899. Central-Buchh. v. Th. Nielsen. Geb. 3. --

—— Küchen-Album. Ein Kochbuch für kleine und bürgerliche Hausstände mit besonderer Berücksichtigung ökonomischer Einrichtungen im Kochwesen, nebst einer Uebersicht der israelit. Küche. gr. 8. (XV und 268 S.) Hamburg 853, Jowien.

— Küchen-Album. Ein Kochbuch für kleine und bürgerliche Hausstände mit besond. Berücksichtigung ökonomischer Einrichtungen im Kochwesen. Nebst einer Uebersicht der israelitischen Küche. 853. — 2. unveränd. (Titel-)Aufl. Hamburg 858. Jowien. 8. (XV, 268 S.) 24 ngr.

—— Küchen-Album. Ein Kochbuch für kleine und bürgerl. Hausstände mit besond. Berücksichtigung ökonom. Einrichtungen im Kochwesen. 3. (Titel-)Aufl. 8. (XV und 268 S.) Hamburg (858)62, Jowien.

—— was kochen wir heute? Eine reiche Auswahl der neuesten Küchenzettel für ökonom. und bürgerl. Haushaltungen, Gesellschaften, Bälle, Hochzeiten und feine Cirkel, zum Gebrauche für Frühstücke, Mittag- und Abend-Essen. gr. 8. (IV und 96 S.) Hamburg 851, Berendsohn.

— was kochen wir heute? Eine reiche Auswahl der neuesten Küchenzettel nach den Jahreszeiten geordnet als Leitfaden f. den ökonom. u. feinen Haushalt bei Gesellschaften, Bällen, Hochzeiten u. zum Gebrauch für Mittags-, Abendessen u. Frühstücke. 16. (114 S.) Hamburg 872. B. S. Berendsohn. — 75

Hommerich, August, Chefred.: Die Bedeutung des Artikels 76 der Reichsverfassung. Münster i. W. [1910]: Der Westfale. VIII, 94 S. 8°

Münster, Rechts- u. staatsw. Diss. v. 4. Mai 1910, Ref. v. Savigny, His

[Geb. 15. Juni 75 Elberfeld; Wohnort: Aachen; Staatsangeh.: Preußen; Vorbildung: Realgymn. Münster Reife M. 04; Studium: Innsbruck 2, Münster 3, Bonn 2 S.; Rig. 15. Nov. 09.] [U 10. 3744

Hommerich, Karl Joseph, approb. Arzt aus Selters: Aus d. Universitäts-Augenklinik zu Marburg. Die Resultate der Allgemeinuntersuchung in der Marburger Universitäts-Augenklinik vom 1. Oktober 1900 bis zum 1. Juni 1903. *Marburg 1904: Koster & Schell.* (34 S.) 8°

Marburg, Med. Diss. v. 23. Febr. 1904

Hommes, les. 8. Bresl. 764.

Hommes célèbres, pour avoir en ces dern. âges mérité de leur siècle etc. gr. 8. Strasb. König. 791. Rthlr.

Hommeyer, Ernst Theoph. (Delitzsch), De educatione futuri medici. Diss. med.-chir. Präs. Ernst Platner. Lpz. (Gottfried Bruder) 15. VII. 1808. 40 S. (6.50) 15941

Hommeyer, Hnr. Glo., Beitr. zur Militärgeographie d. Europ. Staaten. 1r Bd. Mit 1 Kpf. gr. 8. Bresl. 804. J. F. Korn. 3 ₰

Hommeyer, H. G. Beiträge zur Militär-Geographie der europäischen Staaten. Bd 1. Schweiz. Mit 1 Kpftaf. Breslau 1805. 530 S.

— reine Geographie von Europa, oder allgem. Terrainbeschreib. der europ. Erdfläche. 1e u. 2e Liefer. Mit 2 Karten. 8. Halle 810. (Waisenh. B.) 1 ₰ 16 gr

Hommeyer, Heinrich Gottlob, k. preuss. Hauptm. von der Armee etc. Reine Geographie von Europa, oder allgemeine Terrain-Beschreibung der europäischen Erdfläche. Mit Karten. 8. Königsberg 1810.

Hommeyer, H. G., reine Geographie von Europa, oder allgem. Terrainbeschr. d. europ. Erdfläche. 1ste u. 2te Lief. mit 2 Charten. 8. Halle, Waisenhausbuchh. (in Comm.) 812.

— Einleitung zu Obigem; für Erzieher, Lehrer u. Eltern. gr. 8. Ebd. 812. Ebd. 8 gr

Homo versus Darwin. Eine richterliche Untersuchung. Leipzig 1872. V: *Lyon, Will. P.* (EB)

„Homo versus Darwin." Eine richterl. Untersuchg. der neulich v. Mr. Darwin veröffentlichten Behauptg. in Betreff der Abstammg. d. Menschen. [Aus dem Engl.] 8. (XII, 257 S. m. eingedr. Holzschn.) Leipzig 872. Schlicke. n. 4. 50

Homo integer et corruptus secund. oracula sacra in quo historia primorum hominum atque daemonum malorum consideratur. 8. Leipz. 753. (Aue in Altona). 10 gl

Homo integer et corruptus secund. oracula sacra. II sect. 8. Lips. Jacobäer. 755.

Homo Theos, s.: Lebenszeugen.

Homobon, s. a. Felder, Frz. Mich.

Homobon, Dr., Franz Michael Felder, „Einer der bedeutensten Männer unseres Heimathlandes", zugleich ein Andenken an den 1. September 1889. Zur Aufklärung für das Volk entnommen aus Franz Michael Felder's Leben und Schriften. 8. (43 S.) —.12

Homolatsch, Josef — Anleitung, mittelst des k. k. ausschließlich privilegirten photographischen Glas-Matrizen-Liquors (Collodion), dann des dazu gehörigen Silberbades und der Entwickelungstinktur negative Glasbilder und von diesen positive Kopien mit der einem Kupferstiche ähnlichen Schwärze zu erzeugen. Von — —. Zweite, nach den neuesten Verbesserungen umgearbeitete Auflage. Wien, 1856. Mechitharisten-Buchdruckerei. (15 S. 8.)

Homolka, Benno. Ueber das Chinisatin. (Erlangen) München, 1884.

Homologia Orthodoxos, τῆς Καθολικῆς . . . Ἐκκλησίας . . . Hoc est, Orthodoxa Confessio Catholicae atque Apostolicae Ecclesiae Orientalis . . . Wratislaviae 1751. Ü: *Frisch, Joh. Leonh.* H: *Mogila, Petr.* (BrMm)

Homond, L'

— an abridgment of the holy history, translated from the french by J. Mannsbach. 8. Liège. 823. Mayer in Aach., (Bachem in Cöln). 12 gl

— Anfangsgr. d. franz. Sprachlehre rc. verm. v. Courte. 8. Linz, Linz. 805.

Homond, l', doctrine chrétienne, en forme de lecture de piété, ou l'on expose les preuves de la réligion, les dogmes de la foi, les régles de la morale. 12. Paris, (Levrault in Strasburg.) 817.

Homont, l', Elémens de la grammaire franç. 12. Petersb. Pluchart. 809.

— élémens de la grammaire française. Nouv. édit. 8. Wien 810. Geistinger. 12 gl

L'Homond, ..., elemens de la grammaire française. 8. Paris 816 (Leibrock.) 1/4 rß

— élémens de la grammaire latine. Nouv. edit. augm. 12. la même. 814. 1 rß

l'Homond, epitome historiae sacrae. 8. Luzern 790 u. 817. Anich. 5 gl Nov. Edit. 8. Braunschw. 812. Pluchart. 20 gl

Homond, l', Epitome Historiae Sacrae. 8. Luzern. Anich. 790.

— Epitome historiae sacrae, nov. Edit. 8. ibidem. 813.

— — epitome historiae sacrae. 12. Luzern, Anich. 816.

Homond, l', Grammaire française, revue, corrigé et augmentée par C. C. le Tellier. 12. Brunsvic, Pluchart. 814.

— kurze Uebersicht der ganzen Kirchengeschichte, worin aus ihren über die Verfolgungen, Ketzereien u. Aergernisse erfochtenen Siegen gezeigt wird rc. 2 Bde. 3e Aufl. 8. Augsb. 821. Bolling. 2 rß 4 gl

— — kurze Uebersicht der ganzen Kirchengeschichte, worin aus ihren über die Verfolgungen, Ketzereien und Aergernisse erfochtenen Siegen gezeigt wird rc. 2 Bde. 3te Aufl. 8. Augsburg. (Landshut, Weber.) (Auch Herbig in Leipzig.) 821.

— de viris illustribus urbis Romae a Romulo ad Augustum; ad usum scholarum. 8. Luzern ... Anich. 6 gl

— — de viris illustribus urbis Romanae a Romulo ad Augustum etc. 12. Lipsiae, Schmidt. 817.

Homont, L', s. Homond, L'

Homoeopath und diaetetischer Hausfreund. Redig. von D. Lewis. Aus dem Engl. übers. von C. Bär. 1. Jahrg. Juli 1852 — Juni 1853. 12 Nrn. (Bog.) hoch 4. Buffalo. (Philadelphia, Schäfer und Koradi.)

Homöopathie

— über die, von einem akadem Lehrer, (F. A. B. Puchelt), (aus Hufelands Journal d. prakt. Heilkunde besonders abgedruckt). 8. Berl. 820. Reimer. 6 gl

Homoeopathie, die. Leichtfaßl. Darstellung ihres wahren Wesens u. Widerlegung d. gewöhnlich gegen sie erhobenen Einwürfe. Nach d. Engl. v. Herm. Franz. Nebst e. Vorrede u. Anmerkungen v. E. Stapf. 8. (11 1/4 B.) Leipzig 846, Kollmann.

Homöopathie, die. Volksblätter für homöopathisches Heilverfahren. Herausg. von F. A. Günther. 1. Bd. 24 Nrn. (à 1 Bgn.) Sondershausen 858. Eupel. 4. n. 1 rß. 10 ngr

Homöopathie, die. Volksblätter für homöopathisches Heilverfahren. Herausg. von F. A. Günther. 2. u. 3. Bd. Jahrg. 1859 u. 60. à 24 Nrn. (à 1 Bgn.) Sondershausen, Eupel. 4. Jeder Jahrg. n. 1 rß 10 ngr

— über die, u. ihre Beziehungen zu dem Selbstdispensiren der Aerzte. Eine staatswissenschaftl. Abhandlung von Rupertus dem Zweiten, nebst 2 Anhängen, Zeugnisse erfahrner Aerzte für die Homöopathik und die Bereitung der homöopath. Heilmittel betreffend. gr. 8. Leipzig 833. Baumgärtner. 3/4 rß

Homöopathie, die, nach ihren Hauptzügen populär entwickelt v. e. Nichtarzte, mit einigen Bemerkn. e. Arztes. 1. u. 2. Aufl. (à 6 B.) Braunschweig 829, 34, Hornever.

Homöopathie, die, nach ihren Hauptzügen populär entwickelt von e. Nichtarzte, mit einigen Bemerkk. eines Arztes. 2e Aufl 8. Braunschw. 834. Hornever; jetzt Fischer in Cassel. 5/12 rß

Homöopathie die, nach ihren Hauptzügen populär entwickelt von e. Nichtarzte, mit einigen Bemerkk. eines Arztes. 2e Aufl 8. Braunschw. 834. Hornever; jetzt Fischer in Cassel 5/12 rß

Homöopathie, Die, in Schutz genommen gegen die Lichtscheuen. Altenb 1824. V: *Caspari, Carl.* (Call) (BibliHomoeo

Homöopathie, die, in Schutz genommen gegen die Lichtscheuen. 8. Lpz. 824. Hartmann.

— die, in Schutz genommen gegen die Lichtscheuen. 8. Leipz. 824. (Lehnhold). 8 gr.

— und Leben. Od.: Die Homöopathie, nach ihrem gegenwärt. Verhältniß z. Leben, u. nach ihrem allseit., wohlthät. Einfluß auf alle Lebensverhältnisse betrachtet. Zur Beherzigung f. d. Laien in d. Homöopathie. Mit e. Vorw. v. G. W. Groß. 8. (36 B.) Leipzig 834, Kollmann.

Homöopathie, die, und deren Parasiten im Streite über die Wirksamkeit der Hahnemann'schen Heilmethode. Darstellungen in Wort und Bild von H., Parasiten-Arzt. 4. (VIII, 22 S. mit eingedr. Holzschn. in Tondr.) Leipzig 870, (Fr. Fleischer.) *

Homöopathie, Die, in Paris. Antwortschreiben eines Allopathen auf den in Nr. 244 u. 245 der Allgemeinen Zeitung mitgetheilten Bericht über Homöopathie. S.-A. aus der Allgemeinen Zeitung Nr. 296 vom 23. October 1839. [O. O. 1840.] V: *Lucka (Lucca), Samuel Benedict.* (EB) (Zurechtweisung des Allopathen in Nr. 296 der »Allgemeinen Zeitung« von Tuwar Med. Dr. [Intelligenzblatt der Prager Zeitung vom 23. Dezember 1839].)

— im Schatten d. gesunden Menschenverstandes, s. a. Griesselich, L.

Homöopathie, Die, im Schatten des gesunden Menschenverstandes . . . Carlsr. 1834. V: *Griesselich, Ludwig.* (Ky)

— die, im Schatten des gesunden Menschenverstandes. Vorzutragen in der Versammlung des ärztlichen Vereins zu Deutsch-Peking am 1. April 1835, von Ho-ang-fu-tse, Nachkommen des neupersischen Zoroaster und emigrirten Mandarin. (Entgegnung auf Dr. Härlins „Homöopathie im Lichte des gesunden Menschenverstandes.") (Von L. Grießelich.) gr. 8. Carlsruhe 834. Velten. 1/4 ß

Die **Homöopathie** in Theorie und Praxis. Im Auftr. d. homöopath. Central-Vereins Deutschlands hrsg. Berlin: B. Behr 1897. (50 S.) 8°
[Aus: Zeitschrift d. Berliner Vereins homöopath. Aerzte. Bd 16, H. 5.] 〈05. 13871 8〉

— die, d. gesunden Vernunft, sowie d. Staats- u. Privatrechte gegenüber. 2 Thle. — A. u. d. Ttln.: Die Homöopathik aus d. Standpunkte d. ges. Vernunft beleuchtet. — Die Homöopathik aus d. Standpunkte d. Staats- u. Privat-Rechts beleuchtet. gr. 8. (17¼ B.) Quedlinburg 834, Hanewald.

— die, in ihren Widersprüchen, s. Germanus, F. W. C.

Homoeum, s.: Zum Kampf gegen die Kurpfuscher.

Homp, Georg [stellvertr. II. Assist. an d. Kgl. Univ.-Augenklinik]: Aus d. Kgl. Univ.-Augenklinik zu Königsberg i. Pr. Ein Fall von Angiomyxosarkom der Thränendrüse ... Königsberg i. Pr., Druck v. M. Liedtke, 1896; 2 Bl., 38 S., 1 Bl. 8.
Königsberg, Med. Fak., Inaug.-Diss. v. 24. Nov. 1896

Homp, Geo., ein Fall von Angiomyxosarkom der Thränendrüse. Diss. gr. 8. (38 S.) Königsberg 896. (W. Koch.) n. 1. —

Hompeck, Ant., († 1770.) Abhandl. von d. elektrischen Abstoßung. gr. 8. Wien 765. Trattner. 2 gr.

Hompek, And., von d. elektrisch. Abstoßung. gr. 8. Wien, Trattner. 765.

Hompel, Adolf ten

Hompel, A. ten, Uditore Heiner u. der Antimodernisteneid, s.: Grenzfragen.

— Indexbewegung u. Kulturgesellschaft. Eine histor. Darstellg. Auf Grund der Akten hrsg. in Verbindg. m. H. Hellraeth u. J. Plaßmann. (IX, 208 S.) gr. 8. Bonn 908. C. Georgi. 3. —

Das Cölner Osterdienstags-Protokoll. Ein Beitrag z. Würdigung latenter Kulturgegensätze im Katholizismus d. Gegenwart. Von Athanasius [d. i. Adolf **ten Hompel**]. 3. Taus. Bonn: Georgi 1909. 35 S. 8° 〈09. 18123 2〉

Hompel, A. ten, der Verständigungszweck im Recht. Ein Versuch zur Aufdeckg. rechtspsycholog. Grundlinien unter bes. Berücksicht. d. freien Wollensbedingg. u. ihrer gesetzl. Hauptfälle im Kauf a. Probe, im Vorkaufs-, Rückkaufs-, Reu-, Rücktritts-, Wahlschuld-, Wandlungs-, Einiggs.- u. Eintragungs-Recht. (XV, 217 S.) gr. 8. Berlin 908. F. Vahlen. 5. 40

— Über den Ursprung, die Entwicklung u. Abgrenzung des Rechts. 2 Vorträge, geh. im westfäl. Prov.-Verein f. Wissenschaft u. Kunst, sowie auf der Görresversammlg. im März u. im Oktbr. 1908. (III, 24 S.) gr. 8. Münster 909. (Regensberg.) — 80

Hompesch, Adolphe von

Hompesch, A. Graf v. Pauperismus und Militarismus. Aus d Franz. Leipzig 1886. 8°. (Orig. 1886.) (Verm. Jähns.)

Hompesch, Graf Adph. v., Pauperismus und Militarismus. Aus dem Französ. gr. 8. (III, 67 S.) Leipzig 886, Findel. * 1 20

Hompesch, Jeannette Gräfin v., geb. v. Overschie-Wisberg, mein Schwur bei der Leiche meines theuren Gatten. 8. (IV und 151 S.) Aachen 854, (Benrath und Vogelgesang.) *

Hompesch-Bollheim, Ferd. Graf, die geeigneten Düngemittel f. den Moorboden u. Erleichterungen ihres Bezuges, mit besond. Berücksicht. der „Kainitfrage". (Internationaler land- u. forstwirthschaftl. Congress zu Wien 1890, 116. Hft.) gr. 8. (7 S.) Wien 890. (Frick.) n. — 40

Hompesch-Bollheim, Ferd. Graf. Das Salzmonopol in Oesterreich-Ungarn. 8°. Wien 1886.

Hompf, Aloys: Untersuchung über symbolische Relationen. Würzburg 1905: C. J. Becker. (53 S.) 8°
München, Phil. Fak., Ref. Lipps, Diss. v. 11. Juli 1905
[Geb. 1. Okt. 77 Wilburgstetten, Mittelfranken; Wohnort: Wilburgstetten; Staatsangeh.: Bayern; Vorbildung: Gymn. Ellwangen Reife M. 01; Studium: Lyzeum Dillingen 2, München 6 S.; Rig. 11. Juli 05.]

Homscheidt, Jos., u. Jos. **Grabowski,** die Schulaufsicht, s.: Sammlung pädagogischer Vorträge.

Homscheid, Maria [wirklicher Name], s.a. Albert, M. [Pseud.]

Homscheid, M. (M. Albert), Alltagskinder. Skizzen. (229 S.) kl. 8. Paderborn 909. Junfermann. 2.75; geb. in Leinw. 3. —

Eifelprinz. Roman von M[aria] **Homscheid.** ⟨M. Albert.⟩ Paderborn: Junfermann 1910. 160 S. 8° (III. 6334 6)

— In der Klostermühle, s.: Aus Vergangenheit u. Gegenwart.

Homunkulus (Rob. Weil), s.: Wolhtätigkeitskomitee, das, u. anderes.

Homuth: Wie es mir mit dem Chilisalpeter erging. (Berl.). U. A. 23 S. Fig. P.

Homuth, die Zukunft der deutschen Landwirtschaft, s.: Albert, Heinr.

Homuth, Benjamin Gottlieb (Guben), Observationes de cataracta continens. Diss. med. Präs. Friedrich Ludwig Kreysig. Wittbg. (Tzschiedrich) 9. V. 1801. 24 S. (6.50) 15942
Gew.: Carl Wilhelm v. Carlowitz (Stoessitz). — Widm. v.: Ernst August Giesecke, Erdmann August Wilhelm Krüger, Friedrich Wilhelm Puchau, Johann Sigismund Wittich, M. Johann Friedrich Zeune.

Homuth, Otto, Arzt a. Rostock: Beitrag zur Geschichte und Statistik der Sydenham'schen Chorea. Rostock 1907: Adlers Erben. (70 S.) 8°
Rostock, Med. Fak., Ref. Schuchardt, Diss. v. 3. Dez. 1907
[Geb. 20. Febr. 80 Rostock; Wohnort: Rostock; Staatsangeb.: Mecklenburg-Schwerin; Vorbildung: Gymn. Rostock Reife O. 99; Studium: Rostock 10 S.; Coll. 10. Okt. 07; Approb. 11. Aug. 05.]

Homuth, Siegfried, a. Ossig ⟨Kr. Zeitz⟩: Über primären Scheidenkrebs ⟨nebst 19 Fällen aus der Hallenser Univ.-Frauenklinik⟩. Halle a. S. 1905: C. A. Kaemmerer. (49 S.) 8°
Halle, Med. Fak., Ref. Veit, Diss. v. 4. Nov. 1905
[Geb. 8. Dez. 77 Ossig, Kr. Zeitz; Wohnort: Halle a. S.; Staatsangeh.: Preußen; Vorbildung: Gymn. Zeitz Reife M. 99; Studium: Halle 9 S.; Coll. 20. Okt. 05; Approb. 14. Okt. 04.]

Hön

— s. auch Hönn.

Hoen, H[ermann] t'. Die Pseudotuberculose bei der Katze. Diss. Vet.-Med. Bern. IV + 44 S. 8. Stuttgart, Union Deutsche Verlagsgesellschaft, 1902.

Hön, Johann Nikolaus Fr.

Hön, J. Nic. F., Ausw. d. besten apokryphisch. Schrift. 1r Th. 8. Coburg, Ahl. 776.

Hön, Jh. Nikl. Fr., Auswahl d. besten apokryphischen Schriften. 1r Thl. 8. Cob. 776. (Riemann). 10 gr.

— Gebetbuch, so wie es Christen nöthig haben. 8. Schleusingen 782.

— Gebetbuch für Christen. 8. Cob. 792. (Riemann). 8 gr. (Ist die 2e A. d. vorstehenden.)

— 4 Predigten über Religionswahrheiten. 8. Cob. 776. Ahl. 4 gr.

— Predigten üb. Religionswahrh. 8. Ebend. 777.

Hoen, Martin, Ref. a. Jülich: Die Erfordernisse der Schriftform im Falle der Vertretung. Ein Beitrag zur Auslegung des § 120 BGB. Borna-Leipzig 1906: R. Noske. (VIII, 44 S.) 8° [F.]
Leipzig, Jur. Fak., Diss. v. 8. Juni 1906
[Geb. 17. Okt. 79 Jülich; Wohnort: Düsseldorf; Staatsangeh.: Preußen; Vorbildung: Gymn. Essen Reife M. 99; Studium: Marburg 1, München 1, Berlin 1, Bonn 3 S.; Rig. 28. Febr. 03.]

Hön, Mart., Jubelfestbüchlein, verm. v. Kappen 8. Leipzig. 731.

Hön, Matth., evangel. Handbüchlein wid. d. Pabstth. 2 Thle. 8. Leipz. Groß. 730–32.

Hön, Maximilian von

— u. Marian **Szarewski,** die Armee im Felde, s.a. Publikationen, militärärztliche.

v. **Hoen** und **Szarewski.** Die Armee im Felde. Auszug aus den einschlägigen Vorschriften für Militärärzte. Wien 1910.

Hoen, Max. Ritter v., Aspern, s.a. Kriegsjahr, das, 1809 in Einzeldarstellungen. 3. Bd.

Aspern. Von Maximilian R' v. **Hoen,** k. u. k. Major. Wien: C. W. Stern 1906. (115 S.) 8°
— **Kriegsjahr,** Das, 1809 in Einzeldarstellungen. Bd 3. (Wd. 1830)

Hoen, M. R. v. und Szarewski, M., Behelf zur Lösung von Aufgaben aus dem taktischen und operativen Sanitätsdienste im Rahmen von Armee, Korps und Division. [Militärärztliche Publikationen. Nr. 130.] 8°. (14 S. mit 4 zweifarbigen Tafeln) K 3.—
Wien: Šafář 1909.

— — Behelf zur Lösung v. Aufgaben aus dem taktischen u. operativen Sanitätsdienste, s.a. Publikationen, militärärztliche.

v. **Hoen** und **Szarewski.** Behelf zur Lösung von Aufgaben aus dem taktischen und operativen Sanitätsdienste. Mit 4 Taf. Wien 1910.

Hoen, Max, Ritter von. (Besprechung des Werkes:) „Magenta. Der Feldzug von 1859 bis zur ersten Entscheidung. Von v. Caemmerer". (Sonder-Abdruck aus:) „Göttingischen gelehrten Anzeigen unter der Aufsicht der kgl. Gesellschaft der Wissenschaften." Berlin 1904, Nr. 5. 8. Berlin 1904.

Hoen, Max. Rittor v., s.: Erbfolgekriog, östorreichischor, 1740—1748.

— Gisela. E. Geschichte a. d. Zeit d. Eroberg. Ungarns durch die Magyaren. gr. 8. (803 S.) Wien 896. C. Konegen. n. 4. —

Hoen, Max Ritter v., s.a. Krieg 1809.

Hoen, M. R. v. und **Kerchnawe,** H., Krieg 1809. IV. Bd. Aspern. [Geschichte der Kämpfe Österreichs. Kriege unter der Regierung des Kaiser Franz.] Gr.-8°. (ill. XI, 803 S. u. 12 Beilagen) K 25.—, geb. K 30.—
Wien: Seidel 1909

— Der erste u. zweite schlesische Krieg, s.a. Preußen-Deutschland's Kriege.

Hoen, Maximilian R. v.: Der erste und zweite schlesische Krieg. Auf Grund d. beiderseit. Generalstabswerke mit Benutzung d. Akten d. k. u. k. Kriegsarchivs bearb. von Major [Maximilian] R. v. Hoen. Mit 12 Portr. Berlin: Voss; München: Riedel; Wien: Seidel [1907]. XII, 362 S. 4⁰ (8⁰)
(Die Kriege Friedrichs d. Großen, 1740–1763.)
(Preußen-Deutschlands Kriege von d. Zeit Friedrichs d. Großen bis auf d. Gegenwart. Bd 1.)

Hoen, Ritter v. Der 1. und 2. schlesische Krieg. Berlin 1908. 8°. (Ob 670—1,1)

— der Krieg Napoleons gegen Österreich 1809, s.: Binder v. Krieglstein, C. Frhr. v.

Hoen, [Maximilian] Ritter v., Die Kriege Friedrichs des Grossen 1740—1763. Bd 1. Auf Grund d. beiderseit. Generalstabswerke m. Benutz. d. Akten d. k. u. k. Kriegsarchivs bearb. Berlin, München, Wien [1907]. 8⁰.
1: D. 1. u. 2. Schlesische Krieg. [1907.]
(Preussen-Deutschlands Kriege, hrsg. von Friedr. v. d. Boeck [Bd 1].)

Hoen, Maximilian Ritter von, k. u. k. Hauptmann im Generalstabs-Corps. Kriegskunst und Politik in der Einleitungsperiode des österreichischen Erbfolgekrieges. Vorgetragen im militär-wissenschaftlichen und Casino-Vereine am 2. März 1900. (Separatabdruck aus dem „Organ der militär-wissenschaftlichen Vereine“ LXII. Bd. 2. Heft, 1901.) 8. Wien 1901.

— d. Sanitäts-Dienst im Kriege, s.: Kusmanek, Herm.

— Der operative u. taktische Sanitätsdienst im Rahmen des Korps, s.a. Publikationen, militärärztliche.

Hoen, M. R. v., Der operative und taktische Sanitätsdienst im Rahmen des Korps nebst einer Aufgabensammlung. [Militärärztliche Publikationen, Nr. 102.] Gr.-8°. (XI, 162 S. mit 10 Karten) K 6.50, geb. K 8.
Wien: Šafář 1907.

Hoen, M. R. v. und Szaranski, M., Die operative und sanitätstaktische Tätigkeit des Armeechefarztes. [Militärärztliche Publikationen. Nr. 133.] Gr.-8°. (31 S.) K 1.50; mit einem Schema als Beilage K 2.—
Wien: Šafář 1910.

— — Die operative u. sanitätstaktische Tätigkeit des Armeechefarztes, s.a. Publikationen, militärärztliche.

Hoen, Max. Ritter v., Vorschule zur Lösung sanitätstakt. Aufgaben, s.a. Publikationen, militär-ärztl. 69.

— Vorschule zur Lösung sanitäts-taktischer Aufgaben, s.a. Publikationen, militär-ärztliche. Nr. 70.

Hoen, M. R. v., Vorschule zur Lösung sanitäts-taktischer Aufgaben. Heft 1. [Militärärztliche Publicationen. Nr. 69.] Gr.-8°. (92 S. mit 1 Specialkartenblatte) K 2.50
Wien: Šafář 1902

Hoen, Maximilian Ritter von, k. u. k. Hauptmann des Generalstabes. Vorschule zur Lösung sanitäts-taktischer Aufgaben. Mit 5 Karten und 12 Skizzen als Beilagen. (Aus: „Militärärztliche Publicationen“ Nr 69.) 8. Wien 1903.

— Wagram, s.a. Kriegsjahr, das, 1809. 8. Bd.

Hoen, Max R. v.: Wagram. Von Oberstlt. Max R. v. Hoen. Wien & Leipzig: Stern 1909. 123 S. 8⁰
(Das Kriegsjahr 1806 in Einzeldarstellungen. Bd 8.)

Hoen, Moritz Wilhelm [Pseud.], s. Böhme, Anton Wilhelm

[HOEN, Pieter 't] 1745 - 1828
Das Englische und Americanische Kartenspiel, vorgestellt in drey Aufzügen aus dem Holländischen des Herrn J. A. Schasz, M. D. übersetzt.
Frankfurt am Main: Gebr. van Düren. 1778. 96 S. 8⁰.
Ehem. Schloßbibliothek Radenin, jetzt Nationalmuseum Prag
Beigebunden:
Der unterdrückte Wilde, als Fortsetzung des Englischen und Americanischen Kartenspiels vorgestellt in vier Aufzügen und aus dem Holländischen des Herrn J. A. Schasz, M. D. übersetzt. 1778. S. 45-96.
Übers. v. Het Engelsche en Amerikaansche kaart-spel und De verdrukte wildeman, beide 1778.
Schasz pseud.
Katalog der Teatralia-Sammlung Radenin, Nr. 30.

Honal, Ottokar, praktisches Handbuch. 1. Tl.: Die Zwangsvollstreckung in Geldfordergn. nach dem österreich. Rechte. (Umschlag: Exekution auf Geldfordergn., auf Ansprüche, auf Herausg. u. Leistg. körperlicher Sachen u. auf andere Vermögensrechte.) (XIV, 278 S.) gr. 8. Prorau 905. Prag, Bursik & Kohout. n. 7.—

Honan, James Henry [aus Chicago]: Ueber die Carcinome der Glandulae Bartholini ... Berlin, Druck von E. Ebering, 1897; 30 S. 8.
Berlin, Med. Fak., Inaug.-Diss. v. 28. Mai 1897

Hönatsch, Karl [Hrsg.], s. Liebe, Fluchsündige.

v. Honau, Elise, u. ihre Erzieherin Eulalie Walther. Unterredungen in Briefen. 2 Thle. 8. Berl. 803—6. Maurers B. 1 ₰ 22 gr

v. Honau, Elise, u. ihre Erzieherin Eulalie Waller (v. Wilh. Christ. Charl. Gensel). 2 Thle. 8. Berl. 803—806. Maurers B. 1 ₰ 22 gr

Honcamp, Bernh., kurze Anweisung, wie eine Seele mit Gott umgehen soll. 12. München, Lentner. 793.

Honcamp, F., Arterienverkalkung des Herzens u. des Gehirns, s.: Willst du gesund werden? Nr. 60.

Honcamp, F. C., vollständ. Anleitung z. Elementar-Unterr. in d. Sprachlehre. Ein method. Handb. f. Lehrer, insbesond. f. Lehrer an d. oberen Klassen d. Elementar-Schulen, u. an d. Vorbereitungs- u. unt. Klassen d. Gymnasien u. Realschulen. K. F. Becker's grammat. Ansicht gemäß nach d. natürl. System d. Sprache angeordnet. gr. 8. (21 B.) Essen 811, Bädeker.

Honcamp, F. C., vollständige Anleitung zu elementar. Sprachübungen und zum Elementar-Unterricht in der Sprachlehre. Ein methodolog. Handbuch für Lehrer, insbesond. an Schullehrer-Seminarien rc. K. F. Becker's grammat. Ansicht gemäß nach dem natürl. System der Sprache angeordnet. 2., umgearb. und verm. Aufl. gr. 8. (LXI und 546 S. mit 4 Tab. in 8., qu. 4. und Fol.) Soest 848, Nasse'sche Buchh.

Honcamp, F. C., Anschauungen und praktische Uebungen zur Bildung des deutschen Stils für Gymnasien, Realschulen und Seminare. Mit Rücksicht auf Carl Ferd. Beckers Werke „der deutsche Stil“ und „Lehrbuch des deutschen Stiles“ aufgestellt. 1. Thl.: Allgemeine Stilübungen. gr. 8. (XII und 276 S.) Bielefeld 853, Velhagen und Klasing.

Honcamp, F. C., Aufgaben zu mündlichen und schriftlichen Sprachübungen. Für Schüler angeordnet nach der „vollständ. Anleitung zum Elementarunterricht in der Sprachlehre.“ 1—5. Heft. 8. Soest 850, Nasse'sche Buchh. Thlr. *
Heft 1. Vorübungen. — Wortbildung. 2. Aufl. (37 S.) * 2⅓ Ngr.
" 2. Beispiele und Uebungen zum 1. und 2. Abschn. der Sprachlehre (von §. 1 bis §. 93.: die grammat. Grundbegriffe, die Wortarten und ihre Biegung.) (II und 62 S.) * 4 Ngr.
" 3. Beispiele und Uebungen zu dem 3. Abschn. der Sprachlehre (von §. 93 bis §. 131.: Die Wertfügung.) 2. Aufl. (74 S.) * 5 Ngr.
" 4. A. Ueber Aussprache, Rhythmus, Betonung rc. B. Ueber die Redefiguren. 2. Aufl. (55 S.) * 3 Ngr.
" 5. Die sinnverwandten Begriffe. (48 S.) * 2⅓ Ngr.

— über Betonung u. Aussprache, e. Beitr. z. Theorie d. Aktvortrags, mit besond. Rücksicht auf d. höh. Leselehre. gr. 8. (5½ B.) Essen 839, Bädeker.

(Honcamp, F. C., Deklamationen und Gesänge, s. Deklamationen.

Honcamp, F. C., Erläuterungen über den ersten Unterricht in der schriftlichen Darstellung. Ein Kommentar zu des Verf. „Fragen u. Aufgaben zur Uebung in der schriftlichen Darstellung." Bielefeld 860. Velhagen & Klasing. 8. (23 S.) n. 2½ ngr.

—— Fragen und Aufgaben zur Uebung in der schriftlichen Darstellung. Für Elementarschulen bearb. und nebst einem Heftchen Erläuterungen für den Lehrer hrsg. 2 Hefte. 8. Bielefelt 860, Velhagen und Klasing. *

Inhalt:

Heft 1. Die schriftliche Darstellung im Allgemeinen. (VI und 64 S.) * 5 Ngr.
2 Die schriftliche Darstellung in ihrer besondern Anwendung. (50 S.) * 4 Ngr.

Honcamp, F. C., Fragen und Aufgaben zur Uebung in der schriftlichen Darstellung. Für Elementarschulen und die unteren Klassen höherer Lehranstalten bearb. 2 Hefte. 2., verb. und verm Aufl. 8. Bielefeld 864, Velhagen und Klasing. [1. Heft. (VIII und 76 S.) * 4 Ngr., 2. Heft. (VII und 60 S.) * 3 Ngr.]

Honcamp, F. C., Gedanken üb. d. Unterricht in der Sprachlehre, nebst Erläuterungen, Fingerzeigen u. Stufengängen f. d. Gebrauch der von mir herausgegebenen „Anleitung z. Elementarunterricht in der Sprachlehre." Nebst drei Tab. gr. 8. (4½ B.) Soest 845, Nasse'sche Buchh. Thlr. -

—— Gedichte. 12. (10½ B.) Soest 844, Nasse'sche Buchh.

—— dramatische Gedichte. — Agnes Bernauer. Trauerspiel. — Saul. Trauerspiel. — Gräfin Marie. Schauspiel. gr. 8. (289 S.) Soest 847, Nasse'sche Buchh. *

— und J. Schröder, Bernhard Heinrich Honcamp, weiland Schullehrer zu Welver bei Soest, dargestellt mit Benutzung einer von ihm angefangenen Selbstbiographie. Mit 1 lith. Bildniß des Verstorbenen. Hamm 861. Grote. gr. 8. (51 S.) n. 10 ngr.

—— Lehr- und Uebungsbuch für den Sprachunterricht in niederdeutschen Landschulen. 8. (III und 126 S.) Soest 851, Nasse'sche Buchh. *

—— Leitfaden f. d. Sprachbildung in deutschen Volksschulen. Ein Handb. f. Elementar- u. Bürgerschullehrer, enth. Sprachübungen z. Bildung d. Sprachgefühls, nebst e. Sprachlehre als Erläuter. zu d. Sprachübungen. Begründet auf K. F. Becker's grammat. Ansicht, u. sachgemäß methodolog. angeordnet. Nebst 1 Taf. (: Wortbildung deutsch. Sprache, Fol.) gr. 8. (22 B.) Essen 838, Bädeker.

—— die Schullehrer-Seminarien und ihre Reorganisation im Geiste der Zeit. gr. 8. (43 S.) Soest 849, (Nasse'sche Buchh.)

—— drei Tabellen. I. der einfache Satz; II. der zusammengesetzte Satz; III. Uebersicht der Begriffe u. der Beziehungen in der Sprache, u. ihrer Formen. (3 B.) Soest 845, Nasse'sche Buchh.

Honcamp, Franz, aus Erfurt: Beiträge zur Atmung und Wärmeentwicklung der Schimmelpilze mit Berücksichtigung der Pflanzenatmung im allgemeinen. *Erfurt [1900]: J. G. Cramer.* (91 S.) 8°
Erlangen, Phil. Diss. v. 24. Juni 1899

Honcamp, F., über die Verwertung der Cellulose im Tierkörper. (II, 22 S.) gr. 8. Rostock 909. H. Warkentin. 1. —
Sonderabdr. aus: „Sitzungsber. u. Abhandlgn. d. naturforsch. Gesellsch. zu Rostock".

Hönck, Ernst Eduard

Hönck, Ernst [aus Oldenswort]: Aus dem patholog. Institute zu Kiel. Drei Fälle von allgemeinem fötalem Hydrops .... Kiel, Verl. v. Lipsius & Tischer, 1887; 16 S. 8°.
Kiel, Med. Fak., Inaug.-Diss. v. 28. Apr. 1887.

Hönck, E., zur Hebammenfrage u. Puerperalfieberstatistik, s. a. Sammlung klin. Vorträge.

Zur Hebammenfrage und Puerperalfieberstatistik v. E[rnst Eduard] **Hönck**. *Leipzig: Breitkopf & Härtel 1897.* (42 S.) 8.
— Sammlung Klinischer Vorträge. N. F. No 174. [97. 1060

Hoenck, E., über Neurasthenia hysterica u. die Hysterie der Frau, s. a. Sammlung zwangloser Abhandlungen aus dem Gebiete der Frauenheilkunde. VI, 6.

Über Neurasthenia hysterica und die Hysterie der Frau. Von Dr. E[rnst] **Hoenck**. Halle: C. Marhold 1905. (34 S.) 8°
= Sammlung zwangloser Abhandlungen aus d. Geb. d. Frauenheilkunde. Bd 6, H. 6. [05. 031. 3

— über die Rolle des Sympathicus bei der Erkrankung des Wurmfortsatzes. (IV, 180 S. m. 24 Abbildgn.) Lex.-8. Jena 907. G. Fischer. n. 4. —

Honckeny, Gerhard (auch: Gotthard bzw. Gottlob) August

Honckeny, Gerh. Aug., Synopsis plantarum Germaniae, continens plantas in Germania sua sponte provenientes adjectis omnibus auctorum synonymis curante K. L. Willdenow. Vol. 1. 2. Berolini 1792—93. 8.

Honckeny, Glob. A., synopsis plantar. germanic. cont. plantas in Germ. sponte provenient. etc. c. Wildenow. II Tmi. 8. maj. Berl. Lange. 792. 93. (I. 1 Rthlr. 16 gr. II. 1 Rthlr. 8 gr.)

Honckeny, Gerh. Aug., Vollständiges Verzeichniß aller Gewächse Deutschlands. Vollständiges systematisches, zur Beförderung ihrer physikalischen und ökonomischen Geschichte. Bd. 1. Leipzig 1782. gr. 8.

– Dasselbe, s.a. Verzeichnis ...

Honda, Seiroku: Ueber den Küstenschutzwald gegen Springfluthen. [189*]. (18) S. 2 Kt. (Sætr.). P.

[Umschlagt.:] [J.] **Honda,** Seiroku [aus Tokio '(Japan)']: Eine Untersuchungsreihe über den Einfluss der Höhenlage der Gebirge auf die Veränderung des Zuwachses der Waldbäume. M. bes. Berücks. d. Formzahlveränderg ... Frankfurt a. M., J. D. Sauerländer, 1892; 27 S. 4.
München, Staatswirtsch. Fak., Inaug.-Diss. v. 1893

Honda, Yugoro: Gehörorgan des Hundes. Erlangen 1908: Junge. 19 S. 8°
Erlangen, Med. Diss. v. 9. Jan. 1909, Ref. Denker
[Geb. 16. Juni 77 Nagasaki; Wohnort: Erlangen; Staatsangeh.: Japan; Vorbildung: Prov. Mittelsch. Kumomoto 90—94; Studium: Kumomoto Medizinschule 94 absolv., Nov. 98 ärztl. Staatsprüfung; Coll. 16. Juli 08; Approb. Apr. 99.] [U 09. 772

d'Hondecoeter, Melch., der Pfau, s.: Blätter, bunte, aus aller Welt.

Hondedens, V.: Decisvar. conclusion. seu consultatt. libri II. *Norimb.*, Stein. 752. Fol. (2 Thl. 6 Gr.)

— — idem liber. II Vol. fol. Norimb. Endter.

Hondius, Wilh., s. Block, J. C. Das Kupferstich-Werk d. W. H.

Hondorf. Hist. u. Exempelbuch. 2 Thle. Fol. Leipz.

Hondorff, A. v., im Banne fremder Schuld. Roman. 8. (245 S.) Berlin 894. B. Moedebeck. n. 3. —

Hondorff, F.: „Das Saltzwerck zu Halle in Sachsen befindlich etc. mit Recessen, Verträgen, Abschieden, Eydesformuln der Regenten, Beampten, Bedienten und Arbeiter im Thale daselbst", Halle 1670. — Vorh.: Preuss. statist. Landesamt Berlin.

Fr. Hondorff's Beschreibung des Salzwerkes zu Halle, vermehrt von v. Dreyhaupt. Halle, 1749.

Hondrey, Geo., Austria. Weltbürgerliches Schauspiel in 5 Akten. (125 S.) 8. Leipzig-Gohlis 907. B. Volger. 2.—

Hondrey, Geo., der Buckelmajor. Ewige Ostern. Erzählung. (186 S.) 8. Dresden 905. E. Pierson. n. 2. —; geb. n. 3.—

— Victoria. Erzählung. (IV, 193 S.) 8. Dresden 907. E. Pierson. 2.—; geb. n 3. —

— Sphinx. Gedichte. (VIII, 55 S.) 8. Ebd. (908). 1.—; geb. 1.50

Hondros, D[emetrius]: Über elektromagnetische Drahtwellen. Leipzig: J. A. Barth 1909. S. 905—953. 8° ¶(Aus: Annalen d. Physik. F. 4, Bd 30.)
München, Phil. Diss. v. 12. Juli 1909, Ref. Sommerfeld
[Geb. 9./21. April 82 Serrès, Mazedonien; Wohnort: Athen; Staatsangeh.: Griechenland; Vorbildung: Gymn. Salouiki Reife Juni 99; Studium: Athen 8, Göttingen 1, München 5 S.; Rig. 12. Juli 09.] [U 10. 3661

Höndscher, H., s. Brunnenkresse, ein Taschenbuch.

Höne. Remarks on Lord Byron's life, character and opinions. Münster, R., 1869. 24 S. 4. Progr.

Höne, Heinrich

Höne, H. Die Sprache des neueren englischen Romans und der Tagespresse. Osnabrück. Carolinum, 1888. 22 S. 4. Progr.

Höne, H., die Sprache des neueren englischen Romans und der Tagespresse. gr. 4. (22 S.) Osnabrück 888. (Colberg, Warnke.) * 1 —

Hoene, Wilhelm, Gerichtsassessor: Mündliche Nebenabreden und Abänderungsvereinbarungen bei einem schriftlichen Mietvertrage. Borna-Leipzig 1908: Noske. 38 S. 8°
Breslau, Jur. Diss. v. 20. Sept. 1908, Ref. Leonhard-Schott
[Geb. 14. März 81 Lindenstadt; Wohnort: Birnbaum; Staatsangeh.: Preußen; Vorbildung: Gymn. Meseritz Reife O. 99; Studium: Freiburg i. B. 1, Berlin 1, München 1, Breslau 3 S.; Rig. 18. Juli 02.] [U 09. 485

Hönebach [Schlagwort]

Hönebach, s.: Preussen. Messtischblätter.

Hoenebeek-Hissink, Animadversiones criticae in Platonis aliquot dialogos. Diss. 1845. 76 S. 1.20

Honeck, H., das Bomben-Attentat, s.: Thalia.

Hoenecke, Max, Lebenskämpfe u. andere Erzählungen, s.: Pohle's neuer Bücherschatz. 1. Bd.

— die Stiefkinder d. Glücks, s.: Pohle's neuer Bücherschatz. 3.

Hoenecke, Max, die Stiefkinder des Glücks, s.: Pohle's neuer Bücherschatz. Bd. 3.

Honecker, Cassius (geb. am 4 Dez. 1852 in Bonn): Ueber Fracturen der Patella, ein Beitrag zur Lehre von den Knochenbrüchen ... Bonn, Univ.-Buchdr. v. C. Georgi 1877. 65 S., 1 Bl. 8.
Bonn, Med. Fak., Diss. v. 21 März 1877

Honecker, Wolfgang, Medizinalprakt.: Aus d. pathol. Inst. am Stadtkrankenh. Dresden-Friedrichstadt. Pseudomyxoma peritonei nach Appendicitis. Wiesbaden: Bergmann 1910. 25 S. 8° ¶(Aus: Frankfurter Zeitschrift f. Pathol. Bd 4, H. 2.)
Leipzig, Med. Diss. v. 27. Nov. 1909, Ref. Marchand
[Geb. 30. Dez. 85 Dresden; Wohnort: Dresden; Staatsangeh.: Sachsen; Vorbildung: Wettiner Gymn. Dresden Reife O. 04; Studium: Bonn 2, Leipzig 3, München 2, Leipzig 3 S.; Coll. 29. Jan. 10.] [U 10. 2984

Honef, Martin, s.a. Honef, W.

—— Die Freimaurerei u. ihr Vernichtungskampf gegen d. christliche Weltordnung, od. die Synagoge d. Antichristen u. die Kirche Jesu Christi. gr. 16. (108 S.) Ebd. 889. — 80
Der Verfasser schreibt auch u. d. Namen W. Wingerath (s. d.).

Honef, Mart., der Selbstmord Luther's, geschichtlich erwiesen. 12. (94 S.) München 890. Liebfrauen-Druckerei. n. — 80

Honef, W., s.a. Honef, Martin

Honef, W., die Freimauerei u. ihr Vernichtungskampf gegen die christliche Weltordnung, oder die Synagoge d. Antichristen u. die Kirche Jesu Christi. gr. 16. (108 S.) München 889. Liebfrauen-Druckerei. — 80

Honef, W., Staats-Götzenthum u. Christenthum. gr. 16. (135 S.) München 894. Liebfrauen-Druckerei. n. 1.—

Honegger, Elise (Hrsg.), s. Frauen-Zeitung, Schweizer.

Honegger, Friedrich, med. pract. von Zürich: Beiträge zur Kenntniss der degenerativen und entzündlichen Veränderungen der Intima des Herzens und der grossen Gefässstämme. Zür. Orell Füssli Cie Dr. 1882. 62 S., 2 Bl. 8°.
Zürich, Med. Diss. [v. 9. Dec. 1882].

Honegger, Heinrich, von Zürich: Der Begriff des Unfalles (accident) in der sog. Unfallversicherung. Zür. Orell Füssli Cie Dr. 1885. 65 S. 8°.
Zürich, Jur. Diss. [v. 10. Jan. 1885].

Honegger, Henricus, Hinwilensis: De specificatione. Tur. typ. Züreh. et Furr. 1855. 1 Bl., 32 S., 1 Bl. 8°.
Zürich, Jur. Diss. v. 18. Mai 1855.

Honegger, J. Adolf

Honegger, J. A., le Gothard. Description avec vues. Le chemin de fer, la route et le tunnel. Dessiné d'après nature. gr. 8. (40 S. mit 4 Stnt. und 11 Chromolithogr.) Trogen 881, Honegger. geb.

Honegger, J. A[dolf]. Der Gotthard in Bild und Wort. Bahn, Strasse und Tunnel. Nach der Natur gezeichnet von J. A. H.... 8. Trogen [1880].

— der Gotthard in Bild u. Wort. Bahn, Strasse u. Tunnel. Nach der Natur gezeichnet. gr. 8. (44 S. mit 4 Steintaf. u. 11 Chromolith.) Trogen 881. Honegger. geb. 3.—

Honegger, J. A. Der Gotthard in Bild und Wort. Bahn, Strasse und Tunnel. Zürich 1882.

Honegger, Johann Jacob

Honegger, J. J., kritische Geschichte der französischen Cultureinflüsse in den letzten Jahrhunderten. gr. 8. (XII, 400 S.) Berlin 875. Oppenheim. n. 7. 50

Honegger, J. J. (in Zürich), Grundrisse einer allgemeinen Culturgeschichte der neuesten Zeit. Bd. III 1. Das Julikönigthum u. die Burgeoisie. 1. Thl. 8. Leipzig, J. J. Weber. 12. —
— — Dasselbe. Bd. III. 2. Das Julikönigthum u. die Bourgeoisie. 2. Thl. 8. ebds. 12. —
Bd. I. Die Zeit des 1. Kaiserreiches Fr. 10. — Bd. II. Die Zeit der Restauration Fr. 12.

Honegger, J. J., Grundsteine einer allgemeinen Culturgeschichte der neuesten Zeit. 5 Bde. Lex.-8. Leipzig, Weber. *
Inhalt:
Bd. 1. Die Zeit des ersten Kaiserreichs. (XII, 416 S.) 868. *M 7,50.
» 2. Die Zeit der Restauration. (X, 542 S.) 869. *M 9.
» 3. 4. Das Julikönigthum und die Bourgeoisie. 2 Thle. (VIII, 592; VIII, 545 S.) à Thl. *M 9.
» 5. Dialektik des Culturganges. (VIII, 421 S.) 874. *M 7,50.

Honegger, J. J., Francois Bret Harte, s.a. Vorträge, öffentliche, geh. in der Schweiz.

Honegger, J. J. Francis Bret Harte. In-8°, 34 S. Basel, Schweighauser's Verlag. 1 —
*** Oeffentliche Vorträge, VI. Band, 4. Heft.

Honegger JJ. Francis Bret Harte. (Vorträge. Öff. VI, 4) Basel 1881

Honegger, J. J[acob]. Die Heldinnen des Schweizerlandes... s. Meyer von Knonau, Gerold Z.

Honegger, J. J., Herbstblüten. Lyrische Gedichte. (Thl. I.) 2. Aufl. und II. (Thl.) gr. 16. (XIV und 360 S.) Zürich 851. 52. (Winterthur, Literarisches Comptoir.)

Honegger, J[ohann] J[akob], Seminarlehrer in Küsnach bei Zürich [von Dürnten, Kt. Zürich]: Victor Hugo, Lamartine und die französische Lyrik des neunzehnten Jahrhunderts. Zür. Meyer u. Zeller 1858. 1 Bl., 213 S. 8°.
Zürich, Phil. Diss. [v. 27. Nov. 1857].

Honegger, J. J. (I.), Katechismus der Culturgeschichte, s.a. Weber's, J. J., illustrirte Katechismen.

Honegger, J. J. Katechismus der Culturgeschichte. Kl. in-8°, 14 Bog. Leipzig, J. J. Weber. Originalband. 2 70

— Katechismus der Culturgeschichte. 8. (VIII, 218 S.) Leipzig 879. Weber. geb. n. 2. —

Honegger, J. J., Katechismus der Kulturgeschichte. 2., verm. Aufl. 8. (VIII, 258 S.) Leipzig 889. J. J. Weber. geb. n. 2. —

Honegger, J. J., Katechismus der Kulturgeschichte, 2. Aufl., s.a. Eisler, Rud., allgemeine Kulturgeschichte.

Honegger, J. J. Kulturgeschichte, s.a. Weber's, J. J., illustr. Katechismen Nr. 91.

— Kulturgeschichte. 1. und 2. Auflage. (Webers Katechismen 91) Leipzig 1879.89

—— allgemeine Kulturgeschichte. (In 5 Bdn.) 1. Bd.: Vorgeschichtliche Zeit. gr. 8. (XVI, 406 S.) Leipzig 882, Weber. *

Honegger, J. J., allgemeine Kulturgeschichte. 2. Bd.: Geschichte d. Altertums. Lex.-8. (XII, 468 S.) Leipzig 886. Weber. n. 7. 50 (1. u. 2.: n. 15. —)

Honegger, J. J., allgemeine Kulturgeschichte. 2. Bd.: Geschichte des Altertums. Lex.-8. (XII, 463 S.) Leipzig 887, J. J. Weber. * 7 50
Nicht weiter erschienen. — 1. Bd. Ebendas. 1882. *M 7.50.

— das deutsche Lied der Neuzeit, sein Geist u. Wesen. 8. (V, 299 S.) Leipzig 890. Friedrich. n. 3. —

—— Das deutsche Lied d. Neuzeit, sein Geist u. Wesen. 8. (V, 299 S.) Lpz. 891, W. Friedrich. * 3 —

—— Lieder und Bilder. Der Lieder 3. Aufl., vollständig umgearb. 12. (XVI, 336 S.) Leipzig 887, Friedrich. * 4 —
geb. * 5 —

Honegger, J. J., Literatur und Cultur des 19. Jahrhunderts. In ihrer Entwicklung dargestellt. gr. 8. (VIII und 296 S.) Leipzig 865, Weber. *

—— Literatur und Cultur des 19. Jahrhunderts. In ihrer Entwicklung dargestellt. 2. durchgeseh. und verm. Aufl. gr. 8. (XII, 355 S.) Leipzig 879, Weber. *

Honegger, J. J., Russische Literatur und Cultur. Ein Beitrag zur Geschichte u. Kritik derselben. Leipzig 1880. 8°.

Honegger, J. J. Memorial z. zur 25jähr. Geschichte d. Consum-Vereins Zürich. Kl. 8°, 231 S. Zürich, (Kommissionsverlag: Meyer & Zeller.) 1878

-- die poetische Nationalliteratur der Schweiz, s.a. Weber, Rob.

Honegger, Dr. J. J., die poetische Nationalliteratur der deutschen Schweiz. Musterstücke aus den Dichtungen der besten schweizerischen Schriftsteller von Haller bis auf die Gegenwart. IV. 1. Lfg. Glarus, J. Vogel. à —. 65

Honegger, Johannes: Konrad Ott. Geb. in Zürich den 9. Februar 1814. Gest. den 13. Dezember 1842. Eine biographische Skizze. (SA.) 8. Glarus 1844.

Honegger, J. J. Neue Romane und Novellen.
*** Anzeigen in Nr. 26 der „Blätter für literarische Unterhaltung", herausgeg. von R. Gottschall.

— Iwan Turgénjew, s.a. Vorträge, öffentliche, gehalten in der Schweiz.

Honegger, J[ohann] J[acob]. Iwan Turgénjew. Vortrag. 8. Basel 1880.
(Oeffentliche Vorträge gehalten in der Schweiz. Band 5. Heft 12.)

Honegger, J. J. Iwan Turgenjew. In-8°. Basel, Schweighauser's Verlag. 1 —

Honegger, Kasp., Auflösungen der Aufgaben des Leitfadens für den Unterricht in der Geometrie an Sekundarschulen. Mit einem Vorwort über die Behandlungsweise des Lehrmittels. gr. 8. (22 S.) Zürich 867, Meyer und Zeller's Verlag. *

Honegger, Kasp., Leitfaden für den Unterricht in der Geometrie an Mittelschulen. 2., durchgeseh. Aufl. Zürich 864. Meyer & Zeller. gr. 8. (VIII, 180 S. m. Holzschn.) n. 20 ngr

—— Leitfaden für den Unterricht in der Geometrie an Sekundarschulen. Vom Erziehungsrathe des Kantons Zürich als obligator. Lehrmittel erklärt. 2. Aufl. 1864. und 3. Aufl. gr. 8. (IV und 168 S. mit eingedr. Holzschn.) Zürich 867, Meyer und Zeller's Verlag. *

Honegger, Kasp., Leitfaden für den geometrischen Unterricht an Mittelschulen mit besond. Berücksicht. der zürcherischen Sekundarschule. gr. 8. (VIII und 160 S. mit eingedr. Holzschn.) Zürich 867, Meyer und Zeller's Verlag. *

Honegger, M., s.: Schriften, moderne.

Honegger, Mathias Bader–, s. Bader-Honegger

Honein ibn Ishâk, Sefer Musre Haphilosophim („Sinnsprüche der Philosophen"). Aus dem Arab. ins Hebräische übers. v. Jehuda ben Salomo Alcharisi. Nach Handschriften hrsg. v. A. Loewenthal. (In hebr. Sprache.) gr. 8. (VIII, 62 S.) Frankfurt a/M. 896. J. Kauffmann. n. 1.50

— Sinnsprüche d. Philosophen. Nach d. hebr. Uebersetzg. Charisi's ins Deutsche übertr. u. erläut. v. A. Loewenthal. gr. 8. (VIII, 193 S.) Berlin 896. S. Calvary & Co. n. 3.—

Honek, M., das Buch für Winterabende, s. a. Buch.

— das Buch für Winterabende. Volksbuch u. Volkskalender auf 1843, 1844 u. 1845. Mit Stahlst., Lithogr. u. Holzschn. u. Beiträgen von K. Andree, R. Berend, K. Buchner, A. Lewald, K. Mathy u. A. 16. Karlsruhe 842—45, Artist. Instit. F. Gutsch u. Rupp. 1843: $8^3/_4$ ngr 1844, 45: à $^1/_3$ ₰

Honek, M., das Buch f. Winterabende. Volksbuch u. Volkskalender auf 1843—47. 2—6. Jahrg. Mit Stahlst., Stntaf., Holzschnitten u. Karten. 16. Karlsruhe [u. Hannover, Kius.] [2. J. ($17^3/_4$ B.) $8^3/_4$ Ngr., 3. ($21^3/_4$ B.) 4. ($20^1/_4$ B.) 5. ($16^1/_2$ B.) 6. ($15^1/_2$ B.) à * 10 Ngr.] *
1. Jahrg. 1842. $8^3/_4$ Ngr.

Honek, M., das Buch für Winterabende. Hannoverscher Volkskalender auf 1848. 7. Jahrg. Mit Beiträgen von K. Andree, L. v. Arentsschildt, Em. Geibel 2c. Mit Holzschn., nach Originalzeichnungen von Oesterley und A. Evers, von E. Obermüller. 8. (IV und 200 S.) Hannover 847, Helwingsche Hofbuchh. *
Vgl. 10. Bd. 1. Abthl. S. 385.

—— Prinz Eugen d. edle Ritter. Histor. Novelle. 2 Bde. gr. 12. (17 B.) Hannover 846, Helwing'sche Hofbuchh.

Hoeneke, Bartholomäus: Die jüngere livländische Reimchronik. 1315—1348. Von K(onstantin) Höhlbaum. — Lpz: Duncker & Humblot 1872. LIV, 37 S.

Honeker, Aug., die Zucht der rehfarbenen, hornlosen Schwarzwaldziege in Württemberg. Mit e. Anh. üb. die Behandlg. der häufigsten Ziegenkrankheiten. (IV, 67 S. m. 6 Abb.) 8. Stuttgart 908. E. Ulmer. 1.60

Hönel, Carl, s. Hönel, Karl

Hönel, Jak., Festpredigten. gr. 8. (VII und 220 S.) Teschen 863, Prochaska. *

Hoenel, Jak., der Herr hat Großes an uns gethan. Festrede, bei der Jubileumsfeier am 13. Oktbr. 1881 gehalten. gr. 8. (11 S.) Biala 881. (Klagenfurt, Heyn.) —30

[**Hönel, Jacob**:] Der Lazarus des Gustav-Adolf-Vereines. Die Gemeinden Galiziens und der Bukowina. Barmen: Klein 1887; 2. Aufl. 1890. (Für Feste und Freunde des Gustav-Adolf-Vereines. H 35.)

Hönel, H. und Kremann, R.: Über die Löslichkeit von Azetylen in Azeton und Azeton-Wassergemischen (mit 1 Textfigur). S. 122. II b. 477 . . . vgr.
Separatabdruck

Hönel, Karl

Hönel Carl: Zur Herstellung der Kaiserurkunden durch den Empfänger.
H. 1900 PN 1305 **Diss.** Wien, Univ. 828

Honemann, Rud. Leop., († ...) d. Alterthümer d. Harzes, aus Zeugnissen ber. Schriftsteller, u. größtentheils aus ungedr. Urkunden zusammengetragen. 4 Thle. 4. Clausth. 754—756. 4 Thle. Neue Ausg. 8. Clausth. 827 u. 28. (Gnobloch in Lpz.) 3 ₰ 16 K

Honemann, R. L. Die Alterthümer des Harzes. Theil I–IV in 1 Bd. Clausthal, 1754—1755.

Honemann, Rud. Leop., die Alterthümer d. Harzes. Aus Zeugnissen bewährter Schriftsteller, größtenth. aber a. ungedruckten Urkunden. 4 Thle. Neue, im Wesentl. unveränd. Ausg. 8. ... Clausthal 827, 28, Schweiger. Thlr.

Honemann, Wilh., das Verhältnis zwischen der Defraudation der Zölle u. Verbrauchssteuern u. dem Betruge nach deutschem Reichsrecht, s. a. Abhandlungen des kriminalistischen Seminars.

Honemann, Wilh.: Das Verhältnis zwischen der Defraudation der Zölle u. dem Betruge nach deutschem Reichsrecht. Berlin 1894.

Honemann, Wilhelm [Referendar]: Das Verhältnis zwischen der Defraudation der Zölle und Verbrauchssteuern und dem Betruge nach deutschem Reichsrecht ... [Aus: Abh. d. kriminalist. Semin. hrsg. v. F. v. Liszt, Bd 3.] Halle a. S., *Lippert & C., Naumburg a. S.*, 1894; IV S., 2 Bl., 44 S. 8.
Halle, Jur. Fak., Inaug.-Diss. v. 16. Juni 1894

Hönemann, Heinrich [aus Laasphe (Westfalen)]: Über Combinationen von Masern und Scharlach . . . Würzburg, Becker's Buchdr., 1888; 26, 1 S. 8°
Würzburg, Med. Fak., Inaug.-Diss. v. 1888
31*

Honer, B., die Geheimnisse der Marmorirkunst, nebst einer Anleitung zur Farbenbereitung. gr. 16. (15 S.) Spaichingen 870. (Tuttlingen, Kling.) *

Honer, X. A. [Hrsg.], s. Nord Dakota Pionier.

Hoener, Jo. Benjamin (Kindelbrück/Thüring.), Habacuci prophetae de Messia testimonium capitis III, v. XIII. A. R. Isaaci Abarbanelis glossemate liberatum. Präs. M. Jo. Friedrich Weidler. Wittenbg. (Schroeder) Okt. 1712. 8 Bl. (6.50) 15395

Hönerkopff, S. A., über die Anwendung des schwefelsauren Kupferoxyds gegen Croup. 8. (64 S.) Leipzig 852, (Schmidt.) *

Honert, E.

Honert, die Cholera u. ihre Ursache. gr. 8. (40 S.) Iserlohn 870. Bädeker. n. 1.—

Honert, E., die Cholera und ihre Ursache. 2. Aufl. Neu durchges. gr. 8. (48 S.) [Iserlohn 885.] Leipzig, J. Bädeker's Verlag. * 1 —

—— ein Hieb ins Blaue. gr. 8. (24 S.) Ebendas. 871. *

Honert, Max, v. der 60. Naturforscher-Versammlung in Wiesbaden. [Aus; „Rundschau auf d. Gebiete d. Thiermed."] gr. 8. (7 S.) Osterwieck 887. A. W. Zickfeldt. — 50

Honert, Wilh. Herm., Prophetenstimmen. Die zukünft. Schicksale der Kirche Christi im Lichte der Weissagungen des Herrn und seiner Heiligen. 2., nach dem Tode des Verf. von Th. Nissl besorgte mit einem einleit. Vorwort verseh. Aufl. gr. 8. (XXIV, 233 S.) Regensburg 875, Manz.
1. Aufl. vgl. Prophetenstimmen.

Honert, Wilh. Herm., Prophetenstimmen. Die zukünft. Schicksale der Kirche Christi im Lichte der Weissagungen des Herrn und seiner Heiligen. 3. nach dem Tode des Verf. von Th. Nissl besorgte und mit einem einleit. Vorwort verseh. Aufl. 8. (XXIV, 230 S.) Regensburg 883, Manz.

Honert, Wilh. Herm., Prophetenstimmen. Die zukünft. Schicksale d. Kirche Christi im Lichte d. Weissaggn. d. Herrn u. s. Heiligen. 3., nach d. Tode d. Verf. v. Th. Nissl besorgte u. m. e. einleit. Vorwort versehene Aufl. Neue (Titel-)Ausg. 8. (XXIV, 230 S.) Regensburg (883) 896. Nationale Verlagsanstalt. n. 1. —

Hönert, Joh. Wilh., Anweis. z. vortheilhaften Anlegung u. Unterhaltung e. Blumengartens, nebst Beschreib. d. Art, Gestalt, Pflege u. Vermehrung diensamer Blumengewächse. 2 Thle. 8. Bremen, 1761. 1. Thl. 2. Aufl. 1765. 3. Aufl. 1774. 2 Thle. 1780. (Müller.) 1. 7⅓

Hönert J. W.: Gründliche Anweisung z. Anlegen u. Unterhalten eines wohlbestellten Blumen-Gartens ... Th. (1)-2, Th. 1: 3. u. stark. verm. Aufl. Brem. 1774, 8o.
(s. Botan. Berichtigungen, neue Erfahrungen u. Zusätze).

Hönert J. W.: Beyträge z. Landwirthschaft in Briefen an einen Freund üb. das nützliche u. nothwendige in einer kleinen Haushaltung auf dem Lande. Samml. 1-2. Brem. 1772, 78. (273) S.
(Erziehung u. Pflege d. Hornviehes; Unterhaltung u. Erziehung d. Pferde).

Hönert, J. W. „Beiträge zur Landwirthschaft in Briefen", 2 Teile, Bremen 1777, 1778 (Müller).

HOENERT, Johann Wilhelm: Etwas 1. Von der Teich-Arbeit, 2. Vom nützlichen Gebrauche des Torf-Moors, 3. Von Verbesserung der Wege, aus bewährter Erfahrung mitgetheilt. Bremen: Müller 1764. 2. Aufl. ebd. 1772

Hönes, Chr., Dante, s. a. Sammlung gemeinverständlicher wissenschaftl. Vorträge.

Hönes, Chr.: Dante. Von Chr. Hönes, Dekan in Nürtingen. Hamburg: Verlagsanst. u. Dr. A.-G. 1899. (104 S.) 8⁰
= Sammlung gemeinverständl. wiss. Vorträge N.F.Ser. 14. H. 325/26.

Hönes, C., Heilbronn u. s. Umgebung, s. a. Wanderbilder, europäische

Hönes, C. Heilbronn und seine Umgebung. Mit 13 Bildern und einer Karte. (Europäische Wanderbilder. № 234.) 8. Zürich ([18]93).
Durch Schwaben. Bändchen 8.

Hönes, Ch., die Reformbewegung des Brahmosomadsch in Indien als Schranke des Missionswesens, s. a. Zeit- und Streit-Fragen, deutsche.

Hönes C, die Reformbewegung des Brahmosomadsch in Indien als Schranke des Missionswesens. (Zeit- und Streitfragen 88) Berlin 1877

Hönes, Ch., Ludwig Uhland, der Dichter und der Patriot, s. a. Sammlung gemeinverständlicher wissenschaftlicher Vorträge.

Hönes C, Ludwig Uhland, der Dichter und der Patriot. (Sammlung gemeinverständlicher wissenschaftlicher Vorträge Neue Folge II, 3) Hamburg 1887

Hoenes, Karl [aus Lauterecken]: Aus d. anatom. Institut in Bonn. Über einen Fall von angeborenem Mangel beider Nieren und die Quelle des Fruchtwassers ... Bonn, Buchdr. v. J. Bach Wwe, 1895; 43 S. 8.
Bonn, Med. Fak., Inaug.-Diss. v. [22. Juni] 1895

Hönes, Theodor: Theodor Gottlieb v. Hippel. Die Persönlichkeit und die Werke in ihrem Zusammenhang. Bonn: Georgi 1900. 80 S. 8° ¶ (Ersch. auch als Buch ebd.)
Bonn, Phil. Diss. v. 14. Aug. 1900, Ref. Litzmann
[Geb. 7. Nov. 76 Wachbach; Wohnort: Frankfurt a. M.; Staatsangeh.: Preußen; Vorbildung: Gymn. Kannstatt Reife Juli 95; Studium: Tübingen 6, Berlin 1, Bonn 4 S.; Rig. 9. Dez. 08.] [U 10. 382

Hönes, Thdr., Theodor Gottlieb v. Hippel. Die Persönlichkeit u. die Werke in ihrem Zusammenhang. (80 S.) gr. 8. Bonn 910. C. Georgi. 1. 20

Honestus

HONESTI (ps.) anmuthiger Liebes-Roman. Amsterdam. O. J. (c. 1710). 12⁰. 6 Bog. Ungemein selten!
Ohne Jahrsang. i. d. Bibl. Kielmans-Egg. I. p. 1069; Cat. Meissner II. — Weller's Lex. Ps. hat p. 260 kurz: Honestus = Benjamin Austin. (Ist das obiger?)

Honestus, s.: Mordsgedanken.

Honsi, Lajos. Aprilscherze, s. Zehnpfennig-Bibliothek.

– Heiratsgeschichten, Lustige, s. Zehnpfennig-Bibliothek.

Hoengen, Franz, Gerichtsref., aus Aachen: Welche Wirkung hat die nachfolgende Genehmigung auf das Verhältnis zwischen Geschäftsherrn und Geschäftsführer? *Aachen 1898: C. H. Georgi.* (50 S.) 8°
Erlangen, Jur. Diss. v. 16. Okt. 1898

Hongkong [Schlagwort]

Hongkong, s.: Canton.

Hongo, Takanori: Forstlich und gärtnerisch empfehlenswerte Halbbäume und Sträucher der japanischen Flora. München 1911: Kastner & Callwey. 70 S. 8°
München, Staatswirtsch. Diss. v. 14. Dez. 1910, Ref. H. Mayr
[Geb. 1. Nov. 77 Tokio; Wohnort: Tokio; Staatsangeh.: Japan; Vorbildung: Mittelsch. Tokio Reife März 95; Studium: Tokio 6, München 8 S.; Rig. 11. Dez. 10.] [U 11. 3561

Hongrie [Sachliches OW]

Hongrie, la, charitable. L'assistance publique et les hôpitaux en Hongrie. Offert à MM. les membres du XVIe congrès international de médecins, Budapest 1909, par le ministre de l'intérieur. (247 S. m. 1 farb. Karte.) 8. Budapest 909. F. Kilián's Nachf. Geb. in Leinw. 4. —

Hongrie, la, en 1848. Recueil politique, historique et littéraire, par J. Boldényi. 12 Nrs. gr. Lex. 8. (à 2 B.) Paris. (Leipzig, Michelsen.) n. 2 ₰

Hongrie [Schlagwort]

Hongrie. A travers la H^e. 10 fascicules. (L'Europe illustrée. N° 123–130. 133–139. 183.) 8. Zurich ([18]89–[18]95).
Pour les divers fascicules v. les titres: Hongrie. A travers la H^e méridionale: — Kenedi, Géza, et Gerlai, Wilhelm. Du Danube au Quarnero: — Krauss, Ferdinand, et Sziklay, Johann. A travers la Hongrie occidentale: — Pays. Le p^t haut de Transylvanie: — Siegmeth, Carl: Les Carpathes orientales — D'Oderberg à Buda-Pest — De Vienne, d'Oderberg et de Budapest dans le Haut-Tátra ...: — Steinacker, Edmund. Le reseau hongrois...: — Sziklay, Johann. A travers la grande plaine de Hongrie: — Vienne. De V^e à Budapest par Bruck-sur-la-Leitha ....

Hongrie. A travers la H^e méridionale. Par Adolphe Sternberg, Patrice Draaulina (*d. i.* Dragalina), Cornel Diaconovich, Jean Sziklay et Athanas Plavsic. Avec 25 (*°Umschlag:* 28) Illustrations de J[ohann] Weber [dont 3 planches] et une carte. (L'Europe illustrée. N° 138. 139.) 8. Zurich ([18]90).
A travers la Hongrie. 9e fascicule.

Hongrie — Carte d' — en Général, contenant selon la Division ancienne et methodique, la Hongrie en particulier, la Croatie, la Dalmatie, la Bosnie, la Servie, la Boulgarie; la Principauté de Transylvanie, les Despotats de Walachie et de Moldav; le tout dressé sur le pied de l'ancienne et de la nouvelle Géographie par Mons. J. M. Hasius, Profess. des Mathémat. Curantibus Homannianis Heredibus. 1744. S. Dorn sculps. 1 : 2,300,000. 1 Bl.

Honhelfer, G., s. Kunst, die, sich zu heiligen, so schnell als möglich.

Hoenicke, Eduardus: De coloniis Graecis. Dissertatio historico-philosophica. Dessaviae 1832: Fritsche. 46 S. 8°
[Halle-Wittenberg, Phil. Diss. v. 2. Juni 1832]
Geb. [Jonitz bei Dessau 7. 2. 1809]
Im Buchhandel Dessau: Fritsche 1832.

—— das revolutionäre u. constitution. Treiben, od. d. Liberalismus uns. Zeit. gr. 8. (3 B.) Dessau 833, Fritsche u. Sohn.

Hoenicke J., d. Mineralquellen d. Provinz Schlesien in physikal. chem. Beziehg. 1857. 1.80

Hänicke, Karl Wilh. Lehrplan für den botanischen Unterricht an der Meißner Realschule. 16 S. **Progr.** Rsch. *Meissen* 1884.

Hönicke, [Paul]: Über Schillers Gedicht: Das **Ideal** und das Leben. [Ein Vortrag.] *Dramburg 1902: W. Schade & Co.* (S. 3–16.) 4° [F.]
Dramburg, k. G, P 1902 (149)

Hönicke, (Paul): Über den Einfluß der klassischen Bildung auf die Entwicklung unseres Nationalgefühls bis zum Jahre 1813. Dramburg 1909: Schade. S. 3—22. 4°
Dramburg, k. G P 1909 (194) [S 09. 199

HONIG, Aloe und Niesewurz, aus Theophrastus Paracelsus Haus-Apotheke, nebst einigen travestirten Runzeln und einer Aderlaß-Tafel aus dem Schazkästlein (!) meiner Großmutter Rebecca Ranunkel. Mit 17 Abbild. (von Perücken auf 5 Kpftaf.). Baireuth, 1806, in Commiss. bei Andreas Lübecks Erben. Kl. 8°. Rar! (In Berlin: Bibl. Lipperheide, no. 1689.) (1 fl. 36 xr. Beck, Nördlingen, vor 1870; jetzt theurer!)
Titel, 1 Bl. Inh. der 38 Nrn., 196 S. Interessantes Curiosum, enthaltend Erzählungen, Gedichte, Satyren, Epigramme, Charaden u. Räthsel (in Versen, 7 an der Zahl, unterz. H.) etc. — Darin: „Biographie einer Perüque mit 16 Abbildgn., der unsterblichen Perüque des weltberühmten Magisters Sebaldus Nothancker .... gewidmet von dem Verfasser". 78 S. (bez. 53—120, 179—181); 5 unbez. Taf. in Kpfst. m. 17 (!) Abbildgn.

Honig, Aloe u. Niesewurz, aus Theophrastus Paracelsus Hausapotheke, nebst einigen travestirten Runzeln u. ein. Aderlaßtafel, aus dem Schatzkästlein mein. Großmutter, Reb. Ranunkel, mit 17 Abbild. Neue Ausg. 8. Leipzig, Brudes. 813.

Honig u. Wachs als Volks-Arzneimittel, s.a. Volks-Gesundheitsbücher, Schweizer.

Honig u. Wachs als Volks-Arzneimittel. gr. 8. (7 S.) Zür. 889. (Schmidt). — 30
Aus: Adolphson's illustr. Bienenzeitung, besonders abgedruckt.

Honig und Wachs als Volks-Arzneimittel. Gr. in-8°. 7 S. Zürich (Cäsar Schmidt) 1890 — 25
*** Sonderabdruck aus „Adolphson's illustr. Bienenzeitung."

Honig, E., s.a. Szültenbürjer, Schorse.

Aus dem Göttinger Bürgerleben. (Humoristische) Erzählungen in Göttinger Mundart von Schorse Szültenbürjer [d. i. E. **Honig**]. *Göttingen: L. Hofer 1896.* (59 S.) 8° [F.] [01. 10555

Honig Erwin: Die Kämpfe um Mantua.
1906 PN 2156 Diss. Wien, Univ. 951

Honig, Erwin, die Kämpfe um Mantua v. der 2. bis zur 3. Einschliessung durch d. Franzosen Aug.—Septbr. 1796. (V, 118 S.) gr. 8. Wien 908. C. W. Stern 4. —
Sonderabdruck aus: „Die militär. Welt"

Honig, Gustav [Pseud.], s.a. Schulz, Joachim Christoph Friedrich [wirkl. Name]

Honig, Gust., (Fr. Schulz), Grigri; e. Arabeske, nach e. französ. Meister kopirt. (A. u. d. T.: Kabinetsstücke). 8. Weimar 795. Hoffmann. 21 gr

Honig, Hans, Referendar aus Metz: „Superficies solo cedit" im römischen Recht und im BGB. Berlin 1904: A. Wernicke & Co. (87 S.) 8°
Freiburg i. B., rechts- u. staatsw. Fak., Ref. Merkel, Diss. v. 1904
[Geb. 8. April 80 Metz; Wohnort: Rheinsberg; Staatsangeh.: Preußen; Vorbildung: Luisengymn. Berlin; Studium: Halle 3, Berlin 3 S.; Coll. 25. Juli 04.]

Honig, Leopold, Rechtspraktikant aus Nürnberg: **Die strafrechtlichen Bestimmungen** des **Bankdepotgesetzes vom 5. Juli 1896.** *Nürnberg (1898): W. Tümmel.* (33 S.) 8°
Erlangen, Jur. Diss. v. 16. Okt. 1868

Hönig. Über Simulation und Übertreibung der Unfallverletzten und deren Bekämpfung, nebst einer Statistik über die im Breslauer medico-mechanischen Institute behandelten Verletzten. Breslau 1891.

Z. Flammenden Stern: **Sonnabend-Vereinigung der □ zum fl[ammenden] Stern. [Unterz.:] Hönig. [Berlin] o. J.: Hönig. 1 Bl. 8° [Kopftit.]**
Chorlied ohne Noten: „Wenn wir im Bruderkreise sitzen hier . . ." 167.

Hönig: Über ein neues mechano-therapeutisches System zur Behandlung der nach geheilten Verletzungen zurückgebliebenen Functionsstörungen. Wien & Leipzig 1894. 15 S. Sonderdr. aus: Wiener Mediz. Presse. 1894. Nr. 39.

Hönig, A., der praktische Zuschneider. Serie 1—12. hoch 4. Wien 887. Rubinstein. n. 35. 20

1. Die gesammte Kinder-Garderobe für das Alter von 2—8 Jahren. (12 Taf.) n. 3. 40
2. Die gesammte Knaben-Garderobe f. das Alter von 9—16 Jahren. (15 Taf.) n. 3. 40
3. Complete Männer-Sacco-Anzüge. (12 Taf.) n. 2. 50
4. Jacquet- u. Salon-Röcke f. alle Knaben- u. Männergrössen. (15 Taf.) n. 2. 50
5. Kaiser-Röcke u. Ueberzieher f. alle Männergrössen. (12 Taf.) n. 2. 50
6. Winter-Röcke u. Menczikoffs f. alle Männergrössen. (12 Taf.) n. 2. 50
7. Schlafröcke, Stadt- u. Reise-Pelze, Reise-Gubs u. Staub-Mäntel. (12 Taf.) n. 1. 70
8. Specialitäten in Touristen- u. Jagd-Costümen. (12 Taf.) n. 1. 70
9. Specialitäten in Kinder-Costümen. (12 Taf.) n. 2. 50
10. Zeichnen-Vorlagen f. modernste Kinder-Costüme. (12 Taf.) n. 4. 20
11. Zeichnungen f. anormal gebaute od. corpulente Personen. (24 lith. S.) n. 4. 20
12. Uniformirung f. d. k. k. Heer, einschliesslich der Marine, Einjährig-Freiwillige, Militair-Beamte. (12 Taf.) n. 4. 10

Hönig, A., Der praktische Zuschneider. Serie I, enthaltend: Die gesammte Kindergarderobe für das Alter von 2 bis 8 Jahren in mehr als 100 Zeichnungen, sofort in Lebensgrösse mit dem Centimetermasse copirbar, u. zw. compl. Anzüge, Ueberzieher, Winterpaletots, und Menezikoffs. Für Confection und Kundenschneiderei von besonderem Werthe. 4. (12 Tafeln). Wien, Gebrüder Rubinstein. fl. 2.—
— Serie II, enthaltend: Die gesammte Knabengarderobe für das Alter von 9 bis 16 Jahren, in oberen Weiten von 32 bis 40 Cm., in mehr als 100 Zeichnungen, enthaltend complete Saccoanzüge, Ueberzieher, Winterpaletots und Menezikoffs; ebenfalls für Confection und Kundenschneiderei genau regulirt und von besonderem Werthe. 4°. (12 Tafeln.) Ebd. fl. 2.—.
— Serie III, enthaltend: Complete Männer-Saccoanzüge, sowohl in einreihiger als auch in zweireihiger Form für die oberen Weiten von 42 bis 52 Cm. nach fertigen Modellen genau regulirt und der herrschenden Mode Rechnung getragen. 4°. (12 Tafeln). Ebd. fl. 2.—.

Hönig. Serie IV, enthaltend: Jaquet- u. Salonröcke f. alle Knaben- und Männergrössen von 36 bis 52 Cm. obere Weite, bei Garantie für bestens passend. 4°. (12 Tafeln.) Ebd. fl. 1.50.
— Serie V, enthaltend: Kaiserröcke und Ueberzieher für alle Männergrössen von 42 bis 62 Cm. obere Weite, bei Garantie für bestens passend 4°. (12 Tafeln.) Ebd. fl. 1.50.
— Serie VI, enthaltend: Winterröcke und Menezikoffs für alle Männergrössen von 42 bis 52 Cm. obere Weite, bei Garantie für bestens passend. 4°. (12 Tafeln.) Ebd. fl. 1.60.
— Serie VII, enthaltend: Schlafröcke, Stadt- und Reisepelze, Reisegubs und Staubmäntel. 4°. (12 Tafeln.) Ebd. fl. 1.—.
— Serie VIII, enthaltend: Specialitäten in Touristen- und Jagdcostümen. 4°. (12 Tafeln.) Ebd. fl. 1.—.
— Serie IX, enthaltend: Specialitäten in Kindercostümen, sehr reichhaltig. 4°. (12 Tafeln.) Ebd. fl. 1.50.
— Serie X, enthaltend: Zeichenvorlagen für modernste Kindercostüme sammt genauer Veranschaulichung über deren Arrangement und Bearbeitung, sämmtlich nach Original-Modellen. 4°. (12 Tafeln.) Ebd. fl. 1.50.

Hönig, A. H., topograph.-alphabet. Handbuch über d. in dem Ober-Mainkreise befindlichen Städte, Märkte, Dörfer, Weiler, Mühlen u. Einöden, mit mehrern statist. Nachrichten. 4. Bayreuth 820.

Hoenig, Adph., die Ehren-Tage des königl. bayerischen 13. Infanterie-Regiments Kaiser Franz Joseph von Oesterreich im Feldzuge 1870—1871. gr. 8. (V, 84 S. mit 3 lithogr. Plänen.) Berlin 881, Mittler und Sohn. *

— — Dass. Berlin 1906. Jub.-Ausg. zur Feier des 100jähr. Bestehens des Regiments.

Hönig, Adolf: Die Ophiten. Ein Beitrag zur Geschichte des jüdischen Gnosticismus. . . . Berlin, Druck v. H. Itzkowski, 1889; 102 S. 8°
Freiburg i. B., Phil. Fak., Inaug.-Diss. v. 1889

Hönig, A., die Ophiten. Ein Beitrag zur Geschichte des jüdischen Gnosticismus. 8. (103 S.) Berlin 889. Mayer & Müller. n. 2. —

Hoenig, Alex.: Der Andere, s. Album f. Liebhaber-Bühnen.

– Der Athlet, s. Album f. Liebhaber-Bühnen.

Hönig, Alex., Hans in allen Gassen, s.a. Album f. Liebhaber-Bühnen.

Hans in allen Gassen. Posse mit Gesang in 1 Akt von Alex. **Hönig**. Musik komp. u. arrang. von Paul Hattwich. *Berlin: Kühling & Güttner [1897].* (24 S.) 8° [F.]
— Album f. Liebhaber-Bühnen. No 318. [00. 13097

– Im Wein ist Wahrheit (Soldatenlieder), s. Album f. Liebhaber-Bühnen.

– Wenn alte Scheunen brennen, s. Album f. Liebhaber-Bühnen.

Hoenig, B., moderne Organisation der höheren Frauenbildung. Eine amerikan. Idee. (16 S.) gr. 8. Prag 904. G. Neugebauer. n. — 80
Erweit. Sonderabdruck aus: „Bohemia".

Hönig Berthold: Darstellung und Vergleichung des lateinischen: pervigilium veneris Bürgers: Nachtfeier der Venus, Schillers: Triumpf der Liebe.
1891 PN 668 **Diss.** Wien, Univ. 51

Hoenig, Berthold: Glaube u. Genie in Goethes Jugend. *Weimar 1898*, in: Forschungen z. neueren Litteraturgeschichte. Festgabe f. R. Heinzel. [58. 11537

Hönig, Carl, s. Hönig, Karl

Ueber ein neues mechano-therapeutisches System zur Behandlung der nach geheilten Verletzungen zurückgebliebenen Functionsstörungen. Von Dr. [David] **Hönig**, Arzt, Berlin. Mit 35 Taf. Vortrag, geh. zu Rom. *Wien & Leipzig: Urban & Schwarzenberg 1894.* (15 S.) 8°
Aus: Wiener Medizin. Presse. 1894. No 39. [95. 11115 10

(**Hoenig, F.**) Eine Wintertagswirklichkeit. Antwort auf „Ein Sommernachtstraum". Berlin 1888. 8°.

Hönig, Frz., der Bürgertag, s.a. Dialectdichtungen, oberösterreichische.

Der Bürgertag. Von Franz **Hönig**. *Linz: E. Mareis 1900.* (8 S.) 8° [Umschlagt. F.]
— Dialektdichtungen, Oberösterreichische. No 2. [00. 6329

[Franz **Hönig**, Dichtungen in oberösterreichischer Mundart. Bd 1.] Linz, Wien, Leipzig: Österreich. Verlagsanst. [1902]. 8° [F.] [07. 14334

Unsa Ländl. Mundartl. Dichtungen von Franz **Hönig**. (Bilder von A. Forstmoser.) Linz, Wien, Leipzig: Österr. Verlagsanst. [1902]. (160 S.) 8° [F.]
— [**Hönig**: Dichtungen in oberösterreich. Mundart. Bd. 1.] [07. 14333

Hönig, Frz., unsá Ländl. Mundartliche Dichtgn. 4. Aufl. (160 S. m. Abbildgn. u. Bildnis.) 8. Linz (906). Zentraldruckerei vorm. E. Mareis. Geb. in Leinw. n. 3. —

— Unser Leb'n, s.a. Dialectdichtungen, oberösterr.

Unser Leb'n. Von Franz **Hönig**. *Linz: E. Mareis 1899.* (12 S.) 8° [F.]
— Dialektdichtungen, Oberösterreichische. No 1. [00. 6328

Hönig, Frz., Los't's má zua! Heitere Schildergn. aus dem oberösterreich. Volksleben. (Dichtungen in oberösterr. Mundart. 3. Bd. Bilder v. B. Zallinger.) (147 S. m. Bildnis.) 8. Linz (907). Zentraldruckerei vorm. E. Mareis. Geb. in Leinw. 3. —

Dá Mostschädl. Mundartl. Dichtungen von Franz **Hönig**. (Bilder von A. Forstmoser.) Linz, Wien, Leipzig: Österreich. Verlagsanst. [1902]. (168 S.) 8° [F.]
— [**Hönig**: Dichtungen in oberösterreich. Mundart. Bd 2.] [07. 14336

— da Moosschädl. Mundartliche Dichtgn. 3. Aufl. (160 S. m. Abbildgn. u. Bildnis.) 8. Wien (904). (Linz, Zentraldruckerei vorm. E. Mareis.) Geb. in Leinw. n. 3. —

Hönig, Friedr., die österreichisch-ungarischen Lebensversicherungs-Gesellschaften in den J. 1884—1887. 12. (à Jahrg. ca. 28 S. mit Tab.) Wien 885—88, (Gerold und Comp.) à Jahrg. * 1 —
Aus: Beamtenzeitung, besonders abgedruckt.

Hönig, Frdr., die österr.-ungar. Lebensversicherungs-Gesellschaft im J. 1884. 12. (24 S. m. 4 Tab.) Wien 885. (Gerold & Co.) n. 1. —

— dasselbe im J. 1885. 12. (28 S. m. 2 Tab.) Ebend. 886. n. 1. —

Hönig, Dr. Friedrich, Die österr.-ungarischen Lebensversicherungs-gesellschaften im Jahre 1886. (Separatabdruck aus der Beamten-zeitung. Nr. 33 und 34. XVIII. Jahrgang 1887.) 16. (22 S. mit 3 Tafeln.) Wien, Gerold & Cie. Baar fl. —.50.

Hönig, F., die österr.-ungar. Lebensversicherungs-Gesellschaften im J. 1887. [Aus: „Beamten-Zeitg."] 12. (29 S. m. 2 Tab.) Wien 888. (Gerold & Co.) n. 1

— dasselbe, im J. 1888. 12. (33 S. m. 2 Taf.) Ebd. 889. n. 1. —

— dasselbe, im J. 1889. 16. (43 S. m. 2 Tab.) Ebd. 890. n. 1. —

Hönig, Frdr., die österr.-ungar. Lebensversicherungs-Gesellschaften in d. J. 1890—1893. 12. Wien (Gerold & Co.). à n. 1. —
1890. (43 S. m. 2 Tab.) 891. — 1891. (39 S. m. 1 Tab.) 892. — 1892. (40 S. m. 4 Tab.) 893. — 1893. (47 S. m. 4 Tab.) 894.

Hönig, Frdr., die österr.-ungar. Lebensversicherungs-Gesellschaften in d. J. 1894, 1895, 1896 u. 1897. 12. (60, 52, 44 u. 40 S. m. je 4 Tab.) Wien 895—898. (Gerold & Co.) à n. 1. —

Hönig, F., Die österr.-ungar. Lebensversicherungs-Gesellschaften im J. 1899. 12. (46 S. m. 4 Tab.) Wien, Gerold & Co. 1900 1. —

Die österr.-ungar. Lebensversicherungs-Gesellschaften im Jahre 1899. Von Dr. Friedrich Hönig. Wien. 1900. Gerold & Co. 8°. 46 S. mit 1 Tafel. * K 1 —

HÖNIG, Friedrich
Die österr.-ungar. Lebensversicherungs-Gesellschaften im Jahre 1900. Von Dr. Friedrich Hönig. Wien. 1901. In Comm. Gerold & Co. 8°. 50 S. mit 1 Tafel K 1.—

Hönig, F., Die österr.-ungar. Lebensversicherungs-Gesellschaften im J. 1901. (50 S. m. 4 Tab.) 12. Wien, Gerold & Co. 1902 1. —

Hönig, F., Die österr.-ungar. Lebensversicherungsgesellschaften im Jahre 1902. 8°. (48 S.) 1903 K 1.—

Hönig, F., Die österr.-ungar. Lebensversicherungs-Gesellschaften im J. 1903. 49 S. m. 4 Tab.) kl. 8. Wien, Gerold & Co. 1904 1. —

Hönig, F., Die österr.-ungar. Lebensversicherungs-Gesellschaften im J. 1904. (44 S. m 4 Tab.) kl. 8. Wien, Gerold & Co. 1905 1. —

Hönig, F., Die österr.-ungar. Lebensversicherungs-Gesellschaften im J. 1905. (45 S. m. 4 Tab.) kl 8. Wien, Gerold & Co. 1906 1. —

Hönig, F., Die österr.-ungar. Lebensversicherungs-Gesellschaften im J. 1906. (45 S. m. 4 Tab.) kl. 8. Wien, Gerold & Co. 1907 1. —

Hönig, F., Die österr.-ungar. Lebensversicherungs-Gesellschaften im J. 1907. (43 S. m. 4 Tab.) kl. 8. Wien, Gerold & Co. 1908 1.—

Hönig, F., Die österr.-ungar. Lebensversicherungsgesellschaften im J. 1908. (42 S. m. 4 Tab.) kl. 8. Wien, Gerold & Co. 1909 1. —

Hönig, F., Die österreichisch-ungarischen Lebensversicherungsgesellschaften im Jahre 1909. 8°. (42 S.) 1910 * K 1.

Hönig, Frdr., s.: Staatsbeamte, der.

Hönig, Friedr. Das Versicherungswesen, s. Vorträge, volksthümliche, d. allg. n.-ö. Volksbildungsvereins.

— wie ist das Versicherungswesen entstanden, wie hat es sich entwickelt?, s. a. Vorträge, volksthümliche, d. allg. n.-ö. Volksbildungsvereins.

Hönig, F. Wie ist das Versicherungswesen entstanden, wie hat es sich entwickelt? Wien 1891.

Hoenig, Fritz, Beispiele zu Dispositionen f. kleinere felddienstliche Uebungen. 3., verb. Aufl. gr. 8. (VIII, 28 S. m. 3 Plänen.) Berlin 894. Militär-Verlag R. Felix. n. 1. 20

Hoenig, Fritz, Beiträge zur Schlacht v. Vionville — Mars la Tour. gr. 8. (88 S.) Berlin 899. [Militär-Verlagsanstalt.] W. Thoms. n. 2. —

(Hoenig, Fritz, Hauptm.) Ueber die Bewaffnung, Ausbildung, Organisation und Verwendung der Reiterei. gr. 8. Berlin 1883.

Hönig, Fritz, der Boorejung em Thiater. Der Lehrjung. Humoresken. gr. 16. (16 S.) Köln 876. Heyn. n. — 25

Hoenig, Fritz (I.), zwei Brigaden. gr. 8. (IV, 134 S. mit 3 Skizzen und 6 Fig. im Text.) Berlin 882, F. Luckhardt. *

Hoenig, Fritz. Zwei preussische Brigaden. (28. Brigade bei Königgrätz 1866 und 38. Brigade bei Vionville 1870.) Eine kriegsgeschichtliche Studie (siehe „Deutsche Heeres-Zeitung" vom Jahre 1881 Nr. 76—100.) Berlin 1881.

— et Bütze. [Nach Saphir.] De Kavantschaft. [Nach Schiller.] Frei nach gegebenen Motiven. gr. 16. (16 S.) Ebend. 876. n. — 25

Hoenig, F., Oliver Cromwell. In 4 Halbbdn. Lex.-8. Berlin, F. Luckhardt. n. 28. —
1. 1599—1642. (224 S.) 887. n. 6. —
2. 1642—1646. Mit 4 Plänen. (306 S.) 887. n. 6. —
3. 1646—1650. Mit 6 Plänen u. 2 Facsms. (VIII, 476 S.) 888. n. 6. —
4. 1650—1658. (VIII, 391 S.) 889. n. 10. —

Dokumentarisch-kritische Darstellung der Strategie für die Schlacht bei Vionville-Mars la Tour. Von Fritz Hoenig. *Berlin: Militär-Verlagsanst.* 1899. (180 S.) 8° [illegible]

(Hoenig, F.) Taktische Directiven für die Formation und Führung der Kavallerie-Division. Berlin 1885. 8°.

— mein Ehrenhandel m. dem Oberst u. Flügeladjutant v. Schwartzkoppen u. dem Oberst u. Abteilungschef im Generalstabe v. Bernhardi. gr. 8. (70 S.) Berlin 902. Herm. Walther. n. 1. 20

Hoenig, Fritz. Die Entscheidungskämpfe des Mainfeldzuges an der fränkischen Saale. Kissingen-Friedrichshall-Hammelburg. Mit 1 Uebersichtskarte und 5 Skizzen. 8. Berlin 1895

Hoenig, Fritz, d. Entscheidungskämpfe d. Mainfeldzuges an d. fränk. Saale. Kissingen—Friedrichshall—Hammelburg. 2., veränd. Aufl. M. 1 Uebersichtskarte u. 5 Skizzen. gr. 8. (XIV, 297 S.) Berlin 898. E. S. Mittler & Sohn. n. 6. —; geb. in Leinw. n.n. 7. 50

Hönig, Fritz, des Sängers Flooch. [Nach Uhland.] Lotterbove-Streich. [Nach Langbein.] Humoresken. gr. 16. (15 S.) Köln 876. Heyn. n. — 25

—— Prinz Friedrich Karl von Preußen, General-Feldmarschall. 1. und 2. Aufl. gr. 8. (35 S.) Ebendas. 885. *

Hoenig, Fritz, Prinz Friedrich Karl v. Preußen, General-Feldmarschall. gr. 8. (35 S.) Berlin 885. F. Luckhardt. n. 1. —

— das Gefecht bei Kissingen am 10. VII. 1866. Mit e. Skizze des Gefechtes. 8. (IV, 44 S.) Kissingen (901). F. Weinberger. n. 1. —

— Gefechtsbilder aus dem Kriege 1870/71. 1.—3. Bd. 8. Ebd. n. 8. 40
1. Die Gefechte v. la Gartonnière u. Villechauve am 7. Jan. 1871. (XIII, 136 S. m. 1 Plan.) 891. n. 3. —
2. Die Gefechte v. Boiscommun u. Lorcy am 24. u. 28. Novbr. 1870. (XII, 79 S. m. 2 Plänen.) n. 2. 40
3. Die Gefechte v. Ladon u. Maizières am 24. Novbr. 1870. Nach amtl. Quellen u. handschriftl. Aufzeichngn. v. Mitkämpfern. (XII, 128 S. m. 1 Plan.) 894. n. 3. —

— zur Geschichte der Vertheidigung des Kirchhofes v. Beaune la Rolande. Ergänzungs-Heft zum „Volkskrieg an der Loire". Nach amtl. Quellen u. handschriftl. Aufzeichngn. v. Mitkämpfern. gr. 8. (VIII, 77 S.) Ebd. 894. n. 1. 20

—— s. Geschichte der Festung Weichselmünde.

— „Geschräppels." Humoresken. 1. Bd. 8. (96 S.) Ebend. 875. n. 1. —

Hönig, Fritz, „Geschräppels". 2. Bd. „Allerhand". Humoresken. 8. (96 S. mit 6 Steintaf.) Köln 877. Heyn. n. 1. — (1. u. 2.: n. 2. —)

—— Handbuch für den Turn- und Waffenunterricht der Jugend, s. Scheibert.

—— Das große Hauptquartier u. die Oberkommandos am 17. u. 18. Aug. 1870. Mit e. Uebersichts-Skizze. 2.—4. Aufl. gr. 8. (56 S.) Ebd. 892. * 1 50

Hoenig, Fritz, Die Scharnhorst'sche Heeresreform und die Sozialdemokratie. gr. 8⁰. Berlin, Militär-Verlag R. Felix, 1894.

Hoenig, Fritz (II.), über die Heranbildung der Einjährig-Freiwilligen zu Reserve-Offizieren, s. a. Zeit- und Streitfragen, neue militärische.

Hoenig, F. Über die Heranbildung der Einjährig-Freiwilligen zu Reserve-Officieren. Berlin 1879. 8⁰. (Neue Milit. Zeit- u. Streitfragen. 1.)

— för jeden Jet. Humoresken in Kölnischer Mundart. 2., verm. Ausg. 12. (278 S.) Köln 886. Lengfeld. n. 2. —; geb. n. 3. —

Hönig, Fritz (II.). För jeder Zet. Humoresken in köln. Mundart. Neue, stark verm. (Titel-)Ausg. 12. (278 S.) Köln 891, (Tonger). * 2 —; geb. 3 —

Hönig, Fritz, för jeder Zet. Humoresken in köln. Mundart. 4. Aufl. (278 S. m. Bildnis.) kl. 8. Köln 905. J. Kreuter. n. 2. —

—— Der Kampf um die Steinbrüche v. Rozerieulles in der Schlacht v. Gravelotte am 18. Aug. 1870. 1.—4. Aufl. gr. 8. (40 S. m. 1 Karte.) Ebd. 892. * 1 —

(Hoenig, F.) Die Kavallerie-Division als Schlachtenkörper. Berlin 1884. 8⁰.

—— die politische und militärische Lage Belgiens und Hollands in Rücksicht auf Frankreich-Deutschland. Eine Studie. gr. 8. (X, 117 S. mit 2 chromolithogr. Plänen in Fol.) Berlin 878, Luckhardt'sche Verlagsh. *

— Loigny - Poupry, 2. Dezbr. 1870. 2. Ergänzungshft. zum „Volkskrieg an d. Loire". Nebst 6 Planskizzen u. 3 Anlagen. gr. 8. (IV, 99 S.) Berlin 896. Militär-Verl. R. Felix. n. 1. 20

— die Mannszucht in ihrer Bedeutung für Staat, Volk u. Heer. gr. 8. (VIII, 272 S.) Berlin 882. Wilhelmi. n. 5. —

— die Mannszucht u. ihre Bedeutg. f. Staat, Volk u. Heer. 2., unveränd. [Titel-] Aufl. gr. 8. (VIII, 272 S.) Leipzig (882) 897. A. Strauch. n. 5. —

— Kölner Puppen-Theater. 1. Bdchn. Anleitung zum Puppenspiel. 8. (VIII, 46 S. m. 10 Taf.) Köln 884. (Hassel.) n. 1. —

— dasselbe. 2—4. Bdchn. Farzen u. Schwänke. 8. (56, 55 u. 54 S.) Ebend. 884. à n. — 50

Hoenig, Fritz (II.), kölner Gruppen-Theater. 5. Bdchn.: Apotheker Biereck. — Bestevader em Verhör. — Hänneschen als Lakai. 8. (58 S.) Köln 886, Lengfeld'sche Buchh. *
1.—4. Bdchn. Ebendas. 1884. * ℳ 2.50.

Hönig, Fritz, Kölner Puppen-Theater. 2.—5. Bdchn. 8. Aufl. (51, 48, 46 u. 48 S.) kl. 8. Köln 908—10. J. Kreuter. à — 60

Honig, F: Rath und That im Lösch- und Rettungswesen. 3. Aufl. Cöln und Leipzig 1880

—— Rath und That im Lösch- und Rettungs-Wesen. 4. verb. und verm. Aufl. gr. 8. (XVI, 371 S. mit 100 eingedr. Holzschn.-Abbild.) Köln 881, Selbstverlag. * geb. **

—— der Raub der Sabinerinne. Et Schöffenamp. De Hermannsschlach. 8. (39 S.) Köln 882, Heyn. cart. *

Hönig, Fritz, Sprichwörter u. Redensarten in kölnischer Mundart. Gesammelt u. hrsg. v. H. 8. (IV, 166 S.) Köln 895. P. Neubner. n. 2. —

—— 24 Stunden Moltkescher Strategie, entwickelt u. erläutert an den Schlachten v. Gravelotte u. St. Privat am 18. Aug. 1870. Erste eingeh. Darstellg. der Kämpfe der I. Armee an der Manceschlucht. 1. u. 2. Aufl. gr. 8. (XIV, 247 S. m. 2 Karten.) Ebd. 891. * 7 50

— 24 Stunden Moltke'scher Strategie, entwickelt u. erläut. an d. Schlachten v. Gravelotte u. St. Privat am 18. VIII. 1870. Erste eingeh. Darstellg. d. Kämpfe d. I. Armee an d. Manceschlucht. 3. Aufl. gr. 8. (XIV, 247 S. m. 2 Karten.) Berlin 897. Militär-Verlag R. Felix. n. 7. 50.

[F.] Die entscheidenden Tage von Orléans im Herbst 1870. Dargest. v. Fritz Hoenig. Tl 1. 2. *Berlin: E. S. Mittler & Sohn 1896.* 8.
— Hoenig, F.: Der Volkskrieg an d. Loire im Herbst 1870. Bd 3. 4. [96. 4937]

Hönig, Fritz, der Trauring. Parodie zu Schiller's „Lied von der Glocke". Frei nach einem gegebenen Motive. 16. (16 S.) Cöln 874, Heyn's Verlag. *

—— das militärische Turnen der Jugend, s. Scheibert.

— Untersuchungen über die Taktik der Zukunft, entwickelt aus der neueren Kriegsgeschichte. 2., umgearb. Aufl. der „Zwei Brigaden". Mit 1 Skizze im Text u. 3 Planskizzen. 1.—3. Aufl. gr. 8. (XIII, 273 S.) Berlin 890. F. Luckhardt. n. 6. —

— — Untersuchungen über die Taktik der Zukunft, entwickelt aus der neueren Kriegsgeschichte. 2. vollständig umgearbeitete und verm. Aufl. der „Zwei Brigaden". Mit 1 Skizze im Text und 3 Planskizzen. 8. Berlin 1890.

—— Untersuchungen üb. die Taktik der Zukunft, entwickelt aus der neueren Kriegsgeschichte. 2. vollständig umgearb. u. verm. u. 3. Aufl. Mit 1 Skizze im Text u. 3 Planskizzen. gr. 8. (XIII, 273 S.) Ebd. 890. * 6 —
1. Aufl. erschien u. d. T.: Hoenig, Fritz. Zwei Brigaden.

— Untersuchungen üb. die Taktik der Zukunft, entwickelt aus der neueren Kriegsgeschichte. 4., vollständig umgearb. u. verm. Aufl. der „Zwei Brigaden". Mit 1 Skizze im Text u. 3 Planskizzen. gr. 8. (XV, 339 S.) Ebd. 894. n. 7. 50

[F.] Der Volkskrieg an der Loire im Herbst 1870. Nach amtl. Quellen u. hs. Aufzeichngn v. Mitkämpfern (3 f.: Unt. Benutzg v. amtl. Schriftstücken, Tagebüchern u. Aufzeichngn v. Mitkämpfern) dargest. v. Fritz Hoenig. Bd 1—6 [&] Erg.-Heft. *Berlin: E. S. Mittler & Sohn* (Erg.-Hefte: *R. Felix*) *1893—97.* 8 Bde 8.
1. M. 3 Kt. u. 1 Sk. in Steindr. 1893. (XII, 3—419, 36 S., 4 Kt.)
2. M. 1 Pl. u. 5 Sk. in Steindr. 1893. (XIV, 378 S., 6 Kt.)
3. ... 1896. [A. T.:] Die entscheidenden Tage von Orléans im Herbst 1870. Dargest. v. ... Hoenig. Th. 1. Maizières-Villepion. Der Angriff auf Paris. M. 10 Kartenbeil. ... (XIV S., 1 Bl., 270 S., 7 Kt. m. 3 Erl.-Bl.)
4. ... 1896. [A. T.:] ... Th. 2. Die Schlacht v. Loigny-Poupry. M. 9 Kartenbeil. ... (IX, 234 S., 9 Kt.)
5. ... 1897. [A. T.:] ... Th. 3. Die Auflösung d. französ. Heeres vor Orléans. '(Der 3. Dezember 1870.)' M. 5 Kartenbeil. ... (XVII, 255 S., 5 Kt.)
6. ... 1897. [A. T.:] ... Th. 4. Die Räumung v. Orléans durch d. Franzosen u. d. Neuformation d. Loire-Armée '(Der 4.—6. Dezember 1870.)' M. 2 Kartenbeil. ... (XII, 372 S., 2 Kt.)
Erg.-H. [I.] [u. d. T.:] Zur Geschichte d. Vertheidigung d. Kirchhofes von Beaune la Rolande ... v. ... Hoenig. 1894. (VIII, 77 S.)
Erg.-H. II. [u. d. T.:] Loigny-Poupry, 2. Dez. 1870 ... v. ... Hoenig ... 1896. (2 Bl., 99 S., 1 Taf.) [98. 1037

— die Wahrheit üb. die Schlacht v. Vionville — Mars la Tour auf dem linken Flügel. Mit 1 Uebersichtskarte, 6 Plänen u. 4 Skizzen. gr. 8. (X, 199 S.) Berlin 899. Militär-Verlag R. Felix. n. 6. —

—— die Wehrkräfte Frankreichs im J. 1885. gr. 8. (III, 125 S.) Berlin 879, F. Luckhardt. *

Hoenig, d. Wehrkräfte Frankreichs im J. 1885. Berlin 881.

—— Wörterbuch der Kölner Mundart. Nebst Einleitung von Fr. Wilh. Wahlenberg. 8. (174 S.) Ebendas. 877. *

Woerterbuch der Koelner Mundart von Fritz Hoenig. Hrsg. von s. Freunden u. Verehrern. Koeln 1905: J. P. Bachem. (XXVI, 312 S.) 8° [04. 6

— Wörterbuch der Kölner Mundart. Hrsg. v. seinen Freunden u. Verehrern. (XXVI, 212 S. m. Bildnis.) gr. 8. Köln 905. (K. A. Stauff & Co.) Geb. in Leinw. n. 8. —

[Gedicht.] Zum 25jährigen Maurer-Jubiläum unseres k. k. Brs. Friedrich dem [!] deutschen Kronprinzen vom Br. Georg Hönig. Ansbach, 9. Nov. 1878. [Ansbach 1878: Belzner & Reider.] 2 Bl. 8° [Umschlagtit.]
„Heil 3 mal Heil Dir unser'm Fritz . . ." 430.

Hönig, H. Andreas Hofer, s. Schleyer, J. M.

Hönig, Hans, Vater Martin. Epische Dichtg. (82 S.) 8. Landshut (908). (Striegau, R. Mitschke.) 1.60; geb. in Leinw. n 2. 60

Hönig, Heinr., s.: Konkordia.

Hönig, Heinr., 14 Orgelstücke zum Gebrauch beim Gottesdienste. Op. 1. qu. gr. 4. (11 S.) Tauberbischofsheim 877, Lang. *

Hönig, Joh., Anleitung zum Studium der darstellenden Geometrie m. vorzügl. Rücksicht auf ihre Anwendung bei d. Zeichnen technischer Gegenstände insbesond. jener der Baukunst, der prakt. Geometrie u. des Maschinenwesens. Mit 26 Kpfrt. (Fol., in ein. besond. Bande.) gr. 8. (33 1/4 B.) Wien 845, Gerold, Verl.

Hoenig, Joannes: De colore sanguinis. Halae (1819): Schimmelpfennig. 31 S. 8°
Halle-Wittenberg, Med. Diss., nachgeliefert von dem am 20. Aug. 1819 auf Thesen promovierten Verf.
Geb. Schippenbeil (Ostpr.) 5. 4. 1792. V.

Hönig, J., die Schule der Selbstthätigkeit, d. i.: methodisch geordnete Aufgaben zur zweckmäßigen Beschäftigung in Schule und Haus und zur Begründung und Befestigung des Sprachunterrichts. 1—3. Bdchn. [Für die Unterklasse. — Für die Mittelklasse der deutschen Volks-Schule a. Unterkursus. b. Oberkursus.] 8. (96; 112; 126 S.) Bayreuth 855. 57, Giessel. [1. und 2. Bdchn. à * 2 Ngr., 3. Bdchn. * 2 1/2 Ngr.] Thlr. *

Hönig, Jul., die einfache und doppelte Buchführung. Ein Leitfaden zur Erlernung der Buchführung [mit Rücksichtnahme auf den Selbstunterricht verfasst]. Anhang: Zinsenrechnen, Escompte, Wechsel. gr. 8. (257 S.) Wien 879, (Perles.) *

Hönig, Jul., s. a. Buchführungs-Kalender.

Hönig, Julius, Buchführungs-Kalender für alle Stände pro 1884. Folio. (207 S.) Wien, Moritz Perles. 1 fl. 20 kr.

Catalog d. zoologischen Sammlung im Jagdschlosse »Ohrad« nächst Frauenberg in Böhmen m. Ende Jänner 1888. Zusammengestellt v. K. Hönig. (Budweis) 1888. 31 S. P.
[Tysk og tjekkisk].

Hönig, Karl

Hoenig, Carl (Dresden), De Henrico VIII. Angl. rege Imperium Romanum post obitum Maximiliani I. adfectante. Diss. philos. Präs. Joh. Gottlob Boehm. Lpz. (Breitkopf) 4. IX. 1756. 34 S. mit Widm. v. Präs. (6.50) 15396

— — (Schippenbeil/Ostpr.), De colore sanguinis. specim. med. Halle (Schimmelpfennig) 20. VIII. 1819. 31 S. mit Biogr. (6.20) 15398
Gew.: Friedrich Chr. Nasse.

Hönig, L[udwig]: **Der Handfertigkeitsunterricht im Anschluss an die Physik an der Grossherzoglichen Realschule zu Michelstadt.** *(Michelstadt 1901: G. D. Trautner.)* (8 S.) 4° [𝔉.]
Michelstadt, grossh. R, OP 1901 (708)

Hönig, Ludwig [aus Darmstadt]: Ueber die Wärme, welche durch periodisch wechselnde magnetisirende Kräfte im Eisen erzeugt wird . . . . Freiburg i. B., Univ.-Buchdr. v. H. M. Poppen & Sohn, 1885: 41 S. u. 1 Taf. 8°.
Freiburg i. B., Phil. Fak., Inaug.-Diss. v. 1885.

Hönig, Ludwig, über die Wärme, welche durch periodisch wechselnde magnetisirende Kräfte im Eisen erzeugt wird. Diss. Freiburg i B. 1885, Fr. Wagnersche Univ.-Buchh. 8°. 41 S. mit einer Taf.

Hönig, Martin, aus Berlin: Optischer **Nutzeffect** electrodenloser Vacuumröhren. *Berlin 1901: J. Sittenfeld.* (29 S.) 8°
Rostock, Phil. Diss. v. [25. Juni] 1901

Hoenig, Max, Vorschlag einer Reform der Classifications-Systeme für den Frachtgüter-Verkehr auf den österreichischen Eisenbahnen. Referat an die IX. Gruppe der Eisenbahn-Tarif-Enquête. gr. 8. (30 S.) Czernowitz 883, (Pardini.) *

Hönig, Max, Vorschlag e. Reform d. Classifications-Systeme f. d. Frachtgüter-Verkehr auf d. österr. Eisenbahnen. Referat an die IX. Gruppe d. Eizenbahn-Tarif-Enquête. gr. 8. (30 S.) Czernowitz, Heinr. Pardini. 30 kr. 1885

— u. M. Sobotka. Welche Nachtheile erwachsen d. Malzindustrie durch die Getreide- u. Malzzölle, sowie durch die Transportverhältnisse? Welche Mittel sind geeignet, Abhilfe zu schaffen? gr. 8. (8 S.) Wien 890, (Frick). * 1 —
Aus: Zeitschrift f. Bierbrauerei u. Malzfabrication, besonders abgedruckt.

Hoenig, Max, die Zöll- u. Verkehrsfrage in Bezug auf Land- u. Forstwirthschaft, s.: Zedtwitz, Carl Max Graf v.

Hoenig, Max, Zufuhrs-Arterien zu den Hauptkanälen. Vortrag, geh. in der XXIV. General-Versammlung des Zentral-Vereines f. Fluss- u. Kanalschiffahrt in Oesterreich. (9 S.) gr. 8. Olmütz (904). (E. Hölzel.) n. — 40

Hönig, Maximilian

— und Schubert Stanislaus: Über Ätherschwefelsäuren einiger Kohlenhydrate. S. 92. II. 736 . . . . vgr.
Separatabdruck

Hönig, M., zur Bestimmung des Ammoniaks mit unterbromigsaurem Natron. [Mittheilungen aus dem Laboratorium der allgemeinen Chemie an der k. k. technischen Hochschule in Brünn.] [Aus: „Sitzungsber. d. k. Akad. d. Wiss."] Lex.-8. (7 S. mit 1 Steintaf.) Wien 877. (Gerold's Sohn.) n. — 40

— und Zatzek E.: Mitteilungen aus dem Laboratorium für allgemeine Chemie an der k. k. technischen Hochschule zu Brünn: Zur direkten Bestimmung der Kohlensäure bei Gegenwart von Sulfiden, Sulfiten und Thiosulfaten der Alkalien. S. 88. II. 516 . . . . vgr.
Separatabdruck

— Über eine verbesserte Darstellungsweise des Terephtalaldehyds. S. 97. IIb. 965 . vgr.
Separatabdruck

Hönig Max: Über einige Derivate des Dimethylresorzins. S. 76. II. 443 . . . . vgr.
Separatabdruck

Hoenig, Maximilian. Ueber einige Derivate des Phtalids. Bern, 1885.

— und Berger Franz: Über die Einwirkung von Chloroform auf Naphtalin bei Gegenwart von Aluminiumchlorid. S. 86. II. 788 . . . . vgr.
Separatabdruck

— — Über die Einwirkung von Kaliumpermanganat auf unterschwefligsaures Natron. S. 93. II. 106 . . . . vgr.
Siehe auch Habermann J.
Separatabdruck

— — Über die Einwirkung von Kaliumpermanganat auf einige Schwefelverbindungen. S. 88. II. 521 . . . . vgr.
Separatabdruck

— Über die Einwirkung von Oxalsäure und Schwefelsäure auf Naphtol. 1. Abhandlung. S. 81. II. 478 . . . . vgr.
Separatabdruck

— Über eine neue Isomere der Glukonsäure. S. 80. II. 1047 . . . . vgr.
Separatabdruck

— — Über Lichenin. S. 96. II. 665 . . . . vgr.
Separatabdruck

— zur **Kenntniss** der Gluconsäure. [Aus: „Sitzungsber. d. k. Akad. d. Wiss."] Lex.-8. (7 S.) Ebend. 878. n. — 20

— — Zur Kenntnis der Kohlenhydrate. 1. Abhandlung (mit 1 Taf.). S. 94. II. 448 . vgr.
Separatabdruck

Hönig Max und Schubert Stanislaus: Zur Kenntnis der Kohlenhydrate. 2. Abhandlung: Über Inulin (mit 2 Taf. und 3 Holzschnitten). S. 96. II. 653 . . . . vgr.
Separatabdruck

— und Jesser L.: Zur Kenntnis der Kohlenhydrate. 3. Abhandlung. S. 97. IIb. 534 . vgr.
Separatabdruck

Hönig, M., zur **Kenntniss** des Traubenzuckers, s. a. **Mittheilungen** aus dem Laboratorium der allgemeinen Chemie an der k. k. technischen Hochschule zu Brünn.

— und Rosenfeld M.: Mitteilungen aus dem Laboratorium der allgemeinen Chemie an der k. k. technischen Hochschule zu Brünn. 3. Zur Kenntnis des Traubenzuckers. S. 74. II. 407 . . . . vgr.
Separatabdruck

Hönig, Moritz. Über Nitrochlortoluole und Chlortoluidine. Wien 1887.

Hönig, O., Spruchbuch, zu Dr. M. Luther's kleinem Katechismus zusammengestellt. 8. (24 S.) Bunzlau 890, Kreuschmer. n. — 20

Hönig, Otto, Gedichte. (60 u. II S.) schmal 8. Berlin 903. Fussinger. n. 1. —

Hoenig, Paul, a. Lingenau in Ostpreußen: Die rechtliche Natur des Eintritts in den Reichsstaatsdienst bezw. der Übertragung eines Reichsamtes. Würzburg 1905: C. J. Becker. (40 S.) 8°
Würzburg, Jur. Fak., Ref. Piloty, Diss. v. 10. März 1905
[Geb. 19. Juli 77 Lingenau, Ostpreußen; Wohnort: Guttstadt; Staatsangeh.: Preußen; Vorbildung: Gymn. Bromberg Reife O. 99; Studium: Kiel 3, München 2, Berlin 2 S.; Rig. 8. Febr. 05.]

Hoenig, W., kurze Anleitung zur Erlernung der Stenographie nach dem Systeme Gabelsberger's. Zum öffentl. und Selbstunterrichte. 8. (30 lithogr. S. und 1 lithogr. Tab. in qu. gr. 4.) Wien 840, Wallishausser. *

Hönig, Wilhelm

Hönig, W., die Arbeit des deutschen Protestanten-Vereins während seines 25jähr. Bestehens. Vortrag, gehalten auf dem 17. deutschen Protestantentage zu Bremen am 11. Oktbr. 1888. gr. 8. (35 S.) Berlin 888, Haack. *

Hönig, W., das Christenthum der byzantinischen Zeit, s.: Bilder aus der Geschichte d. Christenthums.

—— die geschichtliche Entwicklung des römisch-katholischen Kirchenbegriffs. Vortrag auf der Jahresversammlung des bad. wissenschaftl. Predigervereins am 26. Juni 1888 gehalten. gr. 8. (46 S.) Karlsruhe 888, Reiff. *

Hönig, Wilh., der katholische u. der protestantische Kirchenbegriff in ihrer geschichtlichen Entwicklung. gr. 8. (133 S.) Berlin 894. G. Reimer. n. 2. —

Hönig, s.a. Rothe's, Richard, Hundertjahrfeier.

Hönig, Wilh., Richard Rothe. Sein Charakter, Leben u. Denken. Zur Feier f. 100. Geburtstages dargest. 8. (VI, 227 S. m. 1 Bildn.) Berlin 898. C. A. Schwetschke & Sohn. n. 2. —

Hönig, W., Sittenlehre f. den Unterricht in den höheren Schulen. (57 S.) 8. Heidelberg 908. (Ev. Verlag.) n. — 75

—— der Wormser Volksprotest. Festbericht und Reden der am 31. Mai in Worms abgehaltenen protestant. Volksversammlung. 8. (48 S. mit 1 Abbild. des Lutherdenkmals auf 1 Holzschntaf.) Heidelberg 869, C. Mohr. *
Aus: Süddeutsches evangelisch-protestantisches Wochenblatt, besonders abgedruckt.

Hönig, Wlh. Ant., s.a. Recht, über das, Klosterstiftungen aufzuheben.

(Hönig, Wilh. Ant.:) Ueber d. Recht, Klosterstiftungen aufzuheben, mit besond. Hinsicht der gescheh. Suppression d. Klosters Bersenbrück im Hochstifte Osnabr. *Münster*, Theissing. 783. 8. (8 Gr.)

Honigberger, Johann Martin

Honigberger, J. M., die Cholera deren Ursache und unfehlbare Heilung und die Epidemien im Allgemeinen. 8. Brochüre. Eine Übersetzung aus dem Engl. mit einem Zusatze von neueren Erfahrungen. gr. 8. (100 S.) Wien 865, Literarisch-artistische Anstalt.

Honigberger, Joh. Mart., Früchte aus dem Morgenlande oder Reise-Erlebnisse, nebst naturhistorisch-medizin. Erfahrungen, einigen hundert erprobten Arzneimitteln und einer neuen Heilart dem Medial-Systeme." gr. 8. (III und 592 S. mit 40 Stnt. Portr., Pflanzenabbildungen 2c., Landkarte in gr. 4. und Ansicht der Citadelle von Lahor in Tondr. und qu. gr. Fol. als Anhang ein medizin. Wörterbuch in mehreren europ. und oriental. Sprachen.) Wien 851, (Gerold, Verlag.) *

Honigberger, Joh. Mart., Früchte aus dem Morgenlande oder Reise-Erlebnisse, nebst naturhistorisch-medizinischen Erfahrungen einigen hundert erprobten Arzneimitteln und einer neuen Heilart, dem Medial-Systeme. Verm. Ausg. Mit zahlreichen Porträte, Pflanzenabbildungen, sonstige Natur- und Kunstprodukte 2c.; endlich als Anhang ein medizinisches Wörterbuch in mehreren europ. und orientalischen Sprachen. gr. 8. (XVI und 593 S. mit 48 Stnt.) Wien 853, Gerold's Sohn. *

Honigberger, Joh. Mart., Heilung der indischen Brechruhr durch Einimpfung des Quassins. (Aus dem Engl. übers.) gr. 8. (96 S. mit 1 Stat. in qu. 4.) Wien 859, (Typographisch-literarisch-artistische Anstalt.) * *

Honigberger, Rud., zur Geschichte des Deutschtums in Rumänien. Ein Beitrag zur Geschichte d. siebenbürger Sachsen. (89 S. m. 1 Taf.) Lex. 8. Kronstadt 909. H. Zeidner. — 85
Sonderabdr. aus: „Die Karpathen".

Honigberger, Rud., Religion u. Kunst. Vortrag. Geh. zu Bukarest anläßlich der Tagg. d. Synodalverbandes d. deutschen evangel. Gemeinden im Gebiete der unteren Donau. (32 S.) 8. Hermannstadt 908. W. Krafft. — 35
Sonderabdr. aus: „Kirchl. Blätter".

Honigbiene, die. Mittheilungen der Vereine für Bienenzucht in der Mark Brandenburg. 1.—5. Jahrg. 1863—67. à Jahrg. 12 Nrn. (½ Bog.) Lex.-8. Berlin, Heinicke. à Jahrg. *

Honigbiene, die. Mittheilungen der Vereine für Bienenzucht in der Mark Brandenburg, den Provinzen Preußen, Pommern und Schlesien. 6.—8. Jahrg. 1868—1870. à 12 Nrn. (à ½—¾ Bog.) Lex.-8. Berlin, Heinicke. à Jahrg. *

Honigbüchlein wid. d. Betrübn. dies. Lebens 2c. 8. Frankf. u. Leipz. Gottschalk. 729.

Hoeniger, Dav. (geb. Rybnik in Schles. 14. 6. 1815): De bronchitide. Berolini (1842). (26 S.) 8°
Berlin, Med. Diss. v. 5. Sept. 1842

Hoeniger, Franz: Bleibt der mit Unrecht absolvierte Schuldner naturaliter verpflichtet? *Halle a. S. 1897: C. A. Kaemmerer & C.* (61 S.) 8°
Erlangen, Jur. Diss. v. 16. Juli 1897

Hoeniger, Frz., der Einfluß d. Krieges auf d. Grundbesitz. Immobiliare Kriegsbereitschaft. (82 S.) 8. Berlin 910. Puttkammer & Mühlbrecht. 1. 50

— Die neue Berliner Gemeinde-Grundsteuerordnung. (23 S.) 8. Berlin 908. Berliner Union. — 60
Sonderabdr. a.: „Terrain-Ztg."

Hoeniger, Frz., Berliner Gerichte, s.a. Großstadt-Dokumente.

Hoeniger, Franz: Berliner Gerichte. Berlin u. Leipzig 1906. 8°
(Grossstadt-Dokumente, Hrsg. von Hans Ostwald. Bd 24.)

Berliner Gerichte von Dr. Franz Hoeniger, Rechtsanw. 3. Aufl. Berlin & Leipzig: H. Seemann Nachf. [1906]. (86 S.) 8° [J.]
= Großstadt-Dokumente. Bd 24. (G:. 14934

Die Geschäfte des Bau-, Grundstücks- und Hypothekenmarktes in Formularen. Von Dr. Franz Hoeniger, Rechtsanw. Berlin, Stuttgart, Leipzig: Kohlhammer 1910. XI, 186 S. 8° (In. 6944

Hoeniger, Frz., die Grenzstreitigkeiten nach deutschem bürgerlichen Rechte, auf histor. Grundlage unter besond. Berücksicht. des preuß. Rechtes dargestellt. gr. 8. (111 S.) Berlin 901. J. Guttentag. n. 3. —

HOENIGER, Franz: Der Holzkauf nach Berliner Handelsbrauch. - Berlin o. J. 16 S.

— Das Inseratenrecht u. andere verlagsrechtl. Aufsätze. (VII, 120 S.) gr. 8. Berlin 909. C. Heymann. 3. —

— u. Leo Nast, Maklermerkbuch. Handb. f. den gesamten Bau-, Grundstücks- u. Hypothekenverkehr, eingeleitet v. K. Stern-Simon, hrsg. im Auftrag d. Verbds. deutscher Grundstücks- u. Hypotheken-Makler-Vereine. (XII, 278 S.) kl. 8. Berlin (907). H. Seemann Nachf. 3. —

— Ratgeber f. Grundbesitz u. Hypothekenverkehr in den Vororten, s.a. Vorort-Bibliothek. 5. Bd.

Hoeniger, F., Ratgeber f. Grundbesitz u. Hypothekenverkehr in den Vororten. (100 S.) Berlin, Baedeker & Moeller. 1908 Kart. 2. —
Vorortbibliothek Bd. 5.

Hoeniger, Franz: Wegweiser durch das juristische Berlin nebst e. Anh. betr. die juristischen Staatsprüfungen. 3. Aufl. Berlin 1906.

Juristischer Wegweiser durch Berlin nebst e. Anh. betr. d. jurist. Staatsprüfungen. Von Dr. Franz **Hoeniger**, Ger.Ass. *Berlin: J. Guttentag 1903.* (55 S.) 8° [F.] [03. 1930]

— juristischer Wegweiser durch Berlin, nebst e. Anh. betr. die jurist. Staatsprüfungen. 2. Aufl. (71 S.) 8. Berlin 905. J. Guttentag. n. — 60
1. Aufl. (55 S.) 903. n. — 50.

Hoeniger, Heinr., die Rechtsnatur der freistudentischen Organisation, s.a. Archiv d. Freistudenten-Bewegg. 1. Heft.

Hoeniger, Heinrich: Die Rechtsnatur der freistudentischen Organisation. Von Dr. iur. Heinrich Hoeniger. München: Bavaria-Verl. 1909. 38 S. 8°
(Archiv d. Freistudenten-Bewegung. H. 1.)

— Untersuchungen zum Problem der gemischten Verträge. 1. Bd.: Die gemischten Verträge in ihren Grundformen. (XI, 408 S.) Lex. 8. Mannheim (910). J. Bensheimer's Verl. 9.—; geb. 10.50

Untersuchungen zum Problem der gemischten Verträge. Von Dr. Heinrich **Hoeniger**, Privatd. Bd 1. Mannheim & Leipzig: Bensheimer (1910). 8° [10. 8104]

Die gemischten Verträge in ihren Grundformen. Von Dr. Heinrich **Hoeniger**, Privatd. Mannheim & Leipzig: Bensheimer (1910). XI, 408 S. 8°
(Hoeniger: Untersuchungen z. Problem d. gemischten Verträge. Bd 1.) [10. 8105]

Hoeniger, Heinrich, Rechtspraktikant in Freiburg i. B.: Vorstudien zum Problem der gemischten Verträge. Freiburg i. B. 1906: C. A. Wagner. (131 S.) 8°
Freiburg i. B., rechts- u. staatsw. Fak., Ref. Rümelin, Diss. v. 1906
[Geb. 26. Dez. 79 Ratibor (Schlesien); Wohnort: Freiburg i. B.; Staatsangeh.: Baden u. Preußen; Vorbildung: Kgl. Gymn. Ratibor Reife O. 00; Studium: Halle 4, Heidelberg 1, Freiburg i. B. 4 S.; Rig. 7. Nov. 04.]

Höniger, J.: Lehranstalt f. d. Wissenschaft d. Judentums. Festschrift . . ., s. Elbogen, Ismar

Höniger, Joh., Darstellung der Verhältnisse des ehemals sehr ergiebigen Silber- und Bleibergbaues zu Klostergrab und Niklasberg im Leitmeritzer Kreise in Böhmen. Mit Beschreibung der Charakteristik der aufgeschloss. Erzgänge etc. gr. 8. (28 S.) Teplitz 866, (Junk.) *

Höniger, Otto, Rechtskand.: Der Selbsthülfeverkauf im Falle des Annahmeverzugs des Käufers beim Handelskauf. § 373 Abs. II—V HGB. Leipzig 1910: Hoffmann. 98 S. 8°
Leipzig, Jur. Diss. v. 17. Dez. 1910
[Geb. 23. März 85 Schwelm; Wohnort: Schwelm; Staatsangeh.: Preußen; Vorbildung: Gymn. Barmen Reife O. 04; Studium: Münster 1, München 2, Berlin 1, Breslau 1, Tübingen 1, Leipzig 2 S.; Rig. 21. Okt. 10.] [U 11. 2861

Hoeniger, Rob.: Ansprache, gehalten auf dem Deutschen Tag des Ostmarken-Vereins zu Bromberg am 18. Aug. 1907. (Berlin 1907.) 4°

Hoeniger, Rob., Bismarck u. die Zukunft der deutschen Nation. Festrede auf dem Berliner Bismarck-Kommers am 1. IV. 1905. (15 S.) gr. 8. Berlin 905. [Verlag der „Deutschen Stimmen".] A. Duncker. n.n. — 30

Hoeniger, R. Prof. Georg v. Below's „Detailpolemik". Ein Nachwort zu dessen Arbeiten üb. städt. Verfassungsgeschichte. gr. 8. (III, 70 S.) Berl. 892, Walther. + 1 50

Hoeniger, R., das Judenschreinsbuch der Laurenzpfarre zu Köln, s.: Quellen zur Geschichte der Juden in Deutschland.

Hoeniger, Rob., die Kontinentalsperre in ihrer geschichtl. Bedeutung, s.a. Meereskunde. 5. Heft.

Die Kontinentalsperre in ihrer geschichtlichen Bedeutung von Robert **Hoeniger**. Berlin: E. S. Mittler & Sohn 1907. (48 S.) 8° Umschlagt.]
= **Meereskunde**. Jg. 1, H. 5. [07. 15104]

— **die Kontinentalsperre u. ihre Einwirkungen auf Deutschland**, s. a. Zeitfragen, volkswirtschaftliche. 211. Hft.

Die Kontinentalsperre und ihre Einwirkungen auf Deutschland. Vortrag von Robert **Hoeniger**. — Berlin: Simion 1905. 32 S. 8° (Volkswirtschaftl. Zeitfragen. H. 211 (Jg. 27, H. 3).)

Hoeniger, Rob., der Rotulus der Stadt Andernach 1173—1256. gr. 8. (60 S.) Bonn 884, Cohen und Sohn. *
Aus: Annalen des historischen Vereins für den Niederrhein, besonders abgedruckt.

— Kölner Schreinsurkunden d. 12. Jahrh., s.a. Publikationen der Gesellschaft f. Rhein. Geschichtskunde.

Kölner Schreinsurkunden d. 12. Jahrhunderts. Quellen zur Rechts- und Wirthschaftsgeschichte der Stadt Köln. Hrsg. v. **Hoeniger**. 2 Bde. in 5 Thln. Bonn 885—94.

—— der schwarze Tod in Deutschland. Ein Beitrag zur Geschichte des 14. Jahrh. gr. 8. (VI, 180 S.) Berlin 882, Grosser. *

Hoeniger, S., das Handelsgesetzbuch, s.: Düringer, A., u. M. Hachenburg.

Hoeniger, Victor [Rechtspraktikant]: Die actio de pauperie Jena, Frommannsche Hof-Buchdr., 1894; 2 Bl., 58 S. 8.
Freiburg i. B., Jur. Fak., Inaug.-Diss. v. 1894

465. **Höniger, Walter:** Ein Verfahren zur Ermittlung des Verlaufs der veränderlichen Stoßkraft bei Stauchversuchen. 1910. 26 S., 20 Taf. 4° ¶ Gekürzt in: Zeitschrift d. Vereines deutscher Ingenieure. Bd 56. 1912, Halbj. 2.
Berlin, Dr.-Ing.-Diss. v. 28. 10. 1910

Hoeniges, Joannes Christophorus de: Neu eingerichtetes Kunst- u. Artzney-Büchlein. Darinnen allerhand bewährte Artzney-Mittel für mancherley Gebrechen u. Kranckheit der Rosse begrieffen ... Mit Fleiss zum Druck befördert u. hrsg. von einem des Türckischen Gross Feciers Leib-Reit-Schmidt ... Sibi descripsit ... Hs. O. O. 1729.

Hönighaus, Joseph, approb. Arzt aus Lippborg: Über die operative **Entfernung** von Gallensteinen aus dem Ductus choledochus (Choledochotomie). Aus d. chirurgischen Klinik zu Erlangen. *Münster i. W. (1903): Westfäl. Vereinsdruckerei.* (51 S.) 8°
Erlangen, Med. Diss. v. 18. Mai 1903

Hönigl, D.: Über die Bedeutung der Arbeit für den studirenden Jüngling. 16 S. Waidhofen a. d. Ybbs. Schul-/Univ.-Schrift 1867.

Hönigl, D., das Gymnasium zu Seitenstetten. Waidhofen a. d. Ybbs. 22 p. 1861
Schul-/Univ.-Schrift

Hönigl, D.: Ein Wort über die Bedeutung der Arbeit für den studierenden Jüngling. 16 S, 8°.– Seitenstetten, Progr. 1867.

Honigmann, Aug., der freie Aufsatz in der Volksschule. 400 Aufsätze u. Aufsatzthemen f. das 2.—5. Schulj. (IV, 106 S.) 8. Wien 909. A. Pichler's Wwe. & Sohn. 1.70

(F) **Honigmann, A.,** Lehrstoffverteilung für das erste und zweite Schuljahr. Gr.-8°. (49 S.) K —.80
Wien: Tempsky 1908.

— Lehrstoffverteilung f. d. 3., 4. u. 5. Schulj. Nach Wochen zusammengestellt. (78 S.) 8. Wien 910. F. Tempsky. Geb. 1.20

Honigmann, D.

Zur Feier des 25. Jahrestages der Eröffnung des Betriebes auf der Oberschlesischen Eisenbahn, den 22. Mai 1867. Denkschrift, hrsg. auf Veranlassung des Verwaltungs-Raths der Gesellschaft. (Verf.: D. Honigmann, Robert Simson.) — Breslau (1867): Korn. 142 S. 4° 1. 38 A.

Honigmann, D., das Grab in Sabbioneta, s.: Schriften hrsg. vom Institut zur Förderg. der israelit. Literatur.

Honigmann, D., das Grab in Sabbioneta, s.: Universal-Bibliothek, jüdische. 86. 87.

Honigmann, D., Berel Grenadier, s.: Universal-Bibliothek, jüdische.

Honigmann, D., der Kampf gegen die Eisenbahnen mit besonderer Rücksicht auf die Differential-Tarife. Breslau 861. Korn. gr. 8. (25 S.) n. 5 ngr.

— die preußische Verfassung und der confessionelle Eid. Breslau 859. Hainauer. gr. 8. (32 S.) 6 ngr.

Honigmann, Emil, pr. Tierarzt: Aus d. Poliklinik f. grosse Haustiere d. Tierärztl. Hochsch. zu Berlin. Vorstand: Kärnbach. Die Anwendung des Hydrogenium peroxydatum medicinale in der Veterinärpraxis. Alsleben a. S. 1909: Schulze. 51 S. 8°
Gießen, Veterinär-Med. Diss. v. 11. Juni 1909, Ref. Pfeiffer
[Geb. 3. März 83 Alsleben a. S.; Wohnort: Könnern; Staatsangeh.: Preußen; Vorbildung: Lat. Hauptsch. d. Franckeschen Stiftungen Halle a. S. Reife O. 03; Studium: Berlin Tierärztl. Hochsch. 8 S.; Rig. 27. Nov. 08.] [U 09. 1151

Berthold Auerbach als Freimaurer. Vortrag gehalten in der L. „Goethe" Or. Pressburg. Von Emil Honigmann. [Wien 1904: Denk.] 9 S. 4° [Kopftit.]
Aus: Z. 35 (1904—1905) S. 33—37, 49—54.
Abgedr. in: Bh. 47 (1905) S. 411—415, 417—419.

Honigmann, Franz [Volontärarzt am Krankenhause zu Allerheiligen]: Bacteriologische Untersuchungen ueber Frauenmilch. '(Aus d. Laboratorium d. med. Klinik zu Breslau.)' ... (Aus: Zeitschr. f. Hyg. u. Infectionskrankh., Bd XIV.) Leipzig, Veit & C., 1893; 45 S., 1 Bl. 8.
Breslau, Med. Fak., Inaug.-Diss. v. 19. Mai 1893

Honigmann, Georg [Dr., Assistenzarzt d. med. Poliklinik]: Beiträge zur Kenntniss der Wirkung von Sauerstoffeinathmungen auf den Organismus. Aus d. med. Klinik d. Herrn Geh. Med.-Rath Prof. Riegel zu Giessen. ... (Aus: Zeitschr. f. klin. Med. Bd. XIX.) Berlin, gedr. bei L. Schumacher, 1891; 26 S. 8°
Giessen, Med. Fak., Hab.-Schr. v. 1891

Honigmann, Georg [prakt. Arzt]: Zur Entstehung des Acetons. (Aus dem chemischen Laboratorium der Breslauer medicinischen Klinik.) ... Breslau, A. Sternberg, 1886; 40 S. u. 1 Taf. 8°.
Breslau, Med. Fak., Inaug.-Diss. v. 8. Mai 1886.

Honigmann, Geo., zur Entstehung des Acetons. [Aus dem chem. Laboratorium der Breslauer medicin. Klinik.] Inaugural-Dissertation. gr. 8. (39 S.) Breslau 886, (Köhler.) *

Honigmann, Geo., über Organtherapie. Vortrag, geh. bei der Jahresversammlg. des nassauischen Vereins f. Naturkunde, am 16. XII. 1900. gr. 8. (S. 17—40 m. 1 Taf.) Wiesbaden 901. J. F. Bergmann. n. 1.20
Sonderabdruck aus: „Jahrbb. d. nass. Ver. f. Naturkunde".

— zur Pathologie der Erkrankungen des Wurmfortsatzes. gr. 8. (19 S.) München 900. Seitz & Schauer. n. 1.—
Sonderabdruck aus: „Zeitschr. f. prakt. Aerzte".

(B) **Honigmann,** Geo., zur Pathologie d. Erkrankgn. d. Wurmfortsatzes. 900. (KBL 31.) Jetzt: München, Verlag d. ärztl. Rundschau.

— s.: Praxis, deutsche.

Honigmann, G., s.: Zeitschrift f. prakt. Ärzte.

Honigmann, Joh. Analytische Betrachtungen der Äthervibrationen in elementaren polarisirten Lichtstrahlen. 18 S. Figt. . .
Düsseldorf, Progr. 1848

Honigmann, J. Ueber den Unterricht im prakt. Rechnen auf Gymn. 8 S. .
Progr. Düsseldorf 1836

Honigmann, Mor., die feuerlose Dampfmaschine mit Natron-Füllung. Betrachtungen und Erläuterungen. gr. 4. (8 S. mit 2 lithogr. Fig.-Taf.) Aachen 885. M. Jacobi. *

Honigmann, Paul

Honigmann, P., s.: Arbeiter-Versorgung, die.

Honigmann, Paul. Die Rechte u. Pflichten der Versicherten u. ihrer Arbeitgeber nach dem Reichsgesetz betr. die Invaliditäts- u. Alters-Versicherung vom 22. Juni 1889. Im Auftrage d. Vorstandes der Ortskrankenkasse f. den Gewerbebetrieb der Kaufleute, Handelsleute u. Apotheker zu Breslau zusammengestellt. 1. u. 2. Aufl. 8. (16 S.) Bresl. 890,91, Preuß u. Jünger. — 15

Honigmann, Paul. (geb. Düsseldorf [29. 7.] 1829): De ulceribus ventriculi rotundis. Berolini (1862). (31 S.) 8°
Berlin, Med. Diss. v. 12. Dez. 1862

Honigmann, Paul [Oberlandesgerichts-Referendar]: Die Verantwortlichkeit des Redacteurs nach dem Reichsgesetz uber die Presse. (Theil 1 Capitol 1.) ... Breslau, Wilh. Koebner, 1885; 2 + 37 S. 8°.
Breslau. Jur. Fak., Inaug.-Diss. v. 9. Okt. 1885.

Honigmann, Paul, die Verantwortlichkeit des Redacteurs nach dem Reichsgesetz über die Presse. gr. 8. (IV, 136 S.) Breslau 885, Koebner. *

Honigmonate, Die, ... Posen 1802. N. A. 1804. V: *Fischer, Caroline Auguste geb. Venturini.* (schl) (GGr) (MGT)

Honigmonate, die, v. d. Verf. v. Gustavs Verirrung (Karoline Auguste). 2 Thle. 8. Posen ... N. A. 804. Kühn. (Recht in Berl.) (Leipz., Centr.-Compt.) 1 ₰ 16 gr

Honigmund, Otto, [.a.]Nur nichts gegen die Regierung!!

Nur nichts gegen die Regierung!! Von Otto **Honigmund**, Geh. Oberbeschwichtigungsrat z. D. Berlin: W. Süsserott 1904. (24 S.) 8° [F.] [05-76]

Hoenigsberg, v.: Ueber einige Eigenschaften der geometrischen und arithmetischen Reihen. 3 S.– Olmütz, Progr. 1853

Hönigsberg, v.: Über den Nutzen hypothetischer Annahmen für d. Physik. 8 S. – Olmütz, Progr. 1851.

Hönigsberg, v.: Ueber Zahlen-Theorie und deren Benützung an Gymnasien. 9 S.–Olmütz, Progr. 1853

Hönigsberg, Benedikt von

—– **Gastein.** Ein Führer für Curgäste und Reisende. 8. (11 S. mit 1 lithogr. Uebersichts- und Reisekarte von Gastein und Umgebung von Fr. Keil in Fol.) Salzburg 864, Mayrische Buchh. *

Hönigsberg, B. v., Gastein. Ein Führer f. Curgäste u. Reisende. Nebst e. (lith.) Uebersichts- u. Reisekarte v. Gastein u. Umgebg. (in Fol.) v. Fr. Keil. 2. Aufl. 16. (21 S.) Salzburg 873. Mayrische Buchh. n. — 80

Hönigsberg's, v., Gastein für Curgäste und Reisende. 3. umgearb. Aufl. von Ed. Schider. Nebst 1 (lithogr.) Uebersichts- und Reisekarte (in Fol.) von Gastein und Umgebung von Fr. Keil. 16. (32 S.) Salzburg 878, Mayrische Buchh.

Honigsberg, Bened. Edler v., Wildbad Gastein im J. 1856. gr. 8. (IV und 148 S. mit 1 chromolithogr. geognost. und 1 lithogr. Quellenkarte in gr. 8. und Fol.) Wien 857, Gerold's Sohn.
Aus: Zeitschrift der k. k. Gesellschaft der Aerzte, besonders abgedruckt.

Hönigsberg, prov. Direktor Dr. Ferdinand Edler v. — Zweiter Jahresbericht über die k. k. Ober-Realschule zu Olmütz im Schuljahre 1856. Von — —. Olmütz. Anton Halauska's Universitäts-Buchdruckerei. (74 S. 4.)
Inhalt: Proben deutscher Prosa im 14. und 15. Jahrhunderte. Der Text aus Incunabeln der Olmützer k. k. Universitätsbibliothek. Zusammengestellt von Moritz Rodler. — Einige Bemerkungen über den geographischen Unterricht und insbesondere über das Kartenzeichnen an der Realschule. Von M. Rößler. — Grafit-Analysen als Fortsetzung der mineralogischen und chemischen Untersuchung des Grafits nächst Schweine in Mähren. Von Karl Schrötter. — Schulnachrichten.

Jahresbericht, dritter — über die k. k. Ober-realschule zu Olmütz im Schuljahre 1857. Vom Direktor Dr. Ferdinand Edl. v. Hönigsberg. Olmütz, Anton Halauska's Universitäts-Buchdruckerei. (52 S. 4.)
Inhalt: Hans Sachs. Ein Vortrag an der Oberrealschule, von Josef Heuska. — Allgemeine Auflösung der Litteralgleichungen des ersten Grades mit mehreren Unbekannten. Von W. J. Schana.

Hönigsberg, B. v., für Curgäste von Gastein. gr. 16. (VI und 88 S.) Wien 862, (Seidel und Sohn.) *

—– dass. — 2., verb. Aufl. gr. 16. (VII und 96 S.) Salzburg 868, Taube. *

3923. Hönigsberg, Ferdin., *Edl. v.*, *Dr.*, *Direct. d. k.k. Oberrealschule zu Olmütz.* Lehrbuch der Arithmetik für die erste Unterreal-Classe. *Wien* 1858. *C. Gerold's S.* IV, 100 S. 8°. 24 kr.

Hönigsberg, H. v., Glossen zur modernen Vivisection. gr. 8. (15 S.) Leipzig 879, [H. Voigt.] Fr. Schneider. — 30

Hönigsberg, Marc., neueste theoretisch-praktische Methode, wonach Jedermann in 45 Lectionen ohne Mithilfe eines Lehrers französisch sprechen und schreiben erlernen kann. Nebst Schlüssel. 12. (IV, 282 S.; Schlüssel IV, 139 S.) Wien 881, (Stern.) geb. in 2 Bde. *

Hönigsberg, Marc., Neueste theoretisch-praktische Methode, wonach Jedermann in 45 Lectionen ohne Mithilfe eines Lehrers französisch sprechen und schreiben erlernen kann. kl. 8. I. Thl. Lehrbuch. (282 S.) geb. II. Thl. Schlüssel (137 S.) geb. beide Thle. zusammen 2 fl. Nur baar. Wien: Stern 1882.

Hönigsberg, Margret, rot u. andere Gedichte. 8. (IV, 56 S.) Dresden 899. E. Pierson. n. 1.50; geb. n. 2.50

Hoenigsberger, Fritz, aus Regensburg: Zur **Kenntnis** des Chrysens und seiner Oxydationsprodukte. *Würzburg 1899: Becker.* (62 S.) 8°
Würzburg, Phil. Diss. v. 1899

HOENIGSBERGER, Max (Floss): Ueber Anthrakosis pulmonum.- München 1882. 1 Bl.,16 S. 15.6.1882 – Urk (Titel: De anthracosi pulmonum.); Chr 1881/82,8
Diss.Ingolst.-Landsh.-Mchn.

Hönigsberger, Max, approb. Arzt aus München: Ueber die **Uterus-Schleimhaut**, speziell deren Epithel, bei Föten und **Neugeborenen.** *München 1898: B. Heller.* (24 S.) 8°
München, Med. Diss. v. 1898

Hönigschmid, Otto

— Über die Hydrierung des Biphenylenoxydes und der isomeren Binaphtylenoxyde. S. 111. IIb. 660 . . . . vgr.
Separatabdruck

— Zur Kenntnis der α- und β-Naphtylphenyläther und der α- und β-Naphtylphenole (mit 1 Textfigur). S. 111. IIb. 683 . . . . vgr.
Separatabdruck

— Zur Kenntnis der Silizide der Erdalkalimetalle. S. 118. IIb. 27 . . . . vgr.
Separatabdruck

— Über künstlichen Korund. S. 116. IIb. 1063 . . . . vgr.
Separatabdruck

— Über das Molybdänsilizid $MoSi_2$, das Wolframsilizid WSi_2 und das Tantalsilizid $TaSi_2$. S. 116. IIb. 921 . . . . vgr.
Separatabdruck

— [1] Mitteilungen aus dem Institute für Radiumforschung: 8. Revision des Atomgewichtes des Radiums und Herstellung von Radiumstandardpräparaten. S. 120. IIa. 1617 . . . . K 1.10
Separatabdruck

— —[2] 29. Revision des Atomgewichtes des Radiums durch Analyse des Radiumbromids (mit 1 Textfigur). S. 121. IIa. 1973 . . . . „ 1.—
Separatabdruck

— Über das Silikon. S. 118. IIb. 280 . . . . vgr.
Separatabdruck

— Über ein Silizid des Thoriums und eine Thoriumaluminiumlegierung. S. 115. IIb. 27 . . . . vgr.
Separatabdruck

Otto HÖNIGSCHMID Über Tetrahydrobiphenylenoxyd
Prag, Diss. 1901/1902.

Hönigschmid Otto: Über Tetrahydrobiphenylenoxyd. S. 110. Bb. 92 . . . . vgr.
Separatabdruck

— Über das Zirkoniumsilizid $ZrSi_2$ und das Titansilizid $TiSi_2$. S. 115. Bb. 81 . vgr.
Separatabdruck

Honigschnabel, Holofernes, Eisele's und Beisele's Kreuz- und Querfahrten durch das Königreich Sachsen nebst umliegenden Dörfern. Ein humoristischer Reiseführer für Alle, welche Land u. Leute gründlich kennen lernen wollen ꝛc. Leipzig 864. (Pönicke.) 16. (212 S. m. Holzschn.) nn. 12½ ngr.

Honigschnabel, Dr. Holofernes (ps.), Eisele's und Beisele's Kreuz- und Querfahrten durch das Königreich Sachsen nebst umliegenden Dörfern. O. J. (1864).
Weller, Lex. Ps. p. 260.

Honigsheim. Der Korinther Timoleon. 4. Düsseldorf 1862.

Honigstatistik. Schweizerische H'. Bearb. vom schweizerischen Verein analytischer Chemiker. Jahrg. 1: Die Honige des Jahres 1909 Statistique des Miels suisses. Elaborée par la Société suisse de chimistes analystes. 1ère année: Les Miels de l'année 1909. Separatabdruck aus Nr. 7 der «Schweizerischen Bienenzeitung» 1910. 19 S. 8. Aarau, H. R. Sauerländer & Co., (1910).

Hönigsvald, J. Das eigenartig ausgeschmiedete schmiedeiserne Scheibenrad nach e. neuen Methode, m. e. vergleich. Darstellg. der wichtigsten Eisenbahnräder der Gegenwart. 8. (61 S.) Wien 892, v. Waldheim. * 3 —

Hönigswald, Rich., zum Begriff der „exacten Naturwissenschaft". Eine krit. Studie. 8. (29 S.) Ung.-Altenburg 899. (Leipzig, E. Avenarius.) n. — 50

Zum Begriff der 'exacten Naturwissenschaft'. Eine krit. Studie von Richard **Hönigswald**. 2., rev. Ausg. *Leipzig: E. Avenarius 1900.* (60 S.) 8° (00. 8438

Hönigswald, Richard, Dr. phil. et. med.: Beiträge zur Erkenntnistheorie und Methodenlehre. Breslau 1906: H. Fleischmann. (134 S.) 8°
Breslau, Phil. Fak., Hab.-Schr. v. 22. Okt. 1906
(Nicht für den Austausch)

Hönigswald, Rich., Beiträge zur Erkenntnistheorie u. Methodenlehre. (VII, 134 S.) gr. 8. Leipzig 906. Buchh. G. Fock. n. 2. 40

Hönigswald, Rich., Ernst Haeckel, d. monistische Philosoph. Eine krit. Antwort auf seine „Welträthsel". 1. u. 2. unveränd. Aufl. 8. (à 161 S.) Leipzig 900. E. Avenarius. n. 2. —

Zur Kritik der Machschen Philosophie. Eine erkenntnistheoret. Studie von Dr. Richard **Hönigswald**. *Berlin: C. A. Schwetschke & Sohn 1903.* (45 S.) 8° (03. 9708

Hönigswald, Richard, Dr. med., aus Magyar-Óvár ⟨Ung.-Altenburg⟩: Über die **Lehre** Hume's von der Realität der Außendinge. Eine erkenntnistheoret. Untersuchung. *Halle a. S. (Berlin: C. A. Schwetschke u. Sohn) 1904.* (VI, 66 S.) 8° ¶ (Erscheint vollst. 1904 im gleichen Verl.)
Halle, Phil. Diss. v. 1904

— über die Lehre Hume's v. der Realität der Aussendinge. Eine erkenntnistheoret. Untersuchg. (VIII, 88 S.) gr. 8. Berlin 904. [C. A. Schwetschke & Sohn.] Leipzig, M. Heinsius Nachf. n. 2. 40

Hönigswald, Rich., v. allgemeinen System d. Wissenschaften. Akademische Antrittsvorlesg. (15 S.) gr. 8. Charlottenburg 907. [O. Günther.] Dr. Renner. 1. —
Sonderabdr. a.: „Philosoph. Wochenschr."

Honigtopf, der geprüfte. Eine Beleuchtg. der Verhältnisse im bad. Landesverein f. Bienenzucht, zugleich ein Blatt ins Stammbuch deutscher Imkerverbände. Hrsg. v. dem Imkerverein f. den Bez. Freiburg i. B., (Eingetr. Verein, Vorsitzender: Josef Zimmermann. (IV, 116 S.) 8. Freiburg i/B. 910. P. Waetzel. — J. Waibel. 1. —

Hoenika, O. v., e. Beitrag zur Beurtheilung der Thätigkeit der freiwilligen Krankenpflege während d. deutsch-französischen Feldzugs 1870—71. Mit 2 Abbildgn. (in eingedr. Holzschn.) gr. 8. (51 S.) Berlin 871. Hirschwald. n. — 80

Hönike, Fr., Facitbuch für Lehrer. Enth.: die Antworten zu 15000 Aufgaben des Rechenblattes für Schüler. Lex.-8. (VIII und 78 S. und Rechenblatt in 4.) Dessau 847, J. Fritsche.

—— Rechenblatt für Schüler. 4. Dessau 847, J. Fritsche.

Höning, Carl, s. Höning, Karl

Hoening, G., die Brüder des gemeinsamen Lebens u. ihre Bedeutung f. ihre Zeit. gr. 8. (64 S.) Gütersloh 894. C. Bertelsmann. n. — 80

G. HOENING, Der General-Bescheid der Kirchen-Visitation des Insterburgischen Amts vom Jahre 1638. Vortrag, gehalten in der General-Versammlung der Alterthums-Gesellschaft zu Insterburg am 30. Januar 1885. Insterburg 1885. Druck von Carl Wilhelmi. 4°.

Hoening, G., Geschichte der Kirche Jodlauken im Insterburger Kreise. gr. 8. (111 S.) Insterburg 886, Hopf's Nachf. * *

Hoening, Heinr., Beiträge zur Lehre vom kyphotisch verengten Becken. Nach neuen Beobachtungen. Fol. (58 S. mit 5 lithogr. Taf. in Tondr. und 4 eingedr. Fig. in Holzschn.) Bonn 870, Henry. *

Hoening, Heinrich ⟨geb. am 25 Nov. 1844 in Altena Westf.⟩: Die entzündete '(typhöse)' Mesenterialdrüse ... Bonn, Druck v. F. Krüger 1867. 30 S., 1 Bl. 8.
Bonn, Med. Fak., Diss. v. 17 Okt. 1867

Höning, J. Lor., Probest. von Laub- u. Zierath. (od. neues Schlosserbuch). m. K. Fol. Nürnb. Schneider.

Höning, Karl

Höning, Carl ⟨geb. am 25 Juni 1861 in Bonn⟩: Aus d. pathol. Institut zu Bonn. — Ueber das Auftreten der Bacillen bei Darmtuberkulose ... Bonn, Univ.-Buchdr. v. C. Georgi 1885. 24 S., 1 Bl. 8.
Bonn, Med. Fak., Diss. v. 7 Aug. 1885

Die Bedingungen ruhigen Laufs von Drehgestellwagen für Schnellzüge. Eine Untersuchung von Dr.-Ing. Carl **Hoening**. Mit 37 Fig. Berlin: Springer 1910. 57 S. 8° (10. 7359

Hoening (Karl), Untersuchung über die Bedingungen ruhigen Laufs von Drehgestellwagen für Schnellzüge. Berlin 1910. 57 S.
Berlin, Ing.-Diss. v. 1909

457. **Hoening, Carl:** Untersuchung über die Bedingungen ruhigen Laufs von Drehgestellwagen für Schnellzüge. Berlin: Springer 1910. 57 S. 8° ¶ Buchausg. u. d. T.: Die Bedingungen ... Berlin, Dr.-Ing.-Diss. v. 11. 2. 1910

Höning, Philipp Ludwig (Nürnberg), De dispositione circa rem alienam valida. Disp. jur. Altdorf (Jodocus Wilhelm Kohles) 23. II. 1711. 76 Seiten. (8.—) 15399
Widm. v.: Heinrich Hildebrand (Nürnberg), Joh. Georg Fichtner, B. J. Ehrenbach (dtsch.), Carl Moritz Hoffmann, S. T. Wölcker (dtsch.), Joh. David Guther (Ulm), Joh. Adam Beck (Nürnberg), Johann Carl Rost.

Höninger, F.

— Die Geschäfte des Bau-, Grundstücks- u. Hypothekenmarkts in Formularen. (XI, 186 S.) gr. 8. Stuttgart, W. Kohlhammer. Geb. in Leinw. 5. —

Hoeninger, H., Untersuchungen zum Problem der gemischten Verträge. 1. Bd.: Die gemischten Verträge in ihren Grundformen. (XI, 408 S.) Lex.-8. Mannheim, J. Bensheimer's Verl. 9. —; geb. 10. 50.

Hoeninger Karl: Die Komposition der „Heimkehr". II. 1908 PN 2547 Diss. Wien, Univ. 269

Höninghaus, F., deutsche, französ. u. engl. Vorschriften zum Schul- u. Hausgebrauch. kl. Fol. Frankf. a. M. 815. (Jäger). 1 fl 12 kr

Höninghaus, F., sechs deutsch und englische Vorschriften. quer 4. Düsseldorf, Schreiner in Comm.

Höninghaus, F. W. Beytrag zur Monographie der Gattung Crania. 1828. 4.

Hoeninghaus, Fr. W. Calymene arachnoides (Goldfuss). Crefeld. (lithogr.) 1835. 4.

Höninghaus, Fr. W. Carpinus macroptera. (Eine lithographirte Abbildung dieser Versteinerung mit einer lithographirten Erklärung.) Crefeld. 1840. 4.

Höninghaus, Julius Vinc.

Hoeninghaus, Jul. V., gegenwärt. Bestand d. röm.-kathol. Kirche auf d. ganzen Erdkreise. gr. 12. (14 B.) Aschaffenburg 836, Pergay.

—— kathol. Kirchenzeitung, s. Kirchenzeitung.

Höninghaus, Jul., Morgenröte des Friedens, oder: Die Möglichkeit einer Wiedervereinigung der protestant. Konfessionen mit der kath. Kirche nach den Grundsätzen angesehener protestant. Gelehrten. Nebst einem chronologischen Verzeichnisse der denkwürdigsten Personen von der Reformation bis auf unsere Tage, welche vom Protestantismus zu der kath. Kirche übergetreten sind. Würzburg, Strecker, 1828, gr. 8°, 2 Mk.
Vgl. Katholik Bd. 31 (1829), S. 241.

—— katholisches Museum, s. Museum.

—— Palmblätter ꝛc., s. Palmblätter.

—— das Resultat meiner Wanderungen durch d. Gebiet d. protestant. Literatur, od. d. Nothwendigkeit d. Rückkehr z. kathol. Kirche, ausschließl. durch d. eigenen Eingeständnisse protestant. Theologen u. Philosophen dargethan. 3 Abthln. 1. Aufl. (45¾ B.) 835, 36., u. 2., verm. A. gr. 8. (46 B.) Aschaffenburg 837, Pergay. à

Höninghaus, Jul., Das Resultat meiner Wanderungen durch das Gebiet der protest. Litteratur, oder: Die Notwendigkeit der Rückkehr zur kath. Kirche, ausschließlich durch die eigenen Eingeständnisse protest. Theologen u. Philosophen dargethan. 3 Abteilungen. Aschaffenburg, Pergay, 1837, gr. 8°, 2. Aufl., 6,75 Mk.
1. Aufl. (1. Abteil.) 1835. Katholik 1835, Bd. 58 S. 180—2. Pletz' Neue theol. Zeitschr. 1838, Bd. 1 S. 93—103 (Laurenz Hohenegger). Auch ins Holländische übers.

Hoeninghaus, Jul. V., Universal-Kirchenzeitung, s. Universal-Kirchenzeitung.

Hoeninghaus, Jul. V., Verteidigung der röm.-kath. Kirche wider protest. Angriffe u. Beschuldigungen, oder: Zeugnisse der Wahrheit zur Abfertigung des Herrn Pastor primarius F. Mallet, Herausgebers des „Kirchenboten" in Bremen. Mainz, Kirchheim, 1843, gr. 8°, 366 S., 3,50 Mk.
Recens. Katholik Bd. 90, S. 196—8. Gegen Mallets Schrift auch Hist.-pol. Blätt. Bd. 10, S. 415—38.

Hoeninghaus, Jul. Vinc., (von Paula,) Vertheidigung der römisch-kathol. Kirche wider protestant. Angriffe u. Beschuldigungen. Oder Zeugnisse der Wahrheit zur Abfertigung des Hrn. Pastors primarius F. Mallet in Bremen. gr. 8. Mainz 843, Kirchheim, Schott u. Thielmann. 1⅙ ℛ︀

Höninghaus, Jul., Chronologisches Verzeichnis der denkwürdigsten Bekehrungen vom Protestantismus zur kath. Kirche, von der Reformation an bis auf die neueste Zeit. Aschaffenburg, Pergay, 1837, gr. 8°, 1 Mk.
Vgl. o. S. 775. Steht auszugsweise in chronol. Ordnung auch Sion 1838, S. 441—6.

Hönisch, Christian (Breslau), De infantum affectibus. Disp. med. Präs. Georg Ernst Stahl. Halle (Chr. Henckel) März 1705. 40 S. (7.—) 15400

— — Dasselbe. 1718. (6.80) 15401

Harrach-Rohrau. — **Hönisch**, Dr. Johann v., k. k. Ober-Stabsarzt i. R. — Johann Joseph Philipp Graf v. . . . . ., k. k. General-Feldmarschall, Hofkriegsraths-Präsident, Inhaber des k. k. Inft.-Reg. Nr. 47 (gegenwärtig vacat), etc. etc. Eine biographische Skizze, verfasst zur Feier des 200jährigen Bestandes obigen Regimentes. (Separatabdruck aus der „Grazer Zeitung".) kl. 8. (Graz 1882.)

Über die Rolle des Sympaticus bei der Erkrankung des Wurmfortsatzes. Von Dr. E[rnst] **Hönk**. Mit 24 Abb. Jena: G. Fischer 1907. (IV, 180 S.) 4°(8°) [08. 15049.

Honke, Jul., Friedrich Eduard Benoke, s. a. Magazin, pädagogisches.

Friedrich Eduard Beneke. '(1798 — 17. Febr. — 1898.)' Ein Wort z. Erinnerg u. Verständigg. Von Julius **Honke**. *Langensalza: H. Beyer & Söhne 1898.* (24 S.) 1 Bd 8.
= **Magazin**, Pädagogisches. H. 110. [98. 8856

[J.] Dierk Bolte oder d. Einjährig-Freiwillige u. d. Landwirthschaft. E. westfäl. Bauerngesch. Von Julius **Honke**. *Elberfeld: J. H. Born 1897.* (107 S.) 1 Bd 8. [97. 8378 B.

Honke, Jul., Geschichte u. Ethik in ihrem Verhältnis zueinander, s. a. Magazin, pädagog.

Honke, Julius: Geschichte und Ethik in ihrem Verhältnis zueinander. Von Julius Honke in Weitmar. Langensalza: H. Beyer & Söhne 1899. (48 S.) 8°
= Magazin, Pädagogisches. H. 135.

Honke, Jul., Hölderlin. Einige seiner Gedichte erläutert, s. a. Magazin, pädagogisches.

Honke, Julius: Hölderlin. Einige seiner Gedichte erl. von —. Langensalza: Beyer 1900. 24 S. 8°
(Pädagogisches Magazin. H. 359.)

Honke, Jul., zur Pflege volkstümlicher Bildung u. Gesittung, s. a. Magazin, pädagogisches.

Honke, J.: Zur Pflege volkstümlicher Bildung und Gesittung. Langensalza 1893. 43 S. (Fr. Manns pädagog. Mag. 28.)

— über die Pflege monarchischer Gesinnung im Unterricht, s. a. Magazin, pädagog.

Über die Pflege monarchischer Gesinnung im Unterricht. Von Julius **Honke** in Weimar. *Langensalza: H. Beyer & Söhne 1900.* (27 S.) 8°
— **Magazin, Pädagogisches.** H. 148. [03. 11316

Honke, J., der Zeichenunterricht auf der Unterstufe, dargestellt in zehn Präparationen nach den formalen Stufen. 1. Hft. gr. 8. (V, 72 S. m. 10 Taf.) Langensalza 888. Beyer & Söhne. n. 1. —

Hönlein, C., Descriptio anatomica systematis vinae portarum in homine etc. cum tabulis aeneis. fol. maj. Francf. Andreae.

Hönlinger, Hans, Beweise f. d. Unrichtigkeit d. Reinertragslehre. (VII, 48 S.) 8. Wien 908. C. Fromme. 1. —

— Weitere Beweise f. die Unrichtigkeit der Reinertragslehre. (VIII, 20 S.) 8. Ebd. 909. — 70

Hönlinger, Hans, Waldwertrechnung u. forstliche Statik des jährlich nachhaltigen Betriebes. (XII, 127 S.) 8. Wien 906. C. Fromme. n. 3. —

Hoenn. Ueber die Mittel die Betteley in Städten und auf dem Lande abzustellen etc. *Nürnberg*. 1716

— s. auch Hön.

Hönn, Carl, s. Hönn, Karl

Hönn, Ernst [aus Hellingen]: Über hereditäre Syphilis.... Würzburg, Becker's Univ.-Buchdr., 1890; 38 S. + 1 Bl. 8°
Würzburg, Med. Fak., Inaug.-Diss. v. 1890

Hönn, Georg Paul

HÖNN, G. P. Betrugslexikon, worinnen die meiſten Betrügereyen in allen Ständen nebſt denen darwider guten Theils dienenden Mitteln entdecket. 2 Bde. in 1 Bd. Coburg 1730. 8°. 8 Bl., 458 S., 3 Bl. 4 Bl., 116 S., 2 Bl.

Hönn, Betrugslexicon. Lpz. 743. 8.

— — Betrugs-Lexikon, worinnen die meiſten Betrügereyen in allen Ständen, nebſt denen darwider guten Theils dienenden Mitteln entdecket. Verbeſſerte Auflage. Coburg 1753. Halbpgt. Kl. 8°. Titelblatt, 7 Bl., 524 S., 2 Bl. Regiſter.

HÖNN, G. P., Betrugs-Lexikon, worinnen die meisten Betrügereyen in allen Ständen nebst denen darwider guten Theils dienenden Mitteln. Neue, verbess. Auflage. Coburg 1761. 8°. 8 Bll., 524 S. u. 2 Bll.
Enthält interessante Entdeckungen über die Betrügereien der Aerzte, Barbiere, Bierbrauer, Buchbinder, Bücherschreiber, Buchhändler, Diebe, Frauenzimmer, Juden, Kinder, Mönche, Nonnen, Quacksalber, Spieler etc. (Max Perl's Berliner April-Auct. 1911, no. 540.) — Ed. I. ca. 1720.)

Hönn, Geo. Paul, Betrugslexikon, worin die meiſten Betrügereyen in all. Stand. entdecket w. 2 Thle. 8. Coburg, Ahl. 761.

Hönn, Geo. Paul, Betrugslexikon, worin die meiſten Betrügereien in allen Ständen entdeckt wird. 2 Thle. 8. Cob. 761. (Riemann). 10 gr

— Sachſen-Coburgiſche Chronik, oder Beſchreibung der in den Fürſtenthümern Coburg u. Hildburghauſen gelegenen Ortſchaften, Klöſter ꝛc. ſeit d. Jahre 1714 bis 1792. Nebſt Urkunden. Berichtigt, vermehrt u. fortgeſetzt v. C. F. Dotzauer. In 2 Büchern. 1s Buch u. 2s Buch 1e Abtheil. 4. Cob. 792—806. Riemann. 2 Thlr 16 gr Mit Karten. 3 Thlr 8 gr Bei Meißel. 1 Thlr 8 gr

— auserleſ. gottſ. Dankübung. 8. Ebend. 741.

Hönn, Dr. Georg Paul, fürstl. sächs. Rath und Amtmann in Coburg. Lexicon topographicum, in welchem alle des Fränkischen Craises Städte, Clöster, Schlösser, Marktflecken, und Dörfer, deren alt und neue Benennung, Lage, letzt-vorige und jetzige Obrigkeiten und Besitzern, geist- und weltliche Bediente, die Sehens- und Merkwürdigkeiten, Glücks- und Unglücks-Fälle, Freyheiten, Stiftungen und dergleichen, enthalten, aus bewährten Urkunden, Schriftstellern und echten Nachrichten zusammen getragen. 4. Frankfurt und Leipzig 1747.

— lexicon topographic. des Fränk. Kreiſes. 4. Nürnberg, Grattenauer. (a. Stag. in Augsb.) 747.

— Nachr. v. e. zur Verherrl. göttl. Ruhms u. Ehre erricht. Geſellſchaft. 8. Ebend. 736.

Des Chur- und Fürstlichen Hauses Sachsen Wappens- und Geschlechts-Untersuchung vorgenommen und hrsg. v. Georg Paul Hönn. Leipzig. 1704. 8°.

— des Chur u. Fürſtl. Hauſes Sachſen Wappen- und Geſchlechtsunterſuch. m. Stammbaum. u. K. 8. Coburg, Ahl. 704.

Hönn, Karl: Quellenuntersuchungen zu den Viten des Heliogabalus und des Severus Alexander im Corpus der Scriptores Historiae Augustae. Leipzig 1910: Teubner. 38 S. 8°
¶ (Ersch. vollst. als Buch ebd.)
Heidelberg, Phil. Diss. v. 6. Aug. 1910, Ref. v. Domaszewski
[Geb. 25. Aug. 83 Mannheim; Wohnort: Mannheim; Staatsangeh.: Baden; Vorbildung: Gymn. Mannheim Reife Juli 01; Studium: Heidelberg 9 S.; Rig. 15. Jan. 06.] [U 10. 2138

Hönn, Carl: Studien zur Geschichte der Himmelfahrt im klassischen Altertum. Mannheim 1910: Mannheimer Vereinsdr. 32 S. 4°
Mannheim, großh. Karl-Friedrichs-G P 1910 (846) [S 10. 186

Hönn, Carl: Studien zur Geschichte der Himmelfahrt im klassischen Altertum. 32 S. 4.
Progr. Großherz. Karl Friedrichs-Gymn. *Mannheim* 1910 (846).
Einleitung. Parmenides. Seelenaufstieg im 5. Jahrh. Ciceros Somnium Scipionis. Entrückungen zum Himmel. Die Himmelfahrt im Hellenismus.

Hönncher, Arno, die rechtl. Natur d. Postanweisung. Diss. gr. 8. (54 S.) Leipzig 898. Pahl. n. 1. —

Hönncher, Erwin, s.: Aus Handel u. Industrie.

Hönncher, E., Fahrten nach Mond u. Sonne. Studien, insbesondere z. französ. Litteraturgeschichte d. XVII. Jahrh. gr. 8. (51 S.) Oppeln 887. Franck. n. 1. 35

— moderne französische u. englische Handelsbriefe zum Schul-, Kontor- wie Privatgebrauche. In Originalen gesammelt, erläutert u. m. e. techn. französ. u. engl. Wörterverzeichnisse hrsg. gr. 8. (IV, 223 S.) Zittau 893. Pahl. n. 3. —; geb. in Leinw. n. 3. 50

— Prakt. Lehrbuch d. ſpaniſchen Converſationsſprache, ſ.: Garcia da Luna, L. F.

Hönncher, E., prakt. Lehrgang der englischen Sprache zur Einführung in die englische Handelskorrespondenz. Schlüssel. gr. 8. (28 S.) Zittau 893. Berlin, J. Gnadenfeld & Co. 1. 50

— praktischer Lehrgang der englischen Sprache als Vorbereitung auf die englische Handelskorrespondenz, zum Gebrauche an Handelsschulen, kaufmänn. u. gewerbl. Fortbildungsschulen, sowie zum Selbstunterrichte f. Kaufleute. gr. 8. (VIII, 472 S.) Ebd. 893. n. 3. 60; geb. n. 4. —

— dasselbe, s.a. Maier-Rothschild-Bibliothek.

Praktischer Lehrgang der englischen Sprache als Vorbereitung auf die englische Handelskorrespondenz z. Gebr. an Handels- u. Realschulen ... sowie z. Selbstunterr. ... Hrsg. von Dr. Erwin **Hönncher**. 2., vollst. neu bearb. Aufl. Berlin: S. Simon 1904. (VIII, 468 S.) 4°(8°) [F.]
= **Maier-Rothschild-Bibliothek**. Bd 26. 27. 08. 2468

Hönncher, Erwin, praktischer Lehrgang der englischen Sprache als Vorbereitung auf die englische Handelskorrespondenz, zum Gebrauch an Handels- u. Realschulen, kaufmänn. u. gewerbl. Fortbildungsschulen, sowie zum Selbstunterricht f. Kaufleute. 2., vollständig neu bearb. Aufl. (VIII, 468 S.) gr. 8. Berlin 904. Verlag für Sprach- u. Handelswissenschaft. Geb. n. 4. —

— prakt. Lehrgang der französischen Sprache zur Einführung in die französische Handelskorrespondenz. Schlüssel. gr. 8. (40 S.) Ebd. 892. 1. 50

Hönncher, Erwin. Praktischer Lehrgang der französischen Sprache als Vorbereitung auf die französische Handelskorrespondenz, zum Gebrauche an Handelsschulen, kaufmänn. u. gewerbl. Fortbildungsschulen, sowie zum Selbstunterrichte f. Kaufleute. gr. 8. (VIII, 543 S.) Zittau 892, Pahl. 3 60; geb. 4 —

— dasselbe, s.a. Maier-Rothschild-Bibliothek.

Praktischer Lehrgang der französischen Sprache als Vorbereitung auf die franz. Handelskorrespondenz, z. Gebr. an Handelsschulen ... v. Dr. Erwin **Hönncher**. 2. verb. Aufl. Zittau: Pahl 1896. (VIII, 543 S.) 8° [F.] 05. 10000 6

Praktischer Lehrgang der französischen Sprache als Vorbereitung auf die französische Handelskorrespondenz, z. Gebr. an Handels- u. Realschulen ... sowie z. Selbstunterr. ... Hrsg. von Dr. Erwin **Hönncher**. 3., verb. Aufl. Berlin: S. Simon [1904]. (VIII, 543 S.) 4°(8°) [F.]
= **Maier-Rothschild-Bibliothek**. Bd 28. 29. 08. 2469

— praktischer Lehrgang der französischen Sprache als Vorbereitung auf die französische Handelskorrespondenz, zum Gebrauch an Handels- u. Realschulen, kaufmänn. u. gewerbl. Fortbildungsschulen, sowie zum Selbstunterricht f. Kaufleute. 3. verb. Aufl. (VIII, 543 S.) gr. 8. Berlin 904. Verlag f. Sprach- u. Handelswissenschaft. Geb. n. 4. —

— Sammlung v. Gesetzen f. Handel, Industrie u. Gewerbe, s.: Bauer, Jos.

Hönncher, E. Studien zur angelsächsischen Genesis. Diss. Leipzig 1884. 30 S.

Hönncher, Erwin: Theorie der fremden Wechselkurse nach G. J. Goschen's Theory of foreign exchanges unter Berücksichtigung der neueren und neuesten volkswirtschaftlichen Litteratur. *Zittau 1898: Haase & Boes.* (62 S.) 4°
Zittau, k. RG m. h. Handels-S, OP 1898 (581)

— Theorie der fremden Wechselkurse nach G. J. Goschens Theory of foreign exchanges unt. Berücksicht. d. neueren u. neuesten volkswirtschaftl. Litteratur. gr. 8. (V, 136 S.) Leipzig 898. Pahl. n. 3. —

— was fordern Pädagogik, Wissenschaft u. Praxis v. d. Unterricht an höheren Handelslehranstalten? gr. 8. (26 S.) Ebd. 895. n. — 80

— welche Methode empfiehlt sich f. d. handelsrechtl. Unterricht in Handelsschulen? gr. 8. (11 S.) Ebd. 896. — 25

Hönncher, Hermann

— Kindlein's erster Freund. Eine unverwüstliche Bildergabe auf Leinwand für kleine Hände mit 64 color. Bildern (Holzschn.) u. untergelegtem Text. 1. u. 2. Aufl. Nürnberg (858.) Zeh. 4. (8 Bl.) n. 20 ngr.; Ausg. auf Papier 10 ngr.

— Kindlein's erster Freund. Eine unverwüstliche Bildergabe auf Leinewand für kleine Hände mit 64 ill. Bildern (auf 16 Holzschnt.) und untergelegtem Text. 1. Aufl. 1858. und 2. Aufl. 4. Nürnberg 859, Zeh'sche Buchh. geb. *

Hönncher, Herm., Für die lieben Kleinen. Neues unzerreißbares Bilderbüchlein. 8. (20 S. auf Kattun mit eingedr. Holzschn.) Neustadt a. d. Orla 852, Wagner. *
ill. *

— bunte Reihe. Eine Sammlung von 12 moral. Erzählungen seinen kleinen Freunden und Freundinnen zu Nutz und Frommen gewidmet. 4. (70 S. mit 12 lithogr. und ill. Bildern.) Nürnberg 860, Zeh'sche Buchh.

— Vielliebchen. Kinderleben und Jugendlust in Erzählungen, Schilderungen und Gedichten. br. 8. (48 S. mit 4 ill. Stahlst.) Nürnberg 857, Geißler.

— die belebte Welt. Bilderschau auf einer Reise durch das Wissenswürdigste für das Kindesalter als Anschauungs-Unterricht zusammengestellt. qu. Fol. (17 ill. Stnt. mit lithogr. und ill. Titel und 25 S. Text.) Nürnberg 857, Zeh'sche Buchh. *

Hönncher, Herm., Blümchen Wunderhold. Spende von Erzählungen, Gedichten und Sprüchlein für die zarte Jugend. gr. 8. (50 S. mit 4 ill. Stahlst.) Nürnberg 857, Geißler. Thlr.

Honndorf, Hermann, Ausgeführter Lehrplan für die wichtigsten Hantel-, Stab- und Freiübungen für das Schul- und Vereinsturnen, 16 S., 16°.

Honndorf, Jul., Präparationen zur Behandlung des Dramas „Wilhelm Tell“ in der Volksschule. (Mit e. Orientierungs-Karte.) (47 S.) gr. 8. Pössneck 905. B. Feigenspan. n. — 60

Hoennecke, Rudolf, Medizinalprakt.: Aus d. chir. Klinik zu Jena. Das primäre Magensarkom. Jena 1910: Kämpfe. 30 S. 8°
Jena, Med. Diss. v. 6. Aug. 1910, Ref. Röpke
[Geb. 10. Aug. 84 Waldheim i. S.; Wohnort: Waldheim; Staatsangeh.: Sachsen; Vorbildung: Realgymn. Döbeln Reife O. 05; Studium: Freiburg i. B. 1, Leipzig 5, Jena 4 S.; Coll 9. Mai 10; Approb. 30. April 11.] [U 11. 2433

Handbuch für katholische Jugendvereinigungen. Ein Wegweiser f. Leiter u. Mitarb. Von Johannes **Honnef**, Rektor in Bonn. Freiburg im Br.: Charitasverband f. d. kath. Deutschland 1906. (XVI, 328 S.) 8° [F.]
= **Charitas-Schriften**. H. 16. 06. 10704

Honnef, Handbuch f. kathol. Jugendvereinigungen, s.a. Charitas-Schriften. 16. Hft.

Honnef, Johannes: Fortbildungsschulen für die jugendlichen Arbeiter der Industrie. Bonn: Georgi 1910. VII, 89 S. 8°
Bonn, Phil. Diss. v. 21. Dez. 1910, Ref. Dietzel
[Geb. 22. Okt. 75 Cöln; Wohnort: Bonn; Staatsangeh.: Preußen; Vorbildung: Kaiser-Wilhelms-Gymn. Cöln Reife O. 05; Studium: Theol. u. Phil. Bonn 8 S.; Rig. 23. Nov. 10.] [U 11. 475

Honnerlag, Barthol., Trogen, Appenzell: Animadversiones de haemorrhoidibus.
Basel, med. Diss. 1763.

Honnerlag, Batholomaeus: Theses tumultuariae, s. Thurneysen, Joh.Jakob (Praes.)

Honnerlag, Johann Conrad (Trogen/Schweiz), De necrosi ossium. Diss. med.-chir. Präs. Justus Christian Loder. Jena (Goepferdt) 19. IV. 1794. 32 S. (6.50) 15948
Gew.: Barthol. Honnerlag. — Krankengesch. v. Carl Quandt (Pfiffelbach), Dorothea Rosina Schmidt (Neustadt a. Orla), Christoph Heider (Rudolstadt), Johann Gottlob Rabe (Altenburg b. Eisenberg).

HONNÊTE, Neuer Secretarius für die Reisenden, Französisch-Teutsch. Worinnen allerhand Briefformularien zu finden, wie man ein Schreiben recht zierlich und reinlich aufsetzen kann, auf unterschiedliche Zufäll gerichtet als Glücks-, Danksagungs-, Bitt- u. Liebes-Schreiben etc. Nürnberg 1728. 8⁰. (1 Mk. 50 Pfg. A. Bielefeld, vor 1890; jetzt theurer!)
Interessanter alter Briefsteller. — Nicht in Weller's Lex. Ps.

Honnête, l', criminel. Dram. en 5 Act. p. Fen. de Falbaire. 8. Coburg, Ahl. 796.

Honneth, Arthur, approb. Arzt aus Eupen (Rheinpr.): **Aus d. chirurg. Universitätsklinik in Kiel. Über Nierenzerreissungen, nebst Mitteilung eines Falles aus der chirurgischen Klinik.** *Kiel 1902: Schmidt & Klaunig.* (20 S.) 8°
Kiel, Med. Diss. v. [14. Mai] 1902

Honneur, l', françois ou hist. des versus et des exploits de nôtre nation etc. IV Vol. gr. 12. Paris. (Schweighaeuser à Basle). 771. Rthlr.

— — le même I. gr. 12. Münster, Coppenrath. 770.

Hönnicke, Bernh., Märchen-Studie. 2. Aufl. 12. (43 S.) Leipzig 893. (J. H. Robolsky.) n. — 60

Hoennicke, Ernst, prakt. Arzt in Berlin: **Die Häufigkeit des Herpes zoster.** *Berlin 1898: L. Schumacher.* (38 S.) 8°
Leipzig, Med. Diss. v. 5. Dez. 1898
(Nur in beschränkter Zahl für den Austausch)

Hoennicke, Ernst, über das Wesen der Osteomalacie. Ein Beitrag zur Lehre von den Krankheiten der Schilddrüse. Nebst Bemerkungen über den seel. Zustand bei der Knochenerweichg., s.a.Sammlung zwangloser Abhandlungen aus dem Gebiete der Nerven- u. Geisteskrankheiten. V, 4. 5.

Über das Wesen der Osteomalacie und seine therapeutischen Consequenzen. Ein Beitrag z. Lehre von d. Krankheiten d. Schilddrüse. Nebst Bemerkungen über d. seelischen Zustand bei d. Knochenerweichung. Von Dr. Ernst **Hoennicke.** Halle: C. Marhold 1905. (75 S.) 8°
— **Sammlung** zwangloser Abhandlungen aus d. Geb. d. Nerven- u. Geisteskrankheiten. Bd 5. H. 4/5. 05. 1447 3

Die Chronologie des Lebens des Apostels Paulus. Von Lic. Dr. Gustav **Hoennicke**, Privatd., Berlin. *Leipzig: A. Deichert 1903.* (IV, 65 S.) 8° [δ]
Erschien zuerst in: Neue kirchl. Zeitschr.

Hoennicke, Gust., s.: Fragen des modernen Geisteslebens.

— Das Judenchristentum im 1. u. 2. Jahrh. (VII, 419 S.) gr. 8. Berlin 908. Trowitzsch & Sohn. 10. —

Studien zur altprotestantischen Ethik. Von Gustav **Hoennicke**, Dr., Privatd., Berlin. *Berlin: C. A. Schwetschke & Sohn 1902.* (132 S.) 8° 02. 5495

Hoennicke, Gustav [aus Heiligenstadt]: Studien zur Geschichte des Hospitalordens im Königreich Jerusalem '(1099—1162)' ... (Enth. nur e. Theil d. eingereichten Abh.: Die Stellg d. Hospitaliter im Kgr. Jerusalem.) Halle a. S., Hofbuchdr. v. C. A. Kaemmerer & C., 1897; 2 Bl., 39 S. 8.
Halle, Phil. Fak., Inaug.-Diss. v. [26. Apr.] 1897

Hoennicke, Gustav, aus Heiligenstadt (Prov. Sachsen), cand. rev. min. et Dr. phil.: Theologische **Thesen ... zur Erwerbung** des Grades eines Licentiaten der Theologie ... *Berlin (1900): G. Schade.* (2 Bl.) 4°
Berlin, Theol. Thes. v. 16. Juli 1900

— Die neutestamentl. Weissagung vom Ende, s.a. Zeit- u. Streitfragen, biblische. III, 6.

Die neutestamentliche Weissagung vom Ende. Von Gustav **Hoennicke.** 3. Taus. Gr.Lichterfelde-Berlin: E. Runge 1907. (51 S.) 8° [F.]
— **Zeit-** u. **Streitfragen,** Biblische. Ser. 3. H. 6. 07. 12973

Hoennicke, Julius (Augustus) *(geb. Hirschberg in Schles. 25. 1. 1812)*: Enarratio casus rarioris febris puerperalis. Suidnitiae (1840). (23 S.) 8°
Breslau, Med. Diss. v. 25. Juli 1840

Hoennicke, J. A., die Mineral-Quellen der Provinz Schlesien in physikalisch-chemischer, geognostischer und medizinisch-praktischer Beziehung. (Eine von der schles. Gesellschaft für vaterländ. Cultur prämiirte Preisschrift.) gr. 8. (VIII und 166 S. mit 1 lithogr. Tab. in qu. gr. Fol.) Wohlau 857. (Breslau, Kern.) *

Hoennicke, Paul, Unna i. Westfalen: Über Abkömmlinge des Propargylaldehyds. Kiel 1905: H. Fiencke. (51 S.) 8°
Kiel, Phil. Fak., Ref. Harries, Diss. v. 23. Dez. 1905
[Geb. 2. Aug. 80 Unna, Westf.; Wohnort: Unna; Staatsangeh.: Preußen; Vorbildung: Realgymn. Goslar Reife O. 00; Studium: Kiel 1, München 2, Berlin 2, Kiel 2 S.; Rig. 2. Dez. 05.]

Hoenniger, Christoph Christian Ludwig (Melapyrgicus [= Schwarzburg]), **Selecta de jure statuum provincialium concurrenti circa legislatoriam potestatem. Präs. Jo. Aug. Reichardt. Jena (Schill) 15. IV. 1769. 48 S. (7.—) 15404**
Gew.: Grf. v. Schoenburg.

Hoenninger, W., Alt-Heidelberg im Burschenlied. Heidelberger Kommersbuch. Festgabe zur Jahrhundertfeier d. Corps Suevia, 27. III. 1810/1910. (XVI, 204 S. m. 1 Bildnistaf.) kl. 8. Heidelberg 910. (Weiß'sche Univ.-Buchh.) Geb. in Leinw. 2. 50

Hoenninger, Waldemar, Rechtspraktikant: Der Bodensee im Völkerrecht. Heidelberg 1906: Hörning & Berkenbusch. (98 S.) 8°
Heidelberg, Jur. Fak., Ref. Anschütz, Diss. v. 22. Aug. 1906
[Geb. 16. Nov. 79 Neckargemünd; Wohnort: Heidelberg; Staatsangeh.: Baden; Vorbildung: Gymn. Konstanz Reife Juli 00; Studium: Paris 1, Heidelberg 6 S.; Rig. 20. Nov. 05.]

Hönninghaus, Julius Vinc., s. Höninghaus

Hönns, George Paul: „Kurtz eingerichtetes Betrugs-Lexicon, Worinnen die meisten Betrügereyen in allen Ständen, Nebst denen darwider mehrentheils dienenden guten Mitteln entdecket werden", 1. Auflage Leipzig 1720. — 4. Auflage Coburg 1730 vorh.: Com. Bibl. Hamburg. — Neudruck Leipzig 1929 vorh.: Bücherei der Industrie- und Handelskammer Leipzig.

Honny soit qui mal y pense, ou hist. des filles célèbres du 18me siècle. II part. 8. Francf. Esslinger. 762.

Honold, Carl, s. Honold, Karl

Honold, Ernst, Apparate f. photograph. Vergrößerung, s.: Spiel u. Arbeit.

Honold, Ernst: Drachen u. Luftballon, s. Spiel u. Arbeit.

— Induktionsapparat, s.: Spiel u. Arbeit.

— Projektions-Apparat f. Lichtbilder, s. Spiel u. Arbeit.

— Laterna magica, s.: Spiel u. Arbeit.

— Telegraphie ohne Draht, s.: Spiel u. Arbeit.

— Das Telephon, s. Spiel u. Arbeit.

— Wasserräder z. Antrieb bewegl. Figuren, s. Spiel u. Arbeit.

— Windräder u. Windmotoren, s. Spiel u. Arbeit.

Honold, Geo., Raumkunst. (40 [8 farb.] Taf. m. IV S. Text.) 25,5×31 cm. Berlin (908). Schuster & Bufleb. In Leinw.-Mappe 20. —

Honold, Karl

Honold, Carl, üb. die Erweiterung der Pupille durch Narcotica. 8. (2¼ B.) Schw. Hall 845, Haspel'sche Buchh. -

Divinis auſpiciis clavem perſpectivae verticalis geometricam rectore magnificentiſſimo Sereniſſimo principe ac domino domino *Guilielmo Henrico*, duce Sax. Jul. Cliv. Mont. Ang. Weſtph. et Superiorum approbatione manibus atque judicio mathematicorum ſubmiſſe porrigo M. *Antonius Bernhardus Lauterbach* Guelpherbytanus, diſputatione hac optica quam meo ſub praeſidio ex cathedra philoſophorum Jenenſi D. XVII. Apr. horis conſuetis publice tuebatur *Matthaeus Honoldus*, Ulmenſis, SS. Theol. et Mathem. C. Jenae Wertheri typis. 4. 88 Seit. mit 1 Kupft. A 17

Honold, Peter [aus Vaalserquartier bei Aachen]: Die Gritti'sche Operationsmethode nebst Mitteilg v. 6 neuen Fällen ... München, Buchdr. v. M. Ernst, 1896; 40 S., 1 Bl. 8.
München, Med. Fak., Inaug.-Diss. v. 1897

Honold, R., u. K. Albrecht, Francis-Turbinen. Ein Lehrbuch f. Schule u. Praxis. 1. Heft: Theorie der Wasserturbinen unt. besond. Berücksicht. d. Francis-Turbine. (VIII, 104 S. m. 132 Fig.) 33,5×25,5 cm. Mittweida 908. Polytechn. Buchh. Geb. in Leinw. 10. —

Honold, R., und K. Albrecht: Francis-Turbinen. H. 1. 2. Mittweida 1908—1910

Honold & Wagner, Eislingen. Katalog landwirtschaftl. Maschinen. 4° Eislingen

Hoenonius, Wilh. Ludw. (Syndikus in Herborn)
Dissertatio inauguralis juridica de sacri Romani Imperii archi-et hereditariis officiis iisque annexis juribus et beneficiis.
Giessae 17. März 1701: Joh. Reinh. Vulpius (6), 48 S. 4°
pro licentia summos in utroque jure honores et privilegia doctoralia rite capessendi.

Honor posthumus patris Joanni From. [Olomucii] 1753. V: *Gottschlich, Carl.* (EB)

Honora, der Miß, Gesch., ist d. Unterricht u. Zeitvertreib 7r Thl.

Honorar-Normen. Vorschlag des Architekten- u. Ing.-Ver. in Hamburg. (*Altona: H. W. Köbner & C.] 1897*). (25 S.) 1 Bd 8. 98. 1059

Honorar-Tarife des Vereines der behördl. autor. Civil-Techniker Nieder-Oesterreichs. Genehmigt in der 19. ordentl. Generalversammlung der Nieder-Österreich. Ingenieur-Kammer, abgehalten am 7. Jänner 1884. gr. 16. (34 S.) Wien 884, Perles. *

Honorar-Tarif d. Vereines der behördlich autorisirten Civil-Techniker in Niederösterreich, angenommen in der Generalversammlung am 20. April 1888, u. der Ingenieurkammer im Königr. Böhmen, angenommen üb. Ermächtigg. der Generalversammlg. am 27. Juni 1886 in der Vorstandssitzung am 14. Mai 1888. schmal Fol. (30 S.) Wien 888. (Helf's Sort.) n. 3. 60

Honorat, vida St., von Raymon Feraut, s. Kley, Friedrich.

Honoré, beerbt und versiegelt, s. Goth's, L. W., Bühnen-Repertoir.

Honoré, une mauvaise nuit est bientôt passée, s. Répertoire du théâtre français. No. 126.

Honoré, une mauvaise nuit est bientôt passée, s.: Répertoire du théâtre Français, Nr. 376.

—— ein Zündhölzchen zwischen zwei Feuern, s. Bühnen-Repertoir des Auslandes von L. W. Both.

Honoré, Osc., le mangeur de Tartares. 6 Vols. (Bibliothèque choisie. Vol. 432—437.) 16. (960 S.) Naumburg 862, Pätz.

Rosen-Lieder von Wilh. Honoré. Leipzig: Hesse 1880. 24 S. 8°
Recens: Al. 7 (1881) S. 111—112.
9 Lieder ohne Noten.

Honores ICtis habiti ab Imperatoribus Romanis deque eorum caussis. Gottingae 1790. V: *Heyne, Chn Glob.* (MGT)

Honores Sacri Divis Aloysio Gonzagae et Stanislao Kostkae e Societate Jesu . . . Viennae Austriae 1727. V: *Grüber, Leopold.* (Jes)

Honorie. Roman v. Wilhelmine Willmar. 2 Thle. 8. Meißen, Goedsche. 816.

Honorie Sommerville; aus d. Engl. (von Mad. Forkel). 2 Bdchen. 8. Leipz. 791. Weidmann. 2 ₰ 6 ℊ

Honorie Warren; aus d. Engl. 2 Thle. 8. Leipz. 788. Göschen 1 ₰ ₰ 12 ℊ

Honoriens Abentheuer, (von Gr. Müller). 1r Bd. 8. Leipz. ... Joachim. 18 ℊ

Honorine von Ueserche, oder die Gefahren der Systeme. Eine Novelle. Aus dem Franz. de la Tour. Neue Ausg. 8. Frankf. a. M., Sauerländer. 810.

— dass. in franz. Sprache. Ebend.

Honorinens Abenteuer, herausg. v. Verf. d. romant. Gemälde d. Vorwelt. 1r Bd. 8. Leipz. Joachim. -

Honorine's Abenteuer. Nach dem Franz. vom Verf. d. Unterröckchens wie es seyn sollte. 2r Bd. 8. Leipz. Joachim. 814. -

Honorius.— Papst Honorius u. Prof. Dr. Aemil R u c k g a b e r , Pfr. von Wurmlingen, s.a. B a u e r , Renward

Honorius, Papst, und Professor Dr. Aemil Ruckgaber, Pfarrer von Wurmlingen ... Regensburg, New York und Cincinnati 1871. V: *Bauer, Renward.* (so) (Jes)

Honorius, Pabst, u. Prof. Dr. Aemil Ruckgaber, Pfr. v. Wurmlingen. Vom Verf. der Regensburger Broschüre „die Honorius-Frage". gr. 8. (30 S.) Regensburg 871. Pustet. — 45

Honorius-Frage, Die, s.a. B a u e r , Renward

Honorius-Frage, Die. Eine kritische Beleuchtung der Schrift des hochw. Herrn Bischofes von Rottenburg. Regensburg, New York und Cincinnati 1870. V: *Bauer, Renward.* (so) (Jes)

Honorius-Frage, die. Eine krit. Beleuchtung der Schrift des hochwürd. Herrn Bischofes von Rottenburg. gr. 8. (36 S.) Regensburg 870, Pustet.

Honour, Barren, s. Collection of British authors.

Hoenow, (Ferd. Karl) Hugo (geb. Berlin 10. 8. 1860): Ueber einen Fall von intrauterin geheilter Bauch-Blasen-Schambeinspalte. Berlin (1884). (32 S.) 8°
Berlin, Med. Diss. v. 7. Okt. 1884

Honrado, el Delinquente, publ. p. J. Leonini; spanisch u. deutsch. 8. Berl. 797. (Köchly in Leipz.) 16 gr s. a. Verbrecher, d.

Honrado, el Delinquente. Comedia, publ. J. Leonini, spanisch u. deutsch. 8. Berl. Lagarde. 797. -

Hons, A. L.

— die lutherische Kirchstraße zu Crefeld, im Processe, unter d. französ. u. provisor., u. preuß. Regierung. 8. 821. (Düsseld., Schreiner). 1 ß

— Rechtsgutachten d. königl. Rhein. Universität zu Bonn über Obiges. 8. 821. (Düsseld., Schreiner). 8 gr

Hons, A. L., meine dreimonatliche Suspension. 8. 819. (Düsseld., Schreiner). 1 ß

— einige Worte in Antwort auf d. Conatus, betitelt: Erste u. letzte öffentl. Erklärung d. Mitglieder d. ehemal. Königl. Kreisgerichts zu Crefeld, über die dreimonatl. Suspension rc. 8. Düsseld. 821. Schreiner. 8 gr

Hons, Karl

Hons, C[arolus] Iosephus H[ubertus] A[rnoldus] (geb. am 2 Nov. 1808 in Bergheim Rgbz. Köln): De omphalocele praecipueque de annulari connata; adiecta historia herniae annularis connatae ... Bonnae, typ. F. Baaden 1838. 2 Bl., 62 S., 2 Bl. 8.
Bonn, Med. Fak., Diss. v. 5 Apr. 1838

Hons, Carl (Tiberiacensi [= Bergheim]/Rheinland), De calvitie quaedam, praecipue de praematura. Diss. med. Bln. (August Petsch) 31. III. 1830. 60 S. mit Biogr. (M.: U. Offermans.) (7.—) 15949
Oppon.: P. J. Kops, G. A. Lauer, C. J. H. Hons. — Gew.: Franz Theodor u. Thomas Jos. Hub.

Hons, Thdr., vorläufige Mittheill. über d. Mineralquelle zu Heilstein unweit Aachen. Mit e. Vorwort v. Dr. Höpffner. Mit 5 Abbildd. u. 1 Gh. 8. Aachen 826. Mayr. 8 gr

Hoens, John Joachim Heinrich (Hamburg), De conditionibus libertatem restringentibus. Diss. jur. Götting. (Carl Eduard Rosenbusch) 14. IX. 1830. 23 S. (6.—) 15405
Oppon.: Jul. Grf. v. Wintzingeroda, Sam. Benfey. — Gew.: Friedrich Bergmann.

Honsberg, Paul, appr. Arzt a. Hennef a. d. Sieg: Ueber einen Fall von Schellacksteinen im Magen. Bonn 1906: E. Eisele. (30 S.) 8°
Bonn, Med. Fak., Ref. Bier, Diss. v. 12. Dez. 1906
[Geb. 23. April 78 Geistingen; Wohnort: Hennef; Staatsangeh.: Preußen; Vorbildung: Gymn. Siegburg Reife O. 97; Studium: Bonn 14 S.; Coll. 12. Dez. 06; Approb. 28. Juli 06.]

Hoensbroech, Graf Paul v., mein Austritt aus dem Jesuitenorden. [Aus: „Preuß. Jahrbb."] 1.—6. Aufl. gr. 8. (46 S.) Berlin 893. H. Walther. n. — 80

Hoensbroech, Graf Paul v., mein Austritt aus d. Jesuitenorden. 8. Aufl. (8. Tausd.) Mit e. Vorwort des Verf. gr. 8. (46 S.) Berlin 896. H. Walther. n. — 80

Hoensbroech, Graf Paul v., mein Austritt aus dem Jesuitenorden. 9. u. 10. Tausd. Mit e. Vorwort des Verf. gr. 8. (46 S.) Berlin 902. Herm. Walther. n. — 80

Hoensbroech, Graf Paul v., mein Austritt a. d. Jesuitenorden. 11. Tausd. (53 S.) 8. Leipzig 910. Breitkopf & Härtel. 1. —

— ein Beitrag zur Liguori-Moral. 2. Aufl. v. „Ultramontanes zur Lex Heinze". gr. 8. (88 S.) Berlin 901. A. Haack. n. 1. 50

Hoensbroech, Paul Graf v., Ein Beitrag zur Liguori-Moral. 2. Aufl. von „Ultramontanes zur Lex Heinze". Berlin, Haack, 1901.
Verboten v. L.-G. Laibach, 8. VII. 1901. § 303, 516.

Hoensbroech, Paul Graf v., Neun Briefe an einen Protestanten. Trier, Paulinus-Druckerei, 1890, 8°, 64 S., 2. Aufl., 50 Pf.
1. Aufl. u. d. T.: Offene Briefe an einen Protestanten v. Botho v. Rheinfelden. Dai. 1889. Recensi. Kölner Pastoralbl. 1889, S. 165. Linzer Quartalschrift 1891, S. 435. Studien u. Mitteil. a. d. Bened.- u. Cist.-Orden 1890, S. 722.

[J.] Staatssekretär von Bülow und evangelischer Bund. Von (Paul) Graf v. Hoensbroech-Berlin. *Berlin: H. Walther 1898.* (20 S.) 1 Bd 8.
[98. 11604

— der Evangelische Bund. Eine Kritik. (41 S.) Lex.-8. Berlin 906. C. A. Schwetschke & Sohn. n. — 60
Sonderabdruck aus: „Deutschland".

— Der evangel. Bund u. die Politik. (25 S.) 8. Leipzig 910. Breitkopf & Härtel. —50

—— Christ u. Widerchrist. Ein Beitrag zur Vertheidigg. d. Gottheit Jesu Christi u. zur Charakteristik d. Unglaubens in der protestant. Theologie. gr. 8. (VIII, 168 S.) Freib. i. B. 892, Herder. * 1 50

Hoensbroech, Graf Paul v., s.: Deutschland.

[F.] Der Entwurf des Bürgerlichen Gesetzbuchs und Römisch-ultramontanes Eherecht v. Graf Paul v. Hoensbroech. *Berlin: A. Haack 1896.* (37 S.) 1 Bd 8. [96. 8181

— d. Entwurf d. bürgerlichen Gesetzbuches u. röm.-ultramontanes Eherecht. 2. Aufl. gr. 8. (37 S.) Ebd. 896. n. — 50

Die katholisch-theologischen Fakultäten im Organismus der preußischen Staatsuniversitäten von Graf Paul v. Hoensbroech. Leipzig: Breitkopf & Härtel 1907. (54 S.) 8° [F.] [08. 171

[F.] Die Römische Frage v. Graf Paul v. Hoensbroech ... 2. Aufl. *Berlin: A. Haack 1895.* (20 S.) 1 Bd 8. [96. 3753

Hoensbroech, Paul v. Geist d. hl. Franz Xaver aus d. Gesellschaft Jesu. Ausgewählte Stellen aus den Briefen d. Heiligen. 12. (60 S.) Paderb. 891, F. Schöningh. * — 50

—— Die „Preußischen Jahrbücher" Prof. Adolf Harnack u. die Jesuiten. Ein Wort zur Abwehr. gr. 8. (IV, 111 S.) Berl. 891, Germania. * 2 —

— 14 Jahre Jesuit. Persönliches u. Grundsätzliches. 2 Tle. gr. 8. Ebd. 15. —
  I. Das Vorleben: Die ultramontan-kathol. Welt, in der ich aufwuchs. 1.—8. unveränd. Aufl. (XXIV, 313 S. m. Bildnis.) 909. 10. 5. —
  II. Das Ordensleben: Wesen, Einrichtg. u. Wirksamkeit des Jesuitenordens. 1., 2. u. 3., verb. u. verm. Aufl. (XI, 658 S.) 910. 10. —

— d. deutschen Jesuiten d. Gegenwart u. d. konfessionelle Friede. 1. u. 2. Aufl. gr. 8. (31 S.) Ebd. 896. n. — 50

[F.] Die Deutschen Jesuiten der Gegenwart und der Konfessionelle Friede v. Graf Paul v. Hoensbroech. 2. Aufl. *Berlin: A. Haack 1896.* (31 S.) 1 Bd 8. [96. 3734

— d. Jesuitenantrag d. Zentrums. Mit e. Nachtrage üb. d. Reichstagsverhandlgn. 1. u. 2. Taus. gr. 8. (38 S.) Berlin 895. H. Walther. n. — 50

— dasselbe. (Ohne Nachtrag.) 3. u. 4., durchgeseh. Aufl. (3. u. 4. Taus.) gr. 8. (40 S.) Ebd. 895. n. — 50

(B) — Der Jesuitenantrag d. Zentrums. 895.
Jetzt: Leipzig: Breitkopf & Härtel

— moderner Jesuitismus. [Aus: „Preuß. Jahrbb."] 1. u. 2. Aufl. gr. 8. (53 S.) Berlin 893. H. Walther. n. 1. —

Moderner Jesuitismus. Von Graf Paul v. Hoensbroech. 3. u. 4. Taus. *Berlin: H. Walther 1902.* (55 S.) 8° [F.] [02. 10730

! – Dasselbe. Jetzt: Leipzig: Breitkopf & Härtel

—— Der Kirchenstaat in seiner dogmatischen u. historischen Bedeutung. 2. Aufl. 8. (IV, 115 S.) Freib. i. Br. 889, Herder. * 1 —

— die katholische Kritik üb. mein Werk: „Das Papstthum in seiner sozial-kulturellen Wirksamkeit". Ein Beitrag zur Charakteristik des Ultramontanismus. gr. 8. (88 S.) Leipzig 902. Breitkopf & Härtel. n. 1. 50

Der konfessionelle Kouleurstudent. Ein Wort an d. Hochschul-Jugend von Graf (Paul) v. Hoensbroech. 1.–3. Taus. Berlin: C. A. Schwetschke & Sohn 1904. (10 S.) 8° [F.] [05. 1736

Hoensbroech, Graf Paul v., Ultramontane Leistungen. I. Ultramontanismus und Sozialdemokratie. II. Die Wunderberichte des Bischofs von Trier. (Durchgesehener Sonderabdruck aus: „Preuss. Jahrbücher".) gr. 8°. Berlin, H. Walther, 1895.

— ultramontane Leistungen. I. Ultramontanismus u. Sozialdemokratie. II. Die Wunderberichte d. Bischofs v. Trier. [Durchgesehener Sonderabdruck aus: „Preuß. Jahrbb."] 1.—3., durchgeseh. Aufl. (1.—3. Taus.) gr. 8. (52 S.) Ebd. 895. n. — 80

— Ultramontane Leistungen. I. Ultramontanismus u. Sozialdemokratie. II. Die Wunderberichte des Bischofs v. Trier. (Bibliothek d. Aufklärg.) 2. verb. Aufl. (52 S.) 8. Frankfurt a/M. 909. Neuer Frankfurter Verl. — 60

HOENSBROECH, Graf v. (Exjesuit, in Groß-Lichterfelde, geb. zu Schloss Haag b. Geldern, 20 Juni 1852), Das Papsttum in seiner sozial-kulturellen Wirksamkeit. Bd. I: Inquisition, Teufelsspuck und Hexenwahn. Bd. II: Die ultramontane Moral. Leipzig, Breitkopf & Härtel, 1900—2. 8°.* (Mk. 28—.) (15 Mk., eleg. Hfzbd., A. Bielefeld, 1909; Bd. 1 apart, 3. Aufl. 1901, 8 Mk. 50 Pfg. Lipsius & Tischer, Kiel, 1908.)
In Oesterreich verboten. — Laut Kürschner's Lit.-Kal. f. 1909 erschien von Theil 1 die 3. u. 4. Aufl. 1901, die 5. Aufl. 1905; von Th. 2 die 1.—3. Aufl. 1902; die Volksausgabe 1.—4. Aufl. 1904.

— das Papstthum in seiner sozial-kulturellen Wirksamkeit. 1. u. 2. Bd. gr. 8. Ebd. à n. 12. —; geb. à n. 14. —
  1. Inquisition, Aberglaube, Teufelsspuk u. Hexenwahn. 4. Aufl. (Abdr. der 3. verb. u. verm. Aufl.) (LVI, 724 S.) 901.
  1. u. 2. Aufl. (L, 683 S.) Ebd. 900. n. 12. —.
  2. Die ultramontane Moral. 1.—4. Aufl. (XXI, 621 S.) 902.

— das Papstthum in seiner sozial-kulturellen Wirksamkeit. 1. Bd.: Inquisition, Aberglaube, Teufelsspuk u. Hexenwahn. 5. Aufl. (LVI, 724 S.) gr. 8. Leipzig 905. Breitkopf & Härtel. n. 10. —; geb. in Halbfrz. n. 12. —
  Bd. 2. Ebd. 902. jetzt n. 10. —; geb. n. 12. —.

— dasselbe. Volksausg. 1. u. 2. Bd. gr. 8. Ebd. à n. 1. —; geb. à n. 1. 50
  1. (1.—40. Taus.) (à XII, 180 S.) 904. 905.
  2. Die ultramontane Moral. (1.—10. Taus.) (VIII, 196 S.) 904.

— Das Papsttum in seiner sozial-kulturellen Wirksamkeit. Volksausg. 2 Tle. gr. 8. Leipzig, Breitkopf & Härtel. à 1. —; geb. à n 1. 50
  1. Inquisition, Aberglaube, Teufelsspuk u. Hexenwahn. 41.—60. Taus. (XII, 180 S.) 907. — 10
  2. Die ultramontane Moral. 11.—20. Taus. (VIII, 196 S.) 906.

Hoensbroech, Graf P. v., Das Papsttum in seiner sozial-kulturellen Wirksamkeit. Volksausg. gr. 8. Leipzig, Breitkopf & Härtel. 1910
  1. Tl. Inquisition, Aberglaube, Teufelsspuk u. Hexenwahn. 51—60. Taus. (XII, 180 S.) 1. —; geb. 1. 50.

Presse und Ultramontanismus. Von [Paul] Graf v. Hoensbroech. Berlin: C. A. Schwetschke & Sohn 1905. (32 S.) 8° [F.] [06. 4336

— Religion od. Aberglaube? Ein Beitrag z. Charakteristik d. Ultramontanismus. gr. 8. (VII, 135 S.) Ebd. 896. n. 2. —

(B) — Religion od. Aberglaube? 896. Jetzt: Leipzig: Breitkopf & Härtel

Religion oder Aberglaube? Ein Beitrag zur Charakteristik des Ultramontanismus. Von Graf Paul v. Hoensbroech. Berlin: Walther 1897. VII, 135 S. 8⁰
Beschäftigt sich auch mit den Behauptungen der Jesuiten üb. die Frmrei u. die antifrmrischen jesuitischen Schriften (Pachtler, Bresciani, Gruber etc.).

— Rom u. das Zentrum, zugleich e. Darstellg. der polit. Machtansprüche der drei letzten Päpste: Pius IX., Leos XIII., Pius X. u. d. Anerkennung dieser Ansprüche durch das Zentrum. (XII, 284 S.) gr. 8. Leipzig 907. Breitkopf & Härtel. 3.—; geb. 4.—

Hoensbroech, P. v., Rom u. das Zentrum, zugleich e. Darstellg. der polit. Machtansprüche der drei letzten Päpste. Pius IX., Leos XIII., Pius X. u. der Anerkennung dieser Ansprüche durch das Zentrum. Volks-Ausg. 1—5. Taus. (XII, 284 S.) gr. 8. Leipzig, Breitkopf & Härtel 1910. 1.—

— in eigener Sache u. Anderes. 8. (XII, 169 S.) Berlin 899. H. Walther. n. 2.—

B — In eigener Sache. 899. Jetzt: Leipzig: Breitkopf & Härtel.

— das Schulprogramm des Ultramontanismus, s. a. Flugschriften des Giordano Bruno-Bundes. Nr. 4/5.

[Paul] Graf v. Hoensbroech. Ein Schulprogramm des Ultramontanismus. Schmargendorf bei Berlin: Renaissance 1904. (31 S.) 8° [F.]
= Flugschriften d. Giordano Bruno-Bundes. No 4 5. 05. 180

— Staat u. Kirche in ultramontaner Auffassung. Vortrag, geh. am 16. I. 1906 im Verein der nationalliberalen Jugend, Frankfurt a. M. (28 S.) 8. Frankfurt a/M. 906. E. Grieser. n. —30

— moderner Staat u. römische Kirche. Ein kirchenpolit. Programm auf geschichtl. Grundlage. 1.—5. Taus. (X, 301 S.) gr. 8. Berlin 906. C. A. Schwetschke & Sohn. n. 5.—; geb. n. 6.—

— der Syllabus, seine Autorität u. Tragweite. (V, 122 S.) 8. München (904). J. F. Lehmann's Verlag. n. 2.—; geb. n. 3.—

— der Toleranzantrag des Zentrums im Lichte der Toleranz der römisch-katholischen Kirche. 2. Aufl. (IV, 81 S.) gr. 8. Berlin 903. Herm. Walther. n. 1.50

Der Toleranzantrag des Zentrums im Lichte der Toleranz der römisch-katholischen Kirche. Von Graf [Paul] v. Hoensbroech. 3. Aufl. *Berlin: H. Walther 1903.* (81 S.) 8° [F.] 03. 6109

! — Dasselbe. Jetzt: Leipzig: Breitkopf & Härtel

— Professor Dr. Paul Tschackert u. die authentischen Gesetze d. Jesuitenordens. Ein offenes Wort. gr. 8. (48 S.) Berl. 891, Germania. 1—

— Ultramontanes zur Lex Heinze. gr. 8. (86 S.) Berlin 898. A. Haack. n. 1.50

[F.] Der Ultramontanismus. Sein Wesen u. s. Bekämpfg. Von Graf Paul v. Hoensbroech … *Berlin: H. Walther 1897.* (XIV, 313 S.) 1 Bd 8. 98 58

[F.] Der Ultramontanismus. Sein Wesen u. s. Bekämpfg. E. kirchenpolit. Handb. v. Graf Paul v. Hoensbroech … 2. verm. u. verb. Aufl. *Berlin: H. Walther 1898.* (XXVIII, 471 S.) 1 Bd 8. 98. 5060

! — Dasselbe. Jetzt: Leipzig: Breitkopf & Härtel

— der Ultramontanismus in Deutschland. Vortrag, geh. auf d. 9. Generalversammlg. d. evang. Bundes zu Darmstadt. gr. 8. (15 S.) Leipzig 896. Buchh. d. Evang. Bundes v. C. Braun. n. —30

[F.] Ein Wahlprogramm v. Graf [Paul] v. Hoensbroech, Hrsg. d. 'Tägl. Rundschau'. *Berlin: B. Brigl 1898.* (20 S.) 1 Bd 8. 98. 6040

— warum sollen die Jesuiten nicht nach Deutschland zurück? Eine Frage u. e. Antwort. 8. (IV, 140 S.) Freiburg i/Br. 890. Herder. n. 1.20

— — Warum sollen die Jesuiten nicht nach Deutschland zurück? Eine Frage u. e. Antwort. 1. Aufl. (IV, 140 S.) u. 2. verm. Aufl. gr. 8. (IV, 152 S.) Freib. i. Br. 891, Herder. 1 20

— Ein Wort an Deutschlands u. Österreichs Studenten. (54 S.) 8. Leipzig 908. Breitkopf & Härtel. —60

— die Civilehe. 1. u. 2. Aufl. gr. 8. (23 S.) Berlin 896. A. Haack. n. —50

'Der Zweck heiligt die Mittel' als jesuitischer Grundsatz erwiesen von Graf Paul v. Hoensbroech. *Berlin: C. A. Schwetschke & Sohn (1903).* (40 S.) 8° [F.]
Erw. aus 'Deutschland'. 1903, Juli-H. 04. 0146

— „der Zweck heiligt die Mittel“ als jesuitischer Grundsatz erwiesen. 1. u. 2. unveränd. Abdr. (à 40 S.) gr. 8. Berlin 903. C. A. Schwetschke & Sohn. n. 1.—
Erweit. Sonderabdruck aus der Monatsschrift „Deutschland“.

'Der Zweck heiligt die Mittel'. Eine ethisch-hist. Untersuchung nebst e. Epilogus galeatus von Graf Paul v. Hoensbroech. 3., gänzl. umgearb. u. stark verm. Aufl. Berlin: C. A. Schwetschke & Sohn 1904. (112 S.) 8° [F. u. Ant.] 05. 4337

[F.] Deutsche Männer in Vorträgen f. Schule u. Haus. Von Friedrich Honsel. *Osterode a. H. & Berlin: E. Cumme 1896.* (79 S.) 1 Bd 8. 98. 1309 Go

Honsel, Frdr., deutsche Männer in Vorträgen f. Schule u. Haus. 2. Aufl. gr. 8. (79 S.) Osterode 896. Berlin, Deutschverlag v. Ernst Cumme. —60; erm. Pr. —40

Honsel, Frdr., Studenten-Poesie im Mittelalter. Eine litterar.-histor. Studie. 12. (67 S.) Bielefeld 894. A. Helmich. n. 1.—; geb. n. 1.50

Honsel, Jos. A., christl. Hausbuch, oder die christl. Familie nach den verschied. Standespflichten, bestehend in 9 kleinen Werken rc. 8. Constanz 803—5.

— kurze Leichenreden auf Personen von verschied. Alter, Stande u. Seelenzustande eingerichtet. 4 Thle. 8. Constanz 801—4.

— kurze Seelenreden. 8. Augsb. 807. Doll. 16 ½

Hoenselaars, Wilh., moderne Geschäfts-Einrichtungen, s.: Noack, Paul.

Honsell, Bernhard

Honsell, B., Namen- u. Sachregister, s.: Jahresbericht üb. etc. pathogene Mikroorganismen.

Honsell, *Bernhard* [app. Arzt]: Ueber maligne Tumoren der Tonsille ... (Aus: Beitr. z. klin. Chir., Bd XIV Heft III.) Tübingen, H. Laupp, 1895; 1 Bl., 52 S. 8.
Heidelberg, Med. Fak., Inaug.-Diss. v. [4. März] 1895

Honsell, Bernhard, Dr., Assistenzarzt d. chirurg. Klinik zu Tübingen: Experimentelle und klinische **Untersuchungen** über die Verwertbarkeit des Wasserstoffsuperoxydes in der Chirurgie. *Tübingen: H. Laupp 1900.* (S. 127—184.) 8° ¶ (Aus: Beiträge zur klinischen Chirurgie, Bd 27, H. 1.)
Tübingen, Med. Hab.-Schr. v. 1900
(Nicht für den Austausch)

Die Winterstationen und Heilquellen Algeriens von Dr. B[ernhard] **Honsell**, Privatd., Tübingen. *Tübingen: F. Pietzcker 1903.* (76 S.) 8° [03. 6495

Honsell, Max, der Bodensee u. die Tieferlegung seiner Hochwasserstände. Eine hydrologische Studie, auf Grund der Verhandlungen der internationalen technischen Commission für die Regulirung der Bodensee-Wasserstände von 1873—1878 bearb. Mit einem Atlas von 11 (lith.) Taf. (in qu. gr. Fol. u. 1 Bl. Text cart.). Lex.-8. (IV, 192 S.) Stuttgart 879. Wittwer. n. 12. —

Honsell, Max, die Hamburger Eisbrecher und ihre Anwendung auf Binnenlands-Strömen, insbesondere auf dem schiffbaren Rhein, zur Abwehr der Eisgefahr. Eine begutacht. Abhandlung, allen Anwohnern und Schifffahrtsinteressenten am Rhein zur Erwägung. gr. 8. (38 S. mit 1 Stnt.) Mannheim 880, Bensheimer. *

—— die Hochwasser-Katastrophen am Rhein im Novbr. und Decbr. 1882. gr. 8. (27 S. mit 2 Taf.) Berlin 883, Ernst und Korn. *
Aus: Centralblatt der Bauverwaltung, besonders abgedruckt.

Honsell, Max, Die Hochwasser-Katastrophen am Rhein im November und December 1882. 2. Aufl. Berlin 1883. 8. (D.)

—— die Canalfrage und die Rheincorrection zwischen Basel und Mannheim. gr. 8. (28 S.) Berlin 878, Springer. * — 60

Honsell, M.: Der natürliche Strombau des deutschen Oberrheines. Berlin 1887.

Honsell, M., die Wasserstrasse zwischen Mannheim-Ludwigshafen u. Kehl-Strassburg — Canal od. freier Rhein. [Aus: „Centralbl. d. Bauverwaltg.“] gr. 8. (37 S. m. 1 Karte.) Berlin 890. Ernst & Korn. 1.50

Honselmann, Frz., s.: Familienarchiv, sauerländ.

Honsig A.: Eine einfache Methode zur Bestimmung der Schwingungsdauer eines einfachen Pendels. 1 Iglau R. 87. **Progr.**

Honsig, A.: Ueber den Stoss fester Körper. 28 S. 8⁰ – Iglau, OR., Progr. 1872.

Honsig, F. J., s.: Adreßbuch u. Schematismus der Brauereien usw. in Oesterreich-Ungarn.

Die Pensionsversicherung. Mathemat. u. tabellar. Entwicklung d. Invaliden-, Witwen- u. Waisenpensionen nach sämtl. Darstellungsmethoden u. auf d. neuesten statist. Grundlagen aufgebaut. Verf. u. hrsg. von Heinrich **Honsig**. Leipzig & Wien: F. Deuticke 1909. (48 S., 18 Taf.) 4° [09. 16763

Honstedt (auch Hohnstedt), G. W. v., Anleitung z. Aufstellung u. Beurtheil. landwirthschaftl. Schätzungen, zunächst in Bezug auf d. Ablösung d. grund- u. gutsherrl. Lasten im Königr. Hannover. gr. 8. (14½ B.) Hannover 834, Hahn.

— über d. Gefahren, welche den Ackerbau in d. Heidegegenden d. Königreich Hannover bedrohen. gr. 8. Hannov. 828. Hahn. 4/⅓

Honstedt, G. W. v., die Leinebewässerung des Wietzebruchs als Actien-Unternehmen. Hannover 859. (Schmorl & v. Seefeld.) gr. 8. (43 S.) n. 5 ngr.

Honstedt, G. W. v., die Leinebewässerung des Wietzebruchs als Actien-Unternehmen. gr. 8. (43 S.) Hannover 859,64, (Schmorl und v. Seefeld.) *

Honstedt, v., die neue Leinemarsch oder die Umwandlung der zwischen der Leine, Aller und Weser belegenen Brüche, Moore und niedrigen Heiden in Marschland, eine das Grundeigenthum um mehr als 10 Millionen Thlr. erhöhende Landes-Melioration. Von den betheiligten Gemeinden zur Ausführung beantragt. gr. 8. (80 S.) Hannover 848, (Helwingsche Hofbuchh.) *

Honstedt, G. W. v., und W. Boschulte, die Melioration des Wietzebruchs, s. u. Boschulte, W.

—— die Melioration des Wietzen-Bruchs durch Ueberstauung mit Leinewasser. Die Lage der Sache, die Art der Ausführung, die Kosten und der landwirthschaftliche Nutzen der Anlage, die volkswirthschaftl. und finanzielle Bedeutung des Unternehmens. gr. 8. (226 S.) Hannover 853, (Schmorl und v. Seefeld.) *

Honstedt, G. W. v., Praktische Untersuchungen über die Ablösung der grund- und gutsherrlichen Lasten im Kgr. Hannover, in Bezug auf die Verordnung vom 10. Nov. 1831 u. 32. gr. 8⁰. Hannover, Hahn.

—— pract. Untersuchungen üb. d. Ablösung d. grund- u. gutsherrl. Lasten im Königr. Hannover, in Bezug auf d. Verordn. v. 10. Nov. 1831. gr. 8. (2¼ B.) Hannover 832, Hahn.

—— pract. Untersuchungen e. Hannöver. Grundeigenthümers üb. d. wesentlichsten Hindernisse d. Landbaues u. deren Beseitigung, insbesond. über Gemeinheiten, Meierrecht u. Zehnten, deren Theilung, Aufhebung u. Ablösung. gr. 8. (11½ B.) Braunschweig 831, Vieweg.

Honstedt, G. W. v., die Verpachtung d. Landgüter in ihrem ganzen Umfange, od. d. Pachtanschlag, d. Pachtcontract u. d. Pachtübergabe, mit Hinweis. auf d. Grundsätze d. gem. auch preuß. Land-Rechts, pract. erörtert. gr. 8. (13½ B.) Hannover 837, Hahn'sche Hofbuchh.

Honterus u. d. **Honterus-Festwoche** im Aug. 1898 in Kronstadt. gr. 8. Kronstadt 898. W. Hiemesch. n. 1. —
Johannes Honterus. Ein Gedenkbüchlein zur Feier seiner Geburt. Von Osk. Netoliczka. 2., durchgeseh. Ausg. — Die Honterus-Festwoche im Aug. 1898 in Kronstadt. (230 S. m. 2 Taf.)

[Umschlagt.:] Johannes **Honterus'** Chorographia Transylvaniae. D. älteste Karte d. v. d. Sachsen bewohnten Theile Siebenbürgens. Erschienen zu Basel 1532. *Wien: C. Graeser 1898.* (1 Ktnbl. $\frac{37}{44}$) 1 Bd 8.
[98. 10719 Go

Honterus', Johs., ausgewählte Schriften. Im Auftr. des Ausschusses zur Errichtg. d. Honterusdenkmals in Kronstadt hrsg. v. Osk. Netoliczka. M. Textabb. u. 1 Karte v. Siebenbürgen. gr. 8. (XXVI, 212 S. m. Bildn.) Wien 898. C. Graeser. — Hermannstadt, W. Krafft. n. 4. —

Honterus-Jubelfeier, Die, und die sächsischen Vereinstage in Kronstadt. 19.—23. August 1898. Ein Festbericht, herausgegeben von Prof. Lutz Korodi. Mit 6 Illustrationen. Gr. 8. (114 S.)
Kronstadt: Zeidner 1898 —.50

Hontheim, F. L. (baron de): Vermischte Schriften, verfasset nach den Urkunden der Natur. Luxemburg: Lamort 1818. VI, 281, 5 S. 8°

Hontheim, Johann Nikolaus

— Inst. Febronius.

Hontheim, **Jh. Nik., († d. 2. Sept. 1790.) historia Trevirensis diplomat. et pragmatica, inde a translata Praefectura Praetoria Galliarum ad haec usque tempora, e genuinis scripturis eruta atque ita digesta, ut non solum jus publicum particulare Archiepisc. et. Electorat. Trevirens. etc. III Tomi. Cum fig. Fol. Augsb. 750. Veith. 16 ℳ (Kranzfelder). 15 ℳ**

— prodromus historiae Trevirensis diplomat. et pragmat. II Tom. Fol. Augsb. 757. Veith. 6 ℳ

Hontheim, Jos., S. J., d. logische Algorithmus in s. Wesen, in s. Anwendg. u. in s. philosoph. Bedeutung. gr. 8. (V, 54 S.) Berlin 895. F. L. Dames. n. 2.—

Hontheim, Jos., S. J., das Hohelied, übers. u. erklärt, s. a. Studien, bibl. XIII, 4.

[Salomo:] Das Hohelied [Canticum]. Übers. u. erkl. von Joseph Hontheim S. J. Freiburg im Br.: Herder 1908. (111 S.) 8°
— **Studien**, Biblische. Bd 13, H. 4. [illegible]

Hontheim, Ios., institutiones theodicaeae sive theologiae naturalis secundum principia S. Thomae Aquinatis, s. a. Philosophia Lacensis.

Hontheim, Jos., institutiones theodicaeae sive theologia naturalis secundum principia s. Thomae Aquinatis ad usum scholasticum. Freiburg, Herder, 1893, gr. 8°, X, 832 S., 8 Mk.

Hontheim, Jos., S. J., das Buch Job, s.: Studien, biblische.

— Lehrbuch d. Religion, s.: Wilmers, W.

Honthumb, G. A. Anische Humoresken. NY, 1886. ["Der Stock mit dem goldenen Kopfe." "Die beiden Nebenbuhler." "Die letzte gute Tat." "Die Großherzogin von Gerolstein."]

Honthumb, M., das Verfahren bei Aufnahme d. Uebertrags-Contracte, mit besond. Rücksicht auf d. Provinzialgesetze d. Provinz Westfalen u. d. Erbfolgegesetz v. 13. Juli 1830 entwickelt u. durch Formulare erläutert. 8. (8 B.) Münster 839, Regensberg.

Höntsch, Heinr., Nachschlage-Buch f. kleine Speisen. I. Vorspeisen. Eier-, Fisch-, Hummerspeisen, Pastetchen usw. II. Fleischspeisen. III. Süße Speisen, warm u. kalt, f. Diner, Déjeuner u. Souper. (XXXI, 218 S.) kl. 8. Gera 910. F. Malter. Geb. in Leinw. 2.75

Höntscher, Hugo: Entwicklung und Bedeutung des biologischen Unterrichts. Quedlinburg 1906: Gessler u. Strauss. (21 S.) 8°
Quedlinburg, Guts-Muths-R OP 1906 (334)

Hontschik, Adb., Menschenreichkunde. gr. 8. (XIX, 163 S. mit 1 Übersichts-Tab.) Wien 884, (Gerold's Sohn.) *

Hontschik, Adalbert, Menschenreichkunde. gr. 8. (XIX u. 162 S. mit e. Uebersichtstab.) Ebda. 1 fl. 20 kr. *1885*

Honvéd-Offizier, ein, über die Zustände seines ungarischen Vaterlandes. Flugschrift von F. v. W—k. gr. 8. (19 S.) Wien 861, (Förster's artistische Anstalt.) *

Honvlez von der Ardenne, Johann Wilhelm K. Ad.

— historia literaria, in schemata et tabulas synopt. redacta. 8. Leod. 762.

— philosoph.-mathemat. Schaubühne, deren Erscheinungen der Natur u. Kunst. 1r Thl. 8. Cöln 757.

Honvlez, v., Staatskunst od. Maximen d. vornehmsten Gelehrten. 4. Frankf. Brönner. 767.

Honvlez von d. Ardenne, Jh. Wlh. K. Ad., kluge u. nützl. Staatskunst od. polit. Maximen d. vornehmsten Gelehrten. 4. Frankf. a. M. 767. Brönner. 8 ℊ

Hooch's, Pieter de, Biographie u. Charakteristik, s.: Lemcke, C.

Hooch, Pieter de, 1630—1677, u. Johannes Vermeer, 1632—1675, aus Delft. 2 Lfgn. gr. Fol. (20 Taf. m. 3 S. Text.) Haarlem (902). H. Kleinmann & Co. à 12.—

Hooch, Pieter de, die lesende Frau, s.: Bildkunst.

Hooch, Pieter de, holländische Stube, s.: Meisterbilder. 159. Bl.

— Die Vorratskammer, s.: Blätter, bunte, aus aller Welt.

Hoocke, I., religionis natural. revelatae principia. III Tmi. 8. Bamb. Goebhard. 783.

Hoocker, Dall. The Botany of the Antarctic Voyage of H. M. Discovery Ships Erebus and Terror; Part. III. Uebersetzt v. A. Gf. Marschall. (Aus d. botan. Zeitsch.) Wien. 1861. 8.

Hood, Thomas. Von Herm. Harrys. 12. (XI und 251 S.) Hannover 857, C. Rümpler. *

Hood, Thomas. Von Herm. Harrys. Hannover 859. C. Rümpler. 12. (XI, 251 S.) n. 1 ℳ

Hood, Basil, Ib u. Christineben, s.: Leoni, Franco.

Hood, Charl., die Warmwasserheizung mit Ventilation, bis jetzt d. zweckmäßigste, gesündeste, gefahrloseste u. wohlfeilste Heizmethode f. alle Arten großer u. kleiner Gebäude etc. In's Deutsche übertr. durch C. H. Schmidt. gr. 8. (16 B. u. 1 Stnt.) Weimar 841, Voigt.

Hood, Charles, die Warmwasserheizung mit Ventilation, bis jetzt die zweckmäßigste und wohlfeilste Heizmethode für alle Arten Gebäude. Deutsch von C. H. Schmidt. 2., verm. Aufl. Mit 61 Figuren. gr. 8. (XII und 295 S. mit 9 Stnt. in 4.) Weimar 847, Voigt.

Hood, Fred, s. a. Huth, Frdr.

Dokumente zum Urheberrecht. Wichtige gerichtl. Entscheidungen sowie Gutachten d. Kgl. Literar. Sachverst.-Kammer betr. d. Urheberrecht an Zeitungs-Artikeln. Hrsg. u. erl. von **Fred Hood**, Redakteur. *Charlottenburg: 'Skizze' 1903.* (31 S.) 8° [illegible]

Hood, Fred, Heiter u. Herb. Lieder, Skizzen u. Epigramme. 12. (109 S.) Berlin 894, Stephanstraße 6. Huth. n. 1. —

— Vom Rhein zum Mississippi. Reisebriefe. (V, 279 S.) 8. Pößneck (904). W. Feigenspan. n. 2. —

— von hier u. dort, s.: Weichert's Wochen-Bibliothek.

Hood, Fred (Frdr. Huth), s.: Zeichner, der.

Hood, Robin, Stories, hrsg. v. H. E. Marshall, s.: Jugendlesebücher, fremdsprachl., illustr. 3. Bd.

Hood, Thomas
s.a.Alvensleben, Ludwig von: Ausgewählte Erzählungen... 1828.

Hood, Th., ausgewählte Erzählungen. A. d. Engl. frei übers. v. † Gust. Sellen. 8. (12½ B.) Leipzig 828, Focke.

Hood, Thom., Eugen Aram's Traum. Uebers. durch v. Franck u. Ruhe. Lex.-8. (2¾ B.) Bromberg 841, Levit. •

Hood, Thom., Tylney Hall. Roman. Aus d. Engl. von Rob. Grant. 2 Bde. 8. Bautzen 842, Weller'sche Bh. [1. (16⅔ B.) 2. (16½ B.) à 22½ Ngr.]

— Tylney Hall. Roman aus d. Engl. von Rob. Grant. 3 Bde. 8. Bautzen 842, Weller'sche Buchh. 2½ ℛ

—— up the Rhine. With orig. embellishments. 18. (306 Seit.) Frankfort o. M. 840, Jugel. •

van den Hoof. Mémoires de Jean de Witt. Trad. de l'hollandais par M(ad. de Zoutelandt) 12. Ratisbonne (Lahaye) 1709.

Hoof's, H. W., aromatischer Anecdoten-Kraft-Extract. Bereite aus witzigen Anecdoten, spaßhaften Zeitungsanzeigen, poet. Anzüglichkeiten 2c. In buntem Misch-Masch zu Nutz und Frommen der leidenden Menschheit. 8. (158 S.) Dessau 862, Central-Verlag.

Hoor, J. Gl. Aug.: Von den Ordalien od. Gottesurtheilen. *Mainz.* 784. 8.

Hoof, Walther. Der Frauenhut.
S. 83–96 m. 30 Abb. 8°.
Aus: Velhagen & Klasings Monatshefte Jg. 23. [1908].

Hoofden [Schlagwort]

Hoofden, die, s.: Seekarten.

Hoofe, A. Lautuntersuchungen zu Osbern Bokenam's Legenden. Diss. Kiel 1885. 47 S.

Hoofe, A. Lautuntersuchungen zu Osbern Bokenams Legenden. Altenburg 1885.

Hooff, Minna

Hoof, Minna, s.a. Martha. Eine zuverläss. Rathgeberin in d. Kochkunst.

[F.] Martha. E. zuverlässige Rathgeberin in d. Kochkunst u. in d. meisten anderen Zweigen d. Hauswirthschaft. Hrsg. v. Minna Hooff ... 13. Aufl. *Thorn & Leipzig: E. Lambeck 1898.* (XXI S., 1 Bl., 328 S., 1 Bl.) 8.

Hoofmann

— s. a. **Hofeman, Hoffman(n), Hofmann.**

Hoofman, Cornelius (Harlem/Holland), Dissertatio de commerciis et cambiis veterum: aliisque commerciorum adminiculis apud antiquos: cum mantissa de cambiis hodiernis. Königsberg (Joh. David Zaenker) 1726. 4 Bl. 159 S. (10.—) 15951
Gew.: Ludwig v. Ostau (Lablak, Kiesitten).

Hoogen, Eduard (geb. Grefrath im Rheinl. 13. 2. 1846): Ueber den Einfluss der Menstruation auf die Entstehung und den Verlauf der Geisteskrankheiten. Berlin (1869). (32 S.) 8°
Berlin, Med. Diss. v. 4. Aug. 1869

Hoogen, P. Jak. H., († 1807.) Beitr. zur Beförderung d. Humanität u. Volksbildung. 1s Bdchn. 8. Duisb. u. Essen 805. Bädeker. 20 ℛ

— die Tugend ist eine freundliche Stimmung, oder über d. Veredlung d. öffentl. Bildungsanstalten 2c., durch Beförderung des Frohsinnes im Menschen. 8. Duisb. 804. Bädeker. 4 ℛ

— d. Tugend ist e. freundl. Stimmung, od. üb. d. Veredl. d. öffentl. Bildungsanstalt 2c. durch B.förd. des Frohsinns im Menschen. 8. Ebend. 805.

Hoogen, P. Jak. H., d. Volksschulen, keine kirchliche, sondern allgemeine Staatsinstitute, mit besond. Rücksicht auf d. Preuß. Provinzen Westphalen. 8. Duisb. u. Essen 805. Bädeker. 5 ℛ

— d. Volksschulen, keine kirchliche, sond. allgem. Staatsinstitute 2c. 8. Ebend. 806.

Hoogen, P. Jak. H., Wie kämen wir weiter? Oder über die einzigen Mittel, die Quellen der Armuth zu verstopfen, die Völker zu veredlen u. zu beglücken. 8°. Dortmund, 1803. (Schulz in Hamm.)

Hoogen, Jacob. Wie kämen wir weiter? oder über die einzigen Mittel die Quellen der Armuth zu verstopfen, die Völker zu veredeln und zu beglücken. *Dortmund, Mallinckrodt.* 1803

Hoogen, Ludwig, a. Camp: Aus d. med. Klinik in Bonn. Beitrag zur Behandlung und Prognose der puerperalen Sepsis. Bonn (1910): Trapp. 39 S. 8°
Bonn, Med. Diss. v. 12. Febr. 1910, Ref. Schultze
[Geb. 15. Sept. 82 Saalhoff; Wohnort: Kalk; Staatsangeh.: Preußen; Vorbildung: Gymn. Meppen Reife O. 03; Studium: Freiburg i. B. 1, Würzburg 1, München 1, Würzburg 2, Leipzig 1, Bonn 5 S.; Coll. 27. Nov. 09; Approb. 1. Jan. 10.] [U 10. 314

Hoogen, Wilhelm (Dulken/Rheinland), De deglutitione difficili. Diss. med. Bln. (Brüschck) 7. XII. 1824. 35 S. mit Biogr. (M.: G. Boscheinen.) (6.50) 15954
Oppon.: G. Scheuten, A. Noehle, W. L. Deering.

Hoogenbirk, A. J., ein verlorenes Leben, s.a. Daheim u. Auswärts.

Ein verlorenes Leben. Aus d. Papieren e. Arztes. Aus d. Holländ. von A. J. **Hoogenbirk.** Kassel: J. G. Oncken Nachf. 1908. (80 S.) 8° [F.]
— **Daheim** u. auswärts. No 12.

Hoogenhout, Nicolaas Marais, M. A. aus Wellington (Kapland): Untersuchungen zu Lodewijk van Velthem's Spiegel Historiael. *Leiden: E. J. Brill 1902.* (75 S.) 8°
Straßburg. Phil. Diss. v. 1902

Hoogerwoerd, s. a. Keun de Hoogerwoerd.

Kritische Studien zur Einführung in das Recht des Islam. Von Dr. jur. Selim Khan Keun de **Hoogerwoerd**. *Erlangen 1901: E. Th. Jacob* (Umschlagt. überkl.: *Rudolstadt: Müller*). (XII, 64 S.) 8° [01 1845]

Hoogeveen, Henr., doctrina particularum graecar. 4. Leyden 769. Rec. C. G. Schütz. 8maj. Dessau 782. Ed. min. pret. 8maj. Leipz. 788. Ed. II. (III.) 806. Weidmann. 2 ₰ 6 gGr. ch. script. 2 ₰ 18 gGr.

Hoogeveeni, Doctrina particularum linguae graecae. — — Rec. breviavit et auxit C. G. Schütz. Dessau 782. 8. Lips. 788. 8. 1 rthlr. 12 gr. (Diese Ausgabe hat durch die Veränderung des Verlags einen neuen Titel; übrigens ist sie unverändert) Ed. 2. aucta et emend. Ib. 806. 8. 2 rthlr. 6 gr.

Hoogeven, H., doctrina particularum graecar. rec. Schütz. 8. maj. Lips. Weidmann. 806.
Schreibp.

— de foetus hum. morbis. 8maj. Leyd. 784. Luchtmans. 12 gGr.

Hoogeven, Thom., de foetus hum. morbis. 8. maj. Leid. (Weidmann, Lips.) 785.

Hoogeveeni, Henr., s. Vigeri Rotomagensis.

Hoogeweg, zweiter General-Bericht über das Medizinal-Wesen im Reg.-Bez. Münster im J. 1881. gr. 8. (71 S.) Münster 882, (Coppenrath'sche Buchh.) *

—— dritter General-Bericht über das Medizinal- und Sanitäts-Wesen im Reg.-Bez. Münster im J. 1882. gr. 8. (96 S.) (Ebendas.) 883. *

Hoogeweg, Friedrich (Berlin), De cordis dilatatione. Diss. med. Bln. (Gustav Schade) 29. III. 1847. 32 S. mit Biogr. (M.: J. Wutzer.) (6.50) 15955
Oppon.: C. Waltz, W. Wolff, C. Hoffmann.

Hoogeweg, Herm., die Chronik des sogenannten Martinus Fuldensis, s. Beiträge, Münsterische, zur Geschichtsforschung.

Hoogeweg, H., Inventare d. nichtstaatlichen Archive im Kreise Alfeld, s. a. Forschungen z. Geschichte Niedersachsens. II, 3.

Inventare der nichtstaatlichen Archive im Kreise Alfeld. Bearb. von Dr. H[ermann] **Hoogeweg**, Archivrat. Hannover & Leipzig: Hahn 1909. 73 S. 8°
(Forschungen z. Geschichte Niedersachsens. Bd 2, H. 3) [09. 13438]

— s. a. Urkundenbuch d. Hochstifts Hildesheim u. sein. Bisch.

Urkundenbuch des Hochstifts Hildesheim und seiner Bischöfe, bearb. von H[erm.] *Hoogeweg*. Tl 2—4. Hannover u. Leipzig 1901—1905. 8°.
2: 1221—1260. 1901.
3: 1260—1310. 1903.
4: 1310—1340. 1905.
(Quellen u. Darstellungen z. Gesch. Niedersachsens. Bd 6. 11. 22.)
Tl 1 ist von Karl Janicke hrsg. und erschienen in den Publikationen aus den Kgl. Preuss. Staatsarchiven. Bd 65. Ts 700, 64.

Urkundenbuch des Stiftes Hildesheim und seiner Bischöfe. Bearb. v. **H. Hoogeweg.**
Tl. 2, 1221—1260. Mit 10 Siegeltafeln. Hannover und Leipzig. 1901.
Tl. 3, 1260—1310. Mit 9 Siegeltafeln. ebd. 1903.
Tl. 4, 1310—1340. Mit 6 Siegeltafeln. ebd. 1905.
= Quellen und Darstellungen zur Geschichte Niedersachsens. Bd. 6, 11 u. 22. 8°.

Urkundenbuch des Hochstifts Hildesheim und seiner Bischöfe. Bearb. v. **H. Hoogeweg.** 8°
T. 5: 1341—1370. Mit 4 Siegeltaf. Hannover u. Leipzig. 1907.
T. 6: 1370—1398 (letzter). Mit 1 Siegeltaf. Hannover. 1911.
= Quellen und Darstellungen zur Geschichte Niedersachsens. Bd. 24. 28.

— Verzeichnis d. Stifter u. Klöster Niedersachsens vor d. Reformation, umfassend die Prov. Hannover, die Herzogtümer Braunschweig u. Oldenburg, d. Fürstentümer Lippe-Detmold u. Schaumburg-Lippe, d. freien Städte Bremen u. Hamburg u. Hessisch-Schaumburg. (VII, 154 S.) gr. 8. Hannover 908. Hahn. 4. —

Verzeichnis der Stifter und Klöster Niedersachsens vor der Reformation, umfassend d. Prov. Hannover, d. Herzogtümer Braunschweig u. Oldenburg, d. Fürstentümer Lippe-Detmold u. Schaumburg-Lippe, d. freien Städte Bremen u. Hamburg u. Hessisch-Schaumburg. Von Dr. H[ermann] **Hoogeweg**, Archivrat. Hannover & Leipzig: Hahn 1908. (VI, 154 S.) 8° [08. 13673]

Hoogh, Pet., Zeppelin u. die Eroberung d. Luftmeeres. Zur Erinnerg. an d. Begeisterg. d. großen Tage d. J. 1908. (III, 236 S. m. Abb. u. Taf.) 8. Leipzig (908). Uranus-Verlag. Geb. in Leinw. 3. —

de Hooghe, Romeyn. Hieroglyphica, oder Denkbilder der alten Völker, namentlich der Aegypter, Chaldäer, Phönizier, Juden, Griechen, Römer u. s. w. Ins Hochdeutsche übersetzt und mit einer Vorrede des S. J. Baumgartens. Amsterdam 1744. 4°.

Hooghe, Romeyn de. Hieroglyphica, oder Denkmäler der alten Völker, namentlich der Aegyptier, Chaldäer, Phönizier, Jüden, Griechen, Römer usw. nebst Berichte von … der eingeschlichenen Verderbniß in den Gottesdiensten … und endlich die Glaubensverbesserung … Uebersehen und besorgt von ARNOLD HEINRICH WESTERHOVIUS … ins Hochdeutsche übersetzt, und mit einer Vorrede des SIEGMUND JACOB BAUMGARTENS … begleitet. Amsterdam, Arkstee und Merkus, 1744. 4°. *Frontispiz, 1 Porträt,* 16 Bl. 396 S. 13 Bl. *und 63 Kupfertafeln von R. de Hooghe.* Pgt. d. Z.
Nagler VII, 109. Graeße III, 343. Praz II, 81. Vgl. Landwehr 94. „This is a work of the kind of Cartari's Imagini degli Dei degli Antichi".

Hoogvliet, Marinus, Specimen e litteris orientalibus, exhibens diversorum scriptorum locos de regia Aphtasidarum familia et de Ibn-Abduno poeta, ex Mss. codicibus biblioth. Leidensis editos, lat. redditos et annotat. illustratos. 4maj. (22 B.) Lugduni Bat. 839, S. et J. Luchtmans. *

Hoogvliet, N., de latione legis publicae, non unico revelatae religionis documento. 4. Leyd. 777.

— Oratio de Oratoris sacri in refutandis divinae revelationis contemtoribus prudentia. 4. Leyd. 771.

Hooibrenk, Daniel, s. Journal, Wiener.

Hooibrenk, Dan., neues Verfahren zur Cultur des Weinstockes, um sowohl die Quantität zu vermehren und die Qualität zu verbessern, nebst einem Anhang über Cultur des Maulbeerbaumes, um mehr als doppelte Anzahl Futterblätter zu erzeugen. gr. 8. (28 S. mit 2 Stnt. in gr. 8. und qu. gr. 4.) Wien 859, Gerold's Sohn. *

Hooibrenk's, Dan., privilegirte Weincultur-Methode. Von ihm selbst beschrieben. 2., umgearb. und durch die neuesten Erfahrungen verm. Aufl. Lex.-8. (19 S. mit 1 Stnt in Fol.) Wien 862, (Gerold's Sohn.) **

Hook, B., four of my uncle's fireside tales, s. Library, little english. Vol. 4.

Hook, (Theod.), Romane. 1—26. Bdchn. 16. Leipzig 842—44, Gebr. Schumann. à Bdchn. 5 Ngr.
A. u. d. Ttln.:
Bdchn. 1—5. Jack Brag. A. d. Engl. v. A. Kaiser. 5 Bdchn. (35 B.)
" 6—10. Väter und Söhne. Aus d. Engl. v. Glob. Fink. 5 Bdchn. (37¼ B.)
" 11—15. Gilbert Gurney. Aus d. Engl. v. A. Kaiser. 5 Bdchn. (35½ B.)
" 16—20. Gurney als Ehemann. Aus d. Engl. v. Glob. Fink. 5 Bdchn. (35 B.)
" 21—25. Die Pfarrerstochter. Aus d. Engl. v. A. Kaiser. 5 Bdchn. (38¾ B.)
" 26. Maxwell. Aus d. Engl. v. A. Kaiser. 1 Bdchn. (5¾ B.)

Hook's, Theod., Romane. Aus dem Engl. 27—30. (letztes) Bdchn. A. u. d. T.: Maxwell. Aus dem Engl. von A. Kaiser. 2—5. Bdchn. gr. 16. (519 S.) Leipzig 844—48, Gebr. Schumann. à Bdchn. 5 Ngr.
1—26. Bdchn. Ebendas. 1842—44. 4 Thlr. 10 Ngr.

—— ausgewählte Romane. Aus d. Engl. v. E. A. Moriarty u. J. Seybt. 20 Thle. 16. Leipzig 842—44. [Lorck.] à * 10 Ngr. *
A. u. d. Ttln.:
Thl. 1—4. Jack Brag. 4 Thle. (36¾ B. u. des Verf. Bildn.)
" 5—8. Gilbert Gurney. 4 Thle. (32¾ B.)
" 9—12. Braut und Gattin. 4 Theile. (35½ B.)
" 13—16. Des Pfarrers Tochter. 4 Thle. (33¼ B.)
" 17—20. Maxwell. Roman. 4 Thle. (35½ B.)

Hook, Thdr., ausgewählte Romane. Aus d. Engl. von E. A. Moriarty u. J. Seybt. 1.—4. Thl. — A. u. d. T.: Jack Brag. 4 Thle. 16. (Mit des Verf. Bildniß.) Leipzig 842, Weber. à n. ⅓ ℛ

— derf. 5.—8. Thl. — A. u. d. T.: Gilbert Gurney. 4 Thle. 16. Ebend. 842. à n. ⅓ ℛ

— derf. 9.—12. Thl. — A. u. d. T.: Braut u. Gattin. 4 Thle. 16. Ebend. 842. à n. ⅓ ℛ

— derf. 13.—16. Thl. — A. u. d. T.: Des Pfarrers Tochter. 4 Thle. 16. Ebend. 843. à n. ⅓ ℛ

— derf. 17.—20. Thl. — A. u. d. T.: Maxwell. Roman. 4 Thle. 16. Ebend. 844. à n. ⅓ ℛ

Hooke, J., religionis natural. revelatae principia. III Tom. 8. Bamb. 783. Frankf., Wesché. 4 ℛ

Hooker, (G. J. et A. R. K.,) Greville, Icones filicum, ad eas potissimum species illustrandas destinatae, quae hactenus, vel in herbariis delituerunt prorsus incognitae, vel saltem nondum per icones Botanicis innotuerunt. I. Liefg. Imp. fol. Lond. 827, Treuttel et W. M. schwarz. Kpfn. à Lfg. 9 Rthl. ill. à Liefg.

Hooker, G. J., icones florae boreali-americanae. Plantae canadenses et arcticae. 238 tabulae (in Kpfrst.). gr. 4. (4 S. Text.) Berlin 877. Friedländer & Sohn. n. 50. —

Hooker, Jos. Dalton, Forschungen im östl. Himalayah, s.: Jahrbuch, geographisches, I. u. III.

Hooker, Jos. Dalton, et G. Bentham, Genera plantarum s. Bentham, G.

— Höhe des grossen Tafellandes v. Tübet, siehe: Jahrbuch, geographisches, II.

Hookers, Jos. Dalton, „Himalayan Journals." Tagebuch auf einer Reise in Bengalen, dem Himalaya in Sikkim und Nepal, dem Khasiagebirge etc. Aus dem Engl. gr. 8. (VIII und 876 S. mit 2 Kpfrn. in qu. gr. 4. und 6 Stnt. in gr. 8. und qu. gr. 4.) Leipzig 857, Dyk'sche Buchh.

— Vegetation u. Klima der Khossyaberge, siehe: Jahrbuch, geographisches, IV.

Hooker, Jos. Dalton, die Verbreitung der nordamerikanischen Flora. Ein Vortrag, gehalten vor den Mitgliedern der „Royal Institution" Großbritanniens am 12. April 1878. Mit Bewilligung des Verf. übers. gr. 8. (22 S. mit 1 Stnt.) Berlin 880, Springer. *

Hooker (J. D.). Die Verbreitung der nordamerikanischen Flora. Berlin, 1880. 8°.
Transl. from Distribution N.A. Flora (Royal Institution, 1878).

Hooker, Rich., s. Sack, Carl Heinr.

Hoole, Henry, das Trainieren zum Sport. Ein Handbuch f. Sportsleute jeder Art. Autoris. u. f. deutsche Verhältnisse bearb. Uebersetzg. v. C. A. Neufeld. gr. 8. (XI, 170 S.) Wiesbaden 899. J. F. Bergmann. n. 2. —

Hoon, X. A., m. Gott f. König u. Vaterland! Festreden u. Deklamationen zur Feier d. Geburtstages Sr. Maj. d. deutschen Kaisers u. Königs v. Preußen Wilhelm II. [Tl. I. f. einfache, Tl. II. f. erweit. Schulverhältnisse.] Gesammelt bezw. bearb. 16. (52 S.) Neidenburg 891. P. Müller. n. — 60

Hoop, Everh. Jo. Thomassen à Thuessink van der, Specimen histor.-polit. inaug., quo exponitur et dijudicatur Guilielmi III agendi ratio in rerum anglicarum mutatione. 8 maj. (6½ B.) Groningae 834, van Boekeren. (Lipsiae, Barth.)

van der Hoop, Ir. A., Varsovie, tableaux guerriers et poetiques, trad. par Cheval. Aug Cavareau. 12. Maestricht 833. (Aachen, Mayer.) 1 ℛ

Hoop-Scheffer, J. G. de, Geschichte der Reformation in den Niederlanden von ihrem Beginn bis zum J. 1531. Deutsche Orig.-Ausg., hrsg. von P. Gerlach. Mit einem Vorwort von F. Nippold. gr. 8. (XXXVI, 563 S.) Leipzig 886, Hirzel. *

Hooper, Geo., Wellington. In gekürzter Fassung f. den Schulgebrauch hrsg. v. Aug. Sturmfels. (XII, 159 S. m. 5 Karten.) 8. Leipzig 903. G. Freytag.
Geb. in Leinw. n. 1. 60; Wörterbuch (46 S.) n. — 50

Hooper, G., Wellington. [Freytags Sammlung französischer und englischer Schriftsteller.] 8°. (XI, 159, 19 S.)
geb. K 2.—, Wörterbuch (46, 19 S.) K —.60
Wien: Tempsky 1903

Hooper, John, die Entrückung oder die Verwandlung der lebenden Heiligen und ihre Erlösung von den Gerichten die da kommen auf Erden. gr. 8. (46 S.) Berlin 847, (Wilh. Schultze.) *

Hooper, John, die Entrückung oder die Verwandlung der lebendigen Heiligen und ihre Erlösung von den Gerichten, die da kommen auf Erden. 8. (54 S.) Berlin 857, Heinicke. *

Hooper, Robert, chirurg. Hülfsbuch, oder faßl. Uebersicht der Symptome und Ursachen, des Ganges und der Behandlung aller chirurg. Krankheiten. Aus dem Englischen von G. W. Becker. Mit 12 Kupft. gr. 8. Pesth, Hartleben. 821.

Hooper, Rob., chirurg. Hülfsbuch, oder faßl. Uebersicht d. Symptome u. Ursachen, d. Ganges u. d. Behandlung für chirurg. Krankheiten. A. d. Engl. v. W. G. Becker. Mit 12 Kpft. gr. 8. Pesth 822. Hartleben. 1 ℛ 18 gr Hbg. Pr. 12 gr

Hoopmann, D., plattdeutsche Grammatik des niedersächsischen Dialektes. N. d. neuesten Sprachquellen aufgestellt. gr. 8. (III, 152 S.) Bremen 1893. (Oldenburg, Nordwestdeutsches Antiquariat.) n. 2. —; herabges. Pr. n. 1.20

[5.] Plattdeutsche Grammatik des Niedersächsischen Dialektes. Nach d. neuesten Sprachquellen aufgest. v. D. Hoopmann. *Bremen: F. Kaiser 1893.* (1 Bl., III, 152 S.) 1 Bd 8.

Hoopmann, Wilhelm [app. Arzt aus Asendorf in Hannover]: Über Fremdkörper im Ohr ... Tübingen, F. Pietzcker, 1896; 30 S., 1 Bl. 8.
Tübingen, Med. Fak., Inaug.-Diss. v. 1896

Hoops, Heinr., Geschichte der Gemeinden Grambke u. Büren im Gebiet Bremen. (VIII, 243 S.) 8. Bremen 905. (J. Morgenbesser.) Geb. n.n. 3. —

Hoops, Heinr., Geschichte d. Börde Lesum. (VIII, 344 S. m. Taf.) 8. Bremen 909. G. Winter, Berl. Geb. in Leinw. 4. —

Der Helsenhof. Roman aus Dithmarschen v. Johann Hoops. Meldorf in Holstein. 1904. 8°

Hoops, Johs., s.: Abhandlungen, germanistische, Hermann Paul dargebracht.

Hoops, Joh., s.: Anthropologie, die, u. die Klassiker.

— s.a. Forschungen, anglistische.

Anglistische Forschungen. Hrsg. von Johannes Hoops, Prof., Heidelberg. H. 1. *Heidelberg: C. Winter 1901.* 8°

Hoops, Johannes: Keats' Jugend und Jugendgedichte ... (Aus: Engl. Stud., Bd XXI Heft 2.) *Altenburg, Pierer'sche Hofbuchdr.,* 1895; 104 S. 8.
Tübingen, Phil. Fak., Hab.-Schr. v. 1895
(Nicht für den Austausch)

Hoops, J., Keats' Jugend u. Jugendgedichte. [Aus: „Engl. Studien".] gr. 8. (104 S.) Leipzig 895. O. R. Reisland. n. 3.60

Hoops, Johannes [aus Bremen]: Über die altenglischen Pflanzennamen. ... Freiburg i. B., Univ.-Buchdr. v. Chr. Lehmann, 1889; 84 S. 8°
Freiburg i. B., Phil. Fak., Inaug.-Diss. v. 1889

Hoops, Johs. Ueber die alt-englischen Pflanzennamen. gr. 8. (84 S.) Freib. i. B. 889, (Ohnesorge). 1 25

Hoops, Johs., üb. die alt-englischen Pflanzennamen. gr. 8. (84 S.) Freiburg i/B. 889. [Ohnesorge.] Lorenz & Waetzel. n.n. 1.25

— s.: Studien, englische.

— s.a. Textbibliothek, englische.

Englische Textbibliothek. Hrsg. von Johannes Hoops, Prof., Heidelberg. 1. *Weimar: E. Felber 1898.* 8°

Hoops, Johannes. Waldbäume und Kulturpflanzen im germanischen Altertum. Mit acht Abbildungen im Text und einer Tafel. XVI + 689 S. 8. Strassburg, Karl J. Trübner, 1905. [M. 16. —, geb. 17. 50]
Darin S. 40 f. 61/4. 85/9. 94 ff. 134. 138. 142. 229. 233. 239. 250. 288/300. 319 f. 332. 336/41. 378. 388/99. 402 f. 410. 414 f. 435/7. 440 f. 445. 467 f. 474/6. 479 f. 528. 537. 540 f. 543 f. 551 f. 556. 558. 653 etc. die Alpenländer, Schweiz, Pfahlbauten *etc. betr.*

Hoops, P., Hülfsbuch für den Unterricht in der Geographie. Mit zahlreichen Fragen und Übungsaufgaben. Mit einem Vorwort von Köpke. gr. 8. (IV, 73 S.) Stade 883, Schaumburg. *

Hoor, Karl, gemeinfassliche Darstellung der Refractions-Anomalien etc., s.a. Sammlung medicinischer Schriften.

Hoor, Dr. Karl, Gemeinfassliche Darstellung der Refractions-Anomalien mit Rücksicht auf Assentirung und Superarbitrirung nach dem gegenwärtigen Standpunkte der Ophtalmologie und mit Berücksichtigung der einschlägigen Instructionen und Verordnungen seit dem Jahre 1874. (Mittheilungen d. k. u. k. Milit. Sanitäts-Comité. IX.- X. Heft. Mit 21 in den Text gedruckten Holzschnitten. Gr. 8. (86 S.) 1.50

Hoor, Karl, die parenchymatöse Hornhaut-Entzündung, s.a. Sammlung zwangloser Abhandlungen aus d. Gebiete d. Augenheilkunde. VII, 7. 8.

Die parenchymatöse Hornhaut-Entzündung. Von Dr. Karl Hoor. Halle: Marhold 1900. 124 S. 8°
(Sammlung zwangloser Abhandlungen aus d. Geb. d. Augenheilkunde. Bd 7, H. 7/8.)

Hoor, Karl, das Jequirity, das Jequiritol u. Jequiritolserum, s.a. Sammlung zwangloser Abhandlungen aus dem Gebiete der Augenheilkunde. V, 3. 4.

Das Jequirity, das Jequiritol und Jequiritolserum. Von Karl Hoor, Prof., Kolozsvár. *Halle a. S.: C. Marhold 1903.* (60 S.) 8°
= Sammlung zwangloser Abhandlungen aus d. Geb. d. Augenheilkunde. Bd 5, H. 3. 4.

Hoor, Dr. Karl, Prophylaxe und Beseitigung des Trachoms in der k. u. k österr.-ungar. Armee. Gr.-8. (76 S.) Wien: Šafář 1893 1.20

Hoor, Karl. Refractions-Anomalien, s. Sammlung medicinischer Schriften.

Über das Wesen und über den Ursprung einiger Hornhauterkrankungen. Eine klinische Studie von Dr. Karl Hoor, Prof. Stuttgart: F. Enke 1906. (36 S.) 8°

Hoor, Moritz

Hoor, M., üb. den Einfluss d. ultravioletten Lichtes auf negativ elektrisch geladene Conductoren. [Mit 2 Textfig.] Aus dem physikal. Cabinete der k. k. Universität zu Wien. [Aus: „Sitzungsber. d. k. Akad. d. Wiss."] Lex.-8. (15 S.) Wien 888. (Tempsky.) n. — 40

Hoor, W. D. Militärhygiene u. ihre Bedeutung. (S.-A.) Wien 1888.

Hoorn v. Kalkenstein. Festrede: Joh. d. T. 4. September 1859. In der St. Joh. Loge „Carl zur Eintracht" im Or. Mannheim. (Mannheim. Druck v. Schneider.) 1859. 8. 2 Bl.
Abgedr. Fmrztg. 1863. S. 381.

Festrede: Joh[annes] d[er] T[äufer] 4.Sept.1859. In der ger.·.u.·.volk.·.Joh.·. ▭: „Carl zur Eintracht", im Or.·. Mannheim. Von Hoorn v. Kalkenstein. [Mannheim ca 1863: Schneider]. 2 Bl. 8° [Kopftit.]
Abgedr. in: FZ. 17 (1863) S. 381—383.
Tt. 2070. Die Frmr, — wie Johannes der Täufer — Vorläufer des Messias. 140.

Die drei Maurerstunden von Hoorn v. Kalkenstein. [Mainz ca 1860: Kunze.] 2 Bl. 8° [Kopftit.]

[Dasselbe.] [Worms ca 1860: Boeninger.] 2 Bl. 8°
Tt. 1624. Betrachtung üb. ein wahrhaft frmrisches Leben, das seine Forts. im Gottesreich findet.
Ausg. Mainz in 358a; Worms in 138.

Hoorn, Frdr., kriegschirurgische Erfahrungen aus d. russisch-japan. Kriege, s. a. Publikationen, militärärztl.

Hoorn, F., Kriegschirurgische Erfahrungen aus dem russisch-japanischen Krieg nebst einem Anhange über den Verwundetenabschub bei den Russen und Japanern. [Militärärztliche Publikationen. Nr. 101.] Gr.-8°. (ill. 79 S.) Wien: Šafář 1907 K 2.40

Johan van Hoorn

[The twenne gudfruchtige... jordegummor Siphra och Pua. Deutsch:] Die zwo um ihrer Gottesfurcht und Treue willen von Gott wohlbelohnte Weh-Muetter Siphra und Pua, welche in Frag und Antwort treulich unterwiesen: wie man e. mit Leibes-Frucht gesegneten Frauen in der Geburt recht beystehen,... solle. ... mit 30 auserlesenen historischen Anm. bekräftigt vom Johan von Hoorn. 2. Aufl. Stockholm & Leipzig: Kiesewetter 1737. 313 S. 8°

Hoorn, P. G., Dissertatio de iis, quae in partibus membri, praesertim osseis, amputatione vulneratis, notanda sunt. Cum tabulis aeneis. 4maj. Francofurti Hermann. 811.

Hoorn-Cremer, M. v., „unter seinem Schirmen". Glauben u. wirken, s.: Jugend- u. Volksbibliothek, deutsche. 197. Bdchn.

Hoorn-Cremer, M. v., Wilhelmus v. Ede. Historische Erzählg. gr. 8. (15 S. m. Abbildgn.) Hannover 898. (E. Wendebourg.) —15
Sonderabdruck aus: „Hannov. Sonntagsblatt".

Hoorweg, J. L., die medicinische Electrotechnik u. ihre physikalischen Grundlagen. gr. 8. (V, 149 S. m. 77 Fig.) Leipzig 893. W. Engelmann. n. 4. —; geb. n.n. 4. 70

Hoos, Eckhard, approb. Arzt aus Röllshausen: Aus d. pathol. Institut d. Universität Marburg. Beiträge zur Kenntnis der Tubo-Ovarialcysten. *Marburg 1901: R. Friedrich.* (32 S.) 8°
Marburg, Med. Diss. v. 9. Dez. 1901

Hoos, Ernst, Gedichte. (IV, 96 S.) 8. Berlin 904. Harmonie. n. 2. —; geb. n. 3. —

Hoos, Ernst, Herbst. Schauspiel. (77 S.) 8. Berlin 906 Harmonie. 2. —

Hoos, F. J., Aufsatz-Präparationen für gereiftere Schüler. Versuch eines Beitrags zur Methodik des Unterrichts im schriftlichen Gedankenausdruck. gr. 8. (VI, 114 S.) Ravensburg 878. Dorn. n. 2. —

Hoos, F. J., und J. Haug, die Grammatik in der Volksschule, s. Haug, J.

— Handbuch des stilistischen Unterrichts für landwirthschaftl. Fortbildungsschulen, s. a. Bibliothek landwirthschaftl. Lehrbücher.

Hoos, F. J., Handbuch des stilistischen Unterrichts für landwirthschaftliche Fortbildungsschulen, sowie zum Gebrauche für praktische Landwirthe. Eine Sammlung von Aufsätzen und Aufgaben mit Dispositionen aus dem Gebiete landwirthschaftlich nützl. und schädl. Thiere, der Pflanzen- und Bodenkunde, des Briefwechsels und der Geschäftsaufsätze des Landwirths nebst einer Anleitung zur Abfassung telegraph. Depeschen und method. und grammatikal. Andeutungen. gr. 8. (XVI, 287 S.) Ravensburg [Stuttgart] 875, Ulmer. *

— dasselbe, s. a. Bibliothek praktischer Lehrbücher.

Hoos, F. J., Handbuch des stilistischen Unterrichts für landwirtschaftliche Fortbildungsschulen. Eine Sammlung von Aufsätzen und Aufgaben mit Dispositionen aus dem Gebiete landwirtschaftlich nützl. und schädl. Tiere, der Pflanzen- und Bodenkunde, des Briefwechsels und der Geschäftsaufsätze des Landwirts, nebst einer Anleitung zur Abfassung von Telegrammen und method. und grammatikal. Andeutungen. 3. vollständig umgearb. Aufl. gr. 8. (XVI, 213 S.) Stuttgart 885, Ulmer. *

Hoos, F. J., des Kindes Leselust. Eine Bilderfibel für Elementarschulen. 16. (VIII und 120 S. mit eingedr. Holzschn.) Freiburg im Br. 856, Herder'sche Vrlgsh. *

— Materialien zu den Sach-, Sprach- u. Aufsatzunterricht in landwirthschaftlichen Fortbildungsschulen. Für die Hand der Schüler gefertigter Separat-Abdr. aus dem Handbuch d. stilist. Unterrichts. gr. 8. (96 S.) Stuttgart 875. Ulmer. n. — 70

— praktische Satzlehre. 1. Thl.: Hundert Aufgaben zur Bildung einfacher nackter, zusammengezogener und erweiterter Sätze. Für die Hand der Schüler in Mittel- und Oberklassen bearb. gr. 16. (64 S.) Ravensburg 879, Dorn'sche Buchh. * — 36

Hoos, G., s. Fr. Glaser, Predigten.

Hoos, Heinrich, aus Höntrop i. W., Referendar am Kgl. Amtsgericht zu Steele: Besitzerwerb und Besitzerhaltung durch Stellvertreter. Nach Gemeinem Recht u. dem d. Bürgerl. Gesetzbuchs. *Wattenscheid 1904: C. Busch.* (60 S.) 8°
Erlangen, Jur. Diss. v. 27. Jan. 1904

Hoos, Joseph: Simulation und Willensmängel beim Kindesannahmevertrage. Berlin 1906: Mesch & Lichtenfeld. (40 S.) 8°
Heidelberg, Jur. Fak., Ref. Buhl, Diss. v. 10. Aug. 1906
[Geb. 23. April 78 Greifswald; Wohnort: Berlin; Staatsangeh.: Preußen; Vorbildung: Gymn. Weilburg Reife O. 98; Studium: Bonn 2, Berlin 4 S.; Rig. 27. Febr. 06.]

Lebensweisheit. Grundriß einer auf Grundlage d. Darwin-Haeckelschen Entwicklungslehre begründeten Philosophie von M. **Hoost**. Berlin-Leipzig: C. Wigand 1908. 56 S. 8° 109. 14825

Hoost, M., Lebensweisheit. Grundriß e. auf Grundlage d. Darwin-Haeckelschen Entwicklungslehre begründ. Philosophie. (56 S.) 8. Leipzig 908. Modernes Verlagsbureau. 1. —

— Natur u. Weltanschauung. (III, 200 S. m. Fig.) gr. 8. Leipzig (907). O. Uhlemann. 1. 25

Hooymann, Johannes [aus Elten, Krs. Rees]: Aus d. med. Klinik zu Bonn. Ein Fall von Aortenbogenaneurysma. . . . Bonn, Hauptmann'sche Buchdr. (1890); 42 S. + 2 Bl. 8°
Bonn, Med. Fak., Inaug.-Diss. v. [28 Jul.] 1890

Hooykaas, J., De Sophoclis Oedipode Coloneo. Diss. 1896. 98 S. 2.—

Hope, Anthony, die Abenteuer d. Grafen Antonio. In autor. Übersetzg. v. Rob. Prölß. 8. (228 S.) Leipzig 898. Ph. Reclam jun. n. 3.—; geb. n. 4.

– A change of air, s. a. Collection of British authors.

A Change of air. By Anthony **Hope**. Copyright ed. Leipzig: Tauchnitz 1893. 271 S. 8°
(Collection of British authors. Tauchnitz Ed. Vol. 2933.) [11. 7970

– The chronicles of Count Antonio, s. a. Collection of British authors.

The Chronicles of Count Antonio. By Anthony **Hope**. Copyright ed. Leipzig: Tauchnitz 1896. 270 S. 8°
(Collection of British authors. Tauchnitz Ed. Vol. 3104.) [11. 8097

– Comedies of courtship, s. a. Collection of British authors.

Comedies of courtship. By Anthony **Hope**. Copyright ed. Leipzig: Tauchnitz 1896. 278 S. 8°
(Collection of British authors. Tauchnitz Ed. Vol. 3131.) [11. 8114

– Simon Dale, s. a. Collection of British authors.

Simon Dale. By Anthony **Hope**. Copyright ed. In 2 vol. Vol. 1. 2. Leipzig: Tauchnitz 1898. 8°
(Collection of British authors. Tauchnitz Ed. Vol. 3275/6.) [11. 8214

Hope, Anthony, the great Miss Driver, s.a.Collection of British authors.

The great Miss Driver. By Anthony **Hope**. Copyright ed. In 2 vol. Vol. 1. 2. Leipzig: Tauchnitz 1908. 8°
(Collection of British authors. Tauchnitz Ed. Vol. 4081/2.) [11. 8818

— der Gefangene v. Zenda. Romant. Erzählg. Aus d. Engl. übers. v. Clarence Sherwood. 8. (293 S.) Stuttgart 898. Deutsche Verlags-Anst. n. 3.—; geb. n.n. 4.—

– The god in the car, s. a. Collection of British authors.

The God in the car. By Anthony **Hope**. Copyright ed. Leipzig: Tauchnitz 1895. 288 S. 8°
(Collection of British authors. Tauchnitz Ed. Vol. 3053.) [11. 8058

— Das Halsband d. Herzogin, s. Enßlin's interessante Bibliothek.

Hope, Anthony, Double harness, s.a.Collection of British authors.

Double Harness. By Anthony **Hope**. Copyright ed. In 2 vol. Vol. 1. 2. Leipzig: Tauchnitz 1904. 8°
(Collection of British authors. Tauchnitz Ed. Vol. 3766/7.) [11. 8577

– The heart of Princess Osra, s. a. Collection of British authors.

The Heart of Princess Osra By Anthony **Hope**. Copyright ed. Leipzig: Tauchnitz 1896. 270 S. 8°
(Collection of British authors. Tauchnitz Ed. Vol. 3172.) [11. 8141

– half a hero, s.a. Collection of British authors.

Half a Hero. A novel. By Anthony **Hope**. Copyright ed. Leipzig: Tauchnitz 1894. 271 S. 8°
(Collection of British authors. Tauchnitz Ed. Vol. 3024.) [11. 8037

– The indiscretion of the duchesse, s. a. Collection of British authors.

The Indiscretion of the duchess. Being a story concerning two ladies, a nobleman, and a necklace. By Anthony **Hope**. Copyright ed. Leipzig: Tauchnitz 1895. 277 S. 8°
(Collection of British authors. Tauchnitz Ed. Vol. 3036.) [11. 8044

– The intrusions of peggy, s. a. Collection of British authors.

The Intrusions of Peggy. By Anthony **Hope**. Copyright ed. In 2 vol. Vol. 1. 2. Leipzig: Tauchnitz 1902. 8°
(Collection of British authors. Tauchnitz Ed. Vol. 3613/4.) [11. 8467

Hope, Anthony. Ein Mann v. Bedeutung, s. Engelhorn's allgemeine Romanbibliothek.

– The king's mirror, s. a. Collection of British authors.

The king's Mirror. By Anthony **Hope**. Copyright ed. In 2 vol. Vol. 1. 2. Leipzig: Tauchnitz 1899. 8°
(Collection of British authors. Tauchnitz Ed. Vol. 3394/5.) [11. 8308

– Phroso, s. a. Collection of British authors.

Phroso. A romance. By Anthony **Hope**. Copyright ed. In 2 vol. Vol. 1. 2. Leipzig: Tauchnitz 1897. 8°
(Collection of British authors. Tauchnitz Ed. Vol. 3200/1.) [11. 8139

— the prisoner of Zenda, s.: Library, the English.

– Quisante, s. a. Collection of British authors.

Quisanté. By Anthony **Hope**. Copyright ed. Leipzig: Tauchnitz 1900. 335 S. 8°
(Collection of British authors. Tauchnitz Ed. Vol. 3452.) [11. 8353

– Rupert of Hentzan, s. a. Collection of British authors.

Rupert of Hentzau. By Anthony **Hope**. Being the sequel to a story by the same writer entitled The prisoner of Zenda. Copyright ed. Leipzig: Tauchnitz 1898. 311 S. 8°
(Collection of British authors. Tauchnitz Ed. Vol. 3303.) [11. 8266

— A servant of the public, s.a.Collection of British authors.

A Servant of the public. By Anthony **Hope**. Copyright ed. In 2 vol. Vol. 1. 2. Leipzig: Tauchnitz 1905. 8°
(Collection of British authors. Tauchnitz Ed. Vol. 3842/3.) [11. 8630

— Sophy of Kravonia, s.a.Collection of British authors.

Sophy of Kravonia. By Anthony **Hope**. Copyright ed. In 2 vol. Vol. 1. 2. Leipzig: Tauchnitz 1906. 8°
(Collection of British authors. Tauchnitz Ed. Vol. 3928/9.) [11. 8690

— Tales of two people, s.a.Collection of British authors.

Tales of two people. By Anthony **Hope**. Copyright ed. In 2 vol. Vol. 1. 2. Leipzig: Tauchnitz 1907. 8°
(Collection of British authors. Tauchnitz Ed. Vol. 4001/2.) [11. 8739

– Tristram of Blent, s. a. Collection of British authors.

Tristram of Blent. A episode in the story of an ancient house. By Anthony **Hope**. Copyright ed. In 2 vol. Vol. 1. 2. Leipzig: Tauchnitz 1901. 8°
(Collection of British authors. Tauchnitz Ed. Vol. 3523/4.) [11. 8196

– Mr. Witt's widow, s. Collection of British authors. vol. 2831.

— Mr. Witts Witwe, s.a. Engelhorn's allgem. Romanbibliothek. 16. Jahrg. 8. Bd.

Mr. Witt's Widow. A frivolous tale. By Anthony **Hope**. Copyright ed. Leipzig: Tauchnitz 1892. 285 S. 8°
(Collection of British authors. Tauchnitz Ed. Vol. 2831.) [11. 7893

Hope, Ascott R., adventures in England, bearb. v. J. Klapperich, s. a. Schriftsteller, engl. u. französ., d. neueren Zeit.

Adventures in England. By Ascott R. Hope [d. i. Ascott Robert **Moncrieff**]. Für d. Schul- u. Privatgebr. bearb. von Prof. Dr. J[osef] Klapperich. Alleinberecht. Ausg. (A.) [Nebst] Wörterbuch. Berlin & Glogau: C. Flemming 1907. 2 Bde 8°
Wörterbuch bearb. von M. Klapperich.
— Schriftsteller, Englische u. franz., d. neueren Zeit. Bdch. 43. [08. 4381

– The Coleworth ghost, s. Library, English.

— Young England. Für den Schulgebrauch hrsg. v. J. Klapperich. I. Tl.: Einleitung u. Text. II. Tl.: Anmerkgn. 8. (VI, 128 S.) Leipzig 900. G. Freytag. Geb. in Leinw. u. geb. n. 1.40; Wörterbuch (70 S.) n. — 70

HOPE, Ascott R.
Ascott R. Hope, Young England. Für den Schulgebrauch herausgegeben von Dr. J. Klapperich. I. Theil: Einleitung und Text. II. Theil: Anmerkungen. Mit 5 Abbildungen. (Freytags Sammlung französischer und englischer Schriftsteller.) Wien und Prag. 1901. Tempsky. 8°. 13, VI, 128 S. Geb. K 1.80

Hope, A. R., Geschichten u. Sagen aus alter Zeit. Der Jugend neu erzählt. gr. 8. (VIII, 198 S. m. 100 Textbildern.) Berlin 889. H. J. Meidinger. geb. n. 4. —

— Holiday stories, hrsg. v. J. Klapperich, s. a. Schulbibliothek französischer u. englischer Prosaschriften. II. 24.

Holiday stories by Ascott R. Hope [d. i. Ascott Robert **Moncrieff**]. Ausgew. u. f. d. Schulgebr. erkl. v. Dr. J[osef] Klapperich, Oberl. ... zu Elberfeld. M. Genehmigg d. Vfs ... [Nebst] Vorbereitgn u. Wörterbuch. *Berlin: R. Gaertner 1897.* 2 Bde 8.
[Text.] (VIII, 125 S.) Vorbereitgn u. Wörterb. (64 S.)
— Schulbibliothek französ. u. engl. Prosaschriften aus d. neueren Zeit. Abt. II. Bdch. 24. [97. 8099

— Sister Mary, or, a year of my boyhood, hrsg. von J. Klapperich, s. a. Schriftsteller, englische u. französische, der neueren Zeit. III.

Sister Mary; or, a year of my boyhood. By Ascott R. Hope [d. i. Robert Hope **Moncrieff**]. Für d. Schulgebr. erl. von Dr. J[osef] Klapperich. *Glogau: C. Flemming 1901.* (VI, 95 S.) 8°
— Schriftsteller. Englische u. französische, d. neuer. Zeit. Bdch. 3. [01. 3089

– My schoolboy friend, s. Library, English.

Hope, Askott R., Snowed up! hrsg. v. J. Klapperich, s.: Schriftsteller, engl. u. französ., der neueren Zeit. XIV.

— Stories of English girlhood, hrsg. v. J. Klapperich, s.: Schulbibliothek, französ. u. engl. C. 29.

— Stories of English schoolboy life, hrsg. v. J. Klapperich, s.: Schulbibliothek französ. u. engl. Prosaschriften. II. 12.

— Select stories, hrsg. v. H. Fr. Haastert, s.: Authors, English.

Hope, Askott R., an emigrant boy's story. Für den Schulgebrauch bearb. u. hrsg. v. J. Klapperich. I. Tl.: Einleitung u. Text. II. Tl.: Anmerkgn. u. Wörterverzeichnis. 8. (XII, 180 S. m. 6 Abbildgn.) Leipzig 899. G. Freytag. Geb. in Leinw. u. geb. n. 1.50

HOPE, Ascott R.
Ascott R. Hope. An Emigrant Boy's Story. Für den Schulgebrauch bearbeitet und herausgegeben von Dr. J. Klapperich. I. Theil: Einleitung und Text. II. Theil: Anmerkungen und Wörterverzeichnis. Mit 6 Abbildungen. (Freytags Sammlung französischer und englischer Schriftsteller.) Wien und Prag. 1900. Tempsky. 8°. XVI, 180 S. Geb. K 1.80

Tom's troubles, s. Library, English.

Hope, Eva, Grace Darling the heroine of the Farne Islands, s.: Schulbibliothek, französische u. englische.

Hope, Geoffrey Dodleston, a. Birkenhead (England): Über Hydroresorcinderivate. Halle a. S. 1906: C. A. Kaemmerer & Co. (37 S.) 8°
Halle, Phil. Fak., Ref. Volhard, Diss. v. 21. Dez. 1906
[Geb. 23. Nov. 80 Thurstaston, Grafschaft Cheshire, England; Wohnort: Halle a. S.; Staatsangeh.: England; Vorbildung: Grammarschool Sedbergh, Yorkshire; Studium: Liverpool 2, Halle 4 S.; Rig. 20. Nov. 06.]

Hope, James, die Entzündung des Gehirns u. der Gehirnhäute, deren Symptome u. Behandlung. Eine bis jetzt in Deutschland noch nicht bekannte, werthvolle Monographie. Aus dem Engl. von L. Schmidtmann. gr. 8. (IV u. 116 S.) Berlin 847, Adolf & Co. 2/3 ₰

Hope, James, Grundzüge d. patholog. Anatomie in ihrer Verbind. mit d. Krankheitssymptomen. A. d. Engl. Mit e. Einleit. hrsg. v. M. S. Krüger. gr. 8. (20 1/2 B.) Berlin 836, Schüppel.

Hope, James, von d. Krankheiten d. Herzens u. d. grossen Gefässe. Uebersetz. a. d. Engl.; mit e. Vorw., Anmerkn. u. Zusätzen hrsg. v. Ferd. Wilh. Becker. gr. 8. (33 1/2 B. u. 1 Kpfrt.) Berlin 833, Th. Enslin.

Hope, James, über die Schlagadergeschwulst der Aorta (Aneurisma Aortae). gr. 8. (4 1/8 B.) Erlangen 842. [Enke's Brlgsh.]

Hope, Josef [app. Arzt aus Bielefeld]: Aus d. Laboratorium d. pharmakognost. Sammlung in Kiel. Beitrag zur Kenntnis der Wirkung des Methylconiin ... Kiel, Druck v. A. F. Jensen, 1893; 24 S. 8.
Kiel, Med. Fak., Inaug.-Diss. v. [27. März] 1893

Hope, J. Beitrag zur Kenntnis der Wirkung des Methylconiin. Kiel 1893.

Hope, Otto [pract. Arzt aus Bielefeld]: Ueber einen Fall von Tumor der Vierhügel .... Halle a. S., Hofbuchdr. v. C. A. Kaemmerer & Co., 1888; 31 S. + 1 Bl. 8°
Halle, Med. Fak., Inaug.-Diss. v. 16. Jun. 1888

Hope, Otto, über einen Fall von Tumor der Vierhügel. Diss. Halle 1888, Lippertsche Buchh. 8°. 34 S.

Hope, Th., Anastasius Reiseabentheuer eines Griechen in den letzten Jahrzehnden des vorigen Jahrhund. Nach d. Engl. bearbeit. v. W. A. Lindau. 5 Thle. 8. Dresd. 821—25. Arnold. 6 ₰ 16 gr 2e Ausg. 828. Ebd. 5 ₰

Hope, Th., Anastasius. Leben u. Reiseabentheuer e. Neugriechen. A. d. Engl. v. W. Ad. Lindau. 2., mit e. Einleit. verm., wohlf. Ausg. 5 Thle. 8. (84½ B.) Dresden 828, Arnold. Vgl. Hoppe.

Höpel, Gustav

[F. u. Ant.] Durch Kampf zum Sieg. Sedan-Festspiel in 3 Auftritten v. Dr. phil. G. Hoepel ... *Berlin: Buchh. d. Ostdeutschen Jünglingsbundes [1895].* (23 S.) 1 Bd 8. (96. 1631

Hoepel, G., durch Kampf zum Sieg. Patriot. Festsp. in 3 Auftritten. 2. Aufl. 8. (24 S.) Berlin 897. Buchh. d. Ostdeutschen Jünglingsbundes. n. — 50

Hoepel, G., Gustav Adolf. Ein Festspiel f. evangel. Männer- u. Jünglingsvereine. 8. (28 S.) Berlin (902). Buchh. des ostdeutschen Jünglingsbundes. n. — 50

Hoepel, Gustavus [Molhusanus]: De notionibus voluntarii (ἑκούσιον) ac consilii (προαίρεσις) secundum Aristotelis ethica Nicomachea (III, 1–7) .... Halis Saxonum, form. descrips. E. Karras, 1887; 32 S. + 1 Bl. 8°
Halle, Phil. Fak., Inaug. Diss. v. [19. Nov.] 1887

Hoepel, G., die kirchliche Vereinsarbeit, s. a. Handbibliothek, praktisch-theologische.

Die kirchliche Vereinsarbeit von Dr. G[ustav] Hoepel, Pastor. Göttingen: Vandenhoeck & Ruprecht 1906. (VIII, 223 S.) 8° [F.]
= Handbibliothek, Praktisch-theol. Bd 4. (07. 4918 B

Hopeles, s. Huveles.

Höper, H., die preussische Eisenbahn-Finanz-Gesetzgebung. Sammlung der auf die finanziellen Verhältnisse der preuss. Staats-Eisenbahnen und die finanzielle Betheiligung des preuss. Staats an Privat-Eisenbahnen bezügl. Gesetze, Erlasse etc., nebst zugehör. Motiven, Denkschriften, Berichten der Kommissionen des Landtages, Staatsverträgen etc. Im Auftrage des Ministers für Handel, Gewerbe und öffentl. Arbeiten bearb. 4 Bde. gr. 8. (VI, 837; VIII, 832; VI, 591; IV, 136 S.) Berlin 879, C. Heymann's Verlag. * 40 —

Hoeper, Vict., aber die Vogesen — —. Betrachtungen u. Erlebnisse. Unsren Gebirgsvereinen, Sommerfrischlern u. sonst. Herren Naturkollegen weit u. breit zu Nutz u. Frommen. 8. (58 S.) Kassel 902. G. Welß. n. — 60

Hoeper, Victor [aus Hannover]: Zur Definition des β-Brom-Carbostyrils und seiner Derivate ... Freiburg i. B., Buchdr. v. Ch. Ströcker, 1893; 45 S., 1 Bl. 8.
Freiburg i. B., Phil. Fak., Inaug.-Diss. v. 1893

Hoeper, Victor. Auf der Grenze. Die Erzählung eines Wintertages. Von V' H' [Ascona]. 375 S. 8. Strassburg i. E., E. van Hauten, 1905. [M. 4.—]

Hoeper, Vikt., gute schlechte Menschen. Novelle. 8. (146 S.) München 894. Dr. E. Albert & Co., Sep.-Cto. n. 2. —

Hopes and fears, s. Collection of british authors.

Hopestone, S. F., english a. german dialogues. Englisch-deutsche Gespräche. 2 parts. 8. Berlin 872. München, Th. Ackermann. n. 1. 35
1. (V, 60 S.) n. — 60. — 2. (79 S.) n. — 75.

Hopetzky, Franz, Rechnungen zur Einübung der Arbeiter - Unfallversicherung in Oesterreich, im Grunde des Gesetzes vom 28. December 1887 für Gewerbeschulen, Fortbildungsschulen, Handwerkerschulen, Bürgerschulen und Volksschulen, sowie für Arbeiter und Arbeitnehmer von Franz Kopetzky. 8. (32 S.) Wien: Pichler 1890 —.25

Hopf

— s. a. **Hopff.**

Hopf, Festpredigt, gehalten bei der Jahresfeier des hamburg. Hauptvereins der Gustav-Adolf-Stiftung in der St. Jakobi-Kirche am 15. Novbr. 1877. gr. 8. (10 S.) Hamburg 878, Nolte. * — 30

Hopf: Nouveau Recueil général, s. Samwer

Hopf's Tourenkärtchen, s.: Touristenkarten.

Hopf, A., Barbarossa u. d. dtsch. Turner, Zur Erinnerung an d. 2. dtsch. Turnf. 10.—12. 8. 1861, Berlin 1861, 4 S., 8°.

Hopf, A. Sechs Predigten. Nebst kurzem Lebenslauf und Bildniss. Der Gemeinde dargeboten von Freunden des Verewigten. Gr. in-8°. 61 S. Thun, J. J. Christen. 1890 Broch. 1 35
Geb. 1 50. Geb. mit Goldschnitt 1 80

Hopf, Alexander, Anton Wolfradt, Fürstbischof von Wien und Abt des Benedictiner-Stiftes Kremsmünster, Geheimer Rath und Minister Kaiser Ferdinand des II. I. Zumeist nach Archivalischen Quellen bearbeitet. Gr.-8 (44 S.) In Comm. -.36

Hopf, Alexander, Anton Wolfradt, Fürstbischof von Wien, Abt des Benediktiner-Stiftes Kremsmünster, geheimer Rath und Minister Kaiser Ferdinands II. 2. Abthlg. 1. Zumeist nach archivalischen Quellen bearbeitet. Gr.-8. (47 S.) In Comm. 1.36

Hopf, Alexander, Anton Wolfradt. Fürstbischof von Wien und Abt des Benediktinerstiftes, Kremsmünster. geheimer Rath und Minister Kaiser Ferdinand des II. II., Abth. 2. Zumeist nach archivalischen Quellen bearbeitet. Lex.-8. (46 S.) In Comm. — 36

Hopf, Alex. Anton Wolfradt, Fürstbischof v. Wien u. Abt d. Benedictinerstiftes Kremsmünster, Geh. Rath u. Minister Kaiser Ferdinands II. Zumeist nach archival. Quellen bearb. I. u. II., 1. gr. 8. (44; 47 S.) Wien 891, 92, Hölder. à Thl. * — 72; * 1 44

Hopf, Alex., Anton Wolfradt, Fürstbischof v. Wien u. Abt des Benedictinerstiftes Kremsmünster, Geheimer Rath u. Minister Kaiser Ferdinands II. I. II, 1. u. 2. Abth. Zumeist nach archival. Quellen bearb. gr. 8. Wien, A. Hölder. n. 2. 16
I. (44 S.) 891. n. — 72. — II, 1. (47 S.) 892. n. — 72. — II, 2. (46 S.) 893. n. — 72.

— dasselbe, Schluss, s.: Maurer, Jos.

Hopf, Albert

—— Brennecke's wunderbare Abenteuer auf seiner Reise nach dem Kometen. gr. 8. (16 S.) Berlin 857, [Mecklenburg.]

(Hopf, A.) Politische Abentheuer des berühmten Baron Beisele und seines Hofmeisters Dr. Eisele zu Wasser und zu Lande. Nr. 1. Der Bahnhof zu Spandau. Nr. 2. Der Republikaner-Fänger zu Charlottenburg. Berlin, L. Hirschfeld. 2 Bl. Fol.
Flugblatt. Berlin, 1848/49.

Hopf, A(lbert), politische Abentheuer des berühmten Baron Beisele und seines Hofmeisters Dr. Eisele zu Wasser und zu Lande. Nr. 1. Der Bahnhof zu Spandow. (½ Bog. in Fol.) Berlin 848, Hirschfeld.

— Ach Jotte doch! Nu is et leider doch losjejangen! Und recht schrecken. Eene recht traurige Betrachtung. Mit Bild. Druck ebenda. 1 Bl. Fol.
Flugblatt. Berlin, 1848/49.

Hopf, A. (Hrsg.), s. Almanach, Humoristischer, der Tribüne für 1863.

Hopf, Albert [wirkl. Name], s.a. Anastasius [Pseud.]

Hopf, Alb., die deutschen Auswanderer auf d. Mosquito-Küste. 2 Hfte. 8. (3 B.) Charlottenburg 846, Bauer. à

HOPF, Der Baron von Hammelsdorf auf dem Berliner Wollmarkt. Humoristisches Sittengemälde mit etwas Todtenbund aus dem 19. Jahrhundert. Mit 1 Titelvignette. Berlin. Im Selbstverlage des Verfassers. 32 S. 8⁰. (1 Mk. 80 Pfg. l. c.)

HOPF, Alb., Die Bauernfänger von Berlin. Ein Noth- und Hülfsbüchlein für Jedermann aus dem Volke. Mit 5 Illustr. (nicht 6). Sechste Aufl. Berlin, o. J. 32 S. 8⁰. (2 Mk. E. Frensdorff, 1906.)

— - charlottenb. Beobachter, s. Beobachter.

Hopf, Albert, das gemüthliche Berlin. 1. und 2. Heft. 8. Cöslin 852, Volger'sche Buchh. à Heft 2 Ngr.
Inhalt:
Heft 1. Herr Bullrig in Kroll's Wintergarten. Heiteres Lebensbild in 4 Abthlgn. (15 S. mit 1 Holzschn.)
" 2. Tomaschek der Auferstandene, oder: Plättbrett und Bügeleisen vor Gericht. (21 S. mit 1 Holzschn.)

QUALM, Hans (d. i. *Albert Hopf*), Das verkehrte Berlin im Jahre 1842. Strafpredigt, gehalten in freien Knüttelversen, in des Aeltervaters Abraham a Sancta Clara Manier. 2. Aufl. Berlin, Krause, 1843. 8⁰. (¹/₆ Rthl.)
Engelmann II, S. 24. — Die erste Aufl. wohl von demselben Jahre.

Hopf, A(lbert) (I.), Berlin, wie es hustet und niest. Ein wiener Ragout mit berliner Sauce, halb süß halb sauer, in 2 Aftschüsseln. Für das Walhalla-Theater bearb. 8. (16 S.) Berlin 858, [Mecklenburg.]
Vgl.: Pflanzen, berliner.

Hopf, A(lbert), Bilderspiegel ganz neues Bilderbuch für fleißige und artige Kinder unter 8 Jahren mit vortrefflich gemalten characterist. (lithogr.) Bildern. 4. (16 Bl.) Berlin 850, A. Sala. Thlr.

Hopf, Albert [wirkl. Name], s.a. Bohmhammel, Ullo [Pseud.]

—— der Bowlen-Prozeß oder Tibbeke als Angeklagter vor den Schranken des öffentlichen Gerichtes. 8. (31 S. und 1 Holzschn.) Berlin 848, L. Schlesinger.

Hopf, Albert [wirkl. Name], s.a. Brennecke [Pseud.]

—— Brenneke als Flüchtling in Californien. Nach authent. Quellen dramatisch bearb., und der allgemeinen Heiterkeit zum Besten gegeben. 8. (32 S.) Berlin 852, Volger'sche Buchh.

— Brenneke als Flüchtling in Californien. Nach auth. Quellen dramatisch bearb., u. der allgem. Heiterkeit zum Besten gegeben. 8. (32 S.) Cöslin 852, Volger. Verklebt. ¹/₁₂ ₰

—— Brenneke auf der Industrie-Ausstellung in London. Humoristisches Genre-Bild nach der Natur. 1. und 2. Aufl. 8. (32 S. und 1 Holzschn.) Berlin 851, (Hopf.) **

—— Brennecke in Paris zur Welt-Ausstellung. Humoristische Genrebilder aus dem pariser Leben. 1—3. Heft. 1. und 2. Aufl. 8. (à 16 S. mit eingedr. Holzschn.) Berlin 855, Faudel. à Heft 2⅓ Ngr.

— Brenneke als Reichstags-Abgeordneter zu Erfurt. 8. (32 S.) Berlin 849, Löwenherz. ¹/₁₂ ₰

—— Brenneke als Reichstags-Abgeordneter zu Erfurt. 8. (32 S.) Berlin 850, Löwenherz.

Hopf, Albert (Hrsg.), s.a. Brennecke-Kalender.

—— humoristisch-gemüthlicher Brennecke-Kalender auf das Schalkjahr 1852. Mit sehr vielen hübschen Illustr. (in eingedr. Holzschn.) 1. Jahrg. 8. (88 S.) Berlin 851(52,) Landsberger. *

— humoristisch-gemüthlicher Brennecke-Kalender auf das gemeine J. 1853 u. 1854. Mit sehr vielen hübschen u. heiteren Bildern. 2. u. 3. Jahrg. Berlin (Geelhaar.) (94; 96 S. mit Holzschn. im Text.) Jeder Jahrg. n. 6 ngr.

— - humoristisch-gemüthlicher Brennecke-Kalender auf die J. 1853 und 1854. Mit sehr viel hübschen und heiteren Bildern. 2. und 3. Jahrg. 8. (94 und 96 S. mit eingedr. Holzschn.) Berlin, Hopf. à Jahrg. **
Vgl.: Brennecke-Kalender und II. Bd. 1. Abthl. S. 445.

—— Couplets aus der Posse: Uriella, s. Couplets aus den beliebtesten Berliner Possen.

—— Deklamations-Kalospinthechromokrene, s. Museum komischer Vorträge.

—— Deklamations-Quodlibet, s.a. Deklamations-Quodlibet.

— Deklamations-Quodlibet. Komische Vorträge in Poesie u. Prosa. 2 Thle, in 1 Bde. Berlin (858.) Lassar. 16. (141; 141 S.) 7½ ngr.

— Deklamations-Quodlibet. Komische Vorträge in Poesie u. Prosa. 3. verm. Aufl. Berlin 861. Lassar. 16. (VI, 216 S.) 7½ ngr.

—— Deklamations-Quodlibet. Komische Vorträge in Poesie und Prosa. 4., verm. Aufl. 16. (VI und 207 S.) Berlin 866, Lassar's Buchh.

—— der heitere Declamator, s.a. Declamator, der heitere.

— der heitere Declamator. Eine Sammlung der besten komischen Vorträge in Poesie u. Prosa mit Original-Beiträgen der beliebtesten Humoristen. Berlin (857.) Verlags-Magazin. 16. (1 Bl., 141 S.) n. 5 ngr.

— Etsch! Etsch! Et is ja widder nich losgegangen. Strafpredigt von Madam Bohmhammeln gehalten den 25. Septbr. uffen Abend an ihren Jemahl Ullo Bohmhammel. Verlag von L. Hirschfeld. Mit Bild. 1 Bl. Fol.
Flugblatt. Berlin, 1848/49.

Hopf, A., Eugenie am rothen Meer, oder Schultze und Müller zur Eröffnung des Suez-Canals. Authentischer Bericht, per Krokodillenpost am Nil. Mit color. Titelbild. (Kaiserin Eugenie, auf einem Kameele reitend), Berlin 1869. 8⁰. 16 S. In farb. Orig.-Umschl. (3 Mk. E. Frensdorff, 1906:)

—— Tante Europa und ihre Großmägde. Carnevalsposse mit Gesang und Betteltänz. 8. (15 S.) Berlin 859, Mecklenburg.

—— Flick und Flock, s. Pflanzen, berliner.

—— ein Freier in Lebensgefahr, s. Bloch's, E., Dilettanten-Bühne.

Hopf, Alb., Frühlingsklang und Rosensang. 8. (XI, 86 S.) Danzig 873, (Weber.) *

— Ganz Berlin muß nach Wien. Jegen die Croaten ziehn! Eene Rede, jered't von Herr Karben, am 31. Oktober, uf de Kummödientreppe, un wortjetreu ab-jekuppirt von Ullo Bohmhammel. Druck ebenda. 1 Bl. Fol.
Flugblatt. Berlin, 1848/49.

DIENSTMÄDCHEN. — Hopf, Albert, General-Versammlung der Berliner Dienstmädchen, zur Erledigung der Aussteuer-Frage. Mit Titelbild. Berlin 1852. 8⁰. (40 Pfg. G. Priewe.) Rar!

—— der fidele Gesellschafter, s. Gesellschafter, der fidele.

— der fidele Gesellschafter oder Universal-Hand-, Haus- u. Hülfsbuch für muntere u. fidele Leute. Berlin (857.) Verlags-Magazin. 16. (141 S.) n. 5 ngr.

—— der fidele Gesellschafter. Hausschatz humorist. Vorträge, Declamationen, Couplets, dramatische Soloscherze rc. Nebst einer Auswahl von Gesellschaftsspielen im Zimmer und im Freien. Mit Orig.-Beiträgen der beliebtesten Humoristen. 1. und 2. Aufl. 15 Lfgn. gr. 8. (960 S.) Berlin 867, Conrad. à Lfg. 4 Ngr.

— — 3. Aufl. (In ca. 15 Liefgn.) 1. u. 2. Liefg. Ebend. 868. gr. 8. (S. 1—128.) Jede Liefg 1 ngr.

Hopf, A., der fidele Gesellschafter. Hausschatz humorist. Vorträge, Declamationen, Couplets rc. Nebst einer Auswahl von Gesellschaftsspielen im Zimmer und im Freien. Mit Orig.-Beiträgen der beliebtesten Humoristen. 3. Aufl. In 15 Lfgn. gr. 8. (960 S.) Berlin 869, Conrad. à Lfg. 40 Pf.

— Gewonnen is die Wienerschlacht! Det hab' ick mir woll jleich jedacht. — Eene wichtige, vollständig unverbürgte Nachricht. Mit Bild. Druck ebenda. 1 Bl. Fol.
Flugblatt. Berlin, 1848/49.

Hopf, A., der Giftmischer, s. Kühling's, A., Album für Liebhaber-Bühnen.

—— berliner Guckkastenbilder f. d. Jahr 1845. Mit d. aufgehängten Bilde des Guckkästners. 8. (2 B.) Berlin 845, Lindow.

— ein verbildeter Hausknecht, s. Pflanzen, Berliner.

Hopf, A(lbert) (I.), ein gebildetes Hausmädchen. Berliner Genrebild mit Gesang. 8. (15 S.) Berlin 859, (Geelhaar.) Thlr.

— Hr. Minister Eichmann wird gebohmhammelt, weil er den Weg zu de Freiheit verrammelt. Eene reh-speck-volle Interpellation. Druck ebenda. 1 Bl. Fol.
Flugblatt. Berlin, 1848/49.

— Herr Pfuel is een braver Mann, der seine Schuldigkeit gedhan! Graf Brandenburg, ach geh zum Küster, dir will hier Keener als Minister. Eene Leichenrede, beim Abtritt vons Ministerium Pfuel jehalten. Druck ebenda. 1 Bl. Fol.
Flugblatt. Berlin, 1848/49.

Brennecke, Don Ranudo (d. i. *Albert Hopf*), Wahrhaftige Historia von dem Leben, Thaten u. erschröcklichen Ebenteuern derer berümbten Tänzerin Sennora Pepita, benennet die Olive 1854.

Von Weller, Lex. Ps., S. 85, nicht enthüllt. — Sehr selten!
Eine dänische Uebersetzung erschien 1855.

—— Hobelspahn, auf der 5. Haupt-Versammlung d. Gustav-Adolph-Vereins zu Berlin im J. 1846. Ein religiös. Schausp. gr. 16. (6½ B. u. Ttlkpfr.) Charlottenburg 846, Bauer.

— Hurrjöh! die arme Börjerwehr! Nu hat se keen Jesetz nich mehr. Een Esel hat et furtjedragen. Wat werren nu die Andern sagen. Eene Jnaden-Arie mit Varjatzionen uf de Constablerpfeife. Druck von J. Dräger. 1 Bl. Fol.
Flugblatt. Berlin, 1848/49.

— Horrjöh! Jck schreie mir ganz heiser: Hoch! Vivat hoch der deutsche Kaiser!!! Von Ullo Bombammel, reorganisirt werden sollender Vice-Gefreite bei de entschlafene Börjerwehr. Druck von W. Fähndrich u. Co. 1 Bl. Fol.
Flugblatt. Berlin, 1848/49.

—— Hulda auf der Anklagebank, s. Gerichts-Scenen, komische.

—— das Jahr 1861 im Berliner Guckkasten, s. Stadtklatsch, Berliner.

— Juchhe! Jeburtsdag is ja heit! Nu seht mal wie sich allens freut! — Eene versöhnungsvolle Jeburtsdags-Rede. Mit Bild. Druck ebenda. 1 Bl. Fol.
Flugblatt. Berlin, 1848/49.

—— Karlchen der angenehme Declamator, s. Karlchen.

—— Lumpazi's Carneval, s. Lumpaci.

HOPF, Lumpazi's Carneval. Erstes Heft. Die schöne Hulda. 2. Auflage. Mit 1 Titelbild. Charlottenburg 1846. 30 S. 8⁰. (2 Mk. l. c.)

—— der Komet am Theaterhimmel, oder: die Prophezeiung vom Untergange der Kunst. gr. 8. (4 S.) Berlin 857, (Mecklenburg.)

Hopf, A., Congreß der Berliner Dienstmädchen zur Erhaltung des Friedens. Ein geheimnißvolles Ereigniß ans Licht gebracht. gr. 8. (15 S.) Berlin 866, (E. Mecklenburg.)

(Hopf, Albert.) Die Kreuzritter im Sack. Ein Nachspiel zum Prozeß Waldeck, von Eulalia Nemesis. Berlin, Selbstverlag des Verfassers (1849.) 8 S. 8.

—— der kleine Landtag und sein Schluß, oder Nante und Brennecke als Abgeordnete. 8. (27 S. und 1 Holzschn.) Berlin 847, L. Schlesinger.

HOPF, Albert († 26. Septbr. 1885 in Berlin, 72 J. alt). Hundertjähriger und humoristischer Liebes- und Ehestands-Kalender, für 1847. Mit Illustrationen (u. 1 Titelvignette). Charlottenburg 1847. 8⁰. 100 S. u. 2 Bl. (In Breslau, Kgl. u. Univ.-Bibl.: Hist. univ. 8⁰. III c 133 a.) (5 Mk. E. Frensdorff, 1909.)

Selten! Aus d. Inhalt: Der Maskenball. — Interessante Umstände. — Das Billet-doux. — Vaterfreuden. — Die zwölf Zeichen des Liebeshimmels. — Der moderne Don Juan. — Spanische und deutsche Liebe. — Der königliche Harem in Persien. — Wieviel Schönheiten gehören zu einem vollkommenen Mädchen? — Der Liebestrank usw.

—— 100jähriger und humoristischer Liebes- und Ehestands-Kalender. Mit Illustrationen. Jahrg. 1847. 8. (100 S.) Charlottenburg 847. [Leipzig, Twietmeyer's Buchh.] *

(Hopf, Albert.) Linden-Müller. Die mißglückte Verschwörung am 15. Oktober, oder: die erste Rose im Gambrinus. Ein Schauergemälde, worin sich der dicke Stein 'das Herz herausbeißt und an der Abzehrung stirbt. In fünf Akten, nebst einem Vor- und einem Nachspiel. Sehr frei nach Blömer von Linden-Müller, Bürger und Ex-Präsident der weiland politischen souveränen Ecke und cidevant Vorstand des verschollenen Lindenklubbs. Erster dramatischer Versuch. (Mit einem Holzschnitt.) Berlin 1849. 8 S. 8.

—— Pauline Lucca, oder: kriegerische Abenteuer einer friedfertigen Primadonna. Den Mittheilungen der Sängerin nacherzählt. 16. (63 S. mit Illustr. in eingedr. Holzschn.) Berlin 871, Schlingmann.

Hopf, A., Pauline Lucca, od.: kriegerische Abenteuer e. friedfertigen Primadonna. Den Mittheilgn. der Sängerin nacherzählt. Mit Illustr. (in eingedr. Holzschn.) 16. (63 S.) Berlin 871. Leipzig, Fest. — 75

— ein Mädchen für Alles, s. Stadtklatsch, Berliner.

— siehe u. Mannsperson, die illustrirte. —

MANNSPERSON, Die illustrirte. Humor, Satire, und Wahrheit. Von einer Dame (vielmehr von *Albert Hopf*). Mit vielen Text-Holzschnitten. Leipzig 1852. 12°. (50 Pfg. Heberle, Cöln, c. 1875; jetzt höher!)
Anon.-Lex. V. p. 202 (nach Kayser).

Hopf, Alb. (II.), Marienblüthen. 8 (VIII und 167 S.) Danzig 861, Kafemann. *

— eine Marketenderin vor Düppel, s. Theatrum mundi.

—— die Maschinenbauer von Berlin. Volksschauspiel mit Gesang, Tanz und festlichen Aufzügen, nebst einigen Andieluftsetzungen, in mehreren Akten. Für das „Wallhalla-Theater" bühnengerecht bearb. 8. (17 S.) Berlin 860, Selbstverlag. (Geelhaar.)

(Hopf.) Ministerken, Juchhedewich! Nach Brandenburg, da jehn wir nich. Rück Du mit deiner Rechten aus, die Linke bleibt in't Schauspielhaus. Ene vorpopulige Stimme, ufjefangen vors Komödienhaus. Druck von C. Lauter u. Co. 1 Bl. Fol.
Flugblatt. Berlin, 1848/49.

Hopf, A. Große Minister-Pleite. Quodlibet gesungen beim Abtritt von sämmtlichen Ministern. Motto, Volk: Pleite??? Alle Minister: Pleite!!! 3. Aufl. Zu haben bei Jähns. 1 Bl. Fol.
Flugblatt. Berlin, 1848/49.

—— große Minister-Pleite. Quodlibet gesungen beim Abtritt von sämmtl. Ministern. (Gedicht.) (1 Bl. in gr. Fol.) Berlin 848, Hirschfeld.

—— eine Nacht in Berlin. Zugstück für sämmtl. deutsche Theater. 8. (16 S.) Berlin 860, Selbstverlag. (Geelhaar.)

— Nante. Nr. 1 u. 2. à ½ B. in Fol. 1. Nante wieder gewählt. 2. Nante constituirt sich. Berlin 849, Hopf. (à 1 ngr) 2 ngr

— Nante erklärt die Jorksche Geschäft-Ordnung. Nr. 3. Mit Illustration. Selbstverlag 1849. 1 Bl. Fol.
Flugblatt. Berlin, 1848/49.

— Nante constituirt sich. Nr. 2. Mit Illustration 1849. Selbstverlag. 1 Bl. Fol.
Flugblatt. Berlin, 1848/49.

— Der Natschionalversammelte Nante uf de Volksversammlung. Mit einem Holzschnitt. Druck von E. Litfaß. 1 Bl. Fol.
Flugblatt. Berlin, 1848/49.

— Nante als National-Versammelter. 1. bis 9. Sitzung. Mit Holzschnitten. Berlin 1848. 9 Bl. Fol.
Flugblatt. Berlin, 1848/49.

—— Nante als National-Versammelter. 1—9. Sitzung. Fol. (à ½ Bog. und 1 Holzschn.) Berlin 848, Hirschfeld. à Sitzung 1 Ngr.

— Nante wieder gewählt. Nr. 1. Mit Illustration. Selbstverlag. 1 Bl. Fol.
Flugblatt. Berlin, 1848/49.

— Großer allgemeiner illustrirter deutsch-einheitlicher Neujahrs Katzenjammer. Humoristisch-satyrisches Tableaux. Verlag von L. Schlesinger. 1 Bl. Fol.
Flugblatt. Berlin, 1848/49.

— Komische Neujahrswünsche. Verlag von L. Hirschfeld. 1 Bl. Fol.
Flugblatt. Berlin, 1848/49.

FRAUEN-Treubund. — Rippenschwach, Otto (d. i. *Albert Hopf*), Ritter Otto, der zerschmetternde Rächer, oder Mysterien des (Berliner) Frauen-Treu-Bundes. Romant. Ritter-Schauspiel in Vier Farben (Prosa). 3. Aufl. Berlin, im Selbstverl. d. Verf.: *A. Hopf*, Zimmerstr. Nr. 4, auf dem Hofe 2 Treppen hoch. (1848.) *A. E.*: Druck von G. Lauter u. Co., Klosterstr. 64. 8°. Illustr. rosa Orig.-Umschl. (50 Pfg. G. Priewe.)
32 S. Im ächten Berliner Dialekt, sehr komisch!

—— der Pascha von Rummelsburg oder: Leberström's Anfang, Glück und Ende. Humoristische Eichhoffiade (Nr. 2). 8. (16 S. mit 3 Bildern in eingedr. Holzschn.) Berlin 861, (Geelhaar.)

—— Pietsch macht mobil, s. Kriegsbilder.

— — s. Pflanzen, Berliner.

— Polterabend. Ein heiterer Rathgeber für Polterabend-Scherze. Für eine, zwei und mehrere Personen im Kostüm vorzutragen und in allen möglichen Dialecten. Nebst einem Anh., enthltd.: Muster zu Hochzeits-Kladderadatschen und Polterabend-Zeitungen. Berlin (857.) Lassar. gr. 8. (176 S.) 15 ngr

—— Polterabend! Ein heiterer Rathgeber für Polterabend-Scherze. Für ein, zwei und mehrere Personen im Kostüm vorzutragen und in allen mögl. Dialecten. Nebst einem Anhang, enthaltend Muster zu Hochzeits-Kladderadatschen und Polterabend-Zeitungen, sowie Tafel-Lieder und humorist. Hochzeits-Reden. 1—3., verm. Aufl. gr. 8. (IV und 170 S.) Berlin 858—61, Lassar's Buchh.

— Polterabend. Heiterer Rathgeber für Polterabend-Scherze. Für 1, 2 u. mehrere Personen, im Kostüm vorzutragen, u. in allen möglichen Dialekten. Nebst einem Anhang, enth.: Muster zu Hochzeits-Kladderadatschen u. Polterabend-Zeitungen, sowie Tafel-Lieder u. humoristische Hochzeitsreden. 3. Aufl. 861. (IV, 170 S.) — 4., sehr verm. Aufl. Berlin 861. Lassar. gr. 8. (V, 189 S.) 15 ngr

Hopf's, A., lustiger Polterabend. Heitere Vorträge zum Polterabend f. 1 u. mehrere Personen, im Kostüm vorzutragen u. in allen mögl. Dialekten. Nebst humorist. Polterabend- u. Hochzeitsreden, Tafelliedern, wie Mustern zu Polterabend-Zeitungen u. Hochzeits-Kladderadatschen. 5., verm. Aufl. 8. (IV, 208 S.) Oranienburg 887. Freyhoff. 1. 50

—— Puhlmann und Tibbeke bei der Enthüllungs-Feier des Friedrich-Denkmals. Historisches Zwiegespräch von einem erhöhten Standpunkte. gr. 8. (8 S.) Berlin 851, (Hopf.) **

—— Brennecke's Reise nach dem Bundestag oder das rothe Gespenst in Kuhschnappel. Ein Lustspiel, welches nur während einer Sonnenfinsterniß aufgeführt werden kann. 1—3. Aufl. 8. (32 S. und 1 Holzschn.) Berlin 851, (Hopf.) **

— Brennecke's Reise nach der Republik Frankreich, u. sein Besuch beim Präsidenten Louis Schnappoleon, oder die beiden Staatsstreicher. Historisches Drama m. Gesang. 8. (31 S. m. 1 Holzschn.) Cöslin 852, Volger. Verklebt. 1/12 ngr

BOHMHAMMEL, Ullo (d. i. *Albert Hopf*), Reiseabentheuer der Aurora Strampelmeier, oder Berliner Pflanzen auf der Leipziger Messe. Berlin 1851. 8°. (40 Pfg. G. Priewe.)

[HOPF, A.] Reiseabentheuer der Aurora Strampelmeyer, oder: Berliner Pflanzen auf der Leipziger Messe. Humoristisches Lebensbild von Ullo Bohmhammel. Berlin u. Leipzig 1851. Mit Titelbild.

Hopf, A., Die Revolution unter den Communisten oder Bruder Hobelspahn im Communisten-Netz. Eine sociale Komödie. 8°. Charlottenburg, Egb. Bauer, 1847.

—— die Revolution unter den Communisten oder Bruder Hobelspahn im Communisten-Nest. Eine sociale Komödie. 8. (64 S.) Charlottenburg 847. [Leipzig, Twietmeyer's Buchh.]

– s. Rippenschwach, Otto

—— die Russen kommen! (Gedicht.) gr. 8. (8 S.) Berlin 848, L. Schlesinger.

—— offen geschribbener Schreibe-Brief von Isaak Mauses Hersch an Herrn Louis aus Paris, Aufenthalt bor Szeit unbekannt. 8. (7 S.) Berlin 870, E. Prager's Buchh.

—— humoristische Schriften. 2 Bdchn. 8. Leipzig, Fritsch. [Moderne Antiquariatsbuchh.] (*M 2.)

HOPF, Humoristische Schriften. In sorgsamer Auswahl gesammelt und herausg. vom Verfasser. 2 Bdchn. in 1 Bde. Leipzig 1871. 2 Bl. u. 151 S. u. 172 S. 8°. (4 Mk. 50 Pfg., Orig.-Umschlge. mit eingebunden, l. c.)

— — Schriften, Humoristische. In sorgsamer Auswahl herausgegeben u. bearbeitet. 2 Bde. Leipzig 1871. 12°.
323 SS. Berliner Dienstboten-Wirthschaft. — Nanetten's Unterhosen-Prozess. — Wahrhaft. Historie der Sennora Pepita &c. &c. (2 Mk. Kühl.)

—— Schultze und Müller als Kloster-Revisoren. 1.—3. Aufl. br. 8. (93 S. mit vielen Illustr. in eingedr. Holzschn.) Leipzig 869, R. Schäfer. *

—— auf der Schutzmanns-Wache, s. Gerichts-Scenen, komische.

— Sie fragen mir: was issen des? der demokratische Congreß. Die Reaction wird lahm geritten, sie läßt um stillet Beileid bitten. Eene spaßhafte Underhaltung zwischen eenen reaktionären Esel un den demokratischen Ullo Bohmhammel. Mit einem Bilde. Druck ebenda. 1 Bl. Fol.
Flugblatt. Berlin, 1848/49.

— halb Sieben, s.: Bloch's, E., Dilettanten-Bühne.

HOPF, A., Politische Soirée der Ex-Regenten in England und ihre Begegnung mit Lola Montez. Berlin, Leopold Schlesinger, 1848. 8°. 8 S. (1 Mk. Paul Neubner, Cöln, 1892; 3 Mk. Ernst Frensdorff, Berlin, 1907.)

—— berliner Sommerwohnungen, s. Stadtklatsch, berliner.

Bohmhammel, Ullo. (Albert Hopf.) Sonst und Jetzt oder Scenen auf der berliner Schloßwache. Eine selige Rück-Erinnerung. (Mit einem Holzschnitt auf dem Titelblatt.) Berlin, L. Hirschfeld 1849. 8 S. 4.

—— Spickaal als Beherrscher d. Mosquito-Küste u. d. Emancipirten unter den Wilden. Fortsetz. u. Schluß „d. deutschen Auswanderer auf d. Mosquito-Küste." 8. (3¾ B. u. 1 ill. Ttlbld.) Charlottenburg 846, Bauer.

—— Spickaal auf d. berliner Kunst-Ausstellung im J. 1846. Genrebild. 8. (3 B. u. 1 ill. Ttlbld.) Charlottenburg 846, Bauer.

STUDENTENLEBEN, Modernes. Eine satirisch-didaktische Humoreske in miserabeln, dem Gegenstande angemessenen, Knittelversen.... (von *Albert Hopf*). Berlin 1861.
Anon.-Lex. V. p. 280 (nach Erman & Horn, I.).

— Politisch-humoristische Sylvester-Rundschau von Anastasius Schnüffler. Mit Illustration. Selbstverlag 1850. 1 Bl. Fol.
Flugblatt. Berlin, 1848/49.

—— humoristische Taschen-Pistole, s. Taschen-Pistole.

—— Theater-Humoresken. Mit Beiträgen von C. Helmerding. 1. und 2. Aufl. gr. 16. (IV, 179 S.) Berlin 870,72, Schlingmann. *
—— dass. — 3. Aufl. gr. 16. (157 S.) Leipzig 875, Fest. *

— Theatrum mundi. 6 Thle. Berlin, Verlag von Nothemann u. Müller, o. J. (c. 1875?) Mit color. Titelbildern. (10 Mk. Ernst Frensdorff.)
Th. 3 enth.: Nanettens Unterhosen-Process.

—— Theatrum mundi. I. Eine Marketenderin vor Düppel. Genrebild aus Schleswig. 8. (16 S.) Berlin 864, Uthemann und Müller.

— — Dasselbe. 2. Aufl. Ebd. 1871. 12°. (70 Pfg. Th. Ackermann, 1885.)

—— die schöne Therese und ihr Gatte, s. Gerichts-Scenen, komische.

—— Herr Turban als Trichinen-Doctor. Sanitödtliches Zeitbild in 5 trichinlosen Abtheilungen. 8. (14 S.) Berlin 866, (C. Mecklenburg.)

— interessante Unterhaltung zwischen Nante u. Brennecke. Nr. 1 u. 2. (à 1 Bl. in Fol.) Charlottenburg 847, Bauer. (à 1½ sgr) 3 sgr

—— interessante Unterhaltung zwischen Nante und Brennecke. Nr. 1 und 2. (à 1 Bl. in Fol.) Charlottenburg 847. [Leipzig, Twietmeyer's Buchh.] à Nr. 1½ Ngr.

—— 2 interessante Unterhaltunger zwischen Nante und Eisele und Beisele. 2 Bl. (Holzschn. mit Text.) hoch 4. Charlottenburg 848. [Leipzig, Twietmeyer's Buchh.]

— Eene drömerige Viehsion. Mit Bild. Druck von J. Draeger. 1 Bl. Fol.
Flugblatt. Berlin, 1848/49.

Hopf, Alb., Vernichtung u. Tod dem Branntweins-Drachen. Gedichte. 2. Aufl. gr. 8. (1 B.) Berlin 845. (J. A. Wohlgemuth.) Thlr. *

—— Nante's politisches Wachskabinet nebst einer sehr intereſſ. Unterhaltung zwischen Nante und Brenneke über das neue Strafgesetzbuch. Eine humorist. Scene. 8. (32 S. und 1 Holzschn.) Berlin 848, A. Sacco. *

—— eine Wasserparthie nach Stralau, s. Stadtklatsch, berliner.

SCHNÜFFLER, Anastasius (d. i. *Albert Hopf*), Die aristokratischen Weiber, oder: O Glück! Die Garde bleibt. Eine herausgeschnüffelte Schnüffelei. Mit großem Titelholzschn. Berlin, 1849. Imp.-8°. 8 S.

—— närrische Weltgeschichte in kleinen Skizzen, oder: Witz-, Blitz- und Platzpulver aus der bewegten Zeit. Enthält: Anekdoten von Kaisern, Königen, Kur- und anderen Fürsten ꝛc. 1. und 2. Heft. 16. (62 S.) Berlin 851, Löwenherz. à Heft 1½ Ngr.
Vgl.: Rippenschwach, Otto.

Hopf, A. Schöne Worte des Königs von Preußen. Berlin, Jähns 1848. 1 Bl. 8.
Flugblatt. Berlin, 1848/49.

— Jutjter Herr Wrangel! Thun se uns nischt, wir dhun Ihn ooch nischt! Een janz offenet Sendschreiben von Ullo Bohmhammel, Vice-Gefreiter bei de Börgerwehr, an Seine Hochwohlgeborne Exzellenz den Marschall „Druf!" Druck von E. Lauter und Co. 1 Bl. Fol.
Flugblatt. Berlin, 1848/49.

Hopf, A[lfred]. Der Burenkrieg. Bearbeitet von A. Hopf, stud. theol.... Mit einer Kartenskizze. 88 S. 8. Bern, K. J. Wyss, 1901. [fr. 1. 20]

1761. Über die Einleitung zum Timaeus. — Von August Hopf, Stdl. — 1884, Erlangen, Junge und Sohn. — S. 3—39°.
Progr. Erlangen, K. Gymn.

Hopf, August, s.: Zur Erinnerung an A. H.

Hopf, Balthasar (Rector zu Rinteln), De Apolline pseudodoctore commentatio. Stadthagen (Johann Friedrich Althans) 1782. 88 S. (7.—) 15957

Hopf C. die Teppiche des Orients. Zur Ausstellung altorientalischer Teppiche im K. Landesgewerbemuseum zu Stuttgart 1909. (28 S 4 T 1 K) Stuttgart 1909

Hopf, Carl, s. Hopf, Karl

Hopf, Christian Gottlob (Gottlieb)

— Beobachtt. u. Bemerkk. über die sogenannte schwarze Blätterkrankheit u. d. Wechselfieber, d. von d. Ausdünstung der Sümpfe entstehen. 8. Altenb. 812.

— über d. Entdeckung eines d. wichtigsten Mittel, die Luft zu reinigen u. vor Ansteckung zu sichern. 8. Stuttg. 802.

Hopf, C. G., Grundr. e. system. Abtheilung. d. einfachen u. zusammengesetzten Arzneykörper. 8. Tüb. Heerbrand. 803.

Hopf, Chr. Gli., Grundriß e. systemat. Abhandl. d. einfachen u. zusammengesetzten Arzneikörper. 8. Tüb. 803. (Osiander). 6 gr

— d. Cannstadter Heilquelle u. ihre Verehrer. 8. Stuttg. 818. (Sattler). 5 gr

Hopf, Christian Gottlob (Hrsg.):

s. a. Kommentarien der neuern Arzneykunde. Bd 1 - 6. Tübingen: 1793 - 1800

JB 6.042

— Comment. d. neuen Arzneikunde. 6 Bde. 8. Tübing. 793—800. (Osiander). 6 rthl 8 gr

— s. Chr. G. Selle, Fieberlehre.

— Uebersicht d. wichtigern Vorfälle in dem Clinicum ambulatorium. 1e—4e Uebersicht. 8. Tübing. 796—800.

— Versuch eines Umrisses d. Hauptgattungen d. Schlagflusses u. ihrer Behandlung. 8. Stuttg. 817. (Hofmann). 8 gr

— — Versuch eines Umrisses der Hauptgattungen des Schlagflusses und ihrer Behandlung. 8. Stuttgart, Sattler. 817.

— Vorschlag e. neuen Methode, die Uebergalle d. Hornviehes zu behandeln. 8. Frankf. u. Leipz. 796.

Hopf, Ernst, Gutachten, s.: Wilbradt, Alb.

Hopf, F. L.

Hopf, F., Lehrbuch für den Geschichts-Unterricht in Präparanden-Anstalten. Zugleich ein Hülfsbuch für den Geschichts-Unterricht in Mittelschulen und gehobenen Volksschulen. 2 Thle. gr. 8. Dillenburg 879, Seel. * 3 80
Inhalt:
Thl. 1. Alte Geschichte. (VIII, 155 S. mit 8 Holzschn. im Texte und auf 1 Taf.) *M. 1.80.
» 2. Mittelalter. (V, 134 S. mit 6 Holzschn. im Texte) *M. 1,50.

Hopf, F., Lehrbuch für den Geschichts-Unterricht in Präparanden-Anstalten. Zugleich ein Hülfsbuch für den Geschichts-Unterricht in Mittelschulen u. gehobenen Volksschulen. 1—3. Thl. gr. 8. Dillenburg 879. 80. Seel. n. 5. 10
1. Alte Geschichte. Mit 8 Holzschn. im Text u. auf 8 Taf. (VIII, 155 S.) n. 1. 80
2. Mittelalter. Mit 6 in den Text gedr. Holzschn. (V, 134 S.) n. 1. 50
3. Neue u. neueste Geschichte. Mit 9 in den Text gedr. Holzschn. 8. (III, 204 S.) n. 1. 80

Hopf, F., Lehrbuch für den Geschichtsunterricht in Präparanden-Anstalten. Zugleich ein Hülfsbuch für den Geschichts-Unterricht in Mittelschulen und gehobenen Volksschulen. 3. Thl.: Neue und neueste Geschichte. 8. (III, 204 S. mit 9 in den Text gedr. Holzschn.) Dillenburg 880, Seel. *
1. und 2. Thl. Ebendas. 1879. *M 3,30.

Hopf, F., Lehrbuch f. den Geschichtsunterricht in Präparanden-Anstalten. Zugleich e. Hilfsbuch f. d. Geschichtsunterricht in Mittel- u. gehob. Volksschulen. gr. 8. (VII, 393 u. VII S.) Dillenburg 899. C. Seel's Nachf. n. 2. 65; geb. n. 3. —

Hopf, (F. L.,) Präparationsbuch zur zweiten Hälfte des lat. Elementarbuchs v. Jacobs u. Döring. gr. 8. Augsburg 823, Engelbrecht.

Hopf, F. L., Präparationsbuch zur zweiten Hälfte d. latein. Elementarbuchs von Jacobs u. Döring. gr. 8. Augsb. 823. (Schlosser). 10 gr Hbg. Pr. 3 gr

Hopf, F. L., Präparationsbuch zur 2. Hälfte d. lat. Elementarbuchs v. Jacobs u. Döring. Neue Aufl. 8. Augsburg ..., Schlosser'sche Buchh.

Hopf, F. L., Präparationsbuch zur zweiten Hälfte des latein. Elementarbuchs von Jacobs u. Döring. 2e Aufl. 8. Augsburg 840. Schlosser. ¼ rthl

— Wörterbuch über den etymolog. u. syntakt. Theil d. Wenk'schen latein. Grammatik. gr. 8. Augsb. 824. Wolf. 6 gr

Hopf, F. W., Abhandlung üb. d. Croup, d. Natur u. sichere Heilmethode. gr. 8. Frankf. Hermann. 809.

Hopf, Frider., Dissertat. inaug. med. de Febre puerperarum. 8 maj. (1 B.) Campoduni 834, Dannheimer.

—— von d. Knochenbrüchen im Allgemeinen. Inaugural-Abhandl. gr. 8. (1 B.) Kempten 834, Dannheimer.

Hopf, Friedrich Eugen

Hopf, F. E., die Bekämpfung der Geschlechtskrankheiten u. d. internat. Brüsseler Konferenz v. 4. bis 8. IX. 1899. 8. (12 S.) Leipzig 899. B. Konegen. n. 1. — Sonderabdruck aus: „Reichs-Medizinal-Anzeiger".

Hopf, Fr. E., die Gefahren des Geschlechtsverkehrs u. der Geschlechtskrankheiten. (15 S.) 8. Leipzig (903). B. Konegen. n. 1. —

Hopf, Frdr. Eug., der dermatologisch-syphilidolog. Unterricht an Deutschlands Hochschulen. [Aus: „Reichs-Medicinal-Anzeiger".] 8. (8 S.) Leipzig 898. Verlag d. „Reichs-Medicinal-Anzeigers" B. Konegen. n. 1. —

Hopf, Fritz: Beiträge zum Recht der Theaterkritik. Erlangen 1909: Junge. 88 S. 8°
Erlangen, Jur. Diss. v. 19. Juni 1909, Ref. Sehling
[Geb. 9. Juni 87 Nürnberg; Wohnort: München; Staatsangeh.: Bayern; Vorbildung: Gymn. Erlangen Reife 06; Studium: München 4, Erlangen 2, Genf 1, Berlin 2 S.; Rig. 11. Mai 09.] [U 10. 704

Hopf, G., Enumeratio atque descriptio Hygrometrorum, quae inde a Saussurii temporibus proposita sunt, additis formulis et tabulis, quarum ope vaporum, qui aëri atmosphaerico insunt, aquosorum vis elastica, densitas et copia determinari possunt. Comment. etc. 4 maj. (8 B., 4 B. Tab. u. 3 Stnt. gr. Fol.) Gottingae 830, Vandenhoek et Ruprecht.

Hopf, Georg

Hopf, G. Die Bestimmungen in der Verfassung der Gothaer Lebensversicherungs-Bank über die Berechnung der Reserve mit ihren Konsequenzen. Gotha 1853.

Hopf, G., Ergebnisse der Lebensversicherungsbank für Deutschland in Gotha während der ersten 34 Jahre ihres Bestehens von 1829 bis 1862. Zusammengestellt und mit Nachweisen über die Sterblichkeit unter den Versicherten versehen. gr. 4. (XX und 19 S.) Gotha 863, (Thienemann.) *

— Die neuesten Ergebnisse und Fortschritte der Lebensversicherungsanstalten in Deutschland. Stuttgart und Tübingen 1842.

Hopf, G., die wesentlichsten Ergebnisse der gothaer Lebens-Versicherungs-Bank in dem ersten Vierteljahrhundert ihres Bestehens, besonders in Beziehung auf die Sterblichkeit der Versicherten. Ein Beitrag zu Otto Hübner's Jahrbuch für Volkswirthschaft und Statistik. 4. Jahrg. gr. 8. (31 S.) Leipzig 855, (Hübner.)

Hopf, G., Festrede bei der Jubelfeier des 50jährigen Bestehens der kaufmännischen Innungshalle zu Gotha und der damit verbundenen Handelsschule am 29. März 1868 gehalten. gr. 8. (20 S.) Gotha 868, (Thienemann.) *

Hopf, G. Zur Frage über die Verteilung der Überschüsse bei Lebensversicherungs-Anstalten. Leipzig 1854.

— Die Lebensversicherung als Mittel zur Hebung des persönlichen Kredits für Mitglieder von Vorschußkassen und Kreditgenossenschaften. Gotha 1864.

Hopf, G. Die Lebensversicherungsanstalten Deutschlands, ihre Einrichtungen, ihr Zustand und ihre Hoffnungen (1852).

Hopf, G. „Versichere dein Leben." Worte der Mahnung an treue Familienväter. Gotha 1856.

(Hopf, G.) Welche Bestimmungen empfehlen sich für ein Versicherungsgesetz bezüglich der Berechnung und Belegung der Prämienreserve bei den Lebensversicherungs-Anstalten? Leipzig 1869.

— Ein weiteres Wort über die Verteilung der Überschüsse. Leipzig 1856.

Hopf, Georg Wilhelm

Hopf, G. W., Alliteration, Assonanz, Reim in der Bibel. Ein neuer Beitrag zur Würdigung der Luther'schen Bibelverdeutschung. 8. (54 S.) Erlangen 883, Deichert. *

Hopf. Andeutungen zur Schulreform. Nürnberg, Handelssch. 1875. Progr.

Hopf, Geo. Wilh., Aufgaben zur Uebertragung älterer Schriftstücke in die Sprache unserer Zeit. Für den Schulgebrauch gesammelt und hrsg. gr. 8. (IV, 48 S.) Nürnberg 872, Schmid. [Korn'sche Buchh.] *

Hopf, Geo. Wilh., Entwicklung des Realschulwesens in Nürnberg. Ein Beitrag zur allgem. Schulgeschichte. Fürth 854. (Nürnberg) J. L. Schmid. 8. (2 Bl., 78 S.) n. 10 ngr

Hopf, Geo. Wilh., 50 neue Entwürfe zu deutschen Aufsätzen in Mittelschulen. gr. 8. (VI, 129 S.) Nürnberg 878, Korn'sche Buchh. * 1 80

Hopf, Geo. Wilh., bayerische Geschichte in Zeittafeln. Ein Handbuch für Lehrer, Beamte, wie für alle Freunde der Vaterlandskunde. gr. 8. (VIII und 283 S. und 1 Chromolithogr.) Nürnberg 865, J. L. Schmid's Verlag. *

Hopf, Geo. Wilh., Grundlinien der Handelsgeographie. Ein Leitfaden f. Realschulen. 2 Abthlgn. gr. 8. 1. Abthl., die Staaten Europa's enthaltend. (VIII u. 150 S.) 2. Abth., die aussereuropäischen Staaten enth. nebst einer Uebersicht der vorzüglichsten Handelsprodukte. (IV u. 139 S.) Fürth 852. 53, Schmid. (à n. 16 ngr) n. 1 rf 2 ngr

—— Grundlinien der Handelsgeographie. Ein Leitfaden für Realschulen. 1. Abthl.: Die Staaten Europa's. 1. Aufl. (VIII und 150 S.) * 16 Ngr. und 2. Aufl. gr. 8. (VIII und 313 S.) Fürth 854, Schmid's Buchh. *

—— Grundlinien der Handelsgeographie. Ein Leitfaden für Real- und Handelsschulen, sowie zum Selbstunterrichte. 4., verb. Aufl. gr. 8. (VIII und 371 S.) Nürnberg 863, J. L. Schmid's Verlag.

—— Grundlinien der Handelsgeographie. Ein Leitfaden für Realschulen und zum Selbstunterrichte. 5. umgearb. Aufl. gr. 8. (VI, 428 S.) Nürnberg 869, Schmid. *
—— dass. — 6. umgearb. Aufl. gr. 8. (VIII, 383 S.) Nürnberg 874, Korn'sche Buchh. *

Hopf, Geo. Wilh., die Handelsgewerbschule in Nürnberg. Mittheilungen an Aeltern, welche ihre Söhne dieser Anstalt übergeben wollen. gr. 8. (18 S.) Nürnberg 851, Stein. *

— die Handelsschule in Nürnberg. Mittheilungen an Eltern, welche ihre Söhne dieser Anstalt übergeben wollen. 4. Aufl. gr. 8. (32 S.) Nürnberg 877, Stein's Buchh. * — 60

Hopf, Wilh., über die Herstellung des ursprüngl. Textes der Bibelübersetzung Luther's, s. Psalter.

Hopf, Geo. Wilh., Hilfsbuch zu deutschen Stilübungen in Mittelschulen. 3., umgearb. und mit einer Aufgabensammlung verm. Aufl. gr. 8. (IV und 192 S.) Nürnberg 858, J. L. Schmid's Verlag. *

—— dass. — 1. Abthl. 3. Aufl. 2., verm. Abdr. und 2. Abthl. gr. 8. (XI und 308 S.) Ebendas. 860. *

Hopf, Geo. Wilh., Hilfsbuch zu deutschen Stilübungen in Mittelschulen. 4. vielverm. Aufl. gr. 8. (VIII, 339 S.) Nürnberg 871, Schmid. [Korn'sche Buchh.] *

—— Hilfsbuch zu deutschen Stilübungen. 5. viel verb. Aufl. mit Berücksicht. der neuen Orthographie. 5 Hefte. gr. 8. (VIII, 372 S.) Nürnberg 880, Korn'sche Buchh. à Heft * 80 Pf. *

—— über Inspektion der Volksschulen. Beitrag zur Lösung einer Zeitfrage. gr. 8. (32 S.) Fürth 849, Schmid's Buchh.

Hopf, Geo. Wilh., über Jugendschriften. Mittheilungen an Aeltern und Lehrer. 1. Bdchn. 1. und 2. (Titel-)Aufl. 12. (78 S.) Fürth (850), Schmid's Buchh. Thlr.

—— dass. — 2. Bdchn. 12. (46 S.) Ebds. 851.

— üb. Jugendschriften. Mittheilungen an Aeltern u. Lehrer. 12. (78 S.) Ebd. 850. 1/4 Thlr — 1. Bdchn. 2. (Titel-) Aufl. 12. Ebd. 851. 1/4 Thlr — 2. Bdchn. 12. (46 S.) Ebd. 851. 3 ngr (cmplt. 1/2 Thlr)

—— deutsches Lesebuch. 1—4. Thl. gr. 8. Fürth, Schmid's Buchh. [1. und 2. (XVI und 526 S.) 3. (VII und 288 S.) 854., 4. (VII und 288 S.) 855. à Thl. * 15 Ngr.] *

— deutsches Lesebuch. 4 Thle. Fürth 854, 56. (Nürnberg) J. L. Schmid. gr. 8. (VIII, 262; VII, 264; VII, 288; VII, 288 S.) Jeder Thl. n. 15 ngr.

—— dass. — 1. Thl. 2., unveränd. Aufl. gr. 8. (IX und 262 S.) Ebds. 855. *

— — 1. Thl. 2. u. 3. unveränd. Aufl. Ebend. 856, 57. gr. 8. (VIII, 262 S.) n. 15 ngr.

—— dass. — 4. Thl. 2., unveränd. Aufl. gr. 8. (VI und 288 S.) Ebendas. 857. *
3. Thl. Ebendas. 1854. * 15 Ngr.

—— deutsches Lesebuch. 1. Thl. 3., unveränd. Aufl. gr. 8. (VIII und 262 S.) Nürnberg 857, J. L. Schmid's Verlag. *

—— dass. — 2. Thl. 3., durchges. Aufl. gr. 8. (IV und 264 S.) Ebendas. 859. *

—— dass. — 3. Thl. 3., unveränd. Aufl. gr. 8. (VII und 288 S.) Ebendas. 863. *

—— deutsches Lesebuch. 1. Thl. 4. Aufl. gr. 8. (VIII und 262 S.) Nürnberg 865, J. L. Schmid's Verlag. *

Hopf, Geo. Wilh., deutsches Lesebuch. 2. Thl. 4., durchges. Aufl. gr. 8. (VIII und 264 S.) Nürnberg 868, J. L. Schmid's Verlag. *

—— deutsches Lesebuch. 2. Thl. 5. durchgeseh. Aufl. gr. 8. (VI, 264 S.) Nürnberg 873, Korn'sche Buchh. geb. *

—— deutsches Lesebuch. 4 Thle. gr. 8. Nürnberg, Korn'sche Buchh. [1. Thl. 5. und 6. Aufl. (VIII, 263 S.) 875,77. * M 1,50.; 2. Thl. 6. Aufl. (VI, 264 S.) 878. * M 1,80.; 3. Thl. 4. und 5. Aufl. (VI, 290 S.) 873,77. * M 1,50.; 4. Thl. 4. und 5. mehrfach veränderte Aufl. (VI, 296 S.) 874,78. * M 1,80.] * 6 60

— deutsches Lesebuch. 1—4. Tl. Nach der für die bayerischen Schulen vorgeschriebenen Orthographie. gr. 8. Nürnberg 878. 81. Korn. à n. 1. 80
1. 8. Aufl. (VIII, 256 S.) — 2. 7. Aufl. (VI, 252 S.) — 3. 6. Aufl. (288 S.) — 4. 5., mehrfach veränd. Aufl. (VI, 296 S.)

—— deutsches Lesebuch. Nach der für die bayer. Schulen vorgeschriebenen Orthographie. 1.—3. Tl. gr. 8. Ebendas. [1. Tl. 7. und 8. Aufl. (VIII, 256 S.) 880,81; 2. Tl. 7. Aufl. (VI, 252 S.) 881; 3. Tl. 6. Aufl. (288 S.) 881.] à Tl. * M 1,80. * geb. * M 2. *
4. Tl. Ebendas. 1878. * M 1,80.; geb. * M 2.

— deutsches Lesebuch. 4 Tle. gr. 8. Nürnberg 887. Korn. à n. 1. 80; Einbände à n.n. — 20
1. 9. Aufl. (VIII, 256 S.) — 2. 8. Aufl. (IV, 239 S.) — 3. 7. Aufl. (VI, 250 S.) — 4. 6. Aufl. (VI, 270 S.)

Hopf, Geo. Wilh., deutsches Lesebuch. 5 Tle. gr. 8. Nürnberg 887,88, Korn'sche Buchh. [1. Tl. 9. Aufl. (VIII, 256 S.); 2. Tl. 8. Aufl. (VI, 239 S.); 3. Tl. 7. Aufl. (VI, 250 S.); 4. Tl. 6. Aufl. (VI, 270 S.); 5. Tl. (VII, 262 S.)] à Tl. * M 1.80. * geb. à Tl. ** M 2.—. **

Hopf, G. W., deutsches Lesebuch. 5. Tl. gr. 8. (VII, 262 S.) Nürnberg 888. Korn. n. 1. 80; geb. n.n. 2. — (cplt. 5 Tle.: n. 9. —; geb. n.n. 10. —)

—— über Methode der deutschen Stilübungen in Mittelschulen. 2., verm. und verb. Aufl. 8. (VI und 74 S.) Fürth 851, Schmid's Buchh. *

—— Mittheilungen über Jugendschriften an Aeltern und Lehrer nebst gelegentl. Bemerkungen über Volksschriften. 3. Aufl. (III und 156 S.) 1853. und 4., sorgfältig gesichtete und erweiterte Aufl. 12. (III und 168 S.) Fürth 856, Schmid's Buchh. *

Mittheilungen über Jugendschriften an Aeltern und Lehrer.

3. Reihe.

Programm der Handelsschule in Nürnberg am Schlusse des Jahres 1859/60 von Georg Wilhelm Hopf.

Jahresbericht der Handelsschule und der mit derselben verbundenen Vorbereitungsschule in Nürnberg für das Schuljahr 1859/60.

—— Mittheilungen über Jugendschriften an Aeltern und Lehrer. Neue Folge. 12. (III und 86 S.) Nürnberg 861, J. L. Schmid's Verlag. *
1. Folge. 4. Aufl. Ebendas. 1856. * 10 Ngr.

—— Mittheilungen über Jugendschriften an Eltern und Lehrer, nebst gelegentl. Bemerkungen über Volksschriften. 5. sorgfältig gesicht. und erweit. Aufl. 8. (174 S.) Ebendas. 874. *

—— über Mnemonik und deren Anwendung in Schulen. (Abdr. des Schulprogramms 1850.) gr. 4. (26 S.) Fürth 850, Schmid's Buchh.

Hopf, Georg Wilhelm [Hrsg.], s. Sachs, H.: Auswahl.

—— aus XXV Schuljahren. Erfahrungen, Arbeiten und Urtheile. gr. 8. (45 S.) Nürnberg 872, Schmid. [Korn'sche Buchh.] *

— s. Ungewitter's, F. H., neueste Erdbeschreibung.

Hopf, G. W., Venedig im Mittelalter. Nürnberg, Schul-/Univ.-Schrift 1865.

—— über Vereinfachung des Unterrichts. Eine Schulrede gehalten bei der Preisvertheilung am 30. Aug. 1848. gr. 8. (16 S.) Nürnberg 848, Korn'sche Buchh.

—— Vorbericht über eine neue Ausg. der heil. Schrift nach Dr. Luther's Uebersetzung. Mit einem Nachwort von G. C. A. Harleß. 1. Abthl. gr. 8. (XVI und 23 S.) Leipzig 851, Teubner.

—— dass. — 2. Abthl., enth. das Varianten-Verzeichniß zu den Schriften des alten Testaments. gr. 8. (IV und 30 S.) Leipzig 852, Teubner.

—— Würdigung der Lutherischen Bibelverdeutschung mit Rücksicht auf ältere und neuere Uebersetzungen. gr. 8. (VIII und 338 S. mit 2 Tab. in 4.) Nürnberg 847, J. L. Schrag.

— Würdigung d. Lutherischen Bibelverdeutschung mit Rücksicht auf ältere u. neuere Uebersetzungen. gr. 8. (VIII n. 338 S. u. 2 Tab. in 4.) Nürnberg 848, J. L. Schrag. 1 ₰ 21 ngl

Hopf, Geo. Wilh., Zeittafel. Chronologische Zusammenstellg. der wichtigsten Thatsachen der allgemeinen Geschichte f. den Schulgebrauch. 3. verb. Aufl. gr. 8. (32 S.) Nürnberg 875. Korn. — 30

—— Zeittafel zu der Geschichte der Reichsstadt Nürnberg. 2. verb. Aufl. gr. 8. (16 S.) Ebendas. 880. *
Aus: Die Bayerische Geschichte in Zeittafeln, besonders abgedruckt.

—— übersichtliche Zusammenstellung der vorzüglichsten Handels-Produkte und ihrer Hauptfundorte. Eine Beigabe zu jedem Lehrbuch der allgemeinen Geographie. 1. Aufl. (22 S.) 1853. * 2½ Ngr. und 2., etwas erweiterte Aufl. gr. 8. (26 S.) Fürth 854, Schmid's Buchh. *
Aus des Verf.: Grundlinien der Handelsgeographie, besonders abgedruckt.

Hopf H. Bonifaz von Montferrat und der Troubadour Rambaut von Vaqueiras. (Slg wissenschaftlicher Vorträge 272) Berlin 1877

Hopf, H., s. a. Hopf, K.

Hopf, H. F., Meinungen von d. Handelsfreiheit u. d. Prohibitivsysteme, in Bezug auf d. Industrie in den deutschen Bundesstaaten. gr. 8. Wien 823. Heubner. 1 ₰

Hopf, Hans, aus Thun, Assistenzarzt am Zieglerspital in Bern: Ueber den hemmenden und erregenden Einfluß des Vagus auf den Magen des Frosches. (Aus dem physiologischen Institut Bern.) [Mit 62 Kurventafeln im Text.] München, R. Oldenbourg, 1911. 54 S. 8°. [9. XI. 10.]
Bern. Med. Diss. 1910/11.

Hopf, Hermann [med. pract. aus Thun]: Über das Vorkommen des virulenten Diphtherie-Bacillus auf der Schleimhaut des Rachens ohne typische klinische Erscheinungen. Bern 1900. 24 S. 4°. (S.-A. aus Zeitschrift für schweiz. Statistik, 36 Jahrg.)
Bern. Med. Diss. 1899/1900.

Hopf, J. Ch., und J. G. Dittrich, gründliches und vollständiges Lehrbuch der Kochkunst, s. Dittrich.

Hopf, J. Ch., und J. G. Dittrich, praktisches Universal-Kochbuch, s. Dittrich, J. G.

Hopf, J. W., Abhandlung über d. Croup, dessen Natur u. sichern Heilmethode. gr. 8. Frankf. a. M. 808. Hermann. 12 gl

Hopf, Jakob

Hopf, J., Das Kriegswesen im heroischen Zeitalter, nach Homer. 1847 u. 58. s. a. unter **Homerus.**

Hopf Das Kriegswesen im heroischen Zeitalter, nach Homer. 19 S.
Hamm, Progr. 1847

Hopf, J.: Das Kriegswesen im heroischen Zeitalter. 38 S.– Hamm. Progr. 1858.

Hopf, J., und C. Paulsiek, deutsches Lesebuch für Gymnasien, Real- und höhere Bürgerschulen. 1. Thl. 1. Abthl. (Für Sexta.) gr. 8. (244 S.) Hamm 855, Grote. *

—— dass. — 1 Thl. 2. Abthl. (Für Quinta.) gr. 8. (VII und 260 S.) Ebds. 856. *

—— dass. — 1. Thl. 3. Abthl. (Für Quarta.) gr. 8. (VII und 280 S.) Ebds. 856. *

Hopf, J., und C. Paulsiek, deutsches Lesebuch für Gymnasien, Real- und höhere Bürgerschulen. 2. Thl. 1. Abthl. (Für Tertia.) gr. 8. (XVI und 368 S.) Berlin 859, Mittler und Sohn. Thlr. *

Hopf, J., und C. Paulsiek, deutsches Lesebuch für Gymnasien, Real- und höhere Bürgerschulen. 1. Thl. 3 Abthlgn. 2. Aufl. gr. 8. Hamm 859. 60, Grote'sche Buchh. *
Inhalt:
Abthl. 1. Für Sexta. (240 S.) * 15 Ngr.
» 2. Für Quinta. (VII und 263 S.) * 15 Ngr.
» 3. Für Quarta. (VIII und 296 S.) * 18 Ngr.

Hopf, J., und K. Paulsiek, deutsches Lesebuch für Gymnasien, Real- u. höhere Bürgerschulen. 1. Thl. 3 Abthlgn. 2—5. Aufl. Hamm 860—63. Grote. gr. 8. n. 1 ₰ 18 ngr.
1. Für Sexta. (XVI, 240 S.) n. 15 ngr. — 2. Für Quinta. (VIII, 296 S.) n. 15 ngr. — 3. Für Quarta. (VIII, 334 S.) n. 18 ngr.

—— dass. — 1. Thl. 2 Abthlgn. 8., unveränd. Aufl. gr. 8. Hamm 861, Grote'sche Buchh. à Abthl. * 15 Ngr. *

Hopf, J., und K. Paulsiek, deutsches Lesebuch für Gymnasien, Real- und höhere Bürgerschulen. 1. Thl. 3 Abthlgn. gr. 8. Berlin, Grote'sche Verlagsh. *
Inhalt:
Abthl. 1. Für Sexta. 3.—9. Aufl. (XVI und 240 S.) 862—68. * 15 Ngr.
» 2. Für Quinta. 3.—8. Aufl. (VIII und 296 S.) 862—67. * 16 Ngr.
» 3. Für Quarta. 3.—8. Aufl. (VIII und 325 S.) 862—68. * 18 Ngr.

—— —— dass. — 2. Thl. 1. Abthl. (Für Tertia.) 2.—5. Aufl. Bearb. von K. Paulsiek. gr. 8. (XIX und 385 S.) Berlin 862—68, Mittler und Sohn. *

— — 2. Thl. 2. Abth. Für Secunda u. Prima. Ebend. 862. gr. 8. (XXII, 640 S.) n. 2 ₰
Inhalt: 500 Musterstücke deutscher Literatur aus den letzten 7 Jahrhunderten, vorzüglich den beiden klassischen Perioden. Aus den Quellen geschöpft, nach den Gattungen und Arten der Poesie und Prosa chronologisch geordnet rc. Ein Handbuch für alle Freunde der deutschen Literatur u. für den deutschen Unterricht. Von K. Paulsiek.

—— —— dass. — 2. Thl. 2. Abthl.: 500 Musterstücke deutscher Literatur aus den letzten 7 Jahrh., vorzüglich den beiden klassischen Perioden. Aus den Quellen geschöpft, nach den Gattungen und Arten der Poesie und Prosa chronologisch geordnet ꝛc. Ein Handbuch für alle Freunde der deutschen Literatur und für den deutschen Unterricht. Von K. Paulsiek. Für Secunda und Prima. gr. 8. (XXXII und 640 S.) Ebendas. 863. *

Hopff, J., und K. Paulsiek, deutsches Lesebuch für Gymnasien, Real- und höhere Bürgerschulen. 1. Thl. 3 Abthlgn. gr. 8. Berlin 869—75, Grote'sche Verlagsh. *

Inhalt:

Abthl. 1. Für Sexta. 10.—18. Aufl. (XVI, 240 S.) *ℳ 1,50.
" 2. Für Quinta. 9.—16. Aufl. (VIII, 296 S.) *ℳ 1,60.
" 3. Für Quarta. 9.—16. Aufl. (VIII, 320 S.) *ℳ 1,80.

—— —— dass. — 2. Thl. 1. Abthl. und 2. Abthl. 1. und 2. Abschnitt. gr. 8. Berlin, Mittler und Sohn. *

Inhalt:

Abthl. 1. Für Tertia. Bearb. von Karl Paulsiek. 6.—8. Aufl. (XIX, 385 S.) 870—73. *ℳ 2,40.
" 2. Für Secunda und Prima. 1. Abschn.: Proben der klass. Poesie des 12., 13., 14. und 15. Jahrh. in einem kurzen Abriß der Literaturgeschichte des Mittelalters eingerahmt, nebst einem Glossar von K. Paulsiek. 2.—4. Aufl. (IV, 128 S.) 868—74. *ℳ 1,20.; 2. Abschn.: Proben der klass. Poesie und Prosa des 16., 17., 18. und 19. Jahrh. in einem kurzen Abriß der neueren Literaturgeschichte eingerahmt. Von Karl Paulsiek. 2.—4. Aufl. (VIII, 312 S.) 869—74. *ℳ 2,80.

Hopf, J., und K. Paulsiek, deutsches Lesebuch für Gymnasien, Real- und höhere Bürgerschulen. 1. Thl. 3 Abthlgn. gr. 8. Berlin 876—79, Grote'sche Verlagsh. * 4 90

Inhalt:

Abthl. 1. Für Sexta. 19.—22. Aufl. (XVI, 248 S.) *ℳ 1,50.
" 2. Für Quinta. 17. und 18. Aufl. (VIII, 296 S.); 19. Aufl. (VIII, 304 S.) *ℳ 1,60.
" 3. Für Quarta. 17.—20. Aufl. (VIII, 328 S.) *ℳ 1,80.

Hopf, J., und K. Paulsiek, deutsches Lesebuch für Gymnasien, Real- und höhere Bürgerschulen. 2. Thl. 1. Abthl. und 2. Abthl. (2 Abschnitte.) gr. 8. Berlin, Mittler und Sohn. * 6 40

Inhalt:

Abthl. 1. Für Tertia. Bearb. von K. Paulsiek. 9. Aufl. (XIX, 385 S.) 879. *ℳ 2,40.
" 2. Für Secunda und Prima. 1. Abschn.: Proben der klass. Poesie des 12., 13., 14. und 15. Jahrh. in einem kurzen Abriß der Literaturgeschichte des Mittelalters eingerahmt, nebst einem Glossar von K. Paulsiek. 5. und 6. Aufl. (IV, 128 S.) 877,79. *ℳ 1,20.; 2. Abschn.: Proben der klass. Poesie und Prosa des 16., 17., 18. und 19. Jahrh. in einem kurzen Abriß der neueren Literaturgeschichte eingerahmt. Von K. Paulsiek. 5. Aufl. (VIII, 312 S.) 877. *ℳ 2,80.

Hopf, J., und K. Paulsiek, deutsches Lesebuch für Gymnasien, Real- und höhere Bürgerschulen. 1. Thl. 3 Abthlgn. gr. 8. Berlin 880, Grote'sche Verlagsh. *

Inhalt:

Abthl. 1. Für Sexta. 23. und 24. Aufl. (XVI, 248 S.) *ℳ 1,50.
" 2. Für Quinta. 20. und 21. Aufl. (VIII, 304 S.) *ℳ 1,60.
" 3. Für Quarta. 21. Aufl. (VIII, 328 S.) *ℳ 1,80.

— — dasselbe, Neubearbeitg., s. a. Lesebuch, deutsches, f. höh. Lehranstalten.

—— —— deutsches Lesebuch für höhere Lehranstalten. 1. Tl. 3 Abtlgn. Orthographisch und inhaltlich umgestaltet. gr. 8. Ebendas. 881—84. geb. *

Inhalt:

Abtl. 1. Für Sexta. 25.—31. Aufl. (XIV, 264 S.) *ℳ 2.
" 2. Für Quinta. 22.—29. Aufl. (X, 325 S.) *ℳ 2,20.
" 3. Für Quarta. 22.—29. Aufl. (X, 344 S.) *ℳ 2,40.

—— —— dass. — 2. Tl. 1. Abtl.: Für Tertia. Bearb. von K. Paulsiek. 10. und 11. auf Grund der ministeriellen Verfügung orthograph. umgestaltete Aufl. gr. 8. (XVIII, 385 S.) Berlin 881,82, Mittler und Sohn.

2. und 3. Abtl. Ebendas. 1874,79. *ℳ 4.

Hopf, J., und K. Paulsiek, deutsches Lesebuch für höhere Lehranstalten. 2. Tl. 1. Abtl.: Für Tertia. Bearb. von K. Paulsiek. 12.—15. neu durchges. Aufl. gr. 8. (XVIII, 385 S.) Berlin 887, Mittler und Sohn. *

Auch in einer Ausg. für Simultan-Schulen zu demselben Preis erschienen.

—— dass. — 2. Tl. 2. Abtl.: Für Sekunda und Prima. 1. Abschnitt: Proben der Dichtungen des Mittelalters in neuhochdeutscher Übersetzung, in e. kurzen Abriß der Litteraturgeschichte eingerahmt. Von K. Paulsiek. 7. Aufl. gr. 8. (IV, 124 S.) Ebendas. 887. *

Hopf, J. u. K. Paulsiek. Deutsches Lesebuch für höhere Lehranstalten. 1. Tl. 3 Abtlgn. Orthographisch u. inhaltlich umgestaltet. gr. 8. Berl. 891, Grote'sche Verlagshandlung. geb. * 6 60

1. Für Sexta. 38. Aufl. [14. der orthograph. Umgestaltung.] (XIV, 264 S.) * 2 —.
2. Für Quinta. 36. Aufl. [15. der orthograph. Umgestaltung.] (X, 325 S.) * 2 20.
3. Für Quarta. 36. Aufl. [15. der orthograph. Umgestaltung.] (X, 344 S.) * 2 40.

Ausgaben für Elsaß-Lothringen zu gleichen Preisen.

—— dass. — Neu bearb. v. K. Paulsiek u. Chr. Muff. (In 6 Abtlgn.) 1.—4. Abtl. 8. Ebd. 892. * 9 —

1. Für Sexta. 39. Aufl. [1. der neuen Bearbeitg.] (XIV, 242 S.) * 2 —.
2. Für Quinta. 37. Aufl. [1. der neuen Bearbeitg.] (VIII, 296 S.) * 2 20.
3. Für Quarta. 37. Aufl. [1. der neuen Bearbeitg.] (X, 396 S.) * 2 40.
4. Für Unter-Tertia. Hrsg. v. Chr. Muff. (XII, 348 S.) * 2 40.

—— dass. — 2. Tl. 1. Abtl. Für Tertia u. Untersecunda. 20. den neuen Lehrplänen gemäß abgeänd. Aufl., bearb. v. R. Foß. gr. 8. (XX, 393 S.) Berl. 892, Mittler u. Sohn. ** 2 20; geb. * 2 50

— — dasselbe. 2. Tl. 1. Abtlg. Erläuterungen zu den Lesestücken. Mit 1 Skizze zur Schlacht bei Sedan. gr. 8. (IV, 74 S.) Ebd. 893. n.n. — 50

— — dasselbe. 2. Tl. Hrsg. v. R. Foß. 2. Abtlg. Für Obersekunda u. Prima. 2 Abschnitte. gr. 8. Ebd. n. 4. 50; geb. n.n. 5. 5

1. f. Obersekunda. Proben der Dichtungen des Mittelalters, eingerahmt in e. kurzen Abriß der Litteraturgeschichte. Den neuen Lehrplänen gemäß bearb. v. E. Henrici. 9., m. der 8. übereinstimm. Aufl. (VI, 150 S.) 894. n. 1. 50; geb. n.n. 1. 75
2. f. Prima. Proben der Poesie u. Prosa des 16., 17., 18. u. 19. Jahrh., eingerahmt in e. kurzen Abriß der Litteraturgeschichte. Bearb. v. R. Foß. 7., den neuen Lehrplänen gemäß abgeänd. Aufl. (XIV, 410 S.) 893. n. 3. —; geb. n.n. 3. 30

— — dasselbe. 2. Tl. 2. Abtlg. 1. Abschn. 7. Aufl. Anh.: Altdeutsche Sprachproben nebst Beispielen f. das Grimmsche Lautverschiebungsgesetz. gr. 8. (14 S.) Ebd. 894. n. — 20

— — dasselbe. Abteilg. f. Obersekunda. Mittelhochdeutscher Lehrstoff. Ergänzungsheft. gr. 8. Ebd. 894. n. — 80

Wörterbuch m. kurzem Abriß der Grammatik des Mittelhochdeutschen, bearb. v. E. Henrici. (30 S.) n. — 30

Hopf, J., u. K. Paulsiek, deutsches Lesebuch f. höh. Lehranst. 1. Tl. 1. u. 3. Abtlg. gr. 8. Berlin 896. G. Grote. Geb. in Halbldr. n. 4. 40

1. Für Sexta. 38. Aufl., 2., unveränd. Abdr. (XVI, 264 S.) n. 2.—
3. Für Quarta. 36. Aufl., 2., unveränd. Abdr. (X, 344 S.) n. 2.40

— u. K. Paulsiek, deutsches Lesebuch f. höh. Lehranstalten. 1. Tl. 1. Abtlg. (Für Sexta.) 38. Aufl., 3. unveränd. Abdr. gr. 8. (XIV, 264 S.) Berlin 901. G. Grote. Geb. in Halbldr. n. 2. —

— — dasselbe. Abteilung f. Tertia u. Untersekunda. Den neuen Lehrplänen gemäß bearb. v. Karl Kinzel. 27. Aufl. (in der neuen Rechtschreibg.). gr. 8. (XX, 396 S.) Berlin 902. E. S. Mittler & Sohn. n. 2. 20; geb. n. 2. 50

— — dasselbe. Abteilung f. Obersekunda u. Prima. Den neuen Lehrplänen gemäß bearb. v. Karl Kinzel. 1. Abschn.: Altdeutsches Lesebuch, zusammengestellt v. Willy Scheel. 10. Aufl. (in der neuen Rechtschreibung). gr. 8. (VI, 183 S.) Ebd. 902. n. 1. 75; geb. n.n. 2. —

— — dasselbe. 2. Abschn. Proben der Poesie u. Prosa des 16., 17., 18. u. 19. Jahrh., eingerahmt in e. kurzen Abriß der neueren Literaturgeschichte. Den neuen Lehrplänen gemäß bearb. v. Karl Kinzel. 10. Aufl. (in der neuen Rechtschreibg.). gr. 8. (XIV, 402 S.) Ebd. 902. n. 3. —; geb. n.n. 3. 50

— — dasselbe. Ausg. f. Elsaß-Lothringen. gr. 8. (XIV, 402 S.) Ebd. 902. n. 3. —; geb. n. 3. 30

— u. K. Paulsiek, deutsches Lesebuch f. höhere Lehranstalten. Abteilung f. Obersekunda u. Prima. Den neuen Lehrplänen gemäß bearb. v. Karl Kinzel. 1. u. 2. Abschn. gr. 8. Berlin, E. S. Mittler & Sohn. Geb. n.n. 5. 30
1. Altdeutsches Lesebuch. v. Willy Scheel. 12., unveränd. Aufl. (in der neuen Rechtschreibg.) (VI, 184 S.) 905. Geb. n.n. 2. —
2. Proben der Poesie u. Prosa des 16., 17., 18. u. 19. Jahrh., eingerahmt in e. kurzen Abriß der neueren Literaturgeschichte. 11., m. der 10. übereinstimm. Aufl. (in der neuen Rechtschreibg.). (XIV, 402 S.) 905. Geb. n.n. 3. 30

— — dasselbe. Abteilung f. Tertia u. Untersekunda. Den neuen Lehrplänen gemäß bearb. v. Karl Kinzel. 31, unveränd. Aufl. Mit e. grammat. Anh. (XX, 411 S.) gr. 8. Ebd. 906. Geb. in Leinw. n.n. 2. 70; Anh. allein (16 S.) n. — 20

— u. K. Paulsiek, deutsches Lesebuch f. höhere Lehranst. Abteilung f. Tertia u. Untersekunda. Den neuen Lehrplänen gemäß bearb. v. Karl Kinzel. 34. Aufl., verm. durch naturwissenschaftl. u. koloniale Lesestücke sowie durch e. grammat. Anh. (XX, 411 u. 48 S.) gr. 8. Berlin 910. E. S. Mittler & Sohn. Geb. in Leinw. nn 2. 70

— — dasselbe. Abtlg. f. Obersekunda u. Prima. Den neuen Lehrplänen gemäß bearb. v. Karl Kinzel. 2 Abschnitte. gr. 8. Ebd. Geb. in Leinw. 5. 30
1. Altdeutsches Lesebuch, v. Willy Scheel. 15. durchgeseh. Aufl. (VI, 106 S.) 910. Geb. nn 2. —
2. Proben der Poesie u. Prosa d. 16., 17., 18. u. 19. Jahrh., eingerahmt in e. kurzen Abriß d. neueren Literaturgeschichte. 13. Aufl. (in d. neuen Rechtschreib.). (XIV, 402 S.) 910. Geb. nn 3. 30

— s.: Paulsiek, K.

Hopf, Jac., Stoffsammlung zu Memorirübungen, s. Rempel.

Hopf, Jh. Fr., († d. 1. Jan. 1813.) pros. u. dramat. Blätter. 8. Stuttg. 795. Steinkopf. 12 gr.

Hopf, F., vermischte Blätter d. Vorzeit. 8. Tüb. Heerbrand. 810.

— — dieselben. Tüb. Fues.

— vermischte Blätter d. Vorzeit. 8. Tübing. 810. (Osiander). 16 gr.

— histor. Gemälde u. biogr. Skizzen. 8. Tübingen, Heerbrand. 800.

— histor Gemälde u. biograph. Skizzen. 8. Tübing. 800. (Osiander). 16 gr.

HOPF, Johannes: De justificatione hominis coram Deo habito respectu ad doctrinam Protestantium. — (1841) 92 S. 4° (Handschr.) Diss. 128
Diss. Wien, Univ.

Hopf, Jos., 's eiserne Kreuz od. d. Stromerhartl Anno 1870. Oberbayer. Volksstück m. Gesang in 6 Bild. Anläßl. der 25jähr. Jubelfeier des ruhmreichen Feldzuges verf. Musik v. C. A. Czeluschki. Nach Max. Schmidt's „Der Leonhardiritt". gr. 8. (47 S.) Regensburg 895. (A. Riempp.) n. 1. 25; 5 Lieder m. Clavierbegleitg. gr. 4. (12 S.) n.n. 2. 30; Singstimme. gr. 4. (9 S.) n. 1. 25

Hopf, Jules, s. Recueil, nouveau, général de traités.

Hopf, Dr. Jul., Ernst Wilhelm Arnoldi u. s. Schöpfung die *Feuerversicherungsbank für Deutschland*. Im Auftrag der Bankverwaltung herausg. Mit Lichtdr.-Portr. Gotha 1878. 8°. Cart.
115 u. 1 S.

Hopf, Jul., Aufgaben der Gesetzgebung im Gebiete der Feuerversicherung. gr. 8. (III, 115 S.) Berlin 880, G. Reimer. *

Hopf, J. Die Lebensversicherung im Staate New-York (1865).

Hopf, Jul., Die Verkümmerung der Arbeits- und Dienstlöhne. gr. 8°. Gotha, Besser, 1868.

Hopf, Jul., die Wegnahme der „Frei" in britischem Gewässer. Aus der Neutralitätspraxis d. deutsch-franz. Krieges. gr. 8. (47 S.) Gotha 871. Besser. — 60

Hopf, K., s. a. Hopf, H.

Hopf, K., Bonifaz v. Montferrat, der Eroberer von Konstantinopel, und der Troubadour Rambaut v. Vaqueiras, Sammlung gemeinverständl. wissenschaftl. Vorträge.

Hopf, K. Bonifaz von Montferrat, der Eroberer von Konstantinopel und der Troubadour Rambaut von Vaqueiras. Hrsg. v. Streit. (40) 8. Berlin 1877. 0,75.

Hopf, Karl

Hopf, Carl, Veneto-byzantinische Analekten. Lex.-8. (166 S. mit 5 Tab. in gr. 4.) Wien 860, (Gerold's Sohn.) *
Aus: Sitzungsberichte der k. Akademie der Wissenschaften, Jahrg. 1859, besonders abgedruckt.

—— historisch-genealogischer Atlas seit Christi Geburt bis auf unsere Zeit. Abthl. I.: Deutschland. 1. Bd. und 2. Bd. in 2 Lfgn. Gotha, F. A. Perthes. [1. Bd. (XVI und 449 S. mit eingedr. Holzschn.) 858. * 14 Thlr.; geb. * 16 Thlr., Prachtausg. geb. * 28 Thlr.; 2. Bd. 1. Lfg. (VI und 40 S. mit 9 Holzschnt.) 861. * 2 Thlr., 2. Bd. 2. Lfg. (S. 41—80 mit 1 Holzschnt.) 861. * 4 Thlr.] *

Hopf, Carl, historisch genealogischer Atlas seit Christi Geburt bis auf unsere Zeit. 1. Abthl.: Deutschland. 2. Bd. 3. und 4. Lfg. Fol. (S. 81—160 mit 2 Holzschntaf.) Gotha 866, F. A. Perthes. à Lfg. * 2 Thlr. *
1. Bd. und 2. Bd. 1. und 2. Lfg. Ebendas. 1858—61. * 18 Thlr.

Hopf, histor. genealog. Atlas seit Christi Geburt. 2 Bde. Gotha 866.

Hopf, Carl, historisch genealogischer Atlas seit Christi Geburt bis auf unsere Zeit. 1. Abthlg.: Deutschland. 2. Bd. 3. u. 4. Liefg. Gotha 868. F. A. Perthes. Fol. (S. 81—160 mit 2 Holzschntaff.) Jede Liefg. n. 2 ₰

Hopf, Carl, s. Chroniques gréco-romanes.

—— die Einwanderung der Zigeuner in Europa. Ein Vortrag. 8. (47 S.) Gotha 870, F. A. Perthes.

Hopf, Carolus ‹geb. am 19 Febr. 1832 in Hamm Westf.›: De historiae ducatus Atheniensis fontibus … Bonnae, form. F. P. Lechneri 1852. 3 Bl., 116 S., 1 Bl., 2 Tab. 8. ¶ Erschien zugleich selbständig bei Weber in Bonn.
Bonn, Phil. Fak., Diss. v. 20 März 1852

Hopf, Carol., de historiae ducatus Atheniensis fontibus. 8maj. (VII und 116 S. mit 2 Tab. in qu. gr. 4.) Bonnae 852, Weber. *

—— Geschichte der Insel Andros und ihrer Beherrscher in dem Zeitraume von 1207—1566. Aus den Quellen des k. k. geh. Haus-, Hof- und Staats-Archives und der k. k. Hofbibliothek zu Wien, des Archivio generale und der Biblioteca Marciana zu Venedig und andern öffentlichen und Privat-Sammlungen Oberitaliens. Lex.-8. (111 S. mit 2 Tab. in Lex.-8. und qu. gr. Fol.) Wien 855, (Gerold's Sohn.) *

—— Geschichte Griechenlands vom Beginn des Mittelalters bis auf unsere Zeit [1821], s. Griechenland.

— urkundliche Mittheilungen über die Geschichte von Karystos auf Euboea in dem Zeitraume von 1205—1470 aus den Quellen des k. k. geheimen Haus-, Hof- u. Staatsarchives u. der k. k. Hofbibliothek. (Aus den Sitzungsberichten d. k. Akad. d. Wiss.) (Ebend. 853.) gr. 8. (54 S. u. 1 Tab. in Fol.) n. 10 ngr

—— urkundliche Mittheilungen über die Geschichte von Karystos auf Euboea in dem Zeitraume von 1205—1470 aus den Quellen des k. k. geh. Haus-, Hof- und Staats-Archives und der k. k. Hofbibliothek. Lex-8. (54 S. mit 1 Tab. in qu. Fol.) Wien 854, (Gerold's Sohn.) Thlr. *

Hopf Karl, Dr.: Geschichtlicher Überblick über die Schicksale von Karystos auf Euboea in dem Zeitraume von 1205–1470. S. 11. 55 . . . . vgr. Separatabdruck

Hopf, Carl, Urkunden und Zusätze zur Geschichte der Insel Andros und ihrer Beherrscher in dem Zeitraume von 1207 bis 1566. Lex.-8. (44 S.) Wien 856, (Gerold's Sohn.) *
aus: Sitzungsberichte der k. Akademie der Wissenschaften, besonders abgedruckt.

Hopf, Ludw., die Anfänge der Anatomie bei den alten Kulturvölkern, s. a. Abhandlungen zur Geschichte der Medizin. 9.

Die Anfänge der Anatomie bei den alten Kulturvölkern. Ein Beitrag z. Gesch. d. Anatomie. Von Dr. Ludwig Hopf. *Breslau: J. U. Kern 1904.* (VII, 126 S.) 8°
= Abhandlungen z. Geschichte d. Medizin. H. 9. [04. 6/6, 3

Über die Doppelpersönlichkeit der Metazoen mit Einschluß des Menschen. Eine neue morpholog. Deutung von Dr. Ludwig Hopf. *Tübingen: F. Pietzcker 1904.* (50 S.) 8° [03. 15319

Hopf, Ludw., Gesundheit und Krankheit, s. Landmanns, des, Winterabende.

—— der ärztliche Hausfreund. Ein Rath- und Hilfsbuch für Gesunde und Kranke mit besond. Berücksicht. der Bedürfnisse der ländl. Bevölkerung. 8 Lfgn. gr. 8. (XII, 430 S. mit 86 in den Text gedr. Holzschn.) Stuttgart 881, Ulmer. à Lfg. 60 Pf.; geb. *

Hopf, Ludw., der ärztliche Hausfreund. Ein Rat- und Hilfsbuch für Gesunde und Kranke mit besond. Berücksicht. der Bedürfnisse der ländl. Bevölkerung. 3. bis 4. Tausend. Verm. mit einem Anhang über: Die Massage und ihre Anwendung bei äußeren und inneren Krankheiten, gestützt auf physiolog. Gesetze. gr. 8. (VIII, 473 S. mit 86 in den Text gedr. Holzschn.) Stuttgart 887, Ulmer. cart. *

Hopf, Ludwig (Text), s. H a y d n , Josef: Unvollendetes Oratorium.

Die Heilgötter und Heilstätten des Altertums. Eine archäolog.-mediz. Studie von Dr. Ludwig Hopf. *Tübingen: F. Pietzcker 1904.* (68 S.) 8° [04. 3350

—— erste Hilfe in Krankheits- und Unglücksfällen, s. Landmanns, des, Winterabende.

Hopf, Ludw. (Philander), Immunität u. Immunisirung. Eine medicinisch-histor. Studie. gr. 8. (VI, 96 S.) Tübingen 902. F. Pietzcker. n. 2.80

Medizinische Märchen. Von Philander [d. i. Ludwig Hopf]. *Stuttgart: Levy & Müller (1892).* (VI, 198 S.) 8° [F.] [93. 13300

Medizinische Märchen. Von Philander [d. i. Ludwig Hopf]. 2., unveränd. Aufl. Stuttgart: Levy & Müller [1893]. (VI, 198 S.) 8° [F.] [08. 3317 II

Neue medizinische und anthropologische Märchen von Ludwig Hopf (Philander). *Tübingen: F. Pietzcker 1903.* (210 S.) 8° [03. 18300

— Ueber das spezifisch Menschliche in anatomischer, physiolog. u. patholog. Beziehung. Eine kritisch-vergleich. Untersuchg. Mit 217 Textbildern u. 7 Taf. (XXIII, 469 S.) gr. 8. Stuttgart 907. F. Lehmann. 12.50; geb. 14.50

—— ärztliche Rathschläge zur Erhaltung der Gesundheit, zur Vermeidung und Bekämpfung der häufigsten Krankheitszufälle, sowie zur ersten Hilfeleistung in Unglücksfällen. [Ein Auszug aus „Der ärztliche Hausfreund" von demselben Verf.] 2 Thle. in 1 Bd. 8. (IV, 176; IV, 224 S. mit 49 in den Text gedr. Holzschn.) Stuttgart 881, Ulmer. geb. *

Hopf, L., Thierorakel u. Orakelthiere in alter u. neuer Zeit. Eine ethnologisch-zoolog. Studie. gr. 8. (XI, 270 S.) Stuttgart 888. Kohlhammer. n. 4. —

Hopf, L., u. Wiedmann, der Tierschutz, s.: Landmann's, des, Winterabende. 26. Bdchn.

Hopf, Ludwig: Hydrodynamische Untersuchungen: Turbulenz bei einem Flusse. Über Schiffswellen. Leipzig: J. A. Barth 1910. 91 S. 8° ¶(Im Auszug in: Annalen d. Physik. F. 4, Bd 32, H. 4.)
München, Phil. Diss. v. 22. Juli 1909, Ref. Sommerfeld
[Geb. 23. Okt. 84 Nürnberg; Wohnort: Nürnberg; Staatsangeh.: Bayern; Vorbildung: Neues Gymn. Nürnberg Reife Juli 02; Studium: München 4, Berlin 1, Paris 1, Berlin 1, München 7 S.; Rig. 22. Juli 09.] [U 11. 3801

Hopf, Ludw., die Vögel u. die Landwirtschaft, s. a. Landmanns, des, Winterabende. 19.

Hopf L., die Vögel und d. Landwirtschaft. (Landmann's Winterabende 19) Stuttgart 1880

Hopf, Ludw. Die Vögel u. die Landwirtschaft. Eine kurze Belehrg. üb. d. Landmanns Freunde u. Feinde unter den Vögeln. 3. bis 4. Taus. Verm. m. e. Anh. üb. das Reichsgesetz, betr. den Schutz der Vögel. Mit 25 Holzschn. u. 1 Übersichtstab. üb. die wichtigsten in Deutschland u. Europa heimischen nützlichen u. schädl. Vögel. 12. (116 S.) Stuttg. 892, Ulmer. cart. * 1 —

Hopf, Oscar, approb. Arzt aus Eisenach: Aus d. Augenklinik zu Jena. Zur pathologischen Anatomie des angeborenen Irismangels. *Eisenach (1900): Ph. Kühner.* (19 S.) 8°
Jena, Med. Diss. v. (11. Aug.) 1900

Hopf, Otto. Geschichten aus der Vergangenheit des Hasletales. 8. Meyringen 1892.

Hopf, Otto: M e i r i n g e n , s. B e r g e n , Johann

Hopf, P[aul]. Der Protest.-kirchl. Hülfsverein des Berner Oberlandes und die Diaspora im Kanton Wallis, 1872—1909 (*Umschlag:* Eben-Ezer, 17. Oktober 1909). Rückblick entworfen von P. H', Pfarrer. [Mit 1 Tafel.] 18 S. 8. Thun, Eugen Stämpfli, 1909.

Hopf, Paul. Der Oberländer-Aufstand im Jahre 1814, nach urkundlichen Quellen bearbeitet. Separat-Abdruck aus dem «Täglicher Anzeiger» für Thun und das Berner Oberland [Jahrg. 28, Nr. 239—255. 1904 Oktober 8—27]. 57 S. 8. Thun, Oscar Hopf, 1904.

Hopf, Paul, aus Spandau, Kammergerichts-Ref.: Drei Streitfragen aus § 172 des Strafgesetzbuches für das Deutsche Reich. *Spandau 1900: Hopf.* (39 S.) 8°
Erlangen, Jur. Diss. v. 6. Juni 1899

Hopf, Ph. Hnr., († d. 27. Oct. 1804.), s. *Xenophontis* Cyropaedia.

Hopf, Robert, approb. Arzt aus Landau i. Rh.: Ueber die Bedeutung der Atheromatose für die Aetiologie des chronischen Magengeschwürs. *Erlangen 1900: E. Th. Jacob.* (34 S.) 8°
Erlangen, Med. Diss. v. 23. Juni 1900

[H o]pf, Th[eodor]. Die internationale Hülfssprache «Esperanto». Von Th. ..pf. Separatabdruck aus dem «Täglicher Anzeiger» ... vom 21. und 22. März 1903.... [3 S.] 4. Thun, Oscar Hopf.

Hopf, Th[eodor]. Die internationale Hülfssprache «Esperanto». Propagandaschrift = La lingvo internacia helpanta «Esperanto» (propagandilo). IV + 15 S. 8. Thun, Oscar Hopf, [1903]. [fr. —. 30]

Hopf, Th[eodor]. «Tra berna Oberlando», mallonga ilustrita gvidlibro al memoro de la 2.a internacia kongreso de la Esperantistoj en Genevo, aŭgusto kaj septembro 1906. Verkita per Th. H'.... [IV + 32 S.] quer-8. Thun, Oscar Hopf, [1906]. [fr. —. 50]

Hopf, Wilhelm

[F.] Die deutsche Krisis des Jahres 1866 vorgeführt in Actenstücken, (zeitgenössischen) Aufzeichnungen u. quellenmässigen Darstellungen v. Wilhelm Hopf. *Melsungen: W. Hopf 1896.* (XIX, 528 S.) 1 Bd 8.

Hopf, die deutsche Krisis d. J. 1866, vorgeführt in Actenstücken, Aufzeichnungen u. quellenmässigen Darstellungen. 2. Aufl. Melsungen 898.

[F.] Die deutsche Krisis des Jahres 1866 vorgeführt in Actenstücken, Aufzeichngn u. quellenmäss. Darstellgn v. Wilhelm Hopf. 2., durchges. u. verm. Aufl. *Melsungen: W. Hopf 1899.* (XXII, 579 S.) 1 Bd 8.

Die deutsche Krisis des Jahres 1866. Mit e. Anh.: Die sogenannte Braunschweigische Frage, vorgeführt in Aktenstücken, Aufzeichnungen u. quellenmäßigen Darstellungen von Wilhelm Hopf. 3., durchges. u. verm. Aufl. Hannover: H. Feesche 1906. (XXII, 616 S.) 8° [F.]

Hopf, Wilh., unsere politische Lage. Vortrag, geh. am 8. Oktbr. 1894 zu Frankfurt a/M. auf dem 2. Congreß der Deutschen Rechtspartei. gr. 8. (63 S.) Leipzig 894. Berl. d. akadem. Buchh. n. — 60

Hopf, W., s.: Quellen u. Darstellungen z. Geschichte d. Burschenschaft u. d. deutsch. Einheitsbewegung.

Hopf, Wilh., Ziele u. Mittel der hessischen Rechtspartei. Vortrag. 8. (28 S.) Melsungen 890. (Hannover u. Celle, Schulbuchhandlg.) — 30

Hopf, Willy: Landgraf VIII. Wilhelm von Hessen und England während der Jahre 1758 und 1759. *Marburg i. H. 1898: J. M. Beck, Herborn.* (79 S.) 8° [F.]
Marburg, Phil. Diss. v. [27. Mai] 1898

Hopfauer, Joh. Nep. (ex Monte pomario in Austria superiore [= Baumgartenberg / Oberösterreich]), De dysenteria epidemica. Diss. med. Wien (typis congregationis Mechitaristicae) April 1836. 87 S. mit Literatur. (7.—) 15958

Hopfauer, Jos. Abhandlung über Strafhäuser überhaupt, mit besonderer Rücksicht auf die diesfalls in den deutschen Provinzen des österreichischen Kaiserstaats bestehenden Anstalten. 8. *Linz, C. Haslinger.* 1814

Hopfe, E.: Die Musterriegen beim 14. Kreisturnfeste in Dahme. Steglitz 1899. 46 S.

Hopfe und Bregenzw, Übungsgruppen der Musterriegen des deutschen Turnkreises IIIb beim Kreisturnfest in Neuruppin und beim 10. deutschen Turnfest in Nürnberg. J. A. d. Kreisausch. hrsg., Berlin 1904, 102 S., 16°.

Hopfe, Heinrich Christian Ludwig (Halberstadt), De menstruis eorumque praecipuis vitiis. Diss. med. Helmstedt (C. G. Fleckeisen) 26. IX. 1798. 24 S. (6.50) 15958a

Hopfe, H. C. L., diss. solemn. med. de menstruis eorum praecipuis vitiis. 4. Helmst. Fleckeisen. 799.

Hopfe, Johann Georg Ferdinand

— kurze, deutliche, in Regeln geordnete Anweis. zur Orthographie d. deutschen Sprache. 2e verb. u. verm. Aufl. 8. Nordh. 824. Landgraf.

— kurze Anweisung zur Orthographie für Bürger- u. Landschulen, auch für d. untern Klassen d. Gymnasien brauchbar. 8. Sondersh. 815. 2e A. 824. (Dörffling in Leipz.) 6 gr

Hopfe, J. G. F., kurze Anweisung zur Orthographie für Bürger- und Landschulen, auch für die untern Classen der Gymnasien brauchbar. 8. Sondershausen, Voigt (in Comm.) 816.

Hopfe, Jh. Geo. Fd., neuester Briefsteller für d. gewöhnliche bürgerliche Leben, nebst Anhang v. Formularen zu verschiedenen schriftl. Aufsätzen. 8. Cassel 827. 2e A. 831. Burkhardt. 8 gr

Hopfe, (Joh Geo. Ferd.,) neuester Briefsteller f. d. gewöhnl. bürgerl. Leben 8. Kassel 827, Lukhardt.

Hopfe, Joh. Geo. Ferd., neuester Briefsteller f. d. gewöhnl. bürgerl. Leben, nebst Anh. v. Formularen zu verschied. schriftl. Aufsätzen rc. 2. Ausg. 8. (9½ B.) Cassel 831, Luckhardt.

Hopfe, Joh. Geo. Ferd., Predigt am Tage der Feier des tausendjähr. Bestehens der Einheit u. Selbstständigkeit Deutschlands am 6. Aug. 1843 zu Löbejün gehalt. 8. (1⅛ B.) Eisleben 843, Reichardt.

— gemeinnütziger Volks-Briefsteller f. das gewöhnl. bürgerl. Leben, enth.: eine kurze u. faßl. Anweisung z. Briefschreiben durch viele Beispiele erläutert, nebst e. Anh. v. Formularen z. verschied. schriftl. Aufsätzen, u. e. kl. erklär. Fremdwörterbuche. 3. Aufl. 8. (9½ B.) Cassel 846, Luckhardt'sche Buchh.

Johann Heinrich Wilhelm Hopfe

Joannes Henricus Guilielmus Hopfe: De auditus vitiis manu curandis. Erfordiae (1816:) Görlingius. 20 S. 8°

Erfurt, Med. Diss. v. 10. Sept. 1816

Hopfe, Jul., Choralbuch für häusliche und kirchliche Andacht mit besond. Berücksicht. der Melodien zu den 80 Liedern der drei preuss. Regulative. qu. 4. (64 S.) Eisleben 858, Reichardt. *

Hopfe, Jul., der fortschreitende Clavier-Schüler. 16 Heft. qu. 4. Eisleben 838. Reichardt; jetzt Hermes in Berlin. ⅓ ℛ

— der fertige Clavier-Schüler. 16 Heft. qu. 4. Ebd. 838. jetzt Ebd. ⅓ ℛ

— der unterhaltende Clavier-Schüler. 126 Werk. .. Ebd. ... jetzt Ebd. ⅓ ℛ

Hopfe, Jul., practischer Lehrgang im Pianofortespiel. Ein Hilfsbüchlein für Lehrer des Pianofortespiels und Anfänger desselben, enthaltend: 175 nach und nach fortschreitende Uebungsstücke durch alle gebräuchlichen Tonarten. Op. 39. qu. gr. 4. (32 lithogr. S.) Eisleben 854, Reichardt.

Hopfe, J., Verzeichniss klassischer und vorzüglicher Compositionen für das Pianoforte zu 2 und 4 Händen, Duetten, Trios, Quartetten etc. Ausgewählt und nach Verhältniss der Schwierigkeit in verschied. Klassen zusammengestellt. 12. (IV und 64 S.) Berlin 850, Hempel.

Höpfel, Carl, s. Höpfel, Karl

Hoepfel, E., Tagebuch des k. bayer. 9. Jäger-Bataillons aus dem deutsch-französischen Kriege 1870/71. Passau 1876. 8.

Hoepfel, E. Tagebuch des k. bayer. 9. Jäger-bataillons aus dem deutsch-franz. Kriege. Passau 1896. 218 S.

Höpfel, Friedrich

Hoepfel, F., s. Jahrbuch des deutschen Rechtes.

Hoepfel, Frdr., Register, s.: Jahrbuch d. deutschen Rechtes.

Hoepfel, Jul., s.: Eisenbahn-Güter-Tarif, neuester.

— s.: Verzeichnis, neuestes, sämtlicher deutscher Eisenbahnstationen m. Güterabfertigung.

Höpfel, Karl, faßliche Anweisung zur Stenographie. Ein prakt. Führer zur Erlernung der Gabelsbergerschen Stenographie. Langensalza 858. Schulbuchhdlg. d. Thür. Lehrervereins. 8. (IV, 40 S. u. 24 lith. S.) 10 ngr.

Höpfel, Carl, faßliche Anweisung zur Stenographie. Ein prakt. Führer zur Erlernung der Gabelsberger'schen Stenographie. 1. Aufl. 1858. und 2., verb. und verm. Aufl. 8. (48 und 16 lithogr. S.) Langensalza 860, [Schulbuchhandlung von Greßler.]

Höpfel, Karl, faßliche Anweisung zur Stenographie. Ein prakt. Führer zur Erlernung der Gabelsbergerschen Stenographie. Nebst einem Anh.: Vergleichung der stenograph. Methoden Gabelsbergers und Stolzes. 3., verb. und verm. Aufl. 8. (88 und 20 lithogr. S.) Langensalza 864, Schulbuchh. von Greßler.

—— stenographische Fibel zur Erlernung der Gabelsbergerschen Stenographie. Für Schul- und Selbstunterricht bearb. gr. 8. (62 und 32 lithogr. S.) Langensalza 864, Schulbuchh. von Greßler. —

Höpfel, C., Geographie mit geschichtlichen Andeutungen. Ein Leitfaden für Lehrer und Wiederholungsbuch für Kinder in Volksschulen. 1. Ausz. (V und 66 S.) 1848. und 2. Ausz. 8. (IV und 67 S.) Eilenburg 852, Schreiber.

Hoepfel, Wilhelm [cand. med. aus Wunsiedel]: Ein Beitrag zur Casuistik der congenitalen elephantiastischen Tumoren ... Erlangen, k. B. Hofbuchdr. v. A. Vollrath, 1866; 53 S. 8.
Erlangen, Med. Fak., Inaug.-Diss. v. 20. Juli 1866

Hopfen u. Malz, nach ihrer besten Beschaffenheit u. vortheilhaften Anwendung in d. Bierbrauerei. Nebst Bemerkk. über d. neueste engl. Malzbereitung, u. chemischen Untersuchungen über die Analyse u. Bestandtheile d. Hopfens. 8. Quedlinb. 826. Basse. 12 gr

Hopfen u. Malz, Gott erhalt's! (40 S. m. Abb.) 36×26 cm. Frankfurt a/M. (Kaulbachstr. 18). (910.) Ingenieur Ernst Ludwig. 1.20

Hopfen, Fritz August [Kammerger.-Ref.]: Beiträge zum Bodmereirecht. ... Berlin, gedr. bei W. Röwer, 1891; 2 Bl., 87 S. 8°
Göttingen, Jur. Fak., Inaug.-Diss. v. [8. Jul.] 1891

Hopfen, Fritz Aug. Beiträge zum Bodmereirecht. Diss. gr. 8. (III, 37 S.) Berl. 891. (Gött., Vandenhoeck u. Ruprecht.) 1 —

Hopfen, Hans, mein erstes Abenteuer und andere Geschichten, s. a. Engelhorn's allgemeine Roman-Bibliothek.

Hopfen, Hans
Mein erstes Abenteuer. Und andere Geschichten. Stuttgart: Engelhorn 1886. 139 S. 8°
(Engelhorn's Allgemeine Romanbibliothek. Jg. 2, Bd 20.)

—— das Allheilmittel. Eine Berliner Geschichte. 8. (XI, 311 S.) Dresden 885, Minden. * M 3.50.; geb. * geb. in Kalbleder **

—— Trubel's Ball, s. Novellenschatz, neuer deutscher.

Hopfen, Hans, der Böswirt, s.: Reclam's Novellen-Bibliothek.

Hopfen, Hans, der Böswirth, s.: Reiselectüre.

Hopfen, Hans, der Böswirt, s.: Universal-Bibliothek.

— zwei Dorfgeschichten. (Zwischen Dorf u. Stadt. Aus den Akten, aus der Welt), s. a. Kürschner's, Jos., Bücherschatz.

—— bayrische Dorfgeschichten. [Der Böswirth. — Zwischen Dorf und Stadt. — Aus den Akten, aus der Welt.] 8. (300 S.) Stuttgart 878, Hallberger. * M 4,50.; geb. * 5 50

—— bayrische Dorfgeschichten. [Der Böswirth. — Zwischen Dorf und Stadt. — Aus den Akten, aus der Welt.] 2. (Titel-) Aufl. 8. (301 S.) Stuttgart 880, [Hallberger.] Deutsche Verlags-Anstalt. *

Zwei Dorfgeschichten. Zwischen Dorf u. Stadt. Aus d. Akten, aus d. Welt. Von Hans (v.) Hopfen. Mit Ill. von A. Lewin. *Berlin, Eisenach, Leipzig: H. Hillger [1903].* (109 S.) 8° [F.]
= Bücherschatz, Kürschners, No 385.

—— die Einsame. Zwei Novellen in einer. 2 Bde. 1. und 2. Aufl. 8. (VIII, 284; 275 S.) Dresden 882, Minden. * geb. **

—— die Einsame. Zwei Novellen in einer. 3. Aufl. Wohlf. Ausg. 8. (IV, 275 S.) Ebendas. 886. *

Hopfen, Hans, glänzendes Elend. Roman in 6 Büchern. 3 Bde. 8. (240, 258 u. 228 S.) Berlin 893. Gebr. Paetel. n. 14. —; geb. in Leinw. n. 17. —

Hopfen, Hans, die Engelmacherin, s. a. Eckstein's illustr. Romanbibliothek.

Die Engelmacherin v. Hans **Hopfen**. M. Ill. v. Hermann Kaulbach u. d. Bilde d. Vfs ... 1. 10. Taus. *Berlin: R. Eckstein Nf. [1898].* (137 S., 1 Bl.) 1 Bd 8.
= Romanbibliothek, Ecksteins Illustrierte. Jg. 1. Bd 4.

— Gotthard Lingens Fahrt nach dem Glück. Roman. 8. (416 S.) Berlin 902. G. Grote. n. 4. —; geb. n. 5. —

Gotthard Lingens Fahrt nach dem Glück. Roman von Hans Hopfen. *Berlin: G. Grote 1902.* (416 S.) 8° [F.]
= Sammlung, Grote'sche, von Werken zeitgenöss. Schriftsteller. Bd 70.

Hopfen, Hans, der graue Freund. Roman. 4 Bde. gr. 8. (190; 177; 175; 179 S.) Stuttgart 874, Hallberger.

— der graue Freund. Roman. 2. Aufl. 4 Bde. gr. 8. (190, 177, 175 u. 179 S.) Stuttgart 876. Hallberger. 15. —

Hopfen, Hans

Der graue Freund. Roman. 2. Aufl. Th. 1.2.4. Stuttgart, Leipzig: Dt. Verl.-Anst. (1876). 8°

—, der graue Freund. 2. Aufl. 4 Thle. (in 2 Bdn.). Stuttgart u. Leipzig, Deutsche Verlags-Anstalt (vormals Ed. Hallberger). o. J. (c. 1873). 8°. Orig.-Ppb. m. Lwdr.
I: 1 Bl., 189 S., 1 S. Err. II: 1 Bl., 177 S. III: 1 Bl., 175 S. IV: 1 Bl., 170 S. — Ed. I. ibid. 1874. IV. 8°. (Brümmer I. p. 385.)

—— Gedichte, Verein, allgemeiner, für deutsche Literatur.

—, Gedichte. Berlin, A. Hofmann & Comp., 1883. 8°. Unbeschn. in eleg. Orig.-Srsb.
XII—284 S. Jugendliebe. — Alte Geschichten. — Zwischenreich. — Der Pinsel Ming's. — Gelegenheitsgedichte. — Münchner Todtentanz. (S. 195—212.) — Die taische Gräfin. E. Wiener Geschichte. — Gusti.

Hopfen, H., der Genius u. sein Erbe, s.: Engelhorn's allgemeine Roman-Bibliothek.

— die Geschichte des Erstlingswerks, s.: Franzos, Karl Emil.

—— die Geschichten des Majors. [Der verlorene Kamerad. Die Wette Schabernacks. Flinserls Glück und Ende.] 8. (VII, 295 S.) Berlin 879, Schneider und Comp. * 5 —
Ausg. auf holländ. Pap. 8 —

Hopfen, Hans, die Geschichten des Majors. [Der verlorene Kamerad. Die Wette Schabernacks. Flinserls Glück und Ende.] 2. Aufl. 8. (VII, 295 S.) Berlin 880, Schneider und Comp. *
Ausg. auf holländ. Pap.
—— dass. — 3. Aufl. 12. (VII, 377 S.) Berlin 882, Wilhelmi. *ℳ 5.; geb. *

— neue Geschichten d. Majors. 8. (V, 400 S.) Berlin 890. Gebr. Paetel. n. 6. —; geb. n. 7. 50

—— Tiroler Geschichten. 1. Bd.: Brennende Liebe. Eine wahre Geschichte aus Südtirol. 8. (VIII, 326 S.) Dresden 884, Minden. *ℳ 5.; geb. **

—— Tiroler Geschichten. 2. Bd.: Zum Guten. Eine Geschichte aus Südtirol. 1. und 2. Aufl. 8. (409 S.) Ebendas. 885,87. *ℳ 5.—.; geb. **
1. Bd. Ebendas. 1884. *ℳ 5.—.

— Tiroler Geschichten. 2. Bd. 8. Dresden, Minden. n. 5. — (1. 2.: n. 10. —)
Zum Guten. Eine Geschichte aus Südtirol. 2. (Titel-)Aufl. (V, 409 S.) 885.

— zum Guten. Eine Geschichte aus Südtirol. 3. Aufl. 8. (III, 409 S.) Dresden 890. Minden. n. 3. —; geb. n. 4. —

Hopfen, Hans, die ganze Hand, s.: Engelhorn's allgem. Romanbibliothek. 16. Jahrg. 17. u. 18. Bd.

—— ein wunderlicher Heiliger. Eine Wiener Geschichte. 8. (209 S.) Leipzig 886, Keil's Nachf. ℳ 3.—.; geb.

—— die Heirath des Herrn v. Waldenberg. Roman. 3 Bde. 8. (296; 328; 288 S.) Stuttgart 879, Hallberger. * 15 —
geb. * 17 —

—— die Heirath des Herrn v. Waldenberg. Roman. 2. (Titel-) Aufl. 3 Bde. 8. (296; 328; 288 S.) Stuttgart 881, [Hallberger.] Deutsche Verlags-Anstalt. *

Hopfen, Hans

Der letzte Hieb. Studentengeschichte. Leipzig: Keil (1886). 216 S. 8°

[F.] Der letzte Hieb. E. Studentengesch. v. Hans Hopfen. 2. Aufl. Stuttgart: J. G. Cotta Nachf. 1894. (174 S.) 1 Bd 8. [94. 710

— der letzte Hieb. E. Studentengeschichte. 3. Aufl. 8. (174 S.) Stuttgart 896. J. G. Cotta Nachf. n. 2. 50; geb. n. 3. 50

— der letzte Hieb. Eine Studentengeschichte. 4. Aufl. (174 S.) 8. Stuttgart 903. J. G. Cotta Nachf. n. 2. 50; geb. n. 3. 50

— Der letzte Hieb. Eine Studentengeschichte. 5. Aufl. (174 S.) 8. Stuttgart 907. J. G. Cotta Nachf. 2.50; geb. 3. 50

Der letzte Hieb. Eine Studentengeschichte von Hans Hopfen. 5. Aufl. Stuttgart & Berlin: J. G. Cotta Nachf. 1907. (174 S.) 8° [F.] [08. 10834 11

— im Schlaf geschenkt, s.a. Eckstein's Miniaturbibliothek.

— dasselbe, s.a. Büchersammlung f. Gabelsberger'sche Stenographen.

Im Schlaf geschenkt. E. kl. Gesch. aus d. grossen Stadt v. Hans Hopfen. Ill. v. E. Zimmer. 4. Aufl. Berlin: E. Eckstein Nachf. [1896?]. (98 S.) 1 Bd 8. [97. 478

— mein Onkel Don Juan, s.a. Universal-Bibliothek.

Hopfen, Hans, mein Onkel Don Juan. Eine Geschichte aus dem vor. Jahrh. 2 Bde. 8. (VIII, 304; 249 S.) Berlin 881, Schneider und Comp. *

— mein Onkel Don Juan. Eine Geschichte aus dem vor. Jahrh. 2 Bde. 8. (VIII, 304 u. 249 S.) Berlin 881. Wilhelmi. n. 9. —

— Juschu. Tagebuch e. Schauspielers. 8. (300 S.) Ebend. 875. 4. 50

Hopfen, Hans

Juschu. Tagebuch eines Schauspielers. 2. Aufl. Stuttgart, Leipzig: Dt. Verl.-Anst. (1878). 300 S. 8°

Hopfen's Kneip-Kalender. Hrsg. v. seinem Bierfreunde Malz. 16. (48 S. m. Biermerkeln.) Stuttgart 890. Süddeutsches Verlags-Institut. n. — 50

— Hotel Köpf u. übereilte Werbung. Zwei Geschichten. Illustr. v. René Reinecke. 1.—6. Taus. 12. (267 S.) Berlin 896. [R. Eckstein Nachf.] Leipzig, G. Müller-Mann. n. 2. —

—— Robert Leichtfuß, s.a. Engelhorn's allgemeine Roman-Bibliothek.

— Robert Leichtfuß. Roman in 2 Bdn. [Engelhorn's allgemeine Roman-Bibliothek. Salon-Ausg.] 8. (176 u. 192 S.) Stuttgart 890. Engelhorn. geb. n. 3. —

—— kleine Leute. Drei Novellen. [Um den Engel. Gewitter im Frühling. Trubel's Ball.] 8. (IV, 366 S.) Berlin 880, Schneider und Comp. *ℳ 5.; geb. *

— kleine Leute. 3 Novellen. [Um den Engel. Gewitter im Frühling. Trubel's Ball.] 8. (IV, 366 S.) Berlin 880. Wilhelmi. n. 5. —; geb. n. 6. —

—— brennende Liebe. Eine wahre Geschichte aus Südtirol. Wohlf. Ausg. 8. (VIII, 325 S.) Dresden 885, Minden. *

— verfehlte Liebe. Roman. 2 Bde. 8. (242 u. 250 S.) Ebend. 876. n. 6. —

— verfehlte Liebe. Roman. 2. (Titel-)Aufl. 2 Bde. 8. (242 u. 250 S.) Stuttgart 879. Deutsche Verlags-Anstalt. n. 6. —

Hopfen, Hans, Peregretta. Ein Roman. 8. (III und 293 S.) Berlin 864, Hertz.

—— der Pinsel Ming's. Eine chines. Geschichte. 16. (50 S.) Stuttgart 868, Kröner. cart. mit Goldschn.

—— der alte Praktikant. Eine bayer. Dorfgeschichte. 8. (316 S.) Ebendas. 878. * ℳ 5.; geb. * 6 —

—— der alte Praktikant. Eine bayr. Dorfgeschichte. 2. (Titel-)Aufl. 8. (316 S.) Stuttgart 880, [Hallberger.] Deutsche Verlags-Anstalt. *

Hopfen, Hans

Der alte Praktikant. Bayrische Dorfgeschichte. 3. Aufl. Berlin: Paetel 1891. 349 S. 8°

— die 50 Semmeln des Studiosus Taillefer, s.o. Bibliothek Gabelsberger. 4. Bd.

—— Die fünfzig Semmeln d. Studiosus Taillefer. Eine Studentengeschichte. 12. (81 S.) Ebd. 891. * 2 —; geb. m. Goldschn. * 3 —
Zu Paetel's Min.-Ausg.-Koll. gehörig.

Die fünfzig Semmeln des Studiosus Tailleler. Eine Studentengesch. von Hans Hopfen. *Berlin: Correspondenzblatt [1901].* (58 S.) 8° [F.] [Text stenogr.]
= Gabelsberger, Bibliothek. Bd 4.

— d. Siegerin, s.: Engelhorn's allgem. Romanbibliothek.

—— arge Sitten. Roman. 2 Bde. gr. 8. (III, 232; 202 S.) Ebendas. 869.

— Der Stellvertreter. Eine Erzählg. 8. (279 S.) Ebd. 891. * 5 —; geb. ** 6 50

— Streitfragen u. Erinnerungen. gr. 8. (406 S.) Stuttgart 876. Cotta. n. 7. —

—— Theater. 8. (III, 324 S.) [Berl. 889, Hofmann u. Comp.] Hamb., Verlagsanstalt u. Druckerei, Act.-Ges. * 4 —; geb. 5 —

— Theater. 8. (III, 324 S.) Berlin 889. Hoffmann & Co. n. 4. —; geb. n. 5. —

- neues Theater. 1.—3. Bdchn. 8. Ebd. à n. 3. —
1. Die Göttin der Vernunft. Trauerspiel in 4 Akten. (175 S.) 892.
2. Helga. Schauspiel in 5 Akten. (176 S.) 892.
3. Es hat so sollen sein. — Hexenfang. — Der König von Thule. (237 S.) 893.

— der Väter zweie. Eine Geschichte aus d. modernen Berlin. (Engelhorns allgem. Romanbibliothek. Salon-Ausg.) 2 Tle. in 1 Bd. 8. (160 u. 150 S.) Stuttgart 899. J. Engelhorn. Geb. in Halbleinw. n. 3. —

— dasselbe, s. a. Engelhorn's allgem. Romanbibliothek.

—— Verdorben zu Paris. Roman. 2 Bde. 8. (III und 560 S.) Stuttgart 868, Kröner.

Hopfen, Hans, verdorben zu Paris. Roman. 2. Aufl. 2 Bde. 8. (352 u. 227 S.) Berlin 892. Gebr. Paetel. n. 9. —; geb. in Leinw. n.n. 12. —

— zehn od. elf?, s. a. Engelhorn's allgem. Romanbibliothek. XVII. 20.

— Zehn od. elf? Eine Erzählg. aus d. Süden. (Engelhorn's allgem. Romanbibliothek. Salonausg.) (158 S.) kl. 8. Stuttgart 904. J. Engelhorn Nachf. Geb. in Halbleinw. (urspr. Pr. 2.—)

Hopfen, Julius von

— — Anbau und Pflege der Idolsberger Rübe. 8. Wien, Wimmer. 821.

Hopfen, J. v., Beschreib. der Idolsberger Landwirthschaft oder prakt. Anwend. der neuesten Grundsätze der Landwirthschaft. 8. Wien, Wimmer. 821.

Hopfen, Lili Geyger, Armenwesen. Eine Anleitung zur Armenpflege. gr. 8⁰. Wien, M. Perles, 1898.

Hopfen, Otto Helmut, der Alcalde v. Zeria. Erzählung. 8. (234 S.) Dresden-Blasewitz 900. H. Minden. n. 2. —; geb. n.n. 3. —

Hopfen, Otto Helmut. Daniel Abraham Davel. Eine Erzählung. 328 S. 8. Berlin, S. Fischer, 1905. [M. 4. —]

Hopfen, Otto Helmut. Daniel-Abraham Davel. Roman. Traduit de l'allemand par Frédéric Centurier. VI + VI + 292 p. 8. Lausanne, Th. Sack-Reymond, [1908]. [fr. 3. 50] N 7066

Heinrich von Kleist. Ein Dichterleben in 5 Akten. Otto Helmut Hopfen. (München 1899: Wolf.) 75 S. 8°

— Heinrich v. Kleist. Ein Dichterleben in 5 Akten. gr. 8. (75 S.) Ebd. 900. n. 1. 50

[F.] **Hopfen,** Otto Helmut [aus München]: Kaiser Maximilian II. und der Kompromisskatholizismus ... [Erschien vollst. 1895 bei M. Rieger in München.] München, Druck v. E. Mühlthaler's kgl. Hof-Buchdr., 1895; 46 S., 1 Bl. 8.
Heidelberg, Phil. Fak., Inaug.-Diss. v. [1. März] 1895

Hopfen, Otto Helmut, Kaiser Maximilian II. u. d. Kompromißkatholizismus. gr. 8. (VII, 439 S.) München 895. M. Rieger. n. 12. —

Hopfen, Otto Helmut, der Räuber v. Mallow u. andere Erzählungen aus d. Fremde. (235 S.) 8. Berlin (909). Harmonie. — S. Schottlaender's schles. Verlagsanstalt. 3.—; geb. 4.—; in Ldr. 5. —

Der Räuber von Mallow u. andere Erzählungen aus d. Fremde von Otto Helmut Hopfen. Berlin: Harmonie; Schottlaender [1909]. 335 S. 8°

— Die Vase d. Vergessens. (69 S.) kl. 8. Berlin (909). S. Schottlaenders schles. Verlagsanstalt. 1. 50

Hopfenbau

— über den. 8. Meining. 813. Keyßner. 4 gr.

Der sächsische u. böhmische *Hopfenbau*. Dresd. 1800. 83 S.
— Neue [Tit.-]Aufl. Sst. 1803. 83 S.

Hopfenbau, der sächs. u. böhmische. gr. 8. Dresden 803. Walther. 5 gr.

Hopfenbau, Der, in der nordöstlichen Steiermark. Oberwarth 1884. V: *Bayer, C.* (JoanStyrA)

Hopfenbaukarte [Schlagwort]

Hopfenbaukarte, s.: Bayern, Boos, F.

Hopfenbaukarte. Bauer, A., Karte d. Saazer Hopfenbaugebietes bezw. der zur Saazer Hopfensignierhalle gehörenden Hopfenproduktionsgemeinden. Ergänzt u. richtiggestellt nach der Verordng. der k. k. Minist. des Ackerbaues, des Handels u. des Innern v. 24. I. 1910. 1 : 114,000. 50,5×64 cm. Farbdr. Nebst: Verzeichnis der m. Durchführungsverordng. vom 24. I. 1910 R.G.Bl. Nr. 17 den Hopfenproduktionsgebieten zugeteilten Hopfenproduktionsgemeinden m. Angabe der Poststation u. der Lage des Ortes, letztere gekennzeichnet durch Buchstaben u. Ziffern, welche das quadrat. Feld der Karte angeben, in welchem der Ort liegt, nebst e. Anh. üb. d. Hopfenstand nach Schocken u. Anbaufläche im J. 1910. (11 S.) 8. Saaz 910. (A. Ippoldt's Nachf.) 2. —

Hopfenblüthen, die, s. a. Erzählungen, neue, f. Kinder u. Kinderfreunde, 1. Bdchn.

Hopfenblüthen, Die. Eine Begebenheit aus dem Leben eines armen Landschullehrers. Neue Aufl. Landsh. 1832. V: *Schmid, Joh. Christoph v.* (Ky)

Hopfenblüthen, die. Eine Begebenheit aus dem Leben eines armen Landschullehrers, erzählt für Kinder und Kinderfreunde. Von dem Verf. der Ostereier (Chrph. v. Schmid). Neue illustr. Orig.-Aufl. 8. (139 S. mit 1 Stahlst. und eingedr. Holzschn.) Regensburg 864, Manz.

Hopfen-Blüthen. 2. Ausg. mit Anhang. 12. (IX, 194 S.) Breslau 879, Köhler. geb. * 3 —

Hopfen-Einkaufs-Notizbuch. gr. 16. (192 S.) Saaz 876. Ippoldt. geb. n. 2. 40

Von einigen Nürnberger Hopfenfirmen, Hopfen und Bier in deutschem Hopfenland. Nürnberg 1907

Hopfengarten, der, leichtfaßlicher Unterricht üb. den Anbau u. die Behandlung des Hopfens. In Fragen u. Antw. dargest. 8. (4⅛ B. u. 5 Taf. m. 19 Abbild.) Schaffhausen 846, Hurter'sche Buchh. * –

Hopfengärtner und Thdr. Tafel, Civil-Rechtssprüche, s. Civil-Rechtssprüche, auserlesene.

Hopfengärtner, Dorothee v. (geb. Freiin v. Massenbach), unsere Tante Rappard. E. Lebensbild m. Anh. ihrer eig. Briefe. gr. 8. (IV, 218 S. m. Ansichten u. Bildn.) Stuttgart 896. Süddeutsches Verlags-Institut. Kart. n. 5. — ; geb. in Leinw. n. 6. —

Hopfengärtner, Felix [aus Murrhardt (Württemberg)]: Die angeborenen Anomalieen der Darmendigung und deren operative Behandlung .... Berlin, Buchdr. v. Gustav Schade (Otto Francke) (1888); 31 + 1 S. 8°
Berlin, Med. Fak., Inaug.-Diss. v. 28. Jul. 1888

Hopfengärtner, Hermann [aus Stuttgart]: Ueber Morbus Basedowii. ... Cannstadt, Druck d. G. F. Rapp'schen Buchdr. (1889); 24 S. 8°
Würzburg, Med. Fak., Inaug.-Di[illegible] v. 1889

Hopfengärtner, Philipp Friedrich

Hopfengärtner, Ph. Fr., († d. 1. Dec. 1807.) Beitrr. zur allgemeinen u. besond. Theorie d. epidem. Krankheiten. 8. Frankf. a. M. u. Leipz. 794. (Metzler in Stuttg.) 12 gr.

Hopfengärtner, Philipp Friedrich: Beiträge zur allgemeinen und besondern Theorie der epidemischen Krankheiten. 168 S., gbd.

Frankfurt u.Leipzig: Mezler 1795

JB 4.938

Hopfengaertner, P(hilipp) F(riedrich): Einige Bemerkungen über die menschliche Entwiklungen und die mit denselben in Verbindung stehende Krankheiten. 113 S., gbd.

Stutgart: Mezler 1792

JB 6.647

— Beobacht. u. Untersuch. über d. Pockenkrankheit. gr. 8. Stuttg. 799. Metzler. 14 gr.

Hopfengaertner, Philipp Friedrich (Stuttgart), Observationes et cogitata circa mercurii cum acido muriatico connubium. Diss. chemico-medica. Stuttgart Juni 1792. 36 S. (6.50) 15960

— s. Pharmacopoea Würtemberg.

Hopfengärtner, P(hilipp) Fr(iedrich) (Übers. u. Comm.):

s.: Rush, Benjamin: Beschreibung des gelben Fiebers, welches im Jahre 1793 in Philadelphia herrschte. (An Account of the bilious remitting yellow fever, as it appeared in the city of Philadelphia, in the year 1793. Dt.) Tübingen: 1796

JB 4.925

Hopfengärtner, P. F., Unters. über die Natur u. Behandlung der verschiednen Arten der Gehirnwassersucht. 8. Stuttg. Metzler. 802. Rtlr.

Hopfenhalle, die. Unterhaltende und belehrende Wochenschrift für Hopfencultur, Productenhandel und Brauerei nebst Chronik des saazer Kreises. 2. Jahrg. 1860. 4. 64 Nrn. Saaz, Schönfeld.

Hopfenhalle, die. Unterhaltende und belehrende Wochenschrift für Hopfencultur, Productenhandel und Brauerei nebst Chronik des Saazer Kreises. 3. Jahrg. 1861. Verantwortlicher Eigenthümer Dr. Adolf Seifert. 64 Nrn. 4. Saaz, Schönfeld. 4 fl.

Hopfenhütchen. Ein Kindermärchen mit 12 Bildern. 8. (16 S. und 6 ill. Stnt.) Chur 848, Grubenmann'sche Buchh. -

Hopfenkeim, Hr. von,. Eine Fastnachtsposse in 4 Akten v. Reimbeck. 8. Leipzig, Rein. 805.

Hopfen-Kurier. Organ der „Nürnberger Hopfen-Börse". Hrsg. von Alb. Sertz. 1.—3. Jahrg. 1882—1884. à Jahrg. 120 Nrn. (à Nr. ½ Bog.) gr. 4. Nürnberg. (Leipzig, H. Voigt.) à Jahrg. *

Hopfen-Kurier. Organ der „Nürnberger Hopfen-Börse". Hrsg. von Alb. Sertz. 4. Jahrg. 1885. 120 Nrn. (à Nr. ½ Bog.) gr. 4. Nürnberg. (Leipzig, H. Voigt.) *

—— dass. — Redact.: G. Rüll. 5.—7. Jahrg. 1886—1888. à Jahrg. 120 Nrn. (à Nr. ½ Bog.) gr. 4. Ebendas. à Jahrg. *

Hopfen-Kurier. Fachblatt f. Hopfenhandlgn. u. -Producenten, sowie f. das gesammte Brauwesen. Organ der „Nürnberger Hopfen-Börse". Redact.: G. Rüll. 8.—11. Jahrg. 1889—1892. à Jahrg. 120 Nrn. (à Nr. ½ Bog.) gr. 4. Nürnb. 892. (Lpz., H. Voigt.) à Jahrg. 20 —

Hopfen-Kurier. Fachblatt f. Hopfenhandlgn u. -Producenten, sowie f. das gesammte Brauwesen. Organ der „Nürnberger Hopfen-Börse". Red.: G. Rüll. 10.—18. Jahrg. 1891—1894. à 120 Nrn. (½ Bog.) gr. 4. Nürnberg. (Leipzig, H. Voigt.) à Jahrg. n. 20. —

Hopfen-Kurier. Fachblatt f. Hopfenhandlgn. u. -Produzenten, sowie f. d. gesammte Brauwesen. Organ d. „Nürnberger Hopfen-Börse". Red.: G. Rüll. 15. bis 18. Jahrg. 1895—1898. à 120 Nrn. (à 4 S.) gr. 4. Nürnberg. (Leipzig, H. Voigt.) à Jahrg. n. 20. —
Kann auch halbjährlich bezogen werden.

Hopfenlaube (Die). Officielles Organ des Bezirks-Vereins vom allgemeinen deutschen Brauerbunde in Leipzig und des badischen Brauerbundes. Redacteur: Alb. Sertz. 7 vols. (IV). Nürnberg, 1879–82.
Continued under the title: Hopfen-Kurier, 1883–92 +

Hopfenlaube, die. Fach- und Handelszeitung für das deutsche Brauwesen. Officielles Organ des bad. Brauerbundes. Hrsgbr. und Chefredact.: E. Homann. 1. und 2. Jahrg. 1876 und 1877. à Jahrg. 156 Nrn. (Bog.) Fol. Nürnberg, Expedition. à Jahrg. * 20 —
—— dass. — Redact.: Alb. Sertz. 3. Jahrg. 1878. 125 Nrn. (Bog.) Fol. Leipzig, (H. Voigt.) * 20 —
—— dass. — Officielles Organ des Bezirksvereins vom Allgem. Deutschen Brauerbunde in Leipzig und des Bad. Brauerbundes. Redact.: Alb. Sertz. 4. Jahrg. 1879. 104 Nrn. (Bog.) Fol. Nürnberg. (Leipzig, H. Voigt.) * 20 —

Hopfenlaube, die. Fach- und Handelszeitung für das deutsche Brauwesen. Officielles Organ des Bezirksvereins vom Allgem. Deutschen Brauerbunde in Leipzig und des Bad. Brauerbundes. Redact.: Alb. Sertz. 5. Jahrg. 1880. 104 Nrn. (Bog.) Fol. Nürnberg. (Leipzig, H. Voigt.) *

—— die. Fach- und Handelszeitung für das deutsche Brauwesen. Hrsgbr.: Max G. Schmidt. 6. Jahrg. 1881. 104 Nrn. (Bog.) Fol. Nürnberg. (Ebendas.) *

—— die. Fach- und Handelszeitung für Brauerei und Mälzerei. Unter Mitwirkung tüchtiger Fachmänner hrsg. von Max Geo. Schmidt. 7. Jahrg. 1882. 5 Nrn. (à Nr. 3 Bog.) 4. Nürnberg. (Ebendas.)
Als Fortsetzung erschien: Hopfen-Kurier.

HOPFEN-MARKT (DER). *See* Allgemeine Zeitung für Brauereien.

Hopfenpflanzung, Die, der Stadt Tübingen. Beleuchtet durch die Allmand-Commission. Tübingen 1853. V: *Schweickhardt, E.* (Tübz 1, 39)

Hopfenrechner, neuester. Unentbehrlich für Alle die Hopfen kaufen und verkaufen. Enth. eine genaue Berechnung von fl 5 bis fl 300 pr. Ztr. sowie eine Reductions-Tab. des bayer. Gewichtes ins Zollgewicht und des Zollgewichtes ins bayer. Gewicht von 1 bis 1000 ℔ ferner eine Thaler-Tab. der Vereinsthaler, 5 Frankenthaler und Kronenthaler von 1 bis 100 Stück. 8. (78 S.) Schwäb. Gmünd 864, Schmid.

Hopfenrechner, neuester. Unentbehrlich für Alle, die Hopfen kaufen und verkaufen. Ebenso ein Rechenknecht für den allgemeinen Geschäftsverkehr nach Mark und Pfennig für Waaren und Produkte nach dem Gewicht. Enth. eine genaue Berechnung von Mark 1 bis Mark 400 per Centner auf einzelne Kilo von ¼ bis 50 Kilo. Mit einer Münzumrechnungstabelle. 8. (72 S.) Rottenburg a. N. 875, Bader. — 60

Hopfen's Kneipkalender, s. Hopfen, Hans

Hopfensack, Johann Christian Wilhelm August, s. a. Hopfensack, Josef....

— s. auch Hoppensack.

W. Hopfensack üb. d. Erzieh. d. Jug. z. Vaterlandsliebe; e. Rede. *Düsseld.*, **Schreiner. 824. 8° 4 gl**

Hopfensack, J. Ch. W. A. Grundsätze des histor. Unterrichts auf Gymn. 41 S.
Progr. Duisburg 1827

— Grundsätze des histor. Unterrichts auf Gymnasien. 8. Düsseld. 827. (Schreiner). 5 gl

Hopfensack, Joh. Chrst. Wilh. Aug., vierzig alte u. neue Lieder, f. Kirche, Schule u. Haus. gr. 12. (5⅓ B.) Düsseldorf 832, Schreiner.

Hopfensack, J. Ch. W. A. De Romanorum municipiis et coloniis. 10 S. . . . .
Progr. Duisburg 1825

Hopfensack, Joh.D. Magni Ausonii Ordo nobilium urbium. Adjectis Chrst. Guill. Aug. annotationibus in linguam Germanicam partes priores VI. convertit. 12 S. . . .
Cleve, Progr. 1843

Hopfensack, Wilhelmus: • De origine et incrementis superioritatis territorialis Principum Germaniae. Breviter delineavit. 28 S. 8° (4")
Halle-Wittenberg, Phil. Diss. v. 2. Okt. 1820
Geb. [Schlossvippach 30. 9. 1801]
Verf. erlebte das 50jährige Dr.-Jubiläum 1870 als Ober- u. Religionslehrer a. D. des Gymnasiums in Kleve.
Er war 1817—85 der jüngste Hall. phil. Drd.

—— Staatsrecht d. Unterthanen d. Römer. Nach d. Quellen bearb. gr. 8. (27 B.) Düsseldorf 829, Schreiner.

Hopfensack, J.C.W. De primo in eccl. christ. haereticor. supplicio. 10 S.
Progr. Cleve 1838

Hopfensack, J. C. G. A., de primo in eccl. christ. haereticorum supplicio. Cliv. 1839. 4.

Hopfensack, Joh. Chrn. Wilh. Aug., Taschenbuch neuer geistlicher Lieder für alle Tage des evangel. Kirchenjahres. br. 8. (VIII und 239 S.) Leipzig 853, Gebhardt und Reisland. –

Hopfensack, Joh. Chrn. Wilh. Aug., Taschenbuch neuer geistlicher Lieder für alle Tage des evangelischen Kirchenjahres. Neue billige (Titel-)Ausg. br. 8. (VIII und 239 S.) Kaiserswerth (858)60. (Berlin, Beck.) *

Hopfensack, J. Ch. Über die Unmöglichkeit religiöser und confessioneller Indifferenz W. A. auch für höhere Schulen. 14 S. . .
Cleve, Progr. 1849

Hopfensack, J. Ch. W. A. Ueber den Zweck des Religions-Unterrichts auf Gymn. und die Aussichten, denselben zu erreichen. 8 S. . . .
Progr. Cleve 1833

Hopfensack, Jos. Christian W. Aug.: Schulreden am Geburtstage Sr. Majestät des Königs Friedrich Wilhelm IV. gehalten. 21 S. - Cleve, Proge. 1853.

– , s. a. H o p f e n s a c k , Johann ...

Hopfensack, Johann Peter (Paul)

— Grundsätze d. Unterrichtskunst für Schul- u. Privatlehrer ꝛc. 8. Erf. u. Gotha 805. Hennings. 8 gr

Hopfensack, J. Pe., Methodenbuch z. Religions-Unterricht n. Luthers Katechismus. 1r Thl. gr. 8. Erfurt, Gebhard. 808.

Hopfenstand, Ludwiga. Ueber d. Vorfall d. Vagina u. d. Uterus in der Schwangerschaft, Geburt u. Wochenbett. Diss. gr. 8. (42 S.) Uster-Zür. 892. (Bern, Körber.) — 80

Hopfenstand, L. Über den Vorfall der Vagina und des Uterus in der Schwangerschaft, Geburt und Wochenbett. In-8°. 42 S. Bern. (Basel, Georg & Co.) Diss. 1893

Hopfenstock, ..., Diss. de Hysterotomia. 8. Wien 776. Trattner. 3 gr

Hopfenstock, Sammlung von Sprüchen aus d. kathol. Glaubens- u. Sittenlehre z. Gebr. für Elementar-Schüler in den untersten Classen. 2., verm. u. verb. Aufl. 8. (3½ B.) Freiburg im Br. 845, Wagner'sche Buchh.

Hopfenzeitung, Allgemeine bayerische, s. a. B r a u e r - und Hopfen z e i t u n g , Allgemeine [Fortsetzung]

Hopfen-Zeitung, allgemeine bayerische. Organ der bayer. Bierbrauerei. 1. und 2. Jahrg. 1861 und 1862. à Jahrg. 104 Nrn. (½ Bog.) 4. Roth. (Nürnberg, Riegel und Wießner.) à Jahrg. *

—— allgemeine. Landwirthschaftliches Blatt für Oekonomen, Brauer und Hopfenhändler. (Organ der bayer Bierbrauerei.) Redact.: J. Carl. 3.—7. Jahrg. 1863—67. à Jahrg. 104 Nrn. (½ Bog.) gr. 4. Nürnberg, (v. Ebner'sche Buch.) à Jahrg. *

Hopfen-Zeitung, allgemeine. Landwirthschaftliches Blatt für Oekonomen, Brauer und Hopfenhändler. [Organ der bayer. Bierbrauerei und der Landesproducten- und Waarenbörse zu Nürnberg.] Redact.: J. Carl. 8. Jahrg. 1868. 104 Nrn. (à ½ Bog.) gr. 4. Nürnberg, (v. Ebner'sche Buchh.) *
—— dass. — Blätter für Landwirthschaft, Hopfenbau und Hopfenhandel. [Organ der bayer. Bierbrauerei.] Redact.: J. Carl. 9. und 10. Jahrg. 1869 und 1870. à Jahrg. 156 Nrn. (à ⅓ Bog.) 4. Ebendas. à Jahrg. *
—— dass. — Blätter für Hopfenbau und Hopfenhandel, Brauwesen und Landwirthschaft. Organ der deutschen Bierbrauerei. Redact.: J. Carl. 11. Jahrg. 1871. 156 Nrn. (à ⅓ Bog.) 4. Ebendas. *
—— dass. — Für Hopfenbau und Hopfenhandel, Brauwesen und Landwirthschaft. Organ des deutschen Brauerbundes. 12.—14. Jahrg. 1872—1874. à Jahrg. 156 Nrn. (à ⅓ Bog.) 4. Ebendas. à Jahrg. *

Hopfen-Zeitung, allgemeine. Organ des deutschen Brauerbundes, des deutschen Hopfenbauvereins und des bad. Brauerbundes. Redact.: J. Carl. 15. und 16. Jahrg. 1875 und 1876. à Jahrg. 156 Nrn. (Bog.) Fol. Nürnberg, (v. Ebner'sche Buchh.)
Jahrg. 1875 * 18 —
Jahrg. 1876 * 20 —

—— dass. — Fachblatt für Bierbrauerei, Hopfenbau und Hopfenhandel. Officielles Organ des deutschen Brauerbundes, des deutschen Hopfenbauvereins und des bad. Brauerbundes. Redact.: J. Carl. 17. und 18. Jahrg. 1877 und 1878. à Jahrg. 156 Nrn. (Bog.) Fol. Nürnberg, (v. Ebner'sche Buchh.) à Jahrg.

Hopfen-Zeitung, allgemeine. Fachblatt für Bierbrauerei, Hopfenbau und Hopfenhandel. Officielles Organ des deutschen Brauerbundes, des deutschen Hopfenbauvereins und des bad. Brauerbundes. Redact.: J. Carl. Mitredact.: Emil Pott. 19. Jahrg. 1879. 208 Nrn. (à 1—2 Bog.) Fol. (Ebendas.)

Hopfen-Zeitung, allgemeine. Fachblatt für Bierbrauerei, Hopfenbau und Hopfenhandel. Officielles Organ des deutschen Brauerbundes, des deutschen Hopfenbauvereins, des bad. Brauerbundes ꝛc. Redact.: J. Carl. Mitredact.: Emil Pott. 20. Jahrg. 1880. 208 Nrn. (à Nr. 1—2 Bog.) Fol. Nürnberg, (v. Ebner'sche Buchh.) *
Fortsetzung nicht mehr durch den Buchhandel zu beziehen.

ELSÄSSISCHE HOPFEN- UND BRAUER-ZEITUNG. — vols. Hagenau, 18— -'80 [+?].

1881—1906. 25 Jahre A u g. H o p f e r & E l s e n s t u c k, Leipzig (Verf.: August Hopfer.) — (Leipzig 1906: Arnold.) 4 Bl. 4° [Umschlagt.] 38 A.

Hopfer, Daniel

Opera Hopferiana. Dieses Werk enthält nebst einer Vorrede und einer kurzen Beschreibung der Vorstellungen: 92 Abdrücke von Stahlplatten der Gebrüder Daniel, Hieronymus und Lambrecht Hopfer, die zu Anfang des 16. Jahrhunderts lebten, und sonst unter dem Namen: Die Meister mit dem Leuchter, bekannt waren. Frankfurt a. M. Fol.

Hopfer, Hieronymus: O p e r a ..., s. H o p f e r , Daniel

Hopfer, Johann Tobias

— Gebetbuch für den gemeinen Mann. 8. Marktbreit 787.

— heil. Reden auf außerordentl. Fälle; nebst e. andern Predigten. 8. Leipz. 789.

Hopfer, Jh. Tob., († 1815.) Synodal- u. Einsetzungsreden. 8. Neustadt 788. Riedel. 12 gr

Hopfer, Lambrecht: O p e r a ..., s. H o p f e r , Daniel

Höpfer, Johann Georg Christian, s. H ö p f n e r ...

Hopff

— s. a. Hopf.

Hopff, Georg. Bern. (geb. Hannover 8. 9. 1804): Dissertatio sistens casum singularem fungi medullaris. Berolini (1830). (22 S.) 4°
Berlin. Med. Diss. v. 14. Aug. 1830

HOPFF, GUSTAV WILHELM LUDWIG.
Das Bier in geschichtlicher, chemischer, medizinischer, chirurgischer, und diëtetischer Beziehung, mit Rücksicht auf seine Verschiedenheiten, seine Verfälschungen und deren Entdeckungen. Zweibrücken, 1846. 8vo.

Hopff, Henr. Guil. (geb. [Lennhausen in Westf.] 14. 3. 1840): De encephalitide. Berolini (1864). (31 S.) 8°
Berlin, Med. Diss. v. 9. Aug. 1864

Hopff, Jacob Wilhelm (Hanoviensis), De angina parotidea. Diss. med. Götting. (Grape) 22. V. 1799. 36 S. (6.50) 15961
Gew.: Paul Franz Grandidier (Cassel).

Hopff, Werner, approb. Arzt aus Attendorn in W.: Ueber die Ursachen des Ileus mit besonderer Berücksichtigung der Compression des Darmes an der Duodenojejunalgrenze durch die Mesenterialwurzel. *Marburg 1903: Köster & Schell.* (38 S.) 8°
Marburg, Med. Diss. v. 20. Dez. 1903

Hopffenstock, Carl Friedrich (Stuttgart), De privilegiis legatorum piorum genuinis et spuriis. Disp. jur. Präs. Justus Henn. Böhmer. Halle (Johann Christian Zahn) Nov. 1716. 54 S. (7.50) 15962
Widm. v.: Eberhard Draing (Hamb.; dtsch.), Wolffgang Friderich Diez (dtsch.), W. H. Murr, Joh. Jac. Gross.

— — Dasselbe. Halle (Johann Friedrich Grunert) 1740. 51 S. ohne Widm. (7.—) 15963

— **Johann Christoph** (Stuttgart), De libertate imperfecta rusticorum in Germania. Diss. jur. Präs. Justus Henning Böhmer. Halle (Johann Friedrich Grunert) 3. XI. 1733. 62 S. (7.50) 15965

— — Dasselbe. 1739. (7.30) 15966

Hopfler und Reinhardt, Leitfaden zum Experimentieren mit dem von A Hopfler zusammengestellten physikalischen Kabinet. gr 4° Innsbruck

Hopffer, C. H., neue oder weniger bekannte Schmetterlinge der Insekten-Sammlung des königl zoologischen Musei der Universität zu Berlin beschrieben. Nach der Natur abgebildet und hrsg. von B. Wienker. 2. Heft. Imp.-4. (8 S. mit 5 Kpfrt.) Berlin 856,58, (A. Hirschwald.) *
ill. *

Hopffer, Ferd. Ludwig. Verzeichniss sämmtlicher Titelkupfer und Vignetten-Abdrücke von Johann Wilhelm Meil. Berlin 1809. 8°.

Hopffer, Heinr. J. F., die göttliche Friedenspredigt. Antrittspredigt in der protestant. Pfarrkirche zu Bamberg am 17. März 1861 gehalten. gr. 8. (17 S.) Nürnberg 861, Raw'sche Buchh. *

Hopffer, Heinr. J. F., Gedächtnißworte, bei der feierl. Aussegng. Ihrer Majestät der Königin-Wittwe Amalie v. Griechenland am 22. Mai 1875 in der k. Residenz zu Bamberg, vor Wegführg. der kgl. Leiche nach München gesprochen. gr. 8. (8 S.) Bamberg 875. Hübscher. n. — 20

—— „Größer als der Helfer ist die Noth doch nicht!" Zwei Predigten, gehalten und zum Besten der Nothleidenden im Voigtlande in Druck gegeben. 1.—3. Aufl. gr. 8. (23 S.) (Ebendas.) 877. *

Hopffer, Heinr., „größer als der Helfer ist die Noth doch nicht!" 2 Predigten, geh. u. zum Besten der Nothleidenden im Voigtlande in Druck gegeben. 3. Aufl. gr. 8. (23 S.) Bamberg 877. Hübscher in Comm. n. — 20

Hopffer, Joh. Frid. Erasmus, Qua verus L. 20. ff. de Legibus non omnium, quae a majoribus constituta sunt, ratio reddi potest, sensus eruitur. Diss. jur. Präs. Joh. Jac. Helfferich. Tübing. (Bauhof & Francke) 19. IX. 1746. 23 S. (6.80) 15967

— **Theophil Friedrich** (Urach), De notione pecuniae. Diss. philos.-polit. Präs. Christoph Friedrich Schott. Tübing. (Cotta & Reis) 12. X. 1765. 20 S. (6.50) 15968

Hopffgarten, Viro illustriss. Comiti ab, Semisaecularum honorum decursum gratulatur Academia Lipsiensis. Lipsiae 1812. V: *Hermann, Joh. Gfr. Jacob.* (MGT)

Hopffgarten, Friedrich Abraham von (Thüringer Adel), De bello solenni imperii. Exercit. jur. publ. Präs. Jo. Jacob Mascov. Lpz. (Imman. Titius) 5. VI. 1721. 48 S. mit Widm. v. Präs. (6.50) 15969

— — Dasselbe. Ed. IV. Lpz. (Langenheim) 1754. (6.—) 15970

Hopffgarten, Ludwig Ferdinand (von)

Hopffgarten, Ldw. Fd., († d. 8. März 1806.) über das Besondere u. d. Neuheit. 8. Leipz. 772. (Brockhaus). 6 K

Hopfgarten, L. Ferd. v., üb. d. Besondere u. d. Neuheit. 8. Leipz. Gleditsch. 772.

— üb. d. Character des Menschen u. e. Volkes. 8. Ebend. 773.

– s. Chevalier u. Menschenfreund

– s. Heim, od. Geschichte

CAVALIER, Der, und Menschenfreund, oder Geschichte des Baron Grandoms, von ihm selbst und in seinem eigenen Tone beschrieben (von *Ludw. Ferd. v. Hopffgarten*). 2 Thle. Leipzig 1773—74. 8°. (6 Mk. L. Rosenthal, 1907.)
Goedeke IV, 216, 39; Heine, Roman in Deutschland. Leipzig 1892. S. 10.

– s. a. Minister, Der

MINISTER, Der; eine Geschichte (von *Ludwig Ferd. v. Hopffgarten*). Leipzig, Junius, 1775. 8°. 263 S. (3 Mk. Taussig, Prag, 1904.)

– s. a. Sieg der Einfalt

SIEG der Einfalt, Der, über den Verstand, oder die wahre Geschichte des Glücks, in unterhaltenden (stellenw. galanten u. freien) Erzählungen (von *Ludw. Ferdinand v. Hopffgarten.*) Leipzig, bey Johann Friedrich Junius. 1772. 8°. (In Oettingen, Fürstl. Bibl., laut Doubletten-Cat. p. 88.)
332, 374, 328 S. — Anon.-Lex. IV. p. 83 (nach Kayser).

TRIM oder der Sieg der Liebe über die Philosophie. Eine Geschichte. (Zahmer Roman von *Ludw. Ferd. v. Hopffgarten*). (Typ. Ornam.-Vignette.) Leipzig, bey Johann Friedrich Junius. 1776. 8°. 320 S. (incl. Tit.). (5 Mk. Rossberg. Lpz., 1910.)
Anon.-Lex. IV. p. 190 (nach Kayser u. Meusel).

— gesellschaftl. Unterhaltungen zur Verbess. des deutschen Ausdrucks. 2 Thle. 8. Leipz. Gleditsch. 775–76. (1r 5 gr. 2r 10 gr.)

— s. Ursprung d. Musik.

— Versuch über den Charakter d. Menschen u. eines Volkes überhaupt. 8. Leipz. 773. Gleditsch. 10 ℊ

[F.] Die Schlacht bei Beaumont. Bearb. v. H[ans] v. Hopffgarten-Heidler, Major ... im Inf.-Reg. ... Nr. 19. M. 1 Pl., 2 Kt. u. 12 Sk. *Berlin: R. Eisenschmidt 1897.* (VIII, 292 S., 1 Pl., 2 Kt., 12 Sk.) 1 Bd 8. [97. 6171]

Höpffner

— s. a. **Hopfener, Hopfner.**

Höpffner, Carl, s. Höpffner, Karl

Höpffner, E. A., s. A. W. S c h r e i b e r , Histoire et Description de l'Aix-la Chapelle etc.

– s. S a m m l . d. zu Ehren d. 25-jährigen Regierungs-Jubiläums Friedrich Wilhelms III. gehaltenen Feierlichkeiten

Hoepffner, Eduard. Henr.: Dissertatio sistens herpetis furfuracei universalis maligni casum memorabilem adjecta disquisitione critico-historica. Berolini (1815). (VIII, 50 S.) 8°
Berlin, Med. Diss. v. 2. Juni 1815

— s. Th. Hans Mittheil.

— s. Jahrbücher d. Heilquellen Deutschlands.

Höpffner, C. H., ein Wort zu seiner Zeit über die Mineralquellen und Bäder in Aachen. 8. Aachen, Mayer. 819.

Hoepffner, Ernst, s.: Acard de Hesdin, Jehan, la prise amoureuse.

Hoepffner, Ernst, aus Straßburg i. E.: Eustache **Deschamps.** Biogr. Studie. *Straßburg: K. J. Trübner 1903.* (117 S.) 8°
¶ (Erschien gleichzeitig vollst.)
Straßburg, Phil. Diss. v. 1903

Eustache Deschamps. Leben u. Werke. Von Ernst **Hoepffner**, Dr. phil. *Straßburg: K. J. Trübner 1901.* (VIII, 233 S.) 8°
T. 1. u. 2. erschienen als Inaug.-Diss. Straßburg 1903. [04. 3009]

— **der Pfarrer Georg Jakob Eissen, s. „Beiträge zur Landes- u. Volkeskunde v. Elsass-Lothringen. 30. Heft.**

Der Pfarrer Georg Jakob Eissen, seine Freunde und seine Zeitgenossen. Ein Straßburger Zeitbild aus d. 18. Jahrh. Auf Grund urkundl. Materials zsgest. von Dr. E[rnst] **Hoepffner.** Mit 1 Silhouette. Straßburg: J. H. E. Heitz 1906. (VI, 127 S.) 8°
— **Beiträge** z. Landes- u. Volkeskunde von Elsaß-Lothringen. H. 30. [06. 10348]

Höpffner, Ernst Friedrich

— — **(Professor an der Universität Leipzig), Die Glaubwürdigkeit der Messianischen Weissagungen von Neuem in Schutz genommen. Lpz. (Rein) 1831. 32 S. (6.80)** **15406a**
Seinem ehrwürdigen Vater, dem Herrn M. Johann Friedrich Beatus Höpffner, Pastor an der St. Johanniskirche zu Leipzig, bei der Feier Seines funfzigjährigen Amtsjubiläi am zweiten Weihnachtsfeiertage, den 26sten Dez. 1830 als Zeichen der Freude und Dankbarkeit gewidm.

Hoepffner, Ernst Friedrich, Patri optimo viro Joanni Friderico Beato Hoepffnero Lipsiae ad aedem St. Joannis pastori honores magisterii semiseculares gratulantur liberi interprete filio. Lpz. (Carl Tauchnitz) 1830. 8 S. (6.50) 15406

Höpffner, Ernst Friedr., die Revolutionsstürme und Drangsale unserer Tage sind beides: sowohl große Gerichte als auch große Zeichen Gottes. Eine bibl. Betrachtung über 2. Chron. 15, 1—7. gr. 8. (24 S.) Dresden 849, Naumann.

—— das Urtheil Gottes über die gegenwärt. Zeit ein ganz anderes, als das Urtheil der Menschen. Eine Predigt, gehalten am Sonnt. Septuagesimä, den 4. Febr. 1849 zu Leipzig. gr. 8. (18 S.) Dresden 849, Naumann. *

Höpffner, Ernst Frdr., Weckeruf in den letzten Zeiten vorgetragen in einer Predigt am Sonntag Judica, den 10. April 1859, in der Kirche zu Eutritzsch bei Leipzig. Leipzig, Bredt. gr. 8. (20 S.) n. 3 ngr.

Höpffner, Ernst Friedr., Weckeruf in den letzten Zeiten vorgetragen in einer Predigt am Sonntag Judica, den 10. April 1859, in der Kirche zu Eutritzsch bei Leipzig. gr. 8. (20 S.) Leipzig 859, Bredt. *

— **Gottfried** (Mühlhausen/Thüring.), De indictione Romana. Von Römischer Zinßzahl. Diss. jur. occasione novellae 47. Präs. Heinrich Lincke. Jena (Müller) Juli 1673. 16 Bl. (7.—) **15407**

— — Dasselbe. Jena (Jo. Bernh. Heller) 1747. 64 Seiten. (7.—) **15408**

Hoepffner, Ioan. Car. Guil. (geb. Anklam 17. 1. 1832): De hydroceles operatione. Berolini (1856). (28 S.) 8°
Berlin, Med. Diss. v. 31. März 1856

Höpffner, Karl

Hoepffner, Carl, approb. Arzt aus Markirch (Ob.-Els.): **Über das Vorkommen** pathogener Bakterien im gesunden **Organismus.** *Straßburg i. E. 1903: C. Müh & Co.* (40 S.) 8°
Straßburg, Med. Diss. v. 1902

Höpffner, Paul, Briefe an einen jungen Landwirth. 1. Thl. gr. 8. (III, 81 S.) Berlin 877, Denicke's Verlag.
Aus: Deutsche landwirthschaftliche Zeitung, besonders abgedruckt.

Hoepffner, Ph. Chr., Matthäus v. Chandelle, Bischof von Speyer [1818—1826]. Ein Beitrag zur Geschichte der Beziehungen zwischen Staat und Kirche. gr. 8. (19 S.) Neustadt a. d. H. 885, (Gottschick-Witter.) * — 30

Hoepffner, Th. Eug. [de Lembach, Bas-Rhin]: Étude sur l'idée de la Συνείδησις d'après le Nouveau Testament. Strasbourg, imprimerie de J. H. Ed. Heitz, 1872. 8. 48 S.

v. Hopfgarten u. Sotzmann. Atlas von dem zu Südpreussen gehörigen Posener Kammer-Departement. Berlin 1799. 18 Bl. c. K.

Hopfgartner, Albin: Katalog der Lehrerbibliothek. 2. Fortsetzung. (Erwerbungen des Schuljahres 1899/1900.) 8 (S. 52—54). **Progr.** K. k. Staatsg. *Leoben* 1900

. Hopfgartner, Albin: Katalog der Lehrerbibliothek. 3. Fortsetzung. (Erwerbungen des Schuljahres 1900/1901.) S. 47—49. 8. 4. Fortsetzung. (Erwerbungen des Schuljahres 1901/1902.) S. 37—39. 8. 5. Fortsetzung. (Erwerbungen der Schuljahre 1902/03 bis 1905/06.) S. 69—74. 8. K. k. Staatsgymn. *Leoben* 1901. 1902. 1906.
Progr.

Hopfgartner, Albin: K a t a l o g der Lehrerbibliothek. 3 S. Leoben, G ., Progr. 1902
Fortsetzung des Katalogs von Hans Gutscher (s. dort).

SYSTEMATISCH GEORDNETER KATALOG der zoologischen Sammlungen im fürstlich fürstenbergischen Kabinett im Karlsbau. (Nach Leunis' Synopsis der Tierkunde.) Aufgestellt von A. HOPFGARTNER, im Jahre 1890. Karlsruhe 1890. Druck der W. Hasper'schen Hofbuchdruckerei (F. Gockel). 8°.

Hopfgartner, F. und Arzberger, Moritz, Ein neues Tiefloth. (Aus dem 73. Bde. der Sitzber. der Kais. Akad. der Wissensch. II. Abth. Januar-Heft. Jahrg. 1876.) Wien.

Hopfgartner, F., und Mor. Arzberger, ein neues Tiefloth. Lex.-8. (6 S. mit 2 lithog. Taf. in Fol.) Wien 876, (Gerold's Sohn.)
Aus: Sitzungsberichte der k. Akademie der Wissenschaften, besonders abgedruckt.

Hopfgartner Karl, Dr.: Über einige Abkömmlinge der s-Disulfobenzoesäure (1:3:5). S. 102. II b. 645 . . . . vgr.
Separatabdruck

— Beitrag zur Kenntnis der Alkaloide von *Macleya cordata* R. Br. (mit 1 Textfigur). S. 107. II b. 21 . . . . vgr.
Separatabdruck

— Beitrag zur Kenntnis der Salizylsäure-Eisenreaktion. S. 117. II b. 401 . . . . vgr.
Separatabdruck

— Über die Elektrolyse der Lösungen einiger fettsaurer Salze in den entsprechenden wasserfreien Säuren. S. 120. II b. 467 . . . . . . vgr.
Separatabdruck

— Die elektrische Leitfähigkeit von Lösungen der Alkaliazetate in Essigsäure (mit 3 Textfiguren). S. 120. II b. 1021 . . . . vgr.
Separatabdruck

— Die elektrische Leitfähigkeit von Lösungen einiger Azetate in Essigsäure (mit 2 Textfiguren). S. 122. II b. 603 . . . . vgr.
Separatabdruck

— Erprobung der maßanalytischen Chamäleonlösung mittels Silber. S. 111. II b. 90 vgr.
Separatabdruck

Hoepfinger, Fritz, a. Straßburg i. E.: Der geistliche Streit, ein mittelhochdeutsches Gedicht, hergestellt und erläutert. Straßburg 1907: M. DuMont Schauberg. (87 S.) 8°
Straßburg, Phil. Fak., Ref. Martin-Henning, Diss. v. 24. Nov. 1906
[Geb. 27. Febr. 82 Straßburg i. E.; Wohnort: Straßburg; Staatsangeh.: Elsaß-Lothringen; Vorbildung: Lyzeum Straßburg Reife M. 01; Studium: München 2, Straßburg 8 S.]

HOEPFL, Alfred (Waldmünchen): Zur Kenntniss der Jodoform-Vergiftung.- München: Finsterlin 1883. 20 S.
27.11.1882 - Urk (Titel: De intoxicatione iodoformii.); Chr 1882/83,17
Diss.Ingolst.-Landsh.-Mchn.

HOEPFL, Franz von Paula (Tirschenreuth): Observationes nonnullae de tuberculis ossificatis.- Monachii: Wild 1843. 15 S.
11.12.1841 - Urk; F 65 (= Höpfel)
Diss. Ingolst.-Landsh.-Mchn.

Höpfl, Hildebrand, O. S. B., Kardinal Wilhelm Sirlets Annotationen z. Neuen Testament, s. a. **Studien,** bibl. XIII, 2.

Kardinal Wilhelm Sirlets Annotationen zum Neuen Testament. Eine Verteidigung d. Vulgata gegen Valla u. Erasmus. Nach ungedr. Quellen bearb. von P. Hildebrand **Höpfl** O.S.B. Freiburg im Br.: Herder 1908. (x, 119 S.) 8°
— **Studien,** Biblische. Bd 13, H. 2. (08. 6795

Höpfl, Hildebrand, O. S. B., die höhere Bibelkritik. Studie üb. die moderne rationalist. Behandlg. der hl. Schrift. gr. 8. (IV, 110 S.) Paderborn 902. F. Schöningh n. 2.80

Höpfl, Hildebrand, O. S. B., die höhere Bibelkritik. Studie üb. die moderne rationalist. Behandlg. der hl. Schrift. 2., verm. u. verb. Aufl. (V, 157 S.) gr. 8. Paderborn 905. F. Schöningh. n. 3.60

— das Buch der Bücher. Gedanken üb. Lektüre u. Studium der Hl. Schrift. (XIII, 284 S.) 8. Freiburg i/B. 904. Herder. n. 2.80

Hoepfl, Richard [app. Arzt aus Erbendorf]: Über Fremdkörper in der Linse ... München, Druck v. Hafner & Wildenauer, 1891; 15 S. 8.
München, Med. Fak., Inaug.-Diss. v. 1891

Höpfl, Simon: Die Belagerungen Regensburgs in den Jahren 1633 u. 1634 durch Bernhard von Weimar und durch die Kaiserlichen und Ligisten. Amberg [1913]: Böes. 57 S. 8°
München, Phil. Diss. v. 23. Juli 1908, Ref. v. Riezler, v. Heigel
[Geb. 4. Juli 83 Arleisöd; Wohnort: München; Staatsangeh.: Bayern; Vorbildung: G. Straubing Reife 03; Studium: Phil. u. Theol. Regensburg L. 4, München 6 S.; Rig. 23. Juli 08.] [U 13. 4322

Höpflingen und Bergendorf Dr. Heinrich R. v.: Entwurf eines Normalverzeichnisses der physikalischen Sammlung einer Mittelschule. (30). Wien XV. R. 94.
Progr.

Höpflingen und Bergendorf Dr. Heinrich R. v.: Über die Schwere auf der Oberfläche der Erde. (26). Prag I. St. R. 93.
Progr.

Hoepflingen u. Bergendorf, Heinrich R[r] v.: Üb. d. Schwere auf d. Oberfläche d. Erde. *Wien 1893.*
in: Xenia Austriaca. Bd 2. (97. 3763

Hoepflingen u. Bergendorf, Heinr. R. v., s.: Über d. fachl. Ausbildung d. Kandidaten f. d. Lehramt an Mittelsch.

Hopfmann, Karl, Rechtspraktikant aus Nürnberg: **Das Sparkassenwesen in Bayern.** *Erlangen 1903: F. Junge.* (46 S.) 8° [F.]
Erlangen, Jur. Diss. v. 28. Okt. 1902

Das Sparkassenwesen in Bayern. Von Dr. Karl Hopfmann. *Nürnberg & Fürth: G. Rosenberg in Komm. 1903.* (46 S.) [F.] (03. 10015

Hopfmüller, biblische Ansprache, s.: **Bericht** üb. die 29. allgem. Pastoralkonferenz evang.-luth. Geistlicher Bayerns.

Hopfmüller, die Bedeutung der Eschatologie f. das geistliche Amt, s.: **Bericht** üb. die XXIV. allgemeine Pastoralkonferenz evangelisch-lutherischer Geistlicher Bayerns.

Hopfner, Friedrich

Hopfner F.: Beitrag zur Bestimmung des ebenen Schnittes von Polyeder- und Strahlenflächen m. 18 Fig. 16. Prag R. II. 89.
Progr.

— Über ein Bestrahlungsproblem. S. 120. II a. 1473 . . . . —.50
Separatabdruck

Hopfner, Frdr., Untersuchung üb. d. Bestrahlung der Erde durch die Sonne m. Berücksicht. der Absorption der Wärmestrahlen durch d. atmosphärische Luft nach dem Lambert'schen Gesetze. I. Mitteilg.: Analytische Behandlg. d. Problems. (68 S. m. 1 Fig.) gr. 8. Wien 907. A. Hölder. 1.80

Hopfner, F., Untersuchung über die Bestrahlung der Erde durch die Sonne mit Berücksichtigung der Absorption der Wärmestrahlen durch die atmosphärische Luft nach dem Lambertschen Gesetze. I. Mitteilung: Analytische Behandlung des Problems. [Aus: Sitzungsber. d. k. Akad. d. Wissensch., mathem.-naturw. Klasse.] Gr.-8°. (ill. 68 S.) † K 1.80

Friedrich Hopfner: Die mittlere und relative Verteilung der Temperatur auf der Erdoberfläche. Prag. Diss. 1903/1904.

Hopfner, Frdr., die Verteilung der solaren Wärmestrahlung auf der Erde. (43 S.) gr. 8. Wien 905. (A. Hölder.) n. — 80
Sonderabdruck aus: „Sitzungsber. d. k. Akad. d. Wiss."

Hopfner, F., Die Verteilung der solaren Wärmestrahlung auf der Erde. [Aus: Sitzungsber. d. k. Akad. d. Wiss., mathem.-naturw. Klasse. Bd. CXIV] Gr.-8°. (43 S.) † 1906 K —.80

— Über die praktische Verwendbarkeit e. neuen Methode zur Auffindung der Periode e. periodischen Erscheinung. (20 S.) gr. 8. Ebd. 910. — 60
2 Sonderabdr. aus: „Sitzungsber. d. k. Akad. d. Wiss."

Hopfner, Isidor, S. J., Brunellen. Ein Liedersträuß. (157 S.) kl. 8. Feldkirch 905. F. Unterberger. n. 1. 50; geb. in Leinw. n. 2. —

Hopfner, Isidor, S. J., frohe Gesellen, besungen. (164 S.) kl. 8. Graz 909. Styria. 1.40; geb. 2. —

Hopfner, J., der Kinderfreund Jesus u. das gute Kind. Gebet- u. Erbauungsbüchlein f. Kinder. 16. (IV, 200 S. m. Textillustr. u. 1 farb. Titel.) Paderborn 889. Bonifacius-Druckerei. n. — 40

— Savonarola, s.: Dilettantenbühne, katholische.

. Hopfner, Isidor: Der Wandel in den religiösen Anschauungen Manzonis, beleuchtet aus seinem Leben und seinen Schriften. S. 3—36. 8.
Progr. Öffentl. Privatgymn. an der Stelle Matutina *Feldkirch* 1901.

Hopfner, Theodor

— Thomas Magister, Demetrios Triklinios, Manuel Moschopulos. Eine Studie über ihren Sprachgebrauch in den Scholien zu Aischylos, Sophokles, Euripides, Aristophanes, Hesiod, Pindar und Theokrit. S. 172 3 . . . . 2.—
Separatabdruck

Hopfner, Th., „Die thomano-triklinischen Scholien zu Sophokles Elektra". Pr. 1913. 28 S. 2.—

Hopfner Theodor, Dr.: Der Tierkult der alten Ägypter nach den griechisch-römischen Berichten und den wichtigeren Denkmälern. D 57 2 . . . . K 14.—
Separatabdruck

Höpfner, s.: Briefe aus dem Freundeskreise von Göthe, 2c.

Höpfner, d. Nachdruck. Grimma 843.

Plan der Residenzstadt Cassel und Umgebung. Angefertigt im Stadtbauamte d. Residenz im J. 1903. Höpfner, Kgl. Baurat. Blumenauer, Stadt-Vermessungsinsp. Ungefährer Maßst. 1 : 10,000. *([Cassel: E. Hühn] 1903; Photolith. 'Globus', Dresden-Kötzschenbroda.)* (1 Kartenbl. 121×85 [kol.] *
[04. 14070

Höpfner, A., allgemeines Adreß-Buch der Haupt- und Residenz-Stadt Weimar, s. Adreß-Buch.

(Höpfner, A. v.) Darstellung der Ereignisse bei der schles. Armee. Berlin 1843—47. 8°. (Bh. z. M. W. B. 1843—45 u. 1847.)

Höpfner, A., Heimathkunde der Provinz Brandenburg. Eine geschichtlich-geograph. Darstellung f. Schulen. gr. 8. (98 S.) Berlin 877. Oehmigke's Verl. n. — 60

Höpfner, A., Heimathkunde der Prov. Brandenburg. Eine geschichtlich-geograph. Darstellung für Schulen. gr. 8. (98 S.) Berlin 877, Welle. *

— Potsdamer Lieder-Chronik. 8. (120 S. m. 1 Stahlst.) Berlin 876. Welle. n. 1. 50

Höpfner, A., kleine berlinische Reim-Chronik s. a. Schriften d. Vereins f. die Geschichte der Stadt Berlin.

Höpfner, A., kleine Berlinische Reim-Chronik. Gedichte mit histor. Bemerkungen. 2. Ausg. 16. (96 S.) Berlin 871, v. Decker'sche Geh. Ober-Hofbuchdr.

—— Perleberger Reimchronik. Perleberg von 1200—1700. Gedichte mit histor. Anmerkungen. gr. 8. (VI, 90 S.) Perleberg 876. (Berlin, Welle.) *

Höpfner, A., Sagen und Geschichten der Altmark und Priegnitz. Gedichte. gr. 16. (VIII und 166 S.) Berlin 865, König.

Höpfner, Adolf Friedrich

Höpfner, Ad. Fr., († d. 29. Sept. 1806.) die Entdeckungen d. 19n Jahrhund. in Rücksicht d. Länder- u. Völkerkunde 2c. aus Reisebeschreibungen gezogen. 1r Bd. 8. Erf. 805. Keyser. 18 gr

— Examinatorium theologiae dogmaticae etc. c. praefatione C. Ch. Cannabichii. Sectio I. 8. ibid. 806.

— examinatorium theologiae dogmaticae etc. c. praefat. J. C. Cannabichii. Sect. I. Sect. II. III. cont. Jh. Chr. Grosse. 8. Erf. 807—15. Keyser. 1 Rthlr 14 gr

Höpfner, A. F., Examinatorium Theologiae dogmaticae, continuatum a J. C. Grosse, sectio II et III. 8. Erfurt. Keyser. 813. et 15. (12 gr. et 14 gr.)

Höpfner, Adolph Friedrich, Rektor in Greussen. Die kleinen Freunde der Naturgeschichte. (2 Bde. in 1 Bd. gebunden.)
8. Eisenach 1802—1803.

— d. kleinen Freunde der Naturgeschichte. 6 Thle. 8. Eisenach 802—7. (Bärecke). 4 Rthlr 12 gr

— die kleinen Freunde d. Naturgeschichte. 1r–6r Thl. 8. Eisenach, Wittekind. 802–807. (à 18 gr.)

— die kleinen Freunde der Pflanzenkunde. 3 Thle. 8. Eisen. 804—6. (Bärecke). 1 Rthlr 12 gr

— Lesebuch gemeinnütz. Kenntnisse. (ist d. Stoffs zur Unterhalt. 2c. 1r.)

Höpfner, A., Magazin für die Naturkunde Helvetiens. 4 Bde. m. K. gr. 8. Zürich, Geßner. 787–89.

— Magazin für d. Naturkunde Helvetiens. 4 Bde., mit Kpf. gr. 8. Zürich 787—89. Geßner. 2 Rthlr 12 gr Forts. s. Monatsschrift, helvetische.

— philologische Mannigfaltigkeiten. 8. Erfurt, Müller. 806.

— philosophische Mannigfaltigkeiten. 18 Bdchn. 8. Erf. 806. Müller. (a. Weygand in Leipz.) 16 gr

— Helvetische Monatsschrift. s. Monatsschrift.

— d. kl. Physiker. 6 Bdchn. 8. Erfurt. Keyser. 801–805. (à 12 gr.)

— der kleine Physiker, od. Unterhaltungen über natürl. Dinge f. Kinder. 1r. 2te verb. Aufl. 8. Ebend. 813.

Höpfner's, A. F., Real-Lexicon zur Erklärung der griech. und römischen Klassiker. Erfurt 803. Thl. I. 8. 1 rthl. (Enthält von A–C.)

— kurzgefaßtes Reallexicon zur Erklär. d. Griech. u. Röm. Classiker. 2 Bde. gr. 8. Erf. 803. u. 4. Keyser. 2 Rthlr

Höpfner, Ad. Fr., die Seereisen. Ein Buch zur Unterhaltung u. Belehrung. 1r u. 2r Bd. 8. Erf. 804. u. 5. Keyser. 1 Rthlr 12 gr

— Stoff zu Unterhaltungen über Gedike's latein. Lesebuch. 1r Thl. 8. Erf. 800. Keyser. 18 gr (A. u. d. T.: Lesebuch gemeinnütz. Kenntnisse ꝛc.)

— üb. d. Ursach. u des Verfalls des eidgenossischen Bundes, d. Fehler u. Vorzuge der neuen helvet. Constitution ꝛc. gr. 8. Zurich, Ziegler. 801.

— Vorübungen zur Erleichterung d. Geschichte. 1s Bdchn. 8. Erf. 802. Rudolphi. (a. Schnuphase in Altenb.) 16 gr

— Vorüb. z. Erlernung d. Geschichte. 1s Bdchn. 8. Erfurt, Rudolphi. 802.

(Höpfner, Albrecht.) Ueber die Ursachen des Verfalls des Eidsgenössischen Bundes, die Fehler und Vorzüge der neuen helvetischen Constitution, nebst einem Versuche, ein Bundessystem mit einer Centralregierung für die Schweiz zu vereinigen. In Briefen an ein Mitglied der ehemaligen Bernischen Regierung. 8. Zürich und Leipzig 1801.

HÖPFNER, Anton (Friedrichstadt/Schlesw.): Untersuchungen über das Vorkommen von Spaltpilzen in Exsudaten während des Lebens. Mit 2 Taf.- München: Wolf 1885. 26 S.
5.5.1885 - Urk (Titel: De bacteriis in exsudatis intra vitam ortis.); Chr 1884/85,21
Diss. Ingolst.-Landsh.-Mchn.

Höpfner, August: Katechetische Lehrproben ..., s. Vogel, O.

Hoepfner, B., Aufgaben zum Zifferrechnen. 7 Hefte. 8. (50; 42; 38; 24; 34; 41; 50 S.) Halle 880, Buchh. des Waisenhauses. cart. à Heft * 36 Pf. *
— dass. — Lösungen. 6 Hefte. 8. (19; 22; 14; 20; 21; 16 autogr. S.) Ebendas. 880. à Heft * 50 Pf. *

Hoepfner, B., Nachschlagebüchlein für Vorturner zum Gebrauche auf dem Turnplatze, Nach Dieters Merkbüchlein, Halle a. S. 1819, 40 S., 16°.

Hoepfner, B., Nachschlagebüchlein für Vorturner zum Gebrauche auf dem Turnplatze. Nach „Dieter's Merkbüchlein" geordnet. 16. (40 S.) Halle 879, Buchh. des Waisenhauses. cart. *

Höpfner, Carl, s. Höpfner, Karl

Höpfner, D. G. C., de origine dogmatis rom.-pontificii de purgatorio. Hal. 1792. 8.

Höpfner, Diederich Leberecht. Nachruf eines heimgegangenen evangelischen Predigers . . . Hamb. 1835. H: *Hansen*, *Adolf Ulrich.* (zu)

— Predigt zur Empfehlung der Angelegenheit der Bibelgesellschaften an seine Gemeinde gehalten d. 28. April 1816, nebst einem Vorwort über dieselben. Altona. 1816. P.

Höpfner, (D. L.) Predigt am Reformationsfeste den 4. Nov. 1821, über Joh. 6, 66 — 69, ein Wort wider den stillen Abfall von der evangel. Kirche ꝛc. gr. 8. Altona 822, Hammerich.

Höpfner, Dieder. Lebr., Predigten. Neue Samml., s. Nachruf.

Höpfner, D. L. Predigten über die evangelischen Perikopen . . . Hamburg 1831. H: *Hudtwalcker*, *Moriz Hieronymus.* (Ky) (zu)

Höpfner, Dieder. Lebr., Predigten üb. d. evangel. Pericopen, nebst zwei im J. 1828 zu Driburg gehalt. Predigten. M. e. Vorw., Nachrichten üb. d. Leben d. verstorb. Verf. enth., (v. Hudtwalcker.) gr. 8. (52 B.) Hamburg 831, Perthes u. Besser.
2 Thlr. 8 Gr., Schrbp.

Höpfner, D. L., Religionsvorträge. 8. Hamburg, Bohn. 810.

Höpfner, D. L., Religionsvorträge. 8. Hamburg. 810. Ist jetzt Verlag von Hoffmann und Campe.

HOEPFNER, DIED. LEBERECHT, Stimmen der Erschlagenen, die in des Kampfes Hitze fielen, an uns, ihre Brüder. Eine Predigt, gehalten den 2. Juli 1815 zur Erinnerung an den grossen Kampf am 18. Junius. Altona. 1815. P.

Höpfner, E., Stoff und Anleitung zu den Lesevorübungen. 8. (31 S. mit eingedr. Holzschn. und 1 Tab.) Dortmund 879, W. Crüwell.

Höpfner, E. Die Wortstellung bei Alain Chartier und Gerson. Diss. Leipzig 1883. 66 S.

Hoepfner, Ed. H., Disquisitio crit. hist. de Herpetis furfuracei universalis maligni casu memorabili, c. tab. aen. 8maj. Berol. Maurer. 815.

Höpfner, Edmund: (Aus d. chirurg. Universitätsklinik Sr. Exc. d. Herrn Geheimrath v. Bergmann.) Ueber Gefäßnaht, Gefäßtransplantationen und Replantation von amputirten Extremitäten. *Berlin 1903: L. Schumacher.* (59 S.) 8°
Berlin, Med. Diss. v. 15. Mai 1903

Höpfner, Eduard von

Höpfner, Ed. v., der Krieg von 1806 und 1807. Ein Beitrag zur Geschichte der preuß. Armee nach den Quellen des Kriegs-Archivs bearb. 1. Thl.: Der Feldzug von 1806. 2 Bde. Mit Schlacht- und Gefechts-Planen und Beilagen. gr. 8. (XXXVIII und 886 S. mit 3 Tab. und 7 lithogr. Plänen in 4. und Fol.) Berlin 850, (Schropp und Comp.) **

— dass. — 2. (letzter) Thl.: Der Feldzug von 1807. 3. und 4. Bd. Mit Schlacht- und Gefechts-Planen und Beilagen. gr. 8. (3. Bd. VI und 722 S. mit 13 lithogr. Plänen in 4. und Fol. und 1 Tab. in gr. Fol.) (Ebds.) 851. **

Höpfner, Ed. v., der Krieg von 1806 und 1807. Ein Beitrag zur Geschichte der Preuß. Armee nach den Quellen d. Kriegs-Archivs bearb. 2 Thle. in 4 Bdn. Mit Schlacht- und Gefechts-Plänen u. Beilagen. 2. Aufl. Berlin 855. Schropp. gr. 8. (VIII, 490 S. u. Beilagen XXV S.; IV, 396; VI, 722; IV, 755 S., 4 Tab. u. 24 lith. Pläne in 4. u. Fol.) n. 8 Rthlr.
Inhalt: 1. 2. Bd.: Der Feldzug von 1806. — 3. 4. Bd.: Der Feldzug von 1807.

Höpfner, Ernst, G. R. Weckherlin's Oden und Gesänge. Ein Beitrag zur Geschichte der deutschen Dichtung. gr. 8. (III und 59 S.) Berlin 865, Stilke und van Muyden. *

Höpfner, Ernst, Reformbestrebungen auf dem Gebiete der deutschen Dichtung des 16. und 17. Jahrhunderts. Ein Beitrag zur Geschichte der deutschen Dichtung. 4. (45 S.) Berlin 866, Calvary und Comp. *
Aus: Jahresberichte des K. Wilhelms-Gymnasiums zu Berlin, besonders abgedruckt.

Höpfner, Ernst [Hrsg.], s. Zeitschrift für deutsche Philologie.

Höpfner, Ernst Friedrich

— — **Philosophiae et superstitionis certamina, quae ardentissima flagrant hac nostra memoria, inde ab aeterno jam fuerunt conserta. Oratio Philippica. I. Lpz. (Hartmann) 12. VII. 1828. 22 Seiten. (6.20)** 15411

—— Philosophiae et superstitionis certamina, quae ardentiss. flagrant hac nostra memoria inde ab aeterno jam fuerunt conserta. Oratio philippica I. 8maj. (1½ B.) Lipsiae 828, Rein.

— — **De consecutione sententiarum in Pauli ad Romanos epistola. — Sub calcem legitur praeconium immortalis Tzschirneri. Lpz. (Hartmann) 12. VII. 1828. 71 u. 8 S. (7.—)** 15410
Gew.: Christoph Friedrich v. Ammon.

Hoepfner, Ernest. Frider., de consecutione sententiarum in Pauli ad Romanos epistola Comment. Praeconio immortalis Tzschirneri sub calcem addito. 8maj. (5½ B.) Lipsiae 828, [Lehnhold.] Thlr.

—— Daniel u. Johannes, e. Gespräch zwischen zwei christl. Freunden üb. d. Zukunft d. Herrn. gr. 8. (3 B.) Leipzig 832, Rein.

—— daß d. Widerstand geg. d. Evangelium in uns. Tagen noch ungleich größer ist, als z. Zeit d. Reformation. Eine bibl. Betracht., angestellt am Reformationsfeste, d. 31. Oct. 1831. gr. 8. (2¼ B.) Leipzig, Rein.

— daß der Widerstand gegen d. Evangelium in unseren Tagen noch ungleich größer ist, als zur Zeit d. Reformation. Eine bibl. Betrachtung, angestellt am Reformationsfeste, d. 31. Oct. 1831. gr. 8. Leipz. 831. Rein. 4 gr.

—— daß die Schrift mehr als jemals vor uns. Augen in Erfüllung gehet. Eine bibl. Betracht. gr. 8. (1½ B.) Leipzig 831, Rein.

—— daß e. reiche Erndte erst dann wahrhaft segensreich f. uns werden kann, wenn wir sie durch d. Wort Gottes heiligen. Eine bibl. Betracht. gr. 8. (1½ B.) Leipzig 831, Rein.

Hoepfner, Ernst Friedrich (Audigast Saxo) **u. Friedrich August Adolph Naebe** (Costewitz Saxone), **De discrimine mediatae et immediatae dei efficaciae rectius intelligendo. Diss. philos. Lpz. (Jo. Fr. Glück) 27. IX. 1823. 72 S. (7.—)** 15409
Gew.: Johann August Heinrich Tittmann

Höpfner, (Ernst. Friedr.,) discrimine mediatae et immediatae dei efficatiue rectius intelligendo comment. 8maj. Lips. 824, Reclam.

—— der Einzug des Antichrists in die Peterskirche zu Leipzig am Sonnt. Quasimodogeniti, d. 19. April 1846, od. die erfolgte Aufnahme d. Neukatholiken in die evang. Kirchen Sachsens. gr. 8. (5 B.) Grimma 846, Gebhardt.

—— das irdische Freudenmahl zu Cana u. d. himml. im Reiche Gottes. Eine bibl. Betracht. gr. 8. (1½ B.) Leipzig 833, Rein.

—— die Glaubwürdigkeit d. Messian. Weissagungen v. Neuem in Schutz genommen. gr. 8. (8 B.) Leipzig 831, Rein.

— Grundlinien zu e. fruchtbaren Ausleg. d. heil. Schrift. gr. 8. Lpz. 827. Rein.

—— die Natur im Schmucke d. Frühlings. Eine Predigt. gr. 8. (1½ B.) Leipzig 828, [Lehnhold.]

— 3 Predigten. gr 8. Leipz. 827, Rein.

—— über d. Schicksal d. Seele unmittelbar nach d. Tode d. Leibes. gr. 8. (1½ B.) Leipzig 833, Rein.

— über das Streben unserer Zeit, die gesellschaftl. Verfassung zu vervollkommnen. E. Predigt. gr. 8. Leipz. 824, Reclam.

—— von d. Treue e. evangel. Lehrers in seinem Berufe. Eine Abschiedspredigt. gr. 8. (1½ B.) Leipzig 833, Rein.

— von der Treue eines evangel. Lehrers in seinem Berufe. Eine Abschiedspredigt, gehalten d. 17. Nov. 1833 zu Leipzig. gr. 8. Leipzig 834. Rein. ⅛ Thlr.

Höpfner, Ernst Friedr., vom Unkraut unt. d. Waizen od. von d. Langmuth Gottes, womit er d. Kinder d. Bosheit duldet. Eine Pred. gr. 8. (1¼ B.) Leipzig 837, (Hunger.) *

— das Unwesen der neuen Religionsschwärmerei in e. Predigt üb. Joh. 60, 1—6 beleuchtet. gr 8. Leipz. 822, Reclam.

—— von d. Vergebung d. Sünden. Eine Predigt. gr. 8. (1½ B.) Leipzig 823, [Lehnhold.]

—— die Verklärung d. auferstand. Jesu. Eine Pred. gr. 8. (1 B.) Leipzig 836, (Hunger.) *

—— eine christl. Vorbereitung auf große Gerichte Gottes. Eine bibl. Betracht. gr. 8. (1¾ B.) Leipzig 831, Rein.

Höpfner, Ernst Friedr., Wehklage eines abgehenden Predigers od. Schrift- u. erfahrungsmäßiges Bedenken, ob ein evangel. Lehrer im Königr. Sachsen gegenwärtig ein geistl. Amt antreten u. verwalten könne, ohne sein Gewissen zu verletzen. Eine Abschiedspred. geh. bei d. freien Niederlegung zweier Pfarrämter am 21. Sonnt. n. Trin., d. 12. Oktbr. 1845. gr. 8. (3 B.) Waldenburg 846. (Leipzig, C. H. Reclam sen.) *

—— wodurch wir uns. Seligkeit gewiß werden? Eine bibl. Betracht. auf alle Zeiten u. vorneml. auch auf d. letzte Zeit. gr. 8. (1½ B.) Leipzig 831, Rein.

— das Wort des Herrn über d. Getümmel dieser Zeit. Eine bibl. Betrachtung. gr. 8. Leipz. 830. Rein. 2 gr.

—— die Zeichen vom Himmel in d. J. 1831 u. 1832, gesamm. u. nach Vernunft u. Schrift beurtheilt. gr. 8. (4½ B.) Leipzig 833, Rein.

— das herrliche Zeugniß Petri von der Gottheit und der Auferstehung Jesu Christi. Eine Predigt. gr. 8. Leipzig 836. (Andrä.) n. ⅛ Thlr.

—— das herrl. Zeugniß Petri v. d. Gottheit u. d. Auferstehung Jesu Christi. Eine Pred. gr. 8. (1 B.) Leipzig 836, (Hunger.) *

Höpfner, Ernst Just. Thdr.: De re Cattorum metallica, s. Baumer, Joh. Wilh. (Praes.)

Hoepfner, Ernst Justus Theodor (Gießen)
Dissertatio inauguralis medica de salibus alcalicis fixis. Giessae [8.] Oct. 1771: Braun. 28 S. 4°
pro gradu doctoris

Höpfner, F. Ueber die Nothwendigkeit der Aufsicht des Staats auf die Schulen. 17. S. . . . .

Progr. Elbing 1825

(Hoepfner, Friedrich:) 1802—1900. Die Entwicklung der Brauerei Fr. Hoepfner, Karlsruhe. Ein Beitr. zur Geschichte der Industrie unserer Stadt. [Hrsg. anläßl. der Inbetriebnahme der neu erbauten Brauerei.] [Mit Abb. u. graph. Darst.] (Karlsruhe 1900: Braun.) 39 S. 4°

— **Friedrich,** De Sophoclis Oedipo Coloneo ad indicandum examen civium gymnasii. Elbingen (Hartmann) 1822. 24 S. (6.—) 15413

Höpfner, G., Komiker u. Soubrette, s.: Universal-Bibliothek.

Hoepfner, Geo., liber memorial. in Cornel. Nep. 8. Sorau, Hebold. 751.

Höpfner, Geo. Pt., Gesänge u. Gebete zur Erweiterung d. wahren Gottesverehrung im Geiste u. in der Wahrheit ꝛc. Zum Gebrauch in den Teutschordischen Landen. 8. Nürnb. 803.

Höpfner, Gl., Geheimnisse d. Reichs Gottes üb. d. Evangel. in Gleichnissen vorgetr. 4. Görlitz. Drachstädt. 727.

Höpfner, H., Die Postverbindungen, Handels- und Verkehrsbeziehungen zwischen dem Deutschen Reiche und den Deutschen Konsulatsorten in aussereuropäischen Ländern. (Ergänzungsheft zum Archiv f. Post u. Telegr.) Berlin 1879. 8. (0.HK.; RPA.)

Höpfner, H., das Werk der inneren Mission in der evangel. Kirche der Rheinprovinz. gr. 8. (IV, 256 S.) Bonn 876. A. Marcus. n. 3. —

Hoepfner, Hedw., das ABC. Reime v. H. gr. 4. (15 S. m. z. Tl. farb. Abb.) Nürnberg (899). Th. Stroefer. — 75

— bitte, bitte! Reime. gr. 4. (15 S. m. z. Tl. farb. Abbildgn.) Ebd. (901). Geb. 1.—

— einst, jetzt u. später, s.a. Bloch's, Ludw., Sammlung v. Zwie- u. Dreigesprächen. 26.

Einst, jetzt und später. Eine Dienstbotenkomödie f. 3 Damen von Hedwig Hoepfner. *Berlin: E. Bloch [1902].* (21 S.) 8° [F.]
— Sammlung, Ludwig Blochs, von Zwie- u. Dreigesprächen. H. 26. [03. 2350

— Die beiden Gretchen, s.: Mädchen-Bühne.

Hoepfner, Hedw., unser Hans. qu. 4. (15 S. m. z. Tl. farb. Bild.) Nürnberg 895. Th. Stroefer. — 40

— Hansel, d. Spielmann. gr. 8. (12 S. m. z. Tl. farb. Abb.) Ebd. 898. — 50

— Hausgenossen aus der Tierwelt. gr. 4. (27 S. m. z. Tl. farb. Abb.) Nürnberg (902). Th. Stroefer. Geb. 2.—

— Die Heinzelmännchen, s.: Jugend- u. Volksbühne.

— hie gut Zollern alleweg, s.a. Mädchen-Bühne. 69.

Hie gut Zollern alleweg. Festdichtung mit eingelegten Chören u. Reigen nach vaterländischen Melodieen z. Geburtst. Sr. Maj. d. Kaisers von Hedwig Hoepfner. *Berlin: E. Bloch [1903].* (16 S.) 8° [F.]
— Mädchen-Bühne. H. 69. [03. 11896

— **Jubilate! Festdichtgn. f. Schulfeierlichkeiten.** 1.—3. Heft. 8. Düsseldorf 907. L. Schwann. à — 60
1. (47 S.) 907. — 2. (38 S.) 907.
3. Zum Geburtstage Sr. Maj. des Kaisers. (64 S.) (907.)

Höpfner, Hedw. v., Germanias Kaisertag, s.: Mädchen-Bühne.

— gute Kameraden. (Ausgestanzt.) schmal Fol. (15 S. m. z. Tl. farb. Bildern.) Ebd. 895. Kart. 1. —

— unsere Kätzchen. qu. gr. 4. (14 S. m. z. Tl. farb. Bild.) Ebd. 897. — 75

— Gretchen Langohr. kl. qu. 4. (14 S. m. z. Tl. farb. Bild.) Ebd. 896. — 40

— die Arche Noah. Reime v. H. qu. gr. 4. (15 S. m. z. Tl. farb. Abbildgn.) Ebd. (900). — 75

— eine Prahl-Bekanntschaft, s.a. Bloch's, Ludw., Damen-Bühne. 35.

Eine Prahl-Bekanntschaft. Schwank in 1 Akt von Hedwig Höpfner. *Berlin: E. Bloch (1903).* (20 S.) 8° [F.]
— Damen-Bühne, Ludwig Bloch's. No 35. [04. 13664

— mein Schäfchen u. ich. Reime v. H. 8. (12 S. m. z. Tl. farb. Abbildgn.) Ebd. (900). — 40

— die Sonne u. der Mond, s.a. Bloch's, Ludw., Sammlung v. Zwie- u. Dreigesprächen. Nr. 17.

Die Sonne und der Mond. Ehekomödie von Hedwig Hoepfner. *Berlin: E. Bloch (1900).* (14 S.) 8° [F.]
— Sammlung, Ludwig Blochs, von Zwie- u. Dreigesprächen. H. 17. [01 1.800

— Die Sterntaler, s.: Jugend- u. Volksbühne.

— Strafe muß sein, s.: Mädchen-Bühne.

— Jungfer Vergeßlich, s.: Mädchen-Bühne.

Hoepfner, Hedw., vom Fels zum Meer, s.a. Mädchen-Bühne. 73.

Vom Fels zum Meer! Festdichtung mit eingelegten Chören nach vaterländ. Melodieen z. Geburtstag Sr. Maj. d. Kaisers von Hedwig Hoepfner. Berlin: E. Bloch [1904]. (13 S.) 8° [F.]
— Mädchen-Bühne. H. 73. [04. 9830

— der deutsche Wald, s.a. Mädchen-Bühne. 55.

Der deutsche Wald. Festdichtung z. Geburtst. Sr. Maj. d. Kaisers von Hedwig Hoepfner. *Berlin: E. Bloch (1900).* (19 S.) 8° [F.]
— Mädchen-Bühne. H. 55. [01 19149

Hoepfner, J., über den Anklageproceß u. das Geschwornengericht. gr. 8. (18⅛ B.) Hamburg 844, Perthes-Besser u. Mauke.*

Hoepfner, J. C., praes. A. E. v. **Buechner,** De rabie canina ad mentem celeberrimorum quorundam, nostrae aetatis, virorum considerata. 32 pp. Erf. 4°. 1726

Höpfner, J. F., Dankpredigt am 19. p. Trinit. für die Errettung d. Stadt Leipzig. gr. 8. Leipz. Schönemann. 813.

— Siegespredigt am Reformationsfeste wegen der Schlacht bei Leipzig, nebst Dr. Rosenmüllers Dankgebet. gr. 8. Ebend. 813.

Höpfner, J. H.

Hoepfner, H., Isagoge de sacra coena, ed. sec. repet. a I. F. Mayer. 4. Lips. Junius. 707.

Hoepfner, I. H., Isagoge ad usum sacrae coenae dominicae. 4. Lips. Kiesewetter. 707.

— disputat. XII. de justificatione homin. coram Deo coll. cura Wernsdorf. 4. ibid. 728.

Dänemark und die Herzogthümer Schleswig und Holstein. Ausserordentliche Beilage des Altonaer Mercurs [v. Johann Höpfner.] Artikel 1–3. (Altona.) 1846. Fol.

Der Aufstand in den Herzogthümern Schleswig und Holstein und Preussens Verfahren gegen Dänemark [v. Johannes Höpfner]. 2. Aufl. Kopenhagen. 1848. 8°. SHr 219

— **Johann Christian** (Halle), De morbis hepatis ex anatomia deducendis. Diss. med. Präs. Friedrich Hoffmann. Halle (Johann Christian Hilliger) Juli 1726. 28 S. (7.30) 15414

Hoepfner, Jo. Ernst [Präs.] u. Franz de Sprekelsen (Hamburg) [Auct. et Resp.]
Dissertatio inauguralis juridica de collocatione usurarum in concursu creditorum.
Gissae 22. Okt. 1754: Braun. 40 S. 4°
pro licentia summos in utroque jure honores capessendi.

Hoepfner, Joh. Ernst [Präs.] u. Jo. Chrph. Hagelgans (J.C.1. Darmstadt) [Resp.]
Dissertatio inauguralis juridica de necessario bonae fidei ad praescriptionem actionum personalium requisito.
Gissae April 1744: E. H. Lammers. (2), 62 S. 4°
pro summis in utroque jure honoribus et privilegiis rite capessendis.

Höpfner, Jh. Geo. Albr., († d. ... Febr. 1813.) Abhandl. über d. Bereitung d. Brechweinsteines. 8. Weimar 782. Hoffmann. 3 gr

Höpfner, Jh. Geo. Chr., († d. 20. Dec. 1827.) neues nützl. Allerlei, oder Natur, Menschenleben u. Vorsehung rc. Eine Fortsetz. von Gözens nützl. Allerlei. 2 Thle. 8. Leipz. 805 u. 6. (Brockhaus). 1 rthl 12 gr (A. u. d. T.: Belehrung über gemeinnützl. Gegenstände.)

Höpfner, J. G. C., neues nützl. Allerley od. Natur, Menschenleben u. Vorsehung rc. Eine Fortsetz. von Gözens nützl. Allerl. 2 Thle. 8. Leipz. Gleditsch. 805. (a. unt. d. Titel: Höpfners Belehr. üb. gemeinnütz. Gegenst. rc. (à 18 gr.)

— s. Aristophanis Ranae.

— s. Er. Birkenhayn.

— — (ad aed. Paul. et Gohlis.), Disputatio ad locum Pauli Ephes. c. IV. v. 11—16. — Viro Johann Theophil Bosseck quinquagesimum suscepti magisterii annum nomine societatis philobiblicae gratul. Lpz. (Sommer) 26. II. 1789. 26 Seiten. (6.50) 15416

— epitome theologiae christ. ex op. Reinhardi etc. concinn. 8maj. Leipz. 803. Tauchnitz. Ed. II. corr. et locupl. 8maj. ibid. 819. P. Vogel. 1 rthl 16 gr

Höpfner, epitome theologiae christ. ex op. Reinhardi etc. concinn. 8. maj. Lips. Tauchnitz. 805.

Höpfner, Jo. Ge. Chr., Epitome theologiae christianae e F. V. Reinhardi acroasibus academicis descripta, pluribusque observationibus aucta. ed. 2a corr. et locupl. 8maj. Lipsiae, Paul Vogel. 819.

— s. a. Eros, über den.

— — den Eros der ältesten griechischen Dichter, ein Beitrag zur griechischen Anthologia (von *Joh. Georg Christian Höpfer* oder *Höpfner*). Leipzig 1792.
Anon.-Lex. IV. p. 206 (nach Engelmann). — Kayser hat „1793".

— s. Euripidis cyclops. — Iphigenia in Aulide.

— Walthers Familie zu Rosenstädt, e. Leseb. f. d. Jugend. m. K. 8. Leipz. W. F. Vogel.

— Walthers Familie zu Rosenstädt, ein Lesebuch f. d. Jugend, m. K. 8. Ebend. 811.

— Walthers Familie zu Rosenstedt, ein unterhaltendes u. lehrreiches Lesebuch für d. aufblühende Jugend. Mit 16 ill. Kpf. 8. Leipz. (811.) Mit neuem Titel. Riga 819. Hartmann. (Serig in Leipz.) 1 rthl 8 gr Hbg. Pr. 20 gr

— Grundriß e. Theorie d. physischen Erziehung d. Jugend. 8. Leipz. 803.

— Handbuch d. griech. Mythologie; nebst P. F. A. Nitsch's Einleit. in d. Theologie d. Griechen. 8. Erf. 795. Keyser. 16 gr

Höpfner, Jh. Geo. Chr., Diss. inaug. Historia Tobiae, graece, text. ad fidem codicum emend. et illustr. Spec. I. 4 Wittenb. 802.

— Introductio in theologiam dogmaticam, S. F. N. *Morus*.

Höpfner, (J. G. C.,) Introductio in Theologiae dogmaticae, praesertim formulae Lutheriae, histor. liter. Additamentum editionis V. Epitomes Theolog. Christ. a S. F. N. Moro scriptae. 8. Lpz. 821, Schwickert.

— über d. Leben u. d. Verdienste Morus. 8. Leipz. 793. (W. Rauck). 16 gr

— üb. das Leben u. Verdienste Morus. 8. Leipz. Sommer. 793.

Höpfner, J. G. C., über das Leben und die Verdienste des verewigten Morus. Leipzig 795. 8. 3 gr.

— s. Naturfreund, Der kleine, e. Weihnachtsgeschenk.

Höpfner, J. G. C., neuer Natur- u. Festkalender f. die reifere Jugend, mit 12 color. Kupfert. 8. Leipz. W. Vogel. 811.

— — neuer Natur- und Festkalender für die reifere Jugend. m. illum. Kpfrn. N. Aufl. 8. Riga, Hartmann. 819.

— neuer Natur- u. Festkalender für d. reifere Jugend. Mit 12 ill. Kpf. 8. Leipz. 811. Mit neuem Titel. Riga 819. (Serig in Leipz.) 1 rthl 12 gr Hbg. Pr. 1 rthl

— s. P.F.A. Nitsch, Beschrieb. der Zuständ. der Griechen u. dessen Wörterbuch d. alt. Geographie.

— s. Pauli, Briefe an die Corinther.

— **M. Johann Georg Christian** (Leipzig) u. (Respond.) **Christian Theophil Kuinoel** (Leipzig), Commentarii in Cyclopem Euripidis specimen. Lpz. (Sommer) 13. X. 1787. 39 S. (6.80) 15415
Gew.: Friedrich Gottlob v. Berlepsch (Dresd.).

— s. Sophoclis Trachiniae.

— was müssen wir thun, um uns vor ungerechten Klagen über Gottes Weltregierung zu bewahren rc. Eine Predigt. gr. 8. Leipz. 791. W. Vogel. 2 gr

Höpfner, Jh. Ksp., kathol. Katechismus in Fragen u. Antworten. 4 Thle. 8. Augsb. 783. Rieger. 2 ₰ 16 ℋ

— — ders. 4 Thle. 12. Wurzburg. Stahel. 754.

Höpfner, J. Casp., kathol. Catechism. in Fragen u. Antw. 4 Thle. 8. Augsb. Rieger. 784.

Hoepfner, Iohannes Georgius Christianus, Curarum criticarum et exegeticarum in LXX viralem versionem vaticiniorum Ionae specimen secundum. Lipsiae o. J.

Höpfner, Karl, Dornröschen. Romant.-kom. Operette in 1 Aufzuge. Gedichtet u. komponiert v. H. Op. 30. Regie- u. Soufflirbuch. 12. (32 S.) Schleusingen (884). Coburg, C. Glaser. n. – 60; Textbuch (16 S.) n. — 15

Höpfner, Carl. Der Dreizehnte od. e. Sängertag in Pirna. Komische Oper in 1 Aufzuge. Regie- u. Soufflirbuch. 12. (81 S.) Coburg 892, C. Glaser. * — 60; Textbuch (15 S.) * — 15

— Durchlaucht kommen od.: Der Mohr v. Venedig. Kom. Oper in 2 Akten, gedichtet u. componirt v. H. Op. 25. Regie- u. Soufflirbuch. 12. (39 S.) Ebd. (882). n. — 60; Textbuch (15 S.) n. — 15

Hoepfner, Carl: Ueber das Gestein des Monte Tajumbina in Peru. Halle a. S. 1881: (Zu Guttenberg in Stuttgart). 35 S. 8°
Halle-Wittenberg, Phil. Diss. v. [3. Aug.] 1881
Geb. Friedrichslohra (Kr. Grfsch. Hohenstein) 8. 2. 1857. V.
Aus: Neues Jahrbuch für Mineralogie, Geologie u. Paläontologie. Jg. 1881. Bd 2. Stuttgart 1881. S. 164—192.

— im Raubritternest od. „Ausgehungert". Wildromant.-kom. Operette in 2 Akten, unt. Mitverwendg. d. gefährl. Erfindgn. d. Neuzeit gedichtet u. componirt v. H. Op. 24. Regie- u. Soufflirbuch. 12. (32 S.) Ebd. (881). n. — 60; Textbuch (15 S.) (893). n. — 15

— Doktor Schnuppe. Kom. Operette in 1 Aufzg. Gedichtet u. komponiert v. H. Op. 29. Regie- u. Soufflirbuch. 12. (27 S. m. 1 Abb.) Ebd. (883). n. — 60; Textbuch (15 S.) n. — 15

Höpfner, Ludwig

—— über die Anforderungen des teutschen Volks an eine bürgerl. Gerichtsverfassung und Gerichtsordnung. Ein Wort an die teutschen Gesetzgeber. br. 8. (39 S.) Leipzig 848, Arnoldische Buchh.

Höpfner, Ludw., Beiträge z. civilgerichtl. Praxis. 1. Bd. 1—3. Hft. gr. 8. Leipzig, Köhler. [1. (6¼ B.), 2. (5½ B.) 841., 3. (8 B.) 842. à ½ Thlr.]

Höpfner, Ludw., Beiträge z. civilgerichtl. Praxis. 2. Bd. 1. Hft. gr. 8. (5½ B.) Leipzig 843. [Köhler'sche Vrlgsh.]
1. Bd. Ebendas. 1841, 42. 1 Thlr. 15 Ngr.

Höpfner, Ludw., Beiträge zur civilgerichtl. Praxis. Bd. 2. Heft 2 und 3. gr. 8. (S. 87 — 262.) Leipzig 848 — 50, [Winter.] à Heft 15 Ngr.
1. Bd. und 2. Bd. 1. Heft. Ebendas. 1841—43. 2 Thlr.

—— die Besitzrechtsmittel u. Besitzprocesse d. heutigen gem. u. d. königl. sächs. Rechts, dargestellt. gr. 8. (11½ B.) Leipzig 841, Otto Wigand.

(Hoepfner, v.) Betrachtungen zu dem Entwurf eines Gesetzes über die deutsche Wehrverfassung. Berlin 1848. 8°.

—— de cambiorum fictitiis nominibus editorum ratione criminali. Dissertatio. 8maj. (13 S.) Lipsiae 847, (Winter.) *

—— Entwurf einer bürgerlichen Gerichtsordnung für Teutschland nebst dazu gegebener Begründung. 1. Ausg. (XVIII und 203 S.) 1848. 24 Ngr. und 2. Ausg. gr. 8. (XVIII und 216 S.) Leipzig 850, Barth. Thlr.

Höpfner, Ludw., die Entwürfe A. eines Gesetzes über die Befähigung zu jurid. Staatsämtern und über die Ausübung der Rechtsanwaltschaft, B. einer Rechtsanwaltschaftsordnung nebst dazu gegebener Begründung. Ein Anhang zu des Verf. Entwurfe einer bürgerl. Gerichtsordnung für Teutschland. gr. 8. (IV und 79 S.) Dessau 850, Gebr. Katz.

Höpfner, Ludw.: Leitfaden zu Vorlesungen üb. die Referir- u. Decretirkunst. *Leipz.*, **Güntz. 836. gr. 8. (9 Gr.)**

—— Leitfaden zu Vorlesn. üb. d. Referir- u. Decretirkunst. gr. 8. (4¼ B.) Leipzig 836, [Gerig'sche Buchh.]

— **Ludwig** u. (Respond.) **Heinrich Armin Klemm** (Leipzig), Meditationum ad jus judiciarium fasciculus I. Lpz. (Bernh. Tauchnitz jun.) 23. VIII. 1838. 36 S. (6.20) 15417

—— der Nachdruck ist nicht rechtswidrig. Wissenschaftl. Erörterung, nebst Bemerkungen zu dem beigefügten k. sächs. Gesetzentwurfe, den Schutz der Rechte an literar. Erzeugnissen u. Werken d. Kunst betreff. gr. 8. (6 B.) Grimma 843, Verlags-Compt. *

—— Rechtsfälle z. Gebrauche eines Civilprozesspractikum. 1—3. Semesterfascikel. No. 1—120. gr. 8. (23¾ B.) Leipzig 844, 45, Barth.

Höpfner, Ludw. Jul. Friedr.: Theoretisch-practischer Commentar über die Heineccischen Institutionen nach deren neuesten Ausg. 5. Aufl. Frankfurt a. M. 1795.

— 6. Aufl. 1798.

— 7. Aufl. von Ad. Dietr. Weber. 1803.

Höpfner, Ludw., zehn Relationen nach d. Separationsmethode, mit Hinsicht auf Chrstph. Martin's „Anleitung zu d. Referiren üb. Rechtssachen," ausgearb. gr. 8. (7½ B.) Leipzig 834, [Güntz.]

— zwölf Relationen nach der Separationsmethode, mit Hinsicht auf dessen Leitfaden ausgearbeitet. 2e unveränd. u. verm. Aufl gr. 8. Leipzig 836. Güntz. 5/8 ₰

—— zwölf Relationen nach d. Separationsmethode, mit Hinsicht auf vorsteh. Leitfaden ausgearbeitet. 2., veränd. u. verm. Aufl. gr. 8. (9¾ B.) Leipzig 836, [Gerig'sche Buchh.]

Höpfner, Ludw.: Zwölf Relationen nach d. Separations-Methode, mit Hinsicht auf seinen Leitfaden ausgearb. 2e veränd. u. verm. Aufl. *Leipz.*, **Güntz. (834.) 837. gr. 8. (15 Gr.)**

— s. Rob. Schneider, Index omnium rerum et sententiarum.

Hoepfner, Ludwig, aus Stettin: Über Vorkommen und mikroskopisches Verhalten überzähliger Brustwarzen beim Menschen, besonders beim Manne. (Hierzu 1 Taf.) *Jena 1899: B. Vopelius.* (20 S.) 8°
Jena, Med. Diss. v. (6. Mai) 1899

— s. Zeitschrift für Verwaltungszweige der Stadt- u. Landgemeinden.

— zwölf Civilrelationen nach verschied. Referirarten gearb. und mit einer krit. Einleitung begleitet. gr. 8. (141 S.) Leipzig 848, [Bibliopolische Anstalt.] –

— zwölf Civilrelationen nach verschied. Referirarten gearb. u. m. einer krit. Einleitung begleitet. gr. 8. (141 S.) Leipzig 848, Kori. 3/4 ℔

Höpfner, Ludwig Christian Wilhelm

Höpfner: Ausstattung und Einrichtung der Schulen und Schulräume nach den Anforderungen der Neuzeit. Berlin (1898)

Höpfner, Ludwig *Christian Wilhelm* [aus Hauröden]: Über die geistige Ermüdung von Schulkindern. Beobachtgn nach statist. Methode als Beitrag z. experimentellen Psychologie ... (Aus: Zeitschr. f. Psychol. u. Physiol. d. Sinnesorgane.) Hamburg & Leipzig, L. Voss, *1893*; 2 Bl., 39 S., 1 Bl. 8.
Halle, Phil. Fak., Inaug.-Diss. v. 27. Okt. 1893

Höpfner, Ludwig Julius Friedrich

Hoepfner, Ludwig Julius Friedr. (Jur. Prof. Publ. Ord.) [Defendens]
De effectu restitutionis in integrum quoad fideiussorem, dissertatio inauguralis.
Giessae [30.] Sept. 1771: Jo. Jak. Braun. 40 S. 4°
pro consequendo in jure doctoris gradu.

Höpfner, L. Jul. F.: Elementa jur. civ. sec. ord. Instt. *Gott.* 782. 8.

– s. J. G. H e i n e c c i u s , elementa juris civilis.

— — **Introductionis in jus publicum Romanorum antiquum paulo plenioris specimen. — Programma sollemnia inaug. candidatorum Jacobi Abel (Wetzlar) et Jo. Joseph Bened. Mariae Losskand (Wetzlar; M.: S. Fuchs). Giessen (Jo. Jac. Braun) 7. V. 1781. 20 S. (6.—)** 15421

— antiquum jus public. Romanorum. 8. Giessen 776. Rieger. 4 gr

— antiquum jus publ. Romanor. 8. Marburg, Krieger. 776.

Ej. jus naturae lat. redd. a Thdr. Ch. F. **Raydt.** *Lingen*, Jülicher. (793.) 803. 8° 18 gr

— jus naturae singulorum hom. societ. et gent. latin. redd. a Thdr. Chr. Fr. Raydt. 8maj. Ling. 803. Jülicher. 1 ℔

Höpfner, Ldw. Jul. Fr., († d. 2. April 1797.) Commentar über die Heineccischen Institutionen. 4. Frankf. 783. 2e–5e A. 787. 90. 93. 95. 6e A., mit Anmerkk. u. Zusätzen begleit. v. A. D. Weber. 803. 7e A. 808. 8e A. 817. 8e A. 2r Abdr. 833. (832.) gr. 4. Ebd., Varrentrapp. 5 ℔

Höpfner, Comment. üb. d. Heinecc. Institut. 8. Aufl. Frankfurt 818.

Höpfner, Ldw., zehn Relationen nach der Separationsmethode, mit Hinsicht auf Christoph Martins Anleitung zu dem Referiren über Rechtssachen, Heidelberg 1829. ed. III. ausgearbeitet. gr. 8. Leipzig 844. Schaarschmidt. 1/2 ℔

Höpfner, L. J. F., theoretisch-praktischer Commentar über die Heineccischen Institutionen. 8te Aufl., von neuem durchgesehen mit vielen Anmerkungen und Zusätzen begleitet von A. D. Weber. gr. 4. Frankfurt a. M., Varrentrapp. 817.

Höpfner, Ludw. Jul. Friedr., theoret. prakt. Commentar üb. d. Heineccischen Institutionen nach deren neuesten Ausgabe. 8. Aufl., durchaus bericht., auch mit Anmerkn. u. Zusätzen verm. v. Ad. Dietr. Weber. (2., unveränd. Abdr.) gr. 4. (111 B.) Frankfurt a. M. 833, Varrentrapp.

— **Ludwig Julius Friedrich,** Lectiones publicas et privatas instanti semestri habendas indicat et problema practicum Carolo Ferdinando Hommelio V. C. inexplicabile visum resolvere tentat. Giessen (Schroeder) 13. IV. 1771. 8 S. (3.50) **15418**

– s. Dav. M e v i u s , decisiones.

— Naturrecht des einzelnen Menschen, der Gesellschaften u. d. Völker. 8. Gießen 780. 2e A. 783. 3e–5e A. 785. 88. 91. 6e A. 796. 7e A. 806. Krieger. 20 gr

Höpfner, L. Jul. F.: Naturrecht d. einz. Menschen, d. Gesellschaften u. d. Völker. *Giessen*, Krieger. (1.—6. Aufl. 780—96.) 7. Aufl. 806. 8. (20 Gr.)
Uebers. u. d. Tit.: Jus Naturae lat. redd. a Thd. Chr. F. Raydt. *Lingen*, Jülicher. (793.) 803. 8. (18 Gr.)

Höpfner, L. F. Jul.: Praetermissa quaedam de Basilixῶν libris. *Giess.* 774. 4. (verbess. in Hugo's civ. Mag. II. B.)

— Sammlung römischer Gesetze, s. Sammlung.

— — **Candidatorum Joannis Isaaci Hofmanni (Frankfurt/M.; M.: S. M. Goering) et Philippi Caroli Diehlii (Frankfurt/M.; M.: M. D. Bischof) solemnia inauguralia indicit ac praetermissa quaedam de Basilicon libris proponit. Giessen (Braun) 20. IX. 1774. 23 S. mit Biogr. d. 2 Candid. (6.50)** 15420

Höpfner, Ludw. Jul. Friedr.: Tabellen über die Heineccische Institutionen nach deren neuest. Ausg. 3. Aufl. Frankfurt a. M. 1790.

Kaiser und Reich. Dichtungen f. Knaben- u. Mädchenschulen. Hrsg. von Marie **Hoepfner**, Quedlinburg. Quedlinburg: P. Deter (1906). (VIII, 120 S.) 8° [J.]

Höpfner, R. C., 12 Alphabete zum Gebrauch für Schulen u. Maler, gestochen von P. H. Baagöe. qu. kl. Fol. Copenh. 830. (Rein in Leipz.) 1 ℔

Höpfner, D. C. C., über die Beförderung des Patriotismus im Preuß. Reiche. Mit Kpf. 8. Halle 800. Hendel. 4 gr

— **Otto Carl August Ludwig** (Leipzig), De crimine falsi. Diss. jur. Lpz. (Staritz) 10. IX. 1829. 34 Seiten. (6.30) 15422
Gew.: Gottfried Heinrich Schaefer, Friedrich Gotthold Schmalz.

Höpfner, Paul Chrph, Germania antiqua oder von denen alten Gebräuchen der Teutschen. Halle 1726. 12. . . . . (D.)

Höpfner, P. C., Graecia antiqua, oder Gebräuche der alten Griechen. Halle 723. 12. 6 gr.

— Hierosolyma antiqua, oder Gebräuche der Juden. Halle 732. 12. 14 gr.

— Roma antiqua od. kurze Frage von d. alt. Gebr. d. Römer, von Barth verm. 8. Ebend. 740.

— P. C. Roma antiqua, oder von den Gebräuchen der alten Römer. Halle 740. 8. 12 gr.

— Roma media deutsch mit Nachr. von d. autoribus class. 12. Ebend. 713.

Höpfner, Paul. Chrph., Urtheile von autorib. class. 12. Halle, Renger. 713.

Höpfner, Rutg., Denkmal der neuerb. Lazarethkirche. gr. 4. Haml. Herold. 770.

Höpfner. T., num ecclesiastae liceat gerere capillamentum? Lips. 1701. 4.

Hoepfner, Th., die Heiligen in der christlichen Kunst. Ein Handbüchlein f. Besucher v. Kirchen u. Gemäldegalerien. 12. (VI, 202 S.) Leipzig 893. Breitkopf & Härtel. n. 4. —; geb. n.n. 6. —

Hoepfner, Theodor, appr. Arzt, a. Gross-Düngen, z. Z. Assistenzarzt am städtischen Krankenhause zu Lüdenscheid i. W.: Aus der medizinischen Universitätsklinik und dem anatomischen Institut zu Marburg a. d. Lahn. Ueber einen Fall von Wangenspalte und Missbildung des Ohres. Marburg 1904: J. Hamel. (28 S.) 8°

Marburg, Med. Fak., Ref. Mannkopff, Gasser, Diss. v. 8. Aug. 1904

[Geb. 14. Aug. 78 Groß-Düngen; Wohnort: Lüdenscheid; Staatsangeh.: Preußen; Vorbildung: Gymn. Freienwalde a. O. Reife O. 99; Studium: Greifswald 5, Marburg 5 S.; Coll. 26. Juli 04; Approb. 28. April 04.]

Höpfner, Wilhelm, aus Altona: **Beiträge zur Kenntnis der** Combinationsprodukte des Acetondicarbonsäureesters mit Isodiazoverbindungen. *Tübingen: F. Pietzcker 1901.* (44 S.) 8°

Tübingen, Naturw. Diss. v. 1901

Hoepfner, Wilhelm: Diebstahl und Unterschlagung im Vorentwurf zu einem deutschen Strafgesetzbuch. Zugl. e. Beitr. zu d. Bestimm. üb. bes. leichte u. bes. schwere Falle. Berlin 1910. 8°

Höpfner, Wilh., Einheit u. Mehrheit der Verbrechen. Eine strafrechtl. Untersuchg. 1. Bd. Einleitung. — Das Wesen des Verbrechens. — Verbrechenseinheit. gr. 8. (XI, 272 S.) Berlin 901. F. Vahlen. n. 5. 40

Höpfner, Wilh., Einheit u. Mehrheit der Verbrechen. Eine strafrechtl. Untersuchg. 2. (Schluss-)Bd. Der Grundsatz „quot crimina tot poenae" im deutschen Reichsrecht. Die Behandlg. v. Verbrechenseinheit u. Verbrechensmehrheit. Gesetzgebungsvorschläge. (VIII, 314 S.) gr. 8. Berlin 908. F. Vahlen. 7. —
Bd. I. Ebd. 901. 5.40

Höpfner, Wilh., kirchliche Nachrichten aus der Stadt Hannover von 1533—1883. Auf Grund einer Vorbereitungsschrift auf die dritte Gedächtnißfeier der Reformation der Stadt Hannover von H. W. Bödeker zur 400jähr. Geburtstagsfeier Dr. Martin Luthers neu hrsg. gr. 8. (42 S.) Hannover 883, Hahn'sche Hofbuchh. *

Höpfner, Predigt zum Gedächtniß des Heimgangs Sr. Majestät des Königs Georg V., gehalten in dem Trauergottesdienst der Kreuzkirche am 16. Juni 1878. 1. und 2. Aufl. 8. (10 S.) Hannover 878, (Brandes.) *

— u. K. v. Kladen, das Referendar- u. Doktorexamen in Frage u. Antwort unter Berücksicht. des alten u. neuen Rechts. 8. (VIII, 241 S.) Leipzig 902. Dieterich.
Geb. in Leinw. n. 9. —

Höpfner, W., das Schutzgebietsgesetz, s. a. Süsserott's Kolonialbibliothek. 15.

Das Schutzgebietsgesetz und seine ergänzenden rechtlichen Bestimmungen. Mit Erl. versehen von Dr. jur. W[ilhelm] **Höpfner.** Berlin: W. Süsserott 1907. (XI, 115 S.) 8°
— **Kolonialbibliothek,** Süsserotts. Bd 15. [07. 1343]

Strafgesetzbuch. Zugleich ein Beitrag zu d. Bestimmungen über besonders leichte u. besonders schwere Fälle. Von Prof. Dr. W[ilhelm] **Höpfner.** Berlin: Vahlen 1910. VI, 186 S. 8° [11. 439]

Höpfner, über die Tendenzen des Protestanten-Vereins. Conferenz-Vortrag. gr. 8. (15 S.) Neuwied 864, Heuser.

Höpfner, s.: Verbrechen u. Vergehen wider die öffentliche Ordnung.

Höpfner, Wilhelm, Gerichts-Ass.: **Vertretung** ohne **Vollmacht** im Civilprocess. *Göttingen 1899: W. F. Kästner.* (X, 143 S.) 8°
Göttingen, Jur. Diss. v. [30. Okt.] 1899

*) Die Promotionsdaten sind den Diplomen entnommen.

— Vertretung ohne Vollmacht im Civilprocess. Diss. gr. 8. (X, 143 S.) Göttingen 899. (Vandenhoeck & Ruprecht.) n. 3. 60

Höpfner, W., Vertretung ohne Vollmacht im Civilprocess. Diss. gr. 8. (X, 143 S.) Göttingen, Vandenhoeck & Ruprecht. 1900 3. 60.

Höpfner, s. Wahlpredigten, neun.

Höpfner, neun Wahlpredigten, geh. in der Trinitatiszeit 1892 in der Kreuzkirche zu Hannover v. Geistlichen der Landeskirche u. m. deren Genehmigg. hrsg. v. H. gr. 8. (106 S.) Hannover 892. (L. Ey.) n. 1. 50

Höpfner, praktischer Wegweiser durch die christliche Volksliteratur. Hrsg. auf Veranstaltung des Rheinisch-Westfäl. Provinzial-Ausschusses für innere Mission. 2. umgearb. und vervollständ. Ausg. gr. 8. (IX, 343 S.) Bonn 874, Marcus. *

Hophan, Beda [P. O. S. B. aus Näfels, Glarus]: Lukians Dialoge über die Götterwelt. Solothurn 1904. 60 S. 8°.
Freiburg i. Schw. Phil. Diss. 1903/1904.

Hophan, Beda. Lukians Dialoge über die Götterwelt. Diss. Phil. Freiburg in der Schweiz ... von P. B' Hophan O. S. B. VIII + 60 S. 8. Solothurn, Union, 1904.

Hophtalmos, Friedrich F.

Hophthalmos, Fr., (J. C. F. Haug,) Charaden u. Logogryphen. 12. Stuttg. ... Steinkopf. 5 gr. Postp. 8 gr.

– s. Epigramme, Hundert.

Hophthalmos, Friedrich F. [Pseud.], s. Haug, Joh. Christoph Friedrich

Hophthalmos, F., Hyperbeln auf Herrn Wahl's ungeheure Nase, s. Hyperbeln.

— hundert Hyperbeln, auf Hrn. Wahls ungeheure Nase, in erbaul. hochdeutsche Reime gebracht. 8. Stuttg. 804. Steinkopf. 4 gr.
2e Aufl. 200 Hyperbeln 2c. 16. Brünn 822. Traßler. 14 gr.

Hophthalmos, Friedr., (...f,) zweihundert Hyperbeln, s. Hyperbeln.

— magische Laterne, kleinere u. größere Geschichten u. Erzähll. 2 Bde. 12. Brünn 820. Traßler. 1 fl. 4 gr.

— Neujahrsbüchlein f. d. Arbeitskästchen holder Frauen u. Jungfrauen. Mit Kpf. 12. Brünn 820. Traßler. 20 gr.

Hophtholmos, Fr., Neujahrsbüchlein für die Arbeits-Käst-chen holder Frauen und Jungfrauen. Taschenf. (Leipzig, Hartmann in Comm.) 820.

— Samml. auserles., d. besten deutschen Gesellschaftslieder. Neue sehr verm. Aufl. Neue Rundgesänge. A. u. d. Tit.: Allgem. Heidelberger Commersbuch. 2e A. 16. Heidelb. 828. Engelmann. 1 ₰ 12 K

– s. Taschenbuch, d. Komus gewidmet

Hoeping, Franz (Senden/Westf.), De resectione ossium in diaphysi fractorum. Diss. med. Halle (Orphanotrophei) 8. VII. 1864. 32 S. mit Biogr. (M.: F. Harling.) (6.30) 15423
Oppon.: H. Sprakel, H. Farwick. — Krankengesch. d. Richard Remer (Halle), Wilhelm Gerber (Rabatz).

— **Jacob** (Königsberg/Pr.), De nominis subscriptione, vulgo von Nahmens=Unterschreibung. Diss. jur. Präs. Johann Amsel. Königsberg 19. VII. 1697. Lpz. (Schede) 1730. 64 S. (7.50) 15425

Hôpital. Un h' militaire romain. Zurich s. [Fricker, Bartholomaeus].

Höpke, Gedächtnißrede auf Teßin. gr. 8. Greifswalde, Röse. 772.

– s. a. Höpken, A.J. von.

Festigkeitslehre. Mit zahlr. Übungsbeispielen. Von Hermann Hoepke Reg.Baumeister. Mit 100 Abb. *Berlin-Steglitz: Buchh. d. Litt. Monatsberichte 1904.* (X, 97 S.) 8°
= Studium, Das, d. Elektrotechnik. [6.]

Hoepke, Herm., Festigkeitslehre. Mit zahlr. Übungsbeispielen. (Das Studium der Elektrotechnik in Theorie u. Praxis. Zum Gebrauch an techn. Fachschulen u. zum Selbstunterricht. Hrsg. v. A. Kraetzer.) (X, 97 S. m. 100 Abbildgn.) gr. 8. Berlin-Steglitz 904. Berlin, C. Malcomes. Geb. in Leinw. n. 2. —

Hoepke, Richard [aus Berlin]: Über die Bestimmung der Säureaffinitäten mittels der Reaktion zwischen Jodsäure und schwefliger Säure .... Berlin, Buchdr. v. Goedecke & Gallinek (1888); 1 Bl. + 57 + 1 S. + 1 Bl. 8°
Berlin, Phil. Fak., Inaug.-Diss. v. 10. Jul. 1888

v. Höpken, A. J., Gedächtnißreden auf d. Grafen Karl Gust. Teßin. 4. Greifsw. 771. (Enobloch in Leipz.) 4 K

Höpken, A. J. v., Gedächtnißrede auf den Graf C. G. Teßin. 4. 771. Ist Verlag von Enobloch in Leipzig.

– s. a. Höpke

Höpken, Joh., Anleitungen zur Landschaftsgärtnerei. Bremen 859. Geisler. gr. 8. (44 S. m. Holzschn.) n. 10 ngr.

Höpken, Julius

Höpken, J., Zu Xenophons Anabasis. Pr. 1890. 10 S. u. 1 Taf. 4°. 1.50

Höpken, Jul., Elementarbuch d. latein. Sprache. Tertia. 2., verb. u. verm. Aufl. gr. 8. (VI, 177 S.) Emden 898. W. Haynel. Geb. in Leinw. n. 2. 50

— dasselbe. (1. Aufl.) Untertertia. gr. 8. (VII, 147 S.) Ebd. 897. Geb. in Leinw. n. 2. 25
Vergriffen; die erste Auflage war nur für Untertertia, die zweite Auflage für Unter- u. Obertertia bestimmt.

Höpken, Julius, Dr.: Über die Entstehung der Phaenomena des Eudoxos-Aratos. ⟨Mit 3 Tafeln⟩. Emden 1905: Th. Hahn. (37 S.) 8° [J.]
Emden, k. Wilhelms-G P 1905 (356)

[Umschlagt.:] [J.] **Höpken**, Julius [Dr.]: Über die Entwickelung des christlichen Kirchenbaues, e. Skizze. Emden, Druck v. C. Zorn, 1894; 3—11 S. 4.
Emden, k. Wilhelms-G, P 1894 (303)

Höpken, Julius, Dr.: Die **Fahrt** des Phaeton. Ovid, Metam. II. 1—400. *Emden 1899: Th. Hahn Wwe.* (20 S.) 8° [J.]
Emden, k. Wilhelms-G, P 1899 (320)

[Umschlagt.:] [J.] **Höpken**, Julius [Dr.]: Festrede am Geburtstage Sr. Majestät des Kaisers und Königs 27. Januar 1897. Emden, Druck v. Th. Hahn Wwe, 1897; 3—7 S., 2 Taf. 4.
Emden, k. Wilhelms-G, P 1897 (313)

Höpken, Ivlivs ⟨geb. am 14 Mai 1857 in Vlotho a. W. Rgbz. Minden⟩: De theatro Attico saecvli a. Chr. qvinti ... Bonnae, typ. C. Georgi (1884). 36 S. 8. ¶ In Komm. bei Behrendt in Bonn.
Bonn, Phil. Fak., Diss. v. 28 Febr. 1884

Höpken, Jul., de theatro attico saeculi a. Chr. quinti. gr. 8. (32 S. mit 1 eingedr. Grundriss.) Bonn 884, (Behrendt.) *

Höpken, Julius [Hülfsl. Dr.]: Zwei Stellen aus Xenophons Anabasis. Emden, Druck v. C. Zorn, 1890; S. 3—10, 1 Taf. 4°
Emden, k. Wilhelms-G, P 1890

Höpken, Julius Zwei Stellen aus Xenophons Anabasis. I. Die Schlacht bei Kunaxa. Anab. I, 8 und 10. II. Der Hauptkampf im Lande der Karduchen. Anab. IV, 1, 15—2, 23. (Umschlagtitel: Zu Xenophons Anabasis.) 4 (S. 3—10, 1 Taf.).
Progr. Wilhelms G. *Emden* 1890 (295).

Dissertatio iuridica de testamento reciproco eiusdemque usu in civitatibus Holsaticis, quam in academia Kiliensi praeside Gotfredo Hedrico Elend anno 1737. defendendam proponet auctor respondens Carl Otto ab Hoepken. Kilae. (1737.) 4°k.

Höpker, A., die gewerbe- u. sozialpolitischen Gesetze f. das Deutsche Reich u. den preußischen Staat nebst Ausführungsanweisungen. Sonderabdr. des 5. Bds. der preuß. Verwaltungsgesetze von M. v. Brauchitsch. gr. 8. (VIII, 860 S.) Berlin 894. C. Heymanns Verl. Geb. in Halbfrz. n. 10. —

Hoepker, A. Alkylketone des Mesitylens und Pseudocumols und ihrer Derivate. In 8°. 40 S. Bern. These. 1895

Hoepker, Alex., Alkyketone d. Mesitylens u. Pseudocumols u. ihrer Derivate. Diss. gr. 8. (40 S.) Heidelberg 895. (J. Hörning.) n. 1. —

Höpker, Carl ..., s. Höpker, Karl ...

Hoepker, Friedrich [app. Arzt aus Mitau i. Kurl.]: „Ueber Roeteln" ... Freiburg i. B., Univ.-Buchdr. v. Ch. Lehmann, 1897; 49 S. 8.
Freiburg i. B., Med. Fak., Inaug.-Diss. v. 1897

Höpker, Heinz, aus Berlin: Die **Anwendung** des § 51 R.St.G. auf die in sinnloser Trunkenheit begangenen dolosen Verbrechen. *Berlin 1899: J. Sittenfeld.* (32 S.) 8°
Erlangen, Jur. Diss. v. 15. Juli 1898

Höpker, Heinz, die Anwendung des § 51 R. St. G. auf die in sinnloser Trunkenheit begangenen dolosen Verbrechen. gr. 8. (32 S.) Berlin 899. C. Heymann. n. — 60

Höpker, Karl Philipp Ernst

Hoepker, Car. (Phil. Ern.) (geb. Bünde in Westf. 6. 7. 1842): De meningitide cerebrospinali epidemica. Berolini (1865). (30 S.) 8°
Berlin, Med. Diss. v. 5. Apr. 1865

Höpker-Aschoff, Hermann: Besitzwille und Eigenbesitz. Herford 1907: Gebr. Heidemann. (88 S.) 8° [F.]
Bonn, Jur. Fak., Ref. Krüger, Diss. v. 23. Nov. 1907
[Rig. 5. Juli 07.]

Hopkins, Czech., Kreuzigung und Absterben seiner selbst. 8. Frankf. 717.

Hopkins, Edward W., the mutual Relations of the four Castes according to the Mānavadharmaçāstram. gr. 8. (VI, 114 S.) Leipzig 881, Breitkopf und Härtel. *

Hopkins, Ellice, e. Wort an die Mütter üb. die Erziehung der Kinder zur Sittlichkeit. 16. (31 S.) Mülheim a/R. 890. Buchhandlg. d. ev. Vereinshauses. — 10

Ein Wort an die Mütter über die Erziehung der Kinder zur Sittlichkeit. Von Ellice **Hopkins**. 4. Aufl. *Mülheim a. d. R.: Buchh. d. ev. Vereinshauses 1895.* (31 S.) 8° [F.] [... 3844 6

Hopkins, Eustace W., s.: Law, German, for the protection of trade marks.

Hopkins, Evan H., heiliges Leben. Ein Wort an Kinder Gottes, welche die Ruhe des Glaubens suchen. Aus dem Engl. von Wenger. gr. 16. (109 S.) Basel 877, Spittler. *

Hopkins, Evan H. Das erschlossene Wort. Material zu Bibel-Besprechgn. Autoris. Uebersetzg. v. Gräfin El. Walderſee. 8. (IV, 131 S.) Berl. 891, Deutsche Evangel. Buch- u. Tractat-Gesellschaft. geb. * 2 —

Hopkins, Geo. M., s.: Experimental-Physiker, der praktische.

Hopkins, J. B., Schwindler u. Aufschneiderin, s.: Zehnpfennig-Bibliothek.

Hopkins, Tighe: The dungeons of old Paris, s. a. Collection of British authors.

The Dungeons of Old Paris. Being the story and romance of the most celebrated prisons of the monarchy and the revolution. By Tighe **Hopkins**. Copyright ed. Leipzig: Tauchnitz 1902. 271 S. 8°
(Collection of British authors. Tauchnitz Ed. Vol. 3551.) [II. 8417

– The silent gate, s. a. Collection of British authors.

The silent Gate. A voyage into prison. By Tighe **Hopkins**. Copyright ed. Leipzig: Tauchnitz 1902. 271 S. 8°
(Collection of British authors. Tauchnitz Ed. Vol. 3586.) [II. 8441

– An idler in old France, s. a. Collection of British authors.

An Idler in Old France. By Tighe **Hopkins**. Copyright ed. Leipzig: Tauchnitz 1899. 295 S. 8°
(Collection of British authors. Tauchnitz Ed. Vol. 3375.) [II. 8267

– The man in the iron mask, s. a. Collection of British authors.

The Man in the iron mask. By Tighe **Hopkins**. Copyright ed. Leipzig: Tauchnitz 1901. 262 S. 8°
(Collection of British authors. Tauchnitz Ed. Vol. 3491.) [II. 8371

Hopkins, Tighe, the women Napoleon loved, s. a. Collection of British authors.

The Women Napoleon loved. By Tighe **Hopkins**. Copyright ed. Leipzig: Tauchnitz 1910. 286 S. 8°
(Collection of British authors. Tauchnitz Ed. Vol. 4182.) [II. 1895

Hoplit, das carlsruher Musikfest im Octbr. 1853. gr. 8. (XI und 128 S.) Leipzig 853, Hinze. Thlr. *

Hoplit s. Pohl (Richard).

Hopman, Julius (geb. Cleve 1816): De diabetae melliti pathologia. Berolini (1842). (34 S.) 8°
Berlin, Med. Diss. v. 5. März 1842

Hopmann, Arthur [app. Arzt aus Hamburg]: Dactylethra Mülleri s. Peters. Beitrag z. Extremitätenskelett u. Urogenitalapparat ... Freiburg i. B., F. Wagner'sche Buchdr., 1896; 39 S. 8.
Freiburg i. B., Med. Fak., Inaug.-Diss. v. 1896

Hopmann, Carl ..., s. Hopmann, Karl ...

Hopmann, Eugen, approb. Arzt aus Köln: **Aus d. bakteriol. Institute d. Stadt Köln.** Dir. Dr. Czaplewski. **Beiträge zur Formalindesinfektion.** *Köln 1902: Kölner Verl.-Anst. u. Druckerei.* (30 S.) 8°
Bonn, Med. Diss. v. 22. März 1902

Hopmann, Georg, Referendar in Köln: Der Eigentumserwerb an der gefundenen Sache nach deutschen Rechtsquellen. Bonn 1905: E. Eisele. (102 S.) 8°
Heidelberg, Jur. Fak., Ref. Schröder, Diss. v. 26. Juli 1905
[Geb. 29. Apr. 83 Sürth a. Rh.; Wohnort: Cöln; Staatsangeh.: Preußen; Vorbildung: Gymn. i. d. Kreuzgasse Cöln Reife O. 00; Studium: Heidelberg 2, München 1, Straßburg 1, Bonn 2 S.; Rig. 19. Mai 05.]

Hopmann, Karl

Hopmann, Carl (geb. am 10 Dez. 1844 in Elberfeld): Ueber ein pseudopapillöses Enchondrom ... Bonn, Druck v. C. Georgi 1867. 2 Bl., 29 S., 1 Bl., 2 Taf. 8.
Bonn, Med. Fak., Diss. v. [6 Aug.] 1867

Hopmann, die adenoiden Tumoren als Teilerscheing. d. Hyperplasie d. lymphat. Rachenringes u. ihre Beziehgn. zum übr. Körper, s. a. Sammlung zwangloser Abhandlgn. a. d. Gebiete d. Nasen-, Ohren-, Mund- u. Hals-Krankheiten.

Die adenoiden Tumoren als Teilerscheinung der Hyperplasie des lymphatischen Rachenringes u. in ihren Beziehgn z. übr. Körper v. Sanitätsr. Dr. [Carl Melchior] **Hopmann** in Köln ... *Halle a. S.: K. Marhold 1895.* (50 S.) 8.
– **Sammlung** zwangl. Abhandlungen a. d. Gebiete d. Nasen-, Ohren-, Mund- u. Hals-Krankhtn. Bd 1. H. 3. o. (96. 3577

Hopmann, C. M., üb. Warzengeschwülste [Papillome] der Respirationsschleimhäute, s.: Sammlung klinischer Vorträge.

Hopmann, Zungenabszesse. gr. 8. (18 S.) Halle 900. C. Marhold. n. — 60
Sonderabdruck aus: „Sammlg. v. Abhandlgn. aus d. Gebiete d. Nasen- etc. Krankheiten."

Hopmann, Max [aus Berlin]: Ueber die primären Myopathien .... Berlin, Buchdr. v. Gustav Schade (Otto Francke) (1886.); 37 + 3 S. 8°.
Berlin, Med. Fak., Inaug.-Diss. v. 5. Aug. 1886.

Hopmann, Max, über die primären Myopathien. Diss. Berlin 1886, Mayer & Müller. 8°. 37 S.

Hopmann, Michael (Franz August), P., O. S. B.: Staurolith- und Disthen-Glimmerschiefer aus dem Laacher See-Gebiete. (Bonn 1910: Georgi.) S. 193—236. 8° ¶(Aus: Verhandlungen d. Naturhistor. Ver. d. preuß. Rheinlande u. Westf. Jg. 67.)
Bonn, Phil. Diss. v. 15. Okt. 1910, Ref. Brauns
[Geb. 18. Jan. 74 Cöln; Wohnort: Maria Laach; Staatsangeh.: Preußen; Vorbildung: Apostel-Gymn. Cöln Reife O. 93; Studium: Theol. Bonn 1, Innsbruck 8, Bonn 1 S.; Rig. 27. Juli 10.] [U 11. 476

Hopmann, Wilhelm [aus Beck (Rheinpreussen)]: Über die Herkunft des Fruchtwassers. . . . Würzburg, Becker's Univ.-Buchdr., 1888; 22 S. + 1 Bl. 8°
Würzburg, Med. Fak., Inaug.-Diss. v. 1888

Hopmeier, J., Tabellen zur Verwandlung v. Hektaren, Aren u. Quadratmetern in preuss. Morgen u. Quadratruten sowie v. Morgen u. Quadratruten in Hektare, Are u. Quadratmeter. Berechnet u. hrsg. (23 S.) gr. 8. Dortmund 909. (F. Steffen.) 1.50

Höpner, Carl ..., s. Höpner, Karl ...

Hoepnern, Christian, Med. D. u. Pract. in St. Annaberg, acta privata betreffend diejenige Kranckheit, womit Personen unterschiedliches Geschlechts und Alters zu St. Annenberg vom Jahr 1713 bis 1719 überfallen werden. Leipz. 720. 4.

Höpner, C., acta priv., **betr. die Krankh., womit Personen untersch. Geschl. und Alters zu St. Annaberg von 1713 bis 1719 überfallen. 4. Leipz. Junius. 720.**

— **Johann Friedrich** (Oschatz), De tutela pactitia et de tutela naturali. Schediasm. duo jurid. Lpz. (Gabr. Trog) 1731. 64 S. (7.20) 15434

— — De eo, quod juris est circa testimonia declinanda aut differenda. Schediasma jurid. Lpz. (Gabr. Trog) 1733. 56 S. (7.20) 15435

— — De nunciis judicialibus. Diss. jur. Erfurt (Hering) 19. X. 1734. 26 S. (7.—) 15436

Hoepner, Johannes, a. Galhorn: Die Syntax der mit unus zusammengesetzten unbestimmten Pronomina im Französischen. (Teil 1: aucun.) Berlin 1907: E. Ebering. (65 S.) 8° ¶(Erscheint vollst. als: Romanische Studien H. 8.)
Göttingen, Phil. Fak., Ref. Stimming, Diss. v. 17. Juli 1907
[Geb. 20. Nov. 83 Galhorn (Kr. Soltau); Wohnort: Harburg (Elbe); Staatsangeh.: Preußen; Vorbildung: Realgymn. Harburg Reife O. 02; Studium: Göttingen 2, Halle 1, München 1, Göttingen 4 S.; Rig. 12. Dez. 06.]

Höpner, Karl

Hoepner, Carl, aus Berlin: Ueber die Einwirkung des Dicyans auf Malonsäurediaethylester. *Berlin (1900): E. Ebering.* (61 S.) 8°
Berlin, Phil. Diss. v. 14. Aug. 1900

Hoepner, (Car.) Ludov. (geb. Ragnit 29. 9. 1819): Elephantiasis exemplum memorabile. Berolini (1840). (31 S.) 8°
Berlin, Med. Diss. v. 9. Mai 1840

Hoepner, Kurt (Friedr. Wilh. Karl) (geb. Blumberg'sche Mühle bei Angermünde 6. 8. 1858): Ueber Salicylbehandlung bei Pneumonien. Berlin (1881). (30 S.) 8°
Berlin, Med. Diss. v. 22. Juli 1881

Höpner, Otto, K. S. Stabsarzt: Dauererfolge der vom 1. X. 1893—30. VI. 1906 in der Leipziger Universitätsaugenklinik operierten Myopien mit besonderer Berücksichtigung der postoperativen Netzhautabhebung. Leipzig: W. Engelmann 1900. 00 S. 8° ¶(Aus: v. Gräfe's Archiv f. Ophthalmol. Bd 70, H. 1.)
Leipzig, Med. Diss. v. Jan. 1909, Ref. Sattler
[Geb. 16. Febr. 75 Leipzig; Wohnort: Leipzig; Staatsangeh.: Sachsen; Vorbildung: Thomassch. Leipzig Reife O. 94; Studium: Leipzig 10 S.; Coll. 18. Jan. 09; Approb. 25. Mai 99.] [U 09. 2791

Hoepner, s. a. **Hamburg u. Bremen in Gefahr.**

Hamburg und Bremen in Gefahr! Sind unsere Hansestädte Hamburg u. Bremen in e. Seekriege mit England in Gefahr u. können sie auf genügenden Schutz durch unsere Flotte u. d. Küstenbefestigungen rechnen? Von 'Hansa' [d. i. Otto **Hoepner,** Kapitän z. See a. D.]. Altona: J. Harder 1906. (108 S.) 8° [06. 15845 B

Hoepner, Otto [wirkl. Name], s.a. Hansa [Pseud.]

— **s. a. Wert, der, unserer deutschen Schlachtflotte.**

Der Wert unserer deutschen Schlachtflotte. Ein weiteres Wort z. Aufklärung f. unser Volk von 'Hansa' (Kapitän z. See a. D. [Otto] **Hoepner**). Altona: J. Harder 1906. (44 S.) 8° [F.] [07. 186 B

Hopp, hopp, hopp, Pferdchen lauf Galopp! Mit munteren Reimen v. Ottilie Schwahn u. Bildern v. H. M. Bennett u. A. 4. (18 S.) München 889. Stroefer. cart. n. 1.50

Hopp, hopp, hopp, Pferdchen lauf Galopp! Mit munteren Reimen v. Ottilie Schwahn u. Bildern v. H. M. Bennett u. A. 4. (18 S.) [Münch. 889.] Nürnb., Stroefer. cart. n 1 50

Hopp, s. a. Hoppe

Hopp. Das Invaliditäts- u. Altersversicherungsgesetz in d. Volksschule, s. a. **Sammlung pädagogischer Vorträge.**

Hopp, das Invaliditats- und Altersversicherungsgesetz in der Volksschule. (Sammlung pädagogischer Vorträge IV, 6) Bielefeld 1891

Hopp: Ueber Schülerbibliotheken. 15 S. – Arnsberg, Progr. 1868.

Hopp, Adolf [prakt. Arzt aus Schrimm, Prov. Posen]: Beiträge zur Lehre von den Sehnenscheiden-Entzündungen besonders der chronisch fungösen an der unteren Extremität . . . Berlin, Buchdr. v. Gustav Schade (Otto Francke) (1886); 44 + 2 S. 8°.
Berlin, Med. Fak., Inaug. Diss. v. 8. März 1886.

Hopp, Adolf, Beiträge zur Lehre von den Sehnenscheiden-Entzündungen besonders der chronisch fungösen an der unteren Extremität. Diss. Berlin 1886, Mayer & Müller. 8°. 44 S.

Hopp, Adf., die pneumatische Gruben-Entleerung u. die Verwertung der menschl. Abfallstoffe f. die Landwirtschaft, s. a. Sammlung v. Abhandlungen etc. üb. Städtereinigung. 3. Hft.

Die Pneumatische Gruben-Entleerung und die Verwertung der menschlichen Abfallstoffe für die Landwirtschaft. Von **Adolf Hopp.** Mit 1 Taf. Abb. *Leipzig: F. Leineweber 1900.* (44 S.) 8°
= **Sammlung** v. **Abhandlungen,** Gutachten u. Vorträgen über Städtereinigung. H. 3. [00. 175

Hopp, Adf., Haus-Kanalisations- u. Haus-Wasserleitungs-Anlagen amerikanischen Systems. (76 S. m. Abbildgn. u. 2 Taf.) gr. 8. Leipzig 903. F. Leineweber. n. 2.—

Hopp, C., s. Albert's Grenz-, Steuer- u. Revisionsaufseher.

Hopp, C., Beschr. des Klevischen Landes. 8. Wesel, Witte: lind. 781.

Hopp, E., Beschreibung des Clevischen Landes nebst Genealogie der Grafen und Herzoge von Cleve. Cleve 1655. — 2. Aufl. Wesel u. Eisenach 1781.

Hopp, Emil, a. Dirschau. Westpreußen: Die Haftung des Gastwirts nach dem bürgerlichen Gesetzbuch. 1906 (J. Sittenfeld, Berlin.) (35 S.) 8°

Heidelberg, Jur. Fak., Ref. Buhl, Diss. v. 6. Febr. 1906

[Geb. 5. Aug. 78 Dirschau; Wohnort: Dramburg; Staatsangeh.: Preußen; Vorbildung: Gymn. Dramburg Reife O. 99; Studium: Freiburg i. B. 3, Königsberg 4, Berlin 3 S.; Rig. 18. Jan. 06.]

Die Briefe St. Petri für Freunde christlicher Wahrheit ausgelegt in Bibelstunden von Ernst **Hopp**, luth. Pfarrer. *Gütersloh: C. Bertelsmann 1901.* (170 S.) 8° [F.] [o. 308

Chronik von Kalchreuth hrsg. von Ernst **Hopp**, kgl. Pfarrer daselbst. *Erlangen 1892: F. Junge.* (20 S.) 8° [F.] [og. 1117

Hopp, Ernst, Chronik v. Kalchreuth. gr. 8. (20 S.) Erlangen 892. (Nürnberg, J. Ph. Raw.) n.n. — 25

Hopp, Ernst Otto. Aus Amerika. Erzählungen u. Skizzen aus dem amerikan. Leben. I.: Die Flut d. Lebens, die Frau d. Spielers und andere Erzählungen. 8. (XII, 219 S.) Berl. 892, Zieger Nachf. * 2 --

Anekdoten und Episoden aus der deutschen Geschichte. Gesammelt u. hrsg. von E[rnst] O[tto] **Hopp**. [Bd 1. 2.] *Berlin: F. Pfeilstücker [1899].* 2 Bde 8° [F.]
= **Bibliothek** d. Humors. Bd 7. 8. [os. 8714

Anekdoten und Episoden aus der deutschen Geschichte bis 1861. Gesamm. u. hrsg. von E[rnst] O[tto] **Hopp**. 2. durch Nachträge verm. Ausg. *Berlin: F. Pfeilstücker [1900?].* (VI, 318 S.) 8° [F.]
= **Bibliothek** d. Humors. Bd 7. [os. 3085

Anekdoten und Episoden aus d. neusten deutschen Geschichte. Kaiser Wilhelm I., Kaiser Friedrich, Bismarck, Moltke 1866, 1870/71. Gesammelt u. hrsg. von E[rnst] O[tto] **Hopp**. 2. durch e. Nachtrag verm. Ausg. *Berlin: F. Pfeilstücker [1900?].* (VIII, 318 S.) 8° [F.]
= **Bibliothek** d. Humors. Bd 8. [os. 3086

Hopp, E. O., s. a. **Bibliothek d. Humors.**

BIBLIOTHEK des Humors. Gesammelt u. hrsg. v. E. O. Hopp. 6 Bde. (cplt.). Berlin o. J. (c. 1870). (4 Rthl.) (5 Mk. 50 Pfg. H. Lesser, Breslau, 1904; 6 Mk., eleg. Orig.-Lwdbde., R. Levi, 1904.)
Medizin., geistl., jurist. Humor. — Lehrer u. Schüler. — Liebe und Ehe. — Deutsche Geschichte bis 1861, dann seit 1861. — Brandenb.-Preussische Geschichte.

Hopp, Ernst Otto, Bundesstaat und Bundeskrieg in Nordamerika, s. **Geschichte, allgemeine, in Einzeldarstellungen.**

Bundesstaat und Bundeskrieg in Nordamerika. Mit einem Abriss der Colonialgeschichte als Einleitung. Von Ernst Otto Hopp. Mit Illustrationen und Karten. Berlin. 1876. = Allgemeine Geschichte in Einzeldarstellungen, hrsg. v. W. Oncken. Hauptabth. 4, Th. 4. 8°.

Hopp, Bundesstaat u. Bundeskrieg in Nordamerika. M. e. Abriss d. Kolonialgesch. als Einleitg. Berl. 886.

Hopp, Ernst Otto, Federzeichnungen aus dem amerikanischen Leben. (2. Titel-Ausg. von „Transatlantisches Skizzenbuch.") 8. (360 S.) Berlin 878, Janke.

Brandenburgisch-preussische Geschichte. Mit e. Anh. Berliner Witze u. Redensarten von E[rnst] O[tto] **Hopp**. 2. durch Nachträge verm. Aufl. *Berlin: F. Pfeilstücker [1900?].* (X, 318 S.) 8° [F.]
= **Bibliothek** d. Humors. Bd 2. [os. 3080

—— **Geschichte der Vereinigten Staaten von Nordamerika**, s. a. **Wissen, das, der Gegenwart.**

Hopp EO, Geschichte der Vereinigten Staaten von Nordamerika. 3 Bde (Wissen der Gegenwart 26. 39. 46) Leipzig 1884-86

Hopp, Ernst Otto: Geschichte der Vereinigten Staaten von Nordamerika. *Teil 2. Leipzig: Freytag; Prag: Tempsky 1884. = Das Wissen der Gegenwart. Bd. 26. S. 224.*

Geistlicher Humor. Aus Deutschland, England, Amerika, Frankreich, Italien, Russland von E[rnst] O[tto] **Hopp**. 2. durch e. Nachtrag verm. Ausg. *Berlin: F. Pfeilstücker [1900?].* (X, 324 S.) 8° [F.]
= **Bibliothek** d. Humors. Bd 3. [os. 3081

Juristischer Humor. Referendare, Assessoren, Rechtsanwälte, Richter, Angeklagte, Kuriosa von E[rnst] O[tto] **Hopp**. 2. durch e. Nachtr. verm. Ausg. *Berlin: F. Pfeilstücker [1900?].* (X, 320 S.) 8° [F.]
= **Bibliothek** d. Humors. Bd 5. [os. 3083

Medizinischer Humor. Aerzte – Zahnärzte – Apotheker – Patienten – Simulanten – Im Bade von E(rnst) O(tto) **Hopp**, Chefredakteur. 2. durch Nachträge verm. Aufl. *Berlin: F. Pfeilstücker [1899].* (X, 342 S.) 8° [F.]
= **Bibliothek** d. Humors. Bd 1. [os. 8713

Lehrer und Schüler. Professoren, Studenten, Gymnasium, Seminar, Mädchenschule, Volksschule von E[rnst] O[tto] **Hopp**. 2. durch e. Nachtrag verm. Ausg. *Berlin: F. Pfeilstücker [1900?].* (IX, 298 S.) 8° [F.]
= **Bibliothek** d. Humors. Bd 4. [os. 3080

Liebe, Ehe, Familie. Männer u. Frauen, Junggesellen, Witwen, Schwiegermütter, Heiratsgeschichten von E[rnst] O[tto] **Hopp**. 2. durch e. Nachtr. verm. Ausg. *Berlin: F. Pfeilstücker [1900?].* (X, 310 S.) 8° [F.]
= **Bibliothek** d. Humors. Bd 6. [os. 3084

Hopp, Ernst Otto, transatlantisches Skizzenbuch. Federzeichnungen aus dem amerikan. Leben. 8. (360 S.) Berlin 876. Janke. n. 4. —

— **in der großen Stadt**, s. a. **Unterwegs.**

—— in der großen Stadt. 1.—3. Aufl. 8. (VI, 251 S.) Berlin 885. (Leipzig, Werther.) *M 3.—; geb. * 4 —
—— dass. — 4. Aufl. 8. (VI, 251 S.) Leipzig 887, Werther. * 2 —

—— **Unter dem Sternenbanner.** Streifzüge in das Leben und die Literatur der Amerikaner. gr. 8. (340 S.) Bromberg 877. Fischer. *M 5.; geb.

— **transatlantische Stimmen.** Ein Liedercyklus aus Amerika. 8. (VIII, 218 S.) Stuttgart 876. Cotta. n. 3. —

Hopp, Frdr., das I. Armee-Korps in der Schlacht v. Colombey-Nouilly am 14. VIII. 1870. (19 S.) kl. 8. Metz 905. Metzer Stadt- u. Schlachtfelder-Verlag. — 30

Hopp, Friedr., Atlasshawl und Harrasbinde, oder: Das Haus der Confusionen. Posse mit Gesang in 2 Aufz. gr. 8. (91 S.) Wien 849, Wallishausser.

Hopp, Friedr., die Bekanntschaft im Paradiesgarten, die Entführung auf d. Himmel, u. d. Verlobung im Elisium. Local-Posse mit Gesang in 3 Aufz. Musik v. Jul. Hopp. gr. 8. (8½ B.) Wien 839, Wallishausser.

Hopp, F., Doctor Faust's Hauskäppchen, s. a. **Theater-Repertoir, Wiener.**

Hopp, Frdr., Doctor Fausts Hauskäppchen od.: Die Herberge im Walde, s. a. **Universal-Bibliothek.**

Hopp, Friedr., Doctor Faust's Hauskäppchen, od. die Herberge im Walde. Posse m. Gesang in 3 Aufz. Musik v. M. Hebenstreit. gr. 8. (3¼ B.) Wien 843, Wallishausser.

—— Hutmacher u. Strumpfwirker, od.: Die Ahnfrau im Gemeindestadel. Posse mit Gesang in 2 Aufz. Musik v. Ad. Müller. gr. 8. (7 B.) Wien 839, Wallishausser.

Hopp, Frdr., das Grenadierregiment Prinz Carl (2. brandenburgisches) Nr. 12 in der Schlacht bei Spicheren am 6. VIII. 1870 (e. hoher Ehrentag des ruhmbedeckten Regiments). Vortrag, geh. am 24. II. 1904 im Gesellschaftshaus zu Frankfurt a. d. Oder. (32 S.) gr. 8. Frankfurt a/O. 904. (Waldow.) n. — 50

Hopp, Frdr., das Grenadier-Regiment Kronprinz (1. Ostpreußisches) Nr. 1, jetzt Grenadier-Regiment König Friedrich III. (1. Ostpreußisches) Nr. 1 im Kriege gegen Frankreich 1870/71. Nach dem Tagebuche u. den gesammelten Feldpostkarten u. Briefen v. H. 1. Thl. gr. 8. (111 S. m. 4 Skizzen.) Königsberg 894. Hartung. n. 1. —

Hopp, Frdr., das Grenadier-Regiment Kronprinz (1. Ostpreuß.) Nr. 1, jetzt Grenadier-Regiment König Friedrich III. (1. Ostpreuß.) Nr. 1 im Kriege gegen Frankreich 1870/71. N. d. Tagebuche u. d. gesammelten Feldpostkarten u. Briefen v. H. 2. [Schluß-]Thl. gr. 8. (179 S. m. 4 Skizzen.) Königsberg 895. Hartung. n. 1. 50

Hopp, Friedr., der Pelzpalatin und der Kachelofen, s. Theater-Repertoir, Wiener.

—— Lazarus Polkwitzer von Nikolsburg, oder: Die Landparthie nach Baden. Posse mit Gesang in 2 Aufz. gr. 8. (30 S.) Wien 849, Wallishausser.

Hopp, Friedr., Elias Regenwurm, s. Theater-Repertoir, Wiener.

Theater-Repertoir, Wiener — 6. Liefg. Der Pelzpalatin und der Kachelofen.... Posse mit Gesang in 3 Aufz. v. Friedr. Hopp. 7. Lfg. der Mentor. Lustspiel in einem Aufzuge nach dem Frz. frei bearb. v. J. W. Lembert. Neue Aufl. 8. Wien, Druck und Verlag v. J. B. Wallishausser. 1853. (288.)

Hopp, Hedw. Eleonora v., Sammlung einig. Gedichte. gr. 8. Altona. 757.

Hopp, J., der Teufel auf Erden, s. Theater, neues Wiener.

Hopp, Jak., Pfründe-Statistik der Diöcese Augsburg. 1. u. 2. Bd. Lex.-8. Augsburg 898. Literar. Institut v. Dr. M. Huttler. à n.n. 7. —; geb. in Leinw. à n. 8. 50
1. (V, 872 S. m. 1 Bildnis.) — 2. (III, 408 S. m. Titelbild.)

Pfründe-Statistik der Diözese Augsburg. Mit oberhirtl. Genehmigung hrsg. von Jakob Hopp, Pfarrer. 2. verb. u. verm. Aufl. Augsburg: M. Huttler 1906. (864 S.) 4° [F.] 07. 1455

Hopp, Joach.: Examen Instt. Imperiale. Acc. memoriale actionum etc. (Ed. IVa. *Frcf.* 696. Ed. Va. 706.) *Frcf.*, libr. acad. 768. 12. (8 Gr.)

— examen institutionum imperial. 12. Frankf. 764. Acad. Buchh. 8 K

Dessen verdeutschtes Examen der Instt. K. Justiniani *Frcf.* 711. 8.

Hopp, Joach., comment. succinta ad institution. Justinian. Ed. C. F. Walchius. II Voll. 4. Frankf. a. M. 772. Varrentrapp. 4 ₰

Hopp, Joh., im Strome der Zeit. Lose Blätter aus dem Leben e. preuß. Volksschullehrers. (VII, 127 S.) 8. Offenbach (906). J. Scherz. n. 1. 50

Ⓑ Hopp, Joh., im Strome d. Zeit. 906. Jetzt: Ahaus, J. Hopp.

— Volksschule u. Knabenerziehung. Ansichten u. Erlebnisse e. preuß. Volksschullehrers. (91 S.) 8. Leipzig 905. Verl. f. Literatur, Kunst u. Musik. n. 1. —

! – Volksschule und Knabenerziehung. 1905. Jetzt: Ahaus, J. Hopp

Hopp, Karl, Geschichte der Herrschaft Kirchheim auf dem Gau. Auf Grund v. J. M. Kremers Urkundensammlg. u. J. Andrä's Genealogienbuch, sowie anderer Quellen kurz dargestellt. (V, 138 S. m. Abbildgn., 1 Stammtaf. u. 1 Karte.) Kirchheimbolanden (899). Thieme'sche Druckereien. Geb. in Leinw. n.n. 2. 50

Hopp, Paul

— Gedank. von d. wahr. Sinne d. Offenbar. Joh. 17. Vers. 8. Bresl. Korn. 752–54.

Hopp, Paul, Tischreden christlicher Communicanten. 12. Zittau, Schöps. 752.

Hopp, Richard *Gottfried Georg* [aus Berlin]: Casuistischer Beitrag zur Kenntnis der Hysterischen Lähmungen bei Knaben ... Greifswald, Druck v. J. Abel, 1896; 25 S. 8.
Greifswald, Med. Fak., Inaug.-Diss. v. 17. Juli 1896

Höpp: Ueber Schülerbibliotheken. 15 S. – Arnsberg, Progr. 1868.

HÖPP, F., Die Bekanntschaft im Paradiesgarten. die Entführung auf (so!) den Himmel und die Verlobung im Elisium. Locale Posse mit Gesang in 3 Aufzügen. Wien 1833. 8°. Rar! (8 Kr. Carl Greif, 1914.)

Hoppe's, Dav. Heinr., Jubelfeier. Ein Andenken für seine Freunde. Mit 2 Abhandlungen v. v. Martius u. Fürnrohr. 4. (4¼ B. u. H's. Portr.) Regensburg 845, Manz.

Hoppe, s. a. Hoppe-Seyler

Hoppe u. Roehming, das doppellagige Asphaltpappdach. gr. 8. (27 S. m. Abbildgn.) Halle a/S. 889. (Hofstetter.) n. — 75

Hoppe und Roehming: Das doppellagige Asphaltpappdach. 3. Aufl. Halle a. S. 1897

Hoppe, ..., s. Blätter, bunte, aus Natur u. Leben.

Hoppe: Die Brausteuer-Reichsgesetzgebung. 2. Aufl., s. Appelt

Hoppe, das Freihandzeichnen als Unterrichtsgegenstand an allgemein wissenschaftlichen Lehranstalten, s. Jahresbericht, siebenter, über das Landesseminar zu Cöthen.

Hoppe, eine Johannesseele od. e. Frucht aus der Missionsarbeit in Wartburg im Kafferland, s. Missionsschriften, neue. Nr. 68.

Eine Johannesseele oder Eine Frucht aus d. Missionsarbeit in Wartburg im Kafferland. Von Miss. Hoppe-Wartburg. *Berlin. Berl. ev. Missionsges.* *[1901].* (24 S.) 8° [Ä.]
— Missionsschriften, Neue. 68. [04. 1.633]

Im Kafferlande. Schilderungen u. Erlebnisse von Missionar **Hoppe**. Berlin: Berliner Evang. Missionsgesellsch. [1905]. (104 S.) 8° [F.] [07. 5436]

Hoppe (I.). Markgraf Karl von Brandenburg-Schwedt. Im Auftrage des Regiments-Kommandeurs für die Mannschaften des Infanterie-Regiments Markgraf Karl. (7. Brandenburgisches) Nr. 60 geschrieben. 16. (28 S.) Berl. 889, Eisenschmidt. * — 30

Hoppe, Markgraf Karl v. Brandenburg-Schwedt. Im Auftrage des Regiments-Kommandeurs f. die Mannschaften des Infanterie-Regiments Markgraf Karl (7. Brandenburgisches) Nr. 60 geschrieben. 3. Aufl. gr. 16. (27 S.) Berlin 893. R. Eisenschmidt. n. — 20

— De nonnullis tragicorum locis qui ambiguitate quadam laborant etc. Gel. 1861. 7 S. 4°. —.90

HOPPE, Rede zur Todenfeyer des Höchstseligen Hochwürdigsten Herrn Erzbischofs etc. etc. Carl Theodor von Dalberg Eminenz, vorgetragen in der Sitzung der botanischen Gesellschaft zu Regensburg am 19. Februar 1817. (Mit 1 Tafel.) Regensburg, gedruckt bey Johann Baptist Rotermundt. 4°.

— Stefan Schwen, der Evangelist in Wartburg (Kafferland), s.: Missionsschriften, neue. Nr. 78.

Hoppe, über die Stadtkirche in Meiningen, s.: Beiträge, neue, zur Geschichte deutschen Alterthums.

Hoppe, De tempore, quo Senecao ad Polybium consolatio scripta est etc. Gel. 1861. 4 S. 4°. —.75

Hoppe. De comparationum et metaphorarum apud tragicos Graecos usu. 32 S.
Berlin, Gr. Kl., Progr. 1859

Hoppe, das Valofin. (3 S.) 8. Leipzig 908. B. Konegen. 1. —
Sonderabdruck aus: „Reichs-Medizinal-Anzeiger".

Hoppe, d. Weisheit u. Güte Gottes beym Wechsel d. menschl. Schicksale. gr. 8. Stettin, Kaffke.

Hoppe, A. Der Galaterbrief auf dem Gymnasium. 11 S.
Progr. Andr. *Hildesheim* 1880.

Hoppe, A., Lehrbuch der englischen Sprache für Schulen. [Nicht für den Selbst-Unterricht.] 1. Thl.: Elementarbuch. Mit besond. Berücksicht. der Aussprache und Angabe letzterer nach dem phonet. System der Methode Toussaint-Langenscheidt. gr. 8. (XII, 286; XXXIX S.) Berlin 879, Langenscheidt'sche Verlagsh. *

Hoppe, A. (I.), Lehrbuch der englischen Sprache für Schulen. [Nicht für den Selbst-Unterricht.] 1. Tl.: Elementarbuch. Mit besond. Berücksicht. der Aussprache und Angabe der letzteren nach dem phonet. System der Methode Toussaint-Langenscheidt. 2. Aufl. gr. 8. (XII, 304 S.) Berlin 886, Langenscheidt'sche Verlagsh. ℳ 2.40.; geb. 2 90

Hoppe, A., Lehrbuch der englischen Sprache f. Schulen. [Nicht f. den Selbst-Unterricht.] 1. Tl.: Elementarbuch. Mit besond. Berücksicht. der Aussprache und Angabe letzterer nach dem phonet. System der Methode Toussaint-Langenscheidt. 3. Aufl. gr. 8. (XII, 304 S.) Berlin 890. Langenscheidt. 2. 40

Hoppe, A., Lehrbuch der engl. Sprache f. Schulen. (Nicht f. den Selbstunterricht.) Mit besond. Berücksicht. der Aussprache u. ihrer Angabe nach dem phonet. System der Methode Toussaint-Langenscheidt. 6. Aufl. (XII, 265 u. XXXIX S.) 8. Berlin-Schöneberg (907). Langenscheidt's Verl. 2.40; geb. 2. 90

Hoppe, A. Statistische Nachrichten über die Abiturientenprüfungen am Gymnasium zu Lauban vom Jahre 1821 bis zur Gegenwart. 19 S. **Progr.** *Lauban* 1878.

Hoppe, A. Über die Sprache des Philosophen Seneca. Ein Beitrag zur historischen Syntax der lateinischen Sprache. Fortsetzung (I: 1873). 20 S. **Progr.** *Lauban* 1877.

— A., Ueber die Sprache des Philosophen Seneca. I u. II. Pr. 1873/77. 21. 20 S. 4°.

Hoppe, A., englisch-deutsches Supplement-Lexicon, als Ergänzg. zu allen bis jetzt erschienenen englisch-deutschen Wörterbüchern, insbesondere zu Lucas. Mit theilweiser Angabe der Aussprache nach dem phonet. System der Methode Toussaint Langenscheidt. Durchweg nach engl. Quellen bearb. Lex.-8. (XII, 480 S.) Berlin 871. Langenscheidt. n. 9. —

Englisch-deutsches Supplement-Lexikon als Ergänzg zu allen bis jetzt erschien. engl.-dtsch. Wörterbüchern. M. teilw. Angabe d. Ausspr. nach d. phonet. System d. Methode Toussaint-Langenscheidt. Durchweg nach engl. Quellen bearb. v. Dr. A. Hoppe, Prof. am Berlin. Gymn. z. grauen Kloster. 2., umgearb. u. verm. Aufl. In 4 Abth. Abth. 1. 2, 1888. [Mehr nicht erschienen.] *Berlin: Langenscheidt 1888(–93).* (XIX, 368 S.) 1 Bd 4.
1. A-Close. 1888 2. 1. Close-Do. 1893 [00. 118]

Hoppe, A., englisch-deutsches Supplement-Lexikon als Ergänzung zu allen bis jetzt erschienenen englisch-deutschen Wörterbüchern. Mit teilweiser Angabe der Aussprache nach dem phonet. System der Methode Toussaint-Langenscheidt. Durchweg nach engl. Quellen bearb. 2. Abtlg. 1. Hälfte. Lex.-8. (S. 241—368.) Berlin 893. Langenscheidt. n. 4. — (I u. II, 1.: n. 12. —)

— über Vergleichungen in der englischen Sprache. [Aus: „Festschrift zur 3. Säcularfeier d. Berl. Gymnasiums zum grauen Kloster."] gr. 8. (30 S.) Berlin 874. Weidmann. n. — 80

—— Wörterbuch, s. Dickens, C., sketches.

Hoppe (A. F.). Flora cryptogamica depicta . . . Berolini, 1783. 4°.

Hoppe (A. F.). Flora depicta . . . Berol. 1783–92. fol.

Hoppe, Adolf, approb. Arzt aus Eutin: Aus d. Prov.-Irrenanstalt Rittergut Alt-Scherbitz. Dir.: Geh. Sanitätsrath Dr. Paetz. Statistischer **Beitrag** zur Kenntniss der progressiven Paralyse. *Berlin 1901 (auf d. Umschl. 1902): (H. Fiencke in Kiel).* (35 S.) 8°
Kiel, Med. Diss. v. [30. Jan.] 1902

Hoppe, Adolf [Dr.]: Beiträge zur Beantwortung der Frage: Wie sind die Schüler der Untersekunda zur Aufsatzbildung anzuleiten? Stettin, Druck v. Herrcke & Lebeling, 1892; 1—15 S. 4.
Stettin, k. Marienstifts-G, OP 1892 (141)

Chronik der academischen Verbindung 'Frisia' (in Kiel) 1872—1897. (Vf.: **Adolf Hoppe.**) *Kiel: Dr. v. A. F. Jensen 1897.* (49 S.) 1 Bd 8. [98. 1806]

Hoppe, Adph., praktisches Hilfsbuch der Harmonielehre (als Einführung zu Jadassohn u. Richter, Bussler u. a.) m. durchtransponierten Uebersichtstabellen aller Dur- u. Molltonleitern u. Intervalle, sämtl. Dreiklänge u. Septakkorde in den verschied. Lagen, sowie durchgeführten Tabellen der Stellg. aller einzelnen Akkorde in den verschied. Tonarten, als Vorbereitg. zur Modulationslehre. (IV, 47 S. m. 1 Fig. u. 3 Taf.) gr. 8. Freiburg i/B. 903. Musikhaus C. Ruckmich. n. 2. —

Hoppe, A., Liederbuch f. deutsche Schulen, s.: Mühe, W.

Hoppe, Adph., Liederbuch f. den Freiburger Studenten. Zusammengestellt u. hrsg. 12. (III, 164 S.) Freiburg i/B. (901). F. P. Lorenz. Geb. n. — 80

Hoppe, Adolfus: Antiphonteorum specimen. Halae Saxonum (1874): Ploetz. 53 S. 8°
Halle-Wittenberg, Phil. Diss. v. 14. März 1874
Geb. Demmin (Pomm.) 30. 1. 1852. V.

Hoppe, Albert

Hoppe, A., Formular-Buch für Amtsvorsteher, sowie Guts- und Gemeindevorsteher, enthaltend Formulare zu Polizeiverordnungen, Polizei- und Exekutiv-Verfügungen, Verhandlungen, Resoluten, Berichten, Anzeigen etc., nebst den wesentlichsten, hierbei in Betracht kommenden gesetzl. Bestimmungen. 4. Aufl. gr. 8. (XI, 120 S.) Colberg 882, (Post'sche Buchh.) *

Hoppe, A. (II.), Formularbuch für Amtsvorsteher, enthaltend Formulare zu Polizeiverordnungen, Polizei- und Exekutivverfügungen, Verhandlungen, Bescheiden, Berichten, Anzeigen etc., nebst den wesentlichsten, hierbei in Betracht kommenden gesetzl. Bestimmungen. 8. umgearb. Aufl. gr. 8. (IV, 131 S.) Tempelhof 887. (Berlin, Puttkamer und Mühlbrecht.) * 2 —
5.—7. Aufl. erschienen im Selbstverlage.

Hoppe, A. (II.). Formularbuch f. Amtsvorsteher, enth. Formulare zu Polizeiverordngn., Polizei- u. Exekutivverfüggn., Verhandlgn., Bescheiden, Berichten, Anzeigen etc., nebst den wesentlichsten, hierbei in Betracht komm. gesetzl. Bestimmgn. 9. u. 10. Aufl. gr. 8. (VII, 120 S.) Berl. 889,92, (Puttkammer u. Mühlbrecht). * 2 —

Hoppe, A., Formularbuch f. Amtsvorsteher, enth. Formulare zu Polizeiverordngn., Polizei- u. Exekutivverfüggn., Verhandlgn., Bescheiden, Berichten, Anzeigen etc., nebst den wesentlichsten, hierbei in Betracht komm. gesetzl. Bestimmgn. 11. Aufl. gr. 8. (VII, 120 S.) Tempelhof 894. (Berlin, Puttkammer & Mühlbrecht.) n. 1. 50

Hoppe, A., Handbuch f. Gemeindevorsteher, enthaltend e. Anleitg. zur Dienstverwaltg., insbesondere Formulare zu Protokollen, Gemeindebeschlüssen, Anzeigen, Verfüggn., Bescheiden, sowie zu dorfgerichtl. Handlgn. 3. Aufl. gr. 8. (XII, 128 S.) Tempelhof 886. (Berlin, Puttkammer & Mühlbrecht.) n. 2. —

Hoppe, A., Formularbuch f. Amts-Vorsteher. Enth.: Formulare zu Polizeiverordngn., Polizei- u. Exekutivverfüggn., Verhandlgn., Bescheiden, Berichten, Anzeigen etc. nebst d. wesentl., hierbei in Betracht komm. gesetzl. Bestimmgn. 12. Aufl. 8. (128 S.) [Berlin 898. Aug. Schultze's Verl.] Braunschweig, Frdr. Euler's Verl. 1. 50

— **Handbuch** f. Gemeindevorsteher, enthaltend e. Anleitg. zur Dienstverwaltg., insbesondere Formulare zu Protokollen, Gemeindebeschlüssen, Anzeigen, Verfüggn., Bescheiden, sowie zu dorfgerichtl. Handlgn. 4. Aufl. gr. 8. (XII, 128 S.) Ebd. 886. n. 2. —

— **Handbuch** f. Gemeinde-Vorsteher. Eine Anleitg. zur Dienstverwaltg., insbes. Musterformulare z. Verhandlgn., Gemeindebeschlüssen, Berichten, Anzeigen, Verfüggn.; sow. z. dorfgerichtl. Handlgn. 5., umgearb. Aufl. 8. (136 S.) Ebd. 898. 1. 50

[A.] Handbuch für Amts- u. Gemeinde-Vorsteher. E. kurzgef. Anleitg. z. Geschäftsführg., insbes. Musterformulare zu d. verschied. Schriftstücken nebst d. wesentlichsten ... gesetzl. Bestimmgn. Von A[lbert] Hoppe, Kanzleir. (Th. 1. u. in 1 Bde m. Sondert.) *Berlin: A. Schultze 1898.* (1 Bl., 128, 136 S.) 1 Bd 8.
(I.) [m. d. Tit.:] Formularbuch für Amtsvorsteher. Enth.: Formulare zu Polizeiverordngn. ... nebst d. wesentlichsten ... gesetzl. Bestimmgn. Von ... Hoppe ... 12. Aufl. (128 S.)
(II.) [m. d. Tit.:] Handbuch für Gemeinde-Vorsteher. E. Anleitg. z. Dienstverwaltg. insbes. Musterformular zu Verhandlgn. ... Von ... Hoppe ... 5. umgearb. Aufl. (136 S.)

Hoppe, A., Handbuch f. Amts- u. Gemeinde-Vorsteher. Eine kurzgefaßte Anleitg. zur Geschäftsführg., insbesondere Musterformulare zu den verschied. Schriftstücken, nebst den wesentlichsten, hierbei in Betracht komm. gesetzl. Bestimmgn. Nach dem Tode des Verf. umgearb. v. Alfr. Schmidt. 14. Aufl. (VIII, 295 S.) 8. Berlin 910. A. Schultze's Verl. 8.—; geb. in Halbleinw. 8.50

Hoppe, Adelbertus: De deorum Sophocleorum fatali potestate. Halis Saxonum (1852): Ploetz. 31 S. 8°
Halle-Wittenberg, Phil. Diss. v. 13. März 1852
Geb. Berlin 24. 1. 1827. V.

Hoppe, Albin, Lehrbuch der Gabelsberger'schen Stenographie zum Schul-, Vereins- u. Selbstunterricht, bearb. nach den Beschlüssen des Berliner Stenographentages. 2 Tle. 8. Osterwieck [A. W. Zickfeldt]. Wolfenbüttel, Heckner. n.n. 1. 35
1. Schul- u. Korrespondenzschrift. (IV, 62 S.) 902. n. — 50; erh. Pr. n. — 60; Schlüssel u. Anh. (II, 29 S.) 903. n. — 40
2. Redeschrift. (VII, 109 S.) 905. n.n. — 75

Hoppe, Albin, Lehrbuch der Gabelsberger'schen Stenographie zum Schul-, Vereins- u. Selbstunterricht, bearb. nach den Beschlüssen des Berliner Stenographentages. 1. Tl.: Schul- u. Verkehrsschrift. (35. Taus.) (IV, 62 S.) 8. Wolfenbüttel 910. Heckner. — 60

— **Lese- u. Uebungsbuch** zum Lehrbuch der Gabelsbergerschen Stenographie. (22 S.) 8. Ebd. 903. n. — 20; erh. Pr. n. — 25

Bericht über das hundertjährige Stiftungsfest der St. Johannisloge Friedrich zur aufgehenden Sonne im Or. Brieg. Von [Alex.] **Hoppe.** Leipzig [1883]: Vollrath. 31 S. 8° [Umschlagtit.]
Aus: FZ. 37 (1883) S. 204—207, 212—214, 217 bis 220.
cf. MitthW. 14 (1882—1883) S. 208—212 (H. G. E. v. Schweinichen). 23. 25.

[Lithogr.] Festgabe zur Feier der Schlussarbeit des hundertjährigen Bestehens der St. Joh.-Loge Friedrich zur aufgehenden Sonne im Or. zu Brieg am 26. Mai 1883 von [Alex.] **Hoppe.** Brieg [1883]: Spieske. 2 Bl. 8° [Umschlagtit.]
Gedicht, betit.: „Hochmitternacht!" „Jahrhundert ist nun bald vollbracht, ..." 23.

"Die Besitznahme Mergentheims durch die Krone Württemberg im Jahre 1809".
Nach Quellen dargestellt von Alfons Hoppe.

⟨1. Hälfte⟩. 1887. (39 S.)
⟨2. " ⟩ 1888. (52 S.)

s. a. Jahresbericht des k. k. Staats-
------------------------- Gymnasiums in
Troppau für das Schuljahr 1886-87. 1887-88.

Hoppe, Dr. Alfons, Religionslehrer. Priester des Deutschen Ordens Die Besitznahme von Mergentheim durch die Krone Württemberg im Jahre 1809. Nach Quellen dargestellt. (Aus:) „Programm des k. k. Staats Gymnasiums in Troppau“ für die Schuljahre 1886/87 und 1887/88. 8. Troppau 1887—1888.

Hoppe Dr A.: Msgr. Johann Neumann. † 9/9. 1890. 8. Troppau 91.
Progr.

Hoppe, Alfons Msgr. Johann Neumann, † 9. September 1890.
8 (S. 40—42).
Progr.

Hoppe, Alfred, Referendar a. Berlin: Ein Beitrag zur Lehre über die Klage gegen den Ehemann nach § 739 C.P.O., die Zwangsvollstreckung in das eingebrachte Gut der Ehefrau zu dulden. Berlin 1906: W. Greve. (39 S.) 8°
Jena, Jur. Fak., Ref. Loening, Diss. v. 22. Mai 1906
[Geb. 23. Aug. 82 Berlin; Wohnort: Berlin; Staatsangeh.: Preußen; Vorbildung: Friedr.-Wilh.-Gymn. Berlin Reife M. 00; Studium: Berlin 3, Freiburg i. B. 1, Berlin 4 S.; Rig. 22. Mai 06.]

Hoppe, Alfr., Lourdes im Glanze seiner Wunder. Nach authent. Quellen verf. (160 S. m. Abbildgn. auf dem Umschlag, 1 eingedr. Kartenskizze, 6 Taf. u. 1 Tab.) kl. 8. Wien (910). H. Kirsch. —30

Hoppe, Alfr., Mariens herrlichste Rosenkrone. 81 schlichte Betrachtgn. üb. das Rosenkranzgebet. (IV, 200 S. m. Titelbild.) 8. Innsbruck 905. F. Rauch. n. 1.20

Hoppe, Amanda, s. H o p p e - S e y l e r Amanda

Hoppe, *Arend*: Ansprache siehe: Die bei der Einführung des Direktors *Max* Heynacher . . . gehaltenen Reden S. 117.
Progr.

Hoppe, Arend: Aus der medizinischen Poliklinik und dem Laboratorium der mediz. Klinik zu Bonn. Die Gasgährung im Säuglingsmagen. *Bonn 1897: A. Henry.* (35 S.) 8.
Bonn, Med. Diss. v. [10. Jan.] 1898

Hoppe, August, aus Essen a. d. Ruhr: **Ueber einige Eruptivgesteine aus dem mexikanischen Staat Puebla.** *Leipzig 1899: Breitkopf & Härtel.* (30 S.) 8° ¶(Aus: Felix & Lenk, Beiträge zur Geologie u. Paläontologie Mexicos.)
Erlangen, Phil. Diss. v. 3. Mai 1898

Hoppe, Bernhard (Ottenstein/Westf.), **Die malignen Geschwülste d. Pharynx mit besonderer Berücksichtigung der Sarkome und Mittheilung eines Falles von Pharynxsarkom. Diss. med.-chir. Bln. (Gust. Schade [O. Francke]) 26. V. 1891. 31 S. mit Biogr. (M.: M. Garming.) (5.—)** 15985
Oppon.: Herm. Aebert, Hans Jacobs, Alb. Ramrath.

Hoppe, C. Ueber die B e w e g u n g dreier Punkte in gerader Linie, welche sich m. einer Kraft anziehen, die umgek. prop. dem Cubus d. Entfernung wirkt.
Rostock, Diss. 1870.

Hoppe, C., Förderkorb mit Fallbremse für bergmännische Seilfahrt. Berlin, 1876.
16 S. mit 3 Taf. [Fe 8

Hoppe, C: Verzeichniß größerer Anlagen der Maschinenbau-Anstalt Berlin N. Berlin (1889)

— Cajetan Ludwig (Seeburg/Ostpr.), **De sectione caesarea, adjecta morbi historia. Diss. med. Bln. (Nietack) 22. I. 1842. 32 S. mit Biogr. (M.: B. Kretschmer.) (6.50)** 15986
Oppon.: J. Riese, H. Genzmer, B. Bruening. — Gew.: Georg Hoppe (Guttstad).

Hoppe, Carl, s. H o p p e , Karl

Hoppe, Ch. H., Leitfaden z. gründl. Unterr. im Rechnen f. Schulen u. z. Selbstunterr. gr. 8. (15 B. u. 1 Stnt. qu. Fol.) Magdeburg 831, Heinrichshofen.

Hoppe, Chr. Tobias

Hoppe, C. T., von der Begattung der Pflanzen. gr. 8. Altenburg. (Acad. Handl. lu Jena). 773.

Hoppe, Chr. Tob., Abhandl. v. d. Begattung d. Pflanzen. Mit e. Vorr. v. G. F. Königsdörfer. gr. 8. Altenburg, 1773. (Neisse, Hennings.) — 6¼

— Beschreib. d. eßbaren Kräuter u. Pflanzen, welche um Gera wachsen u. bei theurer Zeit gut zu gebrauchen sind. 8. Gera 773. ...

— Geraische Flora, mit e. Vorr. v. J. E. L. Walch. 8. Jena 773. Gollner. 8 gr

— geraische Flora. 8. Jena, Gollner, 774.

Hopp(e), Christian Nicolaus (Salzwedel), **De originibus electorum, iisque etiam Christi nativitate non junioribus: Von Derer Chur = Fürsten Ersterm / biß zu / ja über CHristi Geburth hinauff kommenden Ursprung. Diss. praevia. Präs. D. W. Gabriel Pachelbl v. Gehag. Halle (Chr. Henckel) 4. IV. 1705. 40 S., tlws. dtsch. (7.—)** 15973

— — De collisione navium. Von An= und Uber-segelung der Schiffe. Diss. jur. Präs. Samuel Stryk. Halle (Johann Gruner) Mai 1708. 72 S., tlws. dtsch. (8.—) 15974

Hoppe, Cornel. Vinzenz, das Heiratsproblem im J. 5000. Ein Zukunftsbild hypothet. Vorstellg. (75 S.) 8. Strassburg 909. J. Singer. 2.—

— Hinan zu Sonnenhöhen. Wissenswerte Probleme künft. Tage. (129 S.) 8. Ebd. 909. 2.50

Hoppe, Dav. Heinr., Anleit., Gräser u. grasartige Gewächse nach e. neuen Methode f. Herbarien zuzubereiten. Mit 2 Abb. 4. Regensburg, 1819. (Nürnberg, Mainberger.) 1.—

— Anleit., Gräser u. grasartige Gewächse nach einer neuen Methode für Herbarien zuzubereiten. Mit 2 Abbildd. 4. Regensb. 819. (Nürnb., Riegel u. W.) 1 ₰

— Abdr. d. Pflanzen, w. um Regensb. wild wachsen. Achthundert. Fol. Regensb. Montag. 788-93.

— s. a. Bibliothek, botanische.

Hoppe, D. H., botan. Bibliothek. 1r-3r Jahrg. 8. Erlangen, Palm. 802-4. (à 2 Rthlr.)

Hoppe, Dav. Heinr., Caricologia germanica, s. a. Sturm, J., Deutschlands Flora, I. Abthl.

Hoppe, Dav. Hnr., Caricologia germanica, oder Aufzählung d. in Deutschland wildwachsenden Riedgräser. 8. Leipz. 826. Hofmeister. 14 gr

Hoppe, Dav. Hnr. u. Jakob Sturm, Caricologia germanica, oder Beschreibungen u. Abbildungen aller in Deutschland wildwachsenden Seggen. Zum bequemen Gebrauch auf botan. Excursionen, zur erleichterten Bestimmung der Arten u.z. systematischen Anordnung derselben in Herbarien. II. 1–7. (16 ill. Kpfrt.) Nürnberg 1835. 16.

Hornschuh, Ch. F.: Plantarum, graminum et muscorum exsicatorum decades, s. Hoppe, David Heinrich

Hoppe, Dav. Hnr., et Ch. F. Hornschuh, Plantarum, graminum et muscorum exsiccatorum decades. (Phanerog. decas 1—4., Gram. dec. 1., Cryptog. dec. 1—5.) Regensburg 1818. Fol.

HOPPE, H.: Ectypa Plantarum Ratisbonensium, oder Abdrücke derjenigen Pflanzen, welche um Regensburg wild wachsen. - Regensburg 1787-1793. 1787: Taf. 1-100 (= I. Hundert); 1788: Taf. 101-300 (= II. u. III. Hundert); 1789: Taf. 301-400 (= IV. Hundert); 1790: Taf. 401-500 (= V. Hundert); 1791: Taf. 501-600 (= VI. Hundert); 1792: Taf. 601-700 (= VII. Hundert); 1793: Taf. 701-800 (= VIII. Hundert)

— ectypa plantar. Ratisbonensium, oder Abdrücke der Pflanzen, welche um Regensburg wild wachsen. Achthundert. Fol. Regensb. 788—93. Montag u. W. 32 ₰

— ectypa plantarum selectarum, oder Abdrücke auserlesener Pflanzen. (25 Abdr.) Fol. Regensb. 796. Verf.

Hoppe, Dav. Hnr., Diss. inaug. Enumeratio insector. elytratorum circa Erlang. indigen. c. tab. 8maj. Erl. 795. Palm. 6 gr. ill. 10 gr.

— Filices, Gonopterides, Stachyopterides et Hydropterites, quas in usum botanophilorum coll. et exsicc. Dec. I. Fol. Nürnb. 809. Montag u. W. in Regensb. 1 ₰

—— und Aug. Eman. Fürnrohr, Flora, od. allgem. botanische Zeitung etc., s. Flora.

— fungi epiphylli, quos in usum botanophilorum colleg. et exsiccavit etc. Dec. I. u. II. Fol. Nürnb. 809.

— Herbarium vivum plantar. rar., praesertim Alpinarum, exhibens plantas a societ. botan. Ratisbonens. sodalibus in variis Germaniae regionibus collectas et ex botanophilis communicatas. Cent. I. II. Fol. Regensb. 798 u. 99. Verfasser.

— s. Hortus botan. Ratisbonens.

Hoppe's, Dav. Heinr., Selbstbiographie, s. Taschenbuch, botanisches.

— s. Seeme's Beschreib. e. Reise.

— u. F. Hornschuch, Tagebuch einer Reise nach den Küsten des adriat. Meeres u. den Gebirgen von Krain, Kärnthen, Baiern u. Böhmen rc. vorzüglich in botan. u. entomolog. Hinsicht. Mit 1 Kpf. 8. Regensb. 808. (Nürnb., Riegel u. W.) 1 ₰ 12 gr.

— botanisches Taschenbuch für d. J. 1790—96. 8. Regensb., Montag u. W. (à 20 gr.) 5 ₰ 20 gr. Dass. von 1797—1804. (à 21 gr.) 7 ₰

— entomol. Taschenbuch auf 1796 u. 97. Regensb. Montag. (à 21 gr.).

— neues botan. Taschenbuch für 1805. 806. 807. 808. 809. Nürnb. Monath u. K. (à 20 gr.)

Hoppe, D. H., neues botan. Taschenbuch f. 1810 u. 11. 8. Regensb. (Leipz. Barth.) 811. (à 18 gr.)

Hoppe, Ed.

Hoppe, Ed., Anweisung z. christl. Religionsunterr. f. Schul- u. Hauslehrer. 1. Bd., welcher d. 2 untersten Stufen d. Religionsunterr. umfaßt. — A. u. d. T.: Erster Unterricht v. d. christl. Religion in zwei Lehrgängen. Ein prakt. Handb. f. d., welche nicht bloß Religion lehren, sond. z. Religion erziehen wollen. 8. (11 B.) Leipzig 835, Dörffling. Thlr.

Hoppe, Ed., evangel. Kirchenlieder aus d. 16. u. 17. Jahrh. gesammelt. 8. (14⅞ B.) Dessau 846, Hofbuchdruckerei.

—— 6 Predigten. Nebst d. am Grabe des Verewigten v. Frz. Sintenis gehalt. Leichenrede. gr. 8. (4 B.) Dessau 846. (Leipzig, Dörffling u. Franke.)

Hoppe, Ed., christl. Religionsunterricht f. d. obere Klasse in Land- u. niedern Stadtschulen. 8. (1 B.) Leipzig 835, Dörffling. 25 Exempl. 1 Thlr.

Hoppe, Ed., christl. Religionsunterricht f. d. unt. Klasse in Volksschulen. 12. (2 B. nur auf e. Seite bedr.) Leipzig 830, Enobloch.

— s.: Religionsunterricht, der, in den Schulen.

— neue deutsche Sprachlehre für den ersten Unterricht. 2e mit einigen Zusätzen verm. Aufl. 8. Zerbst 835. Kummer. $^1/_{12}$ ₰

—— neue deutsche Sprachlehre f. d. ersten Unterricht. 2., mit einigen Zusätzen verm. Aufl. 8. (2 B.) Zerbst 835. [Berlin, Trautwein u. Comp.]

Hoppe, Ed., neue deutsche Sprachlehre für den ersten Unterricht. 3. Aufl. 8. (23 S.) Berlin 852, G. Bethge. *

—— erster Unterricht von d. Erdbeschreibung, in drei Uebersichten f. unt. Klassen. gr. 16. (4 B.) Zerbst 834, Kummer.

Hoppe, E., Ueber versch. Formen der canonischen Substitution u. deren Anwendung in der Mechanik u. zur Integration der partiellen Differentialgl. 1. 0. Göttingen, Diss. 1876

Hoppe, Edmund

Hoppe, Edm., die Accumulatoren für Elektricität. gr. 8. (IX, 234 S. mit zahlr. in den Text gedr. Abbild.) Berlin 888, Springer. * 6 —

Hoppe, Edm. (I.). Die Akkumulatoren f. Elektricität. 2. verm. Aufl. gr. 8. (IX, 308 S. m. Abbildgn.) Berl. 892, J. Springer. : 7 —; geb. : 8 —

Hoppe, Edm., d. Akkumulatoren f. Elektricität. M. zahlr. in d. Text gedr. Abb. 3., neu bearb. Aufl. gr. 8. (XI, 425 S.) Berlin 898. J. Springer. n. 8. —; geb. in Leinw. n. 9. —

Hoppe, Edm., ein Beitrag zur Zeitbestimmg. Herons v. Alexandrien, s. c. Wegehaupt, z. Frage d. Einheitschule.

Hoppe, Edmund, Prof. Dr.: Ein Beitrag zur Zeitbestimmung Herons von Alexandrien. *Hamburg 1902: Lütcke & Wulff.* (9 S.) 4°
Hamburg, Wilhelm-G, OP 1902 (815)

Hoppe, Edm., das erste Blatt der Bibel im Lichte der Naturforschung. Vortrag auf der Möllner Lehrerconferenz 1903. 1.—3. Tausend. (31 S.) gr. 8. Mölln 903. J. Eckell. n. — 50

Hoppe, Edm., Christentum u. Monismus. Vortrag. (31 S.) 8. Hamburg 909. Ev. Buchh. — 50

— Das Christentum u. die exakten Naturwissenschaften. 8 Vorlesgn., geh. im apologet. Seminar in Wernigerode Oktbr. 1909. (IV, 107 S.) 8. Gütersloh 910. C. Bertelsmann. 1.40; geb. 2. —

Hoppe, Edmund: Die Elemente der Differential- und Integralrechnung im Lehrplan des humanistischen Gymnasiums. Hamburg 1910: Lütcke & Wulff. 34 S. 8°
Hamburg, Wilhelm-G P 1910 (1000) [S 10. 193

—— die Entwicklung der Lehre von der Elektricität bis auf Hauksbee. gr. 4. (32 S. mit 5 Fig.) Hamburg 887, (Herold's Verlag.) ** 2 50

— der moderne Evolutionismus, s.: Hefte zum „Alten Glauben". 7.

— die Evolutionstheorie u. der lebendige Gott. Vortrag, geh. auf dem religionswissenschaftl. Kursus f. Lehrer u. Lehrerinnen in Hagen, Westfalen, am 16. u. 17. IX. 1904. Hrsg. v. der kirchl. Konferenz der Grafsch. Mark. (50 S.) schmal 8. Witten 904. (B. Koeßold & Co.) n. 60

Die Evolutionstheorie und der lebendige Gott. Vortrag, geh. in Hagen 1904. (Verf.: Edm[und] **Hoppe**.) Hrsg. von d. Kirchl. Konferenz d. Grafsch. Mark. Witten: Schriftenniederlage d. ev. Gemeindehauses in Komm. 1904. (50 S.) 8° [F.] [05. 1987. 6

Hoppe, Edm., über verschiedene Formen der canonischen Substitution und deren Anwendung in der Mechanik und zur Integration der partiellen Differentialgleichungen erster Ordnung. Inaugural-Dissertation. gr. 8. (38 S.) Göttingen 876, (Vandenhoeck und Ruprecht's Verlag.)

Hoppe, Edm., Geschichte der Elektrizität. gr. 8. (XX, 622 S.) Leipzig 884, Barth. 4

— zur Geschichte der Fernwirkung. Progr. gr. 4. (26 S.) Hamburg 901. (Herold.) n. 2. —

Hoppe, Edmund: Zur Geschichte der Fernwirkung. *Hamburg 1901: Lütcke & Wulff.* (26 S.) 4°
Hamburg, Wilhelm-G, OP 1901 (799)

— ist m. der Descendenztheorie e. religiöse Vorstellung vereinbar? (31 S.) 8. Hamburg (903). G. Schloeßmann. n. — 60

— **Lehrbuch der Physik f. höhere Lehranstalten. Mit 1 Karte der Isogonen u. Isoklinen. gr. 8. (4, III u. 184 S. m. Fig.) Leipzig 894. J. A. Barth. n. 2. 20**

— der naturalistische Monismus Ernst Haeckels, besonders seine Welträtsel u. Lebenswunder. (90 S.) 8. Schwerin 906. F. Bahn. n. 1. 60

— Natur u. Offenbarung. gr. 8. (V, 159 S.) Hannover 901. Hahn. Geb. n. 3. —

Natur und Offenbarung. Von Edmund **Hoppe**. *Hannover & Leipzig: Hahn 1901.* (IV, 159 S.) 8° [F.] [02. 321. 7

— Natur u. Offenbarung. Eine Untersuchg. üb. die Weltstellg. des Menschen. 2., erweit. Aufl. (VIII, 238 S.) 8. Hannover 904. Hahn. n. 2. 25

— Naturerkenntnis u. Christentum, s. a. Für Gottes Wort u. Luthers Lehr! I. 1.

Naturerkenntnis und Christentum. Von Edmund **Hoppe**. Gütersloh: C. Bertelsmann 1907. (104 S.) 8° [F.]
— Für Gottes Wort u. Luthers Lehr! Reihe 1. H. 1. [07. 1774

Hoppe, Edmund. Die Philosophie Leonhard Eulers. Eine systematische Darstellung seiner philosophischen Leistungen. Mit 30 Figuren im Text. VIII + 168 S. 8. Gotha, Perthes, 1904. [M. 3. –]

Hoppe, Edm., d. Recht d. Laien u. d. Bekenntnis d. Kirche. gr. 8. (20 S.) Hamburg 895. Herold's Verlag. n. — 40

Hoppe, Edmund: Freiwillige Schülerübungen in Physik im humanistischen Gymnasium. Hamburg 1909: Lütcke & Wulff. 30 S. 8°
Hamburg, Wilhelm-G P 1909 (981) [S 09. 213

Hoppe, Edm., Freiwillige Schülerübungen in Physik im humanistischen Gymnasium. (36 S.) gr. 8. Leipzig 909. Quelle & Meyer. — 80

— Wort u. Bedeutung der Naturgesetze f. Forschung u. Weltanschauung. (54 S.) 8. Schwerin 905. F. Bahn. n. — 80

Hoppe, Edm. (H.). Wie bewahren wir unsere Jugend vor der Unsittlichkeit? Vortrag, geh. im Verein zur Hebg. d. öffentl. Sittlichkeit zu Hamburg. gr. 8. (16 S.) Gütersloh 892, Bertelsmann. — 20
Aus: Monatsschrift f. innere Mission, besonders abgedruckt.

— wie bewahren wir unsere Jugend vor der Unsittlichkeit? Vortrag, geh. im Verein zur Hebg. der öffentl. Sittlichkeit zu Hamburg. 2. Aufl. gr. 8. (16 S.) Gütersloh 903. C. Bertelsmann. n. — 20

— **Unser Wissen vom Werden der Welt. 2. Taus. (VII, 886 S. m. 174 Abbildgn. u. 8 farb. Taf.) gr. 8. Bielefeld 908. Verlagshandlung der Anstalt Bethel. 4.—; geb. in Leinw. 5. —**

— das Wunder u. die Naturgesetze, s.: Wort, das, sie sollen lassen stahn!

Hoppe, Eduard, Einfluss d. Freilandvegetation u. Bodenbedeckg. auf d. Temperatur u. Feuchtigkeit d. Luft, s. a. Mitteilungen a. d. forstl. Versuchswesen Österreichs.

HOPPE, Ed.: Einfluss der Freilandvegetation und Bodenbedeckung auf die Temperatur und Feuchtigkeit der Luft. - Wien 1895. 59 S., 1 Abb., 1 Taf. - (Mitt. Forstl. Versuchswes. Österreich H. 20)

Hoppe Eduard, Dr.: Einwirkung von Ammoniak auf Methylathylacrolein. S. 37 H. 6. 636 . vgr.
Separatabdruck

— Die Gezeiten im Hafen von Triest (mit 1 Doppeltaf.) S. 122. H. 5. 1765 . . . . . . 1.90
Separatabdruck

– Regenmessg. unter Baumkronen, s. a. Mitteilungen a.d. forstl. Versuchswesen Österreichs.

Hoppe, Dr. Eduard, Regenmessung unter Baumkronen. Mit 5 photographischen Tafeln und 9 Abbildungen im Texte. (Mittheilungen aus dem forstlichen Versuchswesen in Mariabrunn. Der ganzen Folge XXI. Heft.) Lex.-8. (75 S.) 1.50

– Dasselbe, s. a. Hoppe, Heinrich

Hoppe, Emil

— die Polizeiverordnungen d. Reg.-Bez. Köslin in Verbindung m. mehreren, das polizeiliche Interesse berühr. Gesetzen. 5., umgearb. Aufl. gr. 8. (III, 440 S.) Tempelhof 892 (Neustettin, F. A. Eckstein.) n.n. 5. —; geb. n.n. 6. —

Hoppe, Polizeiverordnungen d. Reg.-Bez. Köslin. 5. Aufl. Neustett. 893.

Hoppe, Sammlung der im Reg.-Bez. Trier geltenden Polizei-Verordnungen der Central-, Provinzial- u. Bezirks-Behörden. Ein Handbuch f. die Behörden, Beamten, Rechtsanwälte u. Bewohner des Bezirkes. 2. Aufl. gr. 8. (VIII, 536 S.) Trier 899. F. Lintz. Geb. in Leinw. n. 5. —

Hoppe (III.). Sammlung der Polizei-Verordnungen der königl. Regierung u. d. königl. Regierungs-Präsidenten zu Trier, nebst e. Anh., enth. die f. den Reg.-Bez. Trier gült. Polizei-Verordngn. u. polizeil. Bekanntmachgn. höherer Behörden, sowie sonst. den Bezirk betr. polizeil. Bestimmgn. 8. (V, 506 S.) Trier 891, Lintz. cart. ** 4 50

Hoppe, Sammlung v. Prov.- u. Bez.-Polizei-Vorschriften f. den Reg.-Bez. Trier. Neu bearb. v. Russell. 3. Aufl. Ein Handbuch f. die Behörden, Beamten, Rechtsanwälte u. Bewohner d. Bezirkes. (V, 850 S.) 8. Trier 908. F. Lintz. Geb. in Leinw. 8. —

Hoppe, Zusammenstellg. d. in d. Amtsblättern d. Kön. Regierg. zu Cöslin v. 1816—1878 enthalt. Polizeiverordn. 3. Aufl. Colbergermünde 878.

Hoppe, Elias, Salzwedel, Alt-Mark. Dissertatio medica inauguralis de palpebris illarumque affectibus. Basel, med. Diss. 1715

Hoppe, Ernst August Dankegott

— — (Naumburg), **Summe venerandis theologis Vitebergensibus seminarii theologici regimen inter ipsa sacrorum secularium solemnia auspicantibus pie gratulatur. — De religiosa juventutis cura ab ipsis V. D. Ministris agenda. Naumburg (C. A. Klaffenbach) 24. X. 1817. 8 S. (2.50)** 15990

Hoppe, E. A. D., de religiosa juventutis cura ab ipsis V. D. Ministri agenda. 4. Naumb. 817. (Leipz., Hinrichs). 2⅔

Hoppe, E. Aug. D., Denkmal d. verewigten D. Carl Ludw. Nitzsch, Prof. d. Theol. ꝛc., in e. Auswahl seiner Pfingstpredigten, f. dess. Freunde, nebst e. Zugabe üb. Ihn. gr. 8. (11¼ B.) Halle 832, Kümmel.

— — **Principiorum doctrinae de moribus Stoicae et Christianae collato. Diss. histor.-philos. Präs. Johann Georg Carl Klotzsch. Wittbg. (Tzschiedrich) 30. V. 1799. 40 S. (6.50)** 15988
Gew.: Adam Friedrich August v. Watzdorff (Wiesenburg . . .). — Widm. v. Präs.

— **Ernst August Dankegott** (Leza-Saxone), De sede deorum Homericorum domestica. Diss. philol.-mytholog. Präs. August Fried. Wilhelm Rudolph. Wittbg. (Tzschiedrich) 11. XI. 1794. 28 S. (6.—) 15987

— — **De vera vi argumenti physico-theologici. Diss. philos. Pars I. Präs. Wilhelm Traugott Krug. Wittbg. (Tzschiedrich) 4. XII. 1800. 14 S. (5.—)** 15989
Gew.: Carl Ludwig Nitzsch. — Widm. v. Präs. — Tl. II s. Hoppe, E. H. E. (Nr. 15991).

Hoppe, Ernst Friedr., noch ein Beitrag z. Erledigung d. Streites üb. Luft- u. Wasser-Druck. 8. (3 B.) Breslau 845. (Graß, Barth u. Comp., Berl.) *

Hoppe, E. Fr., Versuch einer ganz neuen Theorie d. Entstehung sämmtl. Farben, nebst e. nähern Erläut. des Sehens u. d. dazu nöthigen Eigenschaften des Lichtes. gr. 8. Bresl. 824. J. F. Korn. 1 ₰

— **Ernst Heinrich Ehregott**, De vera vi argumenti physico-theologici. Diss. philos. Pars II. Präs. Ernst August Dankegott Hoppe (Bruder). Wittenbg. (Tzschiedrich) 4. XII. 1800. (S. 15—26.) (4.50) 15991
Tl. I s. Hoppe, E. A. D. (Nr. 15989).

Hoppe, (Ern.) Felix (Imman.) (geb. Freiburg an d. Unstrut 26. 12. 1825): De cartilaginum structura et chondrino nonnulla. Berolini (1850). (62 S.) 8°
Berlin, Med. Diss. v. 15. Nov. 1850

Hoppe, Felix, s. Hoppe-Seyler Felix

Hoppe, Feodor

Hoppe, Theodor (Hrsg.), s.a. Bilder z. Mythologie u. Gesch. d. Griechen u. Römer.

Hoppe, Feodor, Bilder zur Mythologie und Geschichte der Griechen und Römer. Unter Mitwirkung der k. k. Lehr- und Versuchsanstalt für Photographie und Reproductionsverfahren in Wien [Vollständig in 30 Tafeln (Lichtdruck)]. I. Lieferung. Verlag von Carl Graeser in Wien 1896. (Min.-Erl. vom 23. December 1895, Z. 26772.)

Hoppe, Feod., Bilder z. Mythologie u. Geschichte d. Griechen u. Römer. Unter Mitwirkg. d. k. k. Lehr- u. Versuchsanst. für Photographie u. Reproductionsverfahren in Wien hrsg. 5 Lfgn. gr. Fol. (à 6 Lichtdr.-Taf.) Wien 896. C. Graeser. à n. 2. — (Kplt. in Schul-Mappe n.n. 11. —; in Geschenk-Mappe n.n. 14. —)

— dasselbe. Text. gr. 8. (38 S.) Ebd. 896. n. 1. — (Bilder u. Text in Mappe: 12. —; in eleg. Mappe n. 16. —)

Hoppe, Feoder, Bilder zur Mythologie und Geschichte der Griechen und Römer. Unter Mitwirkung der k. k. Lehr- und Versuchs-Anstalt für Photographie und Reproductions-Verfahren in Wien. Text zu den Bildern. Gr.-8. (38 S.) Wien: Graeser 1897. * —.50

Hoppe, Feodor. Obrazy k mythologii a dějinám Řekův a Římanův. Za spolupůsobení c. k. učebného a pokusného ústavu pro fotografii a reprodukci ve Vídni. Ve 30 světlotiskových obrazích velikosti 39/54 *cm*. Sešit I. 1. Augustus, 2. Homér. 3. Skupina Laokontova, 4. Orfeus, Eyrydika a Hermes, 5. Perikles, 6. Zeus otrikolský. (Bilder zur Mythologie der Griechen und Römer.) Gr.-Fol. (Sechs Bilder in Mappe) Wien: Graeser 1896. 1.50

Hoppe Feodor**: Die Stellung des Gutenburgers in der Geschichte der d. Lyrik. 33 Nikolsburg 86. Progr.**

Hoppe, Feodor [Red.], s. Mittelschule, Österreiche.

Hoppe, Ferd., zu den Fragmenten u. der Sprache Cicero's. [Das Particip. Fut. Act.; imberbus u. imberbis: neutiquam; usquam, uspiam; humane, humaniter; dominatus; Alliteration 2c.] gr. 4. (25 S.) Gumbinnen 875. Sterzel. n. 2. —

Hoppe, Ferdinand

Hoppe, F., Der Conjunktivus der coniugatio periphrastica activa in indirekten Fragen und Bedingungssätzen und der Nominativus cum infinitivo futuri activi bei Cicero. Pr. 1879. 19 S. 4°. 1.50

Hoppe, Ferd., der Conjunctiv der Conjugatio periphrastica activa in indirecten Fragen und Bedingungssätzen und der Nominativus cum infinitivo futuri activi bei Cicero. 4. (19 S.) Gumbinnen 879, Sterzel's Buchh. *

— Ortsnamen des Reg.-Bez. Gumbinnen [deutsche, polnische, litauische]. Meistentheils auf Grund urkundlichen Materials erklärt. gr. 4. (16 S.) Ebend. 877. n. 2. —

—— Ortsnamen der Prov. Preussen. 1.—6. Heft. gr. 8. (Ebendas.) [1. und 2. Heft. (17 S.) 876. * 60 Pf.; 3. und 4. Heft. (33 S.) 877. * 80 Pf.; 5. Heft. (33 S.) 877. * 60 Pf.; 6. Heft. (32 S.) 879. * 80 Pf.] *
Aus: Altpreussische Monatsschrift, besonders abgedruckt.

— Ortsnamen der Prov. Preussen. [Aus: „Altpreuss. Monatsschr."] gr. 8. (17 S.) Ebend. 876. — 60

— Ortsnamen der Provinz Preussen. III. IV. [Aus: „Altpreuss. Monatsschr."] gr. 8. (33 S.) Ebend. 877. n. — 80

— dasselbe. V. (Mit Hinweisung auf die litauischen Familiennamen.) [Aus: „Altpreuss. Monatsschr."] gr. 8. (20 S.) Ebend. 877. n. — 60

— Orts- u. Personennamen der Provinz Preussen. VI. [Aus: „Altpreuss. Monatsschr."] gr. 8. (32 S.) Ebend. 879. n. — 80

— Orts- u. Personennamen der Provinzen Ost- u. Westpreussen. VII. [Aus: „Altpreuss. Monatsschr."] gr. 8. (26 S.) Ebend. 881. n. 1. —

Hoppe, Ferd., Preis der Kurfürstinnen und Königinnen auf dem Thron der Hohenzollern, vornehmlich der Königin Luise. Rede, gehalten zur Feier des Geburtstages Sr. Maj. des Kaisers und Königs Wilhelm. 8. (23 S.) Gumbinnen 880, Sterzel's Buchh. *

Naumburger Bier ist der Thüringer Malvasier. Geschichte d. Naumburg. Bieres u. d. Naumburg. Gasthöfe. (Verf.: Friedrich] Hoppe.) — Naumburg: Brauerei Hartung & Berthold o. J. [um 1909]. 34 S. 8° 1.

Naumburg a. S. Ein Lesebuch z. Heimatgeschichte. Von Fr. Hoppe. *Naumburg a. S.: E. Schöler 1903.* (VIII, 50 S.) 8° [F] [04. 1846 3

Hoppe, Friedr. (geb. Vorhelm in Westf. 4. 1. 1849): Ueber die Pest. Berlin (1870). (30 S.) 8°
Berlin, Med. Diss. v. 26. Juli 1870

Hoppe, Friedr., Sammlung der neuesten Constructionen von praktisch ausgeführten Schlosserarbeiten, wie auch der neuesten Erfindungen und Maschinerien zur Beförderung der Schlosserkunst, enthltd.: alle möglichen, nach den neuesten Constructionen gefertigte Schlösser, z. B. Koffer-, Schrank-, Kassen- 2c. Schlösser 2c. Mit erläuterndem Text. Neue verb. Aufl. Uttweil (857.) Uhler. qu. Fol. (12 S. u. 48 lith. Taf.) n. 3 ℛ. 18 ngr.

Hoppe, Friedr., Sammlung der neuesten Constructionen von praktisch ausgeführten Schlosserarbeiten, wie auch der neuesten Erfindungen und Maschinerien zur Beförderung der Schlosserkunst, enthaltend: alle möglichen nach den neuesten Constructionen gefertigte Schlösser, z. B. Koffer-, Schrank-, Kassen- 2c. Schlösser 2c. Mit erläuterndem Text. Neue verb. Aufl. qu. Fol. (48 Stnt. mit 12 S. Text.) Uttweil 858. [Stuttgart,] Uhler. *

Hoppe, F.: Versuch, die Lehre v. jurid. Verschwendern systemat. u. krit. zu bearbeiten. *Giessen u. Darmst.*, Heyer. 803. 8. (9 Gr.)

Hoppe, Fr., Versuch, d. Lehre von jurid. Verschwendern systemat. u. kritisch zu bearbeiten. 8. Gießen 804. Heyer. 9 ℊℊ.

Hoppe, Friedrich [Hrsg.], s. Wolffs Naumburger Annalen.

Hoppe, Frdr. Aug., allgemeine Volksschrift u. Gesuch an den Reichs- u. Landtag zu Berlin, an die Bundes-, Volks- u. Gemeindevertretungen aller Orten: Verfassungs- od. Friedens- u. Ordnungs-Bürgschaften. Neue Landesvertheidigungsweise, kostenlos, großartig, ewig, nicht Stoffpanzer; Hebg. v. Landbau- u. Volksernährg.; Veredlg. des gesammten Staatswesens. Nebst Beischrift: Allgemeine Volksschrift u. Gesuch an den Reichs- u. Landtag zu Berlin, an die Regierungen u. Volksvertretungen aller Länder: um Schutz u. Gesetz gegen Geheim-Fernsprech-, Lausch- u. Herr-Frevel, nämlich gegen Unfug m. Erfindgn., gemißbraucht zum Bruch des Amts- u. Brief-Geheimnisses, zur Verletzg. der Geheimheit der Reichstagswahlen, zu Geheimnißraub u. zu Geheimgewalt. Fol. (4 S.) Frankfurt a/M. 893. Hegelstr. 18, I, Selbstverlag des Verfassers. n. — 10

Hoppe, Frdr. A., Weltbund d. Häupter, Regiergn. u. Bevölkergn. Frieden u. Wohlfahrt lieb. Staaten od. Gemeinbund statt Dreibund, Gegenbund u. Geheimbündniß. Verfassungs-Entwurf u. Begründg. gr. 4. (8 S.) Frankfurt a/M. (Bergweg 37, I) 897. Selbstverlag. 1. —

— Weltschrift: Weltbund d. Häupter, Regiergn. u. Bevölkergn. Frieden u. Wohlfahrt lieb. Staaten od. Großbund statt Dreibund, Gegenbund u. Geheimbündnisse. Verfassungs-Entwurf u. Begründg. 3. Aufl. gr. 4. (8 S.) Ebd. 897. 1. —

Hoppe's, Frdr. Aug., Weltschrift. Die Weltpflicht od. die Religion der Religionen, die Höchstentwicklg. der Menschlichkeit unter der Menschheit. gr. 4. (4 S.) Nebst: Allgem. Volksgesuch. Friedens-, Ordnungs- u. Wohlfahrtsbürgschaften im Staat: allgemeine alleinige Einkommensteuern, geordnete Steuerverweigerungsrechte, Pflicht der Selbsteinschätzg., wahrhafte allseit. Volkskontrole, sachgemäße Einkommenbesteuerungsart, Treuschwur allein zur Verfassg., zugleich auch Verfassungsbürgschaften. Fol. (2 S.) Frankfurt a/M. 899. F. A. Hoppe. — 75

— Weltschrift u. Volksgesuch an d. Gemeinvertretgn. aller Länder u. Orten z. Herbeiführg. v. Friedens- u. Ordnungs-Bürgschaften, e. unfehlbaren Abwehr aller Kriegsgefahren u. Kriegsgelüste d. Völker, e. Hebg. v. Landbau u. Volksernährg. u. e. wahren Ordng. zwisch. Bevölkergn. u. Obrigkeiten unt. d. Mitwirkg. beziehentl. unt. d. Voreinfluß e. einfachen, Alle befriedig. Besteuerungsweise, nothfalls e. Stimm- u. Wahlkampfes z. Vertagg. auch d. Obrigkeits-Vorlagen. — Weltschrift u. Volksgesuch ꝛc. z. Herbeiführg. v. Schutz d. Person gegen Geheimgewalten, e. ausführl. Darstellg. betr. d. gemeingefährl., d. Ausübg. v. Geheimgewalten dienl. Werkzeuge sammt d. Hörmitteln z. Belauschg. unausgesproch. Gedanken, d. mannigfache Art d. Frevels mittelst eben derselben Werkzeuge, d. Erlebnisse weitbekannter, durch Geheimgewalten geschäd. Leute u. d. Mittel z. Abwehr d. Belästigg. u. Schädigg. durch Geheimgewalten. — Wohlfahrts-Beiträge betr. Gesundheit u. Leben sowie Reichthum od. Armuth an Kindern, an Knaben od. Mädchen — je nach Einkommen u. Absicht d. Eheleute zufolge aufmerksamer Befolgg. erstaunl. einfacher Naturgesetze. (Rev. Aufl.) gr. 4. (8, 8 u. 2 S.) Ebd. 897. (Leipzig, P. Stiehl.) — 20;
15 Explre. od. 1 Expl. geb. 2. —

Hoppe, Frdr. Aug., Weltwende od. Völker- u. Volks-Gemeinherrschaft, die Höchstentwicklg. des Völkerrechtes u. des Volkswesens, der Menschlichkeit, des Friedens, der Ordnung, der Wohlfahrt u. der Erkenntniß, auf wissenschaftl., geschichtl., volksthüml., unerschütterl., durchaus neuen Grundlagen. (4 S.) gr. Fol. Frankfurt a/M. (903). F. A. Hoppe. 20 Stück n. — 50

Hoppe, Frdr. Aug., Weltwende od. die Höchstentwicklg. des Völker- u. Volkswesens, der Menschlichkeit, des Friedens, der Ordng., der Wohlfahrt u. der Erkenntniß, gemeinhin: Völker- u. Volksgemeinherrschaft, aufgebaut auf wissenschaftl., unerschütterl., durchaus neuen Grundlagen. (Neue Ausg.) (4 S.) gr. Fol. Frankfurt a/M. (904). F. A. Hoppe. n. — 10

— dasselbe od. die Sicherg. der Höchstentwicklg. des Völker- u. Volkswesens, der Menschlichkeit, des Friedens, der Ordng., der Wohlfahrt u. der Erkenntnis u. Bürgschaften e. unerschütterl. Neuordng. aller Landen ohne Ursach v. Zwiespalt zwischen Volksoberhaupt, Beamtentum, Abgeordnetenschaft, Bevölkerg. u. Völkern, ohne Reaktion, Attentat, Rebellion, Revolution, Krieg u. Verfall. Nebst: Heimwohl od. Reichtum od. Armut der Ehen an Kindern usw. (4 S. u. 2 u. 2 S. in gr. 8.) gr. Fol. Ebd. (905). n. — 50

— dasselbe, nämlich Völker-, Volks- u. allüberall Familien- u. Gattenglück. (4 u. 4 S. u. 2 u. 2 S. in gr. 8.) gr. Fol. Ebd. (906). 5 Stück n. — 50

— Wohlfahrtsauslese: Die Weltpflicht od. die Religion der Religionen, die Höchstentwicklg. der Menschlichkeit unter der Menschheit, sammt 15 Staatsreformgesuchen — dringendstes Volksbedürfniß — Beilagen. Fol. (4 S. m. 15 Beilagen à 2 S.) Ebd. (900). — 75

Hoppe, Fritz, s.: Annalen der Elektrotechnik.

— Vollständige Berechnung des Leitungsnetzes f. die Licht- u. Kraftanschlüsse, sowie f. die Strassenbeleuchtg. in e. Stadt v. 2500 Einwohnern. Unter Mitwirkg. v. E. R. Ritter bearb. [Aus: „H., Projektierg. u. Betrieb v. elektr. Beleuchtungs- u. Kraftübertragungsanlagen".] Mit 36 Textfig., 15 Taf. u. 9 Deckplänen. (64 S.) 33,5×25,5cm. Karlsruhe(907). F. Gutsch. Geb. in Leinw. u. geh. 8. —

Hoppe, Fritz, Berechnungen v. Betriebskosten u. Rentabilitäten f. elektrische Beleuchtungs- u. Kraftübertragungs-Anlagen. 12. (47 S.) Leipzig 901. Darmstadt, E. Wartig's Verl. Kart. n. 1. —

— Die Elektrizitätswerkbetriebe im Lichte der Statistik. 2. vollständig umgearb. u. erweit. Aufl. des 1903 erschienenen Buches: Was lehren die Statistiken der Elektrizitätswerke f. das Projektieren u. die Betriebsbuchführg. v. elektr. Zentralen. Nach den neuesten Statistiken bearb. Mit 116 graph. Darstellgn. u. 200 Tab. (VIII, 321 S.) Lex. 8. Leipzig 908. J. A. Barth. 12. — ; geb. in Leinw. n 13. 20

— über die neueren Errungenschaften der elektrischen Beleuchtungstechnik Nernst- u. Osmiumlampen, Flammen- u. Dauerbrand-Bogenlampen. Nach e. am 16. III. 1903 im polytechn. Verein zu München geh. Vortrage. (32 S.) gr. 8. Darmstadt 903. [E. Wartig.] Leipzig, J. A. Barth. n. 1. 50; ermäss. Pr. 1. —
Sonderabdruck aus: „Bayer. Industrie- u. Gewerbebl."

Grundgesetze der allgemeinen Elektrizitätslehre. Bearb. von Fritz **Hoppe**. Mit 118 Abb. Leipzig: Barth 1908. VI, 114 S. 8°
(Hoppe: Sammlung elektrotechnischer Lehrhefte. H. 1.) [10. 6925

Hoppe, Fritz, a. Grünberg: Histriomastix-Studien. Ein Beitrag zur Geschichte der englischen Literatur im 17. Jahrhundert. Breslau 1906: H. Fleischmann. (58 S.) 8°
Breslau, Phil. Fak., Ref. Sarrazin, Diss. v. 1. Aug. 1906
[Geb. 31. Okt. 83 Grünberg i. Schl.; Wohnort: Grünberg; Staatsangeh.: Preußen; Vorbildung: Realgymn. Grünberg Reife O. 03; Studium: Berlin 4, Breslau 5 S.; Rig. 23. Mai 06.]

Hoppe, Fritz, prakt. Arzt: Aus d. Poliklinik f. Hautkranke d. Hrn Prof. Dr. Caspary. Ueber Inkubations- und Latenzzeit bei Syphilis. *Königsberg i. Pr. 1900: H. Jaeger.* (28 S.) 8°
Königsberg, Med. Diss. v. 23. Juni 1900

— Elektrisches Kochen u. Heizen. (40 S. m. 46 Abb.) gr. 8. Halle 907. C. Marhold. 1. —
Sonderabdr. aus: „Ztschr. f. Heizg., Lüftg. u. Beleuchtg."

— s. a. Lexikon der Elektrizität u. Elektrotechnik.

Lexikon der Elektrizität und Elektrotechnik. Hrsg. von F. Hoppe. Wien und Leipzig (1906)

Hoppe (Fritz), Messungen an Maschinen und Motoren für Ein- und Mehrphasen-Wechselströme. M. 190 Abb. Leipzig 1910. 166 S.
(Samml. elektrotechn. Lehrhefte. Hrsg. von Fritz Hoppe. H. 9.)

— über die Oekonomie der Dauerbrand-Bogenlampen. gr. 8. (13 S.) Ebd. 902. n. — 35
Sonderabdruck aus: „Elektrotechn. Anzeiger".

Prinzip und Wirkungsweise der technischen Meßinstrumente für Gleichstrom ⟨Strom- u. Spannungsmesser⟩. Bearb. von Fritz **Hoppe**. Mit 81 Abb. Leipzig: Barth 1908. IV, 64 S. 8°
(Hoppe: Sammlung elektrotechnischer Lehrhefte. H. 3.) [10. 6926

— —, Prinzip und Wirkungsweise der technischen Messinstrumente für Wechselstrom. M. 114 Abb. Leipzig 1910. 86 S.
(Samml. elektrotechn. Lehrhefte. Hrsg. von Fritz Hoppe. H. 4.)

— Projektierung u. Betrieb v. elektrischen Beleuchtungs-u. Kraftübertragungs-Anlagen. Als Hand- u. Lehrbuch bearb. Mit 685 Textfig., 53 Taf., 9 Deckplänen u. 60 durchgerechneten Übungsbeispielen. (XV, 608 S.) 33,5×26 cm. Karlsruhe (907). F. Gutsch. Geb. in Leinw. u. geh. 28. —

— Projektierung v. Elektrizitätswerken, s.: Repetitorien der Elektrotechnik. X.

Hoppe, Fritz: Sammlung elektrotechnischer Lehrhefte. Leipzig
H. 1. Grundgesetze der allgemeinen Elektrizitätslehre. 1908
H. 2. Grundgesetze der Wechselstromtheorie. 1909
H. 3. Prinzip und Wirkungsweise der technischen Meßinstrumente für Gleichstrom. (Strom- und Spannungsmesser) 1908
H. 4. Prinzip und Wirkungsweise der technischen Meßinstrumente für Wechselstrom. 1910
H. 5. Prinzip und Wirkungsweise der Wattmeter und Elektrizitätszähler für Gleich- und Wechselstrom. Bearb. von Alex. Königswerther. 1912
H. 6. Widerstandsbestimmungen mit Berücksichtigung der Widerstandsmessungen an Maschinen und Apparaten, der Isolationsmessungen, sowie der Temperaturbestimmungen durch Widerstandsmessungen. 1908
H. 7. Messungen der Stromstärke, Spannung, Leistung und Arbeit bei Gleich- und Wechselstrom, Eichung und Graduieren von Meßinstrumenten. 1909
H. 8. Messungen an Maschinen und Motoren für Gleichstrom. 1909
H. 9. Messungen an Maschinen und Motoren für Ein- und Mehrphasen-Wechselströme. 1910
H. 10. Übungsaufgaben aus der Gleich- und Wechselstromtechnik. 1912

— Taschenpreisliste f. Elektrotechniker. Unentbehrliches Vademecum für Acquisiteure u. Projekteure. 12. (XII, 216 S. m. Abbildgn.) Ebd. 902. Geb. in Leinw. u. durchsch. n.n. 2.25

Hoppe, Fritz: Taschenpreisliste für Elektrotechniker. Darmstadt 1902

— was lehren die Statistiken der Elektrizitätswerke f. das Projektieren u. die Betriebsführung v. elektrischen Zentralen? (VIII, 184 S. m. 4 Tab.) 12. Darmstadt 903. [E. Wartig.] Leipzig, J. A. Barth. Kart. n. 3. —; erm. Pr. 2. —
Auch die übrigen Schriften dess. Verf. aus dem Wartig'schen Verlage sind an J. A. Barth übergegangen.

Widerstandsbestimmungen mit Berücksichtigung der Widerstandsmessungen an Maschinen und Apparaten, der Isolationsmessungen sowie d. Temperaturbestimmungen durch Widerstandsmessungen. Bearb. von Fritz Hoppe. Leipzig: Barth 1908. VIII, 101 S. 8°
(Hoppe: Sammlung elektrotechnischer Lehrhefte. H. 6.) [10. 6927

Hoppe F, Wie stellt man Kostenanschläge und Betriebskostenberechnungen für elektrische Licht- und Kraftanlagen auf? (364 S) Leipzig 1901

Hoppe, Fritz: Wie stellt man Kostenanschläge und Betriebskosten-Berechnungen für elektrische Licht- und Kraftanlagen auf? 2. Aufl. Darmstadt und Leipzig 1902

— wie stellt man Kostenanschläge u. Betriebskosten-Berechnungen f. elektr. Licht- u. Kraftanlagen auf? Aus der Praxis f. die Praxis. 2. verb. u. verm. Aufl. 12. (XII, 551 S.) Ebd. 902. Geb. in Leinw. n. 4.50
1. Aufl. (XI, 364 S.) Ebd. 901. Geb. n. 3. —.

— wie stellt man Projekte, Kostenanschläge u. Betriebskostenberechnungen f. elektrische Licht- u. Kraftanlagen auf? Aus der Praxis f. die Praxis. 3. vervollständ. Aufl. (VIII, 351 S.) 12. Darmstadt-Leipzig 904. [E. Wartig.] Leipzig, J. A. Barth. Geb. in Leinw. n. 4.50

— Wie stellt man Projekte, Kostenanschläge u. Betriebskostenberechnungen f. elektr. Licht- u. Kraftanlagen auf? Aus der Praxis f. die Praxis. 5. vervollständigte Aufl. (XI, 550 S. m. 115 Fig.) 22×12 cm. Leipzig 910. J. A. Barth. Geb. in Ldr. 7. —
4. Aufl. (XV, 439 S. m. 37 Fig.) 907. Geb. 5. 50

Hoppe F.: Wie stellt man Projekte, Kostenanschläge u. Betriebskostenberechnungen f. elektrische Licht- u. Kraftanlagen auf? 15. Aufl. Leipz. 1910. 550 S. Fig.

— Vergleich zwischen Bogenlampen m. offenem u. geschlossenem Lichtbogen in Bezug auf ihre Wirtschaftlichkeit. gr. 8. (16 S.) Ebd. 901. n.n. — 35
Sonderabdruck aus: „Zeitschr. f. Beleuchtungswesen".

Hoppe, G. Über die Ausscheidung der Aetherschwefelsäuren im Urin bei Krankheiten. Strassburg 1887.

Hoppe, Georg (geb. Klein-Althammer in Schles. 10. 4. 1848): Zwei Fälle von Hirn-Sinus-Thrombose in Folge von Otitis interna und Cholesteatom im Felsenbein. Berlin (1872). (32 S.) 8°
Berlin, Med. Diss. v. 17. Apr. 1872

Hoppe, Georg: Die Pädagogik Herders, dargestellt auf dem Grunde seiner religiös-metaphysischen und ethischen Anschauungen. Leipzig 1908: G. Kreysing. (VI, 79 S.) 8°
Leipzig, Phil. Fak., Ref. Volkelt-Heinze, Diss. v. 30. Jan. 1908
[Geb. 5. Dez. 80 Chemnitz; Wohnort: Niederlößnitz, Post Kötzschenbroda; Staatsangeh.: Sachsen; Vorbildung: Sem. Radebeul b. Dresden Wahlfähigkeitsprüfung Nov. 03; Studium: Leipzig 6 S.]

Hoppe, Gerhard: Ueber Aethylthiomorphid. Ueber das o-Aminobenzylcyanid und seine Umwandlung in 2-Aminoindol und Indol. (Berlin 1909: Ebering.) 38 S. 8°
Berlin, Phil. Diss. v. 28. Mai 1909, Ref. Fischer
[Geb. 9. Mai 87 Danzig; Wohnort: Berlin; Staatsangeh.: Preußen; Vorbildung: Realgymn. Danzig Reife O. 05; Studium: Danzig Techn. Hochsch. 4, Berlin 3 S.; Rig. 6. Mai 09.] [U 09. 200

Hoppe, Gerhard, aus Berlin: Die Psychologie des Juan Luis Vives nach den beiden ersten Büchern seiner Schrift 'De anima et vita' dargestellt und beurteilt. Ein Beitrag zur Geschichte d. Psychologie. *Berlin: Mayer & Müller 1901.* (123 S.) 8°
Erlangen, Phil. Diss. v. 8. Mai 1901

Hoppe, Gerh., die Psychologie des Juan Luis Vives, nach den beiden ersten Büchern seiner Schrift „De anima et vita" dargestellt u. beurteilt. Ein Beitrag zur Geschichte der Psychologie. gr. 8. (IV, 122 S.) Berlin 901. Mayer & Müller. n. 3. —

HOPPE, GOTTLIEB. Kleiner Schatten-Riß Von Dem Allermerckwürdigsten Leben Des . . . Helden EUGENII Printzens von Savoyen und Piemont Biß auf das Jahr 1735. Mit Poetischer Feder entworffen . . . Schweidnitz, in Verlegung des Autoris, Druck: J. Chr. Müller [1735/36?]. Titel (in rot und schwarz) 7 Bl. 100 S. *Mit einigen Ziervignetten in Holzschnitt.*

Hoppe, H., 180 angewandte Aufgaben f. die Unter- u. Mittelstufe (Zahlenkreise 1 bis 20, 1 bis 100 u. 1 bis 1000) nebst Lösungen u. Fingerzeigen f. das Aus- bezw. Vorrechnen. Eine Ergänzg. zu jedem im Gebrauch befindl. Rechenwerk. 2. Aufl. (27 S.) gr. 8. Bromberg 908. A. Dittmann. (Nur direkt.) — 60.

! – Dasselbe. Jetzt: Königsberg: J. H. Bon's Verlag

— Handbuch des Rechenunterrichts auf der Mittel- u. Oberstufe der ein- bis dreiklassigen Volksschulen. (96 S. m. 1 Karte.) 8. Ebd. 908. 1. —

! – Dasselbe. Jetzt: Königsberg: J. H. Bon's Verlag

Hoppe, H., die Jakobikirche in Magdeburg. Erinnerungsschrift an ihre 500jähr. Jubelfeier am Sonntage Judica, den 3. April 1881. Auf Veranlassung des Gemeindekirchenrats verfaßt. gr. 8. (144 S.) Magdeburg 881, (Creutz'sche Buchh.)

— Präparationen f. den deutschen Unterricht im ersten Schuljahr (Anschauungs-, Sprech-, Schreib- u. Leseunterricht). Auf Grund der ministeriellen Bestimmgn. vom 31. I. 1908 u. der Regierungsverfügg. vom 30. III. 1908 bearb. 2. Aufl. (64 S.) gr. 8. Ebd. 908. 1. —

! – Dasselbe. Jetzt: Königsberg: J.H. Bon's Verlag

Hoppe, H., Rechenbuch f. ein- bis dreiklassige Volksschulen m. normal. Schulverhältnissen. Ausg. A. 4 Hefte. 8. Bromberg, A. Dittmann. 1. 05
1. Unterstufe. 1. Schulj. 1—20. (24 S. m. Abbildgn.) — 15
2. Unterstufe. 2. Schulj. 1--100. (31 S.) — 20
3. Mittelstufe. (72 S. m. Fig. u. 1 Karte.) — 30
4. Oberstufe. (83 S. m. Fig. u. 1 Karte.) — 40

! – D a s s e l b e . Jetzt: Königsberg: J.H. Bon's Verlag

— dasselbe m. nicht normalen Schulverhältnissen. Ausg. B. 4 Hefte. 8. Ebd. 909. 1. —
1. Unterstufe. 1. Schulj. 1—10. Addition u. Subtraktion 1—20. (18 S. m. Abbildgn.) — 15
2. Unterstufe. 2. Schulj. Mult. Div. 1 – 20; Add. Subtr. 1 bis 100. (24 S.) — 20
3. Mittelstufe. (56 S. m. Fig. u. 1 Karte.) — 25
4. Oberstufe. (83 S. m. Fig. u. 1 Karte.) — 40

! – Dasselbe. Jetzt: Königsberg: J. H. Bon's Verlag.

— Schule d. Lesefertigkeit. (Ausg. in Druckschr.) (16 S.) gr. 8. Ebd. 908. — 20; (Ausg. in Schreibschr.) (16 S.) — 20; (Ausg. in Druck- u. Schreibschr.) (16 u. 16 S.) — 35

— — und F. Hornschuch, Tagebuch einer Reise nach den Küsten des adriatischen Meeres und den Gebirgen von Krain, Kärnthen, Baiern und Böhmen rc., vorzüglich in botan. und entomol. Hinsicht. Mit 1 Kupf. 8. Ebendas. (Ebendas.) 818.

Hoeppe, H., Ulfilas, s. Müller, R.

Hoppe, H. W., erstes Lern- und Uebungsbuch für den Unterricht in der deutschen Sprache, s. Fischer, G.

Vorbildung des Gefängnis-Aufsichtspersonals im Geiste der Inneren Mission. Vortrag, geh. auf d. Gefängnisseelsorger-Konferenz d. Stettiner Festwoche 1904 von Hans Hoppe, Stettin. Berlin: Schriftenvertriebsanst. 1905. (16 S.) 8° [F.] [05. 9819 11]

Hoppe, Heinrich

Hoppe, H., Dr., Ergebnisse der meteorologischen Beobachtungen des Königreichs Sachsen im Jahre 1888. (Separ.-Abdr.) (13372)

Hoppe, Heinrich [erster Assistent am k. sächs. meteorolog. Institut]: Ergebnisse der Temperaturbeobachtungen an 34 Stationen Sachsens von 1865 bis 1884 und in Leipzig von 1830 bis 1884 . . *Leipzig* (1886); 1 Bl. + 82 S. + 2 Bl. 8°.
Leipzig, Phil. Fak., Inaug.-Diss. v. 11. Aug. 1886.

Hoppe, Heinrich, Ergebnisse der Temperaturbeobachtungen an 34 Stationen Sachsens von 1865 bis 1884 und in Leipzig 1830 bis 1884. Diss. Leipzig 1886, Gustav Fock. 8°. 82 S.

Hoppe, Henricus: De sermone Tertullianeo quaestiones selectae. *Marburgi Chatt. 1897: (Meyer, Thietmolli).* (84 S.) 8° ¶[— Programm von Detmold 1897.]
Marburg, Phil. Diss. v. [21. Sept.] 1897

Hoppe, *Heinrich:* De sermone Tertullianeo quaestiones selectae. Detmold, Meyer'sche Hofbuchdr., 1897; 1 Bl., 84 S. 8.
Detmold, G Leopoldinum, RPG u. R, OP 1897 (738)

HOPPE, Heinrich: Regenmessung unter Baumkronen. - Wien 1896. 75 S., 5 Taf. - (Mitt. forstl. Versuchswes. Österreich H. 21)

– D a s s e l b e , s. a. H o p p e , Eduard

Syntax und Stil des Tertullian. Von Dr. Heinrich Hoppe, Oberl. zu Bielefeld. *Leipzig: B. G. Teubner 1903.* (VII, 228 S.) 8°

Hoppe, Henricus: Tertullianea. Bielefeld 1908: Siedhoff. S. 43—63. 8° [Nachträglich geliefert.]
Bielefeld, G u. RG, in Festschr. z. 350j. Jubil. P 1909 (460) [S 10. 194

*Hoppe, Heinrich: Tertullianea. S. 43—63. 8.
In: Festschrift [II] zum 350 jähr. Jubil. Gymn. u. Realgymn. **Progr.** *Bielefeld* 1908.

I. 1. De consecutione temporum. 2. De permutatione casuum. 3. De collocatione (nominis) praedicati. 4. De usu verbi fungi. 5. De adiectivis neutrius generis pro adverbio positis. 7 (!) De coniunctione nam. 8. De constructione quae vocatur ad sensum. 9. De dativo cum verbo inquit iuncto. 10. De adverbio pro attributo posito. II. [Singulares quidam loci, de quorum sententia et lectione adhuc ambigitur, plerique decerpti ex volumine Kroymanni nuper edito.]

Hoppe, Herm., der erste Ball, s. Thalia. Nr. 120.

Der erste Ball. Lustspiel in 1 Akt von Hermann **Hoppe.** Mühlhausen i. Th.: G. Danner [1905]. (40 S.) 8° [F.]
— **Thalia.** 120.

Berggeister. Riesengebirgsmärchen in 1 Akt. Preisgekr. dramat. Festspiel von Hermann **Hoppe.** Warmbrunn: M. Leipelt [1905]. (42 S.) 8° [F.]

— der Dorftyrann. Bauernkomödie aus dem schles. Gebirge in 3 Aufzügen. (112 S.) 8. Hirschberg (906). (Schweidnitz, G. Brieger.) n. 2. —

Der Dorftyrann. Bauernkomödie aus d. schles. Gebirge in 3 Aufz. von Hermann **Hoppe.** Hirschberg im Riesengebirge: Selbstverl. [1907]. (112 S.) 8° [F.]

Hoppe, Herm., der Dorftyrann. Bauernkomödie aus dem schles. Gebirge in 3 Aufzügen. 2. veränd. Aufl. (151 S.) 8. Schweidnitz (909). L. Heege. 2. —

Hoppe, Herm., Epistel-Bearbeitung, s.: Lang, Gust.

Hoppe, Herm., Evangelien-Bearbeitung f. Lehrer u. Lehrerinnen an Volks-, Bürger-, Mittel- u. höh. Mädchenschulen, sow. z. Gebr. in Lehrer- u. Lehrerinnen-Bildungsanst. 8. (III, 172 S.) Breslau 899. C. Dülfer's Verl. n. 1. 60; geb. in Halbleinw. n. 1. 80

Hoppe, Hermann, Arzt a. Norden in Ostfriesland: Aus der Universitätsklinik für Ohrenkrankheiten zu Straßburg. Über metallische Fremdkörper in Kehlkopf und Speiseröhre, diagnostiziert und lokalisiert durch Röntgenstrahlen. Mit zwei Tafeln. Straßburg i. E. 1905: Els. Druckerei u. Verlagsanst. (26 S.) 8°
Straßburg, Med. Fak., Ref. v. Krehl, Diss. v. 6. Apr. 1905
[Geb. 31. März 79 Norden, Ostfriesl.; Wohnort: Norden; Staatsangeh.: Preußen; Vorbildung: Gymn. Norden Reife M. 99; Studium: Göttingen 4, Berlin 2, Straßburg 3 S.; Coll. 16. Febr. 05; Approb. 20. Dez. 04.]

Geschichte der Johannis-Freimaurer-Loge Harpokrates im Or. von Magdeburg von 1826—1901. Nach den Akten zsgest. von H[erm.] Hoppe. Als Ms. f. Frmr. gedr. Magdeburg 1901: Baensch. 242 S. 8° 25.

Gundermann. Eine Erzählung aus d. Riesengebirge von Hermann Hoppe. Jauer: O. Hellmann [1908]. (270 S.) 8° [F.]

— Gundermann. Eine Erzählung aus dem Riesengebirge. (246 S.) 8. Jauer (908). Schweidnitz, L. Heege. 3. —; geb. 4. —

Hoppe, Herm., Katalog der wichtigeren, hervorragenden n. besseren Schriften deutscher Literatur, welche in den J. 1801 bis Ende 1868 erschienen sind. I. Wissenschaftliche Uebersicht. II. Autoren- u. Namen-Register. gr. 8. (VIII, 1061 S.) St. Petersburg 871. Hoppe. n. 6. —

Hoppe, Herm., Sammlg. postalischer Prüfungsaufgaben im Rechnen. Zur Vorbereitg. d. Postgehülfen, Militäranwärter, Postfachschüler &c. auf d. Post-Assistentenexamen. gr. 8. (31 S.) Leipzig 898. F. Luckhardt. n. — 60

Vergiftete Seelen. Hist. Roman aus d. Zeit d. polnischen Schulstreiks. Von Armin v. Eulendorf [d. i. Hermann **Hoppe**, Schulvorsteher in Wirsitz]. Bromberg: Dittmann 1909. 294 S. 8° [illegible]

Hoppe, Hugo

— **Alkohol u. Kriminalität, s. a. Grenzfragen des Nerven- u. Seelenlebens. 42. Hft.**

Alkohol und Kriminalität in allen ihren Beziehungen von Dr. Hugo **Hoppe**, Nervenarzt in Königsberg i. Pr. Mit 1 Doppeltaf. Wiesbaden: J. F. Bergmann 1906. (VI, 208 S.) 4°(8°)
— **Grenzfragen** d. Nerven- u. Seelenlebens. H. 42. [illegible] 10

Hoppe, Hugo, der Alkohol im gegenwärtigen u. zukünftigen Strafrecht, s. a. Grenzfragen, juristisch-psychiatrische. V. 4. 5.

Der Alkohol im gegenwärtigen und zukünftigen Strafrecht. Von Dr. Hugo **Hoppe**. Halle a. S.: C. Marhold 1907. (78 S.) 8°
= **Grenzfragen**, Juristisch-psychiatrische. Bd 5, H. 4/5. [illegible] 6

Hoppo, Hugo, aus Danzig: Aus d. Mineral. Institut d. Universität Breslau. Über **Andesite** der Vulkane Sago, Merapi, Manindjau und Kaba auf Sumatra. *Breslau 1903: H. Fleischmann.* (63 S.) 8°
Breslau, Phil. Diss. v. 19. Dez. 1903

— Das Bier als Volksgetränk. (2 S.) gr. 8. Ebd. (908). 100 Stück nn 1. —

Die Biergefahr. Von Dr. Hugo **Hoppe**, Nervenarzt. (Königsberg i. Pr. 1904: Ostpr. Dr.) (2 Bl.) 4° [Kopft.]
(Flugblatt d. Königsberger Guttempler-Logen. 1904.) [illegible] 10

— Die Biergefahr. Hrsg. vom deutschen Verein gegen den Mißbrauch geistiger Getränke. 11.—20. Tausd. (7 S.) gr. 8. Ebd. (906). — 10
2 Sonderabdrucke aus: „Mäßigkeits-Blätter".

Deutscher Verein gegen den Missbrauch geistiger Getränke (E. V.). — Die Biergefahr. Von Dr. med. HUGO HOPPE, Nervenarzt zu Königsberg i. Pr. 21.—30. Tausend Berlin, Druck von Rudolf Fessner. (Ohne bes. Titelblatt.) 8°.

Hoppe, erhöht der Alkohol die Leistungsfähigkeit des Menschen?, s. a. Tages- u. Lebensfragen. 28.

Erhöht der Alkohol die Leistungsfähigkeit des Menschen? Ein Mahnwort an alle Hand- u. Geistesarbeiter von Dr. [Hugo] **Hoppe**, Nervenarzt in Königsberg i. Pr. 3. verb. Aufl. Berlin: Mäßigkeits-Verl. 1907. (14 S.) 8° [Umschlagt. T.] [illegible]

Hoppe, Hugo, erhöht der Alkohol die Leistungsfähigkeit des Menschen? Ein Mahnwort an alle Hand- u. Geistesarbeiter. 4. verb. Aufl. (14 S.) gr. 8. Berlin 909. Mäßigkeits-Verlag. p — 15

Erhöht der Alkohol die Leistungsfähigkeit des Menschen? Ein Mahnwort an alle Hand- und Geistesarbeiter von Dr. med. HOPPE. 5. verbesserte Auflage. Berlin 1910. Mässigkeits-Verlag des Deutschen Vereins gegen den Missbrauch geistiger Getränke. 8°.

Ein Gang durch eine moderne Irrenanstalt. Von Dr. H[ugo] Hoppe in Königsberg i. Pr. Mit 16 Taf. Halle: C. Marhold 1906. (75 S.) 8° [illegible] 3

Hoppe, Hugo. Die Gefahren des Biergenusses. (1.—5. Tausend dieser Ausgabe.) IV + 16 S. 8. Basel, Schriftstelle des Alkoholgegnerbundes (Fr. Reinhardt, [1902]). fr. —. 10
(Alkoholgegnerbund. ⟨Internationaler Verein zur Bekämpfung des Alkoholgenusses.⟩ [Flugschriften.] Nr. 38.)

Hoppe, Hugo. Die Gefahren des Biergenusses. 2., verbesserte Aufl. 6.—12. Tausend. IV + 16 S. 8. Basel, Schriftstelle des Alkoholgegnerbundes (Fr. Reinhardt, VII. [19]06). fr. —. 10
[Alcoholgegnerbund.... Flugschriften.] Nr. 38.

Hoppe, Hugo. Die Gefahren des Biergenusses. 3., verbesserte Aufl. 13.—17. Tausend. IV + 16 S. 8. Basel, Schriftstelle des Alkoholgegnerbundes, ([19]09). fr. —. 10
[Alcoholgegnerbund.... Flugschriften.] Nr. 38.

Hoppe, Hugo, der Kampf des General de la Moricière für die weltliche Macht des Papstes. gr. 8. (III und 128 S. mit einer Karte des Kriegsschauplatzes und einem lithogr. Situationsplane von Ancona in qu. Fol.) Berlin 862, v. Warnsdorff. [Schlesier.] *

Krankheiten und Sterblichkeit bei Juden und Nichtjuden. Mit bes. Berücks. d. Alkoholfrage. Von Dr. Hugo **Hoppe**, Nervenarzt in Königsberg, O. P. *Berlin: S. Calvary & Co. 1903.* (64 S.) 8° [illegible]

— **s.: Kurella's Taschen-Kalender f. Nerven- u. Irren-Aerzte.**

Personalien der Aerzte an den öffentlichen u. privaten Anstalten für Geistes- u. Nervenkranke ⟨mit Einschluss d. offenen Kuranstalten⟩. Literarisches von Dr. (Hugo) **Hoppe**, Oberarzt d. Prov.-Irren-Anst. Allenberg. *Berlin-Südende & Leipzig: Vogel & Kreienbrink [1901].* (128 S.) 8° [Umschlagt.] [illegible] 11

— hervorragende Nichtjuden üb. den Zionismus. Eine Sammlg. v. Urteilen hervorrag. Persönlichkeiten aller Länder. (X, 98 S.) gr. 8. Königsberg 904. Ostdeutsche Buchh. n. — 50

Die Stellung der Ärzte an den öffentlichen Irrenanstalten. Von Hugo **Hoppe**. *Halle a. S.: C. Marhold 1902.* (158 S.) 8° [illegible] 3

— **s.: Taschenkalender f. Nerven- u. Irrenärzte.**

— **Taschenkalender f. Nerven- u. Irren-Ärzte, s.: Kurella.**

[T.] Die Thatsachen über den Alkohol. Für gebildete Laien, Verwaltungsbeamte u. Aerzte. Dargest. v. Dr. med. Hugo **Hoppe**, Oberarzt an der Provinzialirrenanst. Allenberg O/Pr. Mit zahlr. statist. Tab. *Dresden: O. V. Böhmert 1899.* (VIII, 168 S., 56 Tab., 1 Bl.) 1 Bd 8. [illegible] 7

Hoppe, Hugo. Die Thatsachen über den Alkohol. Dargestellt von Dr. med. Hugo Hoppe ... in Königsberg.... Mit zahlreichen statistischen Tabellen. 2. wesentlich vermehrte und verbesserte Aufl. XII + 376 S. 8. Berlin, S. Calvary & Co., 1901. [geb. M. 5. —]

Darin S. 10 f. 13 f. 26 f. 36. 59 f. 132. 162—172 pass. 180 f. 192. 208 f. 229—233. 237—239. 241. 248. 259—261. 268. 270. 277. 298 f. 305—312 pass. 324. 343—345. 355. 359 f. etc. betr. die Schweiz.

Hoppe, Hugo, die Tatsachen üb. den Alkohol. Eine Darstellg. der Wissenschaft vom Alkohol. Mit zahlreichen statist. Tabellen. 3. wesentlich verm. u. teilweise umgearb. Aufl. (XVI, 536 S.) gr. 8. Berlin 904. [S. Calvary & Co.] München, E. Reinhardt. Geb. in Leinw. n. 7. —

Hoppe, Hugo [aus Kreuzburg in Oberschlesien]: Ueber die Wirkung des Acetphenetidin .... Berlin, Buchdr. v. Gustav Schade (Otto Francke) (1887); 34 S. + 1 Bl. 8°
Berlin, Med. Fak., Inaug.-Diss. v. 21. Dez. 1887

Hoppe, J., s. a. Hoppe-Seyler, J.

Hoppe, J. (II.), das preußische Abgeordnetenhaus in der ersten Session der 9. Legislaturperiode vom 5. Aug. bis 27. Septbr. 1866. gr. 8. (36 S.) Berlin 866, [Weber.] *

Hoppe, J., die Analogie. Eine allgemein-verständl. Darstellg. aus dem Gebiete der Logik. gr. 8. (63 S.) Berlin 873. Denicke's Verl. n. 1. 50

Hoppe, J., das schwere Athmen. Untersucht. gr. 8. (4 1/2 B.) Berlin 839, Hayn.

Hoppe, J. Aufforderung zur Bildung eines politischen Klubs. Druck von A. W. Hayn. 2 Bl. 4.
Flugblatt. Berlin, 23. März 1848.

—— die Eröffnung d. Blutadern, e. vollständ. Beschreib. d. Aderlasses nebst d. Indicationen, e. Leitfaden z. Gebr. f. Wundärzte u. Chirurgen-Gehülfen. gr. 8. (8 B.) Neiße 835, Hennings.

Hoppe, J., sieben Fastenpredigten. Homilien über das Leiden und Sterben unseres Herrn Jesu Christi. Gehalten in der Pfarrkirche zu St. Mathias in Breslau. gr. 8. (V und 141 S.) Paderborn 861, Schöningh. * —

Hoppe, J. (I.), der heilige Kreuzweg. Betrachtungen der 14 Kreuzweg-Stationen in 7 Fastenpredigten. 8. (180 S.) Paderborn 865, Schöningh.

Hoppe, J., der heilige Kreuzweg. Betrachtungen der 14 Kreuzweg-Stationen in sieben Fasten-Predigten. 2. Aufl., verm. durch eine Predigt bei „Einweihung des Kreuzweges". 8. (191 S.) Paderborn 878, F. Schöningh. *

—— die gesammte Logik. Ein Lehr- und Handbuch aus den Quellen bearb. vom Standpunkte der Naturwissenschaften, und gleichzeitig der Kritik der bisher. Logik; in allgemein verständl. Darstellung. gr. 8. (XXXII und 804 S.) Paderborn 868, Schöningh. *

—— die kleine Logik. 8. (155 S.) Paderborn 869, Schöningh. *

Hoppe, J., das Princip der geistigen Erhebung des Menschen in d. prakt. Heilkunde. Eine öffentl. Vorlesung. gr. 8. (2¼ B.) Bonn 846, König. *

Hoppe, J. Republik. Druck von Marquardt und Steinthal. 1 Bl. gr. Fol.
Flugblatt. Berlin, 30. Juni 1848.

Hoppe, J. (II.), Dr. Strousberg und Consorten, die rumänische Regierung und die Besitzer rumänischer Eisenbahn-Obligationen. Mit 10 Beilagen, worunter die bisher noch nicht veröffentlichte Concessionsurkunde in französ. Originaltext. 1.—4. Aufl. gr. 8. (78 S.) Berlin 871, Grosser. *
Aus: Vossische Zeitung, besonders abgedruckt.

—— neues System d. Heilmittel. Ein vollständ. Hand- u. Lehrb. d. Pharmakodynamik u. d. gesammt. pharmaceut. Heilapparats, mit gleichmäss. Berücksichtigung d. naturhistor., d. pharmaceut. u. d. pharmakodynam. Theils, so wie d. Arzneiverordnungslehre. Zum Gebr. f. prakt. Aerzte u. als Leitfaden f. akadem. Vorlesn. hrsg. 1. Bd. (2 Lfgn.) u. 2. Bd. 1. Lfg. gr. 8. Leipzig, Lauffer. [1. (27¼ B. u. 8 tabell. Uebersichten.) 837. 2⅓ Thlr., 2. 1. (11 B.) 838. 1½ Thlr.]

—— dass. — tabellar. Uebersichten hierzu. gr. 8. (11¼ B.) Ebds. 838.

—— wie härtet man die Haut ab? Mit Darlegung d. gesammten Abhärtungslehre beantwortet. 8. (15¾ B.) Berlin 839, Logier.

—— der Begriff „Zeit" im Lichte der neuesten Forschungsweise. gr. 8. (46 S.) Ebendas. 870. *
Aus: Blätter für Wissenschaft, Kunst und Leben aus der katholischen Schweiz, besonders abgedruckt.

— elementares Lehrbuch der technischen Mechanik, f. Studirende u. zum Selbstunterricht bearb. 1. Abth. Mechanik des Punktes — Mechanik der Körper. Lex.-8. (XIV, 361 S. m. 453 Abbildgn.) Leipzig 894. A. Felix. n. 11.—

Hoppe, J., der Begriff „Zeit" im Lichte der neuesten Forschungsweise. [Aus den „Blättern für Wissenschaft, Kunst u. Leben aus der kathol. Schweiz."] Paderborn 870. Schöningh. gr. 8. (46 S.) n. 6 ngr.

—— die Zukunft. Ein prophet. Sendschreiben an die Fürsten. gr. 8. (52 S.) Schaffhausen 873, Hurter'sche Buchh. [Regensburg, Manz.] *

Hoppe, Dr. J. J. Das Branntweinlaster. Paderborn 1887.

Hoppe, Jakob August

Hoppe, J. A., ält. u. neuere Gesch. der Königr. Gallizien u. Lodomerien. 8. Wien, Aloys. (Doll). 792.

Hoppe, J. A., ältere u. neuere Geschichte d. Königr. Galizien u. Lodomerien. Mit 1 Karte. 8. Wien 792. Al. Doll. 1 ℔

Hoppe, I(anus), Anleitung zum Experimentiren mit Arzneimitteln an den thierischen Thätigkeiten. gr. 8. (VIII und 95 S.) Giessen 857, Ferber'sche Universitäts-Buchh. *

Hoppe, J., Auch die Allopathen sollen selbst dispensiren. Leipzig 863. Purfürst. gr. 8. (40 S.) n. 10 ngr.

Hoppe, J. (III.), auch die Allopathen sollen selbst dispensiren. gr. 8. (40 S.) Leipzig 863, [Dr. Schwabe.] *

—— Zur Behandlung der fressenden Flechte. (Lupus.) gr. 4. (26 S. und 1 ill. Kpfrt.) Bonn 849, Weber. *

Hoppe, J(anus), medicinische Briefe. (1. Jahrg.) 12 Hefte. gr. 8. (384 S.) Freiburg im Br. 854, Herder'sche Vrlgsh.

—— dass. — 2. Jahrg. 12 Hefte. gr. 8. (IV und 388 S.) Ebds. 855—56. à Heft 4 Ngr.

—— die Dankbarkeit der Kranken. Eine Volksschrift über das Geschäft, über die Personen und über die socialen Verhältnisse in der ärztl. Praxis. gr. 8. (VII und 151 S.) Leipzig 864, Fr. Fleischer.

—— über die Dauer und die Forterbung der Krankheiten und über die Verschlechterung und Verbesserung des Menschengeschlechts. gr. 8. (16 S.) Berlin 859, Th. Chr. Friedr. Enslin.
Aus: Medicinische Zeitschrift des Vereins für Heilkunde in Preussen, besonders abgedruckt.

Hoppe, J(anus), die Dispensirfreiheit oder das Recht und die Verpflichtung der homöopathischen Aerzte, wie auch aller Aerzte, die von ihnen verordneten Arzneimittel selbst auszutheilen. Eine Denkschrift. Den hohen Ministerien Deutschlands überreicht. gr. 8. (V und 134 S.) Leipzig 861, Purfürst. Thlr. *

—— die Entzündung des Gehirns und der Gehirnhäute, deren Symptome und Behandlung. Eine bis jetzt in Deutschland noch nicht bekannte, werthvolle Monographie. Aus dem Engl. von L. Schmidtmann. gr. 8. (IV und 116 S.) Berlin 817, Adolf und Comp.

—— das Feuer als Heilmittel oder die Theorie des Brennens in der Heilkunde. I. Abthl.: Physiolog., patholog. und therapeut. Untersuchung des Brennens. gr. 8. (VIII und 356 S.) Bonn 847, Weber.

—— dass. — 2. Abthl.: Die Operation des Brennens. gr. 8. (XVI und 416 S.) Ebds. 848.

Hoppe, J(anus), Californiens Gegenwart und Zukunft. Nebst Beiträgen von A. Erman über die Klimatologie von Californien und über die geograph. Verbreitung des Goldes. gr. 8. (VIII und 152 S. mit 2 lithogr. Karten in Fol. 1. Californien von J. Hoppe. 2. Die bis 1849 bekannt gewordenen Golddistrikte von A. Erman.) Berlin 849, G. Reimer.

Hoppe I.: Das unverbrennbare Glüheisen erfunden u. beschrieben v. —. Bonn. 1847. 32 S. P.

— das unverbrennbare Glüheisen, erfunden und beschrieben. gr. 8. (32 S.) Bonn 848, Weber.

— Ist es erlaubt, daß Nicht-Aerzte Kranke heilen? Eine medicinisch-volkswirthschaftl. Untersuchung. gr. 8. (IV und 131 S.) Leipzig 864, [Dr. Schwabe.]

— Classification der chirurgischen Krankheiten. Zum Gebrauch für seine Zuhörer entworfen. (1 Bog. in Imp.-Fol.) Berlin 850, A. Hirschwald, Vrlgsh. *

— die leinene und baumwollene Kleidung des Menschen. Vom medicin. Standpuncte aus betrachtet. gr. 8. (34 S.) Magdeburg 851, Baensch.
Aus: Zeitschrift des deutschen Chirurgen-Vereins. 5. Bd., besonders abgedruckt.

Hoppe, J. J., die Cur der chronischen Gelenkentzündung. gr. 8. (43 S.) Basel 870, Amberger's Verlag. *
Aus: Göschen's „Deutscher Klinik", besonders abgedruckt.

— die Nervenwirkungen der Heilmittel. Therapeutisch-physiol. Arbeiten. 1—3. Heft. gr. 8. Leipzig, Bethmann. [1. (XII und 226 S.) 855. * 1 Thlr. 6 Ngr., 2. und 3. (XXXII und 498 S.) 856. à Heft * 1 Thlr. 10 Ngr.] *

— die Nervenwirkungen der Heilmittel. Therapeutisch-physiolog. Arbeiten. 4. Heft. gr. 8. (XX und 288 S.) Leipzig 857, [Literarisches Institut.] *
1—3. Heft. Ebendas. 1855,56. * 3 Thlr. 26 Ngr.

— Ignaz (Großbartloff/Eichsfeld), De typho putrido atque de apoplexia ulcerum ex nosocomialibus causis miasmaticis. Diss. med.-pathol. Bln. (Nietack) 15. IX. 1834. 24 S. mit Biogr. (M.: Ch. Goldmann.) (6.50) 15992
Oppon.: M. Oppler, Ed. Laehr, F. Goldmann. — Gew.: Jos. Buettner, Heinr. Grimm, Car. G. Hoppe (Wien).

Hoppe, Joachim

— — De fide habita. Von Crediet=Handlungen. Diss. jur. Präs. Samuel Stryk. Frankfurt a. O. (Johann Ernesti's Erb.) 22. VII. 1678. 56 Seiten. (7.50) 15978

— — Dasselbe. Frankfurt a. O. (Jeremias Schrey & Heinr. Joh. Meyer's Erb.) 1690. 46 S. (7.20) 15979

— — Dasselbe. Halle (Hendel) 1738. 63 Seiten. (7.20) 15980

— **Johann Christian Friedrich** (Reichenau/Vogtl.), De natura et divisione tumorum, qui physconiae dici solent, viscera abdominalia insolito modo prementium. Diss. pathol. Präs. Traugott Carl August Vogt. Wittbg. (Tzschiedrich) 14. II. 1804. 36 S. (6.50) 15993
Gew.: Johann Gottfried Leonhardi, Gottlob Heinrich Ohle (Niesemeuschel).

— **Johann Ernst** (Lezen u. Zalmsdorf b. Zahna), Expiatio peccatorum per mortem Jesu. — Epistola qua viro Johann Friedrich Rehkopf (supr. Dresdensis ecclesiae ad S. Crucis pastori primar. et dioeces. superint.) summa munera ecclesiastica Dresdae nunc capessenda ex animo gratul. Wittbg. (C. C. Dürr) April 1778. 16 S. (6.—) 15984

— **Johann Gottfried** (Klein-Neudorf/Schles.) u. **Justus Radio**, De morphio et acido meconico. Diss. phys.-chemica. Lpz. (Friedrich Richter) 7. VI. 1820. 26 S. (6.50) 15994
Gew.: Johann Christian August Clarus, Carl August Kuhl.

— **Johann Jeremias** (Langensalza), Ad legem Pompejam de parricidiis. Diss. jur. Rector Hermann Paul Juch. Präs. Conr. Wilhelm Strecker. Erfurt (Hering) 19. X. 1735. 32 S., tlws. dtsch. (6.50) 15995

Hoppe, Joh. Ign., Einige Aufklärungen über das Hellsehen des Unbewußten im menschlichen Denken. Mit besonderer Beziehung auf das „schottische Gesicht". Auf Grund von Untersuchungen. (Separatabdr. aus Betz' Memorabilien.) Freiburg, Herder, 1872, 8°. IV, 70 S., 1,20 Mk.

Hoppe, J., das Auswendiglernen u. Auswendighersagen in physiopsychologischer, pädagogischer u. sprachlicher Hinsicht. Mit Berücksicht. der Taubstummen. 8. (IV, 143 S.) Hamburg 883. Voss. n. 1. 50

Hoppe, J. I., die drehbare Bilderscheibe u. Bildertrommel, das Stroboskop. Physiologische u. psycholog. Erklärg. Mit eingedr. Holzschn. 8. (V, 150 S.) Leipzig 884, Frohberg. n. 2. 40

— das exacte Denken od. die jedesmalige vollständige inductive Zusammenbringg. u. Anordng. d. Gedachten. Nebst e. Rechtfertigg. gegen den Herrn Prof. Dr. Reusch u. Herrn Dr. Weber. gr. 8. (IV, 31 S.) Basel 871. Schneider. n. — 80

Hoppe, J. I., die persönliche Denkthätigkeit. Eine Erkenntnisstheorie mit Widerlegung Kant's. gr. 8. (VII, 231 S.) Würzburg 880. Stuber's Verl. n. 4. —

Hoppe, J. J., die Eitelkeit u. ihre Arten. Eine belehr. psycholog. Betrachtg. m. Aufzählg. v. Beobachtungsfällen u. Aufstellg. neuer Arten. 8. (39 S.) Basel 890. (Jenke.) n. — 50

Hoppe, J. J. Die Eitelkeit u. ihre Arten. Eine belehr. psycholog. Betrachtg. m. Aufzählg. v. Beobachtungsfällen u. Aufstellg. neuer Arten. 8. (39 S.) Würzb. 890, Stuber's Verlag. * — 50

— das Entdecken u. Finden. Ein Beitrag zur Lehre v. der empir. Forschg. (VI, 97 S.) Freiburg i. Br. 870. Herder. n. 1. 20

Hoppe, J. J., die Erforschung der Gefühle und moralischen Begriffe behufs der wissenschaftlichen Begründung und Rechtfertigung der Religion und des Cultus. Drei Reden. 1.—3. Aufl. gr. 8. (III, 64 S.) Regensburg 876, Manz. *

Hoppe, Joh. Ign., Die Erforschung der Gefühle u. moralischen Begriffe behufs der wissenschaftlichen Begründung u. Rechtfertigung der Religion u. des Kultus. 3 Reden. Regensburg, Verlagsanst., 1875, gr. 8°. III, 64 S., 3. Aufl., 1 Mk.

Hoppe, J. I., Erklärung der Sinnestäuschungen [Hallucinationen und Illusionen aller fünf Sinne] bei Gesunden und bei Kranken. Beitrag zur Lehre von den Geisteskrankheiten. Ausführl. Untersuchung und Darstellung auf Grund eigner Beobachtungen. Für Aerzte, Juristen, Theologen, Studierende etc. 4. Aufl. gr. 8. (VIII, 306 S.) Würzburg 888, Stuber's Verlag. * 5 —

— das Gewissen. Mit Einschluß der Gefühle und der Sitten in ihrer Beziehung zum Gewissen. gr. 8. (VIII, 356 S.) Ebendas. 875. *

— Hallucinationen und Illusionen, s. Sonderabdrücke der Deutschen Medizinal-Zeitung.

Hoppe, J. I., die Construction e. Ganzen aus e. gegebenen Theile desselben. Eine Abhandlg. aus dem Gebiete der medicin. Logik. (29 S.) gr. 8. Leipzig 872. Dr. W. Schwabe. —50
Sonderabdruck aus: „Intern. homöop. Presse".

—— psychologisch-physiologische Optik in experimentell psycho-physischer Darstellung. gr. 8. (XII, 371 S. mit eingedr. Holzschn.) Leipzig 881, O. Wigand.

—— das Recht auf Arbeit und die leitende Genossenschaft. gr. 8. (52 S.) Frankfurt a. M. 884, Foesser Nachf. *

—— die Schein-Bewegungen. gr. 8. (XII, 212 S.) Würzburg 879, Stuber. *

Hoppe, J. J., das stereoskopische Sehen. Erklärung der Erscheingn. u. Vorgänge im Stereoskop. Mit eingedr. Holzschn. gr. 8. (IV, 89 S.) Basel 873. Bahnmaier. n. 1. 60

— sociale Uebelstände zweier Confessionen. Ein psychologisch-religiöses Zeitbild. gr. 8. (VII, 97 S.) Leipzig 879. Schlicke. n. 2. 80

— der psychologische Ursprung d. Rechts. gr. 8. (IV, 103 S.) Würzburg 885. Stuber's Verl. n. 3. —

—— Was ist der menschliche Geist? Empirisch-psychologisch beantwortet. gr. 8. (IV, 64 S.) Würzburg 877, Stuber.

— die Zurechnungsfähigkeit. Begriff, Entstehung, u. Herkunft. gr. 8. (VII, 154 S.) Würzburg 877. Stuber. n. 3. —

Hoppe, Joh., analytische Chemie, s. Sammlung Göschen.

Hoppe, J., Analytische Chemie. 2 Bde. Leipzig, 1905. [Db 48
Bd 1. Theorie und Gang der Analyse. 124 S.
Bd 2. Reaktionen der Metalle und Metalloide. 187 S.

Hoppe, Johannes, aus Berlin: Über die Einwirkung von Phenyl-i-cyanat auf 1, 3-Dicarbonyl-Verbindungen. *Würzburg 1902: C. J. Becker.* (VIII, 86 S.) 8°
München, Phil. Diss. v. 1902.

Hoppe, Johannes Matthaeus (Frankfurt a. M.)
Dissertatio inauguralis juridica de arbitris.
Giessae 11. Nov. 1766: Braun. 24 S. 4°
pro licentia summos in jure honores capessendi.

Hoppe, Josef [app. Arzt aus Thorn]: Ueber Arthritis deformans im jugendlichen Alter ... Thorn, Druck v. J. Buszczyński, 1895; 38 S., 1 Bl. 8.
Leipzig, Med. Fak., Inaug.-Diss. v. 27. Juni 1895

Hoppe, Jos., üb. Arthritis deformans im jugendlichen Alter. Diss. gr. 8. (38 S.) Thorn 895. (Leipzig, Buchhdlg. G. Fock.) n. 1. —

Hoppe, Jos., der Grundhofbauer, s.: Theater, kleines.

Hoppe, Jos., geistliche Rede bei der durch Agenor Grafen von Gołuchowski vorgenommenen Grundsteinlegung zu dem k. k. Salzsudwerke in Lacko. Gehalten am 29. Juli 1852. Przemyśl 853. Gebr. Jeleń. 8. (14 S.) 2½ ngr

Hoppe's, Israel, Geschichte des 1. schwedisch-polnischen Krieges in Preussen, s. Geschichtschreiber, die preussischen, des XVI. und XVII. Jahrh.

Hoppe, Julius [aus d. Rheinprovinz]: Ueber den Streckapparat des Unterschenkels und die Behandlung der Querbrüche der Kniescheibe .... Greifswald, Druck v. Julius Abel, 1887; 27 S. 8°.
Greifswald, Med. Fak., Inaug.-Diss. v. 23. März 1887.

Hoppe, Julius, über den Streckapparat des Unterschenkels und die Behandlung der Querbrüche der Kniescheibe. Diss. Greifswald 1887, Jul. Bindewald. 8°. 27 S.

Hoppe, Jul., d. Trachomepidemie u. ihre Bekämpfg. im Reg.-Bez. Gumbinnen. [Aus: „Klin. Jahrb.", 7. Bd.] gr. 8. (40 S. m. 1 Abb. u. 1 Taf.) Jena 898. G. Fischer. n. 1. 50

-- dasselbe, s.: Jahrbuch, klinisches.

— **Julius Friedrich Robert** (Pirna). De anticipationibus in processu et praecipue de anticipatione reconventionis. Diss. jur. Lpz. (Staritz) 26. II. 1839. 48 S. (6.50) 15996

'Ave Maria'. Eine Sammlung d. beliebtesten Marienlieder, nebst einigen Segensliedern u. d. Tagzeiten von d. unbefleckten Empfängnis Mariä. Ausg. ohne Noten. Zum Gebr. f. Kirche ... Zsgest. u. hrsg. von K. **Hoppe**, Lehrer. Habelschwerdt: Franke 1905. (39 S.) 8° [J.]

Hoppe's, C., Bürsten- und Pinselfabrikant, s. a. Schauplatz, neuer, der Künste und Handwerke. 119. Bd.

Hoppe, K: Der Bürsten- und Pinselfabrikant auf dem Standpunkte jetziger Vervollkommnung. 2. Aufl. von C. J. Marner. Weimar 1863

20 Kirchenlieder. Anh. zu † L[eopold] Heinzes 'Auserlesene Choräle' f. Männerstimmen bearb. von K. **Hoppe**. Breslau: H. Handel [1900]. (23 S.) 8° [J.]

Hoppe, Carl, Perkussion und Auskultation in diagnostischer Hinsicht. Ein Handbuch für Studirende und pract. Aerzte. 8. (VII und 104 S.) Berlin 865, Peiser. *

Hoppe, Carl, Dr., Photogrammetrie und internationale Wolkenmessung. Mit Abbildungen und 5 Tafeln. Braunschweig 1896.

Hoppe, Carolus [Berolinensis]: De Tib. Claudio Donato Aeneidos interprete ... Gottingae, *typ. expr. offic. Langenscheidtiana Berolini*, 1891; 2 Bl., 31 S. 8.
Göttingen, Phil. Fak., Inaug.-Diss. v. [15. Juni] 1891

Hoppe, Karl. De Tib. Claudio Donato Aeneidos interprete. Diss. gr. 8. (31 S.) Gött. 891, (Vandenhoeck u. Ruprecht). — 80

Hoppe [Karl], Prof. Dr.: Verzeichnisse der Lehrer von Ostern 1857 bis Ostern 1907 und der Abiturienten von Ostern 1861 bis Ostern 1907. (Festschrift z. Jubiläumsfeier d. Stolper Gymnasiums 19. bis 21. April 1907. T. 2.) Stolp 1907: W. Delmanzo. (14 u. 18 S.) 8° [J.]
Stolp, G u. OR OP 1907 (185)

Hoppe, Car. Eduard. Leop. (geb. Saalfeld in Ostpr. 25. 12. 1837): De spirituosis. Berolini (1862). (31 S.) 8°
Berlin, Med. Diss. v. 6. Okt. 1862

Hoppe, Car. Frid. (geb. Christburg 20. 4. 1793): Disquisitio physiologica de fame. Berolini (1820). (47 S.) 8°
Berlin, Med. Diss. v. 4. März 1820

Hoppe, Karl With., s. Cortes, drei Berichte.

Hoppe, *Carl Wilhelm* Richard [pr. Zahnarzt in Leipzig]: Untersuchungen über den Kauapparat des Cyprinoiden Leuciscus rutilus ... (Aus d. Deutsch. Monatsschr. f. Zahnheilk.) Leipzig, Druck v. A. Th. Engelhardt, 1894; 2 Bl., 35 S., 1 Taf. 8.
Leipzig, Phil. Fak., Inaug.-Diss. v. [10. Dez.] 1894

Hoppe, Casparus (geb. am 27 Jan. 1833 in Ottenstein bei Münster Westf.): De exostosibus ossis frontis ... Bonnae, form. C. Georgii 1857. 2 Bl., 25 S., 1 Bl. 8.
Bonn, Med. Fak., Diss. v. 11 Aug. 1857

Hoppe, Konrad: Die Bauthätigkeit der Hohenzollern in Potsdam. Rede zur Feier d. Geburtstages S. M. d. Kaisers am 27. Jan. 1899. *Cöthen 1899: P. Dünnhaupt.* (S. 1—11.) 8° [F.]
Cöthen, herz. Landes-Sm, OP 1899**

Hoppe, Kurt, Gärten u. Garten-Architekturen. (79 S. m. Abbildgn.) Lex. 8. Wiesbaden (909). Westdeutsche Verlagsgesellschaft. 2.—; geb. n 3. —

Hoppe, Ludwig, Das Herz des Hauses Hindenburg, m. Abb., 32 S., 8°.

Hoppe, Ludw., aus dem Tagebuch e. brasilischen Urwaldpfarrers. Mit Geleitswort v. C. Klingemann. gr. 8. (XII, 235 S. m. 8 Abb.) Essen 901. G. D. Baedeker. n. 2. —

Aus dem Tagebuch eines brasilischen Urwaldpfarrers. Von P. Ludwig Hoppo. Mit Geleitswort von C[arl] Klingemann, Superint. in Essen. 8 Ill. 2. Aufl. *Essen: G. D. Baedeker 1901.* (XII, 235 S.) 8° [F.] (01. 5404

Hoppe, L[udwig]: Eine versunkene und wiedererwachende Welt in den Urwäldern v. Süd-Brasilien. Potsdam ['10]. 15 S. (Gut dt. u. ev. allewege. 9.)

Eine versunkene und wiedererwachende Welt in den Urwäldern von Süd-Brasilien. Von Pfarrer L[udwig] Hoppe-Steele. Potsdam: Stiftungsverl. [1910]. 15 S. 8° [Umschlagt.]
(Gut deutsch u. evangelisch allewege. 9.) (10. 14348

Hoppe, Ludwig August

Hoppe, L. A., Christus mein Leben! Katholisches Gebetbuch. Nach der 8. Aufl. der Octav-Ausg. 32. (XVI und 651 S. mit 1 Stahlst. und lithogr. Titel in Tondr.) Braunsberg 860, Peter. 22⅔ Ngr.; geb. *
Ausg. mit 4 Stahlst. geb. * 2 Thlr. 10 Ngr. und *

Hoppe, Ludw. Aug., Christus mein Leben! Katholisches Gebetbuch. Auszug aus dem größeren Gebetbuche. 8. (VI und 330 S. mit chromolithogr. Titel und 1 Stahlst.) Braunsberg 865, Peter. *

—— dass. — 5. Aufl. Min.-Ausg. 12. (VI und 330 S. mit chromolithogr. Titel und 1 Stahlst.) Ebendas. 867. *
geb. * 1 Thlr. und * 1 Thlr. 10 Ngr.; geb. in Leder mit Schließen *
geb. in Sammet *

—— dass. — 6. Aufl. 8. (VI und 330 S. mit 1 Stahlst.) Ebendas. 868. *

Hoppe, Ludw. Aug., Christus mein Leben! Katholisches Gebetbuch. Min.-Ausg. 7. verb. Aufl. (VIII, 606 S. mit 1 Stahlst. und 1 Farbendr.) 1872, und 9. verb. Aufl. mit Zeichnungen von P. Molitor in Tondr. (Holzschn.) 32. (VIII, 629 S. mit Farbendrucktitel.) Leipzig 872, Ed. Peters. *
geb. in Lwd. * ℳ 3., * ℳ 4. und *
geb. in Leder *
Mit Stahlperlen und Schließen *
Mit Photographie und Schließen *
geb. in Chagrinleder * ℳ 6. und *
geb. in Sammet mit Schließen *
geb. in Elfenbein mit Schließen *

Hoppe, L. A., Christus mein Leben! Katholisches Gebetbuch. 7. verb. Aufl. 16. (VIII, 606 S. m. 1 Stahlst. u. 1 Farbendr.) Leipzig 872. Peter. n. 2. —; in Leinw. geb. n. 3. —; n. 4. — u. n. 4. 50; in Leder geb. n. 4. —; m. Stahlperlen u. Schließen n. 7. —; m. Photogr. u. Schließen n. 7. —; in Chagrinleder geb. n. 6. — u. n. 7. — in Sammet geb. m. Schließen n. 10. 50

—— dass. — 8. verb. Aufl. Sedez-Ausg. mit 8 Zeichnungen von P. Molitor in Tondr. (Holzschntaf.) 16. (VIII, 592 S.) Ebendas. 872.
geb. in Lwd.
geb. in Leder
Mit Stahlperlen und Schließen
Chagrinleder
Mit Photograph. als Deckelverzierung und Schließen
Sammetbd. mit Schließen, eleg. Verzierungen rc. *

— dasselbe. 9. verb. Aufl. Min.-Ausg. m. Zeichngn. v. P. Molitor in Tondr. (Holzschntaf.) 32. (VIII, 629 S. m. Farbendrucktitel.) Ebend. 874. n. 2. —; geb. n. 3. —, n. 4. —, n. 4. 50, n. 5. —, n. 6. —, n. 7. —, n. 7. 50, n. 10. 50, n. 16. —

Hoppe, Ludw. Aug., Christus mein Leben! Katholisches Gebetbuch. Oct.-Ausg. 10. Aufl. (846 S. mit Farbendr.-Titel und Holzschn. in Tondr.) Leipzig 874, Peter's Verlag. *
geb. * ℳ 1,40.; geb. mit Goldschn. *

—— dass. — Min.-Ausg. 10. und 11. verb. Aufl. 32. (640 S. mit Farbendr.-Titel und 8 Tondr.-Bildern.) Ebendas. 876. *
geb. in Leinw. * ℳ 3., * ℳ 4., * ℳ 4.50. und *
geb. in Chagrinleder * ℳ 6. und *
geb. in Sammet und mit reichem Beschlag und Schließen *
geb. in Elfenbein mit silbernem Schloß *

Hoppe, L. A., Christus, mein Leben! Katholisches Gebetbuch. 12. verb. Aufl. Min.-Ausg. 16. (640 S. mit Zeichnungen von P. Molitor in Stahlst. und Tondr.) Leipzig 888, Peter's Verlag. * ℳ 2.—.; geb. von * ℳ 3.—. bis * 16 —

Hoppe, L. A., Christus mein Leben! Katholisches Gebetbuch. Neu bearb. v. Hennig. 9., verb. Aufl. (VIII, 563 S. m. Titelbild.) 16. Kevelaer (909). J. Thum. Geb. von 1.25 bis 5. —

—— die Epiklesis der griechischen und orientalischen Liturgieen und der römische Consekrationskanon. gr. 8. (X und 336 S.) Schaffhausen 864, Hurter'sche Buchh. *

—— katholisches Gebetbuch. 2. Aufl. 1857. und 3., verm. und verb. Aufl. 8. (XII und 419 S.) Braunsberg 860, Huye. *

— lobet den Herrn! Katholisches Gebetbuch. Mit Farbendr.-Titel u. 8 Tondr.-Bildern. 16. (655 S.) Ebend. 875. n. 2. —; geb. in Leinw. n. 3. 50; in Schafldr. n. 4. 50; in feinstes Leder m. Stahlperlen u. Schließen n. 5. 50; in Sammet u. Schließen n. 10. 50; in Chagrinldr. n. 6. —; in Chagrinldr. m. Deckel-Photogr. n. 8. —; in Elfenbein m. silbernen Schließen n. n. 16. —

—— Lobet den Herrn! Katholisches Gebetbuch. 16. (655 S. mit Farbendr.-Titel und 8 Tondr.-Bildern.) Ebendas. 876. *
geb. in Leinw. * ℳ 3,50.; in Schafleder *
geb. in feinstes Leder mit Stahlperlen und Schließen *
geb. in Sammet und Schließen * ℳ 10,50.; in Chagrinleder *
geb. in Chagrinleder mit Deckel-Photogr. *
geb. in Elfenbein mit silbernen Schließen **

— Lobet den Herrn! Kathol. Gebet- u. Gesangbuch m. besond. Berücksicht. der gottesdienstl. Bedürfnisse in der Diözese Ermland. Nach dem Tode des Verf. umgearb. u. erweitert v. Otto Hinzmann. (719 S. m. Titelbild.) 16. Kevelaer (909). Butzon & Bercker. Geb. in Lnw. 1.50

Hoppe, Marie, s. Geburtstagskalender.

Hoppe, Marie, Geburtstagskalender. Eine Festgabe für die Frauenwelt. 2. Aufl. 32. (III, 273 S.) Leipzig 888, M. Ruhl.
geb. mit Goldschn. * 2 —
Illustr. Ausg. mit 12 Monatsbildern * 3 —

Hoppe, Martin: Ueber das Gewitter. (Programm des Fürstlich Hedwig'schen Gymnasiums zu Neustettin. 1865.) Neustettin 1865. 18 S. 8°. [B 4857

Hoppe — Über die Stellung der Naturwissenschaften zu der Schule und dem Leben. 19 S. . . .
Neu-Stettin, Progr. 1849

Hoppe, Martin: Ueber die Wärme der Erdrinde. Physikalische Abhandlung (Programm des Fürstlich Hedwigschen Gymnasiums zu Neustettin. 1856.) Neustettin 1856. 25 S. 8°. [B 3006

Hoppe — Über die Wirkung der latenten Wärme. 21 S. .
Neu-Stettin, Progr. 1843

Hoppe, Maximil. (geb. Berlin [illegible]): De [illegible] hypotheca. Berolini (1867). (62 S.) 8°
Berlin, Jur. Diss. v. 25. März 1867

Hoppe, O. Beobachtungen der Wärme in der Blüthenscheide einer Colocasia odora. Halle a./S., 1880.

Hoppe, O. B. J., die neueste Blumensprache, nebst der bisher. orientalischen, od.: neue sinnige u. vollständ. Deutung d. Blumen. Mit Anh.: 1. Ueber Blumenpflege. 2. Haus-Recepte. 8. (12½ B. u. 37 ill. Blumentaf.) Berlin 843. (Endc.) *

— s. a. Vergißmeinnicht. Auswahl auserles. Polterabend-Scherze.

Hoppe, O. B. J., Vergißmeinnicht. Auswahl d. interessantesten u. auserlesensten Polterabendscherze. Nebst Anhang. 3 Bdchn. 8. Berlin, Herausgeb. [Danz.] [1. (12¾ B.) 839., 2. (12 B. u. 8 Stnt.), 3. (12 B. u. 6 ill. Stnt.) 840. à ⅓ Thlr.] 1⅓ Thlr., hrbgs. Pr.

Hoppe, Oskar

Hoppe, O. Das natürliche und künstliche Aufbereitungswesen. Abdruck. Berlin, 1893.

Hoppe, Osk. (I.), Beiträge zur Geschichte der Erfindungen. 1.—3. Lfg. gr. 8. Klausthal, Grosse'sche Buchh. *
Inhalt:
Lfg. 1. Wann, wo und von wem ist die bergmännische Schiessarbeit erfunden und vervollkommnet, und wie steht der Harzer Bergbau zu diesen Fragen? Dazu einige Bemerkungen über das Alter des Feuersetzens und des Schiesspulvers. (68 S.) 880. *M 1,50.
» 2. Ist der Lettenbesatz beim Oberharzer Bergbau erfunden und zuerst eingeführt? (43 S.) 881. *M 1,25.
» 3. Das Zellenradgebläse mit Berücksicht. der verwandten Maschinen. [Dazu ein Anhang, enthaltend eine Entgegnung auf Angriffe des früheren Redacteurs der Oesterreich. Z. f. B. und H. Hrn. E. Jarolimek in Wien.] (40 S. mit 1 lithogr. Taf.) 882. *M 1,50.

Hoppe, O., Beiträge zur Geschichte der Erfindungen. 4. Lfg. Das Drahtseil. Seine Erfindg. (1834) u. Einführg., seine Eigenschaften, Herstellungsweise u. seine Zukunft. Lebensskizze des Erfinders, Oberbergrat Albert (1787—1846) zu Clausthal. (48 S.) gr. 8. Essen 907. G. D. Baedeker. n. 1. —
Lfg. 1—3. Clausthal 880. 881. n. 4. 25.

Hoppe, O. Beiträge zur Klarstellung der Bewegungsvorgänge in der sogen. hydraulischen Setzmaschine u. daraus sich ergebende Vorschläge zur Vereinfachung unserer Erzaufbereitungsanstalten. gr. 8. (16 S.) Berl. 891, (Clausthal, Grosse). — 50
Aus: Zeitschrift d. Vereins deutscher Ingenieure, besonders abgedruckt.

Hoppe, Osk. (II.), Beobachtungen der Wärme in der Blüthenscheide einer Colocasia odora [Arum cordifolium]. gr. 4. (56 S. mit 5 lithogr. Tab.) Halle 880. (Leipzig, Engelmann.)
Aus: Nova Acta der kaiserl. Leop.-Carol. deutschen Akademie der Naturforscher, besonders abgedruckt.

Hoppe, Osc., die Bergwerke, Aufbereitungs-Anstalten u. Hütten, sowie die technisch-wissenschaftlichen Anstalten, Wohlfahrts-Einrichtungen pp. im Ober- u. Unter-Harz. Dazu mehrere Taf. Nebst e. Anh. f. geognost. Excursionen, verf. von v. Groddeck. 8. (XXIV, 387 S.) Clausthal 883. Grosse. n. 5. 50; geb. n. 6. — ; 7 lith. Taf. dazu in Futteral n.n. 3. —

Hoppe, O., Das Drahtseil. Seine Erfindung (1834) und Einführung, seine Eigenschaften, Herstellungsweise und seine Zukunft. Lebensskizze des Erfinders, des Oberbergrats Albert (1787–1846) zu Klausthal. Essen-Ruhr, 1907. 48 S. [Ea 454

Hoppe, O. Elektrotechnik. Abdruck. Essen, 1887.

Hoppe, O., Elektrotechnik. 1.—3. Aufl. [Aus: „Berg- u. Hütten-Kalender 1887—89".] 16. (14, 14 u. 16 S. m. Fig.) Essen 889. (Clausthal, Grosse.) n. — 50

— Elektrotechnik. 4. Aufl. [Aus: „Berg- u. Hüttenkalender".] 16. (22 S. m. Fig.) Essen 891. Ebd. n. — 50

Hoppe, O. Theoretische Erörterungen über die Zwillingswassersäulenpumpen im Königin Marienschachte bei Clausthal. Abdruck. Berlin, 1878.
dgl. Nachtrag. Abdruck. Berlin, 1879.

Hoppe, O. Die elektrische Förderanlage der Aktien-Gesellschaft Thiederhall in Thiede bei Braunschweig. Sonderabdruck. Essen 1900.

—— zwei neue goniometrische Formeln, nebst Diagrammen, aus denen sich für beliebige Winkel die Resultate der Formeln mittelst Zirkel direct ermitteln lassen. gr. 4. (7 lithogr. S. mit Fig.) Ebendas. 880.
Aus: Zeitschrift für Berg-, Hütten- und Salinenwesen, besonders abgedruckt.

Hoppe, Oskar, Rechtsprakt.: Kinder aus nichtigen Ehen, ihre rechtliche Stellung nach dem Bürgerlichen Gesetzbuch, verglichen mit früheren und ausländischen Rechten. Borna-Leipzig 1909: Noske. VIII, 46 S. 8°
Heidelberg, Jur. Diss. v. 13. Aug. 1909, Ref. Heinsheimer
[Geb. 2. Aug. 83 Diedenhofen; Wohnort: München; Staatsangeh.: Bayern; Vorbildung: Ludwigs-Gymn. München Reife Juli 04; Studium: München 8 S.; Rig. 22. Juni 09.] [U 10. 1898

Hoppe, O. Der Krummzapfen und die Kurbel. Abdruck. Berlin, 1886.

— der Krummzapfen, die Kurbel, das Horn u. die übrigen Glieder dieser Familie; nebst einigen anderen wicht. Vorrichtgn. u. Dingen, die hiermit im Zusammenhange stehen. [Aus: „Ztschr. d. Vereins deutscher Ingenieure".] gr. 4. (11 S. m. Fig.) Berlin 889. (Clausthal, Grosse.) n. — 80

Hoppe, O., Lebensskizze des Oberbergrats W. A. J. Albert (Erfinder des Drahtseils) zu Klausthal (1787–1846). Essen-Ruhr, 1907. 40 S. [in Ea 454

Hoppe, Reinhold

Hoppe, Osc., elementares Lehrbuch d. technischen Mechanik f. Studirende u. z. Selbstunterr. 2. Abth. Mechanik d. tropfbaren u. gasförmigen Flüssigkeiten. gr. 8. (XI, 135 S. m. 106 Abb.) Leipzig 895. A. Felix. n. 4. 50 (1. u. 2.: n. 15. 50)

Elementarer prakt. Leitfaden der Elektrotechnik in technisch-wissenschaftlichem Zshange mit der Maschinen-, Berg- u. Hütten-Technik, aufgebaut auf d. techn. Mechanik als d. gemeins. Grundlage f. d. Gesamtgebiet d. Technik u. d. erklärend. Naturwiss. f. Techniker u. Nichttechniker v. Oskar Hoppe, Doz. . . an d. Bergakad. zu Clausthal. M. 37 Abb. im Text. *Essen: G. D. Baedeker 1898.* (XIV, 175 S., 3 Pl.) 1 Bd 8. (98. 240)

Hoppe, Osk., prakt. Leitfaden der Elektrotechnik zum Selbststudium u. Unterricht. Anh.: 1. Die elektr. Gewinng. v. Metallen u. Metallverbindgn. (v. Borchers). 2. Die Elektro-Chemie u. ihre physikal. Grundgesetze (v. Danneel). Mit über 140 Abbildgn. 2., sehr verm. u. verb. Aufl. (XIII, 446 S.) Lex. 8. Essen 907. G. D. Baedeker. Geb. in Leinw. 7.—

— d. Maschinenwesen. Elementares Lehrbuch zur Einführung in d. Maschinenwissenschaften, d. Kinematik u. d. Elastizitäts- u. Festigkeitslehre, f. Studierende u. z. Selbstunterr. bearb. gr. 8. (XV, 152 S. m. 92 Abb.) Leipzig 895. A. Felix. n. 5. 40

—— Profil von den Schächten, Stollen und Strecken des Burgstätter, Zellerfelder, Rosenhöfer, Silbernaaler Zuges und des Rammelsberges. Lithogr. qu. Fol. (Ebendas.) 882. **

Hoppe, Osk., die Pufferbatterie im allgemeinen, im besonderen die bei der Aktiengesellschaft Thiederhall in Thiede bei Braunschweig. gr. 4. (15 S. m. Fig. u. 1 Taf.) Essen 901. G. D. Baedeker. n. 1.—
Sonderabdruck aus: „Glückauf".

— Stammbaum der neuen Aufbereitungs-Anstalt bei Clausthal i. H. Lith. qu. Fol. Ebend. 881. n.n. — 50

Hoppe, O., Stammbaum der Neuen Aufbereitungs-Anstalt bei Clausthal i. H. 2. Aufl. [Aus: „Die Bergwerke etc. d. Ober- u. Unterharzes".] qu. Fol. Berlin 889. (Clausthal, Grosse.) n. — 50

—— Stammbaum der neuen Aufbereitungs-Anstalt bei Lautenthal. 1. und 2. Aufl. Lithogr. Fol. Ebendas. 883,84. **

Hoppe, O., Stammbaum der neuen Aufbereitungsanstalt bei Lautenthal. 3. Aufl. Lithogr. Fol. Clausthal 888, Grosse'sche Buchh. * — 50

— Stammbaum d. neuen Aufbereitungsanstalt bei Lautenthal. 4. Aufl. Fol. (Ebd.) 892. * — 50

—— Stammbaum der neuen Aufbereitungs-Anstalt bei Schulenburg i. H. 2. Aufl. Lithogr. qu. Fol. Ebendas. 884. **

— Stammbaum von den hüttenmännischen Ausführungen auf der Silberhütte bei St. Andreasberg. Autogr. qu. Fol. Ebend. 881. n.n. — 15

Hoppe, Osk. (I.), Stammbaum von den hüttenmännischen Ausführungen auf der Silberhütte bei St. Andreasberg. 2. Aufl. 1881. ** 15 Pf.; 3. Aufl. Autogr. qu. Fol. Klausthal 884, Grosse'sche Buchh. **

—— Stammbaum von den hüttenmännischen Ausführungen auf der Silberhütte bei St. Andreasberg. 3. Aufl. Lithogr. Tab. qu. Fol. Ebendas. 888. * — 50

—— Stammbaum der Hüttenprocesse auf der Silberhütte zu Lautenthal A. B. 2 Tab. Autogr. qu. Fol. Ebendas. 883. à Tab. **

—— Stammbaum der Hüttenprocesse auf der Silberhütte zu Lautenthal. 3. verb. Aufl. Lithogr. qu. Fol. (2 Bl.) Ebendas. 888. à Bl. * — 50

—— Stammbaum der Hüttenprocesse auf der Silberhütte zu Lautenthal. 4. verb. Aufl. 2 Blatt. Steindr. 31 × 39 cm. Clausthal 891, Grosse. à Blatt * — 50; * 1 —

Hoppe, Fünf Tafeln betr. Wassersäulenmaschinen im Königin-Marienschachte bei Clausthal. Lithogr. qu. Fol. Clausthal 879, Grosse'sche Buchh. **

Hoppe, O. Alberts Versuche und Erfindungen. Abdruck. Düsseldorf, 1896.

— die Ventilpumpen od. die Lehre v. der Bewegung selbstthätiger Ventile. gr. 8. (29 S. m. 8 Fig.) Freiberg 893. Craz & Gerlach. n. 1. —

— merkwürd. Wege u. Wirkgn. d. Blitzstrahles, welcher am 20. Juni 1895 d. Grube „Silbersegen" b. Clausthal traf. [Aus: „Leopoldina".] Imp.-4. (7 S. m. 3 Fig.) Halle 896. (Leipzig, W. Engelmann.) n. — 50

Hoppe, O. Oberirdische und unterirdische Wirkungen eines Blitzstrahles. 2 Abdrücke. Halle a/S., 1893 und 1896.

— oberirdische u. unterirdische Wirkungen e. Blitzstrahles. [Aus: „Leopoldina".] gr. 4. (15 S. m. 8 Fig.) Halle 894. (Leipzig, W. Engelmann.) n. — 75

Hoppe, (Friedrich) Oswald, a. Weistropp: Der Silberbergbau zu Schneeberg bis zum Jahre 1500. Freiberg 1908: Gerlach. (159 S.) 8°
Heidelberg, Phil. Fak., Ref. Rathgen, Diss. v. 7. Juli 1908
[Geb. 11. Juni 73 Weistropp; Wohnort: Freiberg (Sachsen); Staatsangeh.: Sachsen; Vorbildung: Realgymn. Chemnitz Reife M. 04; Studium: Handelshochsch. Leipzig 4, Univ. Heidelberg 3 S.; Rig. 5. Aug. 07.]

Hoppe O, der Silberbergbau zu Schneeberg bis z. Jahre 1500. (161 S) Freiberg 1908

Hoppe, Otto. Lebende Bilder (Marmorgruppen). Griech. Jünglinge beim Spiel. qu. 12. (12 Taf. m. 4 S. Text.) Hof 892, Lion. 3 —

Hoppe, Otto, lebende Bilder (Marmorgruppen). Griechische Jünglinge beim Spiel. (Neue Aufl.) (12 Bl. m. 4 S. Text.) 9,7×17,1 cm. Hof (907). R. Lion. 1. 50

Hoppe, Otto, deutsch-schwedisches Wörterbuch. 2. Ster.-Aufl. gr. 8. (IV, 796 S.) Stockholm 893. Berlin, R. Friedländer & Sohn. n. 12. —

— schwedisch-deutsches Wörterbuch. Plattendr. gr. 8. (IV, 400 S.) Ebd. 893. n. 8. —

Hoppe, Otto, schwedisch-deutsches Wörterbuch. Plattendr. 12. (VI, 421 S. m. Abb.) Stockholm 897. P. A. Norstedt & Söner. Geb. in Leinw. n. 5. —

Hoppe, P., Beiträge z. Erklärung d. Propers. 1896. 15 S.

Hoppe, Paul, aus Starsiedel: Ein Beitrag zur Frage des Wertes der Melasse als Futtermittel. *Leipzig 1900: B. Georgi.* (118 S.) 8°
Leipzig, Phil. Diss. v. [8. Mai] 1900

Hoppe, Paul, ein Beitrag zur Frage des Wertes der Melasse als Futtermittel. Diss. gr. 8. (118 S.) Leipzig 900. (G. Wittrin.) n. 2. —

HOPPE, P.
Ein Beitrag zur Frage des Werthes der Melasse als Futtermittel. Leipzig, 1901. 8vo.

Hoppe, Paul, († d. 14. Sept. 1757.) Gedanken von d. wahren Sinne d. Offenbarung Johannes. 17 Versuche. 8. Bresl. 752—54. 1r—9r Vers. W. G. Korn. 16 gr 10r—17r Vers. (Gosohorsky). 10 gr

Hoppe, Paul, hydraulische Hebevorrichtungen in deutschen Hafenanlagen. Vortrag, gehalten im Verein deutscher Maschinen-Ingenieure am 27. Septbr. 1887. Fol. (8 S. mit 6 Text-Abbild. und 3 Taf.) Berlin 888, (Dierig und Siemens.) * 3 —
Aus: Glaser's Annalen für Gewerbe und Bauwesen, besonders abgedruckt.

Hoppe, Paul, Hülfsbuch f. Special-Kommissarien bei Auseinandersetzungs-Behörden, Geometer, Geistliche ꝛc., enth. 10 Reductions-Tabellen der gebräuchlichsten Maße u. Gewichte auf die neuen Maße u. Gewichte. 8. (22 S.) Berlin 871. Beck. n. — 40

Hoppe, Paul: Die zweite Römerode. Ein Beitrag zur Lebensgeschichte des Horaz. Breslau 1906: R. Nischkowsky. (XII S.) 4°
Breslau, k. St. Matthias-G P 1906 (224)

— Tabellen zur Ermittlung der Reinerträge der Grundstücke nach jeder pro Hectar anzunehm. Einheit. Zum Gebrauche bei allen im deutschen Reiche vorkomm. Gemeinheitstheilgn. u. Grundsteuer-Regulirgn. gr. 8. (VIII, 100 S.) Berlin 872. Janke. n. 2. —

Tabellen zur Ermittlung der Reinerträge der Grundstücke nach jeder pro Hectar anzunehmenden Einheit. Zum Gebr. bei allen im Deutschen Reiche vorkommenden Gemeinheitstheilungen u. Grundsteuer-Regulirungen. Angefertigt u. hrsg. von Paul **Hoppe.** Berlin: Janke [1910]. VIII, 100 S. 8° [10. 11618

Hoppe, Paul: Ein Triobolon zur Erklärung der Gedichte des Horaz. Breslau 1908: Nischkowsky. XIV S. 4°
Breslau, k. kath. St. Matthias-G OP 1908 (240) [S 08. 203

Hoppe, Pet., Mittheilungen aus d. Archive d. Oevelgönner u. Neumühlener Lootsen-Brüderschaft, s.: Volckens, Wilh., Neumühlen u. Oevelgönne.

Hoppe, Reginaldus: Sententiae controversae. Halis Saxonum (1850): Ploetz. 2 Bl. 8°
Halle-Wittenberg, Phil. Thesen v. 25. Nov. 1850

Hoppe, Reinhold

Hoppe, R., s.: Archiv f. Mathematik u. Physik.

Hoppe, **Rhold., einige mathematische Aufsätze. gr. 4. (24 S.) Upsala 863. (Berlin, Calvary und Comp.)** *

Hoppe, Rhold., quelques cas de mouvement d'un point sur un corps en mouvement. gr. 4. (13 S.) Upsala 872. (Berlin, Calvary & Co.) n. — 80

[F.] Die Elementarfragen der Philosophie nach Widerlegung eingewurzelter Vorurteile. Von Dr. Reinhold **Hoppe,** Prof. … zu Berlin. *Berlin: Winckelmann & Söhne 1897.* (92 S.) 1 Bd 8. [98. 99

—— Lehrbuch der Differentialberechnung und Reihentheorie mit strenger Begründung der Infinitesimal-Rechnung. gr. 8. (VIII und 280 S. mit eingedr. Holzschn.) Berlin 865, G. F. O. Müller. †

Hoppe, **Rhold., Lehrbuch der analytischen Geometrie. 1. Thl.: Lehrbuch der analytischen Curventheorie, nebst zwei vorausgehenden Abschnitten, enthaltend: Die Theorie der linearen Raumgebilde und die Kinematik. gr. 8. (XV, 89 S.) Leipzig 880, C. A. Koch's Verlagsh.** *
Den 2. Thl. bildet: Principien der Flächentheorie. Ebendas. 1876. *M 1,80.

Hoppe, R., Lehrbuch der analytischen Geometrie. 2. Tl. Principien der Flächentheorie. 2., verm. Aufl. gr. 8. (VIII, 97 S.) Leipzig 890. C. A. Koch. n. 1. 80

— Principien der Flächentheorie. gr. 8. (96 S.) Leipzig 876. C. A. Koch. n. 1. 80

— systèmes de lignes et de surfaces égales, terminées par des rayons communs. gr. 4 (18 S.) Upsala 871. (Berlin, Calvary & Co.) n. — 80

— Tafeln zur dreissigstelligen logarithmischen Rechnung. gr. 8. (16 S.) Leipzig 876. C. A. Koch. n. — 80

Hoppe, Reinhold. Als die Inaug-Schrift vertretend wurde angenommen des Verf. Druckschrift: Theorie der independenten Darstellung der höhern Differentialquotienten. Leipzig: Barth 1845. XII, 187 S. 8°
[Halle-Wittenberg, Phil. Diss. v. 25. Nov. 1850]
Geb. [Naumburg a. d. S. 18. 11. 1816]

—— Vibrationen eines Ringes in seiner Ebene. gr. 4. (14 S.) Berlin 872, (Calvary und Comp.) *
Aus: Journal für die reine und angewandte Mathematik, besonders abgedruckt.

— Vibrationen e. Ringes in seiner Ebene. [Aus „Journal f. die reine u. angewandte Mathematik.“] gr. 4. (14 S.) Berlin 873. (Calvary & Co.) n. — 80

Hoppe, Reinhold, Zulänglichkeit des Empirismus in der Philosophie. gr. 8. (IX und 81 S.) Berlin 852, Thome.

Hoppe, R., d. Strafprozeßordng. u. d. Gerichtsverfassungsgesetz, s. a. Taschen-Gesetzsammlung.

Die **Strafprozessordnung** vom 1. Febr. 1877 und das Gerichtsverfassungsgesetz vom 27. Jan. 1877. Erl. von R[udolf] Hoppe, Landesger.Dir., Berlin. *Berlin: C. Heymann 1897.* (VII, 476 S.) 8° [F.]
— Taschen-Gesetzsammlung. 32. [00. 7305

Hoppe, **Rud. Ludw., Geschichte der Stadt Hannover. gr. 8. (19 B., 2 Ans. u. 1 Grundr.) Hannover 815, Helwing'sche Hofbuchh. Thlr.** *

Hoppe, **Rud. Ludw., der zuverlässige Wegweiser durch die Haupt- und Residenzstadt Hannover, ihre Vorstädte und nächsten Umgebungen sammt einer histor. Einleitung. Ein Noth- und Hülfsbuch in alphabet. Ordnung, für Fremde und Einheimische. 18. (123 S. und 1 Stnt.) Hannover 847, Schlüter.**

Hoppe, Stephan, Tierarzt: **Aus d. hygien. Inst. d. Tierärztl. Hochsch. in Berlin. Leiter: Frosch. Verbreitung milzbrandähnlicher Bazillen in der Außenwelt. Berlin [1909]: Heinicke. 46 S. 8°**
Leipzig, Veterinär-Med. Diss. v. 4. Dez. 1908, Ref. Klimmer
[Geb. 26. Okt. 84 Wongrowitz; Wohnort: Heiligenbeil; Staatsangeh.: Preußen; Vorbildung: Gymn. Wongrowitz Reife O. 04; Studium: Berlin Tierärztl. Hochsch. 7 S.; Coll. 22. Dez. 08; Approb. 10. Nov. 08.] [U 09. 2795

Hoppe, Thaddäus, Referendar: **Die Quittung im gemeinen Rechte und nach dem Bürgerlichen Gesetzbuche. Greifswald 1906: J. Abel. (48 S.) 8°**
Greifswald, Jur. Fak., Ref. Pescatore, Diss. v. 23. Mai 1906
[Geb. 28. Nov. 78 Colmar, Posen; Wohnort: Königsberg i. Pr.; Staatsangeh.: Preußen; Vorbildung: Gymn. Greifenberg i. Pom. Reife M. 99; Studium: Greifswald 6 S.; Rig. 18. Dez. 05.]

Hoppe, Thdr., christliches Familienleben, sein Wert und seine Pflege. Vortrag, gehalten am 30. Jan. 1884 im evangel. Verein zu Hannover. 8. (60 S.) Hannover 884, Feesche. '

Hoppe, das Gebetsleben d. Christen. Vortrag. gr. 8. (28 S.) Hannover 890. Feesche. n. — 40

Paul Gerhardt. Sein Leben u. s. Lieder. Th[eodor] **Hoppe,** Pfarrer, Nowawes. Nowawes: H. Möller 1907. (47 S.) 8° [07. 4178

Hoppe, **Th.** (I.). Der Gesegnete segne! Missionsbetrachtg. üb. 2. Kor. 4, 6. 7. gr. 8. (12 S.) Hermannsb. 892, Missionshandlg. — 10

Die ersten 25 Jahre. Geschichte d. Diakonissenanstalt 'Oberlinhaus' zu Nowawes v. 30. Nov. 1874 bis 30. Nov. 1899 von Pfarrer Th[eodor] **Hoppe.** Mit 55 Bild. Nowawes: Oberlinhaus 1899. (253 S.) 8° [F.] [07. 6161

Hoppe, Th. (II.). Vor 350 Jahren. Festschrift zur Erinnerg. an die Einführg. der Reformation in die Mark Brandenburg am 1. Novbr. 1539. 1.—7. Aufl. 8. (48 S. mit 11 Bildern.) Potsdam 889,90, Rentel. * — 25

Hoppe, Th., vor 350 Jahren. Die Einführg. der Reformation in die Mark Brandenburg, dem Volke u. der Jugend zur Erinnerg. an den 1. Novbr. 1539 erzählt. Mit 11 Bildern. 7. Aufl. 8. (48 S.) Potsdam 889. Mentel. n. — 25

HOPPE, Theodor (Liebenthal): Zur Casuistik der Radicalheilung von Hernien mittelst Alkohol-Injectionen.- München: Gressl 1885. 2 Bl.,16 S.
20.3.1885 - Urk (Titel: De herniis curandis.); Chr 1884/85,21
Diss.Ingolst.-Landsh.-Mchn.

Hoppe, Th., unsere Kleinkinderschulen, s.: Für Feste u. Freunde der inneren Mission. 52. Hft.

— unsere Krippen, s.: Für Feste u. Freunde der inneren Mission. 51.

Hoppe, Th., Schrift und Tradition, s. Unterscheidungslehren, die, der evangelisch-lutherischen und römisch-katholischen Kirche.

—— christliche Sitte. Vortrag, gehalten am 24. Jan. 1883 im evangel. Vereine zu Hannover. 8. (48 S.) Ebendas. 883. *

Hoppe, Theodor, appr. Arzt a. Zeitz, Unterarzt beim 3. Posenschen Inf.-Reg. Nr. 58: Aus der experimentell-biologischen Abteilung des Königlichen Pathologischen Instituts zu Berlin. Experimentelle Untersuchungen über die Wirkung einiger Stomachica auf die Magensaftsekretion; zugleich ein Beitrag zur pathologischen Physiologie der chronischen Gastritis. Berlin (1906): G. Schade. (30 S.) 8°
Berlin, Med. Fak., Ref. Orth, Diss. v. 20. Apr. 1906
[Geb. 29. Apr. 80 Zeitz; Wohnort: Glogau; Staatsangeh.: Preußen; Vorbildung: Domgymn. Magdeburg Reife O. 00; Studium: Berlin Kaiser Wilh.-Akad. 10 S.; Coll. 19. Apr. 06; Approb. 14. Apr. 06.]

Hoppe, Thdr., der Weltberuf des Christentums. 8. (47 S.) Hannover 900. H. Feesche. n. — 50

Hoppe, Theodor [Hrsg.], s. Zeitschrift für Kleinkinderschule . . .

Tobias Konrad Hoppe

T[obias] C[onrad] Hoppens [Hoppe] Abhandlung von der Begattung der Pflanzen. Nebst e. Vorr. von George Heinrich Königsdörfer [Königsdörffer]. Altenburg: Richter 1773. XVI, 62 S. 8°
Beigeb.: Hill, [Sir] J[ohn 1716-1775]: [The Sleep of plants. Deutsch:] Der Schlaf der Pflanzen und die Ursache der Bewegung an dem Fühlkraut. Nürnberg 1768.

Tobias Konrad Hoppe

T[obias] C[onrad] H[oppe]. Anmerckung [Anmerkung] ueber die sogenannte abergläubische Todten-Uhr, Todten-Krähe, oder Raben, Wehe-Klage, Haus-Uncken, Erd-Huhn, Kläppel-Hunde... in einem Sendschreiben ... Gera 1745. 16 S. 8°

Hoppe (T. C.). Antwort-Schreiben auf diejenigen Zweifel, welche der . . . Herr J. F. Schreiber . . . Zweyen Sendschreiben von den so genannten Weiden-Rosen . . . Gera, 1748. 8°.

Hoppe, T. Bericht von dem unlängst in chursächsischen Landen entdeckten Filtrirsteine. Sendschreiben an G. F. E. Brückmann. Leipzig. 1748. 4.

Tobias Konrad Hoppe

T(obias) C(onrad) H(oppe). Kurzer Bericht von denen knollichten und eßbaren Erd-Aepfeln, oder denen solanis tuberosis esculentis...nebst e.kleinen Anh. von hier zu Lande wachsenden geringen Gewächsen... in einem Sendschreiben an Francisc.Ernest. Brückmann. Wolfenbüttel: Meißner 1747. 32 S. 8°

Hoppe (T. C.) Beschreibung der essbaren Kraeuter und Pflanzen, welche um Gera wachsen . . . Gera, 1773. 8°.

Tobias Konrad Hoppe

T(obias) C(onrad) H(oppe). Kurtze Beschreibung versteinerter Gryphiten, daß solche zurückgebliebene Zeugen der allgemeinen Sündfluth sind; nebst anderer Fossilien,so hier in Gera befindlich sind; ... in einem Send-Schreiben an Herrn Franc. Ernst. Brückmann. Gera 1745. 28 S. 8°

Hoppe, T. C., erbaul. Gedanken von d. himml. Freude u. Herrlichkeit auf d. Absterben d. seel. Prof. Franken. Neuer Abdruck. 20. Halle 821. Waisenh.-B. 6 gr.

HOPPE, Tobias Konrad: Nachricht von den sogenannten Eichen-"Weiden" und Dornrosen, ingleichen von den Libellen oder Wasserjungfern. - Leipzig 1748. 20 S.

Hoppe, W. Die bunten Farben u. ihre Anwendung im Buchdruck. Nach prakt. Erfahrgn. zusammengestellt. gr. 16. (32 S. m. 2 farb. Taf.) Lpz.-Anger 892, W. Hoppe. — 60

Ⓑ **Hoppe,** W., die bunten Farben. 892. Jetzt: Leipzig, Verlag A. Hasert & Co.

Hoppe, W., d. bunten Farben u. ihre Anwendg. im Buchdruck. Nach prakt. Erfahrgn. zusammengest. (2. [Titel-] Aufl.) gr. 16. (32 S. m. 2 farb. Taf.) Leipzig-Anger (892) 895. W. Hoppe. — 60

Hoppe, Walther: Das Verhältnis Jean Pauls zur Philosophie seiner Zeit. Mit besond. Berücks. d. Levana. *Leipzig 1901: B. G. Teubner.* (83 S.) 4°(8°) ¶ Mit d. Preise d. phil. Fak. d. Univ. Leipzig gekr. Arbeit — Aus: Neue Jahrbücher f. d. klass. Altertum, Gesch. u. dt. Litt. u. f. Päd., Bd 8.
Leipzig, Phil. Diss. v. [16. Aug.] 1901

Hoppe, Wilhelm

Hoppe, W., Anweisung z. Gesangunterricht f. Lehrer in Volksschulen. 4. (7½ B.) Königsberg 829, Unzer.
Vgl. Hope.

Hoppe, Wilhelm, Assistenzarzt aus Breslau: **Beitrag zur Lehre von den angeborenen Kreuzsteißbein-Geschwülsten.** ⟨Mit 6 Abb. im Text.⟩ *Leipzig 1903: J. B. Hirschfeld.* (32 S.) 8°
Breslau, Med. Diss. v. 28. Febr. [übergeklebt: 7. März] 1903

Hoppe, W., 60 Choralmelodien, dreistimmig, für Diskant, Alt, u. Tenor oder Baß. 4. Königsb. 827. Bornträger. 12 gr.

Hoppe, Wilhelm [aus Breslau]: Über akute nicht eitrige Encephalitis . . . Berlin, C. Vogt's Buchdr., *1893;* 30 S., 1 Bl. 8.
Berlin, Med. Fak., Inaug.-Diss. v. 3. März 1893

Hoppe, Wilhelm: Aus d. Univ.-Psychiatr. u. Nerven-Klinik zu Kiel. Über einen Fall von Tumor cerebri mit langjähriger Epilepsie. Parchim 1909: Freise. 27 S. 8°
Kiel, Med. Diss. v. 6. Juli 1909, Ref. Siemerling
[Geb. 8. Juli 83 Halle a. S.; Wohnort: Schwerin i. M.; Staatsangeh.: Mecklenburg-Schwerin; Vorbildung: Realgymn. Schwerin Reife O. 03; Studium: Heidelberg 2, Rostock 3, München 2, Kiel 3 S.; Coll. 26. Mai 08; Approb. 14. Juni 09.] [U 09. 2267

Hoppe, W., Gesangübungen für Männerstimmen als Anschluß an jede gute Elementar-Gesangschule. gr. 4. (16 S.) Leipzig 860, Merseburger.

Hoppe, Wilh., Leitfaden zum Gesangunterricht in Volksschulen. gr. 8. (VI und 66 S. und Singfibel 8 S.) Insterburg 852, Wilhelmi's Buchh. *

—— der Singfreund. Eine Auswahl volksmäßiger deutscher Lieder für Jung und Alt, zunächst der lieben Schuljugend gewidmet. 1. Heft. gr. 8. (27 S.) Insterburg 855, Wilhelmi's Buchh. *

Hoppe, Willy, a. Berlin: Erzbischof Wichmann von Magdeburg. Kap. 3. Die Stellung Wichmanns zum Schisma nach dem Tode Hadrians IV. ⟨bis 1166⟩. Nebst Exkurs 1. (Magdeburg 1908: E. Baensch jun.) (33 S.) 8° [F.] ¶ (Erscheint vollst. in: Geschichtsblätter f. Stadt u. Land Magdeburg, Jg. 1908.)
Berlin, Phil. Fak., Ref. Schäfer, Diss. v. 14. März 1908
[Geb. 13. Febr. 84 Berlin; Wohnort: Berlin; Staatsangeh.: Preußen; Vorbildung: Askanisches Gymn. Berlin Reife O. 02; Studium: Berlin 1, Göttingen 2, Berlin 8 S.; Rig. 19. Dez. 07.]

Pastorale Rücksichtslosigkeit. Predigt über Luc. 9, 61–62 ... 1902 geh. von Superint. [Albrecht Emil Ferdinand] Hoppe-Haushagen. *Greifswald 1902: J. Abel.* (16 S.) 8° [F.] 03. 703 9

Hoppe, pastorale Rücksichtslosigkeit. Predigt üb. Luc. 9, 61—62, auf dem Konvent der Synode Greifswald-Land am 24. IX. 1902 geh. gr. 8. (16 S.) Greifswald 902. J. Abel. n. — 40

Hoppe-Seyler, Amanda, s.o. Amanda

Hoppe, Amanda, Elisen-Hain. 8. (VI und 215 S. mit 1 Holzschnt.) Berlin 861, (Beck.) *

[F.] Eine Häschengeschichte v. Tante Amanda (d. i. Amanda Hoppe). 5. Aufl. M. 4 Bild. v. Gust. Annemüller. *Berlin: Winckelmann & Söhne 1895.* (20 S., 4 Taf.) 1 Bd 8. 98. 4129

Eine Kätzchengeschichte, ihren Neffen Karl, Otto, Paul u. ihrer kleinen Nichte Anna gewidmet von Tante Amanda [Hoppe]. 7. durchges. Aufl. Mit 5 Bild. von W. Schröder. Berlin: Winckelmann & Söhne [1904]. (30 S.) 8° [F.] 04. 4733

Vöglein Rot und Vöglein Blau. Ein Frühlingsmärchen von Tante Amanda ⟨A[manda] Hoppe-Seyler⟩. Mit 7 Bild. von Prof. Hoeppner u. Einbandzeichn. von Georg Burmester. Berlin: K. W. Mecklenburg [1906]. (60 S.) 8° [F.] 07. 12578

Hoppe-Seyler, Felix

Hoppe, Felix, Anleitung zur pathologisch-chemischen Analyse für Aerzte und Studirende. br. 8. (XIV und 281 S. mit 20 eingedr. Holzschn.) Berlin 858, A. Hirschwald. *

Hoppe-Seyler, Fel., Beiträge zur Kenntnis d. Stoffwechsels bei Sauerstoffmangel. [Aus: „Festschrift f. R. Virchow".] gr. 4. (16 S.) Berlin 891. G. Reimer. n. 1. —

Hoppe-Seyler, Fel., physiologische Chemie. (In 4 Thln.) gr. 8. Berlin, Hirschwald. * 15 40

Inhalt:
Thl. 1. Allgemeine Biologie. (VI, S. 1—174 mit 4 eingedr. Holzschn.) 877. * ℳ 4,80.
" 2. Specielle physiolog. Chemie: I. Die Verdauung und Resorption der Nährstoffe. (VI, S. 175—363.) 878. * ℳ 5.
" 3. — dass. — II. Blut, Respiration, Lymphe, Chylus. (VI, S. 365—618 mit 9 eingedr. Holzschn.) 879. * ℳ 5,60.

Hoppe-Seyler, Felix, physiologische Chemie. 4. (Schluss-) Thl. A. u. d. T.: Specielle physiolog. Chemie. III. Die Organe des Thierkörpers und ihre Functionen, der Gesammtstoffwechsel der Thiere. gr. 8. (XVI, S. 619—1036.) Berlin 881, Hirschwald. *
1.—3. Thl. Ebendas. 1877—79. * ℳ 15,40.

— über die Einwirkung des Sauerstoffs auf Gährungen. [Festschrift zur Feier des 25jähr. Bestehens des patholog. Instituts zu Berlin Hrn. Geh. Med.-R. Prof. Dr. Rud. Virchow überreicht.] gr. 8. (III, 32 S.) Straßburg 881, Trübner. *

Hoppe-Seyler, Felix.
Ueber die Entwickelung der physiologischen Chemie und ihre Bedeutung für die Medicin. Rede zur Feier der Eröffnung des neuen physiologisch-chemischen Instituts der Kaiser-Wilhelms-Universität Strassburg gehalten am 18 Februar, 1884. Strassburg pp. 32, roy. 8vo.

Hoppe-Seyler, Felix, üb. d. Entwickelung der physiologischen Chemie u. ihre Bedeutung f. d. Medicin. Rede. Lex.-8. (32 S.) Strassburg 884. Trübner. n. 1. —

Hoppe-Seyler, über die Entwickelung der physiologischen Chemie (XVII. Bd. 1. Abthl. S. 726). Entgegnung darauf, s. Krukenberg, C. F. W.

Hoppe-Seyler, Felix.
Handbuch der physiologisch- und pathologisch-chemischen Analyse für Aerzte und Studirende. Berlin, 1858. 8vo.
Zweite Auflage. Berlin, 1865. 8vo.
Dritte Auflage. Berlin, 1870. pp. xii–420, 8vo.
Vierte Auflage. Berlin, 1875. pp. viii–486, 8vo.
Fünfte Auflage. Berlin, 1883.

Hoppe-Seyler, Fel., Handbuch der physiologisch- und pathologisch-chemischen Analyse für Ärzte und Studirende. 2., verm. und gänzlich umgearb. Aufl. gr. 8. (VIII und 404 S. mit 14 eingedr. Holzschn. und 1 Stnt. in Farbendr.) Berlin 865, A. Hirschwald. *

— — 3. Aufl. Mit 14 (eingedr.) Holzschn. u. 1 (lith.) Taf. (in Farbendr.) Ebend. 870. gr. 8. (XII, 420 S.) n. 3 ℛ 20 ngr.

Hoppe-Seyler, Fel., Handbuch der physiologisch- und pathologisch-chemischen Analyse für Aerzte und Studirende. 3. Aufl. (XII, 420 S. mit 14 eingedr. Holzschn. und 1 lithogr. Taf. in Farbendr.) 1870. * ℳ 11., und 4. Aufl. gr. 8. (VIII, 486 S. mit 15 eingedr. Fig. in Holzschn.) Berlin 875, Hirschwald. *

— Handbuch der physiologisch- und pathologisch-chemischen Analyse für Aerzte und Studirende. 5. Aufl. gr. 8. (VIII, 551 S. mit 18 eingedr. Fig. in Holzschn.) Berlin 883, Hirschwald. *

Hoppe-Seyler, Fel., Handbuch der physiologisch- u. pathologisch-chem. Analyse f. Aerzte u. Studirende. 6. Aufl., neu bearb. v. F. Hoppe-Seyler u. H. Thierfelder. gr. 8. (VIII, 548 S.) Berlin 893. A. Hirschwald. n. 14. —

Hoppe-Seyler's, Fel., Handbuch der physiologisch- u. pathologisch-chemischen Analyse f. Aerzte u. Studirende. Bearb. v. H. Thierfelder. 7. Aufl. Mit 18 Textfig. u. 1 Spectraltaf. Lex.-8. (XV, 618 S.) Berlin 903. A. Hirschwald. n. 16. —

Hoppe-Seyler's, Fel., Handbuch der physiologisch- u. pathologisch-chemischen Analyse f. Aerzte u. Studierende. Bearb. v. H. Thierfelder. 8. Aufl. Mit 19 Textfig. u. 1 farb. Spectraltaf. (XX, 854 S.) Lex. 8. Berlin 909. A. Hirschwald. 22. —

— über die Quellen der Lebenskräfte, s. a. Sammlung gemeinverständlicher wissenschaftlicher Vorträge.

Lebenskräfte. Hoppe-Seyler F, über die Quellen der Lebenskräfte. (Sammlung gemeinverständlicher wissenschaftlicher Vorträge 138) Berlin 1871

— über Spectralanalyse, s. a. Sammlung gemeinverst. Vorträge.

Hoppe-Seyler F, über Spektralanalyse. (Sammlung gemeinverständlicher wissenschaftlicher Vorträge 66) Berlin 1868

Hoppe-Seyler, F: Ueber Spectralanalyse. 2. Aufl. Berlin 1871

— medicinisch-chemische Untersuchungen. Aus dem Laboratorium für angewandte Chemie zu Tübingen. 1.—3. Heft. gr. 8. Berlin 866—68, A. Hirschwald. [1. Heft. (VII und S. 1—167 mit 3 Stnt.) * 1 Thlr. 10 Ngr., 2. Heft. (IV und S. 168—300.) * 28 Ngr., 3. Heft. (IV und S. 301—449.) * 28 Ngr.] *

— medicinisch-chemische Untersuchungen. Aus dem Laboratorium f. angewandte Chemie zu Tübingen. 4. [Schluss-] Hft. gr. 8. (VI u. S. 410—593.) Berlin 871. Hirschwald. n. 2. 80 (cplt.: 12. 40)

— Zeitschrift f. physiolog. Chemie, unter Mitwirkg. v. G. Bunge, E. Drechsel, O. Hammarsten etc. hrsg. v. E. Baumann u. A. Kossel. 21.—26. Bd. à 6 Hfte. (à ca. 100 S. m. Abb. u. Taf.) gr. 8. Strassburg 895—898. K. J. Trübner, Verl. à Bd. n. 12. —

— Zeitschrift für physiologische Chemie, unter Mitwirkg. von G. v. Bunge, Emil Fischer, O. Hammarsten u. a. hrsg. v. A. Kossel. 27.—37. Bd. à 6 Hfte. gr. 8. Strassburg, K. J. Trübner. à Bd. n. 12. —
27. (IV, 594 S. m. 1 Taf.) — 28. (IV, 615 S. m. 2 Taf.) — 29. (IV, 567 S. m. 4 Taf.) — 30. (IV, 573 S. m. 2 Taf.) — 31. (IV, 578 S. m. 1 Taf.) — 32. (IV, 597 S.) — 33. (IV, 608 S. m. 1 Taf.) — 34. (IV, 584 S. m. 3 Taf.) — 35. (IV, 579 S. m. 6 Taf.) — 36. (IV, 574 S. m. 3 Taf. u. 6 Tab.) — 37. (IV, 550 S.)

— dasselbe. Sach- u. Autorenregister zu Bd. I—XXX. Bearb. v. H. Steudel. gr. 8. (265 S.) Ebd. 901. n. 7.—

Hoppe-Seyler's Zeitschrift f. physiologische Chemie, unter Mitwirkg. von G. v. Bunge, P. Ehrlich, Emil Fischer u. a. hrsg. v. A. Kossel. 38.—50. Bd. à 6 Hfte. gr. 8. Strassburg 903—906. K. J. Trübner. à Bd. n. 12. —
38. (IV, 584 S.) — 39. (V, 560 S. m. 8 Abb.) — 40. (IV, 574 S. m. 18 Abb. u. 12 Taf.) — 41. (V, 547 S. m. 1 Abb. u. 2 Taf.) — 42. (V, 566 S. m. 5 Abb., 9 Kurven u. 5 Taf.) — 43. (V, 546 S. m. 12 Abb.) — 44. (VI, 579 S. m. 2 Abb., 10 Kurven u. 2 Taf.) — 45. (VI, 499 S. m. 26 Kurven u. 14 Taf.) — 46. (VI, 522 S. m. 2 Abb. u. 7 Taf.) — 47. (VI, 569 S. m. 6 Abb.) — 48. (VI, 579 S. m. 5 Abb., 5 Kurven u. 1 Taf.) — 49. (V, 483 S. m. 5 Abb. u. 7 Taf.) — 50. (V, 542 S. m. 6 Abb. u. 4 Taf.)

Hoppe-Seyler's Zeitschrift für physiologische Chemie, unter Mitwirkg. v. E. Abderhalden, Svaute Arrhenius, G. v. Bunge u. a. hrsg. v. A. Kossel. 31.—40. Bd. Sach- und Autorenregister. Bearb. v. K. Thomas. (469 S.) gr. 8. Strassburg 910. K. J. Trübner. 12. —

Hoppe-Seyler's Zeitschrift für physiologische Chemie, unter Mitwirkg. v. E. Abderhalden, Svante Arrhenius, G. v. Bunge u. a. hrsg. v. A. Kossel. 51.—70. Bd. à 6 Hefte. gr. 8. Strassburg 907—10. K. J. Trübner. à Bd. 12. —
51. (VI, 550 S. m. 5 Abb. u. 1 Kurvenzeichng.) — 52. Mit 7 Kurvenzeichngn. u. 3 Abb. im Text u. 3 Taf. (V, 528 S.) — 53. (VI, 546 S. m. 2 Abb. u. 1 Kurvenzeichng.) — 54. (VII, 549 S. m. 1 Taf. u. 1 Kurvenzeichng.) — 55. (VII, 556 S. m. mehreren Abb. u. 3 Kurvenzeichngn.) — 56. (VII, 553 S. m. 3 Taf. u. 1 Kurvenzeichng.) — 57. (VII, 546 S. m. 1 Abb. u. 5 Kurvenzeichngn.) — 58. Mit 1 Bildnis v. Gustav v. Hüfner, 11 Fig. u. 1 Taf. (VIII, 546 S.) — 59. (VIII, 519 S. m. 2 Abb. u. 4 Taf.) — 60. (VIII, 532 S. m. 5 Fig. u. 5 Kurvenzeichngn.) — 61. Mit 2 Taf., 2 Kurvenzeichngn. u. 1 Abb. (VIII, 516 S.) — 62. (VIII, 496 S. m. 1 Taf. u. 22 Kurvenzeichngn.) — 63. Mit 4 Abb., 3 Kurvenzeichngn. u. 3 Taf. in Lichtdruck. (VII, 484 S.) — 64. (VIII, 480 S. m. 4 Abb., 15 Kurvenzeichngn. u. 18 Taf.) — 65. (VIII, 512 S. m. 1 Abbildg. u. 2 Kurvenzeichngn.) — 66. Mit 50 Kurvenzeichngn. im Text u. 53 Taf., davon 2 in Lichtdr. (VII, 344 S.) — 67. Mit 1 Taf. in Lichtdr., 3 Kurvenzeichngn. u. 12 Abb. (VIII, 503 S.) — 68. (VIII, 503 S. m. 10 Abbildgn. u. 5 Kurvenzeichngn.) — 69. Mit 1 Taf. in Lichtdruck, 68 Kurvenzeichngn. u. 1 Abb. (VIII, 498 S.)

Hoppe-Seyler, Georg [Dr.]: Über die Ausscheidung der Atherschwefelsauren im Urin bei Krankheiten .... Strassburg, Verl. v. Karl J. Trubner, 1887; 34 S. 8°
Kiel, Med. Fak., Hab.-Schr. v. 8. Okt. 1887

Hoppe-Seyler, Georg (Karl Felix) (geb. Berlin 17. 2. 1860): Beiträge zur Kenntniss der Indigo bildenden Substanzen im Harn und des künstlichen Diabetes mellitus. Berlin (1883). (36 S.) 8°
Berlin, Med. Diss. v. 12. März 1883

Hoeppe, Georg [aus [illegible] i. Schl.]: Über einige Derivate der diphenylierten Trichloräthane. Breslau, Druck v. Robert Nischkowsky, 1889; 28 S. + 2 Bl. 8°
Breslau, Phil. Fak., Inaug.-Diss. v. 17. Jan. 1889

Hoeppe, Georg. Ueber einige Derivate der diphenylierten Trichloräthane. Breslau, 1889.

Hoppe-Seyler, G., Johannes Bockendahl. Ein Gedenkblatt. (27 S. m. 1 Bildnis.) gr. 8. Kiel 903. R. Cordes. n. 1. —
Sonderabdr. a.: „Mitth. f. d. Ver. schleswig-holstein. Aerzte".

Hoppe-Seyler, G.: Krankheiten, Die, der Leber, s. Quincke, H.

Hoppe-Seyler, Geo., s.: Mitteilungen f. den Verein schleswig-holsteinischer Aerzte.

Hoeppe, H., Untersuch. d. Frage, ob Plato einen zeitl. Anfang der Welt angenommen hat. S.-A. 23 S. s. a. 1.—

[Hoeppe, Hermannus Fridericus: *De Demosthenis et Aeschinis orationibus Ctesiphonteis.] 42 Bl. 4° (2°)
Halle-Wittenberg, Phil. Diss. v. 5. März 1875
Geb. [Lippen b. Neusalz a. d. Oder (Kr. Freistadt) 5. 3. 1848]

Höppe, J. F. W., die Rechtsmittel der Revision und der Nichtigkeitsbeschwerde des preuß. Prozesses in ihrer, durch die Gesetzgebung und die Praxis des k. geh. Ober-Tribunals ihnen gegebenen Gestaltung systemat. dargestellt und mit einem Anhange versehen. gr. 8. (IV und 144 S.) Berlin 847, C. Heymann.

[Höppe, R. W.]: Widerlegung der Heinr. Simon'schen Schrift: Annehmen oder Ablehnen? . . . durch e. andern Preuß. Juristen. Berlin 1847.

Höppe, W., Geheimer Ober-Tribunalsrath und Mitglied des Großen-Bundesrathes, Die jetzige Lage der Deutschen Verfassungsangelegenheit. Ansprache an alle Mitglieder des Treubundes und wahren Vaterlandsfreunde, beschlossen vom Großen-Bundesrathe und gehalten in der Versammlung des Treubundes in Berlin am 10. October 1849. Berlin, J. Sittenfeld, 1849. 24 S. 8°.

Hoppeler Hans [med. prakt. von Brugg, Aargau]: Aus dem pathologischen Institut der Universität Zürich. Direktor Herr Prof. Ernst. Ueber einen Fall von Adenoma hepatis. (Mit einer Tafel.) Zürich 1903. 25 + 1 S. 8°.
Zürich. Med. Diss. 1902/1903.

Hoppeler, Hans. Ueber einen Fall von Adenoma hepatis. Diss. Med. Univ. Zürich. *Kopftitel:* Aus dem pathologischen Institut der Universität Zürich. Direktor Herr Prof. [Paul] Ernst. — [Mit 1 Tafel.] IV + 26 S. 8. Zürich, Zürcher & Furrer, 1903.

Hoppeler, Rudolf Robert

Hoppeler, Robert. Die Anfänge des Hauses Vaz. 8.
38. Jahresbericht der Historisch-antiquarischen Gesellschaft von Graubünden. Jahrg. 1908. Chur, Victor Sprecher, 1909. S. 95—111 ‹17 S.›. (... Beilagen: [2].)

Hoppeler. Rob(ert). Der Antheil des Urner Contingentes an den Kampfen der Berner in den Märztagen 1798. kl.-4. (Altdorf 1899.) P
Denkschrift an die Ereignisse im Lande Uri vor hundert Jahren [Nr.] 1.)

Hoppeler. R[obert]. Beiträge zur Geschichte des Wallis im Mittelalter. (1. [einziger Theil]. Das Unter-Wallis und dessen Beziehungen zum Hochstift Sitten während des XIII. Jahrhunderts. [Sep.-Ausg. der Diss. Phil. Zürich.]) 8. Zürich 1897.

Beiträge zur Geschichte des Wallis im Mittelalter. Von R. R. Hoppeler.
Zürich: Orell Füssli 1897. (IV S., 2 Bl., 291 S.) 1 Bd 8. [97. 3546]

Hoppeler, Robert. Beiträge zur Rechtsgeschichte der Talschaft Savien im Mittelalter. 18 S. 8.
37. Jahresbericht der Historisch-antiquarischen Gesellschaft von Graubünden. Jahrg. 1907. Chur, Sprecher & Valer, 1908. (... Beilagen: [1].)

Hoppeler, R[obert]. Die militärischen Ereignisse an den Ufern des Vierwaldstättersees in den Monaten Juni und Juli 1799. [Mit 1 Tafel.] 21 S. 4. Zürich, Komm. Beer & Co., Druckerei der Neuen Zürcher Zeitung. [fr. 3. —]
106. Neujahrsblatt der Feuerwerker-Gesellschaft ... in Zürich auf das Jahr 1911.

Hoppeler, Robert. Die Ereignisse im bündner. Oberlande in der ersten Hälfte des XIV. Jahrhunderts und ihre Ueberlieferung. Vortrag, gehalten in der Historisch-antiquarischen Gesellschaft des Kantons Graubünden am 16. Februar 1909. [SA. aus: 39. Jahresbericht der Hist'-ant' Ges' von Gr'. Jahrg. 1909.] 21 S. 8. [Chur, Victor Sprecher, 1910.]

Die Rechtsquellen des Kantons Zürich. Bearb. u. hrsg. von Robert Hoppeler. T. 1. Bd 1. Arau: Sauerländer 1910. XIX, 570 S. 8°
(Sammlung schweizer. Rechtsquellen. Abt. 1, T. 1, Bd 1.) fio. 5936

Hoppeler, Rob., s.: Sammlung schweiz. Rechtsquellen.

Hoppeler, Rob(ert). Der Untergang des alten Fleckens Altdorf am 5. April 1799. ‹Mit Abbildung des Fl' vor dem Brande [Tafel, und Quellen-Beilagen].› kl.-4. (Altdorf 1899.)
Denkschrift an die Ereignisse im Lande Uri vor hundert Jahren. [Nr. 2.]

Hoppeler, R[udolf] R(obert), von Zürich: Das Unter-Wallis und dessen Beziehungen zum Hochstift Sitten während des XIII. Jahrhunderts. Zür. Orell Füssli 1897. 2 Bl., 294 S., 1 Bl. 8°.
Zürich, Phil. Diss. I. S. [v. 3. März 1897].

Ursern im Kriegsjahr 1799. Von Dr. Rob. Hoppeler, Zürich. (Altdorf 1900: Gisler & Cie.) (15 S.) 8° [5.]
— Neujahrs-Blatt. Historisches, hrsg. vom Verein f. Gesch. u. Alterthümer von Uri auf d. Jahr 1900. [No] 6. [2.]

Höppener, Chp. Jh., Diss. de contractus aestimatorum natura et indole. 8. Dorpat. 816.

Hoeppener, Hugo, s.: Fidus.

Höppener, Wlh. Alb., Diss. de sympathia inter singula, systema generationis foemininum constituentia, organa intercedente. 8. Dorpat 821. (68 S.)

Hoppenhausen, Johann Christoph (Heiligenstadt). De commercio humano, sive veris contractibus. Disp. jur. Rector Philipp Wilhelm Graf v. Boineburg. Prorector Johann Philipp Streit. Erfurt (Georg Heinrich Müller) 3. XI. 1706. 38 Seiten. (7.—) 15997

Hoppenrath, Clara, decorat. Blumen u. Ränder. qu. gr. 8. (6 farb. Bl.) Berlin (900). W. Schultz-Engelhard. 4. 50

— Möbelfüllungen, s.: Vorlagen f. Brandmalerei. 82. Lfg.

— moderne stylisierte Vorlagen für Brandmalerei u. Lederschnitt. gr. Fol. (8 Taf.) Berlin (900). W. Schultz-Engelhard. 6. —

Hoppenrath, Julius, a. Kl. Butzig, Referendar am Kgl. Landgericht zu Danzig: Was ist ein Gesetz im Sinne der Reichsverfassung? Culm 1905: C. Brandt. (55 S.) 8°
Erlangen, Jur. Fak., Ref. Rieker, Diss. v. 30. Aug. 1905
[Geb. 22. Aug. 80 Kl.-Butzig; Wohnort: Danzig; Staatsangeh.: Preußen; Vorbildung: Gymn. Culm Reife O. 99; Studium: Leipzig 2, Berlin 2, Königsberg 2 S.; Rig. 20. Juli 05.]

Hoppen, F. A. [Hrsg.], s. Patent- und Zeichenwesen, Das.

F. X. von Hoppenbichl, Versuch über die anwendbarsten Grundsätze bei Culturprozessen.
Verf. Theologe und kurpfalzbairischer Geheimer Rat. Begründer und ständiger Direktor der Burghausener Landesökonomie-Gesellschaft. Vergl. Nr. 1141.
München 1793.

Höppener, Johann, aus Estland. Ueber die Zersetzung einiger Schwefel- und Chlorverbindungen im Organismus. Diss. Dorpat. 8°. 54 pp. 1863

Hoeppener, Oscar, Estonus. Beitrag zur Lehre vom Wundfieber. Diss. Dorpat. 8°. 102 pp.

Hoppensack, Jh. Mt., über d. Bergbau in Spanien überhaupt u. d. Quecksilberbergbau zu Almoden insbesondere. Mit Kpf. gr. 8. Weim. 796. Ind. Compt. 1 Rt

Hoppensack, J. M., über den Bergbau in Spanien. m. K. gr. 8. Weimar, Landes Ind. C. 796.

Hoppensack, Jh. Mt. Bericht über die Königl. Spanischen Silberbergwerke zu Cazalla und Guadalcanal. Mit Kpf. gr. 8°. 1796.

Hoppensack, Leopold August

Hoppensack, L. A., epische Bilder. 12. (63 S.) Paderborn 889. F. Schöningh. n. 1. 60; geb. n. 2. 60

— Erzählungen aus d. Schwarzwald, s. a. Familienfreund.

Hoppensack, L. A. Erzählungen aus dem Schwarzwald. I. Der grosse und der kleine Bube. II. Der Rathschreiber von Kenzingen. III. Die Schwarzenbacher und die Reichenbacherin. In-8°, 400 S. Einsiedeln, Benziger. 1878. Gebd. 3 30

Hoppensack, Leop. Aug., Prinz Eugenius, der edle Ritter. Rhapsodische Genre- u. Schlachtbilder. gr. 16. (III, 304 S. m. e. Holzschntaf.) Mainz 873. Kupferberg. 3. —

— Prinz Eugenius, der edle Ritter. Rhapsodische Genre- und Kriegsbilder. Neue (Titel-)Ausg. 16. (304 S. mit 1 Holzschntaf.) Mainz (873)79, Kupferberg. 3 —

— der Krieg wegen sechs Schillingen, s. Familien-Bibliothek.

Hoppensack, Leop. Aug., Lieder vom Schwarzwalde. 16. (XI und 186 S.) Mainz 865, Kupferberg. *

— Lieder vom Schwarzwalde. [Dichtungen christlichen Geistes.] 2. (Titel-)Aufl. 16. (XI, 168 S.) Ebendas. (865)69. *

Hoppensack, L. A., Carl Martel, der große Majordomus. Romantische Erzählung. 2 Thle. 8. (192; 337 S.) Paderborn 880, F. Schöningh.

— der schwarze Schatten, s.: Familien-Bi-thek.

— Therese, ein Volkslied aus dem Münsterthale des Schwarzwaldes in 11 Gesängen. 16. (131 S.) Mainz 867, Kupferberg. *

Hoppensack, L. A., Winfrid-Bonifatius. 8. (III, 286 S.) Münster 886, F. Schöningh. *ℳ 2.40.; geb. * 3 60

Hoppenstedt, zwei Worte zur Verständigung (über Staat, Kirche und Schule). gr. 8. (46 S.) Hannover 849. (Ratzeburg, Linsen.) *

Die Haftbarkeit des Bankiers bei gestohlenen Werthpapieren. Eine Sammlung d. gesetzgeberischen Quellen-Materials von A[dolf] Hoppenstedt. Reg.R. a. D. *Berlin: C. Heymann 1900.* (154 S.) 8° [F.] [00. 4754

[F.] Zur Revision des Handels-Gesetzbuches. Zwei Anträge v. A. Hoppenstedt, ... Dir. d. Bank des Berl. Kassen-Ver. *Berlin: C. Heymanns 1896.* (1 Bl., 54 S.) 1 Bd 8. [97. 1786

Hoppenstedt, A. Zum Checkgesetz. Kritik d. dem Bundesrathe vorgelegten Entwurfes e. Checkgesetzes f. das Deutsche Reich. gr. 8. (48 S.) Berl. 892, C. Heymann. * 1 —

Hoppenstedt, A., Der Scheckgesetz-Entwurf v. 1907. Kritik u. Abänderungsvorschläge. (III. 61 S.) gr. 8. Berlin, C. Heymann 1907. 1. —

Der Scheckgesetz-Entwurf von 1907. Kritik u. Abänderungsvorschläge von A[dolf] Hoppenstedt, Reg.R. a. D. Berlin: C. Heymann 1908. (61 S.) 8° [F.] [08. 5908

Hoppenstedt, A. Ein zweites Wort zum Checkgesetz. Vortrag, geh. in der Vereinigg. Berliner Bank- u. Wechselgeschäfte am 14. April 1892. gr. 8. (54 S.) Berl. 892, C. Heymann. * 1 —

Hoppenstedt, Aug. Ldw., († d. 25. April 1830.) von d. christl. Glaubenskraft, in 2 Predd., nebst e. kirchl. Danksagung. gr. 8. Celle 828. Schulze. 4 gr.

— der Kinderfreund für Familien u. Schulen. Ir Bd. 1 Hft. 8. Gotha 813. Perthes. 18 gr.

– s. Jh. B. Koppe, über.

Hoppenstedt, Aug. Ludw., Leben u. Wirken rc., s. Knauer, A. W.

— Lieder für Volksschulen. 8. Hannov. 793. (anonym.) 5e A. 825. Hahn. 10 gr. Anhang dazu oder Fabeln u. Erzähll. 8. Ebd. 802. N. A. 815. 4 gr.

— — Anhang dazu. 8. Ebend. 802.

Hoppenstedt, Aug. Ldw., prakt. Anweis. zum Gebrauch d. Lieder in Volksschulen. 8. Hannov. 803. Hahn. 10 gr.

— Bemerkk. zu d. prakt. Anweis. zum Gebrauch d. Lieder rc. 8. Hannov. 803. Hahn. 4 gr.

Hoppenstedt, A. L., Lieder für Volksschulen. 8. Hannov. Hahn. 806.

— Lieder f. Volksschulen. 4te Aufl. mit Anhang. 8. Hann. Gebr. Hahn. 815.

— Anhang dazu enth. Fabeln u. Erzählungen f. Kinder. 8. Ebend. 815.

Hoppenstedt, (A. L.) Lieder f. Volksschulen. 5e Aufl. 8. Hannover 825. Hahn.

— Melodien zu den Liedern für Volksschulen, von F. W. Benecken u. H. Wegener. 2 Thle. Hannov. 802. 3e A. 809. Hahn. 1 Rthlr. 16 gr. Pbg. Pr. 16 gr.

— Melodien zu den Liedern für Volksschulen. Fol. Ebend. 802.

— u. J. Sam. Wynecken, vierteljährl. Nachrichten v. Kirchen- u. Schulsachen. 8. Hannov. 820—82.

– s. F. L. Polstorff, Trost- u. Stärkungsbüchlein.

— Predigt am Sonnt. nach Trinit., am Michaelis- u. Erndtedankfeste, d. 1. Oct. 1826 gehalten. 8. Celle 826. Schulze. 4 gr.

— drei Predigten. (Zum Besten der durch Wasserfluthen Verunglückten.) gr. 8. Hannov. 825. (Hahn). (Schulze in Celle). 6 gr.

— drei Predigten. (Zum besten d. durch Wasserfluthen Verunglückten.) gr. 8. Hannover 826. (Hahn.)

Hoppenstedt, A. L., Predigten in den Jahren der feindlichen Unterdrückung von 1805 bis 1810, zu Harburg gehalten. 3 Bde. gr. 8. Hannover, Gebr. Hahn. 818. (1r Bd. 1 Rthlr. 12 Gr. 2r Bd. 20 Gr. 3r Bd. 1 Rthlr. 4 Gr.)

— Predigten in den Jahren d. feindl. Unterdrückung von 1805 bis 1813 zu Harburg gehalten. 3 Bde. gr. 8. Hannov. 818. Hahn. 3 Rthlr. 12 gr.

— — Rede am 4ten Juny 1814 in der Kirche zu Harburg gehalten. gr. 8. Hannover, Gebr. Hahn.

– s. E. v. Rochow, Kinderfreund.

— Samml. der in d. Liedern für Volksschulen enthalt. bibl. Sprüche rc. 8. Hannov. 803. Hahn. 8 gr.

Hoppenstedt, Carl Wilhelm, s. Hoppenstedt, Karl Wilhelm

Hoppenstedt, Chr. Casp., De visione. Helmst. 4°. 1713

Hoppenstedt, Julius

Hoppenstedt, J., die Ausbildung des Schützen, des Unteroffiziers der Kompagnie u. des Bataillons in Vorschriften u. Beispielen. Mit zahlr. Skizzen im Text. 8. (VII, 186 S.) Berlin 902. E. S. Mittler & Sohn. n. 2. 25

Hoppenstedt, Jul., taktische Besprechungen im Gelände. Ein takt. Hilfsmittel für Offiziere aller Waffen. Mit 1 Karte in Steindr. (IV, 63 S.) gr. 8. Berlin 909. E. S. Mittler & Sohn. 1.60; geb. 2. 60

[F.] Zeitgemässer Dienstunterricht. E. Hilfsmittel f. d. Unterr. d. Mannschaften aller Waffen. Von J. Hoppenstedt, Hauptm. ... *Berlin: E. S. Mittler & Sohn 1897.* (2 Bl., 56 S.) 1 Bd 8. [97. 3933

Hoppenstedt, J., Zeitgemäßes Entfernungsschätzen, Berlin 1893, 32 S., 16°.

[F.] Zeitgemässes Entfernungsschätzen. Von J. Hoppenstedt, Hauptm. ... im Inf.-Reg. Nr. 144. *Berlin: E. S. Mittler & Sohn 1898.* (32 S., 1 Bl.) 1 Bd 8. [98. 560

— Fehlerprocent-Tabelle f. d. Schätzungsfehler. 4. (2 S.) Metz 897. Basel, E. Seifert. n.n. — 25

— Taktisches Handbuch des Infanterie-Offiziers, s. a. Handbibliothek des Offiziers.

Taktisches Handbuch des Infanterie-Offiziers. Ein Ratgeber f. Ausbildung u. Führung d. Truppen, sowie f. d. takt. Fortbildung d. Offiziers von [Julius] Hoppenstedt, Major. Mit 5 Pl. u. Abb. Berlin: E. S. Mittler & Sohn 1908. (VIII, 298 S.) 8° [F.]
— Handbibliothek d. Offiziers. Bd 12. [08. 8396

— taktisches Hülfsbuch im Gelände u. bei taktischen Arbeiten. Auf Grund der Felddienst-Ordng. vom 1. I. 1900 bearb. 12. (IV, S. m. 9 Formularen u. 1 Taf.) Ebd. 900. Geb. in Leinw. n. 1.25

— Der Infanterist im Kampf der verbundenen Waffen. Ein Hilfsmittel für den Mannschaftsunterricht und die Ausbildg. der Unterführer bei Kriegsspielen, Übungsgängen u. dgl. Mit e. Plane im Maßstabe 1:10000. (36 S.) gr. 8. Berlin 907. E. S. Mittler & Sohn. 1.—

Der Kampf um befestigte Stellungen in Geschichte, Lehre und Beispiel. Von [J.] **Hoppenstedt**, Major. Mit 14 Geländeskizzen sowie 2 Kartenbeilagen. Berlin: E. S. Mittler & Sohn 1905. (IX, 136 S.) 8° [F.] [06. 7063

— ein wackerer deutscher Kriegsmann vor dem Feinde, s.: Kampe.

[F.] Offizier-Felddienstübungen in Beispielen auf kriegsgeschichtlicher Grundlage v. J. **Hoppenstedt**, Hauptm. ... im Inf.-Reg. Nr. 144. M. 7 Sk. im Text u. 1 Kt. *Berlin: E. S. Mittler & Sohn 1898.* (IV, 108 S., 1 Sk., 1 Kt.) 1 Bd 8. [98. 7344

— Offizier-Felddienstübungen in Beispielen auf kriegsgeschichtlicher Grundlage. 2., umgearb. u. erweit. Aufl. gr. 8. (VI, 112 S. m. 7 Skizzen u. 2 Karten.) Ebd. 902. n. 2. 40; geb. in Leinw. n. 3. 40

— Offizier-Felddienstübungen. 1. u. 2. Tl. 8. Berlin 906. E. S. Mittler & Sohn. n. 4. 15; geb. n. 6. 15
1. In Beispielen auf kriegsgeschichtlicher Grundlage. 3. Aufl. (VI, 112 S. m. 7 Skizzen u. 1 Karte.) n. 2. 40; geb. n. 3. 40
2. Der Bewegungskrieg u. Märsche zu Gefechtsübungszwecken. (V, 82 S. m. 1 Karte.) n. 1. 75; geb. n. 2. 75

Patrouillen- u. Radfahrer-Kommandos in Lehre und Beispiel von [Julius] **Hoppenstedt**, Major. Mit 2 Karten. Berlin: R. Eisenschmidt 1906. (112 S.) 8° [F.] [07. 1099

— Sammlung taktischer Aufgaben m. Lösungen. Für Offiziere aller Waffen zur Vorbereitg. u. Aufgabenstellg. im Frontdienst. Mit 2 Karten, 1 Uebersichtsskizze u. 1 Skizze im Text. (VI, 110 S.) gr. 8. Berlin 903. E. S. Mittler & Sohn. n. 2. 50; geb. n. 3. 50

— Sammlung taktischer Aufgaben m. Lösungen. Für Offiziere aller Waffen zur Vorbereitg. f. Prüfgn. u. Aufgabenstellg. im Frontdienst. 2. verb. u. verm. Aufl. Mit 8 Übersichtsskizzen im Text u. 8 Karten in Steindr. (VI, 135 S.) 8. Ebd. 908. 3.—; geb. 4.—

Die Schlacht der Zukunft. Von [Julius] **Hoppenstedt**, Major. Mit 1 Karte. Berlin: E. S. Mittler & Sohn 1907. (VI, 241 S.) 8° [F.] [07. 12333

— Die Schlacht der Zukunft. 2., veränd. u. erweit. Aufl. 4.—6. Taus. Mit 1 Karte in Steindr. u. 2 Skizzen im Text. (XII, 268 S.) 8. Ebd. 910. 4.—; geb. 5.—

[F.] Schützenaufgaben. Drei Unterrichtsstunden im Gelände. Von J. **Hoppenstedt**, Hauptm. ... im Inf.-Reg. Nr. 144. M. 1 Skizze. *Berlin: E. S. Mittler & Sohn 1897.* (2 Bl., 77 S., 1 Sk.) 1 Bd 8. [98. 562

Sind wir kriegsfertig? Von Julius **Hoppenstedt**. Mit zahlr. Skizzen. Berlin: Mittler 1910. X, 234 S. 8° [10. 1626

— Tabelle zur Errechnung der Fehlerprozente beim Schätzen. (2 S. auf Karton.) gr. 8. Ebd. (908). v —20

— die Taktik der Neuzeit im Spiegel der neuen französischen Reglements. In Erweiterg. e. Vortrages, geh. vor dem Offizierkorps des Füsilier-Regiments Fürst Karl Anton v. Hohenzollern (Hohenzollernsches) Nr. 40. (III, 68 S.) 8. Ebd. 906. n. 1. 40

— Taktik u. Truppenführung in Beispielen. Für den Truppendienst u. zur Vorbereitung. f. Prüfgn., Übungsritte u. Winterarbeiten bearb. 1. u. 2. Tl. gr. 8. Ebd. 901. n. 7.—; geb. in Leinw. n.n. 10.—
1. Formale Taktik. Mit 3 Karten, 8 Skizzen im Text u. 1 Formationstaf. (VI, 212 S.) 901. n. 4. 50; geb. n.n. 6.—
2. Das Gefecht der verbundenen Waffen, Beurteilungen, Entschlüsse, Befehle. Nebst e. kurzgefaßt. Gefechtslehre. Mit 1 Karte u. 1 Skizze im Text. (VI, 100 S.) 902. n. 2. 50; geb. n. 4.—

— Taktik u. Truppenführung in Beispielen. Für den Truppendienst u. zur Vorbereitg. f. Prüfgn., Uebungsritte u. Winterarbeiten bearb. 3. Tl.: Aufklärg., Marschsicherg., Vorposten. Mit 1 Karte u. 1 Uebersichtsskizze. (VI, 84 S.) gr. 8. Ebd. 903. n. 2. 25; geb. in Leinw. n n. 3. 75

Übungsritte in Aufgaben, Durchführung und Berichten für Offiziere aller Waffen. Bearb. von [J.] **Hopponstedt**, Major in Potsdam. Mit 1 Karte. *Berlin: E. S. Mittler & Sohn 1900.* (IV, 139 S.) 8° [F.] [illegible]

Hoppenstedt, der Unteroffizier der Infanterie im Außendienst. (48 S.) 12. Berlin 904. E. S. Mittler & Sohn. n. —60

[F.] Unteroffizier-Aufgaben. E. Beitr. z. Ausbildg d. Unterführer. F. Offiziere, Kriegsschüler, Einj.-Freiw. ... zsgest. v. J. **Hopponstedt**, Hauptm. ... im Inf.-Reg. Nr. 144. M. 1 Kt. u. 4 Krokis im Text. *Berlin: E. S. Mittler & Sohn 1897.* (74 S., 1 Kt.) 1 Bd 8. [97. 3102

— Unteroffizier-Aufgaben. Ein Beitrag zur Ausbildg. der Unterführer. Für Offiziere, Kriegsschüler, Einjährig-Freiwillige u. Unteroffiziere zusammengestellt. 2., durchgeseh. Aufl. Mit 1 Karte u. 4 Krokis im Text. gr. 8. (74 S.) Ebd. 899. n. 1. 20

Unteroffizier-Aufgaben. Ein Beitrag z. Ausbildung d. Unterführer. Für Offiziere, Kriegsschüler... zsgest. von [J.] **Hoppenstedt**, Major. 3., durchges. Aufl. Mit 1 Karte u. 4 Krokis. Berlin: E. S. Mittler & Sohn 1906. (80 S.) 8° [F.] [illegible]

[F.] Vortruppenkämpfe. Takt. Studie auf kriegsgeschichtl. Grundlage m. Beispielen f. d. Friedenspraxis v. J. **Hoppenstedt**, Hauptm. ... im Inf.-Reg. Nr. 144. M. 1 Kt. u. 5 Sk. *Berlin: E. S. Mittler & Sohn 1'98.* (2 Bl., 157 S., 1 Kt.) 1 Bd 8. [98. 11830

— wie studiert man Kriegsgeschichte? Dargestellt an e. Beispiel aus dem südafrikan. Kriege 1899. Eine Anleitg. f. das Selbststudium u. e. Hilfsmittel f. die Stellg. u. Lösg. v. Winterarbeiten u. für die Leitg. des Kriegsspiels. Mit 1 Skizze in Steindr. (V, 58 S.) 8. Ebd. 905. n. 1. 25

Hoppenstedt, Wir von der Infanterie, Die Geschichte des Preußischen Infanteristen, m. Abb., Berlin, 243 S., 8°.

— Ein neues Wörth. Ein Schlachtenbild der Zukunft. Mit 2 Plänen u. 9 Abbildgn. u. Skizzen im Text. (VIII, 239 S.) gr. 8. Ebd. 909. 5.—; geb. 6.—

Hoppenstede, Ritter Karl Wlh., († d. 26. Juli 1826.) rechtl. Ausführung d. Ansprüche d. fürstl. Gesammthauses Wied auf die v. d. Grafen Ernst 1664 nachgelassenen zu d. Grafschaft Nieder-Isenburg gehör. Lande. Fol. Götting. 804. Dieterich. ...

– s. G. L. Böhmer, principia juris feudalis u. dessen Rechtsfälle.

– s. Darstellung d. Vorfälle, welche im letzten Sommer auf d. Universität zu Göttingen statt gefunden haben ...

Hoppenstedt, Carl Wilhelm (Hannover), De jure circa fructus feudi aperti ante ejus reinfeudationem maxime intuitu expectativarii. Diss. jur. Götting. (Jo. Christian Dieterich) 31. VIII. 1796. 24 S. (6.50) 15998

Hoppenstedt, Th., d. Betriebsorganisation u. d. landwirtschaftl. Route. [Aus: „Landwirtschaftl. Jahrbücher".] Lex.-8. (116 S.) Berlin 897. P. Parey. n. 3.—

[F.] Die Kultur des schweren Bodens. Bearbeitg, Bestellg u. Düngg nach eigenen Feldversuchen mit den passendsten Pflanzen u. Sorten. Von Th. Hoppenstedt, Herzogl. Braunschw. Amtsrat in Hannover. *Berlin: P. Parey 1897.* (52 S.) 1 Bd 8. [97. 3834

— d. Preise in ihrer Einwirkg. auf d. landwirtschaftl. Konto. [Aus: „Journal f. Landwirtsch."] gr. 8. (41 S.) Ebd. 897. n. 1. —

Hoppenstedt, W. J. J., Anmerk. über die Geschichte der Auferstehung Jesu u. d. Gründ. f. Kirche rc. 8. Hannov. Hahn. 786.

— Jesus u. seine Zeitgenossen. 3 Thle. 8. Hannov. 786—88. Hahn. 2 ℛ 15 gℊ

— Religionsvorträge. gr. 8. Hannov. Schmidt.

— Religionsvorträge. gr. 8. Hannov. 776. (Braunschw., Schulbuchh.) 8 gℊ

Hopper, Joachim (JCti Phrisii [= Friesland]), Conspectus seu dispositio pandectarum synoptica, ex praelectionibus deprompta à Felix Spiz. Adjecto ad calcem alio eodemque contractiore pandectarum breviario. Altdorf (Jod. Wilh. Kohles) 1713. 56 S. (7.—) 15999
Respondenten: Andreas Matthes (Nürnb.), Jacob Gottlieb Linck, Carl Wilhelm Marchdrencker, Joh. Joseph Mulner (Nürnb.), Joh. Leonhaard Scharmann (Nürnb.), Joh. Wolfgang Baur (Werhda-Noric.), Heinrich Felix Spiz (Altdorf).

Hopperi, Joach., epistolae ad Viglium ab Aytta Zuichemum. 4. Utrecht 802. (Leipz., Weidmann).

Hopper, Ioach., Isagoge ad veram jurisprudentiam. II pts. 4. Culmbach, Lumscher. 718.

HÖPPERGER, Franz 655
(F) Anleitung zur Herstellung und zum Gebrauche des Setzkastens für die im Verlage bei F. Tempsky in Wien und Prag erschienenen „Buchstabentäfelchen". Von Franz Höpperger. Wien und Prag. 1901. Tempsky. Gr.-8°. 8 S. K —.20

Hoppert, Maximilian (Resp.): Examen variarum opinionum de regno posterorum Abrahami in Aegypto. s.a. Baumgarten, Siegmund Jakob

Hoppert, Maximilian (Nürnberg), Examen variarum opinionum de regno posterorum Abrahami in Aegypto. Präs. Sigism. Jacob Baumgarten. Halle (Johann Christian Hilliger) April 1744. 44 S. (7.—) 16000
Gew.: Gustav Philipp Moerl, Joachim Negelein, Johann Jacob Pfizer, Nicolaus Haecker, Johann Herdegen, Adam Rudolph Solger. — Widm. v. Präs.

— — Dasselbe. Halle (Johann Christian Hilliger) 1749. 46 S., nur mit Widm. v. Präs. (6.80) 16001

Hopphopp, der, oder Karlemann der Bruder des Tolpatsch. Eine lehrreiche Geschichte mit vielen schönen bunten Bildern (in eingedr. Holzschn.) 4. (33 S.) Leipzig 851, Naumburg. — 2. Aufl. 4. (33 S.) Ebd. 851. — 3. Aufl. 4. (33 S.) Ebd. 851. ½ ℛ

Hoppichler, O. P., De Hermogene progymnasmatum script. 1884. Siehe unt. Aphthonius

Hoppii, Fr. Petr., Commentatio de servis litteratis. Hal. 720. 4. (24 Seiten).

Hoeppius, J. M. (Resp.): De irae energia ad morbos producendum, s. Alberti, M. (Praes.)

Hoppius, Joach.: Commentatio succincta ad Institutiones Justinianeas perspicuam textus explanationem, axiomatum inde descendentium demonstrationem cont., una cum praecognitis jurisprudentiae utilissimis. Ed. nova. Francofurti ad V. 1718.

— Ed. nova. Francofurti et Lipsiae 1736.

Hoppius, Joach.: Commentatio succincta ad Instit. Justinianeas. Ed. C. F. Walchius. Vol. I. II. *Frcf.* (698.) 772. 4. (4 Thl.)

Hoppin, Joseph Clark [of Providence, Rhode Island, U. S. A.]: Euthymides ... Munich, Bruckmann, 1896; VIII, 42 S., 1 Bl., 7 Taf. 8.
München, Phil. Fak., Inaug.-Diss. v. 1896

Hoppin, Jos. Clark, Euthymides. A study in Attic vasepainting. With 7 plates and 11 woodcuts. (Diss.) gr. 8. (VIII, 42 S.) Leipzig 896. O. Harrassowitz. n.n. 5. —

Hoeppl, Chrn., Atlantis. Eine Dichtung. 8. (184 S.) Hannover 856, Rümpler.

Hoeppl, Chrn., Gedichte. 16. (XII und 243 S.) Stuttgart 851, Ed. Hallberger.

Hoeppl, Chrn., ein weltlich Liederbuch. 8. (VII und 100 S.) Hannover 859, C. Rümpler.

— Sakontala. Lyrisches Drama. Wiesbaden 854. Ritter. 16. (VI, 79 S.) n. 24 ngr.

Hoeppl, Chrn., Sakontala. Lyrisches Drama. 2. Aufl. 16. (VIII, 79 S.) Wiesbaden 872. Limbarth. geb. m. Goldschn. n. 2. 40

Michael Hoeppler

Uebungs-Aufgaben zum schriftlichen Rechnen für die höheren Knaben-und Mädchen-Klassen... Von Michael Höppler. Bamberg: Jeschê 1824. 72 S. 8°

Höppler, (M.,) Uebungs-Aufgaben zum schriftl. Rechnen f. d. höheren Knaben- u. Mädchen-Klassen, aus den menschl. Lebens-Verhältnissen zusammengetragen. 8. Bamberg 824, Wesché in Frankf.

Hoeppner, Aug. Stralsund's Leben u. Treiben. Poetisches Handbuch f. Jedermann in 3 Abthlgn. [In plattdeutscher Sprache.] 16. (32 S.) Stralsund 890, (Meincke). — 50

Höppner, August Bruno [aus Cunnersdorf b. Hainichen]: Arthurs Gestalt in der Litteratur Englands im Mittelalter ... Jena, Frommannsche Hof-Buchdr., 1892; VIII, 66 S., 1 Bl. 8.
Leipzig, Phil. Fak., Inaug.-Diss. v. [16. Juni] 1892

Höppner, Carl Friedrich August, s. Höppner, Karl Friedrich August

Höppner, G., bäuerliche Buchführung, s.: Löbe's, William, landwirtschaftliche Bibliothek.

[F.] Neues Deklamatorium. E. Sammlg ernster u. heiterer Vortrags-Dichtgn. Hrsg. v. Gustav Höppner, ... Dir. d. Berliner Bühnenschule. *Berlin: H. Steinitz (1896).* (XVI, 222 S.) 1 Bd 8. (96. 319

Höppner, G., ein Fähnrich von der Garde, s. Theater-Album, militärisches.

Höppner, Gust., ein Fuchs im Taubenschlag, s.: Liebhaber-Bühne, neue. Nr. 33.

—— Hans im Glück, s. Bloch's, E., Dilettanten-Bühne.

—— ein stilles Haus, s. Album für Liebhaber-Bühnen.

Höppner, Gust. Komiker u. Soubrette, s. Universal-Bibliothek.

Höppner, Gust., ein Soldatenfeind od. Ein Fähnrich v. der Garde, s.: Theater-Album, militärisches.

—— Theodora, s. Liebhaber-Bühne, neue.

Höppner, Gust., am Weihnachtsabend, s.a. Bloch's, Ed., Theater-Gartenlaube.

[F.] Am Weihnachtsabend. Charakterbild in 1 Akt v. Gustav Höppner. *Berlin: E. Bloch [1894].* (13 S.) 1 Bd 8.
— Theater-Gartenlaube, Eduard Blochs. No 131. (94. 8370

Höppner, Hans Otto: Finanzwirtschaftliche Anschauungen L. V. von Seckendorffs nach seinem Werke 'Der Teutsche Fürstenstaat'. Borna-Leipzig 1910: Noske. 58 S. 8°
München, Staatswirtsch. Diss. v. 21. Dez. 1907, Ref. Lotz
[Geb. 31. Juli 81 Rostock; Wohnort: Rostock; Staatsangeh.: Mecklenburg-Schwerin; Vorbildung: Realgymn. Rostock Reife O. 01; Studium: Phil. Rostock 4, Staatsw. München 3, Phil. Rostock 3, Staatsw. Tübingen 1, München 2 S.; Rig. 21. Dez. 07.] [U 10. 3448

Höppner, J., über e. neue Hypothese der Entstehung der Sonnenflecken, wodurch auch ihre Periodizität sich erklärt. (7 S.) gr. 8. Rostock (903). (Berlin, R. Friedländer & Sohn.) n. — 50

Höppner, Julius, s. Höppner-Album.

Hoeppner, Jul., Album-Blätter. Zehn (chromolithogr.) Blatt nach Aquarellen. gr. 4. Leipzig 880, [Arnoldische Buchh.] Zehl's Verlag. In Umschlag *M* 7,50.; in Pappmappe In Leinw.-Mappe *

Höppner, J., Albumblätter. Neue Ausg. 4. [20 Aquarelldrucke: Blumen und Genre.) Leipzig 887. [Zehl.] E. Haberland. n. 10. —; einzelne Blätter à n. — 60

— Amoretten. Vorlagen. Fol. (4 Farbendr.-Taf.) Leipzig 889. Baldamus, Sep.-Cto. n. 5. —; einzelne Blätter à n. 2. —

— Amoretten, Sylphiden u. Gnomen. Neue Vorlagen f. Kunstgewerbe u. häusliche Kunstarbeit. Fol. (4 Bl. in Farbendr.) Leipzig 889. [Zehl.] E. Haberland. n. 8. —; einzelne Blätter à n. 2. 25

—— Anleitung zur Blumen-Malerei in Wasserfarben [Aquarell-Malerei]. [Erweit. Sonderabdr. aus: „Schule der Blumenmalerei".] 8. (III, 32 S.) Ebendas. 887. * — 60

Höppner, Jul., Anleitung zur Blumenmalerei in Wasserfarben (Aquarell-Malerei.) 2. unveränd. Aufl. (36 S.) gr. 8. Leipzig 903. E. Haberland. n. — 60
Erweiterter Sonderabdr. a.: „Die Schule d. Blumenmalerei".

Höppner's, Jul., Aquarellschule. Die Schule der Blumenmalerei. Untere Stufe: Einfachere Vorlagen. 24 Studien nach der Natur in je 4 die fortschreit. Ausführg. zeig. Blättern m. begleit. Text. 1. u. 2. Lfg. hoch-4. (à 8 Bl. m. 1 Bl. Text) Leipzig 886. Zehl. à n. 4. —

— Aquarellschule. Die Schule der Blumenmalerei. Einfachere Vorlagen. 24 Studien nach der Natur in je 4 die fortschreit. Ausführg. zeig. Blättern mit begleit. Text. Farbendr. v. J. G. Bach in Leipzig. Neue (Titel-)Ausg. (In 12 Lfgn.) 1.—4. Lfg. gr. 4. (à 6 Chromolith. u. 2 Umrisszeichngn. m. je 1 Bl. Text.) Ebd. 890. à n. 2. 40

Hoeppner, Jul., Aquarellschule. Die Schule der Blumenmalerei. Einfachere Vorlagen. 24 Studien nach der Natur in je 4 die fortschreit. Ausführg. zeig. Blättern m. begleit. Text. Farbendr. v. J. G. Bach in Leipzig. Neue (Titel-)Ausg. 5.—12. (Schluss-)Lfg. gr. 4. (à 6 Chromolith. u. 2 Umrisszeichngn. m. je 1 Bl. Text.) Leipzig 890. 891. E. Haberland. à n. 2. 40

— dasselbe, s. unten: Schule der Blumenmalerei.

Blätter u. Blüthen. Vier (chromolith.) Stimmungsbilder (Jahreszeiten). gr. Fol. Leipzig 889. [Zehl.] E. Haberland. n. 7. 50; einzelne Blätter à n. 2. —

-- Blumen. Vorlagen f. Aquarellmalerei. Sonderausg. aus der „Schule der Blumenmalerei". 12 Blatt in Farbendr. gr. 4. Ebd. 890. n. 7. 20; einzelne Blätter à n. — 75

— belebte Blumen. 9 Farbendr.-Illustr. nach Aquarellen. gr. 4. Ebend. 883. In Mappe. n. 6. —; Leinw.-Mappe dazu n. n. 3. —; einzelne Blätter à — 75

—— Blumen und Insekten, s. a. Zehl's Vorlagen-Mappe XXII.

-- Blumen u. Insekten. Vorlagen für Aquarell- und Porzellan-Malerei. [Vorlagenmappe XXII.] hoch 4. (11 Chromolith.) Leipzig 887. [Zehl.] E. Haberland. In Umschlag. n. 13. 75; einzelne Blätter à 1. 25

Höppner, J., kleine Blumen u. Ranken, s.: Remy, M.

— Blumen am Wege. 12 Aquarellen. Mit e. Auswahl lyr. Gedichte, gesammelt v. Vict Blüthgen. gr. 4. (VIII, 96 S. m. Umrahmgn.) Frankfurt a/O. 885. Waldmann. geb. m. Goldschn. n. — 25

-- Blumen am Wege. 12 Aquarellen. Mit e. Auswahl lyr. Gedichte, gesammelt v. V. Blüthgen. 2. u. 3. Aufl. gr. 4. (VIII, 96 S.) Leipzig 887. 888. Baldamus. geb. m. Goldschn. n. 25. —

— auf Blumengefilden. 4 Studienblätter in Farbendr. Fol. Leipzig 889. Baldamus' Sep.-Cto. n. 5. —; einzelne Blätter à n. 2. —

Höppner, J., Blumen-Geister. 4 (chromolith.) Studienblätter. Fol. Leipzig 889. Baldamus' Sep.-Cto. n. 5. —; einzelne Blätter à 1. 80

— Blumen-Geister. 2. Lfg. gr. Fol. (4 farb. Taf.) Leipzig 893. E. Baldamus, Sep.-Cto. n. 5. —; einzelne Blätter n. 2. —

— Blumengeister u. Amoretten. Kleine Ausg. 4. (6 farb. Taf.) Ebd. 893. n. 4. —; einzelne Blätter 1. 20

— ein Blumenjahr, s. a. Arnold's Aquarell-Mappe.

— ein Blumenjahr. 12 (chromolith.) Albumblätter. 4. Ebend. 882. In Leinw.-Mappe. n. 12. —; einzelne Blätter à n. 1. —

—— ein Blumenjahr. Zwölf (chromolithogr.) Albumblätter. 4. Ebendas. 884. *
Feine Ausg. in Leinw.-Mappe *
Ausg. in kl. 8. unaufgezogen *
Vgl.: Arnold's Aquarell-Mappe.

— Blumenschule. Leichte Vorlagen f. Aquarell-Malerei. Mit Umrissblättern zum Ausmalen u. Zwischenstufen, Untermalg. u. Schattirg. farbig darstellend, f. den Selbst-Unterricht. 4. (16 z. Tl. farb. Blatt m. 4 S. Text.) Leipzig 893. E. Haberland. n. 3. —

Hoeppner, Jul., in der Blüthenzeit. Ein Liederstrauß mit 9 Illustr. in Farbendr. nach Aquarellen. Farbendr. von J. G. Bach in Leipzig. gr. 4. (56 S.) Leipzig 883, [Arnoldi'sche Buchh.] Zehl's Verlag. geb. mit Goldschn. *

Höppner, Jul., aus d. Brautzeit. Tagebuchblätter aus glückl. Zeit. M. Denksprüchen u. 6 Aquarellbildern. gr. 8. (VIII, 392 S.) Leipzig 896. E. Haberland. Geb. in Celluloid u. Leinw. m. Goldschn. 8. —

— d. Buch d. Erinnerung, s.: Bern, Max.

– Liebe Erinnerungen, s. Bern, Max

— Fächer-Studien, s.: Giacomelli, H.

Hoeppner, Jul., von heimathlicher Flur. Ein Blumenstrauß in Aquarellen. 9 Illustr. in Farbendr. mit Dichtungen von E. Geibel, R. Reinick, L. Uhland u. A. Fol. (24 S.) Leipzig 879, Arnoldische Buchh. geb. mit Goldschn. * 40 —

—— dass. — Blüten deutscher Lyrik. Mit 9 Illustr. in Farbendr. nach Aquarellen. gr. 8. (80 S.) Ebendas. 882. geb. *

—— von heimatlicher Flur. Blüten deutscher Lyrik. 3. Aufl. gr. 8. (80 S. mit 9 Illustr. in Farbendr. nach Aquarellen.) Leipzig 886, Zehl's Verlag. geb. mit Goldschn. * 6 —

—— von heimatlicher Flur. Ein Blumenstrauß in Aquarellen. 9 Illustr. in Farbendr. mit Dichtungen von E. Geibel, R. Reinick, L. Uhland u. A. Fol. (24 S.) Ebendas. 884. geb. *

—— Von heimatlicher Flur. Blüten deutscher Lyrik m. 9 Illustr. in Farbendr. nach Aquarellen. 4. Aufl. gr. 8. (80 S.) Lpz. 889, [Zehl.] Haberland. geb. * 6 —

— v. heimatlicher Flur. E. Blumenstrauß in Aquarellen. M. Dichtgn. v. E. Geibel, R. Reinick, L. Uhland u. A. 3. Aufl. Fol. (24 S. m. 9 farb. Taf.) Leipzig 896. E. Haberland Geb. in Leinw. m. Goldschn. n. 20. —

—— gefiederte Freunde, s.a. Zehl's Vorlagen-Mappe.

Höppner J. gefiederte Freunde. (10 T) 4° [VS] Leipzig

— s.: Gedenkblätter f. Erlebtes u. Empfundenes.

— Gnomen u. Amoretten (Vorlagen f. Holzbrandtechnik), s.: Vorlagen-Mappe.

— s.a. Geburtstagsbuch, illustrirtes.

—— Geburtstagsbuch, illustrirtes. Erinnerungsblätter für alle Tage des Jahres. Mit 12 Farbendr.-Illustr. nach Aquarellen. Mit Gedenktafeln für jeden Monat und 1 Tab. zur Ermittelung der Wochentage 2c. gr. 8. (V, 99 S.) Ebendas. 882. geb. *

—— dass. — Für die Jugend. Mit 12 Farbendr.-Illustr. nach Aquarellen. Mit Gedenktafeln für jeden Monat und 1 Tab. zur Ermittelung der Wochentage 2c. gr. 8. (99 S.) Ebendas. 881. *

—— Gedenkbüchlein. Merkblätter für alle Tage des Jahres. Mit 1 Farbendr. Illustr. Mit Gedenktafeln für jeden Monat und 1 Tab. zur Ermittelung des Wochentags für jedes Datum. gr. 8. (99 S.) Ebendas. 883. cart. *

— Jahreszeiten. 4 (chromolith.) Albumblätter, Vögel u. Blumen. 4. Leipzig 882. Arnold. In Mappe. n. 2. —; einzelne Blätter à — 60

—— ein Kinderjahr. Zwölf Farbendr.-Bilder, die Monate des Jahres in Kindergruppen etc., nach Aquarellen. 4. Ebendas. 883.
In Leinw.-Mappe

—— im Kranze des Jahres. Ein Gedenk- und Gedichtbuch fürs Haus. Mit 12 Illustr. in Farbendr. nach Aquarellen. 1. und 2. Aufl. 8. (199 S.) Ebendas. 880,84. geb.

— im Kranze des Jahres. Ein Gedenk- u. Gedichtbuch
Allg. Bücher-Lexikon. VIII. Supplement-Band. 1.
fürs Haus. Mit 12 Illustr. in Farbendr. nach Aquarellen. 8. (199 S.) Leipzig 882. Arnold. geb. m. Goldschn. n. 12. —

—— Rococo. 6 Blatt Vorlagen (in Farbendr.) gr. 4. Lpz. 891, Baldamus, Sep.-Cto. * 7 50; einzelne Blätter à * 1 80

— Schule der Blumenmalerei in Wasserfarben. Untere Stufe — einfachere Vorlagen. 24 Studien nach der Natur in je 4 Blättern, die fortschreit. Ausführung in Farben zeigend. [Aquarell-Schule Ausg. A.] gr. 4. Mit Text. 8. (32 S.) Leipzig 887. [Zehl.] E. Haberland. In Pappmappe n. 48. —; in Leinw.-Mappe n. 50. —

— dasselbe. Ausgabe B. 12 Studien in je 4 Blättern. gr. 4. Mit Text. 8. (32 S.) Ebd. 887. In Pappmappe. n. 24. —

— dasselbe. Ausg. C. 6 Studien in je 4 Blättern. gr. 4. Mit Text. 8. (32 S.) Ebd. 887. n. 12. —; in Pappmappe n. 12. 60

—— kleine Studien für Blumenmalerei. Vorlageblätter zur Übung im Aquarellieren. 3 Lfgn. 4. (à Lfg. 4 Vorlagen und 4 Umrisse.) Ebendas. 888. à Lfg. * 4 —
Vorlagen allein à * — 75
Umrisse allein à * — 25

— s.a. Tagebuch.

—— Tagebuch, kleines. Gedenkblätter für alle Tage des Jahres mit Sinnsprüchen, biograph. Daten und 4 (chromolithogr.) Illustr. nach Aquarellen. Mit Anhang: Namenregister und Tabelle zur Ermittelung der Wochentage. 1. und 2. Aufl. 16. (VI, 407 S.) Ebendas. 882,84. geb. *

— aus lichten Tagen, s.a. Linda, O.

Höppner, Jul., aus lichten Tagen. Ein Strauß deutscher Lieder m. 10 Aquarellen. Farbendr. v. J. G. Bach. gr. 4. (48 S.) Leipzig 876. Arnold. geb. m. Goldschn. n. 40. —

Hoeppner, Jul., aus lichten Tagen. Ein Strauß deutscher Lieder mit 10 Aquarellen. 8. (88 S.) Leipzig 880. Arnold. geb. m. Goldschn. n. 12. —

— dasselbe. 4. Aufl. Imp.-4. (48 S.) Ebend. 881. geb. m. Goldschn. n. 40. —

—— aus lichten Tagen. Ein Strauß deutscher Lieder mit 10 Aquarellen-Farbendr. von J. G. Bach in Leipzig. 2.—4. Aufl. Imp.-4. (48 S.) Ebendas. 878—81. geb. mit Goldschn.
—— dass. — Kleine Ausg. 8. (88 S. mit 10 Aquarellen.) Ebendas. 880. geb. mit Goldschn.

Hoeppner, Jul., s.: Universal-Malvorlagen.

— — Vorlagen für Aquarell- und Porzellan-Malerei. 3 Hefte. gr. 4. Ebendas.

Inhalt:
Heft 1. Kleine Vorlagen: Blumen und Insekten. 6 Bl. Chromolithogr. 881. *ℳ 6.
» 2. Grössere Vorlagen: Blumen. 6 Bl. Chromolithogr. 881. *ℳ 10.
» 3. —— dass. — Blumen und Insekten. 5 Bl. Chromolithogr. 882. *ℳ 9.

— kleine Vorlagen für Aquarell- u. Porzellan-Malerei. 1—3. Hft. gr. 4. Leipzig 882. Arnold. n. 25. —
1. Blumen u. Insekten. (6 Chromolith.) n. 6. —
2. Grössere Vorlagen: Blumen. (6 Chromolith.) n. 10. —
3. Kleinere Vorlagen: Blumen u. Insekten. (5 Chromolith.) n. 9. —

Höppner, Jul., neue Vorlagen für Aquarell- und Porzellan-Malerei. Fol. (6 Chromolithogr. auf Carton.) Leipzig 886, Zehl's Verlag. *
Einzeln à Bl. *

— neue Vorlagen für Aquarell- u. Porzellan-Malerei. 2. Aufl. Fol. (7 Chromolithogr. auf Carton.) Ebd. 888. n. 16. —; einzeln à Bl. n. 2. 50

— — Neue Vorlagen f. Aquarell- u. Porzellan Malerei. 3. Aufl. 7 Blatt in Farbendr. auf Karton. Fol. Lpz. 890, [Zehl.] Haberland. * 10 —; einzelne Blätter à * 1 50

— s. Vorlagen-Mappe.

— Waldesweben. Gnomen-Scenen. Studien. Fol. (4 farb. Taf.) Leipzig 893. E. Baldamus, Sep.-Cto. n. 5. —; einzelne Blätter 1. 80

Höppner-Album. 25 ausgew. Illustr. nach Aquarellen v. Jul. Höppner. 25 Blatt in Farbendr. gr. 4. Leipzig 885. Zehl. In Mappe. 15. —

Höppner, Karl Friedrich August

Hoeppner, Carl Friedrich August (Plauen/Vogtl.), Observationes juris Romani et Saxonici. Präs. Georg Stephan Wiesand. Wittbg. (Carl Christ. Dürr) 6. X. 1775. 8 S. (4.50) 15441

Höppner, Max, aus Oschatz: Über einige Derivate von China-Alkaloiden. *München 1898: V. Högling.* (66 S.) 8°
München, Phil. Diss. v. 1899

Höppner, R. [aus Leipzig-Gohlis]: Über Arbeiterkammern. Leipzig 1897. IV—85 S. 8°. 2 Tabellen.
Basel, Phil. Diss. 1896/97.

Hoppodamus, Johannes (Übers.):

s.: Arnaldus de Villanova: Chymische Schriften. ...aus dem Latein in Teutscher Sprache übersetzet. Wienn: 1749

Hopps, John Page, der Glaube an ein Leben nach dem Tode auf eine wissenschaftliche Grundlage zurückgeführt, oder das Zeugniß, welches die moderne Wissenschaft für die Wirklichkeit und Ueberlegenheit des unsichtbaren Weltalls ablegt. In 6 Vorlesungen, übertragen von Gust. Blöde. 8. (60 S.) Leipzig 882, Besser.
Aus: Sprechsaal, besonders abgedruckt.

Hopser, Der arme. [Wien 1895.] V *Eulenburg, Philipp Graf zu.* (EB)

Hoppstädter, Wilh., die Sozialdemokratie e. rückschrittliche Partei! (Flugschrift Nr. 19.) (16 S.) gr. 8. Witten (905). (Berlin, Geschäftsstelle des Reichsverbandes gegen die Sozialdemokratie.) n. — 30

Hopstein, Pet., vaterländische Geschichte für Elementarschulen. 25.—35. Aufl. verb. und verm. mit Bezug auf die allgemeinen Bestimmungen des kgl. preuß. Ministers der geistl., Unterrichts- und Medicinal-Angelegenheiten vom 15. Octbr. 1872. gr. 16. (72 S.) Köln 872—75, Bachem. (* 30 Pf.)

Hopstein, Joseph, pract. Arzt aus Köln-Bayenthal: Aus d. chirurg. Klinik zu Bonn. Über Zungentuberkulose. *Bonn 1901: J. Bach Wwe.* (36 S.) 8°
Bonn, Med. Diss. v. [11. Mai] 1901

Hopstein, Pet., vaterländische Geschichte für Elementarschulen. 36.—82. Aufl., verb. und verm. mit Bezug auf die allgemeinen Bestimmungen des königl. preuß. Ministers der geistl., Unterrichts- und Medicinal-Angelegenheiten vom 15. Octbr. 1872. 8. (72 S.) Köln 876—79, Bachem. — 35

Hopstein, Peter, vaterländische Geschichte für Elementarschulen. 83.—123. Aufl., verb. und verm. mit Bezug auf die allgem. Bestimmungen des königl. preuß. Ministers der geistl., Unterrichts- und Medizinal-Angelegenheiten vom 15. Oktbr. 1872. 8. (72 S.) Köln 880—84, Bachem.

Hopstein, Pet., vaterländische Geschichte für Elementarschulen. 124.—131. Aufl. Mit Bezug auf die allgemeinen Bestimmungen des königl. preuß. Ministers der geistl., Unterrichts- und Medizinal-Angelegenheiten vom 15. Oktbr. 1872. 8. (72 S.) Köln 885, Bachem. *
Folgende Aufl. u. d. T.:

—— dass. — Für die Mittelstufe der Elementarschulen. 1.—6. Aufl. 8. (34 S.) Ebendas. 883,84.

—— dass. — für die Mittelstufe der Elementarschulen. 7.—10. Aufl. 8. (34 S.) Ebendas. 885—87. *

Hopstein, Pet. Vaterländische Geschichte f. die Mittelstufe der Volksschulen. 34. Aufl. 12. (34 S.) Köln 892, Bachem. * — 15

Hopstein, Pet., vaterländische Geschichte f. die Mittelstufe der Volksschulen. 37. Aufl. 12. (34 S.) Köln 893. J. P. Bachem. n. — 15

Hopstein, Pet., vaterländische Geschichte f. d. Mittelstufe d. Volksschulen. 50. Aufl. 12. (48 S. m. Abb.) Köln 898. J. P. Bachem. n. — 15

Hopstein, Pet., vaterländische Geschichte f. die Mittelstufe der Volksschulen. 51.—67. Aufl. 8. (à 48 S. m. Abb.) Köln (899—902). J. P. Bachem n. — 15

Hopstein, Pet., vaterländische Geschichte f. die Mittelstufe der Volksschulen. 80. Aufl. (48 S. m. Abbildgn.) kl. 8. Köln (906). J. P. Bachem. n. — 15

Hopstein, Pet., vaterl. Geschichte f. die Mittelstufe d. Volksschulen. 92. Aufl. (49 S. m. Abbildgn.) kl. 8. Cöln (909). J. P. Bachem. — 15; erh. Pr. — 20

—— vaterländische Geschichte für die Oberstufe der Elementarschulen. 132.—152. Aufl. 8. (72 S.) Ebendas. 886—88. *

—— desgl. — f. die Oberstufe der Volksschulen. 183. Aufl. Mit Titelbild u. 3 Karten. 12. (79 S.) Ebd. 892. * — 35

— dasselbe f. die Oberstufe der Volksschulen. 193. Aufl. 12. (80 S. m. 2 Bildern u. 3 farb. Karten.) Ebd. 894. n. — 35

— dasselbe f. d. Oberstufe d. Volksschulen. 210. u. 211. Aufl. M. zahlr. Abb. u. 3. farb. Landkarten. 12. (à 112 S.) Ebd. 898. n. — 35

— dasselbe, f. d. Oberstufe d. Volksschulen. 213.—235. Aufl. Mit zahlr. Abbildgn. u. 5 farb. Landkarten. 8. (à 112 S.) Ebd. 899—902. n. — 35

— dasselbe f. die Oberstufe der Volksschulen. Mit zahlreichen Abbildgn. u. 5 farb. Landkarten. 257. Aufl. (118 S.) kl. 8. Ebd. (906). n. — 35

— dasselbe f. die Oberstufe der Volksschulen. Mit 30 Abbildgn. u. 5 farb. Landkarten. 269. Aufl. (118 S.) kl. 8. Ebd. 909. — 40

—— Leitfaden für den Handarbeits-Unterricht in der Volksschule. 8. (32 S. mit 1 Tab. und 1 Taf.) Saarlouis 885, Hausen. *

—— Übungsbuch für den Unterricht in der deutschen Rechtschreibung. Nach den Vorschriften des königl. preuß. Unterrichts-Ministeriums über deutsche Rechtschreibung vom 21. Jan. 1880 unter Mitwirkung mehrerer prakt. Schulmänner bearb. 1.—3. verb. Aufl. 8. (47 S.) Saarlouis 881—84, Hausen. *

— Übungsbuch f. den Unterricht in der deutschen Rechtschreibung. Nach den Vorschriften des königl. preuß. Unterrichts-Ministeriums über deutsche Rechtschreibung vom 21. Jan. 1880 unter Mitwirkung mehrerer praktischer Schulmänner bearb. 2., verb. Aufl. 8. (47 S.) Saarlouis 881. Hausen. n. — 30

— Übungsbuch f. den Unterricht in der deutschen Rechtschreibung. Nach den Vorschriften d. königl. preuß. Unterrichts-Ministeriums üb. deutsche Rechtschreibg. vom 21. Jan. 1880 unter Mitwirkg mehrerer prakt. Schulmänner bearb. 3. Aufl. 8. (47 S.) Ebend. 884. n. — 30

-- Übungsbuch f. den Unterricht in der deutschen Rechtschreibung. Nach den Vorschriften des kgl. preuß. Unterrichts-Ministeriums über deutsche Rechtschreibung vom 21. Jan. 1880 unter Mitwirkg. mehrerer prakt. Schulmänner bearb. 4., verb. Aufl. 8. (51 S.) Saarlouis 887. Hausen. n. — 30

[F.] Uebungsbuch für den Unterricht in d. deutschen Rechtschreibung. Nach d. Vorschriften d. Kgl. preuss. Unterrichtsminist. üb. deutsche Rechtschreibg v. 21. Jan. 1880 unt. Mitw. mehr. prakt. Schulmänner bearb. v. P[eter] **Hopstein,** Kgl. Schulrat. 5, verb. Aufl. *Saarlouis: M. Hausen 1894.* (51 S.) 1 Bd 8. [58. 4464 Bo

— Uebungsbuch f. den Unterricht in der deutschen Rechtschreibung. Unter Mitwirkg. mehrerer prakt. Schulmänner hrsg. 6. Aufl. Nach den neuesten ministeriellen Bestimmgn. m. Berücksicht. der mundartl. Sprech-, Sprach- u. Schreibfehler bearb. v. M. Neu, früherem Mitarbeiter, u. M. Delges. (112 S.) kl. 8. Saarlouis 906. M. Hausen. n. — 40; kart. n. — 50

Höpstein, Alb., praktisches Handbuch der Buchführungskunde für den deutschen Buchhandel, zur klarsten Geschäfts- u. Vermögensübersicht. 1e Abthl. Inventur. schmal gr. 4. Leipzig 838. Verfasser. (Brockhaus.) ⅔ ₰ — 2e Abthl. Geschäftsführung. schmal gr. 4. Ebd. 838. 2⅚ ₰

Hoepstein, Alb., prakt. Handbuch d. Buchführungskunde f. d. deutschen Buchhandel, z. klarsten Geschäfts- u. Vermögensübersicht. Schmal gr. 4. (26½ B.) Leipzig 838, Verf. (Brockhaus.) *

Höpstein, Albert, praktisches Rechenbuch zum Selbstunterricht für die Zöglinge des deutschen Buchhandels zur Repetition und Nachhilfe, sowie zur weitern Fortbildung in der Rechenkunst. Ein nothwend. Supplem. zu des Verf. „Vorschule für den deutschen Buchhandel." 2 Abthlgn. Abthl. 1.: Kurzer Inbegriff der Schule. — Abthl. 2.: Specielle Rechnungslehren für das Geschäftsleben. hoch 4. Leipzig 848, [D. A. Schulz.] [1. (84 S.) 2. (X und 113 S.)] *

Höpstein, Albert. († d. 29. April 1852), prakt. Rechenbuch zum Selbstunterricht f. die Zöglinge des deutschen Buchhandels zur Repetition u. Nachhilfe, sowie zur weitern Fortbildung in der Rechenkunst. Ein nothwend. Supplem. zu des Verf. „Vorschule f. d. deutschen Buchhandel." 1. Abthlg.: Kurzer Inbegriff der Schule. hoch 4. (84 S.) — 2. Abthlg.: Specielle Rechnungslehren f. das Geschäftsleben. hoch 4. (X u. 113 S.) Leipzig 848, Höpsteins Selbstverl. (Brockhaus.) n. 1⅓ ₰

Hoepstein, Albert, praktische Vorschule für den deutschen Buchhandel in merkantilischer, technischer u. literarischer Hinsicht. 1. Abthl. Merkantilische Hilfswissenschaften. 2. Abthl. Technische Hilfswissenschaften. 3. (letzte) Abthl. Literarische Hilfswissenschaften. Schmal gr. 4. Leipzig 842, Verfasser; (Brockhaus.) Alle 3 Abthl. n. 4 ₰

Hoepstein, Albert, praktische Vorschule f. den deutschen Buchhandel in merkantil., techn. u. literarischer Hinsicht. 3 Abthl. gr. 4. Leipzig 842—44, Verfasser. (Brockhaus.) *

Inhalt:

Abthl. 1. Merkantilische Hilfswissenschaften. (29 B.)
" 2. Technische Hilfswissenschaften. (9½ B.)
" 3. Literarische Hilfswissenschaften. (22¼ B.)

Hora eucharistica. Eine Stunde des Gebetes vor dem Allerheiligsten Sacramente. Wien 1892. V: *Fischer-Colbrie, Augustin.* (FB)

Hora eucharistica. Eine Stunde d. Gebetes vor d. allerh. Sacramente. 32. (70 S.) Wien 892, „St. Norbertus". * — 24; geb. * — 60

Hora eucharistica. Eine Stunde des Gebetes vor dem Allerheiligsten Sacramente. 3. Aufl. 16. (73 S.) Wien 894. St. Norbertus. n. — 24; geb. in Leinw. n. — 60

(F) Hora eucharistica. Eine Stunde des Gebetes vor dem Allerheiligsten Sacramente. [Von Dr. A. F.-C.] Mit oberh. Gutheissung des Wiener f.-e. Ordinariates. 4. Auflage. Mit einem Anhange der notwendigsten Gebete. Wien. 1899. St. Norbertus. 32°. 129 S. mit 1 Tafel fl. —.18, geb. fl. —.40

Hora Dr. Engelbert: Die hebräische Bauweise im alten Testament. Eine biblisch-archaeologische Studie. 28. 45. Karlsbad 02. 08. Prag.

Hora, Engelb., die hebräische Bauweise im Alten Testament. Eine biblisch-archäolog. Studie. (74 S.) gr. 8. Karlsbad (Haus Emilienhof) 903. Prof. Dr. Hora. n. 2. 70

Hora, Engelb., illustriertes Lehr- u. Lesebuch der Kirchengeschichte f. Gymnasien, Realschulen u. verwandte Lehranstalten. Unter Mitwirkg. des Vereines kathol. Religionslehrer an den Mittelschulen Österreichs bearb. (VI, 222 S. m. 50 Abbildgn.) gr. 8. Wien 907. A. Pichler's Wwe. & Sohn. Geb. 3. 20

Hora, Dr. Engelbert, Illustriertes Lehr- und Lesebuch der Kirchengeschichte für Lehrer- und Lehrerinnenbildungsanstalten und verwandte Lehranstalten. Unter Mitwirkung des Vereines katholischer Religionslehrer an den Mittelschulen Österreichs. Mit 50 Abbildungen. Wien 1910. A. Pichlers Witwe und Sohn. Geb. K 3.20.

Hora, Ernst: Heineccii Fundamenta stili cultioris. Ehrenrettung eines alten Schulbuches. S. 3—20. 8.
Progr. Kaiser Franz Josef-Staatsgymn. *Freistadt i. Oberösterr.* 1909.

Hora, Ernst: Katalog der Lehrerbibliothek, s. Herzog, Hugo

Hora Ernst: Katalog der Schülerbibliothek (mit einem Vorworte des Direktors v. Mori. 26. 2. (4). Radautz 02. 03. 05.
Progr.

Hora, Ernst: Der Komparativ. Ein neuer Deutungsversuch. S. 3 bis 36. 8. Kaiser Franz Josef-Staatsgymn. *Freistadt i. Oberöst.* 1907.
Progr.

Horn, Frz. A., květomluva. S naznačením hodin květinami a nápisy do památní knihy. Dárek krásné pleti. Prag 862. Silber. 64. (76 S.) n. 4 ngr

Hora Franz, Měřické tvaroznalství spojené s kreslením, für die erste Classe der Mittelschulen. Prag 1881. Slavík und Borový. Preis 65 kr.

Hora, Frant. A., Technologie. gr. 8. (IV und 308 S.) Wien 862, Gorischek's Universitäts-Buchh. *

Horn, F. A., v. učitel na vyšší realce v Plzni, Vzorky k měřickému kreslení pro nižší školy reálné. Sešit I. Obrazce přímočárné. (Hora. Musterblätter zum geometrischen Zeichnen für Unterrealschulen. Heft 1. Gerade Linien.) qu. 4. (18 Tafeln.) Pilsen, J. M. Žyka. 1865 50 kr.

Hora M. W.: Neue inventiertes Gartenwerck . . . 1.—2., 4. Büchl. U. St. o. A. 18 Tvl. 4°.

Horae belgicae. Studio atque opera Hoffmanni Fallerslebensis. Pars VII. Et. s. t.: Niederländische Glossare des XIV. u. XV. Jahrh. nebst einem Niederdeutschen. gr. 8. (2½ B.) Leipzig 845. [Carl Engelmann jun.] *
Vgl. 9. Bd. 1. Abthl. S. 417. Hoffmann.

Horae Belgicae, Studio atque opera Hoffmanni Fallerslebensis. Pars VIII. A. u. d. T.: Loverkens. Altniederländische Lieder von Hoffmann von Fallersleben. gr. 8. (VI und 46 S.) Göttingen 852, Dieterichsche Buchh. *

—— id. — Pars IX—XI. gr. 8. Hannoverae, Rümpler. *
Auch unter den Titeln:
Pars IX. Altniederländische Sprichwörter nach der ältesten Sammlung. Gesprächbüchlein, romanisch und flämisch. Hrsg. von Hoffmann von Fallersleben. (99 S.) 854. * 20 Ngr.
X. Niederländische geistliche Lieder des 15. Jahrhunderts. Aus gleichzeit. Handschriften hrsg. von Hoffmann von Fallersleben. (256 S.) 854. * 1 Thlr. 10 Ngr.
XI. Antwerpener Liederbuch vom J. 1544. Nach dem einzigen noch vorhandenen Exemplare hrsg. von Hoffmann von Fallersleben. (XV und 344 S. mit 1 Holzschnt.) 855. * 1 Thlr. 25 Ngr.
Pars I—VI. 1831—38. Breslau, Aderholz, Pars VII. Leipzig 845, Engelmann. 5 Thlr. 15 Ngr.

—— id. — Pars II. et VII. Editio II. gr. 8. Hannoverae 856, Rümpler. *
Inhalt:
Pars II. Niederländische Volkslieder. Gesammelt und erläutert von Hoffmann von Fallersleben. 2. Ausg. (I. II und 308 S.) * 2 Thlr. 10 Ngr.
VII. Glossarium Belgicum. Hrsg. von Hoffmann von Fallersleben. (XXVI und 127 S.) * 1 Thlr.

Horae belgicae. Studio atque opera Hoffmanni Fallerslebensis. Pars I. Editio II: Uebersicht der mittelniederländischen Dichtung. 2. Ausg. gr. 8. (XII und 136 S.) Hannover 857, C. Rümpler. *

Horae belgicae. Studio atque opera Hoffmanni Fallerslebensis. Pars 12: Bruchstücke mittelniederländischer Gedichte, nebst Loverkens. Hrsg. von Hoffmann v. Fallersleben. gr. 8. (64 S. mit 1 Holzschntaf.) Hannover 862, Rümpler. *
Pars 1—11. 1831—56. — Vgl. XII. Bd. 1. Abthl. S. 459.

Horae diurnae breviarii Coloniensis, jussu reverendiss. et eminentiss. principis, ac Maximiliani Friderici, D. G. archiepiscopi Coloniensis S. R. I. per Italiam archicancellarii, etc. rec. et emendati. Correxit et typis ac sumtibus suis denuo ed. Leon Schwann. 8. (40 B.) Novesii 841. Schwann.

Horae diurnae breviarii romani cum officiis sanctorum. 8. Vien. Trattner. 765.

— — idem liber. 12. Cöln, Fabricius. 783.

— diurnae sanctor. ordinis beatae Mariae de monte Carmelo. etc. 12. ibid. 785.

Horae diurnae breviarii romani, ex decretis S. Consilii Tridentini restituti, S. Pii V. Pont. Max. jussu editi, Clementis VIII. et Urbani VIII. auctoritate recogniti. 18. Mechl. 827. (Mainz, Müller). 1 ℔ 6 gr id. lib. 18. Wien 830. Mechit.-Congreg.-B. 1 ℔ 4 gr

—dass. m. roth. u. schwarz. Schrift u. farb. verz. Umschl. n. 1 ℔

—— id. — Viennae 829, Mechitaristen-Congreg.-Buchh.

Horae diurnae breviarii Romani, ex decreto Ss. Concilii Tridentini restituti S. Pii V. P. M. jussu editi Clementis VIII. et Urb. VIII. Auctoritate recogniti, cum officiis sanctorum per Summos Pontifices noviss. concessis. 18. (642 S.) Campoduni 832, Kösel. Thlr.

—— id. — cum officiis sanctorum per Summos Pontifices novissime concessis. 18. (486 Seit. roth. u. schw. Druck.) Campoduni 838, Kösel. *

—— diurnae breviarii Romani, ex decreto St. Concilii Tridentini restituti, S. Pii V. Pontificis Maximi jussu ed., Clementis VIII. et Urbani VIII. auctoritate recogniti. 16 min. (32½ B.) Mechliniae 840. (Moguntiae, Kirchheim, Schott et Thielmann; Lipsiae, Michelsen.) *
Mit rother u. schw. Schrift *

—— id. — cum officiis sanctor. per Summos Pontifices novissime concessis. 18 min. (774 Seit. roth u. schw. Druck u. Tilkpfr.) Viennae 840, Mechitaristen-Congreg.-Buchh.

—— diurnae Breviarii romani ex Decreto SS. Conc. Trident. restituti, S. Pii V. Pontificis Maximi jussu editi, Clementis VIII. et Urbani VIII. auctoritate recogniti, cum Officiis Sanctorum per summos Pontifices novissime concessis. 18. (17 B. m. schwarz. u. roth. Schrift.) Campidonae 844, Libr. Koesel.

Horae diurnae breviarii Romani ex decreto SS. concilii Tridentini restituti, S. Pii V. pontificis maximi jussu editi, Clementis VIII. et Urbani VIII. auctorit. recogniti. Cum officiis Sanctorum per summos pontifices novissime concessis. 18. (XXXVIII, 468 und 194 S.) Campidonae 848, libr. Kösel.

— diurnae breviarii romani ex decreto SS. concilii Tridentini restituti, S. Pii V. Pontificis max. jussu editi, Clementis VIII. et Urbani VIII. auctoritate recogniti. Cum officiis Sanctorum per summos Pontifices novissime concessis. 18. (XXXVI und 672 S. mit 1 Stahlst.) Campidonae 852, libr. Kösel.

— id. — 32. (XXXVII und 658 S.) Mechliniae 852. [Moguntiae, Kirchheim.]

— id. — 32. (XXXII, 296 und CC S.) Taurini 852. (Lipsiae, Gerhard.) *

— id. — Cum officiis propriis dioecesis Vratislaviensis. 32. (XXXII, 527 und 320 S.) Vratislaviae 853, Aderholz. *

— diurnae breviarii Romani ex decreto Sancti Concilii Tridentini restituti, S. Pii V. P. M. jussu editi, Clementis VIII. et Urbani VIII. auctoritate recogniti. Mechliniae 857. (Münster, Cazin.) 16. (16 Bl., 436, CCXII, 8 S.) n. 1 ₰. 10 ngr.

— — Cum officiis sanctorum. (Neue etc. Aufl.) Campidonae 858. (Koesel.) 18. (XXXVI, 464, 220 S. u. 1 Stahlst.) 25 ngr.

— — Cum officiis sanctorum etc. Editio nova, ea omnia cont., quae praeter lectiones et earum responsoria ad plenam officii matutini recitationem pertinent. Ratisbonae 858. Pustet. 16. (104, 582, CXLII, 104, 8 S.) n. 1 ₰. 10 ngr.

— diurnae breviarii romani ad usum fratrum minorum s. Francisci Capuccinorum et monialium ejusdem ordinis cum officiis sanctorum novissime per summos pontifices concessis annuente Salvatore ab Othierio. 16. (XXXII und 486 S.) Taurini 862. (Brixen, Weger's Buchh.) *

— diurnae breviarii romani ex decreto ss. concilii Tridentini restituti S. Pii V. pontificis maximi jussu editi, Clementis VIII. et Urbani VIII. auctoritate recogniti cum officiis sanctorum novissime per summos pontifices concessis. 32. (XXXII und 506 S.) Taurini 863. (Brixen, Weger's Buchh.) *

— dass. — Additis novissimis sanctorum officiis. 16. (XXXVI und 628 S. mit 1 Stahlst.) Regensburg 865, Pustet. In Leder geb. * 1 Thlr. 10 Ngr.; mit Goldschn. *

— diurnae breviarii romani ex decreto sancti concilii Tridentini restituti, S. Pii V. pont. max. jussu editi, Clementis VIII. et Urbani VIII. auctoritate recogniti. 16. (XXIV und 564 S.) Tournai 865, Casterman. In Leder geb. mit Goldschn. *

— diurnae breviarii romani ex decreto ss. concilii Tridentini restituti, S. Pii V. pontificis maximi jussu editi, Clementis VIII. et Urbani VIII. auctoritate recogniti. Cum officiis sanctorum per summos pontifices novissime concessis. 18. (XXXVI und 644 S. mit 1 Stahlst.) Kempten 867, Kösel'sche Buchh.

— diurnae breviarii romani, ex decreto concilii tridentini restituti S. Pii V. pontificis maximi jussu editi Clementis VIII. et Urbani VIII. auctoritate recogniti additis in proprio loco officiis etc. München 869. Lentner. 32. (XLII, 721 S.) n. 1 ₰

— dass. — additis in proprio loco officiis etc. 32. (XLII, 721 S.) München 869, Stahl. (*ℳ 3.) *

Horae diurnae breviarii Romani ex decreto ss. concilii Tridentini restituti s. Pii V. pontificis maximi jussu editi Clementis VIII et Urbani VIII auctoritate recogniti cum officiis sanctorum. Novissime per summos pontifices usque ad hanc diem concessis. 16. (XL, 614 S.) Romae 871. (Leipzig, Brockhaus' Sortiment und Antiquarium.) *

— dass. — 32. (712 S. mit 1 Stahlst.) Ebendas. 873.

— idem liber. Additis novissimis sanctorum officiis. Ed. Ratisbonensis. 2. 16. (XXXVI, 712 S. m. 1 Stahlst.) Regensburg 873. Pustet. 2. 10

Horae diurnae breviarii romani ex decreto sancti concilii Tridentini restituti s. Pii V. pontificis maximi jussu editi, Clementis VIII. et Urbani VIII. auctoritate recogniti. 16. (XXIX, 764 S.) London 874. (Aachen, Barth.) n. 6. —

Horae diurnae breviarii romani ex decreto ss. concilii Tridentini restituti s. Pii V. pontificis maximi jussu editi Clementis VIII. et Urbani VIII. auctoritate recogniti. Additis novissimis sanctorum officiis. 16. (XL, 724 S.) Romae 875. (Leipzig, Brockhaus' Sortiment und Antiq.) * 3 —

Horae diurnae breviarii romani ad usum fratrum et monialium discalceatorum ordinis B. V. Mariae de Monte Carmelo. Edit. II cum officiis novissimis. 12. (XXXII, 680 S.) Regensburg 880, Pustet. *

Horae diurnae breviarii romani ex decreto ss. concilii Trid. restituti S. Pii V. pontificis maximi jussu editi, Clementis VIII., Urbani VIII. et Leonis XIII. auctoritate recogniti. Editio typica. 16. (36, 544, 304, 36 S.) Regensburg 887, Pustet. *
geb. in Chagrinleder *ℳ 3.10.; in Leder mit Goldschn. *
geb. in Chagrinleder mit Goldschn. *
Beilage hierzu, s. Officia votiva p. a. pro singulis Hebdomadae Feriis etc.

— dasselbe. Cum officiis propriis dioecesis Wratislaviensis. 12. (XXXII, 439; 228 u. 16 S.) Breslau 888. Aderholz. n. 4. —

Horae diurnae breviarii romani, ex decreto sacrosancti concilii Tridentini restituti, S. Pii V. pontificis maximi jussu editi, Clementis VIII., Urbani VIII. et Leonis XIII. auctoritate recogniti. Ed. II. post typicam. gr. 4. (XVI, 416, 192, 26 S. m. Textbildern u. 1 Farbendr.) Regensb. 892, Pustet. * 8 —
geb. in Hlbchagrin * * 11 —; in Schafldr. m. Goldschn. * * 15 —
geb. in ächt Chagrin m. Goldschn. * * 18 —

— dasselbe. Ed. III. post typicam. 16. (36, 556, 300 u. 32 S. m. Abbildgn. u. 1 Stahlst.) Ebd. 893. n. 2. 40

Horae diurnae breviarii romani ex decreto ss. concilii Trid. restituti, S. Pii V. pontificis maximi jussu editi, Clementis VIII, Urbani VIII. et Leonis XIII. auctoritate recogniti. Ed. V. post typicam. 16. (40, 568, 32, 312 u. 24 S. m. Abbildgn. u. 1 Stahlst.) Regensburg 897. F. Pustet. n. 2. 40; Einbd. in Halbchagrin n.n. — 70; in Ldr. m. Goldschn. n n. 1. 80; in Chagrin m. Goldschn. n.n. 2. 40

— dasselbe. Ed. VIII. post typicam. gr. 16. (40, 640, 32, 344 u. 28 S. m. Abbildgn. u. 1 Stahlst.) Ebd. 899. 4. —; geb. in Halbchagrin n. 4. 70; in Ldr. m. Goldschn. n. 5. 80; in Chagrin m. Goldschn. n. 6. 40; in Juchten m. Goldschn. n. 7. 40

Horae diurnae breviarii romani ex decreto ss. concilii Trid. restituti, S. Pii V. pontificis maximi jussu editi, Clementis VIII., Urbani VIII. et Leonis XIII. auctoritate recogniti. Ed. typica. gr. 16. (40, 572, 32, 324 u. 28 S. m. Abbildgn. u. 1 Stahlst.) Regensburg 901. F. Pustet. 2. 40

Horae diurnae breviarii romani ex decreto ss. concilii Tridentini restituti, s. Pii V. pontificis maximi, jussu editi, Clementis VIII., Urbani VIII. et Leonis XIII. auctoritate recogniti. Ed. II post alteram typicam. (In Rot- u. Schwarzdr.) (36, 492, 276, 28, 31, 4 u. 4 S. m. Titelbild.) 16. Regensburg 903. F. Pustet. 3. —; geb. in Ldr. n. 4. 20; m. Goldschn. n. 4. 50; in Chagrin n. 5. 20; m. Goldschn n. 5. 50; in Juchten m. Goldschn. n. 6. 50

— dasselbe. Ed. III post alteram typicam. (In Rot- u. Schwarzdr.) (32, 620, 327, 28 u. 31 S. m. Abbildgn.) kl. 8. Ebd. 904. 5. —; geb. in Halbchagrin n. 6. 80; in Ldr. n. 8. —; m. Goldschn. n 8. 50; in rotem Ldr. m. Goldschn. n. 9. —; in Chagrin n. 9. 50; m. Goldschn. n. 10. —; in rotem Chagrin m.Goldschn. n. 11. —

— diurnae breviarii romani ad usum fratrum et monialium discalceatorum ordinis B. V. Mariae de Monte Carmelo, cum officiis novissimis hucusque a sancta sede concessis. Ed. III. (In Rot- u. Schwarzdr.) (40, 720, 336, 32 u. 31 S. m. Abbildgn. u. 1 Stahlst.) kl. 8. Ebd. 904. 5. —; geb. in Halbchagrin n. 6. 80; in Ldr. n. 8. —; in Chagrin n. 9. 50

Horae diurnae breviarii romani ex decreto ss. concilii Tridentini restituti, s. Pii V., pontificis maximi, jussu editi, Clementis VIII., Urbani VIII. et Leonis XIII. auctoritate recogniti. Ed. IV post alteram typicam. (In Rot- u. Schwarzdr.) (36, 492, 276, 28 u. 35 S. m. Abb.) 16. Regensburg 908. F. Pustet. 3. —

—— diurnae breviarii Trevirensis. 12. (758 S.) Saarlouis 860, Stein.

Horae, Duodecim, diei Austriaci felices . . . Viennae 1708. V: *Peer, Siegmund.* (Jes)

—— latinae, s.a. Rüdiger, C. A.

Horae latinae. Auswahl von Stellen aus lateinischen Classikern . . . Freyberg 1828. H: *Ruediger, Carl Aug.* (ABJP)

Horae Physicae Berolinenses collectae ex Symbolis virorum Doctorum H. Linkii, C. A. Rudolphi, F. W. Klugii, Neesii ab Esenbeck, Fr. Ottonis, A. a Chamisso, Fr. Hornschuchii, D. a Schlechtendal et C. G. Ehrenbergii. Edi curavit C. G. Nees ab Esenbeck. c. tab. aen. XXVII. Fol. maj. Bonnae, Marcus. 820.

—— societatis entomologicae rossicae. Tom. I—X. gr. 8. Petropoli. (Berlin, Friedländer und Sohn.) [Tom. I. (LXXIII, 169 S. mit 4 Stnt.) 861. **ℳ 9.; Tom. II. (LXXV, 189 S. mit 17 Stnt.) 863. **ℳ 9.; Tom. III. (XX, 335 S. mit 6 Stnt.) 865. **ℳ 12,60.; Tom. IV. (XVI, 192 S. mit 2 Chromolithogr.) 867. **ℳ 8,10.; Tom. V. (XIII, 191 S. mit 4 Chromolithogr.) 868. **ℳ 10,80.; Tom. VI. (XIV, 212 S. mit 11 Chromolithogr.) 869—70. **ℳ 25,20.; Tom. VII. (XLIV, 408 S. mit 3 Chromolithogr.) 871. **ℳ 20.; Tom. VIII. (L, 380 S. mit 7 Stnt.) 872. **ℳ 21,60.; Tom. IX. (XXVI, 316 S. mit 9 lithogr. und chromolithogr. Taf.) 873. **ℳ 25,20.; Tom. X. (XXXVI, 196 S. mit 2 color. Stnt.) 874. **ℳ 9.] ** 1

— societatis entomologicae rossicae. Tom. I—X gr. 8. Petropoli 875. (Berlin, Friedländer & Sohn.) n.n. 150. 50

I. (LXXIII, 169 S. m. 4 Steintaf.) n.n. 9. —. — II. (LXXV, 189 S. m. 17 Steintaf.) n.n. 9. —. — III. (XX, 335 S. m. 6 Steintaf.) n.n. 12. 60. — IV. (XIV, 192 m. 2 Chromolith.) n.n. 8. 10. — V. (XIII, 191 S. m. 4 Chromolith.) n.n. 10. 80. — VI. (XIV, 212 S. m. 11 Chromolith.) n.n. 25. 20. — VII. (XLIV, 408 S. m. 3 Chromolith.) n.n. 20. —. — VIII. (L, 380 S. m. 7 Steintaf.) n.n. 21. 60. — IX. (XXVI, 316 S. m. 9 lith. u. chromolith. Taf.) n.n. 25. 20. — X. (XXXVI, 196 S. m. 2 color. Steintaf.) n.n. 9. —.

— idem liber. Tom. XI. Nr. 1 et 2. Lex.-8. Ebend. 875. n.n. 10. 80

XI. 1. (S. 1—80.) n.n. 2. 70. — XI. 2. (S. 81—176 m. 2 farb. Steintaf. u. 1 color. Kpfrtaf.) n.n. 8. 10.

— societatis entomologicae rossicae. Tom. XI. Nr. 3 et 4 et Tom. XII—XV. Lex.-8. Petropoli 876—80. (Berlin, Friedlaender & Sohn.) n.n. 135. —
(I—XV.: n.n. 278. 30)

XI. 3 et 4. (XII u. S. 177—299 m. 2 z. Th. color. Steintaf.) n.n. 10. 80
XII. (XV, 359 S. m. 9 lith. u. chromolith. Taf.) n.n. 23. 40
XIII. (XIX, 493 S. m. 6 color. Steintaf.) n.n. 32. 40
XIV. (XX, 517 S. m. 3 color. Steintaf.) n.n. 28. 80
XV. (XXIV, 452 S. m. 18 Steintaf. u. 2 Kpfrtaf.) n.n. 39. 60

—— societatis entomologicae rossicae. Tom. XI—XV. Lex.-8. Petropoli. (Berlin, Friedländer und Sohn.) [Tom. XI. (IV, XII, 299 S. mit 4 zum Theil color. Stnt. und 1 color. Kpfrt.) 876. **ℳ 22,60.; Tom. XII. (XV, 359 S. mit 9 Stnt., wovon 6 color. und 1 chromolithogr. Taf.) 877. **ℳ 23,40.; Tom. XIII. (XIX, 493 S. mit 6 color. Stnt.) 878. **ℳ 32,40.; Tom. XIV. (XX, 517 S. mit 3 Stnt. und 1 color. Kpfrt.) 878. **ℳ 28,80.; Tom. XV. (368 S. mit 16 Stnt. und 2 Kpfrt.) 879. **ℳ 36.] ** 113 20

—— societatis entomologicae rossicae. Tom. XV. Nr. 4 et Tom. XVI—XVIII à 4 Nrn. gr. 8. Petropoli. (Berlin, Friedländer und Sohn.) [Tom. XV. Nr. 4. (XXIV, S. 369—452 mit 2 Taf.) 880. **ℳ 3,60.; Tom. XVI. (XXII, 439 S. mit 15 Taf.) 881. **ℳ 28,80.; Tom. XVII. (XXXII, 245 S. mit 9 Taf.) 882. **ℳ 32,40.; Tom. XVIII. (XXXV, VI, 314 S. mit eingedr. Fig. und 2 Taf.) 884. **ℳ 21,60.] **

Horae societatis entomologicae rossicae. Tome XVI. Avec 15 planches. Lex.-8. (XXII, 439 S.) St. Petersbourg 881. (Berlin, Friedländer & Sohn.) n.n. 28. 80

— dasselbe. Tom. XVII. Lex.-8. (XXXII, 245 S. m. 9 color. Kpfr.- u. Steintaf.) Ebend. 882. 83. n.n. 32. 40

— dasselbe. Tom. XVIII. gr. 8. (XXXV, 314 S.) Ebend. 884. 85. n.n. 21. 60

— dasselbe. Tom. XIX. Nr. 1 et 2. gr. 8. (XVIII, 182 S. m. 10 Taf.) Ebend. 885. n.n. 13. 20

— societatis entomologicae rossicae variis sermonibus in Rossia usitatis editae. Tom. XIX. Nr. 3. gr. 8. (S. 183—294 mit 2 color. Taf.) St. Petersburg 885. (Berlin, Friedländer & Sohn.) n.n. 9. 90 (Tom. XIX cplt.: n.n. 23. 10)

— dasselbe. Tom. XX—XXIV. gr. 8. Ebd. n.n. 123. 80

XX. (30 u. 440 S. mit 21 zum Thl. color. Taf.) 886. 887. n.n. 26. 40
XXI. (36 u. 466 S. m. 9 z. Thl. color. Taf.) 887. n.n. 26. 40
XXII. (32 u. 486 S. m. 25 Taf.) 887. 888. n.n. 21. 40
XXIII. (66 u. 710 S. mit 22 eingedr. Abbildgn. u. 21 Taf.) 889. n.n. 26. 40
XXIV. (XXXVIII, 645 S. mit eingedr. Abbildgn., 1 Karte, 3 Taf. u. 2 Tab.) 889. 890. n.n. 23. 20

societatis entomologicae rossicae variis sermonibus in Rossia usitatis editae. Tom. XXIII—XXV à 4 Nrn.; Tom. XXVI Nr. 1 et 2. gr. 8. St. Petersb. (Berl., Friedländer u. Sohn.) [Tom. XXIII. Nr. 1 u. 2. (S. 1—312 m. 22 eingedr. Abbildgn. u. 11 Taf.) 889. ** 11 55; Nr. 3 u. 4. (LXVI, S. 313—710 m. 10 Taf.) 889. ** 14 85; Tom. XXIV. Nr. 1 u. 2. (S. 1—318 m. 1 Karte u. 2 Taf.) 889. ** 11 60; Nr. 3 u. 4. (XXXVIII, S. 319—645 m. 1 Taf., 2 Tab. u. 26 Abbildgn.) 890. ** 11 60; Tom. XXV. Nr. 1 u. 2. (S. 1 382 m. 3 Taf. u. 35 Abbildgn.) 891. ** 13 20; Nr. 3 u. 4. (IV, XXX, S. 383—465.) 891. ** 5 —; Tom. XXVI. Nr. 1 u. 2. (S. 1—244 m. Fig. u. 1 farb. Taf.) 892. ** 9 90.] ** 77 70

— dasselbe. Tom. XXVI. 4 Nrn. gr. 8. Ebd. n.n. 19. 80
1. 2. (244 S. m. 1 farb. Taf.) 891. n.n. 9. 90
3. 4. (IV, XXXIV u. S. 245—491 m. 71 Fig. u. 3 farb. Taf.) 892. n.n. 9. 90

— dasselbe. Tom. XXVII. 4 Nrn. gr. 8. Ebd. n.n. 29.70
1. 2. (264 S. m. 49 Abbildgn. u. 5 Taf.) 893. n.n. 19. 80
3. 4. (IV, XLV u. S. 265—507 m. 2 farb. Taf. u. 1 Bildnis.) 893. n.n. 9. 90

— dasselbe. Tom. XXVIII. Nr. 1 et 2. gr. 8. (288 S. m. 2 Fig. u. 3 z. Tl. farb. Taf.) Ebd. 894. n.n. 11. 50

— societatis entomologicae rossicae variis sermonibus in Rossia usitatis editae. Tom. XXVIII. Nr. 3—4. gr. 8. (VII, XL u. S. 289—550 m. 6 Fig. u. 2 Taf.) St. Petersburg 894. (Berlin, R. Friedländer & Sohn.) n.n. 9. 90 (Tom. XXVIII kplt.: n.n. 21. 40)

— dasselbe. Tom. XXIX. 4 Nrn. gr. 8. (VI, XLII, 558 S. m. 6 Fig. u. 3 Taf.) Ebd. 895. n.n. 19. 75

— dasselbe. Tom. XXX. 4 Nrn. gr. 8. (VI, LVI, 480 S. m. 37 Fig., 10 Taf. u. 2 Bildn.) Ebd. 896. n.n. 32. 90

— dasselbe. Tom. XXXI. 4 Nrn. gr. 8. (CLXXX, 684 u. VI S. m. 18 Fig., 2 Bildn. u. 13 [2 farb.] Taf.) Ebd. 897. 98. n.n. 33. —

— dasselbe. Tom. XXXII. Nr. 1 et 2. gr. 8. (XXX, 290 S. m. 9 Fig.) Ebd. 898. n.n. 8. 25

— societatis entomologicae rossicae variis sermonibus in Rossia usitatis editae. Tom. XXXII. Nr. 3 et 4. gr. 8. (S. XXXIII—XC u. 291—662.) St. Petersburg 899. (Berlin, R. Friedländer & Sohn.) n.n. 9. 90; (Tom. XXII kplt. n.n. 18. 15)

— dasselbe. Tom. XXXIII. 4 Nrn. gr. 8. (LXXXIV, 1012 S. m. Abb.) Ebd. 901. n.n. 21. 50

— dasselbe. Tom XXXIV. 4 Nrn. gr. 8. (LXXXIV, VIII, 711 S. m. 13 Fig. u. 1 Taf.) Ebd. 900. n.n. 19.80

— dasselbe. Tom XXXV. 4 Nrn. gr. 8. (CVIII, VIII, 614 S. m. 2 Taf.) Ebd. 902. n.n. 19. —

— societatis entomologicae rossicae variis sermonibus in Rossia usitatis editae. Tom. XXXVI et XXXVII. à 4 Nos. gr. 8. St. Petersburg. (Berlin, R. Friedländer & Sohn.) à Bd. n.n. 18. 15
XXXVI. (VIII, CCIII u. 332 S. m. 9 Abb. u. 2 Taf.) 903.
XXXVII. (VIII, CLXI u. 471 S. m. 3 Taf. u. 1 Tab.) 906.

Horae societatis entomologicae rossicae variis sermonibus in Rossia usitatis edit. Tom. XXXVIII. Nr. 1—3. (CCVIII, 184 S. m. 5 Abbildgn. u. 6 Taf.) Lex. 8. St. Petersburg 907. (Berlin, R. Friedländer & Sohn.) n.n 16. 50

Horáček, C., s.: Verfassung u. Verwaltungsorganisation der Städte Österreichs.

Horácek, Cyrill, das Ausgedinge, s.a. Studien, Wiener staatswissenschaftliche. V. 1.

Das Ausgedinge. Eine agrarpolit. Studie. Mit bes. Berücks. d. Böhmischen Länder von Dr. Cyrill **Horáček**, Prof. in Prag. *Wien & Leipzig: F. Deuticke 1904.* (vi, 90 S.) 8°
— Studien. Wiener Staatswissenschaftliche. Bd 5, H. 1. (o). 13300

HORÁČEK, C.
Landwirtschaftliche Börsen. Von Dr. C. Horáček. Separatabdruck aus dem zur Feier des Regierungs-Jubiläums Sr. Majestät des Kaisers Franz Joseph I. herausgegebenen Werke: „Geschichte der österreichischen Land- und Forstwirtschaft und ihrer Industrien 1848 bis 1898". Wien. 1899. In Comm. Perles. Lex.-8°. 22 S. fl. —.60

— Karl **Schwarz, K. T. Wächter, L. Bernard** u. Jul. **Sylvester,** die Gemeindebetriebe in Österreich, s.: Schriften des Vereins f. Sozialpolitik. 130, I.

Horácek, C., Gemeindebetriebe in Osterreich, s. Schriften d. Vereins f. Sozialpolitik, 130, I. III. Bd. I. Tl.

Horaček, Franz

(F) **Horaček,** F., Festreden und Gelegenheitsansprachen vorwiegend zum Gebrauch der Militärgeistlichkeit. IV. 8°. (132 S.) K 2.—

Horaček, Frz., religiöse Vorträge für die reifere kathol. Jugend. 1. u. 2. Bd. gr. 8. Graz, U. Moser. n. 6. 40
1. (VI, 343 S.) 900. n. 3.—. — 2. (III, 386 S.) 903. n. 3. 40.

(F) **Horaček,** F., Religiöse Vorträge für die reifere katholische Jugend. 3. Zyklus. Gr.-8°. (422 S.) K 4.—
Graz: Moser 1906.

Horaček, Frz., religiöse Vorträge f. die reifere katholische Jugend. 3. Zyklus. (III, 422 S.) 8. Graz 907. U. Moser. n. 3. 40
1. u. 2. Bd. Ebd. 900. 903. n. 6. 40.

Horaček, Frz., religiöse Vorträge, 4. Zyklus. Festreden u. Gelegenheits-Ansprachen, vorwiegend zum Gebrauche der Militärgeistlichkeit. (III, 132 S.) 8. Graz 910. U. Moser. 1. 80
1.—3. Zyklus. Ebd. 900—907. 9. 40

Horack, Ferdinand Adolph (Dresden), Beobachtungen über icterus levis. Diss. med.-chir.-obstet. Präs. Carl Siegm. Franz Credé. Lpz. (C. E. Elbert) 15. III. 1864. 28 S. mit Biogr. (M.: C. Rumpelt.) (6.—) 16002
Oppon.: Piersig, Richter, Müller. — Gew.: Carl Horack (Vater).

— **Johann Carl** (Zwickau), Rarioris degenerationis telae cellulosae et cutis in cruribus historiam sistens. Diss. med. Präs. Christian Gotthold Eschenbach. Lpz. (Hirschfeld) 21. XII. 1827. 27 S. u. 1 Tfl. Abb. (J. F. Schröter jun. ad nat. del. et sc.) (6.50) 16003
Gew.: Carl August Ferdinand Rumpelt (Dresden). — Krankengesch. d. Bremer (Thallwitz b. Wurzen).

Horack, J. C., observationes rarioris degenerationis cutis in crur. elephantias., s.a. R. J. A. *Martini.*

Horaces, Les, Et Les Curiaces. Ballet Tragique En Cinq Actes A Vienne En Autriche. 1773. V: *Noverre.* (BiblPort)

Horace von St. Ange u. Adelaide Henning, od. der junge Franz u. d. deutsche Mädchen; Gesch. a. d. Jahr 1806. v. d. Verf. von Julchen Grünthal. 8. Hamburg, Hoffmann. 810.

Horaczok, Paul Jos., die gallige Dyscrasie (Icterus) mit acuter gelber Atrophie der Leber. 1. Aufl. (9⅞ B.) 843. * 20 Ngr. u. 2., umgearb. Aufl. gr. 8. (18⅜ B.) Wien 844, Kaulfuss Wwe., Prandel u. Comp.

Horaczek, Paul Jos(eph) (Ed.):

s.: Hartmann, Phil(ipp) Karl: Doctrina de febribus. Viennae Austriae: 1843
(Hartmann, Ph.K.: Institutiones medico-practicae. Pars I)

JB $2.515/_1$

Horaczek, Paul Jos(eph) (Ed.):

s.: Hartmann, Phil(ipp) Karl: Doctrina de inflammationibus. Sectio 1: Generalia de inflammationibus continens. Viennae Austriae: 1844
(Hartmann, Ph.K.: Institutiones medico-practicae. Pars $II/_1$)

JB $2.515/_{2,1}$

Horaczek, Paul Jos(eph) (Ed.):

s.: Hartmann, Phil(ipp) Karl: Institutiones medico-practicae. Viennae Austriae: 1843 - 1844

JB 2.515

Horadam, Jos., die chemische Industrie auf der Düsseldorfer Ausstellung 1880. gr. 8. (46 S.) Berlin 880, Springer. *
Aus: Die chemische Industrie, besonders abgedruckt.

Chemin de fer électrique Allaman-Aubonne-Gimel. Horaire ([Avec Annonces et Guide illustré d']Aubonne.) Service d'Hiver du 1er octobre 1903 au 30 juin 1904. [IV + 8 p.] 8. (Aubonne,) C. Renaud-Blanchard.

Horaire de poche indiquant les trains directs internationaux venant de et conduisant dans la Suisse orientale. Valable du 1. VI. au 15. IX. Saison d'été 1903. (34 S. m. Abbildgn. u. 1 Karte.) schmal 8. Zürich, Art. Institut Orell Füssli. n. — 20

Horadam, E., Schiess-Buch für den deutschen Soldaten. Unter Zugrundelegung der neuesten deutschen Schiess-Instruktion entworfen und nach Schiess-Klassen zusammengestellt. 1.—3. Klasse. 8. (14; 14; 16 lithogr. S.) München 879, Geb. Obpacher. à Klasse * 20 Pf. * — 60

Horadam, E., Schiess-Buch für den deutschen Soldaten. Unter Zugrundelegung der neuesten deutschen Schiess-Instruktion entworfen u. nach Schiess-Klassen zusammengestellt. 1—3. Klasse. 8. (14, 14 u. 16 lith. S.) München 880. Obpacher. n. — 20

— Schiess-Tabelle, enth. die Flugbahnhöhen, den bestrichenen Raum und die Streuung von 100m bis 1600m, sowie Umrechnungs-Tabelle von Metern in Schritte und umgekehrt. qu. Fol. (2 lithogr. S.) Ebendas. 879. — 10

— Schiess-Tabelle, enth. die Flugbahnhöhen, den bestrichenen Raum u. die Streuung von 100m bis 1600m, sowie Umrechnungs-Tabelle von Metern in Schritte u. umgekehrt. qu. Fol. (2 lith. S.) Ebend. 880. — 10

Horak, Alois, Kubik-Tabellen f. Bretter u. Kanthölzer. Zum prakt. Gebr. f. Holzproducenten, Holzhändler, Sägewerke, Forstverwaltgn., Holzindustrielle, Techniker, Zimmermeister u. dgl. Hrsg. v. d. Red. des „Oesterr.-ungar. Centralblatt f. Walderzeugnisse." gr. 8. (IV, 194 S.) Wien 897. (W. Frick.) Kart. n.n. 6. —

Horák, Frz. Das Bachergebirge. Monographie. 22, 23 SS. 8. **Progr.** G. *Marburg Ostr.* 1881. 1882.

Horak, Franz: Die Dissoziation des Kohlenoxychlorids. (Berlin 1909: Ebering.) 47 S. 8°
Berlin, Phil. Diss. v. 15. Dez. 1909, Ref. Nernst
[Geb. 15. März 80 Wien; Wohnort: Wien; Staatsangeh.: Österreich; Vorbildung: Gymn. d. 6. Bez. Wien Reife Sommer 99; Studium: Wien 4, Berlin 7 S.; Rig. 29. Juli 09] [U 10. 179

Horak, Hugo Th.

Horak, Hugo und Hula, Eduard Über die Anlage und Einrichtung eines archäologischen Schul-Cabinettes. 8 (S. 18—25). **Progr.** K. k. zweites deutsch. Oberg. *Brünn* 1895.

Horak, Hugo: *Ansprache bei der Trauerfeier anlässlich des Hinscheidens der Kaiserin Elisabeth. Ansprache bei der Feier des 50jährigen Regierungs-Jubiläums des Kaisers Franz Joseph I.* 8 (S. 32—37). **Progr.** K. k. II deutsches Staats-G. *Brünn* 1899.

Horak, Hugo: *† 19. Mai 1896 Erzherzog Karl Ludwig.* 8 (S. 48). **Progr.** K. k. zweites deutsch. Oberg. *Brünn* 1896.

Horak, Hugo Kronprinz Erzherzog Rudolf † 30. Januar 1889. 8 (S. III—VII). **Progr.** K. k. G. *Mähr. Weisskirchen* 1889

Horak, Hugo Th. Über die Verba praeterito-praesentia im Mittelhochdeutschen. Ihr Gebrauch nach Bedeutung und Syntax mit dem im Neuhochdeutschen verglichen. 30 S. 8. I. d. Staatsg. *Brünn* 1876. **Progr.**

Horak, Joh., die Schule nach den Gesetzen des Organismus. Eine notwend. Einleitg. zur modernen Erziehungslehre. (151 S.) 8. Wien 907. (Buchh. d. kathol. Schulvereines.) 1. 50

Horák, Jos. Muss f. die germanischen Formen d. Verb. substantivum ahd. bim im Indoeurop. e. √ bhi aus bhui? angesetzt werden? gr. 8. (S. 14—20.) Prag 892, (Řivnác.) * — 20
Aus: Sitzungsber. d. k. böhm. Ges. d. Wiss., besonders abgedruckt.

Horak Josef: Kritisch-grammatische Untersuchung über die serbisch-slovenische Uebersetzung der griech. Chronik des Georgios Hamartolos.
1887 PN 482 Diss.Wien, Univ. 2666

Horak, Karl

Horak, K., Előkészítő lőoktatás és harczszerű egyeslövés gyakorlótöltenynyel. (90 S.) † Wien: Seidel 1906. K —.90

Horak, Karl, Schiessvorschule u. feldmässiges Einzelschiessen m. Exerzierpatronen. Behelf f. Unteroffiziere. 3. u. 4. Aufl. (à 104 S.) 8. Wien 904. 906. L. W. Seidel & Sohn. n. 1. 20

Horak, K., Turnspiele. Beschreibung von 70 Spielen zu Punkt 14 der Turnvorschrift. 2. Aufl. 8°. (64 S.) K —.60
Wien: Seidel 1909.

Horak, Karl, Turnspiele. Beschreibung v. 70 Spielen zu Punkt 14 der Turnvorschrift. 2. Aufl. (64 S.) kl. 8. Wien 910. L. W. Seidel & Sohn. — 60

Horák, W., Tempora u. Modi im Französischen. gr. 8. (27 S.) Bielitz 893. M. Schneeweiss. n. — 44

Horak, W. E. —. Gesangschule für Sopran und Alt, mit Begleitung einer Violine. Mit besonderer Rücksichtsnahme für Gesanglehrer auf dem Lande. Verfaßt von — —, Chordirektor und Gesanglehrer der Lehramtskandidaten an der k. k. böhm. Hauptschule zu Prag. (Zpěvni škola pro Sopran a Alt etc. etc.) Nr. 1096. Fol. (47 S.) (der Text ist deutsch und böhmisch.) Prag, Joh. Hoffmann. Wien, C. A. Spina. Leipzig, J. Hofmeister 1855

Horák, W. E., die Mehrdeutigkeit d. Harmonien nach leichtfaßlichen aus d. harmonischen Progression entlehnten Grundsätzen. gr. 8. (5¼ B.) Leipzig 846, Siegel u. Stoll. *

Horák Wenzel: Die Entwickelung der Sprache Hallers. 19. 43. Bielitz R. 90. 91.
Progr.

— St. R.: Katalog der Lehrerbibl. 98 99. v. Wenzel Horák. 46. 44.
Progr.

Horák, Wenzel, die Teichwirthschaft mit besonderer Rücksicht auf das südliche Böhmen. Ein populäres Handbuch für Teichwirthe, Fischereibedienstete und Freunde der Fischzucht. gr. 8. (VIII, 207 S.) Prag 869, Calve'sche Universitäts-Buchh. *

HORALEK, CASIMIR: Spiegel des inneren Menschen in hundert neunzig Fragen. Hungarisch-Skalitz o. J.: Druck. Skarnitzl (104 S.) - 150 mm

Horam. Anmuthige Unterweisungen in den Erzählungen der Schutzgeister; a. d. Persischen . . . von Sir Clar Morell . . . a. d. Engl. ins Teutsche gebracht. Leipzig 1765. Ü: *Schwabe, Johann Joachim*. (ML)

HORAMS DES SOHNES ASMARS, anmutige Unterweisungen in den Erzählungen der Schutzgeister, aus dem persischen Ms. getreulich übers. von Sir Carl Morell (d. i. James Ridley) und nunmehr aus d. Engl. ins Deutsche gebracht (von Joh. Joach. Schwabe). Mit (3) Kupfern. 3 Bde. Leipzig 1765—66. Kl. 8°. (In Berlin: Zd 3105.) (4 frcs., „3 Bde. mit vielen Kpfrn.", Adolf Geering, Basel, 1905; Bd. 1 u. 3 2 fl. L. Rosenthal, 1873; cplt. 10 Mk. Otto, Lpz., 1911.)
Anon.-Lex. II. p. 301 (nach Meusel).
Französ. Uebers.: Les Contes des Génies, ou les charmantes leçons d'Horam, fils d'Asmar. Ouvrage trad. du Persan. 3 vols. Avec 13 figg. Amsterdam 1765. 8°. (1 fl. 48 xr. Alfr. Coppenrath, Regensb., 1875; jetzt theurer!) — Rep. ib. 1782. 12°. III. Avec gravures. (2—3: 5 Mk. Scheible, Cat. 75; cplt. 20—25 frcs. Cohen.)

Horand, F. M., Geschlechtstrieb u. Fortpflanzung. Ein naturwissenschaftl. Überblick. (55 S.) 8. Halle (910). Dr. F. Münter. 1. —

Horand, Otto, Kehrreime der deutschen Zechstube. I. gr. 12. (24 S.) Hagen 861, Butz.

Horaninow, Paul., primae lineae systematis naturae, nexui naturali omnium evolutionique progressivae per nixus reascendentes superstructi. 8maj. (11¼ B. u. 1 Stnt.) Petropoli 831, (Eggers et Comp.) *

Horaninow, Paul, Prodromus monographiae Scitaminearum additis nonnullis de Phytographia, de Monocotyleis et Orchideis. Cum tab. IV (lithogr.) gr. Fol. (45 S.) Petropoli 862. (Leipzig, Voss.) * *

—— Systema pharmacodynamicum, exhib. insimul nomenclatura pharmacum emendata-chemico-technica et doseographia quod usui medicor. nec non pharmaceutar. accommod. periclitatur. 12mai. (8 B.) Petropoli 829. (Eggers et Comp.) *

Horaninow, Paulus, Tetractys Naturae seu systema quadrimembre omnium naturalium, quod primis lineis systematis naturae, a se editis, adjunxit. Lex.-8. (4¼ B.) Petropoli 843. (Eggers et Comp.) *

Horányi, Alexander

— s. Jos. v. Bethlen, histor. Transylvan.

Horany, Alex., Chronicon hungaric. Simonis de Keza ex codice membran. 8. maj. Pest, Kopf. 783.

— memoria Hungaror. ex provincial. suor. scriptis. notor. III Tmi. 8. maj. Vien. (Hilscher, Lips.) 775—77.
Schreibp.

— memorja Hungarorum ex provincial. suor. scriptis notor. III Tom. 8maj. Wien 775—77. (Pressb., Wigand). 4 ₰

— nova memor. Hungar. provinc. etc. p. I. 8. maj. Pest. Eggenberger. 795.

— Scriptores piarum Scholarum liberalinmq. artium Magistri 8. maj. Budae. (Pest, Eggenberger.) 808.

— scriptores piarum scholarum liberaliumque artium magistri. 8maj. Budae 809. Typogr. Soc. 3 ₰

Eleutherii Pannonii (d. i. *Alexius Horanyi*, laut Weller's Lex. Ps. p. 165) mirabilia fata dum in metropoli Austriae famosi duo libelli Babel et Ninive in lucem venissent. S. L. 1791. Gr. 8°. XIV et 291 pp. (9 Mk., unbeschn., Max Harrwitz, Berlin, c. 1903:)

HORANYI, ALEXIUS FRANCISCUS: Sacrificium laudis. Psalm 49 . . . Lob-Opfer, das ist: Tiefverpflichte Anbettung der allerheiligsten Dreyeinigen Gottheit . . . zu Klein-Maria-Zell . . . den 24. May 1750 . . . in einer kurtzen Lob- und Ehren-Rede . . . vorgestellet und abgeredet hat. Ofen (1750): Druck. Veronica Nottenstein. (6 f.) - 4°

Horapollinis Niloi Hieroglyphica. Ed., diversor. codicum recenter collator., priorumque edition. varias lectiones et versionem lat. subjunxit, adnotationem, item Hieroglyphicorum imagines et indices adjecit, Conr. Leemans. 8maj. (30½ B. u. 3 z. Thl. ill. Stnt.) Amstelodami 835, [Müller.] *

Horárik, Joh., die Ehe im Geiste Christi u. die gemischten Ehen. Aus d. ungr. Handschrift. gr. 8. (6¼ B.) Tübingen 843, Osiander'sche Buchh. *

—— Kampf mit Hierarchie u. Kirche in d. J. 1841—45. 8. (21 B.) Leipzig 846, (47,) Jurany.

Horárik, (Joh.,) Rede über die Bedeutung des christkathol. Concils in Berlin. Vorgetragen einer christkathol. Gemeinde am 20. Juni 1847. 8. (29 S.) Glogau 847, Flemming's Verlag.

Horáth, Pelin: Neu erfundenes Kunst-Büchlein, in welchem hundert und fünf und zwanzig Stücke für Menschen und Vieh, besonders für reisende Leute, wie auch für diejenigen, so Vieh haben, sehr nützlich zu gebrauchen, mit schönen oft probirten Recepten beschrieben. Alles mit besonderem Fleiß angesetzet und nach Gutbefinden herausgegeben. Ohne Seitenzählung, gbd. (Handschrift von J.H.Degowitsch)

O.O.: 1826 (- 1843)

JB 6.447

Horath, Robert

Horath, R., s.: Blätter f. christlichen Volksgesang.

Horath, Rob:, Freidenker u. Ungläubige, s.: Streitschriften, freundschaftliche.

Geistliche Volksgesänge für Männerchöre. Hrsg. von Robert Horath. *Kassel: E. Röttger [1902].* (IV, 109 S.) 8° [F.]

Horatia u. Liburnia. 8. Dürkheim 793. (Pfähler in Heidelb.) 8 gr.

– Dasselbe, s.a. Horazia

Horatiana, proposuit Fr. Lübker. 4. Schleswig 841, Bruhn. n. 1/4 Rthlr

Horatier, Die. Trauerspiel in fünf Acten nach Corneille. Quedlinburg 1809. V: *Schmidthammer, Wilhelm.* (Allg. Lit. Ztg. 1826. Nr. 46, Sp. 884.) (Mitth. A. Rosenbaum.)

Horatier, die; Trspl. in 5 A. Nach Corneille. gr. 8. Quedlinb. 811. Basse. 12 gr.

Dänische Zustände (v. Horatio). Abdruck aus: Grenzboten. IV. 1853. 4° k.

Horatius travestitus. Ein Studentenscherz. Berlin 1897. V: *Morgenstern, Gottfried.* (Erman & Horn, Bibl. d. dtsch. Universitäten. 1. Leipz. u. Berl. 1904.) (Ky)

— dasselbe. 2. Aufl., s.a. Morgenstern, Chrn.

[Ant. u. F.] Horatius travestitus. E. Studentenscherz. *Berlin: Schuster & Loeffler 1897.* (63 S.) 1 Bd 8.

Horatius Romanus

Horatii Romani Porcaria, seu de coniuratione Stephani Porcarii carmen cum aliis eiusdem quae inveniri potuerunt carminibus. Primum ed. ac praef. est Maximilianus Lehnerdt. Acc. Petri de Godis Vicentini de Coniuratione Porcaria Dialogus e Cod. Vaticano erutus. Lipsiae: B. G. Teubner 1907. (XVI, 78 S.) 8° (Bibliotheca scriptorum medii aevi Teubneriana.)

HORATIUS, TH.
Die Fabrikation der Aether und Grundessenzen. Die Aether, Fruchtäther. Fruchtessenzen, Fruchtextracte, Fruchtsyrupe, Tincturen zum Färben und Klärungsmittel. Nach den neuesten Erfahrungen bearbeitet. Wien, Pest, Leipzig, 18—. Ill.

Horatius, Thdr., die Fabrikation der Aether und Grundessenzen. Die Aether, Fruchtäther, Fruchtessenzen, Fruchtextracte, Fruchtsyrupe, Tincturen zum Färben und Klärungsmittel, nebst einem Anhang: Ueber die Zusammensetzung von Liqueuren Branntweinen, Rum, Arrac, Cognac und verschiedenen Weinen. Ein Handbuch für Fabrikanten, Chemiker, Liqueur- und Branntweinerzeuger, Techniker, Lehrer und Kaufleute. Nach den neuesten Erfahrungen prakt. und wissenschaftl. bearb. 8. (IV, 269 S. mit 14 eingedr. Holzschn.-Abbild.) Wien 881, Hartleben's Verlag.

Horatius, Dr. Theodor, Die Fabrikation der Aether und Grundessenzen. Die Aether, Fruchtäther, Fruchtessenzen, Fruchtextracte, Fruchtsyrupe, Tincturen zum Färben und Klärungsmittel; nebst einem Anhang: Ueber die Zusammensetzung von Liqueuren, Branntweinen, Rum, Arrac, Cognac und verschiedenen Weinen. Ein Handbuch für Fabrikanten, Chemiker, Liqueur- u. Branntweinerzeuger, Techniker, Lehrer u. Kaufleute. Nach den neuesten Erfahrungen praktisch u. wissenschaftlich bearbeitet. Mit 14 Abbild. 8. (272 S.) geh. (Chem.-techn. Bibliothek. Bd. LXXXVI.) 1 fl. 80 kr.

Horatius, T: Die Fabrikation der Aether und Grundessenzen. 2. Aufl. von A.Gaber. Wien, Pest und Leipzig 1895

Horatius, Thdr., die Fabrikation d. Aether u. Grundessenzen. D. Aether, Fruchtäther, Fruchtessenzen, Fruchtextracte, Fruchtsyrupe, Tincturen z. Färben u. Klärungsmittel. Nebst e. Anh.: Ueber die Zusammensetzg. v. Liqueuren, Branntweinen, Rum, Arrac, Cognac u. verschied. Weinen. E. Handbuch f. Fabrikanten, Chemiker, Liqueur- u. Branntweinerzeuger, Techniker, Lehrer u. Kaufleute. N. d. neuesten Erfahrgn. prakt. u. wissenschaftl. bearb. 2., vollständ. neu bearb. u. erweit. Aufl. v. Aug. Gaber. 8. (XIV, 248 S. m. 14 Abb.) Wien 895. A. Hartleben. n. 3.25; geb. n. 4.05

Horatius, Thdr., d. Fabrikation der Äther u. Grundessenzen. Die Äther, Fruchtäther, Fruchtessenzen, Fruchtextrakte, Fruchtsirupe, Tinkturen zum Färben u. Klärungsmittel. Ein Handb. f. Fabrikanten, Chemiker, Likör-, Essenzen- u. Spirituosenerzeuger. 3., vollst. neu bearb. u. erweit. Aufl. v. Aug. Gaber. (XIV, 245 S. m. 15 Abb.) 8. Wien 910. A. Hartleben. 3.25; geb. 4.05

Horatius Flaccus, Quintus

Horace, l'art poétique. Traduction en vers, (avec le texte en regard), par J. J. Porchat, de Lausanne, Membre du Conseil d'Instruction publique du canton de Vaud, etc. (478 vers pour 476.) Lex.-8. Lyon 841. (Aarau, Sauerländer's Sort.-Buchh.) n. 7/12 Rthlr

– De arte poetica (auch: Ars poetica)

Horatii de Arte poetica ed. Ig. Weitenauer. 8. Augsburg, Wagner.

Horatius, Q. Fl., de arte poëtica, ad omne genus eloquentiae ligatae, solutae, etiam sacrae accommodata, et exemplis illustrata, ab Jg. Weitenauer. 8. Augsb. 757. Wagner. 5 gr.

— de arte poëtica liber, in usum scholar. seorsim editus, access. alia quaed. carm. Horatii et clar. locor. difficil. interpretat. adjuvans. 12 maj. Halle 776. Waisenh.-B. 4 gr.

— de arte poëtica ad Pisones epist. adj. Aristotelis de poëtica, graece, cum notis etc. a L. Q. Sahl. 8 maj. Kopenh. 802. Brummer. 20 gr.

Horatii, Q. Fl., de arte poetica ad Pisones epist. adj. Aristotelis de Poetica graece c. not. etc. a Sahl. 8. maj. Coph. Proft. 802.

— de arte poetica liber. Praemissa disputatione de consilio, quod Horatius in condendo poemate subsecutus sit; ed. not. crit. et exeget. illustr. K. G. Schelle. 8 maj. Leipz. 806. (Cnobloch). 21 gr

— de arte poet. libr., ad. C. G. Schelle. 8. maj. Lips. Martini. 806.

— specimen editionis artis poeticae, vers. XXIII. ejusd. epist. var. lect. et perpetuo commentar instr. ed. J. H. G. Klindworth. 8. Götting. 816. Dieterich. 4 gr

— de arte poetica liber, vulgo epistola ad Pisones. Mit ausführl. Wort- u. Sach-Erklärung, nebst angehängtem Commentar d. Phorphyrius. Herausgeg. v. E. Th. Pohler. gr. 8. Wien 824. Volcke. 12 gr

— de arte poëtica liber, quem interpretat. atque notis criticis et aestheticis illustr. et vernaculo german. versu reddid. S. C. Machacek. 8 maj. Praegae 826, Kronberger et W. Rthlr.

— de arte poetica liber, quem interpretat. atque notis criticis et aestheticis illustr. et vernaculo german. versu reddid. S. C. Machaceck. 8 maj. Prag 827. Kronberger u. W. 12 gr

— de arte poetica liber, quem interpretat. atque not. crit. et aesthet. illustr., lectionis var. e duobus veterrimis, hactenus non adhibitis codd. M. S. P. T. Biblioth. Metropol. Pragensis auxit et Germanorum versu reddidit S. C. Machácek. Edit. II. immutata. 8maj. Prag 833. Kronberger et Rziwnatz. ½ ℛ

— de arte poetica lib., quem interpretat. atque notis crit. et aesthet. illustr., lectionis variet. e duobus veterrimis, hactenus non adhibitis codicibus M. S. P. T. Bibliothecae Metropol. Pragensis auxit et Germanor. versu reddidit S. C. Machácek. Edit. II. immutata. 8 maj. (9 B.) Pragae 833, Kronberger et Weber.

— Ars poetica übersetzt und erläutert v. T. Kayser. Pr. 1888. 32 S. 4°. 1.20

— Brief üb. die Dichtkunst, s. Themis, die, der Dichtkunst.

— Brief üb. d. Dichtkunst, metr. übers. v. G. W. C. Starke. 8. Halle, Hemmerde. 791.

— erster Brief d. ersten Buchs; erklärt v. L. S. Obbarius. gr. 8. Rudolst. 822. Hofbuchh. 10 gr

— 1r Brief d. 2n Buches, erklärt von K. Zell. 8. Heidelb. 819. Oswald. 8 gr

— Brief an die Pisonen, übersetzt v. K. Fr. A. Brehm. 4. Thorn 825. (Halle, Gebauer.)

— Brief an d. Pisonen, übers. v. K. Fr. A. Brohm. 4. Thorn 825. (Halle, Schwetschke u. S.) 4 gr

— Brief an die Pisonen, oder über die Dichtkunst. (Als Einleit. in die Aesthetik, für Schulen u. für Gebild. überhaupt.) Urschrift, Uebersetzung, Erklärung von Aug. Arnold. gr. 4. Berlin 836. (Königsberg in d. N., Windolff u. Striese.) ½ ℛ

— Brief an d. Pisonen, od. üb. d. Dichtkunst. (Als Einleitung in d. Aesthetik, f. Schulen u. f. Gebildete überhaupt.) Urschrift, Uebersetz., Erklär. Von Aug. Arnold. gr. 4. (6 B.) Berlin. Posen u. Bromberg 836. (Mittler.)

— Brief an die Pisonen. Metr. übers. v. C. Schmalfuss. Pr. 1844. 16 S. 4°. 1.—

— 10r Brief d. 1n Buches, oder d. Lob d. Landlebens. Erklärt von L. S. Obbarius. gr. 8. Helmst. 824. Fleckeisen. 12 gr

— Briefe, übers. von Weber u. Teuffel, s. Dichter, römische.

— Briefe; aus d. Latein. übersetzt u. mit histor. Einleit. versehen von Chr. M. Wieland. 8. Dessau 782. N. Aufl. 2 Thle. gr. 8. Leipz. 790. 3e A. 817. Weidmann. 1 ℛ 16 gr Schrbp. 2 ℛ Velinp. 3 ℛ

— Briefe, a. d. Lat. v. Wieland. 2 Thle. gr. 8. Leipzig, Weidmann. 801. Holl. Pap.

— — Briefe, aus dem Lateinischen übersetzt und mit historischen Anmerkungen und andern nöthigen Erläuterungen versehen von C. M. Wieland. 2 Theile. Der neuen verbesserten mit dem Originale begleitet. Ausgabe 3te Aufl. gr. 8. Leipzig, Weidmann. 816. Schreibpap.

— Briefe aus d. Latein. übers. u. mit histor. Einleitn. u. and. nöthigen Erläutern. vers. v. C. M. Wieland. 2 Thle. Der neuen, verbess., mit d. Orig. begleit. Ausg. 4. Aufl. gr. 8. (39 B.) Leipzig 837, Weidmann'sche Buchh.

Horaz' Briefe. Ins Deutsche übers. und mit einer Einleitung, Inhaltsübersichten und sachl. und sprachl. Anmerkungen versehen von Friedr. List. 1. Buch. gr. 8. (XXIV, 137 S.) Erlangen 883, Deichert. *

— Briefe, im Versmaß der Urschrift verdeutscht v. Adf. Bacmeister u. Otto Keller. 12. (IV, 160 S.) Lpz. 891, Teubner. 2 40, geb. 3 20

— Briefe an Augustus u. Julius Florus. Ins Deutsche übersetzt u. mit einer Einleitung u. sachl. Anmerkgn. versehen von Frdr. List. gr. 8. (VI, 63 S.) Erlangen 882. Deichert. n. 1. —

Horatius Flaccus, Quintus. Auserlesene Briefe übersetzt ... Schweidnitz 1836. Ü: *Guttmann, Johannes Julius.* (Nowack, Schles. Schriftst.-Lex. Breslau 1836—43. II, 56.)

— Briefe üb. d. Dichter u. Dichtkunst d. Römer v. Haberfeld, s. P. F. A. Nitsch Vorlesungen 4r.

— Briefe üb. die Dichtkunst, metr. übers. von G. W. Eph. Starke. 8. Bernb. (Halle) 791. Schwetschke u. S. 3 gr

— Briefe u. auserwählte Epoden, übers. v. E. Günther. gr. 8. Lpz. 824. Hartmann.

— Briefe u. auserwählte Epoden, übers. von C. F. Günther. gr. 8. Leipz. 824. (Lehnhold). 20 gr

— Zwei Briefe (II, 1 u. II, 2) in deutscher Uebersetzung v. R. Schneider. Pr. 1889. 13 S. 4°. —.90

Horatio, Canzoniere ridott. in Versi Toscani da Vallavicini. 8. maj. Dresd. Walther. 750.

— libri I. carmen I. in linguam nobis vernaculam translatum et illustratum a C. C. Hohlfeld. 4. Dresd. 794.

— libri I. carmen quartum adnotat. perpet. et observat. crit. instr. Chr. W. Mitscherlich. 8maj. Leipz. 792. W. Vogel. 2 ℛ

— libri I. carmen IV. adnotat. perpetua et observat. crit. instructum: edendorum ejusdem operis speciminis loco proposuit ed. C. W. Mitscherlich. 8maj. Leipz. 792. W. Vogel. 2 ℛ

— carmen II, 7, neu erklärt, s.: Valentin, V., e. Freundesgruss.

— libri II. carmen decimum, patrio sermone, eoque ligato redditum perpetuaque annotatione illustr. C. G. W. Lehmann. Acced. selecta quaedam e scriptoribus classicis veteris Graeciae ac Latii nec non recentior. German. 4. Halberst. 806.

— Carmina, s. a. Codices graeci et latini.

— carmina, libri V. Uebersetzt u. mit Anmerkk. begleitet von J. Fr. Roos, s. unten Oden.

— carmina, ed. Chr. Dav. Jani, s. unter opera.

— — idem in usum Scholarum. 8. maj. ibid. 765.

Horatii, Q. Fl., carmina, illustr. H. Wagner, c. praef. Chr. A. Klotz, c. add. 8maj. Halle 770—71. Waisenh.-B. 11 ℛ

— carmina, ed. J. J. Oberlini. 4maj. Strassb. 788. Treuttel u. W. 16 ℳ

— carminum libri V. ed. I. Fr. Roos. 8. maj. Marburg, Krieger. 791.

— carmina in usum scholarum. 8maj. Marb. 791. Krieger. 8 ℛ

— carmina ed. C. D. Jani. II Vol. c. fig. 8. maj. Lips. F. C. W. Vogel. 809.

Schreibp.

— carminum libri V. Ad fidem XVIII. Mss. Parisiens. recensuit, notis illustravit et gallicis versibus reddidit. Ch. Vanderbourg. II Voll. 8. Paris 812. Schöll. 4 ℳ

Horatii, Q. Fl., Carminum libri V. Ad fidem XVIII. MSS. Parisien. recensuit, notis illustravit et gallicis versibus reddidit. C. Vanderbourg. II. Vol. 8. Paris, Schöll. 814.

—— Carmina recens. P. Hofman Peerlkamp. 8 maj. (37 B.) Harlemi 834. (Lipsiae, Weidmann; Weigel.)

—— carmina. Kritisch berichtigt, erklärt und mit einer literarhistor. Einleitung versehen von Th. Obbarius. gr. 8. (LIII und 378 S.) Jena 848, Mauke.

—— carmina recensuit P. Hofmann Peerlkamp. Editio II. emendata et aucta. gr. 8. (XXXVI und 416 S.) Amsterdam 862, F. Müller.

—— Carmina. Recognovit et praefatus est Lucian. Mueller. 8. (LXXX, 280 S.) Leipzig 869, Teubner. (75 Pf.)

—— dass. — Lucian Mueller recogn. 16. (362 S.) Ebendas. 870. *

geb. mit Goldschn. *

— dasselbe. Lucian Mueller recogn. 16. (362 S.) Ebend. 874. n. 2. 40; geb. m. Goldschn. n. 3. 60

Horatius Flaccus, Quintus, Carmina. Edit. Frid. Aug. Eckstein. [Editio bibliophilorum.] 8. (332 S. auf holländ. Büttenpap. mit eingedr. Vignetten.) Bielefeld 876, Velhagen und Klasing. * 12 —

geb. in Halbfrz. ** ℳ 17.; in Pergament ** 19 —

geb. in roth Saffian ** 19 —

Ausg. mit breiteren Rändern in numerirten Exempl. auf holländ. stärkerem Büttenpap. * 30 —

Auf Pap. Whatman * ℳ 40.; auf chin. Pap. * 50 —

—— dass. — Iterum recogn. Lucianus Mueller. 8. (LXXVIII, 295 S.) Leipzig 879, Teubner. * 1 —

— carmina. Oden u. Epoden. Mit Anmerkungen von Lucian Mueller. gr. 8. (XVI, 288 S.) Giessen 882. Ricker. n. 2. 40

—— Carmina. Scholarum in usum ed. Mich. Petschenig. 8. (XIX, 218 S.) Prag 883, Tempsky. — Leipzig, Freytag.

Horatii, Q. Flacci, Carmina. editit E. Rosenberg. (Text-Ausg. griech. u. lat. Classiker. VII. Bändchen.) 8. (119 S.) Wien, Carl Graeser. 54 kr.

—— Carmina. Iterum recognovit Lucianus Mueller. Ed. minor. 8. (XII, 295 S.) Leipzig 885, Teubner.

— carmina. Oden u. Epoden. Für den Schulgebrauch erklärt v. K. K. Küster. gr. 8. (VIII, 428 S.) Paderborn 890. F. Schöningh. n. 3. —

—— Carmina. Ed. Carol. Pozder. 8. (XV, 255 S.) Budapest 891, Lampel. 1 60

—— Carmina, relegit et apparatu critico selecto instruxit Mart. Hertz. gr. 8. (VI, 239 S.) Berl. 892, Weidmann. 2 40

— dasselbe. Tertium recogn. Lucian. Mueller. Ed. ster. maior. 8. (LV, 303 S.) Leipzig 897. B. G. Teubner. n. 1. —

— carmina. Textausg. f. den Schulgebrauch v. Gust. Krüger. 8. (XXVII, 337 S.) Leipzig 899. B. G. Teubner. Geb. n. 1. 80

Q[uinti] Horati Flacci Carmina. Tertium recogn. Lucianus Mueller. Ed. ster. maior. Lipsiae: Teubner 1903. LV, 303 S. 8°
(Bibliotheca scriptorum Graec. et Rom. Teubneriana.)

Q[uinti] Horati Flacci Carmina. Tertium recogn. Lucianus Mueller. Ed. ster. minor. Lipsiae: Teubner 1904. XII, 303 S. 8°
(Bibliotheca scriptorum Graec. et Rom. Teubneriana.)

— Carmina. Textausg. f. den Schulgebrauch v. Gust. Krüger. (XXVII, 337 S.) 8. Leipzig 905. B. G. Teubner Geb. n. 1. 80

Q[uinti] Horati Flacci Carmina. Recens. Fridericus Vollmer. Ed. major. Lipsiae: B. G. Teubner 1907. (VIII, 390 S.) 8°
(Bibliotheca script. graec. et rom. Teubneriana.)

Q[uinti] Horati Flacci Carmina. Rec. Fridericus Vollmer. Ed. min. Lipsiae: B. G. Teubner 1908. (XVIII, 275 S.) 8°
(Bibliotheca script. graec. et rom. Teubneriana.) [08. 5010

Q. Horati Flacci Carmina. Rec. Fridericus Vollmer. Ed. min. [Neudr.] Lipsiae: Teubner 1910. XVIII, 275 S. 8°
(Bibliotheca scriptorum Graec. et Rom. Teubneriana.) A 12. 1655 II

— carmina expurgata interpret., notas ac brevem tironum institutionem de metris addidit Hnr. Braun. 8. Augsb. 763, u. 776. Lotter. 12 gr

— carmina expurgata. 12. Lugduni. (Levrault, Strasb.) 783.

Horatius Flaccus, Q. Carmina lyrica illustravit C. W. Mitscherlich. Vindobonae 1817—18. H: *Schönberger, Franz Xaver.* (Ky)

— carmina lyrica illustr. C. W. Mitscherlich, (cur. Fr. X. Schönberger). II Voll. 8maj. Wien 817, 18, Geistinger. 3 Thlr

— carmina secularia digesta nunc primum sua serie ordinata et edita — a J. P. Ancherseu. 4. Kopenh. 749—60.

—— carmina selecta. Edidit atque interpretatione in usum scholarum accommodata instruxit C. J. Grysar. Vol. I. 8. (CXXXIV und 166 S.) Vindobonae 853, Gerold filius.

Horatius, Q. — Flacc. — Carmina selecta. Edidit atque interpretatione in usum scholarum accommodata instruxit C. J. Grysar. Vol. I. 8. (CXXXII et 164 S.) Vindobonae. Sumptibus et typis Caroli Gerold e filii. 1854.

— carmina selecta. Post C. J. Grysarii curam denuo rec. Mich. Gitlbauer. 8. (XXIV, 179 S.) Wien 881. Gerold's Sohn. n. 1. 20

— Ueberſetzt von Aug. v. Graevenitz. 1. Thl. Die Oden u. Epoden. 12. (II, 240 S.) Bern 882. Dalp in Comm. n. 4.—

—— dass. — Für den Schulgebrauch hrsg. von Joh. Huemer. 8. (XXVI, 204 S.) Wien 882, Hölder. *

—— Carmina selecta. Scholarum in usum ed. Mich. Petschenig. 8. (XXIV, 206 S. mit 1 Plan.) Prag 885, Tempsky. *

— carmina selecta, f. den Schulgebrauch hrsg. von J. Huemer. 2., unveränd. Aufl. 8. (XXVI, 204 S.) Wien 886. Hölder. n. 1. 40

— carmina selecta. Für den Schulgebrauch hrsg. v. Joh. Huemer. 5., durchgeseh., unveränd. Aufl. 8. (XXIV, 204 S.) Wien 899. A. Hölder. Geb. n. 1. 72

— dasselbe. Scholarum in usum ed. M. Petschenig. Ed. II. correctior. 8. (XXIV, 205 S. m. 1 Karte.) Wien u. Prag 889. Tempsky. — Leipzig, Freytag. n. 1.—; geb. n.n. 1. 25

Horatii Q. Flacci. Carmina selecta. Für den Schulgebrauch herausgegeben von Dr. Joh. Huemer. 3. durchgesehene, unveränderte Auflage. 8. (XXVIII, 204 S) Geb. —.80
Wien: Hölder 1891.

— carmina selecta, f. d. Schulgebr. hrsg. v. Joh. Huemer. 4., durchgeseh., unveränd. Aufl. 8. (XXVIII, 204 S.) Wien 895. A. Hölder. Geb. n. 1. 72

HORATIUS
Q. Horatii Flacci, carmina selecta. Für den Schulgebrauch herausgegeben von Dr. Johann Huemer. 5. durchgesehene, unveränderte Auflage. Wien. 1899. Hölder. 8°. XXIV, 204 S.
fl. —.70, geb. fl. —.86

— Carmina selecta. Für den Schulgebrauch hrsg. v. Joh. Huemer. 6., durchgeseh. Aufl. (XXIV, 204 S.) 8. Wien 904. A. Hölder. Geb. n. 1. 56

Horatii Flacci, Qu., Carmina Selecta. Von Dr. Joh. Huemer. 7. Aufl. 8°. (XXIV, 204 S.) K 1.40, geb. K 1.72
Wien: Hölder 1907.

— — Damasippus, mit Anmerkungen von Dr. E. Kirchner. Stralſund, Löffler. 818.

– Von der Dichtkunst, s.a. Bibliothek, Kleine.

— Buch über die Dichtkunst, s.a. List, F.

Horatius Flaccus, Q. Von der Dichtkunst, in Teutsche Verse übersetzet. Braunschweig 1721. Ü: *Eckard, Georg von.* (Degen)

— Dichtkunſt, mit Ramlers Ueberſetzung u. Anmerkk. 8. Würzb. 780. Stahel. 4 gr

— Dichtkunſt, überſ., erläut. u. als ein Ganzes dargeſtellt von J. A. Chr. Michelſen. 8. Halle 784. Waiſenh.-B. 8 gr

— Dichtkunſt, überſ. u. erklärt in Proſa, v. K. W. Ramler u. in Verſen v. Eph. M. Wieland. 2e, mit d. Entwurf e. Dichtkunſt nach Horaz verm. A., v. H. Sautier. 8. Baſel 789. Neukirch. 16 gr (Die 1e Aufl. von Sautier erſchien 1787.)

— Dichtkunſt in neu entdeckter Ordn. in deutſch. Hexamet. überſ. nach e. 800jähr. Handſchr. von Regelsberger. gr. 8. Wien, Sammer. 797.

— die Dichtkunſt, neu überſ., verm. u. an das Licht geſtellt von e. Jünger d. Handwerks. 8. Schweinfurt 802. (Schumann in Ronneb.) 12 gr

— Dichtkunſt: gr. 8. Zwickau, Schumann. 802.

— Dichtkunſt, erklärt v. F. v. Paula Hocheber. gr. 8. Paſſau 824. Puſtet. 1 Thlr

— Buch über die Dichtkunſt, oder Brief an die Piſonen, erklärt v. Franz v. P. Hocheder. gr. 8. Regensburg 824. (Augsburg, Kollmann.) 1 Thlr

—— über die Dichtkunst, oder sein Brief an die Pisonen übers. in gereimtem Versmaß und erklärt von Aug. Arnold. 8. (VI und 70 S.) Erfurt 853, Villaret. *

Horatius Flaccus, Q., die Dichtkunst oder der Brief an die Pisonen. Urschrift, Uebersetzung, Erklärung von Aug. Arnold. 2., verb. Ausg. gr. 8. (88 S.) Halle 860, Pfeffer. Thlr. *

—— Dichtkunst. Uebersetzt von Jul. Altmann. 16. (38 S.) Berlin 867, Schroeder's Verlag. *

— von der Dichtkunst, ins Deutsche übers. vor E. Schauenburg. gr. 4. (27 S.) Leipzig 886. Fock n. 1.—

—— sämmtliche Dichtungen, s. a. Bibliothek, Cotta'sche, der Weltlitteratur.

—— sämmtliche Dichtungen, in neuem Gewande von Felix Köster. 8. (VIII, 282 S.) Naumburg 879, Schirmer. — 2 40

— in deutscher Uebertragung von Ludw. Behrendt. Mit beigefügtem Orig.-Text. 1. Thl. Oden u. Epoden. [Mit Ausschluß der Epoden VIII u. XII.] 8. (XII, 272 S.) Schönebeck 882. Senff in Comm. n. 3. —; geb. n. 3. 75

— sämmtl. lyr. Dichtungen, übers. v. Klamer Schmidt. gr. 8. Halberst. 820. Vogler. (Leipz., Schreck). 1 Thlr. 8 Gr. Schrbp. 2 Thlr. Velinp. 2 Thlr. 16 Gr.

— sämmtl. lyrische Dichtungen. übers. v. Kl. Schmidt. gr. 8. Halberst. 820, jetzt Brüggemann. 1 Rthl. 8 gr. Schrb. P.

— sämmtliche lyrische Dichtungen. In den Versmaaßen der Originale von Neuem verdeutscht von Schmidt. gr. 8. Leipzig 820. (L. Schreck.) 1 1/3 Thlr.

— sämmtliche lyrische Dichtungen. Im Versmaße der Urschrift übersetzt und mit kurzen Erläuterungen versehen von Carl Hoffmann. gr. 12. Dillingen 845. (Leipzig, Böhme.) 3/8 Thlr.

—— sämmtl. lyrische Dichtungen. Im Versmaße der Urschrift übers. u. m. kurz. Erläuterungen versehen v. Carl Hoffmann. gr. 12. (10 1/6 B.) Dillingen 845. (Leipzig, Geuther.)

— eclogae ad usum stud. juvent. d. Corsa ed. 12. Lausanne, Pott. 739.

— eclogae, cum scholis veteribus ex ed. W. Baxteri, J. M. Gesneri. 8. Leipz. 752. 1 Thlr. 8 Gr. Ed. II. 772. quibus et suas adspersit J. K. Zeune. 8maj. ibid. 788 et 802. Hahn. 1 Thlr. 16 Gr. Edit. nova. 8maj. ibid. 815. id. 1 Thlr. 16 Gr. Schrbp. 2 Thlr. Ed. repetit. emend. recogn. F. H. Bothe. 8maj. ibid. 822. 2 Thlr.

Qu. Horatius Flaccus. Eclogae, cum scholiis veteribus castigavit et notis illustravit Gulielmus Baxterus. Varias lectiones et observationes addidit Jo. Matthias Gesnerus. Editio secunda. Lipsiae 1772. 8°.

Quinti Horatii Flacci Eclogae edid. Guilielmus Baxterus, Joannes Matthias Gesnerus et Joannes Carolus Zeunius. Lipsiae. 1788. 8°

— eclogae s. satirae et epistolae selectae, scholiis adornav. J. C. Müller. 8maj. Mainz 790. Kupferberg. 8 Gr.

— Eclogae, cum scholis veteribus ex ed. Baxteri, Gesneri et Zeunii. 8. maj. Lips. Fritsch. 802. H. P.

— Eclogae cum scholiis veteribus, castigavit et notis illust. G. Baxterus, varias lectiones et observ. add. J. M. Gesnerus, quibus et suas adspersit J. C. Zeunius. Edit. repet., auct. et emend. Lips. Hahn. 815.

Horatii, (Q. Fl.) Eclogae cum selectis scholiast. vet. et G. Baxteri, J. M. Gesneri et J. C. Zeunii annotationibus, recogn. F. H. Bothe; editio repet. emendat. 8maj. Lipsiae 822. Hahn.

—— Epistel üb. d. Dichtkunst. Für Dichter u. Dichterlinge gedolmetscht v. M. Enk. gr. 8. (6 3/4 B.) Wien 811, [Gerold's Brlsh.]

— erste Epistel des ersten Buches, erklärt v. F. E. T. Schmid. gr. 8. Halberstadt 824. (Leipzig, Weinedel.) 1 1/6 Thlr.

— erste Epistel des ersten Buchs, erklärt v. Th. Schmid. gr. 8. Halberst. 825, Brüggemann.

— erste Epistel d. ersten Buchs, erklärt v. F. E. Thdr. Schmid. gr. 8. Halberst. 825. (Weinedel in Leipz.) 6 Gr.

— Epistel an d. Pisonen, mit Anmerkk. u. Hurd's Commentar. Aus d. Engl. von J. J. Eschenburg. 2 Bde. gr. 8. Leipz. 772. Schwickert. 2 Thlr.

— Epistel an d. Pisonen, mit e. Commentar u. Anmerkk. v. Mch. Engel. gr. 8. Mainz 791. (Andreä in Frankf. a. M.) 18 Gr.

Horazens Epistel an die Pisonen oder von der Dichtkunst. Uebersetzt v. Wilhelm Gidionsen. Husum. 1865. 8° Gymn.-Progr.

—— Epistel an die Pisonen oder von der Dichtkunst. Deutsch von W. Gidionsen. gr. 8. (40 S.) Kiel 865, Schwers'sche Buchh. *

— Epistel an die Pisonen, übers. v. L. Durban. Pr. 1883. 23 S. 4°. 1.—

— Die Epistel an die Pisonen des Quintus Horatius Flaccus in das deutsche übersetzt v. J. Kipper. Pr. 1890 14 S. 4°. 1.—

— Epist. an d. Pisonen u. a. Ausgst, a. d. Engl. v. Eschenburg. 2 Bde. gr. 8. Leipzig, Schwickert. 772.

HORATIUS, QUINTUS FLACCUS, Epistel an die Pisonen über die Dichtkunst, übers. von JOH. AD. NASSER. Kiel. 1826.

— Epistel an d. Pisonen über d. Dichtkunst, übers. v. J. A. Naßer. 8. Kiel. (Universitäts-B.)

— Episteln, s.a. Bibliothek, Kleine

— dass., erklärt, s. Hocheder.

— Episteln, s. a. P. F. A. Nitsch Vorlesungen 3r. 4r.

— Episteln, übers. v. Nürnberger, s. Uebersetzungsbibliothek.

— Episteln, für Gymnasien bearbeitet von Fr. v. P. Hocheder. 2 Thle. gr. 12. Regensburg ... (Augsburg, Kollmann.) 1 Thlr.

—— dies. — Erklärt v. Fr. E. Theod. Schmid. 1. u. 2. Thl. gr. 8. Halberstadt. [Leipzig, Weinedel.] 3 Thlr. 16 Gr., Vlnp.
Thl. 1. Das 1. Buch d. Epist. (30 1/4 B.) 828 2 Thlr., Vlnp. 2 Thlr. 12 Gr.
- 2. Das 2. Buch d. Epist. Mit e. Uebersicht d. abweichenden Lesarten aus fünf Handschriften d. Epist. d. Horatius. (23 1/4 B.) 830. 1 Thlr. 16 Gr., Vlnp. 2 Thlr.

—— Episteln, f. Gymnasien bearb. v. Fr. v. P. Hocheder. 1. u. 2. Thl. gr. 12. Regensburg, Pustet.
Thl. 1. Das 1. Buch d. Epist. (18½ B.) 830. 12 Gr.
- 2. Das 2. Buch d. Epist. (11 B.) 831. 12 Gr.

—— dies. — Hrsg. v. Carl Passow. — Ueber d. Leben u. Zeitalter d. Dichters. Crit. bericht. Urtext. Uebersetzung. gr. 8. (15½ B.) Leipzig 833, Hahn.

—— Episteln, übers. v. Jos. Merkel. gr. 12. (9⅔ B.) Aschaffenburg 841, Pergay.

— Episteln, übersetzt vom Prof. Jos. Merkel. gr. 12. Aschaffenburg 841, Pergay. (Krebs.) 5/6 ℳ

—— Episteln. 1. Buch. Lateinisch und deutsch mit Erläuterungen von Ludw. Döderlein. gr. 8. (XLIV und 162 S.) Leipzig 856, Teubner. *

—— Episteln. 2. Buch. Lateinisch und deutsch mit Erläuterungen von Ludw. Döderlein. gr. 8. (VI und 148 S.) Leipzig 858, Teubner. *
1. Buch. Ebendas. 1856. * 1 Thlr. 10 Ngr.

—— Episteln. Lateinisch und deutsch mit Erläuterungen von F. S. Feldbausch. 2 Bdchn. gr. 8. (XII und 540 S.) Leipzig 860, C. F. Winter'sche Verlagsh. *

—— Episteln. Lateinisch und deutsch mit Erläuterungen von F. S. Feldbausch. 2 Bdchn. Neue wohlfeile (Titel-)Ausg. gr. 8. (XII und 540 S.) Leipzig (860)63, C. F. Winter'sche Verlagsh.

—— Episteln und Buch von der Dichtkunst. Mit Einleitung und krit. Bemerkungen von Otto Ribbeck. gr. 8. (VI, 260 S.) Berlin 869, Guttentag. *

—— Episteln. Deutsch im Versmaße des Originals übers. von F. O. Frhr. v. Nordenflycht. gr. 8. (119 S.) Breslau 874, Hirt's Verlag. *

43 Horatius. Die Episteln des Quintus Horatius Flaccus übersetzt I. v. J. Kipper. Pr 1885. 23 S. 4°. 1.—

— Episteln. Deutsch v. C. Bardt. 8. (121 S.) Bielefeld 887. Velhagen & Klasing. n. 1. 60
s. unten: — Sermonen.

—— Episteln. Deutsch v. Jul. Kipper. 12. (VIII, 157 S.) Rostock i. M. 890, Volckmann u. Jerosch. * 1 80; geb. * 2 80

— 3 Episteln I. 6. 10. 16, lateinisch u. deutsch m Kommentar, s.: Bippart, G.

—— Epistola ad Augustum. Commentario illustr. H. Riedel. 8 maj. (29 B.) Groningae 831, van Boekeren. (Lipsiae, Barth.)

Horatii Flacci, Q., Epistola lib. primi secunda. In quam commentatus est L. S. Obbarius. Inest conspectus variant. lect. ex VII codd. Mss. Bernensibus haustarum. 8 maj. (7¼ B.) Halberstadt 828. [Lipsiae, Weinedel.] 12 Gr., hrbgs. Pr. Thlr.

— epistola ad Pisones, mit Anmerkk. v. J. S. G. Holzapfel. 8. Lemgo 818. Meyer. 8 gGr.

—— Epistola ad Pisones. Edid. et annotat. illustrav. P. Hoffmann Peerlkamp. gr. 8. (15 B.) Leidae 845, Hazenberg et soc.

—— Epistola ad Pisones. Disposuit J. G. Ottema. 8 maj. (3 B.) Leovardiae 846. (Lipsiae, Barth.) *

— Epistola ad Pisones (Epist. II, 3) in deutscher Uebersetzung von E. Schauenburg. Pr. 1886. 27 S. 4°. 1.20

— Epistolas commentt. uberrimis instructas ed. S. Obbarius et Th. Schmidius. Fasc. I—III. cont. Epistolam, I—V. cum commentt. S. Obbarii. Lex.-8. Leipzig 837—40. Geo. Wigand. n. 2½ ℳ

—— Epistolas commentariis uberrimis instructas edider. S. Obbarius et Th. Schmidius. Tom. I. Fasc. I—IV., cont. Epistolam I—VII. c. commentar. S. Obbarii. Lex.-8. Lipsiae, Geo. Wigand. [I (8 B.) 837. * 1 Thlr., II. (5½ B.) 838. * ⅔ Thlr., III. (5 B.) 840. * ⅔ Thlr., IV. (8¾ B.) 841. * 1 Thlr.] *

— Epistolas commentariis uberrimis instructas edider. S. Obbarius et Th. Schmidius. Tom. I. Fasc. IV.—VI. cont. Epistolas VI—XVI. cum commentariis S. Obbarii. Lex.-8. Lipsiae 841, 43, 45, G. Wigand. Fasc. IV. n. 1 ℳ. Fasc. V. VI. à n. 1⅓ ℳ (I. 1.—6.: n. 6⅙ ℳ)

—— Epistolas commentariis uberrimis instructas edid. S. Obbarius. Fasc. V—VII. cont. epistolas VIII—XX. Lex.-8. (35¾ B.) Lipsiae 843, 45, Geo. Wigand. à * 1 Thlr. 10 Ngr.*
Fasc. I—IV. Ibid. 1837—41. * 3 Thlr. 15 Ngr.

— recensuit atque interpretatus est Jo. Casp. Orellius addita var. lect. codd. Bernensium III Sangallensis et Turicensis. Edit. II. emend. et aucta. Vol. I. II. gr. 8. Turici 843, 44, Orell, Fussli et Co. 7 ℳ

— idem. Edit. minor II. emend. et aucta. Vol. I. II. gr. 12. ibid. 843, 44. 2 ℳ

— epistolas commentariis uberrimis instructas ed. S. Obbarius. Fasc. VII. et totius operis postremus, contin. epistolas XVII—XX. Lex. 8. (S. 349—561.) Lipsiae 847, G. Wigand. n. 1⅓ ℳ (cmplt. n. 7½ ℳ)

—— epistulae. Für den Schulgebrauch erklärt von H. S. Anton. Ausg. a. Kommentar unterm Text. gr. 8. (IV, 141 S.) Gotha 888, F. A. Perthes.

—— dass. — Ausg. b. Text und Kommentar getrennt in 2 Heften. gr. 8. (IV, 58; 81 S.) Ebendas. 888.

— Epistulae. Für den Schulgebrauch erklärt v. Wilh. Wegehaupt. Ausg. A. Kommentar unterm Text. (VI, 186 S.) 8. Gotha 905. F. A. Perthes. n. 2. 10; geb. n. 2. 40

— Epoden, s. Bibliothek, Kleine

— Metr. Uebersetzung ausgewählter Epoden von O. Buchwald. Pr. 1884. 8 S. 4°. —.80

— zweite Epode (Lob des Landlebens), in e. freien Sylbenmaße übers. von K. H. Jördens. 8. Lauban 805

—— Gedichte, übers. von W. E. Weber und W. S. Teuffel, s. Classiker des Alterthums.

Horazische Gedichte, s. Walter, Carl, Echo vom Soracte.

— Gedichte, übers. v. J. J. C. Junkheim, J. P. Uz u. G. L. Hirsch, s. unten Werke.

—— Gedichte, übers. von G. Ludwig, W. S. Teuffel und W. E. Weber. 2 Abthlgn. [1. Abthl. 7½ Ngr., 2. Abthl. 12½ Ngr.]
Aus: Classiker des Alterthums, einzeln zu vorstehenden Preisen zu beziehen.

Horatius Flaccus, Q. Ungebundene Uebersetzung der Gedichte nebst den nöthigen Bemerkungen . . . Cassel 1749. Ü: *Groschuf (Groschupf), Fabian (Friedrich).* (ML)

— Gedichte m. Anm. 2 Thle. 8. Cassel. 749.

— Gedichte im Sylbenmaß, von Karl Lang. 1s Bdchen. 8. Nürnberg 786.

— Gedichte, a. d. Lat. übersetzt v. Junkheim, Uz u. Hirsch. 2 Thle. (welche d. Oden, Satyren u. Briefe enthalten,) 8. Ansbach, Gassert. 797.

—— Gedichte in versgetreuer Uebersetzung nebst einem Excurs über das Versmaß der Ode III. 12 von J. S. Strodtmann. 2., vielfach verb. Ausg., ohne latein. Text und Anmerkungen. 8. (XIV und 316 S.) Leipzig 860, Engelmann.

— Gedichte. Hrsg. v. Gust. Schimmelpfeng. Text. M. 1 Karte, 1 Plane u. Namen-Verzeichnis. gr. 8. (III, 315 S. m. Bildn.) Leipzig 896. B. G. Teubner. Geb. n. 2.–

— Gedichte. Hrsg. von Gust. Schimmelpfeng. Kommentar. gr. 8. (202 S.) Leipzig 899. B. G. Teubner. Geb. n. 1. 60
Text Ebd. 896. n. 2.—.

Die Gedichte des Q[uintus] Horatius Flaccus hrsg. von Prof. Dr. Gustav Schimmelpfeng. 2. Aufl. besorgt von Dr. Georg Schimmelpfeng, Oberl. zu Hildesheim. Text. Leipzig & Berlin: B. G. Teubner 1904. 8° (B. G. Teubners Schulerausgaben griech. u. lat. Schriftsteller.) [03. fehlt]

— Gedichte. Hrsg. v. Gust. Schimmelpfeng. 2. Aufl., besorgt v. Geo. Schimmelpfeng. Kommentar. (IV, 220 S.) 8. Leipzig 907. B. G. Teubner. Kart. n. 1. 80

— Gedichte. Hrsg. v. Gust. Schimmelpfeng. 3. Aufl., bes. v. Geo. Schimmelpfeng. Text. Mit 1 (farb.) Karte, 1 (farb.) Plane u. Namen-Verzeichnis. (IV, 321 S. m. 1 Bildnis.) 8. Ebd. 909. Geb. 2. —

Horaz, Auserlesene Satirische Gedichte, Quedlinburg und Aschersleben. 1714, s. Abel, Caspar

— lyr. Gedichte in deutsch. Oden v. Weidner. m. K. gr. 8. Leipz. Sommer. 764.

— lyr. Gedichte u. Oden, von ... Werner. 8. Wien 785. v. Mösle. 14 Kr

— Dies., übers. mit Anmerkk. v. K. W. Ramler. 2 Bde. gr. 8. Berl. 800. Sander. 1 Rthlr 20 Kr Schrbp. 2 Rthlr 16 Kr Velinp. 5 Rthlr 2e Aufl. 8. Ebd. 818. 1 Rthlr 4 Kr

— lyr. Gedichte, übers. u. erl. v. J. A. Eschen. 2 Thle. gr. 8. Zürich, Orell, Füßly u. Comp. 800. Velinp.

— Dies., in poet. Prosa übers. von Hnr. Kunhardt. 1r Bd. 8. Lübeck 802. Niemann. 12 Kr

—— lyrische Gedichte, in neuer Weise übertragen und geordnet von R. Fritsch. 8. (XXVIII, 260 S.) Trier 884, Lintz'sche Buchh. *

—— lyrische Gedichte. Übers. von Paul Klaucke. 8. (IV, 147 S.) Berlin 885, W. Weber. *

—— Lyrische Gedichte. Erläut. v. Gerh. Heinr. Müller. gr. 8. (272 S.) Straßb. i. E. 892, Straßb. Druckerei u. Verlagsanstalt. * 2 25

Horatius, Flaccus Q., sämmtl. Gedichte, in der Versart des Originals übers. v. Karl Geo. Neumann. gr. 8. (14½ B.) Trier 845, Troschel. Thlr.

Horatius Flaccus Q., sämmtliche Gedichte, in der Versart des Orig. übers. von Karl Geo. Neumann. 2. (Titel-)Aufl. gr. 8. (224 S.) Trier (845)67, Troschel.

—— dass. — Mit gegenüberstehendem Texte. 2. (Titel-)Aufl. gr. 8. (440 S.) Ebendas. (845)67.

— 14 politische Gedichte in Trimetern übersetzt u. m. Einleit. u. Anmerk. erläut. v. H. Kern. Pr. 1849. 46 S. 4°. 1.20

— drei Gesänge, in deutsche Reime gebracht von Jgn. Klein. 8. Würzb. 771.

— 2 Gespräche — I, 6 u. II, 6 — übersetzt u. erläut. m. Vorbemerkungen v. T Hug. Pr. 1862. 19 S. 4°. 1.—

— Uebers. v. W. Binder, s.: Bibliothek, Langenscheidt'sche.

Horatius Flaccus s. a. Bibliothek d. Übersetzungen

— übers. von Ludwig, s. Dichter, römische.

—— von J. H. Voß, s. Universal-Bibliothek.

Horaz, metrisch übers. v. C. Lang. 1s Stck. 8. Erlang. u. Nürnb. Sir. 786.

Horatius. Edit. nova. Halae 817. 8. 5 gr. Ib. 821. 8. 5 gr.

— Cum selectis scholiis veter. et G. Baxteri, Gesneri et Zeunii annotatt. recogn. F. H. Botho. Ed. repetita emendatior. Lips. 822. 8. 2 rthl.

Horatius, Flaccus Q., recensuit atque interpretatus est Jo. Casp. Orellius addita var. lect. codd. Bernensium III Sangallensis et Turicensis. Edit. II. emend. et aucta. II Vol. gr. 8. Turici, Orell, Füssli et Comp. [1. (46¼ B.) 843. 3 Thlr., 2. (56½ B.) 44. 4 Thlr.]

—— id. Edit. minor II. emend. et aucta. II Vol. gr. 12. Turici, Orell, Füssli et Comp. [1. (22 B.) 843, 2. (25⅓ B.) 44. à 1 Thlr.]

— Recensuit atque interpretatus est Jo. Caspar Orellius addita varietate lectionis codd. Bentlejanorum, Bernensium IV, Sangallensis et Turicensis. Editio III. (major) emendata et aucta. Curavit Jo. Geo. Baiterus. 2 voll. gr. 8. (I: XXVIII u. 746 S. II: IV u. 935 S.) Turici 850. 52, Orell, Füssli & Soc. (I: 3 Rthlr II: 4 Rthlr) 7 Rthlr

— Recensuit atque interpretatus est Jo. Casp. Orellius. Editio minor III. Curavit Jo. Geo. Baiterus. Vol. I. gr. 8. (XX u. 509 S.) Ebd. 851. 1 Rthlr

Horatius Flaccus, Quintus. Lipsiae 1851. H: *Haupt, Moritz.* (Cat. d. Stadtbibl. Zürich. Zürich 1864—97.) (Ky)

Horatius Flaccus, Q., (Ed. M. Haupt). 16. (347 S. m. lith. Titel.) Lipsiae 851, Weidmann (jetzt: Hirzel). n. ⅚ Rthlr In Engl. Einb. m. Goldschn. 1⅙ Rthlr

Horatius Flaccus, Q., denuo recognovit et praefatus est Aug. Meineke. Berolini 854. G. Reimer. 8. (XLIV, 226 S.) 15 ngr.

— recensuit codd. selectorum varias scripturas addidit Franc. Pauly. Lipsiae 855. Habn. gr. 8. (XVIII, 418 S.) 2 ℛℊ.

— ad codices saec. noni decimique exactum commentario critico et exegetico illustratum edid. Franc. Ritter. Adjecti sunt indices verborum et annotationes. 2 voll. Lipsiae 856. Engelmann. gr. 8. 6 ℛℊ. 15 ngr; Velinp. 8 ℛℊ.
Vol. I.: Horatii carmina et epodi. (XLVIII, 494 S.) 3 ℛℊ.
- II.: Horatii satirae et epistolae. (3 Bl., 654 S.) 3 ℛℊ. 15 ngr.

Horatius Flaccus, A. — Scholarum in usum edidit Gustavus Linkerus. Vindobona, 1856. Sumptibus et typis Caroli Gerold filii. (LVI. 272 S. 8.)

— in usum scholarum brevi annotatione instruxit Franc. Ritter. Ebend. 857. gr. 8. (VI, 282 S.) 15 ngr.

— recensuit atque interpretatus est Jo. Caspar Orellius. Editio minor 5. curavit Jo. Georg Baiterus. 2 voll. Zürich 868, Orell, Füssli & Co. gr. 8. (XX, 438 u. III, 550 S.) n. 2 ℛℊ

Horatius Flaccus, Q., ex recensione et cum notis atque emendationibus Rich. Bentleii. Editio III. 2 Tomi Berlin 869, 70. Weidmann. gr. 8. (XXVIII, 519 S. u 710 S.) n. 5 ℛℊ

Horatius Flaccus, Q. Recensuit atque interpretatus est Jo. Casp. Orellius. Edit. minorem VI post Jo. Geo. Baiterum curavit Guil. Hirschfelder. 2 vol. gr. 8. Berlin, Calvary und Comp. à Vol. *ℳ 4,50. *
Inhalt:
Vol. I. Odarum libri IV. Carmen saeculare. Epodi. 2 fasc. (VI, 456 S.) 882.
„ II. Satirarum libri. Epistolae. Ars poetica. 2 fasc. (559 S.) 883, 84.

— Erklärt v. Herm. Schütz. 3. Tl.: Episteln. gr. 8. (XII, 369 S.) Berlin 883. Weidmann. 3. — (1—3: 8. 70)

— dasselbe. Ed. minorem VI. post Jo. Geo. Baiterum curavit Guil. Hirschfelder. Vol. II 2 Fasco. gr. 8. (S. 249—469.) Ebend. 884. à n. 2. 25 (cplt.: n. 9. —)

Horatius Flaccus, Q. Erklärt v. Adf. Kiessling. 1. u. 2. Tl. gr. 8. Berlin, Weidmann. 5. 25
1. Oden u. Epoden. (XXVIII, 396 S.) 884. 3. —
2. Satiren. (XXIV, 240 S.) 886. 2. 25

Horatius Flaccus, Q. Erklärt von Adf. Kiessling. 2. und 3. Tl. gr. 8. Berlin, Weidmann'sche Buchh.
Inhalt:
Tl. 2. Satiren. (XXIV, 240 S.) 886. ℳ 2.25.
„ 3. Briefe. (295 S.) 889. ℳ 3.—.
1. Tl. Ebendas. 884. ℳ 3.—.

— rec. atque interpretatus est Jo. Caspar Orellius. Ed. IV. maior emendata et aucta, quam post Jo. Geo. Baiterum curavit Guil Hirschfelder. Fasc. 1—5. gr. 8. (1. Bd. LXI u. S. 1—709.) Berlin 885. 86. Calvary & Co. Subscr.-Pr. à n. 3. —

— dasselbe. 7. Lfg. 8. Berlin 889. Langenscheidt. n. — 35
Satiren u. Episteln. Deutsch in den Versweisen der Urschrift v. W. Binder. 3. Lfg. 5. Aufl. (2. Bd. S. 97—140.)

— Erklärt von H. Schütz. 1. Tl.: Oden u. Epoden. 3. Aufl. gr. 8. (VIII, 431 S.) Berlin 889. Weidmann. 3. —

— Erklärt v. Herm. Schütz. 1. Tl.: Oden u. Epoden. 3. Aufl. gr. 8. (VIII, 431 S.) Ebd. 889. 3 —
2. u. 3. Tl. Ebd. 1881, 83. 5 70.

— Für den Schulgebrauch erklärt. 1. Tl. gr. 8. Leipzig 889. Teubner. 2. 25
Oden u. Epoden, erklärt v. C. W. Nauck. 13. Aufl. (VI, 275 S.)

— dasselbe. 2. Tl. Satiren u. Episteln. Erklärt v. G. T. A. Krüger. 12. Aufl. Besorgt v. G. Krüger. 2 Abteilgn. gr. 8. Ebd. n. 3. —
1. Abtlg. Satiren. (XII, 199 S.) 889. n. 1. 50
2. Abtlg. Episteln. (VI, 206 S.) 890. n. 1. 50

Horatius Flaccus, Quintus. Recensuit atque interpretatus est Jo. Gaspar Orellius. Ed. IV. maior emendata et aucta. Vol. II: Satirae. Epistulae. Lexicon Horatianum. Post Jo. Geo. Baiterum curavit W. Mewes. 5 Fasc. gr. 8. (II, 831 S.) Berl. 889—92. Calvary u. Comp. Subscr.-Pr. à Fasc. * 3 —; * 20 —
Vol. I: Ebd. 1886. * 20 —.

Horatius Flaccus, Q., recensuit atque interpretatus est Jo. Gaspar Orellius. Ed. IV. maior emendata et aucta. Vol. II. Satirae. Epistulae. Lexicon Horatianum. Post Jo. Geo. Baiterum curavit W. Mewes. Fasc. I—III. gr. 8. (S. 1—480.) Berlin 890. Calvary & Co. Subscr.-Pr. à n. 3. —

— Erklärt von Adf. Kiessling. 1. u. 3. Tl. gr. 8. Berlin 890. Weidmann. n. 6. —
1. Oden u. Epoden. 2., verb. Aufl. (VII, 431 S.) 889. n. 3. —
3. Briefe. (395 S.) 890. n. 3. —

Horaz in deutscher Uebertragung v. Ludw. Behrendt. Mit beigefügtem Orig.-Text. 1.—3. Thl. gr. 8. Berl., C. W. L. Behrendt. * 5 60
1. Oden u. Epoden. (Mit Ausschluß der Epoden VIII u. XII.) 2. (Titel-)Aufl. (IX, 272 S.) 890. * 2 40; geb. * 3 —.
2. Plaudereien. Sermones. (III, 140 S.) 891. * 1 60.
3. Ansprachen. Epistolae. (III, 132 S.) 891. * 1 60.

Horatius Flaccus, Quintus. Rec. Guilelm. Mewes. Vol. II. 8. (IV, 188 S.) Berl. 891, Calvary u. Comp. * 1 80
Vol. I ist noch nicht erschienen.

— Recensuit atque interpretatus est Io. Gaspar Orellius. Ed. IV. maior emendata et aucta. Vol. II. Satirae. Epistulae. Lexicon Horatianum. Post Io. Geo. Baiterum curavit W. Mewes. Fasc. IV, V. (Schluss.) gr. 8. (S. 481—831.) Ebd. 891. 892. Subskr.-Pr. à n. 3. — (Vol. II. kplt.: n. 20. —)

Horatius Flaccus, Qu., Auswahl f. d. Schulgebrauch. Von K. P. Schulze. 2 Tle. gr. 8. Berlin 895. Weidmann. Geb. in Leinw. n. 2. 60
1. Text. (III, 117 S.) n. 1. 20
2. Anmerkgn. (144 S. m. 2 Fig. u. 2 Taf.) n. 1. 40

Horatius Flaccus, Q. Erklärt v. Adf. Kiessling. 3 Tle. gr. 8. Berlin, Weidmann. 8. 40
1. Oden u. Epoden. 3. Aufl., besorgt v. Rich. Heinze. (VIII, 438 S.) 898. 3. —
2. Satiren. 2. Aufl. (XXVIII, 248 S.) 895. 2. 40
3. Briefe. 2. Aufl. Besorgt v. Rich. Heinze. (VII, 312 S.) 898. 3. —

Horaz. F. d. Schulgebr. bearb. v. Dr. H[erm.] Röhl, Gymndir. in Halberstadt. *Bielefeld & Leipzig: Velhagen & Klasing 1896.* (XII, 226 S.) 1 Bd 8. (Sammlung latein. u. griech. Schulausgaben.)

— Auswahl, f. d. Schulgebr. hrsg. v. Andr. Weidner. 8. (XXXVI, 265 S. m. 12 Abb.) Leipzig 896. G. Freytag. n. 1. 20

Horaz für den Schulgebrauch. Ausgew. Gedichte. Von Prof. Dr. N[ikolaus] Fritsch. [Nebst] Erklärung. Münster i. W.: Aschendorff 1897–98. 2 Bde 8⁰ (Aschendorffs Sammlung lat. u. griech. Klassiker).

Q[uintus] Horatius Flaccus, erkl. v. Adolf Kiessling ... 3. Aufl. bes. v. Richard Heinze. Tl 1. *Berlin: Weidmann 1898.* 8. (Sammlung griech. u. lat. Schriftsteller m. deutschen Anm.)

Horatius Flaccus, Quintus. Für den Schulgebrauch bearb. v. H. Röhl. Kommentar. gr. 8. (197 S.) Bielefeld 899. Velhagen & Klasing. Geb. 1. 60; (Text u. Kommentar 3. 30)

HORATIUS FLACCUS
(F) Q. Horatius Flaccus. Auswahl von Dr. Michael Petschenig. Mit 2 Karten. 3., umgearbeitete Auflage der „carmina selecta". Mit hohem k. k. Ministerial-Erlass vom 7. December 1899, Zahl 32.723, allgemein zulässig erklärt. Wien und Prag. 1900. Tempsky. 8°. IV, 260 S. K 1.40, geb. K 1.80

— erklärt v. Adf. Kiessling. 1. Tl. Oden u. Epoden. 4. Aufl., besorgt v. Rich. Heinze. gr. 8. (VIII, 466 S.) Berlin 901. Weidmann. 3. 60

— übertr. in deutsche Dichtung v. J. Neß. (Umschlag: Horaz, ausgewählte Oden, übertr. in deutsche Dichtg. v. Jos. Neß.) (35 S.) 8. Gießen 903. E. Roth. n. — 80

— für den Schulgebrauch hrsg. v. O. Keller u. J. Häussner. 3. Aufl. (XLV, 317 S. m. 2 Abbildgn. u. 3 Kärtchen.) 8. Leipzig 903. G. Freytag. Geb. in Leinw. n. 2. —

— Auswahl f. den Schulgebrauch. Von K. P. Schulze. 2. Tl. Anmerkungen. 2., erweit. Aufl. (206 S. m. 2 Fig. u. 2 Taf.) 8. Berlin 904. Weidmann. Geb. in Leinw. n. 1. 80

— Für den Schulgebrauch. Ausgewählte Gedichte u. Namenserklärg. Von N. Fritsch. 2. Aufl., verb. u. verm. (XX, 168 S. m. 2 Karten.) 8. Münster 904. Aschendorff. Geb. 1. 35; Erklärung. (186 S. m. 1 Karte.) Geb. 1. 80

Horatius Flaccus, Q., erklärt v. Adf. Kiessling. 2. Tl.: Satiren. 3. Aufl., besorgt v. Rich. Heinze. (XXXII, 284 S.) 8. Berlin 906. Weidmann. n. 2. 80

— Für den Schulgebrauch hrsg. v. Andreas Weidner. 2. Aufl. Mit der vita Suetonii u. d. Monumentum Ancyranum bearb. v. Rud. Franz. (295 S. m. 12 Abb.) 8. Ebd. 907. Geb. 2. —

— Für d. Schulgebrauch hrsg. v. O. Keller u J. Häussner. 3. erweit. Aufl. (XXXXV, 325 S. m. 2 Abb. u. 3 Kärtchen.) 8. Leipzig 907. G. Freytag. — Wien, F. Tempsky. Geb. 2. —

— Auswahl v. Mich. Petschenig. 4. Aufl. Unveränd. Abdr. der 3. Aufl. (IV, 260 S. m. 2 Karten.) 8. Leipzig 907. G. Freytag. — Wien, F. Tempsky. Geb. 1. 80

Horatius Flaccus, Quintus. Erklärt v. Adf. Kiessling. 1.—3. Tl. 8. Berlin, Weidmann. 10. 40
1. Oden u. Epoden. 5. Aufl. Besorgt v. Rich. Heinze. (VIII, 498 S.) 908. 3. 80
2. Satiren. 4. Aufl., besorgt v. Rich. Heinze. (XXXIII, 209 S.) 910. 3. —
3. Briefe. 3. Aufl., besorgt v. Rich. Heinze. (V, 303 S.) 908. 3. 60

—— der deutsche, od. d. Q. Horatius Flaccus lyrische Gedichte. In d. Versmassen d. Urschrift verdeutscht v. Chr. Wilh. Binder. 2., vielfach verb. Aufl. gr. 12. (10½ B.) Bern 832, [Jenni, Sohn.]

— der Deutsche, oder des Quintus Horatius Flaccus lyrische Gedichte in den Versmaßen d. Urschrift verdeutscht v. Chr. Wilh. Binder. 2e, vielfach verb. Aufl. gr. 12. Bern 833. Jenni Sohn. 1 ½ ℛ

—— der deutsche, Uebersetz. sämmtl. lyrischen Dichtungen d. Q. Horatius Flaccus in d. Versmaaßen d. Urschrift v. Wilh. Binder. 3., völlig umgearb. Aufl. 16. (18 B.) Ludwigsburg 841, Nast.

Horatius Flaccus, Q. Fürs Frauenzimmer. Oder Parodien nach dem Horaz . . . Ansbach 1799. Ü: *Hirsch, Gg Ludwig.* (MGT) (Ky) (GGr)

Horaz fürs Frauenzimmer, oder Parodien nach dem Horaz und freye Uebersetzungen, metrisch bearbeitet von dem Herausg. der ansbachischen Uebersetzung des Horaz (Georg Ludw. Hirsch). Mit Anmerkgn. Ansbach 1799. 8°. (4 Mk. 50 Pfg., unbeschn., Max Jaeckel, Potsdam, 1909.)
Bibl. Bülov. I. 1. p. 367. — Anon.-Lex. II. p. 301 (nach Meusel, Kayser, Goedeke).

Horaz, f. Frauenzimmer, od. Paradorien nach d. Horaz ꝛc., mit Anmerkk. (v. G. L. Hirsch). 8. Ansb. 799. (Gassert). 20 ℊℊ

Horaz in modernem Gewande. Ein Uebersetzungsversuch v. H. Meischelt Pr. 1899. 20 S. 4°. 1. —

Q[uintus] **Horatius** Flaccus im Licht des Evangeliums. Die vier Bücher d. Oden deutsch in d. Versweisen d. Dichters wiedergegeben u. mit Erl. ihres religiös-sittl. Inhalts versehen von G[ustav] Kob, Pfarrer. Leipzig: F. Richter 1893. (XV, 116 S.) 8° (07. 16349 10

— Iamben- u. Sermonendichtung. Vollständig in heim. Versformen verdeutscht v. Karl Staedler. (VIII, 206 S.) 8. Berlin 907. Weidmann. 3. —

— poetische Kunst f. Gymnasiast. erl. 8. Leipzig, Gräff. 805.

— poet. Kunst f. Gymnasien erläutert. 8. Lpz. 805. Wienbrack 4 ℊℊ

— Lieder, s. a. Daumiller, A.

Horatius Flaccus, Q. Lieder des I. Buchs erste bis vierte Ode. Fünfte bis acht und dreissigste Ode. Rostock u. Wismar 1758—59. Ü: *Palthen, Joh. Fran[z] von.* (Degen)

— Lieder, in hochdeutsche Reime übers. v. Gtthlf. Flam. Weidner. Mit e. Vorr. v. Jh. Wen. Neuhausen. 8. Leipz. 764. Schönemark. (Sommer). 10 ℊℊ

-- Einleitg. u. Proben e. neuen Uebersetzung d. horaz. Lieder v. N. Pitsch. Pr. 1865. 24 S. 4°. 1. —

—— Lieder. Nach dem Text der Ausg. von Mor. Haup. Deutsch von Wilh. Osterwald. 8. (VII, 160 S.) Halle 87[?], Buchh. des Waisenhauses.

— Lieder, in altem Versmaß m. Reimen v. Fel. Köster. 12. (169 S.) Gotha 895. F. A. Perthes. 1. 50; geb. n. 2. —

Die Lieder [Carmina] des Horaz [Quintus **Horatius** Flaccus]. Sinngemäß frei in deutsche Reime übertr. Von Bruno Abelmann, Oberl. Schleusingen: M. Schlewe (1905). (194 S.) 8° [F.] (05. 15872

—— die alten Lieder des, in neuem Gewande, s. Köster, F.

— *ausgewählte Lieder.* Lateinisch mit Anmerkungen von Köppen und Böttiger. Braunschw. 791-93. 3 Theile. 2 rthlr. 16 gr. (Theil I. ist Text.)

— ausgewählte Lieder. Deutsch von Heinr. v. Wedel. 8. (80 S.) Leipzig 899. F. Hirt & Sohn. n. 1. — erm. Pr. n. — 50

— schönste Lieder, s.a. Stegemann, Herm.

Horatius, des, schönste Lieder. Der Antike entrückt u. verdeutscht zu Nutz und Frommen der Poesie. Dichtungen von *H. Stegemann*. 2. Aufl. In-8⁰. VII, 83 S. Basel, B. Schwabe. 1895 2 —

—— Auswahl seiner Lyrik. Uebertragen von Johs. Karsten. 8. (159 S.) Stuttgart 866, Roth. *

—— Auswahl seiner Lyrik. Uebertragen von Johs. Karsten. 2. (Titel-)Ausg. 8. (159 S.) Bremen (866)78, Kühtmann und Comp. * 1 50

— Auswahl seiner Lyrik. Uebertragen v. Johs. Karsten. 2. (Titel-)Ausg. 8. (159 S.) Norden 878. Fischer Nachf. n. 1. 50

Horaz. Auswahl aus seiner Lyrik. Übertr. von Johs. Karsten. 3. (Titel-)Ausg. 8. (158 S.) Norden (865)888, Fischer Nachf. *

— Lyrik. Übertragen v. J. Karsten. 4. Ausg. 8. (XII, 223 S.) Hagen i/W. 890. Risel & Co. n. 2. —

Horatius Flaccus, Q. Maximes de Morale tirées des Poësies. Gotha 1759. Ü: *Freiesleben, Gfr. Chn.* (ML)

— Odae selectae, Scholis adornav. I. C. Müller. 8. maj. Mainz, Kupferberg. 781.

— odae selectae, schol. Mogunt. adornav. Jh. Ksp. Müller. 8maj. Mainz 784. Müller. 9 gr.

— eine Ode, übers. v. S. Schmid. ... 802.

—— die 37. Ode im 1. Buche [Kleopatra]. Uebers. und erklärt von Herm. Probst. gr. 8. (16 S.) Essen 875. (Berlin, Calvary und Comp.) * 1 —

Horatius Flaccus, Qu., Oden, — dasselbe u. Carmen seculare, } s.a. Bibliothek, kleine.

— dasselbe, s.a. Kob, G., Horatius Flaccus im Licht des Evangeliums.

— Oden, s. S. G. Lange, s. a. Oden.

—— dass. — 3. Buch, s. Loisering, Herm.

— Oden, commentirt, s. Lorenz.

— Oden, s. auch P. F. A. Nitsch Vorlesungen 1r 2r

— — 1s Bdch. in Prosa, v. Suck. 8. Lpz. Baumgärtner.

— — Erklär. desselb. v. Suck. 8. Ebend.

Horatius Flaccus, Q. Die Oden. Zur Erläuterung sind einige poetische Stellen ... hinzugefüget. 1. Buch. Lüneburg 1745. Ü: *Bröstedt, Joh. Chn.* (Degen) »1747« (Bibl. litt. Ver. Stuttg. 218, 468.)

— — erstes Buch in Versen. 8. Luneb. 745.

— Oden, 5 Bücher, u. von d. Dichtkunst; poet. übers. von Sam. Gtthld. Lange. 8. Halle 747. auch 752.? Schwetschke u. S. 8 gr.

Horatius Flaccus, Quintus. Uebersetzung der Oden. Braunschweig 1756—60. Ü: *Solm, Frdr. Ludwig Graf zu.* (Verz. der v. Meusebachschen Bibl. Berlin 1855. S. 116.)

— Oden übersetz. latein. u. deutsch. 5 Büch. m. Vign. 8. Braunschw. Schulbuchh. 756—60.

Horatius Flaccus, Q. Fünf Bücher Oden. Uebersetzt. Lateinisch u. deutsch. Braunschweig 1756—60. Ü: *Solms-Wildenfels und Tecklenburg, Frdr. Ludwig Graf von.* (ML) »1756—66« (Ky)

— Oden, 5 Bücher, latein. u. deutsch, (von Grafen Solms-Wildenfels u. Tecklenburg). 8. Braunschw. 756—66. Schulbuchh. 2 Rthlr 8 gr.

— — v. Ramler. 8. Berl. Voss. 769.

Horatius Flaccus, Q. Die Oden, in deutschen Versen ... Leipz. 1769. Ü: *Breitenbauch, Gg Aug. von.* (Degen) (Mn)

Horaz, Q. Fl., Oden, in deutschen Versen, von G. A. v. Breitenbauch. 8. Leipz. 769. 2e A. 8. Jena 776.

— — 1s Bdchn. übersetzt von K. A. Küttner. 8. Leipzig, Schwickert. 772.

— — 1s. 8. Eisenach, Wittekind. 774.

— — in Vers. m. Anm. 1r Bd. 8. Helmst. 774.

Horatius Flaccus, Q. Die Oden in Prosa. 1. u. 2. Buch. Leipz. 1781. Ü: *Bremer, Joh. Chph.* (Degen) (Ky) (MGT)

— Oden in Prosa, 1s u. 2s Buch, (v. J. C. Bremer). 12. Leipz. 781. Schwickert. 4 gr.

— — neu verdeutscht von Jördens. 4 Bücher. 8. Berlin, Lange. 781—87. (1s u. 2s 12 gr. 3s u. 4s 1 Rthlr.)

— — Oden, von K. H. Jördens. 4 Bücher. 8. Berlin. 781—87. Ist jetzt Verlag von Reimer.

— — v. Mosler. 8. Dessau, Gel. Handl. 785.

— Oden, übersetzt von Chr. F. K. Herzlieb. 3 Thle. 8. Stendal 787—90. Franzen u. Gr. 1 Rthlr 20 gr.

— — von Herzlieb. 3 Thle. 8. Stendal, Franzen. 787—791.

— Oden, 5 Bücher, übers. (in Prosa) u. mit Anmerkk. begleitet v. Jh. F. Roos. 8. Leipz. 791. (Krieger in Cassel.) 1 Rthlr 4 gr.

— — latein. u. deutsch rc. m. Anm. v. Schmidt. 5 Thle. 8, Gotha, Ettinger. 793—95.

Horatius Flaccus, Q. Oden. O. O. 1800. Ü: *Schmid, Siegfried.* (MGT)

— — übers. m. Anmerk. v. K. W. Ramler. 2 Bde. gr. 8. Berl. Sander. 800.

Schreibp.
Velinp.

— — dem Versbau d. Ursprache nachgebildet von Franz v. Günter. 1s u. 2s Buch. 8. Landshut, Thomann. 805—807. (à 8 gr.)

— — dieselb. deutsche Erklärung, zum Gebrauch d. Schuljugend nach Kemppescher Methode, mit historischen, geograph. u. philosoph. Anmerkungen von Suck. 8. Halle; Verfass. 811.

— Oden. Erstes Buch in Prosa, von Dr. Suck. 8. Leipz. 811. (Halle, Gebauer). 9 K

— — Oden, übersetzt von K. W. Ramler. 2te Aufl. 8. Berlin, Sandersche Buchhandlung. 819.

— — Oden, in gereimten Uebersetzungen, mit Erklärungen für gebildete Nichtgelehrte von K. L. Kannegießer. gr. 8. Prenzlau, Ragoczy. 820.

— Oden, 4 Bücher, von K. L. Kannegießer. gr. 8. Prenzlau 820. jetzt Kalbersberg. 3/4 ℳ

— 4 Bücher d. Oden u. Gesang z. Säcularfeier, übers. v. E. Günther. gr. 8. Leipz. 822, Baumgärtner.

— Oden in deutschen Reim-Versen von J. Nürnberger. (Mit latein. Text). 2 Bdchen. 16. Stuttg. 824. v. Cotta. 2 ℳ

Horatius Flaccus, Q. Die Oden. Deutsch mit Anmerkungen . . . Berl. 1831. V: *Garve, Carl Bernhard.* (GGr)

—— Oden, deutsch u. mit Anmerkn. Vom Verf. d. „deutschen Versbaus" (L. Grave). gr. 8. (19 B.) Berlin 831, Reimer.

—— Oden, in d. Versmaßen d. Urschrift deutsch mit beigefügtem latein. Text v. Ado. Friedr. v. der Decken. 2 Bde. gr. 8. (34½ B. u. 1 Bildn.) Braunschweig 838, Vieweg u. Sohn. *

—— Oden in deutschen gereimten Versen. Von Ed. Bürger. 16. (288 S.) Pforzheim 852. Stuttgart, Scheitlin's Vrlgsh. *

— Uebersetzung einiger Oden d. Horaz v. F. W. E. Below. Pr. 1855. 32 S. 4°.

—— Oden in deutschen gereimten Versen. Von E. Bürger. 2. (Titel-)Ausg. 16. (288 S.) Pforzheim (852)(61), Flammer. *

—— Oden. Deutsch im Versmaße des Orig., mit Einleitung und Erklärungen von F. O. Frhrn. v. Nordenflycht. 8. (XXXII und 256 S. mit photogr. Portr.) Berlin 866, v. Decker'sche geheime Ober-Hofbuchdruckerei. 1 Thlr.; geb. *

—— Oden, erstes Buch, metrisch übers. von Theod. Kayser. gr. 4. (37 S.) Tübingen 867, (Fues'sche Sortimentsh.) *

Zu Horaz (Oden betreffend.) 26 S.– Görlitz, Progr. 1869.

—— Oden übersetzt von Rhld. Herda. [Leuckart's Uebersetzungs-Bibliothek griech. und röm. Classiker.] gr. 16. (80 S.) Leipzig 870, Leuckart.

—— Oden im Versmaß des Urtextes übersetzt von Adf. Bacmeister. 8. (XII, 187 S.) Stuttgart 871, Neff.

—— des, Oden. Deutsch gereimt von Rud. Minzloff. gr. 16. (XIII, 213 S.) Hannover 875, Hahn'sche Buchh.
geb. mit Goldschn. 4 40

— Oden, übersetzt von Rhold. Herda. 3. Aufl. 12. (80 S.) Leipzig 881. Leuckart. — 45

– Oden im Auszug von Köppen, s. Enzyklopädie der latein. Klassiker. 1 Abt. 4. Bd.

—— Oden, übers. von Rhold. Herda. 2. Aufl. (80 S.) 1881. 40 Pf.; 3. Aufl. 12. (80 S.) Leipzig 882, Leuckart.

— Eine Auswahl Horazischer Oden in jambisch-rythmischer Uebersetzung v. Storch. Pr. 1883. 18 S. 4°. 1.20

— Od. III. 1 u. III. 13 metr. übers. v. G. Legerlotz. 1881.

—— dass. — In den Versmaßen der Urschrift ins Deutsche übers. und nach dem Inhalte geordnet von C. Bruch. 8. (X, 195 S.) Minden 885, Bruns. *

—— Oden. Im Orig.-Versmaße übers. von Aloys Fritzen. 8. (IX, XVIII, 149 S.) Düsseldorf 888, Voß und Comp.

—— Oden, übers. v. R. Herda. 5. Aufl. 16. (80 S.) Lpz. 889, Leuckart's Verlag. — 40

— Horazische Oden des 3. u. 4. Buches in freier Nachdichtung von Wiesner. Pr. 1891. 22 S. 4°. 1.—

— Oden, übers. v. Rhold. Herda. 6. Aufl. 12. (80 S.) Leipzig 893. F. E. C. Leuckart. — 40

— dasselbe. Poetische Prosaübersetzg. v. Arnold Charisius. gr. 8. (VII, 79 S. m. 1 Lichtdr.) Straßburg 893. F. Bull. n. 1. 50

— Oden, übers. v. Rhold. Herda. 7. Aufl. 12. (60 S.) Leipzig 896. F. E. C. Leuckart. — 40

— des, Oden, in freier Nachdichtg. v. H. Leisering. 8. (XI, 172 S.) Hamburg 898. G. A. Rudolph.
n. 2. 50; geb. n. 3. 50

— dasselbe, in freier Nachdichtg. v. E. Weyhe. Ein Liederbuch f. das deutsche Volk. 8. (135 S.) Leipzig 900. A. Oehmigke. n. 1. —

— Oden. In Reimstrophen verdeutscht u. zu e. Lebensbilde des Dichters geordnet von Karl Staedler. 8. (XXXVI, 126 S.) Berlin 901. G. Reimer. n. 2. —;
geb. in Leinw. n. 2. 80

— Oden, in freier Nachdichtg. v. Alfr. Hesse. (IV, 215 S.) gr. 8. Hannover 906. Schmorl & v. Seefeld Nachf.
n. 3. 75; geb. n. 4. 50

Horatius Flaccus, Q. Auserlesene Oden. Frankf. a. M. 1780. Ü: *Ramler, Carl Wilhelm.* (Degen)

— auserlesene Oden, aus. 8. Frankf. 780. (Hermann). (Wienbrack in Leipz.) 5 gr

— Ausgewählte Oden des Horaz, i. Versmasse d. Urschrift übers. v. W. Hamelbeck. Pr. 1898. 30 S. 4°. 1.—

— — Ausgewählte, auf Gymnasien zumeist gelesene Oden, Epoden, Satiren u. Briefe, in den Versmassen der Urschrift verdeutscht u. m. erklär. Anmerkgn. versehen v. Carl Jos. Creutz. Ausg. zum Schulgebrauch. gr. 8. (VIII, 72 S.) Eupen 890, (Corman). * 1 —

— ausgewählte Oden in modernem Gewande. Übersetzungen v Edm. Bartsch. (118 S.) 8. Sangerhausen 907. C. F. Huwald. Geb. in Leinw. n. 3.50

Ausgewählte Oden [Carmina] des Horaz [Quintus Horatius Flaccus] in modernem Gewande. Übers. von Edmund Bartsch, Prof., Sangerhausen. Sangerhausen: E. Sittig 1907. (118 S.) 8° [07. 8887 3

— ausgewählte Oden u. Lieder, herausg. v. J. H. Köppen. 8. Braunschw. 791. Schulbuchh. 8 gr Erklär. Anmerkk. dazu von K. A. Böttiger. 8. Ebd. 793. 1 ℔ 8 gr

— noch 30 Oden. gr. 8. Leipz. 781. Kummer. 6 gr

— 30 Oden u. 3 Eclogen, aus d. Virgil übers. (angebl. v. Wobeser). gr. 8. Leipz. 779. Kummer. 6 gr

— Oden und Epoden

—— dass. — s. Bibliothek der Gesamt-Litteratur.

— dasselbe, s.: Menge, Herm.

— dasselbe in metrischen Übersetzungen, ausgew. v. M. Gorges, s.: Schöningh's, Ferd., Textausgaben alter u. neuer Schriftsteller.

— Oden u. Epoden, übers. v. R. L., s. Uebersetzungbibliothek. VII. u. IX.

—— Oden und Epoden, Satiren und Episteln, deutsch von Wilh. Binder, s. Volksbibliothek, deutsche, der griech. und röm. Classiker.

— Oden u. Epoden, übers. von K. J. Jördens. 8. Görlitz 815. (Anton in Halle). 16 gr

— Oden u. Epoden, nachgeahmt, parodirt, travestirt. Herausg. v. K. J. Jördens. 2 Bde. 8. Görlitz 817. (Anton in Halle). 1 ℔ 12 gr Schrbp. 1 ℔ 18 gr

— Oden u. Epoden. Deutsch v. K. F. A. Scheller. 8. Helmst. 823, Fleckeisen.

—— Oden u. Epoden, 5 Bücher u. Biographie. gr. 16. (12 B.) Grätz 828, Ferstl. 4 Gr., Ldnp. —

—— Oden und Epoden. Für den Schulgebrauch erklärt von Thdr. Obbarius. Hrsg. von L. S. Obbarius. gr. 8. (VIII und 264 S.) Jena 856, Mauke.

—— Oden und Epoden. Wortgetreu in's Deutsche übers. und durch kurze Anmerkungen erläutert. 12. (VI und 188 S.) Aachen 861, Kneuertz. *

—— Oden und Epoden. Hrsg. von Chr. Herbst. gr. 8. (IV und 179 S.) Danzig 866, Saunier. *

— Oden u. Epoden. Für den Schulgebrauch erklärt v. C. W. Nauck. 8. Aufl. gr. 8. (XX, 259 S.) Leipzig 874. Teubner. 2. 10

—— Oden und Epoden. Text und Uebersetzung, mit Erläuterungen von Thdr. Kayser. 8. (XIII, 339 S.) Tübingen 877, Fues'sche Sortimentsh. * 3 50

—— Oden und Epoden. Für den Schulgebrauch erklärt von Emil Rosenberg. Ausg. A. mit untergesetzten Anmerkungen. gr. 8. (IV, 238 S.) Gotha 883, F. A. Perthes. Ausg. B. mit besond. Anmerkungen-Heft (IV, 119, 113 S.)

— — Die Oden und Epoden. Erklärt von Dr. Emil Rosenberg. (Schulausgabe griech. u. lat. Classiker A, 16.) 8. (IV u. 238 S.) Ebds. 1 fl. 35 kr. 1884

—— Oden u. Epoden. Aus d. Urtexte ins Deutsche übers. v. Carl Jul. Schellhaß. 16. (288 S.) [Berl. 886, Hofmann u. Comp.] Hamb., Verlagsanstalt u. Druckerei. geb. * 2 50

—— Oden u. Epoden. Für den Schulgebrauch hrsg. v. Karl Konr. Küster. 8. (116 S.) Paderb. 889, F. Schöningh. geb. * — 80

— ausgewählte, auf Gymnasien zumeist gelesene Oden, Epoden, Satiren u. Briefe, in den Versmassen der Urschrift verdeutscht u. m. erklär. Anmerkgn. versehen v. C. J. Creutz. Ausg. zum Schulgebrauch. gr. 8. (VIII, 72 S.) Eupen 890. (Corman.) n. 1.—

— Probe einer Bearbeitung der Oden und Epoden des Horaz für Freunde klassischer Bildung, besonders für die Primaner uns. Gymn. v. H. Menge. Pr. 1892. 24 S. 4°. —.90

— dasselbe, nebst 5 Elegieen des Properz, übers. v. Ed. Kleber. 12. (LXII, 204 S.) Straßburg 894. J. H. E. Heitz n. 2. —

Q[uintus] Horatius Flaccus Oden und Epoden erkl. v. Adolf Kiessling. 3. Aufl. bes. v. Richard Heinze. *Berlin: Weidmann 1898.* (4 Bl., 438 S.) 1 Bd 8.
= Horatius Flaccus, Quintus. Tl 1.
(Sammlung griech. u. lat. Schriftsteller m. deutschen Anm.) [98. 9951

— Oden u. Epoden. Für den Schulgebrauch erklärt v. Emil Rosenberg. 3. Aufl. Ausg. A, Kommentar unterm Text. gr. 8. (VI, 260 S.) Gotha 898. F. A. Perthes. 2.25 Ausg. B, Text u. Kommentar getrennt in 2 Hftn. (VI. 119 u. 142 S.) 2.25

Die Oden und Epoden des Horaz f. Freunde klassischer Bildung, besonders f. die Primaner unserer Gymnasien bearb. von Prof. Dr. Hermann Menge, Dir. zu Wittstock. 2. verb. u. verm. Aufl. *Berlin: Langenscheidt (1899).* (XII, 505 S.) 8° [F.] [99. 9378

Q. Horatius Flaccus. Oden [carmina] und Epoden erkl. von Lucian Mueller. (Hrsg.: G[eorg] Goetz.) Th. 1. 2. *St. Petersburg & Leipzig: K. L. Ricker 1900.* 2 Bde 8°
1. Text u. Einleitungen. 2. Commentar. [00. 6935

Die Oden und Epoden des Horaz f. Freunde klass. Bildung, besond. f. d. Primaner unserer Gymn. bearb. von Dr. Hermann Menge, Gym. Dir. a. D. 3., durch erklärende Anm. verm. Aufl. Berlin: Langenscheidt (1904). (XVI, 505, 74 S.) 8° [F.] [05. 13485

— Oden u. Epoden. Nach Text u. Kommentar getrennte Ausg. (B) f. den Schulgebrauch v. Emil Rosenberg. 4. Aufl. 2 Hefte. (VI, 119 u. 152 S.) 8. Gotha 904. F. A. Perthes. n. 2. 25

— dasselbe m. Vorbemerkungen v. A. Chambalu. (XVI, 120 S.) 8. Hannover 906. Norddeutsche Verlagsanstalt O. Goedel. Geb. n. 1. 20

Horaz' [Quintus Horatius Flaccus] Oden und Epoden in metrischen Übersetzungen. Ausgewählt von Dr. M[ax] Gorges. Paderborn: F. Schöningh [1907]. (111 S.) 8° [F.]
= Textausgaben, Schöninghs, alter u. neuer Schriftsteller. 48. [07. 14907

Die Oden und Epoden [Carmina, lat. u. deutsch] des Horaz (Quintus Horatius Flaccus). Für Freunde klass. Bildung, besond. f. d. Primaner unserer Gymnasien bearb. von Dr. Hermann Menge, Gymn. Dir. a. D. 4., durch erkl. Anm. verm. Aufl. Berlin-Schöneberg: Langenscheidt 1910. XVI, 505, 74 S. 8° [11. 16601

Horatius Flaccus, Q. Die ersten zwölf Oden, übersetzt. Lübeck 1773. Ü: *Behn, Friedrich Daniel.* (Ky)

— Oden, d. 12 ersten, übers. (v. Fr. Dan. Behn). 8. Lübeck 773. Donatius. 4 gr

— Oden an seine Freunde, s.: Staodler, Karl.

— Fünf Oden in moderner deutscher Uebertragung. Mit Studien z. denselben u. e. Vorw. v. J. Proschberger. Pr. 1886. 44 S. 1.—

— Oden in modernem Gewande. Ausgewählt v. Seb. Roeckl. (III, 87 S.) kl. 8. Bamberg 909. C. C. Buchner's Verl. Geb. in Leinw. nn 1.30

—— sämmtliche Oden, in 4 Büchern, in einer zwischenzeiligen Uebersetzung mit zweckgemäßer Umordnung des latein. Textes. Zum Selbstunterrichte. gr. 8. (VII und 120 S.) Breslau 847, Kern.

—— sämmtliche Oden, in vier Büchern, in einer zwischenzeiligen Uebersetzung mit zweckgemäßer Umordnung des latein. Textes. Zum Selbstunterricht. 2. Aufl. gr. 16. (VI und 188 S.) Breslau 858, Kern.

— Oden, Satiren u. Briefe, s. Classiker, die, der Römer u. Griechen, 9.—11. Bd.

Horatius Flaccus, Q. Sechs Oden nach seinen Sylbenmaase übersetzet. Berlin 1771. Ü: *Hymmen, Joh. Wilhelm Bernh.* (Degen)

— 16 Oden, nach d. Horaz, s. Oden.

Horatius Flaccus, Q. Sechzehn Oden. Leipzig 1774. Ü: *Schmid, Chn Frdr.* (Degen)

Horatius Flaccus, Q. Sechzig Oden und 3 Eklogen aus dem Virgil ... Leipz. 1779. Verb. Aufl. Görlitz 1795. Ü: *Wobeser, Ernst Wratislaw Wilh. von.* (Ol.) (ML) (GGr) (Ky)

— 60 gewählte Oden; nebst 3 Eclogen aus d. Virgil. In den Versmaßen d. Originals übers. von Wobeser. 8. Görlitz 795. (Anton in Halle). 10 gr

— 17 der schönsten Oden, aufs Neue deutsch in d. ursprünglichen Versmassen nachgedichtet v. Runge. Pr. 1863. 20 S. 4°. —.7

— — travestirte Oden und Epoden, herausgegeben von Jördens. 2 Bde. 8. Görlitz, Anton. 817. Druckpap. Schreibpap.

— 24 Oden des H. in Reimen nachgedichtet von Wiesner. Pr. 1885. 24 S. 4°. 1.—

— 10 Oden in metr. Uebers. v. L. Schmidt. Pr. 1883. 18 S. 4°.

— 12 Oden, aus dem, v. R. T. Rösler. 8. Brünn u. Wien 785. (Dessau, Gelehrt. B.) 4 gr

—— zwölf Oden und Epoden, im Versmass der Urschrift übers. von Lucian Müller. gr. 8. (15 S.) St. Petersburg 882. (Berlin, Calvary und Comp.)

— Versuch einer Uebersetzung d. 12 ersten Oden des Horaz, nach ebendemselben Sylbenmaße. 8. Lübeck 771. Donatius. 4 gr

Horatius Flaccus, Q. Odes mises en François ... Berlin 1757. Ü: *Masson, Pierre Toussaint.* (Adel)

— Odes, traduites en prose par E. Worms de Romilly. gr. 8. Paris et Leipz. 827, Bossange.

—— Odes and Epodes, s. Collection of British Authors.

—— ody satyry i listy. Przekłady i naśladowania Juliana Ursyna Niemcewicza. 8. (111 S.) Leipzig 867, Rhode.

— Ofellus, 2n Buches 2e Satyre, latein. u. deutsch. Mit Erläuterungen u. Bemerkk. von K. M. Kirchner. 4. Stralf. 817. Löffler. 6 gr

Horatii Fl., Quinti, Opera edid. Th. Burette, s. Bibliotheca.

— id. lib. ed. J. H. Jäck, s. Bibliotheca Rom. Vol. I.

— — Opera curavit C. H. Lünemann. vide Bibliotheca Romana. Tom. I.

— — historisch-mythologisch-geographisches Wörterbuch darüber, s. Holzapfel, J. C. G.

— — Opera. 1 Vol. in 18. avec de notes extraites de J. Bond. Paris, Didot. (Leips., Fr. Fleischer.)
(Pap. fin sans Notes 12 Cr. Papier vélin 1 Rthlr. Form. in 12. 1 Rthlr. 8 Gr.)

— Opera. 8. Vienn. Degen. Schreibp. Velinp.

— — ex recens. et c. not. Bentleii. 4. Amst. 728.

— — ex castig. Bentleii, Cuningham, Sanadonis. 12. Groening. 733.

— — ad exemplar Londin. 8. Berl. 745.

Horatii, Q. Fl., opera, c. Jh. Pt. Milleri I. 8. Berl. 745. Ed. II. plenior. et correctior. 761. Haude u. Sp. 1 rf

— — c. not. Minelli. 12. Leid. 745.

— opera. Mit philosoph. u. histor. Anmerkk. herausg. v. Ksp. Gottschling. 8. Nürnb. 753.

— opera, cum commentar. Jh. Minellii. 8. Kopenh. u. Leipz. 759. ... 16 gr

— — c. Commentar. Minelli. 8. Copenh. (Compt. f. Litt. in Lips.) 759.

— — c. Milleri. 8. Berl. Haude. 761.

— — ad. mod. Minelli. 12. Lips. Weidmann. 762.

— — c. not. Braunii. 8. Augsb. Lotter. 763.

Horatii, Q. Fl., opera. Mit Anmerkk. v. Kop. Gottschling. 8. Halle 764. Renger. 14 gr.

— opera, ex recens. et cum not. R. Bentleii, (ed. Jh. Aug. Ernesti), cum praef. Jh. Fr. Fischeri. II Tom. 8maj. Leipz. 764. Weidmann. 4 Thlr Edit nova (cur. Prof. Dindorf). II Tom. 8maj. ibid. 826. 3 Thlr Schrbp. 4 Thlr auch 5 Thlr Velinp. 6 Thlr 18 gr.

— opera recens. variet. lect. et perpetua annotatione illustr. Chr. D. Jani. Vol. I. II. 8maj. Leipz. 778—82. (W. Vogel). 3 Thlr Ed. II. 809. ibid. 3 Thlr Schrbp. 4 Thlr (NB. Nur d. 1e Thl. ist e. neuer Abdr., d. 2e hat blos e. neuen Titel erhalten.)

— opera. 12. Nürnb. 774. Ex recens. J. M. Gesneri. 12. ibid. 779. Ed. n. 809. Riegel u. W. 8 gr.

— opera, c. F. H. Bothe. II Tom. 8. Manh. 779. Löffler. 10 gr. Edit. nova 810. 10 gr. Schrbp. 14 gr. Postp. 21 gr.

— opera. Edit. accurata. 8maj. Bip. 783. Ed. II. 792. Treuttel u. W. in Strassb. 21 gr.

— — ex edit. Batteri, Gesneri et Zeunii. 8. maj. Lips. Fritsch. 788.

— — ed. Oberlin. 4. maj. Strasb. Treuttel. 788.

— — 8. maj. Biponti. (Treuttel et W. Strasburg.) 792. Schreibp.

— opera. 8. Würzb. Stahel. 793.

— opera, ex opt. recens. in usum scholar. curavit Jak. Baden. Acced. varr. lect. e II Codd. Mss. regiis. 8. Kopenh. 795 Schubothe. 20 gr.

— — II Tmi. 8. Copenh. (Villaume, Hamb.) 798.

— opera. 12. Venedig (Leipz.) 798. Andrä. 5 gr.

— opera, ad exempl. Bentleii reduc. cur. J. C. F. Wetzel. 8maj. Liegnitz 799. Leipz. 817. Barth. 2 Thlr

— opera, illustr. Chr. W. Mitscherlich. II Tom., c. XVI fig. 8maj. Leip. 800. W. Vogel. 6 Thlr Schrbp. 8 Thlr Velinp. 13 Thlr 8 gr.

— Opera ex recensione Gesneri. 8. Norimberg. Riegel et Wiesner. 800.

— Opera mit erklärend. Anmerk. f. Studierende, v. J. H. M. Ernesti. 2 Thle. 8. Berlin, Academ. Buchhdl. 800—1. (I. enth. d. 4 Bücher der Oden 16 gr. II. die übrigen Werke 20 gr.)

— opera. Mit erklär. Anmerkk. für Studirende, v. J. H. M. Ernesti. 2 Thle. 8. Berl. (u. Leipz.) 800 u. 801. (Rauck). 1 Thlr 12 gr. Hbg. Pr. 1 Thlr

— — rec. et illustr. Doering. T. I. 8. maj. Lips. Fritsch. 803.

— opera, recens. et illustr. Fr. W. Döring. II Voll. 8maj. Leipz. 803 u. 24. Hahn. 3 Thlr 8 gr. Vol. I. Ed. II. 815. Ed. III. 824. Ed. IV. emend. 829. 1 Thlr 12 gr. Vol. II. Ed. II. auct. et emend. 828. 2 Thlr

— opera. 8. Wien 803. Degen. (Armbruster). 8 gr. Schrbp. 12 gr. Velinp. 2 Thlr 16 gr.

— opera, qualia restituit, suisque ipsius sumptibus, adjuncta textus, in carminibus quidem Mitscherlichiani, in sermonibus vero atque epist. Bentleiani, cur. J. Chr. Praedicow. 8maj. Wittenb. 806. Autor.

— opera, in usum scholar. 8. Amsterd. 809. (Cnobloch in Leipz.) 1 Thlr

— — 8. Amsterd. Hesse. 809.

— — illustr. Jani. II Tmi. 8. maj. Lips. F. C. W. Vogel. 809. Schreibp.

— — ex recensione Guilh. Baxteri. 8. Nrnb. Riegel et W. 809.

— — in us. Scholar. 8. Amsterd. Buder et Sülpke. 810.

— opera. Edit. stereot. 16. Leipz. 812. 820. 824. 828. Tauchnitz. 10 gr. Hbg. Pr. 5 gr. Fein P. 16 gr.

— — eadem; ad optimorum librorum fidem accurate edita. 12. Lips. Tauchnitz. 813.

— opera. Mit Einleit., Anmerkk. u. e. mythol.-histor.-geograph. Wörterbuche. Zum Schulgebrauch v. A. Chr. Borheck. 2 Thle. à 2 Abtheill. 8. Lemgo 814—17. Meyer. 4 Thlr 16 gr.

— opera ex recens. Gesneri et Zeunii, c. praec. lect. var. 12. Leyd. 815. Luchtmans. 1 Thlr

— — ed. recensuit et illustravit J. G. Doering. Tom. I. Edit. secunda auct. et emend. 8maj. Lips. Hahn. 815.

Horatius Flaccus, Q. Opera. Ad optimorum librorum fidem edita. Hildeshemii 1817. H: *Sander, August.* (Ky)

— opera. Ad optim. librorum fidem edita. (Cur. Aug. Sander.) 8. Hildesh. 817. Gerstenberg. 10 gr.

— — ad exempl. Bentleii recud. cur. J. C. F. Wetzel. 2 Tom. edit. nova. 8maj. Lipsiae, Barth. 817.

— — Opera. Mit Einleitungen von A. C. Borheck. (2r Bd. 1te Abtheil. 1 Rthlr. 2te Abtheil. 1 Rthlr. 8 Gr.) 8. Lemgo, Meyer. 817.

— opera. III Tom. Mit gegenüberstehender deutscher Uebersetzung von J. H. Voß u. vielen Anmerkungen. gr. 8. Wien 817, 18. Geistinger. 4 Thlr

— opera, ed. G. H. Lünemann. 8. Götting. 818. Deuerlich. 8 gr.

— — Opera ad Ms. codd. Vaticanos, Chisianos, Angelicos, Barberinos, Gregorianos, Vallicellanos aliosque plurimis in locis emendavit, notisque illustravit, praesertim in iis, quae Rom antiquitates spectant Car. Fea. Denuo recensuit, adhibitisque noviss. subsidiis curavit F. H. Bothe. 2 Thle. 8maj. Heidelberg, Oswald. 820 u. 21. (1r Th. 2 Rthlr. 12 Gr. 2r Th. 2 Rthlr. 16 Gr.)

— — Opera. Edit. stereotypa. 12. Lips., Tauchnitz. 820. · Fein Pap. ·

Horatii, Q. Flacci, Opera, curavit F. H. Bothe. Editio altera emendatior. II Tom. 8. Manheim, Löffler. 820. Rthlr. · Schreibp. ·

— — Opera, ad fidem sex Codicum MSPT. nondum adhibitorum Bibliothecae Regiae Bambergensis etc. collata cum optimis editionibus, aucta lectionum varietate perpetuaque adnotatione, et scholarum in usum edita a Joachimo Henrico Jaek. 12. Weimar, Industrie-Compt. 821. Charta scriptoria.

— opera, edid. N. V. Dorph. 8. Kopenh. 823. Gyldendal. 1 ℛ

— id. lib., Nova ed. cur. Schaefero. 8. Lipsiae 823, Weigel.

— opera, cur. Aug. Pauly. 8. Tübing. 823. Osiander. 14 gℊ

Horatii, Q. Fl., opera, expurgata et accuratis notis illustrata, in us. schol. 8maj. Wien 823. Bauer u. D. 1 ℛ 4 gℊ Hbg. 20 gℊ

— id lib. edid. N. V. Dorph. 8. Hafniae 824, Gyldendal.

Horatii, (Q. Fl.) Opera. Nova editio stereotypa iteratis curis castigata et expolita. 16. Lips. 824, Tauchnitz. 10 gr. Velinp.

— id. lib., Ad opt. libr. fidem recens. et annotat. instrux. J. Ch. Jahn. 12maj. Lips., 824, Teubner. 10 gr. Engl. P.

— id. lib., ex Fr. Wilh. Doeringii recensione. Editio ad scholar. usum accomm. cur. H. L. J. Billerbeck. 8. Hannov. 825, Hahn.

— opera. Ad opt. edit. collata et schol. in usum edita. 8maj. Heilbr. 825. Class. 8 gℊ

— opera, omissis iis odis ac satiris, quae aetati juvenili minus conducunt, in us. schol. edid. indicemque, nomina, histor. mytholog. et geographic. illustr. adjec. H. L. Nadermann. 8. Münster 825. Coppenrath. 12 gℊ

— opera, expurgata et accuratis notis illustr., in usum studiosae juvent. edita a Bern. Schwindl. II Tom. 8maj. Wien 825. Volke. 2 ℛ 12 gℊ

— id. lib., ad Mss. codices Vaticanos, Chisianos, Angel., Barberin., Gregor., Vallicellan., aliosque, plurimis in locis emend., notisque illustr. praesertim in iis, quae Romanos antiquitates spectant, C. Fea. Denuo recens., adhibitisque noviss. subsidiis cur. Fr. H. Bothe II Tomi. Editio nc . . 8 maj. Heidelb. 826, Oswald.

— id. lib., ex recens. et cum notis atque emendationibus R. Bentleii. II Tomi. Edit. nova. 8 maj. Lips. 826, Weidmanns. 3 Rthl. Schreibpap. 4 Rthl. u 5 Rthl. Vel. P.

— ex ed. Bipontina II. ad opt. lect. Mss. et edd. nova editio recensita, brevibus notis critic. et interpr. subjunctis, nec non Horatiano indice; cum adnotata Horatii vita et notitia literaria de hujus edd. comment. et vers. amplissima. 8maj. Paris 828. Treuttel u. W. 1 ℛ 10 gℊ Fein P. 1 ℛ 16 gℊ

— opera. Ad fidem praestantiss. edit. denuo recogn., potiorem lect. divers. et novam versionem Germ. adjec. Chr. Wlh. Binder. Tom. I. Et. s. tit.: Horatii Carmina. Des Horatius lyr. Gedichte. In den Versmaßen d. Urschrift übers. von Binder. (1e Lief.) gr. 8. Stuttg. 831. Neff. 16 gℊ

Horatii, Q. Flacci, Opera, recogn. Aug. Meinecke. Edit. stereotypa. 12maj. Berlin 834. Reimer. $^{5}/_{12}$ ℛ

—— Opera lyrica annotatione e notis alior. et suis perpetua, versione germanica inserta, et observationibus aestheticis illustr. Alb. Muchar. 8maj. (25½ B.) Graecii 835, (Damian et Sorge.)

— recens. Jo Casp. Orellius. Addita est varietas lectionis Codd. Bernens. III., Sangallensis et Turicensis ac familiaris interpret. II Vol. 8maj. Turici 837, 38. Orellii, Fuesslini et soc. 6 ℛ

— Opera illustr. Th. Barette. Vol I. Lex.-8. Leipzig 838, Barth. $1^{1}/_{6}$ ℛ (Vgl. Bibliotheca nova Scriptorum latinorum, Vol. XXVI.)

— idem liber. Addita est familiaris interpret. Ed. minor. in usum scholarum. II Vol. 8. Turici 838. Orellii, Fuesslini et soc. 2 ℛ

Horatii Flacci, Q., Opera, ad praestantium librorum lectiones accurate recens. C. H. Weise. Nova editio stereot. 16. Leipzig 843, K. Tauchnitz. ¼ ℛ fein P. ⅓ ℛ

—— Opera. Ad optimor. librorum fidem recognovit selectam scripturae varietatem scholarum in usum adjecit Carol. Fr. Supfele. Addit. est index carmin. a Peerlkampio tentatorum. 8maj. (20⅝ B.) Heidelbergae 846, Groos. *

— opera. In usum scholarum ed., varietate scripturae et commentariis instruxit Henr. Duentzer. gr. 8. (VIII u. 454 S.) Brunsvigae 849, G. C. E. Meyer sen. 1 ℛ 26 ngℊ

Horatius Flaccus, Q. Opera. Ad praestantium editionum lectiones recognovit H. P. Brunae 1850. H: *Pardatscher, Heinrich.* (Ky)

Horatius Flaccus, Q., opera. Ad praestantium editionum lectiones recognovit H. P. (Heinr. Pardatscher.) (Bibliotheca classica Latina, vol. XI.) 8. (250 S.) Brunae 850, Winiker. 6¼ ngℊ

— opera. Ad optima exemplaria recognovit et in usum scholarum ed. Geo. Aenoth. Koch. Ed. ster. [Bibliotheca classica Latina XV.] 8. (229 S.) Lipsiae 851, Ph. Reclam jun. n. ¼ ℛ

Horatii Flacci, Q., opera cum novo commentario ad modum Joan. Bond. 16. (XLVI und 289 S. mit eingedr. Holzschn. und 1 Holzschnt.) Parisiis 855, Didot fratres. ** mit 6 Photogr. ** Prachtausg. mit 6 Photogr. u. 2 photograph. Karten in 4. **

— opera a Maur. Hauptio iterum recognita. Leipzig 861. Hirzel. 16. (347 S. u. Titel in Stahlst.) n. 25 ngℊ; geb. n. 1 ℛ 5 ngℊ

— — Ad praestantium librorum lectiones accurate recensuit Car. Herm. Weise. Nova editio stereot. Leipzig 864. K. Tauchnitz (Holtze.) 16. (IV, 321 S.) 6¼ ngr.

—— opera recensuerunt O. Keller et A. Holder. Vol. 1. Carminum libri IV, epodon liber, carmen saeculare. gr. 8. (XIV und 304 S.) Leipzig 864, Teubner.

Horatii Flacci, Q., opera. Ad praestantium librorum lectiones accurate recensuit Car. Herm. Weise. Nova edit. ster. C. Tauchnitiana. Nova impressio. 16. (IV und 321 S.) Leipzig 866, Holtze.

—— rec. atque interpretatus est Jo. Gaspar Orellius. Editio minor quinta curavit Jo. Georg. Baiterus. 2 vol. gr. 8. (XX, 438; III, 550 S.) Zürich 868, Orell, Füssli und Comp.

—— Opera recensuerunt O. Keller et A. Holder. Vol. II. 2 Fasc. gr. 8. Leipzig, Teubner. *

Inhalt:

Fasc. 1. Sermonum libri II. (VII, S. 1—187.) 869. *ℳ 4.

» 2. Epistolarum libri II, liber de arte poetica. (XX, S. 188—484.) 874. *ℳ 6.

Vol. I. Ebendas. 1864. *ℳ 6.

—— Mit vorzugsweiser Rücksicht auf die unechten Stellen und Gedichte hrsg. von K. Lehrs. gr. 8. (CCLXV, 281 S.) Leipzig 869, F. C. W. Vogel. *

—— Opera. A. Maur. Hauptio tertium recognita. 16. (347 S. mit 1 Titel in Stahlst.) Leipzig 871, Hirzel. * geb. mit Goldschn.

—— Opera. Ad praestantium librorum lectiones accurate rec. Carl Herm. Weise. Nova edit. ster. C. Tauchnitiana. Nova impressio. 16. (IV, 321 S.) Leipzig 873, Holtze.

—— Denuo recogn. et praefatus est Aug. Meineke. Edit. ster. altera. 8. (XLIV, 226 S.) Berlin 874, G. Reimer. *

—— Erklärt von Herm. Schütz. 1. Thl.: Oden und Epoden. gr. 8. (XXIV, 395 S.) Berlin 874, Weidmann'sche Buchh. *

Horatius Flaccus, Quintus, Opera. Rec. O. Keller et A. Holder. Edit. minor. gr. 8. (252 S.) Leipzig 878, Teubner. 4 —

— Erklärt von Herm. Schütz. 1. Thl.: Oden u. Epoden. 2. Aufl. gr. 8. (424 S.) Berlin 880. Weidmann. 3. —

- dasselbe. 2. Thl.: Satiren. gr. 8. (XVI, 309 S.) Ebend. 882. 2. 70

—— dass. — Ad praestantium librorum lectiones accurate recensuit C. H. Weise. Nova editio stereot. C. Tauchnitiana. Nova impressio. 16. (IV, 322 S.) Leipzig 880, Holtze.

— opera, a Maur. Hauptio recognita. Ed. IV. ab Joh. Vahleno curata. 16. (347 S. m. 1 Steintaf.) Leipzig 881. Hirzel. n. 2. 50; geb. 3. 75

— Recensuit atque interpretatus est Jo. Gasp. Orellius. Ed. minorem VI. post Jo. Geo. Baiterum curavit Guil. Hirschfelder. Vol. I. fasc. 1 et 2. Odarum libri I—IV. gr. 8. (VI, 456 S.) Berlin 882. Calvary & Co. à n. 2. 25

—— opera scholarum in usum edd. O. Keller et I. Haeussner. 8. (XVIII, 265 S.) Prag 885, Tempsky. — Leipzig, Freytag. *

Horatius Flaccus, Q., opera. Scholarum in usum edd. O. Keller et J. Haeussner. (Ed. II.) 8. (XVIII, 265 S.) Wien u. Prag 888. Tempsky. — Leipzig, Freytag. n. 1. —. geb. n.n. 1. 25

— **opera.** Recognovit, praefatus est, adnotationes criticas addidit Hector Stampini. 16. (LXIII, 469 S.) Mutinae 892. (Bologna, Fratelli Treves.) n. 4. —

—— Opera. Scholarum in usum edd. O. Keller et J. Haeussner. Ed. II. emendata. 8. (XXVIII, 321 S. m. 2 Karten.) Prag 892, Tempsky. — Lpz., Freytag. 1 25; geb. 1 50

— opera. Recensuerunt O. Keller et A. Holder. Vol. I. Carminum libri IIII, epodon liber, carmen saeculare. Iterum recensuit Otto Keller. gr. 8. (CVII, 453 S.) Leipzig 899. B. G. Teubner. n. 12. —

— opera, recognovit brevique adnotatione critica instruxit Edward. C. Wickham. (VIII, 272 S.) 8. Oxford (900). Clarendon Press. n.n. 2. 50

— Opera, a Mauricio Hauptio recognita. Ed. V ab Joh. Vahleno curata. (347 S.) 16. Leipzig 908. S. Hirzel. 2.80; geb. 4. —

— Opera lyrica annot. e not. aliorum et suis perpetua, versione germanica inserta, et observatt. aestheticis illustr. Alb. Muchar. 8 maj. Grätz 835. Kienreich (Damian et Sorge.) 1⅓ ℛ

– Opera omnia

—— id. — Cur. C. Zell. II Vol., s. Auctores class., Vol. II., III.

—— id. — ed. Aenoth. Koch, s. Bibliotheca classica latina.

—— id. — Illustr. Th. Burette, s. Bibliotheca nova scriptor. lat.

— opera omnia. 12. Halle 756. Ed. nova 824. Waisenh.-Buchh. 5 gr

— latein. u. deutsch, mit Anmerkk. für junge Leute, von Jak. Fr. Schmidt. 3 Thle. 8. Gotha 776, 77. 2e A. 779, 80. 3e A. 793—95. Ettinger. 4 ℛ

Horatius Flaccus, Q. Opera omnia. Q. Horazius Flakkus Sämmtliche Werke. 2. Aufl. (In deutscher und lateinischer Sprache.) (3 Bde.) 8. Wien 1802.

— id. lib., Opera omnia, recens. et illustr. Fr. Wilh. Doering. Tom. I. Edit. III. auct. et emend. 8 maj. Lips. 824, libr. Hahn.

— id. lib., Tom. II. Cum indicibus verbor. et nominum locupletiss. 8 maj. Lips. 824, Hahn.

— opera omnia. Ad opt. libr. fidem recens. et annotat. instrux. J. Ch. Jahn. 12 maj. Leipz. 824. Teubner. 10 gr Engl. P. 16 gr

—— (id.) — Ex ed. Bipontina II. ad opt. lect. Mss. et edd. nova editio recensita, brevibus notis critic. et interpr. subjunctis, nec non Horatiano indice; cum adnotata Horatii vita, et notitia litt. de hujus edd. comment. et vers. amplissima. 8 maj. (35 B.) Parisiis 828, Treuttel et Würtz.

— opera omnia. Ad optimor. libror. fidem edita cum variarum lect. delectu. Curavit Car. Zell. II Voll. Stuttg. 828. Hoffmann. 18 gr

—— id. — Recens. et illustr. Fr. Guil. Doering. II Ti. (Cum Ind. verbor.) 8 maj. Lipsiae, Hahn. [I. Ed. IV. (23 B.) 829. 1 Thlr. 12 Gr., II. Ed. II. (47 B.) 828. 2 Thlr.]
Index verbor., apart 1 Thlr. 12 Gr.

— opera omnia, recens. et illustr. a Fr. Wlh. Döring. Editio minor. 8maj. Leipz. 830. Hahn. 1 ₰

Horatii Flacci, Q., Opera omnia. Text. denuo recens., variet. lect. integra instruxit, optimor. interpretum commentarios subjecit, suas adnotationes cum crit. tum exeget. adspersit, scholiastarum veter. Acronis et Porphyrionis scholia typis excudenda curavit, etc. Guil. Braunhardus. (In un. Vol. absol.) III Sect. 8 maj. (79¼ B. ohne Ind.) Lipsiae 831—35, Nauck.
Der Index wird noch erwartet.

—— id. — Ad fidem praestantiss. edit. denuo recogn., potiorem lect. divers. et novam versionem Germ. adjec. Chr. Guil. Binder. Tom. I. — E. s. t.: Horatii Carmina — Des Horatius lyr. Gedichte. In d. Versmaasen d. Urschrift übers. v. Binder. (1. Lfg.) gr. 8. (6½ B.) Stuttgart 831, Neff.

—— (id.) — Recogn. Aug. Meinecke. Edit. stereotypa. 12 maj. (9½ B.) Berolini 834, Reimer.

—— id. — ex rec. Guil. Braunhardi. Sect. IV. (II Fasc.) — E. s. t.: Indices in Q. Horatii Flacci Opera omnia locupletissimi. 8maj. (30½ B. u. 1 Tab., Fol.) Lipsiae 835, 38, Nauck.
I—III. Sect. Ibid. 1831—35. 6 Thlr.

—— id. — Rec. et c. versione german. edita. II Pts., cont. Carminum libros quinque. — A. u. d. T.: Q. Horatius Flaccus' Werke. Deutsche Uebersetz. mit d. Urtexte z. Seite. 2 Thle. kl. 16. Leipzig 837. [Berlin, Klemann.] *
Ps. I. Carminum libr. V. (22½ B.) * 12 Gr.
- II. Satiras et Epistolas. (33 B.) * 20 Gr.

— Opera omnia, recensita et cum versione german. edita. Pars I., cont. Carminum libros quinque A. u. d. T.: Quintus' Horatius' Flaccus' Werke. Deutsche Uebersetz. mit dem Urtexte zur Seite. 1r Thl., enthaltend die fünf Bücher der Oden. kl. 16. Leipzig 837. G. Wigand. n ⅔ ₰ — Pars II. cont. Satiras et Epistolas. A. u. d. T.: Quintus' Horatius' Flaccus' Werke. Deutsche Uebersetz. mit dem Urtexte zur Seite. 2r Thl., enthalt. d. Satiren u. Briefe. kl. 16. Ebd. 837. n. ⅚ ₰

—— id. — Rec. Io. Casp. Orellius. Addita est varietas lectionis Codd. Bernensium III., Sangallensis et Turicensis ac familiaris interpretatio. II Vol. 8maj. Turici, Orellii, Fuesslini et Soc. [I. (41½ B.) 837., II. (42 B.) 838. à 3 Thlr.]

Horatius Flacc., Q., Opera omnia ad optimor. libror. fidem edita. 16. (22 B.) Lipsiae 838. [Berolini, Klemann.] Thlr.

— Opera omnia ad opt. libr. fidem edita. kl. 16. Lipsiae 838. Geo. Wigand. ¼ ₰

—— id. — Addita est familiaris interpretatio. Edit. minor. II Vol. 8. (25 u. 25⅞ B.) Ibid. 838, 39. à 1 Thlr.

—— id. — Rec. et illustr. Frid. Guil. Doering. Edit. novam cur. Gust. Regel. Tom. I. 8maj. (30¼ B.) Lipsiae 839, libr. Hahn.

— dass. In 1 Bde. 2e verb. Ausg. 32. Lpz. 840, G. Wigand. ¾ ₰

—— Opera omnia. Recognovit et commentariis in usum scholarum instruxit Guil. Dillenburger. 8maj. (36 B.) Bonnae 843, Marcus.

—— Opera omnia. Tertium ad optimorum librorum fidem recognovit et in usum scholarum edid. Jo. Chr. Jahn. 12. (11½ B.) Lipsiae 846, Teubner.

—— id. — Recogn. et commentariis in usum scholar. instrux. Guil. Dillenburger. Edit. II. 8maj. (XVI und 560 S.) Bonnae 848, Marcus.

—— id. — In usum scholarum ed., varietate scripturae et commentariis instruxit Henr. Duentzer. 8maj. (VIII und 454 S.) Brunsvigae 849, G. C. E. Meyer sen.

Horatii Flacci, Q. (opera omnia.) Recensuit atque interpretatus est Io. Caspar Orellius addita varietate lectionis codd. Bentlejanorum, Bernensium IV, Sangallensis et Turicensis. Editio III. (major) emendata et aucta. Curavit Io. Geo. Baiterus. 2 Vol. 8maj. Turici, Orell, Füssli et Soc. [I. (XXVIII und 746 S.) 850. 3 Thlr., 2. (IV und 935 S.) 852. 4 Thlr.]

—— id. — (Ed. M. Haupt.) 16. (347 S. mit lithogr. Titel.) Lipsiae 851, [Hirzel.] *

—— id. — Ex recensione Joh. Chrn. Jahn. Editio IV. 1850. et Editio V. Curavit Thdr. Schmid. 8. (262 S.) Lipsiae 851, Teubner.

—— id. — Recensuit atque interpretatus est Jo. Casp. Orellius. Editio minor III. Curavit Jo. Geo. Baiterus. Vol. I. 8maj. (XX und 509 S.) Turici 851, Orell, Füssli et Soc.

—— id. — Denuo recognovit et praefatus est Aug. Meineke. 8. (XLV und 226 S.) Berolini 854, G. Reimer.

Horatii Flacci, Q., opera omnia. Recognovit et commentariis in usum scholarum instruxit Guil. Dillenburger. Editio III. 8maj. (XVIII und 571 S.) Bonnae 854, Marcus. Thlr. *

—— id. — Edidit Godofr. Stallbaum. Editio ster. 16. (XCVI und 280 S.) Lipsiae 854, B. Tauchnitz.

—— id. — 8. (LXXXIV und 256 S.) Ibid.
Vlnp. gr. 8.

—— Recensuit codd. selectorum varias scripturas addidit Franc. Pauly. 8maj. (XVIII und 418 S.) Lipsiae 855, libr. Hahn.

—— id. — Ex recensione Joh. Chrn. Jahn. Editio VI. emendatior. Curavit Thdr. Schmid. Accesserunt commentatio de vita et scriptis Horatii et index nominum et rerum. 8. (LVI und 324 S.) Lipsiae 855, Teubner.

—— id. — Ad optimorum librorum fidem edita. Et. s. t.: Horaz' sämmtliche Werke. In metr. Uebersetzungen. Ausgewählt von Th. Obbarius. 16. (604 S.) Berlin 856(57,) Klemann.

—— id. — Scholarum in usum ed. Gust. Linkerus. 8. (LVI und 280 S.) Vindobonae 856, Gerold fil. *

—— id. — Ad codices saec. noni decimique exactum commentario critico et exegetico illustratum ed. Franc. Ritter. Adjecti sunt indices verborum et annotationis. Volumen prius: Carmina et epodi. 8maj. (XLVIII und 494 S.) Lipsiae 856, Engelmann.

—— Ad codices saec., noni decimique exactum commentario critico et exegetico illustratum ed. Franc. Ritter. Adjecti sunt indices verborum et annotationis. Vol. alterum: Satirae et epistulae. gr. 8. (V und 654 S.) Leipzig 857, Engelmann.
Vol. 1. Ebendas. 1856. 3 Thlr.

— — Ad optim. libr. fidem edita. A. u. d. T.: Horaz' Sämmtliche Werke. In metr. Uebersetzungen. Ausgewählt von Th. Obbarius. Berlin 857. Klemann. 16. (300, 303 S.) 1 ₰.

—— In usum scholarum brevi annotatione instruxit Franc. Ritter. gr. 8. (VI und 282 S.) Leipzig 857, Engelmann.

Horatii Flacci, Q., opera omnia. Recognovit et commentariis in usum scholarum instruxit Guil. Dillenburger. Edit. IV. Addita est tabula (lithogr.) villae Horatianae. gr. 8. (XX und 635 S.) Bonn 860, Marcus. *

—— dass. — ex recensione A. J. Macleane. 16. (VI und 211 S.) New-York 860. (Philadelphia, Schäfer und Koradi.) geb. *

—— dass. — a Maur. Hauptio iterum recognita. 16. (347 S. mit Titel in Stahlst.) Leipzig 861, Hirzel. * 25 Ngr.; geb. *

— — Ad praestantium librorum lectiones accurate recensuit Car. Herm. Weise. Nova edit. ster. C. Tauchnitiana. Nova impressio. Leipzig 866. Holtze. 16. (IV, 321 S.) 6¼ ngr.

—— opera omnia. Recognovit et commentariis in usum scholarum instruxit Dr. Guil. Dillenburger. Editio 5. Addita est tabula villae Horatianae (lithogr.) gr. 8. (XXIV und 640 S.) Bonn 867, Marcus. *

— — recensuerunt O. Keller et A. Holder. Vol. II.: Sermonum libri II, epistularum libri II, liber de arte poetica. Leipzig 869, 70. Teubner. gr. 8. (XXVII, 484 S.) n. 3 ₰ 10 ngr.

—— Opera omnia. Ad optimorum librorum fidem edita. — Horaz' sämmtliche Werke. In metr. Uebersetzungen. Ausgewählt von Th. Obbarius. 3. Ausg. 2 Thle. 16. Paderborn, Schöningh. à Bd. * M. 1,50. *

Inhalt:
Thl. 1. Oden und Epoden. (137 S.) 872.
" 2. Satiren und Episteln. (121 S.) 873.

— Erklärt v. Herm. Schütz. 1. Thl. Oden u. Epoden. gr. 8. (XXIV, 395 S.) Berlin 875. Weidmann. n. 3. —

—— Opera omnia. Recogn. et commentariis in usum scholarum instruxit Guil. Dillenburger. Edit. VI. Addita est tabula (lithogr.) villae Horatianae. gr. 8. (XX, 644 S.) Bonn 875, Marcus. *

—— Opera omnia. Recognovit et commentariis in usum scholarum instruxit Guil. Dillenburger. Edit. VII. Addita est tabula (lithogr.) villae Horatianae. gr. 8. (XXIII, 675 S.) Bonn 881, A. Marcus. *

— — Opera omnia poetica. Ed. nova. 8. Halle, Waiseuh.-Buchhdl. 817.

— id. lib., omnia poëtica. Ed. nova. 8. Halle 824, Waysenhaus-Buchh.

— — poetica. 8. Halae, Waisenhaus. 808.

— opera poëtica cum interpretatione et notis Ludovici Desprez. II Tom. VIII. Ed. nov. et correcta. 8. Budae 817. Typogr. Soc. 2 ₰ 6 ℊ

Horace Oeuvres, en lat. et en franc. av. des rem. p. Dacier. X Tom. gr. 12. Gött. Vandenhök. 733.

Oeuvres d'Horace, de la traduction du P. Sanadon. Restitutis omissis. Édition royale. MDCCXLVII. 8°. 1 vol. *Mit Titelvignette.*

— Oeuvres, av. le texte latin, trad. en vers par Daru. IV Vol. 8. Strasb. Levrault. 804.

— oeuvres, avec le texte latin, trad. en vers par Daru. IV Vols. 8. Strassb. 804. Ed. VI. 823. (Levrault). 5 ₰

Horace, Oeuvres complètes traduites en vers par P. Daru. 5e édit. 4 Vol. in 18. Paris. 820.

— Oeuvres complètes, en six langues; texte latin, traductions française, allemande, anglaise, italienne et espagnole; en VII Livr., édition gr. in 8 Paris et Lyon 832—35. (Trier, Troschel.) (à Livr. n. 11/12 ₰) 6 5/12 ₰
— Edition in 32. (Ebd.) à Livr. n. 1 ₰

Horatius Flaccus, Q. Poemata, ex castigationibus observationibusque Bentleii, Cuningamii et Sanadonis emendata. Hamburgi 1733. H: *Guyot de Merville, Michel.* (BrMm)

— poëmata, mit Anmerkk. von Casp. Gottschling. 8. Halle 764. Renger. 14 ℊ

— poëmata, cum notis Chr. Junckeri ad modum Minellii. 12. Leipz. 782. Weidmann. 10 ℊ

—— Poemata, ed. Car. Georg. Neumann. — Quintus Horatius Flaccus sämmtl. Gedichte in der Versart des Originals übers. v. K. G. Neumann. gr. 8. (28½ B.) Trier 845, Troschel.

—— Poemata selecta. 8maj. (15 B.) Monachii 839, libr. scholar. reg. (Ratisbonae, Manz.) *

— poemata selecta. 8maj. Monachii 839. libr. scholarum Regia. (Hof, Grau.) n. 5 ℊ — (Ratisbonae, Manz.) n. 7 ℊ

— poésies, trad. en franç. avec des remarques et des dissert. crit. par Sanadon. Nouv. Edit. revue et augm. VIII Tom. 8. Amsterd. 756.

— les mêmes, trad. en franç. par Ch. Batteux. II Vols. 12. Jena 762. (Hahn in Leipz.) 1 ₰ 8 ℊ

— — id. I. 12. Leipz. Fritsch. 762.

— Poésies, p. Batteux. II Tom. 12. Jene, Fischer. 763.

— poésies, trad. en français par l'Abbé Batteux. 8. Kopenh. 794. Brummer. 1 ₰

— Präparation, s. Freund's Schüler-Bibliothek.

Probe einer Übersetzung des Horaz, nebst einer biographischen Skizze des Dichters v. Johann Sigismund Strodtmann. Flensburg. 1839. 4°

Horatius Flaccus, Q. Ueber die Reisesucht, an Bullatius. Eilfter Brief des ersten Buches. Hamb. 1785. Ü: *Rode, Aug.* (Degen)

— satyra nona libri primi: des Q. Horatius Flaccus neunte Satyre des ersten Buches; übers. u. erklärt v. Ed. Loder. 4. Hamb. 804.

—— Satira libri primi nona, quam versibus redditam germanicis et commentario instr. ed. Frid. Roeder. 4. (5 B.) Lipsiae 835, Kummer. *

— Libri II satiram VI interpretatus est H. Dittmar. 2 Tle. Pr. 1892 u. 1893. 26, 15 S. 4°. à 1.20

– Satyrae

— Satyrarum libri I. Satyra V. cum XVII. tab. fol. maj. Rom 1816.

—— satirae. Für den Schulgebrauch erklärt von K. O. Breithaupt. Ausg. a. Kommentar unterm Text. gr. 8. (IV, 166 S.) Gotha 887, F. A. Perthes.

—— dass. — Ausg. b. Text und Kommentar getrennt in 2 Heften. gr. 8. (IV, 61; 102 S.) Ebendas. 888.

— Satirae. Für den Schulgebrauch erklärt v. K. O. Breithaupt. 2. Aufl. Ausg. A. Kommentar unterm Text. (IV, 165 S.) gr. 8. Gotha 903. F. A. Perthes. n. 1.80; Ausg. B. Text u. Kommentar getrennt in 2 Heften. (IV, 61 u. 104 S.) n. 1.80

Horaz, Q. Fl., 1e Satyre, latein. u. deutsch mit Scholien, (v. Fr. Aug. Wolff). 4. Berl. 813. Dümmler. 10 ggr

Horatius Flaccus, Q. Erste Satyre: lateinisch und deutsch, mit einigen Scholien. Berlin 1820 [1813]. Ü & H: *Wolf, Friedrich August.* (MGT) (NN) (Ebert) (Ky) (ErschDL)

—— erste Satire, neu übers. u. nebst d. Originaltexte mit d. Uebersetzungen v. Joh. Heinr. Voss, Fr. A. Wolf u. C. Kirchner hrsg. v. Joh. Jos. Ign. Hoffmann. 8. (4 B.) Frankfurt a. M. 830, Andreä.

— 3e Satyre, latein. u. deutsch, mit Rechtfertigungen von Karl Passow. 4. Berl. 827. Riemann. 8 ggr

— III. Satire latein. u. deutsch m. Rechtfertig. v. C. Passow. Gel. 1827. 22 S. 4°. —.9

— III. Satire des III. Buches. Probe einer Schulausgabe der Satiren u. Episteln d. Hora hrsg. v. G. T. A. Krüger. Pr. 1852. 30 S. 4°. 1.-

— 9e Satyre, übers. v. K. W. L. Heyse, s. Terentius, d. Mädchen v. Andros.

—— vierte Satire latein. u. deutsch mit Rechtfertigungen v. C. Passow. 4. (3½ B.) Berlin 828, [Jonas, Vrlsh.]

— 4e Satyre, latein. u. deutsch, mit Rechtfertigungen von Karl Passow. 4. Berl. 828. Riemann. 8 ggr

— IV. Satire latein. u. deutsch m. Rechtfertig. v. Passow. Gel. 1828. 23 S. 4°.

— Satiren, s. a. Bibliothek, kleine.

— Satiren, s. a. Dichter, römische, in neuen metr. Uebersetzungen.

— Satyren, s. a. P. F. A. Nitsch Vorlesungen 2r 3r.

— Satyren in launige Reime übers. 8. Wien, Weingand. 782.

— Satyren, aus d. Latein. mit d. Original u. Einleit. u. Anmerkk. v. Cph. M. Wieland. 2 Thle. gr. 8. Leipz. 786. N. Aufl. 794. 1 ℛ 12 ggr N. A. 805 u. 19. Weidmann. 1 ℛ 16 ggr Schrbp. 2 ℛ Holl. Pap. 3 ℛ

— Satyren, in deutsche Verse übers. v. J. J. Harmsen. gr. 8. Halle 800. Gebauer. 21 ggr

— — in deutsch. Vers. v. Hermsen. gr. 8. Halle, Gebauer. 800.

— — aus dem Latein. m. d. Original. u. Einl. u. Anm. v. C. M. Wieland. 2 Thle. gr. 8. Leipzig, Weidmann. 805. Holl. Pap.

— Satyren, erklärt v. L. F. Heindorf. gr. 8. Bresl. 815. J. F. Korn. 2 ℛ 12 ggr Schrbp. 3 ℛ

— — Satyren, a. d. Lat. übersetzt und mit Einleitungen und erläuternden Anmerk. versehen von C. M. Wieland. 2 Thle. Neue verb. und mit dem Originale begleitete Ausgabe. gr. 8. Leipzig, Weidmanns. 819.

—— Satiren. Krit. bericht., uebers. u. erläut. v. C. Kirchner. 1. Thl. 4. (40 B.) Stralsund 829. Loeffler.

—— Satiren erklärt von L. F. Heindorf. Neu bearb. v. E. F. Wüstemann. Mit e. Abhandl. v. C. G. Zumpt, üb. das Leben des Horaz u. die Zeitfolge seiner Gedichte, namentl. der Satiren. gr. 8. (34½ B.) Leipzig 843, Herbig.

—— Satira. I. 9. enarravit J. A. C. van Heusde. 8 maj. (4 B.) Leipzig 845, T. O. Weigel. *

Horatius Flaccus, Q., Satiren, übers. und erklärt durch Wilh. Ernst Weber. Nach des Verf. Tode hrsg. von Wilh. Sigm. Teuffel. gr. 8. (VII und 508 S.) Stuttgart 852, Metzler'sche Buchh. Thlr. *

— Satiren in poln. metr. Uebersetz. v. Motty. Pr. 1853. 27 S. 4°.

Flaccus zwei Bücher Satiren aus dreissig unverglichenen und allen bisher verglichenen Handschriften wie auch sämmtlichen bedeutendern Ausgaben kritisch hergestellt, metrisch übersetzt und mit erklar. Commentar versehen. 1. Thl. Text, Uebersetzung u. krit. Apparat. Lipsiae 854. Teubner. gr. 8. (LII, 300 S.) n. 2 ℛ.

— Satiren erklärt von L. F. Heindorf. 3. Aufl. Mit Berichtigungen u. Zusätzen von Ludw. Doederlein. Leipzig 858. 859. Herbig. gr. 8. (XV, 479 S.) n. 2 ℛ.

—— Satiren erklärt von L. F. Heindorf. 3. Aufl. Mit Berichtigungen und Zusätzen von Ludw. Doederlein. 4 Lfgn. gr. 8. (XV und 479 S.) Leipzig 859, [Grunow.] à Lfg. * 15 Ngr. *

—— Satiren. Lateinisch und deutsch mit Erläuterungen von Ludw. Döderlein. gr. 8. (XX und 298 S.) Leipzig 860, Teubner. *

—— Satiren. Deutsch im Versmaße des Originals und mit Anmerkungen von F. O. Frhrn. v. Nordenflycht. gr. 8. (IV, 93 S.) Breslau 881, F. Hirt. *

— Die Satiren des Quintus Horatius Flaccus ins Deutsche übersetzt von J. Kipper. I. Pr. 1884. 24 S. 4°. 1.—

— Satiren. Deutsch v. J. Kipper. 12. (VIII, 152 S.) Rostock i/M. 890. Volckmann & Jerosch. n. 1. 80

Horatius Flaccus, Quintus. Satiren erklärt von Adolf Kiessling. 2. Aufl. Berlin 1895. II: *Heinze*, *Richard.* (Berl)

— dasselbe. Im Versmass des Dichters übers. v. Edm. Vogt u. Frdr. van Hoffs. 2. Aufl. Vielfach verbessert u. m. erklär. Anmerkgn. versehen v. Frdr. van Hoffs. (VII, 145 S.) 8. Berlin 904. Weidmann. n. 2. 40

— Satiren. Uebers. v. Herm. Ludwig. (82 S.) 8. Karlsruhe (904). F. Gutsch. Kart. n. 1. 20

— alle Satyren in launige Reime übers. 8. Frankf. u. Leipz. 782. Weingand in Pesth. 9 gr

— ausgewählte Satiren, s.: Inhaltsübersicht, dispositivo.

— einige ausgew. Satyren, Oden u. Briefe, n. Bemerk. üb. dessen Poesie, übers. v. Paulmann. 12. Berlin, Schöne. 802.

— einige ausgew. Satyren, Oden u. Briefe, nebst Bemerkungen üb. dessen Poesie. Zum Gebrauch f. Damen. übers. v. J. C. L. Paulmann. 12. Berl. Schöne. 811.

—— Satiren und Briefe. In's Deutsche übertr. von Fr. Frölich. 8. (VII und 345 S.) Schleswig 856, Bruhn's Buchh. *

— 8 Satiren des Horaz: I, 1, 3, 9 hexametr. übers. K. W. Geisheim. Gel. 1829. 21 S. 4°. 1.—

—— 13 Satiren, im Versmaße des Originals übers. von Edm. Vogt, nach des Verf. Tode hrsg. von Friedr. van Hoffs. Nebst einem Anhang: 26 Oden des Horaz, verdeutscht vom Hrsgbr. 12. (VI, 158 S.) Essen 885, Bädeker. *

—— Satiren und Episteln. Deutsch von Ludw. Döderlein. 2., verb. Aufl. 16. (332 S.) Leipzig 862, Teubner. geb. mit Goldschn. *

—— dass. — Deutsch mit Einleitung und Anmerkungen von Gr. Munk. 8. (IV und 384 S.) Berlin 867, Dümmler's Verlag.

— Satiren u. Episteln, aus dem Lateinischen übersetzt von C. M. Wieland. 1. Tl.: Horazens Satiren. 8. (V, 105 S.) Breslau 881. Leuckart. n. — 80; Bel.-Ausg. n. 1. 25; geb. n. 2. 5

— Satiren u. Episteln, aus dem Lat. übers. v. C. M. Wieland. 2. Tl.: Horazens Briefe. 8. (118 S.) Breslau 883. Leuckart. n. 1. 20 (cplt.: n. 2. —)

— Satiren u. Episteln. Für den Schulgebrauch erklärt von G. T. A. Krüger. 10. Aufl., besorgt von Gust. Krüger. gr. 8. (XII, 388 S.) Leipzig 882. Teubner. 2. 70

— Satiren u. Episteln. Übers. v. G. Eichhorn. gr. 8. (II, 102 S.) Wiesbaden 895. J. F. Bergmann. n. 2. 40

Horaz, Q. Fl., Satyren, Oden u. Briefe, einige aus dem etc. 12. Berl. Schöne. 810. Rthlr.

— — dieselb. erklärt von J. F. Heindorf. gr. 8. Bresl. J. F. Korn. 815. Schreibp.

— Zwei Satiren des Horaz, nach Edm. Vogts Grundsätzen übers. u. als Ergänzg. s. hinterl. Werkes veröffentl. v. F. v. Hoffs. Pr. 1887. 16 S. 4°. 1.—

—— Schulwörterbuch zu den Oden und Epoden, s. Koch, G. A.

Horatius Flaccus, Q. Der Schwätzer. Hamburg 1744. Ü: *Hagedorn*, *Friedrich von.* (Schr)

—— Selbstbiographie, s. Kühner, R.

— Sendschreiben an d. Pisonen von d. Dichtkunst, übers. von Fr. Erdm. Petri. 4. Leipz. 815. 2e Aufl. 817. Fulda, Roos; (a. Kollmann in Leipz.) 4 gr

— Sendschreiben an die Pisonen, von der Dichtkunst. Urschriftl., mit verschied. Lesungen, nebst gleichversiger Deutschung, letztere drittmals, herausg. v. Fr. Erdm. Petri. 3e Aufl. gr. 8. Fulda 835. Müller. 1/6 rf. -- dass. mit Weglassung des Original-Textes. 2e Aufl. 4. Ebd. 1/12 rf

—— Sendschreiben an d. Pisonen, v. d. Dichtkunst. Urschriftl., mit verschied. Lesungen, nebst gleichversiger Deutschung, letztere drittmals, hrsg. v. Friedr. Erdm. Petri. gr. 8. (3½ B.) Fulda 835, Müllersche Buchh.

—— Sermonen. Hrsg. und erklärt von Ad. Th. Herm. Fritzsche. 1. Bd.: Der Sermonen 1. Buch. gr. 8. (VI, 232 S.) Leipzig 875, Teubner.

—— Sermonen. Hrsg. und erklärt von Ad. Th. Herm. Fritzsche. 2. (Schluss-)Bd.: Der Sermonen 2. Buch. gr. 8. (188 S.) Leipzig 876, Teubner. 2 —
1. Bd. Ebendas. 1875. * ℳ 2,40.

Horaz' Sermonen. Deutsch v. C. Bardt. 1. Tl.: Zwölf Satiren. Das Buch v. der Dichtkunst. 8. (VII, 127 S.) Bielef. 890, Velhagen u. Klasing. * 1 60
2. Tl. u. d. T.: Horaz, Episteln. Ebd. 1887. * 1 60. — Beide Theile in 1 Bd. geb. * 4 50.

Sermonen des Q. Horatius Flaccus. Deutsch von C[arl] Bardt. 2. verb. Aufl. *Berlin: Weidmann 1900.* (VIII, 241 S.) 8°

Die Sermonen des Q[uintus] Horatius Flaccus. Deutsch von C[arl] Bardt. 3. verm. Aufl. Berlin: Weidmann 1907. (258 S.) 8°

– Sermones

—— sermonum libri duo. Edidit, germanice reddidit et triginta codd. recens collatorum, grammaticorum veterum omniumque mstorum adhuc a variis adhibitorum ope, librorumque potiorum a primordiis artis typographicae usque ad hunc diem editorum lectionibus excussis, recensuit, apparatu critico instruxit et commentario illustravit C. Kirchner. Pars I. Satiras cum apparatu critico continens. Et. s. t.: Des Q. Horatius Flaccus zwei Bücher Satiren aus dreissig unverglichenen und allen bisher verglichenen Handschriften wie auch sämmtliche bedeutendern Ausgg. kritisch hergestellt, metrisch übers. und mit erklärendem Commentar versehen. 1. Thl.: Text, Uebersetzung und krit. Apparat. gr. 8. (LII und 300 S.) Leipzig 854, Teubner. *

Horatius Flaccus, Q., sermonum libri II. edidit, germanice reddidit et triginta codicum recens collatorum grammaticorum veterum omniumque Msstorum adhuc a variis adhibitorum ope librorumque potiorum a primordiis artis typographicae usque ad hunc diem editorum lectionibus excussis recens. apparatu critico instr. et commentario illustr. C. Kirchner. Vol. II. pars I. Commentarium in satiras libri I. continens. A. u. d. T.: Des Q. Horatius Flaccus zwei Bücher Satiren etc. 1 Abth.: Commentar zum 1. Buche der Satiren. Lipsiae 855. Teubner. gr. 8. (X, 367 S.) n. 2 Thlr.

—— sermonum libri duo edidit, germanice reddidit et triginta codd. recens collatorum, grammaticorum veterum omniumque msstorum adhuc a variis adhibitorum ope librorumque potiorum a primordiis artis typographicae usque ad hunc diem editorum lectionibus excussis, recensuit, apparatu critico instruxit et commentario illustravit C. Kirchner. Vol. II. pars II. Continens commentarium in satiras libri secundi confectum ab W. S. Teuffel. E. s. t.: Des Q. Horatius Flaccus zwei Bücher Satiren aus dreissig unverglichenen und allen bisher verglichenen Handschriften wie auch sämmtl bedeutendern Ausgaben kritisch hergestellt, metrisch übers und mit erklärendem Commentar versehen. 2. Thl. 2. Abthl (Schluss): Commentar zum zweiten Buche der Satiren. Verfasst von W. S. Teuffel. gr. 8. (XI und 235 S.) Leipzig 857, Teubner. *

Vol. I. und Vol. II. Pars I. Ebendas. 1855,56. * 4 Thlr.

— Sermones aliquot a M. Hertz germanice redditi. Pr. 1875. 15 S. 4°. —.75

Horati Ch. Flacci, Sermonum et epistularum libri. Satiren und Episteln des Horaz. Mit Anmerkungen von Lucian Müller. I. Theil. Satiren. Gr.-8. (XXXII, 277 S.) 4.80
Prag:Tempsky 1891.

Horati, Qu. Flacci, sermonum et epistularum libri. Satiren und Episteln des Horaz. Mit Mit Anmerk. von Lucian Müller. I. Theil: Satiren. Gr.-8. (XXXII, 277 S.) 4.80
II. Theil: Episteln. Gr.-8. (IV, 345 S.) 4.80
Prag:Tempsky 1893.

— poet. Taschenbuch, s. J. C. L. Paulmann.

– Werke

—— dass. — s. Bibliothek, Langenscheidt'sche, sämmtl. griech. und röm. Klassiker.

— Werke, s. a. Dichter, römische.

— Werke, übers. von Binder, s. Sammlung, neueste, ausgew. griech. u. röm. Classiker.

Horatius Flaccus, Q. Die Werke a. d. Latein. übersetzt . . . Ansp. 1773—75. 2. Aufl. 1785. Ü: *Junckheim, Johann Zacharias Leonhard, Georg Ludw. Hirsch & Joh. Peter Uz.* (MGT) (ML) (Degen)

— Werke, aus d. Latein. übersetzt von J. Z. L. Junkheim, J. P. Uz u. G. L. Hirsch. 3 Thle. 8. Ansb. 773—75. N. Aufl. in 2 Bden unt. d. T.: Horaz Gedichte. 785. 3e A. 2 Thle. 8. Ebd. 797. (Gassert). 1 Thlr. 20 gr.

— Werke, metrisch übersetzt u. erklärt v. C. F. Preiß. 4 Bde. gr. 8. Leipzig, Compt. f. Litt. 805—8. (à 2 Rthlr.)
Fein Pap. (à 3 Rthlr.)
Velinp. (à 3 Rthlr. 18 gr.)

— Werke, metrisch übersetzt u. erklärt v. Chr. Fr. Preuß. 4 Bde. gr. 8. Leipz. 805—9. Compt. f. Liter. 8 Thlr. Fein Pap. 12 Thlr. Velinp. 15 Thlr.

Des Quintus Horatius Flaccus Werke v. Johann Heinrich Voß. Bd. 2. Heidelberg. 1806. 8°

— Werke, v. J. H. Voß. 2 Thle. 8. Heidelb. Mohr und Zimmer. 807.
W. P.
Schreibp.

— Werke, in gereimten Uebersetzungen u. Nachahmungen. Mit Anmerkk. herausg. von J. S. Rosenheyn. 2 Thle. gr. 8. Königsb. 818. Unzer. 2 Thlr. 16 gr.

— — Werke von J. H. Voß. 2 Bde. 2te Aufl. 8. Braunschweig, Vieweg. 821. Druckpap.
Velinpap.

— Werke, ins Deutsche übersetzt. 5 Bde. gr. 16. Grätz 827—28. Ferstl. 12 gr.

Horatius Flaccus, Quintus, *Werke*. Deutsche Uebersetzung m. d. Urtexte zur Seite. 2 Thle. (in 1 Bde.). Leipzig, Geo. Wigand, 1837. 16°. Frab.
1: VIII—177 S. Enth. die 5 Bücher Oden. 2: 2 Bll., 163 S. Enth. die Satiren und Briefe.

—— Werke. In 1 Bde. 2., verb. Ausg. 32. (361 Seit.) Leipzig 810. [Berlin, Klemann.]

— Werke. Lateinisch mit metr. Uebersetzung v. J. S. Strodtmann. 1. Thl.: Oden u. Epoden. A. u. d. T.: Q. Horatius Flaccus' lyrische Gedichte. Lateinisch mit metr. Uebersetzung, mit berichtigtem Grundtext, nebst den wichtigsten Varianten, einer Biographie des Dichters, sowie Einleitungen, Inhaltsangaben u. Anmerkungen zu den einzelnen Gedichten. 8. (XXXII u. 454 S.) Leipzig 852, W. Engelmann. 1½ Thlr.

— Werke. Lateinisch mit metrischer Uebersetzung von J. S. Strodtmann. 2. Thl. Satiren und Episteln. A. u. d. T.: Q. Horatius Flaccus, Sermonendichtungen. Leipzig 855. Engelmann. 8. (VIII, 370 S.) 1 Thlr. 7½ ngr.

Qu. Horatius Flaccus' Werke, übersetzt von G. Ludwig, W. E. Weber und W. S. Teuffel. Stuttgart 1853. 8°.

—— Werke. Erklärende Schulausg. von Heinr. Düntzer. 2 Thle. gr. 8. Ebendas.

Inhalt:

Thl. 1. Die Oden und Epoden. (244 S.) 868. M 1,80.
» 2. Die Satiren und Briefe. (292 S.) 869. M 2,25.

— Mit vorzugsweiser Rücksicht auf die unechten Stellen u. Gedichte hersg. von K. Lehrs. Leipzig 869. F. C. W. Vogel. gr. 8. (CLXV, 281 S.) n. 2 Thlr. 26 ngr.

Qu. Horatius Flaccus' Werke, übersetzt von Wilhelm Binder. 1. Bd. siebente Auflage. 2. Bd. vierte Auflage. Stuttgart 1871—1872. 8°.

—— dass. — In den Versweisen der Urschrift übers. von Wilh. Binder. 7 Lfgn. 12. Berlin, Langenscheidt'sche Verlagsb. [1.—3. Lfg. 5. Aufl. (S. 1—128.) 884; 4. Lfg. 4. Aufl. (S. 129—176.) 871; 5. Lfg. 5. Aufl. (S. 1—48.) 884; 6. und 7. Lfg. 4. Aufl. (S. 49—140.) 871.] à Lfg. * 35 Pf. *

— Werke. Deutsch in den Versweisen der Urschrift v. Wilh. Binder. 1., 3—6. Lfg. 8. Berlin 886. Langenscheidt. à n. — 35
1. Oden. 1. Lfg. 8. Aufl. (32 S.) — 3. 4. Oden. 3. u. 4. Lfg. 5. Aufl. (S. 81—176.) — 5. 6. Satiren u. Episteln. 1. u. 2. Lfg. 5. Aufl. (S. 1—96.)

— Deutsch in den Versweisen der Urschrift v. Wilh. Binder. 1.—3., 5. u. 6. Lfg. 8. Berlin 891—894. Langenscheidt. à n. — 35
1. Oden. 1. Lfg. 9. Aufl. (32 S.) — 2. 3. Oden. 2. u. 3. Lfg. 6. Aufl. (S. 33—128.) — 5. 6. Satiren u. Episteln. 1. u. 2. Lfg. 6. Aufl. (96 S.)

— Werke. 4. Lfg. 8. Berlin 895. Langenscheidt. n. — 35
Oden. Deutsch in d. Versmaßen d. Urschrift v. Wilh. Binder. 4. Lfg. 6. Aufl. (S. 129—176.)

— Werke. Hrsg. v. O. Henke u. C. Wagener. 1. u. 2. Bd. gr. 8. Bremen 898. Leipzig, M. Heinsius Nachf. n. 5. 20; geb. n. 6. 40
1. Oden u. Epoden. Von Osk. Henke. Einleitg. Text. Mit 3 Karten. (VIII, 256 S.) n. 3. —; geb. n. 3. 60
2. Satiren u. Episteln. Von Osk. Henke. Einleitgn. Text. (VI, 212 S.) n. 2. 20; geb. n. 2. 80

— Werke. Deutsch in den Versmaßen der Urschrift von Wilh. Binder. 2.—5. Lfg. 8. Berlin (900). Langenscheidt. à n. — 35
2.—4. Oden. 2.—4. Lfg. 7. Aufl. (S. 33—176.)
5. Satiren. 1. Lfg. 7. Aufl. (S. 1—48.)

— Werke. 7. Lfg. kl. 8. Berlin-Schöneberg (906). Langenscheidt's Verl. n. — 35
Satiren u. Episteln. Deutsch in den Versmaßen der Urschrift v. Wilh. Binder. 3. Lfg. 7. Aufl. (S. 97—140.)

— Werke. Deutsch in d. Versweisen der Urschrift v. Wilh. Binder. 3.—6. Lfg. kl. 8. Berlin-Schöneberg. Langenscheidt's Verl. à — 35
3. Oden. 3. Lfg. 9. Aufl. (S. 81—128.) (908.)
4. Dasselbe. 4. Lfg. 8. Aufl. (S. 129—176.) (909.)
5. Satiren. 1. Lfg. 8. Aufl. (S. 1—48.) (909.)
6. Satiren u. Episteln. 2. Lfg. 8. Aufl. (S. 49—96.) (910.)

— Werke, Sämtliche

—— dass. — s. Dichter, römische, in neuen metrischen Uebersetzungen.

—— dass. — Präparation, s. Freund's Schüler-Bibliothek.

—— dies. übers. v. J. Nürnberger, s. Uebersetzungsbibliothek d. griech. u. röm. Klassiker, III. Abthl.

— sämmtl. Werke, übers. v. Joh. Heinr. Voß. 2 Bde. 2e Aufl. 8. Braunschw 821, Vieweg. 3 Rthl. 8 gr. Vel. Pap.

— sämmtl. Werke, uebersetzt u. ausführl. erläut. v. J. H. M. Ernesti. 1r u. 2r Bd. gr. 12. München 824—27, Fleischmann.

— sämmtl. Werke, übersetzt u. ausführl. erläut. von J. H. M. Ernesti. 2 Bde. gr. 12. Münch. 826—27. Fleischmann. 3 ₰ 4 gr.

— sämmtl. Werke. Deutsch v. K. F. A. Scheller. gr. 8. Braunschweig 826, Vluchart.

—— dies. — Deutsche Uebersetz. d. Tauchnitzer lat. Stereotyp-Ausg. v. Leipzig nach J. H. Voß. 5 Bdchn. gr. 16. (40 B.) Grätz 827, 28, Ferstl. 12 Gr., Velnp.
Bdchn. 1. Oden (Hochgesänge), 4 Bücher. Mit H's. Bildn. u. Biographie.
" 2. Epoden (Nachgesänge), 1. Buch, nebst d. Säcularfeyergedicht.
" 3. Satyren (Spottgedichte), 2 Bücher.
" 4. Episteln (Briefe), 2 Bücher, nebst e. besond. Buche üb. d. Dichtkunst.
" 5. Geograph.-histor.-mythol. Erklärungs-Wörterbuch, nebst krit. Andeutungen in kurzen Umrissen rc.
Das 5. Bdchn. apart. u. d. T.:
Geogr.-histor.-mythol. Erklärungs-Wörterbuch üb. d. Werke d. Quint. Horatius Flaccus mit vorausgeh. Andeutungen üb. deren Charakter u. Innwerth, nebst e. vollständ. Bibliographie v. allen, besond. in Deutschland veranstalt. Ausgn., sowohl in d. Ursprache als auch in den deutsch. Uebersetzungen, wie auch v. lat. u. deutsch. Commentaren dies. Classikers. Anwendbar zu allen bisher erschien. Uebersetzungen des Horaz, besond. aber zu jener v. J. H. Voß, bearb. nach M. Ernesti, D. Fuhrmann, G. Holzapfel, Ph. Moritz, H. Schmidt u. and. gr. 16. (9 B.) Ebds. 828. 8 Gr., Velnp. 12 Gr.

— sämmtl. Werke, übersetzt von J. Nürnberger. (1s, 2s B. Episteln u. Satyren. 3s, 4s B. Oden u. Epoden). 16. Prenzl. 827—31. Ragoczy. 1 ₰

—— dies., deutsch v. Karl F. A. Scheller. 2., verb. Ausg. gr. 8. (26 B.) Halberstadt 830, [Potsdam,] Vogler.

—— sämmtl. Werke, übers. v. E. Günther. 8. (35¼ B.) Leipzig 830, Barth.

—— sämmtl. Werke. In d. Versmassen d. Urschrift deutsch v. Fr. Gehlen. 1. Bd. Oden, Epoden, Säculargesang. 8. (15 B.) Essen 835, Bädeker. *

—— sämmtliche Werke. In metrischen Uebersetzungen. Ausgewählt von Th. Obbarius. Mit einer literar.-histor. Einleitung des Hrsg. (Miniatur-Ausg.) 16. (XXII und 354 S. mit Horaz's Bildn. in Stahlst.) Berlin 847, Klemann.

—— dass. — Lateinisch mit metr. Uebersetzung von J. S. Strodtmann. 1. Thl.: Oden und Epoden. A. u. d. T.: Q. Horatius Flaccus' lyrische Gedichte. Lateinisch mit metr. Uebersetzung, mit berichtigtem Grundtext, nebst den wichtigsten Varianten, einer Biographie des Dichters, sowie Einleitungen, Inhaltsangaben und Anmerkungen zu den einzelnen Gedichten. 8. (XXXII und 454 S.) Leipzig 852, Engelmann.

—— dass. — 2. Thl. Satiren und Episteln. A. u. d. T.: Q. Horatius Flaccus' Sermonendichtungen. 8. (VIII und 370 S.) Ebds. 855.
Vgl.: Dichter, römische. — Sammlung, neueste, ausgewählter griech. und röm. Classiker.

—— dass. — übers. von Ernst Günther. Ausg. letzter Hand bevorwortet von C. F. Günther. gr. 16. (VII und 512 S.) Leipzig 854, Voigt und Günther. *
fein Pap. *

—— sämmtliche Werke. 1. Thl. A. u. d. T.: Oden und Epoden. Für den Schulgebrauch erklärt von C. W. Nauck. 1. Aufl. (XVIII und 225 S.) 1854. und 2. Aufl. gr. 8. (XVIII und 234 S.) Leipzig 856, Teubner.

—— dass. — 2. Thl. 1. Aufl. (VIII und 225 S.) 1853. und 2., verb. Aufl. A. u. d. T.: Satiren und Episteln. Für den Schulgebrauch erklärt von G. T. A. Krüger. gr. 8. (XVI und 343 S.) Ebds. 856. —

—— sämmtliche Werke. 2 Bde. 3. Aufl. gr. 8. Leipzig 860, Teubner.
Inhalt:
Bd. 1. Oden und Epoden. Für den Schulgebrauch erklärt von C. W. Nauck. (XIII und 253 S.) 18 Ngr.
" 2. Satiren und Episteln. Für den Schulgebrauch erklärt von G. T. A. Krüger. (XIII und 346 S.) 22½ Ngr.

—— sämmtliche Werke für den Schulgebrauch erklärt. 2 Thle. gr. 8. Leipzig, Teubner.

Inhalt:

Thl. 1. Oden und Epoden. Für den Schulgebrauch erklärt von C. W. Nauck. 4.—6. Aufl. (XV und 256 S.) 863—68. 18 Ngr.

» 2. Satiren und Episteln. Für den Schulgebrauch erklärt von G. T. A. Krüger. 4. Aufl. 1863. und 5. Aufl. (XX und 355 S.) 866. 24 Ngr.

— — Erklärende Schulausgabe von Heinr. Düntzer. 1. Thl.: Die Oden u. Epoden. Paderborn 868. Schöningh. gr. 8. (244 S.) 18 ngr

Horatius Flaccus Q., sämmtliche Werke für den Schulgebrauch erklärt. 2 Thle. gr. 8. Leipzig, Teubner.

Inhalt:

Thl. 1. Oden und Epoden. Von C. W. Nauck. 7. Aufl. 1871. ℳ 1,80., und 8. Aufl. (XX, 259 S.) 874. ℳ 2,10.

» 2. Satiren und Episteln. Erklärt von G. T. A. Krüger. 6. Aufl. 1869. ℳ 2,40., und 7. Aufl. (XXIV, 363 S.) 872. ℳ 2,70.

— sämmtliche Werke, für den Schulgebrauch erklärt. 2 Thle. gr. 8. Ebendas. * 4 95

Inhalt:

Thl. 1. Oden und Epoden. Erklärt von C. W. Nauck. 9. Aufl. (XX, 272 S.) 877. ℳ 2,25.

» 2. Satiren und Episteln. Erklärt von G. T. A. Krüger, besorgt von Gust. Krüger. 8. Aufl. (XII, 378 S.) 1876; 9. Aufl. (XII, 396 S.) 879. *ℳ 2,70.

—— sämmtliche Werke, für den Schulgebrauch erklärt. 2 Thle. gr. 8. Leipzig, Teubner. *

Inhalt:

Thl. 1. Oden und Epoden. Erklärt von C. W. Nauck. 10. Aufl. (XXI, 271 S.) 880; 11. Aufl. (VIII, 271 S.) 882. *ℳ 2,25.

» 2. Satiren und Episteln. Erklärt von G. T. A. Krüger, besorgt von Gust. Krüger. 10. Aufl. (XII, 388 S.) 882. *ℳ 2,70.

—— dass. — Erklärt von Herm. Schütz. 3 Thle. gr. 8. Ebendas.

Inhalt:

Thl. 1. Oden und Epoden. 2. Aufl. (424 S.) 880. ℳ 3.

» 2. Satiren. (XVI, 309 S.) 881. ℳ 2,70.

» 3. Episteln. (XII, 369 S.) 883. ℳ 3.

—— dass. — Uebersetzt von Aug. v. Graevenitz. 1. Thl.: Die Oden und Epoden. 12. (II, 240 S.) Bern 882, [Dalp'sche Buchh.] Schmid, Francke und Comp. *

Fortsetzung wird nicht erscheinen.

—— dass. — In deutscher Uebertragung von Ludw. Behrendt. Mit beigefügtem Orig.-Text. 1. Thl.: Oden und Epoden. [Mit Ausschluß der Epoden VIII und XII.] 8. (XII, 272 S.) Schönebeck 882, (Senff.) *ℳ 3.; geb. *

—— dass. — Erklärt von Adf. Kiessling. 1. Thl.: Oden und Epoden. gr. 8. (XXVIII, 396 S.) Berlin 884, Weidmann'sche Buchh.

Horatius Flaccus, Q., sämtliche Werke, für den Schulgebrauch erklärt. 2 Tle. gr. 8. Leipzig, Teubner.

Inhalt:

Tl. 1. Oden und Epoden. Erklärt von C. W. Nauck. 12. Aufl. (VIII, 271 S.) 885. ℳ 2.25.

» 2. Satiren und Episteln. Erklärt von G. T. A. Krüger, besorgt von Gust. Krüger. (XII, 390 S.) 885. ℳ 2.70.

Lfg. 2, 3 und 5. Ebendas. à * 35 Pf.

—— Sämmtliche Werke, f. den Schulgebrauch erklärt. 1. Tl.: Oden u. Epoden, erklärt v. C. W. Nauck. 13. Aufl. gr. 8. (VI, 275 S.) Lps. 889, Teubner. 2 25

— dass. — 2. Tl.: Satiren u. Episteln. Erklärt v. G. T. A. Krüger. 12. Aufl. Besorgt v. Gust. Krüger. 2 Abtlgn. gr. 8. Ebd. à Abtl. 1 50; 3 —

1. Satiren. (XII, 199 S.) 889. — 2. Episteln. (VI, 206 S.) 890.

— in deutscher Uebertragung v. Ludw. Behrendt. Mit beigefügtem Orig.-Text. 3. Thl.: Ansprachen. Epistolae. 8. (III, 132 S.) Berlin 891. C. W. L. Behrendt. n. 1. 60 (1—3.: n. 5. 60)

— sämtliche Werke, f. den Schulgebrauch erklärt. 2. Tl. Satiren u. Episteln. Erklärt v. G. T. A. Krüger. 2 Bdchn. 13., umgearb. Aufl. Besorgt v. Gust. Krüger. gr. 8. Leipzig 894. B. G. Teubner. 3. 60 (kplt.: 5. 85)

1. Satiren. (XVI, 206 S.) 1. 80. — 2. Episteln. (IX, 217 S.) 1. 80

— sämtliche Werke, f. d. Schulgebr. erklärt. 1. u. 2. Tl. 1. Bdchn. gr. 8. Leipzig, B. G. Teubner. 4. 05

1. Oden u. Epoden. F. d. Schulgebr. erklärt v. C. W. Nauck. 14., neu bearb. Aufl. v. O. Weissenfels. (VIII, 280 S.) 894. 2. 25

2. 1. Satiren u. Episteln. Erklärt von G. T. A. Krüger. 1. Bdchn. Satiren. 14. Aufl. Besorgt v. Gust. Krüger. (XVII, 211 S.) 897 n. 1. 80

— sämtliche Werke, f. den Schulgebrauch erklärt. 1. Tl. u. 2. Tl. 2. Bdchn. gr. 8. Ebd. 4. 05

1. Oden u. Epoden. Erklärt v. C. W. Nauck. 15. Aufl. v. O. Weissenfels. (XLV, 244 S.) 899. 2. 25

2. Satiren u. Episteln. Erklärt v. G. T. A. Krüger. 2. Bdchn. Episteln. 14. Aufl. Besorgt v. Gust. Krüger. (XVII, 233 S.) 901. 1. 80; geb. n. 2. 30

Horaz [Quintus Horatius Flaccus] Sämtliche Werke. Übers. von Johann Heinrich Voß. Neue Ausg. Leipzig: Reclam [um 1902]. 237 S. 8°

(Universal-Bibliothek 431. 432.) A 12. 10710

– sämtliche Werke. 1. u. 2. Tl. gr. 8. Leipzig, B. G. Teubner. Geb. n. 5. 05

1. Oden u. Epoden. Für den Schulgebrauch erklärt v. C. W. Nauck. 16. Aufl. v. O. Weissenfels. (XLIII, 244 S.) 905. n. 2. 25; geb. n. 2. 75

2. Satiren u. Episteln. Erklärt v. G. T. A. Krüger u. Gust. Krüger. 1. Bdchn. Satiren. 15. Aufl. Besorgt v. Gust. Krüger. (XVI, 221 S. m. 2 Karten.) 904. Geb. n. 2. 80

— sämtl. Werke. I. u. II. Tl. 8. Leipzig, B. G. Teubner. 4.40; geb. 5. 30

I. Oden u. Epoden. Für den Schulgebrauch erklärt v. C. W. Nauck. 17. Aufl. v. P. Hoppe. (XXVI, 227 S.) 910. 2.40; geb. 2. 80

II. Satiren u. Episteln. Für den Schulgebrauch erklärt v. G. T. A. Krüger. 2 Bdchn. Episteln. 15. Aufl., besorgt v. Gust. Krüger. (XIV, 239 S. m. 2 farb. Karten.) 908. 2.—; geb. 2. 50

Horace, works, with english notes. For the use of schools and colleges. By J. L. Lincoln. 5. Edition. gr. 12. (XXXVIII und 575 S.) New-York 858. (Philadelphia, Schäfer und Koradi.) geb. *

—— Works, with english notes, critical and explanatory. By Charles Anthon. A new edit., corrected and enlarged, with excursions relative to the wines and vineyards of the ancients; and a life of Horace by Milman. gr. 12. (LXXV und 781 S. mit Horaz' Bildniss in Kpfrst.) New-York 859. (Philadelphia, Schäfer und Koradi.) *

Vgl.: Horatius.

Horatius Flaccus, Q. Zueignungsgesang der ersten Sammlung ... Helmstädt 1818. Ü: *Penzel, Abrah. Jac.* (Ky)

— Zueignungsgesang d. ersten Samml. seiner lyr. Werke vorgesetzte Probe e. neuen Ausg. aller röm. Lyriker, (v. A. J. Penzel). gr. 8. Helmst. 818. Fleckeisen. 6 gr

Hoerauf, Wilhelm, Kaiserlicher Oberveterinär a. D. aus Ettenstadt in Bayern: Beiträge zur Kenntnis der afrikanischen Pferdesterbe. ⟨Aus dem Institut für Schiffs- und Tropenkrankheiten in Hamburg. Professor Nocht.⟩ Bad Wildungen 1910. 120 S., eine Karte und zwei Tafeln. 8°. [23. XII. 09.]

Bern. Vet.-med. Diss. 1909/10.

Hoerauf, Wilhelm. Beiträge zur Kenntnis der afrikanischen Pferdesterbe. Aus dem Institut für Schiffs- und Tropenkrankheiten in Hamburg.... Diss. Vet.-Med. Bern. [Mit Figuren, 2 Tafeln und 1 Karte.] 120 S. 8. Bad Wildungen, Ernst Funk, 1910.

Horawitz, A., Zur Geschichte der Lohnverhältnisse. 8⁰. Hannover 1872.

Horawitz, Adalbert Heinrich

Horawitz, Adb., Analecten zur Geschichte des Humanismus in Schwaben [1512—1518]. [Aus: „Sitzungsber. d. k. Akad. d. Wiss."] Lex.-8. (64 S.) Wien 877. Gerold's Sohn in Comm. n. 1. —

— Analecten zur Geschichte der Reformation u. des Humanismus in Schwaben. [Aus: „Sitzungsber. d. k. Akad. d. Wiss."] Lex.-8. (94 S.) Ebend. 878. n. 1. 50

Horawitz, Adalbert (Hrsg.), s. A s c h b a c h , Joseph R[r] v.: Die Wiener Universität und ihre Gelehrten 1520 - 1565.

Horawitz, Adalbert Heinr., Beatus Rhenanus. Eine Biographie. [Aus „Sitzungsber. d. k. Akad. d. Wiss."] gr. 8. (60 S.) Wien 872. Gerold's Sohn. In Comm. n. — 80

Horawitz Adalbert, Dr.: Beatus Rhenanus. Ein biographischer Versuch. Eingang. Eltern. Vaterstadt und Kindheit. Die Pariser Lehrjahre. Der Basler Aufenthalt. Rückkehr nach Schlettstadt. Leben daselbst. Rhenanus' Beziehungen zu den Gelehrten seiner Zeit. Charakter des Rhenanus. Stellung zum Klerus und zur Reformation. Patriotismus des Rhenanus. S. 70. 189 . . . . vgr.
Separatabdruck

— Beiträge zu den Sammlungen v. Briefen Philipp Melanchthons. [Aus: „Sitzungsber. d. k. Akad. d. Wiss."] Lex.-8. (26 S.) Ebend. 874. n. — 40

— Bericht üb. die auf die Geschichte d. klass. Altertumswissenschaft bezügl. Litteratur d. Jahre 1852—1884. S.-A. 1884. 48 S.

— die Bibliothek u. Correspondenz d. Beatus Rhenanus zu Schlettstadt. Ein Bericht. [Aus: „Sitzungsber. d. k. Akad. d. Wiss."] Lex.-8. (30 S.) Ebend. 874. n. — 40

— Biographie des Beatus Rhenanus (Rhenanus' literarische Tätigkeit in den Jahren 1530—1547 umfassend. 3. Teil. S. 72. 324 . . . . vgr.
Separatabdruck

— zur Biographie u. Correspondenz Johannes Reuchlin's. [Aus: „Sitzungsber. d. k. Akad. d. Wiss."] Lex.-8. (76 S.) Ebend. 877. n. 1. 20

— Briefe des Claudius Cantiuncula u. Ulrich Zasius. Von 1521—1533. [Aus: „Sitzungsber. d. k. Akad. d. Wiss."] Lex.-8. (40 S.) Ebend. 879. n. — 60

—— Caspar Bruschius. Ein Beitrag zur Geschichte des Humanismus und der Reformation. Hrsg. vom Vereine für Geschichte der Deutschen in Böhmen. gr. 8. (VIII, 272 S.) Leipzig 874, Brockhaus' Sortiment und Antiquarium. *

Horawitz, Adb., über die Colloquia des Erasmus, s. Taschenbuch, historisches.

Horawitz, Dr. Adalbert Heinrich. Zur Entwickelungsgeschichte der deutschen Historiographie. Ein Versuch. (Jahres-Bericht über das k. k. Josephstädter Ober-Gymnasium für das Schuljahr 1865.) 8. Wien 1865.

— **Erasmiana. I.** [Aus: „Sitzungsber. d. k. Akad. d. Wiss."] Lex.-8. (73 S.) Ebend. 878. n. 1. 20

Horawitz, Alb., Erasmiana. II. Lex.-8. (38 S.) Wien 880, (Gerold's Sohn.) **
1. (Ebendas.) 1878. **M 1,20.

—— dass. — III. [Aus der Rehdigerana zu Breslau.] 1519—1530. Lex.-8. (46 S.) (Ebendas.) 883. **

—— Erasmiana. IV. [Aus der Rehdigerana zu Breslau. 1530—1536.] Lex.-8. (86 S.) Wien 885, (Tempsky.) *
I.—III. Ebendas. 1878—83. *M 3.40.

Horawitz, Adb., Erasmus von Rotterdam u. Martinus Lipsius. Ein Beitrag zur Gelehrtengeschichte Belgiens. [Aus: „Sitzungsber. d. k. Akad. d. Wiss."] Lex.-8. (137 S.) Wien 882. Gerold's Sohn in Comm. n. 2. —

—— Gustav Freytag als Dichter und Historiker. gr. 16. (43 S.) Wien 871, Hölder. *

Horawitz, Ad.: Gustav F r e y t a g als Dichter und Historiker. 15 S. 4⁰ – Wien, OR. Schottf., Progr. 1871.

Horawitz, Adb., zur Geschichte d. Humanismus in den Alpenländern. I. [Aus: „Sitzungsber. d. k. Akad. d. Wiss."] Lex.-8. (52 S.) Wien 886. (Gerold's Sohn.) n. — 80

—— zur Geschichte des Humanismus in den Alpenländern. I. und II. Lex.-8. (Ebendas.) [I. (52 S.) 886. * 80 Pf.; II. (22 S.) 887. * 40 Pf.] *

—— dass. — III. Leonhard Schilling von Hallstadt. Lex.-8. (60 S.) (Ebendas.) 887. **

— Johann Heigerlin [genannt Faber], Bischof v. Wien, bis zum Regensburger Convent. [Aus: „Sitzungsber. d. k. Akad. d. Wiss."] Lex.-8. (140 S.) Ebend. 884. n. 2. —

—— der Humanismus, s. Taschenbuch, historisches.

—— Michael Hummelberger. Eine biograph. Skizze. gr. 8. (50 S.) Berlin 875, Calvary und Comp. * 1 50

Horawitz Dr. A.: Mich. Hummelberger (Philolog des 16. Jahrh.) Biogr. Skizze. 18 u. 26 Seiten Documente. Wien IX. 75.
Progr.

Horawitz: Aus drei Jahrhunderten. Versuch die Vita St. Severini, St. Corbiniani u. St. Stephani organisch zu verknüpfen. 41 S. 8⁰–Wien J., Progr. 1864.

Horawitz, Adlb. Griechische Studien I, s. o XVIII. Bd. 2. Abthl. S. 660: Studien, Berliner. 1. Bd. 2. Hälfte.

Griechische Studien. Beiträge z. Geschichte des Griechischen in Deutschland. Von Dr. Adalbert **Horawitz,** Prof. in Wien. St. 1. [Mehr nicht erschienen.] (Berlin: S. Calvary & Co. 1884.) (S. 409–450.) 8°
= Studien, Berliner, f. classische Philologie u. Archaeologie. Bd 1, [4.] (84.86/7

— des **Beatus Rhenanus** literarische Thätigkeit in den J. 1508—1531. [Aus „Sitzungsber. d. k. Akad. der Wiss."] Lex.-8. (50 S.) Ebend. 872. n. — 80

— dasselbe, in den J. 1530—1547. [Aus „Sitzungsber. d. k. Akad. d. Wiss."] Lex.-8. (56 S.) Ebend. 873. n. — 80

—— Richard Wagner und die nationale Idee. 2. Aufl. Lex.-8. (47 S.) Wien 874, Gutmann. *

Horaz, A. v., die Andacht zum Herzen Mariä, s. Andacht.

Horaz

—— de carmine III 27, s. Schaefer, Thdr.

Horaz, die Lebensweisheit des, s. Vogel, Thdr.

—— die Verskunst des, s. Christ, W.
Vgl.: Eckstein, Friedr. Aug. — Heynemann, S. — Schwerdt, F. J.

Horaz. Hamb. 1751. V: *Hagedorn, Friedrich von.* (Mn) (Schr)

Horaz als Aesthetiker in seinem Brief an die Pisonen, mit Berücksichtigung seiner übrigen Gedichte und der Poetica des Hieron. Vida. Einsiedeln 860. Gebr. Benziger. gr. 4. (16 S.) 6 *ngr.*

— d. gerächte u. gerettete; nebst e. andern Ausz. u. Zusätzen aus d. Schriften des Hrn. v. Bar. 8. Frkf. a. M. 763. Andreä. 20 ℊℊ

— —, Der gerächete und gerettete, nebst einigen Auszügen und Zusätzen des Herrn *von Bar.* Frankfurt a. Mayn 1763. 8°.
War in einem Wiener Cat. (1774) verbotener Bücher. —

Programm, Viertes — des k. k. Neuhauser Gymnasiums am Schlusse des Studienjahres 1854 rc. 4. (20 S.) Neuhaus Druck von Alois J. Landfraß. 1854.
Inhalt: Horaz und die ältere römische Literatur. — Schulnachrichten.

— als Mensch u. Bürger v. Rom, s. van Ommern.

Horazeck, Hermann [app. Arzt aus Mindelheim (Schwaben Neuburg)]: Ueber das Vorkommen von Membranen namentlich membranösen Verwachsungen im Kehlkopf. . . . München, Druck v. H. Kutzner, 1889; 24 S. 8°
Würzburg, Med. Fak., Inaug.-Diss. v. 1889

Horazia u. Viburnia; Scenen aus d. alten Rom. 8. Heidelb., Pfähler. 8 ℊℊ

Horazier, Die, ein Schauspiel. O. O. [17??]. V: *Kepner, Friedrich.* (MGT)

Horazier, die,. Trauersp. von Behrmann. 8. Hamb. Bohn. 752.

— s. auch G. Behrmann.

Horb [Schlagwort]

Horb, s.: Deutschland. Kürschner-Peip.

Horb, s.: Geognostische Karten (Württemberg).

Horb, s.: Schwarzwald.

Horb, s.: Schwarzwald. Karte.

Horb, s.: Württemberg. Höhenkurvenkarte.

Horbach, Arthur, aus Förderstedt: Die begriffliche Entwicklung des lateinischen 'trans' und 'ultra' auf romanischem, speziell auf französischem Sprachgebiete. *Leipzig 1902: (C. A. Kaemmerer & Co., Halle).* (XXXI, 198 S.) 8°
¶ (Eine Forts., contra u. versus behandelnd, erscheint später.)
Leipzig, Phil. Diss. v. [24. Juni] 1902

Horbach, Paul, Referendar: Die Bedeutung der §§ 406—408 BGB. im Hypothekenrechte. Borna-Leipzig 1909: Noske. 62 S. 8°
Leipzig, Jur. Diss. v. 28. Jan. 1909
[Geb. 11. Nov. 84 Reichenbach i. V.; Wohnort: Reichenbach; Staatsangeh.: Sachsen; Vorbildung: Fürstensch. St. Afra Meißen Reife O. 04; Studium: München 1, Leipzig 6 S.; Rig. 24. Juni 07.] [U 09. 2552

Anzer contra Anzer. Von Ph[il.] Horbach, Pfarrer em. *Gütersloh: C. Bertelsmann 1901.* (29 S.) 4° [F. u. Ant.]
Aus: Reichsbote [01. 6849

Offener Brief an Herrn Bischof von Anzer über die Stellung der Mission zur Politik, zugl. e. Denkschrift an d. deutsche Regierung von Pfarrer em. [Phil.] Horbach in Marburg a. L. *Gütersloh: C. Bertelsmann 1900.* (90 S.) 8° [F.] [00. 11,182

— Bischof v. Anzers China-Mission in ihren Beziehungen zur Politik. Aktenmäßige Darleggn. nach den Aussagen des Bischofs u. seiner Missionare. gr. 8. (24 S.) Marburg 901. M. Spieß. — 15

Horbach, Phil., Menschen als Versuchsthiere. (Erweit. Sonderabdr. aus: „D. Kritik".) gr. 8. (42 S.) Berlin 895. Kritik Verlag. n — 60

[F.] Menschen als Versuchsthiere v. Phil. Horbach, Pfarrer emer. in Marburg a. d. Lahn. *Berlin: H. Storm 1895.* (Erweit. SA. aus H. 47 u. 48 der 'Kritik'.) (42 S.) 1 Bd 8. [96. 4370

— Menschen als Versuchsthiere. (Neue [Titel-]Ausg.) gr. 8. (42 S.) Leipzig [895.] 899. A. Strauch. n. 1. —

Horbach, Phpp., die Nachkommen Luthers. Aus Anlaß d. Gedächtnisfeier d. 350jähr. Todestages Dr. Martin Luthers am 18. Febr. 1896. [Aus: „Quellwasser fürs deutsche Haus".] gr. 8. (32 S. m. 9 Abb.) Leipzig 896. G. Wigand. n. — 50

Reichskanzler, Missionare und Herero-Aufstand. Von Philipp Horbach, Pfarrer em. *Bonn: I. Schergens 1904.* (48 S.) 8° [F.]
Aus: Reformation. 1904, No 22. 23. [04. 9317

Horbach, Philipp, Repertorium zu Warnecks allgemeiner Missions-Zeitschrift Bd. 26—30: 1899—1903. (VII, 60 S.) 8 Berlin 904. M. Warneck. n. 2. —

— dasselbe, s. a. Missions-Zeitschrift, allgemeine.

Hörbach, s.: Hörmann zu Hörbach.

Horbaczewski, Johann

Horbaczewski, J. Beiträge zur Kenntniss der Bildung der Harnsäure u. der Xanthinbasen, sowie der Entstehg. der Leucocytosen im Säugethierorganismus. [Nach Versuchen, die z. Theile v. den Herren Sadowenj, Mrazel u. Formanek ausgeführt worden.] Lex.-8. (55 S.) Wien 891, (Tempsky). * 1 —

und Kanëra F.: Über den Einfluß von Glycerin, Zucker und Fett auf die Ausscheidung der Harnsäure beim Menschen (S. 93. H. [illegible]) . . . vgr.
Separatabdruck

— Über die durch Einwirkung von Salzsäure aus den Albuminoiden entstehenden Zersetzungsprodukte. 2 Abhandlung (S. 92. H. [illegible]) . . . vgr.
Separatabdruck

Horbaczewski, Joh., über die durch Einwirkung von Salzsäure aus den Albuminoiden entstehenden Zersetzungsproducte. [Aus dem Laboratorium des Prof. E. Ludwig.] 1. Abhandlung. Lex.-8. (23 S. mit 1 eingedr. Holzschn.) Wien 879, (Gerold's Sohn.) * — 40

— Über die durch Einwirkung von Salzsäure aus den Albuminoiden entstehenden Zersetzungsprodukte. 1. Abhandlung mit 1 Holzschnitt. S. 80. II. 80 . . . . —40
Separatabdruck

Horbaczewski, J., üb. künstliche Harnsäure u. Methylharnsäure. [Aus: „Sitzungsber. d. k. Akad. d. Wiss."] Lex.-8. (7 S.) Wien 885. (Gerold's Sohn.) n. — 20

Horbaczewski, Joh., üb. den Nervus vestibuli. [Mit 1 (lith.) Taf.] [Aus dem physiolog. Institut der Wiener Universität.] [Aus: „Sitzungsber. d. k. Akad. d. Wiss."] Lex.-8. (9 S.) Wien 875. (Gerold's Sohn.) n. — 40

— Synthese der Harnsäure. S. 86. II. . . . . vgr.
Separatabdruck

— Über eine neue Synthese und die Konstitution der Harnsäure. S. 95. II. . . . vgr.
Separatabdruck

Horbaczenski, J., Zur Theorie der Harnsäurebildung im Säugetierorganismus. (19 S.) Wiesbaden 92. Bergmann. M. —.80

Horbaczewski, J., Untersuchungen über die Entstehung der Harnsäure im Säugethierorganismus. [Aus: „Sitzungsber. d. k. Akad. d. Wiss."] Lex.-8. (18 S.) Wien 889. (Tempsky.) n. — 40

— Weitere synthetische Versuche über die Konstitution der Harnsäure und Bemerkungen über die Entstehung derselben im Tierkörper. S. 96. II. . . . . . . vgr.
Separatabdruck

Horbasch, G. Kubiktabelle zur genauen Ermittelung d. Körperinhalts, der Höhe od. Länge u. der Durchmesser walzen- u. kegelförm. Körper (Baumstämme, cylindr. od. kon. Gefäße ꝛc.), wenn eine dieser Größen zu suchen ist, u. nur die übr. bekannt od. gegeben sind. Zum Gebrauch f. Forstleute, Holzhändler, Korbmacher u. s. f. 12. (101 S.) Trier 888, Lintz. * 1 —

Horbasch, G., Reductions-Tabellen zur Verwandlung der neuen norddeutschen u. der bisherigen preußischen Längen-, Flächen- u. Körper-Maße in einander. Für Geschäftsmänner u. Hausfrauen entworfen u. zusammengestellt. Langensalza 870. Greßler. 32. (32 S.) 1¼ ngr.

Horbarsch, G., Reductions-Tabellen zur Verwandlung der neuen norddeutschen u. der bisher. preuß. Längen-, Flächen- u. Körper-Maße in einander. Für Geschäftsmänner u. Hausfrauen entworfen u. zusammengestellt. 2. Aufl. qu. 32. (32 S.) Langensalza 871. Schulbuchhandlung. — 15

Hörbauer, M., der Schlüssel z. Zukunft, od. d. Prophezeihungen u. Weissagungen d. Sybillen im Vergleich mit jenen d. ältern jüdischen u. christl. Propheten u. d. Offenbarung Johannis, sowie der d. heil. Malachias, d. Russen Wernyhora, u. a.; nebst Angabe d. Zeit ihrer Erfüllung; hrsg. im J. 1829. 4. Aufl. 16. (3 B.) Mühlhausen 831. (Augsburg, Schlosser.)

Horbe, J. H.

— evangel. Lehre Gewißh. u. Kraft z. Heilig. des Herz. a. d. Evang. vorgest. 4. Ebend. 731.

Horbe, J. H., grundl. Wortverstand des kl. Catechism. Lutheri. 12. Frankf. Hermann. 720.

Horber, Carl, s. Horber Karl

Horber, Jak., Leitfaden zum Berechnen der verschiedenen Gewinde. Empfohlen u. durchgesehen v. P. Ostertag. 12. (IV, 94 S.) Winterthur 900. (A. Hoster.) Kart. n. 1.80

Horber, Karl

Horber, C., das Forderungspfandrecht nach eidgenössischem Recht, s. Beiträge, Zürcher, zur Rechtswissenschaft. X.

Horber, C[arl]: Das Forderungspfandrecht. Zürich 1905. VIII + 174 S. 8°. Zürcher Beiträge z. Rechtswissenschaft Heft X. [30. XII. 04.]
Zürich. Jur. Diss. 1905/1906.

Horber, C[arl]. Das Forderungspfandrecht.... 8. Zürich, Schulthess & Co.
Ausg. A: Das F'. Diss. Jur. Univ. Zürich. VIII + 173 S. 1905.
Ausg. B: Das F' nach eidgenössischem Recht. IV + 173 S. 1906 (fr. 4.—.) — Zürcher Beiträge zur Rechtswissenschaft.... [Heft] 10.

Das Forderungspfandrecht nach eidgenössischem Recht. Von Dr. jur. C. Horber. Zürich: Schulthess & Co. 1906. (IV, 173 S.) 8°
Inaug.-Diss., Zürich.
— Beiträge, Zürcher, z. Rechtswissenschaft. 10. [06. 5540]

Horber, Otto, dipl. Chemiker von Zürich: Beiträge zur Kenntnis der Diazoimide und Oxybenzole. Zürich 1906. 118 + 2 S. 8°. [16. VIII. 06.]
Zürich. Phil. Diss. II. S. 1905/1906.

Horber, Otto. Beiträge zur Kenntnis der Diazoimide und Oxybenzole. Diss. Phil. [II.] Univ. Zürich. [Mit 1 Figur.] 120 S. 8. Zürich, Aschmann & Scheller, 1906.

Horber, Theohpil[l], Assistenzarzt am neuen Bürgerspital in Mülhausen i. E.: Über das Mundbodenkarcinom. *Strassburg i. E. 1898: C. & J. Goeller.* (39 S.) 8°
Strassburg, Med. Diss. v. 1898

Horber, Wilhelm, Lehrer: Nabelschnur-Anomalien als Todesursache der Kinder. ⟨Mit bes. Berücks. e. poliklin. Falles d. Freiburger Geburtsanst. durch wahren Knoten d. Nabelschnur.⟩ Freiburg i. B. 1909: Hochreuther. 34 S. 8°
Freiburg i. B., Med. Diss. v. 1909, Ref. Krönig
(Geb. 26. Juni 72 Heinsheim; Wohnort: Freiburg i. B.; Staatsangeh.: Baden; Vorbildung: Realgymn. Mannheim Reife Juli 00; Studium: Freiburg i. B. 1, Straßburg 2, Freiburg i. B. 7 S.; Coll. 26. Febr. 09.] [U 09. 940

Hörberg, Pehr, des schwedischen Bauern und Malers Lebensbeschreib. Von ihm selbst verf. übers. und mit Anmerk. v. Prof. Schildener. 8. Greifsw., (Mauritius.) 819.

Hörberg, Pehr, des schwed. Bauern u. Malers Lebensbeschreib. Von ihm selbst verf., übers. u. mit Anmerkk. vom Prof. Schildener. 8. Greifsw. 819. (Löffler in Stralsund). 16 gl.

— om maleren, hans Levnet og Konst, s. Chr. *Molbeck*.

Hörberger, über d. Vortrefflichkeit d. Hautmittel überh., insbesond. d. Essigwaschungen bei d. Behandl. vieler inneren Krankheiten, u. die daraus hervorgeh. vorzügl. Tauglichkeit ders. zur Lösung e. großen Theiles d. ärztl. Aufgabe. 8. (3 B.) Ulm 828, Ebner.

Horboe und Cramers feyerliche Reden b. Glaubensbekenntniß d. Kronprinzen Christian zu Dänemark. 8. Schleswig, Christiani. 765.

v. Horburg, Cassion Ant. Roschmann, s. J. F. v. Cronegk, Olint.

v. Hörburg, s. Roschmann v. Hörburg.

Hoerburger, Albert: Der elektrische Kohlelichtbogen im Vakuum. Ein Beitrag zur Kenntnis des Lichtbogens. (Berlin 1905: F. Weber.) (47 S.) 8°
Greifswald, Phil. Fak., Ref. Koenig, Diss. v. 8. Apr. 1905
[Geb. 2. Okt. 76 Mindelheim, Schwaben; Wohnort: Greifswald; Staatsangeh.: Bayern; Vorbildung: Ludwigs-Gymn. München Reife M. 96; Studium: München T.H. 6, Charlottenburg T.H. 2, München 1, Greifswald 1 S.; Rig. 28. Febr. 05.]

Hörburger, H.: „ain nützlich Büchlein. so Reymsweyss gestelt. Darin all Stend der menschen begriffen", Augspurg 1531 (H. Stayner). — Vorh.: German. Nat. Mus. Nürnberg.

Horch: Rechtsgrundlagen, s. Calm, D. C.

Horch, s. Rechtsgrundsätze der Entscheidungen des Reichs-Oberhandelsgerichts.

Horch Übersicht der Gebietsveränderungen Deutschlands und der jetzigen deutschen Staaten. 30 S. . . .
Lyk, Progr. 1847

Horch: Über Centralismus, Föderalismus, Particularismus und Dualismus in der deutschen Geschichte. I. Th. 27 S. – Lyck, Progr. 1869.

Horch, Fr. Chronik der Stadt Lyck. (28) 4. Lyck 1859.

Horch: Chronik der Stadt Lyck. 28 S. – Lyck, Progr. 1859.

Horch, H., archetypus, invisibilia Dei contra Spinozam, et canticum canticor. 4. Marb. 713.

— mystisch-prophet. Bibel, nach dem Grundtext übers. 4. Marburg. (Cramer in Cassel.) 711.

— — dies. 4. Frkf. Hermann. (a. Gebhardt u. K.) 733.

Horch, H. Die verwaltungsrechtlichen Grundlagen d. Telephonrechtes. gr. 8. (20 S.) Freib. i. Br. 891, J. C. B. Mohr. — 60
Aus: Archiv f. öffentl. Recht, besonders abgedruckt.

— philadelphia, Bruderliebe unt. Luther. u. Reform. 4 Marb. 712.

Horch, Hermann

Horch, u. Otto v. **Franqué,** die Abtreibung der Leibesfrucht v. Standpunkte d. lex ferenda, s. a. Grenzfragen, juristisch-psychiatrische.

Die Abtreibung der Leibesfrucht vom Standpunkte der lex ferenda. Referate, erstattet ... durch Just.R. Dr. [Hermann] Horch u. Prof. Otto v. Franqué. Halle a. S.: Marhold 1910. 71 S. 8°
(Vereinigung f. gerichtl. Psychologie u. Psychiatrie im Grossh. Hessen. H. 6.)
(Juristisch-psychiatrische Grenzfragen. Bd 7, H. 4.) (11. 4303 3

Horch, Herm.: Das Verbrechen der Abtreibung. Mainz 1878.
Gießen, Jur. Diss.

Horch, Herm., das Verbrechen der Abtreibung. Inaugural-Dissertation. gr. 8. (V, 66 S.) Mainz 879, Diemer. * 2 —

Horch, J. (Resp.): De consensu morborum, s. Alberti, M. (Praes.)

Horch, Ludw., Lehrbuch der Weltgeschichte für Gymnasien und Realschulen und zum Selbstunterricht. 2 Thle. gr. 8. Lpzg 867, (Wiebe.)
Inhalt:
Thl. 1. Alte Geschichte. 2. Aufl. (XII und 220 S.) * 15 Ngr.
" 2. Mittlere und neue Geschichte. 2., bis auf die neueste Zeit fortgef. Aufl. (VIII und 456 S.) * 25 Ngr.

Horch, Ludw., Lehrbuch der Weltgeschichte für Gymnasien und Realschulen und zum Selbstunterricht. 2 Thle. 3. und 4. bis zum Juli 1871 fortgeführte Aufl. gr. 8. Leipzig 871,74, Senf.
Inhalt:
Thl. 1. Alte Geschichte. (IX, 220 S.)
" 2. Mittlere und neue Geschichte. (VIII, 486 S.)

Horcher, d., e. Wochenschr. 3 Jahrg. m. K. 8. Breslau Schall. 800—802.

Horcher, Der Breslauer, für den Bürger und Landmann. Bresl. 1800. V: *Carnier, Franz Xaver.* (MGT) (Ky)

Horcher, Der neue Breslauische. ... Breslau 1800. H: *Carnier, Franz Xaver.* (MGT)

Horcher, der Breslauer; eine Wochenschrift (v. Fr. X. Carnier). 16 Quart., der neue Bresl. Horcher. 9 Stücke. 8. Bresl. 800. Fortsetz., unt. d. T.: Wirbelsche Blätter; 16 Bl. herausg. von Mag. Wirbel. 8. Ebd. 800. Schall. 3 ₰

Hörcher, Friedrich

Hörcher, F., Beitrag z. Wortfolge d. attributiven Satzverhältnisses in der lateinischen Sprache. Pr. 1860. 16 S. 4°. — 90

Hörcher, Beitrag zur Wortfolge des attributiven Satzverhältnisses in der lateinischen Sprache. 4. (16 S.) Rudolstadt 860, (Fröbel.)

Hoercher, Friedr. De verborum ordine linguae latinae usitato comment. p. III. 16 S. [I. II: 1860, 66.] Progr. Rudolstadt 1881.

Horchler, Anton (kgl. Lehrer des Bossirens) „Die Plastik in ihrer Entstehung und Entwicklung, ihrer höchsten Ausbildung, ihrem Verfalle und ihrem Wiederaufblühen, besonders in unserm Vaterlande". pg. 3 – 10 4°. Stadtamhof, Joseph Mayr.
Regensburg, Progr. 1844/45

Horchler, F. [cand. jur.]: Ueber den Eintritt des Kommissionärs als Eigenhändler ... Erlangen, k. b. Hof- u. Univ.-Buchdr. v. F. Junge, 1893; 39 S. 8.
Erlangen, Jur. Fak., Inaug.-Diss. v. 1893

Horchler, Gottfried Dr. „Agnes Bernauerin in Geschichte und Dichtung". (II. Teil: In Dichtung.) pg. 3—44. 8°. Cl. Attenkofer'sche B.
Straubing, Progr. 1883/84

Horchler, Gfr., Leitfaden der bayerischen Geschichte. gr. 8. (III, 52 S.) Straubing 886. Attenkofer. cart. n. — 50

Horchler, Gfr., Leitfaden der bayerischen Geschichte. (III, 52 S.) 1886; 2. verb. Aufl. gr. 8. (V, 55 S.) Straubing 887, Attenkofer. cart. * — 50

Horchler, Gfr., Leitfaden d. bayerischen Geschichte. 6. Aufl. gr. 8. (V, 55 S.) Straubing 898. C. Attenkofer. Kart. n. — 50

Horchler, Gfr., Leitfaden der bayerischen Geschichte. 8. Aufl. gr. 8. (III, 56 S.) Straubing 901. C. Attenkofer. Kart. n. —50

Horchler, Gottfr., Leitfaden d. bayerischen Geschichte. 10. Aufl. (III, 56 S.) 8. Straubing 906. C. Attenkofer. Kart. n. —50

Horchler, Gottfr., Leitfaden d. bayer. Geschichte. 11. Aufl. (62 S.) 8. Straubing 908. C. Attenkofer's Verl. Kart. —50

Horčička, Ad[albert]: Ein Brief des Grafen Anton Alexander Auersperg (Anastasius Grün) vom 10. Juli 1848. S. 3 8. 8.
Progr. K. k. Elisabeth-Gymn. *Wien* 1908.

— Briefwechsel der Familien Anton Alex. Graf Auersperg (Anastasius Grün) und Med. Dr. Anton Mörath. S. 3—26, 1 Portr. 8.
Progr. K. k. Elisabeth-Gymn. *Wien* 1909.

Horčička, Ad[albert]: Adalbert Stifters erste gedruckte Dichtungen aus dem Jahre 1830. S. 3—16. 8.
Progr K. k. Elisabeth-Gymn. *Wien* 1906.

Horčička Dr. A.: Die Kunstthätigkeit in Prag zur Zeit Karl IV. 35. 63. Prag Altst. 83. 84.
Progr.

Horcicka, Adalbert Die Lateinschule in Schlaggenwald. (1551—1624). Ein Beitrag zur Geschichte der Reformation. 8 (S. 3—29). K. k. Neustädter deutsch. Staats-Ober-G. am Graben *Prag* 1894. (*Schlaggenwald*).
Progr.

Horčička, Adalbert Das geistige Leben in Elbogen zur Zeit der Reformation. 8 (S. 3—46).
K. k. Neustädter deutsches Staats-Ober-G. am Graben *Prag* 1895.
Progr.

Horcicka, A., s.: Mitteilungen des Vereines f. Geschichte der Deutschen in Böhmen.

Horcicka, Adalbert [Red.], s. Mittelschule, Österreichische.

Horcicka, *Adalbert: Rede, gehalten bei der Feier des 50jahr. Regierungsjubiläums Sr. Maj. des Kaisers Franz Josef I.* 8 (S. 39—44) Progr. K. k. Elisabeth-G. *Wien* 1899.

Horcicka, Ad., s.: Registrum Slavorum, das vollständige.

Horcicka, A.: Das vollständige Registrum Slavorum, s. Helmling, Leander

Horčicka, Ad*albert* Einige Ennser Urkunden der Neuzeit. 8 (S. 3—23).
Deutsch. Neustädt. Staats-Ober-G. (am Graben) *Prag* 1889.
Progr.

Horčička, Adb., s.: Urkundenbuch d. Stadt Aussig.

Horčička, G., Entwurf zu einem Justiz-Palast, s. Studien aus der Specialschule von Th. R. v. Hansen.

Hörd, Sigmund von, s. Hördt

Hörde [Schlagwort]

Hörde, Kreis, s.: Arnsberg, Reg.-Bez.

Hörde, Kreis, s.: Dortmund, Kreis.

Hörde, s.: Geologische Karten. Karte (Preussen).

Hörde, Kreis, s.: Ruhrgebiet.

Hörde [Verfasser]

Hoerde & Comp., illustrirter Catalog m. Preis-Verzeichniss v. Maschinen, Wasser-Motoren u. Bedarfs-Artikeln f. Mühlen. Anh.: Altes u. neues Mass u. Gewicht. [Vergleichstabellen.] gr. 8. (128 S. m. eingedr. Holzschn.) Wien 876. Lehmann & Wentzel in Comm. n. 2. —

Hoerder, K(arl), appr. Arzt: Ueber Heilstätten-Wesen. Leipzig 1907: B. Georgi. (57 S.) 8°
Leipzig, Med. Fak., Ref. Hofmann, Diss. v. 9. Juli 1907
[Geb. 8. Jan. 78 Leipzig; Wohnort: Beelitz i. d. Mark; Staatsangeh.: Sachsen; Vorbildung: Gymn. Hersfeld Reife O. 98; Studium: Leipzig 4, Berlin 6, Halle 4 S.; Coll. 17. Juli 07; Approb. 4. Aug. 06.]

Hordijk, C. Pijnacker, s.: Alpertus Mettensis, de diversitate temporum etc.

Hordorff, Arthur: Die Entstehungsgeschichte des Schillerschen 'Demetrius'. Ein Versuch z. krit. Sichtung d. Fragmente. Weida i. Th. 1909: Thomas & Hubert. 119 S. 8°
Leipzig, Phil. Diss. v. 2. Nov. 1909, Ref. Köster, Sievers
[Geb. 27. Dez. 84 Leipzig; Wohnort: Leipzig; Staatsangeh.: Sachsen; Vorbildung: Thomassch. Leipzig Reife O. 04; Studium: Berlin 1, Leipzig 8 S.; Rig. 27. Mai 09.] [U 10. 3160

v. Hordt, richtiger Hordh, Graf Jh. Edw., († d. 21. Aug. 1798.) s. a. Denkwürdigkeiten e. schwed. Edelmanns.

(v. der Hordt.) Denkwürdigkeiten eines schwedischen Edelmannes. Deutsch von F. W. Bartholdy. 8. Frankfurt a. Oder 1788.

— Denkwürdigkeiten oder Lebens-Geschichte eines Schwed. Edelmanns, von ihm selbst im J. 1784 geschrieben, aus d. Französ. von G. W. Bartholdy. Berlin 1788. 8.

— s. a. *Mémoires.*

Hordt, comte de, Mémoires d'un gentilhomme Suédois écrits par lui-même dans sa retraite, l'année 1784. Berlin 1788. 8.

Hördt, Sigmund von

Hoerdt, S. v., Unterricht üb. d. Pferde-Hufbeschlag-Kunst u. d. Behandl. d. kranken u. fehlerhaften Hüfe, nebst e. Abhandl. üb. d. Castration d. Pferde. M. 25 lith. Taf. 2., verb. u. verm. Aufl. gr. 8. (17 B.) Stuttgart 829, Cotta.

Hoerdt S. v.: Unterricht üb. die Pferde-Hufbeschlag-Kunst u. die Behandlung d. kranken u. fehlerhaften Hüfe, nebst einer Abhandl. üb. die Castration d. Pferde. 2. verb. u. verm. Aufl. Stuttg. u. Tübing. 1829. 270 S.
— (Atlas). 25 Tvl. Tv.-Fol.

— merkwürd. Verletzung e. Pferdes durch d. Blitz. Auf d. Solitude bei Stuttgart, am 24. Jun. 1829. Fol. (1 B. u. 1 lith. u. ill. Abbild.) Stuttgart 830, (Cotta.)

Höre mein Gebet, o Herr! und horche auf mein Flehen! Ein vollständiges Lehr- und Gebet-Buch für kathol. Christen, denen das Heil ihrer Seele am Herzen liegt. Bevorwortet von F. S. Häglsperger. Mit schönen Initialen, Vignetten und Bildern (in Holzschn.) geziert. 32. (VIII und 576 S.) Regensburg 856, Pustet.

Höre mein Gebet, o Herr! und horche auf mein Flehen! Ein vollständ. Lehr- und Gebet-Buch für kathol. Christen, denen das Heil ihrer Seele am Herzen liegt. Bevorwortet von F. S. Häglsperger. Ster.-Aufl. 8. (XVI und 496 S. mit 1 Stahlst.) Regensburg 864, Pustet.

Höre mein Gebet, o Herr! und vernimm mein Flehen. Ein Andachtsbüchlein für kathol. Christen, denen das Heil ihrer Seele am Herzen liegt. 8. umgearb. Aufl. 16. (320 S. mit 1 Stahlst.) Salzburg 880, Pustet. *

Höre, Gottlob Friedrich

— über die äußere u. innere Schädelblutgeschwulst neugeborener Kinder, mit beigefügten Beobachtt. über Knochenrisse. Nebst A. E. v. Siebolds Erfahrungen u. Heilmethode. Mit 2 Abbildd. (Aus Siebolds Journal f. Geburtshülfe besond. herausgeg.) gr. 8. Frankf. a. M. 825. Varrentrapp. 10 gGr.

Gottlob Friedrich Hoere

De Tumore cranii recens natorum sanguineo et externo, et interno, annexis observationibus de cranii impressionibus et fissuris. Berolini (1824:) Feister. 69 S. 4°

Berlin, Med. Diss. v. 1824

2. Ex.: Mx 41 (2)

Höre, (G. Fr.,) de tumore cranii recens. natorum sanguineo et externo et interno, annexis observatt. de cranii impression. et fissuris Acced. II. tabb. aeneae. 4 maj. Berol. 825, Dümmler.

Hoere, Joh. Gottfr. Programma de Romanorum rege Ferdinando, pacis Augustanae conciliatore. fol. Misenae 1755.

Horeb, Jh. Dn., († d. 25. Novbr. 1811.) Moos vom Parnasse. (Eine Samml. von Gedichten.) gr. 8. Riga 793. (Reinecke in in Halle). 12 gGr.

Horeb, J. D., Moos v. Parnasse, e. Samml. v. Gedichten. gr. 8. Riga. (Reinicke, Leipzig.) 794.

Horebostel, Dr. Aug., s. Wette, die.

Horecky, Emil Rudolf, Fachlehrer a. d. deutsch. landwirtsch. u. forstwirtsch. Lehranstalt in Budweis, Böhm.: Die reine Salpeterdüngung in ihrer Beziehung zur qualitativen Ausbildung des Gerstenkornes namentlich als Brauware. *Budweis 1903: (C. Fromme, Wien.)* (46 S.) 8°
Leipzig, Phil. Diss. v. 1903

Horedt, Herm., Erdkde. f. d. Unterstufe, s.: Csallner, Rob.

— Grundzüge der Verfassung Ungarns, s.: Gmeiner, Aug.

— Die österreich-ungarische Monarchie, s.: Csallner, Rob.

Horeld, Eugen, aus Nürnberg: Erfahrungen bei der Nachbehandlung des Empyems der Pleura mit dem Perthes'schen Aspirationsapparate. *Hersbruck 1902: K. Pfeiffer.* (35 S.) 8°
München, Med. Diss. v. 1902

Horen

— die, s. a. Fr. Schiller.

— die, eine Monatsschrift; herausg. von Fr. v. Schiller. 3 Jahrgänge f. d. J. 1795—97. gr. 8. Tübing., v. Cotta. 19 Thlr.

Die Horen. Eine Monatsschrift, herausgegeben von Schiller. 12 Bde. Tübingen 1795 - 1797. 8°.

Horen, die, ein großer Bilder-Almanach, zur Erheiterung f. alle Stände. 1r Jahrg. 1832. 26 Numm. Mit 27 Original-Zeichnungen in Steindr. gr. 4. Karlsr. 832. Müller. 3 Thlr. 8 gGr.

— üb. die, u. Grazien; zwei mytholog. Abhandll. (von J. K. F. Manso). 8. Jena 787. Cröker. 5 gGr.

Horen, die jüngern, s. Mencken, E. F.

Horen, pariser, s. a. Blätter, kritische.

Horen (Pariser). A. u. d. T.: Kritische Blätter Hrsg. von G. Mäurer und F. Braun. gr.-8°. Leipzig, Weller, 1847. 6 Hefte. (Kayser, B. L. nennt d. J. 1849.)

Hören, Josef, Gerichtsreferendar a. Crefeld: Die Lehre von der Beweislast unter besonderer Berücksichtigung der Beweislast beim Kauf nach Probe, § 494 BGB. Crefeld 1904: W. Greven. (78 S.) 8°
Freiburg i. B., rechts- u. staatsw. Fak., Ref. Schmidt, Diss. v. 1904
[Geb. 21. Okt. 81 Krefeld; Wohnort: Krefeld; Staatsangeh.: Preußen; Vorbildung: Gymn. Krefeld; Studium: Freiburg 1, Bonn 1, München 1, Berlin 1, Bonn 2 S.; Rig. 2. Nov. 03.]

Hooron, Ludwig, aus Essen a. d. Ruhr: Ueber Regelmässigkeiten bei der Krystallisation concentrierter Salzlösungen. *Heidelberg 1898: E. Geisendörfer.* (36 S.) 8
Heidelberg, Naturw.-math. Diss. v. [20. Apr.] 1899

Hoerenz, Deutschland e. Rechtsstaat, s. a. Fragen d. öffentl. Lebens.

[F.] Deutschland ein Rechtsstaat? Von Rechtsanwalt (a. D.) Hoerenz. (6. Taus.) *Berlin: Kritik-Verl. 1896.* (16 S.) 1 Bd 8.
= Fragen d. öffentlichen Lebens. II. 12. [97. 2115

[F.] Vernünftiges und Unvernünftiges an der Sozialdemokratie. Von Hoorenz, früher Rechts-Anwalt, jetzt Anwalt des Rechts. *Berlin: O. Nahmmacher [1898].* (52 S.) 1 Bd 8. [98. 6011

[F.] Das Wesen der Rechtsprechung und der Prozess Witte-Stoecker. Von Hoerenz, früher Rechts-Anwalt, jetzt Anwalt des Rechts. *Berlin: O. Nahmmacher [1898].* (38 S.) 1 Bd 8. [98. 6010

Hoerenz, F. Geschichte des 1. Fuß-Art.-Reg. und seiner Stammabteilungen. München 1909. 302 S.

— — Geschichte des 2. Fuß-Art.-Reg. u. seiner Stammabteilungen. Mit 1 Beil. Metz 1906. 332 S.

Hoerenz, F. 9. Kompagnie 2. Fuß-Art.-Reg. Metz 1898. 27 S.

Hörenz, F.: Skizze ..., s. Lutz, L.

[F.] Hoerenz, Karl: Entwurf eines Biblischen Nachschlagebuches für Realschüler. Berlin, R. Gaertner, 1897; 28 S. 4.
Berlin, Zwölfte R '(HB)', OP 1897 (127)

— August Hermann Francke, s.: Schülerkalender, deutscher.

Hoerenz, Karl, Latein durch Selbst-Unterricht. Enth.: 1. Latein. Sprachlehre in ausführl. klarer Darstellg. m. Bezeichng. d. Aussprache u. vielen Übungsstücken. 2. Latein. Lesebuch m. deutscher Übersetzg. 3. Lateinisches Wörterbuch m. Bezeichng. der Aussprache. 8. (192, 96 u. 54 S.) Berlin 900. Aug. Schultze's Verl. 8.—; kart. n. 3. 50

— dasselbe. Enth.: 1. Lateinische Sprachlehre in ausführl. klarer Darstellg. m. Bezeichng. der Aussprache u. vielen Übungsstücken. 2. Latein. Leseb. m. deutscher Übersetzg. 3. Lateinisches Wörterbuch m. Bezeichng. d. Aussprache. 6. Aufl. (192, 96 u. 54 S.) 8. Berlin 907. Aug. Schultze, Verl. 3.—; kart. 3. 50

Hoerenz, Karl, Latein durch Selbst-Unterricht. Enth. Lateinische Grammatik in ausführl., klarer Darstellg., f. Selbstunterricht bestimmt, m. vielen Übungsstücken u. Bezeichng. d. Aussprache. 8. Aufl. (III, 192 S.) 8. Berlin 910. F. Euler. 1.—

— s.: Schülerkalender, deutscher.

Hoerenz, Carolus: De vetustiore versus heroici forma in Homeri carminibus inventa. *Berlin: R. Gaertner 1901.* (24 S.) 4°
Berlin, Zwölfte R, OP 1901 (128)

Hörenz, Otto

Hörenz, O: Zur Aufklärung über die Theorie und Praxis der Luftüberschuß-beseitiger oder Feuerzugsregler für Dampfkesselfeuerungen usw. 3. Aufl. Dresden 1900

Hörenz, Otto: Bei welchen Betriebsarten wird bei Dampfkesselfeuerungen durch einen Feuerzugregler nachweislich Kohle erspart? Veränderte Aufl. Dresden 1909

Hörenz, Otto, Theorie u. Praxis der Luftüberschussbeseitiger od. Zugregler für Dampfkesselfeuerungen u. s. w. 4., veränd. Aufl. 12. (18 S.) Leipzig 901. (J. J. Weber.) Geb. in Leinw. n. 1.—

Hörenz, P[aul]: Besteht ein sittlicher Unterschied zwischen der Untreue des Mannes und der Untreue der Frau? Welche Aufgaben hat d. Menschheit zu erfüllen, um d. sittliche Kraft d. Volkes, d. Volkskraft überhaupt, zu erhalten u. zu fördern? Eine kulturgeschichtl.-philosoph. Studie. Eine Erzählung. — Halle: Nietschmann 1908. 30 S. 8°

HORER, Ananias, Artzneyteufel, oder Discurs darinnen diesem Ertzmörder seine Larve abgezogen wird. O. O. 1721. 8°. (4 xr.) Sehr selten!
J. N. Fritz, Münch., Cat. 1770. Nr. 220.

Hoeres, *Emanuel* [Dr.]: Nachtrag XII *zu dem 1882 erschienenen Kataloge der Bibliothek der Anstalt.* [Nachtr. I–XI: P-Beil. 1886—96.] Köln, Druck v. J. P. Bachem, 1897; 23–25 S. 4.
Köln, st. G u. RG in d. Kreuzgasse, P 1897 (492)

Höret ihr Kinder, das Himmelreich wird bald kommen. 2. Aufl. 8. (15 S.) Ansbach 871. (Basel, Spittler.) n.—10

Hoerfarter, M., zur Pädagogik des Kindergartens, s. a. Erziehung, Unterricht, Schulwesen.

Hoerfarter, M., Zur Pädagogik d. Kindergartens. (16 S.) Wien 1882. Graeser.

Horfe, O., Stimmungen. Gedichte. (40 S.) 8. Straßburg 905. J. Singer. n. 1.—

Horff, Karl Ludwig. Einige Worte zu der Schrift Friedrich August, König von Sachsen und sein Volk im Jahre 1813.
kl. 8. Leipzig und Frankfurth am Main 1814.

Horff, K. L., einige Worte zu d. Schrift: Friedrich August, König v. Sachsen, u. sein Volk im Jahre 1815. 8. Leipz. u. Frankf. (V. Fleischer.) 814.

(Horst, G. C.) Geschichte des letztern schwed.-russ.-Krieges. Frankfurt a. M. 1792. 8°.

Hörger, August

Hörger, A., göttliche Berechtigung und Pflicht zur Bildung einer freien evangelisch-lutherischen Gemeinde in Memmingen. gr. 8. (28 S.) Kempten 871. (Dresden, Naumann.) *

— Freiheit d. lutherischen Bekenntnisses. Eine Vertheidigg. der Flugschrift: „Göttl. Berechtigg. u. Pflicht zur Bildg. e. freien evang.-luth. Gemeinde in Memmingen" vom Rechtsstandpunkte aus. gr. 8. (44 S.) Ebend. 872. n.—50

Hörger, A., das Papsttum der bayerischen Landeskirche nothdürftig beleuchtet. Mit einem Anhang über die Union der Landeskirche. gr. 8. (86 S.) Memmingen 873. Nürnberg, (Raw'sche Buchh.) * 1 20

— das Papsttum der bayerischen Landeskirche nothdürftig beleuchtet. Mit e. Anh. üb. die Union der Landeskirche. gr. 8. (86 S.) Nürnberg 873. Raw'sche Buchh. n. 1. 20

Hörger, A., Zwei Predigten vom rechten Gotteshaus und Gottesdienst. gr. 8. (23 S.) Memmingen 874. (Nürnberg, Raw'sche Buchh.) *

— Zeugnis zwischen Papsttum und Union der bayer. Landeskirche in einer Reformationsfestpredigt und einem Vortrag. gr. 8. (12 S.) Memmingen 877. (Nürnberg, Raw'sche Buchh.) *

— neue Zeugnisse f. die alte Wahrheit. Eine Sammlg. v. 24 Predigten sammt e. Vorworte. gr. 8. (XII, 268 S.) Dresden 872. Naumann in Comm. n. 2,25

— neue Zeugnisse für die alte Wahrheit. 2. u. 4. Sammlung. gr. 8. Dresden 874. 77. H. J. Naumann. n. 6. 60
2. 34 Predigten über 31 Evangelien [darunter die vom 1. Advent bis 1. Christtag] u. 3 Episteln des Kirchenjahrs. (IV, 331 S.) n. 3. —
4. Ergänzungsband, enth. Predigten über die in den früheren Sammlungen übergangenen Sonn- u. Festtagsevangelien. (IV, 305 S.) n. 3. 60

Hörger, A., neue Zeugnisse f. die alte Wahrheit. 3. Sammlung. Epistelpredigten. Mit Vorwort üb. Clöter's „System" u. fortgeh. Berücksicht. v. Clöter's u. Harms' Schriften. 1. Thl. gr. 8. (XXXVI, 275 S.) Ansbach 875. Junge in Comm. n. 2. 60
Die II. Sammlg. ist nicht in den Buchhandel gekommen, u. direkt v. Verf. f. 3. — zu beziehen.

— dasselbe. 3. Sammlg. Epistelpredigten. 2. Thl. Mit besond. Berücksicht. v. Clöter's u. Harms' Schriften, der neuesten Angriffe „Freimund's", sowie der Zeitirrtümer überhaupt. Eingeführt v. W. Sihler. gr. 8. (XXXVII—LXXXIV u. S. 277—650.) Dresden 875. Naumann in Comm. n. 3. 60

—— dass. — 5. Sammlung. Ergänzungsbd., enth. 27 Predigten über die in den früheren Sammlungen übergangenen Sonn- und Festtagsepisteln. gr. 8. (416 S.) Leipzig 878, Bredt. *
1. Sammlung. Dresden 1871, (H. J. Naumann.) vergriffen. — 3. Sammlung. 1. Thl. Ansbach 1875. (Junge.) * ℳ 2.60. — 3. Sammlung. 2. Thl. Dresden 1875, (H. J. Naumann.) * ℳ 3,60.

Hörger, A[ugust]. Neue Zeugnisse für die alte Wahrheit. Eine Sammlung von 28 Predigten sammt einem Vorworte. 3. Aufl. XXII + 318 S. 8. Ascona, C. von Schmidtz, 1906. [fr. 3. 75]
Titelaufl. (*der* 1. Sammlung); *1. u. 2. Aufl. ersch. in Memmingen 1882 u. 1896.*

Hoergor, Eugen [app. Arzt aus Trauchgau]: Ein Beitrag zur Casuistik der Linsenverletzungen ... München, k. Hof- u. Univ.-Buchdr. v. Dr. C. Wolf & Sohn, 1892; 24 S. 8.
München, Med. Fak., Inaug.-Diss. v. 1892

Hörger, G., Melodien zu d. Samml. zweckmäßig gewählter Gesänge f. Volksschulen vor u. nach d. öffentl. Prüfung u. bei Preisvertheill. 4. Bamb. 826. Dresch. 1 ₰

Hörger, Wilhelm, aus Kötzting in Bayern: Ueber die Einwirkung von Phosphorpentachlorid auf N-Alkyl-α-Pyridone. *Erlangen 1899: E. Th. Jacob.* (27 S.) 8°
Erlangen, Phil. Diss. v. 15. Febr. 1899

Hörhager, J., das Eisensteinvorkommen bei Neumarkt in Obersteier, s.: Bergbaue Steiermarks. III.

Das Werden der Welt als Entwicklung von Kraft und Stoff. Ein Beitrag z. einheitl. Weltanschauung von J. Hörhager. *Leipzig: E. Günther 1901.* (104 S.) 8° [F.]

Hoerhammer, Art., die verlorene Naivität. (197 S.) 8. München 909. R. Piper & Co. 3. —

— Tragikomödien des Ich. (107 S.) 8. Ebd. 907. 2.50

Hörhammer, Clemens, Medizinalprakt.: Aus d. pathol. Inst. in München. Über die Beziehungen der hämorrhagischen Diathese zur congenitalen Syphilis. München 1908: Wolf. 35 S. 8°
München, Med. Diss. v. 13. Jan. 1909, Ref. v. Bollinger
[Geb. 22. Nov 80 Haag b. Freising; Wohnort: Haag; Staatsangeh.: Bayern; Vorbildung: Theresien-Gymn. München Reife Juli 02; Studium: München 7, Kiel 1, München 2 S.; Coll. 13. Jan. 09; Approb. 31. Dez. 08.] [U 09. 3340

HÖRHAMMER, Paul (Haag): Aerztliche Beobachtungen über den epidemischen Croup in der Gemeinde Oberhummel im Jahre 1865/66.- München: Stahl 1868. 1 Bl.,18 S.
29.10.1861 - Urk (Titel: De morbo quod vocant croup epidemico.); F 70
Diss.Ingolst.-Landsh.-Mchn.

Hörhold, Karl, drei Jahre unt. deutscher Flagge im Hinterland v. Kamerun. Geschild. nach d. Tagebuchblättern d. H. v. Otto Riebe. 8. (102 S.) Berlin 897. A. W. Hayn's Erben. n. 1. —

Hörhold, Karl, das Kegel-Spiel, seine Ausnutzung zur Pflege der Unterhaltung u. Geselligkeit. Sammlung interessanter Kegel-Spiele, unter Mitwirkg. v. Freunden des Kegel-Spiels zusammengestellt. (22 S.) kl 8. Zittau 903. (Pahl.) — 60

Höri, I. Gf., augusta numismata, fide nummor. sigillor. hist. chronol. criticorumque recusa. 8. Meissen. 743.

Horia u. Klosla; eine physiognom. Skizze d. Gesch. d. Aufruhrs in Siebenbürgen. 8. Karlsruh. (Neureutter in Prag.) 785.

Horia u. Klosla; e. physiolog. Skizze d. Geschichte ꝛc. 8. Pra 785. Neureutter. 8 ℊ

Horja und Klotska, Oberhaupt und Ratgeber der Aufrührer in Siebenbürgen; nebst der Geschichte dieses Aufruhrs. 8. Karlsburg u. Hermannstadt 1785.

Horja und Klotska, Oberhaupt und Rathgeber der Aufrührer in Siebenbürgen ... Karlsburg u. Hermanst. [Dessau] 1786. V: *Geisler, Adam Friedrich.* (Wr)

Hörich, G., des Kindes liebstes ABC. Prakt. Leseschule f. kleine Kinder. Ausg. A m. 64 Würfeln = 384 Buchstaben. M. kurzer Gebrauchsanleitg. 4. (2 S.) Leipzig 898. G. Weigel. In Kistchen 3. —; Ausg. B m. 32 Würfeln = 192 Buchstaben, 1. 50

Horich, Ludw. Der Brief des Apostels Paulus an die Philipper. Ein Beitrag zum Religionsunterricht in den oberen Klassen. 22 S. **Progr.** *Prenzlau* 1881.

Hörich, Ludw., der Brief Pauli an die Philipper. Ein Beitrag zu dem Religionsunterricht in den oberen Klassen. 4. (22 S.) Prenzlau 881. Mieck's Verl. n. — 80

Horicon Volksfreund : 1885 - 1886; Horicon, WI
Pub. bi-weekly by H. Spering

Hörig, E., Geistliches und Weltliches. Auswahl ein-, zwei- und dreistimm. Lieder und Gesänge für höhere Lehranstalten und die Oberklassen der Volksschulen. 3 Hefte. 8. (16; 16; 14 S.) Leipzig 884, M. Hesse's Verlag. à Heft * 15 Pf. *

Hörig, Heinrich: Über den Einfluss des Druckes auf die thermoelektrische Stellung des Quecksilbers und der eutektischen Kalium-Natrium-Legierung. Leipzig 1908: A. Pries. (51 S., 11 Taf.) 8°
Leipzig, Phil. Fak., Ref. Des Coudres-Wiener, Diss. v. 8. Aug. 1908
[Geb. 30. Juni 82 Leipzig; Wohnort: Gautzsch b. Leipzig; Staatsangeh.: Sachsen; Vorbildung: Realgymn. Leipzig Reife M. 04; Studium: Techn. Hochsch. Darmstadt 3, Univ. Leipzig 10 S.]

Hörig, Rudolf, Ref. in Zwickau i. S.: Die Einwirkungen auf ein Grundstück im Sinne des § 906 BGB., die gegen sie begründeten zivilrechtlichen Ansprüche und deren Durchführung im Prozeß. Leipzig: Veit & Comp. 1906. (X, 90 S.) 8°
Leipzig, Jur. Fak., Diss. v. 26. März 1906
[Geb. 15. Juli 81 Freiberg i. S.; Wohnort: Zwickau i. S.; Staatsangeh.: Sachsen; Vorbildung: Gymn. Albertinum Freiberg i. S. Reife O. 01; Studium: Leipzig 6 S.; Rig. 24. Juni 04.]

Rauch, Russ, Geräusch und ähnliche Einwirkungen im § 906 des Bürgerlichen Gesetzbuches u. d. zivilrechtl. Ansprüche gegen sie. Von Dr. jur. Rudolf **Hörig**. Leipzig: Veit 1906. X, 90 S. 8°
[Ersch. auch u. d. T.: Die Einwirkungen auf e. Grundstück im Sinne d. § 906 BGB, als Inaug.-Diss. Leipzig 1906.] A 12.430:5

Horina, Hans

Horina, H., der entlehnte Bräutigam u. andere Humoresken, s.: Schreiber's humoristische Bibliothek. Nr. 11.

Horina, H., 's Gegengift u. andere Humoresken, s.: Schreiber's humoristische Bibliothek. Nr. 14.

Lustige Ringellocken. Eine Sammlung heiterer Erzählungen von Hans **Horina**. Wien: Lesk & Schwidernoch [1802]. 173 S. 8°
[11. 1618

Horina, J.: „Rechnung der Landwirthschaft, kurz und rein, in allen Zweigen aufgelöset dargestellt, insbesondere aber auf Beantwortung nachstehender Fragen gegründet: a) welche Resultate hat ein jeder Zweig des bewirthschafteten Körpers in dem erwähnten Jahrgang geliefert? b) welche Quote steht dem Besitzer aus dem Total der Berechnung zu, c) ist der Besitzstand und seine Bestandtheile aufgehoben worden, oder gesunken, und um wieviel und in welchen Zweigen? d) wie hoch stand der Besitzwerth zu Anfang des angetretenen Jahrgangs, und wie hoch ward solcher verzinset? — Aus wirklichen Wirthschaftsrechnungen der k. k. Mährisch-Schlesischen Gesellschaft zur Beförderung der Natur- und Landeskunde zu diesem Behuf verschafft, gezogen, endlich aber ohne Beziehung auf dieselbe nach freien Ansichten verfasst", 7 Teile, Brünn 1824 (Trassler).

Hořinek, A., Statistische Beiträge zur Geschichte der Rübenzucker-Industrie in Böhmen. Gr.-8. (25 S.) In Comm. * – .20 mit 10"$_0$.
Prag: Řivnáč 1891.

Hořinek, A., s.: Zeitschrift f. Zuckerindustrie in Böhmen.

— (Red.), s. Zuckermarkt, Prager.

Höring, Carl ..., s. Höring Karl ...

Höring, E., Generalregister, s.: Gerichtsblatt, württembergisches.

Höring, F. von

Höring, das Auge, das Sehen und die Erhaltung des Auges. 3 populäre Vorträge gehalten im Museum zu Ludwigsburg. gr. 8. (36 S. mit 1 Stnt. in 4.) Ludwigsburg 867, (Neubert.) *

Höring, F. v., Mittheilungen aus der Augenheilkunde für den practischen Arzt. gr. 8. (32 S.) Stuttgart 877, Enke. *

Höring, Felix, appr. Arzt a. Neresheim ⟨Kgr. Württemberg⟩. Ass.-Arzt im Inf.-Reg. Kaiser Friedrich, König von Preußen ⟨7. Württ.⟩ No. 125: Einiges über den Zusammenhang zwischen inneren Krankheiten und Augen-Erkrankungen. Berlin (1905): G. Schade. (30 S.) 8°
Berlin, Med. Fak., Ref. v. Leyden, Diss. v. 13. Mai 1905
[Geb. 10. Okt. 80 Neresheim, Württemberg; Heimatsort: Neresheim; Staatsangeh.: Württemberg; Vorbildung: Kgl. Karlsgymn. Heilbronn Reife M. 98; Studium: Berlin, K. Wilh.-Akad. 9 S.; Coll. 12. Mai 05; Approb. 4. Aug. 04.]

Höring, Franz J.

Höring, F. J., Mergentheim und seine Heilquelle. 8. (99 S.) Mergentheim 849, Thomm'sche Buchh. *

Höring sen., Frz., das Carlsbad bei Mergentheim mit seinen Heilmitteln, sowie diätetische Anleitungen zum zweckmäßigen Gebrauche derselben. Ein Taschenbuch für Kurgäste. Mergentheim 861. (Ellinger.) 8. (VIII, 135 S. u. 2 Lithogr.)
10 ngr.

Höring, das Karlsbad bei Mergentheim m. seinen Heilmitteln, sowie diätet. Anleitgn. zum zweckmäß. Gebrauche derselben. Ein Taschenbuch f. Kurgäste. gr. 16. (IV, 120 S.) Mergentheim 873. Rennich in Comm. n. — 90

Höring, das Karlsbad bei Mergentheim mit seinen Heilmitteln, sowie diätetischen Anleitungen zum zweckmäßigen Gebrauche derselben. Ein Taschenbuch für Kurgäste. 12. (104 S.) Mergentheim 887, (Koch.) * — 50

Hoering, G., üb. den Sitz u. die Natur des grauen Staares. Eine von der Redact. der Annales d'Oculistique in Brüssel gekrönte Preisschrift. gr. 8. (7 B. u. 1 Stnt.) Heilbronn 841, Landherr.

Höring, Karl

Höring, Carl [app. Arzt aus Ludwigsburg]: Ein Beitrag zur Kenntniss des Chloroms . . . Braunschweig, Druck v. Appelhans & Pfenningstorff, 1891; 16 S. 8°
Tübingen, Med. Fak., Inaug.-Diss. v. 1891

Höring, Carl Ludw., Entwurf eines Cultur-Gesetzes für Deutschland und insbesond. für Württemberg, mit besond. Rücksicht auf rationellen Betrieb der Landwirthschaft, auf Industrie und Handel, eine gekrönte Preisschrift. gr. 8. (89 S.) Stuttgart 867, Lindemann. *

Ludwig Höring. Das Wasser und die richtige Benutzung desselben zum Zwecke der Wiesenkultur. Bayreuth 1884.

Hoering, Paul: Über die Einwirkung von Natriumäthylat auf die Dibromide des Di- u. Tribromanethols sowie die Dibromide des Isosafrols Mono- und Dibromisosafrols. *Rostock 1897: C. Hinstorff.* (72 S.) 8°
Rostock, Phil. Diss. v. [27. Sept.] 1897

Horion, der Triumph der Beichte. Nach der 4. Aufl. der französ. Orig.-Ausg. Gratz 852. Mühlfelth. 8. (3 Bl., 102 S.)
12 ngr.

Horion, der Triumph der Beichte. Nach der 4. Aufl. der franz. Orig.-Ausg. 8. (VI und 102 S.) Graz 853, [Mühlfeith.]

Horion Abbé. Der Triumph der Beichte. 8. (102 S.) Gratz, Dirnböck u. Mühlfeidt. 1853.

Horion, Johannes: Die juristische Natur der „gemeinschaftlichen Mauer" nach gemeinem Recht und nach dem „Bürgerlichen Gesetzbuch für das deutsche Reich". *Grevenbroich 1897: P. A. Bochum.* (60 S.) 8° [F.]
Erlangen, Jur. Diss. v. 11. Sept. 1897

Horisch, Otto. Die Buchhaltung f. Detail-Geschäfte. gr. 8. (56 S.) Dresd. 892, Galeriestr. 15, I, Horisch's Selbstverlag. 1 —

Hörisch, Otto, die Buchhaltung f. Detail-Geschäfte. Ein prakt. Handbuch f. Geschäftsleute aller Branchen, zum selbstständ. Einrichten, Führen u. Abschliessen der Bücher, sowie zum gründl. Selbstunterricht in der Buchführg. gr. 8. (56 S.) Dresden 892. Galeriestrasse 15 I. O. Hörisch's Selbstverl. n. 1. —

Hörisch, O. H., Auskunft in Mahn- u. Klagesachen. Ein zuverläss. Hilfsbuch f. alle Geschäfts- u. Berufskreise zur Selbstvertretg. vor den Amtsgerichten. Mit 50 Formular-Mustern zur Anfertigg. der erforderl. Schriftstücke. 2. Aufl. (66 S.) 8. Dresden, O. H. Hörisch. 1897 1. —

Horisch O H, Auskunft in Mahn- und Klagsachen. 4. Auflage. Dresden 1908

Hörisch, Otto Herm., Auskunft in Mahn- u. Klagesachen. Ein zuverläss. Hilfsbuch f. alle Geschäfts- u. Berufskreise zur Selbstvertretg. vor den Amtsgerichten nach d. neuen Verfahren. Mit 54 Formular-Mustern zur Anfertigg. der erforderl. Schriftstücke. Leichtfasslich u. überaus verständlich geschrieben, daher stets m. Erfolg verwendbar. (Umschlag: Erweitert durch Eigentumsvorbehalts-Vertrag u. Klage-Formulare aus diesem Vertrage. [Gesetz, betr. Abzahlungsgeschäfte v. 16. V. 1894.]) Neu bearb. Giltig ab 1. IV. 1910. 8. Aufl. (14.—15. Taus.) (95 S.) gr. 8. Dresden 910. O. H. Hörisch. 1.50; geb. n 2.—

Hörisch, Otto Herm., Auskunft in Vergleichssachen. Ein Hilfsbuch f. die m. Zahlungsschwierigkeiten kämpf. Geschäftswelt. (55 S.) gr. 8. Dresden 907. O. H. Hörisch. 1.—

Hörisch O H, Auskunft in Vergleichssachen. (55 S) Dresden 1908

Horiuchi, Kenkichi [aus Kiyoto '(Japan)']: Über Fractur und Luxation des Ellenbogengelenks ... Freiburg i. Br., Buchdr. v. C. A. Wagner, 1894; 15 S. 8.
Freiburg i. B., Med. Fak., Inaug.-Diss. v. 1894

Hörius, Johann Gottfried

— — (Rector), Pro pia natalis auspicatissimi recordatione sereniss. principi ac dominae Christinae Sophiae nuptae principi Schwarzburgico .. — De constitutione legionis prooemiatus. Frankenhausen (Nebelung) April 1734. 4 Bl. (3.50) 15414
Samuel Christian Rapp (Ljublin / Polen), Anton Friedr. Werner (Wollin/Pomm.), Jo. Jacob Coler (Bendeleben).

Hoerii, J. G., Augusta numismata, cum brevi vitae narratione. Cum mult. figg. Misen. 743. 8. 1 rthl. 8 gr.

— — Quod reipubl. bene et feliciter eveniat scholasticam gloriam diei candidi ortu serenissimi principis ac domini Friderici Antonii principis Schwarzburgensium ... — De Rufino, senatu moto. Frankenhausen (Nebelung) Sept. 1734. 12 Seiten. (3.50) 15445
Thomas Wagner (Tunzenhaus./Thür.), Casp. Friedrich Schall (Frankenhausen), Jo. Heinrich Ranneberg (Oldisleb./Thür.).

Hoerius, M. Johann Gottfried (Naumburg), De sigillaribus Diti sacris, Diss. critica. Präs. Christoph Ludw. Crell. Wittbg. (Wwe. Gerdes) Okt. 1727. 24 S. (0.50) 15443

— — Pro salute serenissimae principis Christinae Sophiae nuptiae principi Schwarzburgens ... — Praefatus de solduriis. Frankenhausen (Nebelung) 29. III. 1735. 4 Bl. (2.—) 15446
Joh. Frid. Muldener (Frankenhausen), Joh Georg Canneworf (Rudestad./Eisenach), Anton Frid. Werner (Wollin/Pomm.).

Horix, liber Baro de, Schediasma academicum de utilitate et obligatione ecclesiarum etc. 8. Salsb. Duyle. 791.

Horix, Alfred von

Horix, A. Frh. v. Erinnerungen an des Regiments tapfern Kommandeur im Krieg gegen Frankreich 1870/71, Oberst Ludwig Grafen zu Ysenburg-Philippseich. München 1906. 10 S.

Horix, Alfr. Frhr. v., Erlauschtes u. Erlebtes aus d. militär. Welt. 8. (183 S.) München 895. M. Wohlfahrt. n. 1.60

Horix, Alfred von [Red.], s. Militärzeitung, Bayerische.

Horix, Dominik

Horix, D., Anleit. z. Liqueur-Fabrikation u. Bereitung sämmtl. Parfümerieen. Nach d. neuesten u. durchaus vereinfachten Systeme bearb. gr. 8. Manh. 816. 2e Aufl., mit 5 Abbildd. 832. Löffler. 1 ₰ 12 Kr

Horix, (D.,) Anleit. z. Liqueur-Fabrikation u. Bereitung sämmtl. Parfümerieen. Nach den neuesten u. durchaus vereinfachten Systeme bearb. gr. 8. Mannh. 826, Löffler.

Horix, D., vollständ. Anleitung z. Liqueur-Fabrikation u. Bereitung sämmtl. Parfümerieen rc. 2. Ausg. M. 5 Abbild. gr. 8. (21 B.) Mannheim 832, Löffler.

Horix, Dom., der vollkommene Liqueurfabrikant, od. vollständ. Anleitung zur Liqueurfabrikation u. Bereitung sämmtl. Parfümerieen. gr. 8. (21⅛ B. u. 1 Taf. Abbild.) Mannheim 815, Löffler.

Horix, Johann Baptist von

(Horix, Jo.): Tract. de appellationibus et evocationibus ad curiam Romanam ad illustrat. art. XIV. §. 3—5. capitul. Caesareae. *Frcf.* et *Lips.*, (*Marburg*, Krieger.) 771. 4. (8 Gr.)

(v. Horix, J. Bt.): Concordata nationis German. integra; s. nova et accurata concordati Calixtini et praecipue concordatt. principum sub Eugenio IV.; nec non concordatt. Aschaffenburgens. sub Nic. V. (*Frkf.*, Brönner. 763. 4.) varr. additamm. illustr. *Frkf.*, Esslinger. 771—73. 3 Thle. 8. (1 Thl. 6 Gr.)

Horix, Johann, Historica nundinarum Moguntinarum delineatio testimoniis dignis instructa. Mainz (Haeffner's Erb. / Elias Pet. Bayer) o. J. [18. Jahrh.]. 30 S. (6.—) 16006

Horix, Johann [Präs.], s. Dingerkus, Johann Theod.: De successione feudali.

(v. Horix, J. Bt.): Die Ehre d. Bürgerstandes nach d. Reichsrechten. *Wien*, v. Kurzböck. 791. 8. (4 Gr.)

— — Tractatiuncula de fontibus juris canonici Germanici. Mainz 20. IX. 1758. 46 S. (6.50) 16007

de Horix, J. Bt.: Tract. de fontibus jur. canon. Germ. *Maynz*, Esslinger. 758. 4. (4 Gr.) (auch in Cramer's Nebenstunden Th. 98.)

Horix, Joann. Bapt., Observationes chronologicae de annis Christi Salvatoris. Mainz, 1789. 8°.

— — Praerogativae tam quoad antiquitates quam quoad jura et privilegia almae et perantiquae universitatis Moguntinae cum juribus principum ecclesiasticorum imperii tam testato quam intestato decendentium noviter illustrate sive actus solemnis promotionis ... dominum D. Johann Hermann Joseph Werren. Mainz (Haeffner's Erb.) 25. II. 1767. 47 S. (7.—) 16008

v. Horix, J. Bt.: Wahre Veranlassnng d. peinl. Halsgerichtsordn. Kaiser *Karl's* V. *Mainz*, Krieger. 757. 4. (2 Gr.) (auch in Nr. 5656.)

Horizon, Jos., Zust. des Findelhauses in Venedig. 8. Wien, Camesina. 783.

Horizon, Jos., polit. u. ökonom. Zustand des Findelhauses in Venedig. 8. Wien 783. (Heubner). 5 ℛ

Horizont, der deutsche. Ein humorist. Blatt f. Zeit, Geist u. Sitte. 1—3. Jahrg. 1831—33., hrsg. v. M. G. Saphir. 4. J. 1834, hrsg. v. Gust. Bacherer. gr. 8. München, Jaquet. [831. Aug. — Dec. 87 Nrn. Mit Stntafn. 2 Thlr., 32. 203 Nrn. 4 Thlr., 33. u. 34. à 24 Hfte. (à 3 B.) à J. 5 Thlr. 14 Gr.]

Horizont, der deutsche, ein humorist. Sopha- u. Toilettenblatt f. Zeit, Leben, geistige u. sittl. Bildung. Redig. u. herausg. v. M. G. Saphir. 1r Jahrg. 1831. Aug. — Dec. 140 Numm. Mit Steindr. gr. 4. München, Jaquet. 2 ℛß u. 2r Jahrg. 1832. Ebd. 4 ℛß

Horizont, der deutsche. Humorist. Aufsätze, Erzählungen u. Novellen für Zeit, Geist u. Sitte. Mit Beiträgen von *Aug. Lewald*, *F. v. Rumohr*, *L. Herlossohn*, *M. Schottky*, (L.) *Feldmann*, *A. Büssel* u. *M. Wagner*. Hrsg. von *M. G. Saphir*. Neue wohlf. Ausg. 2 Bde. (1 vol.) München, George Jaquet, 1838. Gr. 8°. Ppb.

Erschien zuerst als Zeitschrift 1831—34. (Jahrg. 1834 hrsg. durch Gust. Bacherer.) — 3 Bll., 518 fortl. S. (Bd. 2 beg. mit S. 289.)

Mitarbeiter waren (ausser den auf d. Tit. angegeb.) noch: Aug. Schnetaler, I. M. Firmenich, Jac. Huber, Karl Gutzkow („Papillaten", S. 289—301), G. F. Nord, Bruil, M. Gessert, Dahlstrom, Dr. Schatberger, Henriette Ottenheimer, Weinberg, Heinr. Sander, Semler, Ainmiller, Gustav Bacherer etc.

Horizontalkurvenkarten von Württemberg. Hrsg. von der Königl. Württemb. Eisenbahn-bau-Commission. 1 : 25000. Stuttgart 1879. 67 Bl. L. NC.

Horizonte v. d. Landeskrone bei Görlitz, gez. v. F. Hortschansky, gestoch. v. F. G. Gründling, nebst e. kurzen Beschreib. u. Geschichte des Berges selbst. 4. Görlitz 810. (Anton). 3 ℛß

Horizonte, neue. Blätter f. Reform auf allen Gebieten d. geist., polit. u. socialen Lebens. Organ d. „Deutschen Vereins f. obligator. internat. Friedensjustiz" u. d. „Cogitanten-Allianz". Hrsg. v. Ed. Loewenthal. 1. Jahrg. Septbr. 1897—Aug. 1898. 12 Nrn. (à 4 S.) gr. 4. Berlin (Köpenickerstr. 80/81), R. Burgemeister. n. 3. —

Neue Horizonto. Blätter f. Reform auf allen Gebieten d. geistigen, polit. u. socialen Lebens. Organ d. 'Deutschen Ver. f. obligator. internat. Friedensjustiz' u. d. 'Cogitanten-Allianz'. Hrsg. von Dr. Eduard Loewenthal. 1897, Nr. 1. [Mehr nicht erschienen.] *Berlin: (R. Burgemeister) 1897.* (2 Bl.) 4° [Kopft. F.] [03. 5780

Hork, (J. D. A.,) histor.-statist. Uebersicht v. Griechenland u. d. europ. Türkei nach d. besten Quellen bearb. Mit 1 Charte. gr. Folio. Nürnb. 824, Zeh.

Hörk, Jos., der treue Pastor. Uebers. v. L. Th. (92 S.) 8. Budapest 905. (Leipzig, A. Lorentz) n. — 60

Horkel, J., Archiv f. d. thierische Chemie. 1r Bd, 1s u. 2s Stck. gr. 8. Halle, Hemmerde u. Schwetschke. 801. (à 12 gr.)

Horkel, J. Der Holzkämmerer Theodor Gehr und die Anfänge des königlichen Friedrichs-Collegiums zu Königsberg. 86. S. 8.
Königsberg, Fr. C., Progr. 1855

Horkel, J., die Lebensweisheit des Komikers Menander. Vortrag gehalten in der königl. deutschen Gesellschaft zu Königsberg am 6. März 1857. gr. 8. (IV und 50 S.) Königsberg 857, Gebr. Bornträger. *

Horkel, J.: Zwei Reden gehalten bei der Einweihung der neuen Gebäude des Friedrichs-Collegiums am 17. October 1855, s. Sartorius.

Horkel, Johannes

Horkel, Joan., Analecta Horatiana. 8maj. (III und 152 S.) Berolini 852, G. Reimer.

Horkel, Joan. (geb. Berlin 16. 9. 1820): Emendationes Julianeae. Berolini (1841). (54 S.) 8°
Berlin, Phil. Diss. v. 24. Sept. 1841

Horkel, Jo., Emendationes Julianeae. 8maj. (3¼ B.) Berolini 841, Besser.

— s. Geschichtsschreiber, die, d. deutschen Vorzeit.

Horkel's, Johs., Reden und Abhandlungen hrsg. von Carl Heiland. gr. 8. (XXXV und 391 S.) Berlin 862, G. Reimer.

Horkel, J[ohannes]. Die Römerkriege aus Plutarch. Cäsar, Vellejus. Suetonius. Tacitus. Tacitus Germania. Übersetzt von Dr. J. H. Mit einer Vorrede von G[eorg] H[einrich] Pertz. 8. Berlin (1847—)1849.
Die Geschichtschreiber der deutschen Vorzeit. Die ... Urzeit. Band 1

Hörkens, Carl, s. Hörkens, Karl

Hörkens, Feod., Leitfaden der Mnemotechnik, speciell zur Erlernung der Mnemonik, nebst einer mnemonisch bearb. Zeit-Tafel der Geschichte. 1. Aufl. (56 S.); 2. verm. und verb. Aufl. 8. (VIII, 56 S.) Elberfeld 879, Faßbender's Buchh.

Hörkens, Feod., Leitfaden der Mnemotechnik [Gedächtnißkunst] speziell zur Erlernung der Mnemonik, nebst 1 mnemon. bearb. Zeit-Tafel der Geschichte. 3.—9. verm. und verb. Aufl. (XII, 54 S.) 1879,80; 10.—14. verm. und durchgeseh. Aufl. (XVI, 68 S.) 1880,81; 15.—19. verm. und verb. Aufl. (84 S.) 1881; 20.—24. verm. und verb. Aufl. (72 S.) 1882. * 60 Pf. und 25.—31. Aufl. 8. (96 S.) Elberfeld 882—84, Faßbender's Buchh. *

Hörkens, Feod., Leitfaden der Gedächtniskunst [Mnemotechnik], speziell zur Erlerng. der Mnemonik, nebst e. mnemonisch bearb. Zeittafel der Geschichte. 32. Aufl. 8. (96 S.) Elberfeld 887. Faßbender. n. — 75

Hörkens, F., Leitfaden der Gedächtniskunst [Mnemotechnik] speziell zur Erlernung der Mnemonik, nebst e. mnemonisch bearb. Zeittafel der Geschichte. 34. Aufl. 8. (95 S.) Elberfeld 888. Faßbender. n. — 75

Hörkens, Feod. Leitfaden der Gedächtniskunst [Mnemotechnik]. 37. Aufl. [54.—58. Tausend] 8. (95 S.) Elberf. 892, Faßbender. — 75

Hörkens, Feodor, Leitfaden der Gedächtniskunst (Mnemotechnik) speziell zur Erlernung der Mnemonik, nebst e. mnemonisch bearb. Zeittafel der Geschichte. 40. Aufl. 67.—69. Taus. 12. (96 S.) Elberfeld 894. J. Faßbender. n. — 80

Leitfaden der Gedächtniskunst (Mnemotechnik) speziell zur Erlernung der Mnemonik nebst e. mnemonisch bearb. Zeittaf. d. Gesch. Von Feodor Hörkens. 41. Aufl. *Elberfeld: J. Fassbender 1894.* (95 S.) 8° [F.] [01. 7708 5

Hörkens, Feod., Leitfaden d. Gedächtniskunst (Mnemotechnik), speziell z. Erlerng. d. Mnemonik, nebst e. mnemonisch bearb. Zeittafel d. Geschichte. 46. Aufl. 95.—104. Taus. 8. (95 S.) Elberfeld 898. J. Faßbender. n. — 80

Hörkens, Karl

Hörkens, Carl, die deutschen Gerichtskosten-Gesetze. Gerichtskosten-Gesetz, Gebührenordnungen für Gerichtsvollzieher und für Zeugen und Sachverständige. Mit zahlreichen Beispielen und Anführungen aus der bisherigen Rechtsprechung der deutschen Gerichte zum pract. Gebrauche für Gerichte, Gerichtsschreibereien, Rechtsanwälte, Gerichtsvollzieher rc. bearb. gr. 8. (VI, 258 S.) [Neuwied 887, Heuser's Verlag.] Berlin, Siemenroth und Worms. * 5 —

Horkheimer, Paul, a. Frankfurt a. M.: Beitrag zur Kenntnis des Cytisins. (Berlin 1905: G. Schade.) (55 S.) 8°
Berlin, Phil. Fak., Ref. Gabriel, Landolt, Diss. v. 17. Juni 1905
[Geb. 27. Apr. 80 Frankfurt a. M.; Heimatsort: Frankfurt a. M.; Staatsangeh. Preußen; Vorbildung: Städt. Lessinggymn. Frankfurt a. M. Reife O. 98; Studium: Heidelberg 1, München 7, Frankfurt a. M., Physikal. Institut 5 S.; Rig. 25. Mai 05.]

Horkovics, Jos. Joann., dissert. juridica de praescriptione in sensu legum hungaricarum. 8. Pesth 804. Eggenberger. 8 gr

Horky, J.

—— und Ludw. Zettl, die neue Kranken-Anstalt Rudolph-Stiftung in Wien. Fol. (32 S. mit 6 Stnt. in Imp.-Fol.) Wien 866, (Gerold's Sohn.)
Aus: Förster's allgemeine Bauzeitung, besonders abgedruckt.

Horky, J., Studien über Kranken-Anstalten, deren bauliche Anlage und Ausführung. 1. Thl. gr. 4. (80 S. mit eingedr. Holzschn. und 20 Stnt.) Wien 866, Expedition der allgemeinen Bauzeitung.

Horky, J., Studien über Kranken-Anstalten, deren bauliche Anlage u. Ausführung. 1. Thl. Wien 866. Waldheim. gr. 4. (80 S. mit eingedr. Holzschn. u. 20 Steintaff.) 5 ꝟß

Horky, J. Studien üb. Krankenanstalten, deren bauliche Anlage u. Ausführung. I. T. M. 20 Taf. Wien 1866. 4. (Nicht weiter ersch.)

Horky, Jos. Ed., des böhm. Freiherrn Löw von Rozmittal u. Blatna, Denkwürdigkeiten u. Reisen durch Deutschland, England, Frankreich, Spanien, Portugal u. Italien. Ein Beitrag zur Zeit- u. Sittengeschichte d. 15ten Jahrh. 2 Thle. (Mit 1 Stammtaf. in Steindr.) gr. 8. Brünn 824. Traßler. 2 ꝟß

Die Tempelherren in Mähren. Sagen, Untersuchungen, Geschichte. Mit einem Anh. über die wirklichen und vorgeblichen Besitzungen der Tempelherren in Böhmen. Von J. E. Horky. Znaim: Hofmann 1845. 242 S. 8°
Sehr selten. Kayser: Bücherlexikon gibt als Verl. Wien: Jasper an. KB.

Horky, J. E., die Tempelherren in Mähren. Sagen, Untersuchungen, Geschichte. Mit e. Anh. üb. die wirkl. u. vorgebl. Besitzungen der Tempelherren in Böhmen. gr. 8. (15⅛ B.) Znaim 845. (Wien, Jasper's Verl.) *

Horl, Johann Paul [Hrsg.], s. Kameral-, ... Korrespondent, Allgemeiner.

Hörl, Fr. Xav., Versuch einer Abhandl. über d. Rechtsgründe der kaiserl. Reservatrechte, u. über d. Frage: ob d. Recht, Messen anzulegen, ein kaiserl. Reservatrecht sey? gr. 8. Landsh. 802. Krüll. 6 gr

Hörl, Ign., Libellus divini cultus pro ecclesiae et linguae latinae cultoribus. gr. 16. (222 S.) Regensburg 878, Manz.

Hörl, Joseph Georg: Zirkulare von dem Magistrate der k.k.Haupt- und Residenzstadt Wien (Taxen der Reinigung von Infektionswäsche betreffend) von J.G.Hörl und Joseph Ferdinand Schweidler. 1 S., gbd.

Wien: 1797

JB 5.777

Hoerl, W[olfgang], approb. Arzt aus Laufen a. d. Salzach: Aus d. Universitäts-Augenklinik zu Giessen. Beitrag zur Lehre von der Episcleritis. *Giessen 1900: v. Münchow.* (33 S.) 8°
Giessen, Med. Diss. v. 1900

Horlacher, Conrad, s. Horlacher, Konrad

Horlacher, C., Gustav Adolf. Ein erzähl. Gedicht. Mit 1 Bildnis Gustav Adolfs. gr. 8. (VI, 392 S.) Dresden-Blasewitz 902. Gustav-Adolf-Verlag. n. 5. —

Horlacher, Gust., Anleitung zu e. rationellen Rede-Schrift od. Stenographie. 8. (24 S., wovon 16 autogr.) Basel 876. Schweighauser. n. — 70

Horlacher, J. H., Diss. inaug. med. de praecipuis aurium morbis. 8 maj. Götting. 791. Dieterich. 2 gr

Horlacher, Jac., ist Sclaverei verdammt in der Bibel? oder in der Constitution verboten? 8. (16 S.) Philadelphia 862, (Schäfer und Koradi.)

— **Johann Balthasar** (Crailsheim/Ansbach), De lue pedum. Diss. veterinario-medica. Präs. Carl Aug. Wilhelm Berends. Frankfurt a. O. (Apitz) 15. IV. 1803. 32 S. (6.—) 16010
Gew.: Johann Georg Naumann, Georg Friedrich Sick (Berlin). — Widm. v. Präs.

HORLACHER, Johann Friedrich Carl (Ansbach): De letalitate vulnerum abdominis cum extravasatis conjunctorum.- Onoldi: Bruegel 1837. 30 S.
31.7.1835 - Urk; F 62
Diss. Ingolst.-Landsh.-Mchn.

Konrad Horlacher

Chirurgus extemporaneus per tractationem generalem & specialem enucleatus; das ist, Der mit wenig Artzneyen gründlich und unverzüglich heilende allzeitfertige Wund- Artzt, in 2 Th. verf. ...von Conrad Horlachern [Horlacher].Franckfort & Leipzig: Kühn 1701. 470 S. 8

Horlacher, Conr., chem. philos. Schriften aus Mangati biblioth. chem. 8. Frankf. 707.

— allz. fertig. Wundarzt. 8. Nürnb. 700.

Horlacher, Theodor von, aus Kandau (Kurland): Ein Beitrag zur Synthese von Oxyaldehyden der Naphtalinreihe. *Heidelberg 1899: J. Hörning.* (32 S.) 8°
Heidelberg, Naturw.-math. Diss. v. 1899

Hoerle Adolfus [Rhenanus]: De casuum usu Propertiano ....
Halis Saxonum, form. descr. E. Karras, 1887; 86 S. + 1 Bl. 8°.
Halle. Phil. Fak., Inaug.-Diss v. [2. Apr.] 1887.

Hoerle, Adolfus, de casuum usu Propertiano. Diss. Halle 1887, Lippertsche Buchh. 8°. 86 S.

Horlbeck, Albin Friedr., Woher die so weit verbreitete Unzufriedenheit im Lehrstande? Ein Vortrag in der Hauptkonferenz der Lehrer frauensteiner Ephorie in Frauenstein den 8. Aug. 1856 gehalten. Lex.-8. (16 S.) Leipzig 856, (Roßberg'sche Buchh.)

Horlbeck, Ch. F., und F. Hofmann, Pilgerstab, s.a. Hofmann, F.

Horlbeck, Ch. Fr., und Fr. **Hofmann**, Pilgerstab. Ein evangelisches Gebetbuch. Zusammengestellt ꝛc. 854. (XVI, 424 S.) — 2. Aufl. Mit 1 Titelkpfr. Greiz 855. Hentze. (Bredt.) 16. (XX, 437 S.) n. 9 ngr.; geb. n. 16 ngr.; feine Ausg. geb. n. 24 ngr.

Hörle, Carl, s. Hörle, Karl

Hörle, Emil

Hörle, E., Baden. Eine Landeskde. in geograph. Charakterbildern. I. Tl. Heidelberg. Der Durchbruch der Donau durch den Jura. Baden-Baden. Eine Wanderg. auf den Feldberg. Der Bodensee. (5 farb. Taf.) 63,5×88 cm. Nebst Text. (IV, 77 S.) gr. 8. Heidelberg 907. C. Winter, Verl. 20.—; einzelne Taf. 5. —

Hörle, E[mil]. Der Bodensee. Mit einer Abbildung des Bodensee's mit Alpenkette vom Heiligenberg aus, nach dem Aquarell von Fr Ronfort. Zugleich Textheft zu den «Geogr. Charakterbildern aus Schwaben» No. 12. II + 24 S. 8. Stuttgart, Hobbing & Büchle, 1901. Einzelpreis M. —. 25 (*mit dem Kunstblatt* M. 3. —)

Hörle, E., s.a. Charakterbilder, geogr., aus Schwaben.

Hörle, E[mil]. Geogr[aphische] Charakterbilder aus Schwaben, hrg. von E. Hörle. [Kunstblatt № 12:] Bodensee mit Alpenkette (*mit Nebenansicht:* Hafen von Lindau). Gemalt von F[r] Ronfort. 1 Bl. quer-fol. Stuttgart, Hobbing & Büchle, [1901]. [Kunstblatt, mit Text, M. 3. —]

— Neue Landeskunde v. Württemberg. (96 S. m. Abb.) gr. 8. Stuttgart (910). Holland & Josenhans. — 50

Hörle, Emil. Schwaben in Geographischen Charakterbildern. Mit 27 Abbildungen und einer farbigen Karte von Württemberg. Zugleich Textband zu dem Bilderwerk «Geographische Charakterbilder aus Schwaben,» (18 Kunstblätter, gemalt von Fr Ronfort und Paul Schmalzried,) hrg. von Emil Hörle. (18 Einzelhefte *in* einem Bande *mit* Namen- und Sachregister.) XII (+ *zus.* 344) S. 8. Stuttgart, Hobbing & Büchle, 1903.

([M. 4. —.] Ganze Sammlung, Bilder und Textwerk, M. 36. —; Texte *pro* Heft *à* M. —. 25, einzelne Bilder mit Text *à* M. 3. —)

Hefte 12. 13. 14 s. einzeln.

Hörle, E[mil]. Der Schwarzwald. [2 Hefte.] Zugleich Textheft[e] zu den «Geogr. Charakterbildern aus Schwaben» No. 13 *u.* 14. 8. Stuttgart, Hobbing & Büchle, 1902. Einzelpreis *à* M. —. 25 (*mit dem Kunstblatt à* M. 3. —)

[Heft] 1: Land und Leute im Schwarzwalde. Mit einer Ansicht und einem Textbilde. II + 20 S.

[Heft] 2: Der Gebirgscharakter. Mit einer Ansicht nach dem Aquarell von Fr Ronfort. II + 24 S.

Winternacht und Sommerstunden. Eine Auswahl Gedichte von Friedrich Linden [d. i. Eugen Hoerle]. Dresden & Leipzig: E. Pierson 1894. (XV, 224 S.) 8° [J.]

Hörle, Geo., die Stellg. d. Ehefrau im Betrieb e. Erwerbsgeschäfts nach dem bürgerl. Gesetzbuch, s.a. Studien, Rostocker rechtswissenschaftliche. III, 5.

Hörle, Georg: Die Stellung der Ehefrau im Betrieb eines Erwerbsgeschäfts nach d. Bürgerl. Gesetzbuch. — Leipzig: Deichert 1907. VIII, 151 S. 8° (Rostocker rechtswiss. Studien. Bd 3. H. 5.)

Hörle, Amtsrichter Geo, Die rechtliche Stellung der unehelichen Kinder und die Rechtsfolgen der ausserehelichen Geschlechtsgemeinschaft nach dem Bürgerlichen Gesetzbuche unter Berücksichtigung des in den rechtsrheinischen Provinzen des Grossherzogtums Hessen geltenden Rechts. (51 S.) Giessen 1900. E. Roth.

Hoerle, Gottfried (Lauterbach, prakt. Arzt)
Dissertatio inauguralis medico-chirurgica de staphylomate fungoso.
Giessae 11. Aug. 1746: E.H. Lammers. 44 S. 4°
pro gradu doctoris summisque in medicina honoribus ... consequendis.

Hörle, Karl

Hoerle, Carl [aus Duisburg]: Zur Statistik des Kaiserschnittes ...
Bonn, Univ.-Buchdr. v. Carl Georgi, 1889; 55+1 S. 8°
Bonn, Med. Fak., Inaug.-Diss. v. 2. Jul. 1889.

Horlebeck, Alfr., Deutschlands blaue Jungen zur See, s.: Jugend- u. Volksbühne.

Hörlein, Heinrich, a. Wendelsheim (Rheinhessen): Beiträge zur Kenntnis der Tautomerieerscheinungen bei Verbindungen vom Typus des Acetessigesters. Jena 1905: B. Vopelius. (39 S.) 8°
Jena, Phil. Fak., Ref. Knorr, Diss. v. 22. Juni 1905
[Geb. 5 Juni 82 Wendelsheim, Kr. Alzey; Wohnort: Wendelsheim; Staatsangeh.: Hessen; Vorbildung: Oberrealsch. Darmstadt Reife O. 00; Studium: Darmstadt T H 4, Jena 3 S.; Rig. 12. Dez. 03.]

Hörler, Emil, prakt. Arzt aus Teufen (Appenzell A.-Rh.): Die Ergebnisse der im Basler Frauenspital in den Jahren 1901—1907 ausgeführten Myomoperationen. (Aus dem Basler Frauenspital. Direktion Prof. v. Herff.) Aarau 1907. 43 S. 8°.
Basel. Med. Diss. 1907/08.

Hörler, Emil. Die Ergebnisse der im Basler Frauenspital in den Jahren 1901—1907 ausgeführten Myomoperationen. Diss. Med. Basel. *Kopftitel:* Aus dem Basler Frauenspital. (Direktion: Prof. Dr. [Otto] v. Herff.) 43 S. 8. Aarau, H. R. Sauerländer & Co., 1907.

Hörler, Frz., über Glauben und Wissen in Sachen der Religion. Fünf öffentliche Vorträge. Basel 860. (Zürich, Meyer & Zeller.) gr. 8. (IV, 123 S.) n. 10 ngr.

Hörlin, Dr., Das Pferdefleisch als Nahrungsmittel. (32 S.) Ulm 42. Wagner (?). M. —.40

Hoerlin, Julius [aus Hall i. Wttbg]: Beiträge zur Kenntnis der Sulfocamphylsäure ... München, Druck v. V. Höfling, 1893: 45 S. 8.
München, Phil. Fak., Inaug.-Diss. v. 1893

Hörlin, Mich., Kunststücke wid. des Todes Furcht u. Bitterk. aus all. Evangel. gezeigt. 4. Rudolstadt. 750.

Hoerling, Albert. (Henr. Anton.) (geb. Halberstadt 5. 10. 1827): De carcinomate. Halberstadii (1851). (30 S.) 8°
Berlin, Med. Diss. v. 15. Aug. 1851

Hoerling, Fridericus Guilelmus: • De viis, quas Romani per Agros Decumates, duas Raetias, partem Norici aperuerunt. 76 S. 4° (2°)
Halle-Wittenberg, Phil. Diss. v. 8. Mai 1838
Geb. [Steinheim (Kr. Höxter) 5. 12. 1829]

Hörling, Joh. Conr., finanzieller, ökonomischer und ärztlicher Führer in die Kurorte von Mitteleuropa. 8. (XII und 290 S.) Paderborn 861, Schöningh. Thlr. *

Hörling, Joh. Conr., finanzieller, ökonomischer und ärztlicher Führer in die Kurorte von Mitteleuropa. 861. (XII, 290 S.) — Neue Ausg. 862. (XII, 336 S.) — Neue verm. Ausg. Paderborn 864. Schöningh. 8. (XII, 352 S.) n. 1 *℔* 6 *ngr.*

Hörling, Joh. Conr., die lippspringer Heilquelle, auch Arminiusquelle genannt, in ihren Wirkungen dargestellt für Aerzte und Laien. gr. 12. (103 S. und 1 Stnt.) Berlin 848, Th. Enslin. *

— gesunde **Mütter** und gesunde Kinder. Ein Lesebuch für Eltern und deren Stellvertreter. 8. (IV und 249 S.) Paderborn 861, Junfermann'sche Buchh. *

— chemisch- und physicalisch-physiologische **Prüfung** des Inselbades bei Paderborn mit Berücksicht. der daselbst gemachten Erfahrungen an Kranken. gr. 8. (89 S.) Paderborn 857, (Junfermann'sche Buchh.) * *
Aus: Allgemeine medicinische Centralzeitung, besonders abgedruckt.

Hoerling, (Joann. Conr. (geb. Bergheim in Westf. 3. 12. 1820): Quibus potissimum causis fiat, ut partum dolor comitetur. Berolini (1840). (32 S.) 8°
Berlin, Med. Diss. v. 6. Mai 1846

— über die Wirkungen des Bades Lippspringe und des Inselbades. Zugleich als 2. Aufl. des früher von demselben Verf. erschienenen Werkes: „Die Lippspringer Heilquelle etc.“ Paderborn 858. Schöningh. gr. 8. (107 S. u. 2 Tab. in gr. Fol.) n. 20 *ngr.*

Hörling, Wilh., Auswahl deutscher Aufsätze nebst Erläuterung einiger Dichtungen für Schüler an Gymnasien und höheren Bildungsanstalten überhaupt. gr. 8. (III, 300 S.) Paderborn 875, Junfermann'sche Buchh.

Hörling, W., Sammlung lateinischer Sätze. Ein Beitrag zur Einübg. der grammat. Regeln. 1. u. 2. Hft. gr. 8. Paderborn 890. Junfermann. n. 1. 70
1. Sätze zu den Regeln üb. den Konjunktiv. (94 S.) n. 1. —
2. Sätze zu den Regeln üb. den Genitiv d. Gerundiums. (46 S.) n. — 70

Hörling, Wilhelm Das höhere Schulwesen in M. Gladbach seit Aufhebung der Abtei. 4 (S. 3—28).
Progr. G. mit R-Parallel-Kl. *M. Gladbach* 1887 (419).

[illegible]rmann, Adolf [aus Elsfleth in Oldenburg]: Über Urethrotomia [illegible]erna . . . . Berlin, Buchdr. v. Gustav Schade (Otto Francke) (1888): [illegible] + 1 S. 8°
Berlin, Med. Fak., Inaug.-Diss. v. 8. März 1888

Hormann, Gustav [aus Goslar]: Untersuchung über die Grenzen, zwischen welchen Unduloide und Nodoide, die von zwei festen Parallelkreisflächen begrenzt sind, bei gegebenem Volumen ein Minimum der Oberfläche besitzen . . . . Göttingen, Druck d. Dieterichschen Univ.-Buchdr., 1887; 53 + 1 S. + 1 Bl. 8°
Göttingen, Phil. Fak., Inaug.-Diss. v. 9. Mai 1887

Hormann, G., Untersuchung üb. die Grenzen, zwischen welchen Unduloide u. Nodoide, die von 2 festen Parallelkreisflächen begrenzt sind, bei gegebenem Volumen e. Minimum der Oberfläche besitzen. Inaug.-Diss. gr. 8. (53 S.) Göttingen 887. (Vandenhoeck & Ruprecht's Verl.) n. 1. 40

Hormann, Gustav Untersuchung über die Grenzen, zwischen welchen Unduloide und Nodoide, die von zwei festen Parallelkreisflächen begrenzt sind, bei gegebenem Volumen ein Minimum der Oberfläche besitzen. 8 (53 S., 1 S. unpag.). 1887.
Progr. Rg. u. G. *Goslar* 1888 (zu 306).

Hormann, Gustav Übersicht über die Lehrer der Realschule I. O., des Realgymnasiums und des Gymnasiums zu Goslar seit 1868. 8 (S. 123—134).
Progr.

v. Hormann, Ign.: Anmerkungen z. Jurisdictions-Norme f. Tyrol. *Insbruck.* Wagner. 797. 8. (8 Gr.)

Hormann, Leonhard, s. a. Hörmann, Leonhard

Hormann, Leonh., St. Leonhards-Büchlein in Lesungen u. Gebeten. [Mit e. Titelbilde (in Stahlst.).] 16. (IV, 138 S.) Augsburg 883. Kranzfelder. n. — 60

Hormann, Leopold, s. a. Hörmann, Leopold

Hormann, Leop., Schneekaderln u. Himmelschlüssln. Lieder in oberösterreich. Mundart. 12. (86 S.) Großenhain 886. Baumert & Ronge. n. 1. 50

Gedanken über Militär-Organisation. (Von Hörmann.) München 1866. 48 S.

v. Hörmann, Desponsatio impuberum. Beitrag zur Entwickelungsgeschichte d. canon. Eheschliessungsrechtes. Innsbruck 891.

Hörmann, ... (Pfarrer,) Geschichte d. protestant. Kirche s. o. G. Fr. Seiler, christl. Kirchen- u. Reformations-Geschichte.

Hörmann, Geschichte d. protestant. Kirche v. dem Augsburg. Religionsfrieden an bis auf unsere Zeiten. 8. ... Erlangen 828, (Heyder.)
Vgl. Seiler, Geo. Friedr.

Hörmann, A., Anleitung zur Erlernung der italienischen Sprache, s.: Frühauf, F.

Hörmann, A., siehe: *Familienfreund.*

Hoermann A. v.: Gasa, Stadt, Umgebung und Geschichte. 32. Brixen Priv. 76. **Progr.**

Hörmann, A., grammaire italienne, s.: Simler, G.

Hörmann, A., die neuen Wasserhaltungsmaschinen auf den Dechenschächten bei Saarbrücken, der Tiefbauanlage zu Rüdersdorf und der Ferdinandsgrube bei Kattowitz. Mit Atlas 29 (Kpfr.)Taf. in Doppelfolio. 4. (IV, 86 S.) Berlin 874, Ernst und Korn. *

Hörmann, Aloys, Ablaß- und Jubiläums-Predigten. 4 Bdchn. Regensburg 858. Manz. 8. (184; 206; 173; 163 S.) Jedes Bdchn. 15 *ngr.*

Hörmann, Aloys, Ablaß- und Jubiläums-Predigten. 5. Bdchn. Regensburg 860. Manz. 8. (200 S.) 15 *ngr.*

Hörmann, Aloys, Ablaß- und Jubiläums-Predigten. 1. und 2. Bdchn. 2. (Titel-)Ausg. 8. (390 S.) Regensburg (858)65, Manz. à Bdchn. 15 Ngr.

Hörmann, Aloys, Ablaß- und Jubiläums-Predigten. 1. Bdchn. 3. (Titel-)Aufl. 8. (184 S.) Regensburg (858)69, Manz.

— Fastenpredigten über die sieben Bitten im Vater unser und über die sieben letzten Worte Jesu am Kreuze, als kräftige Arzneimittel gegen die sieben Tod- und Hauptsünden. gr. 8. (IV und 140 S.) Regensburg 863, Manz.

Hörmann, Alois, christl. Glaubens- u. Sittenlehre in Denkreimen, geistl. Liedern u. Gedichten, genau nach dem Katechismus der christkath. Religion f. die Volksschulen Bayerns geordnet. 1. u. 2. Bdchn. 16. Augsburg 846, Kollmann'sche Buchh. [1. (8⅓ B.) * 5⅓ B., 2. (10⅔ B.) * 6¼ Ngr.]*

Hörmann, Alois, christkatholische Glaubens- und Sittenlehre, in Denkreimen, geistl. Liedern und Gedichten, genau nach dem Katechismus der christkathol. Religion für die Volksschulen Bayerns geordnet. 3. Bdchn., enth.: Das 4. Hauptstück „die heil. Sakramente." 16. (IV und 227 S.) Augsburg 848, Kollmann'sche Buchh. Thlr.
1. und 2. Bdchn. Ebendas. 1846. 11¼ Ngr.

Hörmann, Alto S., Aners Rückkehr. Eine allegor. Erzählung. 8. (XV und 272 S.) Landshut 864, (Thomann'sche Buchh.)

Hörmann, A. Die Tochter Tehuans s. a. Familienfreund.

— die Tochter Tehuan's oder Texas im vorigen Jahrhundert. gr. 8. (193 S.) Einsiedeln 867, Gebr. Benziger.

Hörmann, Angelica v., neue Gedichte. gr. 16. (VII, 208 S.) Leipzig 893. A. G. Liebeskind. n. 3. —; geb. in Leinw. n. 4. 40

Hörmann, Angelika v., Grüße aus Tyrol. Gedichte. 8. (IV, 71 S.) Gera 869, Amthor. cart. *

Hörmann, Angelika v., Grüße a. Tirol. Gedichte. 2. Ausg. 12. (IV, 71 S.) Leipzig 898. G. H. Meyer. n. 1. 60

! - Dasselbe. Jetzt: München: J. Lindauer

Hörmann, Angelica v., Oswald v. Wolkenstein. Erzählendes Gedicht. 8. (VII, 175 S.) Dresden 890. Ehlermann. n. 2. —; geb. n. 3. —

Die Salig-Fräulein. Ein Tirolermärchen in Versen von Angelika v. Hörmann. 2. umgearb. Aufl. *Leipzig: G. H. Meyer 1897.* (127 S.) 8° [Sl.]

! - Dasselbe. Jetzt: München: J. Lindauer

— die Trutzmühle. Eine Tiroler Dorfgeschichte. 3. Aufl. gr. 16. (123 S.) Ebd. 897. n. 1. 50; geb. n. 2. 50

! - Dasselbe. Jetzt: München: J. Lindauer

— dasselbe, s. a. Novellen-Bibliothek, deutsche, aus Oesterreich.

— aus Tyrol. Erzählungen. 8. (90 S.) Glarus 872. J. Vogel. 1. —

Hörmann, Angelika v., auf stillen Wegen. Neue Gedichte. (132 S. m. Bildnis.) kl. 8. München 907. J. Lindauer n. 1. —; geb. in Leinw. n. 1. 80

Hörmann, Arthur, aus Watertown, Wisconsin: Francisco de Enzinas und sein Kreis bis zum Beginne des ersten Wittenberger Aufenthaltes im Jahre 1541. Mit kommentierten Briefen. *Berlin (1902): E. Ebering.* (34 S.) 8°
¶ (Teil d. eingereichten Arbeit.)
Berlin, Phil. Diss. v. 10. Aug. 1902

Hoormann, August [aus Erlangen]: Ueber Derivate des Phenacyl- und des Diphenacylacetessigaethers ... Erlangen, k. b. Hof- u. Univ.-Buchdr. v. F. Junge, 1891; 41 S. 8.
Erlangen, Phil. Fak., Inaug.-Diss. v. 1891

Hörmann, C., e. Lorbeer-Zweig auf das Grab d. ehrengeachteten Joh. Abt, Söldners v. Bobingen, Gefreiter d. kgl. bayr. 1. Jäger-Battaillons. Verwundet bei Sedan, gestorben in Augsburg den 14. Sept. 1870. Worte der Trauer u. d. Trostes am 16. Sept. 1870. an seinem Grabe gesprochen. 8. (7 S.) Augsburg 871. v. Jenisch & Stage. — 15

Hörmann, Carl ..., s. Hörmann, Karl

Hörmann, Constantin, s. Hörmann, Konstantin

Hörmann, C. W., die religiöse Wahrheit macht zum Frieden bereit. Eine Friedens-Predigt, gehalten bei der Jubelfeier des augsburger Religions-Friedens am 23. Septbr. 1855. gr. 8. (15 S.) Hildesheim 855, Gerstenberg'sche Buchh. **

[Hoermann, F H .] Politik und internationales Grosskapital. Von F. Norikus. Sonderabdruck aus der «Monatsschrift für christliche Sozialreform». Basel: 1905, [Jahrg. 27, Nr.] 1. 2. 4. 5. 6. II + II + 52 S. 8. Freiburg ⟨Schweiz⟩, ⟨Otto Gschwend⟩. [fr. —.70]

Il Campanile di San Marco oder Kunst u. Aesthetik. Von Franz Hörmann. *Berlin: L. Simion 1900.* (62 S.) 8° [Ant. u. F.]

Hörmann, Frz., v. Pyreicus, „dem Kothmaler" u. einigem Anderen od. was nennen wir „Kunst"? gr. 8. (40 S.) Berlin 893. R. Wilhelmi. n. 1. —

Hörmann, Frz., v. Pyreicus „dem Kothmaler" u. ein. Anderen od. Was nennen wir „Kunst"? 2. Aufl. gr. 8. (46 S.) Berlin 896. Rosenbaum & Hart. n. 1. —

Hoermann, Frz., der deutsche Wald in seiner wirtschafts- u. kulturgeschichtlichen Bedeutung, s. a. Fortschritt, sozialer. Nr. 68.

HOERMANN, Franz: Der deutsche Wald in seiner wirtschafts- und kulturgeschichtlichen Bedeutung. - Leipzig 1906. 12 S. - (Sozialer Fortschritt Nr. 68)

— Wald u. Waldverwüstung. Auf Veranlassg. des „Deutschen Vereins für ländl. Wohlfahrts- u. Heimatpflege" hrsg. (42 S.) gr. 8. Leipzig 905. F. Dietrich. n. 1. -

Hörmann, Friedrich von

Hörmann, Frd., die bayerische Armee. München 1872. 8.

Hörmann, s. a. Briefe. – Militär. Briefe an d. H. Abgeordneten Kolb.

— —, B. v., militärische Briefe an den Herrn Abgeordneten Kolb. Erlangen 1870. 8.

Hörmann, F. v., das russische Heer und seine Reform. (Streffleur.) Wien 1871. 8.

Polen. (F. v. Hörmann). Vergangenheit, Gegenwart und Zukunft. Leipzig 1870. 8.

Hörmann, Geo., die Kontinuität der Atomverkettung, ein Strukturprinzip der lebendigen Substanz. gr. 8. (III, 118 S. m. 32 Abb.) Jena 899. G. Fischer. n. 3. —

Studien über die Protoplasmaströmung bei den Characeen. Von Dr. Georg Hörmann. M. 12 Abb. im Text. *Jena: G. Fischer 1898.* (2 Bl., 79 S.) 1 Bd 8.

Hörmann, Georg: Ueber die Ursachen der Tagesschwankungen der Temperatur des gesunden Menschen. *München 1898: R. Oldenbourg.* (39 S. mit Taf.) 8°
München, Med. Diss. v. 1898

Hörmann, J. A., Anleit. d. lat. Sprache. 2 Thle. 8. Augsb. Doll. 792.

v. Hörmann, Ign., († d. 22. Nov. 1810.) Anmerk. zum Jurisdictions-Norme für Tyrol. 8. Insbr. 797. Wagner. 8 gl

— **Johann Caspar** (Hamburg), De foraminibus calvariae eorumque usu. Disp. med. I. Präs. Johann Gottfried Jankius. Lpz. (Langenheim) 1. X. 1762. 76 S. u. 2 Tfln. Abbild. (8.—) 15450

— — **De arteriarum flexuoso progressu.** Diss. med. Lpz. (Breitkopf) 18. II. 1763. 32 S. (6.50) 15451
Gew.: Christian Gottlieb Ludwig, Gottfried Jacob Jaenisch, Georg Friedrich Richertz (Hamburg), Peter Dieterich Volckmann.

Hoermann, Jos. v., Beiträge zur Kenntniss der Dichlorhydrine. gr. 8. (68 S.) München 878, Th. Ackermann. *

Hörmann, J.: Zootomische Darstellung des Pferdes. Th.1: Knochen-, Bänder- und Muskellehre. 202 S., gbd.

Wien: v.Mösle & Braumüller 1840

JB 5.926

Hörmann, J., zootom. Darstellung d. Pferdes. 2 Thle. Knochen-, Bänder- u. Muskellehre. gr. 8. Wien 840, (Braumüller u. Seidel.) à 1 Thlr.
Thl. 1. Knochen-, Bänder- u. Muskellehre. (13 B.)
- 2. Eingeweide-, Gefäß- u. Nervenlehre. (14 B.)

Hörmann, Joseph: Der 'Enthusiasmus' im griechischen Mönchtum. Donauwörth 1913: Auer. 80 S. 8° [Umschlagt.] ¶ Vollst. im Buchh. ebd. u. d. T.: Untersuchungen z. griech. Laienbeicht.
München, Theol. Diss. v. 22. Juni 1907, Ref. Knöpfler
[Geb. 15. Dez. 81 Wettenhausen; Wohnort: Dillingen a. D.; Staatsangeh.: Bayern; Vorbildung: G. Dillingen Reife 00; Studium: München Phil. 2, Theol. 8 S.; Rig. 22. Juni 07.] [U 13. 199

— s. J. Chr. Justinus, hinterlass. Schriften von d. Pferdezucht.

Hörmann, (J.) die Lämmerruhr, oder die braune Gedärmentzündung neugeb. Lämmer, ihre Vorbauung u. Heilung. 8. Wien 827, Beck.

Hörmann, J., Die Lämmerruhr, oder die brandige Gedärmentzündung neugeborener Lämmer. 12°. Wien 27. Volke. M. 1.—

Hörmann, Jos., das Pferd, naturhistor. u. techn. dargest. f. Pferdezüchter, Cavallerie-Officiere, Bereiter u. Thierärzte. gr. 8. (8 B.) Wien 834, Volke. Thlr.

Hörmann, Julius. Ein Weihnachtstraum. Märchendrama. Feldkirchen, (St. Josefs-Druck., Klgft.), 1904. 100 S.

Hörmann, Jul.: Ueber den Zeichnungsunterricht an Realgymnasien. 12 S. 8° – Waidhofen a/Th. RG., Progr. 1873.

Hörmann, Karl, Dr., I. Assistenzarzt der Königl. Frauenklinik München: Die intraabdominellen Druckverhältnisse. Kritische und experimentelle Beiträge zu dieser Frage. Berlin 1905: L. Schumacher. (97 S.) 8° ¶ (Aus: Archiv f. Gynäkologie Bd 75, H. 3.)
München, Med. Hab.-Schr. v. 1905
(Nicht für den Austausch)

Hörmann, Karl, aus Neuburg a. D.: Aus d. K. Universitäts-Kinder-Klinik d. Hr. Prof. Dr. H. v. Ranke. Pneumothorax nach Typhus abdominalis bei einem Kinde. *München 1899: Kastner & Lossen.* (25 S.) 8°
München, Med. Diss. v. 1899

Hoermann, Carl Heinrich (Hervord/Westfal.), De exceptionibus rei judicatae executionem impedientibus. Diss. jur. Präs. Christian Wildvogel. Jena (Müller) Juni 1718. 41 S. (7.—) 15449
Gew.: Conrad Hoermann (Vater). — Widm. v.: Johann u. Joh. Gottfried Rugeröh, Heinrich Gottlieb Splithusen (Cöthen; dtsch.), C. W. v. Platen (Märkisch. Adel), Zacharias Schubart (dtsch.), Johann Gotthard Nohr (dtsch.).

Hörmann, Konstantin

— u. W. **Radimský,** die Alterthümer v. Ošanič bei Stolac. [Aus: „Wissenschaftl. Mittheilgn. aus Bosnien u. d. Hercegovina" 2. Bd.] Lex.-8. (10 S. m. 12 Abbildgn.) Wien 894. (C. Gerold's Sohn.) n. 1. 20

Hörmann, Const., epigraphische Denkmäler a. d. Mittelalter. [Aus: „Wissenschaftl. Mittheilgn. aus Bosnien u. d. Hercegovina", 3. Bd.] Lex.-8. (22 S. m. Abb.) Wien 895. (C. Gerold's Sohn.) n. 1. 20

— u. **Ludw. v. Thallóczy,** Geschichte e. merkwürdigen Fälschung. (Bronzegruppen aus Sinj in Dalmatien.) [Aus: „Wissenschaftl. Mittheilgn. aus Bosnien u. d. Hercegovina" 2. Bd.] Lex.-8. (18 S. m. 8 Abbildgn. u. 2 Taf.) Wien 894. (C. Gerold's Sohn.) n. 2. —

— **zur Geschichte des bosnisch-hercegovinischen Landesmuseums.** [Aus: „Wissenschaftl. Mittheilgn. aus Bosnien u. d. Hercegovina" 1. Bd.] Lex.-8. (25 S. m. 2 Plänen u. 9 Taf.) Ebd. 893. n. 5. —

Hörmann, C., Zur Geschichte des bosnisch-hercegovinischen Landesmuseums. Mit zwei Plänen und neun Tafeln. (25 S.) 2.50
Wien: Gerold's Sohn 1894

Hörmann, Const., die **Kula** des Hadži-Beg in Hutovo. [Aus: „Wissenschaftl. Mittheilgn. aus Bosnien u. d. Hercegovina" 2. Bd.] Lex.-8. (18 S. m. 3 Abbildgn.) Wien 894. (C. Gerold's Sohn.) n. — 80

— Olovo, s.: Truhelka, Ciro.

Hörmann, Leonhard

Hörmann, L., Alles mit Gott! Ein Lehr- und Gebetbuch für kathol. Christen. Nach Sturmlerner u. A. neu bearb. und verm. mit kirchl. Liedern und Litaneien. 16. (VIII und 892 S. mit 1 Titelbilde in Holzschn.) Augsburg 858, Schmid'sche Verlagsbuchh.

Hörmann, L., alles zur größern Ehre Gottes! Katholisches Andachtsbuch. Mit einer Vorrede von J. G. Dreer. 2., verb. Aufl. 8. (XXIV und 391 S. mit 1 Titelbilde in Stahlst.) Augsburg 862, Kranzfelder'sche Buchh.
Feine Ausg. mit 3 Stahlst.

Hörmann, L., katholisches Andachtsbuch zur Anbetung Gottes und zur Verehrung der Heiligen, besonders des heil. Nikolaus. 18. (VIII und 397 S. mit 1 Notenbl. in 4. und lithogr. Ttlbld.) Kempten 850, Kösel'sche Buchh.

Hörmann, L., katholisches Andachtsbuch zum Gebrauche der Lebenden und zum Heile der Verstorbenen. 12. (VIII und 188 S. mit 1 Stahlst.) Augsburg 852, Kollmann'sche Buchh.

Hörmann, Leonh., s. Arvisenet, Cl., Memoriale etc.

—— neuer Beitrag zur Betrachtung der Psalmen. Versuch einer Einführung in das Heiligthum dieses bibl. Buches durch historisch-analysisch-prakt. Behandlung desselben. 8. (120 S.) Augsburg 851, Kollmann'sche Buchh.

Hörmann, Leonhard, Neuer Beitrag zur Betrachtung der Psalmen. Versuch einer Einführung in das Heiligtum dieses biblischen Buches durch historisch-analytisch-praktische Behandlung desselben. Regensburg (Augsburg, Kollmann), Verlags-Anstalt. 1851, 8°, 120 S., 1,50 Mk.

—— neue Beiträge zur Vervollkommnung des Religions-Unterrichtes und der religiösen Erziehung in Städten und auf dem Lande. 8. (44 S.) Schaffhausen 850, Hurter'sche Buchh.

—— die Ehre der Menschheit, oder: „Die menschliche Seele ist unsterblich!" Neue Darstellung dieser Wahrheit, mit einer erzählenden Einführung aus den Zeiten der französ. Revolution, der edlern Lesewelt Deutschlands gewidmet. gr. 12. (63 S.) Augsburg 853. (Regensburg, Manz.)

—— Heinrich, oder „der Mensch denkt's und Gott lenkt's." Eine Geschichte aus neuerer Zeit für die reifere Jugend und die gesammte edlere Lesewelt. Mit einem Vorworte von Theoph. Nelk. 8. (92 S. und 1 Stahlst.) Augsburg 848, v. Jenisch und Stage'sche Buchh.

Hörmann, L., Jubilaeums-Tagebuch. Ausführliche Nachrichten üb. das im Juli 1873 gefeierte St. Ulrichs-Jubiläum nebst den dabei gehaltenen Predigten. 8. (VI, 201 S.) Augsburg 874. Kranzfelder. n. 1. —

—— ein Lorbeer-Zweig auf das Grab des ehrengeachteten Joh. Abt, Söldners von Bobingen, Gefreiter des königl. bayer. 1. Jäger-Bataillons. Verwundet bei Sedan, gestorben in Augsburg den 14. Septbr. 1870. Worte der Trauer und des Trostes am 16. Septbr. 1870 an seinem Grabe gesprochen. 8. (7 S.) Augsburg 871, v. Jenisch und Stage'sche Buchh.

— s. Perrone, Jh., über d. heil. Eucharistie.

—— der Portiunkula-Ablaß. Blätter zur Erbauung und Belehrung. Nebst einem Anhange von Morgen-, Abend-, Meß-Gebeten ꝛc. 18. (212 S. mit 1 Ttlkpfr.) Augsburg 854. (Regensburg, Manz.)

Hörmann, Leonh., St. Leonhards-Büchlein in Lesungen und Gebeten. 16. (IV, 188 S. mit 1 Titelbilde in Stahlst.) Augsburg 888, Kranzfelder'sche Buchh. *

Hörmann, Leop., biographisch-kritische Beiträge zur österreichischen Dialektliteratur. 8. (III, 78 S.) Dresden 895. E. Pierson. n. 1. —

Hörmann, Leop., Geht's mit auf d'Alm! Bergfrohe G'sang'ln u. a D'raufgab' lust. Vortragsstück'ln in der Volksmundart. Mit Titelbild u. Buchschmuck v. G. Jahn, 6 Vollbildern u. 10 Textillustr. nach photograph. Aufnahmen. (VI, 81 S.) 8. Wien (904). R. Lechner's Sort. n. 1. 80

— gut aufg'legt. Neue G'schichten u. Gedicht'ln. 8. (VIII, 75 S.) Ebd. 895. n. 1. —; geb. in Leinw. m. Goldschn. n. 2. —

Hört's zua a weng! Eine Auswahl ernster u. heiterer Vortragsstücke in d. Volksmundart von Leopold Hörmann. Mit Titelbild von Karl Fahringer u. d. Portr. d. Verf. Wien: Szelinski & Co. [1904]. (VIII, 116 S.) 8° [F.] [05. 3393

— Hört's zua a weng! Eine Auswahl ernster u. heiterer Vortragsstücke in der Volksmundart. Mit farb. Titelbild v. Karl Fahringer u. dem Portr. des Verf. (VIII, 116 S.) kl. 8. Wien (905). Szelinski & Co. n. 1. 50

Hörmann, Leop., neue Lieder und Gedichte in oberösterreichischer Mundart. 12. (IV, 115 S.) Großenhain 887, Baumert und Ronge. *ℳ 2.—; geb. * 3 —

— im Lodenrock. Allerlei in Mundart u. Schriftsprache. 8. (IV, 89 S.) Wien 890. Szelinski. n. 1. 50

—— Schneekaderln und Himmelschlüssln. Lieder in oberösterreich. Mundart. 12. (86 S.) Ebendas. 886. * 1 50

(Hörmann, Leop[old].) Josef Victor Widmann. [Biographische Skizze. Mit Porträt. A.] 8. Wien 1896.

Hörmann, Ludwig von

Hörmann, L. v., à travers l'Arlberg, s. l'Europe illustrée.

Hörmann, L. v., durch den Arlberg, s. Wanderbilder, europäische.

Hoermann, Ludwig von. Durch den Arlberg. Mit 26 Illustrationen (wovon 4 Tafeln) und einer Karte. (Europäische Wanderbilder. Nº 71. 72.) 8. Zürich.
Ausg. A ([18]84.) — *Ausg. B.* ([18]85.)

Hörmann, Ludwig von, Das Tiroler Bauernjahr. 2. vermehrte Ausgabe der Jahreszeiten in den Alpen. Kl. 8. (IV, 211 S.) 1.20
Innsbruck: Wagner 1898.

Hörmann, Ludw. v., d. Tiroler Bauernjahr. 2., verm. Ausg. d. Jahreszeiten in d. Alpen. 8. (V, 211 S.) Innsbruck 899. Wagner. n. 2. 40

Hoermann, L. v., Die einheitlichen Elemente d. ersten Gesanges d. Ilias. 1867. 88 S. 1.25

Hoermann, L. v., über die homerische Frage. I. die einheitlichen Elemente des ersten Gesanges der Ilias. Innsbruck. 83 p
Schul-/Univ.-Schrift

Hörmann, L. v., Grabschriften u. Marterlen. Gesammelt u. hrsg. 32. (XX, 152 S.) Leipzig 890. Liebeskind. geb. n. 1. 50

Hörmann, Ludw. v., Grabschriften u. Marterlen. 2. Folge. Gesammelt u. hrsg. 32. (XII, 192 S.) Leipzig 891. A. G. Liebeskind. Geb. n. 1. 50 (1. 2.: n. 3. —)

— Grabschriften u. Marterln. Ges. u. hrsg. 3. Folge. 32. (XV, 192 S.) Leipzig 896. Stuttgart, J. G. Cotta Nachf. Geb. n. 1. 50

Hörmann, Ludw. v., Grabschriften u. Marterlen. Gesammelt u. hrsg. 2. Bdchn. 4. Taus. 32. (XII, 192 S.) Leipzig 897. Stuttgart, J. G. Cotta Nachf. Geb. n. 1. 50

Hörmann, Ludw. v., Grabschriften u. Marterlen. Gesammelt u. hrsg. 7. Tausend. (XX, 152 S.) 32. Stuttgart 905. J. G. Cotta Nachf. Geb. in Leinw. n. 1. 50

— dasselbe. 2. Folge. 5. Taus. (XII, 192 S.) 32. Ebd. 906. Geb. in Leinw. n. 1. 50

Hörmann, Ludw. v., Grabschriften u. Marterlen. Gesammelt u. hrsg. 8. Taus. (XX, 152 S.) 10,4×6,9 cm. Stuttgart 908. J. G. Cotta Nachf. Geb. in Leinw. 1. 50

— Haussprüche aus den Alpen. Gesammelt u. hrsg. 32. (XXIV, 201 S.) Ebd. 890. geb. n. 1. 50

— Haussprüche aus den Alpen. Gesammelt u. hrsg. 2. Taus. 32. (XXIV, 201 S.) Ebd. 892. Geb. n. 1. 50

Hörmann, Ludw. v., der heber gât in litum. Ein Erklärungsversuch dieses althochdeutschen Gedichtes. Mit einer Beigabe tirol. Ackerbestellungs- und Aerntegebräuche. gr. 8. (52 S.) Innsbruck 873, Wagner'sche Universitäts-Buchh. *

— die Jahreszeiten in den Alpen. Bilder aus dem Natur- u. Volksleben, m. besond. Berücksicht. Tirols. 8. (VI, 191 S.) Innsbruck 889. Wagner. n. 2. 40

Hörmann, Ludwig von [Bearb.], s. Lutterotti, Carl von: Gedichte.

Hörmann, Ludw. v., Schnaderhüpfln aus den Alpen. 16. (XXIV, 376 S.) Innsbruck 881. Wagner. n. 2. —; geb. n.n. 2. 80

—— Schnaderhüpfeln aus den Alpen. (XXIV, 376 S.) 1881. *M 2.; geb. *M 2,80.; 2. verb. Aufl. 16. (XXVII, 376 S.) Innsbruck 882, Wagner'sche Universitäts-Buchh. geb. **M 2,80. und **

— Schnaderhüpfeln aus den Alpen. 3., verb. Aufl. Illustr. v. Phpp. Schumacher. Mit Singweisen. 16. (XXVII, 376 S.) Innsbruck 894. Wagner. n. 2. —; geb. in Leinw. n. 2. 80

Hörmann, L. v., Die Schnitzwaaren-Industrie der Grödener. 8°. Innsbruck, s. a.

—— Volksthümliche Sprichwörter u. Redensarten aus den Alpenlanden. 32. (XXIII. 165 S. m. 1 Titel-Holzschn.) Lpz. 891, Liebeskind. geb. 1 50

Hoermann, Ludw. v., Untersuchungen über die homerische Frage. 1. Heft. Die einheitlichen Elemente des ersten Gesanges der Ilias. gr. 8. (83 S.) Innsbruck 867, Wagner'sche Universitäts-Buchh. *

— Tiroler Volksleben. Ein Beitrag z. deutschen Volks- u. Sittenkunde. (XIV, 498 S.) 8. Stuttgart (909). A Bonz & Co. 5.—; geb. in Leinw. 6. —

Hörmann, Ludw. v., Tiroler Volkstypen. Beiträge zur Geschichte der Sitten und Kleinindustrie in den Alpen. 8. (VIII, 290 S.) Wien 877, Gerold's Sohn.

Hörmann, Ludwig v. Vorarlberger Volkstrachten
S. 57-76 m. 4 Abb. 4°
Aus: Zeitschrift des Deutschen und Österreichischen Alpenvereins. Jg. 1904 Bd. 35.

[F.] Wanderungen in Tirol und Vorarlberg v. Ludwig v. Hörmann. Bd [1.] 2. *Innsbruck: Wagner 1895 - 97.* 2 Bde 8.
[1.] Wandergn in Vorarlberg ... M. 1 Krtch. 1895. (VI S., 2 Bl., 126 S., 1 Kt.)
2. . . . 1897. [A.T.:] Wandergn in Tirol ... (X S., 1 Bl., 316 S.) 97. 345

Hörmann, Ludwig von. Wanderungen in Tirol und Vorarlberg. Band 1. Wanderungen in Vorarlberg. (Mit [illustriertem Umschlag und] einem Kärtchen.) XIV + 222 S. 8. Innsbruck, Wagner, 1901. [M. 3. —]
A. u. d. T.: **Wanderungen in Vorarlberg von Ludwig von Hörmann. 2. stark vermehrte und verbesserte Aufl. Mit einem Kärtchen.**

— Wandergn. in Vorarlberg. 8. (VII, 126 S. m. 1 Kärtchen.) Ebd. 895. n. 1. 60

Hörmann, Otto, über die Farbstoffe der Gelbbeeren u. den Rhamnodulcit. Inaugural-Dissertation. gr. 8. (45 S.) Göttingen 879. (Vandenhoeck & Ruprecht.) n. 1. —

HÖRMANN, Otto von (München): Ueber den Hospitalbrand.- München: Mühlthaler 1871. 18 S.
25.7.1870 - Urk (Titel: De gangraena nosocomiali.); F 72; Chr 1870/71,14
Diss. Ingolst.-Landsh.-Mchn.

Hörmann, Ottomar [aus Vorbrucke-Meissen (Sachsen)]: Ueber Di-p-Oxyphenyl-Trichloraethan und Di β-Naphtyloxyd-Trichloraethan. . . Freiburg i. B., Buchdr. v. Chr. Strecker, 1889; 72 S. + 1 Bl. 8°
Freiburg i. B., Phil. Fak., Inaug.-Diss. v. 1889

Hörmann, Paul, a. Kirchberg im Herzogtum Braunschweig: Trennung der Kohlenhydrate durch Reinhefen. Münster i. Westf. 1906: Westf. Vereinsdruckerei. (40 S.) 8°
Münster, Phil. Fak., Ref. König, Diss. v. 5. Sept. 1906
[Geb. 17. Juli 81 Kirchberg; Wohnort: Münster i. W.; Staatsangeh.: Braunschweig; Vorbildung: Gymn. Hameln Reife O. 00; Studium: Würzburg 1, Göttingen 3, Würzburg 1, Freiburg i. B. 2 S.; Rig. 4. Juli 06.]

Hörmann, Thdr. v. Künstler-Empfindungen. Ein Rückblick auf einige Bildwerke der XXI. Jahresausstellg. im Wiener Künstlerhause 1892. gr. 8. (50 S.) Wien 892, Weiss. * 1 —

Hörmann, W. v., Gesetz vom 28. Mai 1852, die Feuerversicherungsanstalt für Gebäude in den Gebietstheilen diesseits des Rheins betreffend, s. a. Gesetzgebung, die, des Königreichs Bayern.

v. *Hörmann*, W. Gesetz vom 28. V. 1852, die Feuerversicherungsansalt für Gebäude in den Städten diesseits des Rheins betr. und das Gesetz vom 24. V. 1861, die Abänderung einiger Bestimmungen des obigen Gesetzes betr. Erlangen 1863.

Hörmann zu Horbach, Walter von

Hörmann, Walth. v. Die Desponsatio impuberum. Ein Beitrag zur Entwicklungsgeschichte d. canon. Eheschliessungsrechtes. gr. 8. (XIV, 269 S.) Innsbr. 891, Wagner. * 6 —

Quasiaffinität. Rechtshistor. Untersuchgn üb. Affinitätswirkgn d. Verlöbnisses nach weltl. u. kirchl. Rechte '(Imped. publicae honestatis)' v. Dr. Walther v. Hörmann, a. o. Prof. . . . an d. Univ. Innsbruck. Abth. 1. *Innsbruck: Wagner 1897.* 8. 9770

Hörmann, Walth. v., Quasiaffinität. Rechtshistor. Untersuchgn. üb. Affinitätswirkgn. d. Verlöbnisses n. weltl. u. kirchl. Rechte (imped. publicae honestatis). I. Abth.: Röm. u. byzant. Recht. Lehre d. oriental. Kirche. gr. 8. (XVII, 306 S.) Ebd. 897. n. 7. 60

Hörmann, Walth. v., Quasiaffinität. Rechtshistorische Untersuchgn. über Affinitätswirkgn. des Verlöbnisses nach weltl. u. kirchl. Rechte. II. Abth. 1. Hälfte. Entwicklungsgrundlagen der Lehre der latein. Kirche Studien zur vorgratian. Desponsations- u. Affinitätslehre, sowie zum german. Eheschliessungsrechte (XXVIII, 661 S.) gr. 8. Innsbruck 906 Wagner. n. 20. --
Abt. I. Ebd. 897. n. 7. 60.

Hörmann zu Hörbach, Walth. v., die tridentinische Trauungsform in rechtshistorischer Beurteilung. Inaugurationsrede, geh. am 26. I. 1904 in der Aula der k. k. Franz-Josephs-Universität in Czernowitz. (50 S.) Lex.-8. Czernowitz 904. (H. Pardini.) n. 1. –

Hoermann v. Hoerbach, Ludw., Grundzüge eines Systems der Infanterie, nach den Anforderungen der heutigen Taktik. gr. 8. (VIII und 185 S. mit 9 Stnt. in 4. und Fol. und 6 Tab. in 4. und Fol.) Augsburg 854, Rieger'sche Buchh.

Hormayr, Herr von, und die Lebensbilder aus dem Befreiungskriege . . . Leipzig 1844. V: *Zimmermann, Gustav.* (CBH) (GGr)

Hormayr, Hr. von, u. die Lebensbilder aus d. Befreiungskriege. Piece aus den „politischen Predigten v. Faber." gr. 8. (4½ B.) Leipzig 814, Engelmann. (Hannover, Helwing'sche Hofbuchh.)*

Hormayr, Joseph Freiherr von. Leipzig 1815. V: *Merian.* (EB)

Hormayr, Jos. Frhr. v. (geb. 20. Jan. 1782 zu Innsbruck, Geschichtsforscher, Direktor d. Reichsarchivs in München, † das. 5. Novbr. 1848.) — Biogr. in: Biographische Züge aus dem Leben deutscher Männer. I. (Nicht mehr erschienen.) Leipzig, Gleditsch, 1815. 8°. Cart. m. Lwdr.
1 Bl., 144 S. Schema Autobiographie.

Hormayr, Leben, s. Züge, biographische.

Hormayr zu Hortenburg, Josef von

(Hormayr-Hortenburg, Jos. v.?), Anemonen, s. Anemonen.

(Hormayr, Joseph Freiherr v.) Anemonen, aus dem Tagebuche eines alten Pilgersmannes. (4 Bde.) 8. Jena 1845—1847.

Hormayr, J. Freiherr von (Herausgeber): „Archiv für Geographie (Erdkunde), Historie, Staats- und Kriegskunst", 1. bis 11. Jahrgang: Wien 1810 bis 1820 (Schaumburg), 12. bis 19. Jahrgang: Wien 1821 bis 1828 (Ludewig).

Hormayr, Jos. v., Archiv f. Geographie, Staats- und Kriegskunst. 4. Wien u. Tr. Geistinger. jährl.

Hormayr, Jos. Frh. v., Archiv f. Geschichte, Statistik rc., s. Archiv.

— histor.-statist. Archiv für Süddeutschland. 2 Bde., mit Kpf. u. Karten. gr. 8. Wien 808. Ant. Doll. 2 ₰ 16 ℊ

Hormayr zu Hortenburg. Jos. Frhr. v., über das *Archivwesen in Bayern.* In: H's kleine histor. Schriften u. Gedächtnissreden. München 1832. 4°. Nr. 3 (mit der Pagination 31—42, à 2 Col.). Hldrb.
Beigelegt 4 Bll. hdschr. Excerpte aus: Gachard (archiviste général du Royaume de Belgique), une visite aux Archives et à la Bibliothèque royale de Munich. Brux., Lpz., Gand (C. Muquard) 1864.

— die Bayern im Morgenlande. Gedächtnißrede z. 73. Stiftungstage d. Kgl. bayer. Akad. d. Wissenschn. Gelesen am 28. März 1832. gr. 4. (4¼ B. u. 6½ B. Anmerkn.) München, Franz.
Vgl. dess. „kl. histor. Schriften rc."

— die Baiern im Morgenlande. Gedächtnißrede zum 73sten Stiftungstage der königl. baier. Akademie der Wissenschaften. Gelesen am 28. März 1832. gr. 4. Münch. 832. Franz. 1 ₰ 12 ℊ

Bayern und Pfalz. Gott erhalt's! Berlin, Geo. Reimer. 1848. 8°. Ppb.
2 Bll., 218 S. (incl. genealog. Tabellen). 1 Bl. Err.

Kritisch-diplomatische Beyträge zur Geschichte Tirols im Mittelalter. Mit mehreren hundert ungedruckten Urkunden. Von Joseph Freiherrn von **Hormayr** zu Hortenburg. Abth. (1) u. 2. Wien. (1803.) 8°.

— — dasselb. 2 Bde. gr. 8. Insbruck, Wagner. 802—3.

— krit.-diplomat. Beiträge z. Geschichte Tyrols im Mittelalter. Mit mehr. 100 ungedr. Urkunden. 1r Thl., 1e u. 2e Abtheil. 8. Wien 805. Schaumburg u. C. 2 ₰ 12 ℊ (v. Mösle). 2 ₰

— die goldene Chronik von Hohenschwangau, s. Chronik.

(*Hormayr-Hortenburg,* Jos. Frhr. v.) Die goldene Chronik von Hohenschwangau, der Burg der Welfen, der Hohenstaufen u. der Scheyren. M. 6 schönen Stahlst. u. 8 Taf. Abbildgn. München, Geo. Franz, 1842. Imp.-8°. Ppbd., etw. rampon.
XVI (incl. gest. Titelbl. m. Golddruck), 242 u. 52 S. Die Stahlstiche, nach verschied. Künstlern von J. Poppel gest., stellen Landschaften, die 8 Taf. Alterthümer, Porträts etc. dar. M. 5 geneal. Tabell.

Hormayr-Hortenburg, J. Freih. von: „Fragmente über Deutschlands, insonderheit auch Bayerns Welthandel und über die Freiheit der Ströme", 3 Hefte, München 1840, 1841. — Vorh.: Com. Bibl. Hamburg.

(Hormayr, Jos. Frhr. v.) Kaiser Franz und Metternich. Ein nachgelassenes Fragment. Leipzig, Weidmann 1848. 164 S. 8.

Hormayr, Jos. Frhr. v., die geschichtl. *Fresken in den Arkaden des Hofgartens* zu München. Mit Portr. (Brustbild) d. Königs Ludwig I. (nach *J. Stieler* schön von *J. Armann* gest.). München, F. G. Franckh, 1830. 12°. Ppb.
Erste Ausg. 2 Bll. u. 319 S.

von Hormayr, Joseph. Die geschichtlichen Fresken in den Arkaden des Hofgartens zu München. 2. Ausgabe. München 1831. 8°.

— die geschichtl. Fresken in den Arkaden des Hofgartens zu München. 8. München 831. Franz. 1 ₰ 12 ℊ

Hormayr, Jos. Frhr. v., die *geschichtlichen Fresken in den Arkaden des Hofgartens* zu München. 2. wohlf. Ausg. München, Geo. König, 1831. Kl. 8°. 1 Bl. u. 319 S. Hlwd. m. Orig.-Umschl.

v. Hormayr zu Hortenburg. Frhr. Jos., s. a. Freskogemälde.

(——) die Freskogemälde unter d. Arkaden d. kgl. Hofgartens zu München. — A. u. d. Ttln.: Die geschichtl. Fresken rc. 1. Aufl. (20 B. u. König Ludw. I. Bildn.) 830. 1 Thlr. 15 Gr., 2., wohlf. Ausg. — Begleiter zu d. landschaftl. Freskogemälden rc. 8. (26¼ B. u. Kng. Ludw. I. Bildn.) München 834, Franz.

v. Hormayr, Frhr. Jos., Friedrich v. Oesterreich. Histor. Gemälde in 5 A. Wien 805. v. Mösle. N. Aufl. 8. Ebd. 824. Mörschner u. Jasper. 6 ℊ

Hormayr, J. v., allgemeine Geschichte der neuesten Zeit. 3 Bde. s. Millot, Abts, Universalhistorie. 17r, 18r 19r Bd.

— allgem. Geschichte der neuesten Zeit. 3 Bde., vom Tode Friedrichs d. Großen bis zum 2ten Pariser Frieden. 3 Thle. Mit Titelkpf. gr. 8. Wien 817—19. (Gerold). 3 rthl (A. u. d. T.: Millot, Abts, Universalhistorie. 17r—19r Bd.) N. A., 3 Bde. Mit 3 Kpf. Ebd. 831. 2 rthl Postp. 2 rthl 16 gr

—— allgem. Geschichte d. neuesten Zeit, vom Tode Friedrichs d. Gr. bis z. zweyten Pariser Frieden. 3 Bde. Neue Ausg. gr. 8. (72½ B., d. Verf. Bildn. u. 2 Titkpfr.) Wien 831, Gerold. 2 Thlr., Post-Drckp.

(Hormayr, Jos. Freih. v.) Geschichte Andreas Hofer's, Sandwirths aus Passeyr, Ober-Anführers der Tiroler im Kriege von 1809. Durchgehends aus Original-Quellen etc.
8. Leipzig und Altenburg 1817.
— — 2. Auflage. (2 Bde.) 8. Leipzig 1845.

— — Geschichte Andreas Hofers, Sandwirths aus Passeyr, Oberanführers der Tiroler im Kriege von 1809, durchgehends aus Original-Quellen &c. Leipzig 1817. 460 S.
— — 2. umgearb. Aufl. u. d. T.: Das Land Tyrol u. der Tyrolerkrieg von 1809. T. 1. 2. Leipzig 1845.

— Geschichte der gefürst. Grafschaft Tyrol. 1r Thl., 1e, 2e Abthl. gr. 8. Tübing. 806—8. (1e Abtheil., 2e Aufl. 807.) v. Cotta. 4 rthl 12 gr

— das große österreich. Hausprivilegium von 1156; u. das Archivswesen in Baiern. (Aus dess. kleinen histor. Schriften &c. abgedruckt.) gr. 4. München 832. Franz. 14 gr

(Hormayr, Jos. v.,) das Heer von Inneröstreich, s. Heer.

(Hormayer, Jos. Freih. v.) Das Heer von Inner-Oesterreich unter den Befehlen des Erzherzogs Johann, im Kriege 1809 in Italien, Tirol und Ungarn. 8. Leipzig und Altenburg 1817.
— — 2. durchaus umgearbeitete und sehr vermehrte Aufl.

— — Der Krieg von 1809 zwischen Oesterreich und Frankreich. Mit Karten und Plänen. (Die theilweise Fortsetzung dieses unvollendeten Werkes ist in der österr. milit. Zeitschrift 1849 im 1. und 2. Bd. enthalten.) (1 Bd. Text, 1 Schuber Karten.)
8. Wien 1811.

(Hormayr, Jos. Frhr. v.) Lebensbilder aus d. Befreiungskriege, s. Lebensbilder.

[Hormayr, Josef Frh. v.:] Lebensbilder aus dem Befreiungskriege. 1. Ernst Friedr. Herbert Graf v. Münster. 2 Bde. Jena: Frommann 1841.

— Leopold der Schöne; ein histor.-dramat. Gemälde d. Vorzeit. 8. Wien ... Mörschner u. Jasper. 6 gr

—— Herzog Luitpold. Gedächtnißrede z. 72. Stiftungstage d. Kgl. bayr. Akad. d. Wissenschn., gelesen am 28. März 1831. gr. 4. (4½ B. u. 13½ B. Anmerkn.) München, (Franz.)
Vgl. dess. „kl. histor. Schriften &c."

— Tyroler Merkwürdigkeiten u. Geschichten, oder Tyroler Almanach für 1802, 3 u. 4. 3 Thle. gr. 8. Wien ... v. Mösle Wwe. 3 rthl

— über Minderjährigkeit, Vormundschaft u. Großjährigkeit im österr. Kaiserstaate. 8. Wien 808. Ant. Doll. 20 gr Schrbp. 1 rthl (Auch u. d. T.: Abhandll. aus d. österr. Staatsrechte &c.)

Frhr. v. Hormayr, Jos., zu *Hortenburg*: (Abh. a. d. Oesterr. Staatsrechte in Fortsetz. d. *Schröter*. Werks) über Minderjährigk., Vormundsch. u. Grossjährigkeit im Oesterreich. Kaiserstaate u. Kaiserhause. *Eb.*, Doll. 808. kl. 8. (20 Gr.)

—— über d. Monumenta Boica. Gelesen am 71. Stiftungstage d. Kgl. bayer. Acad. d. Wissenschn., am 28. März 1830. gr. 4. (7½ B.) München 830, Franz.
Vgl. dess. „kl. histor. Schriften &c."

— Oestreich u. Deutschland, s. Oestreich.

Hormayr, Joseph Freiherr von: Oesterreichischer Plutarch, oder Leben und Bildnisse aller Regenten und der berühmtesten Feldherren, Staatsmänner, Gelehrten und Künstler des österreichischen Kaiserstaates.
Bd 1 - 20, gbd., Abb.

Wien: Doll 1807 - 1814

JB 5.677

— s. Schaukästlein, histor., f. Baiern.

—— kleine histor. Schriften u. Gedächtnißreden. gr. 4. (42¾ B.) München 832, Franz.
(Enth.: Ueber d. Monumenta Boica. Mit krit. Anmerkn. u. zahlr. Originalurkunden. — Herzog Luitpold. — Die Bayern im Morgenlande. — Ueber d. große österr. Hausprivilegium v. 1156. Bayerns Archivswesen u. Archivare. — Vgl. oben diese einzelnen Schriften.

Hormayr, J. v., Stammgeschichte der Herzöge von Meran. Innsbruck 1796.

Hormayr, J. v., Stemmatographie der heutigen Grafen Armansperg. Regensburg 1830. 8.

—— histor. Tagebuch f. Bayern. 4 Taf. in 12 Monats-Abschnitten. gr. Fol. (2 B.) München 831, (Franz.)

— historisches (geschichtl.) Tagebuch f. Baiern. Schulausg., 2 Tabellen in Fol. München 831. Franz. 4 gr Dass. zum Aufziehen auf 4 Bl. 12 gr

—— Taschenbuch für die vaterländ. Geschichte, s. Taschenbuch.

Hormayr, Joseph Freiherr v. Taschenbuch für die vaterländische Geschichte. 1.—4. Jahrgang. (Mit Abbild.) (4 Bde.)
8. Wien 1811—1814.

— Taschenbuch f. die vaterländ. Geschichte. 4 Jahrgg. 1811, 12, 13 u. 14. Mit Kpf. kl. 8. Wien 811. Ant. Doll. 8 rthl

— — und v. Mednyansky. Taschenbuch für die vaterländische Geschichte. 1.—10. Jahrgang. (Mit Abbild.) (10 Bde.)
8. Wien 1820—1829
— — Neue Folge. 1.—20. Jahrgang. (Mit Abbild.) (20 Bde.)
8. Stuttgart, München, Leipzig und Berlin 1830—1849.
— — nach dem Tode fortgesetzt von Dr. Georg Thomas Rudhart, Vorstand des k. k. Reichsarchives. 39.—42. Jahrgang der gesammten, 21.—24. der neuen und 1.—4. der neuesten Folge. (4 Bde.)
8. München 1850—1856.

— — und Mednyansky, v., Taschenbuch fur die vaterländische Geschichte. 1r und 2r Jahrg. Mit Kupfern. 8 Wien, (Schaumburg u. Comp.) 820 und 21. à 3 Rthlr. 18 Gr.

— u. v. Mednyansky, Taschenb. f. d. vaterländ. Gesch. 3r u. 4r Jahrg. 1823 u. 824. Mit 6 Kpfrn. 8. Wien 824, Härter. à 4 Rthl.

— dass. 5r — 9r Jahrg. 1825 — 28. Mit 7 Kpfrn. gr. 12. Wien Ludwig. à 4 Rthl.

v. Hormayr zu Hortenburg, Ritter Frhr. Jos., Taschenbuch für vaterländ. Geschichte. N. Folge. 1r — 4r Jahrg. 1829 — 32 Mit Kpf. 8. Stuttg. (Franz in Münch.) (à 2 ₰ 12 gγ) 10 ₰

— malerisches Taschenbuch f. Freunde interess. Gegenden, Natur u. Kunst. Merkwürdigkeiten d. österreich. Monarchie. 2r u. 3r Jahrg. 12. Wien 813 u. 14. (Ant. Doll). 4 ₰ (Vergl. maler. Streifzüge durch d. interess. Gegenden um Wien.)

Hormayr, J. v., sämmtl. Werke. 1r und 2r Bd. gr. 8. Tübingen, Cotta. 820 und 821. (1r 2 Rthlr. 12 Gr. 2r 1 Rthlr. 16 Gr.) Rthlr.

v. Hormayr, (Jos.,) sämmtl. Werke. 3r Bd. gr. 8. Stuttg. 822, v. Cotta.

v. Hormayr zu Hortenburg, Frhr. Ritter Jos., sämmtl. Werke. 3 Bde. gr. 8. Tübing. 820 — 22. v. Cotta. 6 ₰ 4 gγ

v. Hormayr, (J.,) Wien, seine Geschichte u. s. Denkwürdigkeiten. 5 Bde. mit Kpfrn. u. Vign. gr. 8. Wien 823 — 24, Härter. à 2 Rthl. 12 gr. Rthlr.

Hormayr, Jos. Freiherr v., k. k. wirkl. Hofrath etc. Wien, seine Geschichte und seine Denkwürdigkeiten. (Mit 12 Portraits, 17 Bildern, 37 Taf. und 4 Tabellen.) (9 Bde.) 8. Wien 1823 — 1825.

—— Wien, seine Geschicke u. seine Denkwürdigkeiten. (Mit vielen Urkunden.) Im Vereine mit mehr. Kunstfreunden bearb. 9 Bde. od. 27 Hfte. (I. Jahrg. 5 Bde. u. II. Jahrg. 4 Bde.) gr. 8. (282 B., 12 Tab., 51 Kpfr., Stnt., Pläne u. Karten, u. 9 Ttl.-Vign.) Wien 823 — 25, (Gerold.) 24 Thlr., hrbgs. Pr.

Ueber die Bedeutung der Redensarten „haud scio an, nescio an." Von Zulpi; Hormayr, G. P. 1849. Ebend. 2. I—XIV.
Progr. Passau.

Hormel, Hermann

Hormel, H. Untersuchung über die Chronique ascendante und ihren Verfasser. Diss. Marburg 1880. 33 S.

Hormel, Herm., Untersuchung über die Chronique ascendante u. ihren Verfasser. gr. 8. (33 S.) Marburg 880. Elwert's Verl. n. 1. —

Hoermes, Moriz, Alterthümer der Hercegowina. (Sitzb. d. phil.-hist. Classe d. k. Akad. d. Wissensch. 47. Bd. 1880. Heft II.) gr. 8. (124 S.) geb. In Comm. 1 fl. 25 kr.
Wien: Gerold's Sohn 1881.

Hörmeyer, Josef

Hörmeyer, J. (Hrsg.), s. Actenstücke brasilischer Seite, betreffend die Kolonisation d. Kaiserreichs.

Hörmeyer's, Jos., Beschreibung der Provinz Rio grande do Sul in Südbrasilien mit besonderer Rücksicht auf deren Colonisation. Hrsg. von Mich. Kröff. gr. 12. (100 S.) Coblenz 854, (Hölscher's Verlag.) *

—— Südbrasilien. Ein Handbuch zur Belehrung für Jedermann, insbesond. für Auswanderer. gr. 8. (XVI und 389 S. mit 1 Karte.) Hamburg 857, Würger. geb. *

Hormisch, G., Manuale selectorum canticorum juxta ritum missalis et breviarii Trevir. in usum alumnorum seminarii episc. Trevir. cum in officio divino, tum in exercitiis canticis. gr. 8. (VI und 325 S.) Trier 863, Lintz' Verlag. *

Hörmonseder, Anselm

— additamenta ad Schilteri institution. juris canon. 8. Vitib. Hanauer. 723.

Hörmonseder, Anselm, Anm. v. Leb. d. Heilig. u. Selig. des uralt. Ordens St. Augustini. 2 Thle. m. K. 4. Wien. 733. Riehl.

— d. heilige Augustiner-Jahr. 2 Thle. 4. Augsburg, Wolf. 733.

Hormuth, Johannes

Hormuth, Joh., der Abschied von dem J. 1842 u. der Eintritt in das J. 1843 mit seiner Gemeinde in 2 Predigten gefeiert. gr. 8. (1½ B.) Heidelberg 843, Groos.

Hormuth, Joh., kirchengeschichtl. Bedenken üb. d. Anwendbarkeit d. im neuen badischen Volksschulgesetz durchgeführten Grundsatzes d. Religionsgleichheit auf e. großen Theil d. Unterrheinkreises. gr. 8. (5 B.) Heidelberg 836. [Mannheim, Bensheimer.]
Nachtrag hierzu, vgl. Kreuz.

Hormuth, Joh., Denkmal d. Liebe u. Achtung, seiner theuern Gemeinde Scherzheim gesetzt in einem christl. Religionsvortrage üb. Römer VIII. V. 21. gr. 8. (1 B.) Karlsruhe 832, Groos.

—— der Entwurf e. Agende f. d. evangel.-protestant. Kirche d. Großhrzgth. Baden, beleuchtet aus d. histor., dogmat. u. liturg. Gesichtspunct. gr. 8. (16 B.) Mannheim 831, Schwan u. Götz.

— Geschichte d. Pfalz. 8. Speyer 830. Kolb. 20 gγ

Hormuth, J., unser Glück und unser Dank. Predigt am Dankfeste für die reichgesegnete Erndte des J. 1847, gehalten am 29. Aug., dem Tage des Geburtsfestes S. K. H. des Großh. Leopold von Baden. gr. 8. (15 S.) Mannheim 848, Löffler.

—— die würdevolle Haltung erleuchteter Christengemeinden bei Stürmen und Erschütterungen der Zeit. Zur Feier des Geburtsfestes Sr. K. H. des Großherz. Leopold von Baden am 29. Aug. 1848 (zu Lautershausen) betrachtet. gr. 8. (16 S.) Mannheim 848, Bensheimer.

—— die projectirte Pastoration der in ungemischten evangel. Landesbezirken u. Orten der oberrhein. Kirchenprovinz zerstreut wohnenden Katholiken. Denkschrift. gr. 8. (23 B.) Heidelberg 843, C. F. Winter, Verl. *

—— christl. Pfingst-Predigt am 12. Mai 1845. gr. 8. (1 B.) Mannheim 845, Löffler.

—— sei getreu bis an den Tod, so will ich dir die Krone des Lebens geben. (Offenbar. Joh. 11, 10.) Predigt z. Feier des Geburtsfestes Sr. kgl. Hoh. des Großherz. Leopold v. Baden, am 29. Aug. 1846, geh. Ein Wort f. unbefangene u. redliche Freunde des Vaterlandes. gr. 8. (1½ B.) Mannheim 846, Löffler.

— Zeugnisse aus dem heidelberger Katechismus u. d. D'Outrein'schen Erläuterung dies. Katechismus über einige wichtige Zeitfragen d. deutsch. evang.-prot. Kirche überhaupt u. üb. die v. d. bad. Generalsynode im J. 1843 vorgelegte Reformation ihres Cultus insbesond. gr. 8. (5¾ B.) Heidelberg 846, J. C. B. Mohr.

Hormuth, Phpp., Beiträge zur Lehre v. den hereditären Sehnervenleiden, s. a. Beiträge zur Augenheilkunde. 42. Hft.

Hormuth, Philipp, approb. Arzt aus Heidelberg: **Beiträge** zur Lehre von den hereditären Sehnervenleiden. *Hamburg & Leipzig: L. Voss 1900.* (165 S.) 8° ¶ (= Beiträge zur Augenheilkunde, H. 42.)
Heidelberg, Med. Diss. v. 1900

Hormuth, Wilhelm, a. Heidelberg: Die Scheingeschäfte. Heidelberg 1900: D. Straus. (46 S.) 8°
Heidelberg, Jur. Fak., Ref. Bekker, Diss. v. 13. Juli 1900
[Geb. 14. März 75 Heidelberg; Wohnort: Heidelberg; Staatsangeh.: Baden; Vorbildung: Gymn. Heidelberg Reife M. 95, Studium: Heidelberg 3, München 1, Heidelberg 4 S.; Rig. 22. Mai 06.]

Hormuzaky, Constantin. s. Hormuzaky, Konstantin

Hormuzaki, Eudoxius: Antrag des Abgeordneten E. v. Hormuzaki und Erwiderung dessen an den Abgeordneten Baron Nikolaus v. Petrino in der Landtagssitzung vom 16. April 1861 Czernowitz: Selbstverl. 1861.

[**Hormuzaki,** Eudoxius v.:] Emanzipationsruf der Bukowina. Wien: Selbstverl. 1861

Hormuzaki, Eudoxius: Bukowiner Landespetition und Begründung derselben. Czernowitz: Selbstverl. 1848.

Hormuzaki, Eudoxius: Not- und Hilferuf der Gemeinden des Moldauisch-Kimpolunger Okols in der Bukowina. Wien: Selbstverl. 1861

Hormuzaky, Konstantin von

Hormuzaky, Const. v., Beiträge zur Käferfauna der Bucovina und Nordrumäniens. gr. 8. (60 S.) Berlin 888, Friedländer und Sohn. * 2 —
Aus: Entomologische Nachrichten, besonders abgedruckt.

[**Hormuzaki,** Constantin v.:] Die Slawisierung der Bukowina im 19. Jahrhundert als Ausgangspunkt großpolnischer Zukunftspolitik. Ethnographische und politische Betrachtungen von einem bukowiner Rumänen. Wien: Gerold 1900.

Hormuzaki, C. v., analytische Uebersicht der paläarktischen Lepidopterenfamilien. (68 S. m. 45 Abbildgn.) gr. 8. Berlin 904. R. Friedländer & Sohn. n. 2. –

Hormuzaki, Const. v., Untersuchungen üb. die Lepidopterenfauna der Bucovina. 8. (182 S.) Czernowitz 894. (Berlin, R. Friedländer & Sohn.) n. 3. 50

Hormuzaki, Constantin: Untersuchungen über die Lepidopterenfauna der Bucovina. Czernowitz: Pardini 1894.

Horn [Sachliches OW]

Horn, anglonormannischer, s. Rudolf, Gustav.

Horn, Franz. Ein biographisches Denkmal . . . Leipzig 1839. V: *Bernstein, Caroline.* (BrVV) (GGr)

Horn, Frz., ein biograph. Denkmal. gr. 8. (25⅞ B., H's. Bildn. u. 1 Abbild. sein. Grabdenkmales.) Leipzig 839, Brockhaus.

Horn, Heinr. Wilh. v. [Lebensbild], s. Wellmann.

Horn, Der Sächsische Historiograph Joh. Gottlob. [Dresden 1812.] V: *Engelhardt, Carl August.* (MGT)

Horn, König, e. mittelengl. Romanze aus dem 13. Jahrh., übertr. von Herm. Lindemann, s.: Festschrift zum 11. deutschen Neuphilologentage.

Horn, W. O. v., (W. Oertel), ein wahrer Freund des Volkes. Ein Lebensbild, für das deutsche Volk gezeichnet von Einem, der ihn lieb gehabt hat. Mit 4 Abbildgn. (in Stahlst.) Wiesbaden 868. Niedner. 16. (176 S.) cart. 7½ ngr.

Horn [Schlagwort]

Horn. Schulwandkarte des politischen Bez. Horn. Hrsg. v. k. k. Bezirksschulrate Horn. 1 : 40,000. 4 Bl à 59×61 cm. Farbdr. Wien 909. G. Freytag & Berndt
Auf Leinw. m. Stäben nn 30. –

Horn [Verfasser]

— s. a. **Horneius.**

— s. auch Hornn.

[Horn]: Anweisung für die den Kreisgerichten behufs ihrer practischen Ausbildung überwiesenen Auscultatoren. Naumburg a. d. S. [1860].

Horn, s.: Bericht der XVII. Kommission zur Vorberatung des Entwurfs e. Gesetzes, betr. die Änderung des Gesetzes üb. den Unterstützungswohnsitz.

— Erinnergn. a. d. Lutherjahr 1883, s.: Deutsch-Evangelisch.

[Horn]: Darstellung des Beschäftigungsganges der den Königlichen Kreisgerichten überwiesenen Referendarien nebst leitenden Andeutungen für die Bearb. der einzelnen Geschäftszweige. Naumburg a. d. S. [1860].

Horn: Geschichte des 3. Württemb. Inf.-Reg. Nr. 121. 1716–1861, s. Schempp, v.

v. Horn, Geschichte des Königlich Preußischen Leib-Infanterie-Regiments. Im Auftrage des Regiments verfaßt u. herausg. Berlin 860. Wagner. gr. 8. (XX, 580 S. u. 3 lith. Facsim. in 4.) n. 3 ℛ 10 ngr

Glaubensbekenntniss eines ächten Freymäurers über den wahren Endzweck des Ordens. Zueignungsschrift an seine Ordensbrüder. [Von **Horn.**] Nürnberg: Bauer & Mann 1792. 31 S. 8°
Kl. 533. Beabsichtigt „Brüdern" wie „Profanen" echte Begriffe von der Mrei beizubringen. 23.

Horn, De V judiciis, in quibus aetate X oratorum Athenis de caede judicabatur. Pr 1859. 31 S. 4°. 1.50

— lasset uns aufsehen auf Jesum! Predigt z. Konfirmation u. Einsegng. gr. 8. (8 S.) Halberstadt 897. J. Schimmelburg. n. — 20

Horn, die Praxis des Heilgehilfen, s. Borsinno.

Horn, Rechenbuch f. gewerbl. Fortbildungsschulen, s.: Müller, L. Th.

— der Samariter, s. Borsinno.

Horn-Halberstadt, Bäuerleins Sparpfennig. Ein Gustav-Adolph-Märchen, s.: Deutsch-Evangelisch.

Horn, ..., (Buchhändler in Moskau,) s. Versuch e. Darstellung d. Verbrennung Moskau's.

Horn und Putzelt's Vorlagen für geschnittene und gepunzte Lederarbeiten. Mit erklär. Texte. Unter Mitwirkung von Otto Horn, Ed. Ludwig, Alois Müller. gr. 4. (15 Chromolithogr. und 1 Stnt. mit 3 S. Text.) Gera 886, Griesbach's Verlag. In Mappe * 4 50

Horn u. Putzelt, Zierschnitte. Vorlagen zum Verzieren von Gold- u. Farbschnitten durch Ciseliren, Bemalen u. Bedrucken. Unter Mitwirkg. von A. Bydzovsky, O. Horn u. F. Ludwig. Mit 9 Taf. in Gold-, Bunt- u. Schwarzdr. hoch 4. (12 S.) Gera 888. (Griesbach's Verl.) n. 3. 50

Horn & Putzelt, Zierschnitte, Vorlagen zum Verzieren v. Gold- u. Farbschnitten durch Ciseliren, Bemalen u. Bedrucken. M. neugezeichn. Vorlagen v. H. Bauer u. m. erklär. Text hrsg. 2. Aufl. M. 9 Taf. in Gold-, Bunt- u. Schwarzdr. u. 1 Werkzeugtaf. Fol. (10 S.) Gera 897. (C. B. Griesbach.) n. 3. 50

Horn A.: Beiträge z. Kenntnis d. chronischen Nierenerkrankungen d. Schafes. Diss. Leipz. (1907). 76 S. 3 Tvl.

HORN, Landgericht und Recht in Preussen zur Ordenszeit. Vortrag, gehalten in der »Alterthums-Gesellschaft zu Insterburg am 31. Oktober 1885. ib. 1886. — 4°.

Horn, A., neue Märchen f. die Jugend. Neue Ster.-Ausg. 8. (96 S. m. 4 Farbendr.) Reutlingen 889. Enßlin & Laiblin. geb. — 75

Horn, A. v., der feine Ton im gesellschaftlichen Leben, s. Salon-Bibliothek.

Horn, A. (I.). Die Verwaltung Ostpreussens seit der Säcularisation. 1525—1875. Beiträge zur deutschen Rechts-, Verfassungs- u. Verwaltungsgeschichte. gr. 8. (XXIV, 653 S.) Königsb. i. Pr. 890, Teichert. * 15 —; geb. * 17 —

—— s. Volkserzählungen. — Volks- u. Jugend-Erzählungen.

Horn, A., Wapiti, der Indianerknabe, s. Volks-Bibliothek, neue.

Horn, A., Wapiti, der Indianerknabe, s.: Volks- u. Jugend-Erzählungen.

— der verhängnisvolle Weihnachtsabend, s.: Erzählungen, neue, für die Jugend.

Horn, A. v. Untersuchungen über die Entwickelung der Heidelberger Schloßbefestigung. Mit Taf. Heidelberg 1887. 52 S.

Horn, A., s.: Urkunden z. Geschichte d. ehemal. Hauptamts Insterburg.

Horn, Adolf: Beitrag zur operativen Behandlung der Lungenaktinomykose. Borna-Leipzig 1910: Noske. 70 S. 8°
Leipzig, Med. Diss. v. 15. Juli 1910, Ref. Trendelenburg
[Geb. 26. Aug. 84 Gronau, Hannover; Wohnort: Leipzig; Staatsangeh.: Preußen; Vorbildung: Gymn. Andreanum Hildesheim Reife O. 04; Studium: Freiburg i. B. 1, Leipzig 8, München 2 S.; Coll. 20. Juli 10.] [U 10. 2985

Horn, Alban, Gott grüß die Kunst! Erstes Reise-Taschen-Buch für die Buchdrucker in Deutschland, Oesterreich und der Schweiz. 8. (80 S.) Zittau 870, Horn.

Ceylon. Horn, Albin: Ein Ferialausflug nach Ceylon (Reiseerinnerungen.) 8 (S. 3—38).
Progr. I. Staatsrsch. i. d. II. Bezirke *Wien* 1899

Horn, Albin: Im Lande der Azteken. Reiseschilderung. S. 3—29. 8.
Progr. K. k. I. Staatsrealschule im II. Bezirke *Wien* 1908.

Horn, Albin: Streifzüge durch die malayische Halbinsel. S. 3—42. 8.
Progr. K. k. I. Staatsrealschule im II. Bezirke *Wien* 1904.

Horn, Albin: Über den Wert des Schulturnens. S. 3—15. 8.
Progr. K. k. I. Staatsrealschule im II. Bezirke *Wien* 1907.

Heimatschutz. Vortrag d. Geh. Baurats [Alexander] Horn in Minden auf d. Landgemeindetage in Minden 1908. Hrsg. v. Minden-Ravensbergischen Hauptver. f. Heimatschutz u. Denkmalpflege. Bielefeld (1908): E. Gundlach. (27 S.) 8° [F.] 08. 17565

Horn, Alex., Culturbilder aus Altpreußen. gr. 8. (XVI, 402 S. mit 1 synchronist. Tab.) Leipzig 886, Reißner. * 7 — geb. * 8 50

Horn, Alexander Eduard (Chemnitz), De febri scarlatinosa. Diss. med. Lpz. (Staritz) 16. XII. 1844. 15 S. (5.50) 16011

Horn, Alfred, Tierarzt in Leipzig: Aus dem Veterinär-Institut der Universität Leipzig. Beiträge zur Kenntnis der chronischen Nierenerkrankungen des Schafes. Mit 3 Tafeln. Leipzig (1907): Gebr. Gerhardt. (76 S.) 8°
Leipzig, Phil. Fak., Ref. Eber-Kirchner, Diss. v. 16. April 1907
[Geb. 31. Mai 79 Peterwitz, Prov. Sachsen; Wohnort: Leipzig; Staatsangeh.: Preußen; Vorbildung: Realgymn. d. Franckeschen Stiftungen Halle Primareife O. 97; Studium: Tierärztl. Hochsch. Dresden 7, Univ. Leipzig 5 S.; Rig. 6. Febr. 07.]

— Andreas Christoph (Schwarzburg-Rudolstadt), Quod philosopho mathesis digna sit generaliter, et in specie, quia pacifica est. Diss. philos. Präs. M. Christoph Friedrich Vellnagel. Jena (Marggraf) 10. V. 1738. 24 S. (6.50) 16012

[F.] Lasset uns aufsehen auf Jesum! Predigt z. Konfirmation u. Einsegng v. Pred. [Anton Heinr. Wilh. Franz] Horn ... *Halberstadt: Schimmelburg [1897].* (8 S.) 1 Bd 8. 97. 6050

[F.] Horn, *Anton Heinrich Wilhelm Franz* [Prediger]: Die Schulandachten an höheren Lehranstalten. Halberstadt, Druck v. F. Schilling, *1895;* 3—14 S. 4.
Halberstadt, OR, OP 1895 (275)

Horn, Arnold, zur Reform d. deutschen Civilprozesses. Eine kritisch-histor. Studie m. Reformvorschlägen. gr. 8. (VII, 128 S.) Leipzig 893. Duncker & Humblot. n. 2. 40

Horn, [Arnold], der Vegetarianismus. Vortrag, gehalten im großen Saale des oberen Museums in Stuttgart, nebst Anhang: Eine Experimentalstudie über den Vegetarianismus an eigener Person von Dr. Eugen Bilfinger. gr. 8. (30 S.) Stuttgart 879, Wittwer.

Horn, A., zur deutschen Civilproceß-Reform. D. österreich. Entwurf u. d. Horn'schen Reformvorschläge. [Aus: „Annalen d. bad. Gerichte".] 12. (31 S.) Mannheim 894. J. Bensheimer's Verl. n. — 50

Horn, Arthur, aus Würzburg: **Zur Kenntnis** der Ammoniumsalze und ihrer Umlagerungen. *Würzburg 1901: C. J. Becker.* (44 S.) 8°
Würzburg, Phil. Diss. v. 1901

Horn, Arthur Gustav, bacc. iur., Referendar: Die grundbücherlichen Verfügungsbeschränkungen des befreiten Vorerben. (§§ 2113 ff., 2136 ff. BGB., §§ 52, 41 GBO.) Borna-Leipzig 1910: Noske. X, 75 S. 8°
Leipzig, Jur. Diss. v. 6. Juni 1910
[Geb. 27. Sept. 83 Zwickau i. S.; Wohnort: Dippoldiswalde; Staatsangeh.: Sachsen; Vorbildung: Gymn. Zwickau Reife O. 03; Studium: Genf 1, Berlin 2, Leipzig 5 S.; Rig. 16. Jan. 07.] [U 10. 2741

Horn, Aug., das Siegthal von der Mündung des Flusses bis zur Quelle in seinen histor. und socialen Beziehungen. Zugleich als Führer für Siegreisende. gr. 8. (XII und 177 S. mit 12 Stahlst.) nach Originalzeichnungen. Bonn 854, Habicht. Thlr. *

— gen. Grosse, August Gottlob (Dresden), Quaedam ex jure observationes. Präs. Ernst Gottfr. Christian Klügel. Wittbg. (Tzschiedrich) 15. VI. 1799. 16 S. (6.—) 16013

Horn, Balthasar (Bingen)
Untersuchungen über das Entstehen von Hernien, mit einer geschichtlichen Uebersicht der bedeutenderen Theorien über den Bruchmechanismus.
Giessen: W. Keller 1869. 36 S.
Diss. med. 23.1.1869. vorh. 26. 7.

Horn, Bernard. Ludov. Car. Georg. [illegible] (1832): De tracheo- et laryngotomia inter [illegible] tuenda. Berolini (1856). (31 S.) 8°
Berlin, Med. Diss. v. 24. Mai 1856

Horn, C., Rede zum Gedächtniß des Vice-Landmarschalls und Kammerherrn Adolf Friedrich Carl v. Oertzen an seinem Sarge in der Kirche zu Rattey den 16. Jan. gehalten. gr. 8. (14 S.) Neubrandenburg 867, (Brünslow.) * *

Horn, C., wie jeder Laie seine Zigarren selbst herstellen kann od. wie verbindet man höchsten Rauchgenuß m. üb. 200% Ersparnis? Eine gründl., f. jeden Laien leicht faßl. u. m. klaren Abbildgn. versehene Anleitg., wie sich jeder diejenige Zigarre ohne Umstände selbst herstellen kann, welche seinem Geschmack entspricht, nebst Angabe üb. Tabakbezugsquellen, -Mischungen, -Preisen u. allen einschläg. Verhältnissen. 8. (70 S.) Mügeln (901). (Dresden, O. Damm.) n. 2.—

(B) Horn, C., wie jeder Laie seine Zigarren selbst herstellen kann. 901. Jetzt: Dresden, O. Thurm.

Horn, C. E., Marinebilder. 6 Studienblätter. gr. 4. Leipzig 888, Baldamus, Sep.-Cto. * 6 —
Einzeln à Bl. 1 50

Horn, Carl ..., s. Horn, Karl ...

Horn, Caspar ..., s. Horn, Kaspar ...

Horn, Ch.: Die Rechtskunde f. gebildete Hausväter, oder gemeinfassliche Darstellung der nöthig. Rechtskenntnisse f. den der Rechte unkundigen Bürger und Landmann. Mit e. vollst. Realreg. (Gehört zur allgem. Encyclopädie d. gesammten Land- u. Hauswirthschaft d. Deutschen.) *L.*, Baumgärtner. 836. 8. 1 Thl.

Wichtige Daten aus dem Leben der nationalliberalen Partei. Im Auftr. d. Vorstandes d. Nationallib. Vereins f. Kiel u. Umgegend zsgest. von Dr. [Chr.] **Horn**, Rechtsanw. Berlin: Buchh. d. Nationallib. Partei 1910. 31 S. 8° [illegible]

Horn, Chr. Adm., s. Adelheid v. Klarenz.

— Antonius u. Cleopatra. Trspl 8. Leipz. 797. (Enobloch). 14⁄2

Horn, Chr. Adam, 1. Ueber den wahren Begriff von Freiheit. 8°. Nürnberg 1794. (v. Kleefeld in Leipzig.)

Horn, Chr. A., (nach andern Jh. Adam), Fanny u. Thomson, od. der Sieg der Liebe. Schspl. 8. Prag 798. Widtmann. 6⁄4

— 2. Ueber Gleichheit und Ungleichheit aus dem Gesichtspunkte gegenwärtiger Zeiten. 8°. Hildburghausen, Hanisch, 1792.

Horn, Christian [aus Zweibrücken]: Eine Sublimat-Intoxikation nach einer Dammrissnaht. ... Nürnberg, Druck v. J. Grobrock, 1891; 34 S. 8°
Erlangen, Med. Fak., Inaug.-Diss. v. 2. Febr. 1891

Horn, Christian Friedrich, aus Kiel, Referendar am Kgl. Landgericht zu Kiel: Die nordischen **Checkgesetze** und das deutsche Checkrecht unter besonderer Berücksichtigung des Entwurfs eines Checkgesetzes für das deutsche Reich aus dem Jahre 1892 nebst einem Anhang. *Kiel 1899: P. Peters.* (92, VI, VI S.) 8°
Kiel, Jur. Diss. v. [9. Dez.] 1899

Horn, Clementine, Beruf der Hausfrau und Mutter. Ein unentbehrlicher Ratgeber für junge Hausfrauen und Mütter in allen Angelegenheiten des Hauswesens u. Ernährung, Erziehung und Gesundheitspflege der Kinder, nebst einer Sammlung bewährter Hausmittel u. Ratschläge in Krankheitsfällen. Mit Anh.: Ausführl., prakt. u. einf. bürgerl. Kochbuch. (125 S.) Reutlingen 1890. R. Bardtenschlager. Geb.

Horn, Clementine, Beruf d. Hausfrau u. Mutter. Ein unentbehrl. Ratgeber f. junge Hausfrauen u. Mütter in allen Angelegenheiten d. Hauswesens, u. Ernährg., Erziehg. u. Gesundheitspflege d. Kinder, nebst e. Sammlg. bewährter Hausmittel u. Ratschläge in Krankheitsfällen. M. Anh.: Ausführliches, prakt. u. einfach bürgerl. Kochbuch. Nach d. eig. Erfahrgn. e. langen Lebens ges. u. hrsg. Ster.-Ausg. 8. (125 S.) Reutlingen 896. R. Bardtenschlager. Geb. 1. 20

Horn, Clementine, neuer Fest- u. Gelegenheitsdichter. E. Sammlg. bester Gedichte u. Reden zu Familienfesten, öffentl. Feiern u. d. mannigfaltigsten Veranlassgn. Neue Ster.-Ausg. 8. (96 S.) Reutlingen 897. Enßlin & Laiblin. — 50

Horn, Clementine, die Hausmutter. Ein unentbehrl. Rathgeber für junge Hausfrauen und Mütter in allen Angelegenheiten des Hauswesens, und Ernährung, Erziehung und Gesundheitspflege der Kinder, enth.: pract. und erprobte Anweisungen und Vorschriften über Behandlung der Wäsche, Recepte zum Färben und Fleckenreinigen, über Einrichtung von Küche und Wirthschaft, Umgang mit Dienstboten, über Schwangerschaft, Wochenbett 2c., nebst einer Sammlung bewährter Hausmittel und Rathschläge in Krankheitsfallen und einem ausführl., pract. und einfach bürgerl. Kochbuche. Nach den eigenen Erfahrungen eines langen Lebens gesammelt und hrsg. 8. (104, 125 S.) Dresden 877, [Lohse und Kadler.] Lohse.

Horn, Clementine, die Hausmutter. Ein unentbehrl. Rathgeber für junge Hausfrauen und Mütter in allen Angelegenheiten des Hauswesens und Ernährung, Erziehung und Gesundheitspflege der Kinder, nebst einer Sammlung bewährter Hausmittel und Rathschläge in Krankheitsfällen und einem ausführl., pract. und einfach bürgerl. Kochbuche. Nach eigenen Erfahrungen eines langen Lebens gesammelt und hrsg. 4. Aufl. 8. (229 S.) [Düsseldorf 880, Kreuder.] Reutlingen, Bardtenschlager. (ℳ 2,25.)

— vollständiges bürgerliches Kochbuch mit besond. Berücksicht. von Wohlgeschmack, Billigkeit und Gesundheit, unentbehrlich für jeden bürgerl. Hausstand, insbesond. für junge Hausfrauen und Bräute, die im Begriff stehen, dies zu werden. Auf Grund vieljähr. Erfahrungen zusammengestellt. 8. (125 S.) Dresden 877, [Lohse und Kadler.] Lohse. cart.

Horn, Clementine, vollst. bürgerliches Kochbuch m. besond. Berücksicht. v. Wohlgeschmack, Billigkeit u. Gesundheit, unentbehrlich f. jeden bürgerl. Hausstand. Auf Grund vieljähr. Erfahrgn. zusammengestellt. (125 S.) 8. Reutlingen (908). R. Bardtenschlager. — 60

Horn, D., s. a. Horn, Ernst

Horn, D. A. v., Versuch einer Geologie der ostfriesischen Marschen, besonders im Amte Emden, sowie einer daran angeknüpften näheren Erörterung der vorzüglichsten Mittel zur Verbesserung und Beförderung der ostfries. Abwässerung und Schifffahrt im Bereiche der Unter-Ems. Lex.-8. (164 S. mit 1 Stnt. und lithogr. Karte in Imp.-Fol.) Emden 862, (Haynel.) *

Horn, Dn., (Gastwirth) († d. 1. Juni 1821.) Gedichte. 8. Leipz. 816. (Taubert). 18 gr.

Horn, Dietrich

Horn, D., geometrischer Anschauungscursus. Für Mittelschulen, höhere Bürgerschulen. u. f. die oberen Klassen der Volksschulen. 8. (V, 50 S.) Essen 876. Bädeker. n. — 60

Horn, ein Gang durch unser Elementarschulwesen. gr. 8. (34 S.) Königsberg 872. (akadem. Buchh.) n. — 50

Horn, über zwei Grundgebrechen der heutigen Volksschule, s.a. Magazin, pädagogisches. 215. Hft.

Über zwei Grundgebrechen der heutigen Volksschule. Von Rektor [D.] Horn in Orsoy. *Langensalza: H. Beyer u. Söhne 1903.* (17 S.) 8°
— Magazin, Pädagogisches. H. 215. [illegible]

— Georg Klingenberg u. s. Schulgemeinde. Ein Bild aus d. niederrhein. Schulleben. Vortrag, geh. auf der Lehrerkonferenz in Frankfurt a/M. am Osterdienstag 1897. [Aus: „Evangel. Schulbl."] gr. 8. (24 S.) Ebd. 897. n. — 30

— die Mittelschule, e. nothwendiger Ausbau unsers Volksschulwesens. Auf Veranlassg. d. Vereins evangel. Lehrer u. Schulfreunde f. Rheinland u. Westfalen hrsg. 8. (58 S.) Witten 871. Krüger. n. — 50

— s.: Schulblatt, evangelisches.

Horn, kleine Schulgemeinden u. kleine Schulen, s.a. Magazin, pädagogisches.

Kleine Schulgemeinden und kleine Schulen. Von Rektor Horn in Orsoy. *Langensalza: H. Beyer & Söhne 1902.* (16 S.) 8°
— Magazin, Pädagogisches. H. 179. [illegible] 3

— die Trennung der Schule v. der Kirche. Vortrag. gr. 8. (31 S.) Ebend. 871. n. — 40

Horn, D., über Hollands Volksschulwesen. gr. 8. (IV, 91 S.) Langenberg 877. (Elberfeld, Langewiesche's Buchh.) *

— über ein. Vorfragen z. Studium d. Langes Apperception. Vortrag, geh. in d. Mörser freien Lehrerkonferenz. [Aus: „Evangel. Schulbl."] gr. 8. (21 S.) Gütersloh 896. C. Bertelsmann. n. — 40

Horn, D., über einige Vorfragen zum Studium v. Langes Apperzeption. Vortrag, geh. in der Mörser freien Lehrerkonferenz. 2. Aufl. (22 S.) gr. 8. Gütersloh 910. C. Bertelsmann. — 40

Horn, D., welche Anforderngn. stellen d. Zeitverhältnisse an d. Volksschullehrerstand? Vortrag, gehalten z. Jahresversammlg. d. Vereins. ev. Lehrer u. Schulfreunde in Rheinland u. Westfalen d. 6. Juni 1895. [Aus: „Evangel. Schulbl."] gr. 8. (24 S.) Gütersloh 895. C. Bertelsmann. n. — 40

Horn, Dietrich [Hrsg.], s. Zahn, Franz Ludwig: Gesammelte Schriften.

Horn, E., ein wissenschaftlicher Beweis und ein unwissenschaftlicher Gegenbeweis. Humoreske ernsten Inhalts. 8. (44 S.) Königsberg 887, (Gräfe und Unzer.) ** — 75

Horn, E., das Buch schönster Album- und Stammbuchverse. Ein Vergißmeinnicht, gewidmet der Liebe und Freundschaft. Ster.-Ausg. 16. (160 S.) Reutlingen 884, Enßlin und Laiblin's Verlagsh. cart.

Horn, E., neuester Deklamator u. Coupletsänger. Eine Sammlg. der besten Gedichte u. Vorträge f. gesell. Kreise. Neue Ster.-Ausg. 12. (192 S.) Reutlingen 891. Enßlin & Laiblin. Kart. 1. 20

Horn, E., Geschäftsaufsätze, s.: Otto, H. E., Schreibschule.

— neueste und schönste Polterabend-Scenen, s.a. Volksbücher, neue.

Horn, E., neueste u. schönste Polterabend-Szenen. Reichhaltige Auswahl ernster u. heiterer Vorträge zur Unterhaltg. u. Belustigg. bei Polterabenden. 206.—215. Taus. (64 S.) kl. 8. Reutlingen (909). Enßlin & Laiblin. — 20

Horn, E. C. Jul., polnisches Choral-Buch enthaltend sämmtliche Melodieen zu den Liedern des evangelisch-polnischen Gesangbuches, gesammelt u. herausg. Vierstimmig für die Orgel bearb. von C. Karow. Erfurt 860. Korner's Verlag. qu. 4. (XII, 66 S.) n. 1 ₰ 20 ngr.

Horn, E. Guil., praes. Fr. Chr. Junker, De rara epilepsiae specie. 20 pp. Hal. 4°. 1763

Horn, C. H. F., die Heilsveranstaltungen Gottes zur Wiederbringung des gefallenen Menschen. Vorlesung am 28. Jan. 1862 gehalten. gr. 8. (18 S.) Danzig 862, (Rabus.) *

Horn, Ed., Beschreibung einiger die Branntwein-Brennerei u. Bier-Brauerei betreff. Hefenmittel. 8. Eisenberg 845, Schöne'sche Buchh.

Horn, Eduard

Horn, zur Apologie der Trinitätslehre. Vorlesung, geh. bei der Pastoral-Conferenz in Königsberg am 10. Juni 1892. 12. (20 S.) Königsberg i/Pr. 892. (Gräfe & Unzer.) n. — 20

Zur Apologie der Trinitätslehre. Vorlesung, geh. in Königsberg 1892 von [Eduard] Horn, Superint. a. D. *Königsberg 1892: Ostpr. Zeitungs- u. Verl.-Dr.* (20 S.) 8° [F.] 104. 118 ; 10

Horn, E., die Grenzen der sittlichen Verantwortlichkeit. Vorlesung. gr. 8. (16 S.) Königsberg 886. (Gräfe & Unzer.) n.n. — 50

Horn, Herr, gieb, was du befiehlst, und dann befiehl, was du willst. Predigt, beim Eröffnungs-Gottesdienst für den Provinzial-Kongreß für innere Mission in Ostpreußen gehalten am 20. Oktbr. 1880 in der Schloßkirche zu Königsberg in Ostpr. gr. 8. (12 S.) Königsberg 880, Bon's Buchh. *

Horn, Eduard. Die Leidensgeschichte unseres Herrn und Heilandes Jesu Christi in vierundzwanzig Betrachtungen. Königsb. i. Pr. 1899. H: *Keil, Adolph.* (Berl)

[F.] Die Leidensgeschichte unseres Herrn u. Heilandes Jesu Christi in vierundzwanzig Betrachtungen v. **Eduard Horn**, weil. Superintend. . . . zu Powunden. (Hrsg.: Prediger Dr. A[dolf] Keil.) *Königsberg i. Pr.: W. Koch 1899.* (4 Bl., 199 S.) 1 Bd 8. 1[illegible] Ko

Horn, Elzeario, Ord. Min., (1725–44), Ichnographiae locorum et monumentorum veterum terrae sanctae, accurate delineatae et descriptae a H. E codice Vaticano latino No. 9233 excerpsit, adnotavit et ed. (cum 75 figuris et appendice historica ex eodem codice) Hieron. Golubovich, Ord. Min. (LX, 301 S.) gr. 4 Romae 902. (Turin, C. Claussen.) n.n. 24. —

Horn, (Gust. Adolph.) Aemil. (geb. Krotoschin 21. 8. 1835): Nonnulla de asphyxia chloroformio inducta. Berolini (1860). (32 S.) 8°
Berlin, Med. Diss. v. 3. Apr. 1860

— **Erdmann Gottfried** (Poesneck-Saalfeld), De debilitate, symptomate febrili. Diss. med. Präs. Johann Christoph Andreas Mayer. Frankfurt a. O. (Johann Christian Winter) Okt. 1779. 22 S. (6.50) 16053
Gew.: Johann v. Bandemer, Carl Ludwig v. Patzkowsky (Tschauschwitz), Johann David Horn.

Horn, Erich: Die Harpoceraten der Murchisonae-Schichten des Donau-Rhein-Zuges. Heidelberg: Winter 1909. 75 S. 8° ¶(Aus: Mitteilungen d. großh. bad. geolog. Landesanst. Bd 6.)
Freiburg i. B., Phil. Diss. v. 1909, Ref. Deecke
[Geb. 25. Juli 83 Mose; Wohnort: Frankfurt a. O.; Staatsangeh.: Preußen; Vorbildung: Gymn. Frankfurt Reife O. 04; Studium: Jena 4, Freiburg i. B. 5 S.; Rig. 26. Juni 08.] [U 10. 1059

ab Horn, Ericus: De investitura eventuali et expectativa feudali. Berolini (1865). (75 S.) 8°
Berlin, Jur. Diss. v. 1. Juli 186

Horn, Ericus ab, de investitura eventuali et expectativa feudali. Dissertatio inauguralis. gr. 8. (IV, 76 S.) Berlin 865. (Puttkammer & Mühlbrecht.) n. — 50

Horn, Erich, s.: Rechenhelfer, zuverlässiger.

— **Ernst**, De opii abusu tam respectu veteris quam novae medicorum doctrinae. Wittbg. (Wwe. Charisius) 17. V. 1804. 25 S. (6.30) 16054

— **Diss.** de opii abusu, tam respectu veteris, quam novae medicorum doctrinae. 8. Wittenb. 804. Zimmermann.

— Anfangsgründe d. medicin. Klinik. 2 Bde. in 4 Abtheill. gr. 8. Erf. (u. Gotha) 807, 8. Hennings. 3 ℛ 16 gr.

— Anfangsgr. der medic. Klinik. 2 Bde. Erf. Hennings. 807—8. (in Bds. 1e u. 2e Abth. à 1 Rthlr. 2n Bds. 1e u. 2e Abth. à 20 gr.)

Horn, Ernst: Anfangsgründe der medizinischen Klinik. Bd 1-2, gbd.

Wien: Doll 1812

JB 2.369

Horn, Ernst: Anweisung zum richtigen medizinischen und chirurgischen Gebrauch der Königlich Preußischen Landes-Pharmacopöe. Berlin: 1803

s.: Horn, Ernst: Handbuch der praktischen Arzneimittellehre für Ärzte und Wundärzte. Berlin: 1803

JB 1.478

Horn, Ernst, Aphorismen. Eine Denkschrift von Gust. Hauck. 16. (89 S.) Leipzig 849, Arnoldische Buchh. *

Horn, Ernst (Hrsg.):

s.a. Archiv für medizinische Erfahrung. Bd 1-5, N.F. 1-2, 4-9. Jg. 1809/2-3, 1810/1, 1811-1813, 1815/1, 1816-22/1, 1823-26. Leipzig: 1801-26.

JB 6.096

Horn, Ernst, Archiv f. medicin. Erfahr. 1r u. 2r Bd. gr. 8. Leipz. Rein. 801. (à 2 Rthlr. 16 gr.)

— — dess. 3r bis 9r Bd. gr. 8. Berl. Braunes. 804—806. (3r 4r à 1 Rthlr. 12 gr. 5r 6r à 2 Rthlr. 7r 8r à 2 Rthlr. 8 gr. 9r 2 Rthlr. 16 gr.)

— — Archiv für mediz. Erfahrung rc. 3r — 9r Bd. gr. 8. Berlin. 804 — 806. Ist jetzt Verlag von Rücker.

— neues Archiv f. medicin. Erfahrung. 1r bis 8r Bd. gr. 8. Ebendaselbst. 805 — 808. (1r 2r Bd. à 2 Rthlr. . gr. 3r 2 Rthlr. 16 gr. 4r 5r 6r à 1 Rthlr. 12 gr. 7r 8r à 2 Rthlr.) (NB. der 1ste 2te 3te Band ist von dem vorigen Buche der 7te 8te 9te Bd.)

— — desselben 9r bis 14r Band. gr. 8. Berlin, Hitzig. 809—810. (à 2 Rthlr.)

— Archiv f. praktische Medicin u. Klinik. 1r bis 5r Bd. gr. 8. Berlin, Braunes 807. 808. (1r 2r 3r à 1 Rthlr. 12 gr. 4r 5r à 2 Rthlr.)

— — Archiv für prakt. Medizin u. Klinik. 1r bis 5r Bd. gr. 8. Berlin. 807 und 808. Ist jetzt Verlag von Rücker

— — desselb. 6r bis 11r Bd. gr. 8. Berlin, Hitzig. 809. 10. (à 2 Rthlr.)
(NB. diese 11 Bände sind von dem vorigen Buche der 4te bis 11te Bd.)

— — 6r bis 11r Bd. gr. 8. Berlin. 809. 80. Jetzt Dümmler.

Horn, Ernst, Archiv f. medizin. Erfahrung. Neue Folge. Jahrg. 1811—14. 1r—4r Bd. gr. 8. Berl. Dümmler. (Der Jahrg. in 6 Doppelheften à 6 Rthlr.)

— — dasselbe; Jahrg. 1815. gr. 8. Berlin, Realschulbuchhandl.

— — Dr. Nasse und Dr. Henke, Archiv für medizinische Erfahrung im Gebiet der prakt. Medizin und Staatsarzneikunde. Neue Folge. Jahrg. 1816 — 821. gr. 8. Berlin, Reimer. Jeder Jahrg. in 6 Heften. à 6 Rthlr.

— — Universalregister des Archivs fur med. Erfahrung. Vom 1sten Bande bis zum Jahrg. 1817. gr. 8. Berlin, Reimer. 819.

Horn, (Ernst,) Nasse u. Henke, Archiv f. medizin. Erfahrung im Gebiete d. Medizin, Chirurgie ꝛc. Jahrgg. 1822 — 27. gr. 8. Berlin, Reimer.

Bibliothek vornehmlich aus dem Nachlasse des bekannten Bibliophilen Dr. Ernst Horn-Mödling ... Versteigerung ... durch Max Perl, Berlin SW. (Altenburg 1910: Bonde.) 104 S. 8°

Horn, Ernst: Beiträge zur medizinischen Klinik, gesammelt auf meinen Reisen durch Deutschland, die Schweiz und Frankreich. Th.1 - 2, gbd., Abb.

Braunschweig: Reichard 1800

JB 2.368

— u. C. W. Hufeland, summar. Bericht üb. das k. Charitékrankenhaus im J. 1816, nebst [illegible] rkl. u. Beschreib. des in dieser Anstalt gebräuchl. Dampfbade-Apparats ꝛc. Mit 1 Kpf. 8. Berl. 817.

— S. Cholera-Archiv.

— Erfahrr. üb. die Heilung d. ansteckenden Nerven- u. Lazareth-Fiebers, u. die Mittel, seine Entstehung u. Verbreitung zu verhüten. 8. Berl., 1e u. 2e Aufl. 814. Dümmler. 18 ℊ

Ernst Horn

Erfahrungen über die Heilung des ansteckenden Nerven- und Lazarethfiebers und über die Mittel, seine Entstehung und Verbreitung...zu verhüten u. sich vor Ansteckung zu sichern. Von Ernst Horn. Berlin: Hitzig 1814: Unger. VIII,140 S. 8

— üb. Erkennt. u. Heilung der Pneumonie. gr. 8. Frankf. Willmanns. 802.

Horn, Ernst: Über die Erkenntniss und Heilung der Pneumonie. Frankfurt a. M. 1802. XV, 320 S.

— rechtfertigendes Erkenntniß d. königl. preuß. Kammergerichts, in d. wider mich geführten Criminal-Untersuchung, als Darstellung d. Verhältnisse zwischen mir u. d. Hrn. Geh. Medizinalrath Dr. Kohlrausch. 8. Berl. Salfeld. (in Comm.) 812.

— — rechtfertigendes Erkenntniß des K. Preuß. Kammergerichts ꝛc. 8. Berlin. 812. Ist jetzt Verlag von Rücker.

— Grundriß d. medicinisch. chirurgischen Arzneymittellehre. gr. 8. Berlin, Braunes. 804.

— Grundriß d. medizin.-chirurgischen Arzneymittellehre. gr. 8. 804.
(Ist jetzt Verlag von Achenwall u. Comp. in Berl.)

Horn, Ritter Er., Grundriß d. medicinisch-chirurg. Arzneimittellehre. gr. 8. Berl. 804. (Rücker; a. Reimer). 1 ℛ 8 ℊ

— — Grundr. der med. chirurg. Arzneymittellehre. gr. 8. Berlin. 804. Ist jetzt Verlag von Reimer.

Horn, Ernst: Grundriss der medizinisch-chirurgischen Arzneimittellehre. Berlin 1804. 316 S.

Horn, Ernst: Gutachten über den Gemüthszustand des Tobackspinnergesellen Dan. Schmolling, welcher den 25. Sept. 1817 seine Geliebte tödtete. Berlin 1820.

(S.-A. a.: Archiv f. medizin. Erfahrung. Jg. 1820.)

— Handbuch d. prakt. Arzneimittellehre. gr. 8. Berl. 803. 2e A. 806. Braunes. 3 ℛ 16 ℊ (A. u. d. T.: Anweis. zum richtigen Gebrauch d. Landespharmakopöe.)

Horn, Ernst: Handbuch der praktischen Arzneimittellehre für Ärzte und Wundärzte. 896 S., gbd.

Berlin: Oemigke 1803

JB 1.478

— Handbuch d. pract. Arzneymittellehre. gr. 8. Ebd. 805. (a. unt. d. Tit. Anweis. z. richt. Gebr. d. Landespharmacopoe.)

— Handb. d. medicin. Chirurgie. 1r u. 2r Bd. gr. 8. Berlin, W. Oehmigke. (a. Braunes) (à 2 Rthlr.)

— Handbuch d. medizin. Chirurgie. 2 Bde. gr. 8. 804. (Ist jetzt Verlag von Achenwall u. Comp. in Berl.)

— Handbuch d. medicin. Chirurgie. 2 Thle. gr. 8. Berl. 804 u. 806. W. Oehmigke. 4 ℛ Mit n. Tit. 816. (Leipz., Brockhaus). 4 ℛ

Horn, Ernst: Handbuch der medicinischen Chirurgie. Neueste Aufl. Th.1 - 2, gbd.

Berlin: 1805 - 1806

JB 3.334

— S. W. Horn, de tabe dorsuali.

Horn, Ernst, Friedr. Nasse u. Wilh. Wagner, Journal f. d. gesammte prakt. Heilkunde etc., s. Journal.

Ernst Horn

De Mutatione atque transitu catarrhi in phthisin pulmonalem eiusque prohibitione. Gottingae (1797:) Barmeier. 48 S. 8°

Göttingen, Med. Diss. v. 10. Apr. 1797

(Horn, Ernst): „Zuverlässiger Rechenhelfer, oder Ausrechner für den Ein- und Verkauf nach Mark und Pfennigen deutscher Reichsmünze ..... nach Stücken, Centnern .... und sonst im Handel vorkommenden Gegenständen", 4. Auflage, Weimar o. J. — Vorh.: Bibl. des Kammergerichts Berlin — Od. 3010'.

— — öffentliche Rechenschaft über meine 12jährige Dienstführung als 2ter dirig. Arzt der Charité in Berlin, nebst Erfahrungen über Krankheit- und Irrenanstalten, mit 6 Kupf. gr. 8. Berlin, Reimer. 818.

Horn, Ernst, neuer Spiritus-Berechner. Tabellen zur Benutzg. beim Handel m. Spiritus nach Litern u. Literprocenten, sowie zur Preis-Berechng. nach Mark u. Pfennigen deutscher Reichswährg. 8. (IV, 295 S.) Weimar 876. B. F. Voigt. 2. 25

Horn, Ernst, neuer Spiritus-Berechner. Tabellen zur Benutzung beim Handel mit Spiritus nach Litern und Liter-Prozenten, sowie zur Preis-Berechnung nach Mark und Pfennigen deutscher Reichswährung. 2. wohlfeilere (Titel-)Ausg. 8. (IV, 295 S.) Weimar 888, B. F. Voigt. cart. *

— s. K. Gundelin, Handbuch.

— Taschenbuch f. Aerzte u. Wundärzte. 8. Berl. 803. (Brockhaus in Leipz.) 1 Rthl. 12 gr.

— u. A. Henke, Taschenbuch f. Aerzte u. Wundärzte. 8. Berlin, Braunes. 807.

— klinisches Taschenbuch, s.o. Taschenbuch.

Horn, Ernst: Klinisches Taschenbuch für Ärzte und Wundärzte. Berlin 1803. VIII, 307 S.

— — klinisch. Taschenbuch für Aerzte und Wundärzte. 8. Berlin. 803. Ist jetzt Verlag von Schade, auch Brockhaus in Leipzig

Ernst Horn

Klinisches Taschenbuch....Von Ernst Horn u. Adolph Henke. Berlin: Braunes 1807. X,364 S. 8°

— u. Ad. Henke, klinisches Taschenbuch f. Aerzte u. Wundärzte. 8. Berl. 808. (Herbig; a. Rücker). 1 Rthl. Mit n. Titel u. Jahrz. 810. Leipz., Brockhaus. 1 Rthl.

— Diss. inaug. de transitu catarrhi in phthisin pulmonalem ejusque prohibitione. 8. Götting. 796.

— preußischer Umrechner der bisherigen in die neuen deutschen Münzen, Maße, Gewichte u. Preise. Zum Gebrauch im Comptoir, im Bureau, in Fabriken rc. gr. 16. (XXVIII, 199 S.) Weimar 875. B. F. Voigt. 1. 50

— Versuch üb. d. Natur u. Heilung d. Ruhr. 8. Erf. Hennings. 806.

— Versuch üb. Natur u. Heilung der Ruhr. 8. Erf. (u. Gotha) 806. Hennings. 1 Rthl.

Horn, Ernst: Versuch über die Natur und Heilung der Ruhr. 112 S., gbd.

Wien: mit v.Ghelenschen Schriften 1807

JB 5.089

— Versuch einer praktischen Nosologie d. Fieber. (a. unt. d. Tit. Nachträge z. meinen Beyträgen d. medic. Klinik.) 1s Heft. 8. Braunschw. Reichard. 800.

— Versuch e. prakt. Nosologie d. Fieber. (Auch u. d. T.: Nachlese zu meinen Beitr. der medicin. Klinik.) 1s Hft. 8. Braunschw. 800. Reichard; (a. Vogler in Potsd.) 6 gr.

Horn, Er., Versuch einer prakt. Nosologie der Fieber. A. u. d. T.: Nachlese zu meinen Beiträgen d. medicin Klinik. 1s Hft. 8. Braunschweig 800. Reichard. (Berlin, sonst Vogler jetzt G. Bethge.) 1/4 Rthl.

— üb. d. Werth d. medicinisch. Erfahr. gr. 8. Berl. Braunes. 807.

— — über den Werth der medizin. Erfahrung. gr. 8. 807. Ist jetzt Verlag von Reimer, auch Rücker in Berlin

— u. W. Wagner, Wie hat man sich vor der Cholera zu schützen, u. was hat man bei ihrem Eintritte zu ihrer Heilung u. zur Verhütung der weitern Verbreitung zu thun? Zur Beruhigung des Publikums beantwortet. gr. 8. Berl. 831. Cosmar u. Kr. 6 gr.

—— und Wilh. Wagner, wie hat man sich vor d. Cholera zu schützen, u. was hat man bei ihrem Eintritt zu ihrer Heilung u. z. Verhütung d. weiteren Verbreitung zu thun? — Zur Beruhigung d. Publikums beantwortet. gr. 8. (2 B.) Berlin 831, [Zesch.]

— üb. d. Wirkung. des Lichts auf d. lebend. menschl. Körper. mit Ausnahme des Sehens. gr. 8. Konigsberg, Unzer. 799.

Ernst Horn

Über die Wirkungen des Lichts auf den lebenden menschlichen Körper, mit Ausnahme des Sehens. Königslutter: Culemann 1799. IV,132 S. 8°

Göttingen, Med.Preisschr. v.4.Juni 1797

Horn, E., s. Wörterbuch, encyclopäd., d. medicin. Wissenschaften.

Horn, Ern. August. (geb. Berlin 6. 4. 1845): De aegrotorum in tentoriis curatione. Berolini (1866). (32 S.) 8°

Berlin, Med. Diss. v. 25. Juni 1866

Horn, Ewald [aus Görsdorf]: Beiträge zur Kenntnis der Entwickelungs- und Lebensgeschichte des Plasmakörpers einiger Kompositen .... Göttingen, Druck d. Dieterich'schen Univ.-Buchdr. W. Fr. Kästner, 1888; 47 + 1 S. 8°

Göttingen, Phil. Fak., Inaug.-Diss. v. 27. Febr. 1888

Horn, Ewald, Beiträge zur Kenntnis der Entwickelungs- und Lebensgeschichte des Plasmakörpers einiger Kompositen. Inaugural-Dissertation. gr. 8. (47 S.) Göttingen 888, (Vandenhoeck und Ruprecht.) * 1 —

Horn, Ewald, Bibliographie der deutschen Universitäten, s.: Erman, Wilh.

Horn, Ewald, die Disputationen u. Promotionen an den deutschen Universitäten vornehmlich seit dem 16. Jahrh., s.a. Centralblatt f. Bibliothekswesen.

Horn, Ew., Die Disputationen und Promotionen an den deutschen Universitäten vornehmlich seit dem 16. Jahrhundert. Mit einem Anhang, enthaltend ein Verzeichnis aller ehemaligen und gegenwärtigen deutschen Universitäten. Leipzig 1893. 8.
A. u. d. T.: Centralbl. f. Bibl.-Wesen. Beiheft 11. . . . . (D.)

Max Stirners ethischer Egoismus. Eine Säkular-Rede von Ewald Horn. Berlin: L. Simion Nachf. 1907. (48 S.) 8° [F.] (07. 4946

'Akademische Freiheit'. Hist.-krit. Untersuchung u. freimütige Betrachtung nebst e. Anh. über student. Ausschüsse von Prof. Dr. Ewald Horn. Berlin: Trowitzsch & Sohn 1905. (VII, 117 S.) 8° (05. 808)

Horn, E., Kolleg u. Honorar. Ein Beitrag z. Verfassungsgeschichte d. deutschen Universitäten. gr. 8. (IX, 157 S.) München 897. Akadem. Verlag. n. 2. 50

Horn, Ewald. Das höhere Schulwesen der Staaten Europas. Eine Zusammenstellung der Lehrpläne von E' H', ... Berlin. VIII + 202 S. gr.-8. Berlin, Trowitzsch & Sohn, 1906. [M. 6. —]
Darin S. 85—98: Schweiz.

Horn, Ewald, das höhere Schulwesen der Staaten Europas. Eine Zusammenstellg. der Stundenpläne. 2., verm. u. verb. Aufl. (VIII, 209 S.) Lex. 8. Berlin 907. Trowitzsch & Sohn. 6. —

Horn, Verzeichnis der an den höheren Lehranstalten Preussens eingeführten Schulbücher. Im amtl. Auftrage hrsg. gr. 8. (V, 131 S.) Leipzig 901. B. G. Teubner. n. 2. —; geb. n. 2. 60

— Verzeichnis der an den höheren Lehranstalten Preussens eingeführten Schulbücher. Im amtl. Auftrage hrsg. 2. Ausg. (VI, 117 S.) Lex.-8 Leipzig 906. B. G. Teubner. n. 2. —; geb. n. 2. 60

Horn, F. (I.), das Branntwein-Monopol und die Branntweinsteuer-Erhöhung. Vortrag im Verein für deutsche Volkswirtschaft mit Diskussion nach stenograph. Bericht nebst Erläuterungen und Rückblick auf die Reichstagsdebatte. gr. 8. (30 S.) Berlin 886, Puttkammer und Mühlbrecht. * — 80
Aus: Zeitschrift des Vereins für deutsche Volkswirtschaft, besonders abgedruckt.

Horn, F., das Herrenhaus. Eine Studie u. e. Vorschlag. (41 S.) 8. Wien 906. F. Deuticke. 1. —

Horn, F. A., Uebers. v. Weinbau u. d. Kellereywirthsch. bes. in Sachs. 8. Dresd. Beger. 801.

Horn, F. J. Originationes epicae. Specim. I. 21 S. . . . .
Progr. Rastenburg 1839

Horn, F. M., Anleitg. zur chemisch-technischen Analyse organischer Stoffe. gr. 8. (XV, 244 S. m. 35 Tab. u. 32 Fig.) Wien 890. Šafář. geb. n. 5. 40

Horn, F. W., System eines neugermanischen Baustyls (in 3 Sprachen). — Système d'un nouveau style d'architecture germanique (gothique). — System of a new style of german (gothic) architecture. gr. 4. Mit 8 lith. Taf. Potsdam 816, Stuhr'sche Buchh. geb. n. 2⅔ ₰

Horn, Ferd., offener Brief an Hrn. Hofrath Dr. Theodor Billroth. gr. 8. (14 S.) Wien 876. Hölder in Comm. n. — 40

Horn, Ferd., Lessing, Jesus und Kant. Zur 100jähr. Gedenkfeier von Nathan dem Weisen und der Erziehung des Menschengeschlechtes. 8. (V, 154 S.) Wien 880, Gerold's Sohn. *

Horn, Dr. Ferdinand, Platostudien Gr.-8. (XII, 408 S.) Prag: Temsky, 1883. 3.60

Platonstudien von Dr. Ferdinand Horn. [Nebst] Neue Folge. *Wien: F. Tempsky (2: A. Hölder) 1893–04.* 2 Bde 8°
Neue Folge. Kratylos, Parmenides, Theätetos, Sophist, Staatsmann. 1904. (04. 14861

Horn, Ferd., Platonstudien. Neue Folge: Kratylos, Parmenides, Theätetos, Sophist, Staatsmann. (X, 416 S.) gr. 8. Wien 904. A. Hölder. n. 8, 40

Horn, Dr. Ferd., *eine Reichspartei. Oesterreichische Verfassungsstudien.* Wien, Carl Gerold's Sohn, 1882. 8°. Cart. *)
2 Bll. u. 123 S.

Horn, Ferd., Schulgrammatik der deutschen Sprache in 6 Uebungskursen. 2., verb. u. erweit. Aufl. der „Uebungsschule in den Wort- u. Redeformen der deutschen Sprache". 1. u. 2. Bdchn. gr. 8. Leipzig 878. Oehmigke. à n. 1. 40
1. Kursus 1—3 enth. (VIII, 136 S.)
2. Kursus 4—6 enth. (IV, 150 S.)

Horn, Ferd., Uebungsschule in den Wort- und Redeformen der deutschen Sprache. 2. Bdchn. gr. 8. (VI und 151 S.) Erfurt 862, Körner's Verlag. *
1. Bdchn. Ebendas. 1861. * 15 Ngr.

Horn, Flora, Abbazia. Reiseskizzen. 8. (84 S. m. Abb.) Dresden 897. E. Pierson. n. 1. —

Horn, Fr.

Horn, Fr., Felke Kurpfuscher, Arzt. Ein Beitrag zur philosophisch-krit. Betrachtg. der Heilkunst. (23 S.) gr. 8. Crefeld 910. Worms & Lüthgen. — 50

Horn, Fr., Polterabend-Scherze für ein, zwei und mehrere Personen. Orig.-Dichtungen. 16. (IV und 111 S.) Thonberg an Leipzig 865, Reusse.

— Religionsgesänge f. Volksschulen bei Morgenandachten. 8. Erfurt 825, Müller.

Horn, (Fr.,) der Schullehrer-Stand, wie er war, ist u. seyn soll, u. sein Verhältniß zu Staat u. Kirche. Allen Volksschulfreunden u. allen braven Volksschul-Lehrern mit Vertrauen u. Liebe gewidmet. gr. 8. Aachen 826, Rossel.

— geordneter Stoff zu Morgenandachten, zum Gebrauch für Lehrer. 8. Erfurt 825, Müller.

Horn, Fr., neueste Weihnachtsgedichte u. Wünsche f. jung u. alt. Neue Ster.-Ausg. (64 S.) 16. Reutlingen (903.) Enßlin & Laiblin. n. — 15

Horn, Frank R(obertson) van: Petrographische Untersuchungen über die Noritischen Gesteine der Umgegend von Ivrea in Oberitalien. *Wien: A. Hölder 1897.* (30 S. mit Kt.) 8° (Aus: Tschermak's Mineralogische und petrographische Mittheilungen, Bd 17 H. 5.)
Heidelberg, Naturw.-math. Diss. v. [14. Okt.] 1897

Horn, Frz., deutsche Abend-Unterhaltungen. Kleine Romane u. Biographien. 8. Berlin 822. (A. Forster.) 1½ ₰

Horn, Franz, deutsche Abendunterhaltungen; kl. Romane u. Biographien. 8. Berl. 822. Schüppel. 1 ₰ 8 gr

Horn, Fr., Andeutungen f. Freunde der Poesie. s. a. u. Luna. Ein Taschenbuch . . . .

Horn, Frz., Andeutung. f. Freunde d. Poesie. 8. Züllichau, Darnmann. Rthlr.

Horn, Frz., Andeutungen für Freunde der Poesie. 8. Züllichau 804. (Serig in Leipz.) 18 gr. Hbg. Pr. 12 gr

Horn, F., Antrittspredigt in der Martinikirche zu Halberstadt am 26. Aug. 1888. 8. (11 S.) Halberstadt 888. (Schimmelburg.) n. —50

— Bertha, od. Liebe u. Ehe. s. a. u.: Liebe u. Ehe.

HORN, Franz (1783—1837), Bertha, oder Liebe und Ehe. (Zahmer, von Goethe beeinflusster) Roman. Berlin 1819. 8⁰. 309 S.
— — Dasselbe. Ebd. 1821. 8⁰.
Goedeke VI, 389, 35.

Horn, Frz., Willibald Beyschlag, s. a. Wartburghefte. 31.

Willibald Beyschlag. Von F[ranz] Horn, Oberpfarrer. (Leipzig: C. Braun in Komm. 1905.) (29 S.) 8⁰ [Kopft. F.]
— Wartburghefte. No 31. [07. 8684 3

— Willibald Beyschlag u. der Gustav-Adolf-Verein, s.: Festschriften f. Gustav-Adolf-Vereine. 27. Hft.

— Fr. Gedicke's Biographie, aus d. Papieren desselben, s. a. Gedicke.

— Fr. Gedikes Biographie, a. d. Papieren desselben. 8. Berlin, Unger. 808.

— — Friedrich Gedike, eine Biographie. 8. Berlin. Ist Verl. von Rücker.

— s. Cypressen.

— die Dichter. 3 Bde. 8. Leipz. 817, 18. Rein. 3 ₰

Horn, Frz., Dichtercharaktere u. biograph. Skizzen vermischter Gattung. 8. (23½ B.) Berlin 830, Herbig.

— der Einsame, od. d. Weg d. Todes. 8. Leipz. 801. N. Aufl. 807. (Hinrichs). 16 gr

— Erhebung u. Beruhigung. Erzähll. u. Lebensbeschreibungen. 8. Berl. 824. Schüppel. 1 ₰ 6 gr

Horn, (Frz.) Erläuterungen üb. Shakespeare's Schauspiele. 1r—4r Bd. gr. 8. Leipz. 822—27. Brockhaus.

DONNER, Carl (d. i. *Franz Horn*, 1781—1837), Erzählungen im romantischen Gewande. Wolfenbüttel, Albrecht, 1797. 8⁰.
A. G. Schmidt, Gallerie (1840): „Nach Raßmann, Lexik. S. 45, soll Joh. Christian Markwort, lebt gegenwärtig als pension. Chordirector in Darmstadt, geb. (nicht 1780, sondern) am 13. Sept. 1778 zu Reißlingen, einem Dorfe im Braunschweigschen, C. Donner sein. — Eben so muß auch die ihm von Raßmann im Pantheon deutscher jetzt lebender Dichter S. 210 zugeschrieb. Schrift „Zypressen. Braunschw. 1800." Franz Horn beigelegt werden."

— romant. Erzählungen. 8. Berl. 821. Schüppel. 1 ₰ 10 gr

— evangelisch bis zum Sterben! Der Brief des Paulus an die Philipper, ausgelegt. gr. 8. (68 S.) Heidelberg (902). Ev. Verl. n. —60

Horn, Frz., ein' feste Burg ist unser Gott. Das Lied der Lieder. [Aus: „H., Sang u. Klang im Kirchenwald".] (15 S. m. 1 Bildnis.) gr. 8. Leipzig (907). F. Jansa. n —15

— Fortepiano. Kleine heitere Schriften. 2 Thle. 8. (23½ B.) Iserlohn 831, Langewiesche. à 1 Thlr.

— dass. 3. Thl. — A. u. d. T.: Heitere Spaziergänge. 8. (16 B.) Ebds. 832.

Horn, Frz., Frankreich, s. Länder und Völker nach Reisebeschreibungen.

— für Freund u. Feind. Worte zum Gedächtnis Ludwig Richters. (Geb. 28. IX. 1803.) Ansprache, geh. bei der XVI. Generalversammlg. des evangel. Bundes in Ulm a. D. am 28. IX. 1903. (10 S.) 8. Leipzig 903. C. Braun. n.n. —10

— Friedrich der dritte, Kurfürst von Brandenburg, erster König in Preußen. gr. 8. Berl. 816. Maurers B. (Heinemann in Stolpen). 1 ₰ 16 gr Schrbp. 2 ₰

Gedächtnisspredigt in der Martinikirche zu Halberstadt geh. von F[ranz] Horn. *Halberstadt: Schimmelburg 1901.* (12 S.) 8⁰ [F.] [illegible] 3

— — Gedichte. gr. 8. Berlin, Christiani. 820.

— Gedichte. gr. 8. Berl. 820. (Cosmar u. Kr.); (a. Schuberth u. Niemeyer in Hamb.) 16 gr

Horn, Frz., Gedichte. gr. 16. (IV und 127 S.) Berlin 866, (H. Müller.)

— der Geist des Friedens; ein phantast. Gemälde. 8. Berl. 805. (Serig in Leipz.) 18 gr Hbg. Pr. 12 gr

— s. a. Gemälde, fantastische.

— —, Fantastische (von *Franz Horn*, geb. 30. Juli 1783 in Braunschweig, † 19. Juli 1837 in Berlin). Mit schönem Portrait H's nach Schnorr v. Karolsfeld (Grünler sc.). Leipzig 1801. 8⁰. 260 S. Zahm.
1. Die Enthüllung. 2. Der Verkannte. 3. Gedichte. — (Goedeke VI, 388, 18, 6: „Nicht ganz von ihm".)
— — Dasselbe. Ebd. 1807. 8⁰.
Anon.-Lex. II. p. 173 (nach Kayser).

Horn, Frz., histor. Gemälde. 8. Berl. Nicolai. 812.

Horn, Franz Historische Gemälde: Galba, Otho, Vitellius. 8. Berlin 1812.

— Gesch. u. Kritik d. deutsch. Poesie u. Beredsamk. 8. Berl. Schade. 805.

— Geschichte u. Kritik d. deutschen Poesie u. Beredtsamkeit. 8. Berl. 807. (Herbig). 1 ₰

Horn, F., das apostolische Glaubensbekenntnis in Predigten. gr. 8. (VI, 105 S.) Göttingen 893. Vandenhoeck & Ruprecht. n. 1.40; geb. n.n. 2.—

Horn, Franz, Guiskardo, der Dichter. 8. Leipz. 801. N. A. 817. Rein. 1 ℛ 6 g

— Henriko; e. Roman. 2 Thle. 8. Posen 809. Kühn. (Leipz., Centr.-Compt.) 2 ℛ 8 g

Horn, Frz., s.: Jahrbuch, deutsches meteorologisch. (Bayern).

— Kampf u. Sieg. 2 Bde. 8. Bremen 811. Heyse. 1 ℛ 18 g

Horn, F., Bismarcks Konfirmationsspruch (Kolosserbrief 3, 23). Rede zur Konfirmation u. Einsegng. in der Martinikirche zu Halberstadt am Palmsonntag 1899. gr. 8. (7 S.) Halberstadt 899. J. Schimmelburg. n. — 20

— s. S. Laroche, Briefe an Sophie.

— Latona. Unterhaltungsschriften. 2 Thle. 8. Berl. Nicolai. 810. u. 12. (à 16 gr.)

— das Leben Friedrich Wilhelm d. Großen, Kurfürsten von Brandenburg, nebst Andeutungen üb. die spätere Geschichte d. preuß. Staats vom J. 1688 — 1814. gr. 8. Berl. 814. Maurers B. Druckp. 1 ℛ 12 g Schrbp. 2 ℛ

Horn, Franz

Leben und Liebe. Novelle. 1817

s.a. Wagner, Gottlob Heinrich Adolf

— Leben u. Liebe. 8. Berl. 817. Schüppel. 12 g

— Liebe u. Ehe. 8. Berl. 819. N. A. 821. Enslin. 1 ℛ 12 g

— Leben u. Wissenschaft, Kunst u. Religion in Briefen u. Fragmenten. 8. Berl. 807. (Herbig). 1 ℛ

— Leben u. Wissenschaften, Kunst u. Religion in Briefen und Fragmenten. 8. Berlin, Schade. 807.

— Liebesscherz u. Tod; e. Roman. 8. ... 805. ...

— die schöne Literatur Deutschlands während des 18ten Jahrh. 2 Bde. 8. Berl. 812—13. Nicolai. 2 ℛ 4 g

— s. Luna, e. Taschenbuch.

— Luna, Taschenb. a. d. Jahre 1804. u. 5. m. K. v. Lips. 8. Züllichau, Darnmann.

Horn, F. (II.), Herrig's Luther-Festspiel in Halberstadt. Den Darstellern desselben gewidmet. gr. 4. (15 S. mit Luthers Bild.) Halberstadt 888, Schimmelburg. * — 50

— Mai u. September. Eine Samml. v. Novellen, Skizzen, Biographien, Gesprächen, Fragmenten, Kritiken u. Gedichten. 1. u. 2. Bd. 8. Iserlohn 833, Langewiesche. [1. (16½ B.) 1 Thlr., 2. (11⅓ B.) 1 Thlr. 6 Gr.]

— Nero; ein histor. Gemälde. 8. Leipz. 810. Hinrichs. 1 ℛ

— niemals herzlos u. gedankenlos!, s.a. Predigt-Hausschatz, evangelischer. Nr. 44.

Niemals herzlos und gedankenlos! Ev. Lucä 10, 31–38. Predigt über d. Gemeindegottesdienst am 13. Sonntag nach Trinitatis von F[ranz] Horn, Pred. in Halberstadt. *Halle a. S.: E. Strien [1903].* (12 S.) 8° [F.]
— Predigt-Hausschatz, Evangelischer. No 44. [04. 1530

— Novellen. 2 Bde. 8. Berlin 819, 20. (A. Förster.) 2¾ ℛ

— Novellen. 2 Bde. 8. Berl. 819 u. 20. Schüppel. 2 ℛ 18 g (2r Bd. A. u. d. T.: Romant. Erzählungen. 1 ℛ 10 g)

— Octavio. 1r Thl. 8. Tübing. 805. v. Cotta. 16 g

— Paulus-Predigten. (40 S.) gr. 8. Heidelberg (907). Ev. Verlag. — 60

— Deutsche Psalmen Paul Gerhardts u. seiner Zeit in Predigten, s.: Predigt-Bibliothek, moderne. V, 1.

— die Poesie u. Beredsamkeit d. Deutschen, von Luther's Zeit bis zur Gegenwart. 3 Bde. gr. 8. Berlin 822 — 24, Enslin. (1r Bd. 1 Rthl. 16 gr. 2r Bd. 1 Rthl. 16 gr. 3r Bd. 2 Rthl. 8 gr.)

— die Poesie u. Beredsamkeit d. Deutschen, v. Luthers Zeit b. zur Gegenwart. 4. Bd. gr. 8. (22 B.) Berlin 829, Th. Enslin. 1—3. Bd. Ebendas. 1822—24. 5 Thlr. 20 Gr.

— üb. C. Gozzis dramat. Poesie. 8. Penig, Dienemann. 803.

— üb. Karl Gozzi's dramat. Poesie. 8. Penig 804. Dienemann. (Leich in Leipz.) 8 g

— Psyche. Aus dess. Nachlaß ausgewählt v. Gust. Schwab u. Friedr. Förster. 3 Bde. 16. Leipzig 841, Teubner. [1. (18¼ B. u. H's. Bildn.), 2. u. 3. (à 18 B.) à 1 Thlr.]

Horn, Frz., aus Rand u. Band. Anekdoten u. Humoresken in laun. Dichtgn. 8. (95 S.) Berlin 898. A. Weichert. — 50

— Raphael v. Salvatora, s. Räubermädchen, das, 2r Thl.

— Sang u. Klang im Kirchenwald. Liederpredigten. (79 S.) gr. 8. Leipzig 908. F. Jansa. 1.—; geb. 1.60

Horn, F., im Schatten d. Martinikirche. Deutsch-evang. Lieder. gr. 8. (71 S.) Göttingen 898. Vandenhoeck & Ruprecht. Geb. in Leinw. m. Goldschn. n. 1.80

— üb. d. Schauspiele der Franzosen. 8. Leipz. Weigel. 801.

Horn, Frz., Shakspeare's Schauspiele, erläutert. 5. Thl. gr. 8. (21¼ B.) Leipzig 831, Brockhaus. Thlr.
1-4. Thl. Ebendas. 1822—27. 6 Thlr. 12 Gr.

— freundl. Schriften für freundl. Leser. 2 Thle. gr. 8. Nürnb. 817—20. Schrag. 4 ℛ 3 g

— s. Seneca, Abnelles.

— die Sonne, die mir lachet, ist mein Herr Jesus Christ, s.a. Predigt-Hausschatz, evangelischer. Nr. 40.

Die Sonne, die mir lachet, ist mein Herr Jesus Christ. 2. Kor. 4, 6. Predigt über d. christl. Kirchenjahr von Franz Horn, Pred. in Halberstadt. *Halle a. S.: E. Strien [1902].* (10 S.) 8° [F.]
— Predigt-Hausschatz, Evangelischer. No 40. [03. 1384 3

Horn, F. Der Sonntag. 8. (7 S.) Halberst. 889, Schimmelburg. * — 20

—— heitere Spaziergänge, s. oben dess. „Fortepiano," 8. Thl.

Philipp Spitta. Gedächtnisspredigt, in der Martinikirche zu Halberstadt geh. von Prediger F[ranz] Horn. *Halberstadt: Schimmelburg 1901.* (12 S.) 8° [F.] [03. 333]

— Tiberius; e. histor. Gemälde. 8. Leipz. 811. Hinrichs. 1 ₰ 4 gr

— der Traum d. Liebe. 8. Berl. 806. (Sander). 1 ₰ 8 gr

Horn, die Trojanerinnen; Trspl., s. Seneca, im 5n Theile.

Horn (III.). Des Christen Umgang m. den Verewigten. gr. 16. (15 S.) Halberst. 889, Schimmelburg. * -- 25

— — Umrisse zur Geschichte und Kritik der schönen Literatur Deutschlands während der Jahre 1790 — 818. 2te Aufl. gr. 8. Berlin. Enslin. 821.

— — Nachträge dazu, für die Besitzer der 1sten Aufl. gr. 8. Ebend. 821.

— ein Vor- u. Nachwort zu den Tagen d. evangelischen Bundes in Halberstadt. 2 Predigten, geh. in der Martinikirche zu Halberstadt. gr. 8. (12 S.) Leipzig 900. Buchh. des ev. Bundes v. C. Braun. n.n. — 10

— Victors Wallfahrten. 8. Penig 802. Dienemann. (Leipz., Leich). 1 ₰

—— Wein und Oel. Erzähln., Charakteristiken, Umrisse u. Bilder. 8. (21 B.) Dresden u. Leipzig 836, Arnoldische Buchh.

— Mit Witz u. Genie. Anekdoten u. Humoresken in laun. Dichtgn. 8. (95 S.) Ebd. 898. — 50

— Gottes Wort im alten Testament. Predigten üb. die v. der preuß. Generalsynode 1898 genehmigten alttestamentl. Perikopen, hrsg. auch m. Rücksicht auf deren Behandlg. im Schulunterricht. gr. 8. (X, 362 S.) Berlin 901. A. Haack. n. 5. —; geb. n. 6. —

— einige Worte üb. die Schauspiele der Franzosen. 8. Leipz. 801. Weigel. 4 gr (a. Voigt in Jena). 3 gr

— s. a. Zeitfragen.

— Vier Zeitfragen im Anschluß an Goethes „Faust" beantwortet nach Luther. Vortrag im Evangel. Bund zu Nürnberg u. zu Hildesheim. (20 S.) 8. Hildesheim 906. Gerstenberg. — 60

Horn, Franz Ph. Dr. (Rektor) „Ueber die Entstehung und Auflösung des vormaligen Fürstenthums, nachherigen Grossherzogthums Würzburg". pg. 3—31. 4°. Mit 3 Tabellen. C. Anton Zürn.
Würzburg, Progr. 1840/41

Horn, Franz Ph. Dr. (kgl. Administrationsraths-Assessor und Rektor) „Rede über das unabweisbare Bedürfniss der technischen Schulen in unserer Zeit zur Heranbildung eines an Geist und Herz gekräftigten Gewerbsmannes". pg. 3—35. 4°. Mit einer Tafel. (3 Portraits: Neumann, Nestfell und Zick.) F. E. Thein.
Würzburg, Progr. 1837/38

Horn, Franz Dr. „Rede vor der Preise-Vertheilung". pg. 1—8. 4°. F. E. Stein.
Würzburg, Progr. 1834/35

Horn, Franz Ph. Dr. „Johannes Trithemius, Abt des vormaligen Klosters St. Jacob in Würzburg". Eine biographische Skizze, als Beitrag zur vaterländischen Gelehrten-Geschichte. pg. 2—54 und 1 Bl. 4°. Mit Trithemius' Bildnis. Carl Anton Zürn.
Würzburg, Progr. 1842/43

Horn, Franz Ph. Dr. „Ueber die Tuchfabriken in Unterfranken, insbesondere zu Bischofsheim vor der Rhöne". pg. 3—38. 4°. Carl Anton Zürn.
Würzburg, Progr. 1841/42

Horn, Frz. Xav. Herm., die Cholera ist e. Blausäure-Vergiftung. Ozon u. Jodosmon, Miasma. 3. Lfg. gr. 8. (38 S.) München 874. L. Finsterlin. n. 1. — (1—3.: n. 3. 40)

— Desinfection durch das Pflanzenreich. Der Urschleim, allgemeine Pflanzennahrg. 4. Lfg. gr. 8. (37 S.) Ebend. 874. n. 1. — (1—4.: n. 4. 40)

Horn, Fr. Xav. Herm., über Krankheitserzeugung durch erdmagnetische, elektrische und atmosphärische Einflüsse. gr. 8. (150 S. mit 1 lithogr. Tab. in Imp.-Fol.) München 863, L. Finsterlin. *

Horn, Frz. Xav. Herm., Nachweis der Ursachen und des Wesens der Cholera, sowie des positiv-elektr. Erdstromes, vulkan. Ursprungs des Hauptfactors der Cholera. 1. und 2. Lfg. gr. 8. (31; 35 S.) München 874, L. Finsterlin. à Lfg. * M 1,20.

Horn, Frz. Xav. Herm., das Wirken der Elektricität in den Organismen, physikalisch dargestellt. 10—12. Heft. gr. 8. (105 S. mit 1 Stnt.) München 857, Lentner'sche Buchh. à Heft * 8 Ngr. *

Inhalt:
Heft 10. Jodosmon, ein höchst schätzbares Heilmittel.
" 11. Das Ozon als Heilmittel.
" 12. Ueber das Ineinanderschrauben der electrischen und magnetischen Ströme bei der Anziehung und über ihr Verhalten bei der Abstoßung. Experimentale Darstellung.

—— dass. — 13—17. Heft. gr. 8. München 858—60, (Kaiser.) à Heft * 8 Ngr. *

Inhalt:
Heft 13. Nachweis der Athmungs-Bewegungen der Pflanzen und der äußeren Haut des Menschen, sowie des Einflusses des Erdmagnetismus hierauf. (28 S.)
" 14. Ueber den Einfluß des Erdmagnetismus auf die Abscheidung der Gase bei der Lungen- und Hautathmung. (37 S. mit 1 Stnt.)
" 15. Der elektromagnetische Multiplicator, ein Apparat, die unbedeutendsten Regungen freier Elektricität mit entschiedener Sicherheit zu bestimmen. (24 S.)
" 16. Nachweis des Einflusses der monatlichen Variationen des magnetischen Erdstrom's auf die lebenden Organismen. (44 S. mit 2 Stnt. in gr. 8. und Imp.-Fol.)
" 17. Erzeugung von Bittermandelöl, Blausäure, Benzoesäure, Hippursäure, Harnstoff, Aeidol, Moschacid durch atmosphärische Luft. rc. (28 S.)
1—9. Heft. (Ebendas.) 1856. * 1 Thlr. 15 Ngr.

Horn, Frederik Winkel, Geschichte der Literatur des skandinavischen Nordens von den ältesten Zeiten bis auf die Gegenwart. 6 Lfgn. gr. 8. (IX, 404 S.) Leipzig 879, Schlicke. à Lfg. * M 1,80.; compl. * M 12.; geb. *

Horn, Frederik Winkel, Geschichte der Literatur des skandinavischen Nordens von den ältesten Zeiten bis auf die Gegenwart. gr. 8. (IX, 404 S.) Leipzig 880. Schlicke. n. 12. —; geb. n. 15. —

Horn, Friedr., deutsche Blätter, Knospen und Blüthen aus Jena. In Erwiederung des „offenen Sendschreibens aus Weimar" und zur Erinnerung an die dritte Säkularfeier der Universität den Alten und Jungen dargebracht. gr. 8. (XX und 95 S.) Jena 859, Mauke. Thlr.

Horn, *Friedrich* [app. Arzt aus Gronau]: Ueber einen Fall von kryptogenetischer Septicämie ... Göttingen, Druck d. Dieterich'schen Univ.-Buchdr., 1895; 18 S. 8.
Göttingen, Med. Fak., Inaug.-Diss. v. [3. Aug.] 1895

Horn, d. Frage d. Arbeitercoalitionen im gesetzgeb. Körper Frankreichs. Berlin 850.

Horn, Friedr., die Frage über die Arbeiter-Coalitionen im gesetzgebenden Körper Frankreichs nebst Schlußbemerkungen für die preuß. Gesetzgebung. gr. 8. (56 S.) Berlin 865, Frank. *

Horn, Frdr., neueste u. beste Gelegenheitsgedichte zu Geburts- u. Namenstags-, Neujahrs-, Weihnachts- u Sylvesterfeiern, zu Verlobgn., Polterabenden, grünen, silbernen, goldenen, diamantenen Hochzeiten, Geburten, Taufen, Todesfällen, zur Konfirmation, Genesg., Wiederkehr, zum Abschied, zu Jubiläen, Beförbergn., Einweihgn., patriot., Vereins-, Ernte-Feiern 2c. Neue Ster.-Ausg. 12. (160 S.) Reutlingen 892. Enßlin & Laiblin. — 60

Horn, die Haut-Krankheiten, s. a. Hausbücher f. Gesundheitspflege.

Horn, die Hautkrankheiten, s. a. Hausbücher, medicinische.

Die Haut-Krankheiten, ihre Ursachen, Verhütung und naturgemässe Behandlung allgemein verständl. dargest. von Dr. **Horn**, Spezialarzt f. Hautkrankh. 2. verb. u. verm. Aufl. Mit 1 Abb. *Berlin: W. Möller [1900].* (109 S.) 8°
— Hausbücher für Gesundheitspflege. Bd 30. [00. 9193]

Horn, Frdr., Goldelse's Märchen- u. Sagenschatz f. die liebe Jugend. 8. (VIII, 187 S.) Barmen 873. Wiemann. 1. 50

Horn, Fr., das Leben d. Heilands nach d. Evangelien, ingleichen d. Wichtigste aus d. Apostelgeschichte in fortlauf. Lectionen, mit Bibelsprüchen u. Gesangversen, als Lehr-, Lern- u. Wiederholungsbuch d. neutestamentl. Bibelgeschichte, nebst besond. 2c. religiös. Schulliedern f. die verschied. Tageszeiten. Mit Benutzung der Dinterschen Schullehrerbibel. 8. Neu Ruppin 830. Oehmigke. 4 ⁄⁄

Horn, Friedr., bibelgeschichtl. Leitfaden zu J. C. G. Küster's 52 auserles. bibl. Erzähln. alten Testaments nach Hübner, f. Volksschulen u. ihre Lehrer z. Erleichterung dies. religiösen Schulunterr.; auch bei u. neben jedem and. bibelgeschichtl. Handb. zu gebrauchen. 8. (2 B.) Berlin 837, (Plahnsche Buchh.) *

—— das Problem und System der Philosophie. Grundzüge zur Philosophie als der Wissenschaft der Wissenschaften mit besond. Hinblick auf das System der prakt. Philosophie oder der Ethik. gr. 8. (73 S.) Jena 860, Deistung. *

— das Problem und System der Philosophie. Grundzüge zur Philosophie als der Wissenschaft der Wissenschaften mit besonderem Hinblick auf das System der praktischen Philosophie oder der Ethik. Jena 863. Deistung. gr. 8. (73 S.) n. 12 *ngr.*

[F.] **Horn,** Friedrich: Der erdkundliche Unterricht auf der Grundlage der „Bestimmungen über das Mädchenschulwesen" vom 31. Mai 1894 nebst krit. Betrachtg neuerer schulgeograph. Werke. Essen, Druck v. G. D. Bädeker, 1897; 3 13 S. 4.
Essen a. d. R., st. HM, P 1897**

Horn, Frdr., die unbestimmte Verurteilung in der Geschichte der altösterreich. Strafgesetzgebung, s.: Abhandlungen, fünf strafrechtliche.

Horn, F., von Herzen zu Herzen! Neuester u. vollständ. Liebesbriefsteller. Ein treuer Führer in allen Herzensangelegenheiten. Mit e. Anh. v. Verlobungs- u. Eheverträgen, Hochzeitseinladgn., Anreden bei der Brautbewerbg. u. s. w. Neue Ster.-Ausg. 8. (192 S.) Reutlingen 890. Enßlin & Laiblin. — 75

Horn, Friedrich [app. Arzt aus Wunsiedel]: Über das Vorkommen von Proteus vulgaris bei jauchigen Eiterungen ... Erlangen, k. b. Hof- u. Univ.-Buchdr. v. F. Junge, 1897; 22 S., 1 Bl. 8.
Erlangen, Med. Fak., Inaug.-Diss. v. 22. Jan. 1897

Horn, Friedrich [Red.], s. Zeitschrift für deutsche Volkswirtschaft.

Horn, Fridericus Christianus: De prolapsu ani. Halis Sax. 1827: Grunert. 30 S. 8°
Halle-Wittenberg, Med. Diss. v. 21. Juli 1827
Geb. [Mittelherzogswaldau (Kr. Freistadt; Niederschles.) 16. 10. 1783]
Verf. wurde in absentia promoviert.
Ein Exemplar nur in der Library of the Surgeon General's office in Washington nachweisbar.

Horn, Friedr. Jul., Grammatik d. neuhochdeutschen Sprache auf histor. u. logischer Grundlage. gr. 8. (23 B.) Königsberg 837, Unzer.

Horn, Fr. Jul., s.: Lünemann's, J. H. Chr., Wörterbuch zu Homer's Odyssee.

Horn, Friedr. Wilh., Bausteine für Zion. gr. 8. (XIV und 885 S.) Potsdam 857, (Riegel'sche Buchh.) *

Horn, F. W., Diagonalen- u. Hipothenusen-Tab. f. alle Rechtecke u. rechtwinkl. Dreiecke, deren Seiten u. Cathe-ten 1 bis 40 Einheiten enthalten. Zum Gebr. f. Baumeister, Forstbeamte u. Werkmeister berechnet. 1 lith. Bl. Roy.-Fol. Liegnitz 833, Kuhlmey.

Horn, F. W., architektonische Entwürfe in neu-germanischem Style. — Dessins architecton. en nouveau style germanique. — Architectural drawings in a new german style. 1. Heft. gr. Fol. (4 Stnt. und 1 Bl. Text.) Potsdam 847, Stuhr'sche Buchh.

Horn, F. W., System eines neugermanischen Baustyls. gr. 4. (4¼ B. u. 8 Stnt.) Potsdam 845, Stuhr'sche Buchh. *

Horn, Fritz

Horn, Dietrich. Erinnerungen f. seine Kinder u. Freunde, aufgezeichnet v. seinem ältesten Sohne (Fritz Horn). Buchschmuck v. A. Wimmenauer. (III, 194 S.) gr. 8. Crefeld (907). Worms & Lüthen. 3.—; geb. in Leinw. 3.50

Horn, Fritz, Gerichtsassessor: Die **Haftung** der Rechtsanwälte und Notare für die Versehen ihrer Bureau-Angestellten. *Rostock 1903: H. Winterberg.* (71 S.) 8°
Rostock, Jur. Diss. v. [8. Apr.] 1903

518. **Horn, Fritz:** Die dynamischen Wirkungen der Wellenbewegung auf die Längsbeanspruchung des Schiffskörpers. 1910. 118 S., 3 Taf. 4° ¶ Auch bei Springer in Berlin.
Berlin, Dr.-Ing.-Diss. v. 24. 6. 1910

Die dynamischen Wirkungen der Wellenbewegung auf die Längsbeanspruchung des Schiffskörpers. Von Dr.-Ing. Fritz **Horn.** Berlin: Springer 1910. 118 S. 4°(8°)
Ersch. auch als Diss. Berlin 1910. [11. 8786]

Horn, G., Bestimmungen des (französischen) Code civil, welche in Handelssachen Anwendung finden können, s.: Handelsgesetze, die, des Erdballs.

Le droit commercial, le contrat de change, le droit de faillite et le droit maritime de la France et de ses colonies. Das Handelsrecht, Wechselrecht und Seerecht Frankreichs und seiner Kolonien. Bearb. u. übers. von Dr. G. **Horn,** Advokat in Paris, u. Wilhelm Coermann, Amtsger.R. in Strassburg i. E. (1.) Berlin: R. v. Decker 1906. 4°(8°)
= **Handelsgesetze,** Die, d. Erdballs. Ausg. D. Frankreich. 1. [07. 8490]

Horn, G. Frhr. v., das Fichtelgebirge, s. Grieben's Reise-Bibliothek.

— Wilh. Coermann u. Fel. Wieland, das Handelsrecht, Wechselrecht, Konkursrecht u. Seerecht Frankreichs u. seiner Kolonien, s.: Handelsgesetze, die, des Erdballs.

Horn, G. Frhr. v., die Kunst des Wetterprophezeiens oder die Wetterzeichen und Bauernregeln nebst einem Anhang: Die Wetter-Prophezeiungen des hundertjähr. Kalenders. gr. 16. (IV, 103 S.) Altona 869, Verlags-Bureau.

—— Nürnberg, s. Grieben's Reisebibliothek.

Horn, G. P., äusserl. u. gottgefäll. Dankübungen. 8. Cob. Ahl. 741.

Horn, G. W., die unfehlbar glückl. Ehe. Lehre f. junge Leute, die e. glückl. Ehe beginnen wollen. 8. (7½ B.) Wiesbaden 850, Schellenberg.

Horn, (G. W.,) Lehrbuch d. Arithmetik f. d. ersten Anfänger. 8. Mainz 822, Kupferberg.

—— leichtfaßl. Lehrbuch d. Arithmetik, f. d. ersten Anfänger z. Selbstunterr. 2., bericht. Ausg. 8. (15¼ B.) Mainz 829, Kupferberg.

Horn, Ghardt. Alb., Herbstblumen. Gedichte. 12. (60 S.) Berlin 883, Issleib.

Horn, Gebhard, appr. Tierarzt: Aus d. pharmakol. Inst. d. Univ. Gießen. Einfluß der Fäulnis auf die Zerstörung des Cyankaliums. Gießen 1909: Brühl. 40 S. 8°
Gießen, Veterinär-Med. Diss. v. 23. Juli 1909. Ref. Geppert
[Geb. 1. Juli 82 Haslach; Wohnort: Gießen; Staatsangeh.: Württemberg; Vorbildung: Gymn. Schwyz Reife M. 01; Studium: Stuttgart Tierärztl. Hochsch. 7 S.; Rig. 18. Juni 09.] [U 09. 1152

Horn, Geo., ein reizender Abend, s. Wallner's allgemeine Schaubühne.

Horn, Georg *Hermann Friedrich* [Volontarassist. am path. Inst. aus Stettin]: Aus d. patholog. Institut d. K. Univ. Greifswald. Beitrag zur Histogenese der aus aberrierten Nebennierenkeimen entstandenen Nierengeschwulste. . . . Greifswald, Druck v. J. Abel, 1891; 37 S. 8°
Greifswald, Med. Fak., Inaug.-Diss. v. 17. Jul. 1891

Horn, G., das Brunnenmädchen von Ems, s.: Kühling's, A., Volks-Schaubühne.

Horn, Geo., das Buch von der Königin Luise. Mit Portr. und Illustr. nach gleichzeit. Orig. und mit 6 (Lichtdr.-)Bildern von W. Amberg, Wold. Friedrich, G. Kannengießer, Frz. Skarbina, O. Wisniecki. 1. und 2. Aufl. Fol. (204 S.) Berlin 883,84, Grote'sche Verlagsh. geb. mit Goldschn.

Horn, Geo., das Buch von der Königin Luise. Mit Portraits u. Illustr. nach gleichzeitigen Originalen u. mit 6 Bildern v. *W. Amberg*, *Woldemar Friedrich*, *G. Kannengiesser*, *Frz. Skarbina*, *O. Wisniecki*. 2. unveränd. Aufl. Berlin, G. Grote, 1883. Imp.-4°. Orig.-Prachtbd. mit reicher Vergoldung und Goldschn., in Etui. Auf d. Vorsatzbl. eigenhändige Widmung d. Vf. an Reg.-Rath *Pfister*.
Die erste Ausgabe ist wohl von demselben Jahre?

Horn, Geo., d. Buch v. d. Königin Luise. M. Porträts u. Illustr. nach gleichzeit. Originalen u. m. 6 Bild. v. W. Amberg, Wold. Friedrich, G. Kannengießer u. A. 5., neu bearb. Aufl. gr. 4. (178 S.) Berlin 898. G. Grote. Geb. in Leinw. m. Goldschn. n. 16.—

— Diss. de differentiis quibusdam inter juris Justinianei et Napoleonei heredes legitimos. 4. Jena 813.

— üb. den Einfluß d. öffentl. Denkfreiheit auf d. geistige Bildung e. Volks u. das Verhältniß des Naturrechts zum positiven Rechte. 8. Gießen 814.

Horn, G., die Ewigkeit d. Seele, ein philosoph. Versuch nach Schelling. 2te Aufl. m. K. 8. Gießen, Müller. Rthlr.

Horn, Geo., üb. die Ewigkeit der Seele. 8. Gießen 810. (Ferber). 8 K

Horn, G., über d. Ewigkeit der Seele. 8. Gießen, Tasché und Müller. 810.

G. Horn: d. Ewigkeit d. Seele, e. Versuch. *Giess.*, Müller. 811. 8° 6gl

—— glückliche Flitterwochen, s. Bloch's Dilettanten-Bühne.

Horn, Geo., bei Friedrich Karl. Bilder u. Skizzen aus dem Feldzug der zweiten Armee. 2 Bde. gr. 8. (295 u. 339 S.) Leipzig 872. Keil. 9. —

Horn, Geo., die Geschichte der Glasindustrie u. ihrer Arbeiter. Soziale Studie, aus histor. u. authent. Quellen dargestellt. (VIII, 368 S.) 8. Stuttgart 903. J. H. W. Dietz Nachf. n. 5. —; geb. in Leinw. n. 6. —

—— das Halsband der Dauvets. Historischer Roman. 2 Bde. 8. (543 S.) Berlin 868, Janke.

Horn, Geo., Haus und Volk. Roman aus dem 18. Jahrh. 4 Bde. 8. (734 S.) Hannover 867, Rümpler.

— ein Haus ist zu verkaufen, s.: Kühling's, A., Album für Liebhaber-Bühnen.

Horn, Geo., Kaiserbüchlein. Erzählung der Reise Kaiser Wilhelm I. durch Elsaß-Lothringen in den Tagen vom 1—9. Mai 1877. Mit 13 (eingedr. Holzschn.-)Bildern. 8. (84 S.) Mannheim 878. Schneider. cart. n. 1. 50

Horn, Geo., Kaiserbüchlein. Erzählung der Reise Kaiser Wilhelm I. durch Elsaß-Lothringen in den Tagen vom 1.—9. Mai 1877. 8. (84 S. mit 13 eingedr. Holzschn.-Bildern.) Straßburg 878, Schneider. cart.

Horn, Geo., arme Kinder, s. a. Daheim, Stenographen-Bibliothek. Bd. 9. 10.

Arme Kinder. Erzählung von Georg **Horn**. Berlin: F. Schulze [1901]. (59 S.) 8° [Text stenogr.]
= **Daheim**. Stenographen-Bibliothek. Bd 9/10.

—— eine glühende Kohle, s. Bloch's, E., Dilettanten-Bühne.

— Kranz u. Kreuz. Vaterländische Erzählg. In vereinfachter deutscher Stenographie. 8. (106 S.) Berlin (901). Frz. Schulze. n. 1. 20; geb. in Leinw. n. 1. 50

— verschied. geistl. Lieder zu den in d. Charwoche angestellten Geistesübungen. 8. Frankf. u. Leipz. 784. N. Aufl. 786.

—— der Mohr von Berlin. Roman. 3 Bde. 8. (231; 225; 215 S.) Stuttgart 886, Deutsche Verlags-Anstalt. * 10 —
geb. * 13 —

Horn, Geo. Der Mohr v. Berlin. Roman. (Billige Ausg.) 3 Bde. 8. (231; 225; 215 S.) Stuttg. 890, Deutsche Verlagsanstalt. * 2 —
geb. * 2 75

Horn, Georg, approb. Arzt aus Plauen i. V.: Ueber die **Operation** der eitrigen, pleuritiscen[!] Exsudate. *Leipzig 1902: B. Georgi.* (40 S.) 8°
Leipzig, Med. Diss. v. (27. Nov.) 1902

– Salon u. Kloster, s.: Kühling's, A., Volks-Schaubühne.

— der Schatz v. St Himmelspfort. Roman. 4 Bde. 8. (250, 247, 274 u. 278 S.) Stuttgart 875. Hallberger. 12. —

— der Schatz von St. Himmelspfort. Roman. 2. (Titel-) Aufl. 4 Bde. 8. (250, 247, 274 u. 278 S.) Stuttgart 878. Deutsche Verlags-Anstalt. n. 3. —

Horn, Georg [aus Würzburg]: Aus d. pharmakolog. Institut Würzburg. Zur Toxicologie des Aethylenbromids ... Würzburg, Becker's Univ.-Buchdr., 1890; 22 S. 8.
Würzburg, Med. Fak., Inaug.-Diss. v. 1890

— Uebersetzung in Vers. 8. Würzburg. (Göbhard in Bamb.) 781.

— Uebersetzungen in Versen. 8. Würzb. 781. (Wesché in Frkf.) 4 ℊ

—— Voltaire und die Markgräfin v. Bayreuth. 8. (III und 197 S.) Berlin 865, v. Decker'sche geheime Ober-Hofbuchdruckerei.

Horn, Georg, Voltaire und die Markgräfin von Baireuth. (Briefwechsel.) Berlin, Decker, 1895. 8°. 197 S. (4 Mk. Osk. Rauthe, Berlin, 1908.)

* — üb. einige Vorurtheile, welche dem Studium d. griech. Sprache auf manchen gelehrt. Schulen u. Gymnasien im Wege stehen. 8. Hadam. neue Gelehrt. Buchhandl. 810.

— üb. einige Vorurtheile, welche dem Studium d. griech. Sprache auf manchen gelehrten Schulen u. Gymnasien im Wege stehen. 8. Hadamar 810. (Lanz in Weilb.) 6 ℊ

– wenn man Leute sieht, s.: Theater-Mappe.

– **Georg Borchers (Ostfriesland), De odio violentiae. Präs. Peter Müller. Jena (Bauhofer) Okt. 1685. 12 Bl. (7.—) 16055**

— — **Dasselbe. Jena (Paul Ehrich) 1711. 28 S. (7.—) 16056**

Horn, Georg D.

Horn, Geo., die Rechtskunde f. gebild. Hausväter; od.: Gemeinfaßl. Darstellung d. nöthigen Rechtskenntnisse f. den der Rechte unkund. Bürger u. Landmann. Mit e. vollständ. Realregister. 8. (24½ B.) Leipzig 836, Baumgärtners Buchh.

Horn, Georg Friedrich

Usus optativi et coniunctivi Graecae linguae in iis, quae finem per particulas exprimunt, enuntiationibus, exponitur et exemplis Thucydideis illustratur (a) Georgio Friderico **Horn.** Tychopoli. 1838. 4°. Gymn.-Progr.

Horn, Georg Leonhard

Horn, Geo. L., d. Lebensgesch. Jesu nach d. 3 erst. Evangel. od. Uebers. d. Matth. Marc. u. Luc. im Zusammenh. m. exeg. hist. geogr. u. antiquar. Anm. 2 Thle. 8. Nürnb. Stein. (a. Raspe) 803—4. (à 1 Rthlr. 3 gr.)

Horn, Geo. Lhrd., die Lebensgeschichte Jesu nach d. 3 ersten Evangelien, od. erklär. Uebersetzung d. Matthäus, Marcus u. Lucas im Zusammenh. mit exeget., histor., geograph. u. antiquar. Anmerk. 3 Thle. 8. Nürnb. 803—5. Stein. (Gassert in Ansb.) 2 ℔

Horn, G. L., Predigten z. Vorlesen beim häusl. Gottesdienste. 2 Bde. gr. 8. Nürnb. Riegel u. Wießn. (in Comm.) 815.

Horn, Geo. Melch.: Observatt. juris gentium et jur. publ. univ. ad *H. G.* *Lrf.* 744. 4.

Horn, Gottfried Wilhelm

Horn. G. W. Meine Erlebnisse in den Feldzügen von 1812—40, zuletzt in Afrika und Spanien. 8. Leipzig 1848.

Horn, Gottfr. Wilh., meine Erlebnisse in den Feldzügen von 1812—1840. Zuletzt in Afrika und Spanien. Eigenhändig niedergeschrieben. 8. (189 S.) Leipzig 849, (Melzer.)

Horn, Guido, definitive Bestimmung der Bahn des Kometen 1889 IV. (71 S.) 4. Wien 904. (A. Hölder.) n. 4.80
Sonderabdruck aus: „Denkschr. d. k. Akad. d. Wiss."

Horn, G., Definitive Bestimmung der Bahn des Kometen 1889. IV. Besonders abgedruckt aus dem 74. Bde. der Denkschriften der mathem.-naturw. Klasse d. k. Akad. d. Wiss. 4°. (71 S.) † K 4.30

Horn, Gustav, aus Wiesbaden: **Beiträge zur Kenntniss der Dispersion des Lichtes in absorbirenden Krystallen.** *Stuttgart: E. Schweizerbart 1898.* (S. 260—342.) 8° ¶(Aus: Neues Jahrbuch f. Mineralogie usw., Beil.Bd. 12, H. 2.)
Göttingen, Phil. Diss. v. [25. Okt.] 1898

Horn, Gustav, Medizinalpraktikant a. Ochsenhausen: Aus d. Tübinger Univ.-Augenklinik. Über Dunkeladaptation bei Augenhintergrundserkrankungen. Mit 30 Fig. auf Taf. A. Wiesbaden: J. F. Bergmann 1907. (29 S.) 8°
Tübingen, Med. Fak., Ref. Schleich, Diss. v. 11. Juli 1908
[Geb. 18. Juni 81 Ochsenhausen, O.-A. Biberach; Wohnort: Tübingen; Staatsangeh.: Württemberg; Vorbildung: Gymn. Tübingen Reife O. 02; Studium: Basel 6, Tübingen 4 S.; Coll. 23. Okt. 07; Approb. 1. Juli 08.]

Horn, *Gustav* [cand. med. aus Gnoien '(Mecklenb.-Schw.)']: Ueber einen Fall eines enormen Myxosarkoms des Unterkiefers ... München, Buchdr. Kastner & Lossen, 1896; 20 S. 8.
München, Med. Fak., Inaug.-Diss. v. 1897

Horn, Gust., Festgabe f. Jünglingsvereine. 1.—3. Heft. 8. Barmen, Wuppertaler Traktat-Gesellsch. Geb. à — 80
1. Drei Aufführungen. (76 S.) (908.)
2. Drei Weihnachts-Aufführungen. (55 S.) (908.)
3. Aufführungen. (75 S.) (909.)

Horn, Gust., der erhöhte einheitliche Minimalrabatt, das Heilmittel f. Buchhändlers Leiden, nebst Anh.: Etwas üb. den Wert gedruckter Bücher, e. zeitgemässes Laienurteil v. S. ... (26 S.) 8. Danzig 907. L. Saunier. 1. —

Horn, Gust. Ad. Ferd., Beantwortung der Wasser-Versorgungs-frage für die beiden Schwester-Städte Aachen und Burtscheid rc. Ein sicherer Wegweiser und treuer Rathgeber für alle Städte, Ortschaften, Privaten rc., welche an Wasser-Mangel leiden und sich desselben mehr verschaffen wollen. gr. 8. (IV und 112 S.) Aachen 866, (Benrath und Vogelgesang.) *

Horn, Gust. Wilh., Hilfsbuch beim Unterricht in der Litteraturgeschichte. Zum Gebrauch in Präparanden-Anstalten u. oberen Klassen der Bürgerschule. [Nach Maßgabe des Normal-Lehrplans für Präparanden-Anstalten vom J. 1878.] 8. (IV, 88 S.) Langensalza 882. Schulbuchhandlung. — 75

Horn, Gust. Wilh., Hilfsbuch beim Unterricht in der Litteraturgeschichte. Zum Gebrauch in Präparanden-Anstalten und oberen Klassen der Bürgerschulen. [Nach Maßgabe des Normal-Lehrplans für Präparanden-Anstalten vom J. 1878.] (IV, 88 S.) 1882; 2. verm. und verb. Aufl. 8. (IV, 96 S.) Langensalza 884, Schulbuchh. von Greßler.

Horn, Gust. Wilh., Hilfsbuch beim Unterricht in der Litteraturgeschichte. Zum Gebrauch in Präparanden-Anstalten und oberen Klassen der Bürgerschule. [Nach Maßgabe des Normal-Lehrplans für Präparanden-Anstalten vom J. 1878.] 3. verm. und und verb. Aufl. 8. (VIII, 158 S.) Langensalza 887, Schulbuchhandlung. * 1 —

Horn, G. W., Hilfsbuch beim Unterricht in der Litteraturgeschichte. Zum Gebrauch in Präparanden-Anstalten u. oberen Klassen der Bürgerschule. [Nach Maßgabe des Normal-Lehrplanes für Präparanden-Anstalten vom J. 1878.] 4. Aufl. 16. (VIII, 158 S.) Langensalza 889. Schulbuchhandlg. n. 1. —

Horn, Gust. Wilh. Hilfsbuch beim Unterricht in der Litteraturgeschichte. Zum Gebrauch in Präparanden-Anstalten u. oberen Klassen d. Bürgerschulen. [Nach Maßgabe d. Normal-Lehrplanes f. Präpar.-Anstalten v. J. 1878.] 5. Aufl. 8. (VIII, 158 S.) Langens. 892, Schulbuchh. * 1 —

Horn, Gust. Wilh., Hilfsbuch beim Unterricht in der Litteraturgeschichte. Zum Gebrauch in Präparanden-Anstalten u. oberen Klassen der Bürgerschule. [Nach Maßgabe des Normal-Lehrplanes f. Präparanden-Anstalten vom J. 1878.] 6. Aufl. 8. (VIII, 158 S.) Langensalza 894. Schulbuchh. n. 1. —

Horn, Gust. Wilh., Hilfsbuch b. Unterricht in d. Litteraturgeschichte. Zum Gebrauch in Präparanden-Anst. u. ob. Klassen d. Bürgerschule. [Nach Maßgabe d. Normal-Lehrplanes f. Präparanden-Anst. v. J. 1878.] 8. Aufl. 8. (VIII, 158 S.) Langensalza 898. Schulbuchh. n. 1. —

Horn, Gust. Wilh., Hilfsbuch beim Unterricht in der Litteraturgeschichte. Zum Gebrauch in Präparanden-Anstalten u. oberen Klassen der Bürgerschule. (Nach Maßgabe des Normal-Lehrplanes f. Präparanden-Anstalten vom J. 1878.) 9. Aufl. 8. (VIII, 158 S.) Langensalza 900. Schulbuchh. n. 1. —

Hilfsbuch beim Unterricht in der Literaturgeschichte. Zum Gebr. in Präparanden-Anstalten u. oberen Klassen d. Bürgerschule. (Nach Maßgabe d. Normal-Lehrplans f. Präparanden-Anst. v. J. 1878.) Von Gustav Wilh. Horn, Lehrer. 10. Aufl. *Langensalza: F. G. L. Greßler 1903.* (158 S.) 8° [F.] 104. 1043

Horn, Gust. Wilh., Hilfsbuch beim Unterricht in der Literaturgeschichte. Zum Gebrauch in Präparanden-Anstalten u. oberen Klassen der Bürgerschule. (Nach Maßgabe des Normal-Lehrplans für Präparanden-Anstalten vom J. 1878.) 11. verb. Aufl. (X, 204 S.) 8. Langensalza 906. Schulbuchh. n. 1. 20

Horn, Gust. Wilh., Hilfsbuch beim Unterricht in der Literaturgeschichte. Zum Gebrauch in Präparanden-Anstalten u. oberen Klassen der Bürgerschule. (Nach Maßgabe des Normal-Lehrplans f. Präparanden-Anstalten vom J. 1878.) 12. Aufl. (X, 207 S.) 8. Langensalza 908. Schulbuchh. 1. 20

Horn, H., Elementarbuch d. engl. Sprache. 1. Thl. gr. 8. (7 B.) Hanau 831, Edler.

Horn, H., der menschliche Körper (Anatomie), s. a. Miniatur-Bibliothek.

Der menschliche Körper (Anatomie). Mit 1 Modell u. 53 Abb. von Prof. Dr. H. Horn. Berlin-Leipzig: J. Singer & Co. 1906. (159 S.) 8° [F.] 107. 1039

— dasselbe. Mit e. bunten zerlegbaren Modell u. 53 z. Tl. farb. Abbildgn. (160 S.) kl. 8. Berlin 906. J. Singer & Co. Geb. in Leinw. n. 1. 60

Horn, H., kurzer Leitfaden z. Erlernung der engl. Aussprache nebst Lesestücken m. prakt. Anwendung u. e. vollständ. Wörterbuche zum Uebersetzen derselben. 8. ($13\frac{1}{2}$ B.) Braunschweig 846, Westermann. *

Horn, Hans, a. Frankenthal (Rheinpfalz): Zur Kenntnis einiger Pyrazolidon- und Pyrazolon-Derivate. Rostock 1907: Adlers Erben. (81 S.) 8°

Rostock, Phil. Fak., Ref. Michaelis, Diss. v. 13. März 1907

[Geb. 31. Aug. 82 Frankenthal, Rheinpfalz; Wohnort: Frankenthal; Staatsangeh.: Preußen; Vorbildung: Großh. Gymn. Worms Prima-Reife O. 00; Studium: T.H. Darmstadt 6, Univ. Rostock 4 S.; Rig. 8. März 07.]

Horn, Hans Dietr., Arnulf v. Kärnthen. Ein Trauerspiel aus deutscher Vorzeit. 8. (III, 141 S.) Davos 893. (Neumünster, C. Nathje.) n. 1. 50

— Dora. Ein [illegible] in 6 Aufzügen. 8. ([illegible]) Leipzig 894. W. Friedrich. n. 1. [illegible]

98

— um Ostholsteins Hügel u. Seen. Sage u. Dichtg. 8. (152 S.) Leipzig 894. W. Friedrich. n. 1. 50

Horn, Hans Dietr., Ludwig der Fromme. Ein Trauerspiel am Vorabend deutscher Geschichte. 8. (124 S.) Malente b. Eutin 893. (Neumünster, C. Nathje.) n. 1. 50

— der letzte Ottone. Ein Drama aus der deutschen Kaiserzeit. 8. (112 S.) Ebd. 894. n. 1. 50

— Heinrich Rutger von (Mansfeld), De dubia et incerta Cornelii Taciti fide in Germanorum deorum historia. Präs. Bartholomäus Christian Richard. Jena (Müller) April 1719. 22 S. (5.50) 16058

Horn, Henr., van der, et van den Bos, de Medulla spinali. Dissert. 8maj. (10 B.) Lugduni Bat. 837, Menzel. (Lipsiae, libr. Weidmann.) *

Horn, Hermann, [illegible] Begriff und rechtliche Natur der Schenkung nach Bürgerlichem Gesetzbuche. *Erlangen 1898: F. Junge.* (103 S.) 8°
Erlangen, Jur. Diss. v. 18. Okt. 1898

Horn, Herm., physio-pathol. Darstellung des Schleimfiebers, seines Verhaltens z. epidemisch-stationären Krankheits-Constitution u. seiner Beziehung zum Typhus u. s. w., nach den in München aufgetretenen Epidemien dies. Krankheitsformen bearb. 1. Aufl. 844 u. 2., verb. Aufl. 8. (14 B. u. 1 Tab.) Augsburg 846, v. Jenisch u. Stage'sche Buchh. Thlr.

Horn, Herm., über den wichtigen Einfluß der Elektricität der atmosphärischen Luft auf die lebenden Organismen sowie über die Elektricitäts-Erscheinungen, wie sie bei dem Verdunsten verschiedener Flüssigkeiten und Riechstoffe physikalisch darstellbar werden, mit steter Rücksichtsnahme ihres Verhaltens zur Cholera. 3. Heft. gr. 8. (40 S.) München 855. (Augsburg, Pilon und Comp.) *

Die Entfesselten. Drama in 3 Akten von Hermann Horn. Stuttgart: Strecker & Schröder 1905. (61 S.) 8° [F.] [07. 6397]

Horn, Herm., Gangliorum capitis glandulas ornantium expositio anatom.-physiolog. 4maj. (2½ B. u. 3 Stnt.) Wirceburgi 840, (Voigt et Mocker.) *

—— das Leben des Blutes u. die Gesetze des Kreislaufs, nach neuen Untersuchungen bearb. 1. Aufl. 842. 1 Thlr. 5 Ngr. u. 2. Aufl. gr. 8. (11¼ B. u. 2 Stnt.) Augsburg 844, v. Jenisch u. Stage'sche Buchh. *

— die Not. Zwischen Tod u. Leben. (2 Dramen.) (84 S.) kl. 8. Stuttgart 904. A. Juncker. n. 1. —

—— Reperta quaedam circa nervi sympath. anatomiam. 4maj. (2 B. u. 8 Stnt.) Wirceburgi 839. (Kitzingen, Köpplinger.) *

Horn, Herm., Ferdinand v. Schill, der unerschrockene Kämpfer für Deutschlands Ehre und Freiheit. Dem deutschen Volke zur Nachahmung vorgestellt. 16. (64 S. mit 8 Holzschnt.) Tübingen 859, Riecker.

—— über die Ursache und Entstehung der individuellen Disposition zur Cholera mit einem auf magnet. und elektr. Verhältnisse gestützten Nachweis derselben. gr. 8. (34 S.) München 855. (Augsburg, Pilon und Comp.) *

— Shakespeares Wandlung. Schauspiel in 4 Aufzügen. (91 S.) 8. Stuttgart 906. Strecker & Schröder. n. 2. 50; geb. n. 3. 50

Horn, Herm., wie Gottlieb wieder zu sich kam, s. a. Kürschner's Bücherschatz.

Wie Gottlieb wieder zu sich kam. Eine Erzählung aus Schwaben. Von Hermann Horn, Stuttgart (1899–1900). Mit Ill. von A. Lewin. Berlin, Leipzig: H. Hillger [1907]. (95 S.) 8° [F.]
— Bücherschatz, Kürschners. No 582. [08. 11036]

—— das Wirken der Elektricität in den Organismen physikalisch dargestellt. 2., verb. und verm. Aufl. 1—9. Heft. gr. 8. (309 S. mit 1 Stnt.) München 850, (Lentner'sche Buchh.) *

Horn, Hermann Gottfried

— der Guelfenorden d. Königr. Hannover, nach seiner Verfass. u. Gesch. dargestellt, nebst e. biogr. Verzeichn. d. einheim. u. auswärt. Mitglieder des Ordens. gr. 8. Lüneburg 823, Herold u. W. 2 Rthl. Postpap. 2 Rthlr. 16 gr. gr. 4. mit 15 Kupf. 3 Rthl., fein Pap.

— dass., jetzt nur in gr. 8. 1 Rthl. Mit 15 Kupf.

— Adam L. v. Ochs, s. Biographie d. Minister 16 Hft.

Horn, Herm. Gf., Predigten. gr. 8. Hamb. 824. Hoffmann u. C. 1 ⅌ 6 ℛ

— die Verschwörung gegen den Kurfürsten Wilhelm II. von Hessen-Cassel, nach ihrer Geschichte u. Strafwürdigkeit dargestellt, nebst e. erneuerten Untersuchung üb. Hochverrath u. Majestätsverbrechen rc. 8. Ilmenau 824, Voigt.

Horn, Hubert, Senckenberg's Gerichtsbüchlein, schon 1473, dann 1490 u. öfter gedruckt, als: Ordnung zu Rechten. Zugleich Uebersetzn. d. Proc. judiciar. Jo. Andreae. Alle drey Werke in dies. Verbind. zuerst übersichtl. zusammengestellt. Mit e. Vorw. v. Hieron. Bayer. gr. 8. (4¼ B.) München 837, Hofbuchh. v. Bayer.

Horn, J.

Horn (I.), Missionspredigt, beim Jahresfest des Enthaltsamkeits-Vereins über Richter 7, 20. 21 gehalten. gr. 8. (8 S.) Gotha 885, Schloeßmann. — 30
Aus: Pastoralbibliothek, besonders abgedruckt.

Horn, J. (I.), Predigt am Totenfest über Hebräer 4, 9. gr. 8. (8 S.) Gotha 884, Schloeßmann.
Aus: Pastoralbibliothek, besonders abgedruckt.

Horn, J. (II.), vom Übelnehmen. Vorlesung. gr. 8. (16 S.) Königsberg 884, (Gräfe und Unzer.) *

Horn, J. C., de prima Christi e mortuis resuscitati concione. Lubec. 1706. 4.

Horn, J. E. [wirklicher Name: Ignaz Eichhorn]

Horn, J. Ed., die Aktiengesellschaften. Gesetzentwurf nebst Motivenbericht dem ungar. Reichstag unterbreitet am 24. Mai 1873. gr. 8. (39 S.) Pest 873, Aigner. *

Horn, J. E., Bankfreiheit. Deutsche Orig.-Ausg. gr. 8. (XVIII und 433 S.) Stuttgart 867, Kröner. *

Horn, J. E., Brüssel nach seiner Vergangenheit und Gegenwart. 8. (VI und 172 S.) Leipzig 855, Brockhaus. *
Aus: Brockhaus' Reise-Bibliothek.

—— Frankreichs Finanzlage. Deutsche Orig.-Ausg. 1. und 2. Aufl. gr. 8. (53 S.) Wien 868, Hartleben's Verlag.

Horn, J. E. Die Finanzlage der Stadt Paris. Deutsche Originalausgabe. Pest 1869.

Horn, J. E. Die Finanzlage der Stadt Paris. Deutsche Originalausg. gr. 8°. Wien, Hartleben, 1869.

—— die Finanzlage der Stadt Paris. Deutsche Orig.-Ausg. gr. 8. (53 S.) Ebendas. 869.

Horn, Ed. Ungarns Finanzlage und die Mittel zu ihrer Hebung. gr. 8°. Wien, Hartleben, 1874.

—— Ungarns Finanzlage und die Mittel zu ihrer Hebung. gr. 8. (128 S.) Ebendas. 874. *

Horn, J. E. Frankreichs Finanzverwaltung. Deutsche Originalausgabe. 8°. Wien 1868.

—— statistisches Gemälde des Königreichs Belgien, s. a. Gemälde, statistisches.

Horn, J. E. Statistisches Gemälde des Königreichs Belgien. Nach der gleichzeitig erscheinenden, vom Ministerium des Innern herausgegebenen „Statistique générale de la Belgique" und andern amtlichen Quellen bearbeitet. Mit einer Einleitung von Xavier Heuschling, Chef der statistischen Division im belgischen Ministerium des Innern. 4: Dessau 1853.

—— Arthur Görgei, Obercommandant der ungar. Armee. Ein Beitrag zur Geschichte der ungar. Revolution. 8. (142 S.) Leipzig 850, Herbig.

Horn, J. E. (Bearb.), s. Heuschling, Philippe-François-Xavier-Théodore: Statistisches Gemälde des Königreichs Belgien.

—— Ludwig Kossuth. I. Bd. I. Der Agitator. II. Der Minister. gr. 8. (309 S. und Kossuth's Portr. in Stndr.) Leipzig 851, O. Wigand. *

Horn, J. E., das Creditwesen in Frankreich. Nationalökonomische Skizze. 2., verb. und verm. Aufl. gr. 8. (VII und 139 S.) Leipzig 857, Hübner. *

— Jean Law. Ein finanzgeschichtlicher Versuch. Leipzig 858. Hübner. gr. 8. (VII, 280 S.) n. 1 ℛ. 10 ngr.

Horn, J. E. Die dritte Milliarde! Zweite Studie über Frankreichs Finanzlage. Deutsche Orig.-Ausg. gr. 8⁰. Wien, Hartleben, 1868.

—— die dritte Milliarde! Zweite Studie über Frankreichs Finanzlage. Deutsche Orig.-Ausg. gr. 8. (52 S.) Ebendas. 868.

Horn, J. E. Franz II. Rákóczy, Fürst von Ungarn und Siebenbürgen. [1703—11.] Historisches Charakterbild. (VI. 306) 8. Leipzig 1854. — 2. Aufl. 8. ib. 1861. 7,50.

Horn, J. E., Franz Rákóczy II., Fürst von Ungarn und Siebenbürgen. Ein historisches Charakterbild. 2. (Titel-) Aufl. Leipzig 861. O. Wigand. gr. 8. (VI, 306 S. u. Portr. in Holzschn.) 1 ℛ 15 ngr.

—— Spinoza's Staatslehre. Zum ersten Male dargestellt. gr. 8. (IV und 201 S.) Dessau 851, Gebr. Katz.

—— Spinoza's Staatslehre. Zum ersten Male dargestellt. 2. Ausg. gr. 8. (XII und 201 S.) Dresden 863, Ehlermann.

—— bevölkerungswissenschaftliche Studien aus Belgien. Mit durchgehender vergleichender Erforschung der entsprechenden Verhältnisse in Oestreich, Sachsen, Preussen, Frankreich, England, Holland und andern Staaten. I. Bd. gr. Lex.-8. (VIII und 331 S.) Leipzig 854, Brockhaus. *

Horn, J. E., zur ungarisch-östreichischen Centralisationsfrage. 8. (184 S.) Leipzig 850, Herbig.

Horn, J. H. 11., üb. die wichtigsten Angelegenheiten d. Menschheit, e. Monatsschrift. Jan. — Juni 1800. 8. Schlesw. 800.

— Hölle u. Himmel auf Erden, oder der glückl. Neujahrstag. 8. Flensb. 819.

Horn, J. H., die Cultur d. Winter-Levcojen. Nach vieljähr. Erfahrung ausführlich dargestellt. 8. (2½ B.) Neubrandenburg 840, Brünslow. *

Horn, J. H. 1., Predigt üb. die Aufforderung zum freiwilligen Dienst zur Rettung d. Vaterlandes. 8. Neustrelitz 813. Albanus. 3 gr.

— üb. Religion u. Aufklärung im Staate. 8. Flensb. 819.

Horn, J. H. R. de, De dubia et incerta Taciti fide in Germanorum deorum historia. (Resp. B. C. Richard.) Jenae 1719. 4.

—— Observationum selectarum specimen I. De Tacito in hist. Germ. deorum dubio et fallaci. (Jenae) 1720. 4.

Horn, [J. R.], die Vormundschafts-Ordnung vom 5. Juli 1875. 2. Aufl. 8. (32 S.) Harburg 875, Elfan.

Horn, J. W., Tabellen üb. Kapitalien, Reichsbankgeld u. Zinsen. 2 Hfte. 8. Kopenh. Bonnier. 815.

Die ältesten Beziehungen zwischen der Infinitesimalrechnung und der Mechanik. Rede z. Feier d. Geburtstages d. Großh. Ernst Ludwig v. Hessen 1908 zu Darmstadt geh. von Prof. Dr. Jakob Horn. Darmstadt 1909: Herbert. 16 S. 8° [09. 11033 4

Horn, J., gewöhnliche Differentialgleichungen beliebiger Ordnung, s.a. Sammlung Schubert. 50.

Gewöhnliche Differentialgleichungen beliebiger Ordnung von Dr. J[akob] Horn, Prof. Leipzig: Göschen 1905. X, 391 S. 8°
Sammlung Schubert. 50.) [11. 12677 11

Horn, J., Einführung in d. Theorie der partiellen Differentialgleichungen, s.a. Sammlung Schubert. LX.

Einführung in die Theorie der partiellen Differentialgleichungen. Von J[akob] Horn. Leipzig: Göschen 1910. VII, 303 S. 8°
(Sammlung Schubert. 60.) [10. 6030 7

Horn, Jacob [aus Rehbach]: Ueber die Convergenz der hypergeometrischen Reihen zweier und dreier Veränderlichen. . . . Leipzig, Druck v. B. G. Teubner, 1889; 59 S. 8°
Heidelberg, Phil. Fak., Inaug.-Diss. v. 28. Mai 1889

Horn, Jacob [Dr.]: Ueber Systeme linearer Differentialgleichungen mit mehreren Veränderlichen. Beiträge zur Verallgemeinerung der Fuchs'schen Theorie der linearen Differentialgleichungen. . . . Berlin, Mayer & Muller, 1890; 1 Bl., 123 S. 8°
Freiburg i. B., Phil. Fak., Hab. Schr. v. 1890

Horn, J., üb. Systeme linearer Differentialgleichungen m. mehreren Veränderlichen. Beiträge zur Verallgemeinerung der Fuchs'schen Theorie der linearen Differentialgleichgn. gr. 8. (123 S.) Berlin 890. Mayer & Müller. n. 3. 60

Horn, Jakob Friedrich

Horn: Über den Geschichtsunterricht auf Gymnasien. 16 S.– Schleswig Dom. Sch., Progr. 1872.

De quinque judiciis, in quibus aetate decem oratorum Athenis de caede judicabatur v. Jacob Friedrich Horn. Ploen. 1859. 4⁰. Gymn.-Progr.

Ziel und Methode des Griechischen Unterrichts (v.) Jacob Friedrich Horn. Altona. 1874. 4⁰.

Horn, Johann (Ritter von)

Horn, J., Abhandlung von den röm. Familienfesten. Stade 784. 4. (32 Seiten).

— Abriß d. Staatswissenschaften. 8. Mitau 812.

v. Horn, Ritter Jh. II., Annalen d. christl. Kirche; zum Gebrauch bei Vorlesungen entworfen. 8. Dorpat 810.

— diplomat. Bericht üb. die revolutionären Drohbriefe, welche bei dem kurfürstl. Hoflager zu Cassel eingegangen; nebst e. Blick in das dortige Castell, eine Beurtheil. des gerichtl. Verfahrens in dieser Sache rc. 8. Zerbst 826. Kummer. 1 ℛ

— conspectus examinis philosophici. 8. Petersb. 810.

— s. 1) Erhörung, von der unfehlbaren.

— üb. die bibl. Gnosis. Pragmat. Darstellung d. Religionsphilosophie des Orients z. Erklärung d. heil. Schrift. 8. Hannov. 805. Hahn. 1 ℛ 6 ℊ

— der Guelfenorden des Königr. Hannover, nach seiner Verfass. u. Geschichte dargestellt, nebst e. biograph. Verzeichniß d. einheimischen u. auswärt. Mitglieder des Ordens. gr. 8. Lüneb. 823 Herold u. W. 2 ℛ Postp. 2 ℛ 16 ℊ gr. 4. 2 ℛ 12 ℊ Mit 15 Kpf. 3 ℛ Holl. Pap. 4 ℛ Velinp. 5 ℛ 12 ℊ

— üb. Rußlands Handel u. Fabriken. 8. Moskau 811.

v. Horn, Jh., s. London, Westmünster u. die Umgegend.

— Göttingisches Museum d. Theologie u. Literatur. 1r Bd. 1s u. 2s Stck. 8. Hannov. Hahn. 804.

— Göttingisches Museum der Theologie u. Literatur. 1r Bd., 1s u. 2s Stück. 8. Hannov. 804, 5. Hahn. 1 ℛ

— narratio pragmatica conversionum, quas theologia moralis saeculo XVIII. experta est etc. (Comment. praemio ornata.) 4 maj. Gött. (802). Vandenhöck u. R. 1 ℛ 8 ℊ

— narratio conversionum, q. theologia moral. seculo XVIII. experta est etc. (comment. praemio ornata.) 4. maj. Gott. Vandenhök. 803.

— commentat. de natalibus episcopor. prior. V a Christo nato saeculor. 4. Stade 789.

— Adam L. v. Ochs, s. Biographie d. Minister, 1s Heft.

v. Horn, Joh. Adam Ludwig v. Ochs, Darstellung seiner Schicksale, Verdienste und Feldzüge. 8. Quedlinburg 1827. 2,00.

— de praelectionibus cursoriis in Vet. Testamenti textum hebraicum. Progr. 8. Petersb. 810.

— ausführl. Reformationsgeschichte. gr. 8. Brem. 785. Müller. 20 ℊ

— kurze Reformationsgeschichte. 12. Stade 784.

Horn, Jh. I., († d. 11. Juni 1805.) Samml. christl. u. vernünft. Gebete. 1r Thl. 8. Götting. 784. Dieterich. 6 ℊ

— Commentatio de sententiis patrum, quorum auctoritate ante Augustinum plur. valuit, de peccato originali etc. 4 maj. Götting. (801). Dieterich. 16 ℊ

— s. Vereinigung aller Religionen.

— die Verschwörung gegen d. Kurfürsten Wilhelm II. von Hessen-Cassel, nach ihrer Geschichte u. Strafwürdigkeit dargest., nebst e. erneuerten Untersuchung über Hochverrath u. Majestätsverbrechen rc. 8. Ilmenau 824. Voigt. 1 ℛ 12 ℊ

Horn, Jh. III., († ...) die durch Fragen u. Antworten anweisende Wehmutter. 8. Leipz. ... 8e verm. A. 786. (Brockhaus). 10 ℊ

Horn, J., die durch Fragen und Antworten anweisende Wehmutter. 8. Leipz. Gleditsch. 786.

— **Johann Adam** (Frankfurt/M.), De anno decretorio 1624 quatenus in collegia opificum praecipue in libera imperii republica Francofurtensi conveniat. Diss. jur. Präs. Franz Justus Kortholt. Giessen (Johann Jacob Braun) 19. IV. 1770. 36 S. (6.80) 16062

Johann Adam **Horn**, Goethes Jugendfreund. Hrsg. von Heinrich Pallmann. Leipzig: Insel-Verl. 1908. (147 S.) 8° [5.-] 16. 7161 2

Horn, Joh. Ant. v., natürl. Erklärung d. bibl. Gesch., v. Tode Jesu bis z. Ausgießung d. heil. Geistes, nebst e. Vorw. üb. d. Zweck natürl. Erklärn. überhaupt. 8. (2 B.) Oldenburg 837, Fränckel.

v. Horn, Jh. Ant., naturl. Erklärung der biblischen Geschichte, vom Tode Jesu bis zur Ausgießung des heil. Geistes, nebst e. Vorworte über den Zweck naturl. Erklärungen überhaupt. 8. Oldenburg 837. Fränkel. (Hamb., Kittler u. Melle.) n. 1/4 ℛ

— **Joh. Frid.**, Politicorum pars architectonica de civitate liber secundus. De republica Platonica caput IV. De dominio eminente. o. O. u. J. (17. Jhdt.). 20 Bl. (6.80) 16064

— **Johann Georg** (Rector d. Camenzer Lyzeums), De majorum institutis scholasticis non temere evertendis, sed caute emendandis, praefatus incl. hujus Hexapoleos senatum graviss. omnesque litterarum fautores ad aud. orat. trium acad. candidat. e lyceo nostro disced. hum. invitat. Camenz April 1785. Bautzen (Johanna Eleonara Scholz). 14 S. (4.50) 16068
Christian Gotthelf Kunze (Bischheim/Laus.), Johann David Unger (Elstra/Laus.), Christian Friedrich Daniel Fallou (Königsbrück/Laus.), Christian Friedrich Traugott Voigt (Camenz).

Horn, Jh. Geo., s. Dorval u. Dorsan.

Horn, Jh. Geo., († d. 14. Nov. 1794.) s. El. Rowe, poet. Werke.

— — **Zu geneigter Anhörung einiger Abschiedsreden ladet andurch die Höchst= u. Hochzuverehrenden Schulpatrone wie auch alle Gönner u. Freunde d. Wissenschaften, nach Vorausschickung eines Versuches über die Hindernisse der Selbstprüfung junger Studierenden auf Schulen, mit aller Hochachtung ein. Camenz 8. IV. 1788. Bautzen (George Gotthold Monse). 12 Seiten. (4.50) 16069**
Johann Michael August Richter (Solschwitz), August Daniel Gottlieb Steyer (Dobra), Christian Gottlieb Leonhard (Camenz), Carl Gottlieb Näumann (Camenz), Augustin Walther (Reichenbach), Christian Traugott Cunert (Kroppen), Johann Martin Gärtner (Bernbruch).

BREMEN. — Ein Spaziergang auf dem Steinpflaster in Bremen. Ein scherzhafter Ernst u. ernsthafter Scherz, dargestellt in Reimen nach Hans Sachs. Ein Fund am Fusse der Rolandssäule. (Verf.: *Joh. Gerh. Horn.*) Bremen 1832. Gr. 8°. 48 S. — Eingeklebt 1 yatir. Steindruck, unterschrieb.: „Der verdorrte, verwünschte Pfefferbaum." Selten! (3 Mk. Friedr. Klüber, c. 1905.)

— **Johann Gottlob,** Commentationes nonnullae in epistolam maxime memorabilem, quam Adelgotus, archiep. Magdeb. caeterique praesules ac proceres Saxoniae orientalis in causa religionis a Slavis paganis vindicandae ad alios Christi socios in Germania circa an. 1108. miserunt, ab Edm. Marteneo et Urs. Durando primum divulgatam. Dresden u. Leipzig (Wolfgang Deer) 1733. 32 S. (6.80) 16070
Gew.: Alexander v. Miltiz (Scharfenberg, Robschiz, Niederpolenz).

Horn, Johann Gottlob: Sächs. Heldensaal, s. Birken, Sigmund von

Horn, Joh. Gottl. Princeps ex maioribus sumissimae et potentissimae domus Saxoniae gloriosissimus Henricus, cognomento Illustris. 4. Francofurti et Lipsiae 1726.

Princeps ex majoribus . . . Domus Saxonicae Henricus cognomento Illustris Landgravius quondam Thuringiae egente Buzicia primus Marchio Misnensis et Orientalis . . . etc. Qua fatorum, qua meritorum suorum ratione ex sanctioribus tabulis quae partim hactenus nondum editae, magno numero attexuntur, fidisque varii argumenti Annalibus curate descriptus . . . opera studioque Johannis Gottlob **Hornii.** Accedunt praeter codicem diplomaticum analecta quaedam ejusdem fere argumenti, cum indice scriptorum et rerum instructissimo. Francofurti et Lipsiae. 1726. 4°k.

Horn, Joh. Gottlob. Lebens- und Helden-Geschichte Des . . . Herrn Friedrichs des Streitbaren, . . . Ersten Churfürstens zu Sachsen etc. Leipzig, J. F. Gleditschs Sohn, 1733. 4°. *Gestoch. Frontispiz (m. Porträt des Kurfürsten),* 13 Bl. 940 S. 34 Bl. und *4 Kupfertafeln (wovon 3 gefaltet)* und 1 gefalt. Tabelle.

— v. Obrist-Reichs-Jägermeisteramt. 4. Leipz. (Dresd. Walther) 730.

— Samml. zu einer histor. Handbibliothek v. Sachsen. 9 Thle. 4. Dresd. Walther. 728—36.

— **Johann Heinrich** (Molaviâ [= Mylau]/Osterland), De obligatione sub infamia. Bey Schelmschelten. Präs. Peter Müller. Jena (Bauhofer) Juli 1689. 30 S. (6.80) 16071
Widm. v.: Präs., Cornelius Tobias Herda (Eisenach), Johann Caspar Müller (Meiningen), Adam Adolph Schrön (Eisenach).

— — Dasselbe. Wittbg. (Hake) 1744. 28 S. mit Widm. v. Präs. (6.50) 16072

— **Johann Jacob** (Naumburg), De intentione actionem malam non mutante. Disp. ex philosophia morali. Präs: M. Johann Theophil Keuling (Langensalza/Thür.). Halle (Salfeld) 17. X. 1704. 10 Bl. (6.80) 16073

Horn, Johann Josef

— — (Giesmansdorf/Schles.), An cautio usufructuaria possit a testatore remitti. Quaestio jur. controv. Präs. Christian Heinr. Breuning. Lpz. (Rumpf) 1. VIII. 1770. 8 S. (4.50) 16075

— **Johann Joseph** (Geisa-Fuldensis), De menstruorum fluxu nimio. Diss. med. Präs. D. Hieronymus Ludolf. Erfurt (Hering) 12. XI. 1753. 32 S. (6.50) 16074

Horn, Johann Philipp: Bemerkungen und Erfahrungen über einige Gegenstände der praktischen Geburtshülfe. 76 S., gbd., 2 Taf.

Wien: Wallishausser 1826
(Horn, J.Ph.: Theoretisch-praktische Lehrbuch der Geburtshülfe. 2...Aufl. Anhang)

JB 3.957/Anh.

— Beschreibung eines zu Unterbindungen (Ligaturae) sehr zweckmäß. Instruments. Nebst einer Sammlung merkwürd. Krankheits- u. Heilungsgeschichten. Mit 3 Kpfrtaf. Grätz 811, Kienreich. 1/3 Rthlr.

Der in Gedancken Bewunderens-würdigste Sieges-prangende Held Majestätische Grosse Friederich, zu danckbahrster Schuldigkeit in dreyfachen Demuths-Gedancken Erkänntlichstes Danck-Opffer, demjenigen, Als Ausführer der Gedancken, und Bevollmächtigster seiner Allmächtigsten Gedancken In einer Danck- und Ehren-Rede An Dem Solenen Sieges-Fest, Um die danckbahrste Gedancken abzuzinssen, vor die Gnädigst-empfangene Wohlthaten Gottes, in dem letzt-erhaltenen Sieg, zwischen Meissen und Dressden In einem einfältigen Gedancken mit unterthänigster Danck-Erkänntlichkeit, Als solches Sieges-Fest In der Fürstl. Domb- und Kollegiat-Kirchen zu Gross-Glogau, In Gegenwart einer Hoch-ansehnlichen und zahlreichen Versammlung Den 2. Januar des jetzt-lauffenden 1746sten Jahres Hochfeyerlichst begangen worden, vorgetragen, Von einem nicht denckwürdigsten, doch allerunterthänigsten treugehorsamen Vasallen, Johann Philipp von Horn, In obbemeldter Collegiat-Kirchen, Canonico Capitulari. Glogau, Gedruckt in der Königlich-Preussischen privilegirten Cammer-Buchdruckerey, bey Christian Gottfried Welchers, hinterlassene Wittib.

Horn, Johann Philipp: Lehrbuch der Geburtshülfe zum Unterricht für Hebammen. 2.ganz umgearb.verbess., für Hebammen eingerichtete Ausg. 360 S., gbd.

Wien: Wallishausser 1825

JB 3.958

Horn, J. Ph., Lehrbuch d. Geburtshülfe, z. Unterr. f. Hebammen. 3., ganz umgearb., verb. Ausg. gr. 8. ... Wien 831, Wallishausser.

Horn, Joh. Phil., Lehrbuch d. Geburtshilfe, z. Unterr. f. Hebammen. 4., durchaus umgearb., verb. u. verm. Aufl. gr. 8. (22 B.) Wien 839, Wallishausser.

Horn, Joh. Phil., Lehrbuch der Geburtshülfe zum Unterricht f. Hebammen. 5., verb. u. verm. Aufl. gr. 8. (21½ B.) Wien 846, Wallishausser.

Horn's, Joh. Phil., Lehrbuch der Geburtshilfe zum Unterrichte für Hebammen. 6. Aufl., neu umgearb. von Frz. Bartsch gr. 8. (880 S.) Wien 859, Wallishausser'sche Buchh. *

Horn's, Joh. Phil., Lehrbuch der Geburtshilfe zum Unterrichte für Hebammen. 7. Aufl. Von Frz. Bartsch. gr. 8. (380 S.) Wien 864, Wallishausser'sche Buchh. *

Horn, Johann Philipp: Theoretisch-praktisches Lehrbuch der Geburtshülfe zum Gebrauche bey seinen Vorlesungen und für angehende Geburtshelfer und Hebammen. Th.1 - 2, gbd.

Grätz: Kienreich 1814

JB 3.956

Horn, J. P., theoretisch-praktisches Lehrbuch d. Geburtshülfe zum Gebrauch bei s. Vorlesungen. 2 Thle. 8. Grätz, Ferstl. 815.

Horn, Johann Philipp: Theoretisch-praktisches Lehrbuch der Geburtshülfe für angehende Geburtshelfer. 2.ganz umgearb.verbess.und verm. Aufl. 440 S., gbd.

Wien: Wallishausser 1825
Anhang: Horn, J.Ph.: Bemerkungen und Erfahrungen über einige Gegenstände der praktischen Geburtshülfe. 1826

JB 3.957

Horn, Joh. Phil., Lehrbuch d. Geburtshilfe. Als Leitfaden bei seinen akadem. Vorlesn., u. bei d. Studium d. Faches f. angeh. Geburtshelfer. 3., ganz umgearb., verb. u. verm. Aufl. Mit d. erläut. Anh.: Gesammelte Aufsätze üb. einige d. wichtigsten u. am häufigsten vorkomm. geburtshilfl. Operationen. Nebst Bemerkn. u. Erfahrn. üb. einige Gegenstände d. pract. Geburtshilfe. 2. Aufl. gr. 8. (40½ B. u. 1 Kpfrt.) Wien 838, Wallishausser. Thlr.

Horn, Jb. Phil., Lehrbuch der Geburtshilfe. Als Leitfaden bei seinen akademischen Vorlesungen, u. bei dem Studium d. Faches für angehende Geburtshelfer. Mit 1 Kpfrtaf. 3e, umgearb., verb. u. verm. Aufl. Mit dem erläuternden Anhange: Gesammelte Aufsätze über einige der wichtigsten u. am häufigsten vorkomm. geburtshilfl. Operationen. Nebst Bemerkungen u. Erfahrungen üb. einige Gegenstände der pract. Geburtshilfe. 2e Aufl., mit 1 Kpfrtaf. gr. 8. Wien 818. Wallishausser. 4 ℛ — 4e, umgearb., verb. u. verm. Aufl. gr. 8. Ebd. 839. 4 ℛ

Horn, J. Ph., theoretisch-prakt. Lehrbuch d. Geburtshülfe zum Gebrauch bei Vorlesungen. 2 Thle. 8. Grätz 815. Ferstl. 3 ℛ 12 gr. 2e verb. u. verm. Aufl., unt. folg. Titeln: theoret.-prakt. Lehrbuch der Geburtshülfe, für angehende Geburtshelfer. gr. 8. Wien 825. Wallishauser. 2 ℛ 12 gr. 2) Lehrbuch der Geburtshülfe, z. Unterricht f. Hebammen. 2e umgearb., verbess. Ausg. gr. 8. Wien 825. Wallishauser. 2 ℛ

Horn, Jh. Pt., (†d. 29. Sept. 1804.) u. Jh., s. Thomsons Jahreszeiten.

Horn, Johann Sam. Gottlob

— Anweis. zum Rechnen, mit u. ohne Hülfe geschriebener Zahlen. 8. Leipz. 805. Schmidt. 10 gr.

Horn, J. S. G., Aufgaben z. Rechenbuch. 8. Leipzig, Schmidt. 805.

— das Geburtstagsgeschenck; e. Lesebüchlein z. Belehrung u. Unterhaltung f. wißbegier. Kinder. Mit 25 ill. Kpf, 8. Lpz. 806.

Horn, Joh. Wilh. (Laasphe) [Auctor]
Dissertatio inauguralis medica de hydrope peritonaei saccato.
Giessae 25. Jan. 1790: Braun. 24 S. 4
pro gradu medicinae et chirurgiae doctoris rite impetrando.

Horn, Johs. Allgemeines Adreßbuch der Brauereien u. Malzfabriken. gr. 8. (VIII, 72, 96 S.) [Berl.] Lpz. 889, (Eisenschmidt u. Schulze). geb. 10

Horn, J., allgemeines Adreßbuch d. Brauereien u. Malzfabriken. gr. 8. (VIII, 72 u. 96 S.) Berlin 890. (Eisenschmidt & Schulze.) geb. n. 10. —

Horn, Johs., O. Fr., 16 Predigten üb. die himmlische Glückseligkeit, geh. im Advent 1534 zu München, aus dem Codex lat. 9058 der Münchener Hof- u. Staatsbibliothek hrsg. v. Parthenius Minges, O. Fr. Min. gr. 8. (XI, 119 S.) München 899. J. J. Lentner. n. 1.20

Horn, Johannes [Red.], s. Vereinszeitung.

Horn, Joseph, appr. Arzt: Zur Kasuistik der Pfählungsverletzungen. Giessen 1908: v. Münchow. 36 S. 8°
Gießen, Med. Diss. v. 8. Okt. 1908, Ref. Bostroem
[Geb. 10. Jan. 81 Herbern; Wohnort: Gießen; Staatsangeh.: Preußen; Vorbildung: Gymn. Meppen Reife O. 01; Studium: Freiburg i. B. 1, München 1, Kiel 2, Würzburg 1, Berlin 2, Gießen 2 S.; Coll. 2. März 06; Approb. 19. März 06.] [U 09. 1111

— **M. Immanuel** (Neukirch/Laus.; Leipzig), De beatitudine pacificorum, ex Matth. V. 9. Disp. theolog. Leipzig 24./25. VIII. 1698 (1707). 74 Seiten. (8.50) 16060

Horn, Imman., Betr. üb. d. Wahrh. d. Lehre Jesu in Predigten üb. die Episteln. 4. Zittau, Schöps. 764.

— — De ablatorum restitutione summe necessaria. Diss. theol.-pract. Lpz. (Immanuel Horn) 1. XI. 1708. 56 S. (7.—) 16061

— geistl. Wächterstimme über die Episteln. 4. Leipzig. 741.

Horn, Isidor [pr. Arzt]: Aus d. kgl. Frauenklinik zu Breslau. Über retroperitoneale Myxolipome ... Breslau, Druck v. Th. Schatzky, 1894: 28 S., 1 Bl. 8.
Breslau, Med. Fak., Inaug.-Diss. v. 5. Mai 1894

Horn, Isidor, üb. retroperitoneale Myxolipome. Diss. gr. 8. (28 S.) Breslau 894. (L. Köhler.) n. 1. —

Horn, Israel, aus Jezupol (Oesterreich): Ein anonymer arabischer Commentar aus dem XV. Jahrhundert zu Maimonides' Dalâlat al Hâ'irin. I. Nach einer Berliner Handschrift zum ersten Male herausgegeben, ins Deutsche übersetzt und mit kritischen Anmerkungen versehen. Breslau 1907. XLVIII + 17 S. 8°. [2. III. 05.]
Bern. Phil. Diss. 1906/1907.

Horn, Israel. Ein anonymer arabischer Commentar aus dem XV. Jahrhundert zu Maimonides' Dalâlat al Hâ'irin. I. Nach einer Berliner Handschrift zum ersten Male hrg., ins Deutsche übersetzt und mit kritischen Anmerkungen versehen. Diss. Phil. Bern. IV + XLVIII + 15 + 1 S. 8. Breslau, H. Fleischmann, 1907. V Bern

Horn, Jul., das Königreich Ungarn, seine Geschichte, Verfassung und seine gegenwärtigen Zustände. br. 8. (IV und 458 S.) Pest 864, (Gebr. Lauffer.) *

Horn, Jürgen Friedrich

Horn, J. F., Ueb. d. allgem. Bedeut. d. Optativs u. Conjunctivs d. griech. Syntax. Pr. 1856. 21 S. 4°. 1.—

Horn. Allgemeine Bedeutung des Optativs und Conjunctivs. Kiel, G., 1856. Progr.

⊙ Ueber das Beweisen des Daseins Gottes (v. Jürgen Friedrich **Horn**). Kiel. 1862. 8°, geb. in 4°. Gymn.-Progr.

Über die jetzige Einrichtung unserer Gelehrtenschule v. Jürgen Friedrich **Horn.** Glückstadt. 1850. 4°. Gymn.-Progr.

Horn. Begriffliche Entwickelung der Redetheile. Glückstadt, G., 1846. Progr.

Horn, J. F., Fra Angelico. Romanzencyklus in 16 Bildern. gr. 16. (94 S.) Kiel 863, Homann.
geb. mit Goldschn. –

—— Gedichte alte und neue, gute und schlechte. 16. (VI und 147 S.) Kiel 865, Schröder und Comp. *
geb. mit Goldschn. * *

⊙ Ein religiöser Geist soll in unsern Gelehrtenschulen herrschen. Rede bei Entlassung der Abiturienten, Ostern 1838, v. Jürgen Friedr. Horn. Kiel. 1857. 4°. Gymn.-Progr.

Ueber Idee und Zusammenhang der Goethe'schen Fausttragödie v. Jürgen Friedrich Horn, Glückstadt. 1853. 4°.

Horn, J. F., über Idee und Zusammenhang der Goethe'schen Fausttragödie, namentlich des 2. Theils. gr. 8. (46 S.) Kiel 854, Schwers'sche Buchh. *

Horn, Jürgen Fr., mathemat. Kleinigkeiten. Programm. Mit 1 Steintaf. 4. Glückstadt 837. (Altona, Aue.) n. ⅓ ℛ

Horn, Jürgen Friedr., mathemat. Kleinigkeiten. Progr. 4. (5¼ B. u. 1 Stnt.) Glückstadt 837. (Dessau, Aue.) *

Zur Philosophie. Drei Abhandlungen v. Professor Jürgen Friedrich Horn.
1. Ueber das Beweisen des Daseins Gottes.
2. Versuch einer speculativen Entwickelung der immanenten Trinitätslehre.
3. Die begriffliche Entwickelung der Redetheile. Kiel. 1862. 8°.

—— zur Philosophie. Drei Abhandlungen. gr. 8. (IV und 111 S.) Kiel 862, Homann. *

Horn, Rede bei der Feier des Schillerfestes, gehalten in der Aula der Universität am 9. November 1859. Kiel 859. Schröder & Co. gr. 8. (15 S.) n. 3¾ ngr

Schulrede bei Entlassung der Abiturienten geh. in Glückstadt 1840 v. Jürgen Friedrich Horn. Beilage zum Kieler Schulprogramm 1856. Kiel. 1856. 8°

Zwei Schulreden. (1. Das sittliche Verhältniss zwischen Schule und Haus. 2. Ein religiöser Geist soll in unsern Gelehrtenschulen herrschen. Von Jürgen Friedrich Horn.) Kiel. 1857. 4°.

—— Sophonisbe. Tragödie in 5 Acten. 8. (VIII und 134 S.) Kiel 862, Homann.

— usus optativi et conjunctivi Graecae linguae in iis, quae finem per particulas exprimunt, enuntiationibus, exponitur et exemplis Thucydideis illustratur. Prolusio. Mit Lections-Tabelle. 4mai. Glückstadt 838. (Altona, Aue.) n. 7 ℊℊ

—— Usus optativi et coniunctivi graecae linguae in iis, quae finem per particulas exprimunt, enuntiationibus, exponitur et exemplis Thucydideis illustratur. Prolusio. 4maj. (4¼ B. u. Lections-Tab., Fol.) Tychopoli 838. (Dessau. Aue.) *

⊙ Das sittliche Verhältniss zwischen Schule und Haus. Rede bei Entlassung der Abiturienten 1842 v. Jürgen Friedrich Horn. Kiel. 1857. 4°. Gymn.-Progr.

Jürgen F. Horn's Vers. e. philos. Entwicklung d. immanenten Trinitätslehre; Programm. *Glückst.* (*Alt.*, Aue.) 839. gr 4° 7 ℊℊ

—— Versuch e. philosoph. Entwickelung d. immanenten Trinitätslehre. Progr. gr. 4. (1 B. u. Lections-Tab., Fol.) Glückstadt 839. (Dessau, Aue.) *

Zu der öffentlichen Classenprüfung der Schüler unserer Gelehrtenschule ... ladet ein Jürgen Friedrich Horn. 1855-57. ebd. 1855-57. 4°.

Zu der ... Prüfung unserer Schüler ... ladet ein Jürgen Friedrich Horn. (1837). Glückstadt. 1837. 4°. (1853.) ebd. 1853. 4°.

Horn, J. F. Das Zukunftsgymnasium, s. Zeit- u. Streitfragen, pädagogische.

Horn, K., Kriegserinnerungen e. Feldzugsfreiwilligen, s.: Betz, Karl.

Horn, K., Die Socialisten. Roman aus dem Englischen. 8°. Stuttgart 1885.

Horn, Carl, a. Ebersberg: Konforme Abbildung eines von gewissen Kurven begrenzten Flächenstücks auf den Einheitskreis. München 1907: C. Wolf & Sohn. (39 S., 5 Taf.) 8°
München, Phil. Fak., Ref. Lindemann, Diss. v. 26. Juli 1906
[Geb. 24. Okt. 76 Ebersberg; Wohnort: Deggendorf; Staatsangeh.: Bayern; Vorbildung: Wilhelms-Gymn. München Reife Juli 95; Studium: München 10 S.; Rig. 26. Juli 06.]

Abfassung, Geschichtlichkeit und Zweck vom Evang. des Johannes, Kap. 21. Ein Beitrag z. johanneischen Frage von P. Lic. Karl Horn. *Leipzig: A. Deichert Nachf. 1904.* (XII, 199 S.) 8° (03. 1309)

Horn's, Carl, Ansprache an die Festgenossen auf dem Eichplatz zu Jena den 15 Aug. 1865. 8. (3 S.) Jena 865, Fr. Frommann. *

Horn, Karl, deutsche Balladen. (XV, 206 S.) 8. Frankfurt a/M. 908. M. Diesterweg. 1.60; geb. in Leinw. 2.40

— dasselbe, s.: Diesterweg's deutsche Schulausgaben.

Horn, Carl, experimentelle Beiträge zur physikalischen Diagnostik der Respirationsorgane. Inaugural-Dissertation. gr. 8. (33 S.) Dorpat 884, (Karow.) *

Horn, Karl [aus Woldegk i/Mecklenburg]: Beiträge zur Kritik der vita Heinrici IV. imperatoris .... Rostock, Druck v. F. Ahrens jun. (1886); 120 S. + 1 Bl. 8°.
Rostock, Phil. Fak., Inaug.-Diss. v. 2. Nov. 1886.

Horn, Karl, Beiträge zur Kritik der vita Heinrici IV. imperatoris. Diss. Rostock 1886, G. B. Leopolds Univ.-Buchh. 8°. 120 S.

Horn, Karl: Kritische Bemerkungen zu der Neuordnung des höheren Mädchenschulwesens. Frankfurt a. M. 1909: Adelmann. S. 7—14. 4°
Frankfurt a. M., Humboldt-S, HM P 1909 [04] [S 09. 214

Horn, Carl von, approb. Arzt aus Hamburg: Über den Einfluss der Temperatur auf die Präcipitinreaktion. *Würzburg 1903: H. Stürtz.* (32 S.) 8°
Würzburg, Med. Diss. v. 1903

Horn, Carl, Referendar in Stettin: Die bona fides bei der Klagenverjährung nach kanonischem und gemeinem Recht. *Berlin 1899: W. Pilz.* (53 S.) 8°
Berlin, Jur. Diss. v. 27. Febr. [vielm.: 20. März] 1899

Horn, Carl, die bona fides bei der Klagenverjährung nach kanonischem u. gemeinem Recht. gr. 8. (III, 51 S.) Berlin 899. Struppe & Winckler. n. 1.20

Horn, die Landesfinanzen des Fürstenth. Hohenzollern-Sigmaringen vor und seit dem Bestehen der Verfassung. br. 8. (75 S. und 1 Tab. in qu. 4.) Stuttgart 848, (Beck und Fränkel.) *

— s.: **Reden, drei, zum Gedächtnis des usw. Dr. Johannes Zahn.**

Horn, Carl, aus Grünberg i. Schl., Unterarzt im 8. Ostpreuß. Inf.-Reg. No 45: **Widalreaktion** und Typhusdiagnose. *Berlin (1904): G. Schade.* (29 S.) 8°
Berlin, Med. Diss. v. 30. Juni 1904

— **Carl August (Leipzig), De jure dotis dominio recte accensendo. Diss. jur. controv. Präs. Frid. Gottlieb Zoller. Lpz. (Rumpf) 30. VII. 1777. 16 S. (5.—) 16014**

Horn, Karl Friedrich

Horn, K. Fr. (II.), Bemerkungen zu d. Schrift d. Hrn. Fr. v. Raumer: Ueber d. preuß. Städteordnung. 8. (2¼ B.) Königsberg 828, Unzer.

— Handbuch f. Landschullehrer zur Beförderung e. zweckmäß. Gebrauchs d. Herderschen Katechismus. 3 Thle. 8. Weimar 810 — 15. Hoffmann. 2 Rthlr 12 gr 1r u. 2r Thl, 2e umgearb. Ausgabe, enthalt. den 1n, 2n u. 3n Thl. der ersten Ausg. 8. Weim. 826 u. 29. Hoffmann. 2 Rthlr 18 gr

Horn, (K. Fr.,) Handbuch f. Landschullehrer, z. Beförder. e. zweckmäß. Gebrauchs d. Herderschen Katechismus. 1r Thl. 2e umgearb. u. verm. Ausg. 8. Weimar 826, Hoffmann.

Horn, K. Fr. (I.), Handbuch f. Landschullehrer, z. Beförderung e. zweckmäß. Gebrauchs d. Lutherschen u. Herderschen Katechismus. 2. Thl. 2., umgearb. Ausg. enthalt. d. 2. u. 3. Thl. d. ersten Ausg. 8. (23 B) Weimar 829, Hoffmann.
1. Thl. 2. Aufl. Ebendas. 1827. 1 Thlr. 12 Gr.

— Handbuch f. Landschullehrer, zur Beförderung e. zweckmäßigen Gebrauchs des Herderschen Katechismus. 2 Thle. 3e Aufl. 8. Leipzig 837. Bohme. 2¾ Rthlr

Horn, Karl Friedr., Handbuch f. Landschullehrer, z. Beförder. e. zweckmäß. Gebr. d. Herderschen Katechismus. 2 Thle. 3. Aufl. 8. (68 B.) Leipzig 837. [Geuther.]

— s. G. A. Horrer, Wörterbuch.

— Huldigungspredigt nach d. Regierungs-Antritt d. Durchl. Fürsten u. Herrn Karl Friedrich, Großherzog zu Sachsen-Weimar-Eisenach ꝛc. am 11ten Sonnt. n. Trinit. 1828 in d. Stadtkirche zu Weimar gehalten. gr. 8. Weimar 828. Hoffmann. 4 gr

——, Nicolaus Lenau, seine Ansichten u. Tendenzen. gr. 12 (1½ B.) Hamburg 838, Hoffmann u. Campe.

— s. Magazin v. Casual-, besond. kl. Amtsreden.

—— Predigt am 2. Ostertage 1836 üb. d. Hoffnung, daß wir uns. Lieben u. Freunde in d. künftigen Welt wiedersehen werden. gr. 8. (1⅛ B.) Leipzig 836, Wuttig. (?)
Aus den: Musterpredigten, hrsg. v. H. A. Schott, besond. abgedruckt

—— Sendschreiben an d. Hrn. Bürgermeister Perschke in Landeshut, veranlaßt durch dess. Metakritik d. Kritiken ꝛc. üb. d. preuß. Städteordnung. — Eine krit. Antwort. 8. (2 B.) Königsberg 829, Universit.-Buchh.

—— die preuß. Städte-Ordn. verglichen mit d. Entwurfe zu e. neuen Communal-Gesetze f. Frankreich, wie solcher d. franz. Deputirten-Kammer am 9. Febr. 1829 von d. Minister d. Innern vorgelegt worden ist. gr. 12. (3 B.) Königsberg 829, Universit.-Buchh.

Horn, Carl Joh. Aug., die Kappenkunst. Eine gründl. Anleitung jedes nur mögliche von den einfachsten bis zu den schwierig modernsten Mustern von Kappen (Mützen) auf eine ganz leichte Art schneiden zu lernen. gr. 8. (IV und 29 S. mit 2 lithogr. Tab. in Fol.) Cochem 845. (Coblenz, Hölscher.) *

Horn, Kaspar (Übers.):

s.: Bernhardus Graf von der Marck und Tervis: Chymische Schriften von dem gebenedeyten Stein der Weisen. Aus dem Lat.übers., hrsg.von Joachim Tanck. Th.1 - 4, Anhang. Nürnberg: 1747

JB 254

Horn, Kaspar Heinrich

HORN, Casp. H.: Additamenta ad Joa. Schilteri Instt. jur. Can. Acc. ejusd. compendiosa expositio doctrinae de computatione et prohibitione graduum intuita rei matrimonialis. Ed. IIa. *Witeb.* 723. 8.

Capitulatio caesarea **Caroli VI.** Ed. Casp. Heinr. Hornius. Ed. 2. Halae Magd. 1725.

— — **Civibus academicis s. p. d. Wittbg. (Christian Schroeder) 1715. 4 Bl. (—.50) 16044**

— — De confirmatione statutorum municipalium per superiorum. Diss. jur. Oder: Von der durch den Landes Herrn gethanen Confirmirung der hergebrachten Gewohnheiten und Statuten der Städte. Wittbg. (Hake) 1737. 62 S. (7.—) 16050

Hornius, Casp. Henr.: Consultationum, responsorum, ac sententiarum liber unus. Dresdae et Lipsiae 1711.

— [Nova ed.] 1726.

Horn, Casp. H., consultationes et responsa. fol. Dresd. Gorlach. 726.

HORN, Casp. H.: Decas observatt. feudalium. *Witteberg.* 717. 4.

Horn, Kaspar Heinrich (Präs.), s. Dedekind, Joh. Gottlieb: Disput.de antapocha.

— — **Ad disputationem solennem candidati Lucas Corthum (Hamburg) invitat. Wittbg. (Wwe. Christian Gerdes) 6. IV. 1716. 7 Bl. mit Biogr. C.'s. (M.: A. E. Lutken.) (6.—) 16048**

— — Ad disputationem solennem candidati Christian Ern. Jungling (Langensalza) invitat. Wittenbg. (Wwe. Gerdes) Apr. 1714. 8 Bl. mit Biogr. J.'s. (M.: A. V. Heydenreich.) (6.50) 16043

— — Ad disputationem solennem candidati Joh. Ludwig Nicolai (Dresden) invitat. Wittenbg. (Gerdes) 18. XI. 1713. 6 Bl. mit Biogr. N.'s. (M.: C. S. Schubart.) (6.—) 16042

— — Ad disputationem solennem candidati Johann Roething (Neapoli/Hohenstein/Misn.) invitat. Wittbg. (Gerdes) April 1716. 4 Bl. mit Biogr. R.'s. (M.: S. Stegemann.) (6.—) 16047

— — Ad disputationem solennem candidati Sam. Sigismund Seyfried (Freiberg) invitat. Wittbg. (Wwe. Gerdes) 24. IV. 1716. 8. Bl. mit genealog. Biogr. S.'s. (M.: D. M. Hasse.) (6.50) 16049

— — Ad disputationem solennem candidati Carl Gottfried Winckler (Leipzig) invitat. Wittbg. (Wwe. Gerdes) 31. I. 1716. 6 Bl. mit Biogr. W.'s (M.: S. S. Packbusch.) (6.50) 16046

— — Ad disputationem solennem candidati Christian Abraham Zahn (Herzberg Misnic.) invitat. Wittbg. (Wwe. Gerdes) 23. I. 1716. 6 Bl. mit Biogr. Z.'s. (M.: A. D. Frenzel.) (6.—) 16045

Horn, C. H., de episcopo vagante. Ibid. 1712. 4.

Horn, C. H., de exspectativa ecclesiastica. Viteb. 1712. 4.

Horn, Kaspar Heinrich (Präs.), s. Gärtner, Joh. Wilhelm: De libro metallico antigrapho.

Horn, Casp. Heinrich (Präs.), s. Gierisch, Johann Jacob: De processu summario ex § IIX resoll. elect. Saxon.noviss.

Horn, Casp. Heinr.(Präs.), s. Grohmann, Carl Gottlieb: De comitibus palatinis Saxoniae.

Horn, Casp. Heinr. (Präs.), s. Heil, Christian Jacob: De beneficio competentiae civitatibus non competente.

Horn, Kaspar Heinr. (Präs.), s. Hermann, Georg Andreas: Ex argumento juris proedriae.

— — u. (Respond.) Christian Friedr. Knauth (Meissen), De injuria conditionali. Germanis: Von Gültigkeit und Ungültigkeit der Injurien, welche unter gewissen Bedingungen ausgestossen werden. Comment. jurid. Wittenberg 17. III. 1694. Ed. III. Jena (Heller) 1752. 52 Seiten. (6.80) 16025

— praelection. de interpretatione juridica. 8. Vitub. Zimmermann. 733.

Instrumentum pacis Osnabrugensis. Ed. Casp. Heinr. Hornius. Ed. 2. Halae Magd. 1725.

— — De jure proedriae seu praecedentiae, variarum quaestionum decades duae. Wittbg. (Meyer & Zimmermann) 1702. 104 S., tlws. dtsch. (8.—) 16029

Gew.: Martin Albert (Troschenreut . . .). — Respondenten: Christoph Theodor Hainemann (Eisleben. Leipzig), Christ. Scheibner (Chemn. Oschatz), Samuel Haenschel (Schandau. Zittau), Heinr. Schlichting (Hamburg).

— — Dasselbe. Ed. II. Wittbg. (Meyer & Zimmermann) 1705. 96 S. (8.—) 16030

Ohne Respond. Schlichting, dafür: Joh. Christoph Kern (Dinkelsbühl). Widm. a. diesen v. C. S. Schurzfleisch.

— — Dasselbe. Quaestiones XXV. Ed. III. quinque quaestionibus aucta. — Dissertationem de obligatione clientelari nobilitatis gradum imminuente praefationis loco adjecti Johann Christoph Pesler. Wittbg. (Samuel Gottfried Zimmermann) 1736. 14 Bl. 116 S. (8.—) 16031

Ohne Widm. a. Albert. — Respond. ferner: Georg Andr. Hermann (Torgau), dessen dissertatio ex argumento juris proedriae (Präs. C. H. Horn. Wittbg. April 1709) befindet sich im Anhang (s. Nr. 14543).

— — De regali metallifodinarum jure. Disquis. brev. Wittbg. (Christian Theophil Ludovici) 1703. 32 S. (6.50) 16032

Hornius, Casp. Heinr.: Juris publici Romano-Germanici ejusque prudentiae, liber unus. Acc. **Instrumentum** pacis Osnabrugensis et capitulatio caesarea (**Caroli VI.**). Ed. 2. Halae Magdeb. 1725. 2 Bde

— juris publ. rom. germ. imperii prudentia. 8. Halae, Waisenhaus. 739.

Hornius, Casp. Heinr.: Jurisprudentia feudalis Longobardo-Teutonica, aucta variis accessionibus . . . (Cum app. 1. 2.) Wittebergae 1705.

— Ed. 4. accurante Chr. Hanaccio. [Nebst] Accessiones novae. 1729.

— (Ed. 6.) accurante Chr. Hanaccio. [Nebst] Accessiones novae. 1741.

— — Benevolo lectori s. p. d. Wittbg. (Christian Kreusig) 1700. 8 Bl. mit Biogr. v. Johann Balthasar Wernher (Rothenburg a. T.) (6.—) 16027

— — Benevolo lectori s. p. d. Wittbg. 1701. 6 Bl. mit Biogr. v. Ernst Friedrich Meder (Pirna; M.: A. M. Hantschmann.) (5.50) 16028

— — Lectori benevolo s. p. d. Wittbg. (Gerdes) 1706. 4 Bl. mit Biogr. v. Christian Jacob Heil (Jessen; M.: M. S. Kornmann.) (6.—) 16033

— — Lectori benevolo s. p. d. Wittbg. (Gerdes) 1706. 8 Bl. mit Biogr. v. Johann Gottfried Kraus. (Freiberg; M.: L. Hoffmann.) (6.—) 16034

— — Lectori benevolo s. p. d. Wittbg. (Christian Gerdes) 1708. 8 Bl. mit Biogr. v. Carl Jacob Schilling. (Dresden; M.: J. E. Jacobi.) (6.—) 16035

— — Lectori benevolo s. p. d. Wittbg. (Christian Gerdes) 1708. 8 Bl. mit Biogr. v. Constantin Temmich. (Belgern; M.: E. Planer.) (6.—) 16036

— — Lectori benevolo s. p. d. Wittbg. (Gerdes) 1713. 8 Bl. (1.50) 16041

— — Lecturis omnibus s. p. d. Wittbg. (Gerdes) 1711. 8 Bl. mit Biogr. v. Johann Heinrich Konhard. (Leipzig; M.: B. R. Oheim.) (6.—) 16038

— — Lecturis omnibus s. p. d. Wittbg. (Gerdes) 1711. 8 Bl. mit Biogr. v. Johann Ehrenfried Martini. (Grünhayna/Sudeten; M.: A. D. Crusius.) (6.—) 16039

— — Lecturis omnibus s. p. d. Wittbg. 1711. 4 Bl. mit Biogr. v. Gottlob Rivinus. (Leipzig; M.: C. E. Packbusch.) (5.50) 16040

— — De semel malo semper malo. Tractatus academicus ad usum fori accommodatus, c. indice. Wittbg. (Joh. Ludwig Meisel) 1709. 124 S. (9.50) 16037

— — De mercibus illicitis s. contrabandis. Diss. jur. Präs. Werner Theodor Martini. Wittbg. (Matthäus Henckel) Dez. 1684. 48 Bl. (8.50) 16018

— — Dasselbe. Wittenbg. (Christian Friedrich Henckel) 1705. (8.50) 16019

Horn, Casp. Henr. Programma de titulo procuratoris Germaniae Henrici Rasponis. 4. Wittebergae 1711.

HORN, Casp. Henr.: Dissertatio von Windbrüchen; de eo, quod iustum est circa arbores turbine deiectas. - Wittenbergae 1716

Horn, Kurt: Zur Entstehungsgeschichte von Dante Gabriel Rossettis Dichtungen. Bernau 1909: Grüner. 127 S. 8° (Ersch. vollst. u. d. T.: Studien z. dichter. Entwicklungsgange Dante Gabr. Rossetti's, als: Normannia. Bd 5.)
Königsberg, Phil. Diss. v. 15. Okt. 1909, Ref. Kaluza, Schultz-Gora
[Geb. 29. April 85 Marienwerder Wpr.; Wohnort: Elbing; Staatsangeh.: Preußen; Vorbildung: Gymn. Elbing Reife O. 04; Studium: Königsberg 3, Berlin 4, Königsberg 1 S.; Rig. 17. Dez. 08.] [U 10. 2606

Horn, Kurt, Studien zum dichterischen Entwicklungsgange Dante Gabriel Rossettis, s.a. Normannia. 5.

Studien zum dichterischen Entwicklungsgange Dante Gabriel Rossettis von Kurt Horn. Berlin: Felber 1900. 143 S. 8°
(Normannia. Bd 5.) [09. 1834] 10

Horn, L. W., Formzahlen u. Massentafeln f. d. Buche. Auf Grund d. v. Vereine deutscher forstl. Versuchsanst. erhob. Materialien bearb. Hrsg. v. F. Grundner. gr. 8. (VI, 90 S. m. 1 lith. Taf.) Berlin 898. P. Parey. Kart. n. 4. —

Horn, L. W., die Krankheiten des Ohrs u. Gehörs. Mit Abbild. 1. u. 2. Aufl. 12. (à 9 B.) Nordhausen 844, Fürst. à

Horn, Leo, die Berufungsinstanz im Strafverfahren. Ein Beitrag zur Orientirg. üb. die Frage der Wiedereinführung der Berufg. gr. 8. (83 S.) Berlin 884. Puttkammer & Mühlbrecht. n. 1. 60

Horn, Leo, quer durch Skandinavien. Reiseskizze. (107 S.) gr. 8. Berlin (SW. 47, Hornstr. 15, II), (908). Dr. Leo Horn. 1. —

Horn, Lisa, Schwester Ursula. Novelle. (Umschlag: Eine weimar. Geschichte.) (96 S.) 8. Weimar (908). H. Große. n. 1. 25; geb. n. 1. 75

Horn, Louis, aus Weißenfels a. S.: Experimentelle Entwickelungsänderungen bei Achlya polyandra de Bary. *Berlin & Potsdam 1904: A. W. Hayn's Erben.* [übergekl.: *Halle a. S. 1904*]. (39 S.) 8°
Halle, Phil. Diss. v. 11. [hs.: 17.] Mai 1904

Horn, Ludw., üb. den Ausgang der cyanotischen Induration der Niere in Granularatrophie, s.: Schmaus, Hans.

Horn, Ludwig [aus Landau Pfalz]: Kritik der Verfahren zur Bestimmung des Lebend-Gewichtes beim Rinde durch Messung ... *Gräfenhainichen, Druck v. C. H. Schulze & C.*, 1893; 109 S., 1 Bl. 8.
Leipzig, Phil. Fak., Inaug.-Diss. v. [20. März] 1893

Horn L.: Kritik der Verfahren z. Bestimmung d. Lebend-Gewichtes beim Rinde durch Messung. Diss. Leipz. 1893. 109 S.

Horn, Ludw. Paul u. Virginie od. das Abenteuer vor d. Maskenball. Ein musikal. Schwänklein in 1 Akt. Musik v. Herm. Kipper. Op. 112. Text- u. Regiebuch. 8. (24 S.) Lpz. 891, C. F. W. Siegel. * — 40

Horn, Ludov. (geb. Laasphe 8. 5. 1795): De ventriculi ruptura observatio. Berolini (1817). (32 S.) 8°
Berlin, Med. Diss. v. 18. Juli 1817

Horn, Ludwig [cand. med. aus München]: Über die Stauungsschrumpfnieren und ihre entzündlichen Komplikationen ... Wiesbaden, J. F. Bergmann, 1893; 28 S. 8.
München, Med. Fak., Inaug.-Diss. v. 1893

Horn, M. v., Juden! Eilt Euch! (128 S.) 8. Leipzig (904). Verlag Rolfsana. n. 3. —

Horn, Max [aus Mecklenburg-Strelitz]: Beitrag zur Nachbehandlung der Urethrotomia externa .... Greifswald, Druck v. Julius Abel, 1886; 35 S. 8°.
Greifswald, Med. Fak., Inaug.-Diss. v. 6 Mai 1886.

Horn, Max, Beitrag zur Nachbehandlung der Urethrotomia externa. Diss. Greifswald 1886, Jul. Bindewald. 8°. 35 S.

Horn, Max, s.: Bundes-Kalender.

Horn, Max, Katechismus der chemischen Technologie, s.: Kersting, Paul.

Horn, Max. Landgemeinde-Ordnung f. die 7 östl. Provinzen d. preuß. Monarchie, s. Schuhr's volksthüml. erläuterte Gesetzsammlg.

Horn, Max [cand. med. aus Wittenberg a./Elbe]: Myoma cervicis uteri gangraenosum .... Jena, Druck v. B. Engau 1888; 37 S. u. 1 Taf. 8°
Jena, Med. Fak., Inaug.-Diss. v. [27. März] 1888

Horn, Max, Myoma cervicis uteri gangraenosum. Diss. Jena 1888, G. Neuenbahn. 8°. 37 S. mit einer Taf.

Horn, Maximilian, a. Staßfurt, Preußen: Über neue jodometrische Bestimmungen einiger Anionen und Kationen. Marburg 1907: (A. Bonz' Erben, Stuttgart). (72 S.) 8°
Marburg, Phil. Fak., Ref. Schmidt, Diss. v. 3. April 1907
[Geb. 27. Nov. 81 Staßfurt; Wohnort: Staßfurt; Staatsangeh.: Preußen; Vorbildung: Karls-Gymn. Bernburg Reife M. 02; Studium: Halle 1, Marburg 7 S.; Rig. 30. Juli 06.]

HORN, Maximilian Joseph (Neuburg/Pf.): De febri miliari.- Monachii: Rösl 1840. 14 S.
23.8.1838 - Urk; F 64
Diss. Ingolst.-Landsh.-Mchn.

Horn, Mich., O. S. B., Organum comitans. Kyriale sive ordinarium missae. Ed. Vaticano-Styria. (IV, 84 S.) Lex.-8. Graz (906). Styria. Geb. n. 5. —

Horn, Mor., Auf dem Schloß und im Thal. Erzählung. 2 Thle. Leipzig 858. Hübner. 16. (100; 151 S.) 20 ngr

Horn, Mor., Dämonen. Roman in 2 Bdn. 8. (X und 750 S.) Leipzig 862, Brockhaus. *

2888. Horn, Moriz. Neue Dichtungen. *Prag* 1858. *Carl Bellmann's* Verlag. 175 S., 8°. 2 fl.

Horn, Mor., die Dorfgroßmutter. Idylle. 16. (127 S.) Leipzig 856, Matthes. *

Horn, Mor., drei Dinge nenn' ich euch, s. Wallner's allgemeine Schaubühne.

—— der zerrissene Dreiklang. Roman aus dem Leben eines Musikers. 2 Bde. 8. (860 S.) Leipzig 867, Grunow.

—— am Erlenhof. Original-Roman. 3 Bde. 8. (210; 188; 163 S.) Leipzig 871, Rötschke. [Zander.] (*M* 6.) *

— Erzählungen und Humoresken. 2 Bde. Zittau 858. Pahl. 16. (4 Bl., 208; 3 Bl., 201 S.) n. 1 *℔*. 10 ngr

—— der Freischulze, s.o. Album. Bibliothek deutscher Originalromane.

Horn, Moritz

Der Freischulze. Eine Erzählung.
Wien: Markgraf 1864. 259 S. 8°
(Album. Bibl. dt. Originalromane. Jg.19. Bd.1.)

— Goethe in Straßburg u. Sesenheim. Dichtung. 8. (IV, 120 S.) Kassel 875. Jungklaus. n. 2. —

Horn, Mor., Goethe in Straßburg und Sesenheim. Dichtung. 2. (Titel-)Ausg. 12. (IV, 120 S.) Kassel 884, Kleinmenhagen. cart. mit Goldschn.

—— für das Haus zu festlichen Gelegenheiten. 8. (VIII und 255 S.) Leipzig 867, Grunow. cart. *

—— der Hausball. Eine tragi-komische Geschichte. gr. 16. (180 S.) Zittau 858, Pahl'sche Buchh.
Aus: Erzählungen und Humoresken, besonders abgedruckt.

—— aus goldener Kinderzeit. Geschichten und Mährchen. 16. (III und 157 S.) Leipzig (861)62, Voigt und Günther. *

—— die Köhler von Burg. Bairische Sage in Versen. 16. (63 S.) Leipzig 850(57,) Matthes. *

— die Köhler von Burg. Bairische Sage in Versen. Leipzig 857. Matthes. 16. (63 S.) n. 12 ngr

Horn, Moritz, Lady und Baronin; s.: Album, Bibliothek deutscher Originalromane.

—— die Lilie vom See. Dichtung. 16. (VIII und 128 S.) Leipzig 853, Brockhaus. *

—— Magdala. Dichtung. 8. (198 S.) Leipzig 855, Brockhaus. *

—— Magdalena. Geschichten und Märchen für junge Mädchen. 2. Aufl. 16. (III, 157 S.) Leipzig 870, E. J. Günther. geb. mit Goldschn.

—— die schwarze Maske, s. Unterwegs und Daheim.

– Quintin Messis, der Schmied v. Antwerpen, s. Wallner's allgemeine Schaubühne.

—— die Pilgerfahrt der Rose. Dichtung. 1. Aufl. (V und 100 S.) 1852. * 16 Ngr. und 2. Aufl. 16. (IX und 102 S.) Leipzig 853, Brockhaus. *

—— die Pilgerfahrt der Rose. Dichtung. 3., durchgeseh. Aufl. 16. (VI und 105 S.) Leipzig 863, Brockhaus. cart. mit Goldschn. *

—— die Pilgerfahrt der Rose. Dichtung. 4. durchgeseh. Aufl. 16. (VI, 105 S.) Leipzig 882, Brockhaus. cart. mit Goldschn.

– Plaudereien, s. Wallner's allgemeine Schaubühne.

— Ramses u. seine Feinde. Eine altägypt. Haupt- u. Staats-Action. Im altägypt. Styl illustrirt v. Osc. Wagner. Lex.-8. (50 Bl.) Leipzig 884. Lemme. n. 2. —

—— Schatten und Licht. Erzählungen und Skizzen. 2 Bde. 8. (VI und 411 S.) Leipzig 867, Grunow.

—— der Scherbauer, s. Dorfgeschichten.

Horn, Mor., Verbindender Text zu: des Müller's Lust und Leid von Wilh. Müller, componirt von Carl Zöllner. gr. 4. (16 S.) Erfurt 871, Bartholomäus.

—— in der Veranda. Erzählungen. 2 Bde. 8. (304; 328 S.) Bremen 873, Kühtmann und Comp. *

—— in der Veranda. Erzählungen. 2 Bde. 2. (Titel-)Aufl. (V, 304; III, 328 S.) Norden (873)885, Fischer Nachf. * 8 —

HORN, O. u. M. SCHÖNBERG: Umwandlungstabellen für U.S. - und britische Einheiten ins metrische System und umgekehrt. - München o.J. - 2. erw. Aufl. ebd. o.J. 66 S.

Horn, Oskar *(geb. Zirkwitz in Schles. 9. 1. 1844)*: Ueber die Exstirpation einer Geschwulst aus der Achselhöhle mit Durchschneidung sämmtlicher Nerven und Gefässe. Breslau (1868). (29 S.) 8°
Breslau, Med. Diss. v. 1. Aug. 1868

Horn, Osk., aus zwei Feldzügen. Drei bayr. Geschichten. 2 Bde. gr. 8. (194 u. 160 S.) Leipzig 876. Dege. n. 9. —

Horn, Osc., Handbuch des Hunde-Sport. 8. (XII, 305 S. mit 28 Abbild.) Wien 882, Hartleben's Verlag. geb.

HORN, Oscar: Handbuch des Jagd-Sports.- Wien, Pest, Leipzig 1882. XII,412 S., 20 Abb.

Horn, Oscar, Handbuch des Hunde-Sport. Mit 28 Abbildungen. kl. 8. (XLII u. 273 S.) In Orig.-Einband. (Hartleben's Sportbibliothek. Band VIII.) 3 fl. Wien: Hartleben 1882.

Horn, Oscar, Handbuch des Jagdsport. Mit 20 Abbildungen. Zweite, verbesserte Auflage. 8. (XVIII, 466 S.) In Originalband 3.— Wien: Hartleben 1894.

Horn, Oskar [Red.], s. Jäger, Der deutsche.

Horn, Osk., Jugendliebe. Vier Novellen. [Die Sängerin. — Sabine. — Der Freiherr. — Felsenfranz.] 8. (VII, 431 S.) Hannover 872, Rümpler. (*M* 4,50.)

—— Herr Alexander Jürgensen. Eine Münchner Künstlergeschichte. gr. 16. (104 S.) Flensburg 873, Expedition der Flensburger Norddeutschen Zeitung. *

Horn, Oskar [Red.], s. Organ, Offizielles der pfälzisch-bayerischen Jagdschutz-Vereine.

—— im Siegesheimzug. Festspiel zur Heimkehr der deutschen Truppen. gr. 8. (30 S.) München 871, Rieger'sche Universitäts-Buchh. *

Horn, Osk., von deutschem Waidwerk. Jagdliche Plaudereien. Bilder v. Karl Wagner. (VII, 378 S. m. Bildnis.) 8. Berlin 908. P. Parey. Geb. in Leinw. 6. 50

Horn, Otto (Pseud.), s.a. Bäuerle, Adolf

Horn, Otto: Ueber die Chorea und ihre Beziehungen zu Rheumatismus und Herzfehlern. Halle (1874): Plötz. 36 S. 8°
Halle-Wittenberg, Med. Diss. v. 6. Nov. 1874
Geb. Badresch (Mecklenb.-Strel.) 20. 12. 1848. V.

Horn (Adf. Bäuerle), Otto, Aus den Geheimnissen eines Wiener Advokaten. Wahrheit und Dichtung. 3 Bde. Wien 854. Hügel. 8. (181; 174; 166 S.) n. 1 ₰. 18 ngr.

Horn, Otto, (Adf. Bäuerle,) **Aus den Geheimnissen eines wiener Advokaten. Wahrheit und Dichtung. 3 Bde. 8. (521 S.) Wien 854, [Hügel.]** *

—— **Therese Krones. Roman aus Wien's jüngster Vergangenheit. 5 Bde. 1. Aufl. 1854. 2 Thlr. 20 Ngr. und 2. Aufl. 8. (935 S.) Wien 855, [Hügel.]**

Horn, Otto —. Therese Krones. Roman aus Wiens jüngster Vergangenheit. Von — —. 5 Bde. Zweite Auflage. Wien, 1855. Druck von U. Klopf sen. und Alex. Eurich. Verlag von Eduard Hügel. (236, 180, 168, 160, 192 S. 8.)

Horn, Otto, Gerichtsrefer.: Zur Lehre von der Tötung auf Verlangen. Heidelberg: Heidelb. Verlagsanst. u. Dr. 1910. 59 S. 8°
Münster, Rechts- u. staatsw. Diss. v. 30. April 1910, Ref. Rosenfeld, v. Savigny
[Geb. 20. Sept. 87 Magdeburg; Wohnort: Minden; Staatsangeh.: Preußen; Vorbildung: Gymn. Minden Reife O. 06; Studium: Marburg 1, München 2, Münster 3 S.; Rig. 24. Juli 09.] [U 10. 3745

Horn, O., Muster-Vorlagen und Motive zur Decoration von Buchdecken und Rücken, s. Ludwig, E.

Horn, Otto —. Ferdinand Raimund. Roman aus Wiens jüngster Vergangenheit. Von — —. 3 Bände Wien, 1855. Druck von L. C. Zamarski. Verlag von Eduard Hügel. (252, 282, 356 S. 8.)

Horn, Otto, die Technik der Handvergoldung und Lederauflage. gr. 8. (V, 35 S. mit 8 Taf.) Gera 885, Griesbach's Verlag. * 2 —

Horn, Otto. Die Technik der Handvergoldung u. Lederauflage. 2. Aufl. gr. 8. (VII, 36 S. m. 12 lithogr. Taf.) Gera 891, (Griesbach). 2 50

Horn, O., der schwarze Tod, s. Volksbibliothek, neue.

Horn, Otto, a. Brandenburg a. H.: Verseifungsgeschwindigkeit von Mono- und Diäthylestern zweibasischer Säuren und Konfigurationsbestimmung mehrerer ungesättigter Dicarbonsäuren. Weida i. Th. 1908: Thomas & Hubert. (115 S.) 8°
Leipzig, Phil. Fak., Ref. Hantzsch-Le Blanc, Diss. v. 27. Juli 1908
[Geb. 11. Febr. 77 Brandenburg a. H.; Wohnort: Leipzig; Staatsangeh.: Preußen; Vorbildung: Andreas-Realgymn. Berlin Reife f. Obersek. 94; Studium: Berlin 4, Leipzig 11 S.]

– Philippine Welser, s. Volksbibliothek, neue.

Horn, P., die mechanische Aufbereitung der Braunkohle, s. Richter, C.

Horn, Paul, Anleitung zum Abputzen, Härten, Kitten, Schleifen, Porenfüllen, Beizen, Räuchern, Polieren, Mattieren, Porenfärben, Patinieren, Lackieren, Leimen des Holzes, nebst Preis-Verzeichnis u. Bezugsquellen-Anh. (84 S. m. 1 farb. Taf.) 8. Hamburg 905 (Berlin, Polytechn. Buchh., A. Seydel.) n. 1. 50

Horn, Paul (Hrsg.), s. Asadi: Neupersisches Wörterbuch.

— der Buchhaltungs-Meister im Handwerk. Leicht faßl. u. gründl. Anleitg. f. jeden Gewerbetreibenden zur Einrichtg. e. geordneten einfachen Buchführg., sowie goldene Ratschläge f. die Geschäftsführg. 2. Aufl. (79 S.) 8. Hamburg 905. H. Carly. n. 1. —; geb. n. 1. 25

Horn, Paul (II.). Die Denkwürdigkeiten Schâh Tahmâsp's I. v. Persien [1515—1576], aus dem Orig.-Text zum ersten Male übers. u. m. Erläutergn. versehen. gr. 8. (III, 156 S.) Straßb. i. E. 891, Trübner Verlag. * 3 —

Horn, Paul, Geschichte der persischen Litteratur, s.a. Literaturen, die, des Ostens. VI.

Geschichte der persischen Litteratur. Von Prof. Dr. Paul **Horn**. *Leipzig: C. F. Amelung 1901.* (X, 228 S.) 8°
— Litteraturen d. Ostens in Einzeldarstellungen. Bd 6, [1.] [01. 10837

— Geschichte der türkischen Moderne, s.a. Literaturen, die, des Ostens. IV.

Geschichte der türkischen Moderne. Von Prof. Dr. Paul Horn. *Leipzig: C. F. Amelung 1902.* (74 S.) 8°
— Litteraturen d. Ostens in Einzeldarstellungen. Bd 4, [1.] [02. 1, 6..

— Grundriss der neupersischen Etymologie, s.: Sammlung indogermanischer Wörterbücher.

— das Heer- u. Kriegswesen der Grossmoghuls. gr. 8. (VII, 160 S. m. Fig.) Leiden 894. E. J. Brill. n.n. 8. —

Horn, P., s.: Literaturen, die orientalischen.

Horn, Paul: Die Nominalflexion im Avesta und den altpersischen Keilinschriften. T. 1. Die Stämme auf Spiranten. Halle a. S. 1885: Karras. 64 S. 8°
Halle-Wittenberg. Phil. Diss. v. 6. Juni 1885
Geb. Halle a. d. S. 14. 1. 1863. V.
Im Buchhandel Halle (Leipzig: Stauffer) 1885. 65 S.

Horn, Paul (I), die Nominalflexion im Avesta und den altpersischen Keilinschriften. 1. Tl.: Die Stämme auf Spiranten. Inaugural-Dissertation. gr. 8. (65 S.) Halle, 885. (Leipzig, Stauffer.) * 1 —
Nicht weiter erschienen.

Vom märk'schen Sand und türk'schen Land. Humoresken von [Paul] **Horn**-Pascha, Preuß. Steuerrat. *Berlin: A. Schall [1903].* (280 S.) 8° [F.]
(Verein d. Bücherfreunde.) [03. 13003

Horn, Paul. Neupersische Schriftsprache. [= Grundriss der iranischen Philologie. Band I, Abteil. 2, Lieferung 1.] Strassburg 1898. 4°.

—— u. Geo. **Steindorff.** Sassanidische Siegelsteine, s. a. **Mittheilungen aus den oriental. Sammlgn. der kgl. Museen zu Berlin.**

Siegelsteine, Sassanidische. Herausgegeben von Paul Horn und Georg Steindorff. [= Königliche Museen zu Berlin. Mittheilungen aus den Orientalischen Sammlungen. Heft IV.] Berlin 1891. 2°.

[F.] Die deutsche Soldatensprache v. Dr. Paul **Horn**, Privat-Doz. an d. Univ. Strassburg. *Giessen: J. Ricker 1899.* (XII, 174 S.) 1 Bd 8. [98. 11830

Horn, Paul, die deutsche Soldatensprache. 2. wohlf. [Titel-] Ausg. (XII, 174 S.) 8. Gießen [899] 905. A. Töpelmann. n. 1.—; geb. in Leinw. n.n. 1.75

Horn-Pascha, der Übermensch u. anderes, s. a. Kürschner's Bücherschatz.

Der Übermensch und anderes von [Paul] **Horn**-Pascha. Mit Ill. von A. Lewin. Berlin, Leipzig: Hillger [1900]. 96 S. 8°
(Kürschners Bücherschatz Nr 198) [09. 6617

Horn, Paul, s. a. Urkunden zur Geschichte d. ehem. Hauptamts Insterburg.

Urkunden zur Geschichte des ehemaligen Hauptamts Insterburg. Im Auftrage der Alterthums-Gesellschaft Insterburg nach den Originalen im Staatsarchiv zu Königsberg und dem Geh. Staatsarchiv in Berlin gefertigt durch Hans Kiewning u. Max Lukat. Hrgg. durch A. Horn u. Paul Horn. Insterburg. 1895—97. 8°.

— Zahlen im Schâhnâme. gr. 8. (S. 91—107.) Strassburg 901. K. J. Trübner. n. — 80
Sonderabdruck aus: „Strassb. Festschrift z. 46. Versammlg. deutscher Philologen u. Schulmänner".

Horn, Paul (II.), Zeichenhefte für den propädeutisch-geometrischen Unterricht in Quinta. 1. und 2. Heft. 4. (à Heft 48 S.) Breslau 888, Woywod. à Heft ** 50 Pf. ** 1 —

Horn, Paul (I.). Zeichenhefte f. den propädeut.-geometrischen Unterricht in Quinta. 1. Heft. 2. Aufl. 4. (48 S.) Bresl. 892, Woywod. ** — 50

Horn, Pet., Lehrbuch üb. Theater-Frisieren u. Schmink-Kunst. Unentbehrlicher Ratgeber f. Theater-Friseure, Schauspieler, Vereine etc. etc. Nur nach prakt. Erfahrgn. während langjähr. Berufstätigkeit gesammelt u. bearb. Ausführlichste Angaben m. zahlreichen in den Text gedr. Abbildgn. 2. verm. Aufl. (160 S.) 8. Düren 908. Mühlhausen i/Th., G. Danner. Geb. 3. 50

Horn, Ph. Frz., s. Annalen zc. d. polytechn. Schule in Würzb.

Horn, Rich., die Eigentümerhypothek, s. a. Studien zur Erläuterung des bürgerlichen Rechts. 19. Hft.

Die Eigentümerhypothek. Eine Studie nach deutschem Zivilrecht von Dr. Richard **Horn**. Breslau: M. & H. Marcus 1906. (VIII, 198 S.) 8°
= **Studien** z. Erläuterung d. bürgerl. Rechts. H. 19. [06. 19793 6

Horn, Rich.: D. Erklärung d. Kirchenaustritts vor d. Konsul i. Auslande im Hinblick auf d. preuss. Gesetz v. 14. Mai 1873. 8°
Aus: Archiv f. öffentl. Recht. Bd 27. H. 2, 1911.

Horn, Rich., der Causalitätsbegriff in der Philosophie u. im Strafrechte. Eine rechtsphilosoph. Untersuchg. gr. 8. (IX, 91 S.) Leipzig 893. Duncker & Humblot. n. 2. —

Horn, Richard, Gerichtsassessor a. Berlin: Das Recht des Schadensersatzpflichtigen auf Abtretung der Ansprüche des Ersatzberechtigten bei Verlust und insbesondere bei Beschädigung eines Objekts nach Römischem Recht und dem Bürgerlichen Gesetzbuch (§ 255). Rostock 1906: Adlers Erben. (XIV, 110 S.) 8°
Rostock, Jur. Fak., Ref. Matthaß, Diss. v. 20. Febr. 1907
[Geb. 6. Sept. 77 Berlin; Wohnort: Berlin; Staatsangeh.: Preußen; Vorbildung: Askan. Gymn. Berlin Reife O. 98; Studium: Berlin 2, Heidelberg 1, Berlin 3 S.; Rig. 5. Dez. 06.]

Rechte als Objecte des Pfandrechts. E. Studie nach österreich. Civilrecht unt. Berücks. d. gemeinen Rechts. Von Dr. Richard **Horn**. *Teschen: K. Prochaska* (aufgestemp.: *Wien: M. Perles*) *1897.* (2 Bl., 95 S.) 1 Bd 8. [97. 8299

Schuldübernahme. Eine Studie nach oesterreich. u. deutschem Civilrecht. Von Dr. Richard **Horn**. *Wien: Manz 1902.* (79 S.) 8° [F.] [03. 11678 7

Horn, Rudolf, appr. Arzt a. Langen: Aus d. Universitäts-Augenklinik zu Gießen. Ein Fall von Siderosis Bulbi mit pathologisch-anatomischem Befund. Gießen 1906: v. Münchow. (27 S.) 8°
Gießen, Med. Fak., Ref. Vossius, Diss. v. 13. Aug. 1906
[Geb. 17. Nov. 81 Langen; Wohnort: Magdeburg; Staatsangeh.: Hessen; Vorbildung: Neues Gymn. Darmstadt Reife O. 00; Studium: Gießen 5, Freiburg i. B. 1, Gießen 4 S.; Coll. 14. Juni 06; Approb. 14. Febr. 05.]

Horn, Rudolf: Siedelungsverhältnisse in Deutsch-Ostafrika. *Leipzig 1903: B. G. Teubner.* (47 S.) 8°
Heidelberg, Phil. Diss. v. 1903

Horn, S., neue Holzbrand-Vorlagen. Fol. (12 Taf.) Berlin 893. W. Schultz-Engelhard. n. 4. —; kolor. Ausg. n. 12. —

— dasselbe. 2. Serie, s.: **Holzbrandvorlagen.**

Horn, Samuel. Leben u. Schicksale, Leiden u. Freuden eines armen Schelms, s.: **Bibliothek**, Europäische, 116. u. 140. Bd.

Horn Th. Die Discontinuitäten d. 2. Diffquotienten d. Oberflächenpotentials. 1881. 8. Leipzig Diss.

Horn, Theodor, approb. Arzt: Ein Beitrag zur Kenntniss der Klappenfehler des rechten Herzens. *Vilbel-Frankfurt a. M. 1901: A. Horn.* (38 S.) 8°
München, Med. Diss. v. 1901

Horn, Uffo, Camoens im Exil. Dramat. Gedicht in 1 Akt. gr. 12. (2½ B.) Wien 839, Mausberger. (Leipzig, Hunger.)

—— böhmische Dörfer. Novellen. 2 Bde. 1. Ausg. (744 S.) 1847. 3 Thlr. 10 Ngr. und 2., billige Ausg. 8. (VIII und 743 S.) Leipzig 850, Herbig.

Horn, Uffo, Gedichte. 8. (XVI und 268 S.) Leipzig 847, Herbig. Thlr.

— Gellert im Karlsbade, s. a. Sammlung gemeinnütziger Vorträge.

HORN, Uffo 83.3
(F) Uffo Horn von Wolfgang v. Wurzbach. Gellert im Karlsbade. Novelle von Uffo Horn. Deutsche Dichtung und Kunst. Herausgegeben vom Deutschen Vereine zur Verbreitung gemeinnütziger Kenntnisse in Prag Nr. 1. (Sammlung gemeinnütziger Vorträge. Nr. 268/269.) Prag. [1901.] Verlag des Deutschen Vereines zur Verbreitung gemeinnütziger Kenntnisse. In Comm. Haerpfer. Gr.-8°. 40 S. K --.80

Horn, Uffo, aus drei Jahrhunderten. 1690. 1756. 1844. Drei historisch-polit. Novellen. 8. (XVI und 344 S.) Leipzig 851, [Costenoble.] *

Horn, Uffo, Aus drei Jahrhunderten. 1690. 1756. 1844. Historische Novellen. 2., veränd. Aufl. 8. (344 S.) Leipzig 853, Costenoble.

Horn, Uffo, Bunte Kiesel. Erzählungen. Prag 859. Kober & Markgraf. 8. (2 Bl., 219 S.) n. 1 ₰ 6 ngr.

Horn, Uffo, Nicolaus Lenau, seine Ansichten u. Tendenzen. gr. 12. Hamburg 838. Hoffmann u. Campe. 1/2 ₰

—— König Otakar. Tragödie in 5 Akten und einem Vorspiele. 3. Aufl. 8. (VI und 138 S. mit lithogr. Titel.) Prag 850. Leipzig, Hübner.

— König Ottokar. Trauerspiel in 5 Akten u. 1 Vorspiele. 4., für die Bühne neu bearb. Aufl. Prag 859. Calve's Buchhdlg. in Comm. (Leipzig, C. H. Mayer.) gr. 8. (130 S.) n. 15 ngr.

PARNASS, Oesterreichischer, bestiegen von einem heruntergekommenen Antiquar *(Uffo Horn)*. Frey-Sing, bei Athanasius & Comp. (Hamburg 1835). 8°. IV, 45 SS. u. 1 leeres Bl. (6 Mk. Wilh. Heims, Lpz., 1911:)
Anon.-Lex. III. no. 8348. Fehlt bei Weller, Druckorte. Weilheim 143. Allgem. dsche. Biographie XIII, 145: „Zu letzteren [Broschüren] soll auch das „schneidig-satirische", in Wahrheit unsaubere Pamphlet „Oesterreichischer Parnass" gehören."

Horn, Uffo — Sie muß einen Mann haben. Lustspiel in 5 Akten von — —. (Nach einer Anekdote aus den Memoiren der Madame Elisabeth von Orleans. Als Manuskript gedruckt. Prag, 1857. Dr. der k. k. Hofbuchdr. von Gottlieb Haase Söhne. (55 S. 8.)

—— von Idstedt bis zum Ende. 8. (X und 228 S.) Hamburg 851, Hoffmann und Campe.

Horn, Uffo, gesammelte Werke. Hrsg. v. Eduard Langer. 1. u. 2. Lfg. 8. Braunau 902. (Prag, J. Taussig.) à n. — 76
1. I. Bd. Bunte Kiesel. Erzählungen. (In 4—5 Lfgn.) 1. Lfg. (VIII u. S. 83—123 m. Bildnis.)
2. II. Bd. Gedichte. 1. Lfg. (X, IX u. S. 1—36 m. Bildnis.)
Sonderabdruck aus: „Deutsche Volkskunde a. d. östl. Böhmen".

Horn, Uffo, gesammelte Werke Hrsg. v. Eduard Langer. 3.—15. Lfg. 8. Braunau (Böhmen), Dr. E. Langer. (Nur direkt.) à n. — 76
3. I. Bd. Erzählungen. 2. Lfg. (S. 69—86.)
4. II. Bd. Gedichte. 2. Lfg. (S. 37—64.) 903.
5. 6. I. Bd. Erzählungen. Gellert im Karlsbade. (67 S.) 903.
7. II. Bd. Gedichte. (S. 65—112.) 903.
8. I. Bd. Erzählungen. (S. 125—187.) 904.
9. 11. 12. II. Bd. Gedichte. (Schluß.) (S. 113—268.) 904. 905.
10. I. Bd. Erzählungen. (S. 189—219.) 904.
13. 14. III. Bd. Böhmische Dörfer. Novellen. Der Bauernesel. Novelle. [Aus: „Rübezahl".] (VII u. S. 1—88.) 905. 906.
15. III. Bd. Dasselbe. Der Bauernesel. Novelle. [Aus: „Rübezahl".] (S. 89—136.) 906.
Sonderabdr. aus: „Deutsche Volkskunde aus dem östl. Böhmen".

Horn, Uffo, gesammelte Werke. Hrsg. v. Eduard Langer. 16.—21. Lfg. 8. Braunau (Böhmen), Dr. E. Langer. (Nur direkt.) nn 4. 69
Sonderabdrucke a.: „Deutsche Volkskunde aus dem östl. Böhmen".
16. 17. III. Bd. Böhmische Dörfer. Novellen. Der Bauernesel. Novelle. [Aus: „Rübezahl".] (S. 137—256.) 906. nn 1. 01
18. III. Bd. Dasselbe. Der unglückl. Hofmeister. (VII, 64 S.) 8. 908. nn 1. —
19. IV. Bd. Dasselbe. 2. Bd. Paschhampel. (S. 1—48.) 907. nn — 75
20. IV. Bd. Dasselbe. Gevatter Schwanda. (S. 49—72.) 908. — 45
21. IV. Bd. Dasselbe. Die beiden Studenten. (S. 73—120.) 908. — 76

—— die Wiedereinführung der Jesuiten in Böhmen. Lex.-8. (22 S.) Leipzig 850, O. Wigand.

Horn, Uffo; s. Zeit, die, Organ der Epigonen.

Horn, Valent., im Kampf des Lebens, s.: Aus Vergangenheit u. Gegenwart.

Im Kampf des Lebens. Erzählungen u. Skizzen von Valent. Horn. Kevelaer: Butzon & Bercker [1908]. 95 S. 8°
(Aus Vergangenheit u. Gegenwart. Bdch. 80.) [illegible]

Horn, Dr. Victor, Das Propinationsrecht in Galizien und in der Bukowina und dessen Ablösung. In rechtsgeschichtlicher und civilistischer Richtung dargestellt. 8. (73 S.) --.90

Horn, W., Blüthenkranz von Erzählungen. 2 Bdchn. gr. 16. (64; 63 S. mit je 4 Chromolithogr.) Cleveland, O. 876. (Philadelphia, Schäfer und Koradi.) geb. à Bdchn. * ℳ 1. *

— Hosianna, ein Liederbuch für Sonntagsschulen, Erbauungsstunden u. die christliche Familie. Musik von J. M. Biermann. qu. 8. (160 S.) Cleveland, O. 877. (Philadelphia, Schäfer & Koradi.) geb. n. 6. —

Horn, W.: Leben und Wirken von Bischof John Jakob Escher. *Cleveland, O.: Verlagshaus der Evangelischen Gemeinschaft 1907. 438 S.*

Horn, W., Die Logistik und die Trigonometrie der Griechen.
Tübingen, Diss. 1877.

Horn, W. Die Logistik und die Trigonometrie der Griechen. München 1877.

—— Lust und Lehre. Ein Blumenstrauß von Erzählungen. 8. (400 S.) (Ebendas.) 879. geb. *

Horn, W.: Bischof Seybert. Ein Mann nach dem Herzen Gottes. *Dargestellt von W. Horn. Stuttgart: Buchdruckerei und Verlag der Ev. Gemeinschaft. IV, 293 S.*

Horn, W., Bischof Seybert. E. Mann nach d. Herzen Gottes. 8. (V, 293 S. m. Bildn.) Stuttgart (894). Christl. Verlagshaus. Geb. in Leinw. n. 2. 40

Horn, W. D. von. Johannes Scherr, oder Tonsor der Wanderpfarrer in der Unterpfalz. 2d ed. Wiesbaden, 1869.

Horn, Wern., Pariser Briefe e. Stellungs-losen Commis'. 8. (XII, 199 S.) Dresden 901. E. Pierson. n. 3. —; geb. n. 4. —

HORN, WALTER.
See Allgemeine Braumeister-Zeitung.

Horn, W., Cicindeliden v. Madagaskar u. Ostafrika, s.: Reise in Ostafrika.

Horn, W., Systematischer Index der Cicinuliden, s.: Zeitschrift, deutsche entomologische.

Horn, *H. R.* Walther [aus Berlin]: Laparotomie bei Verwachsung des Netzes ... Berlin, C. Vogt's Buchdr., *1893;* 2 Bl., 48 S., 2 Bl. 8.
Berlin, Med. Fak., Inaug.-Diss. v. 24. Nov. 1893

WALTHER HORN und HANS ROESCHKE. Monographie der paläarktischen Cicindelen. Analytisch bearbeitet mit besonderer Berücksichtigung der Variationsfähigkeit und geographischen Verbreitung. Mit 6 Tafeln. (Beiheft zur Deutschen Entomologischen Zeitschrift.) Berlin 1891. Im Selbstverlage des Verfassers. Druck von Otto Elsner in Berlin. 8°.

WALTHER HORN, Revision der Cicindeliden mit besonderer Berücksichtigung der Variationsfähigkeit und geographischen Verbreitung. Herausgegeben von der Deutschen Entomologischen Gesellschaft als Beiheft (zu Jahrg. 1898) der Deutschen Entomologischen Zeitschrift. Berlin (1898). A. W. Schade's Buchdruckerei (L. Schade). 8°.

Horn, Wilh., Anleitung zum Selbstunterrichte der Infanteristen. 8. (56 S. mit eingedr. Holzschn.) Würzburg 870, Stahel'sche Buchh.

— Anleitung zur theoretischen Unterrichtsertheilung an den Infanteristen unter Benützung des Schriftchens „Anleitung zum Selbstunterrichte der Infanteristen." Ebend. 870. 8. (24 S.) 3 ngr.

—— Anleitung zur theoretischen Unterrichtsertheilung an den Infanteristen unter Benützung des Schriftchens „Anleitung zum Selbstunterrichte der Infanteristen". 8. (24 S.) Ebendas. 871.

Horn, Wilhelm, Dr.: Beiträge zur Geschichte der englischen Gutturallaute. *Berlin: W. Gronau 1901.* (28 S.) 8° • [Erschien vollst. 1901 im gleichen Verl.]
Giessen, Phil. Hab.-Schr. v. 1901

Beiträge zur Geschichte der englischen Gutturallaute. Von Dr. Wilhelm Horn, Privatd. in Giessen. *Berlin: W. Gronau 1901.* (VIII, 97 S.) 8°

Horn, Wilhelm: Beiträge zur deutschen Lautlehre. *Leipzig: G. Fock 1898.* (37 S.) 8°
Giessen, Phil. Diss. v. 1898

Horn, Wilh., zur Charakterisirung der Stadt Erfurt. Medicin.-statist. Beitrag. gr. 8. (28¾ B. u. 1 Grundr.) Erfurt 843, Exped. der Thüringer Chronik. *

Horn, Guilelmus (geb. am 16 März 1827 in Emmerich): De chiroscopia seu de variis generis humani manuum formis ... Bonnae, form. F. P. Lechneri 1851. 28 S., 1 Bl. 8.
Bonn, Med. Fak., Diss. v. 20 [nach d. Akten v. 22] Aug. 1851

Horn, Guil. Italiae [illegible] descriptio. Berolini (1830).
[illegible]
Berlin, Med. Fak., Hab.-Schr. v. 16. Okt. 1830

—— die Elemente der Kriegs-Wissenschaften, s. Ausin, v.

Horn, Wilh., üb. den Geschmackssinn des Menschen, ein Beitrag z. Physiologie dess. 8. Heidelb. 825. Groos. 14 gr.

Horn, Wilh., histor. neuengl. Grammatik. I. Tl.: Lautlehre. (XVI, 239 S. m. 1 farb. Karte.) gr. 8. Strassburg 908. K. J. Trübner. 5.50; geb. in Leinw. 6. —

[F.] Lütte Knospen. Plattdütsche Riemels v. Wilhelm Horn ... *Magdeburg: (Selbstv. d. Vfs); Kgl. Hofbuchdr. v. C. Friese [1895].* (4 Bl., 144 S.) 1 Bd 8.

Horn, Wilh., lütte Knospen. Plattdütsche Riemels. 12. (VIII, 144 S.) Magdeburg 895. (A. Rathke.)
Geb. in Leinw. n. 2. —

—— die heutigen Kriegswaffen, s. Elemente, die, der Kriegs- und Militair-Dienst-Wissenschaften.

Horn, W. v., das preuss. Medicinalwesen, s. Eulenberg, Herm.

Horn, Wilh., das preussische Medicinalwesen. Aus amtl. Quellen dargestellt. 2 Thle. Lex.-8. Berlin, A. Hirschwald. [1. (allgemeiner) Thl. (VIII und 400 S.) 857. * 2 Thlr. 15 Ngr., 2. (specieller) Thl. (V und 558 S.) 858. * 2 Thlr. 25 Ngr.] *

—— dass. — Supplement zur 1. Aufl. Lex.-8. (VIII und 282 S. mit 1 Tab. in qu. Fol.) Ebendas. 863.

Horn, Wilh., das preussische Medicinalwesen. Aus amtl. Quellen dargestellt. 2 Thle. 2., verm. Aufl. Lex.-8. (XIV und 1166 S.) Berlin 863, A. Hirschwald.

— Reise durch Deutschland, Ungarn, Holland, Italien, Frankreich, Großbritannien u. Irland; in Rücksicht auf medicin. u. naturwissenschaftl. Institute, Armenpflege etc. 3 Bde. gr. 8. Berl. 831, 32. Th. Enslin. 9 rthl.

Horn, Wilh., Reise durch Deutschland, Ungarn, Holland, Italien, Frankreich, Grossbritannien u. Irland; in Rücksicht auf medicin. u. naturwissenschaftl. Institute, Armenpflege etc. 4 Bde. gr. 8. Berlin, Th. Enslin.
Bd. 1. Deutschland, Ungarn, Holland. (28 B. u. 1 Tab. in qu. Fol.) 831. 2 Thlr. 8 Gr.
- 2. Italien, Frankreich. (50 B. u. 3 Tab.) 831. 4 Thlr.
- 3. Grossbritannien u. Irland. (30 B.) 832. 2 Thlr. 16 Gr.
- 4. A. u. d. T.: Ergänzungen etc. (12 B. u. 3/4 B. Tabn.) 833. 1 Thlr.

Horn, Wilh., Erfurts Stadtverfassung u. Stadtwirtschaft in ihrer Entwicklung bis zur Gegenwart, s. u. Sammlung nationalökonomischer u. statistischer Abhandlungen. 45. Bd.

Horn, Wilhelm, Referendar: Erfurts Stadtverfassung und Stadtwirtschaft. T. 1. *Halle a. S. 1903: (Lippert & Co., Naumburg a. S.).* (VI, 47 S.) 8° • [Erschien vollst. 1904 als: Sammlung nationalökon. u. statist. Abhandl. d. staatswiss. Sem. zu Halle a. S., Bd 45.]
Halle, Phil. Diss. v. 11. Dez. 1903

Erfurts Stadtverfassung und Stadtwirtschaft in ihrer Entwicklung bis zur Gegenwart. Ein Beispiel z. Verfassungsgeschichte u. Sozialpolitik d. deutschen Städte. Von Dr. Wilhelm Horn. *Jena: G. Fischer 1904.* (XIII, 271 S.) 8°
Teil 1 erschien als Inaug.-Diss. Halle 1903.
= Sammlung nationalökon. u. statist. Abhandlungen d. staatswiss. Seminars zu Halle. Bd 45.

— **Wilhelm** (Braunschweig), De tabe dorsuali praelusio. Diss. med. Bln. (Krause) 4. VIII. 1827. 50 S. mit Literatur u. Biogr. (6.80) 16079
Oppon.: Ed. C. J. v. Siebold, Ad. Funk, L. Heydemann. — Gew.: Adolph Henke (Erlangen).

— — Dasselbe. — Praefatus est Ernst Horn. Bln. (Cosmar & Krause) 1827. VIII, 47 S. ohne Biogr. u. Oppon. (6.50) 16080

Untersuchungen zur neuenglischen Lautgeschichte. Von Dr. Wilhelm Horn, Prof., Gießen. Straßburg: K. J. Trübner 1905. (104 S.) 8°
= Quellen u. Forschungen z. Sprach- u. Kulturgeschichte d. german. Völker. 98.

Horn, Wilh., Untersuchungen zur neuenglischen Lautgeschichte, s. a. Quellen u. Forschungen zur Sprach- u. Culturgeschichte der germanischen Völker. 98. Hft.

—— de veneno in botulis. Comment. praemio ornata. 8 maj. (6½ B. u. 2 Tab.) Berolini 828, Duncker u. Humblot.

—— das preussische Veterinär-Medicinal-Wesen. Aus amtl. Quellen dargestellt. Lex.-8. (IV und 220 S.) Berlin 858, A. Hirschwald. *

— das preussische Veterinär-Medicinal-Wesen. Aus amtl. Quellen dargestellt. (Abdr. aus: „Das Preussische Medicinalwesen.") Ebend. 858. Lex.-8. (IV, 220 S.) n. 1 ₰. 10 ngr.

—— das preussische Veterinär-Medicinal-Wesen. Aus amtl. Quellen dargestellt. Supplement. Lex.-8. (29 S.) Berlin 863, A. Hirschwald. *

Horn, Wilhelm [Hrsg.], s. Vierteljahrsschrift für gerichtliche und öffentliche Medicin.

Horn. Welche wissenschaftl. Erfahrgn lassen sich bei dem Rekrutierungsgeschäft gewinnen. (S.-A.) Berlin 1868.

— **Wilhelm Joseph** (Aschaffenburg), De jure sequelae. Von Folg und Reis. Diss. jur. Rector Carl Philipp Heinrich Frh. v. Greiffenclau zu Vollrats (Gundheim). Präs. Johann Philipp Hahn. Mainz o. J. [18. Jahrh.] 86 S. (8.—) 16081

Horn, Wilhelm Oertel von

Horn, W O von [Pseud.]
s. a. Oertel, Friedrich Wilhelm Philipp [Wirkl. Name]

Horn, W. O. v. (W. Oertel), Abenteuer im fernen Westen, s.: Reichhardt, Rud.

Horn, W. O. v. (W. Oertel), Antonio der Fischer von Capri u. and. Erzählgn. f. alt u. jung. Neue Ster.-Ausg. 12. (64 S.) Reutlingen (902). Enßlin & Laiblin. Kart. — 30

— Antonio, der Fischer v. Capri u. andere Erzählungen f. alt u. jung. Neue Ster.-Ausg. (64 S.) 8. Reutlingen (903). Enßlin & Laiblin. — 20

Horn, W. O. v., Johann Jacob Aster. Ein Lebensbild aus dem Volke, für das Volk u. seine Jugend bearb. Mit 4 Abbildgn. (in Stahlst.) Wiesbaden 860. Niedner. 16. (102 S.) 7½ ngr.

Horn, W. O. v., (W. Oertel,) auch ein Menschenleben. Erzählung. 8. (95 S.) Erlangen 851, Heyder und Zimmer.

— auch ein Menschenleben. Erzählung. 2. Ausg. Frankfurt a. M. 857. Heyder u. Zimmer. 8. (1 Bl., 95 S.) 7½ ngr.

—— auch ein Menschenleben. Erzählung. 2. Aufl. 8. (87 S.) Stuttgart 887, Gundert. cart. * — 75

— auch e. Menschenleben. Erzählung. 3. Aufl. 12. (88 S.) Stuttgart 893. D. Gundert. Kart. n. — 75

Horn, W. O. v., (W. Oertel), Graf Auget de Montyon, einer der edelsten Söhne Frankreichs. Der Jugend und dem Volke erzählt. 16. (92 S. mit 4 Abbild. in Stahlst.) Wiesbaden 867, Niedner. cart.

Horn, W.O.v., s. Aus der Maje

—— zwei Ausbrüche des Vesuv's. Dargestellt für die Jugend und das Volk. 16. (89 S. mit 4 Abbild. in Stahlst.) Wiesbaden 863, Niedner. cart.

—— Zwei Ausbrüche d. Vesuvs. Beschrieben f. die Jugend u. das Volk. 3. Aufl. 12. (77 S. m. 4 Abbildgn.) Altenb. 892, Geibel. cart. — 75; geb. * 1 —

— zwei Ausbrüche d. Vesuvs. Beschrieben f. d. Jugend u. d. Volk. 4., m. d. 3. v. H. Oertel durchgeseh. gleichlaut. Aufl. 12. (77 S. m. 4 Abb.) Altenburg 897. St. Geibel. Kart. n. — 50; geb. n. — 75

— zwei Ausbrüche des Vesuvs. Beschrieben f. die Jugend u. das Volk. 5., m. der 3. v. H. Oertel durchgeseh. gleichlaut. Aufl. (77 S. m. 4 Abbildgn.) 12. Altenburg 903. St. Geibel. Kart. n. — 50; geb. n. — 75

— aus dem Ostender Badeleben, s. a. Familien-Bücherschatz.

— aus d. Ostender Badeleben, s. a. Hansjakob, d. närrische Maler.

Horn, W. O. v. [d. i.: Oertel, Wilhelm]: Aus d. Ostender Badeleben. *Weimar & Berlin [1897].*
in: Hansjakob, Heinrich: D. närrische Maler. [97. 6610

Horn (Wilh. Oertel), W. O. v., die Belagerung von Wien. Eine Geschichte aus dem Jahre 1683, dem Volke u. der Jugend erzählt. Mit 4 Abbildgn. (in Stahlst.) Wiesbaden (858.) Kreidel u. Niedner. 16. (120 S.) 7½ ngr.

— dasselbe, s. a. Jugend-Bibliothek.

†Horn, W. O. v., [W. Oertel], die Belagerung von Wien. Eine Geschichte aus dem J. 1683, dem Volke und der Jugend erzählt. 2. Aufl. 16. (127 S. mit 4 Abbild. in Stahlst.) Wiesbaden 869, Niedner.

— die Belagerung v. Wien. Eine Geschichte aus dem J. 1683. Dem Volke u. der Jugend erzählt. 4. durchgeseh. Aufl. 12. (101 S. m. 4 Abbildgn.) Altenburg 899. St. Geibel. Kart. n. — 50; geb. n. — 75

— die Belagerung v. Wien. Eine Geschichte aus dem J. 1683. Dem Volke u. der Jugend erzählt. 5., m. der 4. v. H. Oertel durchgeseh. gleichlaut. Aufl. (101 S. m. 4 Abbildgn.) 12. Ebd. 906. Kart. n. — 50; geb. n. — 75

Horn, W. O. v., (W. Oertel,) die Biberfänger. Eine amerikan. Geschichte, dem Volke und der Jugend erzählt. Mit Abbildungen. 16. (107 S. mit 4 Stahlst.) Wiesbaden 856, Kreidel und Niedner.

— dasselbe. Der Leibhusar, s. a. Universal-Bibliothek f. d. Jugend.

— dasselbe, bearb. v. Hans Wilbeck, s. a. Zehn-Pfennig-Bibliothek, Frankfurter.

—— die Bieberfänger. Eine amerikan. Geschichte, dem Volke und der Jugend erzählt. 2. Aufl. 16. (136 S. mit 4 Stahlst.) Wiesbaden 867, Niedner. cart.

Horn, W. O. v. [W. Oertel], der Biberfänger. Eine amerikan. Geschichte der Jugend u. dem Volke erzählt. Mit 4 Stahlst. 3. Aufl. gr. 16. (136 S.) Wiesbaden 870. Niedner. — 75

— d. Biberfänger. E. amerikan. Geschichte, d. Jugend u. d. Volke erzählt. 5. Aufl. 12. (107 S. m. 4 Stahlst.) Ebd. 897. Kart. n. — 50; geb. n. — 75

Horn, W. O. v. (W. Oertel), der Biberfänger. Eine Geschichte, der Jugend u. d. Volk erzählt. Neue illustr. Ausg. m. 4 Farbendr.-Bild. 12. (109 S.) Konstanz 898. C. Hirsch. Geb. — 50

— die Biberfänger. Eine amerikan. Geschichte, der Jugend erzählt. 6., neu durchgeseh. Aufl. (107 S. m. 4 Abbildgn.) 12. Ebd. 903. Kart. n. — 50; geb. n. — 75

— der Brand v. Moskau, s.a. Jugend-Bibliothek. 14. Bd.

—— der Brand von Moskau. Ein Geschichtsbild dargestellt für die deutsche Jugend und das Volk. 16. (132 S. mit 4 Abbild. in Holzschn.) Wiesbaden 853, Kreidel und Niedner.

—— Der Brand v. Moskau. Ein Geschichtsbild, dargest. f. die deutsche Jugend u. das Volk. 6. Aufl. Mit 4 Abbildgn. 12. (126 S.) Ebd. 891. cart. — 75; geb. * 1 —

— der Brand v. Moskau. Ein Geschichtsbild, dargestellt f. die deutsche Jugend u. das Volk. 7. Aufl. 12. (126 S. m. 4 Stahlst.) Ebd. 893. Kart. — 75

— der Brand v. Moskau. E. Geschichtsbild, dargest. f. d. deutsche Jugend u. d. Volk. 8., m. d. 6. v. H. Oertel durchgeseh. gleichlaut. Aufl. 12. (126 S. m. 4 Abb.) Altenburg 897. St. Geibel. Kart. n. — 50; geb. n. — 75

— der Brand v. Moskau. Ein Geschichtsbild, dargestellt f. die deutsche Jugend u. das Volk. 9., m. der 6. v. H. Oertel durchgeseh. gleichlaut. Aufl. 12. (126 S. m. 4 Abb.) Altenburg 899. St. Geibel. Kart. n. — 50; geb. n. — 75

— dasselbe. Neue illustr. Ausg. m. 4 Farbendr.-Bildern. 8. (96 S.) Konstanz (902). C. Hirsch. Geb — 50

Horn, W. O. v. (W. Oertel), der Brand v. Moskau. Ein Geschichtsbild, dargestellt f. die deutsche Jugend u. das Volk. Unverkürzte Orig.-Ausg. 11., v. Joh. Erler durchgeseh. Aufl. (128 S. m. 4 Abbildgn.) kl. 8. Altenburg 907. St. Geibel. Kart. p — 50; geb. in Bibliotheksbd. od. in Leinw. — 75

— meine erste Braut, Ein Stücklein v. der Mosel, s.: Volksbücher, Wiesbadener. Nr. 66.

— das Büchlein vom Feldmarschall Blücher. Ein Kongo-Neger, bearb. v. Gust. Gast, s.a. Universal-Bibliothek f. die Jugend. 394.

Horn, W. O. v., (W. Oertel,) das Büchlein von dem Feldmarschall Blücher. Für die deutsche Jugend und das Volk. 16. (128 S. mit 4 Stahlst.) Wiesbaden 854, Kreidel und Niedner. Thlr.

—— das Büchlein von dem Feldmarschall Blücher. Für die deutsche Jugend und das Volk. 5. Aufl. gr. 16. (141 S. mit 4 Abbild. in Stahlst.) Ebendas. 869. cart.

—— Das Büchlein v. dem Feldmarschall Blücher. Für die deutsche Jugend u. das Volk. 6. Aufl. 12. (136 S. m. 4 Abbildg.) Ebd. 892. cart. — 75; geb. * 1 —

— das Büchlein v. d. Feldmarschall Blücher. Für d. Jugend u. d. Volk. 6., m. d. 5. v. H. Oertel durchgeseh. gleichlaut. Aufl. 12. (136 S. m. 4 Abb.) Ebd. 899. Kart. n. — 50; geb. n. — 75

Das Büchlein vom Feldmarschall Blücher. Ein Kongo-Neger. 2 Geschichten, der Jugend u. d. Volke erzählt von W. O. v. Horn [Wilhelm Oertel]. Bearb. von Gustav Gast. Mit 6 Abb. von A. Wald. *Stuttgart, Berlin, Leipzig: Union [1902].* (174 S.) 8° [F.]
— Universal-Bibliothek f. d. Jugend. 392/394.

— Das Büchlein v. dem Feldmarschall Blücher. Für die deutsche Jugend u. das Volk. Unverkürzte Orig.-Ausg. 8., v. A. Wiegand durchgeseh. Aufl. (136 S. m. 4 Abbildgn.) kl. 8. Altenburg 907. St. Geibel. Kart. p — 50; geb. in Bibliotheksbd. od. in Leinw. — 75

— die Boeren v. Klaarfontein. Eine Geschichte aus dem Boerenleben im Kaplande Südafrikas. In vereinfachter deutscher Stenographie (System Stolze-Schrey). (93 S.) gr. 8. Berlin (903). Frz. Schulze. Geb. in Leinw. n. 1. 50

—— die Boorenfamilie v. Klaarfontein. Eine Geschichte aus dem Boorenleben im Caplande Südafrika's, der Jugend und dem Volke erzählt. 16. (115 S. mit 4 Stahlst.) Wiesbaden 855, Kreidel und Niedner.

— dasselbe, s.a. Jugend-Bibliothek.

— dasselbe, s.a. Meyer's Volks- u. Jugendbibliothek „Nach der Arbeit". 1. Bd.

— dasselbe. Die Belagerung v. Wien, s.a. Universal-Bibliothek f. die Jugend. 383—85.

— dasselbe, s.a. Verein f. Verbreitung guter Schriften, Bern. Nr. 87.

— die Boerenfamilie v. Klaarfontein. E. Geschichte aus d. Boerenleben im Caplande Südafrikas, d. Jugend u. d. Volke erzählt. M. 4 feinen Farbendr.-Bild. nach Aquarellen v. W. Schäfer. 12. (128 S.) Wesel 898. W. Düms. Geb. — 60

— die Boerenfamilie v. Klaarfontein. Eine Geschichte aus dem Boerenleben im Kaplande Südafrikas, der Jugend u. dem Volke erzählt. Neue Ster.-Ausg. 8. (96 S. m. 4 Farbdr.-Bildern.) Reutlingen (899). Enßlin & Laiblin. Geb. — 75

— dasselbe. Neue Ster.-Ausg. 12. (96 S.) Ebd. (901). Kart. — 30

— dasselbe. — Auf dem Mississippi. Eine Geschichte, der Jugend u. dem Volke erzählt. Neue Ster.-Ausg. gr. 8. (96 u. 88 S. m. 8 Farbdr.-Bildern.) Reutlingen (899). Enßlin & Laiblin. Geb. in Leinw. 1. 50

— dasselbe. 8. (79 S. m. 2 Farbdr.) Mülheim a/R. (900). J. Bagel. Geb. — 60

Die Burenfamilie von Klaarfontein. Die Belagerung von Wien. 2 Geschichten d. Jugend u. d. Volke erzählt von W. O. v. Horn [d. i.: Wilhelm Oertel]. Bearb. von Gustav Gast. Mit 6 Abb. von E. Zimmer. *Stuttgart, Berlin, Leipzig: Union [1901].* (198 S.) 8° [F.]
(Universal-Bibliothek f. d. Jugend. 383—385.)

— dasselbe. Neue illustr. Ausg. m. 4 Farbendr.-Bildern. 8. (96 S.) Konstanz (902). C. Hirsch. Geb. — 50

— dasselbe. Mit 4 feinen Farbendr.-Bildern nach Aquarellen v. W. Schäfer. 11. Taus. 12. (128 S.) Wesel (902). W. Düms. Geb. — 60

— die Boerenfamilie v. Klaarfontein. Eine Geschichte aus Südafrika. (79 S.) kl. 8. Mülheim a/R. (905). J. Bagel. Kart. — 30

— Die Boerenfamilie v. Klaarfontain. Eine Geschichte aus dem Boerenleben im Kaplande Südafrikas, der Jugend u. dem Volke erzählt. Unverkürzte Orig.-Ausg. 6., v. Joh. Erler neu durchgeseh. Aufl. (115 S. m. 4 Abbildgn.) kl. 8. Ebd. 907. Kart. p — 50; geb. in Bibliotheksbd. od. in Leinw. — 75

—— James Cook. Leben und Thaten des weltberühmten Seefahrers und Erdumseglers. Der Jugend und dem Volke erzählt. 16. (136 S. mit 4 Abbild. in Stahlst.) Wiesbaden 864, Niedner. cart.

—— James Cook. Leben u. Thaten des weltberühmten Seefahrers u. Erdumseglers. Der Jugend u. dem Volke erzählt. 3. Aufl. Mit 4 Abbildgn.) 12. (116 S.) Ebd. 889. cart. — 75; geb. * 1 —

— James Cook. Leben u. Taten des weltberühmten Seefahrers u. Erdumseglers. Der Jugend u. dem Volke erzählt. 5., neu durchgeseh. Aufl. (116 S. m. 4 Abbildgn) 12. Altenburg 903. St. Geibel. Kart. n. — 50; geb. n. — 75

— Dankbarkeit. Eine Erzählg. Neue Ster.-Ausg. (31 S.) 8. Reutlingen (903). Enßlin & Laiblin. — 15; kart. — 20

— Die Deserteure, s.: Bücher, bunte.

—— Diamantina. Eine Geschichte, der Jugend und dem Volke erzählt. 16. (96 S. mit 4 Abbild. in Stahlst.) Wiesbaden 860, [Niedner.]

— Diamantina. Eine Geschichte, der Jugend u. dem Volke erzählt. Neue Ster.-Ausg. 8. (95 S. m. 4 Farbdr.) Reutlingen (900). Enßlin & Laiblin. Geb. — 75

— dasselbe. 4. Aufl. 12. (95 S.) Ebd. (901). Kart. — 30

Horn, W. O. v. (W. Oertel), der Domrabe. Eine Geschichte der Jugend und dem Volke erzählt. 16. (104 S. mit 4 Abbild. in Stahlst.) Wiesbaden 861, Niedner. Thlr.

— der Domrabe. Eine Geschichte der Jugend u. dem Volke erzählt. Mit 4 Abbildgn. (in Stahlst.) Ebend. 861. 16. (104 S.) 7⅓ ngr.

Horn, W. O. v., der Domrabe. Eine Geschichte, der Jugend u. dem Volke erzählt. 2., neu durchgeseh. Aufl. (87 S. m. 4 Abbildgn.) 12. Altenburg 903. St. Geibel. Kart. n. — 50; geb. n. — 75

— dasselbe. Neue illustr. Ausg. m. 4. Farbendr.-Bildern. (92 S.) kl. 8. Konstanz (904). C. Hirsch. Geb. n. — 50

— rheinische Dorfgeschichten. Wohlfeile Auswahl in 4 Bdn. aus den gesammelten Erzählungen. Mit (7) Illustr. (Holzschn.) von L. Richter. Frankfurt a. M. 854. Sauerländer's Verlag. 16. (2 Bl., 284; 2 Bl., 284; 2 Bl., 287; 2 Bl., 268 S. u. Portr. in Stahlst.) n. 1 ₰. 21 ngr.

† Horn, W. O. v. [W. Oertel], rheinische Dorfgeschichten. 3 Bde. Mit Illustr. (Holzschntaf.) von L. Richter. 2. Aufl. 8. (334; 321; 319 S.) Frankfurt a. M. 877, Sauerländer's Verlag.

—— Franz Drake, der Mann, der uns die Kartoffeln gebracht hat. Der Jugend und dem Volke dargestellt. Anhang. Cap. V. Geschichte der Einführung der Kartoffeln in Europa. 16. (118 S. mit 4 Abbild. in Stahlst.) Wiesbaden 863, Niedner. cart.

—— Franz Drake, der Mann, der uns die Kartoffeln gebracht hat. Der Jugend und dem Volke dargestellt. 2. (Titel-)Aufl. 16. (118 S. mit 4 Abbild. in Stahlst.) Ebendas. (863)70. cart.

— Franz Drake, der Mann, der uns die Kartoffeln gebracht hat. Der Jugend u. dem Volke dargestellt. Anh. Kap. V. Geschichte der Einführg. der Kartoffeln in Europa. 4., v. A. Wiegand durchgeseh. Aufl. (98 S. m. 4 Abb.) kl. 8. Altenburg 909. St. Geibel. Kart. p — 50; geb. in Bibliotheksbd. od. in Leinw. — 75

— durch Leid zur Freud (ein Wildling), s.: Erzählungen f. Taubstumme.

— von Einem, der das Glück gesucht. Eine wahre Geschichte, dem Volke u. der Jugend erzählt. Mit 4 Abbildgn. (Stahlst.) Wiesbaden (858.) Kreidel u. Niedner. 16. (110 S.) 7½ ngr.

— dasselbe, s. a. Jugend-Bibliothek.

— von Einem, der das Glück gesucht. Eine wahre Geschichte dem Volke u. der Jugend erzählt. Mit 4 Abbildungen (in Stahlst.) 2. Aufl. gr. 16. (114 S.) Ebend. 870. — 75

— von Einem, der das Glück gesucht. Eine wahre Geschichte, dem Volke u. der Jugend erzählt. 4., neu durchgeseh. Aufl. 12. (100 S. m. 4 Abbildgn.) Altenburg 900. St. Geibel. Kart. n. — 50; geb. n. — 75

— von Einem, der das Glück gesucht. Eine wahre Geschichte, dem Volke u. der Jugend erzählt. Neue illustr. Ausg. m. 4 Farbendr.-Bildern. (95 S.) 8. Ebd. (903). Geb. n. — 50

— Von einem, der das Glück gesucht. Eine wahre Geschichte, dem Volke u. der Jugend erzählt. Unverkürzte Orig.-Ausg. 5., v. J. Erler durchgeseh. Aufl. (100 S. m. 4. Vollbildern.) kl. 8. Ebd. 910. Kart. p — 50; geb. in Bibliotheksbd. od. in Leinw. — 75

— in den Eiswüsten Rußlands, s.: Zehnpfennig-Bibliothek, Frankfurter.

Horn, W. O. v., der Engel der Gefangenen. Ein weibliches Lebensbild, dem Volke u. der Jugend dargeboten. Mit 4 Abbildgn. (in Stahlst.) Wiesbaden 860. Niedner. 16. (111 S.) 7½ ngr.

—— der Engel der Gefangenen. Ein weibl. Lebensbild dem Volke und der Jugend dargeboten. 2. (Titel-)Aufl. 16. (111 S. mit 4 Abbild. in Stahlst.) Ebendas. (860)69. cart.

— der Engel d. Gefangenen. (Elisabeth Fry.) E. weibl. Lebensbild, d. Jugend u. d. Volke dargeboten. 3., neu durchgeseh. Aufl. 12. (95 S. m. 4 Abb.) Ebd. 898. Kart. n. — 50; geb. n. — 75

— Der Engel der Gefangenen. (Elisabeth Fry.) Ein weibl. Lebensbild, dem Volke u. der Jugend dargeboten. Unverkürzte Orig.-Ausg. 4., v. A. Wiegand durchgeseh. Aufl. (95 S. m. 4 Abb.) kl. 8. Ebd. 907. Kart. p — 50; geb. in Bibliotheksbd. od. in Leinw. — 75

— Anneli Engelberger, s.: Verein f. Verbreitung guter Schriften, Basel. Nr. 45.

—— das Erdbeben von Lissabon. Eine Geschichte der deutschen Jugend und dem deutschen Volke erzählt. 16. (120 S. mit 4 Abbild. in Holzschn.) Wiesbaden 853, Kreidel und Niedner.

— dasselbe. Der Strandläufer, s. a. Universal-Bibliothek f. d. Jugend.

—— das Erdbeben von Lissabon. Eine Geschichte, der deutschen Jugend und dem deutschen Volke erzählt. 3. Aufl. 16. (132 S. mit 4 Abbild. in Holzschn.) Wiesbaden 867, Niedner. cart.

—— das Erdbeben von Lissabon. Eine Geschichte der deutschen Jugend und dem deutschen Volke erzählt. 4. Aufl. 16. (132 S. mit 4 Abbild. in Stahlst.) Ebendas. 869. cart.

— das Erdbeben v. Lissabon. Eine Geschichte, d. deutschen Jugend u. d. Volke erzählt. 6., m. d. 5. v. H. Oertel durchgeseh. gleichlaut. Aufl. 12. (110 S. m. 4 Abb.) Ebd. 897. Kart. n. — 50; geb. n. — 75

— dasselbe. Von G. Hartmann durchgeseh. Ausg. Mit 4 feinen Farbendr.-Bildern nach Aquarellen v. Wilh. Schäfer. 12. (127 S.) Wesel 898. W. Düms. Geb. — 60

— dasselbe. 7., m. der 5. v. H. Oertel durchgeseh. gleichlaut. Aufl. 12. (110 S. m. 4 Abbildgn.) Altenburg 900. St. Geibel. Kart. n. — 50; geb. n. — 75

— dasselbe. Neue illustr. Ausg. m. 4 Farbendr.-Bildern. 12. (96 S.) Berlin (900). Konstanz, C. Hirsch. Geb. n. — 50

— dasselbe. Der Mulatte. Eine Geschichte aus dem Pflanzerleben in Florida, der Jugend u. dem Volke erzählt. Neue Ster.-Ausg. 8. (96 u. 96 S. m. 8 Farbdr.) Reutlingen (901). Enßlin & Laiblin. Geb. 1.50

— das Erdbeben v. Lissabon. Eine Geschichte, der Jugend u. dem Volke erzählt. Neue Ster.-Ausg. 12. (96 S.) Reutlingen (902.) Enßlin & Laiblin. Kart. — 40; geb., m. 4 Farbdr. — 50

— das Erdbeben v. Lissabon. Eine Geschichte, der deutschen Jugend u. dem deutschen Volke erzählt. 8., m. der 5. v. H. Oertel durchgeseh. gleichlaut. Aufl. (110 S. m. 4 Vollbildern.) 12. Altenburg 905. St. Geibel. Kart. n. — 50; geb. n. — 75

Horn, W. O. v. (W. Oertel), Ernst der Fromme, Herzog von Gotha. Ein Lebensbild aus den Zeiten des 30jähr. Krieges. Der Jugend und dem Volke erzählt. 16. (104 S. mit 4 Abbild. in Stahlst.) Wiesbaden 867, Niedner. cart.

— Ernst der Fromme, Herzog v. Gotha. Ein Lebensbild aus den Zeiten des 30jähr. Krieges. Der Jugend u. dem Volke erzählt. 2., v. H. Oertel durchgeseh. Aufl. 12. (89 S. m. 4 Stahlst.) Ebd. 894. Kart. — 75

— die Eroberung von Algier. Eine Geschichte, der Jugend und dem Volke erzählt. Mit 4 Abbildgn. (Stahlst.) Ebend. (857.) 16. (140 S.) 7½ ngr

—— die Eroberung von Algier. Eine Geschichte der Jugend und dem Volke erzählt. 16. (140 S. mit 4 Abbild. in Stahlst.) Wiesbaden 858, [Niedner.]

— die Eroberung v. Algier. Eine Geschichte, der Jugend u. dem Volke erzählt. Neue Ster.-Ausg. 12. (96 S.) Ebd. (902). Kart. — 40; geb., m. 4 Farbdr. — 50

— dasselbe. Simon. Lebensgeschichte e. Negersklaven in Brasilien. Für die Jugend u. d. Volk erzählt. Neue Ster.-Ausg. 8. (96 u. 96 S. m. 8 Farbdr.) Ebd. (902). Geb. 1.50

Horn, W. O. v. (W. Oertel), die Eroberung v. Konstantinopel d. d. Türken im J. 1453, s. a. Jugend-Bibliothek.

—— die Eroberung von Constantinopel durch die Türken im J. 1453. Eine Geschichte, dem Volke und der Jugend erzählt. 16. (108 S. mit 4 Abbild. in Stahlst.) Wiesbaden 865, Niedner. cart.

—— die Eroberung von Constantinopel durch die Türken im J. 1453. Eine Geschichte dem Volke und der Jugend erzählt. 2. Aufl. gr. 16. (108 S. mit 4 Abbild. in Stahlst.) Ebendas. 870. cart.

— die Eroberung v. Konstantinopel durch die Türken im J. 1453. Eine Geschichte, dem Volke u. der Jugend erzählt. Neue illustr. Ausg. m. 4 Farbendr.-Bildern. (95 S.) 8. Konstanz (903). C. Hirsch. Geb. n. — 50

—— die Eroberung von Mexico durch Hernando Cortez. Der deutschen Jugend und dem Volke erzählt. 16. (150 S. mit 4 Abbild. in Stahlst.) Wiesbaden 864, Niedner. cart.

— die Eroberung v. Mexiko durch Hernando Cortez. Der deutschen Jugend u. dem Volke erzählt. Mit 4 Abbildgn. (in Stahlst.) 2. Aufl. gr. 16. (150 S.) Ebend. 870. — 75

— die Eroberg. v. Mexiko durch Fernando Cortez. D. deutschen Jugend u. d. Volke erzählt. 3., v. H. Oertel durchgeseh. Aufl. 12. (126 S. m. 4 Abb.) Altenburg 893. St. Geibel. Kart. — 75

— die Eroberung v. Mexiko durch Hernando Cortez. Der deutschen Jugend u. dem Volke erzählt. 4., v. H. Oertel durchgeseh. Aufl. (126 S. m. 4 Abbildgn.) 12. Altenburg 903. St. Geibel. Kart. n. — 50; geb. n. — 75

— ausgewählte Erzählungen f. Jugend u. Volk. Mit 4 Einschalt.-Bildern v. Frz. Staffen. 4 Tle. in 1 Bde. (III, 88, 78, 80 u. 88 S.) 8. Berlin (905). Meidinger's Jugendschriften-Verlag. Geb. in Leinw. 3. —

— dasselbe, s. a. Hausbücherei, rheinische. Bd. 1—4.

—— gesammelte Erzählungen. 1—8. Bd. gr. 12. Frankfurt a. M., Sauerländer's Verlag. [1. (III und 340 S. mit Horn's Portr. in Stahlst.) 2. (X und 344 S. mit 1 Holzschn.) 850., 3. und 4. (VI und 587 S. mit 2 Holzschn.) 851., 5. (III und 290 S. mit 1 Holzschn.) 6. (III und 298 S. mit 1 Holzschn.) 7. und 8. (III und 699 S. mit 2 Holzschn.) 852. à Bd. 1 Thlr.]

—— gesammelte Erzählungen. 9—12. Bd. oder Neue Folge 1—3. Bd. à Bd. mit 1 Holzschnt. 8. Frankfurt a. M., Sauerländer's Verlag. [9. und 10. (XIV und 644 S.) 853., 11. (VII und 400 S.) 855. 12. (VII und 378 S. mit 1 Holzschn.) 856. à Bd. 1 Thlr.]

— gesammelte Erzählungen. 9—13. Bd. Neue Folge 1—5. Bd. Frankfurt a. M. 853—58. Sauerländer's Verlag. 8. (4 Bl., 328; 4 Bl., 316; 4 Bl., 400; 4 Bl., 378; 3 Bl., 335 S.) Jeder Band mit 1 Holzschn. 1 ₰.

— — 1—4. Bd. 2. verb. Aufl. Ebend. 856—58. 8. (350 S.; 2 Bl., 348; 2 Bl., 344.; 2 Bl., 339 S. u. Portr. in Stahlst.) Jeder Bd. mit 1 Holzschn. 1 ℛ.

—— dass. — Neue Volks-Ausg. Mit 12 Illustr. und dem Bildniß des Verf. (In 12 Bdn. oder 50 Lfgn.) 1—47. Lfg. gr. 16. Ebendas. 860—62. [1. Bd. (III und 471 S. mit 1 Holzschn. und Portr. in Stahlst.) 2—4. (IX und 1148 S. mit 8 Holzschnt.) 5—7. (III und 1228 S. mit 8 Holzschn.) 8. (880 S. mit 1 Holzschn.) 9—11. (1140 S. mit 8 Holzschn.) 12. (S. 1—80 mit 1 Holzschn.) à Lfg. * 4 Ngr.] *

—— gesammelte Erzählungen. Neue Volks-Ausg. 48.—50. (Schluß-)Lfg. gr. 16. (12. Bd. III und S. 81—364.) Frankfurt a. M. 862, Sauerländer's Verlag. à Lfg. * 4 Ngr. *
1.—47. Lfg. Ebendas. 860—62. * 6 Thlr. 8 Ngr.

—— dass. — Suppl.-Bde. 8 Bde. in 15 Lfgn. 8. (III und 288 S., 287 S., 329 S., mit eingedr. Holzschn. und 3 Stahlst.) Ebendas. 862,63. à Lfg. * 4 Ngr. *

P Horn, W. O. v. [W. Oertel]. Gesammelte Erzählungen. Mit Portr. d. Verf. u. 12 Titel-Illustr. v. Ludw. Richter u. A. Volksausg. 3. Aufl. 3 Bde. 8. (III, 430; 349; 346 S.) Frankf. a. M. 892,93, Sauerländer. à Bd. * 1 60; * 4 80
Die auf 50 Lfgn. berechnete Lieferungsausg. hörte m. d. 13. Lfg. zu erscheinen auf.

— Erzählungen f. die Jugend. 2 Bde. Mit (je) 5 feinen Farbendr.-Bildern nach Aquarellen v. W. Schäfer. (120 u. 119 S.) 8. Wesel (906). W. Düms. Geb. à 2. —

— schönste Erzählungen f. die Jugend. 1.—3. Bd. 8. Mülheim a/R. (901). J. Bagel. Geb. à 1. —
1. Die Boerenfamilie v. Klaarfontein. Eine Geschichte aus Südafrika. — Auf dem Mississippi. (79 u. 79 S. m. 4 Farbdr.) (901.)
2. Zwei Savoyardenbüblein. — Der Leibhusar. (80 u. 79 S. m. 4 Farbdr.) (901.)
3. Der Mulatte. Eine Geschichte aus dem Pflanzerleben in Florida. — Der Strandläufer. Eine Geschichte aus den Dünen der Nordsee. (80 u. 80 S. m. 4 Farbdr.) (902.)

— Schönste Erzählungen. 4. Bd. Aus den Silberminen der Cordilleren Südamerikas. Friedericis Kriegsfahrten im russ. Feldzug 1812/1813. (84 u. 84 S. m. 4 Farbdr.) kl. 8. Mülheim-Ruhr (904). J. Bagel. Geb. — 90

— s.: Erzählungen a. d. Volksbuche: Die Spinnstube.

—— Hanns Conrad Escher v. der Linth. Lebensbild eines braven Schweizers, dargestellt für die Jugend und das Volk. 16. (116 S. mit 4 Abbild. in Stahlst.) Wiesbaden 862, Nieder. cart.

— Prinz Eugen, der edle Ritter. Deutsche Treue, neu bearb. v. Gust. Gast, s. a. Universal-Bibliothek f. die Jugend. 399. 400.

—— Prinz Eugenius, der edle Ritter. Eine Geschichte, der deutschen Jugend und dem deutschen Volke erzählt. 16. (94 S. mit 4 Abbild. in Holzschn.) Wiesbaden 853, Kreidel und Riedner.

—— Prinz Eugenius, der edle Ritter. Eine Geschichte, der deutschen Jugend und dem deutschen Volke erzählt. 4. Aufl. 16. (107 S. mit 4 Abbild. in Holzschn.) Wiesbaden 867, Riedner. cart.

— Prinz Eugenius, d. edle Ritter. Eine Geschichte, d. deutschen Jugend u. d. deutschen Volke erzählt. 7., v. H. Oertel durchgeseh. Aufl. 12. (90 S. m. 4 Abb.) Altenburg 893. St. Geibel. Kart. — 75

— Prinz Eugenius, der edle Ritter. Eine Geschichte, der deutschen Jugend u. dem deutschen Volke erzählt. 8., m. der 7. v. H. Oertel durchgeseh. gleichlaut. Aufl. 12. (90 S. m. 4 Abbildgn.) Altenburg 899. St. Geibel. Kart. n. — 50; geb. n. — 75

— Prinz Eugenius, der edle Ritter. Eine Geschichte, der deutschen Jugend u. dem Volke erzählt. Unverkürzte Orig.-Ausg. 9., v. Joh. Erler durchgeseh. Aufl. (90 S. m. 4 Abbildgn.) kl. 8. Altenburg 907. St. Geibel. Kart. n. — 50; geb. in Bibliotheksbd. od. in Leinw. — 75

— s. Familien-Bücherschatz.

— Festgabe f. die Jugend, s.: Reinick, Rob.

— Gottes Finger. Eine Geschichte aus dem Tagebuche meines Großvaters gezogen. Der Jugend u. dem Volke erzählt. 16. (117 S. mit 4 Abbildgn. in Stahlst.) cart. 7½ ngr

— der Finger Gottes. Eine Reihe von Geschichten. Herausg. von dem christlichen Vereine im nördlichen Deutschland. Eisleben 855. Christl. Verein. (Leipzig, G. E. Schulze.) 8. (IV, 151 S.) nn. 6 ngr

—— Gottes Finger. Eine Geschichte aus dem Tagebuche meines Großvaters gezogen. Der Jugend und dem Volke erzählt. 16. (117 S. mit 4 Abbild. in Stahlst.) Wiesbaden 867, Riedner. cart.

— der Finger Gottes. Eine Reihe Geschichten. 7. Aufl. 8. (III, 119 S.) Eisleben 885. Christl. Verein im nördl. Deutschland. Geb. — 68

— Gottes Finger. Eine Geschichte aus dem Tagebuch meines Großvaters gezogen. D. Jugend u. d. Volke erzählt. 8. Aufl. 12. (95 S. m. 4 Abb.) Ebd. 897. Kart. n. — 50; geb. n. — 75

— dasselbe. Neue Ausg. m. 4 Farbendr.-Bild. 12. (143 S.) Konstanz 898. C. Hirsch. Geb. — 75

— Gottes Finger. Eine Geschichte aus dem Tagebuch meines Großvaters gezogen. Der Jugend u. dem Volke erzählt. 4., m. der 3. v. H. Oertel durchgeseh. gleichlaut. Aufl. (95 S. m. 4 Abbildgn.) 12. Ebd. 906. Kart. n. — 50; geb. n. — 75

—— Benjamin Franklin. Lebensbild eines Ehrenmannes aus Amerika. Der Jugend und dem Volke erzählt. 16. (116 S. mit 4 Abbild. in Stahlst.) Wiesbaden 863, Riedner. cart.

—— Benjamin Franklin. Lebensbild eines Ehrenmannes aus Amerika. Der Jugend und dem Volk erzählt. 2. Aufl. 16. (116 S. mit 4 Abbild. in Stahlst.) Ebendas. 869. cart.

Horn, W. O. von. Benjamin Franklin. Lebensbild eines Ehrenmannes aus Amerika. Der Jugend und dem Volke erzählt von W. O. von H'. ⟨[Philipp Friedrich] W[ilhelm] Oertel⟩. Neue illustrierte Ausgabe mit 4 Farbendruckbildern [Tafeln und illustriertem Umschlag]. 96 S. 8. Konstanz, Carl Hirsch; Für die Schweiz: Evangelische Buchh., Emmishofen, [1906]. [geb. M. —.50]

— Friedel, s. a. Volksbücher, Wiesbadener. Nr. 28.

—— Friedel. Eine Geschichte aus dem Volksleben. 1. Aufl. mit 2 Stahlst. 1847., 2. Aufl. (210 S. und 4 Stahlst.) 1848. * 10 Ngr. und 3., verm. und verb. Aufl. gr. 16. (387 S. und 5 Stahlst.) Darmstadt 851, Lange. * —

—— Friedel. Eine Geschichte aus dem Volksleben. 4., verm. und verb. Aufl. gr. 16. (368 S. mit 5 Stahlst.) Darmstadt 853, Lange. *

—— Friedel. Eine Geschichte aus dem Volksleben. 5. neu durchgeseh. Aufl. 8. (286 S. mit 5 Stahlst.) Wiesbaden 875, Riedner. *M 2.; geb. mit Goldschn. *

— Friedel. Eine Geschichte aus dem Volksleben. 6., neu durchgeseh. Aufl. Mit 5 Stahlst. 8. (258 S.) Altenburg 889. Geibel. n. 2.—; geb. 3. 50

— Friedel. Eine Geschichte aus d. Volksleben. 7., neu durchgeseh. Aufl. M. 5 Stahlst. 8. (256 S.) Ebd. 898. n. 1. 50; geb. 2. 75

— Friedel. Eine Geschichte aus dem Volksleben. Neue illustr. Ausg. m. 8 Farbendr.-Bildern. 8. (176 S.) Konstanz (899). C. Hirsch. Geb. 1.—

—— der alte Fritz, der Held und Liebling des deutschen Volkes Für die Jugend und das Volk dargestellt. 16. (184 S. mit 4 Abbild. in Stahlst.) Wiesbaden 865, Niedner. cart

— dasselbe, s.a. Jugendhort. 6.

— dasselbe, s.a. Pannwitz, Max.

— der alte Fritz, der Held u. Liebling des deutschen Volkes, s.a. Universal-Bibliothek f. die Jugend.

— dasselbe, s.a. Unterhaltungsbibliothek f. Jung u. Alt. 7. Bd.

— der alte Fritz, der Held u. Liebling d. deutschen Volkes. Für die Jugend u. das Volk dargestellt. 4. Aufl. Mit 4 Abbildgn. 12. (160 S.) Ebd. 889. cart. — 75

— der alte Fritz, der Held u. Liebling des deutschen Volkes. Für die Jugend u. das Volk dargestellt. 5. Aufl. 12. (160 S. m. 4 Stahlst.) Ebd. 894. Kart. — 75

— der alte Fritz, d. Held u. Liebling d. deutschen Volkes. Für d. Jugend u. d. Volk dargest. 6., m. d. 5. v. H. Oertel durchgeseh. gleichlaut. Aufl. 12. (160 S. m. 4 Abb.) Ebd. 898. Kart. n. —50; geb. n. — 75

— der alte Fritz, der Held u. Liebling des deutschen Volkes. Für die Jugend u. das Volk dargestellt, 7., m. der 5. v. H. Oertel durchgeseh. gleichlaut. Aufl. (160 S. m. 4 Abbildgn.) 12. Altenburg 903. St. Geibel. Kart. n. —50; geb. n. — 75

— Der alte Fritz. Für die Jugend bearb. u. m. Berücksicht. d. neuen Rechtschreibg. hrsg. v. Frz. Götze. Mit 3 ganzseit. Textbild. sowie 3 farb. Bildern v. Eug. Hanetzog. (123 S.) 8. Berlin (907). Verlag Jugendhort. Geb. 2.—

— Der alte Fritz, der Held u. Liebling des deutschen Volkes. Für die Jugend u. das Volk dargestellt. Unverkürzte Orig.-Ausg. 8., v. A. Wiegand durchgeseh. Aufl. (160 S. m. 4 Vollbildern.) kl. 8. Altenburg 910. St. Geibel. Kart. p —50; geb. in Bibliotheksbd. od. in Leinw. — 75

—— der Gaucho. Eine Geschichte der Jugend und dem Volke erzählt. 16. (104 S. mit 4 Abbild. in Stahlst.) Wiesbaden 861. Niedner.

— der Gaucho. Eine Geschichte, der Jugend u. dem Volke erzählt. Neue illustr. Ausg. m. 4. Farbendr.-Bildern. (101 S.) kl. 8. Konstanz (904). C. Hirsch. Geb. n. — 50

— Christian Fürchtegott Gellert. Ein Lebensbild für Deutschlands Jugend u. Volk. Mit 4 Abbildgn. (Stahlst.) Wiesbaden (858.) Kreidel u. Niedner. 16. (110 S.) 7½ ngr.

—— Christian Fürchtegott Gellert. Ein Lebensbild für Deutschlands Jugend und Volk. 2. Aufl. 16. (110 S. mit 4 Abbild. in Stahlst.) Wiesbaden 867, Niedner. cart

— Christian Fürchtegott Gellert. Ein Lebensbild für Deutschlands Jugend u. Volk. 4. Aufl. Mit 4 Stahlst. 12. (99 S.) Ebd. 889. cart. — 75

— Christian Fürchtegott Gellert. Ein Lebensbild für Deutschlands Jugend u. Volk. 5., m. d. 4. v. H. Oertel durchgeseh. gleichlaut. Aufl. 12. (99 S. m. 4 Abb.) Ebd. 898. Kart. n. — 50; geb. n. — 75

— dasselbe. Neue illustr. Ausg. m. 4 Farbendr.-Bild. 12. (95 S.) Konstanz 898. C. Hirsch. Geb. — 50

— Christian Fürchtegott Gellert. Ein Lebensbild f. Deutschlands Jugend u. Volk. 6., m. der 4. v. H. Oertel durchgeseh. gleichlaut. Aufl. (99 S. m. 4 Vollbildern.) 12. Altenburg 905. St. Geibel. Kart. n. — 50; geb. n. — 75

—— die Gemsjäger. Eine Geschichte aus den Alpen der Schweiz, der Jugend und dem Volke erzählt. Mit Abbildungen. 16. (86 S. mit 4 Stahlst.) Wiesbaden 856, Kreidel und Niedner.

—— die Gemsjäger. Eine Geschichte aus den Alpen der Schweiz. Der Jugend und dem Volke erzählt. 3. Aufl. gr. 16. (110 S. mit 4 Abbild. in Stahlst.) Wiesbaden 870, Niedner. cart.

—— Die Gemsjäger. Eine Geschichte aus den Alpen der Schweiz, der Jugend u. dem Volke erzählt. 4. Aufl. Mit 4 Abbildgn. 12. (95 S.) Altenb. 889, Geibel. cart. — 75; geb. * 1 —

— dasselbe. 5. Aufl. 12. (95 S. m. 4 Stahlst.) Altenburg 894. St. Geibel. Kart. — 75; geb. n. 1. —

— die Gemsjäger. Eine Geschichte aus den Alpen der Schweiz, der Jugend u. d. Volke erzählt. Neue illustr. Ausg. m. 4 Farbendr.-Bild. 12. (112 S.) Ebd. 898. Geb. — 50

— Die Gemsjäger. Eine Geschichte aus den Alpen der Schweiz, der Jugend u. dem Volke erzählt. Unverkürzte Orig.-Ausg. 7., v. J. Erler durchgeseh. Aufl. (95 S. m. 4 Abbildgn.) kl. 8. Ebd. 909. Kart. p — 50; geb. in Bibliotheksbd. od. in Leinw. — 75

— Schmiedjakobs Geschichten. Erzählgn. f. d. Jugend u. das Volk. Mit 5 feinen Farbendr.-Bildern nach Aquarellen v. W. Schäfer. 1.—6. Taus. gr. 8. (120 S.) Wesel 899. W. Düms. Geb. 2. —

—— des alten Schmiedjacob's Geschichten. Mit vielen neuen Illustr. (in Holzschn.) von L. Richter. 8. (V und 288 S. mit 1 Stahlst.) Frankfurt a. M. 852, Sauerländer's Verlag.

—— dass. — Neue Folge. Mit vielen neuen Illustr. (in Holzschn.) von L. Richter. 8. (287 S. mit 2 Stahlst.) Ebds. 853.

—— dass. — III. Mit vielen Illustr. (in Holzschn.) von L. Richter. 8. (329 S. mit 1 Stahlst.) Ebds. 854.

—— die letzte Ghazwah oder Sklavenjagd im Sudan unter der Regierung Mehemed Ali's von Egypten. Erzählung für die Jugend und das Volk. 16. (104 S. mit 4 Abbild. in Stahlst.) Wiesbaden 867, Niedner. cart

— die letzte Ghazwah od. Sklavenjagd im Sudan unter d. Regierung Mehemed Ali's v. Ägypten. Erzählung für die Jugend und das Volk. 3. Aufl. Mit 4 Abbildgn. 12. (88 S.) Ebd. 889. cart. — 75

— die letzte Ghazwah od. Sklavenjagd im Sudan unter der Regierung Mehemed Ali's v. Ägypten. Erzählung f. die Jugend u. das Volk. 4., m. der 3. v. H. Oertel durchgeseh. gleichlaut. Aufl. 12. (88 S. m. 4 Abbildgn.) Altenburg 899. St. Geibel. Kart. n. — 50; geb. n. — 75

— dasselbe. Neue Ster.-Ausg. 8. (87 S. m. 4 Farbdr.) Ebd. (901). Geb. — 50

— dasselbe. Friedericis Kriegsfahrten im russischen Feldzug in den J. 1812/13. Eine Erzählung f. die Jugend u. d. Volk. Neue Ster.-Ausg. 8. (87 u. 96 S. m. 8 Farbdr.) Ebd. (901). Geb. 1. 50

— dasselbe. Neue Ster.-Ausg. 12. (87 S.) Reutlingen (901). Enßlin & Laiblin. Kart. — 30

—— Hand in Hand. Eine Reihe von Geschichten für Reich und Arm in jedem Stande. Mit Illustr. (in eingedr. Holzschn.), gez. von Rothbart. br. 8. (239 S.) Stuttgart 852, Scheitlin's Verlag.

—— Hand in Hand. Eine Reihe von Geschichten für das Volk. Mit Illustr. (in eingedr. Holzschn.) gezeichnet von Rothbart. 2. Aufl. 8. (154 S.) Ebendas. 869.

— Hand in Hand. Eine Reihe v. Geschichten f. Reich u. Arm in jedem Stande. Mit Illustr., gez. v. Rothbart. 3. Aufl. 8. (159 S.) Ebd. 889. n. 1. 50

— Hand in Hand. Eine Reihe v. Geschichten f. Reich u. Arm in jedem Stande. Mit Illustr., gezeichnet v. Rothbart. 4., m. der neu durchgeseh. 3. gleichlaut. Aufl. 8. (159 S.) Altenburg 900. St. Geibel. n. 1. —

— dasselbe. Neue illustr. Ausg. m. 8 Farbendr.-Bildern. 8. (204 S.) Konstanz (901). C. Hirsch. Geb. 1. —

—— vier deutsche Heldinnen aus der Zeit der Befreiungskriege Ein Büchlein für die deutsche Jugend und das Volk. 16 (95 S. mit 4 Abbild. in Stahlst.) Wiesbaden 864, Niedner cart

— vier deutsche Heldinnen aus d. Zeit d. Befreiungskriege. Ein Büchlein f. d. deutsche Jugend u. d. Volk. 4., m. d. 3. v. H. Oertel durchgesch. gleichlaut. Aufl. 12. (79 S. m. 4 Abb.) Altenburg 898. St. Geibel. Kart. n. — 50; geb. n. — 75

— vier deutsche Heldinnen aus der Zeit der Befreiungskriege. Ein Büchlein f. die deutsche Jugend u. das Volk. 5., m. der 3. v. H. Oertel durchgeseh. gleichlaut. Aufl. (79 S. m. 4 Abbildgn.) 12. Ebd. 903. Kart. n. — 50; geb. n. — 75

— Vier deutsche Heldinnen aus der Zeit der Befreiungskriege. Ein Büchlein f. die deutsche Jugend u. das Volk. Unverkürzte Orig.-Ausg. 6., v. A. Wiegand durchgeseh. Aufl. (79 S. m. 4 Vollbild.) kl. 8. Ebd. 910. Kart. p — 50; geb. in Bibliotheksbd. od. in Leinw. — 75

—— der Herr ist mein Schild. Eine Geschichte, der Jugend und dem Volke erzählt. 16. (128 S. mit 4 Stahlst.) Wiesbaden 854, Kreidel und Niedner.

— dasselbe. Der Admiral de Ruyter, s. a. Universal-Bibliothek f. die Jugend. 369/371.

—— der Herr ist mein Schild. Eine Geschichte, der Jugend und dem Volke erzählt. 4. Aufl. 16. (181 S. mit 4 Abbild in Stahlst.) Wiesbaden 867, Niedner. cart

Horn, W. O. v. (W. Oertel), der Herr ist mein Schild. Eine Geschichte, der Jugend u. dem Volke erzählt. 7. Aufl. 12. (132 S. m. 4 Abbildgn.) Altenburg 892. St. Geibel. Kart. — 75

Horn, W. O. v. (W. Oertel), der Herr ist mein Schild. E. Geschichte, d. Jugend u. d. Volke erzählt. 8., m. d. 7. v. H. Oertel durchgeseh. gleichlaut. Aufl. 12. (132 S.) Altenburg 897. St. Geibel. Kart. n. — 50; geb. n. — 75

— dasselbe. Neu illustr. Ausg. m. 4 Farbendr.-Bild. 12. (144 S.) Konstanz 898. C. Hirsch. Geb. — 75

Der Herr ist mein Schild. Der Admiral de Ruiter. 2 Gesch., d. Jugend u. d. Volke erzählt von W. O. v. Horn [d. i. Wilhelm Oertel]. Mit 6 Abb. von R. Mahn. *Stuttgart, Berlin, Leipzig: Union [1899].* (198 S.) 8° [ss.]
= Universal-Bibliothek f. d. Jugend. 369–371. (00. 1159)

— der Herr ist mein Schild. Ein Geschichte, der Jugend u. dem Volke erzählt. 9., m. der 7. v. H. Oertel durchgeseh. gleichlaut. Aufl. 12. (132 S. m. 4 Abbildgn.) Altenburg 900. St. Geibel. Kart. n. — 50; geb. n. — 75

— dasselbe. Von G. Hartmann durchgeseh. Ausg. Mit 4 feinen Farbdr.-Bildern nach Aquarellen v. Elisab. Voigt. 1.—10. Taus. 12. (à 128 S.) Wesel (900). W. Düms. Geb. — 60

— dasselbe. 12. (112 S.) Berlin (901). L. Lewin. Kart. — 60

— dasselbe. Neue Ster.-Ausg. 12. (112 S. m. Titelbild.) Reutlingen (900). Enßlin & Laiblin. Geb. — 50; m. farb. Umschlagbild — 60

— der Herr ist mein Schild. Eine Geschichte f. Jugend u. Volk. Mit Titelbild v. G. A. Stroedel. 2. Aufl. (112 S.) 8. Berlin (905). Meidinger's Jugendschriften-Verl. Geb. — 75

— dasselbe. Eine Geschichte, der Jugend u. dem Volke erzählt. (120 S. m. 4 Taf.) 8. Reutlingen (906). R. Bardtenschlager. Geb. 1. 20

— Der Herr ist mein Schild. Eine Geschichte, der Jugend u. dem Volke erzählt. Unverkürzte Orig.-Ausg. 10., v. Joh. Erler durchgeseh. Aufl. (132 S. m. 4 Abbildgn.) kl. 8. Ebd. 907. Kart. p — 50; geb. in Bibliotheksbd. od. in Leinw. — 75

— der Herr wird's versehen, s.: Volksbücher.

— zwei Hochzeiten an e. Tage, s.: Verein f. Verbreitg. guter Schriften, Basel.

—— Hualma, die Peruanerin. Eine Geschichte, der Jugend und dem Volke erzählt. 16. (112 S. mit 4 Abbild. in Stahlst. Wiesbaden 862, Niedner. cart

— Hualma, die Peruanerin. E. Geschichte, d. Jugend u. d. Volke erzählt. Neue Ster.-Ausg. 12. (93 S. m. 4 Farbdr.) Reutlingen 898. Enßlin & Laiblin. Geb. — 75; m.: Ein Kongo-Neger in 1 Bd. geb. 1. 50

— Hualma, die Peruanerin. Eine Geschichte, der Jugend u. dem Volke erzählt. Neue Ster.-Ausg. 12. (93 S.) Reutlingen (901). Enßlin & Laiblin. Kart. — 30

— Hualma, die Peruanerin. Eine Geschichte, der Jugend u. dem Volke erzählt. Unverkürzte Orig.-Ausg. 3., v. Joh. Erler durchgeseh. Aufl. (91 S. m. 4 Abbildgn.) kl. 8. Ebd. 907. Kart. p —50; geb. in Bibliotheksbd. od. in Leinw. — 75

—— der Kaffernhäuptling. Eine Geschichte aus den dreißiger Jahren des vor. Jahrh. 16. (130 S. mit 4 Abbild. in Stahlst.) Ebendas. 868. cart.

Horn, W. O. v. (W. Oertel), der Kaffernhäuptling. Eine Geschichte vom Kap der guten Hoffng. Der Jugend u. dem Volke erzählt. Neue Ster.-Ausg. 8. (95 S. m. 4 Farbdr.) Reutlingen (900). Enßlin & Laiblin. Geb. — 75

— dasselbe. 5. Aufl. — Diamantina. Eine Geschichte, der Jugend u. dem Volke erzählt. 5. Aufl. gr. 8. (95 u. 95 S. m. 8 Farbdr.) Ebd. (900). Geb. 1. 50

— dasselbe. 3. Aufl. 12. (95 S.) Ebd. (901). Geb. — 30

— der Kaffernhäuptling. Eine Geschichte aus den dreißiger Jahren des 18. Jahrh. am Kap der guten Hoffnung. Der Jugend u. dem Volke erzählt. 3., neu durchgeseh. Aufl. (111 S. m 4 Abbildgn.) 12. Altenburg 903. St. Geibel. Kart. n. — 50; geb. n. — 75

—— Franz Kerndoerfer. Eine Geschichte aus dem lieben Handwerkerstande und für ihn erzählt. 12. (182 S. mit 1 Holzschnt. und eingedr. Holzschn.) Leipzig 851, C. H. Reclam sen.

—— Franz Kerndoerfer. Eine Geschichte aus dem lieben Handwerkerstande und für ihn erzählt. 2. Aufl. 8. (130 S mit 1 Holzschntaf.) Wiesbaden 865, Niedner.

†Horn, W. O. v. [W. Oertel], Franz Kerndörfer. Eine Geschichte aus dem lieben Handwerkerstande und für ihn erzählt. 3. Aufl. 8. (128 S.) Wiesbaden 881, Niedner. *

— Franz Kerndörfer. Eine Geschichte aus dem lieben Handwerkerstande. (Einband: Das Andenken d. Gerechten.) Neue illustr. Ausg. m. 8 Farbendr.-Bildern. 12. (192 S.) Konstanz (900). C. Hirsch. Geb. 1. —

Horn, W. O. v. (W. Oertel), Christoph Kolumbus, der Mann, der uns den Weg nach Amerika gewiesen hat. Ein Büchlein, f. die Jugend u. das Volk geschrieben. Unverkürzte Orig.-Ausg. 7., v. A. Wiegand durchgeseh. Aufl. (110 S. m. 4 Vollbildern.) kl. 8. Altenburg 909. St. Geibel. Kart. p — 50; geb. in Bibliotheksbd. od. in Leinw. — 75

Horn, W. O. v., ein Kongo-Neger, s. a. Jugend-Bibliothek. 15. Bd.

—— ein Kongo-Neger. Eine Geschichte aus Sanct Domingo, der deutschen Jugend und dem Volke erzählt. 16. (102 S. mit 4 Stahlst.) Wiesbaden 854, Friedrich's Vrlgsh.

— ein Kongo-Neger. Eine Geschichte aus Sanct Domingo, der deutschen Jugend u. dem Volke erzählt. 3. Aufl. Wiesbaden 865. Niedner. 16. (125 S. mit 4 Abbildgn. in Stahlst.) cart. 7½ ngr

—— ein Kongo-Neger. Eine Geschichte aus Sanct Domingo der deutschen Jugend und dem Volke erzählt. 3. Aufl. 16 (125 S. mit 4 Abbild. in Stahlst.) Wiesbaden 867, Niedner cart

Horn, W. O. v., ein Kongo-Neger. Eine Geschichte aus Sanct Domingo, der deutschen Jugend u. dem Volke erzählt. Mit 4 Abbildgn. (in Stahlst.) 4. Aufl. gr. 16. (124 S.) Wiesbaden 870. Niedner. — 75

— ein Kongo-Neger. Ein Geschichte aus Sankt Domingo, der deutschen Jugend u. dem Volke erzählt. 6., v. H. Oertel durchgeseh. Aufl. 12. (105 S. m. 4 Stahlst.) Ebd. 894. Kart. — 75

— ein Kongo-Neger. E. Geschichte aus St. Domingo, d. Jugend u. d. Volke erzählt. Neue Ster.-Ausg. 12. (96 S. m. 4 Farbdr.) Ebd. 898. Geb. — 75; m.: Hualma, die Peruanerin in 1 Bd. geb. 1. 50

— ein Kongo-Neger. Eine Geschichte aus Sankt Domingo, der deutschen Jugend dem Volke erzählt. 7., m. der 6. v. H. Oertel durchgeseh. gleichlaut. Aufl. 12. (105 S. m. 4 Abbildgn.) Altenburg 900. St. Geibel. Kart. n. — 50 geb. n. — 75

— dasselbe. Neue illustr. Ausg. m. 4 Farbendr.-Bildern. 8. (96 S.) Konstanz (902). C. Hirsch. Geb. — 50

— dasselbe. Neue (Ster.-)Ausg. 12. (96 S.) Reutlingen (901). Enßlin & Laiblin. Kart. — 30

— Ein Kongo-Neger. Eine Geschichte aus Sankt Domingo, der deutschen Jugend u. dem Volke erzählt. Unverkürzte Orig.-Ausg. 8., v. J. Erler durchgeseh. Aufl. (105 S. m. 4 Abbildgn.) kl. 8. Ebd. 909. Kart. p —50; geb. in Bibliotheksbd. od. in Leinw. — 75

— eine Korsarenjagd im indischen Inselmeer. Die Pelzjäger der Hudsonsbai-Kompanie, s. a. Universal-Bibliothek f. die Jugend.

— Eine Korsarenjagd im indischen Inselmeere, s. a. Volksbibliothek des Lahrer hinkenden Boten.

—— eine Korsarenjagd im indischen Inselmeere. Eine Geschichte, dem Volk und der Jugend erzählt. Mit Abbildungen. 16. (80 S. mit 4 Stahlst.) Wiesbaden 856, Kreidel und Niedner.

—— Carl Friedericis Kriegsfahrten anno 1813 und 1814. Eine Geschichte nach den mündl. Erzählungen dessen, der die Kriegsfahrten gemacht, für die Jugend und das Volk bearb. 16. (111 S. mit 4 Abbild. in Stahlst.) Wiesbaden 859, [Niedner.]

†Horn, W. O. v., [W. Oertel], Carl Friederici's Kriegsfahrten anno 1813 und 1814. Eine Geschichte nach den mündl. Erzählungen dessen, der die Kriegsfahrten gemacht, für die Jugend und das Volk bearb. 2. (Titel-)Aufl. 16. (111 S. mit 4 Abbild. in Stahlst.) Wiesbaden (859)70, Niedner. cart.

— Carl Friederici's Kriegsfahrten anno 1812 u. 1813. Eine Geschichte nach den mündl. Erzählgn. dessen, der die Kriegsfahrten gemacht, f. die Jugend u. das Volk bearb. 3., neu durchgeseh. Aufl. 12. (108 S. m. 4 Abbildgn.) Altenburg 899. St. Geibel. Kart. n. — 50; geb. n. — 75

— Friedericis Kriegsfahrten im russischen Feldzug in den J. 1812/13. Eine Erzählg. f. die Jugend u. das Volk. Neue Ster.-Ausg. 12. (96 S.) Reutlingen (901). Enßlin & Laiblin. Kart. — 30

— dasselbe. Neue Ster.-Ausg. 8. (96 S. m. 4 Farbdr.) Ebd. (901). Geb. — 50

— Friedericis Kriegsfahrten im russischen Feldzug 1812/1813. (84 S.) kl. 8. Mülheim a/R. (905). J. Bagel. Kart. — 30

— Kriegshelden: Der Admiral de Ruiter. Der Leibhusar. 2 Erzählgn. f. jung u. alt. Mit 2 Vollbildern v. Frz. Staffen. 2 Tle. in 1 Bde. (88 u. 78 S.) 8. Berlin (907). Meidingers Jugendschriften-Verlag. Geb. 2.—

— Berühmte Kriegshelden. Zwei Erzählgn. Für die Jugend bearb. u. m. Berücksicht. der neuen Rechtschreibg. hrsg. v. Frz. Götze. Mit 6 ganzseit. Textbildern sowie 6 farb. Bildern v. Eug. Hanetzog. (123 u. 88 S.) 8. Berlin (907). Verlag Jugendhort. Geb. 3.—; gr. 8., geb. in Leinw. 4.50

— große Kriegshelden, s.: Pannwitz, Max.

—— das Leben des Feldmarschalls Derfflinger. Der deutschen Jugend und dem deutschen Volke erzählt. 16. (94 S. mit 4 Abbild. in Holzschn.) Wiesbaden 853, Kreidel und Riedner.

—— das Leben des Feldmarschalls Derfflinger. Der deutschen Jugend und dem deutschen Volke erzählt. 4. Aufl. gr. 16. (100 S. mit 4 Abbild. in Stahlst.) Ebendas. 869. cart.

— das Leben des Feldmarschalls Derfflinger. Der deutschen Jugend u. dem deutschen Volke erzählt. 5., m. der 4. v. H. Oertel durchgeseh. gleichlaut. Aufl. 12. (86 S. m. 4 Abbildgn.) Altenburg 899. St. Geibel. Kart n. —50; geb. n. —75

— Das Leben des Feldmarschalls Derfflinger. Der deutschen Jugend u. dem deutschen Volke erzählt. Unverkürzte Orig.-Ausg. 6., v. A. Wiegand durchgeseh. Aufl. (86 S. m. 4 Abbildgn.) kl. 8. Ebd. 907. Kart. p —50; geb. in Bibliotheksbd. od. in Leinw. —75

—— das Leben der Kurfürstin Dorothea von Brandenburg (gen. die liebe Dorel) und der frommen Landgräfin Elisabeth von Thüringen. Zwei Lebensbilder, für die Jugend und das Volk dargestellt. Mit Abbildungen. 16. (90 S. mit 4 Stahlst.) Wiesbaden 856, Kreidel und Niedner.

— das Leben der Kurfürstin Dorothea v. Brandenburg (genannt die ‚liebe Dorel') u. der frommen Landgräfin Elisabeth v. Thüringen. 4., neu durchgeseh. Aufl. (98 S. m. 4 Abbildgn.) 12. Altenburg 903. St. Geibel. Kart. n. —50; geb. n. —75

— das Leben und die Thaten Hans Joachim v. Zieten's. Der Jugend und dem Volke erzählt. Mit 4 Abbildgn. (Stahlst.) Ebend. (857.) 16. (127 S.) 7½ ngr.

— dasselbe, s.a. Bücherei, vaterländische. 12. Bd.

— dasselbe, s.a. Jugend-Bibliothek.

—— das Leben und die Thaten Hans Joachim von Zieten's. Der Jugend und dem Volke erzählt. 16. (127 S. mit 4 Abbild. in Stahlst.) Wiesbaden 858, [Niedner.]

—— das Leben und die Thaten Hans Joachim v. Zieten's. Der Jugend und dem Volke erzählt. 3. Aufl. gr. 16. (128 S. mit 4 Abbild. in Stahlst.) Wiesbaden 869, Niedner. cart.

— das Leben u. die Thaten Hans Joachim v. Zieten's. Der Jugend u. dem Volke erzählt. 4. Aufl. Mit 4 Abbildgn. 12. (112 S.) Ebd. 889. cart. —75

— das Leben u. die Thaten Hans Joachim v. Zietens. Der Jugend u. dem Volke erzählt. 5. Aufl. 12. (112 S. m. 4 Stahlst.) Ebd. 892. Kart. —75

— das Leben u. die Thaten Hans Joachim v. Zietens. Der Jugend u. dem Volke erzählt. 6., mit der 5. v. H. Oertel durchgeseh. gleichlaut. Aufl. 12. (112 S. m. 4 Abbildgn.) Altenburg 899. St. Geibel. Kart. n. —50; geb. n. —75

— dasselbe. Der Brand von Moskau, s.a. Universal-Bibliothek f. die Jugend. 372/74.

Leben und Thaten H. J. von Zietens. Der Brand von Moskau. 2 Gesch., d. Jugend u. d. Volke erzählt von W. O. v. Horn [d. i. Wilhelm Oertel]. Mit 6 Abb. von W. Zweigle. *Stuttgart, Berlin, Leipzig: Union [1899].* (198 S.) 8° [F.]
= Universal-Bibliothek f. d. Jugend. 372–374.

— das Leben u. die Taten Hans Joachim v. Zietens. Der Jugend u. dem Volke erzählt. 7., m. der 5. v. H. Oertel durchgeseh. gleichlaut. Aufl. (112 S. m. 4 Abbildgn.) 12. Ebd. 903. Kart. n. —50; geb. n. —75

— Das Leben u. die Taten Hans Joachim v. Zietens. Der Jugend u. dem Volke erzählt. Unverkürzte Orig.-Ausg. 8., v. A. Wiegand durchgeseh. Aufl. (112 S. m. 4 Abb.) kl. 8. Ebd. 908. Kart. p —50; geb. in Bibliotheksbd. od. in Leinw. —75

—— und G. A. Winter, Lebensbilder aus der Heimat und Fremde, s. Kracht's, U., Jugend-Bibliothek.

—— Lebensbilder aus der Heimath, s. Wöller's Jugend- und Volksbibliothek.

—— der Lebensgang George Washingtons, des Begründer der Freiheit der vereinigten Staaten Nordamerika's. Der Jugend und dem Volke erzählt. 16. (136 S. mit 4 Abbild. in Stahlst.) Wiesbaden 867, Niedner. cart

— Der Lebensgang George Washingtons, d. Begründers d. Freiheit d. Vereinigten Staaten Nordamerikas. Der Jugend u. dem Volke erzählt. Unverkürzte Orig.-Ausg. 3., v. A. Wiegand durchgeseh. Aufl. (112 S. m. 4 Abb.) kl. 8. Altenburg 908. St. Geibel. Kart. p —50; geb. in Bibliotheksbd. od. in Leinw. —75

—— Lehrgeld oder Meister Conrads Erfahrungen im Jungen-, Gesellen- und Meisterstande. Von ihm selber niedergeschrieben. 8. (152 S. mit eingedr. Holzschn.) Essen 851, Bädeker. *

—— Lehrgeld, oder Meister Conrads Erfahrungen im Jungen-, Gesellen- und Meisterstande. Von ihm selber niedergeschrieben und hrsg. 2., verb. Aufl. 8. (136 S.) Essen 854, Bädeker. *

—— Lehrgeld, oder Meister Konrad's Erfahrungen im Jungen-, Gesellen- und Meisterstande. Von ihm selber niedergeschrieben. 3. verb. Aufl. 8. (136 S. mit 8 in den Text eingedr. Holzschn.) Wiesbaden 869, Niedner. *

†Horn, W. O. v. [W. Oertel], Lehrgeld oder Meister Konrad's Erfahrungen im Jungen-, Gesellen- und Meisterstande. Von ihm selber niedergeschrieben und hrsg. von W. O. v. H. 3. verb. Aufl. 8. (138 S.) [Wiesbaden 886, Niedner.] Altenburg, Geibel. * 1 50

— Lehrgeld od. Meister Konrads Erfahrgn. im Jungen-, Gesellen- u. Meisterstande. Von ihm selber niedergeschrieben u. hrsg. von v. H. 5. verb. Aufl. (136 S. m. 8 Abbildgn.) 8. Ebd. 906. n. 1.—; geb. n 1.50

— Der Leibhusar, s.a. Daudet, Alphonse, der kleine Dingsda.

— dasselbe, s.a. Erzählungen, 1001, f. Jung u. Alt.

—— der Leibhusar. Eine Geschichte, der Jugend und dem Volke erzählt. 16. (108 S. mit 4 Abbild. in Stahlst.) Wiesbaden 864, Riedner. cart

—— Der Leibhusar. Eine Geschichte, der Jugend u. dem Volke erzählt. 3. Aufl. 12. (94 S. m. 4 Abbildgn.) Ebd. 892. cart. — 75; geb. * 1 —

— der Leibhusar. E. Geschichte, d. Jugend u. d. Volke erzählt. 4., m. d. 3. v. H. Oertel durchgeseh. gleichlaut. Aufl. 12. (94 S. m. 4 Abb.) Altenburg 897. St. Geibel. Kart. n. — 50; geb. n. — 75

— dasselbe. Neue Ster.-Ausg. 8. (92 S. m. 4 Farbendr.-Bildern.) Reutlingen (899). Enßlin & Laiblin. Geb. — 75

— dasselbe. 3. Aufl. 12. (92 S.) Ebd. (901). Kart. — 30

— der Leibhusar. 8. (79 S. m. 2 Farbdr.) Mülheim a/R. (900). J. Bagel. Geb. — 60

— dasselbe. Eine Geschichte, d. Volke u. der Jugend erzählt. 12. (78 S.) Berlin (901). L. Lewin. Kart. — 60

— dasselbe. Eine Geschichte, der Jugend u. dem Volke erzählt. 5., m. der 3. v. H. Oertel durchgeseh. gleichlaut. Aufl. (94 S. m. 4 Stahlst.) kl. 8. Altenburg 903. St. Geibel. Kart. n. — 50; geb. n. — 75

— dasselbe. Eine Geschichte f. Jugend u. Volk. Mit Titelbild v. Frz. Stassen. 2. Aufl. (78 S.) 8. Berlin (905). Meidinger's Jugendschriften-Verlag. Geb. — 60

— der Leibhusar. (79 S.) kl. 8. Mülheim a/R. (905). J. Bagel. Kart. — 30

— der Lohn einer guten That. Eine Geschichte aus Indiens neuesten Ereignissen, dem Volke u. der Jugend erzählt. Mit 4 Abbildgn. (Stahlst.) Wiesbaden (858.) Kreidel u. Riedner. 16. (112 S.) 7½ ngr

Horn, W. O. v. (W. Oertel), der Lohn einer guten That. Eine Geschichte aus Indiens neuesten Ereignissen, dem Volke und der Jugend erzählt. 2. Aufl. 16. (112 S. mit 4 Abbild. in Stahlst.) Wiesbaden 867, Riedner. cart.

— der Lohn e. guten That. E. Geschichte aus Indien, d. Volk u. d. Jugend erzählt. 4., neu durchgeseh. Aufl. 12. (99 S. m. 4 Abb.) Altenburg 897. St. Geibel. Kart. n. — 50; geb. n. — 75

— der Lohn e. guten That. Eine Geschichte aus Indien. Neue Ster.-Ausg. 8. (96 S. m. 4 Farbdr.) Reutlingen (900). Enßlin & Laiblin. Geb. — 75

— dasselbe. 3. Aufl. 12. (96 S.) Ebd. (901). Kart. — 30

— dasselbe, dem Volke u. der Jugend erzählt. 12. (80 S.) Berlin (901). L. Lewin. Kart. — 60

— der Lohn e. guten Tat. Eine Geschichte aus Indien f. Jugend u. Volk. Mit Titelbild v. Frz. Stassen. 2. Aufl. (80 S.) 8. Ebd. (905). Geb. — 60

— dasselbe, dem Volke u. der Jugend erzählt. Neue Ausg. m. 4 Farbendr.-Bildern. (95 S.) kl. 8. Konstanz (905). C. Hirsch. Geb. n. — 50

— Der Lohn e. guten Tat. Eine Geschichte aus Indien, dem Volke u. der Jugend erzählt. Unverkürzte Orig.-Ausg. 6., v. J. Erler durchgeseh. Aufl. (99 S. m. 4 Abbildgn.) kl. 8. Altenburg 909. St. Geibel. Kart. n — 50; geb. in Bibliotheksbd. od. in Leinw. — 75

—— der Lumpensammler von Paris. Eine Geschichte aus dem J. 1805. Der Jugend und dem Volke erzählt. 16. (117 S. mit 4 Abbild. in Stahlst.) Wiesbaden 867, Riedner. cart.

—— Der Lumpensammler von Paris. Eine Geschichte aus d. Jahre 1805, für die Jugend u. das Volk. 3. Aufl. Mit 4 Abbildgn. 12. (98 S.) Ebd. 891. cart. — 75; geb. * 1 —

— der Lumpensammler v. Paris. E. Geschichte aus d. J. 1805. D. Jugend u. d. Volke erzählt. 4. Aufl. 12. (98 S. m. 4 Stahlst.) Ebd. 894. Kart. — 75; geb. n. 1. —

— dasselbe. Neue illustr. Ausg. m. 4 Farbendr.-Bildern. 12. (96 S.) Konstanz (899). C. Hirsch. Geb. — 50

— der Lumpensammler v. Paris. Eine Geschichte aus dem J. 1805. Der Jugend u. dem Volke erzählt. 5., m. der 4. v. H. Oertel durchgeseh. gleichlaut. Aufl. 12. (98 S. m. 4 Abbildgn.) Altenburg 900. St. Geibel. Kart. n. — 50; geb. n. — 75

— der Lumpensammler v. Paris. Eine Geschichte aus dem J. 1805. Der Jugend u. dem Volke erzählt. 6., mit der 4. v. H. Oertel durchgeseh. gleichlaut. Aufl. (98 S. m. 4 Vollbildern.) kl. 8. Altenburg 905. St. Geibel. Kart. n. — 50; geb. n. — 75

— goldenes Mädchenbuch, s.: Gotthelf, Jerem.

— Goldenes Mädchenbuch, s.: Reinick, Rob.

—— Aus der Maje. Erzählungen. 4 Bde. 8. (III, 311; 248; 288; 248 S.) Wiesbaden 879, Riedner. à Bd. * ℳ 1,60. * geb. à Bd. * ℳ 2,25.

—— aus der Maje. Erzählungen. 5. und 6. Bd. 8. (323; 280 S.) Ebendas. 880,81. à Bd. * ℳ 1,60.; geb. * 1.—4. Bd. Ebendas. 1879. à * ℳ 1,60.; geb. * ℳ 2,25.

— aus der Maje. Erzählungen. 2.—4. Bd. 2. Aufl. 8. (248, 288 u. 240 S.) Altenburg 899. St. Geibel. à n. 1.— Bd. 1, s.: Aus der Maje.

— aus der Maje. Erzählungen. II—IV. u. VI. Bd. 8. Altenburg 905. St. Geibel. à n. 1. —; geb. n. 1. 60
II. 3. Aufl. (247 S.) — III. 3. Aufl. (287 S.)
IV. 3. Aufl. (240 S.) — VI. 2. Aufl. (279 S.)

— das Maileben. Aus dem Leben e. Vogelsbergers in Krieg u. Frieden, s.a. Verein f. Verbreitung guter Schriften, Zürich. Nr. 41.

Horn, W. O. von. Das Maileben. — Aus dem Leben eines Vogelsbergers in Krieg und Frieden. Zwei rheinische Dorfgeschichten. 108 S. 8. Zürich, Jacques Bollmann, Februar 1901. fr. —.20

Verein für Verbreitung guter Schriften. (Zürich) No. 41. 1901.

—— von dem Manne, der uns den Weg nach Amerika gewiesen hat. Ein Büchlein für die Jugend und das Volk. 16. (103 S. mit 4 Stahlst.) Wiesbaden 855, Kreidel und Riedner.

— von dem Manne, der uns den Weg nach Amerika gewiesen hat (Christoph Kolumbus). Ein Büchlein, f. d. Jugend u. d. Volk geschrieben. 5. Aufl. 12. (110 S. m. 4 Stahlst.) Ebd. 897. Kart. n. — 50; geb. n. — 75

— von dem Manne, der uns den Weg nach Amerika gewiesen hat. (Einband: Christoph Columbus.) Neue Ausg. m. 4 Farbendr.-Bildern. (96 S.) kl. 8. Konstanz (905). C. Hirsch. Geb. n. — 50

—— die Kaiserin Maria Theresia. Ein Lebensbild, dem Volke und der Jugend dargestellt. 16. (126 S. mit 4 Abbild. in Stahlst.) Wiesbaden 865, Niedner. cart.

—— die Kaiserin Maria Theresia. Ein Lebensbild, der Jugend und dem Volke dargestellt. 2. (Titel-)Aufl. 16. (126 S. mit 4 Abbild. in Stahlst.) Ebendas. (864)70. cart.

—— Die Kaiserin Maria Theresia. Ein Lebensbild für die Jugend u. das Volk. 3. Aufl. Mit 4 Abbildgn. 12. (104 S.) Ebd. 890. cart. — 75; geb. * 1 —

— Die Kaiserin Maria Theresia. (104 S. m. 4 Stahlst.) Altenburg 1894. Geibel. Kart.

— die Kaiserin Maria Theresia. Ein Lebensbild, der Jugend u. dem Volke dargestellt. 4., m. der 3. v. H. Oertel durchgeseh. gleichlaut. Aufl. 12. (104 S. m. 4 Abbildgn.) Altenburg 899. St. Geibel. Kart. n. — 50; geb. n. — 75

—— eine Meuterei im stillen Meere. Der Jugend und dem Volke erzählt. 16. (103 S. mit 4 Abbild. in Stahlst.) Wiesbaden 867, Niedner. cart.

— eine Meuterei im stillen Ozean. Eine Geschichte, der Jugend u. dem Volke erzählt. Neue Ster.-Ausg. (96 S.) 8. Reutlingen (903). Enßlin & Laiblin. Kart. — 30; m. 4 Farbdr., geb. — 50

— dasselbe. — Der Schiffsjunge. Eine Geschichte, der Jugend u. dem Volke erzählt. Neue Ster.-Ausg. (96 u. 96 S. m. 8 Farbdr.) 8. Ebd. (903). Geb. 1. 50

— Eine Meuterei im Stillen Meere. Der Jugend u. dem Volke erzählt. Unverkürzte Orig.-Ausg. 3., v. J. Erler durchgeseh. Aufl. (82 S. m. 4 Vollbildern.) kl. 8. Altenburg 910. St. Geibel. Kart. p — 50; geb. in Bibliotheksbd. od. in Leinw. — 75

—— auf dem Missisippi. Mittheilungen eines Deutschen in Amerika, für die Jugend und das Volk bearb. 16. (104 S. mit 4 Abbild. in Stahlst.) Wiesbaden 859, [Niedner.]

— auf dem Missisipi. Mittheilungen e. Deutschen in Amerika, f. die Jugend u. das Volk bearb. Mit 4 Abbildgn. (in Stahlst.) 2. Aufl. gr. 16. (104 S.) Wiesbaden 870. Niedner. — 75

— auf dem Mississippi. Mitteilungen e. Deutschen in Amerika, f. die Jugend u. das Volk bearb. 3. Aufl. 12. (111 S. m. 4 Abbildgn.) Altenburg 892. St. Geibel. Kart. — 75

— dasselbe. Mitteilungen e. Deutschen in Amerika, f. die Jugend u. das Volk bearb. 4., m. der 3. v. H. Oertel durchgeseh. gleichlaut. Aufl. 12. (111 S. m. 4 Abbildgn.) Altenburg 899. St. Geibel. Kart. n. — 50; geb. n. — 75

— dasselbe. Eine Geschichte, der Jugend u. d. Volke erzählt. Neue Ster.-Ausg. 8. (88 S. m. 4 Farbendr.-Bildern.) Reutlingen (899). Enßlin & Laiblin. Geb. — 75

— dasselbe. Neue Ster.-Ausg. 12. (88 S.) Ebd. (901). Kart. — 30

— auf dem Mississippi. 8. (79 S. m. 2 Farbdr.) Mülheim a/R. (900). J. Bagel. Geb. — 60

— dasselbe. Neue illustr. Ausg. m. 4 Farbendr.-Bildern. 12. (96 S.) Konstanz (901). C. Hirsch. Geb. — 50

— auf dem Mississippi. (79 S.) kl. 8. Mülheim a/R. (905). J. Bagel. Kart. — 30

— Auf dem Mississippi. Mitteilungen eines Deutschen in Amerika, f. die Jugend u. das Volk bearb. (112 S. m. 4 Vollbildern.) 8. Reutlingen (908). R. Bardtenschlager. Geb. — 75

—— der Mulatte. Eine Geschichte aus dem Pflanzerleben in Florida, der Jugend und dem Volke erzählt. 16. (112 S. mit 4 Abbild. in Stahlst.) Wiesbaden 859, [Niedner.]

—— der Mulatte. Eine Geschichte aus dem Pflanzerleben in Florida, der Jugend und dem Volke erzählt. 2. (Titel-)Aufl. 16. (112 S. mit 4 Abbild. in Stahlst.) Ebendas. (859)70. cart.

—— Der Mulatte. Eine Geschichte aus dem Pflanzerleben in Florida für die Jugend u. das Volk. 3. Aufl. Mit 4 Abbildgn. 12. (103 S.) Ebd. 891. cart. — 75; geb. * 1 —

— dasselbe, der Jugend u. dem Volke erzählt. 4., m. der 3. v. H. Oertel durchgeseh. gleichlaut. Aufl. 12. (103 S. m. 4 Abb.) Altenburg 899. St. Geibel. Kart. n. — 50; geb. n. — 75

— dasselbe. Neue illustr. Ausg. m. 4 Farbendr.-Bildern. 12. (94 S.) Berlin (900). Konstanz, C. Hirsch. Geb. n. — 50

— dasselbe. Mit 4 feinen Farbendr.-Bildern nach Aquarellen v. W. Zweigle. 1.—10. Tauf. 12. (à 128 S.) Wesel (900). W. Düms. Geb. — 60

— der Mulatte. Eine Geschichte aus dem Pflanzerleben in Florida. 8. (80 S. m. 2 Farbdr.) Mülheim a/R. (901). J. Bagel. Geb. — 60

Horn, W. O. v. (W. Oertel), der Mulatte. Eine Geschichte aus dem Pflanzerleben in Florida, der Jugend u. dem Volke erzählt. Neue Ster.-Ausg. 12. (96 S.) Reutlingen (902). Enßlin & Laiblin. Kart. — 40; geb. m. 4 Farbdr. — 50

— der Mulatte. Eine Geschichte aus dem Pflanzerleben in Florida. (80 S.) kl. 8. Ebd. (905). Kart. — 30

—— von dem Neffen, der seinen Onkel sucht. Eine Geschichte der Jugend und dem Volke erzählt. 16. (93 S. mit 4 Stahlst.) Wiesbaden 855, Kreidel und Niedner.

—— von dem Neffen, der seinen Onkel sucht. Eine Geschichte der Jugend und dem Volke erzählt. 3. Aufl. 16. (95 S. mit 4 Stahlst.) Ebendas. 869. cart.

— vom Neffen, der seinen Onkel sucht. Eine Geschichte, der Jugend u. d. Volke erzählt. Mit 4 feinen Farbendr.-Bildern nach Aquarellen v. W. Schäfer. 1.—10. Tauf. 12. (à 127 S.) Ebd. (900). Geb. — 60

— von dem Neffen, der seinen Onkel sucht. Eine Geschichte. Neue Ausg. m. 4 Farbendr.-Bildern. (96 S.) kl. 8. Konstanz (905). C. Hirsch. Geb. n. — 50

— dasselbe. 4., neu durchgeseh. Aufl. (103 S. m. 4 Abbildgn.) kl. 8. Altenburg 906. St. Geibel. Kart. n. — 50; geb. n. — 75

— dasselbe. Eine Geschichte, der Jugend u. dem Volke erzählt. (112 S. m. 4 Taf.) 8. Reutlingen (906). R. Bardtenschlager. Geb. 1. 20

— le nègre du Congo. Histoire racontée à la jeunesse. Trad. de l'allemand. Avec 4 gravures. Bâle (858.) Georg. 16. (1 Bl., 130 S.) n. 8 ngr

—— Nothpfennig für Jedermann, besonders für den lieben Handwerker- und Hausstand. 16. (130 S.) Erlangen 851, Heyder und Zimmer.

—— Nothpfennig für Jedermann, besonders für den lieben Handwerker- und Hausstand. 2. Aufl. 16. (132 S.) Frankfurt a. M. 850(57,) Heyder und Zimmer. *

— Nothpfennig für Jedermann, besonders für den lieben Handwerker- und Hausstand. 2. Aufl. Frankfurt a. M. 857. Heyder u. Zimmer. 16. (132 S.) 5 ngr

—— Nothpfennig für Jedermann, besonders für den lieben Handwerker- und Hausstand. 3. Aufl. 8. (73 S.) Frankfurt a. M. 875, Heyder und Zimmer. cart.

— Die Nußdorfer, s. a. Erzähler, unsere.

W. O. von Horn [d. i. Wilhelm Oertel]. Die Nußdorfer. Eine Pfälzer Geschichte aus d. J. 1525. Münster i. W.: Aschendorff [1910]. 136 S. 8°
(Unsere Erzähler. Buch 23.) [10. 17394

—— der Orkan auf Cuba. Eine Geschichte, der deutschen Jugend und dem Volke erzählt. 16. (112 S. mit 4 Abbild. in Holzschn.) Wiesbaden 853, Kreidel und Niedner.

—— der Orkan auf Cuba. Eine Geschichte, der deutschen Jugend und dem deutschen Volke erzählt. 3. Aufl. 16. (110 S. mit 4 Abbild. in Holzschn.) Wiesbaden 867, Niedner. cart.

—— der Orkan auf Cuba. Eine Geschichte der deutschen Jugend und dem Volke erzählt. 4. Aufl. gr. 16. (108 S. mit 4 Abbild. in Stahlst.) Wiesbaden 870, Niedner. cart.

— der Orkan auf Cuba. Eine Geschichte, der deutschen Jugend u. dem deutschen Volke erzählt. 6. Aufl. Mit 4 Abbildgn. 12. (108 S.) Altenburg 889. Geibel. cart. — 75

— der Orkan auf Cuba. Eine Geschichte, der deutschen Jugend u. d. deutschen Volke erzählt. 8., m. d. 7. v. H. Oertel durchgeseh. gleichlaut. Aufl. 12. (108 S.) Ebd. 898. Kart. n. — 50; geb. n. — 75

— dasselbe. Neue illustr. Ausg. m. 4 Farbendr.-Bild. 12. (144 S.) Konstanz 898. C. Hirsch. Geb. — 75

— der Orkan auf Cuba. Eine Geschichte, der Jugend u. dem Volke erzählt. Mit 4 feinen Farbendr.-Bildern nach Aquarellen v. Paul Wagner. 1.—10. Taus. 12. (à 128 S.) Ebd. (900). Geb. — 60

— Der Orkan auf Cuba. Eine Geschichte, der deutschen Jugend u. dem deutschen Volke erzählt. Unverkürzte Orig.-Ausg. 10., v. Joh. Erler neu durchgeseh. Aufl. (108 S. m. 4 Abbildgn.) kl. 8. Altenburg 909. St. Geibel. p — 50; geb. in Bibliotheksbd. od. in Leinw. — 75

— Ein Ostindienfahrer, s. a. Volksbibliothek des Lahrer hinkenden Boten.

— dasselbe, s. a. Jugend-Bibliothek.

Horn, W. O. v., (W. Oertel,) ein Ostindienfahrer. Eine Geschichte für die Jugend und das Volk erzählt. 16. (120 S. mit 4 Stahlst.) Wiesbaden 854, Friedrich's Vrlgsh. Thlr.

—— ein Ostindienfahrer. Eine Geschichte für die Jugend und das Volk. 2. Aufl. 16. (126 S. mit 4 Stahlst.) Wiesbaden 867, Niedner. cart.

—— ein Ostindienfahrer. Eine Geschichte für die Jugend und das Volk. 4. Aufl. 16. (125 S. mit 4 Stahlst.) Ebendas. 870. cart.

—— Ein Ostindienfahrer. Eine Geschichte für die Jugend u. das Volk. 5. u. 6. Aufl. Mit 4 Abbildgn. 12. (127 S.) Ebd. 889,92. cart. — 75; geb. * 1 —

— ein Ostindienfahrer. Eine Geschichte f. die Jugend u. das Volk. 6. Aufl. 12. (127 S. m. 4 Stahlst.) Altenburg 892. St. Geibel. Kart. — 75

— ein Ostindienfahrer. E. Geschichte, f. d. Jugend u. d. Volk erzählt. Neue illustr. Ausg. m. 4 Farbendr.-Bild. 12. (141 S.) Konstanz 898. C. Hirsch. Geb. — 75

— dasselbe. M. 4 feinen Farbendr.-Bild. nach Aquarellen v. Wilh. Schäfer. 12. (127 S.) Wesel 898. W. Düms. Geb. — 60

— ein Ostindienfahrer. Eine Geschichte f. die Jugend u. d. Volk. 7., m. der 6. v. H. Oertel durchges. gleichlaut. Aufl. 12. (127 S. m. 4 Abbildgn.) Altenburg 900. St. Geibel. Kart. n. — 50; geb. n. — 75

— dasselbe. 3. Aufl. 8. (96 S. m. 4 Farbdr.) Reutlingen (900). Enßlin & Laiblin. Geb. — 75

— dasselbe. 5. Aufl. 12. (96 S.) Ebd. (901). Geb. — 80

— dasselbe. Scharnhorst, neu bearb. v. Jul. Reuper, s. a. Universal-Bibliothek f. die Jugend. 389—391.

Ein Ostindienfahrer. Scharnhorst. 2 Geschichten, der Jugend u. d. Volke erzählt von W. O. v. Horn [Wilhelm Oertel]. Neu bearb. von Julius Reuper. Mit 6 Abb. von E. Zimmer. *Stuttgart, Berlin, Leipzig: Union [1902].* (158 S.) 8° [J.]
= Universal-Bibliothek f. d. Jugend. 389/391. [03. 1009

— ein Ostindienfahrer. Eine Geschichte f. die Jugend u. das Volk. 8., m. der 6. v. H. Oertel durchgeseh. gleichlaut. Aufl. (127 S. m. 4 Abbildgn.) kl. 8. Ebd. 906. Kart. n. — 50; geb. n. — 75

—— der Overseer. Eine Geschichte aus dem Pflanzerleben in Südamerika. Der Jugend und dem Volke erzählt. 16. (116 S. mit 4 Abbild. in Stahlst.) Wiesbaden 867, Niedner. cart.

— der Overseer. Eine Geschichte aus dem Pflanzerleben in Südamerika. Der Jugend u. d. Volke erzählt. 2. Aufl. Mit 4 Abbildgn. 12. (99 S.) Ebd. 889. cart. — 75

— dasselbe. — Von den zwei Savoyarden-Büblein. Eine Geschichte, der Jugend u. dem Volke erzählt. Neue Ster.-Ausg. gr. 8. (95 u. 96 S. m. 8 Farbdr.-Bildern.) Ebd. (899). Geb. in Leinw. 1. 50

— der Overseer. Eine Geschichte aus dem Pflanzerleben in Südamerika. Der Jugend u. dem Volke erzählt. Neue Ster.-Ausg. 8. (95 S. m. 4 Farbdr.-Bildern.) Reutlingen (899). Enßlin & Laiblin. Geb. — 75

— dasselbe. Neue Ster.-Ausg. 12. (95 S.) Ebd. (901). Kart. — 30

—— das Pathengeschenk. Eine Geschichte für Deutschlands Jugend und Volk. 16. (110 S. mit 4 Abbild. in Stahlst.) Wiesbaden 860, [Niedner.]

—— das Pathengeschenk. Eine Geschichte für Deutschlands Jugend und Volk. 2. (Titel-)Aufl. 16. (110 S. mit 4 Abbild. in Stahlst.) Ebendas. (860)70. cart.

— das Patengeschenk. Eine Geschichte f. Deutschlands Jugend u. Volk. 3., neu durchgeseh. Aufl. 12. (115 S. m. 4 Abb.) Altenburg 900, St. Geibel. Kart. n. — 50; geb. n. — 75

— dasselbe. Eine Geschichte f. die Jugend u. das Volk. Neue Ster.-Ausg. 8. (96 S. m. 4 Farbdr.) Reutlingen (900). Enßlin & Laiblin. Geb. — 75

— dasselbe. 5. Aufl. — Ein Ostindienfahrer. Eine Geschichte f. die Jugend u. das Volk. Neue Ster.-Ausg. gr. 8. (96 u. 96 S. m. 8 Farbdr.) Ebd. (900). Geb. 1. 50

— dasselbe. 3. Aufl. 12. (96 S.) Ebd. (901). Kart. — 30

—— die Pelzjäger der Hudsonsbaicompagnie. Ein Büchlein für die Jugend und das Volk. 16. (112 S. mit 4 Abbild. in Stahlst.) Wiesbaden 865, Niedner. cart.

—— die Pelzjäger der Hudsonsbaicompagnie. Ein Büchlein für die Jugend und das Volk. 2. (Titel-)Aufl. 16. (112 S. mit 4 Abbild. in Stahlst.) Ebendas. (865)70. cart.

— die Pelzjäger d. Hudsonbaicompagnie. Ein Büchlein f. d. Jugend u. d. Volk. 3. Aufl. 12. (92 S. m. 4 Abb.) Altenburg 897. St. Geibel. Kart. n. — 50; geb. n. — 75

— die Pelzjäger der Hudsonbai-Compagnie. Ein Büchlein f. die Jugend u. das Volk. Neue illustr. Ausg. m. 4 Farbendr.-Bildern. 12. (96 S.) Konstanz (901). C. Hirsch. Geb. — 50

— dasselbe. Eine Geschichte aus Nordamerika. Der Jugend erzählt v. A. Steinkamp. 8. (80 S. m. 3 farb. Abbildgn.) Duisburg (902). J. A. Steinkamp. Kart. — 50

— die Pelzjäger der Hudsonbaikompagnie. Ein Büchlein f. die Jugend u. das Volk. 4., m. der 3. v. H. Oertel durchgeseh. gleichlaut. Aufl. (92 S. m. 4 Abbildgn.) kl. 8. Ebd. (906). Kart. n. — 50; geb. n. — 75

—— Gottfried Pollmann. Eine Geschichte aus den Zeiten des siebenjährigen Krieges, der Jugend und dem Volke erzählt. 16. (110 S. mit 4 Stahlst.) Wiesbaden 855, Kreidel und Niedner.

— Gottfried Pollmann. E. Geschichte aus d. Zeiten d. 7jähr. Krieges, d. Jugend u. d. Volke erzählt. 4., neu durchgeseh. Aufl. 12. (114 S. m. 4 Abb.) Ebd. 898. Kart. n. — 50; geb. n. — 75

— Gottfried Pollmann. Eine Geschichte aus den Zeiten des 7jähr. Krieges, der Jugend u. dem Volke erzählt. Unverkürzte Orig.-Ausg. 5., v. Joh. Erler durchgeseh. Aufl. (114 S. m. 4 Abb.) kl. 8. Altenburg 908. St. Geibel. Kart. n —50; geb. in Bibliotheksbd. od. in Leinw. — 75

— ein Reiterheld. Für das Volk u. die Jugend erzählt. Neue Ster.-Ausg. 8. (96 S. m. 4 Farbdr.-Bildern.) Reutlingen (899). Enßlin & Laiblin. Geb. — 75

— dasselbe. — Der Leibhusar. Eine Geschichte, d. Jugend u. dem Volke erzählt. Neue Ster.-Ausg. gr. 8. (96 u. 92 S. m. 8 Farbdr.-Bild.) Ebd. (899). Geb. in Leinw. 1.50

— dasselbe. 3. Aufl. 12. (96 S.) Ebd. (901). Kart. — 30

—— der Rhein. Geschichte und Sagen seiner Burgen, Abteien, Klöster und Städte. Lex.-8. (IV und 552 S. mit 36 Stahlst.) Wiesbaden 867, Niedner. * 4 Thlr.; geb. mit Goldschn. * *

—— der Rhein. Geschichte und Sagen seiner Burgen, Abteien, Klöster und Städte. 2. verb. Aufl. gr. 8. (552 S. mit 36 Stahlst.) Ebendas. 874. * geb. mit Goldschn. *

—— der Rhein. Geschichte und Sagen seiner Burgen, Abteien, Klöster und Städte. 3. verb. Aufl. gr. 8. (IV, 552 S. mit 38 Stahlst.) Ebendas. 881. geb. mit Goldschn. *

— der Rhein. Geschichte u. Sagen seiner Burgen, Abteien, Klöster u. Städte. Mit zahlreichen Abbildgn. in Lichtdr. u. Autotypie. 4., verb. Aufl. gr. 8. (VIII, 464 S.) Stuttgart 893. Greiner & Pfeiffer. Geb. in Leinw. m. Goldschn n. 10. —

†Horn, W. O. v., [W. Oertel], the Rhine. History and legends of its castles, abbeys, monasteries, and towns. English by Chris. Benson. gr. 8. (VI, 564 S. with 36 steel engravings.) Wiesbaden 872, Niedner. geb. mit Goldschn. *

— Robinson der Jüngere, s. a. Campe, Joach. Heinr.

—— Robinson der Jüngere von Joach. Heinr. Campe. Für das Volk und die Jugend neu bearb. 8. (307 S. mit 4 Abbild. in Stahlst.) Wiesbaden 868, Niedner. cart.

—— der Admiral de Ruiter. Lebensbild eines Seehelden, für die Jugend und das Volk dargestellt. 16. (124 S. mit 4 Abbild. in Stahlst.) Wiesbaden 862, Niedner. cart.

— der Admiral de Ruiter. Lebensbild e. Seehelden, f. die Jugend u. das Volk dargestellt. 3., neu durchgeseh. Aufl. 12. (104 S. m. 4 Abbildgn.) Altenburg 900. St. Geibel. Kart. n. — 50; geb. n. — 75

— dasselbe. 12. (88 S.) Berlin (901). L. Lewin. Kart. —60

— der Admiral de Ruiter. Lebensbild e. Seehelden. Für Jugend u. Volk. Mit Titelbild v. Frz. Staffen. 2. Aufl. (88 S.) 8. Berlin (905). Meidinger's Jugendschriften-Verlag. Geb. — 60

— Der Admiral de Ruiter. Für die Jugend bearb. u. m. Berücksicht. der neuen Rechtschreibg. hrsg. v. Frz. Götze. Mit 3 ganzseit. Textbildern sowie 3 farb. Bildern v. Eug. Hanetzog. (III, 88 S.) 8. Berlin (907). Verlag Jugendhort. Geb. 2. —

—— von den zwei Savoyarden-Büblein. Eine Geschichte, der Jugend und dem Volke erzählt. 16. (102 S. mit 4 Stahlst.) Wiesbaden 854, Friedrich's Vrlgsh.

— dasselbe, s. a. Jugendschriften, Münchener, Nr. 18 u. 19.

— dasselbe. D. Gemsjäger, s. a. Universal-Bibliothek f. d. Jugend.

— dasselbe, s. a. Volksbibliothek des Lahrer hinkenden Boten.

—— Von den zwei Savoyardenbüblein. Eine Geschichte für die Jugend und das Volk. 6. Aufl. Mit 4 Abbildgn. 12. (104 S.) Ebd. 891. cart. — 75; geb. * 1 —

— v. den zwei Savoyarden-Büblein. Eine Geschichte, der Jugend u. dem Volke erzählt. 7. Aufl. 12. (104 S. m. 4 Stahlst.) Altenburg 894. St. Geibel. Kart. — 75

— von den zwei Savoyarden-Büblein. E. Geschichte, d. Jugend u. d. Volke erzählt. 8., m. d. 7. v. H. Oertel durchgeseh. gleichlaut. Aufl. 12. (104 S. m. 4 Abb.) Ebd. 898. Kart. n. — 50; geb. n. — 75

— dasselbe. Neue illustr. Ausg. m. 4 Farbendr.-Bild. 12. (144 S.) Konstanz 898. C. Hirsch. Geb. — 75

— dasselbe. Neue Ster.-Ausg. 8. (96 S. m. 4 Farbdr.-Bildern.) Ebd. (899). Geb. — 75

— dasselbe. 3. Aufl. 12. (96 S.) Reutlingen (901). Enßlin & Laiblin. Kart. — 30

— zwei Savoyardenbüblein. 8. (80 S. m. 2 Farbdr.) Mülheim a/R. (900). J. Bagel. Geb. — 60

— von den zwei Savoyardenbüblein. Eine Geschichte, der Jugend u. dem Volke erzählt. 12. (88 S.) Berlin (901). L. Lewin. Kart. — 60

— von den zwei Savoyardenbüblein. Eine Geschichte f. Jugend u. Volk. Mit Titelbild v. Frz. Staffen. 2. Aufl. (88 S.) 8. Berlin (905). Meidinger's Jugendschriften-Verl. Geb. — 60

Horn, W. O. v., zwei Savoyardenbüblein. (80 S.) kl. 8. Mülheim a/R. (905). J. Bagel. Kart. — 30

— dasselbe. Eine Geschichte, der Jugend u. dem Volke erzählt. 10., m. der 7. v. H. Oertel durchgeseh. gleichlaut. Aufl. (104 S. m. 4 Abbildgn.) kl. 8. Altenburg 906. St. Geibel. Kart. n. — 50; geb. n. — 75

— Von den zwei Savoyarden-Büblein. Eine Geschichte, der Jugend u. dem Volke erzählt. (112 S. m. 4 Vollbildern.) 8. Stuttgart (908). Reutlingen, R. Bardtenschlager. Geb. — 75

— von den zwei Savoyardenknaben. E. Geschichte, d. Jugend u. d. Volke erzählt. M. 4 feinen Farbendr.-Bild. nach Aquarellen v. Wilh. Schäfer. 12. (128 S.) Wesel 898. W. Düms. Geb. — 60

—— Scharnhorst. Ein Lebensbild aus den Zeiten schweren Druckes und lebensfrischer Erhebung gegen fremde Gewalt. Der Jugend und dem Volke dargestellt. 16. (141 S. mit 4 Abbild. in Stahlst.) Wiesbaden 867, Niedner. cart.

— Scharnhorst. Ein Lebensbild aus d. Zeiten schweren Druckes u. lebensfrischer Erhebg. gegen fremde Gewalt. Der Jugend u. dem Volke dargestellt. 3., neu durchgeseh. Aufl. 12. (108 S. m. 4 Abbildgn.) Altenburg 899. St. Geibel. Kart. n. — 50; geb. — 75

— Scharnhorst. Ein Lebensbild aus den Zeiten schweren Druckes u. lebensfrischer Erhebg. gegen fremde Gewalt. Der Jugend u. dem Volke dargestellt. Unverkürzte Orig.-Ausg. 4., v. O. Wiegand durchgeseh. Aufl. (108 S. m. 4 Abb.) kl. 8. Altenburg 909. St. Geibel. Kart. p — 50; geb. in Bibliotheksbd. od. in Leinw. — 75

—— Johannes Scherer oder Tonsor, der Wanderpfarrer in der Unterpfalz. Ein Lebensbild zur Geschichte der innern Mission aus den J. 1620 bis 1641. 12. (108 S. mit 1 Abbild. in Stahlst.) Wiesbaden 857, [Niedner.] *

—— Johannes Scherer oder Tonsor, der Wanderpfarrer in der Unterpfalz. Ein Lebensbild aus den J. 1620 bis 1641. 2. Aufl. 8. (111 S.) Ebendas. 869. *

— der Schiffsjunge u. sein Lebensgang, s. Universal-Bibliothek f. d. Jugend.

—— der Schiffsjunge und sein Lebensgang. Eine Geschichte, der Jugend und dem Volke erzählt. 16. (107 S. mit 4 Abbild. in Stahlst.) Wiesbaden 860, [Niedner.]

—— der Schiffsjunge und sein Lebensgang. Eine Geschichte der Jugend und dem Volke erzählt. 2. (Titel-)Aufl. 16. (107 S. mit 4 Abbild. in Stahlst.) Ebendas. (860)70. cart.

—— Der Schiffsjunge und sein Lebensgang. Eine Geschichte f. die Jugend und das Volk. 3. Aufl. Mit 4 Abbildgn. 12. (114 S.) Ebd. 890. cart. — 75; geb. * 1 —

Horn, W. O. v. (W. Oertel), der Schiffsjunge u. sein Lebensgang. E. Geschichte, d. Jugend u. d. Volke erzählt. 4. Aufl. 12. (114 S. m. 4 Stahlst.) Altenburg 894. St. Geibel. Kart. n. — 75; geb. n. 1. —

— dasselbe. M. 4 feinen Farbendr.-Bild. nach Aquarellen v. W. Schäfer. 12. (128 S.) Wesel 898. W. Düms. Geb. — 60

Horn, W. O. v. (W. Oertel), der Schiffsjunge u. sein Lebensgang. Eine Geschichte aus dem Seemannsleben. Der Jugend erzählt v. A. Steinkamp. 8. (80 S. m. 1 farb. Abbildg.) Duisburg (902). J. A. Steinkamp. Kart. — 30

— der Schiffsjunge u. sein Lebensgang. Eine Geschichte, der Jugend u. dem Volke erzählt. Neue illustr. Ausg. m. 4 Farbendr.-Bildern. (95 S) 8. Konstanz (903). C. Hirsch. Geb. n. — 50

— der Schiffsjunge. Eine Geschichte, der Jugend u. dem Volke erzählt. Neue Ster.-Ausg. (96 S.) 8. Reutlingen (903). Enßlin & Laiblin. Kart. — 30; m. 4 Farbdr., geb. — 50

— Der Schiffsjunge u. sein Lebensgang. Eine Geschichte, der Jugend u. dem Volke erzählt. Unverkürzte Orig.-Ausg. 6., v. J. Erler durchgeseh. Aufl. (114 S. m. 4 Abbildgn.) kl. 8. Ebd. 909. Kart. p — 50; geb. in Bibliotheksbd. od. in Leinw. — 75

—— das Schloß-Nobbele. Eine Geschichte aus den Zeiten Kurfürst Friedrichs V. von der Pfalz, dargestellt für die Jugend und das Volk. 16. (128 S. mit 4 Abbild. in Stahlst.) Wiesbaden 862, Niedner. cart.

— das Schloß-Nobbele. Eine Geschichte aus den Zeiten Kurfürst Friedrichs V. v. der Pfalz, dargestellt f. die Jugend u. das Volk. Mit 4 Abbildgn. (in Stahlst.) 2. Aufl. gr. 16. (128 S.) Ebend. 870. — 75

— Eine rheinische Schmugglergeschichte, s.: Bücher, bunte.

Ludwig Richter's Illustrationen zu W. O. von Horn's Schriften. 2 Bde. Frankfurt a. M. 1873. 4°.

—— Blücher's Schützling. Eine Geschichte aus den J. 1813 und 1814 dem Volke und der Jugend erzählt. 16. (120 S. mit 4 Abbild. in Stahlst.) Wiesbaden 858, [Niedner.]

— Blüchers Schützling. E. Geschichte aus d. J. 1813 u. 1814, d. Volke u. d. Jugend erzählt. 4., v. H. Oertel durchgeseh. Aufl. 12. (106 S. m. 4 Abb.) Altenburg 896. St. Geibel. Kart. n. — 50; geb. n. — 75

— Blüchers Schützling. Eine Geschichte aus den J. 1813 u. 1814, dem Volke u. der Jugend erzählt. Unverkürzte Orig.-Ausg. 6., v. A. Wiegand durchgeseh. Aufl. (106 S. m. 4 Abbildgn.) kl. 8. Ebd. 909. Kart. p — 50; geb. in Bibliotheksbd. od. in Leinw. — 75

—— von dem frischen und muthigen Seydlitz. Ein Lebensbild, für das Volk und die Jugend dargestellt. 16. (103 S. mit 4 Abbild. in Stahlst.) Wiesbaden 859, [Niedner.]

—— von dem frischen und muthigen Seydlitz. Ein Lebensbild für das Volk und die Jugend. 2. Aufl. 16. (103 S. mit 4 Abbild. in Stahlst.) Ebendas. 869. cart.

—— Von dem frischen und mutigen Seydlitz. Ein Lebensbild f. das Volk und die Jugend. 4. Aufl. Mit 4 Abbildgn. 12. (108 S.) Ebd. 889. cart. — 75; geb. * 1 —

— v. dem frischen u. mutigen Seydlitz. Ein Lebensbild, f. das Volk u. die Jugend dargestellt. 5. Aufl. 12. (108 S. m. 4 Stahlst.) Ebd. 894. Kart. — 75

— von dem frischen u. mutigen Seydlitz. Ein Lebensbild f. das Volk u. die Jugend erzählt. 6., m. der 5. v. H. Örtel durchgeseh. gleichlaut. Aufl. 12. (108 S. m. 4 Abbildgn.) Altenburg 899. St. Geibel. Kart. n. — 50; geb. n. — 75

— dasselbe. Neue Ster.-Ausg. 12. (85 S.) Reutlingen (901). Enßlin & Laiblin. Kart. — 30

— von dem frischen u. mutigen Seydlitz. Ein Lebensbild, f. das Volk u. die Jugend dargestellt. 7., m. der 5. v. H. Oertel durchgesehene gleichlaut. Aufl. (108 S. m. 4 Stahlst.) kl. 8. Altenburg 906. St. Geibel. Kart. n. — 50; geb. in Bibliotheks- od. Leinw.-Bd. n. — 75

—— Silberblicke. Züge aus dem Leben ausgezeichneter Menschen. Der Jugend und dem Volke dargeboten. br. 8. (IV und 279 S. mit 6 Holzschnt. in Tondr.) Frankfurt a. M. 859, Sauerländer's Verlag. 1 Thlr. 5 Ngr.; geb.

Horn, W. O. v. (W. Oertel), Silberblicke. Züge aus dem Leben ausgezeichneter Menschen. Der Jugend und dem Volke dargeboten. 2. Sammlung. br. 8. (IV und 257 S. mit 6 Illustr. Holzschnt. in Buntdr. von Hendschel.) Frankfurt a. M. 861, Sauerländer's Verlag. 1 Thlr. 5 Ngr.; geb. Thlr.

Horn, W. O. von. *Silberblicke.* Züge aus dem Leben ausgezeichneter Menschen. Der Jugend und dem Volke dargeboten. 2 Bde. Frankfurt a. M., Sauerländer, 1864 u. 1861. IV, 283 u. IV, 257 S., ferner 12 Tondrucke m. Holzschnitten v. A. Hendschel. 8°. Or.-Kartonbde. m. Deckelholzschnitten u. Lwdrücken. 18.—
Rüm. 653. Hübsche Erzählungen über Haydn, Lavater, J. P. Hebel, Béranger, Königin Luise, Friedrich d. Gr. usf. — 2 der Deckelholzschnitte wohl von Ludwig Richter.

—— Silberblicke. Züge aus dem Leben ausgezeichneter Menschen. (1. Sammlung.) 2. Aufl. br. 8. (283 S. mit 6 Illustr. in Holzschn. und Buntdr.) Frankfurt a. M. 864, Sauerländer's Verlag. 1 Thlr. 5 Ngr.; cart.

— Silberblicke. Züge aus dem Leben ausgezeichneter Menschen. Der Jugend u. dem Volke dargeboten. 2 Thle. Mit 6 Illustr. (in Tondr.) 8. Frankfurt a/M. 876. Sauerländer. à 3. 50; cart. à 4. —
1. 3. Aufl. (VIII, 280 S.) — 2. 2. Aufl. (VI, 264 S.)

— Silberblicke. Züge aus dem Leben ausgezeichneter Menschen. Der Jugend u. dem Volke dargeboten. 4. Aufl. gr. 8. (IV, III, 442 S. m. 7 farb. Illustr.) Frankfurt a/M. 892. J. D. Sauerländer. n. 4. —; geb. in Leinw. n. 6. —

— Silberblicke. Züge aus dem Leben ausgezeichneter Menschen. Der Jugend u dem Volke dargeboten. Neue illustr. Ausg. m. 4 Farbendr.-Bildern. (179 S.) 8. Konstanz (904). C. Hirsch. Geb. n. 1. —

— die Silberflotte oder der Herr verläßt die Seinen nicht. Eine Geschichte der Jugend u. dem Volke erzählt. Mit 4 Abbildgn. (in Stahlst.) Wiesbaden 863. Niedner. 16. (104 S.) 7½ ngr.

— die Silberflotte oder der Herr verläßt die Seinen nicht. Eine Geschichte der Jugend u. dem Volke erzählt. Mit 4 Abbildgn. (in Stahlst.) 2. Aufl. gr. 16. (104 S.) Wiesbaden 870. Niedner. — 75

—— Die Silberflotte od. der Herr verläßt die Seinen nicht. Eine Geschichte, der Jugend u. dem Volke erzählt. 3. Aufl. 12. (89 S. m. 4 Abbildgn.) Altenb. 892, Geibel. cart. — 75; geb. * 1 —

— dasselbe. Neue Ster.-Ausg. 12. (85 S. m. 4 Farbdr.) Reutlingen 898. Enßlin & Laiblin. Geb. — 75; m.: Wie einer e. Walfischfänger wurde in 1 Bd. geb. 1.50

— die Silberflotte od. d. Herr verläßt d. Seinen nicht. E. Geschichte, d. Jugend u. d. Volke erzählt. 4., m. d. 3. v. H. Oertel durchgeseh. gleichlaut. Aufl. 12. (89 S. m. 4 Abb.) Altenburg 899. St. Geibel. Kart. n. — 50; geb. n. — 75

— die Silberflotte od.: Der Herr verläßt die Seinen nicht. Eine Geschichte, der Jugend u. dem Volke erzählt. Neue illustr. Ausg. m. 4 Farbendr.-Bildern. 8. (96 S.) Konstanz (902). C. Hirsch. Geb. — 50

— die Silberflotte oder Der Herr verläßt die Seinen nicht. Eine Geschichte, der Jugend u. dem Volke erzählt. 5., m. der 3. v. H. Oertel durchgeseh. gleichlaut. Aufl. (89 S. m. 4 Abbildgn.) kl. 8. Altenburg 906. St. Geibel. Kart. n. — 50; geb. n. — 75

—— aus den Silberminen der Cordillera de los Andes in Südamerika. Eine Geschichte, der Jugend und dem Volke erzählt. 16. (118 S. mit 4 Abbild. in Stahlst.) Wiesbaden 867, Niedner. cart.

Horn, W. O. v. [W. Oertel]. Aus den Silberminen der Cordillera de los Andes in Südamerika. Eine Geschichte für die Jugend und das Volk. 2. Aufl. Mit 4 Abbildgn. 12. (99 S.) Altenb. 889, Geibel. cart. — 75; geb. * 1 —

— aus den Silberminen der Cordillera de los Andes in Südamerika. Eine Geschichte, der Jugend u. d. Volke erzählt. 3., m. der 2. v. H. Oertel durchgeseh. gleichlaut. Aufl. 12. (99 S. m. 4 Abbildgn.) Altenburg 900. St. Geibel. Kart. n. — 50; geb. n. — 75

— dasselbe. Neue Ster.-Ausg. 8. (96 S. m. 4 Farbdr.) Ebd. (901). Geb. — 50

— dasselbe. — Der Weißkopf. Eine Geschichte, d. Jugend u. dem Volke erzählt. Neue Ster.-Ausg. 8. (96 u. 88 S. m. 8 Farbdr.) Ebd. (901). Geb. 1. 50

— dasselbe. Neue Ster.-Ausg. 12. (96 S.) Reutlingen (901). Enßlin & Laiblin. Kart. — 30

— aus den Silberminen der Cordilleren Südamerikas. (80 S.) kl. 8. Mülheim a/R. (905). J. Bagel. Kart. — 30

— Simon. Lebensgeschichte eines Negersklaven in Brasilien, nacherzählt für die Jugend u. das Volk. Mit 4 Abbildgn. (Stahlst.) Wiesbaden (857.) Kreidel u. Niedner. 16. (100 S.) 7½ ngr

—— Simon. Lebensgeschichte eines Negersclaven in Brasilien, nacherzählt für die Jugend und das Volk. 16. (100 S. mit 4 Abbild. in Stahlst.) Wiesbaden 858, [Niedner.]

— Simon. Lebensgeschichte e. Negersklaven in Brasilien, nacherzählt f. die Jugend u. das Volk. 4. Aufl. 12. (108 S. m. 4 Stahlst.) Ebd. 889. Kart. — 75

— Simon. Lebensgeschichte e. Negersklaven in Brasilien, nacherzählt f. die Jugend u. das Volk. 5., m. der 4. v. H. Oertel durchgeseh. gleichlaut. Aufl. 12. (108 S. m. 4 Abbildgn.) Altenburg 899. St. Geibel. Kart. n. — 50; geb. n. — 75

— dasselbe. Für die Jugend u. das Volk erzählt. Neue Ster.-Ausg. 12. (96 S.) Reutlingen (902). Enßlin & Laiblin. Kart. — 40; geb., m. 4 Farbdr. — 50

— Simon. Lebensgeschichte e. Negersklaven in Brasilien, nacherzählt f. die Jugend u. das Volk. Neue illustr. Ausg. m. 4 Farbendr.-Bildern. (96 S.) kl. 8. Konstanz (904). C. Hirsch. Geb. n. — 50

— die Sklavenjagd im Sudan unter der Regierung Mehemed Alis v. Aegypten. Erzählung f. die Jugend u. das Volk. Neue illustr. Ausg. m. 4 Farbendr.-Bildern. (96 S.) 8. Ebd. (903). Geb. n. — 50

Horn, W. O. v. (W. Oertel), Soldatengeschichten u. anderes, s.: Hesekiel, George.

— Spät, doch nie zu spät, s.a. Verein f. Verbreitung guter Schriften. Basel.

Horn, W. O. von. Spät, doch nie zu spät. [Erzählung.] Von W. O. von H'. [Mit 2 Beigaben.] 72 S. 8. Basel, Emil Birkhäuser, Januar 1907. fr. —.15
Verein für Verbreitung guter Schriften. Basel, No. 72.

Horn, W. O. Die Spelunke. Allentown, Pa.: Trexler, 1869
GSP

— s.a. Spinnstube, die.

Horn, W. O. v., die Spinnstube, ein Volksbuch f. d. J. 1846. gr. 8. (15 B. u. 20 Stahlst.) Frankfurt a. M. 846, Mettenius.

—— dass. f. d. J. 1847. 2. Jahrg. M. viel. (eingedr.) Holzschn. 8. (14½ B. u. 1 Stahlst.) Frankfurt a. M. 846, Sauerländer's Verl. * 12½ Ngr. Mit Kalender. (16¼ B.)* -

—— die Spinnstube, ein Volksbuch für die J. 1848—52. 3—7. Jahrg. à Jahrg. mit 1 Stahlst. und vielen eingedr. Holzschn., gez. von L. Richter. 8. (IV und 200 S.) Frankfurt a. M. 847—51, Sauerländer's Verlag. à Jahrg. * —

—— die Spinnstube, ein Volksbuch für das J. 1853—57. 8—12. Jahrg. à Jahrg. mit 1 Stahlst. und vielen Holzschn. gez. von L. Richter. 8. Frankfurt a. M., Sauerländer's Verlag. [8. Jahrg. (IV und 172 S.) 9. (IV und 184 S.) 10. (III und 197 S.) 11. (IV und 210 S.) 12. (IV und 222 S.) 852—56. à Jahrg. * 12½ Ngr.] *

—— die Spinnstube, ein Volksbuch für die J. 1858—62. 13—17. Jahrg. Jeder Jahrg. mit 1 Stahlst. und vielen (eingedr.) Holzschn. 8. Frankfurt a. M., Sauerländer's Verlag. [13. Jahrg. (IV und 230 S.) 14. (IV und 240 S.) 15. (IV und 224 S.) 16. (III und 214 S.) 17. (III und 198 S.)] à Jahrg. * -

—— die Spinnstube, für die J. 1863—68. 18.—23. Jahrg. Jeder Jahrg. mit 1 Stahlst. und vielen eingedr. Holzschn. 8. (18. Jahrg. III und 196 S., 19. Jahrg. 193 S., 20. Jahrg. III und 194 S., 21. Jahrg. III und 202 S., 22. Jahrg. III und 201 S., 23. Jahrg. III und 208 S.) Frankfurt a. M., Sauerländer's Verlag. à Jahrg. * -

—— die Spinnstube, ein Volksbuch für die J. 1869 und 1870. 24. und 25. Jahrg. 8. (à Jahrg. III, 208 S. mit je 1 Stahlst. und vielen eingedr. Holzschn.) Frankfurt a. M., Sauerländer's Verlag. à Jahrg. *
Vgl.: Spinnstube, die.

— aus der Spinnstube. Erzählungen f. die Jugend u. das Volk. Mit 5 feinen Farbendr.-Bildern nach Aquarellen v. W. Schäfer. 1.—6. Taus. gr. 8. (119 S.) Wesel 899. W. Düms. Geb. 2.—

— aus der Spinnstube. Erzählungen f. die Jugend u. das Volk. Mit 5 feinen Farbendr.-Bildern nach Aquarellen v. W. Schäfer. (7.—10. Taus.) (119 S.) 8. Wesel (905). W. Düms. Geb. 2.—

— George Stephenson, der Mann der Eisenbahnen und der Lokomotiven. Ein Lebensbild für die deutsche Jugend u. das Volk. Mit 4 Abbildgn. (in Stahlst.) Wiesbaden 861. Niedner. 16. (96 S.) 7½ ngr.

— George Stephenson, der Mann der Eisenbahnen u. Locomotiven. Ein Lebensbild f. die deutsche Jugend u. das Volk mit 4 Abbildgn. (in Stahlst.) 2. Aufl. gr. 16. (96 S.) Ebend. 870. — 75

— George Stephenson, d. Mann d. Eisenbahnen u. d. Lokomotiven. E. Lebensbild f. d. deutsche Jugend u. d. Volk. 3., v. H. Oertel durchgeseh. Aufl. 12. (89 S. m. 4 Abb.) Altenburg 893. St. Geibel. Kart. — 75

— George Stephenson, der Mann der Eisenbahnen u. der Lokomotiven. Ein Lebensbild f. die deutsche Jugend u. das Volk. 4., m. der 3. v. H. Oertel durchgeseh. gleichlaut. Aufl. 12. (89 S. m. 4 Abbildgn.) Altenburg 900. St. Geibel. Kart. n. — 50; geb. n. — 75

Horn (Wilh. Oertel), W. O. v., der Strandläufer. Eine Geschichte aus den Dünen der Nordsee, der Jugend und dem Volke erzählt. Mit 4 Stahlst. Wiesbaden (855.) Kreidel u. Niedner. 16. (91 S.) 7½ ngr.

—— der Strandläufer. Eine Geschichte aus den Dünen der Nordsee, der Jugend und dem Volke erzählt. 3. Aufl. 16. (102 S. mit 4 Stahlst.) Wiesbaden 867, Niedner. cart.

— der Strandläufer. Eine Geschichte aus den Dünen der Nordsee, der Jugend u. dem Volke erzählt. 4. Aufl. 12. (102 S. m. 4 Stahlst.) Altenburg 889. St. Geibel. Kart. — 75

— der Strandläufer. E. Geschichte aus d. Dünen d. Nordsee, d. Jugend u. d. Volke erzählt. 5. Aufl. 12. (102 S. m. 4 Stahlst.) Ebd. 894. Kart. — 75; geb. n. 1. —

— dasselbe. Mit 4 Farbendr.-Bildern nach Aquarellen v. Hugo Wolff. 12. (95 S.) Leipzig 899. O. Spamer. Geb. n. 1. —

— dasselbe, der Jugend u. dem Volke erzählt. Neue illustr. Ausg. m. 4 Farbendr.-Bildern. 12. (96 S.) Konstanz (900). C. Hirsch. Geb. n. — 50

— dasselbe. Mit 4 feinen Farbendr.-Bildern nach Aquarellen v. Rob. Sterl. 1.—10. Taus. 12. (à 128 S.) Wesel (900). W. Düms. Geb. — 60

— der Strandläufer. Eine Geschichte aus den Dünen der Nordsee. 8. (80 S. m. 2 Farbdr.) Mülheim a/R. (901). J. Bagel. Geb. — 60

— der Strandläufer. Eine Geschichte aus den Dünen der Nordsee. Mit 4 Farbendr.-Bildern nach Aquarellen von Hugo Wolff. 2. Aufl. (95 S.) 12. Leipzig 903. O. Spamer. Geb. n. 1. —

— dasselbe. (80 S.) kl. 8. Mülheim a/R. (905). J. Bagel. Kart. — 30

— dasselbe, der Jugend u. dem Volke erzählt. (111 S. m. 4 Taf.) 8. Reutlingen (906). R. Bardtenschlager. Geb. 1.20

— Der Strandläufer. Eine Geschichte aus den Dünen der Nordsee, der Jugend u. dem Volke erzählt. Unverkürzte Orig.-Ausg. 7., v. Joh. Erler neu durchgeseh. Aufl. (102 S. m. 4 Abbildgn.) kl. 8. Altenburg 908. St. Geibel. Kart. p —50; geb. in Bibliotheksbd. od. in Leinw. — 75

— drei Tage aus Gellert's Leben. 1—3. Aufl. Bremen 857, 58. (Heyse.) 8. (44 S.) n. 2 ngr.

— dasselbe, s. a. Himmelsblumen.

—— dass. — 4. Aufl. 8. (88 S.) Bremen 860, (Strack.) * *

Horn, W. O. v. (W. Oertel), drei Tage aus Gellert's Leben. 5. und 6. Aufl., 8. (38 S.) Bremen 864,68, Nolténius. *

—— drei Tage aus Gellert's Leben. Hrsg. vom „Christl. Verein junger Kaufleute", St. Stephani Gemeindehaus in Bremen. 7. Aufl. 8. (40 S.) Bremen 870, Nolténius. *

— drei Tage aus Gellert's Leben. Hrsg. vom christl. Verein junger Kaufleute. 8. Aufl. gr. 16. (38 S.) Bremen 876. Nolténius in Comm. n. — 25

—— drei Tage aus Gellert's Leben. Hrsg. vom „Christl. Verein junger Kaufleute", St. Stephani-Gemeindehaus in Bremen. 9. Aufl. 8. (38 S.) Bremen 882, (Nolténius.) *

—— Drei Tage aus Gellerts Leben. Hrsg. v. christl. Verein junger Kaufleute, St. Stephani-Gemeindehaus in Bremen. 10. Aufl. 12. (40 S.) Brem. 891, (Morgenbesser). * — 25

— drei Tage aus Gellerts Leben. 12. (40 S.) Herborn 898. Buchh. d. nassauischen Colportagevereins. n. — 15

— drei Tage aus Gellert's Leben. Ster.-Ausg. 12. (48 S.) Reutlingen 898. Enßlin & Laiblin. — 15

— dasselbe. Hrsg. vom christl. Verein junger Kaufleute, St. Stephani-Gemeindehaus in Bremen. 11. Aufl. 8. (40 S. m. 1 Bildnis.) Bremen 900. (J. Morgenbesser). n. — 15

— Drei Tage aus Gellerts Leben. (32 S. m. Abbildgn.) 8. Konstanz (908). Christl. Buch- u. Kunstverlag C. Hirsch. — 15

Horn, W. O. v., Olaf Thorlacksen. Eine isländische Geschichte, der Jugend u. dem Volke erzählt. Mit 4 Abbildgn. (in Stahlst.) Wiesbaden 862. Niedner. 16. (126 S.) 7½ ngr.

— Olaf Thorlacksen. Eine isländ. Geschichte, der Jugend u. dem Volke erzählt. Unverkürzte Orig.-Ausg. 3., v. A. Wiegand durchgeseh. Aufl. (103 S. m. 4 Vollbildern.) kl. 8. Altenburg 910. St. Geibel. Kart. p —50; geb. in Bibliotheksbd. od. in Leinw. — 75

— die Trauerkunde. Der Wittwe Heimkehr, s.: Verein f. Verbreitg. guter Schriften, Basel.

— Belohnte Treue. Von den 2 Savoyardenbüblein. Der Lohn e. guten Tat. 2 Erzählgn. f. jung u. alt. Mit 2 Vollbildern v. Frz. Staffen. 2 Tle. in 1 Bde. (III, 88 u. 80 S.) 8. Berlin (907). Meidinger's Jugendschriften-Verlag. Geb. 2. —

—— deutsche Treue. Zwei geschichtl. Darstellungen aus früheren Jahren. Der deutschen Jugend und dem Volke erzählt. 16. (94 S. mit 4 Abbild. in Stahlst.) Wiesbaden 864, Niedner. cart.

— deutsche Treue. Zwei geschichtl. Darstellgn. aus früheren Zeiten. Der deutschen Jugend u. dem Volke erzählt. 4. Aufl. 12. (81 S. m. 4 Abbildgn.) Altenburg 892. St. Geibel. Kart. — 75

— deutsche Treue. Zwei geschichtl. Darstellgn. aus früh. Zeiten. D. deutschen Jugend u. d. Volke erzählt. 5., m. d. 4. v. H. Oertel durchgeseh. gleichlaut. Aufl. 12. (81 S.) Altenburg 897. St. Geibel. Kart. n. — 50; geb. n. — 75

— dasselbe. 12. (95 S. m. 4 Farbdr.) Konstanz 898. C. Hirsch. Geb. — 50

— deutsche Treue. Zwei geschichtl. Darstellgn. aus früheren Zeiten. Der deutschen Jugend u. dem Volke erzählt. 6., m. der 4. v. H. Oertel durchgeseh. gleichlaut. Aufl. (81 S. m. 4 Abbildgn.) 12. Altenburg 903. St. Geibel. Kart. n. — 50; geb. n. — 75

—— die Vergeltung. Eine Geschichte, der deutschen Jugend und dem deutschen Volke erzählt. Mit Abbildungen. 16. (71 S. mit 4 Stahlst.) Wiesbaden 856, Kreidel und Niedner.

— die Vergeltung. Eine Geschichte, der deutschen Jugend u. dem deutschen Volke erzählt. 5., neu durchgeseh. Aufl. 12. (96 S. m. 4 Abbildgn.) Altenburg 899. St. Geibel. Kart. n. — 50; geb. n. — 75

— dasselbe. Neue illustr. Ausg. m. 4 Farbendr.-Bildern. 12. (94 S.) Konstanz (899). C. Hirsch. Geb. — 50

— Die Vergeltung. Eine Geschichte, der deutschen Jugend u. dem deutschen Volke erzählt. Unverkürzte Orig.-Ausg. 6., v. Joh. Erler neu durchgeseh. Aufl. (96 S. m. 4 Abb.) kl. 8. Altenburg 907. St. Geibel. Kart. p —50; geb. in Bibliotheksbd. od. in Leinw. — 75

—— der alte Vincke. Ein Lebensbild, für das Volk und die Jugend dargestellt. 16. (96 S. mit 4 Abbild. in Stahlst.) Wiesbaden 859, [Niedner.]

— der alte Vincke. Ein Lebensbild, f. das Volk u. die Jugend dargestellt. 3., neu durchgeseh. Aufl. (88 S. m. 4 Abb.) 12. Ebd. 903. Kart. n. — 50; geb. n. — 75

— gesammelte Volkserzählungen aus „Maje", „Spinnstube" usw. Neu hrsg. v. J. Erler u. A. Wiegand. 1.—8. Bd. 8. Ebd. à Bd. 1.—; geb. in Leinw. 1. 40

1. (früher „Maje" Bd. 1). Der Eisgang des Rheines 1730. Ein Stücklein aus e. trüben Zeit. Eine unsichtbare Macht. Meine Wege sind nicht eure Wege usw. (216 S.) 907.
2. (früher „Maje" Bd. 1). Dorfwaise. Aus dem Spessart. Eine Ostenderin. (210 S.) 907.
3. Mailehen. Die Elzer. Deserteure. (246 S.) 907.
4. Aus der Schmiede. Rheinische Schmugglergeschichte. Erste Braut. Gotteshäuschen v. Bacharach. (232 S.) 907.
5. Die Nacht v. Bingen. Der gespenst. Stollen. Die Zweite. (196 S.) 908.
6. Der Apostelhof. Aus dem Leben e. Vogelsbergers in Krieg u. Frieden. (222 S.) 908.
7. Der Küfer v. Bacharach. Die Meergeusen. (232 S.) 909.
8. 1645 in der alten Stadt Bacharach am Rhein. Soneck. Das Original. Das Mühlchen in der Morgenbach. (222 S.) 909.

— Vormund u. Mündel, s. a. Jugend-Bibliothek.

— Vormund und Mündel. Eine Geschichte aus der Vorzeit. Der Jugend u. dem Volke erzählt. Mit 4 Abbildgn. (Stahlst.) Ebend. (857.) 16. (120 S.) 7½ ngr.

—— Vormund und Mündel. Eine Geschichte aus der Vorzeit. Der Jugend und dem Volke erzählt. 16. (120 S. mit 4 Abbild. in Stahlst.) Wiesbaden 858, [Niedner.]

— Vormund u. Mündel. Eine Geschichte aus der Vorzeit. Der Jugend u. dem Volke erzählt. Mit 4 Abbildungen (in Stahlst.) 2. Aufl. Wiesbaden 870. Niedner. 16. (124 S.) cart. 7½ ngr.

— Marschall Vorwärts u. Prinz Eugen, s.: Pannwitz, Max.

— dasselbe, s.: Jugend-Bibliothek.

—— was aus einem armen Hirtenbüblein werden kann. Eine Geschichte dem Volke und der Jugend erzählt. 16. (124 S. mit 4 Abbild. in Stahlst.) Wiesbaden 865, Riedner. cart

—— was aus einem armen Hirtenbüblein werden kann. Eine Geschichte, dem Volke und der Jugend erzählt. 2. Aufl. 16. (124 S. mit 4 Abbild. in Stahlst.) Ebendas. 869. cart.

— was aus e. armen Hirtenbüblein werden kann. Eine Geschichte, dem Volke u. der Jugend erzählt. 3. Aufl. Mit 4 Abbildgn. 12. (104 S.) Ebd. 889. cart. — 75

— was aus e. armen Hirtenbüblein werden kann. Eine Geschichte, dem Volke u. der Jugend erzählt. 4. Aufl. 12. (104 S. m. 4 Stahlst.) Ebd. 892. Kart. — 75

— was aus einem armen Hirtenbüblein werden kann. Eine Geschichte, d. Volke u. d. Jugend erzählt. 5., m. d. 4. v. H. Oertel durchgeseh. gleichlaut. Aufl. 12. (104 S. m. 4 Abb.) Altenburg 897. St. Geibel. Kart. n. — 50; geb. n. — 75

— was aus e. armen Hirtenbüblein werden kann. Eine Geschichte, dem Volke u. der Jugend erzählt. Neue illustr. Ausg. m. 4 Farbendr.-Bildern. 12. (95 S.) Konstanz (901). C. Hirsch. Geb. — 50

— Was aus e. armen Hirtenbüblein werden kann. Eine Geschichte, dem Volke u. der Jugend erzählt. Unverkürzte Orig.-Ausg. 7., v. Joh. Erler durchgeseh. Aufl. (104 S. m. 4 Abbildgn.) kl. 8. Ebd. 907. Kart p — 50; geb. in Bibliotheksbd. od. in Leinw. — 75

—— James Watt, der Erfinder. Ein Lebensbild für die deutsche Jugend und das Volk. 16. (91 S. mit 4 Abbild. in Stahlst.) Wiesbaden 861, Riedner.

— James Watt, d. Erfinder. E. Lebensbild f. d. deutsche Jugend u. d. Volk. 3., v. H. Oertel durchgeseh. Aufl. 12. (82 S. m. 4 Abb.) Altenburg 893. St. Geibel. Kart. — 75

— James Watt, der Erfinder. Ein Lebensbild für die deutsche Jugend u. das Volk. 4., m. der 3. v. H. Oertel durchgeseh. gleichlaut. Aufl. 12. (82 S. m. 4 Abbildgn.) Altenburg 899. St. Geibel. Kart n. — 50; geb. n. — 75

— James Watt, der Erfinder. Ein Lebensbild f. die deutsche Jugend u. das Volk. Unverkürzte Orig.-Ausg. 5., v. A. Wiegand durchgeseh. Aufl. (82 S. m. 4 Abbild.) kl. 8. Ebd. 909. Kart. p — 50; geb. in Bibliotheksbd. od. in Leinw. — 75

—— der Weißkopf. Eine Geschichte der Jugend und dem Volke erzählt. 16. (104 S. mit 4 Abbild. in Stahlst.) Wiesbaden 861, Riedner.

— der Weißkopf. Eine Geschichte, der Jugend u. dem Volke erzählt. Neue Ausg. 12. (88 S.) Reutlingen (901). Enßlin & Laiblin. Kart. — 30

— dasselbe. Neue Ster.-Ausg. 8. (88 S. m. 4 Farbdr.) Ebd. (901). Geb. — 50

— dasselbe. Eine Geschichte, der Jugend u. dem Volke erzählt. Neue illustr. Ausg. m. 4 Farbendr.-Bildern. (96 S.) kl. 8. Konstanz (904). C. Hirsch. Geb. n. — 50

— der Weißkopf. (78 S.) kl. 8. Mülheim a/R. (905). J. Bagel. Kart. — 30

— wie einer ein Wallfischfänger wurde und was er dabei erfuhr und erlebte. Eine Geschichte, der deutschen Jugend u. dem deutschen Volke erzählt. Ebend. (857.) 16. (103 S. u. 4 Stahlst.) 7¼ ngr.

—— wie Einer ein Wallfischfänger wurde und was er dabei erfuhr und erlebte. Eine Geschichte, der deutschen Jugend und dem deutschen Volke erzählt. 16. (103 S. mit 4 Stahlst.) Wiesbaden 858, [Riedner.]

—— wie Einer ein Wallfischfänger wurde, und was er dabei erfuhr und erlebte. Eine Geschichte, der deutschen Jugend und dem deutschen Volke erzählt. 2. Aufl. 16. (111 S. mit 4 Stahlst.) Ebendas. 870.

— wie Einer e. Walfischfänger wurde, u. was er dabei erfuhr u. erlebte. Eine Geschichte, d. deutschen Jugend u. d. deutschen Volke erzählt. 4. Aufl. 12. (103 S. m. 4 Abb.) Altenburg 897. St. Geibel. Kart. n. — 50; geb. n. — 75

— dasselbe. Neue Ster.-Ausg. 12. (96 S. m. 4 Farbdr.) Reutlingen 898. Enßlin & Laiblin. Geb. — 75; m.: Die Silberflotte in 1 Bd. geb. 1. 50

— dasselbe. Neue illustr. Ausg. m. 4 Farbendr.-Bildern. 12. (94 S.) Konstanz (900). C. Hirsch. Geb. n. — 50

Horn, W. O. v. (W. Oertel), wie einer e. Walfischfänger wurde, u. was er dabei erfuhr u. erlebte. Eine Geschichte, der Jugend u. dem Volke erzählt. Neue Ster.-Ausg. 12. (96 S.) Reutlingen (901). Enßlin & Laiblin. Kart. — 30

— wie Einer e. Walfischfänger wurde, u. was er dabei erfuhr u. erlebte. Eine Geschichte, der deutschen Jugend u. dem deutschen Volke erzählt. 5., neu durchgeseh. Aufl. (103 S. m. 4 Abbildgn.) 12. Altenburg 903. St. Geibel. Kart. n. — 50; geb. n. — 75

[Horn, W. O. von.] Wie's in den Wald schallt, so schallt's heraus. Eine Geschichte von [Philipp Friedrich] W[ilhelm] Oertel. S. 1—52. 8. Aarburg, Burk, 1903.
Schweizer Familien-Bibliothek. Band 20. (fr. —. 20.) [Nr. 1]

— ein Wildling. Eine Geschichte. Herausg. von dem christlichen Vereine im nördlichen Deutschland. Eisleben 856. Christl. Verein. (Leipzig, G. E. E. Schulze.) 8. (1 Bl., (102 S.) nn. 5 ngr.

—— ein Wildling. Eine Geschichte. Hrsg. von dem christl. Vereine im nördl. Deutschland. 8. Eisleben 856. (Leipzig), Christlicher Verein für das nördliche Deutschland. *

Horn, W. O. v. (W. Oertel), ein Wildling. Eine Geschichte. 4. Aufl. 8. (102 S.) Eisleben 884. Christl. Verein im nördl. Deutschland. Geb — 53

—— durch die Wüste. Eine Geschichte, dem Volke und der Jugend erzählt. 16. (135 S. mit 4 Abbild. in Stahlst.) Ebendas. 868. cart.

— dasselbe, s. a. Jugend-Bibliothek.

— durch d. Wüste. Eine Geschichte, d. Volke u. d. Jugend erzählt. 3. Aufl. 12. (113 S. m. 4 Abb.) Ebd. 897. Kart. n. — 50; geb. n. — 75

— dasselbe. 4. Aufl. — Der Lohn e. guten That. Eine Geschichte aus Indien. 5. Aufl. gr. 8. (96 u. 96 S. m. 8 Farbdr.) Reutlingen (900). Enßlin & Laiblin. Geb. 1.50

— dasselbe. Neue Ster.-Ausg. 8. (96 S. m. 4 Farbdr.) Ebd. (900). Geb. — 75

— durch die Wüste. Eine Geschichte, der Jugend u. dem Volke erzählt. 8. Aufl. 12. (96 S.) Ebd. (901). Kart. — 50

— dasselbe. Neue illustr. Ausg. m. 4 Farbendr.-Bildern. 12. (96 S.) Konstanz (901). C. Hirsch. Geb. — 50

— durch die Wüste. Eine Geschichte, dem Volke u. der Jugend erzählt. 4., m. der 3. v. H. Oertel durchgeseh. gleichlaut. Aufl. (118 S. m. 4 Stahlst.) kl. 8. Altenburg 904. St. Geibel. Kart. n. — 50; geb. n. — 75

—— Zeichnungen zu dessen Schriften, s. Richter, Ludw.

—— Während und nach der Zerstörung von Magdeburg. Nach den Mittheilungen eines Augenzeugen der Jugend und dem Volke erzählt. 16. (116 S. mit 4 Abbild. in Stahlst.) Wiesbaden 863, Niedner. cart.

— während u. nach der Zerstörung v. Magdeburg. Nach den Mittheilgn. e. Augenzeugen der Jugend u. dem Volke erzählt. Mit 4 Abbildgn. (in Stahlst.) 2. Aufl. gr. 16. (116 S.) Wiesbaden 870. Niedner. — 75

— während u. nach der Zerstörung v. Magdeburg. Nach den Mitteilgn. e. Augenzeugen der Jugend u. dem Volke erzählt. 3. Aufl. 12. (99 S. m. 4 Stahlst.) Altenburg 893. St. Geibel. Kart. — 75

Horn, W. O. von. Während und nach der Zerstörung von Magdeburg. Nach den Mitteilungen eines Augenzeugen der Jugend und dem Volke erzählt von W. O. von H'. ⟨Philipp Friedrich⟩ Wilh[elm] Oertel.⟩ Neue illustrierte Ausgabe mit vier Farbendruckbildern [Tafeln, und illustriertem Umschlag]. 95 S. 8. Konstanz, Carl Hirsch; Für die Schweiz: Evangelische Buchh., Emmishofen, [1906]. [geb. M. —.50]

Horn, William, der Bursche als Leutnant, s.: Schauspieler, der. 6.

— der Deserteur, s.: Viktoria-Theater. Nr. 1.

— der Herr Hoflieferant, s.: Theaterspieler, der. Nr. 7.

— unter falschem Verdachte, s.: Schauspieler, der. Nr. 12.

v. Horn v. d. Horck, Alexander Humboldt (geb. Galina. Ill. 7. 2 1854): Ueber die Implantation von organischen Fremdkörpern in die vordere Augenkammer. Berlin (1877). (32 S.) 8°
Berlin, Med. Diss. v. 11. Aug. 1877

Horn-Pascha
s. Horn, Paul

Horn-Waren, Paul, die Aelchen-Gallen auf Phleum Boehmeri-Wibel. gr. 8. (18 S. mit 2 Taf.) Güstrow 888, (Opitz und Comp.) * — 75
Aus: Archiv der Freunde der Naturgeschichte in Mecklenburg, besonders abgedruckt.

Horna, Constantin, s. H o r n a , Konstantin

Horna, Konstantin: Analekten zur byzantinischen Literatur. S. 3—35. 8. Progr. K. k. Sophiengymn. *Wien* 1905.
I. Des Konstantin Manasses Schilderung einer Vogeljagd. [Ausgabe.] II. Die Maushumoreske. [Ausgabe.] III. Handschriftliches und Textkritisches zu den Opuscula des Georgios Akropolites. IV. Nachlese zu den Gedichten des Michael Akominatos. [Ausgabe dreier Gedichte.] V. Die Epigramme des Patriarchen Germanos II. [Ausgabe von 10 bisher nicht veröffentl. Epigr.]

Horna Constantin: Papyri Arsinoitici, qui Phaedonis partes exhibet, epicrisis.
II. 1899 PN 1348 Diss. Wien, Univ. 1560

Horna, Konstantin: Einige unedierte Stücke des Manasses und Italikos. Herausgegeben von K. H. S. 3—26. 8.
Progr. K. k. Sophien-Gymn. *Wien* 1902.

Hornad, Gab., initia religion. christ. int. Hungaros ecclesiae orient. adserta. 4. Frcf. et Lips. (Lenger, Halae.) 740.

HORNAK, Ignatius: De relatione inter ecclesiam et civitatem juxta jus divinum et historicam evolutionem in Europa ab origine ecclesiae usque ad praesens tempus. — (1882). 364 S. 4° (Handschr.) Diss. 381
Diss. Wien, Univ.

(F) Iphigenie. Schneewittchen. Zwei Erzählungen von Dora Hornau. Wien. 1900. Konegen. 8°. 800 S. K 3.50

Hornay, Beweis für Geist und Wahrheit. Zur Widerlegung des Zweifels an Geist u. Fortdauer. Leipzig 861. E. H. Mayer. gr. 8. (32 S.) 6 ngr.

Hornay, die Einheit Preußens und die Parteien. Münster 858. Wundermann. gr. 8. (30 S.) n. 5 ngr.

—— A. v. Humboldt. Sein Leben und Wollen für Volk und Wissenschaft. Nach Originalien. 8. (XV und 168 S.) Hamburg 860, Hoffmann und Campe.

— die Sprachforschung Wilhelm von Humboldt's u. die heutige Philologie. (Einleitung zu dem größeren Werk: Ueber den Ursprung der Sprache.) Berlin 858. Wagner. gr. 8. (42 S.) n. 5 ngr.

— Ursprung und Entwicklung der Sprache. 1. Thl.: Enthüllung des Ursprungs der Sprache. Berlin 858. Wagner. gr. 8. (XI, 188 S.) n. 1 rthl. 10 ngr.

Hornay, W., kurze systematische Lehre der englischen Aussprache (unter Begründung der Regeln und Ausnahmen durch den Gedanken.) Lehrbuch für Lehrer und Schüler. gr. 8. (VI und 44 S.) Vegesack 852. (Bremen, Kühtmann und Comp.) *

Hornbach [Schlagwort]

Hornbach, s.: Deutschland. Kürschner-Pelp.

Hornbach [Verfasser]

2919a. Die Stellung des Thukydides zu Perikles und Kleon. — Von Jakob Hornbach, G.-A. — 1908, Eichstätt, Ph. Boenner'sche Buchdruckerei (P. Seitz). — P. 3—38.
Progr. Eichstätt, K. Gymn.

Hornbach, J.: Die Stellung des Thukydides zu Perikles und Kleon. Eichstätt 1908: Brönner. 38 S. 8°
Eichstätt, k. G P 1908* [S 08. 204

Hornberg [Schlagwort]

Hornberg, s.: Schwarzwald. Karte.

Hornberg. Lorenz' neueste Karte v. Hornberg, Triberg, Schönwald u. Umgebung. 1:75,000. 37,5 × 47 m. Farbdr. Freiburg i/B. (902). F. P. Lorenz. n. — 75

Hornberg-Schiltach [Schlagwort]

Hornberg-Schiltach, s.: Geolog. Karten; Spezialkarte (Baden).

Hornberger, landwirtschaftl. Buchführung unter Berücksicht. der Bestimmgn. des württemb. Einkommensteuergesetzes vom 8. VIII. 1903 f. mittlere u. kleinere landwirtschaftliche Betriebe sowie für gemischte Betriebe, in denen Landwirtschaft u. Gewerbe zugleich vertreten sind, nebst einer Anleitg. u. Berechng. des steuerbaren Einkommens. (63 S.) 4. Rottweil 905. W. Schoeller. n. — 75

Hornberger, Jo. Christian Georg (Doebrichau-Saxo). De possessore bonae fidei circa actionem de tigno juncto ad duplum non obligato. Diss. jur. Präs. Heinrich Brokes. Wittbg. (Ephr. Gottlob Eichsfeld) Febr. 1735. 23 S. (6.50) 16082

Hornberger, Johann Philipp

Hornberger, Ritter Jh. Ph. Grundsätze der Cameralrechnungsführung. Mit 18 Tabellen. gr. 8°. Erlangen, Palm, 1796.

Hornberger, Ritter Jh. Ph. Ueber die Vereinfachung der Finanzrechnungsführung. gr. 8°. Erlangen, Palm, 1827.

Hornberger, R., graphische Darstellungen f. den meteorologischen Unterricht. 1. Lfg. qu. gr. Fol. (2 einfache u. 8 lith., z. Thl. color. Doppeltaf.) Kassel 886. Fischer. n. 8. —; Einzelpr. f. die einfache Taf. n. 1. —; f. die Doppeltaf. n. 2. —; f. Aufziehen auf Leinw. m. Stäben f. die einfache Taf. n.n. 1. 50; f. die Doppeltaf. n.n. 2. —

Hornberger, R., graphische Darstellgn. f. den meteorologischen Unterricht. 2. Lfg. qu. gr. Fol. (1 einfache u. 4 lith., z. Thl. color. Doppeltaf.) Cassel 887. Fischer. n. 8. —; Einzelpr. f. die einfache Taf. n. 1. —; f. die Doppeltaf. n. 2. —; f. Aufziehen auf Leinw. m. Stäben f. d. einfache Taf. n.n. 1. 50; f. d. Doppeltaf. n.n. 2. —

— dasselbe. Lfg. 3 (Schluss). qu. gr. Fol. (17 farb. Taf.) Ebd. 890. n. 24. — (cplt.: n. 40. —)

Hornberger, R., Grundriss der Meteorologie u. Klimatologie, letztere m. besond. Rücksicht auf Forst- u. Landwirte. gr. 8. (IX, 233 S. m. 15 Textabbildgn. u. 7 lith. Taf.) Berlin 891. P. Parey. n. 6. —

Hornbook, Adam

— Alderman Ralph oder die Geschichte des Burgfleckens u. des Magistrats von Willowacre. Deutsch von Ernst Susemihl. 4 Bde. Leipzig 857. Kollmann. 8. (232; 243; 199; 254 S.) 2 Rthlr. 20 ngr.

Hornbook, Ad., die Familienfehde. Aus dem Engl. von W. E. Drugulin. 3 Bde. Leipzig 855. Kollmann. 8. (288; 287; 287 S.) 2 Rthlr.

***Hornbostel,* A., Diss. inaug. med. de peregrinationis usu et dignitate in valetudine servanda vel recuperanda. 4. Wien 815. Gräffer u. Schmidl. 16 gr.**

Hornbostel, A. [Hrsg.], s. Streicher, Andreas: Schillers Flucht.

ALBERT (d. i. ***Aug. Hornbostel***), Die Wette. Aus Jonathans Papieren entwendet und fortgesetzt von —. Gotha, Becker, 1810. 8°. 272 S.

Hornbostel, C., und A. Fölsch, Wien's Wasser-Versorgung, s. Fölsch, A.

Hornbostel Erich von und Siebner Eduard O.: Über Kondensation von Glyoxal mit Isobutyraldehyd. Vorläufige Mitteilung. S. 168. IIb. 545 . . . . vgr. **Separatabdruck**

Hornbostel, Klaus, Umasunst! Eine Liebes- und Waidmannsgeschichte aus den Bergen. Mit Titelbild von Frz. Simm und Umschlagzeichnung (in Lichtdr.) von Hugo Engl. 1. und 2. Aufl. 8. (295 S.) München 884, Ad. Ackermann. geb. *

Hornbostel, Klaus, umasunst! Eine Liebes- u. Waidmannsgeschichte aus den Bergen. Mit Titelbild v. Frz. Simm u. Umschlagzeichng. v. Hugo Engl (in Lichtdr.). 2. Aufl. 8. (295 S.) München 884. F. A. Ackermann. n. 5. —; geb. n. 6. 50

Hornbostel, Max, Ritt. v., Zur Einführung des Blattsystems auf d. Wiener Stadtbahn. gr. 8. (6½ Bg.) Mit 6 Taf. Wien, Spielhagen & Schurich. 1 fl. 50 kr. 1883

Hornbostel, Max Ritter v., zur Einführung des Blocksystemes auf der Wiener Stadtbahn. gr. 8. (V, 106 S. mit 6 lithogr. Taf.) Wien 884, Spielhagen und Schurich. *

—— über einige Einrichtungen für mechanisches Verschieben in Verwendung auf der französischen Nordbahn. gr. 8. (32 S. mit 6 Fig. auf 4 lithogr. Taf.) Ebendas. 883. *

Hornbostel, W., De Josephi studiis rhetoricis. Diss. 1912. 114 S. 3.—

Ueber die Einwirkung der vergleichenden Grammatik auf die Methode des französischen Unterrichts an Gymnasien v. Wilhelm **Hornbostel.** Ratzeburg. 1857. 4°. Gymn.-Progr.

Ueber die von Demostenes in Sachen des Apollodor verfassten Gerichtsreden von Wilhelm **Hornbostel.** Ratzeburg. 1850. 4°. Gymn.-Progr.

Die Gleichnisse bei Vergil v. Wilhelm **Hornbostel.** Ratzeburg 1870. 4°. Gymn.-Progr.

Ueber die Phoenissen des Euripides v. Wilhelm **Hornbostel.** Ratzeburg. 1862. 4°. Gymn.-Progr.

Hornburg, Bruno, die Liebe höret nimmer auf! Eine Erzählg. (62 S.) 8. Dresden 903. E. Pierson. n. 1. 50; geb. n. 2. 50

Hornburg, C., s. Hornburg, K.

Hornburg, Carl, s. Hornburg, Karl

[F.] Dorfpredigten. Kurzgef. Predigten üb. d. Evangelien d. Kirchenjahres v. Dr. Georg **Hornburg,** Pastor in Detershagen. *Halle a. S.: R. Mühlmann 1899.* (VIII, 288 S.) 1 Bd 8. [9]. 1193

— dasselbe,
— Evangelien-Predigten, } s.: Sonntagsfreude.

Hornburg, Geo., Handbuch für den Konfirmanden-Unterricht. Methodische und nach Luthers Katechismus geordnete Stoffsammlung mit Berücksichtigung der kirchl. Bekenntnisschriften. 1. und 2. Tl. gr. 8. Leipzig, [Lehmann.] Fr. Richter. à Tl. * ℳ 2.80. * 5 60

Inhalt:

Tl. 1. Das 1. Hauptstück, nebst zwei einzelnen Vorträgen. (V, 170 S.) 886.
" 2. Das 2. Hauptstück oder evangelische Glaubenslehre. Auch für alle Gebildeten in biblisch-kirchlich-apologetischer Behandlung. (VI, 174 S.) 887.

Hornburg, Geo. Handbuch f. den Konfirmanden-Unterricht. Methodische u. nach Luthers Katechismus geordnete Stoffsammlg. m. Berücksicht. der kirchl. Bekenntnisschriften. 3. Tl.: Das 3., 4. u. 5. Hauptstück od. die Lehre v. den Gnadenmitteln. gr. 8. (VIII, 121 S.) Lpz. 890, Fr. Richter. * 2 —

1. u. 2. Tl. Ebd. 1886,87. * 5 60.

Ein Jahrgang kurzgefasster Predigten über die Evangelien gehalten von Dr. Georg Hornburg, Pastor in Detershagen. *Halle a. S.: R. Mühlmann 1899.* (Getr. Pag.) 8° [J.]
— Sonntagsfreude. 3. [9. 1906]

Hornburg, Georg: •Quid esse theologiae cum philosophia Baconus censuerit exponatur et dijudicetur. 48 S. 4° (2°)
Halle-Wittenberg, Phil. Diss. v. 3. März 1869
Geb. [Magdeburg 3. 12. 1841]

Hornburg, H., das kalte Wasser, od. wie, wo u. wann kann u. darf es ohne Arzt als Heilmittel angewendet werden? Nebst Anweis., d. Unvermögen d. Männer u. d. Unfruchtbarkeit d. Weiber durch d. Gebr. d. kalten Wassers zu beseitigen u. d. üblen Folgen d. Selbstbefleckung zu lindern u. zu heilen. gr. 12. (1½ B.) Ulm 840, Ebner'sche Buchh.

Hornburg, H., das kalte Wasser ein Universalheilmittel in allen Krankheiten. Zuverlässiger Rathgeber, wie vermittelst dieses einfachen Mittels [durch Schwitzen, Bäder, Uebergießungen, Umschläge, Wicklungen ꝛc.] alle Krankheiten leicht und sicher beseitigt und die Gesundheit befestigt werden kann. Nebst Anweisung, das Unvermögen der Männer und die Unfruchtbarkeit der Weiber durch den Gebrauch des kalten Wassers zu beseitigen und die üblen Folgen der Selbstbefleckung zu lindern und zu heilen, sowie einem ausführl. Register aller durch Anwendung des kalten Wassers heilbaren Krankheiten. 12. nach den neuesten Erfahrungen und dem heutigen Stande der Heilwissenschaft neu bearb. Aufl. von G. Niemaier. 8. (96 S.) Reutlingen 881, Enßlin und Laiblin's Verlagsb.

Hornburg, Henry Drummond, der Naturforscher unter den Theologen. [Aus: „Beweis d. Glaubens".] gr. 8. (19 S.) Gütersloh 894. C. Bertelsmann. n. — 40

Hornburg, Joh. Die Komposition des Beovulf. 40 S.
Progr. Lyz. *Metz* 1877.

Hornburg, Johannes

Hornburg, Joh., Hülfsbuch für den evangel. Religionsunterricht in den oberen Klassen höherer Lehranstalten. gr. 8. (VII, 288 S.) Magdeburg 883, Creutz'sche Buchh. *

Bibel und Babel. 2 Vorträge von Pastor Dr. Johannes Hornburg-Stralsund. Mit 1 Kartenskizze u. 5 Bildern. *Potsdam: Stiftungsverl. 1903.* (54 S.) 8° [J.] [03. 8100]

Hornburg, Johs., Christus im Alten Testament. 15 Predigten in Wochengottesdiensten üb. messian. Weissaggn. gr. 8. (VI, 180 S.) Anklam 897. H. Wolter, Verl. n. 2. —; geb. n. 3. —

Hornburg, Ioh[annes]: •Quae ratio inter doctrinam de libertate transcendentali et artem educandi intercedat quaeritur. 53 S. 4° (2°) •
Halle-Wittenberg, Phil. Diss. v. 27. Jan. 1870
Geb. [Magdeburg 21. 6. 1846]

Hornburg, K.

Hornburg, C., 52 Gedächtnißübungen z. Belebung d. moral.-relig. Gefühls f. e. reif. Jugend. Eine Samml. lehrr. u. unterhalt. Erzähln. alter u. neuer Zeit, in poet. Form wiedererzählt. 8. (12 B.) Leipzig 829, Wienbrack.

Hornburg, K., (Lehrer Dr.) 52 Gedächtnißübungen zur Belebung des moral.-religiösen Gefühls f. eine reifere Jugend. 8. Leipz. u. Torgau 830. Wienbrack. 16 gGr.

—— christl. Religionslehre f. d. reif. Jugend aus gebild. Stande. 8. (6¼ B.) Leipzig 828, Fest.

Hornburg, K. J.

— Antrittspredigt, geh. am 18ten Sonnt. n. Trinit. 1812 in der Nicolaikirche zu Spandau. gr. 8. Berl. 813. Mittler. 4 gGr.

— Nachr., die Einschließung u. Belagerung von Spandau betreff. 8. Berl. 813.

Hornburg, K. J., Predigt üb. d. vorgeschrieb. Text Joh. 12, 35—36, am ersten Tage d. 300jähr. Jubelfeier wegen Einführ. d. Reformation in d. Mark Brandenburg, insbesond. wegen des am 1. Nov. 1539 in d. Nikolai-Kirche zu Spandow erfolgten Beitrittes d. Churf. Joachim II. z. evangel. Kirche. gr. 8. (1 B.) Berlin 839, G. Gropius. (?)

Hornburg, K. J. (Prediger,) Volksgunst ist wandelbar, u. Volksverführung wandelt in Gefahr. Zwei Predigten. gr. 8. Berl. 822. Herbig. 4 gGr.

Hornburg, Carl, des Preußenlandes Würde in sein. Regentenhause u. Volke. Vaterländ. Erinnerungen in erzählenden Gedichten. gr. 8. (4⅓ B.) Deßau 842, Aue. **

Hörndl, Fd.

Hörndl, F., kurzer prakt. Unterricht üb. d. Anbau, Benutzung u. Erzeugung d. Samens d. vorzüglichst. Gattungen von Klee und Futterkräutern. 8. Wien, Rehm. 817.

Hörndl, (F.) kurzgefaßter prakt. Unterricht f. den Landmann üb. den Anbau, d. Erzeugung u. Benutzung des Samens d. vorzüglichsten Gattungen von Klee- u. Futtergräsern, von Laub- u. Nadelhölzern ꝛc., wie auch üb. den Hopfen- u. echt österreich. Safranbau ꝛc. 3e Aufl. 8. Wien 822, Armbruster.

v. Horne, ..., Abhandl. von d. verschied. Methoden, d. Quecksilber in venerischen Krankheiten zu brauchen; aus d. Französ. gr. 8. Leipz. 788. (Knobloch). 1 Rthlr 8 gGr.

Horne, v., v. versch. Methoden, d. Quecksilber in venerischen Krankheiten zu brauchen, a. d. Franz. gr. 8. Leipz. Bohme. 782.

D. R. de Horne

[D. R.] von Horne [Examen des principales méthodes d'administrer le mercure pour la guérison des maladies vénériennes. Deutsch:] Abhandlung von den verschiedenen Methoden das Quecksilber in den venerischen Krankheiten zu gebrauchen, durch Beobachtungen bestätigt,... Aus d. Franz. Leipzig: Böhme 1782. 478 S. 8°

Über geographische Benennungen aus der näheren und weiteren Umgebung von Frankfurt a. M. nebst Berücks. d. wichtigeren Gebirge, Flüsse u. Städte d. grösseren Vaterlandes von Anton Horne, Lehrer a. D. *Leipzig & Frankfurt a. M.: Kesselring (1900).* (VIII, 111 S.) 8° [J.] [00. 8009]

Horne, Ant., über geographische Benennungen aus der näheren u. weiteren Umgebung v. Frankfurt a. M., nebst Berücksicht. der wichtigeren Gebirge, Flüsse u. Städte des größeren Vaterlandes. 8. (VIII, 111 S.) Frankfurt a/M. (901). Kesselring. n. 2. —

Horne, Ant., die wichtigsten öffentlichen Denkmäler von Frankfurt a. M. Ein Beitrag zu ihrer Kenntnis f. jung u. alt. (VI, 44 S. m. Abbildgn.) 8. Frankfurt a/M. (904). Kesselring. n. — 40

Horne, A., Geschichte v. Frankfurt am Main. Für die Jugend dargestellt. gr. 8. (VI, 142 S.) Frankfurt a. M. 872. Auffarth. n. 1. 60

Horne, Ant., Geschichte von Frankfurt am Main in gedrängter Darstellung. 2. unter Mitwirkung von H. Grotefend umgearb. Aufl. Mit Ansichten der Stadt aus früheren Jahrhunderten (in Lichtdr.) und 1 histor. (lithogr. und color.) Plan. 4 Lfgn. 8. (XI, 281 S.) Frankfurt a. M. 882, Jügel's Nachf.
à Lfg. * M 1,20. *

Horne, Ant., Geschichte v. Frankfurt am Main in gedrängter Darstellung. 3., erweit. Aufl. Mit Ansichten u. Plänen der Stadt aus früh. Jahrhunderten. 8. (VIII, 341 S.) Frankfurt a/M. 893. C. Jügel's Verl. n. 5. —; geb. n. 6. —

— Geschichte von Frankfurt am Main in gedrängter Darstellung. 4., erweit. u. verb. Aufl. Mit 37 Ansichten u. Plänen der Stadt aus älterer u. neuerer Zeit. gr. 8. (VIII, 354 S.) Ebd. (902). Geb. in Leinw. n. 7. —

Geschichte von Frankfurt am Main in gedrängter Darstellung von Anton Horne. 4. erw. u. verb. Aufl. Mit 37 Ansichten u. Pl. *Leipzig & Frankfurt a. M.: Kesselring [1903].* (VIII, 354 S.) 8° [F.] [03. 0300]

Horne, Ant., Frankfurter Inschriften. Ges. u. erläut. M. 2 Taf. gr. 8. (VII, 92 S.) Frankfurt a/M. 897. C. Jügel. n.n. 2. —

Horne, A. Leitfaden für den Unterricht in der Heimathskunde. Mit besond. Beziehung auf Frankfurt a. M. bearb. Gekrönte Preisschrift. Mit einer Zeichnung (in eingedr. Holzschn.) u. (lith.) Karte der Umgegend von Frankfurt a. M. (in qu. gr. 4.) Frankfurt a. M. 869. Auffarth. gr. 8. (VI, 58 S.) n. 9 ngr.

9. Ueber das Leben, den Tod und den Charakter Johannis des Täufers. Eine Erbauungsschrift. Aus d. Engl. von Georg **Horne.** Halle: Gebauer 1777. 112 S. 8°
Kl. 414. 74.

Johannes van Horne

[Teils.] Iohannis van Horne opuscula anatomico-chirurgica, seorsim quae antehac temporibus diversis prodierunt, in praesens nunc congesta volumen, atque annotationibus, recentiorum in anatomicis pariter ac chirurgicis industriam patefacientibus, adaucta. Studio & opera Iohannis Guilielmi Pauli [Johann Wilhelm Pauli]. Lipsiae: Fritschius 1707. 581 S. 8°

Horne, Thom., Dialogues for the head and the heart for the use of Children etc. engl. and germ. illustr. w. 10 plates. 8. Lpz. Hinrichs. 801. Rthlr.

Horne, Thom., dialogues for the heaud and heart etc., od. engl. u. deutsche Gespräche f. Anfänger. 8. Leipz. 802. Hinrichs. 14 gr. 2e Ausg., herausg. v. J. Ebers. 8. Ebd. 814. 9 gr.

— engl. u. deutsche Gespräche f. Anf. 8. Ebend. 806.

Horne, Thom., englisch-deutsche Gespräche, herausg. von J. Ebers. 8. Leipz. Hinrichs. 815.

— s. auch Dr. Herrmann's Vernunftkatechismus.

[F. u. Ant.] **Horneber,** *Ferdinand:* Über King Hart und Testament of the Papyngo. Straubing, C. Attenkofersche Buchdr., 1893; 38 S. 8.
Straubing, k. G, P 1893*

Horneber, F., üb. King Hart u. Testament of the Papyngo. Progr. gr. 8. (38 S.) Straubing 893. (M Huber ...) n. 2.

[F.] **Horneber,** Ferdinand: Englisch-amerikanische Literatur im Lichte französischer Kritik, 1. Tl. Münnerstadt, G. Blatz, Buchdr., 1897; 79 S. 8.
Münnerstadt, k. G, P 1897*

Horneburg [Schlagwort]

Horneburg, s.: **Geologische Karten.** Preussen 106.

Horneck, A., die Unkrautvertilgung durch e. neue Bearbeitg. unserer Felder. (24 S.) kl. 8. Cronberg 905. Frankfurt a/M. (Kaiserstr. 81), Selbstverlag. n. — 60

Horneck, Anton, s. a. Hornek, Anton

Horneck, Ant., Abhandl. v. der Ueberlegung, die zu einem gottseligen Wandel erfordert wird. Aus d. Engl. übers. von Fr. Ph. Schlosser, völlig zu Stande gebracht v. Jh. Jak. Plitt. 8. Cassel 754. Frankf. a. M. 766. (Hermann; a. Brönner). 20 gr.

HORNECK, Armand: Dissertatio de venatione. - Straßburg 1733

(Horneck, Philipp Wilhelm v.) Oesterreich über alles, wann es nur will. Das ist: Wohlmeynender Fürschlag, wie mittelst einer wohlbestellten Landes-Oeconomie, die kayserl. Erb-Lande in kurtzem über alle andern Staaten von Europa zu erheben und mehr als einiger derselben von denen andern independent zu machen. (Nebst ein Anhang oder unvorgreifliches Projekt zu Stellung einer Armee von 100.000 Mann aus den kayserl. Erb-Landern.) (Neue Ausgabe. Erste Ausgabe erschien 1684.) 8. Regensburg 1727.

Horneck, Rud., Anleitung zur raschen u. zweckmäßigen Erlernung des Maschinenschreibens. (Universaltastatur.) Für Handelsschulen u. zum Selbstunterrichte bestimmt. (16 S.) gr. 8. Bozen 903. Prof. Horneck. n. — 60

Horneck, R., Anleitung zur raschen und zweckmäßigen Erlernung des Maschinschreibens. (Universaltastatur.) Gr.-8°. (16 S.) Bozen: Auer 1903 * K —.40

Horneck, Rud., Ausweisung des philosophischen Flüchtlings Hrn. Dr. Clemens, aus dem Gebiete der Theologie. 8. (75 S.) Wien 853, Greß's Vrlgsh. *

Horneck v. Weinheim, Ludwiga, Bienengretchen. Ein Märchen, art. Kindern erzählt. 12. (67 S. m. Abbildgn.) Nürnberg 902. (C. Koch). n. — 60

Hoernecke, F(riedrich), aus Sulzbach b. Saarbrücken: Die **Lagerungsverhältnisse** des Carbons und Zechsteins an der ibbenbürener Bergplatte. *Halle a. S. 1901: Waisenhaus.* (30 S.) 4°
Giessen, Phil. Diss. v. 1901

Hörnecke, Paul, aus Croppenstedt: Über die Ersatzpflicht des Gläubigers in dem Falle, daß provisorische Vollstreckungstitel nach ihrer Vollziehung aufgehoben werden. *Borna-Leipzig 1904: R. Noske.* (VIII, 36 S.) 8° [F.]
Leipzig, Jur. Diss. v. 1904

Hoernecke, Willy: Albrecht I. und die Kurfürsten. Halle a. S. 1908: Kaemmerer. 91 S. 8°
Halle, Phil. Diss. v. 2. Okt. 1908, Ref. Lindner
*[Geb. 15. Sept. 86 Croppenstedt; Wohnort: Halle a. S.; Staatsangeh.: Preußen; Vorbildung: Gymn. Halberstadt Reife O. 05; Studium: Halle 3, Berlin 1, Halle 3 S.; Rig. 3. Juli 08.] [U 09. 1660
18*

Hornef, Friedr. Wilh.: Über Ergebnisse von Schädelmessungen. *München 1892: Dr. C. Wolf & Sohn.* (96 S.) 8°
München, Med. Diss. v. 1897

Horneffer, A. R., De Ennii carminibus. Gel. 1863. 8 S. 4°.

Horneffer, Aug., künstlerische Erziehung. (1. Tl. v. E. u. A. Horneffer, das klass. Ideal, Sonderausg.) (197 S.) gr. 8. Leipzig 909. Dr. W. Klinkhardt. 3.—; geb. 4. —

Erziehung der modernen Seele. Von August Horneffer. Leipzig: W. Klinkhardt 1908. (103 S.) 8° [08. 10243

— s.: Kultur, antike.

— Mensch u. Form. 6 gemeinverständl. Vorträge üb. Zweck u. Aufgabe der Kunst. (111 S.) gr. 8. Leipzig 909. Dr. W. Klinkhardt. 3.—; geb. 4. —

Horneffer, August. (Friedrich) Nietzsche als Moralist und Schriftsteller. II + 108 S. 8. Jena, Eugen Diederichs, 1906. [M. 2.50]

Horneffer, August: Johann Rosenmüller (ca. 1619–1684). *Charlottenburg 1898: Buchdr. »Gutenberg«.* (124 S.) 8°
Berlin, Phil. Diss. v. 4. Mai 1898

Dr. August **Horneffer**. Der Verfall der Hochschule. 1. u. 2. Taus. Leipzig: J. Zeitler 1907. (114 S.) 8° [08. 14379

Horneffer, Augustus Armin (geb. Berlin 10. 2. 1831). De sectione alta. Berolini (1854). (32 S.) 8°
Berlin, Med. Diss. v. 17. Aug. 1854

Horneffer, Curt, s. Horneffer, Kurt

Zu Nietzsches Gedächtnis. Von Ernst **Horneffer**. 1. Rede, geh. am Sarge Nietzsches zu Weimar. 2. Nach Nietzsches Tode. Vortrag. *Göttingen: F. Wunder 1901.* (47 S.) 8° [01. 6810

Horneffer, Ernst, Gedächtnis-Rede auf Friedrich Nietzsche, geh. an seinem Sarge bei der Trauerfeier im Nietzsche-Archiv zu Weimar am 27. VIII. 1900. gr. 8. (15 S.) Göttingen (900). Berlin, F. Wunder. n. — 50

Horneffer, Ernst, Hebbel u. das religiöse Problem d. Gegenwart. (VI, 64 S.) 8. Jena 907. E. Diederichs. 1. 50

Horneffer, Ernestus *Augustus:* De Hippia maiore qui fertur Platonis ... Gottingae, Dieterich, 1895; 2 Bl., 70 S., 1 Bl. 8.
Göttingen, Phil. Fak., Inaug.-Diss. v. [1. Apr.] 1896

Horneffer, Ernest., de Hippia maiore qui fertur Platonis. Diss. gr. 8. (IV, 70 S.) Göttingen 896. Dieterich's Sort. n. 1. 20

— u. Aug. Horneffer, das klassische Ideal. Reden u. Aufsätze. (VII, 329 S.) gr. 8. Leipzig 906. J. Zeitler. n. 7. 50; geb. n. 9. —

— u. Aug. Horneffer, das klassische Ideal. Reden u. Aufsätze. (2. u. 3. Aufl.) 2. u. 3. Taus. (357 S.) gr. 8. Ebd. 909. 5.—; geb. 6. —

— Jesus im Lichte der Gegenwart. Ein Vortrag. (36 S.) gr. 8. Leipzig (910). Verlag Die Tat. — 50
Sonderabdr. a.: „Die Tat".

Ernst **Horneffer**. Katholizismus in der protestantischen Kirche. Worte z. Abwehr. Leipzig: Zeitler 1906. 71 S. 8° [06. 3567 7

Horneffer, Ernst, Katholizismus in der protestantischen Kirche. Worte zur Abwehr. (Neue [Titel-] Ausg.) (71 S.) 8. Leipzig [906] 909. Dr. W. Klinkhardt. 1. —

Die Kirche und die politischen Parteien. Aufruf z. Gründung e. Deutschen Kulturpartei. Anh. Programm d. Deutschen Kulturpartei. Von Dr. Ernst Horneffer. Leipzig: W. Klinkhardt 1908. (63 S.) 8° [F.] [08. 4374

— s.: Kultur, antike.

— Nietzsches Lehre v. der ewigen Wiederkunft u. deren bisherige Veröffentlichung. gr. 8. (84 S.) Leipzig 900. C. G. Naumann. n. 1. —

— Nietzsche-Vorträge. 12.—14. Taus. Erweit. Ausg. (VI, 187 S.) 8. Leipzig 908. Dr. W. Klinkhardt. 3.—; geb. 4. —

— Platon gegen Sokrates. Interpretationen. (82 S.) gr. 8. Leipzig 904. B. G. Teubner. n. 2. 80

— Die künftige Religion. (IV, 149 S.) gr. 8. Ebd. 909. 3.—; geb. 4. —

Horneffer, Ernst. (Friedrich) Nietzsches letztes Schaffen. Eine kritische Studie. 75 S. 8. Jena, Eugen Diederichs, 1907. [M. 1.20]
(*Umschlagband:* Zur Verteidigung (Professor Franz) Overbecks gegen Frau [Elisabeth] Förster-Nietzsche.)

Die Schicksalsstunde der deutschen Freimaurerei. Als Ms. f. Brr. Freimaurer verfasst von Ernst Horneffer. Mit Anhang Plan einer maurerischen Zeitschrift für die Öffentlichkeit. München: Reinhardt o. J. 40 S. 8°. 21.

— Stehen wir vor e. neuen Kulturkampf? Rede, geh. in e. Volksversammlg. im Münchener Kindl-Keller am 14. III. 1910. (Nach d. Stenogramm hrsg.) (32 S.) gr. 8. Leipzig (910). Verlag Die Tat. — 50
Sonderabdr. a.: „Die Tat".

— s. a. Tat, die.

Die Tat. Wege zu freiem Menschentum. E. Monatsschrift hrsg. von Ernst *Horneffer.* Jg. 1 ff. [Jg. 2 ff.:] Bd 1. 2. Leipzig o. J. 8°

Vorträge über Nietzsche. Versuch einer Wiedergabe seiner Gedanken. Von Ernst Horneffer. Dr. phil. *Göttingen: F. Wunder 1900.* (VI, 109 S.) 8° [00. 12364 7

— Vorträge üb. Nietzsche. Versuch e. Wiedergabe seiner Gedanken. 2. u. 3. Aufl. gr. 8. (à VII, 122 S.) Berlin 901. 902. F. Wunder. n. 2. —
1. Aufl. (VI, 109 S.) Ebd. 900. n. 2. —.

Vorträge über Nietzsche. Versuch e. Wiedergabe s. Gedanken von Dr. Ernst Horneffer. 4.–6. Taus. *Berlin: F. Wunder 1903.* (95 S.) 8° [04. 3707

Vorträge über Nietzsche. Versuch e. Wiedergabe s. Gedanken von Dr. Ernst **Horneffer**. 5. Ausg. Berlin: F. Wunder 1904. (95 S.) 8° [04. 3677 11

Horneffer, Ernst. Vorträge über (Friedrich) Nietzsche. Versuch einer Wiedergabe seiner Gedanken. 10. und 11. Tausend. VIII + 132 S. 8. Berlin, Julius Bard, 1906. [M. 2. —]
[1. Aufl.] 1900; — 2. *u.* 3. Aufl. 1901 *u.* 1902; — 4.—6. Tausend. 1903; — 5. Ausg. (7.—9. Tausend.) 1904.

Horneffer, Ernst, Vorträge üb. Nietzsche. Jetzt: Leipzig, Dr. Werner Klinkhardt.

— **Wege zum Leben.** (Der höchste Wert. Gott u. Mensch. Die Ehe. Der Tod.) Vorträge. 1.—3. Tausend. (III, 148 S.) 8. Leipzig 908. Dr. W. Klinkhardt. 8.—; geb. 4. —

HORNER, Friedrich Wilhelm: Über Ergebnisse von Schädelmessungen.- München: Wolf 1892. 96 S.
19.7.1892 - Chr 1892/93,14; Jv 1897/98,213 (Prom.-Datum: 1897)
Diss. Ingolst.-Landsh.-Mchn.

Horneffer, Curt [aus Rixdorf-Berlin]: Aus d. Patholog. Institut zu Greifswald. Ein Fall von röhrenförmiger Abstossung der Oesophagusschleimhaut nach Schwefelsäurevergiftung ... Greifswald, Druck v. J. Abel, 1895; 30 S. 8.
Greifswald, Med. Fak., Inaug.-Diss. v. 20. Juni 1895

Hornegk, Johann von, s. a. H o r n e k, Johann von

Hornegk, Jh. von. Bemerkungen über Oesterreichische Staatsökonomie, umgearbeitet und mit Anmerkungen versehen von Jh. Bdkt. Frz. Hermann. gr. 8°. Berlin, Nicolai, 1784.

Hornejus, Theod. Friedr., Fruchtbare Betrachtungen über den durch einen herrlichen Frieden glücklich geendigten Krieg . . . in seiner Gemeine am Palm-Sonntage 1763. Königsberg i. d. Neumark 1763. 4. (24 S.)

Hornek, Anton, s. a. H o r n e c k , Anton

Hornek, Ant., v. d. Ueberlegung, die zu einem gottseligen Wandel erfordert wird. 8. Frkf. Garbe. (Hermann. u. Bronner) 763.

Hornek, Johann von, s. a. H o r n e g k , Johann von

Horneks, Johann v., Bemerkungen über die österreichische S t a a t s ö k o n o m i e. Ganz umgearbeitet und mit Anmerkungen versehen von Benedikt Franz **Hermann.** 8. Berlin 1784.

H o r n e m a n n II., [M. Th. v. Heuglin], Beiträge zur Fauna der Säugethiere N.O.-Afrika's. gr. 4. (24 S. mit 1 Stnt.) Jena 861(62), Frommann. *
Aus: Verhandlungen der k. L.-C. d. A., besonders abgedruckt.

Ansichten der adeligen Güter Holstein's der Canzlei-Güter und der adeligen Klöster. Nach der Natur gezeichnet v. **A. Hornemann.** (Bd. 1—2.) Hamburg. 1850. Fol.

H o r n e m a n n, And., Grundsätze d. Gottesgelahrheit m. Spr. heil. Schrift bewiesen. 8. Brandenb. 740.

HORNEMANN, ANDREAS: Kurzer Inbegriff der vornehmsten Glaubenslehren und Lebenspflichten. Preßburg 1778: F. A. Patzko. 48 S. - 8°

H o r n e m a n n, C., philos. Schriften, a. d. Dän. gr. 8. Alt. Hammerich. 796.

H o r n e m a n n, C. F., Anleitung z. ersten Unterrichte im Zeichnen, nach pestalozzischen Grundsätzen, besond. f. Lehrer, die d. Zeichnens unkundig sind, u. solche, die dass. ohne Lehrer erlernen wollen, bearb. Mit e. Vorr. v. F. G. Rettig. 1. Hft., den Unterr. im Zeichnen ebener Figuren enth. gr. 8. (2 B. u. 8 Stnt.) Hannover 835, Hornemann'sche Hofkunsth. *

—— Ideen-Magazin hierzu. 1. Hft. 16 lith. Taf. qu. gr. 4. (½ B. Text.) Hannover 835, Hornemann'sche Hofkunsth. *

— Wand-Karte vom Königreiche Hannover nebst dem Großherzogthume Oldenburg, dem Herzogthume Braunschweig u. den Fürstenthümern Lippe-Detmold u. Schaumburg Lippe. Für Schullehrer-Seminarien, Gymnasien u. Volksschulen. Nach d. Angabe d. Dr. Friedr. Gottfr. Rettig ausgeführt. 9 lithogr. Bl. gr. Fol. Hannover 835. Hornemann. 1½ Rthlr.

Aladdin. Eventyr-Opera. Märchen-Oper v. C. F. E. **Hornemann.** Klavierausz. m. Text v. Komponisten. Deutsche Übs. v. M[arie] v. B o r c h. *Kopenhagen & Leipzig: W. Hansen [1895].* (2 Bl., 379 S.) 1 Bd 4.
[96. 1400

Hornemann, Carl Friedrich, s. H o r n e m a n n , Karl Friedrich

Hornemann, Christian. Philosophische Schriften, a. d. Dän. Altona 1796. Ü: *Boie, Christian Rudolph* & *Chn Lävinus (Chn Fel.) Sander.* (ML)

Ch. **Hornemann's** philos. Schriften, a. d. Dän. v. Ch. Rdf. **Boje** u. Ch. F. **Sander**; m. e. Zug. v. K. Lh. **Reinhold.** *Alt.*, Hammerich. 796. gr 8° 1 Rthlr 6 gGr

H o r n e m a n n, Cl. F r o e s e n, Specimen exercitationum criticarum in versionem LXX interpretum ex Philone. Götting. 773. 8. Ejusd. Specim. II. Havn. 776. 8. Ib. 779. 8. 6gr.

— specimen I. II. III. exercitat. crit. in version. LXX interpret. ex Philone. 8 maj. Götting. 773—78. Dieterich. 1 Rthlr 4 gGr

— Specimen I. II. III. exercitat. crit. in V e r s i o n. LXX. interpret. ex Philone. 8. maj. Gött. Dieterich. 773—79.

H o r n e m a n n, Cl. Fr., Observationes de harmonia linguarum orientalium, Ebraicae, Chaldaicae, Syriacae et Arabicae. (Part. I.) Ed. II. (cui addita sunt Evangelii Marci cap. V. priora, arab. et syr.). Haud parum aucta in praelection. ab auctore habendis auditor. usui destinata. (7¼ B. 8., 6½ B. 4. u. 1 Tab. auf Schrbp. Fol.) — Part. II. (cui addita sunt Evangelii Marci cap. XI. poster., arab. et syr., et Ephraemi Syri scholia in Oracula Jesaiae, syr. et lat. (5 B. 8. u. 28¼ B. 4. auf Schrbp.) Hauniae 826, 29, (Brummer.) Thlr.

Hornemann, Cl. Fr., observationes ad illustrationem doctrinae de canone V. T. ex Philone. 8 maj. Kopenh. 775. (Brummer). 4 gGr

H o r n e m a n n, C. F., observationes ad illustrationem doctrinae de c a n o n e V. T. ex Philone. 8. maj. Copenhag. Proft. 775.

— scripta genuina patrum apostolicorum, graece et lat. Part. I. cont. *Clementis* Romani epistolam ad Corinthios. 2 Rthlr Part. II. *Polycarpi* epistolam ad Philipp. et Ignatii epist. ad Rom. Ephes. Smyrn., ad Polycarp. et Trallianos. 1 Rthlr 16 gGr 4. Kopenh. 828 u. 29. (Brummer). 3 Rthlr 16 gGr Part. III. cont. *Justini* Martyr. dial. C. Tryph. capita 1—59. 4. ibid. 829. (id.) 2 Rthlr

H o r n e m a n n, Cl. Fr., Scripta genuina graeca patrum apostolicor., graece et latine. Part. I—III. 4. (46¼ B.) Hauniae 828, 29, (Brummer.)
Part. I. Clementis Romani epistolam ad Corinthios. 2 Thlr.
- II. Polycarpi epistolam ad Philipp. et Ignatii epist. ad Rom. Ephes. Smyrn., ad Polycarp. et Trallianos. 1 Thlr. 16 Gr.
- III. Iustini Martyr. dial. C. Tryph. capita 1—59. 2 Thlr.

Hornemann, Claud. Jac. Aemil., de viribus et rationibus major. dosium Calomellis. 8maj. (7⅛ B.) Hauniae 839. (Reitzel.) *

Hornemann, E., hygieinische Abhandlungen. Beiträge zur prakt. Gesundheitspflege. Autoris. deutsche Übersetzung v. Eug. Liebig. gr. 8. (V, 451 S.) Braunschweig 881. Vieweg & Sohn. n. 8. —

Hornemann, E.: Akute Alkoholvergiftung bei fünf Knaben. Beitr. z. prakt. Gesundheitspfl. F. Vieweg & Sohn. Braunschweig. 1881.

Hornemann, E., om adskillige Mangler ved den offentlige Reenlighed i Kjobenhavn, i sanitær Henseende; og om en forbedret Vandforsyning som et Middel derimod. En Beretning til det kgl. medicinske Selskab, i den hygieiniske Comites Navn. gr. 8. (39 S.) Kjobenhavn 847, Gyldendal. ¼ ℛ

—— vom Zustande des Menschen kurz vor dem Tode. Aus dem Dän. 1.—6. Aufl. gr. 8. (39 S.) Gotha 881,82, Schloeßmann. *

Hornemann, E., vom Zustande d. Menschen kurz vor dem Tode. 10. Aufl. 12. Tauf. 8. (38 S.) Gotha 898. G. Schloeßmann. n. — 80

Hornemann, Ferdinand, Bemerkungen üb. den gegenwärtigen Stand der Schulreformbewegung, s. Schriften d. deutschen Einheitsschulvereins

– Gedanken u. Vorschläge zu einer Parallelgrammatik der fünf Schulsprachen, s. Schriften d. deutschen Einheitsschulvereins.

Hornemann, F. Die Berliner Dezemberkonferenz und die Schulreform. Von geschichtl. Standpunkte aus beleuchtet. gr. 8. (112 S.) Hannov. 891, Meyer. * 2 —

– Einheitsschulbestrebungen in Italien, s. Schriften d. deutschen Einheitsschulvereins.

– Fortsetzung der Bibliographie d. Einheitsschule, s. Schriften d. deutschen Einheitsschulvereins.

Hornemann, F., englisches Lesebuch, } s.: Lion, C. Th.
— englisches Lesebuch zur Geschichte u. Landeskunde Grossbritanniens, }
— Lese- u. Lehrbuch der engl. Sprache, }

– die Pflege des Auges u. der Anschauung in der Einheitsschule, s. Schriften d. deutschen Einheitsschulvereins.

—— zur Reform des neusprachlichen Unterrichts auf höheren Lehranstalten. 1. und 2. Heft. gr. 8. Hannover, (Meyer.) [1. Heft. (IV, 92 S.) 885. *ℳ 1.60.; 2. Heft. (IV, 48 S.) 886. *ℳ 1.—.] *

Hornemann, F., griechische Schulgrammatik zum Gebrauche beim griechisch. Unterricht aller Stufen nach der Methode v. H. L. Ahrens. 1. Tl.: Homerische Formenlehre. (IV, 160 S.) gr. 8. Göttingen 904. Vandenhoeck & Ruprecht. Geb. in Leinw. n. 2. 40

— Kurzgef. engl. Schulgrammatik, s.: Lion, C. Th.

– der gegenwärtige Stand der Einheitsschulbewegung, s. Schriften d. deutschen Einheitsschulvereins.

— die neueste Wendung im preuss. Schulstreite u. das Gymnasium, s.a. Sammlung v. Abhandlungen aus dem Gebiete der pädagog. Psychologie. IV. 2.

Die neueste Wendung im preussischen Schulstreite und das Gymnasium. Eine Beleuchtung d. Gymnasialfrage v. Standpunkte d. pädagog. Psychol. u. Sozialpädagogik von F[erdinand] Hornemann, Prof. in Hannover. 1. *Berlin: Reuther & Reichard 1901.* 8°
= Sammlung v. Abhandlungen aus d. Geb. d. pädag. Psychologie u. Physiologie. Bd 4, H. 2. [01. 9736

— s.a. Zur Vereinfachung d. französ. Elementarunterrichts.

Zur Vereinfachung des französischen Elementarunterrichts auf Grund des Erlasses vom 26. Februar 1901. Vorschläge d. Ver. f. neuere Sprachen in Hannover nebst e. Begleitwort von Prof. F[e]r[dinand] Hornemann. *Hannover, Berlin: C. Meyer 1901.* (9 S.) 8°
Aus: Neuphilol. Centralblatt. [04. 1.510

—— die Zukunft unserer höheren Schulen, s.a. Schriften des deutschen Einheitsschulvereins.

– die Ziele des deutschen Einheitsschulvereins und Bibliographie der Einheitsschule, s. Schriften d. deutschen Einheitsschulvereins.

Hornemann, F[erd.], Die Zukunft unserer höheren Schulen. Hannover 1887. 8°.
(Schriften d. Deutschen Einheitsschulver. H. 2.)

Hornemann, Friedrich Konrad

Hornemann, F., Reise in d. Innere v. Afrika, v. Egypten nach Fezzan ꝛc. herausg. v. König. m. Kart. gr. 8. Weimar, Ind. Comt. 803. (a. d. Biblioth. d. Reisebeschr. 7r Bd.)

Hornemann, Fr. Konr., († 1800.) Tagebuch sr. Reise v. Cairo nach Mourzuck, herausg. von K. König = neue Bibliothek d. neuesten u. wicht. Reisebeschreibb. 7r Bd.

(Hornemann, Friedrich): Fr. Hornemanns Tagebuch seiner Reise von Cairo nach Murzuck, der Hauptstadt des Königreichs Fessan in Afrika in den Jahren 1797 und 1798. Aus der teutschen Handschrift desselben herausgegeben von Carl König. Mit einer Vorrede des Herausgebers und einer Einleitung von William Young. Weimar 1802. XXX, 168, 240 S., 2 Krt. 8°. II 2758

Hornemann, Friedrich. Tagebuch seiner Reise von Kairo nach Murzuck, der Hauptstadt des Königreiches Fessan in Afrika, in den Jahren 1797 und 1798. Mit 2 Kupfern und 2 Karten. 8. Berlin 1803.

Horneman, H., norwegische Grammatik, s.: Smith, H.

(Hornemann, Ludovicus Henricus Hugo): • Über die Bildung der Weinsäure und Traubensäure durch Einwirkung der Salpetersäure auf verschiedene Kohlehydrate. 39 S. 4° (2°)
Halle-Wittenberg, Phil. Diss. v. 1. Dez. 1862
Geb. Halle a. d. S. 24. 6. 1835. V.
Ersch. in: Zeitschrift f. d. ges. Naturwissenschaften. Bd 21. Berlin 1863. S. 1—30.

— Johann Christoph (Lüben/Laus.), De alienatione subditorum. Präs. Christian Heinr. Breuning. Lpz. (Langenheim) 16. VI. 1764. 24 S. mit Widm. v. Präs. (6.—) 16090

— Johann Gotthelf (Lüben/Laus.), De jure civili a M. Tullio Cicerone in artem redacto. Präs. Christ. Gottl. Haubold. Lpz. (Saalbach) 6. X. 1797. 30 Seiten. (6.20) 16091
Gew.: Johann Christoph Hornemann (Vater), Carl August Boettiger (Weimar). — Widm. v. Präs.

Hornemann, Johannes [Referendar aus Halle a. S.]: Die Cautio usufructuaria.... Halle a. S., Buchdr. d. Waisenhauses, 1800; VI S. + 1 Bl. + 87 S. + 1 Bl. 8°
Halle, Jur. Fak., Inaug.-Diss. v. 1. Febr. 1800

Hornemann, Jens Wilken

— s. C. A. Agardh, Lehrbuch.

Hornemann, J. W., s. Flora Danica.

Hornemann, J. W., Hortus regius botanicus Hafniensis, in usum tironum et botanophilorum. Pars I. cont. Classes I—X. 8maj. Hafn. Bonnier. 814.

Hornemann, J. W., hortus regius botanicus Hafniensis. in usum tyronum et botanophilorum conscripsit. Part. I., II et Supplementum. 8. Hafniae, Bonnier. 820.

Hornemann, Jens Wilken, Nomenclatura Florae Danicae, emend. cum indice system. et alphabet. 8maj. (15¼ B.) Hauniae 827. (Brummer.)

— nomenclatura florae Danicae, emend. cum indice system. et alphabetico. 8 maj. Kopenh. 827. (Brummer). 2 ℔

Hornemann, Carl Friedrich (Lausitz), Quatenus infamia a feudo sive acquirendo sive retinendo prohibeat? observationes IV. Präs. Carl Salomon Zachariae. Wittbg. (Christian Philipp Meltzer) 19. VII. 1797. 8 S. (5.—) 16088

Hornemann, Otto, Stabsarzt: ⟨Aus d. Hygien. Inst. d. Univ. Berlin.⟩ Beitrag zur Frage über die Bakteriendurchlässigkeit der Schleimhaut des Magendarmkanals. Leipzig: Veit 1911. 31 S. 8° ¶(Aus: Zeitschrift f. Hygiene u. Infektionskrankh. Bd 69.)

Berlin, Med. Diss. v. 15. Dez. 1910, Ref. Flügge

[Geb. 24. Febr. 77 Niederndodeleben; Wohnort: Berlin; Staatsangeh.: Preußen; Vorbildung: Wilhelms Gymn. Berlin Reife M. 96; Studium: Berlin K. W. A. 10 S.; Coll. 13. Dez. 10; Approb. 15. Mai 02.] [U 11. 88

Hornemann, *Theodor Bernhard Gustav* Max [aus Halle a. S.]. Zur Kenntnis der Blickfeldbestimmung. Beiträge zur Methodik der Blickfeldbestimmung sowie perimetrische Messungen von monoculären Augenbewegungen im horizontalen und verticalen Meridiane. . . . Halle a. S., Hofbuchdr. v. C. A. Kaemmerer & Co., 1891; 50 S., 1 Bl., 2 Taf. 8°

Halle, Med. Fak., Inaug.-Diss. v. 11. Aug. 1891

Hornemann, W., juristischer Wegweiser zu dem Gesetz wegen Einführung einer kurzen Verjährungsfrist vom 23. Juli 1846, nebst Schema's zu Mahnbriefen, Schuldbekenntnissen und Bagatellklagen, um sich seine Forderungen selbst einklagen zu können. Ein unentbehrl. Rathgeber für jeden Geschäftsmann und Gewerbstreibenden. 16. (32 S.) Bautzen 849, Reichel.

[J.] Johannes **Hörnemann,** weil. Pastor an der reformirten Gemeinde zu Elberfeld. Sein Leben u. Wirken . . . v. e. Mitgl. d. reform. Gem. zu Elberfeld. 2. Aufl. *Elberfeld: Gedr. bei R. L. Friderichs & C. 1895.* (38 S.) 1 Bd 8. [97. 1900

Hörnemann, Johannes, weil. Pastor an d. reform. Gemeinde zu Elberfeld. Sein Leben u. Wirken. Seinen Freunden gewidmet v. e. Mitglied d. reform. Gemeinde zu Elberfeld. 2. Aufl. gr. 8. (38 S.) Elberfeld 895. (G. ten Winkel.) n. — 50

Hörnemann, A., und H. Huesmann, Hand-Fibel oder erster Unterricht im Schreiben, Lesen und Zeichnen. Für Vorschulen höherer Lehranstalten bearb. 8. (VIII, 55 S. mit eingedr. Holzschn.) Essen 870, Radke. cart. *

Hoernemann, A., u. H. Huesmann, Hand-Fibel oder erster Unterricht im Schreiben, Lesen u. Zeichnen. Für Vorschulen höherer Lehranstalten, namentlich der Simultanschulen, bearb. 2., verb. Aufl. 8. (VI, 63 S. m. eingedr. Holzschn.) Essen 878. Radke. geb. n. — 50

— — Lesebuch für Vorschulen höherer Lehranstalten, namentlich der Simultanschulen. 1. Thl. Mit einem Vorwort von H. Probst u. Kares. Ebend. 870. gr. 8. (X, 133 S.) n. 10 ngr.; geb. n. 13 ngr.

— — **Lesebuch** f. Vorschulen höherer Lehranstalten. 1. u. 2. Thl. gr. 8. Ebend. 871. n. 3. —
1. Mit e. Vorwort v. H. Probst u. Kares. (X, 133 S.) n. 1. —
2. (VIII, 326 S.) n. 2. —

— — dasselbe; namentlich für Simultanschulen. 2. Thl. gr. 8. (VIII, 326 S.) Ebend. 871. n. 2. —

Hornemann, J. G., De iure civili a Cicerone in artem redacto. Gel. 1797. 26 S. 4°.

Hornemann, Johannes

Hörnemann, J., der Betrug d. Sünde u. d. Treue Gottes. 16 Predigten über Römer 7 u. 8. 2. Aufl. gr. 8. (142 S.) Neukirchen b. Moers (893). Buchh. d. Erziehungsvereins. n. 1. —

Hörnemann, J., der Betrug der Sünde u. die Treue Gottes. 16 Predigten üb. Römer 7 u. 8. 3. Aufl. gr. 8. (143 S.) Neukirchen (902). Buchh. des Erziehungsvereins. n. 1. —

Hörnemann, J., die Heimkehr nach Kanaan [Jakob's Kampf u. Sieg]. 8 Betrachtgn. üb. 1. Mose 32. gr. 8. (IV, 87 S.) Elberfeld 887. (Barmen, Klein.) n. 1. 20

Die Heimkehr nach Kanaan ⟨Jacobs Kampf u. Sieg⟩. 8 Betracht. über 1. Mose 32 von J[oh.] **Hörnemann,** weil. Pastor zu Elberfeld. 3. Aufl. *Neukirchen b. Moers: Buchh. d. Erziehungsver. [1899].* (87 S.) 8° [J.] [99. 1900 5

Hörnemann, J., das erste Sendschreiben. Betrachtung über Offenbarung 2, 1—7. 8. (16 S.) Moers 880. Spaarmann. n. — 15

— Züge aus Abrahams Hausleben, s.: Bräm, A.

Hoernemann, L., Hohenzollern-Album, enth.: Charakteristische Züge aus dem Leben der Regenten u. Regentinnen aus dem Hause Hohenzollern von Friedrich Wilhelm III. an. Nebst einigen patriot. Gedichten. Ein Hülfsbuch f. den preußischen Geschichts-Unterricht in den Unterklassen von Elementarschulen. 12. (VIII, 72 S. m. eingedr. Holzschn.) Düsseldorf 882. A. Bagel. — 30

(Horner. Dr. Johann Caspar H.... 1774–1834.) Njbl. s. [Locher-Balber, Hans].

Horner, J. Caspar, Weltumsegler. [Zürich 1844.] V: *Locher, Hs.* (Cat. d. Stadtbibl. Zürich. Zürich 1864—97.)

(Horner. Ludwig H. Med. Doctor. geb.... 1811. gest.... 1838.) Njbl. s. [Horner. Johann Jacob *II*].

Horner, Ludwig. [Zürich 1854.] V: *Horner, Joh. Jac.* (Cat. d. Stadtbibl. Zürich. Zürich 1864—97.)

Horner (Hofrath; Mitgl. d. Gesellschaft), Ueber Maaße und Gewichte und ihre Verbesserung. Der Naturforschenden Gesellschaft in Zürich vorgelesen. Zürich 5. IV. 1813. 16 S. (5.50) 16092

Horner, Reisen in Zanguebar in den J. 1867 u. 1870. Hrsg. u. m. neuen Dokumenten erweitert v. Gaume. Einzig autoris. deutsche Uebersetzung v. e. Priester der Diöcese Rottenburg. Mit e. Ansicht v. Zanguebar (in Holzschn.) u. e. (lith.) Karte (in gr. 4.) 8. (VI, 260 S.) Regensburg 873. Manz. 2. 70

Horner, Eine kleine Verbesserung der Schmalkalder'schen Boussole. (Gilbert's Annalen der Physik, B. 75, St. 2, J. 1823, St. 10.) (S. 5601)

Horner Alfred: Rudolf von Habsburg in Sagen und Anekdoten.
M. 1909 PN 2614 Diss.Wien, Univ. 1007

Horner, Andr. Zur Einführung in den Spinozismus. gr. 8. (187 S.) Lpz. 891, O. Wigand. 3 —

Horner, Ant. Beiträge zu Caesar. 2 Teile. 42, 22 SS. 8.
Progr. G. *Wiener-Neustadt* 1878. 1879.

Horner A.: Speciallehrplan für den Unterricht in der lat., griech. und deutschen Sprache, ausgearbeitet auf Grund eines Elaborates von Prof. A. H. vom Lehrkörper. 10. Wiener-Neustadt. 83.
— Bemerkungen hiezu. 8. ibd. Progr.

Horner, Carl, s. Horner, Karl

(Horner, Ch ...) *Veritas in nuce nunc enucleata.* [Gedicht autobiographischen Inhalts.] 8. *o. O.* [Basel?] 1796.

Horner, Emil: Anton von Klein in Wien. *Weimar 1898.*
in. Forschungen z. neueren Litteraturgeschichte. Festgabe f. R. Heinzel. [58. 11537

Horner, Emil, Bauernfeld, s. Dichter u. Darsteller. V.

Bauernfeld. Von Dr. Emil Horner. *Leipzig, Berlin, Wien: E. A. Seemann 1900.* (164 S.) 8° [F.]
— Dichter u. Darsteller. 5. [61. 6509

Horner Emil: Cornelius Hermann von Ayrenhoff. Ein Beitrag zur Geschichte der österreichischen Literatur in der 2. Hälfte des 18. Jahrhunderts.
1894 PN 827 Diss.Wien, Univ. 63

Horner, Fewster Rob., Warum ich der Homöopathie den Vorzug gegeben. Offenes Sendschreiben an die Directoren des Hull'schen General-Hospitals. Aus dem Englischen übersetzt mit Genehmigung des Verfassers von K. St. Clair Massiah. Sondershausen 860. Eupel. gr. 8. (43 S.) 6 *ngr.*

Horner, Fr.: Arno, sechster Bischof u. erster Erzbischof Salzburgs von 785–821. 32 S.–Salzburg OR., Progr. 1858

Horner, Francis, der kleine Tim, s. Schillingsbücher.

Horner, Friedrich, s. a. Horner, Johann Friedrich

Horner, Friedr. Über Brillen aus alter und neuer Zeit. Zürich 1885. 4.

Horner, Friedrich, med. pract. in [und von] Zürich: Über die Endresultate von 172 operierten Fällen maligner Tumoren der weiblichen Mamma. Eine statistische Zusammenstellung aus der chirurgischen Klinik und der Privatpraxis des Herrn Professor Dr. Krönlein in Zürich. (S. A. aus: Beiträge z. klin. Chirurgie [—Bruns], Bd 12 [S. 619—703]). Tüb. H. Laupp 1894. 2 Bl., 85 S. 8°.
Zürich, Med. Diss. [v. 27. Oct. 1894].

Horner, F. Über die Endresultate von 172 operierten Fällen maligner Tumoren der weiblichen Mamma. Eine statistische Zusammenstellung aus der chirurgischen Klinik und der Privatpraxis des Herrn Professors Dr. Krönlein in Zürich. In-8°. 85 S. Zürich. These. 1895

Horner, F., die Krankheiten des Auges im Kindesalter, s. Handbuch der Kinderkrankheiten.

Horner, Fr., die Krankheiten d. Auges im Kindesalter, s.: Seidel, M., die Erkrankungen der Muskeln etc.

Horner, Friedrich, von Zürich: Über die Krümmung der Wirbelsäule im aufrechten Stehen. Zür. E. Kiesling Dr. 1854. 48 S., 1 Taf. 8°.
Zürich, Med. Diss. v. 18. März 1854.

Horner, Friedr., Verhandlungen der vom 3—6. Septbr. 1859 in Heidelberg versammelten Augenärzte, Verhandlungen.

VERHANDLUNGEN DER VOM 3.—6. SEPTEMBER 1859 IN HEIDELBERG VERSAMMELTEN AUGENÄRZTE. (Herausgegeben von FRIEDR. HORNER.) Berlin. 1860. Herrmann Peters. 8°.

Horner, G. H., De daemonologia sacrae scripturae nec rationi nec moribus contradicente. Lps. 4°.

1781

Horner, Greg., Prima fidei catholicae principia iuxta seriem in s. eiusdem fidei professione occurrentem contra Lutheri sectatores methodo polemico-scholastica succincte tradita et explicata. Salzburg 1735. 8°.

Horner, Heinr., der Säugling, s. Novellen-Schatz, deutscher.

Horner, J., s.: Katalog d. Mozart-Museums zu Salzburg.

Horner, J. Katalog des Mozart-Museums . . . zu Salzburg. 2. Aufl. in Druck gelegt d. Joh.-Ev. Engl. Salzburg 1898. [Dazu eine Beilage:] Katalog des Mozart-Häuschens. Salzburg 1898.

Horner, J[acob]. Bilder des griechischen Alterthums, oder Darstellung der berühmtesten Gegenden und der wichtigsten Kunstwerke des alten Griechenlandes. Hrg. von J. H'.... [4 Lieferungen. Mit 72 Tafeln.] 4. Zurich 1823[-1827].

Horner, [Jakob]: Sechszehn ungedruckte Briefe von G. W. Leibnitz, herausgegeben von Oberlehrer H. Zür. Orell Füssli Cie Dr. 1844. 24 S. 4°.
Programm der zürcher. Kantonsschule 1844.

Horner, J[acob]. Galerie des antiquités grecques ou Tableaux des contrées les plus remarquables et des productions des arts les plus intéressantes de l'ancienne Grèce. Publiés par J. H'.... Traduit de l'allemand. (1re *et* 2de Livraison [seules parues. Avec 35 planches].) 4. Zurich 1824(-1825).

Horner, Johann, s. Beiträge, Züricherische.

Horner, Jh., Bilder des griech. Alterthums, od. Darstellung der berühmtesten Gegenden u. der wichtigsten Kunstwerke des alten Griechenlandes. 1e — 4e Liefer., à 3 Hefte. Mit Steindruck. gr. 4. Zürich 823 — 26. Orell. 14 ₰ Französ.: Galerie des antiques grecques etc. 1e u. 2e Liefer. gr. 8. Ebd. 824 — 25. 7 ₰

— s. Gehler, Johann Samuel Traugott: Physikalisches Wörterbuch

[Horner, Johann Jacob *H*: 1804–1886.] Zur Erinnerung an Dr. Ludwig Horner (1811–1838). SA. 4. [Zürich 1854.]

[Horner, Johann Jacob *II.*] (Christoph Froschauer älter, starb 1564 [und die zürcher. Buchdruckerei. Mit 1 Porträt-Tafel].) Njbl. Stadtbibl. Zürich 1841. 4. [Zürich.]

[Horner, Johann Jacob *II.*] Geschichte der Schweizerischen Neujahrsblätter. 4. Zürich.
Ausg. A. 3 Hefte. [Mit 3 Porträt-Tafeln.] Njbl. Stadtbibl. Zürich 1856–1858. Zürich. P[a]
Ausg. B. Mit drei Bildnissen [Tafeln]. ⟨SA.⟩ Z' 1856–1858. Bibl.

[Horner, Johann Jacob *II.*] (Ludwig Horner. Med. Doctor. geb. in Zürich den 1. März 1811. gest. zu Padang in Sumatra den 7 Dez. 1836. [Mit 1 Porträt-Tafel.]) Njbl. Waisenh. Zürich 1854. 4. [Zürich.]

[Horner, Johann Jacob *II.*] Leben des Herrn Friedrich Du Bois von Montpereux (1798–1850). [Mit 1 Porträt-Tafel.] Njbl. Stadtbibl. Zürich 1852. 4. Zürich.

[Horner, Johann Jacob *I.*] ...das Leben und die Charakteristik Heinrich Freudweilers von Zürich (1755–1795). [Mit 1 Porträt und 1 Tafel.] Njbl. Künstlerges. Zürich 1814. 4. [Zürich.]

[Horner, Johann Jacob *I.*] ...das Leben und die Charakteristik (Johann) Rudolf Füesslins von Zürich (1737–1806). [Mit 1 Porträt und 1 Tafel.] Njbl. Künstlerges. Zürich 1809. 4. [Zürich.]

[Horner, Johann Jacob *I.*] ...das Leben und die Charakteristik Salomon Gessners von Zürich (1730–[1788]). [Mit 1 Porträt und 1 Tafel.] Njbl. Künstlerges. Zürich 1812. 4. [Zürich.]

[Horner, Johann Jacob *I.*] ...das Leben und die Charakteristik Anton Graff's von Winterthur (1736–1813). [Mit 1 Porträt und 1 Tafel.] Njbl. Künstlerges. Zürich 1815. 4. [Zürich.]

[Horner, Johann Jacob *I.*] ...das Leben und die Charakteristik von Ludwig Hess von Zürich (1760–1800). [Mit 1 Porträt und 1 Tafel.] Njbl. Künstlerges. Zürich 1813. 4. [Zürich.]

[Horner, Johann Jacob *I.*] ...das Leben und die Charakteristik Jakob Merzens von Buch im Canton Zürich (1783–1807). [Mit 1 Porträt und 1 Tafel.] Njbl. Künstlerges. Zürich 1811. 4. [Zürich.] P[a]
(Auszug aus Pfr. [Johann Wilhelm] Veith. Notizen aus dem Leben von J. Merz.)

[Horner, Johann Jacob *I.*] ...das Leben und die Charakteristik Felix Meyers von Winterthur (1653–1713). [Mit 1 Porträt und 1 Tafel.] Njbl. Künstlerges. Zürich 1806. 4. [Zürich.]

[Horner, Johann Jacob *I.*] ...das Leben und die Charakteristik Alexander Trippels von Schafhausen (1744–1793). [Mit 1 Porträt und 1 Tafel.] Njbl. Künstlerges. Zürich 1808. 4. [Zürich.]

[Horner, Johann Jacob *I.*] ...das Leben Heinrich Füessli's von Zürich (1755–1829). [Mit 1 Porträt und 1 Tafel.] Njbl. Künstlerges. Zürich 1831. 4. [Zürich.]

[Horner, Johann Jacob *I.*] ...das Leben des Malers Johann Heinrich Füessli von Zürich (1741–1825). [Mit 1 Porträt und 1 Tafel.] Njbl. Künstlerges. Zürich 1826. 4. [Zürich.]

[Horner, Johann Jacob *I*: 1772–1831.] ...das Leben des Malers Conrad Gessners von Zürich (1764–1826). [Mit 1 Porträt und 1 Tafel.] Njbl. Künstlerges. Zürich 1828. 4. [Zürich.]

[Horner, Johann Jacob *I.*] ...das Leben des Malers Joh(ann) Caspar Hubers von Zürich (1752–1827). [Mit 1 Porträt und 1 Tafel.] Njbl. Künstlerges. Zürich 1829. 4. [Zürich.]

[Horner, Johann Jacob *I.*] ...das Leben des Malers Johannes Pfenninger von Stäfa (1765–1825). [Mit 1 Porträt und 1 Tafel.] Njbl. Künstlerges. Zürich 1827. 4. [Zürich.]

[Horner, Johann Jacob *I.*] ...das Leben des Malers Johann Weber von Bern (in England „Webber" [1750–]1793). [Mit 1 Porträt und 1 Tafel.] Njbl. Künstlerges. Zürich 1821. 4. [Zürich.]
([Nach] Mittheilung[en]... Sigmund [von] Wagners von Bern.)

[Horner, Johann Jacob *I.*] Leben Joseph Werner's von Bern (1637–1710). [Mit 1 Porträt und 1 Tafel, sowie] Vorbericht. Njbl. Künstlerges. Zürich 1. 1805). 4. [Zürich.]

[Horner, Johann Jacob *I.*] ...das Leben des Malers Heinrich Wüest von Zürich (1741–1821). [Mit 1 Porträt und 1 Tafel.] Njbl. Künstlerges. Zürich 1823. 4. [Zürich.]

[Horner, Johann Jacob *I.*] Lebensbeschreibung des Schweizerischen Reformators Ulrich Zwingli. Mit acht Kupferblättern und einer Nachahmung seiner Handschrift [*d. i.* 1 Porträt-Tafel und 8 von Erklärungen begleiteten Tafeln]. ([Sep.-Ausg., vermehrt mit Titel, Vorbericht und 8 Tafeln, von:] Njbl. Chorh. Zürich 1819.) 4. Zürich 1819.

[Horner, Johann Jacob *II.*] (Frau Agnes Tommann. Geb: den 22 Jan: 1524. Gest: den 21 Dec. 1607. [Mit 1 Porträt-Tafel.]) Njbl. Waisenh. Zürich 1840. 4. [Zürich.]

Horner, Johann Friedrich

— Lebensbild, s. Q. Baenziger jun., Th.

Horner, J. F., Dr. Ein Lebensbild, geschrieben von ihm selbst, ergänzt von Dr. *E. Landolt.* Mit dem Bildniss Dr. Horners. Gr. in-8[o], 139 S. Frauenfeld, J. Huber's Verlag. 4 —

Horner, Johann Kaspar

Horner, J. Anleitung zur ebenen Geometrie. 2. A. Zürich 1854.

Horner, J. C. Bemerkungen über Blitzableiter. Zürich 1816.

Horner J. C. Einige Bemerkungen über das Meerwasser. 1820.

(Horner. J[ohann] C[aspar].) Beobachtungen über den Einfluss der Tageszeit auf die Messung der Höhen vermittelst des Barometers. Vorgelesen ... am 21. August 1827. (Denkschr. Schweizer. Ges. für Naturwiss. Band 1. Abtheilung 2.) 4. (Zürich 1833.)

— s. Buch, das des Kabus

Horner, J. C. Über den Einfluss der Tageszeit auf die barometrischen Höhenbestimmungen. 1833. 4.

Horner, J. C. Über Masse und Gewichte und ihre Verbesserung. Zürich 1813. 4.

Horner, J. C. Der Messtisch ohne Stativ. 1820.

Horner, J. C. Ein neuer Regenmesser. 1830.

***Horner*, Jh. Kap., († d. 3. Nov. 1834.) tables hypsométriques pour le baromètre divisé en pouces et lignes du pied français et le thermomètre octogésimal. gr. 8. Zürich 827. Gessner. 15 K**

Horner, J. C., Tables hypsométriques pour le baromètre divisé en pouces et lignes du pied français et le thermomètre octogésimal. gr. in-8. (4 B.) Zuric 827, [Siegfried.]

Horner, J. C. Über die Vortheile und das Vergnügen, welche das Studium der Mathematik gewährt. Zürich 1833.

Horner, Jos., die praktische Geburtshilfe f. Aerzte u. Studirende bearb. Mit 90 Abbildgn. gr. 8. (VII, 243 S.) Wien 887. Deuticke. n. 6. —

Horner, Jos. Die erste Hilfeleistung bei Unglücksfällen u. plötzlichen Erkrankungen, nebst Vorsichtsmassregeln zur möglichsten Hintanhaltung solcher Zufälle, f. Feuerwehren u. Feuerwehrärzte zum Gebrauche beim Unterrichte. 8 (V, 122 S. m. 97 Holzschn.) Wien 890, Deuticke. * 2 —

Horner, Jos., erste Hilfeleistung bei Unglücksfällen u. plötzlichen Erkrankgn. in Bild u. Wort. qu. gr. Fol. (40 Farbdr. m. farb. Titel u. 2 Bl. Text in 16 Sprachen.) Dux 897. C. Scheithauer. In Leinw.-Mappe n. 80. —

Horner, Jos., der kleine Schröder. Ein Repetitorium artis obstetriciae poeticum für lustige Geburtshelfer und die solche werden wollen. 2. Aufl. 8. (81 S.) Leipzig 884, Garte. *

—— der kleine Schröder. Ein Repetitorium artis obstetriciae poeticum für lustige Geburtshelfer und die solche werden wollen. 3. und 4. Aufl. 8. (81 S.) Leipzig 885,87, Garte. *

Horner, Jos., der kleine Schröder. Ein Repetitorium artis obstetriciae poeticum f. lust. Geburtshelfer u. die solche werden wollen. 4. Aufl. 8. (83 S.) Leipzig 886. G. Fock. 1. —

— der kleine Schröder. Ein Repetitorium artis obstetriciae poeticum für lustige Geburtshelfer und die solche werden wollen. 4. Aufl. 8. (81 S.) Leipzig 887. Garte. n. 1. —

Horner, Karl

Horner, Carl. Der neue silberne Deckel des Wappenbuches [der] Zunft zu Brodbecken [in Basel]. Von Dr. Karl Horner. [Mit Wappen und 1 Tafel.] 11 S. 8. Basel, Gasser & Cie., 1903.

Horner, Carolus [aus Basel]: Quaestiones Salaminiae. Basileae 1901. 44 p. 8°.
Bern. Phil. Diss. 1901/1902.

Horner, Carl. Quaestiones Salaminiae. Diss. Phil. Bern.... scripsit Carolus Horner. VIII + 44 p. 8. Basileae, Basler Druck- und Verlags-Anstalt, 1901.

Horner, Max, Geschichten unterm Strich. Ernstes u. Heiteres. 1. u. 2. Bd. (90 u. 95 S.) 8. Leipzig 907. H. Adler. à 2. —

— Die Namensvettern, s.: Theater, kleines.

— Unter d. Notflagge, s.: Pohl's allgemeine Volksbücherei deutsch-österreichischer Schriftsteller.

— Fuchs Schwertner. Ein Studenten-Roman nach d. gleichnam. Schauspiel. (224 S.) 8. Leipzig 910. H. Adler. 4. —

Horner P. Reisen in Zanzibar. Regensburg 1873

Horner. R[aphaël]. Abrégé d'histoire suisse et de géographie moderne. [Avec 1 tableau.] Ouvrage approuvé par la Commission des études du canton de Fribourg. 8. Bulle, Fribourg 1874.

Horner, R[aphaël]. Enseignement de la langue maternelle au collège. 57 p. 8. Fribourg, Impr.-Libr. catholique suisse, 1900 (*Umschlag: 1903). [fr. —. 60]

Horner, R[aphaël]. L'Enseignement des langues vivantes dans les collèges. 2e éd. revue. 85 p. 8. Fribourg, Impr. catholique suisse, 1901. [fr. 1. 50]

Horner, R. L'enseignement de l'histoire et de la géographie dans les collèges. In-8°. 61 p. Fribourg (Suisse), Librairie de l'Université 1895

Horner, Rector. Sur le pensionnat des Jésuites à Fribourg. (Aus dem 18. Gymnasiallehrerheft.) Aarau, H. R. Sauerländer.

(Horner, R[aphaël].) Rôle de l'alpinisme dans l'éducation. [Extrait du Bulletin pédagogique. 32e année, No 22. 1903 Décembre 15.] 13 p. 8. Fribourg (Suisse), Impr. Saint-Paul, [1903].

Horner, Rudolf. Jack Cooke, der Knabenprediger [geb. ca. 1885]. [Mit Porträt-Tafel.] 8. Winterthur 1900.

Horner, Susan, ein Jahrhundert des Despotismus in Neapel und Sicilien. Aus dem Englischen übertragen von Rob. Springer. Berlin 861. Sacco. gr. 8. (239 S.) 15 ngr

Horner, Thom., Livoniae historia in compendium ex annalibus contracta. Wittenb. 1562. Ed. nova cur. G. Bergmann. 8. Ruien 802. Bergmann.

LEBENSLAUF, Kurzgefasster, des unglückseligen Baron Hörners, von ihm selbst in Versen beschrieben. (c. 1760?) 4°. 1 Bogen. Sehr rar!
Cat. Meissner III.

Hoerner, A. Frdr., die Aufgabe des evangelischen Geistlichen gegenüber den socialen Problemen der Gegenwart. gr. 8. (56 S.) Leipzig 900. Dresden (Fr. Richter). n. — 60
Sonderabdruck aus: „Pastoralblätter f. Homiletik x."

Hörner, C. L. Bemerkungen über das Finanzwesen und die Staatswirthschaft, besonders auf den würtembergischen Staat und auf die gegenwärtigen Zeitumstände. 8°. Stuttgart (Sattler) 1818.

Hörner, C. L., üb. d. Ursachen d. Verbrechen u. d. Mittel dagegen. 8. Stuttg. Erhard. 803.

Hoerner, C. De extremo Graecorum discrimine, quomodo in Iliade descriptum sit. Diss. 1875. 42 S. 1.20

Hoerner, Chrn., de extremo Graecorum discrimine, quomodo in Iliade descriptum sit. gr. 8. (42 S.) Erlangen 875. Deichert. n. — 80

Oratoris Tulliani codicem Erlangensem mutilum contulit adnotationes criticas adjecit. — Dr. Christianus Hörner, Stdl. — 1878. Zweibrücken, ibid. — S. 3 28°.
Progr. Zweibrücken, K. Gymn.

Hoerner, Christian Friedrich (Gaildorf), De theoria historiae dogmata. Tl. II. Präs. Christian Friedrich Roesler. Tübing. (Schramm) Sept. 1798. 36 S. (6.50) 15452

Hoerner, E. Schießschule für Infanterie. Ludwigsburg 1860. 39 S.

Hörner, J., Abendunterhaltungen mit meinen Zöglingen, Schülern u. Schülerinnen. 8. Lindau 822.

— religiöse Bildung junger Christen, befördert durch Beiträge zur Begründung derselben bei wichtigen Anlässen u. mancherlei Ereignissen im Jugendleben. 8. Lindau 824.

Hörner, F. M.: Regimen Sanitatis Salernitanum. (Deutsche Übersetzung.) 8°. 1 Bd. Würzburg. 1840.

Hoerner, Hugo (Fridericus Hermannus) *(geb. Zembkow in Pos. 9. 1. 1851)*: De notione bonae fidei in praescriptionibus temporalibus quas acquisitivas vocant. Ostroviae 1874. (36 S.) 8°
Breslau, Jur. Diss. v. 21. Nov. 1874

Hörner, J., Bibliothek d. vorzügl. u. neuesten Reisebeschreibungen ꝛc., s. Bibliothek ꝛc.

Hörner, J., biblisches Erbauungsbuch, für die häusl. u. öffentl. Andacht. 2r Thl. A. u. d. T.: Das Evangelium Marci, für Erbauung suchende Leser u. z. kirchl. Gebrauche in Betstunden bearb. v. Aug. Ludw. Chr. Heydenreich. 1e u. 2e Hälfte. gr. 8. Magdeburg 834, 35. Heinrichshofen. 2¼ ℔

—— neues bibl. Erbauungsbuch, s. Erbauungsbuch.

Hörner, J., neues bibl. Erbauungsbuch für die häusl. u. öffentl. Andacht, bearbeitet von einem Vereine Gottesgelehrter. 1r Thl. Vorlesungen üb. das Evang. Matthäi, v. Dr. Stephani. Auch u. dem T.: Stephani, Dr. H., das Leben Jesu nach dem Matthäus, f. Christen, die mehr Aufschluß über dasselbe zu erhalten wünschen. gr. 8. Magdeb. 830. Heinrichshofen. 1 ℔ 4 ℊ

—— homilet. Repertorium, s. Repertorium ꝛc.

— **Jacob Ludwig** (Limpurg/Schwaben), De salvanda per filiorum generationem muliere ex I. Timoth. II. 15. Hypomnemata exeget. Präs. Joh. Balthasar Bernhold. Altdorf (Meyer) Okt. 1755. 24 S. (6.80) 15453
Widm. v.: Präs., Jo. Georg Greiff, Christian Seyfried, Jo. Conr. Bernhold (Ansbach), B. D. Seyboth (Schwäb. Hall), J. F. Hartmann Schwäb. Hall; dtsch.), Johann Gottfried Bernhold.

2478. **Hoerner, Karl:** Über den Kraftlinienverlauf im Luftraum und in den Zähnen von Dynamoankern. Berlin: Springer [1910]. 37 S., 3 Taf. 8° ¶ Auch als Buch.
München, Dr.-Ing.-Diss. v. 5. 8. 1910

Über den Kraftlinienverlauf im Luftraum und in den Zähnen von Dynamoankern. Von Dr. techn. Karl **Hoerner**. Mit 4 Textfig., 4 Zahlentaf. u. 3 Kurventaf. Berlin: Springer 1910. 37 S. 8° [n. 6?]

Hörner, Otto Fr., († d. 28. Dec. 1781.) Nachricht von Liederdichtern des Augsburg. Gesangbuchs. 8. Nürnb. 770. 2e A. 776. Zeh. 4 ℊ

— heil. Rede über die hohe Offenbarung u. Entzückung in das Paradies. 8. Nürnb. 776. Zeh. 3 ℊ

— s. Verzeichniß, alphabet., oder Lexikon ꝛc.

Hörner, Paul, Träume u. Trümmer. Gedichte. 16. (95 S.) Leipzig 875. Röhl. cart. m. Goldschn. 1. —

Hörner, Richard: Die Erstlingsdramen des jüngeren Dumas La Dame aux Camélias und Diane de Lys. Ein Beitrag z. Technik d. Romans u. d. Dramas. Tübingen 1910: Laupp. IX, 75 S. 8°
Tübingen, Phil. Diss. v. 26. Juli 1910, Ref. Voretzsch
[Geb. 4. Okt. 84 Neu-Ulm; Wohnort: Stuttgart; Staatsangeh.: Württemberg; Vorbildung: Gymn. Ulm Reife M. 02; Studium: Tübingen 7, Berlin 1 S.; Coll. 7. März 10.] [U 10. 4182

Hoerner, Rud. v., Wissenschaft u. Weltanschauung. (67 S.) gr. 8. Riga 910. Jonck & Poliewsky. 1. 50

Hoerner, Thomas von: Über die Axinitvorkommnisse von Thum in Sachsen und die Bedingungen der Axinitbildung überhaupt. Berlin 1910: G. Schade. 46 S. 8° ¶ (Aus: Zeitschrift d. Dtsch. geol. Gesellsch. Bd 62, H. 1.)
Leipzig, Phil. Diss. v. 16. Dez. 1909, Ref. Zirkel, Credner
[Geb. 5. Dez. 74 Mitau; Wohnort: Gautzsch b. Leipzig; Staatsangeh.: Rußland; Vorbildung: Gymn. Mitau Reife Juni 93; Studium: Heidelberg 3, Berlin 1, Bonn 1, Leipzig 6 S.; Rig. 19. Jan. 09.] [U 10. 3155

Hörner, Virginie v. Aus dem Nachlaß. Zwei kleine Novellen. 12. (56 S.) Mitau 891. Besthorn. * 1 —

Hoerner, W(alter), Med.-Prakt.: Die geographische Verteilung der Säuglingssterblichkeit im Königreich Bayern in den Jahren 1862—1900 und ihre Ursachen. Berlin: Karger 1909. 20 S. 8° ¶ (Aus: Jahrbuch f. Kinderheilk. Bd 69. N. F. Bd 19.)
Leipzig, Med. Diss. v. 16. Nov. 1908, Ref. Curschmann
[Geb. 6. Nov. 82 Osterode Opr.; Wohnort: Berlin; Staatsangeh.: Preußen; Vorbildung: Gymn. Frankfurt a. O. Reife O. 03; Studium: Berlin 1, Straßburg 1, Jena 3, Würzburg 1, Kiel 1, München 3 S.; Coll. 23. Jan. 09.] [U 09. 2792

Hörnes, C., siehe: *Wanderbilder.*

Hoernes, Herm., Abriß üb. die Luftschiffahrt u. Flugtechnik, s. a. Taschenbibliothek, naturwissenschaftl. 6. Bdch.

Abriss über die Luftschiffahrt und Flugtechnik. Von Oberstlt. Hermann **Hoernes**. Mit 53 Abb. Wien & Leipzig: Hartleben [1910]. 188 S. 8°
(Naturwissenschaftl. Taschenbibliothek. Bdch. 6.) [10. 17318 4

Hoernes, Herm., üb. Ballonbeobachtungen u. deren graphische Darstellg. m. besond. Berücksicht. meteorologischer Verhältnisse. Im Anh.: Ausgeführte Ballonreisen zu wissenschaftl. Zwecken. gr. 8. (56 S. m. 2 Taf. u. 9 Fig.) Wien 892. A. Hartleben. n. 1. 50

HOERNES, Hermann
Das Zeppelin'sche Ballonproblem. Vortrag gehalten in der Vollversammlung des Oesterr. Ingenieur- und Architekten-Vereines am 15. December 1900 vom k. u. k. Hauptmann Hermann Hoernes. Sonderabdruck aus der „Zeitschrift des Oesterr. Ingenieur- und Architektenvereines" 1901, Nr. 12 und 13. Wien. 1901. Lehmann & Wentzel. Gr.-8°. 34 S. K 2.—

Hoernes, Herm., lenkbare Ballons. Rückblicke u. Aussichten. Mit 84 Fig. im Text, 6 lith. Taf. u. zahlreichen Tabellen. gr. 8. (XII, 359 S.) Leipzig 902. W. Engelmann. n. 15. —

Hoernes (Herm.). Lenkbare Ballons. Rückblicke und Aussichten. 2e Aufl. m. Abb. 1910. Leipzig. geb. M. 16.50

Hörnes, H., Feld-Ausrüstung d. berittenen Officiers der Fusstruppen, jener der Cavallerie, Artillerie u. d. Trains, sowie d. Officiersdieners. Schlagwortartig zusammengestellt. gr. 8. (8 S. m. Fig.) Wien 888. Seidel & Sohn. n. — 40

Hoernes, Herm., Feld-Handbuch f. Truppen-Offiziere (V, 216 S. m. Fig.) kl. 8. Linz a/D. 904. Jos. Feichtinger's Erben. (Nur direkt). Geb. in Leinw. n. 2. 50

— üb. Fesselballon-Stationen u. deren Ersatz im Land- u. Seekriege. Mit 6 Fig. im Texte. Eine Studie. gr. 8. (116 S.) Wien 892. Verlagsanstalt „Reichswehr". n. 3. —

— die Luftfahrzeuge der Zukunft f. Personen- und Waaren-Verkehr u. die Aussichten d. Luftschiffahrt. Mit 18 Abbildgn. gr. 8. (VII, 104 S.) Wien 891. Hartleben. n. 3. —; geb. n. 4. —

Hoernes, Hermann. Die Luftschiffahrt der Gegenwart. Mit einer Tafel und 161 Abbildungen. XVI + 264 S. 8. Wien, Pest, Leipzig, A. Hartleben, 1903. [geb. M. 5. —]
Darin S. 63—68: Ballonfahrten über die Alpen, *mit 5 Abbildungen; s. auch S. 6. 122—125. mit 3 Abbildungen:* Graf von Zeppelin, *etc.*

— Die Planet-Luftschraube. (21 S.) gr. 8. Salzburg 907. (Wien, Lehmann & Wentzel.) 1. —

Hörnes, H., schlagwortartige Zusammenstellung der Feld-Ausrüstung des Officiers der Fusstruppen, sowie des Officierdieners u. mehreren anlässlich der Mobilisirung besonders Wissenswerten. gr. 8. (7 S.) Wien 887. Seidel & Sohn. n. — 30

Hoernes, Frau Jenny, s.: Reuß-Hoernes, Jenny.

Hörnes, Jos., Beiträge zur Geschichte der Volksschule in Franken (Hochstift Würzburg) vom Ausgange des 15. Jahrh. bis in das 18. Jahrh., s.a. Mitteilungen der Gesellschaft für deutsche Erziehungs- u. Schulgeschichte. 1. Beiheft.

Jos. Hörnes †, Beiträge zur Geschichte der Volksschule in Franken (Hochstift Würzburg) vom Ausgange d. 15. Jahrh. bis in d. 18. Jh. Berlin: A. Hofmann & Co. 1903. (S. 41–63.) 8°
— Beiträge z. Geschichte d. Erziehung in Bayern. H. 3, [2].
— Texte u. Forschungen z. Gesch. d. Erziehung u. d. Unterr. 0, [2.]
— Mitteilungen d. Ges. f. deutsche Erziehungs- u. Schulgeschichte. Beiheft 1, [2.]
[illegible] 4

Hoernes, Mor., Alterthümer der Hercegovina. Lex.-8. (124 S. mit 34 eingedr. Abbild.) Wien 881, (Gerold's Sohn.) *

—— Alterthümer der Hercegovina und der südlichen Theile Bosniens, nebst einer Abhandlung über die römischen Strassen und Orte im heutigen Bosnien. Lex.-8. (150 S. mit 22 eingedr. Abbild. und 1 lithogr. Karte.) (Ebendas.) 882. *
Vorstehende zwei Schriften sind aus: Sitzungsberichte der k. Akademie der Wissenschaften, besonders abgedruckt.

—— Atlantis. Ein Flug zu den alten Göttern. Mythologisches Märchen. 8. (VIII, 111 S.) Wien 884, Konegen. *

— — Bericht über die Bereisung mehrerer Fundorte von Tertiär-Petrefacten im Wiener Becken. (Aus d. Jahrb. d. k. k. geol. Reichsanst.) Wien. 1851. 4.

Hörnes, Mor. Bericht über eine mit Hrn. Ritter v. Hauer auf Kosten der kaiserlichen Akademie der Wissenschaften unternommene Rundreise, behufs der Ausarbeitung einer geognostischen Karte der österr. Monarchie. (Aus den Sitzungsb. d. k. Akad.) Wien. 1850. 8.

Hoernes, M., Bosnien u. die Hercegovina, s.a. Länder, die, Oesterreich-Ungarns in Wort u. Bild.

Hoernes, Moriz: Bosnien und die Hercegovina. Mit zahlreichen Abbildungen im Texte und einem Titelbilde. (Die Länder Oesterreich-Ungarns in Wort und Bild. Herausgegeben von Friedrich Umlauft. Bd. 15.) Wien 1889. 120 S. 8°. [E 3486

Hörnes, Moriz, übersichtl. Darstellung des Mohsischen Mineralsystemes zum Gebrauch f. Studirende, insbesondere beim Besuche des k. k. Hof-Mineralien-Kabinettes. Mit 260 Holzschn. 4. (VIII u. 136 S. m. 1 Lith.) Wien 847, Braumüller. 1 ⅙

Hörnes, Moritz, übersichtliche Darstellung des Mohsischen Mineralsystemes zum Gebrauch für Studirende, insbesondere beim Besuche des k. k. Hof-Mineralien-Kabinettes. 4. (VIII und 136 S. mit 260 Holzschn. und 1 Stnt.) Wien 847, [Seidel.]

Hoernes, Mor., die Denkmale des politischen Bez. Krems, s.: Tietze, Hans.

Hörnes, Mor. Durchschnitte fossiler Hölzer in der Privatsammlung Sr. Majestät des Kaisers Ferdinand I. (Aus d. Mittheilungen von Freunden der Naturw.) Wien. 1847. 8.

Hörnes, Mor., über die Gastropoden und Acephalen der Hallstätter Schichten. Mit 2 (lith.) Taf. Aus d. Denkschriften d. k. Akad. d. W. Wien 855. Gerold. gr. 4. (1 Bl., 24 S.) n. 20 ngr.

— über einige neue Gastropoden aus den östlichen Alpen. Mit 3 (lith.) Taf. Aus d. Denkschriften d. k. Akad. d. W. Wien 856. Gerold. gr. 4. (1 Bl., 6 S.) n. 18 ngr.

— über Gastropoden aus der Trias der Alpen. Mit 3 (lith.) Taf. Aus d. Denkschriften d. Akad. d. W. Wien 856. Gerold. gr. 4. (1 Bl., 14 S.) n. 16 ngr.

Hoernes, Mor., Geschichte u. Kritik d. Systems der drei prähistorischen Culturperioden. (Nach 2 in den ausserordentl. Versammlgn. der anthropolog. Gesellschaft am 17. u. 24. März 1893 geh. Vorträgen.) [Aus: „Mitteilgn. d. anthropolog. Gesellsch."] gr. 4. (8 S.) Wien 893. (A. Hölder.) n. 1. 20

Hörnes, M. Ueber das krystallisirte Gold von Vöröspatak. (Aus d. Jahrb. der geolog. Reichsanst.) Wien. 1853. 4.

—— die Gräberfelder an der Wallburg von St. Michael bei Adelsberg in Krain. gr. 4. (33 S. mit 6 eingedr. Illustr. und 4 Taf.) Wien 888, (Hölder.) *
Aus: Mittheilungen der anthropologischen Gesellschaft in Wien, besonders abgedruckt.

Hoernes, Mor. Grabhügelfunde v. Glasinac in Bosnien. gr. 4. (5 S. m. 30 Textillustr.) Wien 889, (Hölder). * 1 20
Aus: Mittheilgn. d. anthropolog. Gesellschaft in Wien, besonders abgedruckt.

— Die geognostische Karte des ehemaligen Gebietes von Krakau mit dem südlich angrenzenden Teile von Galizien von weiland Ludwig Hohenegger, erzherzoglichem Gewerksdirektor, nach dessen Tode zusammengestellt von Kornelius Fallaux, erzherzoglichem Schichtenmeister in Teschen. (Auszug.) S. 52. 1. 641 . . . . . . vgr.
Zur prähistorischen Formenlehre. Bericht über den Besuch einiger Museen im östlichen Oberitalien. 1. Teil (mit 63 Textfiguren).
— 2. Teil (mit 47 Textfiguren).
Funde verschiedener Altersstufen aus dem westlichen Syrmien (mit 64 Textfiguren).
Neolithische Werkstätten bei Troppau (mit 6 Taf. und 27 Textfiguren). Siehe I. Abt. Mitteilungen der prähist. Komm., I. Band, Nr. 3–6.
Separatabdruck

Hoernes, Mor., der diluviale Mensch in Europa. Die Kulturstufen der älteren Steinzeit. (XIV, 227 S. m. Abbildgn.) Lex.-8. Braunschweig 903. F. Vieweg & Sohn. n. 8. — ; geb. in Leinw. n. 9. —

— Die prähistor. Menschenrassen Europas besonders in der jüngeren Steinzeit, s.: Vorträge des Vereines zur Verbreitung naturwiss. Kenntnisse in Wien. 49. Jahrg. 6. Heft.

Hörnes, M. Ueber den Meteorsteinfall bei Kaba, südwestl. von Debreczin, am 15. April 1857. (Aus den Sitzungsb. d. k. Akad.) Wien. 1858. 8.

— über den Meteorsteinfall bei Ohaba im Blasendorfer Bezirke in Siebenbürgen, in der Nacht zwischen dem 10. u. 11. Octbr. 1857. (Aus d. Sitzungsberichten d. k. Akad. d. W.) Wien 858. Gerold in Comm. gr. 8. (8 S.) n. 2 ngr.

Hörnes, M. Mittheilungen über die Mineraliensammlung der Frau Johanna Edlen v. Henikstein. (Aus Leonhard und Bronn's Jahrbuch für Mineralogie.) Stuttgart. 1846. 8.

Hoernes, Mor., s.: Mitteilungen, wissenschaftl., aus Bosnien u. d. Hercegovina.

— fossile Mollusken d. Tertiärbeckens von Wien, s.a. Abhandlungen der k. k. geolog. Reichsanstalt. 3. u. 4. Bd.

—— die fossilen Mollusken des Tertiär-Beckens von Wien. Unter der Mitwirkung von Paul Partsch bearb. Hrsg. von der k. k. geolog. Reichsanstalt. Nr. 1—10. Fol. (VI und S. 1—736 und 52 Stnt. in Tondr.) Wien 851—56, Braumüller. [Nr. 1—4. à * 1 Thlr. 20 Ngr., 5., 6. und 9. à * 2 Thlr., Nr. 7. und 8. * 2 Thlr. 20 Ngr., Nr. 10. * 4 Thlr. 20 Ngr.] *

Hörnes, Moriz, die fossilen Mollusken des Tertiär-Beckens von Wien. Hrsg. von der k. k. geologischen Reichsanstalt. Nr. 11—16 oder II. Bd. Nr. 1—6. Bivalven. Fol. (S. 1—342 und Taf. 1—44. in Tondr.) Wien 862—65, (Braumüller.) [Nr. 1 und 2. * 4 Thlr., Nr. 3 und 4. * 6 Thlr. 20 Ngr., Nr. 5 und 6. * 5 Thlr. 10 Ngr.] *
Nr. 1—10. (1. Bd.) Ebendas. 1851—56. * 20 Thlr.

Hörnes, Mor., die fossilen Mollusken des Tertiär-Beckens von Wien. Nach dessen Tode beendigt von Aug. Em. Reuss. Nr. 17—20. oder 2. Bd. Bivalven Nr. 7—10. Imp.-4. (S. 343—479 mit Stnt. in Imp.-4. und Fol.) Wien 871, (Braumüller.) *
Nr. 1—16. Ebendas. 1851—63. * ℳ 108.

— die fossilen **Mollusken** d. Tertiärbeckens v. Wien. II. Bd. Bivalven. Nach dem Tode d. Verf. beendigt v. Aug. Em. **Reuss**. 9.—18. Hft. (Abhandlgn. der k. k. geolog. Reichsanstalt. IV. Bd.) gr. 4. (479 S.) Wien 870. (R. Lechner's Sort.) n.n. 90.—
(I u. II.: n.n. 153. 4)
9. 10. Ostrea. Anomia. Mit 18 Taf. n.n. 18.—
11. 12. Clavagella, Gastrochaena, Teredo, Xylophaga etc. Mit 11 Taf. n.n. 12.—
13. 14. Venus, Dosinia, Grateloupia, Cytherea etc. Mit 20 Taf. n.n. 20.—
15. 16. Diplodonta, Lucina, Leptena, Erycina etc. Mit 13 Taf. n.n. 16.—
17. 18. Modiola, Lithodomus, Mytilus, Congeria etc. Mit 23 Taf. n.n. 24.—

— Natur- u. Urgeschichte d. Menschen. 2 Bde. Lex. 8. Wien, A. Hartleben. Geb. in Halbfrz.-Bdn. 25.—; auch in 25 Lfgn. à —75
I. Naturgeschichte des Menschen. Urgeschichte der Kultur, I—III. Mit 1 Taf., 6 Vollbildern, 10 Text-Karten u. 202 Abb. (XV, 591 S.) 909.
II. Urgeschichte der Kultur, IV—VII. Mit 1 Taf., 2 Vollbildern, 1 Text-Karte u. 201 Abb. (VII, 608 S.) 909.

—— **Österreich-Ungarn** u. das Haus Habsburg. Geographisch u. statistisch, geschichtlich u. genealogisch in Umrissen dargestellt. Mit 29 Illustr. u. 11 in Gold, Silber u. Farben ausgeführten Wappen u. Ordens-Taf. 16. (IV, 191 S.) Teschen 892, Prochaska. * 1 —

Hoernes Moritz: Der Raub der Kassandra in griechischen und etruskischen Bildwerken mit Rücksicht auf verwandte Darstellungen vergleichend betrachtet.
H. 1878 PN 98 2576

— — Sammlungen von Tertiär-Petrefacten des Wiener Beckens. (Aus d. Jahrb. d. k. k. geol. Reichsanst.) Wien. 1852. 4.

— die neolithische Station v. Butmir, s.: **Radimský**, W.

Hoernes, Mor. Eine prähistorische **Thonfigur** aus Serbien und die Anfänge d. Thonplastik in Mitteleuropa. gr. 4. (S. 153—165 m. 2 Text-Illustr.) Wien 891, (Hölder). * 1 20
Aus: Mittheilgn. d. anthropolog. Gesellschaft in Wien, besonders abgedruckt.

— **Urgeschichte** d. bild. Kunst in Europa von d. Anfängen bis um 500 vor Chr. M. 203 Abb. im Texte, 1 Farben- u. 35 doppelseit. Taf. Gedr. m. Unterstützg. d. kais. Akademie d. Wissenschaften. Lex.-8. (XXII, 709 S.) Wien 898. A. Holzhausen. n. 20.—; geb. n. 23.50

—— Die **Urgeschichte** d. Menschen nach dem heutigen Stande der Wissenschaft. Mit üb. 300 Illustr. im Texte u. 20 ganzseit. Illustr. 20 Lfgn. gr. 8. (XVI, 672 S.) Wien 891,92, Hartleben.
à Lfg. * — 50; * 10 —; geb. in Leinw. * 13 50

— die **Urgeschichte** d. Menschen nach dem heutigen Stande der Wissenschaft. Mit 22 ganzseit. Illustr. u. 323 Abbildgn. 20 Lfgn. gr. 8. (XVI, 672 S.) Wien 892. A. Hartleben. à n. — 50
(kplt. geb. in Leinw.: n. 13. 50)

— **Urgeschichte** d. Menschheit, s. a. **Sammlung Göschen**.

Urgeschichte der Menschheit von Dr. Moriz **Hoernes**, Prof. Mit 53 Abb. 3. verm. u. verb. Aufl. Leipzig: Göschen 1905. 161 S. 8°
(Sammlung Göschen. 42.) (10. 14936 11

Hörnes, M. Verzeichniss der Fossil-Reste aus 135 Fundorten des Tertiär-Beckens v. Wien. (Aus Czjžek's Erläuterungen zur geogn. Karte der Umgeb. Wien's.) Wien. 1848. 8.

Hörnes, M. Verzeichniss der im Wiener-Becken vorkommenden Gasteropoden und Pteropoden mit Angabe der Fundorte in u. ausserhalb desselben. Wien. 1856.

Hörnes, M. Verzeichniss der im Wiener Becken vorkommenden Gasteropoden und Pteropoden. Abdr. Wien, 1862.

— dinarische **Wanderungen**. Cultur- u. Landschaftsbilder aus Bosnien u. der Hercegovina. Mit 50 zum Theile nach Skizzen d. Verf. angefertigten Abbildgn. u. 1 Karte. gr. 8. (VIII, 376 S.) Wien 888. Graeser. n. 6.—; geb. n. 7.—

Hoernes, Mor., dinarische **Wanderungen**. Cultur- u. Landschaftsbilder aus Bosnien u. der Hercegovina. Mit 50 zum Theile nach Skizzen d. Verf. angefertigten Abbildgn. u. 1 Karte. 2., m. e. Einleitg. verm. (Titel-) Ausg. gr. 8. (VIII, 364 u. XII S.) Wien 893. C. Graeser. n. 6.—; geb. n. 7.—

Dinarische Wanderungen. Cultur- u. Landschaftsbilder aus Bosnien u. d. Hercegovina von Dr. Moritz **Hoernes**. Mit 50 Abb. u. 1 Karte. 2., mit e. Einl. verm. Aufl. *Wien: C. Graeser 1894.* (364, XII S.) 8° (10. 3337

Hörnes, Rudolf

Hoernes, R. Die **Anlage** d. Füllschachtes in Rohitsch-Sauerbrunn. gr. 8. (70 S. m. Abbildgn.) Graz 891, (Leuschner u. Lubensky). * 1 20

— Ueber Ballonbeobachtungen und deren graphische Darstellung mit besonderer Berücksichtigung meteorologischer Verhältnisse.
Wien, Pest, Leipzig 1892. (15241)

Hoernes, Rud., Bau u. Bild der Ebenen Oesterreichs, s.: **Bau** u. **Bild** Oesterreichs.

Hoernes, R., Bau und Bild der Ebenen Österreichs. Sonderabdruck aus „Bau und Bild Österreichs". Lex.-8°. (ill. VI, 194 S.)
K 12.—

Hoernes, Rud., geologischer Bau der Insel Samothrake. Mit 2 Taf. (lith. u. chromolith. in qu. 4.) [Aus: „Denkschriften d. k. Akad. d. Wiss."] gr. 4. (12 S.) Wien 874. Gerold's Sohn in Comm. n. 2.—

Hoernes, Rud., Bericht üb. die obersteir. Beben des 1. Halbj. 1899, s. a. **Mitteilungen** der Erdbeben-Commission d. kaiserl. Akademie der Wissenschaften in Wien. XIV.

Mittheilungen der Erdbeben-Commission der kaiserlichen Akademie der Wissenschaften in Wien. XIV: Bericht über die **obersteirischen Beben** des ersten Halbjahres 1899 (zumal über die Erschütterungen vom 1., 7. und 29. April) von R. **Hoernes**. (Mit 8 Karten und 2 Kartenskizzen im Texte.) (Aus den Sitzungsberichten der kaiserl. Akademie der Wissenschaften in Wien. Mathem.-naturw. Classe Bd. CVIII. Abth I. October 1899.) **Wien**. 1899. In Comm. Gerold's Sohn. Gr.-8°. 68 S. fl. 1.05

— Bericht üb. das obersteir. Erdbeben v. 27. XI. 1898, s. a. **Mitteilungen** der Erdbeben-Commission der kaiserl. Akademie der Wissenschaften. XIII.

Mittheilungen der Erdbeben-Commission der kaiserl. Akademie der Wissenschaften in Wien. XIII. Bericht über das obersteierische Beben vom 27. November 1898 von R. Hoernes. (Mit 2 Karten) (Aus den Sitzungsberichten der kaiserl. Akademie der Wissenschaften in Wien. Mathem.-naturw. Classe; Bd. CVIII. Abth. I. Mai 1899.) Wien. 1899. In Comm. Gerold's Sohn. Gr.-8°. 28 S. fl. —.55

Vergl. Nr. 25, 1290.

— u. Ferd. Seidl, Bericht üb. das Erdbeben in Untersteiermark u. Krain am 31. III. 1904, s.a. Mitteilungen der Erdbeben-Kommission der kaiserl. Akademie d. Wissenschaften in Wien.

Bericht über das Erdbeben in Untersteiermark und Krain am 31. März 1904 von Univ.Prof. Dr. R[udolf] Hoernes u. Realschulprof. Ferd. Seidl. Mit 1 Karte. Wien: K. Gerold's Sohn in Komm. 1905. (48 S.) 8°
— Mitteilungen d. Erdbeben-Kommission d. Kais. Akad. d. Wiss. in Wien. N. F. No 27. [06. 33]

— Berichte über das makedonische Erdbeben vom 4. IV. 1904, s.a. Mitteilungen d. Erdbeben-Kommission d. kaiserl. Akademie der Wissenschaften in Wien.

Berichte über das makedonische Erdbeben vom 4. April 1904 von Prof. R[udolf] Hoernes. Wien: K. Gerold's Sohn in Komm. 1904. (54 S.) 8°
— Mitteilungen d. Erdbeben-Kommission d. Kais. Akad. d. Wiss. in Wien. N. F. No 24. [06 33] 2

Hoernes, Rud., ein Beitrag zur Kenntniss fossiler Binnenfaunen. [Süsswasserschichten unter den sarmat. Ablagerungen am Marmarameere.] Lex.-8. (28 mit 1 lithogr. Taf.) Wien 876, (Gerold's Sohn.) * — 60

Aus: Sitzungsberichte der k. Akademie der Wissenschaften, besonders abgedruckt.

Hoernes, Rud., die Bildung des Bosporus u. d. Dardanellen. (66 S. m. 3 Fig.) gr. 8. Wien 909. A. Hölder. 1. 90

— Das Bosporusproblem (mit 2 Textfiguren). S. 120. I. 1887 . . . . 1.10

Separatabdruck

— neue Cerithien aus der Formengruppe der Clava bidentata (Defr.) Grat. v. Oisnitz in Mittelsteiermark, nebst Bemerkgn. üb. die Vertretg. dieser Gruppe im Eocän, Oligocän u. Miocän (in mediterranen u. sarmat. Schichten.) gr. 8. (30 S. m. 1 Taf.) Wien 901. (C. Gerold's Sohn.) n. — 80

— Chondrodonta (Ostrea) Joannae Choffat in den Schiosischichten v. Görz, Istrien, Dalmatien u. der Hercegovina. (18 S m. 3 Fig. u. 2 Taf.) gr. 8. Wien 902. (A. Hölder.) n. — 90

Sonderabdruck aus: „Sitzungsber. d. k. Akad. d. Wiss."

HOERNES, R.

Congeria Oppenheimi und Hilberi, zwei neue Formen der Rhomboidea-Gruppe aus den oberen pontischen Schichten von Königsgnad (Királyhegye) nebst Bemerkungen über daselbst vorkommende Limnocardien und Valenciennesien von R. Hoernes. (Mit 1 Tafel und 4 Textfiguren.) (Aus den Sitzungsberichten der kaiserl. Akademie der Wissenschaften in Wien. Mathem.-naturw. Classe; Bd. CX. Abth. I. Juni 1901.) Wien. 1901. In Comm. Gerold's Sohn. Gr.-8°. 30 S. K —.90

Hoernes, R., Der Einbruch von Salzburg und die Ausdehnung des interglazialen Salzburger Sees. [Aus: Sitzungsber. d. k. Akad. d. Wiss., math.-naturw. Klasse] Gr.-8°. (17 S.) †
Wien: Hölder 1908. K --.60

Hoernes, Rud., Elemente der Palaeontologie [Palaeozoologie]. gr. 8. (XVI, 594 S. mit 672 Fig. in Holzschn.) Leipzig 884, Veit und Comp. *

Hoernes, Rud., d. Erdbeben v. Laibach u. s. Ursachen. Vortrag, geh. in d. Versammlg. d. naturwissenschaftl. Vereines f. Steiermark am 20. Apr. 1895. 8. (61 S.) Graz 895. Leykam. — 60

Hoernes, Rud., das Erdbeben von Saloniki am 5. VII. 1902 u. der Zusammenhang d. makedonischen Beben m. den tektonischen Vorgängen in der Rhodopemasse, s.a. Mitteilungen der Erdbeben-Kommission der kaiserl. Akademie der Wissenschaften in Wien.

Das Erdbeben von Saloniki am 5. Juli 1902 u. d. Zusammenhang der makedon. Beben mit d. tekton. Vorgängen in der Rhodopemasse von R[udolf] Hoernes. (Mit 1 Karte u. 14 Textfig.) Wien: C. Gerold's Sohn in Comm. 1902. (91 S.) 8°
— Mittheilungen d. Erdbeben-Commission d. Kais. Akad. d. Wiss. in Wien. N. F. No 13. [06. 33] 2

— Erdbeben u. Stosslinien Steiermarks, s.a. Mitteilungen der Erdbeben-Commission der kaiserl. Akademie der Wissenschaften in Wien. N. F. VII.

Erdbeben und Stosslinien Steiermarks von R[udolf] Hoernes. Wien: C. Gerold's Sohn in Comm. 1902. (115 S.) 8°
— Mittheilungen d. Erdbeben-Commission d. Kais. Akad. d. Wiss. in Wien. N. F. No 7. [06. 33] 2

— Erdbebenkunde. Die Erscheingn. u. Ursachen der Erdbeben, die Methoden ihrer Beobachtg. gr. 8. (VII, 452 S. m. Abbildgn. u. Karten im Text u. 2 Taf.) Leipzig 893. Veit & Co. n. 10. —

Hoernes, Rud., die Erdbeben-Theorie Rudolf Falb's und ihre wissenschaftliche Grundlage, kritisch erörtert. gr. 8. (VII, 184 S. mit 5 eingedr. Abbild.) Wien 881, Brockhausen und Bräuer. *

HOERNES, R.

Die vorpontische Erosion von R. Hoernes. (Mit 5 Textfiguren.) (Aus den Sitzungsberichten der kais. Akademie der Wissenschaften in Wien. Mathem.-naturw. Classe. Bd. CIX. Abth. I. December 1900.) Wien. 1900. In Comm. Gerold's Sohn. Gr.-8°. 47 S. K —.90

—— und M. Auinger, die Gasteropoden der Meeresablagerungen, s.a. Abhandlungen der k. k. Geologischen Reichsanstalt.

— u. M. Auinger, die Gasteropoden der Meeres-Ablagerungen der 1. u. 2. miocänen Mediterran-Stufe in der österreichisch-ungarischen Monarchie. I—III. Lfg. [Abhandlungen der k. k. Geolog. Reichsanstalt. 12. Bd. 1—3. Hft.] Mit 16 lith. Taf. Fol. (152 S. m. 12 Bl. Tafelerklärungen.) Wien 879—81. Hölder in Comm. n. 32. 40

Hoernes, R., und M. Auinger, die Gasteropoden der Meeres-Ablagerungen der 1. und 2. miocänen Mediterran-Stufe in der Oesterreichisch-Ungarischen Monarchie. 4. und 5. Lfg. Fol. (S. 153—232 mit 12 Stnt. und 12 Bl. Erklärungen.) Wien 884,85, Hölder. à Lfg. * ℳ 16.—. *

1.—3. Lfg. (Ebendas. 1879—82. * ℳ 42.40.) wurden als 12. Bd. der „Abhandlungen der k. k. Geologischen Reichsanstalt" ausgegeben, später zurückgezogen und als selbständiges Werk weiter geführt. — Vgl.: Abhandlungen der k. k. Geologischen Reichsanstalt.

— u. M. Auinger, die Gasteropoden der Meeres-Ablagerungen der 1. u. 2. miocänen Mediterran-Stufe in der Oesterreichisch-Ungarischen Monarchie. 6. Lfg. Fol. (S. 233—282 m. 6 Steintaf. u. 6 Bl. Erklärgn.) Wien 890. Hölder. n. 20. — (1—6: n. 84. 40)

— u. M. Auinger, die Gasteropoden der Meeres-Ablagerungen der 1. u. 2. miocänen Mediterran-Stufe in der Oesterreichisch-Ungarischen Monarchie. 7. u. 8. Lfg. Fol. Wien 891. A. Hölder. n. 37. —
(1—8.: n. 121. 40)
7. (S. 283—330 m. 6 Steintaf. u. 6 Bl. Erklärgn.) n. 17. —
8. (S. 331—382 m. 8 Steintaf. u. 6 Bl. Erklärgn.) n. 20. —

— Zur Geologie von Predazzo. S. 121. I. 3 . . . . 1.—

Separatabdruck

— die Herkunft d. Menschengeschlechtes. Vortrag, geh. am 13. Decbr. 1890. [Aus: „Mittheilgn. d. naturwissenschaftl. Vereines f. Steiermark".] gr. 8. (26 S.) Graz 891. (Leuschner & Lubensky.) — 60

—— Zur Kenntniss der Milchbezahnung der Gattung Entelodon Aym. Lex.-8. (8 S. m. 1 Taf.) Wien 892, (Tempsky) * — 60
Aus: Sitzungsber. d. k. Akad. d. Wissenschaften, besonders abgedruckt.

Hoernes, R., s.: Leonhard, G., Grundzüge der Geognosie u. Geologie.

HOERNES, Rudolf
Über Limnocardium Semseyi Halav. und verwandte Formen aus den oberen pontischen Schichten von Königsgnad (Királykegye) von Rudolf Hoernes. (Mit 3 Tafeln.) (Aus den Sitzungsberichten der kaiserl. Akademie der Wissenschaften in Wien. Mathem.-naturw. Classe; Bd. CX. Abth. I. April 1901.) Wien. 1901. In Comm. Gerold's Sohn. Gr.-8°. 17 S. K 1.10

—— Materialien zu einer Monographie der Gattung Megalodus mit besond. Berücksicht. der mesozoischen Formen. Imp.-4. (88 S. mit 7 lithogr. Taf., 1 eingedr. Skizze und 7 eingedr. Holzschn.) Wien 880, (Gerold's Sohn.) *
Aus: Denkschriften der k. Akademie der Wissenschaften, besonders abgedruckt.

— Melongena Deschmanni nov. form. aus den aquitanischen Schichten v. Moräutsch in Oberkrain nebst Bemerkungen üb. die geograph. Verbreitg. d. lebend. Melongenidae. (27 S. m. 1 Taf.) gr. 8. Ebd. 906. 1.10
3 Sonderabdr. a.: „Sitzungsber. d. k. Akad. d. Wiss."

— s.: Mitteilungen d. naturwissenschaftl. Vereins f. Steiermark.

— Paläontologie, s.a. Sammlung Göschen.

Hoernes, Rudolf: Paläontologie. Mit 87 Abbildungen. (Sammlung Göschen Nr. 95.) Leipzig 1899. 212 S. 8°. [C 173

Hoernes (Rudolf), Paläontologie. 2. verb. Aufl. M. 87 Abb. Leipzig 1906. 212 S. (Samml. Göschen. 95.)

Paläontologie von Dr. Rudolf Hoernes, Prof. Mit 87 Abb. 2. verb. Aufl. Neudr. Leipzig: Göschen 1910. 206 S. 8°
(Sammlung Göschen. 95.) [10. 14938 11

— Pereiraïa Gervaisii Véz. v. Ivandol bei St. Bartelmae in Unterkrain. [Aus: „Annalen des k. k. naturhistor. Hofmuseums".] Lex.-8. (16 S. m. 2 Abb. u. 2 Taf.) Wien 895. A. Hölder. n. 3. —

— Untersuchungen der jüngeren Tertiärgebilde des westlichen Mittelmeergebietes. (1. Reisebericht.) (10 S.) gr. 8. Wien 905. (A. Hölder.) n. — 30

— dasselbe. (2. Reisebericht.) (24 S. m. 2 Fig.) gr. 8. Ebd. 905. n. — 50

— dasselbe. (3. Reisebericht.) (27 S. m. 4 Fig.) gr. 8. Ebd. 905. n. — 60
3 Sonderabdrucke aus: „Sitzungsber. d. k. Akad. d. Wiss.".

— zur Würdigung der theoretischen Speculationen über die Geologie v. Bosnien. gr. 8. (25 S.) Graz 882. Leykam-Josefsthal. n. — 60

Der Hornet: June 22, 1802 Dec. 23, 1806.
Weekly. Published in English and German until 1806. The Hornet (the title was changed to Hornet with the issue of June 21, 1803) was published in four "series," June 22, 1802—July 6, 1814. It was suspended July 1807 - June 1809, and again Oct. 1811? -July 1813. During this period of twelve years, a section was published in German.
Fredericktown, MD

Horneville, der Gräfin v., Begeb., od. Betracht. üb. d. Zustand irdischer Dinge, a. d. Franz. d. Hrn. Simon übersetzt. 8. Leipz. 746.

Horney, Oscar: Der volkswirtschaftliche Wert der städtischen Fäkalien. Karlsruhe i. B. 1908: G. Braun. (55 S.) 8°
(Nicht für den Austausch, lag nicht vor.)
Freiburg i. B., Rechts- u. staatsw. Fak., Ref. v. Schulze-Gävernitz, Diss. v. 1908
(Geb. 27. Mai 82 Stemmern b. Magdeburg; Wohnort: Braunschweig; Staatsangeh.: Braunschweig; Vorbildung: Gymn. Braunschweig Reife 03; Studium: Freiburg 2, Berlin 4 S.; Rig. 16. Nov. 07.)

Horney, Osk., der volkswirtschaftl. Wert der städtischen Fäkalien, s.a. Abhandlungen, volkswirtschaftliche, der badischen Hochschulen. X, 1.

Der volkswirtschaftliche Wert der städtischen Fäkalien. Von Dr. Oskar Horney. Karlsruhe i. B. 1908: G. Braun. (55 S.) 8°
= Abhandlungen, Volkswirtschaftliche, d. Badischen Hochschulen. Bd 10, H. 1. [08. 9507

Horneyer, J. G., neues Fremdwörterbuch für den täglichen Geschäftsverkehr. Allen Geschäftsleuten zur Beachtung empfohlen. Mainz 853. Wirth. 16. (2 Bl., 272 S.) 12 ngr

Horneyer's Fremdwörterbuch. Alphabetische Zusammenstellung aller in der Geschäfts- und Umgangssprache übl. Fremdwörter und Ausdrücke (ca. 15,000) mit kurzer Erklärung. 2. Aufl. gr. 16. (IV und 272 S.) Cleve 864, Knipping.

Hornfeck, Friedr., Schenkenbuch. (Gedichte.) 16. (III und 132 S.) Frankfurt a. M. 855, Meidinger Sohn und Comp.

Hornfeck, Friedr., Schenkenbuch. Rhein- und Weinlieder. 2. verm. Aufl. 8. (VIII, 248 S.) Frankfurt a. M. 880, Keller. geb. mit Goldschn. *

[Hornfeck, Fr.] Das deutsche Schützenfest in Frankfurt am Main. (Leipzig, Verlag von J. J. Weber 1862.)
30 S., 1 Taf. m. 25 Holzschn. 2°.
Aus: Leipziger Illustrirte Zeitung Nr. 997—1003

Hornhardt, *Friedrich August* Otto [app. Arzt aus Detmold]: Aus d. patholog. Institute zu Kiel. Über 60 Fälle von plötzlichem Tode an Lungenentzündung bei scheinbar Gesunden ... Kiel, Druck v. H. Fiencke, 1896; 27 S. 8.
Kiel, Med. Fak., Inaug.-Diss. v. [11. Jan.] 1897

Hornheim, Karl, Versuch eines Deutsch-Latein. u. Rabbinischen Wörterbuchs, zur Erleichterung derer, welche die Rabbinische Sprache lernen wollen. gr. 8. Halle 807. Hendel. 6 K

Hörni, Albert, aus Stammheim: Delikte gegen das verfassungsmässige Zustandekommen des Volkswillens nach Bundes- und zürcherischem Recht mit besonderer Berücksichtigung des schweizerischen Vorentwurfes. Andelfingen 1907. 128 S. 8°. [21. XII. 07.]
Zürich, Staatswiss. Diss. 1907/08.

Hörni, Albert. Delikte gegen das verfassungsmässige Zustandekommen des Volkswillens nach Bundes- und zürcherischem Recht, mit besonderer Berücksichtigung des Schweizerischen Vorentwurfes. 128 S. 8. Andelfingen, W. Hepting, 1907.
Ausg. A: Diss. Staatsw. Univ. Zürich ... von A' H'...
Ausg. B: von Dr. jur. A' H', Stammheim.

Hoerni, Conrad, pract. Arzt, aus Stammheim: Die Zangengeburten der zürcherischen Universitäts-Frauenklinik in den Jahren 1888—1907. (Aus der zürcherischen Universitäts-Frauenklinik. Direktor: Prof. Wyder.) Andelfingen 1909. 62 S. 8°. [16. IV. 09.]
Zürich Med. Diss. 1908/09.

Hoerni, Conrad. Die Zangengeburten der zürcherischen Universitäts-Frauenklinik in den Jahren 1888—1907. Diss. Med. Zürich ... von K' H'.... *Kopftitel:* Aus der zürcherischen Universitäts-Frauenklinik.... 61 S. 8. Andelfingen, W. Hepting, 1909.

Hornich Rudolf: Steinthals „Allgemeine Ethik“ auf ihren wissenschaftlichen Gehalt geprüft.
H. 1890 PN 603 Diss.Wien, Univ. 42

Hornich, Rud., s.o Jahrbuch des Vereins f. christl. Erziehungswissenschaft.

Jahrbuch des Vereins für christl. Erziehungswissenschaft. Hrsg. im Auftr. d. Vorstandes von ... Dr. Rudolf Hornich, Dir. in Wien. 1. Kempten & München: J. Kösel 1908. 8° (08. 3145)

HORNICH, Rudolf
(F) Lesebuch für katholische Privat-Bürgerschulen. (Mit Erlass des hohen k. k. Ministeriums für Cultus und Unterricht vom 14. Jänner 1901, Z. 35.228 ex 1900, wird die Verwendung dieses Buches zum Gebrauche an katholischen Privat-Bürgerschulen mit deutscher Unterrichtssprache gestattet.) (In 3 Theilen.) I. Theil. Zusammengestellt von Dr. Rudolf Hornich und herausgegeben vom katholischen Schulvereine für Oesterreich. Wien. 1901. Kathol. Schulverein. Gr.-8°. 278 S. Cart. K 1.30

Hornich, Rud., Lesebuch f. katholische Privat-Bürgerschulen. (In 3 Tln.) 2. u. 3. Tl. Hrsg. vom kathol. Schulvereine f. Oesterreich. (276 u. 274 S.) gr. 8. Wien 903. 904. Buchh. des kath. Schulvereines f. Oesterreich.
Geb. à n. 1. 60

Hornich Dr. Rud.: Dr. Richard v. Muth. 1. St. Pölten Lehr. Sem. 03. Progr.

Hornich Dr. Rudolf: Ursachen der Moralskepsis unserer Zeit. 12. St. Pölten Lehr. Sem. 00. Progr.

Hörnick, Adam Gottfr. Programma ad funus Joannis ab Öttingen, burggravii Caesarei. fol. Rigae 1717.

Hornicke, Demetrius, Folgen blinder Liebe, — meine Trauung auf Helgoland, } f.: Reuter's Bibliothek f. Gabelsberger-Stenographen.

Hornickel, Franz: Zur Morphologie und Ontogenie von Schmetterlingsraupen. *Schneeberg 1898: C. M. Gärtner.* (30 S.) 4°
Schneeberg, k. G. OP 1898 (509)

Hornickel, Paul, Prosektor an der Kgl. Tierärztl. Hochsch. zu Dresden: Aus d. Physiol. und Anatomischen Institut d. Tierärztl. Hochsch. in Dresden. (Geh. Med.-Rat Prof. Dr. Ellenberger, Med.-Rat Prof. Dr. Baum.) Vergleichende Untersuchungen über den histologischen Bau der Tränendrüse unserer Haussäugetiere. Mit 4 Taf. (Dresden 1905: A. Schönfeld.) (47 S.) 8°
Gießen, Med. Fak., Ref. Martin, Diss. v. 30. Aug. 1905
[Geb. 22. Okt. 80 Dresden; Wohnort: Dresden; Staatsangeh.: Sachsen; Vorbildung: Wettiner Gymn. Dresden Reife O. 00; Studium: Dresden Tierärztl. Hochsch. 7 S.; Rig. 13. Juli 05.]

Hornig, B. (Hirschberg / Schles.), De origine juris suffragiorum. Diss. jur. Präs. Gabriel Schweder. Tübing. (Jo. Cunrad Reis' Wwe.) Aug. 1724. 20 Seiten. (6.50) 16093

— **Balthasar** (Regensburg), De controversa jurisdictione ecclesiastica principum imperii in diversae religions subditos. Disp. jur. Präs. Christ. Wildvogel. Jena (Jo. Adolph Müller) Dez. 1728. 78 S. (7.50) 16094

Hornig, (C. Aug.,) formen und gebrauch des satzartikels daz bei Hartmann v. Aue, s.: Programm.

Hornig Form und gebrauch des satzartikels oder der conjunction daz bei Hartmann von der Aue. 37 S.
Brandenburg, R., Progr. 1847

Hornig, C. Aug., glossarium zu den gedichten Walthers von der Vogelweide nebst ein. reimverzeichniss. gr. 8. (27½ B.) Quedlinburg 844, Franke. *

Hornig, C.A.: Realschule und Gymnasium. Antrittsrede des Directors. 18 S. – Stargard, Progr. 1857.

Hornig, Emil, Anfangsgründe der Chemie für Unter-Real- und Gewerbeschulen. gr. 8. (VI und 248 S. mit 4 Kpfrt.) Wien 856, Gerold's Sohn. Thlr.

3767. **Hornig, E.,** *Prof.* Ueber die Anwendung des salpetersauren Uranoxydes in der Photographie (auf Grundlage der in Moigno's Cosmos XI. u. XII. Bd. enthaltenen Mittheilungen). vorgetragen in der Wochenversammlung des n. ö. Gewerbe-Vereines am 19. März 1858. *Wien. Carl Gerold's S.* 18 S. 8°. Nicht ber.
Separatabdruck a. d. Märzhefte der Verhandlungen und Mittheil. des n. ö. Gew.-Vereines.

Hornig, Aemil. (geb. Oranienburg 21. 2. 1837): De atresia ani congenita ejusque sanatione radicali ano artificiali in perinaeo effecta. Berolini (1861). (34 S.) 8°
Berlin, Med. Diss. v. 5. Apr. 1861

Hornig, E.: Bemerkungen über die Methode des chemischen Unterrichtes. S. 71–87. 8° – Wien, OR. Ldstr., Progr. 1854.

Hornig: Beiträge zur Geschichte, Technik und Statistik der Käserei. 104 S. 8° –Wien OR.L., Progr. 1869

—— Lehrbuch der technischen Chemie für Ober-Realschulen und technische Anstalten. 1. Thl.: Unorganische Chemie. gr. 8. (VI und 428 S. mit 9 Kpfrt. in qu. Fol.) Wien 860, Gerold's Sohn. *

Hornig: Mittheilungen aus dem chemischen Laboratorium. 17 S. 8°.– Wien OR. L., Progr. 1855.

Hornig, Emil [Red.], s. Realschule, Die

Hornig, E., die Verordnungen über den Gifthandel und die Industrie. Eine Studie auf dem Gebiete der österreich. Gewerbe-Gesetzgebung. Lex.-8. (32 S.) Wien 865, (Seidel und Sohn.) *
Aus: Wochenschrift des neuen österreichischen Gewerbe-Vereines, besonders abgedruckt.

Hornig, Dr. E., Die Verordnungen über den Gifthandel u. die Industrie. Eine Studie auf dem Gebiete der österr. Gewerbe-Gesetzgebung. (Sep.-Abdr. aus Nr. 40 u. 41 der Wochenschrift des n. ö. Gewerbe-Vereines.) gr. 8. (19 S. u. 14 S. Beilagen.) Wien, Seidel & Sohn in Comm.
1866 30 kr.

Hornig, Emil, über die chemische Zusammensetzung einiger in der Gegend von Krems vorkommenden Weisssteine. [Aus den Sitzungsber. 1851 der k. Akad. der Wiss. abgedr.] gr. 8. (7 S.) Wien 852. (Braumüller.) n. 2 ngl

—— über die chemische Zusammensetzung einiger in der Gegend von Krems vorkommenden Weisssteine. gr. 8. (7 S.) Wien 852, (Gerold's Sohn.) *
Aus: Sitzungsberichte der k. Akademie der Wissenschaften J. 1851, besonders abgedruckt.

Hornig, F., über Berg u. Tal. Gedichte. (VII, 187 S.) 8. Leipzig 907. M. Altmann. 2.—; geb. in Leinw. 3.—
Kayser's Bücherlexikon Bd. XXXV.

Hornig, F., Fredy, d. Savoyardenknabe. Rübezahl u. d. Ostereier. Was d. Christbaum erzählt. Auf Tod u. Leben, s.: Köhler's illustr. Jugend- u. Volksbibliothek.

Hornig, Fr., das Geheimnis des Klosterfischers. Erzählung. Mit 12 Orig.-Illustr. v. H. Tiedemann. (III, 282 S.) Lex.-8. Elberfeld (904). S. Lucas. Geb. 3.—

Hornig, Franz Walter a. Wurzen, z. Zt. Ref. in Schwarzenberg: Die zivilrechtliche Verantwortlichkeit der Mitglieder des Aufsichtsrats der Aktiengesellschaft für die Gründungsvorgänge nach deutschem Aktienrecht. Borna-Leipzig 1906: R. Noske. (X, 81 S.) 8°

Leipzig, Jur. Fak., Diss. v. 28. Mai 1906

[Geb. 27. Okt. 79 Wurzen; Wohnort: Schwarzenberg i. E.; Staatsangeh.: Sachsen; Vorbildung: Gymn. Wurzen Reife O. 99; Studium: Leipzig 8 S.; Rig. 29. Jan. 03.]

Hornig, Gust. Rhold., Meisterstück e. Schneiders, s.: Berufsaufsatz, der, in der Fortbildungsschule.

In Schummern alleen. Plattdütsche Gedichte v. Heinrich **Hornig**. Itzehoe. 1906. 8°

Hornig, Paul, aus Herzogswalde, Grafschaft Glatz: Die Lage der ländlichen Arbeiter in der Grafschaft Glatz. *Jena 1899: A. Kämpfe.* (57 S.) 8°

Jena, Phil. Diss. v. (13. Mai) 1899

Hörnig, Dr., s. v. Cornaro, L., Mittel u. Rathschläge hundert Jahr alt zu werden.

Hörnig, Bruno: Syntaktische Untersuchungen zu Rabelais . . . . Leipzig, Druck v. Sturm & Koppe (A. Dunnhardt), 1888; 72 S. + 2 Bl. 8°

Leipzig, Phil. Fak., Inaug.-Diss. v. 8. Jun. 1888

Hörnig, B., syntaktische Untersuchungen zu Rabelais. Inaug.-Diss. gr. 8. (78 S.) Leipzig 888. (Fock.) n. 1.—

Hoernig, Ernst Ludwig (Naumburg), De inutili clausula executiva absque praemissa causae cognitione. Quaestio jur. controv. Präs. Christian Heinr. Breuning. Lpz. (Rumpf) 20. II. 1773. 10 Seiten. (5.—) 15454

Gew.: Friedr. Abraham v. Hopffgarten (Mulversted . . .), Georg Wilhelm v. Hopffgarten.

Hoernig, Frdr. Paul, s.: Beiträge zur anhaltischen Geschichte.

— s.: Sammlung anhaltischer Gesetze.

Hörnig, Geo. Sam., Grundsätze zu Anfertigung richtiger Bauanschläge, zunächst f. d. Königr. Sachsen nach e. die Berechnungen abkürz. System bearb. gr. 8. (25½ B. u. 2 Stnt.) Dresden 841, Walther'sche Hofbuchh.

Hörnig, Geo. Sam., Grundsätze u. Erfahrungen in Betreff d. verschied. Zimmerarbeiten bei d. Land- u. Wasserbau, nebst e. Anh. üb. einige Lehren d. Arithmetik u. Geometrie; e. Handb. f. Zimmerleute u. Bauliebhaber, in Fragen u. Antworten. M. 21 Stnt. (qu. gr. Fol.) gr. 8. (25½ B.) Dresden 834, Arnold.

Hörnig, G. S., Grundsätze u. Erfahrungen in Betreff der verschiedenen Zimmerarbeiten bei dem Land- u. Wasserbau, nebst e. Anhange uber einige Lehren der Arithmetik u. Geometrie; ein Handbuch für Zimmerleute u. Bauliebhaber, in Fragen u. Antworten. Mit 21 Steintaf. gr. 8. Dresden u. Leipzig 834. Arnold. 4 ß

Hörnig, Geo. Sam., Grundsätze und Erfahrungen in Betreff der verschiedenen Zimmerarbeiten bei dem Land- und Wasserbau. Ein Handbuch für Zimmerleute und Bauliebhaber. 2., gänzlich umgearb. Aufl. von Rud. Heyn. gr. 8. (VI und 330 S. mit 258 in den Text gedr. Holzschn.) Leipzig (861)62, Arnoldische Buchh. *

Hörnig, Geo. Sam., Grundsätze und Erfahrungen in Betreff der verschiedenen Zimmerarbeiten bei dem Land- und Wasserbau. Ein Handbuch für Zimmerleute und Bauliebhaber. 3., verb. Aufl. von Rud. Heyn. gr. 8. (VIII und 330 S. mit 253 in in den Text gedr. Holzschn.) Leipzig 864, Arnoldische Buchh.

Hörnig, Geo. Samuel, Grundsätze u. Erfahrungen in Betreff der verschiedenen Zimmerarbeiten bei dem Land- u. Wasserbau. Ein Handbuch f. Zimmerleute u. Bauliebhaber. Neu bearb. v. Rud. Heyn. 4. Aufl. Mit 253 in den Text gedr. Holzschn. gr. 8. (VIII, 330 S.) Leipzig 875. Arnold. n. 3. —

—— theoret.-prakt. Handbuch d. verschied. Maurer-Arbeiten bei d. Land- u. Wasserbau; f. Maurer u. Bauliebhaber, in Fragen u. Antworten bearb. gr. 8. (24 B. u. 28 Stnt.) Dresden u. Leipzig 836, Arnoldische Buchh.

—— Sammlung prakt. Zimmerwerks-Risse, Theils ausgeführter, Theils f. verschied. Zwecke entworf. Baugegenstände. 1—6. Hft. M. 36 Stnt. (gr. qu. Roy.-Fol.) 4. (12⅔ B. Text.) Dresden 831—35, Arnold. à (2 Hfte.) 2 Thlr. 12 Gr.

—— Sammlung prakt. Zimmerwerks-Risse, Theils ausgeführter, Theils f. verschied. Zwecke entworf. Baugegenstände. 7. u. 8. Hft. M. 12 Stnt. (gr. qu. Roy.-Fol.) 4. (4 B.) Dresden u. Leipzig 836, Arnoldische Buchh.

1—6. Hft. Ebendas. 1831—35. 7 Thlr. 12 Gr.

Hörnig, Geo. Sam., Sammlung prakt. Zimmerwerks-Risse, theils ausgeführter, theils f. verschiedene Zwecke entworfener Baugegenstände. 8 Hfte. 2., wohlf. Ausg. 4. (16 B. u. 48 Stnt.) Dresden u. Leipzig 843, Arnoldische Buchh. *

— **Gottlieb Samuel** (Reibersd./Laus.), Specimen I. Quaestionum juris naturalis. Präs. Christian Heinrich Breuning. Lpz. (Langenheim) 26. V. 1756. 24 S. mit Widm. v. Präs. (6.50) 15455

— **Johann Christoph** (Grossroehrsdorf/Misn.), An quarta falcidia heredi et ab herede in re singulari instituto praestanda. Quaestio jur. controv. Präs. Christian Heinr. Breuning. Lpz. (Langenheim) 16. II. 1774. 8 S. (4.80) 15456

Hörnig, Kurt Otto, Referendar in Neustadt i. S.: Die Konkurrenzklausel des Handlungsgehilfen. Borna-Leipzig 1907: R. Noske. (IX, 47 S.) 8°

Leipzig, Jur. Fak., Diss. v. 31. Mai 1907

[Geb. 12. Aug. 82 Dermbach; Wohnort: Neustadt i. S.; Staatsangeh.: Sachsen u. S.-Weimar; Vorbildung: Wilhelm-Ernst-Gymn. Weimar Reife O. 01; Studium: Leipzig 7 S.; Rig. 12. Juli 04.]

Hörnig, M. von, s. Süssmilch

Hörnig, Paul, appr. Arzt a. Weimar: Kasuistik der Urachuscysten. Leipzig 1905: B. Georgi. (27 S.) 8°

Leipzig, Med. Fak., Ref. Trendelenburg, Diss. v. 14. Juli 1905

[Geb. 27. Jan. 79 Dermbach, S.-Weimar; Wohnort: Mainz; Staatsangeh.: S.-Weimar u. Sachsen; Vorbildung: Gymn. Weimar Reife O. 99; Studium: Jena 4, Leipzig 6 S.; Coll. 10. Juli 05; Approb. 9. März 04.]

Hornigk, Johann Gottlieb (Zittau), De praejudicio tacentis circa contractus. Diss. jur. Präs. Johann Heinrich Meier. Erfurt (Joh. Heinr. Grosch) Juni 1721. 39 S. (7.—) 16097

v. Hornigk, Philipp Wilhelm (Anonym: P. W. v. H.): „Oesterreich über alles / wann es nur will. Das ist: wohlmeinender Fürschlag Wie mittelst einer wohlbestellten Landes-Oeconomie die Kayserl. Erbland in kurzem über alle andere Staat von Europa zu erheben / und mehr als einiger derselben / von denen anderen Independent zu machen". Erschien zuerst anonym o. O. 1684, 2. Auflage Nürnberg 1684, 3. Auflage Passau 1685, 4. Auflage Leipzig 1705, 5. Auflage Regensburg 1708, 6. Auflage o. O. 1719, 7. Auflage Regensburg 1723, 8. Auflage Regensburg 1727, 9. Auflage Frankfurt a. M. 1729, 10. Auflage Ebenda 1750, 11. Auflage Frankfurt und Leipzig 1753, 12. Auflage Regensburg 1764, 13. Auflage unter dem Titel: „Bemerkungen über österreichische Staatsökonomie", Berlin 1784.

1. Auflage (1684) vorhanden: UB Breslau; 5. Auflage (1708) vorhanden: UB und Stadtbibliothek Köln, Abteilung I, Signatur V 4/6.

Hörnigk, Carl Ernst, s. Hörnigk, Karl Ernst

Hörnigk, G., De sympathia morborum ab asylo ignorantiae vindicata. 39 pp. Erf. 4°.
1714

Hörnigk, J. D. Chr., getreuer Lehrmeister x. 8. Quedlinb. Neußner (a. Ernst) 749.

Hörnigk, Karl Ernst

Hoernigk, Carl Ernst (Mansfeld), Observationes forenses varii argumenti. Präs. Jo. Gottlieb Siegel. Lpz. (Langenheim) 11. III. 1745. 28 S., tlws. dtsch. (6.50) 15457
Gew.: August Clamor v. Busch (Walbeck . . .). — Widm. v. Präs.

— **Ruttger Gottlieb** (Mansfeld), Indurationem partium praematuram. Diss. med. Lpz. (Langenheim) 14. VIII. 1750. 30 S. u. 1 Tfl. Abbildgn. (6.80) 15459

Hornik, Lud. ab., Stellae notarior. novae. 4. Col. 714.

Hórnik, Mich., Citanka. Maly wubjerk z narodneho a nowiseho pismowstwa hornjołužiskich Serbow. Bautzen 863. Schmaler & Pech. gr. 8. (VI, 156 S.) n. 20 ngr.

Hórnik, Michał, historija Serbskeho naroda, s.: Boguslawski, Wilh.

Hornik, Podivin Simeon (Prag), De actione familiae erciscundae. Diss. jur. Präs. Conrad Wilhelm Strecker. Erfurt (Hering) 27. V. 1739. 38 Seiten. (6.80) 16098

Hornikel, Ernst Friedr. (Subrector), De origine, consilio atque actis foederis Smalcaldici. Brevis commentatio historica. (Examinis publici et actus oratorii solemnia indicit M. Theoph. Kiessling, gymnasii rector.) Zeitz (Webel) 21.—23. III. 1831. 27 S. mit Schulnachr. (Namen). (5.50) 16099

Horniman, Roy, the fast Miss Blount. A novel. (336 S.) 8. London u. Leipzig 903. T. F. Unwin. n. 1.60

— Franz Nathanael Horning, 1774—1839, Pfarrer in Roppenheim, Eckwersheim u. Vendenheim. Ein Pfarrbild im Rahmen der Zeit [m. ungedruckten kirchenhistor. Notizen], gezeichnet f. d. Familie v. seinem Enkel W. H. [Mit dem Brustbild.] gr. 8. (68 S.) Ebd. 888. n. 1.60

—— Friedrich Theodor Horning, Pfarrer an der Jung St. Peterkirche. Lebensbild eines Straßburger evangelisch-luther. Bekenners im 19. Jahrh. Lex.-8. (370 S. mit Lichtdr.-Portr.) Straßburg 884. (Würzburg, Stuber's Verlagsh.) *

— Friedrich Theodor Horning, Pfarrer an der Jung St. Peterskirche. Lebensbild e. Straßburger evangelisch-luther. Bekenners im 19. Jahrh. [Mit dem Brustbild (in Lichtdr.).] 4. Aufl. [Vermehrt durch Anhang III.] Lex.-8. (424 S.) Würzburg 885. Stuber's Verl. cart. n. 5. —

Horning, Wilh., der Straßburger Universitäts-Professor, Münsterprediger und Präsident des Kirchenkonvents Dr. Johann Conrad Dannhauer, geschildert nach unbenützten Druckschriften und Manuscripten aus dem 17. Jahrh. gr. 8. (IV, 131 S.) Straßburg 883, Bomhoff. *

Horning, Adolf: Die **Behandlung** der **Lateinischen** Proparoxytona in den Mundarten der Vogesen und im Wallonischen. *Straßburg 1902: J. H. E. Heitz.* (32 S.) 4°
¶ (Neubearbeitung d. Aufsatzes in: Zeitschr. f. Roman. Philol, Bd 15, 1891. — Ergänzung zu: Die Ostfranzös. Grenzdialekte zw. Metz u. Belfort = Französ. Studien, Bd 5, 1887.)
Straßburg i. E., I., P 1902 (578)

Horning, A., chrestomathie de l'ancien français, s.: Bartsch, Karl.

Horning, Adf., zur Geschichte des lateinischen c vor e und i im Romanischen. gr. 8. (III, 140 S.) Halle 883, Niemeyer. *

Horning, A., die ostfranzösischen Grenzdialekte zwischen Metz und Belfort, s. Studien, französische.

Die ostfranzösischen Grenzdialekte zwischen Metz und Belfort. Von Dr. Adolf **Horning**. Mit 1 Karte. Heilbronn: Gebr. Henninger 1887. (112 S.) 8°
— **Studien**, Französische. Bd 5. H. 4. [illegible]

Horning, Adolf: Le pronom neutre il en langue d'oïl. (Separat-Abdruck aus den Romanischen Studien, hrsg. von Eduard Boehmer). Bonn, Eduard Weber's Verlag (Julius Fittner), 1879. 8. (54 S.)

Horning, Alfr., s.: Blätter, theologische, zur Beleuchtung der Gegenwart.

— Licht in der Finsternis! Prüfung u. Widerlegg. der falschen Lehren, welche im Kontrovers-Katechismus f. Katholiken u. Protestanten v. J. J. Scheffmacher, S. J. enthalten sind. gr. 8. (79 S.) Straßburg 900. J. Noiriel. n. — 80
Sonderabdruck aus: „Theolog. Blätter zur Beleuchtung der Gegenwart".

Horning, Alfr. Drei Missionsvorträge, geh. auf evangelisch-luth. Missionsfesten. 8. (50 S.) Straßb. i. E. 892, (Bomhoff). ** — 30

— die hl. Schrift ist einzige Richtschnur u. einzige Quelle des Glaubens. Ein Zeugnis gegen den modernen Subjektivismus. Vortrag. Mit e. Einleitg. v. Stahlberg. [Aus: „Neue luth. Kirchenzeitg."] 12. (VI, 34 S.) Kropp 898. Buchh. „Eben-Ezer". n. — 40

Horning, Fr., das Schlachtfeld bei Wörth-Fröschweiler im Elsaß in Bildern (87 Holzschn.). gr. 8. (56 S.) Fröschweiler 890. (Nördlingen, Beck. — Straßburg i/E., Schmidt.) n. 1. —

Horning, Fr., d. Schlachtfeld bei Wörth i. Elsaß in Bildern. qu. gr. 8. (55 S. m. 88 Illustr. u. 1 Karte.) Fröschweiler 895. (Straßburg, J. Noiriel.) n. — 80

Horning, Friedrich Theodor

Horning, Fr., die ewige Herrlichkeit des Wortes Gottes. Predigt über 1 Pet. 1, 24 und 25. gehalten bei der Jahresfeier der evangelisch-luther. Mission zu Leipzig am 28. Aug. 1850. gr. 8. (14 S.) Leipzig 851. (Straßburg, Treuttel und Würtz.) *

Horning, Frdr. Thdr., Nachklänge v. Evangelien-Predigten. 1. u. 2. Lfg. Lex.-8. (VI, 96 S. m. autotyp. Portr. u. Fcsm.) Straßburg 884. Bomhoff. à n. — 80

Horning, Fr. Th., Nachklänge von Evangelien-Predigten. Lex.-8. (788 S. mit Portr. u. Fcsm.) Straßburg 887. (Bomhoff.) n. 10. 40

Horning, George Christian (Pilgramsd. Schlesien), Theocratiam Judaicam ex historia sacra et antiquitatum monumentis delineat. Präs. M. Johann Fidalck (Danzig). Lpz. (Andreas Martin Schede) 10. VII. 1728. 24 S. mit Widm. v. Präs. (6.50) 16100

Calvin's Amtieren in der luth. Kirche Straßburg's. Drei ergänzende u. korrigierende Kapitel. Zu Calvin's 400j. Jubiläum. Von W[ilhelm] **Horning**. Straßburg: Selbstverl. 1909. 20, XI S. 8° [09. 1305 ?

Horning, Wilh., d. neueste Angriff auf d. Straßburger Gesangbuch f. Christen Augsb. Konf., sow. d. ungelösten „Rätsel" desselben. E. Beitrag z. sachl. Antwort auf die Kritik d. Professors Dr. Fr. Spitta. gr. 8. (32 S.) Straßburg 897. (N. Noiriel.) n. — 30

Horning, Wilh., Dr. Balthasar Bebel, Prof. der Theologie und Münsterprediger zu Straßburg im 17. Jahrh. Geschildert nach unbenutzten Urkunden und Manuskripten. gr. 8. (VII, 66 S. mit 1 lithogr. Brustbilde.) Straßburg 886, (Bomhoff.) *

Horning, W., Briefe v. Straßburger Reformatoren, ihren Mitarbeitern u. Freunden üb. die Einführung d. „Interims" in Straßburg [1548—1554]. Hrsg. v. W. H. gr. 8. (52 S.) Straßburg 887. Bomhoff. n. — 75

— aus dem lateinischen Briefwechsel von Melanchton, Brenz, Chemnitz, Jak. Andreä, Sulzer, Cyriakus Spangenberg, Paul Eber, Dav. Chyträus, Heßhusius, Flacius Illyricus u. A. m. Joh. Marbach, Präsident d. Kirchenconvents, Prof. der Theologie u. Pfarrer an St. Nicolai in Straßburg 1545—1581. Als Anhang zu Marbach's Lebensbild hrsg. Zum 350jähr. Jubelfest des protest. Gymnasiums in Straßburg. gr. 8. (48 S.) Ebd. 888. n. 1. 50

—— Dr. Johann Dorsch, Prof. der Theologie zu Straßburg im 17. Jahrh. Ein Lebenszeuge der luther. Kirche, geschildert nach unbenützten Urkunden und Manuskripten. gr. 8. (IX, 198 S.) (Ebendas.) 886. *

Horning, W., Handbuch der Geschichte der evang.-luth. Kirche in Straßburg im XVII. Jahrh. (Compendium historiae ecclesiae evang.-lutheranae Argentorati. Saecula XVI. XVII. XVIII.) (VIII, 176 S. m. 22 Taf.) gr. 8. Straßburg 903. (J. H. E. Heitz.) n. 4. —

Handbuch der Geschichte der evang.-luth. Kirche in Straßburg unter Marbach und Pappas. Von W[ilhelm] **Horning**, Pfarrer an Jung St. Peter. 16. Jh., ⟨Hälfte 2⟩. *Straßburg: Selbstverl.; Heitz & Mündel [in Komm.] 1903.* 8° [F.]
— **Horning**: Compendium historicae Ecclesiae evang.-luth. Argentorati. [1], Hälfte 2. [04 ...

Horning, Wilh. Die Jung-Sanct-Peterkirche u. ihre Kapellen [m. besond. Berücksicht. der restaurirten Zornkapelle]. Eine archäolog. Studie [m. (10 lithogr.) Bildertaf.]. Festschrift zur 600jähr. Feier d. Grundsteinlegg. der Kirche [1290]. gr. 8. (VII, 60 S.) Straßb. 890, Bomhoff. * 3 —

— ein Kleeblatt Rappoltsteinischer Gräfinnen aus dem 17. Jahrh. Beitrag zur Geschichte d. Verhältnisses d. elsäss. Adels zur evang.-luth. Kirche. Nach unbenützten Urkunden u. Manuskripten. 8. (81 S.) Straßburg 886. Bomhoff. n. 1. —

Zur Strassburger Kirchengeschichte im XVIII. Jahrhundert (2: ⟨Kirche Augsburger Konfession⟩). Von W[ilhelm] **Horning**. T. 1. 2. Strassburg: Selbstverl. 1907. 2 Bde 8° [F.]
1. Sammlung von Materialien aus Manuscripten u. Druckschriften.
2. Die neue Zeit vor, während u. nach d. Revolution erzählt von ihr selbst. [08. 1219

Compendium historiae Ecclesiae evang. lutheranae Argentorati ... Von W[ilh.] **Horning**, Pfarrer an Jung St. Peter. Saecula XVI. XVII. XVIII. [2.] *Strassburg: Selbstverl. 1903.* 8° [03. 0306

—— Johann Marbach, Pfarrer zu St. Nikolai, Münsterprediger, Prof. und Präsident des luther. Kirchenconvents in Straßburg 1545—1581. Beiträge zu dessen Lebensbild mit Bezugnahme auf die Reformatoren Zell, Butzer, Hedio und Capito. gr. 8. (252 S. mit dem Brustbild Marbach's und dem Bild seines Wohnhauses hinter der St. Nikolaikirche.) Straßburg 887, (Bomhoff.) *

—— Kirchenhistorische Nachlese od. Nachträge zu den „Beiträgen zur Kirchengeschichte d. Elsasses" [7 Jahrgänge] u. Biographieen d. Straßburger luth. Theologen: Marbach, Pappus, J. Schmidt, Dannhauer, Dorsch, Bebel, S. Schmid, Spener etc. [Festschrift zum 400jähr. Geburtsjubiläum d. Martin Butzer.] gr. 8. (X, 154 S.) Straßb. i. E. 891, (Heitz). 4 50

[F.] Mittheilungen aus der Geschichte der Jung-St.-Peterkirche ... [Vf.: Wilhelm **Horning**.] *Strassburg: J. H. E. Heitz 1898.* (1 Bl., 53 S.) 1 Bd 8. [98. 1019

— Dr. Johann Pappus v. Lindau 1549 1610, Münsterprediger, Universitäts-Professor u. Präsident d. Kirchenkonvents zu Straßburg, aus unbenützten Urkunden u. Manuskripten. [Mit dem Brustbild.] gr. 8. (VII, 323 S.) Ebd. 891. n. 6. —

—— Johann Jakob, der letze Derer v. Rappoltstein, ein frommer lutherischer Graf im Elsaß (1598—1673). Ein Urahne d. Kaisers Wilhelm II. Aus unbenützten Urkunden u. Manuskripten. 8. (25 S. m. 1 Brustbilde.) Rappoltsweiler 890. (Straßb. i. E., Bomhoff.) ** — 30

—— Magister Elias Schadäus, Pfarrer an d. Alt-St.-Peterkirche u. s. w. zu Straßburg, s. Schriften d. Institutum judaicum in Leipzig.

—— Dr. Sebastian Schmidt v. Lampertheim, Prof. und Präses des Kirchenconvents in Straßburg, †1696. Geschildert nach unbenutzten Manuskripten und Urkunden mit besonderer Bezugnahme auf die Eroberung Straßburgs durch Ludwig XIV. und die dadurch den Lutheranern bereiteten Bedrückungen. gr. 8. (IV, 157 S.) (Ebendas.) 885. *

—— Philipp Jacob Spener in Rappoltsweiler, Colmar und Straßburg. Bilder aus Haus, Schule und Kirche im 17. Jahrh. Aus noch unbenützten Quellen. gr. 8. (VII, 128 S. mit 1 Taf.) Straßburg 883, Bomhoff. *

—— Das Stift d. Jung-Sankt-Peter in Straßburg. Urkundliche Beiträge zur Geschichte desselben aus 6 Jahrhunderten [1200—1700]. gr. 8. (XII, 83 S.) Straßb. i. E. 891, (Noiriel). * 1 50

— Trauerrede zum Andenken an den kaiserl. Statthalter, General-Feldmarschall Frhrn. Edwin v. Manteuffel, geh. nach der Amtpredigt am 3. Trinitatissonntag [21. Juni 1885] in der Jung St. Peterkirche zu Straßburg. gr. 8. (8 S.) Ebend. 885. n. — 10

—— Urkundliches über die Jung-St.-Peter-Kirche und Gemeinde. 1. Thl. gr. 8. (VIII, 116 S. mit Bildern.) Ebendas. 888. **

—— Urkundliches üb. die Kirche Jung-Sanct-Peter in Strasbourg. Festschrift, zur 600jähr. Feier der Grundsteinlegg. dieser Kirche hrsg. 2. Thl. gr. 8. (VIII, 61 S.) Straßb. 890, Bomhoff. ** 2 —
1. Thl. Ebd. 1888. ** 3 —.

Vernichtungsversuche der luth. Kirche durch nationalistische Professoren. Von Ph W[ilhelm] **Horning** (Dem Kirchenvolk erzählt.) Strassburg: Selbstverl.: Schmidt in Komm. 1909. 32, XI S. 8°
(Horning: Zur Geschichte d. Straßburger luth. Kirche (19. Jh.). Nr 6.) 1909. 13739 2

(Droguerie) Hörning (Bern). [Prospect über] Hörnings Pflanzen-Nährsalz. [Illustriert.] II + 11 S. 8. Bern, Neukomm & Zimmermann, (1901).
Darin S. 1—7: **Ueber das Düngen der Topfpflanzen mit Nährsalz von A(lex[ander]) Schenk, Obergärtner im Botanischen Garten in Bern.**

Hörning, Johann Christian

-- — Denkwürdigkeiten Friedrichs des Grossen, jetzt regierenden Königs in Preussen. Nebst vollständigen Registern (Anhängen u. Beilagen) Theil 1—14. Berlin 1757—1766. 8.

Hörning, Jh. Chr., († d. 6. Dec. 1802.) s. Nichts v. Ohngefähr.

Hoerning, Leopold, appr. Tierarzt: **Die Stuttgarter Hundeseuche. München 1909: Dietz & Lüchtrath. 40 S. 8°**
Gießen, Veterinär-Med. Diss. v. 17. Febr. 1910, Ref. Pfeiffer
[Geb. 19. Nov. 81 München; Wohnort: München; Staatsangeh.: Bayern; Vorbildung: Luitpold-Gymn. München Reife Juli 09; Studium: Tierärztl. Hochschulen München 8, Stuttgart 1, München 4 S.; Rig. 17. Dez. 09.]
[U 10. 1209

Hoerning, Max, aus Aschersleben, Referendar im Bezirk d. Kgl. Oberlandesgerichts Naumburg a. d. S.: **Welche Personen sind mitwirkende bei der Aufnahme eines Testaments im Sinne der §§ 133, 135, 136 Teil 1. Titel 12 Pr. Allgemeinen Landrechts?** *Magdeburg 1900: Faber.* (59 S.) 8°
Erlangen, Jur. Diss. v. 20. März 1900

Hoerning, Wilhelm, aus Marburg: Ueber den Einfluss der Wehen auf die Herzthätigkeit der Mutter und Frucht. Zür. Zürcher u. Furrer Dr. 1876. 43 S., 2 Bl., 1 Tab., 1 Bl. Thesen. 8°.
Zürich, Med. Diss. [v. 29. Dec. 1876].

Hörning, Willy, a. Berlin: Die Schreibung der Hs. E des Cursor Mundi. (Berlin: Mayer & Müller 1906.) (VI, 87 S.) 8°
Berlin, Phil. Fak., Ref. Brandl, Diss. v. 28. Apr. 1906
[Geb. 29. Okt. 81 Berlin; Wohnort: Berlin; Staatsangeh.: Preußen; Vorbildung: Andreas-Realgymn. Berlin Reife M. 00; Studium: Berlin 8 S.; Rig. 1. Nov. 05.]

Horniß, Johannes. Spuren eines römischen Luftzuges im Schlesischen Gebirg. 8. Leipzig 844. (Liter. Museum.) 1/6 ℔

Horniß, Johs., Spuren eines römischen Luftzuges im schles. Gebirg. 8. (1¾ B.) Leipzig 844. (Ph. Reclam jun.)

Hornisse, die. Zeitung für hessische Biedermänner. Redakt.: J. C. J. Raabé. 1. Jahrg. 1848. August — Decbr. 23 Nrn. (½ Bog.) gr. 4. Cassel 848, Raabé und Comp. à Nr. *

—— dass. — 2. und 3. Jahrg. 1849 und 1850. à 300 Nrn. (½ Bog.) Hrsg. von H. Heise und Kellner. Imp.-4. Cassel, Raabé und Comp. à Jahrg.

-- dies. Hrsg.: H. Heise u. Kellner. 2 u. 3. Jahrg. 1849 u. 1850. à 300 Nrn. Imp. 4. (½ Bog.) Ebd. à Jahrgang n. 3 ℔ 6 ℊ -- Vergl.: Wochenblatt der Hornisse.

Hornke, Paul, prakt. Arzt in München: **Über Ursachen und Ausgangspunkte embolischer Lungenthrombosen. München 1907: Hübschmann. (30 S.) 8°**
München, Med. Fak., Ref. v. Bollinger, Diss. v. 19. Nov. 1907
[Geb. 27. Juli 73 Schlawe (Pommern); Wohnort: München; Staatsangeh.: Preußen; Vorbildung: Gymn. Cöslin Reife O. 94; Studium: Königsberg 5, Berlin 1, München 4 S.; Coll. 19. Nov. 07; Approb. 29. Dez. 99.]

Hornkohl, Alwin [aus Hameln]: Über die Bestimmung der Herzresistenz beim weiblichen Geschlecht .... Helmstedt, Druck v. J. C. Schmidt, 1887; 36 S. u. 3 Taf. 8°.
Göttingen, Med. Fak., Inaug.-Diss. v. 11. Jun. 1887.

Hornkohl, Alwin, über die Bestimmung der Herzresistenz beim weiblichen Geschlecht. Inaugural-Dissertation. gr. 8. (36 S. mit 3 Tab.) Helmstedt 887. (Wiesbaden, Bergmann.) *

Hornkohl, (Carl Adolph August) Paul (geb. Hann. Münden 11. 10. 1858): Ueber Lichen ruber. Berlin (1883). (36 S.) 8°
Berlin, Med. Diss. v. 11. Okt. 1883

[F.] **Hornkohl,** *Rudolf* [Dir.]: **Karl Wöbcken. E. Gedenkblatt. Oldenburg, Schulzesche Hof-Buchdr., 1897; 3—24 S. 8.**
Oldenburg, Cäcilien-S, P 1897**

Hornkopf, Stanislaus; Lstspl. nach Moliere. Frei übers. von Aug. Wilhelmi. 8. Rostock 805. Stiller. 6 ℊ

Hoernle, A. F. Rud., a comparative grammar of the Gaudian languages, with special reference to the eastern Hindi, accompanied by a (lith. and col.) language-map and a table of alphabets. gr. 8. (LV, 416 S.) London 880. (Bonn, Strauss.) n.n. 18. —

Hörnle, Gustav [aus Buchau '(Württemb.)']: **Sarkomatöse Degeneration der Myome ... München, Druck v. F. Bickel, 1894; 28 S. 8.**
München, Med. Fak., Inaug.-Diss. v. 1894

Facsimile reproduction of Weber mss., P. 9, and Macartney mss., Set 1. With Roman transliteration and indexes. By A[ugustus] F[rederic] Rudolf **Hoernle.** Calcutta 1902: Baptist Miss. Pr. (31, 4 S., 14 Taf.) 4°
Aus: Journal of the Asiatic Soc. of Bengal. Vol. 70, P. 1, Extra No. 1. 1901.

Hörnle, Selma, aus der Frauenmission in Nordindien, s. a. Bilder aus der Missionswelt. 1. Heft.

Hörnle, Selma. Aus der Frauenmission in Nordindien. [Illustriert.] 23 S. 8. Basel, Basler Missionsbuchh., 1907. (fr. —. 10)
Bilder aus der Missionswelt. Heft 1.

Hörnlein, M., de Lydia conversa. Lips. 1699; rec. 1713. 4.

Hörnlein, [Richard], Prof.: **Festrede, gehalten am Geburtstage Sr. Hoheit des Herzogs, 2. April 1900 (über dessen Vater, Herzog Bernhard v. Sachsen-Meiningen).** *Hildburghausen 1901: F. W. Gadow & Sohn.* (S. 3—12.) 4° [F.]
Hildburghausen, G Georgianum, OP 1901 (771)

Hörnlein, Rich. Über den geographischen Unterricht in den unteren und mittleren Klassen des Gymnasiums. 21 S. *Hildburghausen* 1885.
Progr.

Hörnlimann. J[acob]. Ueber Seetiefenmessungen. Vortrag ... gehalten am 19. Febr. 1886 ... zu Bern. [Mit Figuren.] SA. 8. (Zürich [1886].)

Horn, Friedrich August

— die Gräber, oder Denkmal d. Wahrheit, Dankbarkeit u. Liebe. 8. Dresd. 805.

— der Herbst im Traubenkranze, nebst angehängten Musenblümchen. 8. Dresd. 808.

Hornn, Friedrich August: Gemeinnützige Hülfs-Tafeln bei dem Ein- und Verkauf des Weins und Getraides nach Sächsischem Gelde und Dresdner Maaß berechnet. Dresden: Verf. 1809. -- 14°

— kl. Hülfstafeln beim Ein- u. Verkauf des Weins u. Getreides nach sächs. Gelde u. Dresdener Maaß berechnet. 8. Dresd. 809.

— poet. Laune. 8. Dresd. 805.

— s. a. Lebensfreuden froher Menschen.

LEBENSFREUDEN froher Menschen in Gedichten und Gesängen . . . . (von *Friedr. Aug. Hornn*). Dresden 1802.
Anon.-Lex. III. p. 29 (nach Meusel, Kayser, Goedeke).

— kleine Musenblümchen, froh Auf Hoffnung gepflückt. 8. Dresden 808.

— der Naturfreund; e. Unterhaltung in Fragen. 8. Dresd. 804.

— s. Trost-, Dank- und Lobgedicht.

Hornn, Fr. Aug., († d. 27. Febr. 1827.) Uebersicht vom Weinbau u. der Kellereiwirthschaft, besonders in Sachsen. 8. Dresden 801. (Weygand in Leipz.) 4 gr

Hornn, Friedrich August: Kurze Uebersicht vom Wein-Baue, und der Kellerey-Wirthschaft, besonders in Sachsen. Nebst einem Anhange vom Nutzen des innländischen Hopfen-Baues. Dresden: Selbstverl. 1801. 54 S. -- 15.21*
BJ: Horn(n), F.A. -- Bibliotheca oenologica: Horn, F.A. -- Heinsius: Horn, F.A. -- Thienemann: Horn, F.A.

Hornn, Fr. Aug., kurze Uebersicht v. Weinbau u. d. Kellerwirthschaft besond. in Sachsen. 8. Dresden, 1801. Beger. (Leipzig, Weygand.) — 5

— der Sächs. Weinbau; e. Gedicht in 3 Gesängen. 8. Dresd. 803.

Hornn, Friedrich August: Der Sächsische Weinbau in drey Gesängen. Dresden: Verf. 1803. 38 S. -- 1a*
BJ: Horn, F. A. -- Thienemann: Horn, Fr. A.

Hornoff, Johannes [aus Bautzen]: Der Minnesänger Albrecht von Johansdorf. . . . (Aus: Germania, Bd. 33.) Wien, Verl. d. Verf. Druck v. Carl Gerold's Sohn, 1889; 2 Bl. p63 S. 8°
Leipzig, Phil. Fak., Inaug.-Diss. v. 13. März 1889

Hornoff, Thdr., Catwalda. Geschichtliche Erzählung aus Deutschlands Vorzeit. 8. (IV, 374 S.) Bernburg 882. Bacmeister. n. 4. —; geb. n. 4. 60

(Hornsby, M .) The Viège Zermatt Railway, Switzerland. (To the Matterhorn by M. H'.) [Illustrated.] 8. Bern [1900]

(Hornsby, M .) The Viège Zermatt Railway, Switzerland. (To the Matterhorn, by M. H'.) [Illustrated guide. New ed.] II + 32 p. 8. Berne, Hubacher & Co. S. A., [1901].

Hornschu, Wilhelm: Über die Spektrophotographie lichtschwacher oder kurzdauernder Leuchterscheinungen. Marburg 1908. 54 S. 8°
Marburg, Phil. Diss. v. 28. Jan. 1909, Ref. Schaum, Richarz
[Geb. 10. Nov. 82 Kassel; Wohnort: Kassel; Staatsangeh.: Preußen; Vorbildung: Oberrealsch. Kassel Reife O. 02; Studium: Berlin 1, Marburg 9 S.; Rig. 27. Juli 07.] [U 09. 3184

Hornschuch, C. H.

— Abriß d. allgem. Weltgeschichte f. höhere Bildungs-Anstalten. gr. 8. Erlangen 827. Palm.

Hornschuch, (C. H.) Lehrbuch d. Geographie. 2 Thle. gr. 8. Erlangen 826. Palm. Rthlr.

— Tagebuch e. Reise 2c., s. D. H. Hoppe.

— Uebersicht d. Gesch. u. Geographie d. russ. Kaiserstaats. gr. 8. Erlangen 827. Palm.

Hornschuch, Christian Friedrich

Hornschuch, C. F., s.: Agardh, C. A.

Hornschuch, Chrstn. Friedr., Archiv skandinavischer Beiträge z. Naturgeschichte, s. Archiv.

Hornschuch (C. F.). Ueber Ausartung der Pflanzen. Regensb. 1848. 8°.

— s. Bryologia Germanica.

Hornschuch, (Chrstn.) Frider., Bryologia Germanica, s. Nees v. Esenbeck.

— epistola de Balaenopteris, s. F. *Rosenthal*.

— s. Fries, Elias, sind die Naturwissenschaften ein Bildungsmittel?

Hornschuch, Chrstn. Frider., Musci et Lycopodineae, s. Endlicher et de Martius, Flora Brasiliensis, Fasc. I.

Hornschuch, Chrstn. Friedr., und Schilling, kurze Notizen über die in der Ostsee vorkomm. Arten der Gattung Halichoerus Nils. gr. 8. (13 S.) Greifswald 850, (Koch's Vrlgsh.) Thlr. *

—— und Schilling. Verzeichniß der in Pommern vorkomm. Vögel. gr. 8. (2 B.) Greifswald 837, (Bamberg.) *

Hornschuch, C(hristian) F(riedrich) (Übers.):
s.: Steenstrup, Joh(an) Japetus Sm(ith): Untersuchungen über das Vorkommen des Hermaphroditismus in der Natur. Aus dem Dänischen übersetzt. Greifswald: 1846

JB 883

Hornschuh, C. F., de voitia et systylio novis muscorum frondosorum generibus. Cum tab. II. aen. pictis. 4. (Wirceburgi, Stahel in comm.) 818.

Hornschuch, H., der Corrector, e. Unterr., Bücher zu corrigiren, herausg. von Joachim. 8. Leipz. 805. (Joachim). 8 gr

Hornschuh, H., der Corrector, ein Unterr., Bücher zu corrigiren, herausg. v. Joachim. 8. Lpz. Herausgeber 805.

Horn-(Trompeten-)Signale. 8. (19 S.) —.02
Wien: Hof- und Staatsdruckerei 1898.

Hornsteett, Mistreß, von Delhi nach Khanpur. Greuelscenen aus dem indischen Aufstande. Mittheilungen einer englischen Dame, herausg. von Maynard. Aus dem Französ. übers. Leipzig 858. Gerhard. 8. (1 Bl., 176 S.) 22½ ngr

Hornstein, Alex., der schleswig-holsteinische Krieg 1864, seine Ursachen und Folgen. gr. 8. (269 S.) Mannheim 867, Schneider. *

Hornstein, Ant. Abriss der Kronländer des österr. Kaiserth. zur vergleichenden Anschauung seiner früheren und künftigen Finanzkräfte. fol. Wien, Paternos' Wittwe, 1851.

— 2. A. u. d. T.: Finanzkräfte des Kaiserthums Oesterreichs im J. 1811 und jetzt. 2. verb. mit den Geld- und Finanzverhältnissen Oesterreichs ausgestatt. Aufl. fol. Wien, Seidel, 1855.

Hornstein Anton —. Ausführliche Anweisung über den mit der Verordnung vom 28. März 1854 eingeführten Gebrauch der Stämpelmarken nebst Angabe der nach den Gesetzen vom 9. Februar, 2. August und 6. September 1850 und den diesfalls bis Ende Oktober 1854 erlassenen Nachträgen, am gewöhnlichsten vorkommenden Stämpel-Gebühren; gültig für alle Kronländer der österreichischen Monarchie. 8. (IV u. 56 S.) Wien. Verlag von J. G. Heubner. Druck von Ferd. Ullrich. 1854

Hornstein, Ant., alphabet. Anzeiger zu dem mit 1. Nov. 1840 in Wirksamkeit getret. Stempel-Gesetze für die sämmtl. k. k. österr. Staaten mit Ausnahme von Ungarn u. Siebenbürgen. 8. Wien 841, Braumüller u. Seidel. 1/4 ℔

Hornstein, A(nt.), Finanzkräfte des Kaiserth. Oesterreich im J. 1811 und jetzt. 2., verb., mit den Geld- und Finanzverhältnissen Oesterreichs ausgestattete Aufl. 1 Bog. in gr. Fol. mit eingedr. lithogr. und ill. Karte. Wien 855, (Seidel.) *

Hornstein, Ant., das provisorische Gesetz vom 9. Febr. und 2. Aug. 1850 über die Stämpel- und unmittelbaren Gebühren von Rechtsgeschäften, Urkunden, Schriften und Amtshandlungen, mit den dazu nachträglich erlassenen Finanz-Ministerial-Verordnungen; gültig für alle Kronländer des österreich. Kaiserstaates. Alphabetisch dargestellt mit Beisetzung der Stämpel- und Gebührenschuldigkeit, um die benöthigenden Auskünfte schnell und unmittelbar aufzufinden ꝛc. nebst einem Anhange über die Stämpelgebühren von Spielkarten, Kalendern, Zeitungen ꝛc. unter Mitwirkung von Joh. Vogler. gr. 8. (243 S.) Wien 851, Mechitaristen-Congregations-Buchh.

Hornstein, Ant., neue Methode, die Rechnung e. Haushaltung mit wenig Mühe u. großem Nutzen zu führen. Eine theoret.-pract. Anweis. f. Jedermann ꝛc. 8. (3 Druck- u. 3 lith. B. 4.) Linz 833, (Haslinger.)

Hornstein, A., Rechnungsschema üb. alle Tabaksgattungen, nach dem allgem. Verschleißtarif in Conv. Münze, welcher in sämmtl. k. k. österr. deutsch-böhmisch u. galizischen, dann illyr. Provinzen in Wirksamkeit ist ꝛc. gr. 8. Grätz 821. Ferstl. 16 ℛ

Hornstein, Ant. Schnellrechner für Prozente u. Interessen, worin von 1/4 kr. bis 30000 fl. die % zu 1/8 bis 32 von 100 und die Interessen von 1 1/4 bis 6 von 100 berechnet und leicht auszufinden sind. Von — —. Wien, 1857. Gedr. bei Friedr. Manz. (189 S. 8.)

Hornstein, Ant., Schnellrechner für Procente und Interessen, worin von 1/4 Kreuzer bis 30000 Gulden die Procente zu 1/8 bis 32 vom Hundert und die Interessen von 1 1/4 bis 6 vom Hundert (die letzteren auch für Monate und Tage) berechnet und leicht aufzufinden sind. Wien 857. Sallmayer u. Co. 8. (190 S.) 1 ℔.

Hornstein, Anton. Die neuen Stempel-Gebühren in österr. Währung von Rechtsgeschäften, Urkunden, Schriften und Amtshandlungen, dann für Spielkarten, Kalender, Zeitungen, Ankündigungen und Zeitungseinschaltungen. *Wien* 1858. Verlag von *J. G. Heubner*. 46 S., 8°.

— der Tabak in historischer, finanzieller u. diätetischer Beziehung; mit einer Blumenlese als ein Taschenbuch f. Freunde u. Verehrer desselben. 8. Brünn 828. Traßler, 12 ℛ

Hornstein, Ant., der Tabak in histor., finanziell. u. diätetischer Beziehung, m. einer Blumenlese. Ein Taschenb. f. Freunde u. Verehrer desselben. 2., verm. Aufl. 12. (12 B.) Wien 845. (Jasper's Verl.) *-

Hornstein, A. Uebersicht über die Zunahme der Staats-Einnahmsquellen des Kaiserstaates Oesterreich seit dem Jahre 1846 bis inclusive 1858. (Eine Tabelle.) Wien 1858.

Hornstein, Bernh. v., reflexion. moral. et asceticae ad augend. amor. erga Deum etc. 8. Augsb. Doll. 788.

Hornstein, Carl, s. Hornstein, Karl

Hornstein. Edouard. Biographie de Monseigneur (Eugène) Lachat, évèque de Bâle (né ... 1819). [Avec portrait hors texte.] 8. Paris, (Porrentruy, Delémont ...) 1863.

(H[ornstein], E[douard].) Mgr (Eugène) Lachat. Evêque de Bâle (né ... 1819). Notice biographique. Avec son portrait [hors texte]. 8. Porrentruy, Mars 1863.

[Hornstein, Edouard.] Kurze Lebensgeschichte des Hochwürdigsten Herrn Eugen Lachat, Bischof von Basel (geb. 1819). Aus dem Französischen übersetzt von J[ohann] G[eorg] Huber.... Mit Portrait [-Tafel]. 8. Baden 1863.

Hornstein, Eduard. Lebensgeschichte Sr. Gnaden des Hochw. Herrn E. Lachat, Bischofs von Basel. A. d. Franz. übers. . . . Luzern 1864. Ü: *Amrein, Jos.* (BSchwLk V, 10 e)

Hornstein, Ed., Lebensgeschichte Sr. Gnaden des Hochw. Herrn Eugen Lachat, Bischofs von Basel. Aus dem Französ. übers. gr. 8. (290 S. mit Portr. in Stahlst.) Luzern 864, Gebr. Räber. *

Hornstein, Ed., Lebensgeschichte Sr. Gnaden des Hochw. Herrn Eugen Lachat, Bischofs von Basel. Aus dem Französ. übers. Luzern 864. Gebr. Räber. gr. 8. (220 S. u. Portr. in Stahlst.) n. 1 ℔ 2 ngr.

Hornstein, Fel. v., von Träumen u. Leidenschaft. (Gedichte. Buchschmuck v. Walt. Fürst.) (87 S.) kl. 8. Wien 906. C. W. Stern. n. 1. —

Hornstein, Ferd. v., Buddha. Legende in 3 Akten. 8. (VIII, 123 S.) München 899. C. H. Beck. n. 3. —

Hornstein, Ferd. v., Buddha. Legende in 3 Akten. Musik von Rob. v. Hornstein. 2. Aufl. 8. (VIII, 121 S.) München 900. C. H. Beck. n. 3. —

Fühlung. Psychol. Dichtungen von Ferdinand v. Hornstein. Stuttgart: Cotta 1896 100 S. 8° [10. 1110?]

Hornstein, Ferd. v., Fühlung. Psychologische Dichtgn. 2. verm. u. veränd. Ausg. (102 S.) 8. Stuttgart (906.) Greiner & Pfeiffer. n. 2. —

Gedichte von Ferdinand v. **Hornstein.** Stuttgart: Greiner & Pfeiffer [1894]. VII, 92 S. 8° [10. 11636

Hornstein, Ferd. v., Don Juans Höllenqualen. Phantast. Drama in 2 Tln. 8. (171 S.) Stuttgart 900. J. G. Cotta Nachf. n. 2. —; geb. n. 3. —

Der kleine Karl und andere Kleinigkeiten von Ferdinand v. **Hornstein.** Stuttgart: Cotta 1901. 114 S. 8° [10. 11035

Der kleine Karl und andere Kleinigkeiten von **Ferdinand v. Hornstein.** *Stuttgart & Berlin: J. G. Cotta Nachf. 1902.* (114 S.) 8° [ff.] [03. 10837

Hornstein, Ferd. v., der Lebenshorcher. Novellen. (118 S.) 8. Leipzig 909. J. Zeitler. 2.60; geb. 3.50

— Leib u. Seele. Gedichte. (120 S.) kl. 8. Ebd. 909. 2.60; geb. 3.50

Mohammed. Drama in 3 Akten (8 Szenen) von Ferdinand v. **Hornstein.** Stuttgart: Greiner & Pfeiffer 1900. XII, 119 S. 8° [10. 11037

Hornstein, Ferdinand von. Novellen: Die Petersinsel — Der Christus von Mariahilf — Die Gegnerin — Herrn Wimplingers romantische Genesung. 2. Aufl. 280 S. 8. Stuttgart und Leipzig, Deutsche Verlags-Anstalt, 1903. [M. 3. —, geb. M. 4. —]

Hornstein, Ferdinand Friedrich

Hornstein, F. F., über die Basaltgesteine des unteren Mainthales. Berlin. 76 p. mit 2 Tafeln.
Schul-/Univ.-Schrift 1867

Hornstein, Ferd. Friedrich [Prof. Dr.]: Zwei Festreden. I. Gedächtnisrede zum Geburtstag von Kaiser Wilhelm I. am 22. März 1897 nebst e. Festgedicht. II. Rede zur Sedanfeier am 2. Sept. 1896. Cassel, Hof-Buchdr. v. W. Schlemming, *1897;* 19 S. 4.
Cassel, st. RG, OP 1897 (419)

Hornstein, Ferd. Friedr., kleines Lehrbuch der Mineralogie. Unter Zugrundelegung der neueren Ansichten in der Chemie für den Gebrauch an höheren Schulen. 1. Aufl. (VIII, 256 S. mit 153 Abbild. auf 4 lithogr. Taf. in qu. 4.) 1872., und 2. verm. und verb. Aufl. gr. 8. (VIII, 320 S. mit 259 Abbild., 48 im Text, in Holzschn., die übrigen auf 5 lithogr. Taf., in qu. gr. 4. und qu. Fol.) Kassel 875, Fischer. cart. *

Hornstein, Ferd. Friedr., kleines Lehrbuch der Mineralogie. Unter Zugrundelegung der neueren Ansichten in der Chemie für den Gebrauch an höheren Schulen bearb. 3. verm. und verb. Aufl. Mit 268 Abbild., 49 im Text, die übrigen auf 5 Taf. vereinigt. gr. 8. (XI, 352, 22 S.) Kassel 882, Fischer. *

Hornstein, Ferd. Friedr., kleines Lehrbuch der Mineralogie. Unter Zugrundelegung der neueren Ansichten in der Chemie für den Gebrauch an höheren Schulen bearb. 4. verm. und verb. Aufl. gr. 8. (X, 411 S. mit 269 Abbild., 55 im Text, die übrigen auf 5 Taf. vereinigt.) Kassel 886, [Fischer.] Kühn. *

Hornstein, Ferd. Frdr., kleines Lehrbuch d. Mineralogie. Unt. Zugrundelegg. d. neueren Ansichten in d. Chemie f. d. Gebr. an höh. Lehranst. bearb. 5., verm. u. verb. Aufl. M. 281 Bild., 68 im Text, d. übrigen auf 5 Taf. vereinigt. gr. 8. (XI, 457 S.) Cassel 898. E. Kühn. n. 5.50; in Schulbd. n. 6. —; geb. in Halbfrz. n. 7. —

Hornstein, Ferd. Friedrich [Oberl. Prof. Dr.]: Helgoland. Rede z. Feier d. 80. Geburtsfestes Sr. Maj. d. Kaisers Wilhelm, geb. . . . am 22. März 1877. Cassel, Druck v. K. Gosewisch, 1891; S. 19—31; 4°
Cassel, st. RG, OP 1891 (393)

Hornstein, Franz, appr. Arzt a. Rottenburg a. Neckar: Aus der Tübinger Universitäts-Augenklinik. Verletzungen des Auges durch Kupfer- und Messingsplitter. Tübingen 1905: F. Pietzcker. (44 S.) 8°
Tübingen, Med. Fak., Ref. Schleich, Diss. v. 4. Febr. 1905
[Geb. 12. Sept. 80 Rottenburg; Wohnort: Metz; Staatsangeh.: Württemberg; Vorbildung: Gymn Rottweil Reife M. 99; Studium: Tübingen 8, Berlin 2 S.; Coll. 21. Dez. 04; Approb. 26. Nov. 04.]

Hornstein, J. Mich., das Wandern, eine Lebensfrage des Gewerbestandes. Kurze Betrachtungen. Neuburg a. d. D. 857. Prechter. gr. 8. (IV, 16 S.) 5 *ngr.*

v. Hornstein, Frhr. Jh. Bapt., (†...) dialectica analogicis imaginibus illustrata. 4 maj. Freiberg 771. Beck. 20 *K*

— devotio rhytmica. 12. Ellwang, 777.

HORNSTEIN, Johann David (Nonnenhorn): Tentamen de variis cystotomiam in masculis peragendi methodis.- Monachii: Rösl 1834. 3 Bl., 20 S.
30.12.1833 - Urk (Titel: De variis cystotomiam in masculis peragendi methodis.); F 61
Diss. Ingolst.-Landshut-München.

Hornstein, Joseph-Xavier de s. Fiala. Sa Grandeur Mgr. Frédéric F.... Porrentruy.

Hornstein, [Joseph-] Xav[ier de]. Notice biographique de ... Mgr Léonard Haas (né ... 1833), Evêque de Bâle et Lugano. Souvenir de Confirmation 1896. [Avec 1 vignette et 1 portrait hors texte]. 8. Porrentruy 1896.

Hornstein, Julius Frh. von, aus München: **Versuche über** Schallmessung. *Berlin [1900]: G. Schade.* (20 S.) 8°
Tübingen, Naturw. Diss. v. 1900

Hornstein, Karl

Hornstein, Carl, Ueber die Abhängigkeit des Erdmagnetismus von der Rotation der Sonne. Mit 2 lith. Taf. in qu. fol. Lex.-8°. *18 S.* Wien, Gerold's Sohn. 1871. fl. —.70

Hornstein, Carl, über die Abhängigkeit d. Erdmagnetismus v. der Rotation der Sonne. [Mit 2 (lith.) Taf. (in qu. Fol.)] [Aus „Sitzungsber. d. k. Akad. d. Wiss."] Lex.-8. (13 S.) Wien 872. (Gerold's Sohn.) n. 1. 40

— über die Abhängigkeit der tägl. Variation des Barometerstandes v. der Rotation der Sonne. [Aus: „Sitzungsber. d. k. Akad. d. Wiss."] Lex.-8. (32 S.) Ebend. 873. n. — 50

Hornstein, Carl (I.), über die wahrscheinliche Abhängigkeit des Windes von den Perioden der Sonnenflecke. Lex.-8. (13 S. mit 1 lithogr. Taf.) Wien 877, (Gerold's Sohn.) * — 60
Aus: Sitzungsberichte der k. Akademie der Wissenschaften, besonders abgedruckt.

Hornstein, Carl, der Anbau des Flachses u. seine möglichst wohlfeile Verarbeitung zur preiswürdigen Handelswaare. Eine von der k. k. mähr.-schles. Gesellschaft zur Beförderung des Ackerbaues rc. betheilte Preisschrift. gr. 8. (8¼ B.) Landshut 844, Krüll'sche Universit.-Buchh.

2777. **Hornstein,** Karl, *Dr.* Die Asteroiden. Ein Vortrag. *Wien* 1858. Druck u. Verl. v. *C. Gerold's* S. 36 S., 8°.
Aus der Reihe der wissensch. Vorträge im ständischen Saale zu Wien.

—— Austria, s. Austria.

Hornstein, Carl, über die Bahn der Calliope. Lex.-8. (18 S.) Wien 855, (Gerold's Sohn.) *

— über die Bahn der Calliope. (Aus d. Sitzungsberichten d. k. Akad. d. W.) Ebend. 855. gr. 8. (18 S.) n. 4 ngr

—— dass. — (Fortsetzung.) Lex.-8. (10 S.) Ebds. 855. *

Hornstein, K. Ueber die Bahn der Calliope und des Kometen 1853 I.

— Über die Bahn der Calliope und ihre Opposition im Jahre 1859. S. 24. 106 . . . vgr.
Separatabdruck

—— über die Bahn des Hind'schen Cometen vom J. 1847. [1847 I.] Lex.-8. (17 S.) (Ebendas.) 870. *
Vorstehende drei Schriften sind aus: Sitzungsberichte der k. Akademie der Wissenschaften, besonders abgedruckt.

Hornstein, Carl, Beitrag zur Kenntniss des Asteroidensystems. Lex.-8. (13 S. mit 2 lithogr. Taf.) Wien 881, (Gerold's Sohn.) *
Aus: Sitzungsberichte der k. Akademie der Wissenschaften, besonders abgedruckt.

Hornstein, Karl
Bemerkungen über die Hirnwuth und über den Gebrauch der kalten Bähungen des Kopfs in derselben.
Gießen: Braun 1791. 32 S.
— 2. verb. u. verm. Aufl. Gießen: Heyer 1792. 68 S.

Hornstein, C., und C. v. Littrow, meteorologische Beobachtungen an der k. k. Sternwarte in Wien, s. Beobachtungen.

Hornstein, Karl „Kurzer Bericht über das fünfundzwanzigjährige Bestehen der Anstalt". pg. 3—16. 4°. Dr. Bressl.
Passau, Progr. 1860/61

—— amtlicher Bericht an die kgl. Regierung von Niederbayern (Kammer des Innern) über eine landwirthschaftl. Reise nach Württemberg während der Osterferien 1841. gr. 8. (6½ B. u. 1 Tab.) Passau 842, Pustet'sche Buchh. 12½ Ngr.; Hrbgef. Pr.

Hornstein, Karl, amtlicher Bericht an die Königl. Regierung von Niederbayern (Kammer des Innern) über eine landwirthschaftl. Reise nach Württemberg während der Osterferien 1841. Mit 1 Tabelle. gr. 8. Passau 842, Pleuger; Pustets Buchh. 5/12 rf

K. Hornstein, Amtlicher Bericht über eine Reise nach Württemberg. Passau 1842.

Hornstein Karl: Bestimmung der Bahn des ersten Kometen vom Jahre 1853 aus sämtlichen Beobachtungen. S. 12. 11 . . . . vgr.
Separatabdruck

— Bestimmung der Bahn des ersten Kometen vom Jahre 1853. (Nachtrag.) S. 12. 320 . vgr.
Separatabdruck

— Bestimmung der Bahn des ersten Kometen vom J. 1847, nebst Bemerkungen über den Uebergang von der Parabel zur Ellipse oder Hyperbel. (Aus d. Sitzungsberichten d. k. Akad. d. W.) Ebend. 854. gr. 8. (21 S.) n. 4 ngr.

—— Bestimmung der Bahn des ersten Kometen vom J. 1847, nebst Bemerkungen über den Uebergang von der Parabel zur Ellipse oder Hyperbel. Lex.-8. (21 S.) Wien 855, (Gerold's Sohn.) *

— über den Einfluss der Electricität der Sonne auf den Barometerstand. Mit e. (lith.) Taf. (in qu. 4.). [Aus „Sitzungsber. d. k. k. Akad. d. Wiss."] Lex.-8. (20 S.) Wien 872. Gerold's Sohn in Comm. n. — 24

Hornstein, Karl (kgl. Landw.-Lehrer) „Einiges über Bayern's Industrie". pg. 3—21. 4°. Ambrosi'sche Off.
Passau, Progr. 1846/47

— Elemente und Oppositions-Ephemeride (1861) der Calliope. S. 42. 519 . . . . . vgr.
Separatabdruck

Hornstein, Karl „Ueber die Erzeugung des Flachses und seine fernere Verarbeitung". pg. 1—19. 4°. Ambrosius Ambrosi.
Passau, Progr. 1835/36

1540. Hornstein, Karl, *Dr., Adj. d. k. k. Sternwarte in Wien.* Ueber die neuesten Fortschritte der Astronomie. I. Heft. *Wien* 1857, bei *Ignaz Klang.* Druck von *C. Ueberreuter.* 48 S., gr. 8°.

Hornstein, Karl (II.), s. Haase'scher Haus- und Wirthschafts-Kalender.

Hornstein, Karl, über Helligkeitsmessungen bei kleinen Fixsternen. — Mit einem Anhang, enth.: Ephemeriden für die Helligkeiten der Asteroiden im Jahre 1860. Berechnet von Rud. Sonndorfer. Mit 4 (lith.) Taf. (Aus den Sitzungsberichten der k. Akad. der Wiss.) Wien 860. Gerold in Comm. gr. 8. (43 S.) n. 16 ngr.

Hornstein, Karl (k. Professor) „Die Kartoffel-Krankheit". pg. 3—9. 4°. Dietenberger & Dr. Bressl.
Passau, Progr. 1854/55

Hornstein, C[arolus], C. R. Observatorii astron. Vindobonensis assistens (geb. am 7 Aug. 1824 in Brünn Mähren): Dissertatio de maximis et minimis integralium multiplicium ... Viennae, typ. C. Gerold et filii 1850. 1 Bl., 26 S. 4.
Bonn, Phil. Fak., Diss. v. [6 März] 1850

Hornstein, Karl (K. Landwirthschaftslehrer) „Ueber die Nothwendigkeit des Studiums der Landwirthschaft". pg. 25—40. 4°. Ambrosius Ambrosi.
Passau, Progr. 1838/39

Hornstein, Karl „Das Nothwendigste über den Torf". pg. 3—18. 4°. Ambrosi.
Passau, Progr. 1844/45

—— Opposition der Calliope im J. 1856. Lex.-8. (13 S.) Wien 855, (Gerold's Sohn.) *
aus: Sitzungsberichte der k. Akademie der Wissenschaften, besonders abgedruckt.

Hornstein, Karl August: Die auf den landwirtschaftlichen Kredit bezüglichen Gesetze und Einrichtungen in Bayern. München 1908: Straub. 80 S. 8°
Erlangen, Phil. Diss. v. 25. Sept. 1908, Ref. v. Eheberg
[Geb. 24. Dez. 82 Wasserburg a. Bodensee; Wohnort: Wasserburg; Staatsangeh.: Bayern; Vorbildung: Gymn. Kempten Reife Juli 02; Studium: München 6, Erlangen 2 S.; Rig. 25. Juni 08.] [U 09. 829

Hornstein, Karl August, Rechtsprakt.: Die rechtliche Natur der Wasserbenützung. Borna-Leipzig 1910: Noske. x, 62 S. 8°
Erlangen, Jur. Diss. v. 19. März 1910, Ref. Rieker
[Geb. 24. Dez. 82 Wasserburg a. Bodensee; Wohnort: München; Staatsangeh.: Bayern; Vorbildung: Gymn. Kempten Reife 02; Studium: München 6, Erlangen 2 S.; Rig. 18. Dez. 09.] [U 10. 705

Hornstein, Ludwig, die Fechtkunst auf Hieb. Eine Skizze mit 88 Fig. (auf 21 lithogr.) Taf.). qu. Fol. (9 S.) München 869, (J. A. Finsterlin.) cart. *

Hornstein, Otto: Untersuchungen über die Möglichkeit, die Tiefenwirkung eines gasförmigen Desinfektionsgemisches auf mechanischem Wege zu vergrössern. Heidelberg 1909: Straus. 30 S. 8°
Heidelberg, Med. Diss. v. 17. Febr. 1910, Ref. Knauff
[Geb. 11. Dez. 71 Kassel; Wohnort: Heidelberg; Staatsangeh.: Preußen; Vorbildung: Realgymn. Kassel Reife O. 90; Studium: Berlin 2, Heidelberg 8 S.; Coll. 2. März 09; Approb. 21. Jan. 10.] [U 10. 2065

Hornstein, Robert von. Memoiren. Mit einer Heliogravüre [Porträt-Tafel] nach einem noch nicht reproduzierten Gemälde Franz von Lenbachs. Hrg. von Ferdinand von Hornstein. 394 S. 8. München, Süddeutsche Monatshefte G. m. b. H., 1908. [M. 5.—] N 6066

(Buch-Ausgabe. — *Ersch. zuerst in :* Süddeutsche Monatshefte.... Jahrg. 4, Heft 7—11. Juli—November 1907. München.] — (*Verf. lebte lange in der Schweiz.*)

Hornstein, S. Ein Fall von halbseitigem Riesenwuchs. M. 1 Taf. In-8°. 26 S. Bern. These.
1894

Hornstein, S., Gibas Saul. 3 Thle. in 1 Bd. (In hebr. Sprache.) 8. (XX, 101 S.) Wien 893. (Chr. D. Lippe.) n. 2.20

1. Beschreibung d. heil. Landes, Städte u. Dörfer m. deutscher u. arab. Benennung nach bibl. talmud. Quellen.
2. Berge, Meere u. Flüsse d. heil. Landes u. Syrien. Hauptorte v. Syrien. Pflanzen d. Landes. Die dort befindl. Thiere, m. arab. Namen. Jahreszeiten u. Klima d. Landes.
3. Herrscher u. Könige, die das Land regierten, seit Josua bis heute. Landessagen. Sitten u. Gebräuche der Araber. Reiseroute von Europa dahin u. im Innern d. Landes, endlich e. Tabelle sämmtl. Herrscher seit dem Auszuge aus Egypten bis zur Gegenwart.

Hornstein-Binningen, Herm. Frhr. v., die Ursachen der gegenwärtigen Lage der Landwirtschaft und über die Mittel zur Verbesserung derselben. Vortrag, gehalten im landwirtschaftl. Klub des Kreises Konstanz zu Radolfzell. Als Referat gebr. für die Wanderversammlung bad. Landwirte und Gutsbesitzer. (42 S.) * 60 Pf.; 2. Aufl. gr. 8. (VI, 48 S.) Stuttgart 883, Ulmer. *

— dasselbe. 2. Aufl. gr. 8. (VI, 48 S.) Ebend. 883. n. —70

Hörnstein, Franz, a. Biberach: Über synthetische Versuche mit Traubenzucker und seinen Derivaten. Elberfeld (1906): Wuppertaler Aktien-Druckerei. (40 S.) 8°

Erlangen, Phil. Fak., Ref. Paal, Diss. v. 18. Juni 1907

[Geb. 13. Okt. 80 Biberach; Wohnort: Biberach; Staatsangeh.: Württemberg; Vorbildung: Gymn. Ehingen Reife 00; Studium: T.H. Karlsruhe 5, Univ. Erlangen 3 S.; Rig. 25. Juli 06.]

M. Hornsteiner, Gekrönte Beantwortung der von der kgl. Sektion der Kameralwissenschaften vorgelegten Preisfrage: „Sind Befriedigungen der Äcker oder auch der Wiesen zu einer guten Landwirtschaft notwendig und im Falle sie es sind, wie müssen sie eingerichtet werden, damit sie sowohl zweckdienlich als auch in anderer Hinsicht am wenigsten schädlich sind?"

Hornsteiner, M., gekrönte Beantwortung d. Preisfrage: Sind Befriedigungen d. Aecker oder Wiesen zu einer Landwirthschaft nothwendig ꝛc.? 8. Landsh. Thomann. 807.

Hornsteiner, M., gekrönte Beantwortung d. Preisfrage: Sind Befriedigungen d. Aecker oder Wiesen zu einer Landwirthschaft nothwendig? 8. Landsh. 808. Thomann. 5 K

v. Hornthal, Frz. Ldw., († d. 27. Juni 1833.) Abdruck des an d. königl. Ober-Appellat.-Gericht zu München erlass. Beschwerden u. Nichtigkeitslibells, das v. Lichtensteinische Schulden-Arrangement betreff. ꝛc. Mit 17 Beilagen. 4. Bamb. 811.

Hornthal, Frz. Ldw. v., Ueber das Anlehensgeschäft der vereinigten baierischen Gutsbesitzer, oder über den Kreditverein in Baiern. Mit 5 Beil. gr. 8°. Bamberg 1824. (Wesché in Frankf.) — 2. Abhandl. über dasselbe. gr. 8°. Bamberg 1824. (Wesché in Frankf.)

Hornthal, Frz. Ldw. v. Ansichten über den wechselseitigen Einfluss der Umwälzung des Staates und des Staatskredites, unter Vergleichung gleichzeitiger ähnlicher Ereignisse in Deutschland und Frankreich. 8°. Bamberg, Kunz, 1816.

v. Hornthal, Frz. Ldw., Ansichten üb. den wechselseitigen Einfluß der Umwälzung des Staats u. des Staatskredits ꝛc. 8. 816. jetzt Dresch in Bamberg. ⅙ rh

— s. Briefe aus Bamberg üb. die Wunderrolle, welche d. Fürst Al. v. Hohenlohe ꝛc. unternahm.

— Darstell. d. Ereignisse bei dem vom Fürsten Al. v. Hohenlohe zu Bamberg unternomm. Heilverfahren, wie sie sich in Wahrheit zutrugen. 8. Bamb. 822. (Palm u. E. in Erlang.) 6 K

— Darstellung d. Verhältnisse der Stiftungen in Bamberg. 8. Bamb. 821.

— zur Kritik d. Verfassungsurkunde d. Königreichs Baiern. 8. Bamb. 818. Kunz. 8 K

v. Hornthal, Fr. Ludw.: Zur Kritik d. Verf.-Urk. d. Königr. Baiern. *Bamberg*, Kunz. 819. 8. (8 Gr.)

— zur Critik der Verfassungsurkunde des Königr. Bayern. gr 8. Jetzt Dresch in Bamberg. ⅓ rh

Hornthal, vom. Ueber den Congreß zu Verona und den Vorabend großer Ereignisse. Nürnberg. Campe 1822. 87 S. 8.

v. Hornthal: Zum Baierischen Landtage 1831. (3 Abthl. od.) No. 1 — 12 (der einzeln erschienenen Wünsche u. Anträge.) *Nürnberg*, Riegel u. Wiessner. 831. gr. 8. (2 Thl. 9 Gr.)

—— zum Bayer. Landtage 1831. (3 Abthln. od.) No. 1—12. (der einzeln erschien. Wünsche u. Anträge.) gr. 8. (36½ B.) Nürnberg, Riegel u. Wießner.

— s. Londonderry u. s. Federmesser.

— Positiones ex omni jure. 4. Bamb. 788.

— Rede am 18. Oct. 1816. 8. Bamb. 816.
25 *

Hornthal, F. L. von, Schreiben an Hrn. Staatsrath Dabelow in Göttingen. 8. Bamb. u. Leipz. Kunz. 816.

— Schreiben an Hrn. Staatsrath Dabelow in Göttingen. Den 13. Artikel der deutschen Bundesacte ꝛc. betreffend. 2e Aufl. gr. 8. 816. jetzt Dresch in Bamberg. ¼ rh

Hornthal, F. L. v., über Souverainität, Staatsverfassung und Repräsentativform. Als Beleuchtung der neuesten Abhandlung des Herrn Staatsr. Dabelow über dieselben Gegenstände. 8. Bamberg, Göbhardt. 816.

— üb. Souverainetät, Staatsverfassung u. Repräsentativform. Als Beleuchtung d. neuesten Abhandlung des Herrn Staatsrath Dabelow üb. dieselben Gegenstände. 8. Bamb. 816. Wesché in Frankf. 12 K

Hornthal, F. L. v.: Ueber das großherzogl. Weimarische Strafurtheil gegen den Hofrath Dr. Oken zu Jena. Bamberg u. Leipzig 1818.

— über das großherzogl. Weimarische Strafurtheil gegen d. Hofr. Oken zu Jena. gr. 8. 818, jetzt Dresch in Bamberg. $6^1/_2$ gl

v. Hornthal, Frz. Ludw.: Ueb. d. Gh. weimar. Strafurtheil gegen d. Hofr. Dr. *Oken* zu Jena. *Bamb.*, Kunz. 819. gr. 8. (6 Gr.)

— Vorschläge üb. Abwendung d. Fruchttheuerung, vorzügl. durch einhellige u. populäre Maßregeln, Aufhebung der Sperre 2c. 8. Bamb. 817.

Hornthal, v., werden d. deutschen Bundesfürsten überhaupt, insbesond. d. konstitution., in d. innern Angelegenheiten Frankreichs sich einmischen — an einem allenfalls. Kriege geg. Frankreich Theil nehmen? Beantwortet. (Im Aug. 1830.) gr. 8. (3⅛ B.) Nürnberg, Riegel u. Wießner.

— werden die deutschen Bundesfürsten überhaupt, insbesondere die constitutionellen, an einen feindl. Einfalle wider Spanien Theil nehmen? gr. 8. Nürnb. 823, Campe.

Hornthal, J., [Hrsg.], s. Turnzeitung, Norddeutsche

Hornthal, Johann Peter

– s. F. M. Birnbaum, Blumen.

– s. Cottü, d. peinl. Rechtspflege.

v. Hornthal (J. P.) Darstell. d. Ereign. bei den vom Fürsten v. Hohenlohe zu Bamberg unternomm. Heil-Versuchen, wie sie sich in Wahrheit zutrugen. 8. (Erl. 822, Palm u. E.)

v. Hornthal, Jh. Pt., das Fest aller Deutschen. Vor seiner Heiligkeit u. Feier in ganz Deutschland am 18. Oct. jeden Jahres. 8. Bamb. 817. Kunz. 6 gl

v. Hornthal, Jh. P., das Fest aller Deutschen von seiner Heiligkeit u. Feier in ganz Deutschland am achtzehnten Octbr. jeden Jahrs 2c. gr. 8. Jetzt Dresch in Bamberg. $^1/_4$ rf

Hornthal, J. P., Frühlingskränze, s. Frühlingskränze.

– s. Pouqueville, Geschichte d. Wiedergeburt Griechenlands.

Rede am achtzehnten Okt. 1816. Von J. P. v. Hornthal. [Vorw. dat.:] Bamberg 1816. 30 S. 8⁰ [Umschlagtit.]
Aufforderung, den Geist, der — durch die Schlacht bei Leipzig geweckt — das Vaterland der Knechtschaft entrungen hat, zu pflegen u. zu bewahren und treu u. einig zu sein. 129.

Hornthal, J. P. v., Sammlung allgem. Gesetze u. Verordnn. d. Königr. Bayern. Mit allerh. kgl. Genehmigung. 4. Thl. 1. u. 2. Abthl. 8. Bamberg 838, Literar.-artist. Institut.
Abthl. 1. Die allgem. Gesetze v. J. 1837. (7½ B.) 9 Gr.
" 2. Zollgesetze u. Zollverordnung v. 17. Nov. 1837. (. . .) 6 Gr.
1—3. Thl. wird noch erwartet.

— Sammlung allgemeiner Gesetze u. Verordnungen des Königreiches Bayern. Mit allerhöchster königl. Genehmigung. 4r Thl. Die allgem. Gesetze vom Jahre 1837. 8. Bamberg 838. Literar.-artist. Institut. $^3/_8$ rf — dass. 4r Thl. 2e Abthl. Zollgesetze u. Zollordnung für d. Königr. Bayern v. 17. Nov. 1837. 8. Ebd. 838. $^1/_4$ rf

Hornthal, Johann Peter von: „Vom deutschen Stammgut", Göttingen 1818 (Vandenhoeck). — Vorh.: Bibl. des Oberlandesgerichts Celle — Mc. 3.

—— die Verfassung u. Verwalt. d. Landgerichte in Bayern, mit Vorschlägen zu ihrer Reform. Nach amtl. Quellen. 8. (18 B. u. 1 Tab.) Bamberg 837, Literar.-artist. Institut.

– s. Wünschelruthe.

Hornuff, Jh. Eph., († d. 6. Jan. 1799.) s. Bemerkk. auf einer Reise v. Thorn.

Hornung's kleiner Führer durch d. Sauerland. Unter Mitwirkg. d. sauerl. Gebirgsvereine hrsg. v. H. Grossjohann. (VIII, 164 u. VI S. m. 1 Bildnis u. 2 Karten.) 16. Dortmund 909. Koeppen. 1. 40

Hornung, A. Will. Forster, s. Giberne, Agnes.

—— Goldne Sommerzeit, s. Foster, Birket.

Hornung Alois: Die Aeußerungen der Romantiker über Reformation und Protestantismus.
II. 1909 PN 2806 Diss. Wien, Univ. 323

Hornung, Ant. Mich., Jahresbericht üb. d. medicin. Abtheilung u. Klinik des St. Johannes Spitales in Salzburg im J. 1837. 8. Salzburg 840. Oberer. n. $^1/_3$ rf

Hornung, Ant. Mch., Jahresbericht über die medicinische Abtheilung u. Klinik des St. Johann's Hospitales in Salzburg im Jahre 1838. 8. Salzburg 840, Oberer'sche B. (à) n. $^1/_2$ rf

Hornung, Ant. Mich., Jahresbericht üb. d medicin. Abtheil. u. Klinik d. St. Johann's Hospitales in Salzburg im J. 1837 u. 38. 8. Salzburg 840, Oberer'sche Buchh. [837. (14½ B.), 38. (12 B.) à * ⅓ Thlr.] Thlr. *

Hornung, Ant. Mich., die medizin. Krankheitsprozesse u. ihre Heilmethoden, aus d. gegenwärt. physiologisch-patholog. u. therapeut. Standpunkte entworfen. Lex.-8. (27 B.) Salzburg 846. (Duyle'sche Buchh.) *

Hornung, Ant. Mich., die medizinischen Krankheitsprozesse u. ihre Heilmethoden, aus dem gegenwärt. physiolog.-patholog. u. therapeut. Standpunkte entworfen. Lex. 8. (VIII u. 424 S.) Salzburg 847, Duyle. u. $2^3/_6$ rf

Hornung, Auguste. Aus froher Jugendzeit od. das Glück d. Landlebens. Eine Erzählung. 16. (58 S.) Basel 880, [Spittler.] Jaeger u. Kober. * — 80

Hornung, Chrph. Karl, Betstunden, s. a. Scriver.

Hornung, Chrstph. Karl, Betstunden. 1. u. 2. Bd. gr. 8. Ansbach, Brügel. *
A. u. d. Titn.:
Bd. 1. Von d. hoh. Würde d. menschl. Seele. 24 Betrachtn. mit Gebeten, aus Predigten d. sel. Chrstn. Scriverius u. a. Andachtsbüchern gesammelt, u. z. Vorlesen in kirchl. u. häusl. Betstunden bearb. (18 B.) 839. * 22 Gr.
2. Von d. tiefen Falle d. menschl. Seele u. ihrer Begnadigung. 27 Betrachtn. mit Gebeten z. Vorlesen in kirchl. u. häusl. Betstunden. Nach Predigten d. sel. Chrstn. Scriverius. (19⅝ B.) 842. * 1. Gr.

— Betstunden. 1r Bd. — A. u. d. T.: Von der hohen Würde d. menschl. Seele. 24 Betrachtungen mit Gebeten, aus Predigten des sel. Christian Sciverius u. a. Andachtsbüchern gesammelt, u. zum Vorlesen in kirchl. u. häusl. Betstunden bearbeitet. gr. 8. Ansbach 839. Brügel. (Erlangen, Frd. Enke.) n. $^{11}/_{12}$ Thlr.

Hornung, Cph. Karl, Betstunden. 2. Bd. — A. u. d. T.: Von dem tiefen Falle der menschlichen Seele u. ihrer Begnadigung. 27 Betrachtungen mit Gebeten z. Vorlesen in kirchl. u. häusl. Betstunden. Nach Predigten des seligen Christian Scriverius. gr. 8. Ansbach 842, Brügel. (Erlangen, Fd. Enke.) n. $^3/_4$ Thlr. (1. 2.: n. $1^2/_3$ Thlr.)

Hornung, Chrph. Carl, Betstunden in der Kirche und im Hause. Vier und dreißig Betrachtungen aus Chr. Scriver's Seelenschatze hrsg. gr. 8. (VIII und 208 S.) Nürnberg 856, Raw'sche Buchh.

Hornung, Chrph. Karl, Betstunden in der Kirche und im Hause. 34 Betrachtungen aus Chr. Scriver's Seelenschatze hrsg. Neue (Titel-)Ausg. gr. 8. (VIII, 208 S.) Nürnberg (856)69, Raw'sche Buchh. *

—— kleines Gebetbuch für Auswanderer. 16. (VIII und 166 S.) Ansbach 853, [Gummi's Separat-Conto.]

Hornung, Chrstph. Carl, kleines Gebetbuch f. Gesunde u. Kranke. 3. Aufl. 12. ($7^2/_3$ B.) 842 u. 4., verm. Aufl. 16. ($7^1/_2$ B.) Nürnberg 845, Raw'sche Buchh. à

Hornung, Chrph. Carl, kleines Gebetbuch für Gesunde und Kranke. 5. Aufl. (VII und 182 S.) 1849. und 6., verm. und verb. Aufl. 12. (IV und 186 S.) Nürnberg 852, Raw'sche Buchh.

— kleines Gebetbuch für Gesunde und Kranke. 7. verm. 2c. Aufl. 853. (2 Bl., 180 S.) — 8. verm. 2c. Aufl. Nürnberg 856. Raw. 24. (VI, 180 S.) 4 ngr.

—— kleines Gebetbuch für Gesunde und Kranke. 7. Aufl. 1853. und 8., verm. und verb. Aufl. 12. (VI und 180 S.) Nürnberg 856(57,) Raw'sche Buchh.

Hornung, Chrph. Carl, kleines Gebetbuch für Gesunde und Kranke. 10. Aufl. gr. 16. (VIII und 181 S.) Nürnberg 860, Raw'sche Buchh.

Hornung, Chrph. Karl, kleines Gebetbuch für Gesunde und Kranke. 11., verm. und verb. Aufl. 16. (VIII und 183 S.) Nürnberg 863, Raw'sche Buchh. 4 Ngr.; geb.

Hornung, Chrph. Carl, kleines Gebetbuch für Gesunde und Kranke. 12. und 13. Aufl. 16. (VIII, 183 S.) Nürnberg 873,77, Raw'sche Buchh. * 60 Pf.; geb. * — 75
— dass. — 14. Aufl. 16. (VIII, 200 S.) Gütersloh 878, Bertelsmann. geb. * — 60

Hornung, Chrph. Carl, kleines Gebetbuch für Gesunde und Kranke. 15. Aufl. 16. (VIII, 200 S.) Gütersloh 883, Bertelsmann. geb. *

Hornung, Chr. K., kleines Gebetbuch für Gesunde und Kranke. 16. Aufl. 12. (VIII, 200 S.) Gütersloh 888, Bertelsmann. * — 40
geb. * — 60

Hornung, Chr. K. Kleines Gebetbuch f. Gesunde u. Kranke. 17. Aufl. 12. (VIII, 200 S.) Gütersloh 890, Bertelsmann. * — 40; geb. * — 60

[F.] Kleines Gebetbuch für Gesunde und Kranke hrsg. v. Chr. Karl Hornung, ... Pfarrer in Ansbach. 18. Aufl. *Gütersloh: C. Bertelsmann 1895.* (VIII, 200 S.) 1 Bd 8. [g6. 1901

Hornung, Chr. Karl, kleines Gebetbuch für Gesunde u. Kranke. 20. Aufl. (VIII, 200 S.) 16. Gütersloh 905. C. Bertelsmann. n. — 40; geb. n. — 60

— kleines Gebetbuch für Reisende, insbesondere für Auswanderer. 2. Abdr. Ansbach 854. Gummi. 16. (VIII, 166 S.) $7^1/_2$ ngr.

Hornung, Chrstph. Carl, gedenket an eure Lehrer, die euch das Wort Gottes gesagt haben. Predigt am Begräbnißtage Luthers d. 22. Febr. 1846 gehalt. 8. ($1^1/_4$ B.) Ansbach 846, Gummi. Thlr.

— Immanuel. Morgen- und Abend-Segen an Sonn-, Werk- und Fest-Tagen nebst Liedern und Gebeten für Communicanten, Reisende und Kranke. 853. — 2. Aufl. Ansbach 854. Junge. 32. (128 S.) 3 ngr.

—— Immanuel. Morgen- und Abend-Segen an Sonn-, Werk- und Fest-Tagen nebst Liedern und Gebeten für Communicanten, Reisende und Kranke. 1. Aufl. 1853. und 2. Aufl. 32. (128 S.) Ansbach 855, Junge.

—— Immanuel. Morgen- und Abend-Segen und andere Gebete. 3. Aufl. 32. (128 S.) Nürnberg 860, Raw'sche Buchh.

— Immanuel. Morgen- und Abend-Segen und andere Gebete. 4. Aufl. 32. (128 S.) Ebendas. 878. cart. — 30

—— Immergrün. Alte und neue Erzählungen, Lieder und Sprüche für Kinder gesammelt. 12. (IV und 92 S.) Ansbach 853, Gummi's Separat-Conto. *
mit 1 Stahlst. *

—— bibl. Lehren u. Geschichten in Reime gebracht u. nach dem in Bayern eingeführten Spruchbuche zu Luthers Katechismus geordnet. 8. (10 B.) Nördlingen 838, Beck'sche Buchh.

—— Lesebuch für d. Jugend. 2., verm. Aufl. 3 Thle. gr. 8. Ansbach, Gummi. [1. (22 B.) 844, 2., 3. (43 B.) 45. à * 20 Ngr.] *

—— Lesebuch für die Jugend. 3., verm. und verb. Aufl. 1. Thl. A. u. d. T.: Bilder aus dem Leben und der Natur. 3., verm. und verb. Aufl. gr. 8. (VI und 362 S.) Ansbach 852, Gummi's Separat-Conto. *

—— Lesebuch f. die reifere Jugend. gr. 8. ($20^1/_2$ B.) Ansbach 846, Gummi. *

—— Lesebuch f. d. weibl. Jugend. (2 Bde.) gr. 8. (52 B.) Erlangen 841, Heyder. * $1^1/_2$ Thlr., Blnp. *

—— und Chr. Ph. H. Brandt, Lese-Leichen, s. Lese-Leichen.

—— und Chr. Ph. H. Brandt, Lese-Zeichen, s. Brandt, Chr. Ph. H.

— geographisches Lexikon des Königreichs Ungarn. Ein Hilfsbuch für Behörden, Postämter, Advokaten u. Geschäftsmänner. 2. Aufl. Ebend. 863. 8. (240 S.) n. 1 Thlr. 10 ngr.

— s. Prediger, der evangel., bei den Gräbern.

Hornung, Carl, Sprüche und Lieder für alle Tage des Jahres. 8. (VIII und 120 S. mit 1 Stahlst.) Ansbach 862, Junge.

— Theophilus. Ein Gebet- und Lese-Buch für Confirmanden und ihre Angehörigen. Mit 1 Stahlst. Ansbach 853. Junge. 16. (8, 466, 6 S.) n. $22^1/_2$ ngr.

— — 2. (Titel-)Ausg. Mit 1 Stahlst. Nürnberg 855. Raw. 16. (8, 466, 6 S.) n. 16 ngr.

Hornung, Chr. K. „Historische Zugaben zur Auslegung des ersten Gebots". p. 7—16. 4°. Brügel.
Ansbach, Progr. 1849/50

Hornung, D., Einleitung zu der Schrift: Emanulektor's psychographische Studien, herausg. von dem Erfinder des Emanulektors, des Magnetometers und des Kreuzpsychographen, mit einem Vorw. von v. Forstner. (Als Mscrpt. gedr.) Berlin 854. (Geelhaar.) 16. (16 S.) n. 5 ngr.

Hornung, D., neueste Erfahrungen aus dem Geisterleben. Thatsächlicher Beweis eines Zusammenhanges des diesseitigen mit dem jenseitigen Leben, zur Verständigung für denkende, vorurtheilsfreie Leser. gr. 8. (VIII und 424 S. mit 3 Stnt. in gr. 8. und qu. 4.) Leipzig 858, Fr. Fleischer. *

Hornung, Fibel für den ersten Unterricht im Lesen zum Gebrauch für deutsche Schulen. 2te Aufl. 8. Berlin, Verfasser. (Leipzig, Fr. Fleischer.) 820.

Hornung, D. (II.), Fibel für den ersten Unterricht im Lesen. 34. Aufl. 8. (16 S.) Berlin 854, Ehle. **

— neue Geheimnisse des Tages. Durch Geistes-Magnetismus vermittelte Geister-Manifestationen aus dem unenthüllten Jenseits. Ein unumstößlicher Beweis für die persönliche Fortdauer und hohe Bestimmung des menschlichen Geistes und der Seele nach dem Tode des Leibes. gr. 8. (XXVIII und 468 S. mit 5 Stnt. in gr. 8. und qu. Fol.) Leipzig 856(57,) Fr. Fleischer.

— neue Geheimnisse des Tages. Durch Geistes-Magnetismus vermittelte Geister-Manifestationen aus dem unenthüllten Jenseits. Ein unumstößlicher Beweis für die persönliche Fortdauer u. hohe Bestimmung des menschlichen Geistes u. der Seele nach dem Tode des Leibes. Mit (5) lith. Taf. (in gr. 8. u. qu. Fol.) Leipzig 857. Fr. Fleischer. gr. 8. (XXVIII, 468 S.) 1 ℛ 15 ngr.

Hornung, das Geisterleben im Jenseits oder Kundgebungen aus der anderen Welt mittelst des Spiritismus. Höchst wicht. Nachrichten u. Manifestationen v. Verstorbenen, vermittelst durch Befragg. der Abgeschiedenen auf dem Wege d. geistmagnet. Forschg. u. durch Mediumausschreiben. Neue Ausg. (207 S.) 8. Ludwigsburg 905. H. Fischhaber. n. 4.—

Hornung, (Dr.,) bibl. Geschichts-Karte f. Schulen. 8 color. Bl. gr. Fol. Berlin 821. (Leipz., Fr. Fleischer.)

— bibl. Geschichts-Karte f. Schulen. In 8 color. Bl. gr. Fol. Berl. 821. (Fr. Fleischer in Leipz.) 2 ℛ N. A. 827. Ebd. 1 ℛ 16 gl.

— biblische Geschichts-Karte, für Schulen bearbeitet. Gez. von H. Mädler, gest. von F. Guimpel. 4. Aufl. Leipzig 854. Fr. Fleischer. gr. Fol. (8 color. Bl. in Kpfrst.) n. 1 ℛ 10 ngr.

— Handbuch zur Erläuterung der bibl. Geschichte u. Geographie, f. Volksschulen u. forschende Bibellehre, mit besond. Rücksicht auf d. vom Verfasser herausg. Geschichtskarte. 8. Leipz. 824. 2e Aufl. 827. Fr. Fleischer. 12 gl. Schrbp. 18 gl.

— Heinrich Heine, der Unsterbliche, f. Wunder-Schauplatz der geheimen Wissenschaften.

— — Leselernbuch, oder der Fibel 2r Thl. 4te Aufl. 8. Ebend. (Ebend.) 820.

Hornung, D., Leselernbuch f. deutsche Schulen. 27. Aufl. 8. Berlin 837. (Leipzig, Fr. Fleischer.) *

— Leselernbuch für deutsche Schulen. (Für evangel. Schulen.) 63. Aufl. Berlin 854. Ehle. 8. (112 S.) n. 4 ngr.

— — (Für katholische Schulen.) 63. Aufl. Ebend. 854. 8. (100 S.) n. 4 ngr.

Hornung, D., die neuesten Manifestationen aus der Geisterwelt. Mit (2) lith. Taf. (in 4. u. Fol.) Berlin 859. Plahn in Comm. gr. 8. (XII, 180 S.) n. 1 ℛ 10 ngr.
Inhalt: Von dem Pfaffen Konrad, Kaplan Heinrich des Löwen. — Von Hans Fürchtegott Gellert. — Von Dr. Johs. Müller. — Von Dr. theol. Frdr. v. Meyer. — Von Heinr. Heine. — Von Richard . . .

— neueste spiritualistische Mittheilungen. 2. verm. Aufl. der „Neuesten Manifestationen aus der Geisterwelt." Mit (2) lith. Taf. (in 4. u. Fol.) Berlin 862. Geelhaar in Comm. gr. 8. (XIV, 346 S.) n. 2 ℛ

— Der geschwinde Rechner nach dem Curse zu 250 von Wiener Währung in Conventions-Münze u. Conventions-Münze in Wiener Währung. Für Geschäftsleute aller Art. 8. Grätz 821. Kienreich. 1/10 ℛ

— Schulvorschriften, s. Hennig.

Hornung, D., allgem. Schulvorschriften, s. Hennig, J. C.

— kalligraph. Schulvorschriften, s. Hennig, J. C.

— zwölf dreifache Weihnachtsgarben, von Glaube, Liebe u. Hoffnung gewunden; den Kindern u. Kindlichgesinnten mit fröhl. Festgrüße dargebracht in zwölf d. lieblichsten u. lehrreichsten Geschichten, anschaul. dargest. durch 12 saubere Kupferstiche, und besungen in 2mal 12 gemüthl., frommen Liedern f. Kinderherzen. 2. Aufl. gr. 4. ($2\frac{1}{2}$ B.) Berlin 835. (Leipzig, Fr. Fleischer.) * 2/3 Thlr., illum. *

HORNUNG, E. G.: Grundlage zu einem Verzeichnisse der Käfer des Harzes und seiner Umgebung. 1. Abtlg.: Die Lauf- und Schwimmkäfer. - Aschersleben 1844. 24 S.

Hornung, Erich, a. Bielefeld: Entwicklung und Niedergang des hannoverschen Flachsbaues. Hannover 1905: A. Eberlein & Co. (VIII, 36 S.) 8° ¶(Ersch. vollst. b. Helwing, Hannover.)
Heidelberg, Phil. Fak., Ref. Gothein, Diss. v. 2. Aug. 1905
[Geb. 3. Sept. 78 Bielefeld; Wohnort: Bielefeld; Staatsangeh.: Preußen; Vorbildung: Gymn. Bielefeld Reife Juli 98; Studium: Marburg 3, Leipzig 1, Marburg 4, Münster 1 S.; Rig. 16. Dez. 04.]

Hornung, Erich, Entwicklung u. Niedergang der hannoverschen Leinwandindustrie. (VIII, 147 S.) 8. Hannover 905. Helwing. n. 4.—

Hornung, Erich, a. Bielefeld: Das Recht des Bundesrates zum Erlaß von Verwaltungsvorschriften auf Grund des Art. 7 Ziff. 2 der Reichsverfassung. Borna-Leipzig 1906: R. Noske. (IX, 102 S.) 8°
Leipzig, Jur. Fak., Diss. v. 30. Juli 1906
[Geb. 3. Sept. 78 Bielefeld; Wohnort: Cöln a. Rh.; Staatsangeh.: Preußen; Vorbildung: Gymn. Bielefeld Reife M. 98; Studium: Marburg 3, Leipzig 1, Marburg 2, Münster 1 S.; Rig. 29. Sept. 03.]

Hornung, Ernest William, The amateur cracksman, s. a. Collection of British authors.

The Amateur Cracksman. By Ernest William **Hornung**. Copyright ed. Leipzig: Tauchnitz 1899. 280 S. 8°
(Collection of British authors. Tauchnitz Ed. Vol. 3369.) [11. 6183

— The belle of Toorak, s. a. Collection of British authors.

The Belle of Toorak. By Ernest William **Hornung**. Copyright ed. Leipzig: Tauchnitz 1900. 271 S. 8°
(Collection of British authors. Tauchnitz Ed. Vol. 3443.) [11. 6330

— Young blood, s. a. Collection of British authors.

Young Blood. By Ernest William **Hornung**. Copyright ed. Leipzig: Tauchnitz 1898. 311 S. 8°
(Collection of British authors. Tauchnitz Ed. Vol. 3306.) [11. 6038

– The Boss of Taroomba, s. a. Collection of British authors.

Hornung, Ernst William, der Boß v. Taroomba, s. a. Deva-Roman-Sammlung.

The Boss of Taroomba. By Ernest William **Hornung**. Copyright ed. Leipzig: Tauchnitz 1894. 270 S. 8°
(Collection of British authors. Tauchnitz Ed. Vol. 3011.) [11. 8008

Hornung, E. Will., a bride from the bush, s.: Collection of British authors.

— aus dem Busch, s. a. Kürschner's, Jos., Bücherschatz.

Aus dem Busch [A Bride from the bush]. Von Ernest William **Hornung**. Autor. Übers. aus d. Engl. von Mathilde Beck. Mit Ill. von W. Roegge. *Berlin, Eisenach, Leipzig: H. Hillger [1903].* (110 S.) 8° [F.]
— Bücherschatz, Kürschner's. No 375. [04. 990

Hornung, E. W., ein ritterlicher Buschklepper, s.: Engelhorn's allgem. Roman-Bibliothek.

Hornung, Ernest William, Irralie's bushranger, and The unbidden guest, s. a. Collection of British authors.

Irralie's Bushranger, and the unbitten guest. By E[rnest] W[illiam] **Hornung**. Copyright ed. Leipzig: Tauchnitz 1904. 303 S. 8°
(Collection of British authors. Tauchnitz Ed. Vol. 3744.) [11. 8361

— Dead men tell no tales, s. a. Collection of British authors.

Dead men tell no tales. By E[rnest] W[illiam] **Hornung**. Copyright ed. Leipzig: Tauchnitz 1909. 263 S. 8°
(Collection of British authors. Tauchnitz Ed. Vol. 4115.) [11. 8837

— Denis Dent, s. a. Collection of British authors.

Denis Dent. By E[rnest] W[illiam] **Hornung**. Copyright ed. Leipzig: Tauchnitz 1904. 287 S. 8°
(Collection of British authors. Tauchnitz Ed. Vol. 3708.) [11. 8535

— Ein Dieb in d. Nacht, s. a. Engelhorn's allgem. Roman-Bibliothek.

– My Lord Duke, s. a. Collection of British authors.

My Lord Duke. By Ernest William **Hornung**. Copyright ed. Leipzig: Tauchnitz 1898. 273 S. 8°
(Collection of British authors. Tauchnitz Ed. Vol. 3277.) [11. 8013

— ein Einbrecher aus Passion (The amateur Cracksman), s.: Engelhorn's allgemeine Roman-Bibliothek.

— kein Held, s. a. Engelhorn's allgemeine Roman-Bibliothek.

Hornung, E[rnest] W[illiam]. Kein Held. [Roman.] Autorisierte Übersetzung aus dem Englischen von Gertrud Hengstenberg. 160 S. 8. Stuttgart, J. Engelhorn, 1906. (M. —.50, geb. —.75)
Schauplatz der Erzählung ist Zormatt etc.
Engelhorns Allgemeine Roman-Bibliothek.... Jahrg. 22. Band 12.

— no hero, s. a. Collection of British authors.

No Hero. By E[rnest] W[illiam] **Hornung**. Copyright ed. Leipzig: Tauchnitz 1903. 271 S. 8°
(Collection of British authors. Tauchnitz Ed. Vol. 3659.) [11. 8498

— der neue Herzog, s.: Engelhorn's allgem. Romanbibliothek. 16. Jahrg. 11. Bd.

– Tiny Luttrell, s. a. Collection of British authors.

Tiny Luttrell. By Ernest William **Hornung**. Copyright ed. Leipzig: Tauchnitz 1893. 278 S. 8°
(Collection of British authors. Tauchnitz Ed. Vol. 2927.) [11. 7967

– The rogue's march, s. a. Collection of British authors.

The rogue's March. A romance. By Ernest William **Hornung**. Copyright ed. Leipzig: Tauchnitz 1900. 399 S. 8°
(Collection of British authors. Tauchnitz Ed. Vol. 3412.) [11. 8315

– The black mask, s. a. Collection of British authors.

The black Mark. By Ernest William **Hornung**. Copyright ed. Leipzig: Tauchnitz 1902. 272 S. 8°
(Collection of British authors. Tauchnitz Ed. Vol. 3552.) [11. 8415

— die schwarze Maske, s.: Engelhorn's allgem. Roman-Bibliothek.

– Peccavi, s. a. Collection of British authors.

Peccavi. By Ernest William **Hornung**. Copyright ed. Leipzig: Tauchnitz 1901. 359 S. 8°
(Collection of British authors. Tauchnitz Ed. Vol. 3484.) [11. 8366

— Mr. Justice Raffles, s. a. Collection of British authors.

Mr. Justice Raffles. By E[rnest] W[illiam] **Hornung**. Copyright ed. Leipzig: Tauchnitz 1909. 288 S.
(Collection of British authors. Tauchnitz Ed. Vol. 4145.) [11. 8864

— Der Schatten d. Stricks, s.: Engelhorn's allgem. Roman-Bibl.

– The shadow of the rope, s. a. Collection of British authors.

The Shadow of the rope. By Ernest William **Hornung**. Copyright ed. Leipzig: Tauchnitz 1902. 296 S. 8°
(Collection of British authors. Tauchnitz Ed. Vol. 3587.) [11. 8444

– under two skies, s. a. Collection of British authors.

Under two Skies. A collection of stories. By Ernest William **Hornung**. Copyright ed. Leipzig: Tauchnitz 1892. 280 S. 8°
(Collection of British authors. Tauchnitz Ed. Vol. 2832.) [11. 7894

– Some persons unknown, s. a. Collection of British authors.

Some Persons unknown. By Ernest William **Hornung**. Copyright ed. Leipzig: Tauchnitz 1899. 277 S. 8°
(Collection of British authors. Tauchnitz Ed. Vol. 3343.) [11. 8063

— Stingaree, s. a. Collection of British authors.

Stingaree. By E[dward] W[illiam] **Hornung**. Copyright ed. Leipzig: Tauchnitz 1905. 287 S. 8°
(Collection of British authors. Tauchnitz Ed. Vol. 3818.) [11. 8610

— a thief in the night, s. a. Collection of British authors.

A Thief in the night. By E[rnest] W[illiam] **Hornung**. Copyright ed. Leipzig: Tauchnitz 1905. 295 S. 8°
(Collection of British authors. Tauchnitz Ed. Vol. 3847.) [11. 8635

Hornung, Ferd., die Regionalmetamorphose am Harze, ihr Wesen, ihre Ursache, ihr Zeitalter. Ein Beitrag zur Kenntnis der deutschen Dyas. gr. 8. (III, 122 S. m. 1 Taf.) Stuttgart 902. E. Schweizerbart. n. 4.—

Hornung, Friedr., s. Altenhoff, Friedr. 1793 ff.

Hornung, Fr., († d... Dec. 1807.) s. F. Altenhoff; auch Destillateur, d. wohlerfahrne.

Hornung, H.: De nuntiorum in tragoediis Graecis personis et narrationibus. 26 S. – Brandenburg Ri.Ak. 1869

Hornung, Herm. Theoph. (geb. Wernigerode 7. 12. 1837): Commentationis de partibus comoediarum Graecarum particula. Berolini (1861). (44 S.) 8°
Berlin, Phil. Diss. v. 29. Juli 1861

Hornung, Herm. Theoph., commentationis de partibus comoediarum graecarum particula. Dissertatio inauguralis philologica. gr. 8. (III und 44 S.) Berlin 861, (Calvary und Comp.) *

Hornung, J. K., Beyträge z. irrdischen Vergn. in Gott. 8. Hannov. Mitscher. 745.

Hornung, Joh. Bapt., aus Bräunlingen: Ein Beitrag zur Ikonographie des Todes. *Bühl 1902: Konkordia.* (38 S.) 8°
Freiburg i. B., Phil. Diss. v. 1902

Hornung, Joseph, (Prof. à l'université de Genève). Résumé des cours de droit pénal et de procédure pénale professés dans la faculté de Genève. In-8°. 32 p. Genève et Bâle, Georg. 1878

Hornung, Leo [Hrsg.], s. Ludwig, O: Zwischen Himmel und Erde.

Hornung, Leo [Hrsg.], s. Mörike, E.: Mozart ...

Hornung Leo: Ludwig Nicolay. Sein Leben u. seine Werke.
H. 1906 PN 2055 Diss. Wien, Univ. 185

Hornung, Lorenz, über Resektion des Kniegelenks mit einem Falle von doppelseitiger Kniegelenksresektion. Statistik. Diss. Würzburg 1885, Stahelsche Univ.-Buchh. 8°. 37 S.

Hornung, Lorenz [approb. Arzt aus Hundelshausen]: Ueber Resektion des Kniegelenks mit einem Falle von doppelseitiger Kniegelenksresektion. Statistik .... Würzburg, Paul Scheiner's Buchdr., 1887; 37 + 1 S. 8°.
Würzburg, Med. Fak., Inaug.-Diss. v. 1887.

Hornung, Oscar, aus Sangerhausen: Ueber Perichondritis laryngea. Aus d. Ambulatorium f. Nasen-, Rachen- u. Kehlkopf-Krankheiten d. Hrn Prof. Dr. Seifert. *Steckborn 1899: L. Keller-Steffen.* (30 S.) 8°
Würzburg, Med. Diss. v. 1899

Hornung, O. Neu-Oesterreich. Gr. in-8°. IV, 100 S. Zürich, Verlags-Magazin (J. Schabelitz). 1880 1 50

Hornung, Otto. Neu-Oesterreich. 1. u. 2. Aufl. gr. 8. (IV, 100 S.) Zür. 890, Verlags-Magazin. * 1 20

Grundsteinlegung: Der Grundstein liegt, der Tempel steigt, in Musick [!] gesetzt und dem Br Pizala gewidmet von Ph. Hornung. Mainz: Schott's S. o. J. 2 Bl. 8° [Lithogr.] [Umschlagtit.]
Für Gesang u. Guitarre. Mit Noten. 430.

Hornung, Victor, aus Bielefeld: Über die Einwirkung von Einfach- und Zweifach-Chlorschwefel auf sulfinsaure und thiosulfonsaure Salze sowie auf Mercaptane. *Rostock 1898: C. Hinstorff.* (55 S.) 8°
Rostock, Phil. Diss. v. [17. Dez.] 1898

Hornung, Walter, aus Stuhm (W.-Pr.): Die Diluvial- und Alluvialablagerungen des Regnitzthales nördlich Erlangen nebst einigen Betrachtungen der orographischen und hydrographischen Verhältnisse des Niederschlagsgebietes der Regnitz. *(Halle a. S. 1898: C. A. Kaemmerer & Co.)* (46 S.) 8°
Erlangen, Phil. Diss. v. 15. Febr. 1899

Urkundliche Sammlung gesetzlicher und reglementarischer Bestimmungen für den Landmesser aus den Jahren 1701 bis 1813. Gesammelt im Kgl. Geh. Staatsarchiv von W. Hornung. *Halle a. S.: E. Strien in Komm. 1900.* (63 S.) 8° [J.] [00. 9960 7]

Hornung, Wilh. Leonh. Dav., († d. 5. Jan. 1818.) s. Andachten, Sonn- u. Festtägl.

Hornung's kleiner Führer durch das Sauerland, s. Hornung

Hornviehseuchen, Sicheres Mittel, um künftigen zuverlässig vorzubeugen, von einem echten Patrioten. Glogau 774.

HORNY, Antonius: De Pelagio. — (1850) 50 S. 4° (Handschr.) Diss. 150
Diss. Wien, Univ.

Horny, F. W. Kurze kritische Darstellung der Anfänge und Entwicklung der utilitarischen Moralphilosophie in England. Diss. Leipzig 1881. 74 S. Progr.

Horny, H., Anleitung z. Buchführung in bäuerlichen Betrieben. Auf Veranlassg. d. Landwirtschafts-Kammer f. d. Reg.-Bez. Wiesbaden verf. (8, 115 S.) gr. 8. Wiesbaden (908). R. Bechtold & Co. 1. 40

Horny, Hugo, a. Scheuern: Die Entwicklung der Nassauischen Rindviehzucht im 19. Jahrhundert und ihr heutiger Stand. Coburg 1905: A. Maschke. (137 S.) 8°
Jena, Phil. Fak., Ref. Edler, Diss. v. 14. Dez. 1904
[Geb. 11. März 81 Scheuern b. Nassau a. L.; Wohnort: Coburg; Staatsangeh.: Sachsen-Coburg-Gotha; Vorbildung: Landw. Schule Weilburg Reife O. 00; Studium: Berlin 3, Bonn 1, Jena 3 S.; Rig. 14. Dez. 04.]

Horny, Johann

Horny, J., Anweisung, d. Schachspiel gründlich zu erlernen. 2. Aufl. 8. (11½ B.) Cassel 828, Luckhardt.

Horny, Joh., Anweisung d. Schachspiel gründl. zu erlernen. 3. Aufl. 8. (11½ B.) Cassel 839, Luckhardtsche Hofbuchh.

Horny, Theodor: Die mittelhochdeutsche Übersetzung des Johannes- und des Matthäus-Evangeliums in dem Münchener Cod. germ. 740. Greifswald 1909: Adler. 145 S. 8°
Greifswald, Phil. Diss. v. 1. Sept. 1909, Ref. Ehrismann
[Geb. 29. Nov. 73 Scheuern; Wohnort: Nassau a. L.; Staatsangeh.: Preußen; Vorbildung: Oberrealsch. Wiesbaden Reife O. 04, Erg. Greifswald Nov. 08; Studium: Berlin 2, Paris-Nancy 1, München 1, Greifswald 4 S.; Rig. 3. Aug. 09.]
[U 10. 1618

Hornyánsky: Irene, Trauerspiel in fünf Aufzügen von Karl von Kisfaludy, aus dem Ungarischen übersetzt. 70 S. 8° und Anmerkungen–Kronstadt ev., Progr. 1868

Hornyánszky, Jul., theoretisch-praktische Grammatik der ungarischen Sprache f. den Schul- u. Privatgebrauch. gr. 8. (IV, 167 S.) Budapest 893. V. Hornyánszky. n. — 80

Hornyánszky, Vict., Beiträge zur Geschichte evangelischer Gemeinden in Ungarn. gr. 8. (IV und 294 S.) Pest 863, (Osterlamm.) *

—— Bilder aus Ungarn. Unter Mitwirkung mehrerer deutscher Schriftsteller hrsg. 4. (III und 160 S. mit eingedr. Holzschn.) Pest 864, (Gebr. Lauffer.) *

Hornyánßky, Viktor —. Geschichte des österreichischen Kaiserstaates. 1. Band: Die österreichischen Länder von den ältesten Zeiten bis zum Jahre 1526. 8. (VII. und 296 S. mit 7 Tafeln.) Pesth. Gedruckt bei Landerer und Heckenast. Verlag von Gustav Heckenast, 1853.

Hornyánßky, Viktor —. Geschichte des österreichischen Kaiserstaates. Von — —. 2. Band. Die österreichischen Länder vom Jahre 1526 bis 1848. 8. (336 S. und 1 Tafel.) Pesth. Gedruckt bei Landerer und Heckenast. Verlag von Gustav Heckenast 1854. (3166/1853.)

Hornyánszky, Viktor — Geschichte des österreichischen Kaiserstaates. Ein Lesebuch für die reifere Jugend von — —. Zweite Auflage in einem Bande. Mit einem Titelbilde von Josef Armann, sämmtliche Regenten des österreichischen Kaiserhauses darstellend. Pesth, 1857. Verlag von Gustav Heckenast. (VII. 336 S. 8.)

Hornyánszky, Vict., Geschichte von Ungarn. Für die Jugend zur Selbstbelehrung, wie auch zum Lehrvortrage f. den öffentl. u. häusl. Unterricht bearb. gr. 8. (XII u. 240 S.) Pest 852, Heckenast. Leipzig, G. Wigand. n. 1 ₰

—— Geschichte von Ungarn, für die Jugend zur Selbstbelehrung, wie auch zum Schulgebrauche. 2. Ausg. 8. (VIII und 240 S.) Pest 863, Heckenast's Verlag. *

—— Der evang. Hausfreund. Kalender für das Schaltjahr 1864. 9. Jahrg. 8. (32 S.) Pest, Gebrüder Lauffer. 1863

Hornyánsky, Viktor [Hrsg.], s. Jahrbücher, Protestantische.

Hornyánksy, Viktor [Red.], s. Kalender für das evangelische Volk.

— die Evangelische Kirche in Oesterreich, ihre Geschichte, Verfassung und Statistik, nebst einem Verzeichnisse der evangelischen Superintendenzen, Seniorate u. Gemeinden in der Monarchie mit ihrer Seelenzahl; dann dem kaiserlichen Patente vom 1. Septbr. 1859. Pest 859. Osterlamm in Comm. 4. (68 S.) n. 15 ngr.

Hornyánszky, Viktor —. Leitfaden beim ersten Schulunterricht in der Geschichte des österreichischen Kaiserstaates. Von — —. 8. (IV, 120 S.) Pesth. Gedruckt bei Landerer und Heckenast. Verlag von Gustav Heckenast. 1853.

640. **Hornyánsky, Victor.** Geographisches Lexikon des Königreichs Ungarn und der serbischen Woiwodschaft mit dem Temeser Banate. Ein Hilfsbuch für Behörden, Postämter, Advokaten und Geschäftsmänner. Nach amtlichen Quellen und den besten Hilfswerken bearbeitet. III. — V. Hft. Janosház — Zvoncsin (Schluss). *Pest* 1857. Verlag von *G. Heckenast*. Gedr. bei *Landerer & Heckenast*. S. 161—420 u. 1 Bl. 8°. Compl. 4 fl.

—— geographisches Lexicon des Königreichs Ungarn und der serbischen Woiwodschaft mit dem temescher Banate. Ein Hilfsbuch für Behörden, Postämter, Advokaten und Geschäftsmänner. Nach amtl. Quellen und den besten Hilfswerken bearb. Lex.-8. (IV und 420 S.) Pest 858, Heckenast. *

Hornyánszky, Vict., geographisches Lexikon des Königreichs Ungarn. Ein Hilfsbuch für Behörden, Postämter, Advokaten und Geschäftsmänner. 2. Aufl. 8. (420 S.) Pest 863, Heckenast's Verlag.

—— was haben wir Evangelischen zu fürchten und was haben wir zu hoffen? Für das Volk bearb. 8. (31 S.) Pest 860, (Lauffer und Stolp.)
Vgl.: Hausfreund, evangelischer. — Jahrbücher, protestantische.

HORNYIK, Alexander: Vita et activitas sancti Pauli apostoli doctoris gentium. — (1910) XV, 400 Bl. 4° (Handschr.) Diss. 881
Diss. Wien, Univ.

Horodezky, S. A.

Horodecky, S. A., s. Hagoren.

Horodecky, S. A., Kerem Salomo. Biographie u. Psychologie d. berühmten Rabbi Salomo Luria, genannt „Rschal". (In hebr. Sprache.) gr. 8. (VII, 40 S.) Drohobycz 896. (Wien, Ch. D. Lippe.) n. 1. —

Rabbi Nachman von Brazlaw. Beitrag z. Geschichte d. jüd. Mystik. Von S. A. **Horodezky**. Berlin: Poppelauer 1910. 87 S. 8°

— Schem Mischmuel. A. d. Leben d. Samuel Edels, Glossators z. babylon. Talmud, genannt „M'harscha". (In hebr. Sprache.) gr. 8. (39 S.) Ebd. 895. n. — 80

Hörold, G., Karte von den Bergwerken und Hütten in Ober-Schlesien. 1 : 120,000. Chromolithogr. 2. verb. Aufl. Imp.-Fol. mit Text: Alphabetisches Verzeichniss der Bergwerke und Hütten Oberschlesiens mit Angabe der Lage derselben und der Production im J. 1877, sowie alphabet. Firmen-Verzeichniss mit Angabe der Gruben-Vertreter. 2. verb. und erweit. Aufl. gr. 8. (88 S.) Gera 878, Reisewitz. *

Hörold, Rudolf: Systematische Gliederung und geographische Verbreitung der amerikanischen Thibaudieen. (Leipzig: W. Engelmann 1909.) 53 S. 8° ¶ (Aus: Botan. Jahrbücher. Bd 42, H. 4.)
Berlin, Phil. Diss. v. 28. Mai 1909, Ref. Engler
[Geb. 5. Jan. 82 Sandersleben; Wohnort: Berlin; Staatsangeh.: Anhalt; Vorbildung: Gymn. z. grauen Kloster Berlin Reife O. 03; Studium: Berlin 9 S.; Rig. 19. Nov. 08.] [U 09. 197

Horologium principum, quod ad normam vitae M. Aurelii Severi olim concinnavit Ant. Guevara. 4. Frcf. 745.

Horoschewski, Wilh., ukrainische Erzähler. s.: Romanbibliothek, slavische. XII.

Horoskop, Das, oder Beobachter des Zeitgeistes . . . Leipzig 1805. V: *Kriege, Wilhelm Bernhard.* (NN)

Horoscop, das, romant. Schauspiel in 5 Aufz. nach dem Span. d. Calderon frey bearbeitet von C. A. Mämminger. 8. Sulzbach, Seidel. 818.

Horoscop üb. d. gegenwärt. türk.-russ. Krieg u. seine Folgen auf Europa. Gestellt von e. Wahrheitsfreunde. 8. (4 B.) Meißen 829, [Klinkicht u. Sohn.]

Der erste allgemeine Rabbiner-Kongress zu Krakau. 16.–20. Ab ⟨9.–13. Aug.⟩ 5663 [1903]. Von J[ōnātān Benjāmin] **Horovicz**, Oberrabbiner. Alsó-Kubin ⟨Ungarn⟩: Fried [1903]. 47 S. 8°

Horovicz, J., die 1. allgemeine Rabbiner-Konferenz zu Krakau 16—20. AB (9—13. VIII.) 5663. (48 S.) gr. 8. Alsó-Kubin (903). (Frankfurt a/M., J. Kauffmann.) n. — 50

Horovitz, s. a. Horowitz

Das Verfahren vor den Börsenschiedsgerichten in Österreich. Nach Gesetz u. Praxis m. vorzügl. Berücks. d. einschläg. österr., deutschen u. ungar. Judicatur u. Lit. ... Erläut. v. Dr. Alexander Horovitz, Secr. d. Kammer d. Börse f. landwirtschaftl. Producte in Wien. *Wien: Manz 1896.* (XVI, 323 S.) 1 Bd 8. [96. 1931

Horovitz, Aurelie, Beiträge zu Lessings Philosophie, s. Studien, Berner, zur Philosophie u. ihrer Geschichte.

Horovitz, Aurelie, cand. phil.: Beiträge zu Lessings Philosophie. Bern 1907. IV + 81 S. 8°. [15. VI. 06.]
Bern Phil. Diss 1906/1907.

Beiträge zu Lessings Philosophie. Von Dr. Aurelie Horovitz. Bern 1907: Scheitlin, Spring & Cie. (89 S.) 8°
— Studien, Berner, z. Philosophie u. ihrer Geschichte. Bd 54. [07. 11430

Horovitz, Georg: Ueber die Wärmeausnützung in der Gasmaschine. *Berlin 1902: (A. W. Schade).* (32 S.) 4°
Göttingen, Phil. Diss. v. [5. Aug.] 1902

Horovitz, Geo., über die Wärmeausnützung in der Gasmaschine. Diss. gr. 4. (32 S. m. 21 Fig.) Berlin 902. (Göttingen, Vandenhoeck & Ruprecht.) n. 2.—

Horovitz, Heinrich, aus Jerusalem: Eine Schichtstarfamilie. *Berlin (1903): G. Schade.* (28 S.) 8°
Berlin, Med. Diss. v. 7. Aug. 1903

Horovitz, Jak., Babel u. Bibel. Randglossen zu den beiden Vorträgen Friedrich Delitzschs. (Progr.) (45 S.) gr. 8. Frankfurt a/M. 904. J. Kauffmann. n. 1.—

Horovitz, Jakob, aus Frankfurt a. M.: Das platonische Νοητὸν Ζῷον und der philonische Κόσμος Νοητός. *Marburg 1900: C. L. Pfeil.* (XI, 103 S.) 8° [Erschien mit Beilagen 1900 u. d. T.: Untersuchungen über Philons u. Platons Lehre von d. Weltschöpfung.]
Marburg, Phil. Diss. v. [6. Juni] 1900

Horovitz, J., Ueber Platos Theaetet, seine Bedeutung und Stellung innerhalb der platon. Lehre und seine Abfassungszeit. Pr. 1884. 28 S. 4°. 2.—

Untersuchungen über Philons und Platons Lehre von der Weltschöpfung. Von Jakob Horovitz, Dr. phil. *Marburg: N. G. Elwert 1900.* (XIII, 127 S.) 8°
[S. 1–3 erschien 1900 als Marburger Inaug.-Diss. u. d. T.: Das platon. Νοητὸν Ζῷον u. d. philon. Κόσμος Νοητός.] [00. 9688

Horovitz, Jos., s.: Ibn Saad, Biographien Muhammeds.

— s.: Kumait, die Hāšimijjāt.

Horovitz, Josef: De Wâqidii libro qui Kitâb al Magâzî inscribitur. *Berolini: Mayer & Müller 1898.* (48 S.) 8°
Berlin, Phil. Diss. v. 27. Juli 1898

Horovitz, Jos., De Wâqidii libro qui Kitâb al Magâzî inscribitur. Commentatio critica. gr. 8. (48 S.) Berlin 898. Mayer & Müller. n. 1. 50

Spuren griechischer Mimen im Orient von Josef Horovitz. Mit e. Anhang über d. egypt. Schattenspiel von Friedrich Kern. Berlin: Mayer & Müller 1905. (104 S.) 8° [05. 9060

Horovitz, Mardochai

Horovitz, M. Theologische Abhandlungen u. Responsen. (In hebr. Sprache.) hoch 4. (III, 68 S.) Frankf. a. M. 891, (Kauffmann). * 3 —

[F.] Zur Abwehr. E. Sendschreiben über zwei falschgedeutete Talmudstellen. Von Dr. M[ardochai] Horowitz, Rabbiner. *Frankfurt a. M.: J. Kauffmann 1892.* (23 S.) 1 Bd 8. [98. 6834

Horovitz, M., jüdische Aerzte in Frankfurt a. M. gr. 8. (40 S.) Frankfurt a. M. 886, (Kauffmann.) * 1 —

—— Die Auferstehung. Rede, geh. am 7. Pesachtage 5652 [18. April 1892]. gr. 8. (11 S.) Ebd. 892. * — 60

Horovitz, M., die Inschriften des alten Friedhofs der israelit. Gemeinde zu Frankfurt a. M. Mit e. Einleitg. gr. 8. (VI, LIII, 768 S. m. Fig. u. 2 Lichtdr.-Taf.) Frankfurt a. M. 901. J. Kauffmann. n. 8. —

—— Korfu. Vortrag, geh. am 28. Mai 1891. gr. 8. (15 S.) (Ebd.) 891. * — 50

Horovitz, M., Frankfurter Rabbinen. Ein Beitrag zur Geschichte der israelit. Gemeinde in Frankfurt a. M. I—III. gr. 8. Frankfurt a. M., (Jaeger'sche Buchh.) à * ℳ 2. *
Inhalt:
I. Von R. Simon Hadarschan bis R. Jesaia Halevi. [1200—1614.] (IX, 60 S.) 882.
II. Von Joseph Hahn bis R. Jakob hakohen Popers. [1614—1740.] (106 S.) 883.
III. R. Jakob Josua Falk und R. Abraham Lissa. [1740—1769.] (101 S.) 884.

—— Frankfurter Rabbinen. Ein Beitrag zur Geschichte der israelit. Gemeinde in Frankfurt a. M. IV. Rabbinatsverweser Nathan S. Maaß und R. Pinchas Horowitz. [1769—1805.] gr. 8. (103 S.) Frankfurt a. M. 885, (Jaeger'sche Buchh.) * 2 —
I.—III. (Ebendas.) 1882—84. * ℳ 6.—.

Horovitz, M., die Frankfurter Rabbinerversammlung v. J. 1603. Progr. gr. 8. (30 S.) Frankfurt a/M. 897. (J. Kaufmann.) n. — 80

Die Frankfurter Rabbinerversammlung vom Jahre 1603. Von Dr. M[ardochai] Horovitz, Rabb. *Frankfurt a. M. 1897: M. Slobotzky.* (30 S.) 8° [F.]
(Beilage z. Einladungsschrift d. Israelit. Religionsschule.) [99. 10224

Horovitz, M., Rede zum Andenken des sel. Hrn. Distriktsrabbiners Seligmann Bär Bamberger, geh. in der Gemeindesynagoge im Compostellhofe zu Frankfurt a/M. am 14. Marcheschwan 5639 [10. Nov. 1878]. Nach stenograph. Aufzeichnung. gr. 8. (14 S.) Frankfurt a/M. 878. Bechhold in Comm. n. — 40

— zwei Reden zur Erinnerung an Freiherrn Wilhelm Carl v. Rothschild s. A. gr. 8. (24 S.) Ebd. 901. n. — 40

—— Das Stiftszelt e. Bild der Religion. Predigt, geh. am Sabbath Wajakhel 27. Adar [7. März]. gr. 8. (12 S.) Ebd. 891. * — 40

—— Was lehrt d. Talmud? Rede zu Sabbath Chaje Sara. [28. Novbr. 1891.] gr. 8. (13 S.) Ebd. 892. * — 60

Horovitz, Saul

Horovitz, S., über den Einfluss d. griech. Philosophie auf d. Entwicklung d. Kalam. Progr. (92 S.) gr. 8. Breslau 909. (Berlin, M. Poppelauer.) 3.—

— Geschichte d. Juden, s.: Graetz, H.

Horovitz, S., der Mikrokosmos des Josef Ibn Saddik. (XIX, 79 S.) gr. 8. Breslau 903. (Berlin, M. Poppelauer.) n. 3.—
Sonderabdr. a.: „Jahresber. d. jüd.-theol. Seminars zu Breslau".

Horovitz, Saul: Die Prophetologie in der jüdischen Religionsphilosophie [im Diplom ferner: von Saadia bis Maimuni]. Halle a. d. S. 1883: (Schatzky in Breslau). 46 S. 8°
Halle-Wittenberg, Phil. Diss. v. [27. Aug.] 1883
Geb. Szanto (Ungarn) 1. 12. 1858. V. [hs. V.: 1. 11. 1858]
Im Diplom: Horowitz.

— die Psychologie bei den jüdischen Religions-Philosophen des Mittelalters. 1.—3. Heft. 8. Breslau. (Berlin, M. Poppelauer.) à n. 2. —
1. Von Saadia bis Maimuni. Die Psychologie Saadias. (VI, 75 S.) 898.
2. Die Psychologie der jüdischen Neuplatoniker. A. Gabirol. (S. 77—146.) 900.
3. Dasselbe. B. Josef Ibn Şaddik. (S. 147—207.) 906.
Sonderabdrucke aus: „Jahresber. d. jüdisch-theol. Seminars Fraenckel'scher Stiftg."

Berühmte Musiker. Erinnerungen von Ilka Horovitz-Barnay. *Berlin: Concordia 1900.* (118 S.) 8° [3.] [oo. 10514

Hořovský, E., deutsch-böhmisch-russisches berg- u. hüttenmännisches Wörterbuch, enth. die wissenschaftl. u. techn. Ausdrücke aus dem Bereiche der Mineralogie, Geologie, anorgan. Chemie, Bergbau-, Aufbereitungs- u. Hüttenkunde, Berg- u. Hüttenmaschinenlehre, Metallurgie, Salinenkunde u. der wichtigsten verwandten Mineral-Industrien. 9 Lfgn. gr. 8. (XVII, 449 S.) Prag 888—890. (Řivnáč.) à n. 1. 60

Hořovský, Ed., deutsch-böhmisch-russisches berg- und hüttenmännisches Wörterbuch, enthaltend die wissenschaftl. und techn. Ausdrücke aus dem Bereiche der Mineralogie, Geologie, anorgan. Chemie, Bergbau-, Aufbereitungs- und Hüttenkunde, Berg- und Hüttenmaschinenlehre, Metallurgie, Salinenkunde und der wichtigsten verwandten Mineral-Industrien. 1.—3. Lfg. gr. 8. (III, S. 1—144.) Prag 888,89, (Řivnáč.) à Lfg. *ℳ 1.60. * 4 80

Hořovsky, Ed. Deutsch-böhmisch-russisches berg- u. hüttenmännisches Wörterbuch, enth. die wissenschaftl. u. techn. Ausdrücke aus dem Bereiche der Mineralogie, Geologie etc. 4.—9. (Schluss-) Lfg. gr. 8. (XVII, S. 145—449.) Prag 889, (Řivnáč). à Lfg. * 1 60; * 9 60
1.—3. Lfg. (Ebd.) 1888,89. * 4 80.

Horowitz, Predigt, bei der Trauerfeier zum Gedächtnisse des hochsel. Kaisers und Königs Wilhelm I. gehalten am 16. März 1888 Abends. gr. 8. (10 S.) Crefeld 888, (Greven.) * — 40

Horowitz, Arthur, aus Lublinitz i. Schl.: Ueber den anatomischen Bau und das Aufspringen der Orchideenfrüchte. Mit 2 Taf. *Cassel 1902: Gebr. Gotthelft.* (40 S.) 8° ¶ (Aus: Botan. Centralblatt, 1902, Beih. Bd 11, H. 7.)
Heidelberg, Naturw.-math. Diss. v. 1902

Horowitz, Arth., Repetitorium der Chemie, Physik u. Botanik f. Chemiker, Pharmaceuten u. Mediziner. 2 Bde. 8. Berlin (902). R. Trenkel. Geb. in Leinw. n. 5. 50; in 1 Leinw.-Bd. n. 4. 50
I. Chemie u. Physik. (120 u. 36 S.) n. 2. 50
II. Botanik. (227 S.) n. 3. —

Horowitz, Arth., Repetitorium der Chemie, Physik, Botanik u. Pharmakognosie f. Chemiker, Pharmazeuten u. Mediziner. 2. Aufl. 3 Tle. 8. Berlin 906. R. Trenkel Geb. in Leinw. n. 11. 60; in 1 Bd. geb. n. 10. —
I. Chemie u. Physik. (VII, 257 S.) n. 3. 60
II. Botanik. (VII, 235 S.) n. 3. 80; I u. II. in 1 Bd. geb. n. 7. —
III. Pharmakognosie. (VII, 292 S.) n. 4. —

Horowitz, Ed. Ritter v. Die Bezirks-Unterstützungsfonds in Bosnien u. der Hercegovina. Hrsg. v. d. bosnisch-hercegovin. Landesregierg. gr. 8. (104 S.) Wien 892, (Frick). * 2 40

Horowitz, Hans, Referendar: Die Parteifähigkeit der Konkursmasse. Breslau 1910: Breslauer Genoss.-Buchdr. VII, 31 S. 8°
Breslau, Jur. Diss. v. 25. Nov. 1910, Ref. Leonhard, O. Fischer
[Geb. 10. Juni 88 Guttentag; Wohnort: Guttentag; Staatsangeh.: Preußen; Vorbildung: Elisabeth-Gymn. Breslau Reife O. 07; Studium: Breslau 2, Genf 1, Breslau 3 S.; Rig. 24. Juni 10.] [U 11. 611

Horowitz, Heinr., s.: Koheleth, das Buch.

[Horowitz, Iacobus]: * Meletemata in librum apocryphum, qui Sapientia Iesu Siracidae vulgo appellatur. 72 S. 8° (4°)
Halle-Wittenberg, Phil. Diss. v. 24. Mai 1864
Geb. [Krakau (Freistaat Krakau) 25. 3. 1837]

Horowitz, J., das Buch Jesus Sirach. gr. 8. (46 S.) Breslau 865, (Schletter'sche Buchh.) †
Aus: Monatsschrift für Geschichte und Wissenschaften des Judenthums, besonders abgedruckt.

Horowitz, Josua, de aprioritatis Kantii in philosophia principio, et in quo quum cum dogmaticarum doctrinarum de innatis ideis principiis congruat tum ab iis differat. Dissertatio inauguralis. gr. 8. (47 S.) Königsberg 872. (Leipzig, Kessler.) n. 1. 50

Horowitz, Josef, k. k. Ingenieur, zugetheilt dem Statthalterei-Meliorationsbureau in Zara. Die Trinkwasserversorgung in Dalmatien mit specieller Berücksichtigung der Cisternenanlagen (Hiezu die Tafeln 11—13.) (Sonderabdruck aus den „Mittheilungen über Gegenstände des Artillerie- und Genie-Wesens". Jahrg. 1902, 3. Heft.) 8. Wien 1902.

Horowitz, L., 1848. Eine Sammlung origineller Novellen dieses Jahrgangs, vom Monat März begonnen. 16. (192 S.) Preßburg 849, (Wigand.) **

Horowitz, L., Alumoth. Garben auf den Gefilden des Judenthums. Eine Sammlung origineller Novellen. 1. Lfg. gr. 16. (186 S.) Wien 868. (Herzfeld und Bauer.) [Brüder Winter.] *

—— Benjamin Kohn. Ein Nationalgemälde aus dem Judenthume. 8. (247 S.) Preßburg 847. (Leipzig, G. Wigand.)

Horowitz, L., Lachtauben. Eine Samml. gemüth. Aufsätze, origin. Anekdoten u. humorist. Aphorismen. 8. (11 B.) Preßburg 841, G. F. Wigand.

Horowitz, L., der Kezkeer Magld oder die Polizei des Himmels. Eine Kriminal-Novelle. 2 Thle. gr. 8. (VIII und 376 S. mit lithogr. Portr.) Pest 861, (Geibel'sche Sortimentsbuchh.) *

HOROWITZ, L. (aus Pressburg), Humoristisches Triumvirat, oder Witz, Frohsinn, u. Scherz auf einer Lustreise über lachende Fluren. Leipzig 1835. 8°. 236 S. (2 Mk. 20 Pfg. Taussig, 1907.)

—— humorist. Triumvirat, od. Witz, Frohsinn u. Scherz auf e. Lustreise üb. lachende Fluren. Eine Samml. humorist. Aufsätze, origin. Anekdoten, Fabeln, Allegorieen, Calembourgs ꝛc. gr. 12. (10 B.) Preßburg 835, G. F. Wigand.

Horowitz, Leopold [aus Crefeld]: Aus d. medizin. Klinik d. Univ. Bonn. Über die Behandlung der Diphtherie mit dem Behring'schen Heilserum in der medizinischen Klinik zu Bonn ... Crefeld, Druck v. H. Mahler, 1895; 33 S. 8.
Bonn, Med. Fak., Inaug.-Diss. v. [8. Mai] 1895

Horowitz, Manfred, Referendar in Hamburg: Der Anfangstermin im Gegensatz zur aufschiebenden Bedingung nach gemeinem Recht und B.G.B. *Hamburg 1902: (A. Selig).* (71 S.) 8°
Rostock, Jur. Diss. v. [2. Mai] 1902

HOROWITZ, MORITZ. Ueber eine neue Bildungsweise der Xylylsäuren und der Dimethylacetophenone. Bern, 1890.

Horowitz, P., die Bibel der Vernunft. gr. 4. (70 S.) Wien 874. Berlin, Rubenow. n. 1. —

Horowitz, S., das Hohe-Lied. Das älteste dramat. Gedicht aus dem Morgenlande, nach einer neuen Eintheilung des Textes metrisch übers. und mit erklär. Anmerkungen versehen. gr. 16. (XIX und 48 S.) Wien 863, (Gerold's Sohn.) *

Lebenserinnerungen eines polnischen Juden von Salomon I. Horowitz. T. 1. Lemberg: Verl. d. Verf. 1909. 8° [10. 1169?

Horowitz, Viktor J.

Horowitz, Vict. J., Judenrache, s.: Universal-Bibliothek, jüdische.

Horowitz, Vict. J., Marokko. Das Wesentlichste und Interessanteste über Land und Leute. gr. 8. (III, 215 S.) Leipzig 887, Friedrich. * 4 —

Horowitz, Victoria J., praktischer Lehrgang zur Erlernung der spanischen Sprache. Zum Selbstunterricht u. Schulgebrauch. 8. (VI, 152 S.) Leipzig 881. Brockhaus. n. 1.80

Horowitz, Victorio J., praktischer Lehrgang zur Erlernung der spanischen Sprache. Zum Selbstunterricht und Schulgebrauch. 8. (VI, 152 S.) Leipzig 882, Brockhaus. *

Allgemeine Stenographie v. Victor J. Horowitz, gew. Consulats-Secret. Selbstverl.; Paris 1899: F. Dubos. (308 S.) 8° [Text lith.] [10. 1898 10

Horowitz, Vict. J., allgemeine Stenographie. 4. (808 autogr. S.) Paris 899. H. Welter. n. 4. —

Das Leben im Weltall von W. L. Horowitz. Braila: Selbstverl.; [Berlin: J. M. Spaeth] 1903. (XII, 227 S.) 8° [03. 304

Hörowitz, L., s. Horowitz, L.

⊙ Das Quellensuchen und das Quellenfinden. Zur gefälligen Beachtung allen Herren Grundbesitzern empfohlen . . . v. Horra. Kiel. 1882. 8°

Horräus

Horraei observationes in scriptores quosdam graecos historicos, Herodotem, Thucydidem Xenophontem ac Arrianum. gr. 8. (Acad. Buchhdl. Ienae.) 736.

Horre, Erhardus (geb. Calcar 27. 8. 1824): De medullae spinalis ejusque tunicarum inflammationibus. Berolini (1849). (27 S.) 8°
Berlin, Med. Diss. v. 15. Sept. 1849

Horre, W. F.

Horré, Principes élémentaires et lectures faciles à l'usage des écoles. 8. Berlin, Späthen. 819.

Horré, principes élémentaires et lectures faciles à l'usage des écoles. 2e édit. 8. Berlin 823, jetzt Logier.

Horré, Principes élémentaires et lectures faciles. 3. édit. 8. (4½ B.) Berlin 829, Logier.

Horré, W. F., Principes élémentaires et lectures faciles à l'usage des écoles. 4. édit. 8. (5 B.) Berlin 838, Logier.

Horré, W. F., Neue französ. Sprachlehre, oder pract. u. theoret. Anweisung z. Erlernung der französ. Sprache rc. gr. 8. Berlin 839. Halle, Colditz'sche B. ⅔ ₰

—— neue französ. Sprachlehre, od. prakt. u. theoret. Anweis. z. Erlern. d. französ. Sprache, nebst allen Regeln nach d. neuesten u. besten Schriftstellern. Bearb. auf d. Faßlichste f. Schul-, Privat- u. Selbstunterricht. gr. 8. (20½ B.) Berlin 839, Stackebrandt. (Leipzig, Wienbrack.)

Horré, W. (F.), neue französische Sprachlehre, oder pract. und theoret. Anweisung zur Erlernung der französ. Sprache rc. (Neue Titelausg.) gr. 8. (IX und 311 S.) Halle 848. [Leipzig,] Colditz.

—— nouveau Vocabulaire de conversation, ou instruction complète pour ceux qui désirent s'exprimer correctement et avec facilité dans le nouveau français. gr. in-8. (7½ B.) Berlin 839, Stackebrandt. (Leipsic, Wienbrack.)

—— nouveau vocabulaire de conversation, ou instruction complète pour ceux qui désirent s'exprimer correctement et avec facilité dans le nouveau français. Augmenté d'une collection nombreuse de poëmes pour les petits enfants etc. (Nouv. Édit.) gr. 8. (VI und 112 S.) Halle 848. [Leipzig] Colditz.

Horrebow, Chr.

Horrebow, C., († ...) elementa astronomiae sphaericae in usum praelectionum conscripta. Edit. altera emend., c. fig. 8. Kopenh. 783. (Brummer). 16 gl

Horrebow, C., Elem. astronomiae sphaericae. cum fig. 8. Copenh. Proft. 783.

Horrebow, M., tractat. de oculo hum. ejusque morbis. 8. Copenh. Rothe. 793.

Horrebow, Nic., zuverl. Nachrichten v. Island. 8. Copenh. Pelt. 753.

Horrebow, Pet., atrium astronomiae s. de inveniendis refractionib. etc. 4. Copenh. Proft. 732.

Horrebow, P. Basis Astronomiae. Havniae 1735. 4.

— basis astronomiae pars mechanica c. fig. 4. ibid. 761.

— clavis astronomiae pars physica. c. fig. ibid. 730.

Horrebow, P. Clavis astronomiae. Havniae 1730.

— consilium de nova methodo paschali ad perfect. statum perduc. 4. Coph. Proft. 738.

Horrebow, P. Copernicus triumphans sive de parallaxi orbis annui tractatus epistolaris. Havniae 1727.

— elem. matheseos. 8. Copenh. Wenzel. 741.

— initiamenta philosophiae natur. 12. Coph. Pelt. 754.

— observation. XXVI annor. in observatorio Havn. fact. 4. maj. Coph. Pelt. 780.

— opera mathem. physica. III Tom. c. fig. 4. Coph. Preuss. 740. 41.

— de parallaxi fixarum annua ex rectascensionib etc. c. fig. 4. Coph. Wenzel. 747.

— theoria telluris etc. 4. Coph. Proft. 739.

Horrer, Geo. Adm., († d. 9. Mai 1822.) ABC-Büchlein, neues, für Volksschulen. 8. Erf. 795. 4e A. 816. Keyser. 1½ gl

Horrer, G. A., ABC-Büchlein, neues, für Volksschulen. 4te Aufl. 8. Erfurt, Keyser. 816.

— s. Abhandll. über theol. u. moral. Gegenstände.

Horrer, G.A. (Hrsg.), s. Almanach für Prediger, die lesen, forschen und denken.

Horrer, G. Adam, Almanach für Prediger, mit vollständigem Register über alle 8 Jahrgänge rc. a. d. J. 1786–93. 8. Weissenf. Böse (1r 2r à 10 gr. 3r bis 6r à 12 gr. 7r 8r à 14 gr.) Rthlr.

— — dessen Fortsetzung, s. Schellenberg.

* Horrer, G. Ad., Almanach f. Prediger, ist jetzt Verlag d. Weygandschen Buchh. in Leipz.

— Almanach f. Schullehrer auf 1799. 1800. Erfurt, Keyser (à 12 gr.) Schreibp.

— über Aufklärung u. Reformation. gr. 8. Erf. 785. Keyser. 3 gr.

— neue Bearbeit. d. Klaggesänge Jeremiä. 8. Halle, Hemmerde u. S. 784.

— neue Bearbeitung der Klaggesänge Jeremiae. 8. Halle 784. Schwetschke u. S. 4 gr.

Horrer, M. Georg Adam (Loebnitz), De daemonologia scripturae sacrae necrationi nec moribus contradicente breviter dissert. Lpz. (Sommer) März 1781. 15 S. (5.—) 16108
Gew.: Car. Augustin Kühn. (Namen d. Gratul.).

— Geistesunterhaltung für Prediger, Candidaten und Freunde d. Guten, oder Nachtrag z. Almanach f. Prediger. 2 Bdch. 8. Weissenf. Severin (Böse) 791. 92.

— Handb. z. Hübners bibl. Historie 1r Bd. u. 2n Bds 1s u. 2s Stck. 8. Erf. Keyser. 788–90. (1r Bd. 10 gr. 2n Bds. 1s u. 2s Stck. à 12 gr.)

— Handbuch zu Hübners bibl. Historie. 1r u. 2r Bd. 1s u. 2s Stck. 8. Erf. 788–91. Keyser. 1 Rthlr. 10 gr.

— Communion- u. Erbauungsbuch für Christen. 8. Meißen 800. Goedsche. 8 gr.

— s. a. Nationalgesänge d. Israeliten.

— Nationalgesänge d. Israeliten, a. d. Hebr. 8. Leipz. F. C. W. Vogel. 780.

— Predigt bei Eröffnung der ersten Kreissynode d. Diöces zu Weißensee, am 17. Sept. 1817. 8. Zeitz 817. Webel. 2 gr.

Horrer. G. H., Predigeralmanach. Weissenfels und Leipzig 1780—93. 6 Bde. 8.

— Religionsvortr. f. Verstand u. Herz. 8. Erf. Keyser. 793.

— wahre Religionsvorträge während der Leidensfeier unsers Hrn. Jesu. 8. Erf. 789. Keyser. 5 gr.

— der Schullehrer, ein Handb. für Schullehrer als Fortsetzung d. Alman. für Schullehrer. 1s—3s Hft. 8. Lpz. 800–2. (Brockhaus). 18 gr.

— d. Schullehrer, od. Handbuch f. Schullehrer als Fortsetz. d. Alman. f. Schullehr. 1s 2s 3s Heft. 8. Leipz. Gleditsch. 800—802. (à 6 gr.)

— über d. Sonntagsfeier. 8. Leipz. 781. 2e A. 787. Graffe. 6 gr.

Horrer, Geo. Adm., neue Sonntagslieder, nach Anleit. d. Evangelien. 8. Weißenf. 787. 2e A. 789. Severin (Böse). 6 gr. Schrbp. 8 gr.

— Untersuchung d. Bahrdtischen Glaubensbekenntnisses. 8. Leipz. 779. Hilscher. 2 gr.

— Versuch e. Uebersetzung d. Siegsgesanges d. Israeliten nach d. Durchzuge durchs rothe Meer. 8. Leipz. 778.

— prakt. Wörterbuch über d. kl. Katechismus Lutheri. 8. Zeitz 805. Webel. 10 gr. 2e v. K. Fr. Horn umgearb. A. 8. Ebd. 830. 10 gr.

Horrer, G. A., pract. Wörterbuch üb. d. kl. Catechismus Luthers. 2. Aufl., durchges. u., wo nöthig, umgeänd. durch K. Fr. Horn. 8. (9½ B.) Zeitz 830, Webel.

— **Georg Joseph** (Lauterburg), De praescriptione contra minores. Diss. jur. Präs. Jeremias Eberhard Linck. Strassburg (Georg Adam Piesecker) Febr. 1732. 28 S. (6.50) 16109

Horrer, Georg Wilhelm

Horrer, G. W., Vorlesungen über die Militair-Graphik, in besonderer Hinsicht auf die Situationszeichnung. Mit 14 Kupfertafeln in Querfolio und 5 Tabellen. gr. 8. Leipzig, Hinrichs.

Horrer, G. Wlh., Vorlesungen über d. Militär-Graphik, in besonderer Hinsicht auf d. Situationszeichnung. Mit 14 Kpft. in Folio u. 5 Tabellen. gr. 8. Leipz. 822. Hinrichs. 3 Rthlr. 16 gr.

Horrer, G. Wilh., Vortrag üb. d. Defilement. M. 8 Stnt. (qu. Fol.) gr. 8. (5 B.) Dresden 832, Arnold.

— Vortrag über d. Defilement. Mit 8 Steindrucktafeln. (in qu. Fol.) gr. 8. Dresd. u. Leipz. 832. Arnold. 21 gr.

Horrer, J. S., physikal. Unterhalt. verschied. Gegenstände. m. K. gr. 8. Nrnb. Schmidmer. 782.

Horrer, Johann Sebastian

— s. Aphorismen, moral.

Horrer, Jh. Sebst., († d. 19. Aug. 1802.) d. Christ am Neujahrstag. gr. 8. Berl. 790.

Hörrer, Joh., Orts-Chronik des Marktes Werfen im Pongau. 8. (III, 264 S.) Werfen 880. (Salzburg, Dieter.) *

Horri, Petr., Animadversiones sacrae et profanae ad selecta novi foederis et scriptorum exteror. Graecor. loca. Harling. 749. 8. 1 rthl. 6 gr.

HORRIBILICRIBRIFAX, Der allezeit lustige Student, oder Erzählung allerhand, sowol frölicher als trauriger akademischer Begebenheiten, angenehmer Historien, kurtzweiliger Geschichten etc. Franckf. 1730. 12⁰.
11 Bog. Aeusserst selten! — Fehlt in Weller's Lex. Pseud.

Horribunda. Schausp. in 5 Aufz. von Meyer. 8. Berlin, Maurer. 805.

Horrido! Taschen-Büchlein f. Treibjagden, m. Schusslisten. (94 S.) 10,5×7 cm. Neisse (908). R. Hinze. Geb. in Leinw. 1.—; in Ldr. 1.80

Horridoh! Jäger-Kommersbuch. *Krefeld: W. Greven [1901].* (38 S.) 8° [F.] [01. 7627 5

Horridoh! Jäger-Kommersbuch. 2. verm. Aufl. *Krefeld: W. Greven [1902].* (42 S.) 8° [F.] [03. 4048

Horrix, Herm. Die Zahlenbilder. Methodische Bemerkgn. zum ersten Rechenunterrichte. gr. 8. (60 S. m. 2 Beilagen.) Essen 891, Baedeker. * 1 —

Horrmann, C. A. J., Elementarbuch d. deutschen Sprachlehre, nach Becker's „Grammatik" bearb. gr. 8. (3½ B.) Magdeburg 834, Heinrichshofen.

Horrmann, C. A. J., kleine Geographie oder das Wichtigste aus der Erdbeschreibung. Ein Leitfaden für mittlere Bürger- u. gehobene Volksschulen. 3. verb. u. verm. Aufl. 854. (IV, 131 S.) n. 6 ngr. — 4. Aufl. Durchges., berichtigt u. verm. von R. Leuschner. Schönebeck 858. Berger. 8. (IV, 90 S.) n. 5 ngr.

—— Uebersicht d. Geschichte d. israelit. Volkes u. and. alten, berühmten Völker, mit denen d. Israeliten in Berührung kamen; so wie auch d. Gesch. Jesu u. d. christl. Religion. Ein Leitfaden z. Gebr. bei e. erweit. bibl. Geschichtsunterr. in Volks- u. Bürgerschulen. 8. (2 B.) Magdeburg 828, Heinrichshofen.

Horrmann, Ed.: Antiquitäten der Römer, s. Schaaff, L.: Enzyklopädie.

Horrmann, Ed., Encyclopädie d. klass. Alterthumskunde, s. Schaaff, L.

Horrmann, Ed., Geschichte der griech. Literatur, s. L. Schaaff, Encyclopädie 1r Thl. 1e Abthl.

Horrmann, E., Leitfaden zur Geschichte der römischen Literatur, s. Schaaff, Encyclopädie der klass. Alterthumskunde.

Horrmann, Eduard

Horrmann über aliquis und quisquam. 19 S.

Minden, Progr. 1843

Horrmann, E[duardus]: *De Platonis consilio, quod in Phaedro conscribendo secutus esse videatur. 28 S. 4° (2°)

Halle-Wittenberg, Phil. Diss. v. 2. April 1832

Geb. [Magdeburg 6. 11. 1810]

Verf. erlebte 1882 das goldene und 1892 das diamantene Dr.-Jubiläum als Professor und Gymnasialdirektor a. D. in Detmold.

Horrmann, Die Construction der Antigone des Sophokles. Ein Beitrag zur ästhetischen Würdigung derselben. Pr. 1858. 80 S. 4°. 1.20

Horrmann, d. preuss. Normalplan u. unser Lectionsplan. Lemgo. 1863

Schul-/Univ.-Schrift

-- Verzeichnis der seit Michaelis 1856 bis Michaelis 1879 entlassenen Abiturienten der Realklassen. 4 S. Progr. *Detmold* 1881.

Horrmann, Edu. Verzeichnis der seit Michaelis 1845 bis Ostern 1879 mit dem Zeugnis der Reife entlassenen Schüler des Gymnasium Leopoldinum zu Detmold. S. 19—27. *Detmold* 1880.

Progr.

Horrmann, Fed., ausgewählte Monogramme. 1. Lfg. gr. 4. (4 Stnt.) München 877, Th. Ackermann. 3 60

Einzelne Blätter à 1 —

Nicht weiter erschienen.

Horrmann, Herm., praktische Abhandlung über die Repassage einer viersteinigen Cylinderuhr. Preisschrift hrsg. von der Redact. des „Allg. Journals der Uhrmacherkunst". 8. (V, 94 S. mit eingedr. Holzschn.) Leipzig 881, Schlag. *

geb. *

Horrmann, Herm., Abhandlung über die Repassage einer Cylinderuhr. Preisschrift. 2. bedeutend erweit. Aufl. Hrsg. von der Redact. des „Allgemeinen Journals der Uhrmacherkunst". 8. (VI, 149 S.) Halle 888, Knapp. * 2 —

Horrmann, Herm., Repassage e. Zylinderuhr u. des Ankerganges. 3. rev. u. bedeutend erweit. Aufl. der im J. 1880 preisgekrönten Abhandlg. Preisschrift. (VII, 197 S. m. Abb.) 8. Halle 910. W. Knapp. 4.50; geb. in Leinw. n 5. —

Horrmann, Paul, a. Berlin: Über die Einwirkung von Semicarbazid Harnstoff und substituierten Harnstoffen auf aliphatische und aromatische Ketonalkohole und α-Diketone. Kiel 1907: H. Fiencke. (49 S.) 8°

Kiel, Phil. Fak., Ref. Harries, Diss. v. 6. Februar 1907

[Geb. 4. Okt. 78 Berlin; Wohnort: Güstrow in Mecklenburg; Staatsangeh.: Preußen; Vorbildung: Luisenstädt. Oberrealsch. Berlin Reife M. 06; Studium: Berlin 1, Kiel 6 S.; Rig. 2. Febr. 07.]

Hörrmann, Albert, approb. Arzt aus München: Zur Kenntnis der Cyklopie. Mit besond. Berücks. ihrer Aetiologie. ⟨Mit 1 Taf.⟩ *München 1903: C. Wolf & Sohn.* (33 S.) 8°

München, Med. Diss. v. 1903

Hoerrner, Johannes [approb. Arzt aus Bergzabern]: Ueber die Ursachen und das Vorkommen der Osteomalacie im Königreich Bayern .... München, K. Hof- u. Univ.-Buchdr. v. Dr. C. Wolf & Sohn, 1886; 88 S. 8°.

München, Med. Fak., Inaug.-Diss. v. 1886.

Hoerrner, Johannes, über die Ursachen und das Vorkommen der Ostoomalacie im Königreich Bayern. Diss. München 1886, A. Buchholz. 8°. 88 S.

Horrocks, Harry: Über die elektromotorische Kraft konzentrierter Lösungen in verschiedenen Lösungsmitteln. Erlangen 1909: Junge. 58 S. 8°

Erlangen, Phil. Diss. v. 17. Nov. 1909, Ref. Wiedemann

[Geb. 3. Jan. 80 Weimar; Wohnort: Erlangen; Staatsangeh.: Preußen; Vorbildung: Falk-Realgymn. Berlin Reife O. 03; Studium: Berlin 10, München 1, Erlangen 2 S.; Rig. 30. Okt. 09.] [U 10. 867

Horrocks, John, die Kunst d. Fliegenfischerei auf Forellen u. Aschen in Deutschland u. Oesterreich. Mit e. (color.) Titelkpfr. u. 4 Taf. m. (color.) Abbildgn. der ausgesuchtesten künstl. Fliegen. gr. 8. (X, 180 S. m. eingedr. Holzschn.) Weimar 874. B. F. Voigt. geb. 7.50

Horrocks, John, die Kunst der Fliegenfischerei auf Forellen u. Aschen in Deutschland u. Oesterreich. Mit einem (lith. u. color.) Titelkpfr. u. 4 (lith. u. color.) Taf. mit Abbildungen der ausgesuchtesten künstl. Fliegen. 2. wohlfeilere (Titel-)Ausg. gr. 8. (X, 180 S.) Weimar (1874) 879. B. F. Voigt. geb. 4. —

Horrwitz, Hugo, d. Recht d. Handlungsgehilfen u. Handlungslehrlinge v. 1. I. 1898 ab, insbes. auf Grund d. Handelsgesetzbuches, d. Reichs-Gewerbeordng., d. Reichs-Versicherungsgesetze u. des bürgerl. Rechts dargest. f. Juristen u. Kaufleute. gr. 8. (VIII, 156 S.) Berlin 897. J. J. Heine. n. 2. —

Horrwitz, Hugo, das Recht der Handlungsgehilfen u. Handlungslehrlinge, auf Grund des Handelsgesetzbuches, der Reichs-Gewerbeordnung, der Reichs-Versicherungsgesetze, des bürgerl. Rechts u. des Gesetzes üb. die Kaufmannsgerichte dargestellt f. Juristen u. Kaufleute. 2., vollständig neu bearb. Aufl. (203 S.) gr. 8. Berlin 905. J. Guttentag. Geb. in Leinw. n 3. —

Horry C, every day law for every day life. London

Hors, Louis, der Henker von Verona. Historischer Roman. br. 8. (207 S.) Berlin 856, Literatur- und Kunst-Comptoir.

Hors, Ludw., der Henker von Verona. Historischer Roman. Berlin 856. Literatur- u. Kunst-Comptoir. (Streerath u. Co.) 16. (207 S.) 1 ₰.

Horsa Stettin. Monatsblatt d. Ortsgruppe Stettin d. deutschen Flottenvereins. Jg. 1, No 1–4 [nebst] Festnummer f. d. Wohltätigkeitsfest z. Besten von in Deutsch-Südwest-Afrika invalide gewordenen Mitkämpfern aus Stettin 1906. [Mehr nicht erschienen.] (Stettin 1906–07: R. Grassmann.) (Getr. Pag.) 4° [F.] [07. 14341 9

Hörsaal C. Kriegs-Akademie 1908/1911. [Militärkarikaturen]. Berlin, Albert Frisch [um 1911].
77 Taf. 4°.

Hörsaal der Wissenschaft u. Kunst. Ein Handbuch f. die Gebildeten aller Stände bearb. v. Heinr. Ed. v. Egidy. Mit Illustrationen, Karten, Plänen u. Tabellen. 1. Bd. 12 Hfte. (36⅔ B. u. 7 Stnt.) Zittau 843, Birr. à Hft. * 5 Ngr. *

—— dass. 2. Bd. A. u. d. T.: Schilderungen aus d. Völkerleben. Eine populäre Weltgeschichte, mit besond. Berücksichtigung des Culturhistorischen v. Heinr. Jul. Kämmel. 1. Thl. 1. u. 2. Hft. (13. u. 14. Hft. d. ganz. Werkes.) gr. 12. (6 B. u. 1 Stnt.) Ebds. 844. à * 5 Ngr. *

Horsch, D. G. Ad., neui Hosse, s. Volksschriften, elsässische.

Neui Hosse. Comédie-Bouffe in einem Akt von D. G. Ad. **Horsch.** 2. Aufl. Straßburg: Heitz [1895]. 24 S. 8°
(Elsässische Volksschriften. II. 31.) [10. 5691

— Der Hüsherr, s.: Volksschriften, elsässische.

Horsch, D. G. Ad., 4 Strossburger Komedie (Der Hüsherr. — D'r Unkel. — E Mann für mini Nièce. — Neui Hosse), s.: Volksschriften, elsässische.

Horsch, D. G. Ad., 2 Strossburjer Komödie (E Surprise. E Stariker), s.: Volksschriften, elsässische. 49.

— E Mann fur mini Nièce, s.: Volksschriften, elsässische.

E Surprise. E kleins Komödie in 1 Akt. E Starikerl Schwank in 1 Akt freij noch e-me andere Stück. Von D. G. Ad. **Horsch.** Straßburg: Heitz 1902. 32 S. 8°
(Horsch: Stroßburjer Komödie. Serie 2.)
(Elsässische Volksschriften. 49.) [11. 6361

— D'r Unkel, Volksschriften, elsässische.

Horsch, Friedrich Wilhelm, aus Wandorf (Baden): **Einfluss der Verdauung auf das Drehungsvermögen von Eiweisslösung.** *Würzburg 1898: A. Boegler.* (16 S.) 8°
Würzburg, Med. Diss. v. 1898

Horsch, Gustav, aus Heidelberg: Ueber den **Einfluss** der Dehnung auf den Ruhestrom des Muskels. *Würzburg 1899: A. Boegler.* (19 S.) 8°
Würzburg, Med. Diss. v. 1899

Horsch, Jakob [app. Arzt aus Gelchsheim]: Die geschichtliche Entwicklung der wissenschaftlichen Ansicht von dem Zustandekommen der ansteckenden Krankheiten ... Würzburg, A. Boegler'sche Buchdr., 1891; 27 S. 8.
Würzburg, Med. Fak., Inaug.-Diss. v. 1893

Horsch, John. Kurzgefasste Geschichte und Lehren, sowie Verzeichnis der Literatur der Taufgesinnten. Elkhart, Indiana, 1890.

--Kurzgefaßte Gesch der Menn-Gmden. Nebst einem Abriß d Grundsätze u Lehren, sowie einem Verzeichnis der Lit der Taufgesinnten. Elkhart, Ind, 1890.

Horsch, Ph. J.

— — Dämonomagie, oder Geschichte des Glaubens an Zauberey und dämonische Wunder, mit besonderer Berücksichtigung des Hexenprozesses seit den Zeiten Innocentius VIII. 2 Thle. gr. 8. Frankfurt a. M., Wilmanns. 817.

— — Flora, oder die Blumen in ihrer höhern Bedeutung. Mit 1 illum. Titelkupfer. 12. Mainz, Kupferberg. 821.

— — von der alten und neuen Magie Ursprung, Idee, Umfang und Geschichte, als Ankündigung der Zauberbibliothek. gr. 8. Mainz, Kupferberg. 820.

— — Marienborn und Ronneburg. Ein histor. religiöses Gemälde entschwundener Zeiten. 8. Mainz, Kupferberg. 820.

— — Mysteriosophie, oder über die Veredlung des protestantischen Gottesdienstes durch die Verbindung eines einfach erhabenen innern Acts des Cultus mit der Predigt ꝛc. Mit 1 Kupfer. 2 Theile. gr. 8. Frankfurt a. M., Varrentrapp. 817.

— — Predigt über die Epistel am 2ten Sonntag nach Ostern 1818, in den letzten Tagen seiner Amtsverwaltung zu Lindheim gehalten. gr. 8. Mainz, Kupferberg. 819.

— — Siona. Für Christenthumsfreunde aus den höhern und gebild. Ständen von allen Confessionen. 2 Thle. mit 4 Kupf. 2te Aufl. gr. 8. Ebend. 821.
Schreibrav.

— — Theurgie, oder vom Bestreben der Menschen in der alten und neuen Zeit zwischen sich und der Geisterwelt eine unmittelbare reale Verbindung zu bewirken. gr. 8. Ebend. 820.

— — Zauber-Bibliothek, oder von Zauberern, Theurgie und Mantik, Zauberern, Hexen und Hexenprozessen ꝛc. Zur Beförderung einer rein geschichtlichen, von Aberglauben und Unglauben freyen Beurtheilung dieser Gegenstände. 1r und 2r Th. gr. 8. Ebend. 821. à 1 Rthlr. 20 Gr.

Horsch, Phil. Jos., Annalen der klinisch-technischen Schule z. Bildung d. Arztes als Kliniker u. Staatsdiener. 1s 2s Heft. gr. 8. Rudolstadt, Klüger. 809–10. (à 1 Thlr.)

Horsch, Annalen d. klinisch-technischen Schule, z. Bildung d. Arztes als Kliniker u. Staatsdiener. 3s Heft. gr. 8. Arnstadt. Klüger. 812.

Horsch, Phil. Jos., († d. 22. Jan. 1820.) Annalen d. klinisch-technischen Schule zur Bildung d. Arztes als Kliniker u. Staatsdiener. 1s—3s Hft. gr. 8. Rudolst. 809—12. (Hildebrandt in Arnst.) (à Hft. 1 ₰) 3 ₰ Hbg. Pr. 2 ₰

— s. Archiv für d. Theorie d. Heilkunde.

— Belehrung und Beruhigungsgründe in Hinsicht der Gefahr d. gelben Fiebers in Deutschl. 8. Rudolst. Klüger. 805.

— Belehrungen u. Beruhigungsgründe in Hinsicht d. Gefahr d. gelben Fiebers in Deutschland. 8. Rudolst. 805. (Hildebrandt in Arnst.) 8 gr

— Beobachtt. über d. Witterung u. Krankheiten in Würzburg im J. 1807, nebst e. ausführl. Nachricht von der klin.-technischen Bildungsanstalt ꝛc. gr. 8. Rudolst. 808. (Hildebrandt in Arnst.) 16 gr Hbg. Pr. 9 gr

— üb. d. Bildung d. Arztes als Klinikers u. Staatsdieners, ein Programm. gr. 8. Würzb. Stahel. 807.

— krit. Blätter zur Gesch. d. Epidemien, s. Blätter, krit., u. setze hinzu: (v. Ph. J. Horsch).

Horsch, Ph. J., Einleitung in die Klinik und die damit zu verbindenden Untersuchungen über die herrschende Constitution. gr. 8. Würzburg, Stahel. 817.

— Handbuch d. besondern Krankheitslehren u. Heilkunde. 1r Bd. gr. 8. Frankf. a. M. 819. Andreä. 2 ₰ 6 ℊ

— Handbuch d. allgem. Therapie, als Leitfaden zu seinen Vorlesungen. gr. 8. Würzb., Stahel. 2 ₰

— Handbuch d. allgem. Therapie, als Leitfaden zu seinen Vorlesungen. gr. 8. Würzb. Stahel. 811.

— Progr. über d. Bildung d. Arztes als Klinikers u. Staatsdieners. gr. 8. Würzb. 807. Stahel. 6 ℊ

Horsch, Philipp Joseph (Würzburg), De variolis. Diss. patholog. Präs. Georg Pickel. Würzburg (Franz Ernst Nitribitt) 27. VIII. 1766. 62 Seiten. (6.50) 16111

Philipp Josef Horsch

Versuch einer Topographie der Stadt Würzburg, in Beziehung auf den allgemeinen Gesundheitszustand und die dahin zielenden Anstalten. Von Phil[ipp] Jos[ef] Horsch. Arnstadt & Rudolstadt: Langbein & Klüger 1805. XII,410 S. 8°

— Versuch einer Topographie d. Stadt Würzburg in Beziehung auf den allgem. Gesundheitszustand u. d. dahinzielenden Anstalten. gr. 8. Rudolst. 805. (Hildebrandt in Arnst.) 1 ₰ 15 ℊ

— Versuch einer Topographie d. Stadt Würzburg in Beziehung a. d. allgem. Gesundheitszustand u. den dahin zielenden Anstalten. gr. 8. Rudolstadt, Klüger. 805.

Hörschel, M. C., Judas Makkabi oder der jüdisch-griechische Culturkampf um die Mitte des 2. Jahrh. v. Chr. Historisches Schauspiel in 5 Akten. 8. (130 S.) Würzburg 878. Bucher. — 75

Hörschel, M. C., Das Konzil u. die päpstliche Unfehlbarkeit. Zwei Predigten. Würzburg. Wörl, 1870. gr. 8°. 20 S. 40 Pf.

— der Streit unter den bayerischen Ultramontanen, vom katholisch-dogmat. Standpunkt betrachtet. gr. 8. (16 S.) Ebend. 877. n. — 20

Hörschelmann, Aug., Aufgaben u. Entwürfe zu deutschen Stylübungen in d. obern Klassen d. Gelehrtenschulen. 8. (9½ B.) Berlin 830, Struve.

Hörschelmann, Aug., Aufgaben u. Entwürfe zu deutschen Stylübungen in d. obern Klassen d. Gelehrtenschulen. Neue Ausg. 8. (9¾ B.) Berlin 838, Stackebrandt. (Leipzig, Wienbrack.)

Hörschelmann, Aug., Aufgaben und Entwürfe zu deutschen Stylübungen in den obern Classen der Gelehrtenschulen. Neue Ausgabe. 1838. gr. 8. Halle, Colditz'sche B. ½ ₰ (1. Ausg. 1830.)

Hörschelmann, Aug., Aufgaben u. Muster zu deutsch. Stylübungen in d. mittl. Klassen d. Gelehrten- u. Bürgerschulen. 8. (13 B.) Berlin 829, Th. Enslin. Thlr.

—— Erd-, Volks- u. Staatenkunde v. Deutschland, od. ausführl. geograph.-topograph.-statist. Darstell. d. deutschen Bundesstaaten. gr. 8. (24¼ B.) Berlin 829, Plahn.

— Erd-, Volks- u. Staatenkunde von Deutschland ꝛc. gr. 8. Berlin 829. (H. Schultze.) 1½ ₰

—— Gebete f. d. jugendl. Alter, z. Schul- u. Hausgebr. 8. (7¼ B.) Berlin 828, Th. Enslin.

— u. C. G. D. Stein, Handbuch der Geographie u. Statistik, s.: Stein, C. G. D.

—— Handbuch d. Geographie nach d. neuesten Ansichten f. gebild. Leser, Gymnasien u. Realschulen. gr. 8. (39 B.) Berlin 833, Struve.

—— Handbuch d. Geographie nach d. neuesten Ansichten, f. gebild. Leser, Gymnasien u. Realschulen. 2. Ausg. gr. 8. (32¼ B.) Berlin 839, Stackebrandt. (Leipzig, Wienbrack.) *

— Handbuch der Geographie, nach den neuesten Ansichten für gebildete Leser, Gymnasien u. Realschulen. 2. verb. u. verm. Aufl. 1839. gr. 8. Halle, Colditz'sche B. ⅚ ₰

—— dass. — (Neue Ausg.) 1. u. 2. Lfg. gr. 8. (B. 1—10 u. 4 ill. Kart.) Berlin 839, Stackebrandt. (Leipzig, Wienbrack.) *

— Uebersicht d. Geographie von Deutschland, als Grundlage beim Unterricht in d. mittlern Klassen d. Gymnasien u. Bürgerschulen. 8. Berl. 827. Plahn. 6 ℊ

—— Uebersicht d. Geographie v. Deutschland, als Grundlage beim Unterr. in d. mittl. Klassen d. Gymnas. u. Bürgerschulen. Zunächst f. d. Cöllnische Real-Gymnas. zu Berlin bestimmt. 8. (7¼ B.) Berlin 829, Plahn.

—— Uebersicht d. gesammten Geographie f. d. ersten Unterr. in Gymnasien u. Bürgerschulen. Zunächst f. d. Cölnische Real-Gymnas. zu Berlin bestimmt. 1. Aufl. (6 B.) 828., 2. A. (6½ B.) 831., 3., verb. A. (6 B.) gr. 8. Berlin 835, Plahn. à

—— Uebersicht d. gesammt. Geographie f. d. ersten Unterr. in Gymnasien u. Bürgerschulen. 4., verb. Aufl. 8. (6 B.) Berlin 838, Schulze.

Hörschelmann, Aug., Uebersicht der gesammten Geographie f. d. ersten Unterricht in Gymnasien u. Bürgerschulen. 5. Aufl., bearb. v. Theod. Dielitz. 8. (5½ B.) Berlin 843, Herm. Schultze.

Hörschelmann, Aug., Uebersicht der gesammten Geographie für den ersten Unterricht in Gymnasien und Bürgerschulen. 6. Aufl., bearb. von Thdr. Dielitz. 8. (VI und 82 S.) Berlin 849, Herm. Schultze.

Hörschelmann, Aug., Uebersicht der gesammten Geographie für den ersten Unterricht in Gymnasien u. Bürgerschulen. 7. Aufl. bearb. von Thdr. Dielitz. Leipzig 859. H. Schultze. 8. (89 S.) n. 6 ngr.

Hörschelmann, Aug., Uebersicht der gesammten Geographie für den ersten Unterricht in Gymnasien und Bürgerschulen. 8. Aufl. bearb. von Thdr. Dielitz. 8. (VI und 90 S.) Leipzig 866, H. Schultze. *

Hörschelmann, Aug., Uebersicht der gesammten Geographie f. den ersten Unterricht in Gymnasien u. Bürgerschulen. 9. Aufl. bearb. v. Thdr. Dielitz. 8. (VI, 93 S.) Leipzig 872. Schultze. n. — 60

Hörschelmann, C., Leitfaden beim Unterricht in der Geographie v. Liv-, Est- u. Kurland, s.: Bornhaupt, K.

Hörschelmann, C., Uebersicht über das Werk der Taubstummenbildung mit besond. Berücksicht. der Anstalten in Russland. (47 S.) 8. Reval 903. (Kluge & Ströhm.) n. 1.—

Hörschelmann, Carl, s. Hörschelmann, Karl

Hörschelmann, E. v., im Banne der Schmach. Roman. (Gute Ausg.) 8. (180 S.) Leipzig 885, F. Duncker. * 2 —
geb. * 3 50
Gewöhnl. Ausg. * 1 —

— kulturgeschichtlicher Cicerone f. Italien-Reisende. 1. Bd.: Das Zeitalter der Früh-Renaissance in Italien. Mit 6 Illustr. 8. (VII, 188 S.) Berlin 886. F. Luckhardt. n. 5. —; geb. n. 6. —

Hörschelmann, E. v., kulturgeschichtlicher Cicerone f. Italien-Reisende. 2. Bd. Das Zeitalter der Hochrenaissance in Italien. 8. (362 S. m. 1 Holzschntaf.) Berlin 888. F. Luckhardt. n. 5. —; geb. n. 6. — (1. 2.: n. 10. —; geb. n. 12. —)

—— Dimitar. Histor. Roman. 8. (218 S.) Leipzig 886, F. Duncker. * 4 —

— s.: Zeitfragen, pädagogische.

Hoerschelmann, Emilie v., die Bluthochzeit d. Astorre Baglioni in Perugia. Die Entstehungsgeschichte v. Raphaels „Grablegg." Mit e. Übersetzg. ins Engl. (50 S. m. 1 Taf.) 8. München 907. G. D. W. Callwey. 1. 20

— Rosalba Carriere, die Meisterin d. Pastellmalerei, s. a. Bücher d. Kunst. II.

Rosalba Carriera, die Meisterin der Pastellmalerei. Studien u. Bilder aus d. Kunst- u. Kulturgeschichte d. 18. Jhs. von Emilie v. **Hoerschelmann.** Leipzig: Klinkhardt & Biermann 1908. (368 S.) 8° [F.]
— **Bücher** d. Kunst. Bd 2. [07. 1908

Hörschelmann, Ernst, Estonus, Anatomische Untersuchungen über die Schweissdrüsen des Menschen. Diss. Dorpat. 8°. 83 pp. mit einer lithographirten Tafel.

Hörschelmann, Er. Aug. Wlh., († d. 28. Oct. 1795.) Beurtheil. d. Suffortschen Versuche üb. d. Lehre vom Abendmahl. 8. Hamb. 768. (Gleditsch in Leipz.) 3 gr

— Compendium d. Philosophie für Anfänger. 2 Thle. 8. Reval 771—73.

— über d. Unveränderlichkeit Gottes, e. Vertheidigungsschrift gegen A. M. Haller. 8. Reval 773.

Hörschelmann, Ferd., kleine Geographie, s. Stein, Chrst. Gtfr. Dan.

—— Geschichte, Geographie u. Statistik d. Insel Sardinien, nebst Schilderung ihr. Alterthümer, natürl. Erzeugnisse u. Bewohner. Nach d. neuesten franz. Quellen bearb. M. 2 Charten u. 1 Medaillen-Taf. gr. 8. (34 B. u. 1 Tab.) Berlin 828, Voß.

Hörschelmann, F., Handbuch der Geographie und Statistik, s. Stein, C. G. D.

Hoerschelmann, F., Gott der Herr ist Sonne und Schild. Predigt, gehalten am Sonntage nach dem Tode des deutschen Kaisers Wilhelm I. 1. und 2. Aufl. gr. 8. (11 S.) Dorpat 888, Karow. * — 60

—— halte, was du hast. Ein Jahrgang Predigten. gr. 8. (X, 620 S.) Ebendas. 888. * M 6.—.; geb. ** 7 60

Andreas Knopken, der Reformator Rigas. E. Beitr. z. Kirchengesch. Livlands v. D. F[erdinand] Hoerschelmann, ord. Prof. ... in Dorpat. *Leipzig: A. Deichert 1896.* (XII, 257 S.) 1 Bd 8. [96. 109

Hörschelmann, Friedrich Ludwig Anton

-- geneal. Adelshistorie. 1r Bd. 1ste 2te Abth. Fol. Gotha, Ettinger. 772—74.

— genealog. Adelshistorien. 1r Bd. 1e u. 2e Abtheil. Fol. Gotha 772—75. Ettinger. 2 rthl 8 gr

— s. a. Beschreib. v. Cadix.

(Hörschelmann, F. L. A.) Ausführl. historisch-geograph. Beschreibung der Insel u. Stadt Cadix, wie auch der Stadt u. Meerenge Gibraltar. 4. Mit 1 Krte. Frankfurt u. Leipzig 1783. 0,75.

— histor. geogr. Beschr. d. Stadt u. Insel Cadix. 4. Nürnb. Felsecker. 763.

— geograph. Beschreib. des Russ. Reichs in Europa. 8. Frankf. u. Leipz. 763.

— pragm. Geschichte d. Staatsveränderung. in Rußland. 8. Erf. Straube. 762.

— pragmat. Geschichte d. Staatsveränderung in Rußland. 8. Erf 765. Straube. 6 gr

— Geschlechtsfolge derer v. Linsingen. Fol. Cob. 774. N. A. 785. Riemann. 5 gr

Hörschelmann, F. L. Ant., Geschlechtsfolge derer v. Linsingen. Fol. Cob. Ahl 785. Rthlr.

— s. a. Kern d. Gesch. Großbritann.

-- Kern d. Geschichte u. Verfassung Grosbritanniens. 8. Ebend. 762.

— s. Leben August Wilhelms.

— s. a. Leben Preuß. Helden.

Hoerschelmann. Leben und Charakter preussischer Helden. 8. Erfurt 1762. 0,50.

— Leben d. geheimen Raths v. Holleben. 8. Frankf. u. Leipz 772.

— genealog.-histor. Nachrr. v. d. adel. Familie von Ketelholdt. gr. 4. Erf. 771. (Ettinger in Gotha.) 3 gr

— Nachrr. von d. gräfl. Familie v. Ronow u. Bieberstein; ein Auszug aus Becklers historia hovorea. 8. Jena 777.

Hörschelmann, Fr. Ldw. Ant., neues Reichs-, Staats-, Hand- und Addreßbuch. 8. Regensb. 791. Montag u. W. 1 rthl 4 gr

— statist. Reichsstiftshandtafel für Canzleiverwandte. Fol. Dresd. 776. Walther. 6 gr

— statist. Reichsstiftshandtafel für Canzleyverwandte. Fol. Dresd. Walther. 778.

Hörscholmann, F. L. A., Sammlung zuverlässiger Stamm- und Ahnentafeln verschiedener jetzt florirender adelichen und freyherrlichen Familien. Anhang. Coburg 1774. fol. Auch u. d. Tit.: Geschlechtsfolge der Herren von Linsingen. Coburg o. J. fol.

— Samml. von zuverläss. Stamm- u. Ahnentafeln verschiedener adel. u. freiherrl. Familien. 2 Thle. Fol. Cob. 774—76. (Riemann). 16 gr

— vermischte Samml. gräfl., freiherrl. u. adel. Wappen. 8. Großrudolstädt 776.

– s. a. Staats- und Lebensgeschichte Friedrichs II.

Hoerschelmann, Friedrich Ludwig Anton, Staats- und Lebensgeschichte Friedrichs II., König in Preussen. Frf. et Leipz. 1761—63. 5 vol. 8.

– s. a. Staats- und Lebensgeschichte Maria Theresiens

Hoerschelmann, Frdr. L. Ant. Staats- und Lebensgeschichte Maria Theresiens, der grossen römischen Kaiserin. 2 Bde. 8. Frankfurt u. Leipzig 1762.

Hörschelmann, F. L. Ant.: „Europäisches Staats-, Kriegs- und Friedens-Lexicon (seit dem 15. Jahrhundert)", Frankfurt a. M. und Leipzig 1765, 1766 (auch Nürnberg; Felsecker).

Hörschelmann, Friedrich Ludewig Anton, herzoglich sachsen-weimarischer und eisenachischer Obervormundschaftlicher Commissions-Secretario, wie auch hochfürstlich-schwarzburgisch-sonderhaussischer Amts-Advocato. (1. Th.) Europäisches Staats-, Kriegs- und Friedens-Lexicon. Darinnen die seit dem XV. Jahrhundert zwischen den europäischen Reichen und Staaten auch andern hohen Häuptern geführten Kriege und Streitigkeiten nebst denen hierauf erfolgten Friedensschlüssen und Vergleichen nicht weniger die merkwürdigsten Offensiv-Defensiv-Neutralitäts-Commercien-Garantie- und andere Verträge, hiernächst aber auch die meisten Grundgesetze verschiedener Reiche und Staaten, vornehmlich über sämmtlicher Fundamental-Gesetze des Heil. Römischen Reichs, insbesondere alle Wahl-Capitulationes der Römischen Kaiser, nebst vielen andern öffentlichen und in die Angelegenheiten Europens einschlagenden wichtigen Urkunden, u. s. w. 2. Th. Darinnen ausser denjenigen Tractaten und Urkunden, die im 1. Theile zwar namentlich angeführet, aber nicht eingeschaltet worden, noch verschiedene andere, insbesondere aber die Concordata Nationis Germanitae, der Landfriede, die güldene Bulle, der Passauische Vertrag, der Religionsfriede, die Executionsordnung, der osnabrückische und münsterische Friede und der Reichsabschied von 1654 Verbotenus enthalten sind. Im 2. Th. Register für beide Theile. (2 Bde.)
8. Frankfurt und Leipzig 1765—1766.

— Stamm- u. Ahnentafel d. gräfl. u. adl. Familien ꝛc. Fol. Erf. Ahl 774.

— polit. Statistik der vereinigten Niederlande. 2 Thle. gr. 8. Nürnb. 767. Felßecker. 2 ₰ 20 ℊ

Hoerschelmann, Harald v: **Über die Wirkungsweise des geknickten Marconi'schen Senders in der drahtlosen Telegraphie. Diss. TH München. Leipzig 1911**

Hörschelmann, Karl

Hörschelmann, Carl, Estländer, Ein Beitrag zur Anatomie der Lunge der Fische. Diss. Dorpat. 8° 41 pp. mit einer lithographirten Tafel. *1866*

Hörschelmann, Mart. Beitrag zur Casuistik der Myomotomie. Diss. gr. 8. (61 S.) Dorpat 891, (Karow). * 1 20

Hörschelmann, Wilhelm

Hoerschelmann, W., Krit. Bemerk. zu A. D. de pronomine. S.-A. 1880. 17 S.

Hoerschelmann, W., De Catulli carmine LXVIII commentatio. Pr. 1890. 24 S. 4°.

Hoerschelmann, Wilh. Catull 68. 4. (24 S.) Dorpat 890, (Karow). * — 50

— **Exegesis in Hephaestionis enchiridion. S.-A. 1885. 56 S.** 1.20

Hoerschelmann, W. De Dionysii Thracis interpretibus veteribus. Diss. 1874. 83 S. 2.—

Hoerschelmann, Wilh., de Dionysii Thracis interpretibus veteribus. Partic. I. De Melampode et Choerobosco. gr. 8. (85 S.) Leipzig 874, Teubner. *

Hoerschelmann, W., ein griechisches Lehrbuch der Metrik. Literar-histor. Studien. gr. 8. (75 S.) Dorpat 888. (Leipzig, Hinrichs'sche Buchh., Verlag.) * 2 —

Hoerschelmann, W., der griechische Mimus. Festrede, geh. am 12. Decbr. 1891. [Aus: „Balt. Monatsschr."] gr. 8. (III, 16 S.) Riga 892. L. Hoerschelmann. n. — 60

Hoerschelmann, W. Observationes crit. in Lucretii librum II. 1873. 42 S. 2.—

Hoerschelmann, Guil., Observationes Lucretianae alterae. 4. (40 S.) Leipzig 877, Teubner. * 1 20

Hoerschelmann, W., Scholia Hephaestionea altera integra primum edita. gr. 4. (30 S.) Dorpat 882, (Karow.) *

Hoerschelmann, Wern. v., die Entwickelung d. altchines. Ornamentik, s. a. Beiträge z. Kultur- u. Universalgesch. 4. Heft.

Hoerschelmann, W(erner) v.: Die Entwicklung der alt-chinesischen Ornamentik. Leipzig: R. Voigtländer 1907. (30 S.) 8° ¶ (= Beiträge zur Kultur- und Universalgeschichte H. 4.)

Leipzig, Phil. Fak., Ref. Lamprecht-Conrady, Diss. v. 15. März 1907

[Geb. 26. Nov. 81 Dorpat; Wohnort: Dorpat; Staatsangeh.: Rußland; Vorbildung: Gymn. Dorpat Reife Juni 00; Studium: Basel 2, München 6, Leipzig 4 S.; Rig. 6. Dez. 06.]

Theodor Horschelt. Ein Künstlerleben und -Schaffen. Mit Reproduktionen nach Original-Zeichnungen und Bildern des Künstlers. (Bayerische Bibliothek, Bd. 20.) Bamberg 1890. 8°.

Horschelt, Th., Erinnerungen aus dem Kaukasus vom J. 1858 bis zur Unterwerfung des Kaukasus. 1.—3. Lfg. Imp.-Fol. (à Lfg. 2 Blatt.) München 865—70, Albert.
à Lfg. * ℳ 60. *
Einzelne Blatt *

Inhalt:
Lfg. 1. Bl. 1. Uebergang in Lesghistan.
» 2. Plünderung eines Aouls.
» 2. » 3. Erstürmung von Alturi, Tod des Generals Wrewsky.
» 4. Schamyl gefangen vor General Baryatinsky.
» 3. » 5. Lesghier.
» 6. Marsch der Russen auf Wedêne.

Theodor Horschelt. Sein Leben und seine Werke. Original-Zeichnungen photographirt und in Albertotypie herausgegeben von Jos. Albert. Nebst einer biographischen Skizze von Dr. H. Holland. München. 4°.

Horschelt, Th., Souvenirs du Caucase de l'année 1858 jusqu'à l'entière conquête du Caucase, dessinés sur place. Photographié et publié par Jos. Albert. 1. Livr. Imp.-Fol. (2 Blatt.) München 865, Albert. *
Einzelne Blatt *

Horschetzky, K., Volkslieder der Ungarn. s.: Bibliothek ungarischer Dichter. *1861*

Horschetzky, Karl, Soloscherze, s. a. Kinder-Theater, Wiener.

Dramatische Solo-Scherze für die Jugend. Zur Aufführung im Zimmer wie im Freien von Carl Horschetzky. 3. Aufl. H. 1–4. *Berlin: E. Bloch (1898).* 4 Bde 8° [F.]
— Kindor, [Frau Garimènes], deklamierende. Bd 7–10.

Horschetzky, Carl, 16 dramatische Solo-Scherze für die Jugend zur Aufführung im Zimmer wie im Freien. 2. verb. Aufl. gr. 8. (112 S.) Erfurt 881, Bartholomäus. *

Horschetzky, Carl, 16 dramatische Solo-Scherze f. d. Jugend. Zur Aufführg. im Zimmer wie im Freien. 4 Hfte. 3. Aufl. 12. (26, 34, 35 u. 32 S.) Berlin 898. E. Bloch. à n. — 60; in 1 Bd. (123 S.) n. 2. —

—— Theater für die Jugend zur Aufführung im Zimmer und Salon. 8. (158 S. mit eingedr. Illustr.) [Budapest 880, Robicsek.] Berlin, Neufeld.

Horschetzky, M., s. Buch, dreizehntes, d. Flavius Josephus.

Hörschgen, J., Universal-Kalender f. jedes Jahr der Vergangenheit, Gegenwart u. Zukunft. Leichtfaßliche Methode um vom J. 1 resp. 4700 J. vor bis zum J. 2899 nach Christi Geb. resp. 7599 jedes beliebige Datum nach dem gregorian. u. julian. Kalender-Zeitrechng. v. jedem J. im obengenannten Zeitraume ohne großen Rechenaufwand aufzufinden, nebst e. anderweiten, volksthüml. Erklärg v. Osc. Klemich. gr. 8. (19 S.) Dresden 871. Klemich's Selbstverl. 1. 20

Horschick, J. J., Lieder des Wanderers. (IV, 100 S.) kl. 8. Leipzig 906. C. F. Amelang. n. 2. —; geb. in Leinw. n. 2. 50

Horschick, J. J., Johannes Lister. (152 S.) kl. 8. Leipzig 908. C. F. Amelang. 2. —; geb. in Leinw. 3. —

— Reif im Frühling. Novellen. (V, 177 S.) 8. Ebd. 906. n. 2. —; geb. in Leinw. n. 3. —

Horschitz, Otto: Über traumatische Zwerchfellshernien ... M. e. Taf. München, kgl. Hof- u. Univ.-Buchdr. v. Dr. C. Wolf & Sohn, 1892; 22 S., 1 Taf. 8.
München, Med. Fak., Inaug.-Diss. v. 1892

Horse, John, u. Jack Dog, od. Tuchweberpatriotismus, Lustsp. s. Lustspiele v. Jul. Voß. dr. Bd.

Hörse [Schlagwort]

Hörse, Kreis, s.: Westfalen. Wegekarte.

Hörselberg [Schlagwort]

Hörselberg. Gimm, W., Panorama vom Hörselberg. Ausgeführt v. Chr. Peip. Photozinkogr. 36,5×34 cm. Eisenach 892. (H. Brunner.) n — 40

Hörsell, W., unser tägl. Brot, s. Gesundheit, Wohlstand und Glück. — Gut, das höchste.

—— das Buch der Gesundheit. Eine volksthüml. Belehrung über die wahren Universalmittel zur Erhaltung der Gesundheit, sowie zur Heilung der Krankheiten des menschl. Körpers. gr. 8. (XII, 177 S.) Schwelm 872, Wortmann. *

—— die diätetische Frage, } s. Gesundheit, Wohlstand und Glück. — Gut, das höchste.
—— der einzig sichere Schutz gegen die Cholera, }

Horsell, W., der Vegetarianer auf allen Punkten bewaffnet. Eine Erklärung seiner Theorie; eine Darlegung seiner Hauptbeweise u. eine Beantwortung principieller Einwürfe. Aus d. Engl. frei übers. von C. W. Neustadt O./S. (Oppeln, Clar.) 8. (48 S.) n. 5 ngr

Horsell, W., der Vegetarianer auf allen Punkten bewaffnet. Eine Erklärung seiner Theorie; eine Darlegung seiner Hauptbeweise und eine Beantwortung principieller Einwürfe. Aus dem Engl. frei übers. von C. W. 8. (48 S.) Neustadt O./S. 859. Oppeln, (Clar.)

Hoersen, Emil [cand. med.]: Aus d. medicin. Klinik in Bonn. Ueber einige Fälle von Haemorrhagischer Diathese. '(Morbus macul. Werlhofii, Scorbut u. Haemophilie.)' ... Bonn, Buchdr. J. Bach Wwe, 1895; 31 S. 8.
Bonn, Med. Fak., Inaug.-Diss. v. [8. März] 1895

Horsetzky, Celeste, Bodensee-Lieder. (22 S.) kl. 8. Dortmund (904). (E. W. May.) n. 1. —

Horsetzky, Ernst v., über d. Ausbildung d. Plänkler, Schwarmführer u. Zugskommandanten. (44 S. m. 1 Taf.) gr. 8. Wien 907. L. W. Seidel & Sohn. 1. 20
Sonderabdr. aus: „Streffleurs militär. Ztschr."

Horsetzky von Hornthal, Adolf

Horsetzky, Adolf v., k. k. Oberstlieutenant. Die Armee als Schule. Separat-Beilage des „Organ der milit.-wissenschaftl. Vereine". 28. Bd. Wien 1884.

Horsetzky, A. v. Die Armee als Schule. Wien 1884. 33 S.

—— der russische Feldzug in Bulgarien und Rumelien 1877—78. Eine militär. Studie. Mit 12 in den Text gedr. Uebersichts- und Gefechts-Skizzen und 3 (lithogr. Karten-) Beilagen. gr. 8. (IV, 276 S.) (Ebendas.) 878. * 5 —

Horsetzky von Hornthal, A. Der russische Feldzug in Bulgarien und Rumelien 1877 78. Mit Skz. u. Beil. Wien 1878. 276 S.

Horsetzky v. Hornthal, Adf., die Brucker Cavalerie-Manöver des J. 1879. Als militär. Studie bearb. Mit 19 in den Text gedr. Skizzen und 2 (lithogr.) Karten der Brucker Umgebung als Beilagen. gr. 8. (IV, 173 S.) Wien 879, (Seidel und Sohn.) * 5 —

Horsetzky, Adf. v., die Manöver des 8. und 9. Corps bei Pilsen 1885. Auf Befehl des k. k. Chef des Generalstabes bearb. gr. 8. (110 S. mit 1 Karte und 11 Skizzen.) Wien 885, (Seidel und Sohn.) * 2 40

Horsetzky. Die Manöver des VIII. und IX. Corps bei Pilsen 1885. Separat-Beilage des: „Organ der milit.-wissenschaftl. Vereine". 31. Bd. Wien 1885.

Horsetzky, A. v., die Manöver d. 1. u. 11. Corps bei Sambor 1886. Auf Befehl d. k. k. Chef d. Generalstabes dargestellt. Mit 1 Karte u. 9 Skizzen. gr. 8. (151 S. m. 1 Tab.) Wien 886. (Seidel & Sohn.) n. 2. 40

Horsetzky. Die Manöver des I. und II. Corps bei Sambor 1886. „Organ der milit.-wissenschaftl. Vereine." 33. Bd. — Wien 1886.

—— über napoleonische und moderne Offensiv-Operationen. Vortrag, gehalten im militär-wissenschaftl. Vereine zu Wien am 5. Febr. 1886. gr. 8. (20 S.) (Ebendas.) 886. * — 60
Aus: Organ der militär-wissenschaftlichen Vereine, besonders abgedruckt.

Horsetzki v. Hornthal, Adf., eine Studie über operativen Generalstabsdienst [Vormarsch eines selbständ. Armeecorps im Gebirge]. gr. 8. (VII, 140 S. mit 14 lithogr. Taf. in gr. Fol. und 3 Tab. in Fol.) Wien 872, Seidel und Sohn. *

—— eine Studie über den taktischen Werth des Weitschiessens. 2. durchgeseh. Aufl. gr. 8. (64 S. mit 1 autogr. Taf.) (Ebendas.) 877. * 2 —
Aus: Oesterreichische militärische Zeitschrift, besonders abgedruckt. Die 1. Aufl. war nicht im Handel.

Horsetzky, A. v. Kriegsgeschichtl. Übersicht der wichtigsten Feldzüge der letzten 100 Jahre. Mit Atlas. Wien 1888. 402 S. 8° u. 4°
— — 2. Aufl. 1889.
— — 4. verb. Aufl. 1894.
— — 5. verb. Aufl. 1898.
— — 6. neubearb. Aufl. u. d. T.: Kriegsgeschichtl. Übersicht der wichtigsten Feldzüge in Europa seit 1792. Mit Atlas. 1905. 8° u. 4°

Horsetzky, Adolf v., k. k. Oberst des Generalstabs-Corps. Kriegsgeschichtliche Uebersicht der wichtigsten Feldzüge der letzten 100 Jahre. Mit einem Atlas von 33 Tafeln (39 Beilagen). Als Manuscript gedruckt. Text 8. Atlas Folio. Wien 1888.

Horsetzky, Adf. v., kriegsgeschichtliche Uebersicht der wichtigsten Feldzüge der letzten 100 Jahre. Mit e. Atlas v. 33 Taf. (in Mappe). 4. (verb.) Aufl. gr. 8. (XVIII, 426 S.) Wien 894. L. W. Seidel & Sohn. n. 14. 40

Horsetzky, Adf. v., kriegsgeschichtliche Uebersicht der wichtigsten Feldzüge der letzten 100 Jahre. Mit e. Atlas v. 35 Taf. (in Mappe). 5., vielfach rev. u. verm. Aufl. gr. 8. (XVIII, 392 S.) Wien 898. L. W. Seidel & Sohn. n. 14. 40; geb. in Leinw. n. 15. 60

Horsetzky, Adf. v., kriegsgeschichtliche Uebersicht der wichtigsten Feldzüge in Europa seit 1792. Mit e. Atlas v. 38 Taf. (u. III S. Text in gr. 4, in Mappe). 6., neubearb. Aufl. (XXIV, 718 S.) gr. 8. Wien 905. L. W. Seidel & Sohn. n. 20. —; geb. n. 22. —

Horsetzky, Adf. v. Vorträge üb. Strategie. gr. 8. (XIII, 314 S.) Wien 892, Seidel u. Sohn. + 7 60

Horsfield, Thom., Plantae javanicae rariores descriptae iconibusque illustr., quas in insula Java, annis 1802—1818, legit et investigavit. E siccis descriptiones et characteres plurimar. elaboravit Io. J. Bennet; observationes structur. et affinitates praesertim respicientes passim adj. Rob. Brown. Imp.-4. (25½ B. u. 37 col. u. 3 schw. Kpfrt.) Londini 838, 40. (Lipsiae, T. O. Weigel.) *

Horsford, E. N., die Reduction der Kohlensäure zu Kohlenoxyd durch Eisenphosphat. Lex.-8. (4 S.) Wien 873, (Gerold's Sohn.)
Aus: Sitzungsberichte der k. Akademie der Wissenschaften, besonders abgedruckt.

Horsitzki, Louis, s. Horzizky, Louis

Horšky, Rud., Liberalismus, Socialismus, Anarchismus. Geschichtl.-soziale Skizze. (Nach d. gleichnam. Rede d. H. am Katholikentage zu Brünn.) Deutsch v. Adf. Selbicky. 12. (23 S.) Warnsdorf 897. A. Opitz. n. — 10

Horsky von Horskysfeld, Franz

Horsky, Franz —. Dienstanweisung über das neue und einzuführende Ackerungssystem an die meiner Leitung untergebenen Wirthschafts-Direktionen. 8. (20 S.) Prag. Druck von K. Gerzabek. 1853.

Horsky, Franz. — Dienstweisung über das neue ein- und durchzuführende Ackerungssystem, an die meiner Leitung untergebenen Wirthschafts-Directionen. Als Manuspript gedruckt. 8. (IV, 20 S.)

Horsky, Frz., die vervollkommnete Drillkultur der Feldfrüchte, besonders der Kartoffeln und Zuckerrüben auf Erdkämme. Gartenmäßig im Großen ausführbar durch neue Geräthe und Maschinen. gr. 8. (112 S. mit 6 in Kpfr. gest. Abbildungstaf. in gr. 8. und qu. gr. 4.) Prag 851, André. *

Horsky v. Horskysfeld, Frz., keine Dungstätte, keine Jauchenbehälter u. keine Jauchenpumpen mehr! oder neue Düngerbehandlung in Verbindung mit meinem neuen Ackerungs-Systeme. Prag 867. Linnekogel & Funk. gr. 8. (12 S.) n. 4 ngr.

Horsky v. Horskysfeld, Frz., keine Dungstätte, keine Jauchenbehälter und keine Jauchenpumpen mehr! oder neue Düngerbehandlung in Verbindung mit meinem neuen Ackerungs-Systeme. gr. 8. (12 S.) Prag 867, Mercy's Verlag. *

Horsky's (Frz.) Feldpredigt am 15. Febr. 1864 zu Rokycan bei der ersten Versammlung des Rokycan-Blowitzer landwirthschaftlichen Bezirks-Vereines. (Nach dem stenograph. Berichte.) Hrsg. von J. Richter. gr. 8. (IV und 76 S. mit 1 Tab. in qu. gr. Fol.) Prag 864, Mercy's Verlag.
Ist auch in böhmischer Sprache zu gleichem Preise erschienen.

Horsky, Frz., landwirthschaftliche Feldpredigten über das Nothwendigste des praktischen Ackerbaues zunächst für Kleingrundbesitzer. Mit vielen erläuternden Zeichnungen. (In 6 Heften.) 1. Bd. 1. Heft. gr. 8. (VIII und 104 S. mit eingedr. Holzschn. und 1 Holzschnt. in 4.) Prag 861, Mercy. *

— landwirthschaftliche Feldpredigten über das Nothwendigste des praktischen Ackerbaues zunächst für Kleingrundbesitzer. Mit vielen erläut. Zeichnungen. 1. Bd. 2.—6. Heft. gr. 8. (S. 100—502 mit eingedr. Holzschn.) Prag 862,63, Mercy's Verlag. à Lfg. * 8 Ngr. *
1. Heft. Ebendas. 1861. * 8 Ngr.

Horsky, Frz., neues Culturverfahren der Hackfrüchte insbesondere der Kartoffeln und der Zuckerrüben, wie überhaupt der Drill- und Reihensaat mittelst Anwendung des neu erfundenen patentirten Kartoffel-, des Rüben- und des Drill-Cultivators. Mit Abbildungen. gr. 8. (IV und 49 S. mit 14 Stnt. in qu. gr. 4.) Prag 850. André. *

Horsky v. Horskysfeld, Frz. Ritter, mein Streben, Wirken, meine Resultate nebst praktischen Rathschlägen zur Organisirung und Systemisirung landwirthschaftl. Besitzungen ohne Geldvorauslage. 1. Aufl. 1873, und 2. Aufl. gr. 8. (IV, 98 S. mit 7 Abbild., 5 Situationsplänen und 3 Tab.) Prag 874, (Calve'sche Universitäts-Buchh.) *

— Die allgem. Verbreitung der Fruchtwechsel-Wirthschaft als wirksamstes Mittel zur Hebung des Nationalreichthums und zur Erleichterung der Steuerzahlung, begründet durch Thatsachen. gr. 8. (XIV. 79 S. u. Anhang 64 S.) Ebds. 1861 1 fl.

Horský, Frz., kurze Vorträge, od. heilsame Betrachtungen üb. die Evangelien-Pericopen an den Werketagen der Fastenzeit. 8. (8¾ B.) Prag 846. (Ehrlich.) *

— Zusammenstellung und Begründung der wirksamsten praktischen Belehrungs-Mittel für landwirthschaftliche Lehranstalten und Kleingrundbesitzer zu einem rationellen Wirthschaftsbetriebe. Lex.-8. (39 S. mit 1 Tab. in qu. Fol.) Prag 867, Mercy's Verlag. *

— Zusammenstellung und Begründung der wirksamsten praktischen Belehrungs-Mittel für landwirthschaftliche Lehranstalten und Kleingrundbesitzer zu einem rationellen Wirthschafts-Betriebe. Mit einer Ansprache an die Landwirthe, enthaltend meine neuesten, besonders für sie hochwichtigsten Erfahrungen. 8. (44 S.) Ebendas. 871. *

Horsley, ..., d. allgem. Kaufmann. Aus d. Engl. mit Anmerkk. u. Zusätzen d. Uebersetzers. gr. 8. Leipz. 800. (Nauck); (a. Coppenrath in Münster). 12 gr.

Horsley, d. allgem. Kaufmann. a. d. Engl. gr. 8. Leipzig, Sommer. 800.

Horsley, Samuelis [Hrsg.], s. Newton, Isaak: Opera omnia.

Horsley, Vict. Ein Fall v. Rückenmarksgeschwulst m. Heilung durch Exstirpation, s. Gowers, W. R.

Horsley-Hinton, A., The platinotype process, deutsche Bearbeitg., s.: Gaedicke, J., d. Platinverfahren in d. Photographie.

Hoersselmann, Jo. Andreas Herm. (Jena), Philosophiam popularem. Präs. Friedrich Justus Riedel. Jena (Meyer) 17. V. 1766. 28 S. (6.80) 15460

Horst

— Amalie, od. das Geheimniß glücklich zu seyn, von Aug. Lafontaine. 2 Bde. 8. Ebend. 810.

Horst von Blumenau. Eine Ballade . . . Philantown [17??]. V: *Dutwar, J.* (GGr)

Horst, Edmund v., u. Eugenie v. Steinfels, v. E. F. Regiomontanus, m. K. 8. Frankf. Wilmanns. 816.

Horst, freier. Populäre, freigeist. Halbmonatsschrift. Begründet u. hrsg. v. Elita Simon. Bundesorgan d. internat. Freidenkerbundes „Freier Horst". Bundesleitung u. Red.: Elita Simon. (2. Jahrg.) Oktbr.—Dezbr. 1910. 6 Hefte. (à ca. 32 S.) gr.8. Leipzig, W. Heichen. 2.—

Horst, freier. Erscheint nicht mehr.

Horst, Karl v., u. Amalie v. Bugwald; ein Familiengemälde. 8. Halle, Ruff. 809.

HORST, Carl von, und Amalie von Buchwald. Ein (zahmes) Familiengemählde. Halle u. Leipzig. Ruff, 1809. 8°. Titel u. 326 S.

Horst u. Kornelia, oder: Die doppelte Prüfung. 8. Halberst. 824. Vogler in Potsd. 20 gr

Horst, Frhr. v. Die Aufgaben d. Bevölkerung i. Beziehg a. d. Sanitätswesen im Kriege u. d. Krankenzerstreuungs System. Graz 1891.

Horst, Frhr. v. der, die Bau- u. Kunstdenkmäler d. Kreises Lübbecke, s.: Ludorff, A.

Horst, Freiherr von der. Bemerkungen zu der Schrift des Herrn v. Bülow-Cummerow: „Die Grundsteuer" etc. 8°. Berlin 1849.

v. d. Horst, Novellen: Der Unglückliche. — Die Alpenhütte. 8. Meißen 829. Goedsche. 18 gr

Horst, von der, Novellen: Der Unglückliche. — Die Alpenhütte. 8. (14½ B.) Meißen 829. [Leipzig, Vetter u. Rostocky.]

HORST, von der (ps.? — nicht bei Weller), Novellen. 1. Der Unglückliche. 2. Die Alpenhütte. Meissen, bei Friedrich Wilhelm Goedsche. 1830.
Tit., 1 Bl. Inh., 226 S. — Zahm.

Horst, Rosenkränze, s. Rosenkränze.

To der **Horst**. Eine Schrift zur Beherzigung aller, welche an bürgerl.-gesellschaftl. Verhältnißen Antheil nehmen. — Altona o. J. [nach 1825]: Eckstorff. 8°

Horst, (A. F.) Andeutung zu e. fruchtbaren Lesen d. Schriften d. neuen Testaments. 8. Neustadt 823, Wagner.

Horst, A. H., Kunst, die Wirkung des Feuers zu vermehren. m. K. 8. Hannov. Helwing. 717.

Führer bei Beurteilung der Berufswahl für Schulärzte an gewerblichen Fortbildungsschulen. Von Dr. A[dolf] **Horst** u. Dr. A[rpad] Kříž. Berlin, Wien: Urban & Schwarzenberg 1910. 40 S. 4°(8°) 61.5339

Horst, A., Gesundheitspflege d. Arbeiters, s. Kříž, A.

Horst, Alfred, appr. Arzt: Pulsierende Strumametastase der Gesässgegend unter dem Bilde eines Aneurysma. Leipzig 1906: B. Georgi. (38 S.) 8°
Leipzig, Med. Fak., Ref. Marchand, Diss. v. 19. Dez. 1906
[Geb. 12. Juli 78 Hanau a. M.; Wohnort: Wiesbaden; Staatsangeh.: Preußen; Vorbildung: Gymn. Hanau Reife O. 98; Studium: Würzburg 5, Berlin 4 S.; Coll. 24. Dez. 06; Approb. 13. Aug. 03.]

Horst, Ant., s. *Abul* Ahmed.

Horst, Antonius, theol. stud. ⟨geb. am 29 Jan. 1799 in Köln⟩: Carmen Abu 'Ltajjib Ahmed ben Alhosain Almotenabbii quo laudat Alhosainum ben-Jshak Altanuchitam nunc primum cum scholiis ed., latine vertit et illustravit . . . Bonnae, typ. regiis arab. in off. Thormanni 1823. IV, 55, 8 S. 4. ¶ In Komm. bei Marcus in Bonn.
Bonn, Phil. Fak., Diss. v. [15 März] 1823

Horst, Anton Heinrich (Ravensberg), De bonis parochialibus. Von Pfarr=Güthern. Disp. jur. eccles. Präs. Justus Henning Böhmer. Halle Mai 1702 (Johann Gruner) 1722. 64 S. (7.—) 16112

— — Dasselbe. Halle (Johann Grunert) 1729. (7.—) 16113

— — Dasselbe. Halle (Johann Friedrich Grunert) 1740. 64 S. (7.—) 16114

Horst, Arnold Frhr. von der, das Garde-Schützen-Bataillon. Ein kurzer Abriß seiner Geschichte von der Stiftung bis zur Jetztzeit, bearb. im Auftrage und unter Mitwirkung des Bataillons-Kommandos. gr. 8. (58 S. mit 1 chromolithogr. Uniformbilde und 2 Holzschn.) Berlin 882, Mittler und Sohn.

Horst, Arnold Frhr. v. der. Das Garde-Schützen-Bataillon. Ein kurzer Abriß seiner Geschichte von der Stiftg. bis zur Jetztzeit, bearb. im Auftrage u. unter Mitwirkg. d. Bataillons-Kommandos. 2. Aufl. Mit 1 (farb.) Uniformbilde u. 3 Holzschn. gr. 8. (IV, 59 S.) Berl. 891, Mittler u. Sohn. * 1 20

Horst, Arnold, König Macbeth. Eine schott. Sage aus dem 11. Jahrh. gr. 16. (128 S.) Bremen 876. Nordwestdeutscher Volksschriften-Verl. n. — 50

Horst, Arthur — Der geheimnißvolle Weihnachts-Abend. (Aus den Papieren eines Oesterreichers.) Bearbeitet von — —. Leitomischl, 1855. Druck bei A. Augusta. Wien, Verlag von Albert A. Wenedikt. (96 S. 8.)

Horst, Auguste, der Mutter Liebling. (Ausgestanzt.) 4. (14 z. Tl. farb. Taf. m. eingedr. Text.) Nürnberg 894. Th. Stroefer. n. — 75

Horst, C. v. [Pseud.], s. Cramm, Burghard Frh. v.

Horst, C., das Hebungs- und Steuerwesen. Handbuch für Beamte, Comtoiristen, Communevorsteher und Bauervögte, sowie für Contribuenten und Steuerpflichtige, enthaltend eine systemat. Zusammenstellung der sämmtl. königl. Verordnungen, Circulaire ꝛc., betreffend die Erhebung und Berechnung der königl. Steuern und Abgaben für die Herzogthümer Holstein und Schleswig. gr. 4. (95 S.) Kiel 857, Schröder und Comp. *

Horst, C. v., Prinz Rupprecht. Nach Tagebuchblättern. 2.Aufl.(228S.)8. Berlin 908. R.Schröder. 3.—; geb. 4.—

Horst, Carl, s. H o r s t , Karl

Horst, Cölestin, die Verführerin u. Robespierre. Ein Nachtstück aus d. blutigsten Tagen d. französ. Revolution. 2 Thle. 8. (21¼ B.) Neuhaldensleben 835, Eyraud. Thlr.

Horst, Ed., die Hauptformeln der elementaren Mathematik. 8. (VI, 45 S.) Hamburg 879, Nolte. * 1 —

Horst, Edmund von [Pseud.], s.a. F e n k o h l , Carl Friedrich

Horst, E. u. v. Trützschler, W. Der Feldzug von 1866. (620.) 8. Dresden 1868. 3.25.

Horst, Com., und Wilib. v. T r ü t z s c h l e r , Deutschlands Wiedergeburt. Chronik für das sächs. Volk. Getreue Darstellungen der Feldzüge des verhängnißvollen Jahres 1866. gr. 8. (620 S. mit 14 color. Stnt.) Dresden 868, Gebr. Münchmeyer.

Horst, Edu., Demagog ꝛc., s. B i b l i o t h e k von R i t t e r - ꝛc. G e s c h i c h t e n ꝛc., 1. Suite 9. Bd.

Horst, Else Wartner-
s. Wartner-Horst. [10. 6496]

Horst, Em. Leitfaden zum Studium der Grundsätze und Einrichtungen des Versicherungswesens. Prag 1905.

Horst, Emil, von G o t t e s G n a d e. Bekenntnis e. Predigers vor seiner Gemeinde. Predigt, geh. am Tage seines 25jähr. Amtsjubiläums in d. St. Elisabethkirche zu Berlin. (8 S.) gr. 8. Berlin 909. G. Nauck. —25

Im Gottesfrieden. Predigten. Eine Jubiläumsgabe an d. Gemeinde von Emil **Horst**, Pfarrer. Mit Geleitswort von Gen.Superint. D. [Wilhelm] F a b e r. Berlin: G. Nauck 1909. 86 S. 8° [10. 6367]

Horst, Erdwin v. d., kleiner Ablösungs-Katechismus f. d. pflichtigen Landmann. 1. Aufl. (3¼ B.) 833. 2 Gr., 2., verm. Abdr. (5 B.) 8. Bremen 834, Heyse.

Horst, Erdwin v. d., populäre Anschauungen der übersinnlichen Welt. gr. 8. (88 S.) Bremen 850, (Schünemann's Vrlgsh.) *

—— Deutschland u. die Reform, mit besond. Bezieh. auf Hannover. gr. 8. (2 B.) Braunschweig 831, Vieweg.

Horst, Erdwin v. d., Hannover u. der Zollverein. 2 Hfte. gr. 8. (7½ B.) Hannover 842, 43, Hahn'sche Hofbuchh. à

—— über d. wesentl. Interessen d. Grundeigenthums im Königr. Hannover. 2., unveränd. Abdr. gr. 8. (2½ B.) Bremen 831, (Heyse.)

—— die deutschen Nordseestaaten u. deren Politik. gr. 8. (4⅛ B.) Braunschweig 844, Vieweg u. Sohn. *

Horst, Erich v., der Erbe, s.: K ü r s c h n e r ' s Bücherschatz.

H o r s t , F. von: „Kleiner Ablösungscatechismus für den pflichtigen Landmann", Bremen 1833 (Heyse). 2. verm. Auflage, ebenda 1834.

– D a s s e l b e , s. a. H o r s t , Erdwin von

HORST, Friedr., D e r K a m p f u m M i t t e r n a c h t, oder S c h w ä r m e r e i u n d L i e b e. D e r g e f ä h r l i c h e S t u r z. D i e N a c h t i g a l l. — Drei (zahme) Erzählungen. 1829. Graudenz, bei C. G. Röthe. Berlin, in der Enslinschen Buchh. 8°. 130 S.

Horst, Friedrich (Darmstadt)
Thesen, welche zur Erlangung der Würde eines Doctors beider Rechte ... am 7.11.1829 öffentlich vertheidigen wird: Friedrich Horst aus Darmstadt.
Giessen: Hasse 1829. vorh. 26.

Horst, Fritz *Wilhelm* [aus Mainz]: 1. Ueber einige Derivate des Phenylhydrazins. II. Zur Kenntnis der Norhemipinsäure ... *Berlin*, Buchdr. v. Funcke & Naeter, *1893*: 53 S., 1 Bl. 8.
Berlin, Phil. Fak., Inaug.-Diss. v. 11. Dez. 1893

Horst, G. A., Alexander v. Liezen-Mayer. (S. 33—56 m. Abb. u. 6 Taf.) 36×27 cm. München (898). F. Hanfstaengl. 4.—
Sonderabdr. aus: „Die Kunst unserer Zeit".

Horst, G. A., der Starnberger See. Eine Wanderung durch seine Uferorte. Wort und Bild. Holzschn. von H. Wolf. gr. 4. (90 S. mit eingedr. Holzschn., Holzschntaf. und 1 lithogr. Karte.) München 876, Horst und Comp. geb. 9 —

Horst, G. A., zwei in e. Nest, s.a. F a m i l i e n - B ü c h e r s c h a t z.

— dasselbe, s.a. T e a t m e y e r, Emilie, Lebenskämpfe.

Horst, G. A., zwei in e. Nest, s.a. V e r e i n f. Verbreitung guter Schriften, Zürich. Nr. 55.

[F.] Zwei in einem Nest. Heitere Erzählg aus Oberbayern v. G. A. **Horst.** M. Bild. v. O. Schulz nach Ideen d. Vfs. *Weimar & Berlin: Schriftenvertriebsanst.; (Christl. Zeitschriftenver.) [1897].* (90 S., 4 Taf.) 1 Bd 8. [97. 6676]

Horst, G A . Zwei in einem Nest. Heitere Erzählung aus Oberbayern. 84 S. 8. Zürich, Jacques Bollmann, August 1904. fr. —. 15
V e r e i n für Verbreitung guter Schriften. (Zürich) No. 55. 1904.

Horst, G. P., die Confirmandenstunde der evangelischen Kirche. gr. 8. (IV und 44 S.) Hanau 854, König.

Horst, Georg: Zwei Fälle von spastischer Spinalparalyse. *Erlangen 1898: E. Th. Jacob.* (26 S.) 8°
Erlangen, Med. Diss. v. 10. Dez. 1897

Horst, Georg Konrad

Horst, G. K., üb. das heil. Abendmahl, s. A b e n d m a h l.

Horst, Geo. Konr., Andachtsbuch, s. a. unten: Religion u. Christenthum.

Horst, G. C., A n d a c h t s b u c h für Gebildete aus allen Ständen. 3te Aufl. mit 1 Kpf. 8. Frankfurt a. M., Jäger. 817.

– s. B i b e l k o m m e n t a r .

G. Kr. **Horst's** Dämonomagie, od. Gesch. d. Glaubens an Zauberei u. dämonische Wunder; m. besond. Berücksicht. d. Hexenprocesses seit d. Zeiten Innocentius VIII; nebst e. Beschreib. d. Hexenthurms zu Lindheim in d. Wetterau. *Frankf. a. M.*, Wilmans. 817. 2 Thle. gr8° m. Kpfrn. 4 ₰ 8 gl

§ * HORST, Geo. Conr. (1767—ca. 1840), Dämonomagie oder Geschichte des Glaubens an Zauberei und dämonische Wunder, mit besonderer Berücksichtigung des Hexenprozesses seit den Zeiten Jnnocentius VIII. 2 Thle. Mit 3 Kpfrn. Frkft. a. M., F. Wilmans, 1818. 8°. 854 S. (In Marburg, Univ.-Bibl.) (8 Mk. L. Rosenthal, 1886; 20 Mk., Expl. mit eigenhänd. Widm. d. Autors an Frhrn. v. Buri, H. Barsdorf, Berlin, 190*.)

Horst, Geo. Conr., Deuteroskopie, od. merkwürd. psych. u. physiolog. Erscheinungen u. Probleme aus d. Gebiete d. Pneumatologie. Für Religionsphilosophen, Psychologen, u. denk. Aerzte. Eine nöth. Beil. z. Dämonomagie, wie z. Zauber-Bibliothek. 2 Bdchn. gr. 8. (33 B.) Frankfurt a. M. 830. [Grimma, J. M. Gebhardt.]

Eb. Deuteroskopie, od. merkwürd. psychische u. physiolog. Erscheinn. u. Probleme aus d. Gebiete d. Pneumatologie; f. Religionsphilosophen, Psychologen u. denk. Aerzte. Eine nöth. Beilage z. Dämonomagie, wie z. Zauberbibl. *Frankf. a. M.*, Wilmans. 830. 2 Bdch. gr8° 2 ₰ 12 gl

Horst, (G. C.,) Eusebia, oder die Religion in ihrer erhabenen Würde. Für denkende u. gebildete Leser aus allen Ständen. 2e durchaus umgearb. Aufl. gr. 8. Frankf. 822, Herrmann.

— Eusebia, oder d. Religion in ihrer erhabenen Würde. gr. 8. Frankf. 2e umgearb. Aufl. d. 1n Bdchns.: Religion, Christenth. rc. Ebd. 822. Hermann. 20 gl Hbg. Pr. 10 gl

— Flora, oder d. Blumen in ihrer höhern Bedeutung. Mit 1 ill. Titelkpf. 12. Mainz 821. Kupferberg. 14 gl

– s. a. Geschichte d. letzt. Schwed. Kriegs.

(Horst, G. C.) Vollständ. Geschichte des letzten Schwedisch-Russischen Krieges. [1788—90.] (384.) 8. Frankfurt a. M. 1792. 3,00.

Horst, G. K., s. Gustav III. Tod.

Horst, Geo. Konr., Gustav III., König von Schweden. Histor. Trfpl. in 5 A. 8. Frankf. 793. Diez. 12 gl

– s. Habakuks Visionen.

— Katechismus d. Glaubens- u. Pflichtenlehre d. Christenthums. Zum Gebrauch f. Stadt- u. Landschulen. 8. Gieß. Heyer. 812.

— — Von der alten und neuen Magie; Ursprung, Idee, Umfang und Geschichte. Als Ankündigung der Zauberbibliothek. Mainz 1820. 8. (Ipsa bibliotheca magica initium cepit anno 1821 et annis insequentibus usque ad sex crevit volumina; vetus ejusmodi collectio germanice scripta est *Eberh. Dav. Hauber bibliotheca acta et scripta magica.* Lemgo 1738 — 1745. 8. Voll. 3 seu Fasciculi 36, cum multis iconibus.)

— Marienborn u. Ronneburg. Ein histor.-religiöses Gemälde entschwund. Zeiten. 8. Mainz 820. Kupferberg. 6 gl

— Mysteriosophie, oder über d. Veredlung d. protestant. Gottesdienstes durch d. Verbindung eines einfach erhab. innern Acts d. Cultus mit d. Predigt rc. Mit 1 Kpf. 2 Thle. gr. 8. Frankf. a. M. 817. Varrentrapp. 4 ₰ 16 gl Velinp. 7 ₰ 8 gl

— Predigt über d. Epistel am 2ten Sonntage nach Ostern 1818, in d. letzten Tagen seiner Amtsverwaltung zu Lindheim gehalten. gr. 8. Mainz 818. Kupferberg. 3 gl

— Religion u. Christenthum, oder Weihe d. jugendl. Lebens durch Andacht u. Religiösität. 8. Frankf. a. M. 809. 2e A.... Jäger. 1 ₰ 4 gl 3e Aufl. A. u. d. T.: Andachtsbuch für Gebildete aus allen Ständen. Mit 1 Kpf. 8. Ebd. 817. 1 ₰ 4 gl

— für Religion, Christenthum und Menschengeschichte. 2 Bdchen.
Auch unt. den Titeln:
I: Die Religion in ihrer erhabenen Würde.
II: Das Christenthum in seln. erhabenen Würde. 8. Frankf. Hermann. 811—12. (à 20 gr.)

– s. Religion u. Protestantismus.

Horst, Geo. Konr., Siona. Für Christenthumsfreunde aus d. höhern u. gebild. Ständen von allen Confessionen. 2 Thle. Mit 4 Kpf. gr. 8. Mainz 819. 2e A. 821. 2 ₰ 12 gl Schrbp. 3 ₰ 8 gl 3e A. A. u. d. T.: Siona. Ein Beitrag zur Apologetik d. Christenthums, mit vorzügl. Berücksichtigung d. christlichen Feste. 2 Thle. Mit 4 Kpf. gr. 8. Mainz 826. Kupferberg. 4 ₰

—— Siona. Ein Beitr. z. Apologetik d. Christenthums, mit vorzügl. Berücksichtigung d. christl. Feste, als Andachtsbuch f. Leser aus d. höh. u. gebild. Ständen v. allen Confessionen. 2 Thle. 4. Aufl. M. 4 Kpfr. gr. 8. (76¼ B.) Mainz 853, Kupferberg.

— Theurgie, oder vom Bestreben d. Menschen in d. alten u. neuen Zeit zwischen sich u. d. Geisterwelt eine unmittelbare reale Verbindung zu bewirken. gr. 8. Mainz 820. Kupferberg. 9 gl

— von d. alten u. neuen Magie Ursprung, Idee, Umfang u. Geschichte, als Ankündigung d. Zauberbibliothek. gr. 8. Mainz 820. Kupferberg. 8 gl

Horst, G. C., die Visionen Habakuks, neu übersetzt. gr. 8. Gotha, Ettinger. 798.

Eb. Zauberbibliothek, od. v. Zauberei, Theurgie u. Mantik, Zauberern, Hexen u. Hexenprocessen, Dämonen, Gespenstern u. Geistererscheinungen. *Mainz*, Kupferberg. 820—26. 6 Bde. gr8° m. Abbildd. 11 ₰

§ * — — Zauber-Bibliothek oder von Zauberei, Theurgie u. Mantik, Zauberern, Hexen, Hexenpocessen, Dämonen, Gespenstern u. Geistererscheinungen. Zur Beförderung einer rein geschichtl., von Aberglauben u. Unglauben freien Beurtheilung. 6 Bde. Mit über 100 Abbild. (mysteriösen Schriftzeichen, Zauberringen u. -Kreisen, magischen Tafeln etc.) Ebd. 1821—26. Gr. 8°. (Auch in Marburg, Univ.-Bibl.)
Geschätztes Werk. (24 Mk. Heckenhauer; 25 Mk. Baer; 28 Mk., schönes Expl., Bielefeld; 45 Mk. Alfr. Lorentz, Lpz., 1905; 55 Mk. Hugo Streisand, Berlin, 1908; 72 Kr. Gilhofer & Ranschburg, Wien, 1909.)

Horst, Gust. (Strorledl), Licht u. Schatten. Reise- u. Stimmungsbilder aus Italien. gr. 8. (VII, 310 S. m. 1 Bild.) Graz 894. (Styria.) n. 2.50

Horst, Hellmuth, aus Leichlingen (Rheinland): Beiträge zur vergleichenden Anatomie von Zwiebel- und Knollenschalen. Bonn 1909. 73 S. und eine Tafel. 8°. [29. X. 09.]
Zürich. Univ. Phil. Diss. II. S. 1909 10

Horst, Hellmuth. Beiträge zur vergleichenden Anatomie von Zwiebel- u. Knollenschalen. Diss. Phil. [II.] Univ. Zürich. [Mit 1 Tafel.] 73 S. 8. Bonn, Heinrich Ludwig, 1909.

Horst, Henning van, d. Apostelfürsten. gr. 8. (IV, 354 S.) Wismar 896. Hinstorff's Verl. n. 4. —; geb. in Leinw. n. 5. —

— verbotene Frucht, s. a. Engelhorn's allgem. Roman-bibliothek.

[F.] Verbotene Frucht. Erzählg v. Henning van Horst. *Stuttgart: J. Engelhorn 1896.* (160 S.) 1 Bd 8.
- Romanbibliothek, Engelhorns Allgemeine. Jg. 12. Bd 23. [98. 10010 Gr

[F.] Gardensee. Erzählg v. Hennig van Horst. *Ratzeburg: M. Schmidt 1898.* (292 S.) 1 Bd 8. [98. 11365 Ki

Hermann Horst, Neue Kritiken über die von Herrn Professor Dr. Bücher in Leipzig im Auftrag des Akadem. Schutzvereins verfaßte Denkschrift 'Der deutsche Buchhandel u. die Wissenschaft'. Mit e. Anh.: Der deutsche Buchhandel als Prügelknabe von Friedrich Schiller, Buchh. in Wien. *Stuttgart: E. Leupoldt [1903].* (22 S.) 8° [Aut. u. F.] [03. 15661

Horst, Hieronymus [pr. Arzt in Podgorz]: Ueber einen Fall von Syringomyelie ... Thorn, Druck d. Rathsbuchdr. E. Lambeck, 1894; 18 S. 8.
Leipzig, Med. Fak., Inaug.-Diss. v. 12. Nov. 1894

Horst, J. J. van der, Vater Bruno, der Klausner v. Overveen, s. a. Zehnpfennigbibliothek, Regensburger.

Horst, J. J. van der, Vater Bruno, der Klausner v. Overveen. Autoris. Uebersetzg. v. A. Steinbach. Mit 4 Stahlst. 16. (112 S.) Regensburg 873. Manz. — 75

— aus Geschichte u. Sage. Erzählungen. Aus d. Holländ. v. Wilh. Thiele. Autoris. Uebersetzg. Mit 4 Stahlst. 8. (166 S.) Ebend. 872. 1. —

— die Gnadenkapelle od. die Gebrüder van Eyck, s.: Unterhaltungsbibliothek, katholische.

Horst, J. Michael

Horst, J. M. (Lehrer d. Physik und Mechanik) „Behandlung des Flachses nach der Ernte". 7 Seiten. 4°. Mit einer Tafel. A. Ambrosi'sche Officin. (Fortsetzung des Programms 1835/36.)
Passau, Progr. 1836/37

Horst, J. Michael „Ueber die Erscheinungen beim Verbrennungsprozesse, über die Brennmaterialien, und die zweckmässige Benützung der dadurch erzeugten Wärme zur Heizung". pg. 3—11. 4°. Ambrosius Ambrosi.
Passau, Progr. 1841/42

Horst, J. Michael „Ueber die Nothwendigkeit eines gesteigerten Schulunterrichts für den Bürger und Landmann in der damaligen Zeit". pg. 3—10. 4°. Dietenberger und Dr. Bressl.
Passau, Progr. 1847/48

Horst, Jakob Merlo

Horst, I. M., Paradisus animae christianae lectissimae pietatis. 8. Vien. Gerold.

Horst, Jac. Merlo, Paradisus animae christianae, lectissimis omnigenae pietatis deliciis amaenus. Nova edit., a mendis innumeris expurgata. Accessit manuale pietatis, auctum et recognitum. 12. (28¾ B.) Mechliniae 810. (Moguntiae, Kirchheim. Schott et Thielmann.) *

Johann Daniel Horst

Kurtzer Bericht vom niederselterischen Sauer-Bronnen, aus 44 jähr. Erfahrung aufgesetzet von Johanne Daniele Horstig [Horst]. Zum 2. mahl gedr. Franckfurt: Möller 1725. 16 S. 8°

Horst, Johann Friedrich

v. Horst, (J. F., Frhr.) Anstandslehre f. Jünglinge. 8. Quedlinb. 821. Basse.

J.. F.. Frhrn. v. **Horst's** Anstandslehre f. Jünglinge. *Quedlinb.*, Basse. 825. 8° 1 ß

Actenmäfsige Darstellung des gegen mich eingeleitet gewesenen fiscalischen Prozesses v. Johann Friedrich to der **Horst.** Schleswig. 1827. 8°.

to der Horst, J. F., geschichtl. Darstell. seiner 30jähr. Dienstverhältnisse in Hamburger Militär u. d. in derselben gemachten Erfahrungen. 8. Schlesw. 825. Taubst.-Inst. 10 gl.

— getreue Erzählung d. Verlaufs meiner processualischen Verhältnisse in d. freien Stadt Hamburg. gr. 8. Altenb. 832. Literat.-Compt. 8 gl.

Horst, J. F. to der, getreue Erzählung d. Verlaufs meiner processual. Verhältnisse in d. freien Stadt Hamburg. gr. 8. (6¼ B.) Altenburg 832, [Pierer.]

Horst, J. F. to der, Unrecht wird nie Recht. Ansprache an das Publikum. 8. (4¾ B.) Schleswig 837, Taubstummen-Institut.

Horst, J. F. to der, Unrecht wird nie Recht. Ansprache an das Publikum. 8. Schleswig 837. Taubstummen-Instit. (Leipzig, Hermann.) 5 gl

Horst, Johann Hermann: Praktische Anleitung zur richtigen Behandlung der landwirthschaftlichen Hausthiere in der Geburtshülfe ... Hannover 1826. 46 S.

Horst, J. H., Prakt. Anleitg. zur richtigen Behandlg. der landwirtschaftl. Tiere in der Geburtshilfe. 12. Hannover 26. Helwing. M. —.40

— **Johann Jacob** (Meja-Hayna [= Grossenhain] Misnicus), De legitimo praedii rustici possessore Saxonico. Diss. jur. Präs. Ernst Tenzell. Erfurt (Grosch) 12. IV. 1728. 52 S., tlws. dtsch. (7.—) 16118

Horstig, Johann Samuel, Explanatione loci e Dionysii Halicarnassensis archaeol. Rom. lib. X. c. 1—8. parenti optimo Jo. Gottlob Horstig med. D. anniversariam diei natalis solemnitatem pie gratulatur filius natu maximus. Guben Dez. 1789. Lpz. (Sommer). 8 Bl., 48 S. (6.80) 16120

Horst, Josef [pract. Arzt aus Hildesheim]: Beitrag zur pathologischen Anatomie der Lymfdrüsen .... Kiel, Druck v. Schmidt & Klaunig, 1886; 33+[2] S. 8°.
Kiel, Med. Fak., Inaug.-Diss. v. 3. Mai 1886.

Horst, Jos., Beitrag zur pathologischen Anatomie der Lymfdrüsen. Inaugural-Dissertation. gr. 8. (33 S.) Kiel 886, (Lipsius und Tischer.) * 1 20

Horst, Jul. (Jul. Hostasch), Ahasver in Rom, s.: Hamerling, Rob.

Horst, Jul., Katzenjammer, s.: Universal-Bibliothek.

Horst, Julius, s. M ü l l e r , Adolf [Comp.]: Der Blonde von Namur.

Horst, Jul. Frhr. v., Rede, gehalten in der 23. Sitzung des Abgeordnetenhauses am 3. Decbr. 1879. gr. 4. (16 S.) Wien 879, k. k. Hof- und Staatsdruckerei. * — 12

Horst, Julius Freiherr von. Rede Seiner Excellenz des Herrn Landesvertheidigungsministers .... gehalten in der 23. Sitzung des Abgeordnetenhauses am 3. December 1879. (Wehrkraft und Wehrsystem betreffend.) (Donation Liechtenstein.) 4. Wien 1879.

Horst, Karl

Horst, Carl, Plotins Aesthetik. Vorstudien zu e. Neuuntersuchung I. (VI, 188 S.) 8. Gotha 905. F. A. Perthes. n. 2 40

Horst, Karl [Hrsg.], s. J e r o m e , Jerome Klapka: Three men in a boat.

Horst, Karl: Zur Kritik der altenglischen Annalen ... Darmstadt, G. Otto's Hof-Buchdr., 1896; 3 Bl., 39 S. 8.
Strassburg, Phil. Fak., Inaug.-Diss. v. 1896

Horst, Karl, Dir. Dr.: Übersicht über die Berechtigungen der Realschulen und Oberrealschulen. *Bischweiler 1903: F. Posth.* (S. 26—28.) 4°
Bischweiler, R, P 1903 (601)**

Horst, Carl, a. Lauban: Vorstudien zu einer Neuuntersuchung von Plotins Ästhetik. 1. Marburg 1905: F. A. Perthes, Gotha. (74 S.) 8° ¶(Ersch. vollst. im gleichen Verlage.)
Marburg, Phil. Fak., Ref. Cohen, Natorp, Diss. v. 5. Juni 1905
[Geb. 24. Nov. 75 Leipzig; Wohnort: Lauban; Staatsangeh.: Preußen; Vorbildung: Gymn. Lauban Reife M. 95; Studium: München 2, Berlin 1, Marburg 6 S.; Rig. 18. Mai 04.]

[Am. u. F.] v. d. Horst, Karl Adolf Frh. [Referendar]: Pfändung von Früchten ... Lübbecke, Buchdr. v. F. Werneburg, 1896; 1 Bl., VIII, 83 S. 8.
Erlangen, Jur. Fak., Inaug.-Diss. v. 1896

Die Rittersitze der Grafschaft Ravensberg und des Fürstentums Minden von Karl Adolf Frh v. d. Horst. Mit 2 Karten u. e. ausführl. Namen- u. Ortsreg. [Nebst] Nachtrag. *Berlin: J. A. Stargardt* (Nachtr.: *Lübbecke: F. Werneburg in Komm.) 1894(99).* 2 Bde. 4°(8°) [F.]
Nachtr. aus: Vierteljahrsschr. f. Wappen, Siegel- u. Familienkunde Jg. 27, H. 1.
[illegible]

Horst, Klotilde v. d., Geschichte der deutschen Literatur von der ältesten bis auf die neuere Zeit mit Beispielen aus den besten Werken der Poesie u. Prosa. Zum Gebrauch für Schulen u. zum Selbstunterricht. 3 Thle. Detmold 869. Meyer's Sep.-Cto. gr. 8. (XII, 275, XII, 339 u. XII, 648 S.) n. 3 ℳ 15 ℳ

Horst, Klotilde v. d., Geschichte der deutschen Literatur von der ältesten bis auf die neuere Zeit mit Beispielen aus den Werken der Poesie und Prosa. Zum Gebrauch für Schulen und zum Selbstunterricht. 3 Thle. gr. 8. Detmold 870, Meyer's Hofbuchh. [Berlin, Grote'sche Verlagsh.] [1. und 2. Thl. (XII, 275; XII, 339 S.) 869. à Thl. *ℳ 3.; 3. Thl. (XII, 648 S.) *ℳ 4,50.] geb. in 2 Bdn. *

Horst, L., die Bekenntnißfrage nach unserem organischen Kirchengesetz. Ein kurzer Kommentar. 12. (11 S.) Straßburg 885, Treuttel und Würtz. * — 20

—— s. Elias v. Nisibis, Buch vom Beweis der Wahrheit des Glaubens.

Horst, L. [Der Theol. Lic. u. der Phil. Doct., Mitglied d. asiat. Gesells. v. Paris, Pfarrvikar in Colmar]: Des Metropoliten Elias von Nisibis Buch vom Beweis der Wahrheit des Glaubens. Uebersetzt und eingeleitet von .... Als Doctordissertation gedruckt. ... Colmar, Verl. v. Eugen Barth, 1886: 28 + 127 S. 8°.
Strassburg. Phil. Fak.. Inaug.-Diss. v. 1886.

Horst, L., die Augsburgische Konfession. Entstehung, Inhalt und Bedeutung derselben für die Gegenwart. 8. (31 S.) Straßburg 883, Treuttel und Würtz.

Horst, L. [lic. theol.]: Leviticus XVII—XXVI und Hezekiel. Ein Beitrag zur Pentateuchkritik. Colmar, Verlag von Eugen Barth, 1881. 8. 96 + 1 S.

Horst, Ludw., Lieder und Sagen vom Rhein, s. Lieder und Sagen.

Horst, Ludw., Lieder und Sagen vom Rhein. Gesammelt u. herausg. Leipzig 861. Amelang. 8. (XII, 316 S.) 1 ℳ

Horst, [Ludwig]: [Festrede zu Kaisers Geburtstag.] *Hamm i. W. 1903: E. Griebsch.* (S. 25—26.) 4° [F.]
Hamm i. W., k. G, P 1903 (408)

Horst, Louise, Gedichte, s. Gedichte.

Horst, Moritz [Pseud.]
s. Schimpf, Anna [Wirkl. Name]

Horst, Mor., aus dem Küstenlande. Erzählungen. 4 Bde. 8. (XII und 1026 S.) Stuttgart 865, Krabbe.

HORST, Oswald: Beschreibung der Fideicommißdomäne Ernstbrunn, mit besonderer Berücksichtigung ihrer Forste. Anläßlich der Exkursion des niederösterr. Forstvereins im Jahre 1898 verfaßt. - Wien 1898

Horst, Osw., d. Wildschadenermittlung, s.: Eisenmenger, Gust.

Jesus unsere Heiligung. Von R. Horst, Pfarrer. Kassel: E. Röttger [1905]. (45 S.) 8° [F.]
[Umschlagt.:] Heiligung. Von R. Horst. [illegible] 4

Horst, Richard: Entwicklung und Organisation der deutschen Drahtindustrie seit 1870. Borna-Leipzig 1910: Noske. 120 S. 8°
Bonn, Phil. Diss. v. 23. Febr. 1910, Ref. Schumacher
[Geb. 10. Aug. 86 Eschweiler; Wohnort: Cöln; Staatsangeh.: Preußen; Vorbildung: Gymn. Neuß Reife O. 05; Studium: Heidelberg 1, Bonn 8 S.; Rig. 19 Mai 09.] [U 10. 3*]

Horst, S. v. der, am Abgrund. Novelle. 8. (275 S.) Görlitz 878, Vierling. 4 —

—— eine Doppelehe im Hause Werkenthin. Hamburgische Novelle. 2 Bde. gr. 8. (389; 349 S.) Hamburg 875, J. F. Richter. * 6 —

Horst, S. v. der, aus den Erfahrungen einer Hausfrau. Ein Weihnachtsgeschenk für Deutschlands Bräute. Worte vom Herzen zum Herzen, einfach und schlicht, aber — treugemeint. 8. (190 S.) Würzburg 874, Keller. *
cart. mit Goldschn. *
geb. mit Goldschn. *

Horst, S. v. d., Erfahrungen e. Hausfrau. Praktische Rathschläge f. junge Mädchen u. Frauen. 8. [Titel-]Ausg. 12. (190 S.) München [874.] (902.) W. Keller. — 80

—— Lagervorräthe. Novellen. gr. 8. (IV, 329 S.) Hamburg 874, Richter. *

†Horst, S. v. der [S. Wörishöffer], von Geschlecht zu Geschlecht. Roman. 2 Bde. 8. (215; 205 S.) Görlitz 888, Bierling. 7 —

Horst, S. von der [Pseud.], s. Woerishoeffer, Sophie

v. d. Horst, Thielemann, neue Treppenbaukunst ꝛc. Aus d. Holländ. Mit 30 Kpf. Fol. Nürnb. 780. N. A. 789. Schneider u. W. 3 ℛ

Ansprache des Generals [Ulrich] v. d. **Horst** an die bisherige Schleswig-Holsteinische Armee bei Niederlegung seines Commandos. Kiel, den 29. März 1851. 1 Bl. Fol. (Lithogr.)

Ansprache des Generals Ulrich v. d. Horst an die beurlaubten und entlassenen Soldaten der Schleswig-Holsteinischen Armee. Rendsburg, den 18. Januar 1951. 1 Bl. Fol.

Horst, Ulrich v. d., Zur Geschichte des Feldzuges der Schleswig-Holsteiner gegen die Dänen im J. 1850. Die Schlacht von Idstedt, am 24. und 25. Juli. gr. 8. (IV und 96 S. mit 1 lithogr. Plan und 1 lithogr. Uebersichtskarte in 4. und gr. Fol. und 1 Tab. in qu. Fol.) Berlin 852, Mittler und Sohn. *

Horst, Ulr., der Kaiser u. die Wünschelrute. Geschichte u. Geheimnis e. alten Zaubers im Lichte neuester Forschg. (27 S.) kl. 8. Oetzsch-Leipzig (906.) Verlagsanstalt Lipsia. n. — 30

Klage des früheren kommandirenden Generals der Schleswig-Holsteinischen Armee [Ulrich] Freiherrn von der **Horst** bei der Deutschen Bundesversammlung gegen die Regierung des Herzogthums Holstein wegen Vernichtung eines Privatrechtes (seiner Pension). (Hamburg. 1851). 4°.

Horst, U. Frh. v. der. Die Schlacht von Idstedt am 24. u. 25. Juli. Mit 1 Pl. u. 1 übsfrt. Berlin 1852. 83 S.

Horst, Woldem., das Recht auf Leben. Emlns, s. a. Kürschner's Bücherschatz.

Das Recht auf Leben. Kriminalroman von Woldemar **Horst** (d. i. Woldemar Horst Saenger). Mit Ill. von W. Roegge. Berlin, Eisenach, Leipzig: H. Hillger [1906]. (108 S.) 8° [F.]
— **Bücherschatz**, Kürschners. No 485. (07. 15305

Horst, Walt., im Feuer! Bilder aus d. deutsch-französ. Kriege 1870/71. Nach den Aufzeichnungen e. deutschen Schlachtenmalers erzählt. 8. (127 S.) Dresden 895. M. Fischer. — 60; kart. — 60; m. 4 farb. Bild. auf bess., breit. Pap., geb. 1. 50; gr. 8. (207 S. m. 4 farb. Bild.) Geb. 2. 50

Horst, Walt., im Feuer! Bilder aus dem deutsch-französ. Kriege 1870/1871. Nach den Aufzeichngn. e. deutschen Schlachtenmalers erzählt. 8. (127 S. m. 4 Farbdr.) Dresden (899). M. Fischer. Geb. 4. —

— dasselbe. gr. 8. (207 S. m. 4 Farbdr.) Ebd. (899). Geb. 6. —

Horst, Werner, Deutschland an Schleswig-Holstein. Zwölf Gedichte. gr. 8. (15 S.) Berlin 850, Mylius'sche Brlgsb. **

Horst, Wilh. Phil. Alfr. Ferd. Frhr. v. der, sieben Edelsteine. Dichtungen aus früherer Zeit. 8. (158 S. mit 2 Stahlst.) Minden 879, (Körber und Freytag.) * 4 50
geb. mit Goldschn. * 6 —

Horst-Schulze, Einsamkeit, s.: Teuerdank. 6.

Hörstein [Schlagwort]

Hörstein, s.: Bayern. Karte.

Hörstel, Johann Nikolaus Ludwig

Hörstel, L., ABCBuch. 8. Leipz. Sommer. 816.

— Abrisse. Religionslehre d. Plato. 8. Hannov. 798.

— s. Apollonii Rhodii Argonaut.

— s. a. Auswahl deutscher Gedichte.

— Auswahl deutscher Gedichte zur Erweckung u. Beförderung d. Gefühls f. d. Schöne u. Gute ꝛc. 1e—3e Samml. 8. Braunschw. 801—3. Reichard. (Vogler in Potsd.) 1 ℛ

Hörstel Jh. Nikl. Ldw., († d. 14. Oct. 1828.) Beiträge zur Anerkennung u. Würdigung d. Verdienste Jesu in Predigten. gr. 8. Braunschw. 800. (Vogler in Potsd.) 1 ℛ 4 𝒦

— Platonis doctrina de Deo, e dialogis ejus in us. schol. excerpta et in ordinem redacta. 8maj. Leipz. 804. Dyck. 1 ℛ

— Fibel, oder Elementartheil d. deutschen Sprachlehre. 8. Braunschw. 803. Reichard. N. A. Leipz. 820. Nauck. 20 𝒦

— Fibel, oder Elementartheil der deutschen Sprachlehre. 8. Braunschw. Reichard (Pluchart) (a. Sommer in Lpz.) 803.

— — Fibel, oder erstes Unterrichtsbuch für Kinder, welches den Kräften des Leibes und des Geistes derselben angemessen ist. gr. 8. Hannover, Hahn. 820.

Hörstel, L., Fibel, oder ABC-Buch, oder Elementartheil theil der deutschen Sprachlehre zur Erweckung der Vernunft und zur Ausbildung des Verstandes. N. Aufl. 8. Leipzig, Sommer. 820. Rthlr.

— Formenlehre u. latein. grammat. Lesebuch für d. ersten Cursus. 8. Berl. 801. 2. A. 805. 3e A. 811. Franke. (a. Barth in Leipz.) 12 𝒦

— Formenlehre d. griech. Sprache. gr. 8. Brem. 799. Fr. Wilmans in Frankf. a. M. 10 𝒦

Hörstel's, L., Formenlehre der griechischen Sprache. Brem. 800. 8. 10 gr.

Hörstel, L., Leben, Thaten und Meinungen merkwürdiger Männer aus dem Alterthume. Leipz. 804. 2 Th. 8. 3 rth. 12 gr.

— Leben, Thaten u. Meinungen berühmter Männer, a. d. Alterth. 1r u. 2r Bd. gr. 8. Lpz. Dyk. 804–805. (1r 1 Thlr. 4 gr. 2r 20 gr. 3r 1 Thlr. 12 gr.) Schreibp.

— Leben, Thaten u. Meinungen berühmter Männer, aus d. Alterthume nach d. Zeitfolge geordnet. Von Adam bis Theodorich. 3 Bde. gr. 8. Leipz. 804—6. Dyck. 3 ℛ 12 𝒦 Schrbp. 4 ℛ 12 𝒦

— griech. grammat. Lesebuch. gr. 8. Bremen (Willmanns in Frkf.) 799.

Hörstel's, L., Lateinisches grammatisches Lesebuch. Berlin 801. 8. Nebst Formenlehre. Berlin 805. 8. 12 gr. Ebend. 811. 8. 12 gr.

— lat. grammat. Lesebuch für den ersten Cursus. 8. Berlin, Franke. 805.

— grammat. Lexicon üb. d. Cornel. Nepos. 8. Braunschw. Reichard. 805.

— grammat. Lexicon über d. Phädrus. 8. Lpz. Dyk.

• — grammatisches Lexikon üb. den Phädrus. 8. Leipz. Dyk. 808.

— s. Platonis Georgias — Timaeus.

— s. Plato's Abriß e. Religionslehre.

— prakt. Versuch einer deutschen Verskunst, wodurch jeder Leser in d. Stand gesetzt wird, die vornehmsten deutschen Versarten, d. jambischen, daktischen, elegischen ꝛc. kennen zu lernen. gr. 8. Leipz. 805. Dyck. 1 ₰ 8 gr

Hörstel, Jh. Nikl. Ldw., Unterrichtsbuch, nach welchem Väter, Mütter, Erzieher, Erzieherinnen zu Hause Kinder beschäftigen und für öffentl. Schulunterricht empfänglich machen können. 8. Braunschweig 803. (Leibrock.) 5/12 ₰

— Unterrichtsbuch, nach welchem Väter, Mütter, Erzieher ꝛc. zu Hause Kinder beschäftigen können. 8. Braunschw. 803. Pluchart. 10 gr

Hörstel, Wilhelm

Hörstel, W., Carrara, s. a. Sammlung populärer Schriften, hrsg. v. der Gesellsch. Urania zu Berlin.

Carrara von W. **Hörstel** in Genua. Mit 5 Ill. Berlin: H. Paetel 1906. (24 S.) 4°
Aus: Himmel u. Erde. Jg. 19, H. 1.
— **Sammlung** populärer Schriften hrsg. von d. Urania. No 63. [07. 11417

Die Napoleonsinseln |Korsika und Elba. Von W. **Hörstel**. Mit 16 Ill. Berlin: Allg. Verein f. Lit. 1908. 346 S. 8°
(Allgemeiner Verein f. Deutsche Literatur. Abt. 34, 5.) A 12. 1110/4

Die Napoleonsinseln Korsika und Elba von W. **Hörstel**. Mit 16 Ill. 2. Aufl. Berlin: Allgem. Verein f. Deutsche Lit. 1908. 346 S. 8°
(Allgem. Verein f. Deutsche Literatur. Abt. [34, 5].) [09. 90

Hörstel, W., die Riviera, s. a. Land u. Leute. XI.

Die Riviera. Von W. Hörstel. Mit 126 Abb. u. 1 Karte. *Bielefeld & Leipzig: Velhagen & Klasing 1902.* (132 S.) 4°(8°) [F.]
— **Land** und **Leute**. 11. [02. 2727

Die Riviera. Von W. **Hörstel** Mit 160 Abb. u. 1 Karte. 2. verm. Aufl. Bielefeld & Leipzig: Velhagen & Klasing 1907. (176 S.) 4°(8°) [F.]
— **Land** u. Leute. 11. [07. 38,6 B

— Die oberitalienischen Seen. Mit e. geographisch-geolog. Übersicht v. A. Tornquist, s. a. Land u. Leute. 25.

Hörstel, W. . Die Oberitalienischen Seen. Mit einer geographisch-geologischen Übersicht von Prof. Dr. A[lexander] Tornquist. Mit 100 Abbildungen nach photographischen Aufnahmen, darunter 4 farbigen Einschaltbildern [Tafeln] und einer Karte. VI + 136 S. gr.-8. Bielefeld und Leipzig, Velhagen & Klasing, 1910. [geb. M. 4.—]

Land und Leute. Monographien zur Erdkunde. ... hrg. von A[lbert] Scobel. [Band] 25....

Hörstel, Wilh., aus dem sonnigen Süden. Italienische Märchen in mündl. Ueberlieferungen. Gesammelt v. H. Mit 4 farb. u. 60 schwarzen Illustr. (224 S.) 8. Nürnberg (904). Th. Stroefer. Geb. n. 3.—

Horsten, E., patentiertes Betrügen. Ein Sittlichkeitsverbrechen. Der Fluch der Arbeit — Kutte u. Purpur, s.: Studien, kleine.

Horsten, Hans, Ikarusflug. Die Geschichte e. Offiziers. (V, 251 S.) 8. Berlin 908. Herm. Walther. 3.—

Das Meer ist das Leben. Novellen von Hans **Horsten**. Berlin-Leipzig: Modernes Verlagsbureau 1906. (155 S.) 8° [06. 3608

Horsten, Heinrich, s. Horten, Heinrich

Hörsten, v., soll die Schule Staatsanstalt werden?, s. a. Abhandlungen, pädagogische. X. 8.

Soll die Schule Staatsanstalt werden? (Vortrag.) Von v. **Hörsten**, Lehrer in Münder. Bielefeld: A. Helmich [1904]. (11 S.) 8° [F.]
— **Abhandlungen**, Pädagogische. N. F. Bd 10, H. 8. [05. 4487

Hörsten, Karl v. Beiträge zur elementaren Darstellung der Lehre vom Verbum infinitum im Lateinischen. 16 S. *Gandersheim* 1881
Progr.

Hörsten, [Karl] v.: Rückblick auf die ersten 25 Jahre der Anstalt. Wolfenbüttel 1909: Heckner. S. 3—29. 4°
Wolfenbüttel, st. R OP 1909 (941) [S 09. 200

v. **Hörsten**, *Carl* [Dir.]: Ein Wort an die Eltern unserer Schüler *über den Besuch einer höheren Bürgerschule.* Wolfenbüttel, Druck d. Hecknerschen Druckerei, 1891; S. 20—22; 4°
Wolfenbüttel, st. HB, OP 1891 (691)

Horstenau, E. v., im mohrengrauen Rock, s.: Kappus, F. Xav.

Horstenau, Edm. v., Tuzla u. Doboj, s. a. Truppen, unsere, in Bosnien u. d. Herzegowina 1878. 6. Bd.

Tuzla und Doboj. Von Lt. Edmund v. **Horstenau**. Wien & Leipzig: Stern 1909. 80 S. 8°
(Unsere Truppen in Bosnien u. d. Herzegowina 1878. Einzeldarstellungen. Bd 6.)
[09. . 8°

Horstenau, Edmund Glaise v.
s. **Glaise** v. Horstenau. [11. 1559

Horstenstein [Schlagwort]

Horstenstein, s.: **Berlin. Kiessling.**

Horster, Franz, Referendar: Die Erhöhung des Aktienkapitals einer Aktien-Gesellschaft unter Verwendung der freiwilligen Reservefonds. Zulässigkeit und Durchführung. Bonn 1910: Bach. 48 S. 8°
Jena, Jur. Diss. v. 12. Sept. 1910, Ref. Fehr
[Geb. 9. Sept. 87 Kerpen, Kr. Bergheim; Wohnort: Bonn; Staatsangeh.: Preußen; Vorbildung: Städt. Gymn. Cöln Reife O. 07; Studium: Bonn 6 S.; Rig. 28. Juli 10.] [U 11. 2384

Vom lieben Jesuskind. Legenden aus s. Jugendzeit. Von Elisabeth **Horster**. Mit 13 Kunstdruckbild. nach Zeichn. von W. Rohm. Cöln: J. P. Bachem [1905]. (15 Bl.) 4° [06. 10770

Vom lieben Jesuskind. Legenden aus s. Jugendzeit. Von Elisabeth **Horster**. Mit 13 Farbendruckbild. von W. Rohm. 4. Aufl. Cöln a. Rh.: J. P. Bachem [1907]. (15 Bl.) 4° [F.] [08. 670

Horster, Karl Franz, Ref. in Krefeld: Die Arten der Mitvormundschaft des gemeinen Rechts und die des Bürgerlichen Gesetzbuchs. Krefeld 1906: Gebrüder Reinartz. (30 S.) 8° [F.]
Leipzig, Jur. Fak., Diss. v. 18. Juni 1906
[Geb. 12. Febr. 83 Krefeld; Wohnort: Krefeld; Staatsangeh.: Preußen; Vorbildung: Gymn. Krefeld Reife O. 02; Studium: Tübingen 1, München 1, Berlin 1, Bonn 3 S.; Rig. 17. Nov. 05.]

Horster, Paul, a. Krefeld: Die Entwicklung der Sächsischen Gewerbeverfassung ⟨1780—1861⟩. Crefeld 1908: W. Greven. (IX, 170 S.) 8°
Heidelberg, Phil. Fak., Ref. Gothein, Diss. v. 19. Febr. 1908
[Geb. 1. Aug. 83 Uerdingen a. Rh.; Wohnort: Krefeld; Staatsangeh.: Preußen; Vorbildung: Gymn. Krefeld Reife M. 06; Studium: Handelshochsch. Leipzig 3, Univ. Tübingen 1, Leipzig 4 S.; Rig. 6. Dez. 07.]

Horster, Paul, die Entwicklung der sächs. Gewerbeverfassung. (1780—1861.) Diss. (IX, 169 S.) 8. Crefeld 908. (A. Fürst.) nn 4. —

Hörster, C., Ehre sei Gott in der Höhe! Liederbüchlein f. evang. Schulen u. Kindergottesdienste, enth. in 100 Nummern Kirchenlieder u. religiöse Volkslieder, mit Ziffernoten versehen u. nach den Gesichtspunkten des evangel. Gesangbuches der Synoden Jülich, Cleve, Berg u. Grafsch. Mark geordnet. 2., verb. Aufl. 8. (105 S.) Gelsenkirchen 893. C. Bertenburg. Geb. n. — 50

Hörster, Karl

Hoerster, Carl, elementarer Lehrgang der Raumlehre in Beziehung auf den Zeichenunterricht für die Volksschule. 8. (41 S. mit 11 lithogr. Fig.-Taf.) Gelsenkirchen 878, (Scipio.) * — 75

Horstig, Sus. Chr., geb. d'Aubigny von Engelbronner, Nina, Briefe an Natalie über den Gesang ꝛc. gr. 8. Leipzig 824. Voß. 1²/₃ ℛ

Horstig: Q u a e s t i o n e s Durideae. 16 S. – Stolp, Progr. 1862.

Gottl. Philipp Horstig's Neuverbesserter Maasstab zum Gebrauch der Feldmesser und Ingenieurs. Ohne Druckort. 4. 10 S. m. einer Figur im Texte. 1772

* **Horstig, J. L., ex Dionysii Halicarnassensis Archaeologiae Romanae Lib. X. cap. 1—8. 8maj. Lips. Sommer. 790.**

Horstig, Jh. Sam., s. *Dionysius* Halicarn, Archaeolog.

Horstig, Karl Gli., Abhandl. über Physiognomik. 12. Minden 801. Körber. 5 gr.

– s. A n n a l e n , Neue theolog.

Horstig, Anweisung f. Lehrer in Bürgerschulen. 8. Hann. Hahn. 795.

— Beantwort. d. Frage: sollen wir d. Kinder schreien lassen? 8. Gotha 796. Ettinger. 8 gr.

Briefe über die mahlerische Perspektive von *Horstig*. Mit 32 Kupfertafeln. Leipzig. In der Dykischen Buchhandlung. 8. 260 S. 1797

Horstig, Karl Gli., d. arithmet. Duodecimalsystem, von seiner prakt. Seite dargestellt. kl. 4. Leipz. 801. Voß. 12 gr.

Horstig, K. Gli., das arithmet. Duodecimalsystem. v. s. praktischen Seite dargestellt. 4. Lpz. Voß. 805.

— Gesch. d. Einführung u. Bekanntmachung d. Olivier'schen Lesemethode im Schaumburg-Lippischen. gr. 8. Münster 803. (Thersing). 16 gr. (Leipz. 825. Barth). 12 gr.

— Geschichte d. Einführung u. Bekanntmachung d. Oliviersch. Lesemethode im Schaumburg-Lippischen. gr. 8. Münster, Waldeck. 803.

— die Gottheit, was sagt Cicero in seiner Schrift darüber als Heide u. Philosoph? gr. 8. Leipz. (823.) Ind.-Compt. 8 gr.

v. Horstig, die Gottheit; was sagt Cicero in seiner Schrift darüber als Heide u. Philosoph? gr. 8. Lpz. 824. Ind.-Cpt.

— Kinderalmanach auf d. Jahr 1804. Mit Kpf. u. Musik. A. u. d. T.: Beispiele, wie Eltern ihre Kinder angenehm u. nützlich beschäftigen können. 8. Hannov. 804. Hahn. 9 gr.

— Kinderbibliothek, 1stes Bändch. m. K. u. Musik oder Kinderalmanach a. d. J. 1803. 8. Hannov. Hahn.

— Kinderlieder u. Melodien. 8. Leipz. 798.

— von d. Pflicht, mit seinem Zeitalter fortzuschreiten. Eine Predigt am Neujahrstage 1798 gehalten. 8. Hannov. 798. Hahn. 2 gr.

— Reise nach Frankreich, England u. Holland zu Anfange d. J. 1803. Mit 1 Kpf. u. 1 Holzschn. gr. 8. Berl. 806. Maurers B. 1 ℛ 8 gr.

– s. R e l i g i o n d. Bibel.

– s. S. S. R o l a n d , Söder.

Horstig, sollen wir die Kinder schreyen lassen? 8. Gotha, Ettinger. 798.

— erleicht. deutsche Stenographie. Mit Kpf. 4. Leipz. 797. 2e A. 798. Voß. 12 gr.

Erleichterte Deutsche S t e n o g r a p h i e vom Konsistorialrath Karl Gottlieb Horstig. 2. Aufl. Leipzig 1797. 4° k.

— Tageblätter e. Reise in u. um d. Harz. Mit 16 Ansichten großer Naturscenen von Darnstedt. gr. 8. Leipz. 805. Cr. Fleischer. 4 ℛ 16 gr.

— Tageblätter einer Reise in u. um d. Harz. m. 16 Ansichten großer Naturscenen v. Darnstädt. gr. 8. Leipz. G. Fleischer. 806.

– s. T a s c h e n b u c h , Westphäl.

— Taschen-Choralbuch f. Sänger u. Organisten. 12. Minden, Korber. 801.

— Uebung d. Seminaristen oder künftigen Lehrer. 8. Halle 801. Gebauer. 6 gr.

— Vorschl., wie sich der Prediger d. Liebe u. Achtung seiner Gemeinde versichern kann. gr. 8. Brschw. Schulbhdl. 791

— freundschaftl. Vorschläge, wie sich d. Prediger beim Eintritt in d. öffentl. Amt d. Liebe u. Achtung seiner Gemeinde versichern kann. gr. 8. Braunschw. 791. Schulbuchh. 3 gr.

Horstig, Karl Theophil: De n a t u r a fortuiti cum necessario comparata,
s. B o r n , Friedrich Gottlob

Der Trifels, hist. u. geol. Vortrag, geh. gelegentl. d. Ausfluges d. Pfalz-Saarbrücker Bezirks-Vereins deutscher Ingenieure von O. v. **Horstig**. Saarbrücken 1897: Gebr. Hofer. (20 S.) 8°

Horstig, R. M., Anthologie aus lateinischen Dichtern. Zum Gebrauch in Gymnasien und Realschulen hrsg. gr. 8. (XXIII und 304 S.) Stolp 851(52,) Fritsch.

Horstig, R. M., Anthologie aus lateinischen Dichtern. Zum Gebrauch in Gymnasien u. Realschulen hrsg. gr. 8. (XXIV u. 304 S.) Stolp 852, Fritsch. ⁵/₆ ℛ

Horstig, K. M., Colberg im J. 1807. Eine Jubelschrift. Stolp 857. Kölling. 16. (88 S.) 15 ngr.

Horstig, K. M., Colberg im J. 1807. Eine Jubelschrift. 16. (88 S.) Stolp 857, [Schrader.]

Horstig, K. M., vollständiges Wörterbuch zu den Lebensbeschreibungen des Cornelius Nepos, s. Cornelii Nepotis vitae ed. Horstig.

— vollständiges Wörterbuch zu den Lebensbeschreibungen des Cornelius Nepos. Stolp 854. Fritsch. 8. (2 Bl., 141 S.) n. 10 ngr.

Horstig, Sus. Christ., geb. d'Aubigny von Engelbronner, s. a. d'Aubigny.

Horstius, Diss. Problematum medicorum decas; gravissimorum capitis affectuum cognitionem illustrans. Witeb. 4°. Auch in: Opp. T. II p. 121.
1708

Horstius, C. L., praes. M. Alberti, De lacrymarum noxa et utilitate medica, von Schaden und Nutzen der Thränen in Ansehung der Gesundheit. 34 pp. Hal. 4°. 1737

Weltenträume. Von E. O. Hörsting. Leipzig: Grieben 1893. 49 S. 8° [10. 9778

Hörsting, E. O., Weltenträume. 2. Hft. 8. (50 S.) Leipzig 901. Th. Grieben. n. 1. —

Hörsting, E. O., Weltenräume. 3. Heft. (48 S.) 8. Leipzig 905. Th. Grieben. 1. —

Hörstke, J. C. F., der practische Bienenvater. Ein unentbehrl. Rathgeber, ein Hülfs- u. Lehrbuch der Bienenzucht zum Selbstunterr. f. jeden Bienenbesitzer, besond. aber f. den angehenden Bienenwirth üb. d. Zucht, Pflege 2c. Nebst ein. Anh. 8. (6½ B.) Magdeburg 845, Falckenberg u. Comp.

Hörstke, J. C. F., der praktische Bierbrauer, oder: Anleitung zum Brauen der vorzüglichsten einfachen und Lager- oder Doppelbiere. Mit Hinweisung auf die Hauptbedingnisse, ein gutes Bier zu brauen, oder das Verfahren der baier'schen Bierbrauerei und Mittheilung verschiedener bewährter Geheimmittel für Bierbrauer und Schankwirthe. Nebst einem Anhange, eine gründl. Anleitung zum Hopfenbau enthaltend. 8. (VIII und 101 S.) Jüterbog 849, Colditz.

—— die Vertilgung der Maulwürfe in Gärten, Wiesen u. Feldern. Nebst der naturhistor. Beschreibung der Maulwürfe, Anleitung zur Selbstanfertigung der Fangwerkzeuge 2c. 2., veränd. u. verb. Aufl. 8. (2½ B. u. 3 Stnt.) Magdeburg 845, Falckenberg u. Comp.

Hörstke, J. C. F., der practische Viehzüchter oder das Ganze der Pferde-, Rindvieh- und Schaf-Zucht. Nebst einem Anhange: Wirthschaftserfahrungen und Berechnungen. 8. (VIII und 135 S.) Magdeburg 847, Falckenberg und Comp. Thlr. *

Hörstke, J. C. F., Der prakt. Viehzüchter od. das Ganze d. Pferde-, Rindvieh- u. Schafzucht. Nebst e. Anh.: Wirtschaftserfahrgn. u. Berechngn. 8. (VIII. u. 135 S.) Magdeburg 47. (Berlin, Behrend.) M. 1.—

Horstmann (Red.), s. Arzt, Der praktische.

Horstmann, A. (II.), waidmännische Antiquitäten. Eine Sammlung interessanter Curiosa's zur Kenntniß vormal. Gebräuche und Maximen beim Jagdwesen. 12. (VII, 80 S.) Eisenach 879, Rasch und Koch. — 75

Horstmann, A., Heimatskunde der Rheinprovinz. 8. (84 S.) Elberfeld 881. Faßbender. cart. n. — 50

Horstmann, A. (II.), Heimatskunde der Rheinprovinz. 8. (84 S.) Elberfeld 882, Faßbender's Buchh. cart. *

Horstmann, A. (II.), Heimatskunde der Rheinprovinz. 2. Aufl. 8. (84 S.) Düsseldorf 886, A. Bagel. cart. * — 50

Heimatkunde für die Rheinprovinz. Von A. Horstmann, Rektor. 3., umgearb. u. verm. Aufl. *Elberfeld: Baedeker 1899.* (112 S.) 8° | J. [illegible] 5

Horstmann, A., Heimatkunde f. die Rheinprovinz. 4. umgearb. u. verm. Aufl. gr. 8. (116 S.) Elberfeld 902. Baedeker. Kart. n. — 60

Horstmann, A., Heimatkunde f. d. Rheinprovinz. 6. Aufl. (Unveränd. Abdr. d. 5. umgearb. u. verm. Aufl.) (124 S.) 8. Elberfeld 908. A. Martini & Grüttefien. Kart. — 60

—— die Vertretung des Lehrerstandes in der Schulverwaltung. gr. 8. (42 S.) Neuwied 888, Heuser's Verlag. — 60
Aus: Rheinischer Schulmann, besonders abgedruckt.

Horstmann, Adolf, Rechtsprakt.: Der Übergang der Gefahr bei Versendung der gekauften Sache am Platze. Heidelberg 1909: Rößler & Herbert. 118 S. 8°
Heidelberg, Jur. Diss. v. 22. Juli 1909, Ref. Endemann
[Geb. 29. Okt. 73 Passau; Wohnort: München; Staatsangeh.: Bayern; Vorbildung: Gymn. Bayreuth Reife 92; Studium: München 3, Würzburg 7 S.; Rig. 17. Juni 09.] [U 09. 1810

Horstmann, Alexander, Angelika. Epische Dichtung in vier Gesängen. 8. (54 S.) Berlin 887, (Ißleib.) * 1 50

Horstmann, Alex., der Berlasee. Eine romant. Dichtg. in 4 Gesängen. (50 S. m. Bildnis.) kl. 8. Berlin (S. 14, Neu-Kölln a. W. 4) 907. M. Brodek. n. 1. 50

Das Prothyl-Problem. Eine monist. Studie über d. Substanz-Gesetz von Alexander Horstmann. *(Berlin: [Selbstverl. 1904].)* (4 Bl.) 8° [J.] 04. 1460

Horstmann, Aug., Abhandlungen zur Thermodynamik chemischer Vorgänge, s. a. Ostwald's Klassiker d. exakten Wissenschaften.

Abhandlungen zur Thermodynamik chemischer Vorgänge von August Horstmann. Hrsg. von J[akobus] H[enricus] van't Hoff. Mit 4 Fig. *Leipzig: W. Engelmann 1903.* (73 S.) 8°
= Klassiker, Ostwald's, d. exakten Wissenschaften. No 137. [illegible] 2

Maurerische Bausteine. Vorträge von A[ug.] Horstmann. Elberfeld: Selbstverl., Bädeker in Komm. [1892]. 120 S. 8°
Recens: Bbl. 6 (1892) S. 429—430 (E. Kelmann); FZ. 46 (1892) S. 270 (K. Pilz); L. 15 (1892) S. 160 (B. Cramer).
8 Logenreden u. Vorträge. Katalog d. vereinigt. Hamburger ☞ (1910) gibt 1894 als Erscheinungsjahr an. 23. 193.

Horstmann, A., theoretische Chemie einschliesslich der Thermochemie, s. a. Graham-Otto's ausführl. Lehrbuch der Chemie.

HORSTMANN, A.
Theoretische Chemie einschliesslich der Thermochemie. Braunschweig, 1885.

Horstmann, A., über das Diffusionsgleichgewicht in einer Salzlösung von nicht gleichmässiger Temperatur. [Aus: „Verhandlgn. eines naturhist.-med. Vereins zu Heidelberg".] gr. 8. (11 S.) Heidelberg 880. C. Winter. n. — 40

Horstmann, A. (I.), Dissociation der Chlorsilber-Ammoniakverbindungen. gr. 8. (18 S.) Heidelberg 877, C. Winter's Universitäts-Buchh. * — 60

— Dissociation der Chlorsilber-Ammoniakverbindungen. [Aus: „Verhandlgn. d. naturhist.-med. Ver. zu Heidelberg".] gr. 8. (18 S.) Ebend. 877. n. — 60

Horstmann, A. Ueber ein Dissociationsproblem. Heidelberg. 1874.

— über ein Dissociationsproblem. [Aus: „Verhandlgn. d. naturhist.-med. Ver. zu Heidelberg".] gr. 8. (15 S. m. 1 Steintaf.) Ebend. 877. n. — 80

— H. Landolt u. A. Winkelmann, Lehrbuch der physikalischen u. theoretischen Chemie, s.: Graham-Otto's ausführl. Lehrbuch der Chemie.

—— Ueber die Theorie der Lösungen. gr. 8. (31 S.) Heidelb. 892. C. Winter. * — 80
Aus: Verhandlgn. d. naturhist.-med. Vereins zu Heidelberg, besonders abgedruckt.

—— über die wechselseitige Umsetzung der neutralen Kalk- und Kalisalze der Oxal- und Kohlensäure. gr. 8. (14 S.) Ebendas. 879. * — 40

— über die wechselseitige Umsetzung der neutralen Kalk- u. Kalisalze der Oxal- u. Kohlensäure. [Aus: „Verhandlgn. d. naturhist.-med. Vereins zu Heidelberg".] gr. 8. (14 S.) Ebend. 880. n. — 40

—— Verbrennungserscheinungen bei Gasen. 1.—3. Heft. gr. 8. Ebendas. [1. Heft. (13 S. mit 1 Stnt.) 877. * 80 Pf.; 2. Heft. (20 S. mit 1 Stnt.) 878. * 80 Pf.; 3. Heft. (43 S. mit 1 Stnt.) 879. * *M.* 1,60.] * 3 20
Vorstehende vier Schriften sind aus: Verhandlungen des naturhistorisch-medicinischen Vereins zu Heidelberg, besonders abgedruckt.

Was können wir thun, um das Ansehen der Sch[otten]-□ zu heben, bezw. um derselben die ihr gebührende Stellung innerhalb der Frmrei zu sichern? Zeichnung in der Sch[otten]-□ Adolf zum Elver Felde im Or. Elberfeld am 3. Dez. 1896 von [Aug.] Horstmann. [Elberfeld 1896: Martini & Grüttefien.] 16 S. 8° [Umschlagtit.] 358a.

— über den Zusammenhang zwischen dem Wärmewerth u. dem Verlauf chemischer Reactionen. [Aus: „Verhandlgn. d. naturhist.-med. Vereins zu Heidelberg".] gr. 8. (11 S.) Heidelberg 884. C. Winter. n. — 60

Horstmann, Bernhard [aus Osterwick (Westfalen)]: Über den Blutverlust in der dritten Geburtsperiode bei abwartender Methode.... Würzburg, Paul Scheiner's Buchdr., 1889; 21 S. 8°
Würzburg, Med. Fak., Inaug.-Diss. v. 1889

Horstmann, C., s.: Archiv f. Augenheilkunde.

Horstmann, C, s.: Leben Jesu.

— allgem. Therapie der Augenkrankheiten. — Hartmann, Arth., Allgem. Therapie der Krankheiten des Hörorganes. — Jung, Allgem. Therapie der Mund- u. Zahnkrankheiten. [Aus: „Lehrb. d. allg. Therapie u. d. therapeut. Methodik".] gr. 8. (3. Bd. III u. S. 715—788 m. 1 Holzschn.) Wien 899. Urban & Schwarzenberg. n. 1.50

Horstmann, Carl, s. Horstmann, Karl

Horstmann, G. Henry, Taschenuhren früh. Jahrhunderte aus d. Sammlung Marfels. gr. 8. (14 S. m. 24 Taf.) Berlin 897. (W. H. Kühl.) Geb. n.n. 5.—

Taschenuhren früherer Jahrhunderte aus der Sammlung Marfels. M. 24 Taf. Von G. Henry Horstmann, U.S.-Consul a. D. *Berlin: Deutsche Uhrmacher-Zeitg 1897.* (14 S., 1 Bl., 24 Taf.) 1 Bd 8.

Horstmann, Heinr., eine Radreise um die Erde, ausgeführt vom 2. V. 1895 bis zum 8. VIII. 1897. gr. 8. (296 S. m. Abbildgn.) Barmen (898). W. Bamberger. n. 8.—; erhöht. Preis n. 4.—

Horstmann, Hermann [app. Arzt aus Osterwick i. W.]: Aus d. patholog. Institute zu Kiel. Ueber den Zusammenhang von Syfilis mit Schrumpfniere ... Kiel, Druck v. P. Peters, 1890; 17 S., 1 Bl. 8.
Kiel, Med. Fak., Inaug.-Diss. v. [20. Mai] 1890

Horstmann, Joh. Carl, u. Carl Strauß, Archiv f. Freimaurerei, s. Archiv.

Horstmann, Joh. Karl Barlaam und Josaphat, eine Prosaversion aus Ms. Egerton 876 fol. 301. 17 S. Progr. *Sagan* 1877.

Horstmann, J(oh.) C(arl), Bericht über die 1. Versammlung des Vereins norddeutscher Volksschullehrer, s. Bericht.

Horstmann, Karl

Horstmann, C. S. Albon und Amphabel, ein Legendenepos in 3 Büchern von Lydgate, nach der Editio von S. Albans 1534 edirt. Berlin, Königst. R., 1882. S. 101—195. Progr.

Horstmann, Karl Über Osbern Bockenam und seine Legendensammlung. 15 S. Progr. Königst. Rg. *Berlin* 1883.

Horstmann, C., S. Editha sive chronicon Vilodunense im Wiltshire Dialekt, aus Ms. Cottonn. Faustina B III hrsg. gr. 8. (VIII, 116 S.) Heilbronn 888, Gebr. Henninger. *

Horstmann, Carl (geb. Dillenburg 14. 6. 1847): Drei Fälle von Mediastinaltumor. Berlin (1871). (31 S.) 8°
Berlin, Med. Diss. v. 13. Juli 1871

— s.a. Legenden, altenglische.

—— altenglische Legenden. Neue Folge. Mit Einleitung und Anmerkungen hrsg. gr. 8. (CXXXVIII, 536 S.) Ebendas. 881. *
1. Bd. Ebendas. 1878. * *M* 7,20.

Horstmann, Carol., de veterum tragicorum Romanorum lingua. Dissertatio philologica. 8. (40 S.) Monasterii 870. (Berlin, Calvary und Comp.) *

Horstmann, C. Mappula Angliae, von Osbern Bokenham, s. Studien, englische, 10. Bd. 1. Heft.

Horstmann, C., Sammlung altenglischer Legenden, grösstentheils zum ersten Male hrsg. gr. 8. (227 S.) Heilbronn 878, Gebr. Henninger. * 7 20

Horstmann, Philipp Bernhard

Horstmann, Ph. Bhrd., Bemerkk. e. französ. Bürgers u. alten Soldaten über d. Feldzüge in Champagne rc., s. Bemerkk.

Horstmann, Ph. Bhd., s. Eremit, der, rc.

— s. a. ferner: Franzosen in Saarbrücken.

Horstmann, Phpp. Bernh. Die Franzosen in Saarbrücken u. den deutschen Reichslanden, im Saargau u. Westrich [1792—94], s. Mittheilungen d. historischen Vereines f. die Saargegend.

Die Franzosen in Saarbrücken und den deutschen Reichslanden im Saargau und Westrich (1792—94). In Briefen von einem Augenzeugen (Philipp Bernhard **Horstmann**). (Neuabdr. mit 11 Beil. Saarbrücken: Klingebeil 1890.) Bdchen. 1. 2. — (Weilburg): Auf Kosten d. Verf. 1796—97. IV, 292 S. 8°
(Mittheilungen d. Histor. Ver. f. d. Saargegend. H. 5.)

(**Horstmann.**) Die Franzosen in Saarbrücken und den deutschen Reichslanden im Saargau und Westrich (1792—1794). In Briefen von einem Augenzeugen. 1. u. 2. Bändchen. Mit 3 (4). resp. 5 (6) Beilagen. (Aus „Mittheilungen des historischen Vereins für die Saargegend", 5. Heft.) Neuabdruck mit 11 (10) Beilagen. (In 1 Bd.) 8. Saarbrücken 1890.

— s. Gute Nacht, Republik!

— s. Kriegszücht d. Franzosen.

Horstmann, W., der perfekte Zauberkünstler und Taschenspieler. Auserlesene und überraschende Taschenspieler-Künste. 8. (48 S.) Oberhausen (Styrum) 887, Spaarmann. — 80

Horstmann, Wilhelm, Prof.: Politische und sozialpolitische Anregungen im Rahmen des altsprachlichen Unterrichts. *Lingen 1903: J. L. v. d. Velde Veldmann.* (35 S.) 8° [F.]
Lingen, k. G Georgianum ⟨m. realem Neben-Unterr. in d. Kl. U. III. bis U. II. einschl.⟩ OP 1903 (300)

[F.] **Horstmann,** Wilhelm: Die Stenographie und die höhere Schule. Lingen, Druck v. J. L. v. d. Velde Veldmann, 1897; 11 S. 4.
Lingen, k. G Georgianum, OP 1897 (323)

Horstmann, Wilh., die Stenographie u. d. höhere Schule. Progr. 4. (11 S.) Lingen 897. (R. van Acken.) n. — 40

Telegraph und Fernsprecher. Hülfsbuch z. Erlernung d. Telegraphen- u. Fernsprechdienstes ... Mit e. Anh. enth. e. Anleitung z. Anfertigung von Berichten ... Bearb. von **Peter Horstmannshoff.** *(Düsseldorf): Selbstverl. (1899).* (64 S.) 8° [F.]

Horstmannshoff, Pet., Telegraph u. Fernsprecher. Hülfsbuch zur Erlerng. des Telegraphen- u. Fernsprechdienstes sowie zur Vorbereitg. auf die Assistenten- u. Sekretärprüfg. Mit e. Anh., enth. e. Anleitg. zur Anfertigg. v. Berichten, Verhandlgn., Gesuchen u. Schreiben. gr. 8. (64 S. m Fig.) Düsseldorf 899. (J. P. Michel.) Kart n. 1.—

Aufgabensammlung für den Rechen-Unterricht in Feinmetallarbeiterklassen ⟨Gürtler, Graveure, Ziseleure usw.⟩ von W[illy] **Horstmeier** [&] L[eonhard] Jamaer. H. 1. Berlin: H. Spamer 1908. 8° [F.]

— u. L. Jamaer, Aufgabensammlung f. den Rechen-Unterr. in Feinmetallarbeiterklassen (Gürtler, Graveure, Ziseleure usw.). 2. Heft. (32 S. m. 2 Taf.) 8. Ebd. 909. — 40

— — Das Rechnen in Werkstatt u. Leben. Aufgabensammlung f. den Rechen-Unterricht in Gehilfen- u. Lehrlingsschulen des Feinmetallgewerbes (Gürtler, Graveure, Ziseleure usw.). 3. Heft. (IV, 100 S. m. 1 Abb.) 8. Ebd. (910). — 90

Horstmeyer, Willy, Skizzen. gr. 4. (20 Bl. u. III S. Text m. Bildnis.) Berlin (902). P. Sohahl.
In Leinw.-Mappe n. 10.—

Horstmeyer W. Skizzen. (20 T) 4° Berlin (1903)

Skizzen und Studien von **Willy Horstmeyer.** *Berlin: P. Schahl (1902).* (2 Bl., 2 Facs., 20 Taf.) 4° [Deckelt. F.]

Horstmeyer, W. Uniform- und Rangabzeichen des deutschen Heeres. Berlin 1893
38 Bl. mit Aquarellen und handschriftlichem Text. 8°

Horstmeyer, W. 20 Wandtafeln f. den Zeichenunterricht an Kadettenschulen u. anderen höheren Lehranstalten. Entw. u. gezeichn. im Auftrage d. k. preuß. Kommandos d. Kadettenkorps. Lithogr. gr. Fol. Nebst Anleitg. 12. (6 S. m. 5 Taf.) Stuttg. 889, Union. Auf Pappe * 26 —

Horstock, J. P. v., **neue Erfindung, Oelfarben m. Wasser zu vermengen.** 8. Cöln, Thiel art. 803. Rthlr.

Hort, Der, der Dichtung. Eine Göttersage ... Leipzig 1853. V: *Esmarch, Carl Bernhard Hieronymus.* (BRVV) (A)

Hort, der, der Dichtung. Eine Göttersage in 16 Gesängen. 16. (III und 99 S.) Leipzig 853, Brockhaus. *

(F) **Österreichs Hort.** Geschichts- und Kulturbilder aus den Habsburgischen Erbländern. Eine Festgabe an das deutsch-österreichische Volk zur Jubelfeier des Kaisers Franz Josef I. 1908. II Bde. Fol. Wien 1908. geb. K 36.

Hort, der Preußen. 8. (4¼ B.) Danzig 834, Gerhard.

Hort, der Preußen. gr. 8. Danzig 835. Gerhard. ⅓ ℛ

Hört! hört! Ein freies protestant. Wort üb. die deutsch-kathol. Bewegung nach ihrer geschichtl. u. kirchl. Bedeutung. gr. 8. (2 B.) Leipzig 845, C. H. Reclam sen.

Hört, ihr Leut' u. laßt euch sagen, s.: Schriften, kleine.

Hort! was Madame sagt! Zur Beherzigung für die Freunde der Freiheit. 8. Schweizerland [Luzern] 1822.

Der Entropiesatz oder d. zweite Hauptsatz d. mechan. Wärmetheorie. Von Dr. H[ermann] **Hort,** Dipl.-Ing. Mit 6 Fig. Berlin: Springer 1910. 41 S. 8°

Hort, Hermann, Dipl.-Ing. a. Madelungen b. Eisenach: Die **Wärmevorgänge** beim Längen von Metallen. Berlin 1906: (A. W. Schade.) (62 S.) 4°(8°) ¶ (Aus: Mitteilungen über Forschungsarbeiten auf dem Gebiete des Ingenieurwesens H. 41. 1907.)
Göttingen, Phil. Fak., Ref. Prandtl, Diss. v. 15. Okt. 1906
[Geb. 22. Jan. 81 Madelungen bei Eisenach; Wohnort: Madelungen; Staatsangeh.: Sachsen-Weimar; Vorbildung: Gymn. Eisenach Reife O. 99; Studium: TH Braunschweig 4, München 2, Braunschweig 2 S.; Rig. 25. Okt. 05.]

Hort, H., Die Wärmevorgänge beim Längen von Metallen. Berlin, 1907. 53 S. mit 52 Abb.

Hort, Johann Benjamin (Frankfurt a. M.), Vigilantibus jura sunt scripta. Diss. jur. Präs. Johann Jacob Sorber. Marburg (Philipp Casimir Müller) 3. III. 1757. 72 S. (7.50) 16121

— Johann Gottlieb (Frankfurt a. M.), De distinctione inter fructus certos et incertos in pacto antichretico jure Romano non fundata ad intellectum L. 11. et 17. c. de usuris. Diss. jur. Präs. Jo. Conrad Sigismund Topp. Helmstedt (Schnorr) 21. XI. 1755. 44 S. (6.50) 16122

Hort, Julie, Myrthenblüthen (Gedichte). 16 Bdchn. 8. Dessau ... Ackermann. 1 ℛ 4 ℊ

Hort, K., s. G. R. Gleig, Soldatenleben.

Hort, M.: Vom Weine bei Homer. Ein Beitrag zur Geschichte des Weines überhaupt und der Kulturzustände des heroischen Zeitalters im besonderen. 30 S. – Straubing, Progr. 1871.

Hort, N., ??? wie stelle ich mich zum Tarif u. speziell zur Stettiner Resolution? Warum kann ich den Bestrebgn. resp. den Beitrittsaufforderg. d. D. B.-B. u. d. U.-B. D. B. keine Folge leisten? Was müßte geschehen, um wirklich geordnete Zustände in unserem Gewerbe herbeizuführen u. Allen, Prinzipalen wie Gehilfen, e. zufriedenstell. Existenz so weit wie möglich zu sichern? Ein Beitrag zur Klärg. dreier Fragen. gr. 8. (72 S.) Wiesbaden 890. Oranienstr. 27, Selbstverlag d. Verf. n. — 50

Hort, Wilhelm, Dipl. Ing.: Die **Entwicklung** des Problems der stetigen Kraftmaschinenreglung nebst einem Versuch der Theorie unstetiger Reglungsvorgänge. *Leipzig 1904: B. G. Teubner.* (47 S.) 8° ¶(Aus: Zeitschrift f. Mathematik u. Physik, Bd 50.)
Goettingen, Phil. Diss. v. [11. März] 1904

Hort, Wilh., technische Schwingungslehre. Einführung in die Untersuchg. der f. den Ingenieur wichtigsten period. Vorgänge aus der Mechanik starrer, elast., flüss. u. gasförm. Körper, sowie aus der Elektrizitätslehre. (VII, 227 S. m. 87 Fig.) 8. Ebd. 910. 5.60; geb. in Leinw. n 6.40

Magdeburg vor 100 Jahren. Eine Festgabe z. Jahrhundertwende dargereicht von Julius Neumann, Hofbuchhändler. (Text von G[ustav] Hortol.) *(Magdeburg: J. Neumann) 1900.* (4 Bl., 16 Taf.) quer-8° [Umschlagt. J. u. Ant.] [00. 9730 3

Hörtel, Harry, Thomas v. Aquino u. seine Zeit, nach Touron, Delecluze u. den Quellen. gr. 8. (16½ B.) Augsburg 846, Rieger'sche Buchh.

Horten, Franz: Studien über die Sprache Defoe's. 1. Orthographie. Bonn: Hanstein 1909. V, 105 S. 8° ¶(Ersch. vollst. als Buch ebd.)
Bonn, Phil. Diss. v. 14. Aug. 1909, Ref. Bülbring
[Geb. 9. Aug. 82 Elberfeld; Wohnort: Bonn; Staatsangeh.: Preußen; Vorbildung: Thomas-Gymn. Leipzig Reife O. 02; Studium: Grenoble 1, Leipzig 2, Münster 1, London 1, Bonn 10 S.; Rig. 16. Juni 09.] [U 10. 385

Horten, Heinr., die Jurisdictionsnorm u. ihr Einführungsgesetz. Ein Commentar. 2 Hlftn. gr. 8. (IV, 339 S.) Wien 898. Manz. n. 8.—

Horten, die Jurisdictionsnorm u. ihr **Einführungsgesetz**. Ein Commentar. Wien 899.

Die Personalexecution bei den Franken. Von Dr. Heinrich **Horten**. Wien: Manz 1893. (243 S.) 8°
— **Horten**: Die Personalexecution in Gesch. u. Dogma. Abth. 1, Buch 1. [08. 749

Horten, Heinr., die Personalexecution in Geschichte u. Dogma. 1. Bd. (I. Abth.: Ausserdeutsche Grundlagen. 1. Buch: Franken.) A. u. d. T.: Die Personalexecution bei den Franken. gr. 8. (243 S.) Wien 893. Manz. n. 6. —

— die Personalexecution in Geschichte u. Dogma. Bd. I, 2 u. Bd. II, 1. gr. 8. Ebd. n. 6. 80 (I. u. II., 1: n. 12. 80)
I, 2. Ausserdeutsche Grundlagen. 2. Buch. Die Personalexecution in Italien. 1. Abschnitt: Italienische Rechtsgrundlagen. (VIII, 188 S.) 895. n. 5. 60
II, 1. Die langobard. Schuldverpflichtg. Zugleich e. Beitrag zur Grundlegg. d. german. Vertragsrechts. (S. 189—240.) 896. n. 1. 20

Die Personalexecution in Italien. Von Dr. Heinrich **Horten**. Abschn. 1. *Wien: Manz 1895.* 8.
— **Horten, H.**: Die Personalexecution in Geschichte u. Dogma. Abth. 1. Buch 2. [96. 1400

Mein Prioritätsstreit mit Puntschart. Von Dr. Heinrich **Horton**. ⟨Eine Erwiderung auf d. Flugschrift Puntschart's: Meine Entgegnung auf H.'s Anwurf d. Plagiats.⟩ *Wien: G. Gistel & Co. 1897.* (36 S.) 8° [02. 9701 10

Horten, Heinr., Schadenersatz u. Strafe. Ein Vortrag. (46 S.) 8. Wien 905. Manz. n. — 85
Sonderabdruck aus: „Oesterr. Richter-Zeitg."

Die langobardische Schuldverpflichtung. Zugl. e. Beitr. z. Grundlegg d. german. Vertragsrechts. Von Dr. Heinrich **Horten**. *Wien: Manz 1896.* (1 Bl., 189—240 S.) 8.
— **Horten, H.**: Die Personalexecution in Geschichte u. Dogma. Bd II, [Th.] 1. [97. 2046

Horten, Heinr., österreichische Zivilprozessordng. Erläutert v. H. I. Bd. (VII, 853 S.) Lex. 8. Wien 908. Manz. 20.40; geb. in Halbfrz. n 23. 80

Die philosophischen Ansichten von Râzi [**Fahr-ad-Din** ar-Râzi: Ausz., deutsch] u. Tusi [Naṣir-ad-Din aṭ-Ṭûsi: Ausz., deutsch] ⟨1209 + u. 1273 +⟩ m. e. Anh.: Die griech. Philosophen in d. Vorstellungswelt von Râzi u. Tusi. Aus Originalquellen übers. u. erl. von Dr. Max **Horten**, Privatd. Bonn: Hanstein 1910. XVIII, 240 S. 8° [11. 3434

Horten, Max, s.: **Avicenna, das Buch der Genesg. d. Seele.**

Horten, Max: Buch der Ringsteine Alfârâbis **neu bearbeitet und mit Auszügen aus** dem **Kommentar des Emir Ismail** el **Fârânî erläutert**. T. 1. Einleitung und Übersetzung. Münster i. W. 1904: Aschendorff. (45 S.) 8° ¶(Die arabischen Texte ersch. in: Zeitschr. f. Assyriologie u. verwandte Gebiete [Bd 18].)
Bonn, Phil. Fak., Ref. Prym, Diss. v. 14. Dez. 1904
[Geb. 7. Mai 74 Elberfeld; Wohnort: Bonn; Staatsangeh.: Preußen; Vorbildung: Gymn. Warburg Reife O. 93; Studium: Freiburg (Schweiz) 12, Jerusalem 3, Bonn 6 S.; Rig. 17. Juni 03.]

Horten, M., s.: Farabi, das Buch der Ringsteine.

Die Philosophie des abu Raschid ⟨um 1068⟩. [**Abû-Rašîd Sa'îd Ibn-Muhammad an-Naisâbûri: Ausz., deutsch**]. Aus d. Arab. übers. u. erl. von Dr. Max **Horten**, Privatd. Bonn: Hanstein 1910. XII, 224 S. 8° [11. 3409

— Die philosophischen Probleme der spekulativen Theologie im Islam, s. Renaissance u. Philosophie. 3. Heft.

Die philosophischen Probleme der spekulativen Theologie im Islam. Von Dr. M[ax] **Horten**, Privatd. Bonn: Hanstein 1910. VIII, 284 S. 8°
(Renaissance u. Philosophie. H. 3.) [10. 11303 5

— s.: Raschid, des abu, Philosophie.

— s.: Râzi u. Tusi, philosophische Ansichten.

Hortens, J., transportable Akkumulatoren f. elektrische Beleuchtung unter besond. Berücksicht. der Akkumulatoren f. Bergwerks-, Theater-, Kutschwagen- u. Automobilbeleuchtung, sowie elektr. Taschenlampen. (70 S. m. 49 Abbildgn.) 8. Leipzig 908. Hachmeister & Thal. 1.50
Sonderabdruck aus: „Helios".

Horton, Paul, Gerichtsassessor in Kempen a. Rh.: Die **Wechselbereicherungsklage.** *Leipzig 1904: A. Edelmann.* (28 S.) 8°
Leipzig, Jur. Diss. v. 1904

Hortensia; eine Sammlung kleiner Romane, Erzählungen u. Novellen. Ein Geschenk f. Damen. 8. Berlin, Braunes. 811.

Hortensia, ein Taschenbuch f. Damen, s. Kuhn, A.

Hortensia.
Ein Taschenbuch f. Damen auf das Jahr . . .
Hrsg. v. August Kuhn. Mit Kupfern.
Berlin: Kunst- u. Industrie-Comptoir
[Jg. 1.] 1811.

Hortensia, ein Taschenbuch für Damen auf das J. 1811 u. 12. Herausg. v. A. Kuhn. Mit Kpf. 16. Berl., (Schlesinger). 3 Thlr. Hbg. Pr. 1 Thlr. 8 Gr. Auf d. J. 1827. Herausg. v. A. Kuhn. Mit 4 Kpf. u. 11 Musikb. gr. 16. Berl. 826. Pauli. 2 Thlr. 12 Gr.

Hortensia, ein Taschenbuch für Damen auf d. J. 1811 und 12 von A. Kuhn. Hat jetzt Schlesinger

Hortensia, die Königin, in Italien, Frankreich u. England im J. 1831. Bruchstücke aus ihren ungedr. Memoiren, v. ihr selbst hrsg. A. d. Franz. gr. 12. (11¼ B.) Leipzig 834, O. Wigand.

— dass., a. u. d. T.: Hortense, vormalige Königin von Holland, meine Reise durch Italien, Frankreich, England im J. 1831. Aus d. Franz. von Fr. Ldw. Lindner. 8. Stuttgart 834. Balz; auch Schw. Hall, Haspel. 1 Thlr.

Hortense, vormal. Königin v. Holland, meine Reise durch Italien, Frankreich, England im J. 1831. A. d. Franz. v. Friedr. Ludw. Lindner. 8. (20 B.) Stuttgart 834, Balz.

Hortensia Camilla, von L. Waller. 8. Brandenburg, Wiesike. 817.

Hortensio: (Chr. Fr. Raßmann). Poet. Quodlibet, enthalt. deutsche Endreime, Ringelgedichte u. metrisch gereimte Oden etc. 1e Gabe. gr. 12. Essen 822. Bädeker. 12 Gr.

Horter, J. G., Begräbnißfeier eines Unglücklichen, dessen Leichnam zweimal beerdigt wurde. gr. 8. Görlitz 826. Zobel. 2 Gr.

Horter, Jh., die Enthaltsamkeitssache ein christl. Missionswerk. Predigt gehalten am 1. Septbr. 1844 zu Cunnersdorf beim Jahresfeste des dasigen Enthaltsamkeitsvereines. gr. 8. Görlitz 844, Heinze u. Comp. 1¾ Ngr.

Horter, Joh., die Enthaltsamkeitssache ein christl. Missionswerk. Predigt gehalten am 1. Septbr. 1844 zu Cunnersdorf. gr. 8. (1 B.) Görlitz 844, Heinze u. Comp.

Horter, Max (geb. See bei Niesky in Schles. 29. 11. 1846): Geschichte der Wendung während des Alterthums und des Mittelalters. Berlin (1870). (34 S.) 8°

Berlin, Med. Diss. v. 29. März 1870

Horter, Otto, König Saul. Eine bibl. Geschichte in gebundener Rede. Hrsg. von der Redact. des Wächters für Zeit und Ewigkeit in Neusalz a. O. 8. (48 S.) Grünberg 867, (Weiß.)

—— Trübsal und Trost. Gedichte und Lieder. 16. (IV und 71 S.) Breslau 866, (Dülfer.)

—— die Vaterunserwoche. Gebets-Lieder für das christl. Haus. 1. Aufl. 1863. 1⅓ Ngr. und 2. Aufl. 16. (VI und 64 S.) Sagan 864, (Schönborn.)

Horter, R., der runde Tisch. Geschichten für Kinder von 6—9 Jahren. br. 8. (IV und 199 S. mit 6 lithogr. und ill. Zeichnungen von G. Bartsch.) Berlin 863, Springer's Verlag. cart.

—— dass. — 2. Aufl. 8. (IV und 199 S.) Neu-Ruppin 868, Oehmigke.

Horter, R., der runde Tisch. Geschichten für Kinder von 6 bis 9 Jahren. Mit 6 color. Zeichnungen von G. Bartsch. 3. Aufl. gr. 8. (IV, 196 S.) Leipzig 872, Oehmigke's Verlag. cart. (M 2,70.) *

Hörter, F., Handbuch f. Geistliche u. Kirchenverwalter in Frankreich. gr. 8. Coblenz, Pauli u. Comp. 812.

Hoerter, Gust. Behandlung der deutschen Grammatik in den unteren und mittleren Klassen höherer Lehranstalten. 25 S.
Progr. Rg. *Barmen* 1882.

Drei Zeichnungen entworfen an der Neige des Jahrhunderts von G[ust.] **Hoerter.** Von der ▭ [Lessing, Barmen] den Br∴ ∴ überreicht, Johanni 1900. Barmen 1900: Staats. 26 S. 8°
cf. Bbl. 15 (1901) S. 132 (G. Diercks).
Zum Stiftungs- u. Totenfest u. zur Jahrhundertwende. 23.

Hoerter, J[akob]: Ueber die Aufbewahrung und Behandlung der Weine nach theoretisch-praktischen Grundsätzen für denkende Oekonomen. Coblenz: Hölscher 1844. 242 S. Aus: Hoerter: Der Weinbau. -- Rüd. *

Hörter, J., über die Aufbewahrung u. Behandlung der Weine nach theoret.-prakt. Grundsätzen für denkende Oekonomen. 8. (15½ B. u. 41 Abbild. auf 6 Taf.) Coblenz 844, Hölscher. —
Aus Dessen: Der Weinbau etc. besond. abgedruckt.

— Beleuchtung der J. S. Kechtischen Traubenmühle. 8. Trier 825, Gall.

Hoerter, J., der Brieftaubensport. Handbuch üb. die Behandlg. u. Zucht der Brieftauben, ihre Ausbildg. u. Verwendg. zu militär. u. anderen Zwecken, sowie der Hin- u. Rückflug. Mit 16 Holzschn. u. einer Specialkarte Deutschlands. gr. 8. (XI, 294 S.) Leipzig 890. E. Twietmeyer. n. 5. —

— Journal d. Rheinländ. Weinbaues, s. Journal.

Hörter, J., die besten Setzreben, in Bezug auf nöth. Reduktion d. in Deutschland angebauten Traubensorten. 1. Bd. M. 3 Stndr. gr. 12. (4½ B.) Coblenz. 831, Hergt.

—— dass. 2. Bd. (mit d. T.:) Die besten Setzreben, od. Deutschlands Weinbau in seinen nöth. Reformen. M. 4 Stnt. gr. 12. (6½ B.) Ebds. 832.

Hörter, J[akob]: Die J.S. Kechtische Traubenmühle beleuchtet. Trier: Gall 1825. 26 S. -- 121*

Hörter, J[akob]: Der rheinländische Weinbau nach theoretisch-praktischen Grundsätzen für denkende Oekonomen. Th. 1-4. Coblenz: Gelehrten-Buchh. 1822; 2.3.: Trier: Gall 1824-25; 4.: Coblenz: Hölscher 1827. -- 14(1-3).21*.121*(2.3.).
Th. 3 erschien auch u. d. T.: Hörter: Der rheinländische Weinbau nach theoretisch-praktischen Grundsätzen, oder vollständiger Weinbau-Katechismus ... 1825.

Th. 3 erschien auch u. d. T.: Hörter: Vollständiger Weinbau-Katechismus ... 1825.

Bibliotheca oeconomica 1822-26. -- Dochnahl 1822-26. -- Heinsius 1822-26. -- Kayser 1822-25. -- Simon: Bibliotheca [illegible] 1822-26. -- Weller 1822-[illegible].

— d. rheinländ. Weinbau nach theoret.-prakt. Grundsätzen für denkende Oekonomen. 1r Thl. gr. 8. Cobl. 822. Hergt. 14 Gr. 2r Thl. Mit 24 Abbidd. in Steindr. 8. Trier 824. Gall. 1 Thlr. 12 Gr. 3r Thl.: A. u. d. T.: vollständ. Weinbau-Katechismus, nebst alphabet. Weinbau-Terminologie. 8. Ebd. 825. 18 Gr. 4r Thl. Mit 44 Abbildd. 8. Cobl. 826. Hölscher. 1 Thlr. 16 Gr.

--- Ders.: Vollständiger Weinbau-Katechismus für Schulen, Weinbauer und Weinbergsarbeiter, nebst alphabetischer Weinbau-Terminologie. Trier: Gall 1825. X, 169 S. -- Frei 100*
Dass. erschien auch u. d. T.: Hörter: Der rheinländische Weinbau nach theoretisch-praktischen Grundsätzen für denkende Oekonomen. Th. 3. 1825.

Dass. erschien auch u. d. T.: Hörter: Der rheinländische Weinbau nach theoretisch-praktischen Grundsätzen, oder vollständiger Weinbau-Katechismus ... 1825.

2235. **Hörth, Franz:** Versuche zur Erkenntnis der Milchsäuregärung. 1909. 96 S. 8°
¶ Ausz. in: Hoppe-Seyler's Zeitschrift f. physiolog. Chemie. Bd 60.
Karlsruhe, Dr.-Ing.-Diss. v. 25. 7. 1908

Hörth F.: Versuche z. Erkenntnis d. Milchsäuregärung. Diss. (Karlsruhe). Bühl 1909. 96 S.

Hörth, Franz Ludwig, a. Frankfurt a. M.: Zur Problematik der Wirklichkeit. Eine Metakritik des transzendentalen Idealismus. Frankfurt a. M. 1900: Gebr. Knauer. (78 S.) 8°
Erlangen, Phil. Fak., Ref. Hensel, Diss. v. 14. Juli 1906
[Geb. 14. Nov. 83 Frankfurt a. M.; Wohnort: Erlangen; Staatsangeh.: Preußen; Vorbildung: Lessinggymn. Frankfurt a. M. Reife O. 02; Studium: Heidelberg 3, Freiburg i. B. 1, München 1, Erlangen 4 S.; Rig. 8. März 06.]

Hoerth, Otto, das Abendmahl des Leonardo da Vinci, s. a. Monographien, kunstgeschichtliche. VIII.

Hoerth, Otto, aus Mannheim: Das Abendmahl des Leonardo da Vinci. Ein Beitrag zur Frage seiner künstlerischen Rekonstruktion. Leipzig 1907. 113 S. 8°. Erscheint vollständig als Band 8 der Kunstgeschichtlichen Monographien.
Freiburg i. Schw. Phil. Diss. 1907/08

Hoerth, Otto. Das Abendmahl des Leonardo da Vinci. Ein Beitrag zur Frage seiner künstlerischen Rekonstruktion. Diss. Phil. Freiburg i. d. Schw. von O' H' aus Mannheim. 113 S. 8. Leipzig. Druck Emil Herrmann sen., 1907. V Fr
Teil-Ausgabe.
Vollständige Buchausg.: Mit 25 Abbildungen in Lichtdruck auf 23 Tafeln. 250 S. Leipzig, Karl W. Hiersemann, 1907. [geb. M. 20.—.] — Kunstgeschichtliche Monographien. Band 8. —

Hörth, Otto, f.: Kampf, der, um die Kongregationen in der französischen Deputiertenkammer.

Horti musarum amoenissimi s. acta academ. III pts. 4. Altorf. Zobel. (Krauss.) 760–52.

Horti persici et arabici in Latii valles transtulerunt Odoard. Amthorus et Armin. Fritzschius. Ps. I. 8maj. (1½ B.) Meiocabi 811, libr. aul. Sinner.

Hortig, Jh. Nep., (eigentlich K. Ant.), Handbuch d. christl. Kirchengeschichte. 2 Bde. gr. 8. Landsh. 826, 27. (1r Bd. 2e A. 827.) Krüll. 3 ₰ 16 ℊ 2e A. 2 Bde. gr. 8. Ebd. 828. 5 ₰

Hortig, (J. N.) Handbuch der christl. Kirchengesch. 2 Bde. gr 8. Landsh. 826, Krüll.

Hortig, Joh. Nep., Handbuch d. christl. Kirchengeschichte. 2 Bde. (5 Abthln.) 2. Aufl. gr. 8. (102 B.) Landshut 828. [Regensburg, Manz.]

—— dass., neu bearb. v. Joh. Jos. Ign. Döllinger. (3. Aufl.

In 3 Bdn. à 2 Abthln.) 1. Bd. — A. u. d. T.: Geschichte d. christl. Kirche. gr. 8. (46½ B.) Landshut 833. [Regensburg 835, Manz.] Thlr.

— Predigten über die Sonntägl. Evangelien. 8. Landshut 827, Thomann.

Hortig, Joh. Nep., Predigten üb. d. sonntägl. Evangelien. 2., verb. u. verm. Aufl. 8. (23½ B.) Landshut 832, Thomann.

——, Joh. Bapt. Zarbl, Valent. Riedel, Heren. Haid, Predigten z. Feier d. 400jähr. Jubiläums d. Stadtpfarrkirche z. heil. Martin u. Kastulus in Landshut. 8. (6 B.) Landshut 836, Thomann'sche Buchh.

— Jh. Bapt. Zarbl, Valent. Riedel, Heren u. Haid, Predigten zur Feier des 400jähr. Jubiläums der Stadtpfarrkirche zum heil. Martin und Kastulus in Landshut, 8. Landshut 836. Thomann. (Attenkofer.) 7 ℊ

— Predigten für alle Festtage d. kathol. Kirchenjahres. 8. Landsh. 821. 2e verb. Aufl. 826. 3e verm. Aufl. 832. Thomann. 18 ℊ

— Predigten f. alle Festtage des kathol. Kirchenjahres. 2e Aufl. 8. Landshut 826, Thomann.

—— Predigten f. alle Festtage d. kathol. Kirchenjahres. 3., verb. u. mit e. Zugabe verseh. Aufl. 8. (16 B.) Landshut 832, Thomann.

— Rede bei d. Trauergottesdienst für Se. Maj. Maximilian Joseph. 8. Münch. 825. (Weber). 3 ℊ

— Rede bei Vorlesung d. Universitätsgesetze. 8. Landsh. 825. Thomann. 2 ℊ

— s. Repertorium für kathol. Leben.

Hortig, Joh. Nep., kurzgefaßte Tugendlehre in Aussprüchen d. heil. Schrift, alt. u. neu. Testaments. gr. 12. (9½ B.) Regensburg 811, Pustet.

Hortig, Viktor, aus Klein-Wolkersdorf: **Bonaparte vor Mantua** Ende Juli 1796. Der erste Entsatzversuch. Mit 5 Karten u. 5 Textskizzen. *Rostock 1903.* (VIII, 204 S.) 8°
Rostock, Phil. Diss. v. [11. Nov.] 1903

Bonaparte vor Mantua Ende Juli 1796. Der erste Entsatzversuch. Von Dr. phil. **Hortig**. Mit 5 Karten u. 5 Textskizzen. *Rostock: Stiller 1903.* (VIII, 204 S.) 8° [03. 13660

Hortis, Attilio, Nel VI. centenario della visione Dantesca, Lex.-8. (7 S.) Triest 900. (F. H. Schimpff.) n.n. 1.—

Hortis, Attilio, Studj sulle opere latine del Boccaccio, con particolare riguardo alla storia della erudizione nel medio evo e alle letterature straniere. Aggiuntavi la bibliografia delle edizioni. 4. (XX, 956 S.) Triest 879, Dase. **

Hörtkorn, B., die drei kleinen Kätzchen. Eine lust. Geschichte f. kleine Katzenfreunde. Mit 6 feinen Farbdr.-Bildern v. F. Flinzer. 3. Aufl. gr. 4. (8 S.) Stuttgart 893. F. Loewe. Kart. n. 1.—

Hörtkorn, B., die drei kleinen Kätzchen. Eine lust. Geschichte. Mit 6 feinen Farbdr.-Bildern v. F. Flinzer. 3. Aufl. gr. 4. (8 S.) Stuttgart (894). F. Loewe. Kart. n. 1.—

Hörtkorn, B., lustige Tiergeschichten, s.: Lechler, Cornelie.

Hortleder, Reichs-Handlungen von den Ursachen und d. Rechtmäßigkeit des deutschen Kriegs. 2 Thle. Fol. Nrnb. Endter.

HORTLING, Ivar

Studien über die ō-Verba im Altsächsischen. Helsingfors 1907. X + 114 pg. 8:o. Diss. Hels.

Hortmann, (Joan.) Augustus (geb. Elten bei Emmerich 22. 8. 1830): Annotationes anatomico-pathologicae telae conjunctivae morbos spectantes. Berolini (1852). (27 S.) 8°
Berlin, Med. Diss. v. 12. Okt. 1852

Hortmann, Aug., Herz Jesu-Predigten. gr. 8. (VIII, 184 S.) Regensburg 901. Verlagsanstalt vorm. G. J. Manz. n. 2.—

Hortmann, B., der Tabakbau. 8. (35 S.) Emmerich 855, Romen.

Hortmann, Carl, s. Hortmann, Karl

Hortmann, *Karl Josef* Franz [app. Arzt, aus Harsewinkel in Westf.]: Ein Fall von Tracheostenosis luetica ... Düren, Hamel'sche Buchdr., 1894; 28 S. 8.
München, Med. Fak., Inaug.-Diss. v. 1894

Hortmann, Karl

Hortmann, Carl [approb. Arzt aus Bislich (Rheinpr.)]: Ueber die Behandlung des Lupus mit Milchsäure . . . . Wesel, Druck v. Fincke & Mallinckrodt, 1886; 24 S. 8°.
Würzburg, Med. Fak. Inaug. Diss. v. 1886.

Hortmann Carl; über die Behandlung des Lupus mit Milchsäure. Diss. Würzburg 1886, Stahelche Univ.-Buchh. 8°. 24 S.

Das Brautexamen. Von A[ugust] **Hortmanns,** Pfarrer. Köln: J. P. Bachem [1908]. (22 S.) 8° [ʒ.] lel. 6143

Hörtnagl, Franz

Hörtnagl, F., der Monte Rosa, s.a. Gipfelführer, alpine. IV.

Hörtnagl, F[ranz]. Der Monte Rosa. Mit 21 Abbildungen [wovon 15 Tafeln] und einer Karte. 37 S. 8. Stuttgart und Leipzig, Deutsche Verlags-Anstalt, 1905. [geb. M. 1. —]
Alpine Gipfelführer. [Nr.] 4.

Hörtnagl, Johann (Hans)

—: Der Dichter im Ringen mit dem Stoffe. Dargestellt an Schillers Gedicht „Die Kraniche des Ibykus". 15 S. 8. II. Teil. S. III bis XXII. 8. Progr. K. k. Staats-Gymn. *Villach* 1909. 1910.

Hörtnagl, Hans: Zur Feier der 60 jährigen Regierung Sr. Majestät des Kaisers Franz Josef I. 1 Bl. 8. K. k. Staats-Gymn. *Villach* 1908. Progr.

Hörtnagl, Johann (Hans): Die Figur des Oktavio Piccolomini in Schillers Wallenstein. S. 3—23. 8.
Progr. K. k. Real- und Obergymn. *Feldkirch* 1903.

Hörtnagl, Hans: Johann Kalberg †. S. 36. 8.
Progr. K. k. Staats-Gymn. *Villach* 1908.

—, Praktischer Lehrgang im Disponieren deutscher Aufsätze. 8 (36 S.). Progr. K. k. Staats-Ober-G. *Wiener-Neustadt* 1893.

Hörtnagl, Johann Versuch einer systematischen Darstellung der Gesetze des deutschen Stiles und Verwertung derselben zu einer rationellen Correctur der deutschen Aufsätze. 8 (55 S.).
Progr. K. k. Staats-Ober-G. *Wiener-Neustadt* 1892.

Hörtnagl, Hans. Versuch e. systematischen Darstellung der Gesetze d. deutschen Stiles u. Verwertung derselben zu e. rationellen Correctur der deutschen Aufsätze. Progr. Lex.-8. (55 S.) Wiener-Neustadt 892, Folk. — 58

Hortschansky, Paul *Friedrich Wilhelm* [app. Arzt aus Leipzig]: Aus d. städt. Krankenhause u. d. patholog. Institute. Zur Kenntniss der bronchopneumonischen Erkrankungen namentlich im Anschluss an Influenza . . . Kiel, Druck v. Schmidt & Klaunig, 1893; 19 S. 8.
Kiel, Med. Fak. Inaug.-Diss. v. [31. Juli] 1893

Horton-Smith, L.

— The origin of the gerund and gerundive. S.-A. 1899. 7 S.

Horton-Smith, L., The origin of Latin haud and Greec οὐ; and the extensions of the originally unextended form. S.-A. 1897. 27 S.

Hortulani font. fata chymica, oder Beschreibung der wahren und falschen Chymie. 4. Cassel. (Krieger in Marb.) 740.

Hortulus animae, s.a. Seelengärtlein.

K. k. Hofbibliothek in Wien. Seelengärtlein. **Hortulus** animae. Cod. bibl. pal. Vindob. 2706. Photomechan. Nachbildungen der k. k. Hof- u. Staatsdruckerei in Wien. Hrsg. unter d. Leitung u. mit kunstgeschichtl. Erl. von Friedrich Dörnhöffer. Nachbildungen. [Nebst] Erl. Frankfurt a. M.: Baer 1907—11. 2° (Erl.: 4°)
Nachbildungen. (In 11 Lfgen.) 1907(—09). Erläuterungen. 1911. [11. 6661

Hortus Belvedereanus, oder Verzeichniss der . . . Pflanzen, welche in dem . . . Garten zu Belvedere bei Weimar . . . zu finden sind. Weimar 1820. V: *Dennstädt, Aug. Wilh.* (Ky)

— Belvedereanus, oder Verzeichniß d. bestimmten Pflanzen, welche in dem großherzogl. Garten zu Belvedere bei Weimar bisher gezogen worden u. zu finden sind. (Von A. W. Dennstädt.) 1e u. 2e Liefer. gr. 8. Weimar 820. Indust.-Compt. 1 ß

Hortus Boissierianus. Enumération des plantes cultivées en 1885 à Valleyres (Vaud) et à la Pierrière (Chambésy près Genève) par *Eug. Autran* et *Th. Durand.* Préface de *F. Crépin.* Avec un portrait d'Edmond Boissier et 2 planches. Gr. in-8°. XI, 572 pp. Genève et Bâle, Georg & Co. 1896 12 —

Hortus botanicus Ratisbonensis . . . Nurimbergae 1807—9. V: *Hoppe, Dav. Heinrich.* (Ky)

— botanicus Ratisbonensis, continens plantas in speciminibus siccis, quae maximae partis in horto botan. Ratisbon. coluntur (a D. H. Hoppe). Voll. I. II. Fol. Nürnb. 807 u. 9. (Monath u. K.) à 1 ß 14 gr 3 ß 4 gr

— Breiterianus, s.: Breiter, Chr. Aug.

Hortus Canalius, seu plantarum rariorum, quae in horto botanico Jos. Malabailla comitis de Canal coluntur . . . Pragae 1823. V: *Tausch, Ign. Frdr.* (Ky)

Hortus canalius, seu plantarum rariorum, quae in horto botanico Jos. Malabailla comitis de Canal coluntur. Icones et descriptiones. (T. T. Tausch.) Tom. I. Dec. I. et II. Fol. Prag 823. (Calve). 16 ß ill. 22 ß 16 gr Hbg. Pr. 10 ß ill. 14 ß

Hortus dendrologicus: Verzeichniss der Bäume, Sträucher und Halbsträucher, die in Europa, Nord- und Mittel-Asien, im Himalaya und in Nord-Amerika wild wachsen und möglicherweise in Mittel-Europa im Freien ausdauern. Bd. 1. 2. Berlin 1853—54. 8.

Hortus Magni Ducis Badensis Carlsruhanus. Carlsruhae 1811. V: *Gmelin, Carl Christian.* (Ky)

Hortus Magni Ducis Badensis Carlsruhanus. (A K. Chr. Gmelin.) 8. Carlsr. 811. Braun. 1 ß 8 gr

Hortus Dyckensis, od. Verzeichniss der in dem botan. Garten zu Dyck wachsenden Pflanzen. (Vom J. Fürsten z. Salm-Dyck.) M. 3 lith. Ansichten u. 1 Plan d. Schlosses Dyck u. seiner Gartenanlagen (Roy.-Fol.) gr. 8. (24 B.) Düsseldorf 834, Arnz u. Comp.

— Dyckensis, od. Verzeichniss d. in d. botan. Garten z. Dyck wachsenden Pflanzen. Mit 3 Ansichten u. 1 Plan. gr. 8. Düsseldorf, 1834. Elkan, Baeumer u. C. 2. —

— Gandavensis, centrali academiae annexus etc. 12. Strassburg 802. Levrault. 1 ß 18 gr

— gramineus Woburnensis, s. Sinclair.

— musarum amoenissim. II Tom. 4. Leipz. 751, 52. (W. Vogel.) 16 ℛ

— nitidissimus, s. a. Trew, Christ. Jac.

Hortus nitidissimus omnem per annum superbiens floribus . . . Noribergae 1768—72. H (& V von Bogen E an): *Murr, Christoph Gottlieb von.* (BB) (will)

Hortus Rhetoricae parvus. Moguntiae 1729. V: *Geiger, Friedrich.* (JES corrections III, Sp. 477)

— — regius botanicus hafniensis. vide Hornemann, J. W.

—— regius Monacensis. — Verzeichniss d. im Kgl. botan. Garten zu München wachsenden Pflanzen, nach d. natürl. Methode geord., mit Hinweisung auf d. Linneische System u. summar. Angabe d. Vaterlands, d. Cultur u. Benützungsweise. Auch als Schlüssel u. Uebersicht in deutschen Gärten u. f. Herbarien zu gebrauchen. gr. 8. (14 B.) München 829, (Lindauer.)

— regius Monacensis. Verzeichniß der im königl. botan. Garten zu München wachsenden Pflanzen, nach d. natürl. Methode geordnet, mit Hinweisung auf d. Linné'sche System u. summar. Angabe d. Vaterlands, d. Kultur u. Benutzungsweise. Auch als Schlüssel u. Uebersicht in deutschen Gärten u. für Herbarien zu gebrauchen. gr. 8. München 829. (J. Lindauer). 1 ℔ (Fr. Fleischer in Leipz.) 22 ℛ

— Reichertianus, s.: Reichert, Joh. Friedr.

Hortzschansky, Adalbert (Mitarb.), s. Acten der Erfurter Universität.

Hortzschansky, Adalb., Bibliographie des Bibliotheks- u. Buchwesens, s. a. Zentralblatt f. Bibliothekswesen.

Hortzschansky, Adalbert. Bibliographie des Bibliotheks- und Buchwesens. Bearb. von A' H'. ... Beiheft ... zum Zentralblatt für Bibliothekswesen. 8. Leipzig, Otto Harrassowitz. Bibl.
Jahrg. 1: 1904. B' 29 zum Z' für B'. VIII + 134 S. 1905. (M. 5. –)
Jahrg. 2: 1905. B' 31 zum Z' für B'. X + 144 S. 1906. [M. 7. –]

Hortzschansky, Adalbert. Bibliographie des Bibliotheks- und Buchwesens. Bearbeitet von A' H'. ... Beiheft ... zum Zentralblatt für Bibliothekswesen. 8. Leipzig, Otto Harrassowitz.
Jahrg. 3: 1906. B' 32 zum Z' für B'. X + 160 S. 1907. (M. 8. —)
Jahrg. 4: 1907. B' 34 zum Z' für B'. X + 172 S. 1908. (M. 8. –)
Jahrg. 5: 1908. B' 36 zum Z' für B'. VIII + 159 S. 1909. [M. 7. —]

Hortzschansky, Adalbert. Bibliographie des Bibliotheks- und Buchwesens. Bearb. von A' H'. ... Beiheft ... zum Zentralblatt für Bibliothekswesen. 8. Leipzig, Otto Harrassowitz.
Jahrg. 6: 1909. B' 37 zum Z' für B'. VIII + 144 S. 1910. (M. 6. —)
Jahrg. 7: 1910. B' 39 zum Z' für B'. VIII + 136 S. 1911. [M. 5. 50]

Hortzschansky, Adalbert. Die Königliche Bibliothek zu Berlin. Ihre Geschichte und ihre Organisation. Vier Vorträge im Auftrage der Generalverwaltung gehalten. VI + 76 S. 8. Berlin, Königliche Bibliothek — *Au/druck:* Behrend & Co. —, 1908. [geb. M. 1. —]

— Berliner Bibliotheksführer, s.: Schwenke P.

Hortzschansky, Adalbert: Die Schlacht an der Brücke von Bovines am 27. Juli 1214. Halle a/S. 1883: (Breitkopf & Härtel in Leipzig). 42 S., 1 Kt. 8°
Halle-Wittenberg, Phil. Diss. v. [5. Aug.] 1883
Geb. Görlitz 3. 2. 1857. V.

Hortzschansky, Adb., s.: Urkunden, lombardische, d. 11. Jahrh. aus der Sammlung Morbio etc.

Hortzschansky, J., Nachricht von dem verdienstvollen Geschlecht der Frenzel in der Oberlausitz. Görlitz 1791. 4.

STROHKRANZREDE, Eine (von *Johann Hortzschansky*). Zittau 1784.
Anon.-Lex. IV. p. 128 (nach Meusel u. Otto). — Rarl

Horzschansky, Jh., († d. 18. Dec. 1799.), f. Wappenzeichnungen.

Testament des weiland Etatsrath, Bürgermeister u. Stadtsecretair Georg Friedrich **Horup**, Ritter vom Dannebrog-Orden in Tondern, errichtet den 2. Jan. 1839, confirmirt den 1. Juni 1839. — Tondern 1842: Forchhammer. 8 S. 8°

Segeberger Kalkberg. Nach d. Nat. v. **J. J. Hörup,** auf Stein gez. v. J. Tredo; gedr. im lithogr. Institut v. Chr. Fuchs & Co. in Hamburg. o. J. 1 Bl. Fol., 58/61 cm.

Das Ploener Schloss von der Kaisersburg. Nach d. Nat. gez. v. J. J. Hörup und auf Stein v. S. Bendixen 1825. Hamburger Steindruck. 1 Bl. Fol., 50/64 cm.

Horus oder astrognostisches Endurtheil über die Offenbarung Johannis . . . Ebenezer [Halle] 1783. V: *Wünsch, Chn Ernst.* (MGT) (Ky) (Kl) (Wr) (SJL)

Horus, oder Astrognostisches Endurtheil über d. Offenbarung Johannis u. über d. Weissagungen auf d. Messias rc. Mit e. Anh. von Europens neuer Aufklärung rc., (v. Chr. E. Wünsch). gr. 8. Ebenezer 783.

Horus oder astrognostisches Endurtheil über die Offenbarung Johannis . . . Ebenezer [Halle] 1783. V nicht: *Wünsch, Chn. Ernst.* (Euphorion 20, S. 406 ff.) (Zeitschr. f. Büch. 1923, S. 88)

Horus, P. S., Abhdl. v. d. Trunkenheit. Stralf. 12°. 1747.

Horusitzky, Heinr., die agrogeolog. Verhältnisse des III. Bezirkes (Ó-Buda) der Haupt- u. Residenzstadt Budapest, m. besond. Rücksicht auf die Weincultur,
— d. agro-geologischen Verhältnisse der Gemarkungen der Gemeinden Muzsla u. Béla,
— die hydrografischen u. agro-geologischen Verhältnisse der Umgebung v. Komárom (Komorn),
s.: Mitteilungen a. d. Jahrbuche der königl. ungar. geolog. Anstalt. XII.

— agrogeologische Verhältnisse des Staatsgestüts-Praediums v. Bábolna, s.: Mitteilungen aus dem Jahrbuche der königl. ungar. geolog. Anstalt. XIII. 5.

HORVAT, Josephus: De subjecto infallibilitatis ecclesiae. — (1888) 172 S. 4° (Handschr.) Diss. 399
Diss. Wien, Univ.

Horvát, Steph. v., über Croatien als eine durch Unterjochung erworbene ungarische Provinz u. des Königr. Ungarn wirklichen Theil. Aus d. Ungar. gr. 8. (7⅛ B.) Leipzig 811. [Köhler'sche Vrlgsh.]

—— Urgeschichte der Slaven, od. über die Slavinen, d. h.: Prahler, v. trojan. Krieg bis zu den Zeiten Kaiser Justinian's I. Aus dem ungar. Inhalt: Alazonen, Auchaten, Aucheten, Euchaten, Aluben, Chaluben. Lex.-8. (13¾ B. u. 2 Stnt.) Pesth 811. (Hartlebens Verlags-Expedition.) *

Horvat: Zur Hektor's Charakteristik. 20 S.—Rudolfswert. Progr. 1856

Horváth, Oberstleutnant im Husarenregimente Wilhelm II. deutscher Kaiser und König von Preussen Nr. 7. Über die Leistungsfähigkeit des Cavalleriepferdes und über die Kenntnis und Beurteilung für den Offizier der Fusstruppen.
8. Temesvár 1904.

HORVATH, Adamus, OSB.: Doctrina eschatologica s. Pauli apostoli. — (1904) 158 S. 4° (Handschr.) Diss. 803
Diss. Wien, Univ.

Horváth, Adam. Eine patriotische Frage und Antwort eines Mitglieds der ... Gesellschaft zur Beförderung der ungarischen Sprache zu Ofen ... Pest 1790. Ü: *Radlinger, Johann.* (SZMJ)

Horváth, Adam, theoret.-prakt. Methode, die Magyarische Sprache binnen fünf Monaten sehr leicht u. gründl. zu erlernen; nebst e. Wörterbuche d. am häuf. vorkomm. Wurzel- u. Stammwörter. 4. (14 B.) Preßburg 827, (Landes.)

Horvath, Alexis, Beitrag zur Lehre üb. den Winterschlaf. (235 S.) gr. 8. Würzburg 878. Stahel's Verl. 4. — Sonderabdr. a.: „Verhandlgn. d. Würzbg. phys.-med. Ges."

Horvath, Alexis, Beiträge zur Lehre über die Wurzelkraft [Bewegung des Wassers in der Pflanze]. gr. 8. (63 S.) Strassburg 877, Trübner. *

Horvath, Alexis, üb. die Hypertrophie d. Herzens. Aus d. Vorlesgn. üb. allgem. Pathologie. Mit e. Vorwort v. A. Weichselbaum. gr. 8. (IV, 258 S.) Wien 897. W. Braumüller. n. 5. —

Horvath, August v., Critique über die I. k. k. priv. Donau-Dampf[illegible] [illegible]-Gesellschaft. 11 S. ([illegible] S.) Pest, Lauffer in Comm. 1867 [illegible]

Horváth, Béla von [aus Ungarn]: Ueber die Kondensationen von Amidobenzylalkoholen mit Phenolen. Karlsruhe 1903. 56 S. 8°.
Basel, Phil. Diss. 1902/1903.

Horváth, Béla von. Über die Kondensationen von Amidobenzylalkoholen mit Phenolen. Diss. Phil. Basel. 56 S. 8. Karlsruhe, G. Braun, 1903.

Histoire de la littérature hongroise par C. Horváth, A. Kardos, A. Endrödi. Ouvrage adapté du hongrois par J. Kont, agrégée de l'université professeur, etc. Avec une préface de M. Gaston Boissier, secrétaire perpétuel de l'académie française, etc. Orné de 20 planches hors texte et de 95 illustrations dans le texte.
gr. 8. Budapest, Vienne, Paris 1900.

Horváth, C., A. Kardos, A. Endrödi, Histoire de la littérature hongroise. Ouvrage adapté du hongrois par J. Kont. Avec une préface de Gaston Boissier. Orné de 20 planches hors texte et de 95 illustrat. dans le texte. Lex.-8. (XII, 420 S.) Budapest 900. Wien, A. Hölder. n. 8. 50

Horvath, C.: Standpunkte der Erziehung. Pest, Progr. 1851.

Horvath, Carl ..., s. Horvath, Karl ...

HORVATH, Emmerich Karl: Die sozialdemokratische Presse in ihrer Stellung zu Religion und Seelsorge. Nach der Arbeiter-Zeitung in den Jahren von 1889—1914. — (1958) II, 325 Bl. 4° (Maschinschr.) Diss. 1423
Diss. Wien, Univ.

Horvath, F., Rozsa Sandor, s. Volksbücher aus alter und neuer Zeit.

HORVÁTH, FRANZ: Andachtsbuch für gebildete Christen. Auch unter d. T.: Stunden heiliger Andacht für gebildete katholische Christen zur öffentlichen und häuslichen Gottesverehrung. Leipzig 1854: Otto Wigand. XVI, 497 S. in 2 Bänden. - gr. 8°

Horvath, Frz., Andachtsbuch für gebildete Christen. 2 Bde. Leipzig 855. O. Wigand. gr. 8. (XXII, 240; IV, 257 S.) 2 ℛ.
Neue Titel-Ausg. von dessen Stunden heil. Andacht.

HORVATH, Franciscus: De S. Joanne Chrysosthomo oratore ecclesiastico. — (1910) 187 S. 4° (Handschr.) Diss. 582
Diss. Wien, Univ.

—— Stunden heiliger Andacht für gebildete katholische Christen zur öffentlichen und häuslichen Gottesverehrung. 2 Bde. gr. 8. (XXVI und 497 S.) Leipzig 854, O. Wigand.

Horváth, G., s.: Ergebnisse, zoologische, der 3. asiatischen Forschungsreise d. Grafen Eug. Zichy.

— Hemiptera, s.: Denkschriften der medicinisch-naturwissenschaftl. Gesellschaft zu Jena. VIII. 5.

Horvath, G. F.

† Horvath, J. G., (Ewald Chrstn. Vict. Dietrich,) das Blutgericht u. seine Vergeltung, od.: die Patrizier zu Zwickau. Eine Begebenheit d. Vorzeit, nach glaubwürd. Nachrichten erzählt. 8. (13 B.) Meißen 839, Goedsche.

Horvath, G. F. (Pseud.), s. Dietrich, Ewald Christian Victor

—— die Nonne, od.: Die Erstürmung v. Vera-Cruz-nuova durch d. Franzosen. Amerikan. Zeitbilder. 8. (18 B.) Meißen 840, Goedsche.

Horvath, G. F., (Ew. Chr. Vict. Dietrich), Teutobog. Historische Roman, s. Original-Romane, histor., aus Deutschlands Helden- u. Ritterzeiten. 1r Thl.

—— der Wanderer zu d. Pyramiden, od. d. geheimnißvolle Retter vom Hochgerichte. Eine Geister- u. Räubergeschichte. 2 Thle. M. 1 Stndr. 8. (25 B.) Meißen 829. [Leipzig, Vetter u. Rostosky.]

— der Wanderer zu d. Pyramiden, od. der geheimnißvolle Retter vom Hochgerichte. Mit 1 Steindr. 8. Meißen 829. Goedsche. 1 ℛ 22 ℊ

Horvath, M. Georg (Ungarn), Placita philosophorum de terrae motus causis. Präs. Georg Matthias Bose. Wittbg. (Schlomach) 17. III. 1756. 23 S. (4.—) 16123
Gew.: Johann Gotthelf Globig. — Widm. v. Präs.

Horváth, Géza, s.: Annales, historico-naturales, musei nationalis hungarici.

Horváth, Géza, Monographia lygaeidarum Hungariae. gr. 4. (VII, 109 S. ungar. und latein. Text mit 1 color. Stnt.) Budapest 875, (Kilian's Universitäts-Buchh.) cart. *

- Synopsis Tingitidarum regionis palaearcticae. (118 S. m 4 Abbildgn. u. 1 farb. Taf.) Lex.-8. Budapestini 906. (Berlin, R. Friedländer & Sohn.) nn. 5. — Sonderabdruck aus: „Annales historico-naturales musei nationalis hungarici".

Horváth, Hermine, Gott Amor. Novellen. (III, 108 S.) 8. Dresden (906). E. Pierson. n. 1. —; geb. n. 2. —

Horváth, J., erziehender Unterricht. Eine Darstellung seiner psychologisch-pädagog. Grundverhältnisse. gr. 8. (IV, 188 S.) Leipzig 900. Dürr'sche Buchh. n. 2.50

Horvath, J. G., s. Horvath, G. F.

Horváth, Ig., das bayerische technische Unterrichtswesen. Bericht an den kgl. ungarisch. Staatsminister f. Cultus- u. Unterrichtswesen. 1. Thl. Das bayer. techn. Unterrichtswesen in d. Hauptmomenten seiner Entwickelg. seit dem J. 1793 bis zum J. 1864. [Frei nach dem Orig.-Berichte. „Az iparos oktatás Bajorhonban" bearb.] gr. 8. (73 S.) Nürnberg 875. Korn. n. 1. 50

HORVATH, Ign. St.: Bibliotheca ICtorum Hungariae. IV. Vol. *Viennae*, (Kraus.) 789. 90. (Schaumburg et soc.) 8. (2 Thl. 12 Gr.)

Horvath, I. St., Bibliotheca jurisconsultor. Hungar. IV Tmi. 8. Viennae, Stahel. 789-90.

HORVATH, J. St.: Commentarius practicus in ordinem judiciar. pro foris et tribunal. regni hungarici partiumque eidem adnexarum praescr. II Voll. *Vienn.* (Schaumburg et soc.) 783. 90. 8maj. (1 Thl. 12 Gr.)

— institutionum juris publici part. reg. Hungar. Prs. I. 8. Pesth 786. Eggenberger. 9 gr.

Horváth, Joh., das Handwerkergenossenschaftswesen in Ungarn. (61 S.) gr. 8. Budapest (904). O. Nagel jun. n. 1. —

HORVÁTH, JOHANN: Rede über die sittliche Würde des Kreutzes Jesu . Weszprim 1798. 16 S. - 160 mm

HORVÁTH, JOHANN: Trauerrede am Grabe . . Georgs Grafen Festetics zu Tolna (Tolnau). Übersetzt v. Carl Szluha. Wesprim o. J.: Sammer. 21, 36, 1 S. - 21 mm

Horvath, Johann Baptist

Horvath, J., mechanische Abhandlungen. 2 Thle. gr. 8. Pest, Eggenberger. 785.

— mechan. Abhandll. von d. Statik u. Mechanik fester Körper; aus d. Latein. übers. von J. Pasquich. gr. 8. Pesth 785. Eggenberger. 16 gr.

Horváth, Jh. Bapt., declaratio infirmitatis fundament. operis Kantiani, oder Kritik d. reinen Vernunft. gr. 8. Ofen 797. (Haslinger in Linz). 8 gr.

— — idem lib. 8. maj. Budae, (Haslinger in Linz.) 797.

Horvath, I. Bapt., declaratio infirmitatis fundament. operis Kantiani, oder Kritik der reinen Vernunft. gr. 8. Wien, Rehm. 797.

— elementa matheseos, philosophiae auditorum usibus accommodata. Cum fig. II Tom. 8maj. Ofen 772. Typograph. Soc. 2 ₰

— Elementa Physicae, 8. maj. Budae. (Pest, Eggenberger) 799.

— elementa physicae. 8maj. Ofen 799. Editio V., c. fig. 8maj. Ofen 819. Univers.-B. 1 ₰ 12 gr.

— — id. lib. 8. maj. Budae, Typ. 807.

Horváth (Joan Bapt.,) Elementa Physicae, editio Va, cum fig. gr. 8. Ofen 819. Universitäts-Buchh.

— institutiones logicae. 8. maj. Pest, Eggenberger. 800.

— institutiones logicae. 8maj. Pesth 800. Ed. n. 813. Eggenberger. 4 gr.

— institut. logicae et metaphys. etc. 8. Augsb. 781. M. Rieger. 16 gr. Edit. VI. ab auctore recogn. et aucta. 8. Köln 815. J. G. Schmitz. 14 gr.

— institut. matheseos, c. fig. 8. Augsb. ... Ed. n. 782. M. Rieger. 20 gr.

Jo. Bapt. Horvath inftitutiones mathefeos. Vindob. Rieger. 8. (20 gr.) 1782

— institutiones metaphysicae. 8maj. Pesth 795. Ed. n. 817. Eggenberger. 9 gr.

— physica generalis. 8. Augsb. ... Ed. IV. 780. Rieger. 20 gr.

— physica particularis. 8. Augsb. ... Ed. IV. 780. Rieger. 20 gr.

— praelect. Mechanicae. III Tom. 8. maj. Pest, Eggenberger. (Typ. Budae.) 782.

— praelectiones mechanicae. III Tom. 8maj. Pesth 782. Eggenberger. (Ofen, Typogr. Soc.) 1 ₰

— Summarium Elementorum Physicae, 8. ibid. 795.

— Summarium elementorum physicae. 8. Ofen 798. Typogr. Soc. 4 gr.

Horvath, Josef

— des Schüler's „Vergißmeinnicht". 12. (4 S.) Ebd. 898. n.n. — 05

Horváth, Jos., wie sollen wir unsere Kinder erziehen? 12. (36 S.) Preßburg 898. (G. Heckenast's Nachf.) n. — 40

Horváth, Josef, kleines slavisch-ungarisch-deutsches Wörterbuch. Zugleich auch die einfachste Einführung ohne alle Regeln in die slavische, ungarische oder deutsche Sprache. Zum allgemeinen Gebrauche zusammengestellt. Zweite umgearbeitete und vermehrte Auflage. 8°. (73 S.) Pressburg, Stampfel. fl. —.20.

HORVÁTH, JÓZSEF: Gebet- und Gesangbuch für die katholische Jugend. In Gemeinschaft mit Ferenc Veszely, mit ungarischem und deutschem Text. Ima és énekkönyv a kath. ifjúság számára Veszely Ferenczczel együtt magyar és német szöveggel. Pozsony (Preßburg) 1894: J. Eder. 112 S. - 8°
- Dass. Pozsony (Preßburg) [2]1902: J. Eder.

HORVÁTH, J.: Katholische Meßgesänge und Kirchenlieder. Nezsider (Neusiedl a. S.) o. J. o. Dr. 257 S. - 8°

Horvath, Karl

HORVATH, Carolus Georgius: De juribus et privilegiis archiabbatis nullius dioeceseos de Sacro Monte Pannoniae. — (1908) 104 Bl. 4° (Handschr.) Diss. Wien, Univ. Diss. 656

Horváth, Karl Vinz. v., die orientalische Frage u. ihre Folgen. gr. 8. (56 S.) Budapest 878. Tettey & Co. in Comm. n. — 80

Horváth, L., die Preisarbeit, s.: Dilettantenbühne, kath.

Horvath, L.: Verteidigung Ludwigs I., s.a. Horvath, Stephan

Horváth, L. Vertheidigung Ludwigs I. und Matthias Corvinus. 8. Post 1815.

Horváth, Leo: Die gebildete Frau. — Graz: Styria 1899. 238 S. 8°

Horváth, Mich., auf Ludw. Kossuth's neuere Briefe. Vom Verf. autoris. deutsche Ausg. Uebersetzt von Adf. Dux. gr. 8. (132 S.) Pest 868, Lauffer's Verlag. *

Horvath, D. M., Chrestomath. pastoral. II Vol. 8. maj. Pest, Eggenberger. (a. Wolf in Augsb.) 783.

Horváth, Mich., kurzgefasste Geschichte Ungarns. In deutscher Uebersetzung. 2 Bde. gr. 8. (751 S.) Pest 863, Heckenast's Verlag.

—— kurzgefasste Geschichte von Ungarn. Zum Gebrauche für untere und Mittelschulen von K. Vaszary. 8. (IV und 287 S.) Pest 867, Heckenast's Verlag. *

Horváth, Michael. Geschichte der Ungarn . . . Pesth 1850. Ü: *Grimm, Gustav & Frans Ney.* (Ky)

Horváth, M., Geschichte der Ungarn. 1—9. Lfg. gr. 8. (1. Bd. 512 S. und 2. Bd. S. 1—160.) Pesth 850—51, Emich. à Lfg. * 6 Ngr. *

Horvath, Mich., Geschichte der Ungarn. Aus dem ungar. Original übers. und mit Anmerkungen des Uebersetzers versehen. 10—16. Lfg. gr. 8. (2. Bd. S. 161—710.) Pesth 853—55, Emich's Verlags-Expedition. à Lfg. * 6 Ngr. *

Horvath, M., Historia arcana belli Turcici ann. 1737—39. 8. maj. Budae, Typ. 776.

Horváth, Mich., historia arcana belli Turcici ann. 1737—39, cum animadversionibus criticis. 8maj. Ofen 776. Typogr. Soc. 12 ℛ

— historia hungariae polit. p. I. 8. maj. Viennae, Ghelen. 786.

Horvath, Michael, Historia litteraria prudentiae pastoralis. Wien, Ghelen, 1783. 8°. 262 S.

— historia liter. theolog. pastoral. 8maj. Wien 783. Ghelen. 14 ℛ

Horváth, Mich., 25 Jahre aus der Geschichte Ungarns von 1823—1848. Aus dem Ungar. übers. von Jos. Novelli. 2 Bde. gr. 8. (XXVIII und 1188 S.) Leipzig 867, Brockhaus.

— specimen oeconomiae politicae legibus ac moribus Hungariae accommodatum. 8. Ofen 806. Typ. Soc. 8 ℛ

— statistica regni Hungariae etc. 8. Ofen 802. Typogr. Soc. 1 ℛ 4 ℛ

— theologia pastoralis. III Tom. 8maj. Wien 783. Ghelen. 1 ℛ 16 ℛ

Horváth, N., sermo seu verum seculum pacis, concordiae atque unitatis in commodum etc. 8maj. Wien 780. (Heubner). 6 ℛ

Horvath, Pet., Commentatio de Initiis ac Majoribus Iazygum et Cumanorum eorumque Constitutionibus cum map. 8. Pest, Eggenberger, 801.

Horváth, S., Graf Ludwig Batthyány, ein polit. Märtyrer aus Ungarns Revolutionsgeschichte und der 6. October 1849 in Ungarn. 8. (76 S. mit B's. lithogr. Portr.) Hamburg 850, Hoffmann und Campe.

Horvath, Stephan, s.a. Horvath, L.

Horvath, Steph. Vertheidigung Ludwigs I. und Matthias Corvins. 8. Posth 1815.

Horváth de Szent-György, Dnum Sigismund, occasione instellationis suae pro supremo comite . . . salutat clientum minimus . . . Budae 1802. V: *Berkes, Steph.* (Pk)

Horvatić, Ch.: Eigenthümlichkeiten des czakavischen Dialektes. 16 S.– Karlstadt, Progr. 1859.

Horvatić: Das Consulat in Rom. 3 S.–Karlstadt, Progr. 1856

Horvitz, A. S., das königliche l'Hombre oder gründl. Anleitung das l'Hombre-Spiel nebst allen seinen Spielarten nach den einfachsten und besten Regeln gründlich zu erlernen und richtig zu spielen. 16. (VIII und 120 S.) Hamburg 851, Berendsohn. *

—— der Whistspieler comme il faut, oder: So spielt man in Venedig! Eine gründliche Anleitung, das Whistspiel nach den besten Regeln in 8 Tagen auf's Gründlichste zu erlernen. 16. (VI und 87 S. mit 1 Holzschn.) Hamburg 851, Berendsohn.

Hörwarter, J. B., s. Dante, Allgh., göttl. Komödie.

Horwein, M. Jo. Theoph. (Wittenberg. Damensium [= Dahme]), De vaticiniis in genere speciatimque de vaticiniis Lutheri memorabilibus. Diss. theol. histor. Präs. Joachim Samuel Weickhmann. Wittbg. (Ephraim Gottlob Eichsfeld) Sept. 1755. 36 S. (6.50) 16124

Joach. Gli. Horwein de partu Ebraeorum et speciatim de corona boni nominis. Viteb. 1730. 4.

Horwicz, Adf., psychologische Analysen auf physiologischer Grundlage. Ein Versuch zur Neubegründung der Seelenlehre. 1. Thl. gr. 8. (VIII, 376 S.) Halle 872, Pfeffer. *
—— dass. — 2. Thl. 1. Hälfte. Analyse des Denkens. Grundlinien einer Erkenntnisstheorie. gr. 8. (XIII, 183 S.) Ebendas. 875. *

Horwicz, Adf., psychologische Analysen auf physiologischer Grundlage. Ein Versuch zur Neubegründung der Seelenlehre. 2. Thl. 2. Hälfte. A. u. d. T.: Analyse der qualitativen Gefühle. gr. 8. (XII, 524 S.) Magdeburg 878. Faber. n. 9. 75 (I—II, 2.: n. 21. 25)

—— moralische Briefe. 8. (IV, 127 S.) Ebendas. 878. *

Horwicz, Adf., zur Entwicklungsgeschichte d. Willens. Vortrag, geh. im wissenschaftlichen Vereine „Athene" zu Magdeburg. gr. 8. (30 S.) Magdeburg 876. Faber. n. — 54

—— Grundlinien eines Systems der Aesthetik. Eine von der Academie zu Strassburg am 18. Novbr. 1867 gekrönte Preisschrift. gr. 8. (XXIV, 216 S.) Leipzig 869, Seemann. *

— zur Naturgeschichte der Gefühle, s. Sammlung gemeinverständl. wissenschaftl. Vorträge.

Horwicz A, z. Naturgesch. d. Gefühle. (Slg wiss. Vortr. 249) Berlin 1876

— Wesen u. Aufgaben d. Philosophie, s. Zeit u. Streitfragen, deutsche.

Horwicz A, Wesen und Aufgabe der Philosophie. (Zeit- u Streitfr. 78) Berlin 1876

Horwitz, die preußischen Bau-Polizei-Gesetze und Verordnungen, s. : Bau-Polizei-Gesetze und Verordnungen, die preußischen.

Horwitz, A., Formenlehre der deutschen Grammatik, nebst einem Anhang: Der einfach erweiterte Satz und die zusammengesetzten Wörter, ein Uebungsbuch für Schüler. gr. 8. (52 S.) Berlin 874, Gerschel. *

—— Grundriß der deutschen Grammatik. Ein Leitfaden für Lehrer und ein Lernmittel für entwickeltere Schüler. 2. verm. und verb. Aufl. gr. 8. (VIII, 152 S.) Ebendas. 874. *

Horwitz, A., Lebenssymptome. Gedichte. gr. 8. (10 B.) Berlin 842. [Adolf u. Comp.]

Horwitz, A., Lebenssymptome. Gedichte. gr. 8. Berlin 842, Berliner Lesekabinet. 1 ₰

Horwitz, A., deutsches Lesebuch für das mittlere Kindesalter. Berlin 870. Gerschel. gr. 8. (VIII, 240 S.) n. 10 ngr

Horwitz, A., deutsches Lesebuch, für das mittlere Kindesalter. 3. Aufl. gr. 8. (IV, 256 S.) Berlin 884, Bernstein. *

— deutsches Lesebuch f. d. mittlere Kindesalter. 4., verm. Aufl. gr. 8. (IV, 300 S.) Berlin 895. (M. Poppelauer.) Geb. in Halbleinw. n.n. 1. 25

— Deutsches Lesebuch f. mittlere Schulklassen. gr. 8. (X u. 320 S.) Berlin 850, Gerhard (jetzt: Grobe). n. ½ ₰

Horwitz, A., deutsches Lesebuch für mittlere Schulklassen. gr. 8. (X und 320 S.) Berlin 850, [Grobe.] *

—— und S. Piek, erstes Lese- und Sprachbuch für jüdische Schulen. 8. (147 S.) Berlin 847, C. H. Schroeder's Verlag.

—— und S. Piek, erstes Lese- und Sprachbuch für jüdische Schulen. 2., verb. Aufl. 8. (135 S.) Berlin 855, Schröder's Verlag. *

—— und S. Piek, erstes Lese- und Sprachbuch für jüdische Schulen. 3., verb. Aufl. 8. (135 S.) Berlin 862, Schroeder's Verlag. *

—— und S. Piek, erstes Lese- und Sprachbuch für jüdische Schulen. 5. Aufl. 1870, und 6. verb. Aufl. 8. (135 S.) Berlin 874, Schroeder's Verlag. *

—— und S. Piek, erstes Lese- und Sprachbuch für jüdische Schulen. 7. verb. Aufl. 8. (135 S.) Berlin 879, Schroeder's Verlag. *

Horwitz, A., hebräische Lesefibel, im Auftrage des Talmud-Tora-Vorstandes zu Berlin bearb. 8. (IV und 36 S.) Berlin 852, Stuhr'sche Sortimentsb. *

Horwitz, A., hebräische Lesefibel, im Auftrage d. Talmud-Tora-Vorstandes zu Berlin bearb. 2. Aufl. Berlin 858. Stuhr. 8. (IV, 36 S.) nn. 5 ngr

Horwitz, A., hebräische Lesefibel, im Auftrage des Talmud-Tora-Vorstandes zu Berlin bearb. 3. Aufl. Berlin 861. A. Abelsdorff. 8. (IV, 36 S.) nn. 5 ngr

Horwitz, A., hebräische Lese-Fibel, im Auftrage des Talmud-Tora-Vorstandes zu Berlin bearb. 4. Aufl. 1865. und 5. Aufl. 8. (IV und 36 S.) Berlin 868, A. Abelsdorff. geb. * *

—— hebräische Lese-Fibel im Auftrage des Talmud-Tora-Vorstandes zu Berlin bearb. 6. Aufl. 1871, und 7. Aufl. 8. (IV, 36 S.) Berlin 874, A. Abelsdorff. geb. **

— hebräische Lese-Fibel im Auftrage d. Talmud-Tora-Vorstandes zu Berlin bearb. 8. Aufl. 8. (IV, 36 S.) Berlin 876. Abelsdorff. geb. n.n. — 50

—— hebräische Lese-Fibel, im Auftrage des Talmud-Tora-Vorstandes zu Berlin bearb. 9. Aufl. 8. (IV, 36 S.) Berlin 880, A. Abelsdorff. geb. **

—— dass. — 10. Aufl. 8. (IV, 36 S.) Berlin 883. (Leipzig, Roßberg'sche Buchh.) geb. **

Horwitz, A., hebräische Lese-Fibel, im Auftrage des Talmud-Tora-Vorstandes zu Berlin bearb. 11. Aufl. 8. (IV, 36 S.) Leipzig 886, Roßberg'sche Buchh. geb. ** — 50

Horwitz, A., hebräische Lese-Fibel, im Auftrage d. Talmud-Tora-Vorstandes zu Berlin bearb. 12. Aufl. 8. (IV, 36 S.) Leipzig 889. Roßberg. geb. n.n. — 50

Horwitz, A. Hebräische Lese-Fibel, im Auftrage d. Talmud-Tora-Vorstandes zu Berlin bearb. 13. Aufl. 12. (IV, 36 S.) Lpz. 892, Roßberg. geb. ** — 50

Horwitz, A., hebräische Lese-Fibel, im Auftrage d. Talmud-Tora-Vorstandes zu Berlin bearb. 14. Aufl. 8. (IV, 36 S.) Leipzig 895. Roßberg. Geb. n.n. — 50

Horwitz, A., hebräische Lese-Fibel, im Auftrage des Talmud-Tora-Vorstandes zu Berlin bearb. 16. Aufl. (IV, 36 S.) kl. 8. Leipzig 902. Roßberg'sche Verlagsbuchh. Geb. n.n. — 50

— u. M. Steinschneider, אמרי בינה Spruchbuch für jüdische Schulen. 8. Berlin 846, Veit u. Comp. n. 8 ngr

—— und M. Steinschneider, אמרי בינה Spruchbuch für jüdische Schulen. 8. (VI und 108 S.) Berlin 847, Veit und Comp. *

Horwitz, Alfred, Medizinalprakt.: Aus d. psychiatr. u. Nervenklinik zu Kiel. Über den Korsakoffschen Symptomenkomplex mit seinen Beziehungen zur Polyneuritis und anderweitigen ätiologischen Grundlagen. Potsdam 1909: Hayn. 43 S. 8°
Kiel, Med. Diss. v. 8. März 1910, Ref. Siemerling
[Geb. 26. April 84 Berlin; Wohnort: Berlin; Staatsangeh.: Preußen; Vorbildung: Franzos. Gymn. Berlin Reife O. 03; Studium: Heidelberg 1, Berlin 8, Kiel 2 S.; Coll. 22. Jan. 09; Approb. 1. März 10.] [U 10. 2415

Horwitz, Aron [aus Tremessen]: Ueber die Melamine des Toluidins .... Berlin, Buchdr. v. R. Dahlmann, 1886; 32+2 S. 8°.
Berlin, Phil. Fak., Inaug.-Diss. v. 29. Mai 1886.

Horwitz, Aron, über die Melamine des Toluidius. Diss. Berlin 1886, Mayer & Müller. 8°. 32 S.

Horwitz, Camilla, s. Horwitz, Kamilla

Horwitz, H. J., Hans in allen Gassen. Eine lustige Kindergeschichte. gr. 4. (32 S. mit eingedr. ill. Holzschn. und Illustr. von Th. Hosemann.) Berlin 867, Hofmann und Comp. cart. *

(— und Karl Fröhlich,) fröhliche Kinder-Welt. In Reimen von H. J. Horwitz und Silhouetten von K. Fröhlich. 1. u. 2. Aufl. Berlin 857, 58. Plahn. 4. (24 Bl. m. Holzschn. im Text.) 22⅔ ngr.

Horwitz, H. J. *Fröhliche Kinder-Welt.* In Reimen von H. J. Horwitz und [19] Silhouetten von Karl Fröhlich. 3. Aufl. Berlin, Plahnsche Buchhandlung, 1859. 25 Bl. 4°. Schlichter, leicht berieb. Hldr. d. Z. 18.—
Sehr beliebt, reizend illustr. — Leicht stockfl., ein kl. Einriß.

Horwitz, H. J., die Reise ins Mährchenland. Mit 15 color. Bildern (Holzschn. im Text) von L. Pietsch. Berlin (857.) Hofmann u. Co. gr. 4. (15 Bl.) n. 25 ngr.

Horwitz, H. J., die Reise in's Mährchenland. gr. 4. (15 Bl. mit 15 ill. Bildern in eingedr. Holzschn. von L. Pietsch.) Berlin 858. Hofmann und Comp. *

Horwitz, J. [Hrsg.], s. Parlamentszeitung, Preußische.

Horwitz, J., das Schachspiel. Eine Anleitung zur gründl. leichten Erlernung desselben nebst 42 modernen Schachaufgaben. gr. 16. (IV, 75 S. mit eingedr. Holzschn.) Berlin 869, Cronbach. *

Horwitz, J., die Verfassungen der constitutionell-monarch. und republican. Staaten, s. Verfassungen.

Horwitz, J. Die Verfassungen der constitutionell-monarchischen u. republikanischen Staaten der Gegenwart. 2 Lieferungen. (England. Amerika. Belgien. Norwegen.) Berlin 1848. 39, 90 S. 8.

Horwitz, J., von Berlin nach Nikolsburg. Skizzen aus dem Kriegsjahre 1866. gr. 8. (V und 126 S.) Berlin 866, Springer's Verlag.

Horwitz, Jacob, prakt. Arzt aus Berlin: **Aus d. Poliklinik f. Haut- u. Geschlechtskrankheiten von Dr. med. O. Werler zu Berlin. Beiträge zur Pathologie und Therapie der gonorrhoischen Epididymitis.** *Leipzig 1902: B. Georgi.* (39 S.) 8°
Leipzig, Med. Diss. v. (9. März) 1902

Horwitz. Jesaias (geb. Koschmin in Posen 25. . 1826): De meningitide tuberculosa. Berolini (1858). (29 S.) 8°
Berlin, Med. Diss. v. 16. Jan 1858

HORWITZ, Isaak (Mohilew): Holoacardius paracephalus cyclops.- Berlin: Schumacher 1910. 14 S.-
S.-Abdr. aus: Archiv für Gynäkologie. Bd.92,H.3.
1.2.1911 - Chr 1910/11,25 (- Hirowitsch-Horwitz, Itzschok-Aisik); U 11.3647
Diss.Ingolst.-Landsh.-Mchn.

Horwitz. Kamilla (Warschau): Hämatologische Arbeiten unter Leitung von Privatdozent Dr. Nægeli-Zürich. Über die Histologie des embryonalen Knochenmarkes. Wien 1904. 29 S. 8°. S.-A. aus d. Wiener medizin. Wochenschrift 1904. [28. IX 04.]
Zürich. Med Diss 1904/1905.

Horwitz, Camilla. Über die Histologie des embryonalen Knochenmarkes. Diss. Med. Univ. Zürich von Kamilla H'.... (Separatabdruck aus der «Wiener Medizinischen Wochenschrift», Nr. 31 u. ff., 1904.) *Kopftitel:* Hämatologische Arbeiten unter Leitung von ... Dr. [Otto] Naegeli-Zürich. 29 S. 8. Wien, Moritz Perles, 1904.

Horwitz, Karl

Horwitz, K. und Riedel, K., Wiener Instrumentalmusik vor und um 1750. Vorläufer der Wiener Klassiker. [Denkmäler der Tonkunst in Österreich. XV. Jahrg. 2. Teil.] Fol. (XXVI, 122 S.) K 14.—
Wien: Artaria 1908.

Horwitz Karl: Georg Christoph Wagenseil als Symphoniker. 1715 - 1771.
M. 1906 PN 2182 **Diss.** Wien, Univ. 2134

Horwitz, Leo (Hrsg.), s. Kritik der Kritik.

Horwitz, Leonhard, Referendar in Berlin: **Ist es nach den Bestimmungen des Bürgerlichen Gesetzbuches für den Käufer einer Speziessache möglich, Nachbesserung der empfangenen fehlerhaften Kaufsache zu verlangen? Ein Beitrag zur Lehre vom Kauf.** Borna-Leipzig 1907: R. Noske. (IX, 55 S.) 8°
Leipzig, Jur. Fak., Diss. v. 16. Juli 1907
[Geb. 16. Apr. 83 Berlin; Wohnort: Berlin; Staatsangeh.: Preußen; Vorbildung: Französ. Gymn. Berlin Reife O. 02; Studium: Heidelberg 1, München 1, Berlin 4 S.; Rig. 17. Febr. 06.]

Horwitz, Ludov. (Nath.) (geb. Haynau 1813): De sexus utriusque differentiis morbisque in iis positis. Berolini (1830). (52 S.) 8°
Berlin, Med. Diss. v. 19. Dez. 1830

Die Emanzipation der Juden in Anhalt-Dessau. Aktenmäß. Darstellung von L[udwig] **Horwitz,** Kantor. (Dessau: H. S. Art'l [um 1890].) (27 S.) 8° [F.] [oS. 18370

Die **Israeliten** unter dem Königreich Westfalen. Ein aktenmäss. Beitrag z. Gesch. d. Regierung König Jérôme's von L. **Horwitz, Lehrer** in Cassel. *Berlin: S. Calvary & Co. in Komm. (1900).* (106 S.) 8° [F.] [oe. 869 4

Horwitz, Ludwig, approb. Arzt aus Nürnberg: **Aus d. pharmakol. Institut d. Universität Würzburg. Über eine neue Methode zur Bestimmung des Ätherdampfes in der Luft.** *Würzburg 1900: Stahel.* (32 S.) 8°
Würzburg, Med. Diss. v. 1900

Die Kasseler Synagoge und ihr Erbauer. Nach urkundl. Material bearb. von L. **Horwitz,** Lehrer. Kassel: C. Vietor 1907. (27 S.) 8° [F.] [07. 14601 4

Die Verwaltung der judenschaftlichen Angelegenheiten im ehemaligen Kurhessen. Ein Beitrag z. Geschichte d. Emanzipation d. Israeliten von Lehrer L[udwig] **Horwitz.** Cassel 1908: Gebr. Gotthelft. (40 S.) 8° [o. 15901 4

Horwitz, M., zur Lehre von der künstlichen Unterbrechung der Schwangerschaft [künstl. Frühgeburt u. künstl. Abortus]. gr. 8. (IV, 92 S.) Giessen 881. Ricker. n. 2. —

Horwitz, R. V., die israelit. Tempelhalle, od. die neue *Synagoge* im Markte Treuchtlingen, ihre Entstehung, Einrichtung u. Einweihung, nebst der dabei gehaltenen Rede. O. O. 1820. Kl. 8°. 19 S. Cart.

Horn, Denkwürdigkeiten, s.: Hartmann, A.

Hory, Ernst, das **Elementarlehrerinnen-Seminar** zu Ludwigsburg. Im Auftrag des königl. Cultusministeriums und unter Benutzung amtl. Quellen. 8. (26 S.) Stuttgart 872, Grüninger. *

—— die Fragen der Gegenwart und die Volksschule. gr. 8. (III, 79 S.) Stuttgart 872, Belser's Verlag.
Aus: Neue Blätter, besonders abgedruckt.

—— der **Handarbeits-Unterricht** in den Mädchenschulen Württembergs und das Institut zur Heranbildung von Arbeitslehrerinnen in Ludwigsburg. Im Auftrag des königl. württemberg. Cultusministeriums nach amtl. Quellen dargestellt. 8. (36 S.) Stuttgart 872, Grüninger. *

Hory, Ernst, a. Ulm: Zur Lehre von der Ausweisung Bundesangehöriger aus dem Gebiet des einzelnen deutschen Bundesstaats ⟨Landesverweisung⟩ nach § 3 Abs. 2 des Reichsgesetzes über die Freizügigkeit vom 1. November 1867. Tübingen 1910: Laupp. VII, 74 S. 8°
Tübingen, Staatswiss. Diss. v. 20. Nov. 1910, Ref. Sartorius
[Geb. 30 Okt. 70 Hohenasperg; Wohnort: Tübingen; Staatsangeh.: Württemberg: Vorbildung: Gymn. Tübingen Reife M. 88; Studium: Tübingen 12 S.]
[U 11. 4425

— die Taufe als Kindertaufe, auf Grund heil. Schrift untersucht u. dargestellt. gr. 8. (132 S.) Ebend. 872. n. 2. 40

Horz, Joseph, Assistenzarzt aus Winkel: (Aus d. chirurg. Klinik in München.) Ueber 38 Osteotomien bei Genu valgum und ihre Endresultate. *München 1902: C. Wolf & Sohn.* (30 S.) 8°
München, Med. Diss. v. 1902

Hörz, Walther, a. Ludwigsburg: Ueber Splenektomie bei traumatischer Milzruptur. Tübingen 1906: H. Laupp jr. (28 S.) 8° ¶ (Aus: Beiträge zur klinischen Chirurgie Bd 50, H. 1.)
Tübingen, Med. Fak., Ref. v. Bruns, Diss. v. 31. Juli 1906
[Geb. 30. Mai 82 Ludwigsburg; Wohnort: Ludwigsburg; Staatsangeh.: Württemberg; Vorbildung: Gymn. Ludwigsburg Reife M. 00; Studium: Tübingen 7, München 1, Kiel 1 S.; Coll. 21. Okt. 05; Approb. 18. Juli 06.]

Bodensee-Lieder von Celeste **Horzetzky**. Dortmund: Ruhfuß in Komm. [1904]. (22 S.) 8° [F.] 05. 15040

Die Feingehaltscontrole der Staaten Europas. Bearb. u. zsgest. unter Mitw. d. Herrn Franz Chudoba, k. k. Wardein, von G. **Horžetzky**. *Wien: [C. W. Stern 1902].* (62 S., 25 Taf.) 5° [F. u. Ant.]

Horžetzky, G., die Feingehaltscontrole der Staaten Europas. Bearb. u. zusammengestellt unter Mitwirkg. v. Frz. Chudoba. (III, 62 S. m. 25 Taf.) gr. 8. Wien (903). (C. W. Stern.) Geb. in Leinw. n. 5. —

Horzetzky, Heinr. (geb. Namslau): Thesen. Berlin (1870). (2 Bl.) 8°
Berlin, Med. Thes. v. 21. Juli 1870

Dem Br. Joh. Anton Küster am frohen Tage seines funfzigjährigen Maurer-Jubiläums den 7. Febr. 1827, dargebracht von sämmtlichen Brüdern der, unter Autorität der Grossen Loge Royale York zur Freundschaft in Berlin arbeitenden, vier vereinigten St. Johannis-Logen. [Unterz.:] Karl Dielitz und Louis **Horzizky**. Berlin [1827]: Amelang. 2 Bl. 8⁰ [Umschlagtit.]
Kantate ohne Noten: „Töne Festgesang . . .“

Fest-Lied zur Feier des 25 jährigen Maurerthums des Br. Hey am 24. Febr. 1825. Gedichtet vom Br. [Edu.] Schüller. In Musik gesetzt vom Br. [Louis] Horsitzki [recte: **Horzizky**] d. J. Berlin [1825]: Amelang. 4 S. 8⁰ [Umschlagtit.]
Ohne Noten: „Rief uns nicht ein freudig Tönen . . .“ 25.

Horzizky, Joh. Georg: [Kantate.] Dem innig verehrten und geliebten Br. Joh. Georg Horzizky am frohen Tage seines funfzigjährigen Maurer-Juibläums, am 1. Oct. 1828, dargebracht von sämmtlichen Brüdern der unter Autorität der Grossen Loge „Royale York zur Freundschaft“ in Berlin arbeitenden vier vereinigten St. Johannis-Logen. Text vom Br. [Karl] Dielitz. Musik vom Br. Louis **Horzizky**. Berlin [1828]: Dieterici. 2 Bl. 8⁰ [Umschlagtit.]
Ohne Noten: „Festlich geschmückte Hallen . . .“

Vidal, Friedr.: [Lied.] Dem herzlich geliebten Br. Friedr. Vidal, bei seiner Abreise nach Zeitz, von den sämmtlichen Mitgliedern der St. Johannis-Loge zur siegenden Wahrheit. Berlin, am 4. Juni 1826. [Am Ende:] Von den Brrn [Karl] Dielitz und [Louis] Horzitzky [recte: **Horzizky**]. [Berlin 1826]: Amelang. 2 Bl. 8⁰ [Umschlagtit.]
Ohne Noten.

Opfer der Liebe dargebracht dem Hochverehrten Br. Carl Wilh. Pietsch, von den sämmtlichen Brüdern der ger. und vollk. St. Johannis-Loge zur siegenden Wahrheit. Berlin, den 19. März 1826. [Am Ende:] Von den Brrn [Karl] Dielitz, und [Louis] Horzitzky [recte: **Horzizky**]. [Berlin 1826]: Amelang. 2 Bl. 8⁰ [Umschlagtit.]
Kantate ohne Noten.

FSC
www.fsc.org
MIX
Papier | Fördert gute Waldnutzung
FSC® C083411

Kolibri 360 GmbH
Ferdinand-Jühlke-Straße 7
99095 Erfurt, Deutschland
produktsicherheit@kolibri360.de